数字课程（基础版）

植物学（第2版）

主编　叶创兴　朱念德　廖文波
　　　刘蔚秋　冯虎元

登录方法：

1. 访问http://abook.hep.com.cn/39152，点击页面右侧的"注册"。已注册的用户直接输入用户名和密码，点击"进入课程"。
2. 点击页面右上方"充值"，正确输入教材封底的明码和密码，进行课程充值。
3. 已充值的数字课程会显示在"我的课程"列表中，选择本课程并点击"进入课程"即可进行学习。

自充值之日起一年内为本数字课程的有效期
使用本数字课程如有任何问题
请发邮件至：lifescience@pub.hep.cn

植物学（第2版）

主　编　叶创兴　朱念德　廖文波　刘蔚秋　冯虎元

| 用户名 | 密码 | 验证码 4624 | 进入课程 | 注册 |

内容介绍　纸质教材　版权信息　联系方式

　　本数字课程是一个开放的网络教学平台，配套《植物学》（第2版）纸质教材，充分运用多种资源，以更好地拓展教材内容、丰富知识呈现形式。

　　本数字课程内容涵盖①植物学图库：包括各大植物类群184科900余个物种的形态和生态照片，经分类定名后，每个物种均附有文字说明；②名词解释：收录常用植物学术语近600条，按首字字母顺序排列，配有中文详细注释和英文名称；③植物命名拉丁语：详细介绍拉丁语的语音概要、品词分类、各词类的变格与用法，以及其在植物分类命名上的规则等。

相关教材

 大学植物学教学图库（维管植物）
主编：叶创兴　冯虎元　田兴军

 植物拉丁文教程
主编：叶创兴　石祥刚

高等教育出版社

http://abook.hep.com.cn/39152

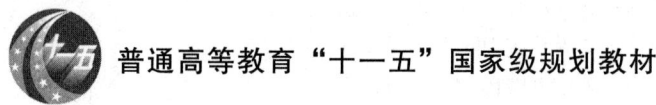

普通高等教育"十一五"国家级规划教材

植物学

（第2版）

ZHIWUXUE

主　编
叶创兴　朱念德　廖文波　刘蔚秋　冯虎元

编　者（按姓氏拼音排序）
冯虎元　黄椰林　金建华　廖文波　刘蔚秋
石祥刚　谈凤笑　辛国荣　叶创兴　朱念德

高等教育出版社·北京

内容提要

全书由结构植物学和系统与演化植物学两篇组成。上篇介绍了植物细胞、组织、器官等植物形态学和解剖学内容。下篇遵循系统演化路线，逐一介绍了林奈二界系统中除动物界以外的、从原核到真核的各主要类群，包括藻类、菌物、地衣、苔藓、蕨类及种子植物。本书还简明介绍了有关植物系统演化的各种学说和理论，特别是种子植物起源的理论，并引入植物分子系统演化研究的新成果。全书配有插图430余幅。

本书适合综合性大学、师范院校生物科学、环境科学、生态学专业，以及农林院校与医学院校的农学、林学、园艺、中药学等专业学生使用，也可供相关专业科学工作者、教师参考。

图书在版编目（CIP）数据

植物学 / 叶创兴等主编. -- 2版. -- 北京：高等教育出版社，2014.9（2018.1重印）
ISBN 978-7-04-039152-7

Ⅰ.①植… Ⅱ.①叶… Ⅲ.①植物学—高等学校—教材 Ⅳ.①Q94

中国版本图书馆CIP数据核字(2014)第169589号

策划编辑　王　莉　高新景　责任编辑　高新景　书籍设计　张志奇　责任印制　赵义民

出版发行	高等教育出版社	网　　址	http://www.hep.edu.cn
社　　址	北京市西城区德外大街4号		http://www.hep.com.cn
邮政编码	100120	网上订购	http://www.landraco.com
印　　刷	中国农业出版社印刷厂		http://www.landraco.com.cn
开　　本	889 mm × 1 194 mm 1/16		
印　　张	28.25	版　　次	2007年7月第1版
字　　数	850千字		2014年9月第2版
购书热线	010-58581118	印　　次	2018年1月第4次印刷
咨询电话	400-810-0598	定　　价	49.80元

本书如有缺页、倒页、脱页等质量问题，请到所购图书销售部门联系调换
版权所有　侵权必究
物　料　号　39152-00

序

　　这本教科书包括形态解剖学与系统分类学两个部分。形态解剖学一向作为系统分类学的先行和依据，包括了细胞、组织、器官，及花、果和种子等章节，图文并茂，简洁易解；系统分类学部分，则颇具特色，有别于一般教材。长期以来，教科书的编写与原创性的研究专著因目的性不同而泾渭分明。原创性的专著针对某一未解决的前沿问题提出一个人的见解，达到各抒己见的目的。至于教材的编写，则以公认的事实为依据，对于有争议的问题和论点，一般不列入教科书。换言之，教材以传播基础知识为主旨，对有争议的问题不予介入，使教材获得公认，"四平八稳"，无懈可击。本教材的编者以极大的热情和勇气，摆脱教材编写的传统手法，使本教材既具有丰富的基本知识，又能对当前不同学术见解和流派，以及未被公认的一些问题加以介绍，从而开阔读者的视野，使教材带有某种启发性。与此同时，本教材还具备以下几个特点。

　　1. 适应21世纪新形势的要求而带有启发性。本教材有别于按教学大纲的要求所印发的教材或讲义，能从孢子植物到种子植物有系统地收集完整的代表类型，使读者能了解到植物界演化发展的全貌；书中尽可能介绍中国的代表植物，使读者对中国植物有亲切感。

　　2. 对读者有一定的启发作用。教材中介绍了植物学家们对植物系统演化的各种设想、理论以及有争议的各种演化和系统发育问题，不拘一格地启发读者关于植物演化的思路。

　　3. 对于种子植物起源的时代问题，本教材在集中各家理论的基础上提出了种子植物起源于泥盆纪及其演化程序，使读者感受到系统演化是可知的、有线索可循的，从而引导读者对系统的探索，突破以往教材对这一问题的回避。

　　4. 对当前国际上兴起的分子系统演化研究工作进行了扼要的介绍。植物系统发育是客观存在的，因而是可知的。历来的系统学学者都以自己理解以及所掌握到的证据加以模拟，难免有些主观臆测之嫌。大分子序列的测序在某种程度上能够比较客观地反映属种间的亲缘关系，因而对植物系统演化的阐析有一定的参考价值。

　　当前，植物系统学还存在许多有待解决的问题。

　　首先，有花植物在地球上出现的地质年代问题。一向，人们从化石资料确认有花植物存在于晚白垩纪，最近的资料表明存在于晚侏罗纪，但这不是有花植物在地球上出现的最早年代。人们大都认为有花植物来自种子蕨，而种子蕨盛极于二叠纪，到了三叠纪开始走下坡路，进到侏罗纪基本上已趋于衰亡，因此有花植物出现的年代应早于侏罗纪。

　　其次，关于有花植物出现之前是否存在过"前有花植物"的问题。从种子蕨到有花植物，在形态结构上存在着很大差距，这种差距不可能以突变的形式来实现，而只能从二叠纪到三叠纪期间的逐步改造来实现。由于缺乏化石资料，人们只能从某些种子蕨，例如某些大羽羊齿或舌羊齿加以揣测。

　　再次，在现存的有花植物之前是否有过更原始的，即所谓的"原始有花植物"的问题。因为现代生存的有花植物，无论是多心皮类或柔荑花序类等，都具有不同程度的次生结构特征，它们不可能是原始的有花植物，它们和种子蕨类的结构在演化上差距太大，当前的有花植物分类以多心皮类或柔荑花序类作为原始类型的代表显然是和历史事实脱节的，这些原始有花植物可能存在于三叠纪，当然不可能存活到现代。目前能在三叠纪找到的化石并不多，本书所提到的，在北美晚三叠纪出土的 Sanmiguelia 可能是仅有的例证。

最后，大分子序列的测序方法对现存的有花植物是有用的，它能为人们提供不同的科、属、种之间的亲缘关系；同时，有人尝试以大分子序列重新编排有花植物的系统演化，但对于老第三纪以前已经炭化的化石则无能为力。因此，要从化石大分子序列的测序来解决有花植物系统发育的工作还有待于将来的努力。

前　言

植物是生命世界中的第一性生产者，35 亿年前当地球尚处于蛮荒时代时，蓝藻已开始进行光合作用，吸收 CO_2，放出 O_2，改造着地球大气层的构成，使地球环境变得适于生物生存和繁衍。地球在宇宙中存在至今已有 46 亿年，现在，人类在地球的许多地方似乎都显得拥挤不堪，面临着资源枯竭、生存环境恶化、人口压力等，植物学工作者不能不奋起。

植物学作为生命科学的基础学科，其重要性自不待言。无论是宏观的研究，还是分子水平的研究都吸引了大批有志者奋勇前行。传统植物学研究已经为生命科学成就做出无与伦比的贡献，胡克用改进的显微镜研究了木栓切片，第一次把他看到的一个小室称为 cell，为细胞学说的建立开辟了道路。孟德尔把豌豆作为实验植物，其结论直接作为孟德尔定律，他的研究导致现代遗传学的诞生。分子水平上的研究，拟南芥作为模式植物早为人们熟知。当人们震惊于克隆羊多莉的时候，植物的克隆无论是人工条件下的，还是自然界中的都在进行着，而人们对此并不惊奇。今天人们谈论转基因的时候，静静躺在餐桌上的谷类、蔬菜、水果可能是科学家们改造过它们的基因的食品。因此，植物学工作者依然有许多事要做，植物仍然是掘之不尽的宝藏。

中山大学的植物学前辈对我国植物学教学和科研做出了贡献。早在 20 世纪 20 年代末期，留学归来的陈焕镛教授建立了中国高校最完整的植物标本室。在抗日战争期间，陈先生不愿这些标本毁在日本军队的炮火下，亲自转移押运标本至香港保存，抗战后又辗转越南回迁广州，在最困难的时候中山大学的教授工薪无着，他却拿出自己的积蓄护运这些来自广西、海南、华中地区及东南亚各国的标本，这些标本后来为建立中科院华南植物研究所标本室奠定了基础。美国人 E. D. Merrill 和 F. A. McClure 时任中山大学教授，其中，E. D. Merrill 素有小林奈之称，F. A. McClure 是世界竹类研究鼻祖，并在中山大学校园建立了中国高校最大的竹园。辛树帜、董爽秋曾长期在中山大学工作，并为中山大学植物学发展做出过很大贡献，这两位教授后来又到兰州大学从事植物学的教学和研究，辛树帜还担任了兰州大学第一任校长。张宏达、吴印禅是继陈焕镛之后我国植物学界的知名人物。1961 年吴印禅与山东大学植物学教研组合编了《植物学》，在人民教育出版社出版，这本教材一直使用到"文化大革命"前。1978 年，在张宏达教授主持下，由中山大学生物系与南京大学生物系合编的《植物学》教材在高等教育出版社出版，直至 20 世纪 90 年代初一直为各高校使用，到了 21 世纪初，仍有大学将其作为考研的必备参考书。2000 年由朱念德、叶创兴等主编的《植物学》在中山大学出版社出版，2004 年由张宏达主编的《种子植物系统学》在科学出版社出版，2006 年叶创兴和兰州大学冯虎元主编的《植物学实验指导》由清华大学出版社出版，2012 年完成修订版，2007 年由叶创兴等主编的《植物学》在高等教育出版社出版。这表明中山大学在植物学教学改革和教材建设上有着较好的传统，前辈们在教学上的执着、在教学研究上的投入使得植物学教学始终保持在较高水平，数十年积累的教学资料，为我们修订《植物学》教材提供了丰富的资料。

本书遵循传统植物学教学模式，围绕形态解剖和系统分类两部分进行修订。在形态解剖部分引入了收缩根、滑动自花传粉的新内容，将营养器官的特化放在相关章节，也增加了一些特化的器官。在藻、菌、苔藓等内容中根据新的资料作了充实，藻类采用了胡鸿钧（2006）修改过的 R. E. Lee（1999）藻类分类系统，将藻类植物分成蓝藻门、原绿藻门、灰色藻门、红藻门、金藻门、定鞭藻门、黄藻门、硅藻门、褐藻门、隐藻门、甲藻门、裸藻门和绿藻门13 个门。菌物采用 G. C. Ainsworth《菌物词典》（第 8 版）的分类体系。苔藓植物仍按苔类、藓类、角苔分群，蕨类植物依据秦仁昌修改后的分类系统编排。种子植物把紫杉植物独立为纲，基本依据恩格勒系统（1964 年版本）排列，其中对姜科植物的雄蕊去向根据我们的研究结果作了新的解释。此外，我们也介绍了被子植物演化学说的不同流派，归纳了植物分子系统学的最新进展。

新版教材绪论由叶创兴和冯虎元重写。上篇结构植物学部分原由朱念德编写，现由辛国荣、石祥刚修订；藻、菌、地衣、苔藓和蕨类部分原由廖文波编写，现由刘蔚秋修订；种子植物部分原由叶创兴编写，其中双子叶植物部分由廖文波修订，裸子植物和单子叶植物部分由叶创兴和冯虎元修订；被子植物的起源与系统发育原由叶创兴编写，现由金建华修订；植物系统学概要及其发展动态原由叶创兴编写，其中植物系统发育由金建华修订，分子系统学和分支系统学由黄椰林、谈凤笑修订。谢庆建先生和中山大学 2011 届毕业生李佩瑜誊清和重绘了本书的全部插图。全书由叶创兴和冯虎元统稿。

本书的修订得到中山大学教务处、生命科学学院和兰州大学教务处、生命科学学院的全力支持，特别是得到"国家基础科学人才培养基金项目（J1310025）"的资助；高等教育出版社及王莉副编审始终以极大的热情关注本教材，从策划到出版，付出了许多心血，在此谨向上述单位和个人致以诚挚的谢忱。许多使用本教材的高校教师，如兰州大学蒲训、陈书燕、徐世健、宋渊、潘建斌和盛红梅等老师提出了许多宝贵的修改意见。百岁老人张宏达先生为本书作序。对上述单位和个人给予的支持和帮助，编者谨致以诚挚的谢意。

由于编者学养不足，存在问题一定不少，敬希读者和同行教正。

叶创兴
2014 年 3 月于中山大学

目 录

001 绪 论
001 　一、人类认识植物的历史
002 　二、生物分类等级
005 　三、植物在自然界中的作用
006 　四、植物的个体发育、系统发育与幼态成熟
007 　五、植物学的分支
008 　六、学习植物学的方法

上 篇　结构植物学

012 第一章　植物细胞
012 　第一节　植物细胞的基本结构
012 　　一、植物细胞的大小和形状
012 　　二、植物细胞的结构
020 　　三、植物细胞的后含物
022 　　四、原核细胞与真核细胞
022 　第二节　植物细胞的繁殖
022 　　一、有丝分裂
024 　　二、无丝分裂
025 　　三、减数分裂
026 　第三节　植物细胞的生长和分化
026 　　一、植物细胞的生长
026 　　二、植物细胞的分化

029 第二章　植物组织
029 　第一节　植物组织的概念和类型
029 　　一、植物组织的概念
029 　　二、植物组织的类型
039 　第二节　植物的组织系统和维管组织

042 第三章　种子植物的营养器官
042 　第一节　根
042 　　一、根的生理功能
042 　　二、根与根系
043 　　三、根尖的结构与发育
045 　　四、根的初生结构
047 　　五、侧根与不定根的形成
048 　　六、根的次生生长和次生结构
051 　　七、根瘤与菌根
052 　　八、特化的根
054 　第二节　茎
055 　　一、茎的生理功能
055 　　二、茎的形态
058 　　三、茎尖的构造与发育
060 　　四、双子叶植物茎的初生结构
063 　　五、双子叶植物茎的次生结构
068 　　六、裸子植物茎的结构
069 　　七、单子叶植物茎的结构
070 　　八、特化的茎
072 　第三节　叶
072 　　一、叶的生理功能
073 　　二、叶的形态
078 　　三、叶的起源和发育
078 　　四、叶的结构
084 　　五、叶的生态类型
085 　　六、叶的衰老与脱落
086 　　七、特化的叶
088 　第四节　营养器官间的相互联系
088 　第五节　同功器官与同源器官

092 第四章　种子植物的繁殖器官
092 　第一节　花
093 　　一、花的形态和结构
098 　　二、花程式和花图式
099 　　三、花序
101 　　四、花芽分化
101 　第二节　雄蕊的发育和结构
101 　　一、花药的发育
103 　　二、花粉粒的发育
105 　　三、花粉粒的形态及内含物
106 　　四、花粉败育与雄性不育
106 　　五、花药和花粉培养
107 　第三节　雌蕊的发育
107 　　一、胚珠的发育
108 　　二、胚囊的形成
110 　第四节　开花与传粉
110 　　一、开花

110	二、传粉	146	四、硅藻门的地位
112	第五节 受精作用	147	第七节 褐藻门（Phaeophyta）
112	一、花粉粒的萌发与生长	147	一、形态结构
113	二、双受精作用	147	二、繁殖
114	三、无融合生殖和多胚现象	148	三、分类及代表
115	第六节 种子和果实	150	四、褐藻门的地位
115	一、种子和幼苗	151	第八节 甲藻门（Pyrrophyta）
122	二、果实的形成和类型	151	一、形态结构
126	三、果实和种子的传播	152	二、繁殖
128	第七节 被子植物的生活史	152	三、分类及代表
		152	四、甲藻门的地位
		153	第九节 裸藻门（Euglenophyta）
	下篇　系统与演化植物学	153	一、形态结构
		154	二、繁殖
		154	三、分类及代表
132	第五章 藻类植物（Algae）	155	四、裸藻门的地位
132	第一节 概论	155	第十节 绿藻门（Chlorophyta）
132	一、藻类植物的分布	155	一、形态结构
132	二、藻类的繁殖方式	155	二、繁殖
132	三、藻类生活史类型及特点	156	三、分类及代表
133	四、藻类植物分类	165	四、绿藻门的地位
133	第二节 蓝藻门（Cyanophyta）	165	第十一节 藻类植物的起源与演化
133	一、形态结构	165	一、依内共生理论建立的藻类植物系统树
134	二、繁殖		
135	三、分类及代表	166	二、藻类体型及生活史的演化
136	四、蓝藻门的地位	167	三、藻类植物的经济意义
136	第三节 红藻门（Rhodophyta）		
136	一、形态结构	170	第六章 菌物（Fungi）
137	二、繁殖		第一节 黏菌门（Myxomycota）与根肿菌门（Plasmodiophoromycota）
137	三、分类及代表		
140	四、红藻门的地位	170	一、黏菌门
140	第四节 金藻门（Chrysophyta）	171	二、根肿菌门
140	一、形态结构	172	三、黏菌的系统地位
141	二、繁殖	172	第二节 卵菌门（Oomycota）
141	三、分类及代表	172	一、水霉目（Saprolegniales）
142	四、金藻门的地位	172	二、霜霉目（Peronosporales）
142	第五节 黄藻门（Xanthophyta）	174	第三节 真菌（True Fungi）
142	一、形态结构	175	一、壶菌门（Chytridiomycota）
142	二、繁殖	176	二、接合菌门（Zygomycota）
142	三、分类及代表	178	三、子囊菌门（Ascomycota）
143	四、黄藻门的地位	183	四、担子菌门（Basidiomycota）
144	第六节 硅藻门（Bacillariophyta）	193	五、半知菌类（Fungi Imperfecti）
144	一、形态结构	194	第四节 菌物的演化及其与人类的关系
145	二、繁殖	194	一、菌物的演化
146	三、分类及代表	195	二、菌物与人类的关系

197	第七章 地衣（Lichens）	222	二、分类及代表植物
197	一、地衣及其形态结构	223	第六节 真蕨亚门（Filicophytina）
197	二、形态构造	223	一、形态结构
198	三、繁殖	224	二、分类及代表植物
199	四、分类及代表类群	231	第七节 蕨类植物的起源和演化
199	五、经济及生态意义	231	一、蕨类植物经历的地质年代
		231	二、化石蕨类植物的主要类群
202	第八章 苔藓植物（Bryophyta）	234	三、蕨类植物的起源和演化概述
202	第一节 概论	234	第八节 蕨类植物与人类生活的关系
202	一、基本特征		
203	二、苔藓植物对陆地生活的适应性	237	第十章 裸子植物亚门（Gymnospermae）
203	三、分类	237	种子植物概述
203	第二节 苔纲（Hepaticae）	237	一、种子植物的特征
203	一、形态结构特征	238	二、种子植物的分类
204	二、主要类群	238	第一节 裸子植物的特征
207	第三节 角苔纲（Anthocerotae）	239	第二节 裸子植物分类
207	一、形态结构特征	239	一、苏铁纲（Cycadopsida）
207	二、主要类群	241	二、银杏纲（Ginkgopsida）
208	第四节 藓纲（Musci）	244	三、松柏纲（Coniferae）
208	一、形态结构特征	252	四、紫杉纲（红豆杉纲）（Taxopsida）
208	二、主要类群	255	五、买麻藤纲（倪藤纲，盖子植物纲）
211	第五节 苔藓植物的起源和演化		（Gnetopsida，Chlamydospermopsida）
211	一、起源	259	第三节 裸子植物的起源和演化
212	二、苔藓植物的生态学及经济意义	260	一、蕨类植物的孢子囊
		260	二、胚珠的起源
214	第九章 蕨类植物（Pteridophyta）	261	三、裸子植物的起源与演化概述
214	维管植物概述		
214	一、中柱类型及其演化	269	第十一章 被子植物亚门（Angiospermae）
215	二、维管植物的分类系统	269	第一节 被子植物的特征
215	第一节 蕨类植物概述	269	一、被子植物的特征
215	一、孢子体	270	二、被子植物的分类原则
216	二、配子体	272	三、被子植物的分类
216	三、生活史	272	第二节 双子叶植物纲（Dicotyledoneae）
217	四、分类及分布	272	原始花被亚纲（Archichlamydeae）
217	第二节 松叶蕨亚门（Psilophytina）	272	一、木麻黄目（Casuarinales）
217	一、形态结构	272	二、胡桃目（Juglandales）
217	二、分类及代表植物	274	三、杨柳目（Salicales）
218	第三节 石松亚门（Lycophytina）	276	四、壳斗目（Fagales）
218	一、形态结构	279	五、荨麻目（Urticales）
218	二、分类及代表植物	281	六、檀香目（Santalales）
221	第四节 水韭亚门（Isoëphytina）	282	七、蓼目（Polygonales）
221	一、形态结构	284	八、中央子目（Centrospermae）
221	二、分类及代表植物	287	九、木兰目（Magnoliales）
221	第五节 楔叶蕨亚门（Sphenophytina）	296	十、毛茛目（Ranales）
221	一、形态结构	300	十一、胡椒目（Piperales）

301	十二、马兜铃目（Aristolochiales）	362	三、灯芯草目（Juncales）
303	十三、藤黄目（Guttiferales）	362	四、鸭跖草目（Commelinales）
306	十四、罂粟目（Papaverales）	363	五、禾本目（Graminales，Poales）
309	十五、蔷薇目（Rosales）	368	六、棕榈目（Palmales，Arecales）
316	十六、牻牛儿苗目（Geraniales）	369	七、佛焰花目（Spathiflorae）
318	十七、芸香目（Rutales）	371	八、露兜树目（Pandanales）
320	十八、无患子目（Sapindales）	372	九、莎草目（Cyperales）
323	十九、卫矛目（Celastrales）	374	十、姜目（蘘荷目）（Zingiberales，Scitamineae）
323	二十、鼠李目（Rhamnales）		
325	二十一、锦葵目（Malvales）	377	十一、兰目（微子目）（Orchidales，Microspermae）
329	二十二、堇菜目（Violales）		
330	二十三、葫芦目（Cucurbitales）	383	第四节　被子植物的起源与系统发育
331	二十四、桃金娘目（Myrtales）	383	一、被子植物的起源
334	二十五、伞形目（Umbellales，Apiales）	387	二、被子植物的系统发育
337	合瓣花亚纲（Sympetalae）		
338	二十六、杜鹃花目（Ericales）	406	第十二章　植物系统学概要及其发展动态
339	二十七、报春花目（Primulales）	406	第一节　植物的系统发育
339	二十八、柿树目（Diospyrales，Ebenales）	406	一、地球的演化及植物的系统发育历程
341	二十九、木犀目（Oleales）	409	二、植物系统发育关系的建立
342	三十、龙胆目（Gentianales）	411	第二节 植物系统学的动态简介
346	三十一、管花目（Tubiflorae）	411	一、植物分子系统学
352	三十二、川续断目（Dipsacales）	423	二、分支系统学
353	三十三、钟花目(桔梗目)（Campanulales）		
356	第三节　单子叶植物纲（Monocotyledoneae）	428	主要参考文献
357	一、沼生目（Helobieae）		
358	二、百合目（Liliiflorae）	430	索　引

绪 论

一、人类认识植物的历史

植物科学的发展历程和人类的起源是同步的。有人认为，植物科学始于距今8 000年前的石器时代。早期的人类，沿袭祖先采集的历史，随着工具和采集方式的改进，采集的植物籽实和渔猎的动物有了富余，在堆放过程中籽实发芽，捕获动物被驯养，由此产生了早期农业和畜牧业，并逐渐积累了农学知识。同时，人类在和伤病斗争中累积了本草学知识。人类早期的象形文字有草、木、虫、鱼等符号。我国留下来的甲骨文中，据陈炜湛考证，能够确认是植物或与植物有关的名词有30余个，其中有禾（　　）、稻（　　）、稷（　　）、黍（　　）、麦（　　）、粟（　　）、栗（　　）、杏（　）、杞（　　）、蒿（　）、柏（　　）、桑（　　）、柳（　）、榆（梇，　　）等具体的描述对象，也有草（屮，屯　）、芀，　）、木（　　）、果（　　）、林（　　）、森（　　）、刺（　　）、楚（　　丛林）等抽象的集合名词，以及与人类生产活动及祭祀有关的"刈、折、蓐、艺、乘、采、析、束、困、年、春、焚、委、婪"等甲骨文，其中有的字所表述的意义一直沿用至今。

春秋时代（B.C.722—B.C.481）成书的《诗经》记载描述了130多种植物。东汉时的《尔雅》记述了草本植物190余种，木本植物70余种。成书于汉代（B.C.206—A.D.220）的《神农本草经》记载了药物365种，是公认的世界上最早的本草学著作。梁代陶弘景著《本草经集注》（约A.D.500），在《神农本草经》基础上，记载的药物达到730种。唐代颁布的《新修本草》（又称《唐本草》），记载药物844种，开创了官修本草的先河。明朝李时珍在野外考证各种药源和走访调查各种药的用法，自绘图形，广纳前人成果，历经30年，于1578年著成《本草纲目》，记载药物1892种，图1 100余幅，药方11 000余首，内容极为丰富，为历来本草著作之集大成者。17世纪末《本草纲目》传至海外，翻译成多种文字。宋代苏颂等编撰并由朝廷颁布的《本草图经》（A.D.1061），是最早的本草图谱，有本草图鉴900余幅。北魏贾思勰著《齐民要术》（A.D.533—A.D.544），是最早也是最完整的农书，全书10卷92篇，把农作物分为粮食（包括禾谷类，豆菽类，大麻和胡麻等）、蔬菜、果树、桑柘、竹木等。大麻和胡麻籽一直被作为粮食，后来才作为纤维植物和油料作物。明代徐光启著的《农政全书》，系统总结了我国农业经验和成就。其他有关栽培植物的专著，还有晋代戴凯之的《竹谱》（A.D.256—A.D.419）、唐代陆羽的《茶经》（A.D.760—A.D.780）、宋代蔡襄的《荔枝谱》（A.D.1059），均堪称佳作。在园艺方面，清代陈淏子的《花镜》（A.D.1688）被称为古代园艺植物最为全面的著作，是园林花卉包括鉴赏栽培育种如嫁接等知识的百科全书。晋代嵇含的《南方草木状》（A.D.304）列举了80种中国热带、亚热带植物，分为草、木、果、竹四类，是中国最早的地方植物志。清代吴其濬于1848年编著了《植物名实图考》，记载野生植物和栽培植物共1714种，图1800余幅，是我国第一部水平极高的植物学专著。1858年李善兰与英国传教士威廉森（A. Williamson）等合作编译了《植物学》，把Botany译为"植物学"，引入如细胞、萼、瓣、心皮、子房、胎座、胚和胚乳等中文名词。1923年，中国近代植物分类学的奠基人胡先骕，编写了中国第一部《高等植物学》。

国外植物科学的发展历史，最早可追溯到古希腊亚里士多德（Aristotle）的学生提奥弗拉斯图斯（Theophrastus）（B.C.371—B.C.286）出版的《植物的历史》（*Historia Plantarum*）和《植物本原》（*De Causis Plantarum*），这两本书中记载了500多种植物，并列出了各种植物器官的名称。因此称其为"植物学之父"。

很长时间以来，植物科学都处于描述时期。18世纪以来，植物学家致力于建立植物分类系统。瑞典植物学家林奈（Carl von Linnaeus）于1753年发表了《植物种志》，标志着双名法（binomial nomenclature）的确立。1859年，英国博物学家达尔文（C. R. Darwin）发表的《物种起源》创立了自然选择为中心的进化论。达尔文学说直接推动了19世纪植物自然分类系统的建立。显微镜的发明使人类进入了微观世界，从而推动了19世纪中叶由德国植物学家施莱登（M. Schleiden）和动物学家施旺（T. Schwann）创立细胞学说。1900年，孟德尔（G. Mendle）豌豆杂交试验的再证明，标志着遗传学的诞生。

随后，实验植物学开始建立，对植物生命活动的研究，促进农业生产技术发生了根本性的变化，推动了品种改良、高产栽培，大量使用化肥和农药以及机械化现代农业体系形成，农作物产量得到了显著提高。

1953 年，沃森（J. D. Watson）和克里克（F. H. C. Crick）发表了遗传物质 DNA 的双螺旋结构，奠定了分子生物学的基础。20 世纪 60 年代以来，遗传学的突出进展带动了整个生物学的迅速发展，促进了转基因技术日益成熟。21 世纪初，以人类基因组计划为主导的主要模式生物（model organism）基因组的完成，推动了基因组学、蛋白质组学、代谢组学等新学科的发展。各种抗性基因、特殊功能基因和代谢调控途径的阐明，加快了植物生物技术的发展。同时，在植物多样性和群落方面，20 世纪 80 年代出版了《中国高等植物图鉴》和《中国植被》。2004 年，集几代植物学家心血、80 卷 126 册的巨著《中国植物志》全部出版。

我国植物科学经过近一个世纪的奋斗，已经形成了分支学科齐全的科研和教学体系，在植物学的许多研究领域和世界处于同一先进水平。

二、生物分类等级

生物分类学是利用相似性进行分类的。界是最大的生物分类单位（taxon），种是最基本的生物分类单位，而不论哪一个等级，都可称为分类单位。生物分类等级包括界、门、纲、目、科、属、种 7 个分类等级，也可以在每一个分类单位下增加次级的分类单位，如亚界、亚目、亚科、亚属、亚种，有时也在亚科分类单位增加族、亚族，种之下建立变种、变型等分类单位（表 0-1）。

尽管物种是生命科学研究和利用的基本单元，但什么是物种呢，一直没有统一定义。一般而言，生物学意义上的物种（biological species）即生物学种的概念，是由具有一定的遗传结构、能够相互交配产生有生殖能力后代，具有一定地理分布区的居群（population）组成。简单地说，种是漫长生命史中从一个到另一个逐渐演化、永远变化的连续统一体，物种是一个遗传单位、生殖单位和地理单元。实践上，生物学种的概念不好把握、难以操作，因此用分类学物种（taxonomic species）替代生物学物种。分类学物种（taxonomic species）是以形态性状为基础，着眼于生物群体形态上的间断（种内形态多少是连续的，种间是间断的），具有一定地理分布（即所谓形态-地理学分类）局域居群的总和。有时，种下有次级分类单元亚种（subspecies, ssp.），是种内几个特征的变异，具有独立的分布区的种下单位。属于同种内的两个亚种，不分布在同一地理分布区，它比亚种单位小。变种（variety, var.）亦是种下分类单位，仅有较小的结构变异，并与种内其他变种有共同的分布区。变型（form, f.）也是种下分类单位，仅有细小变异（如颜色），并无一定分布区的一些个体的集合，比亚种、变种单位都要小。

表 0-2 以茶为例，说明它在分类等级中的名称和归属。

双名法

瑞典植物学家林奈（1707—1778）（图 0-1）为建立"双名法"（bionomental）和在一切生物中使用"双名法"做出了杰出贡献。一个物种的名称即学名（scientific name），由属名、种加词和命名人三部分组成。例如，茶的学名是 *Camellia sinensis*(L.) O. Kuntze，其中，"*Camellia*"是属名，中文称山茶属；"*sinensis*"称为种加词，意为产于中国的。于是，茶这个学名由两个词组成，属名加上种加词，这就是双名法。"(L.) O. Kuntze"代表命名人，也隐含了该物种学名的变化过程。最初，林奈（Linnaeus，缩写为 Linn. 或 L.）把茶命名为 *Thea sinensis* L.，属名是 *Thea*。后来，根据国际植物命名法规，*Thea* 是不合法名称，是 *Camellia* 的异名（synonym），*Thea sinensis* L. 也是不合法和不正确的名称。O. Kuntze 将 *Thea sinensis* L. 转移到 *Camellia sinensis*（L.）O. Kuntze，保留

图 0-1 林奈（自 Stern 等，2008）

了林奈命名茶时的种加词，并将林奈姓氏的缩写字母用括号括起来，接着加上转移者的姓氏缩写。这样做的目的，一是要表明茶的学名的由来，二是尊重前人在茶命名过程中所作的贡献。根据国际植物命名法规，正确的学名必须是拉丁文、希腊文或拉丁化的外来语，并常用斜体，属名的第一个字母须

表0-1 植物分类等级的名称

中文	英文	拉丁文	学名词尾形式
界	kingdom	regnum	复数主格，如植物界 Plantae，动物界 Animalia
门	division	divisio	藻类，高等植物 – phyta
		phylum	菌物 – mycota
亚门	subdivision	subdivisio	藻类，高等植物 – phytina
		subphylum	菌物 – mycotina
纲	class	classis	高等植物 – opsida
			藻类 – phyceae
			菌物 – mycetes
亚纲	subclass	subclassis	高等植物 – idae
			藻类 – phycidae
			菌物 – mycetidae
目	order	ordo	– ales
亚目	suborder	subordo	– ineae
科	family	familia	– aceae
亚科	subfamily	subfamilia	– oideeae
族	tribe	tribus	– eae
亚族	subtribe	subtribus	– inae
属	genus	genus	单数主格，有性属；如用人名作纪念属名，则不分男女，均用阴性单数主格
亚属	subgenus	subgenus	与属名同一形式，或与属名性别一致的复数形容词
组	section	sectio	与属名同一形式，或与属名性别一致的复数形容词
亚组	subsection	subsectio	与属名同一形式，或与属名性别一致的复数形容词
系	series	series	与属名同一形式，或与属名性别一致的复数形容词
种	species	species	与属名的性数格保持一致，或用人名作加词而且用名词，此时应依被纪念人的性别、数用所有格
亚种	subspecies	subspecies	与属名的性数格保持一致，或用人名作加词而且用名词，此时应依被纪念人性别用所有格
变种	variety	varietas	与属名的性数格保持一致，或用人名作加词而且用名词，此时应依被纪念人性别用所有格
变型	form	forma	与属名的性数格保持一致，或用人名作加词而且用名词，此时应依被纪念人性别用所有格

表0-2 茶在分类等级中的名称和归属

等级	名称
种	茶 Camellia sinensis（L.）O. Kuntze
系	茶系 Camellia Ser. sinenses Chang
亚组	茶亚组 Camellia Subsect. Thea（L.）Chang
组	茶组 Camellia Sect. Thea（L.）Dyer
亚属	茶亚属 Camellia Subg. Thea（L.）Chang
属	山茶属 Camellia
族	山茶族 Theeae

续表

等级	名称
亚科	山茶亚科 Theoideae
科	山茶科 Theaceae
目	藤黄目或山茶目 Guttiferales or Theales
纲	双子叶植物纲 Dicotyledoneae*
门	种子植物门 Spermatophyta

* 后级不符合国际植物命名法，但系保留名。

大写，其他语言表示的物种名称均为俗名（common name）或者地方名（local name）。如果种名之下还有种下等级亚种（subspecies）、变种（variety）或变型（form）时，则称为"三名法"（trinomial nomenclatrue），如苦茶 Camellia assamica var. kucha Chang et Wang。

属名和种加词有各种来源，其中也包括被纪念的人名。一个属可能包含许多种，如山茶属里除茶之外，尚有普洱茶 Camellia assamica（Mast.）Chang、油茶 C. oleifera Abel 和金花茶 C. nitidissima Chi 等；但像银杏属仅含银杏 Ginkgo biloba L. 1 种。仅含 1 种的属称为单型属（monotypic genus）。一个或几个属组成科，依次构成目、纲、门和界。

新种（species nova，缩写为 sp. nov.）发表必须依附于保存在固定场所的植物标本（specimen），这个用于命名的标本和新种的名称永远联结在一起，被称为命名模式或模式标本（type，typical specimen）。即使以后研究发现新种的名称不正确，成为异名（synonym），也不能取消原来名称的模式标本。模式标本有一个到数个，如有多个时，其中一个标本为"主模式"（holotype），其余复份标本为"等模式"（isotypes），复份模式标本可分送若干个标本馆，特别是著名标本馆收藏。

种与生产实践中的品种（cultivar）是不同的。后者是经过人工选择而形成遗传性状比较稳定、特性大致相同、具有人类需要的性状的栽培植物群体。品种是一种生产资料，是人类进行长期选育的劳动成果。品种是种质基因库的重要保存单位。

生物的界

可将所有的生物划分为不同的"界"（kingdom），然而人们对生物的分界并无一致意见。目前比较认可的是把生物划分为五个界，这就是原核生物界（Monera）、植物界（Plantae）、动物界（Animalia）、菌物界（Myceteae）和原生生物界（Protista）。我国学者陈世骧（1977）建议成立病毒界（Viri），作为生物的第六界。对生物的分界也反映了人们对生物类群认识的逐步深入，最初林奈提出把生物划分为植物界和动物界两界，其理由是"植物具有叶绿体，能利用太阳辐射能进行光合作用，制造养分并作为植物本身的贮藏物质，多数植物细胞具有坚硬的细胞壁，固着生活；动物不具叶绿体，自己不能制造养分，而是利用植物的贮藏物质作为食物，缺乏坚硬的细胞壁，动物具运动性，能从一个地方迁移到另一个地方"。两界系统方便而实用，但人们逐渐明白，把复杂的生物划分到动物和植物是十分困难的。如真菌一类，既不含叶绿体，也不吞噬食物，而是从生物体遗骸分解、吸收养分，或在活的生物体行寄生生活，所以不能将真菌类归入两界系统。于是除动物界、植物界外，增加了真菌界（Fungi）。进一步的研究发现，有些生物缺乏细胞核，这里既有缺乏叶绿素的细菌，也有具叶绿素的蓝藻，将它们归于原核生物界，以便和真核生物（eukaryotes）区分。但是一些生物，如单细胞、没有真核的生物，具有能运动的鞭毛——一种复杂的线状原生质结构，它们看起来也不适合四界系统中任何一界，于是增加了第五界原生生物界。分子系统学的研究，促成了更多生物界的提出，但是出于对基本分类群特征的认识，而不必拘泥于分类群的转移和范畴，本书内容包括了植物界、除细菌外的菌物界，以及原核生物蓝藻门。

三、植物在自然界中的作用

1. 植物保障了地球生命系统

绿色植物体内的叶绿体能够利用光能,将简单的无机物(水和CO_2)合成为复杂的有机物(糖类),并放出氧气,这个过程称为光合作用(photosynthesis)。糖类在植物体内进一步同化为脂质和蛋白质等物质。这些有机物除了一部分用于维持本身的生命活动和组成植物体本身的结构外,大部分作为各器官的贮藏物。据估算,地球上的植物每年约合成 2.6×10^4 亿吨有机物,其中 90% 为海洋植物所合成,相当于植物每年积蓄 4.2×10^{14} 亿焦耳的化学能。植物占全球生物量的 98%,它是人类和其他生物赖以生存的物质基础。存贮于地下的煤炭、石油、天然气也主要是由远古绿色植物遗体经地质矿化形成。

如果某一严重的病害杀死了地球包括江河湖泊和海洋的全部植物,那么所有陆上、海洋、空中的动物短时间内就会死亡。即使还有其他替换的能源可以利用,但是根据估算,地球上的氧气要是完全没有补充来源的话,在 11 年内将被消耗掉,所有的动物都会窒息而死。

绿色植物在光合作用过程中不断释放出氧气,使需氧呼吸的生物得到了保证,同时维持大气中氧平衡,以及臭氧层的厚度。

氮是植物生命活动中不可缺少的重要元素之一,大气中约含 80% 的氮。这种游离状态的氮,绿色植物不能直接利用,只有把大气中的游离氮固定转化为含氮化合物才能被植物吸收,这个过程称为生物固氮作用(biological nitrogen fixation)。少数细菌和蓝藻能够进行固氮作用。绿色植物利用吸收的氮素合成蛋白质,建造自己的躯体。动物摄食植物,加工成为动物蛋白质。蛋白质通过呼吸以及动植物尸体的分解,进行氨化作用(ammonification),释放出氨,其中一部分氨成为铵盐,为植物再吸收;另一部分氨经硝化细菌一系列的硝化作用(nitrification)形成硝酸盐,成为植物吸收的主要氮源。环境中的硝酸盐也可由反硝化细菌的反硝化作用(denitrification)再放出游离氮(N_2)或氧化亚氮(N_2O),重返大气。

植物体内除碳和氮外,还有氢、氧、磷、硫、钾、铁、镁、钙及各种微量元素。这些元素也都类似于上述情况,被植物吸收后,又从植物返还自然界,进行永无休止的物质循环。植物的合成和分解作用,维护了地球的环境健康,使地球生态系统正常运行。

当前环境问题是全球性的,这些问题的最终解决需要植物参与其中。大气中含有 0.03% 的 CO_2,而绿色植物在光合作用过程中吸收的 CO_2 主要是生物呼吸时产生的,因此大气中所含 CO_2 浓度大体是稳定的。现代工业发展到今天,大气中的 CO_2 已不能保持在过去很长时间的安全水平下,地球生物及人类活动大量使用的化石燃料所产生的 CO_2,已经远远超出绿色植物能够吸收的量,因此空气中的 CO_2 含量持续增长。过多的 CO_2 引起的"温室效应"将使全球平均气温上升,其直接后果是使南极的冰川消融,海平面上升,海岸线后移,人类的许多家园将会被水淹没,同时大批物种也将消失。

人口数量持续增长,过去几百年来,人类已经占领了地球上大部分的地方,人口密度已变得非常大。人类排干了湿地的水把它开垦成农田,木材的需求导致大面积的热带雨林被砍伐。森林对地面的覆盖可以减少雨水在地表的流失和对表土的冲刷,保护坡地,涵蓄水源,防止水土流失。据估计,5 万亩($1 hm^2$=15 亩)的森林,其蓄水量相当于一个 100 万立方米水库所蓄的水量。植物的蒸腾作用,把水汽散发到大气中,水汽再凝结成雨,可以减少地区干旱。但是如果植被遭到破坏,土地沙化,特别是干旱地区,原有的植被一旦被破坏,沙漠化就是它的直接后果。我国北方地区的沙尘暴近年来已经变得非常严重,并且已经殃及邻国。西北的戈壁滩,新疆、内蒙古的沙漠面积占了我国领土面积的 1/4 以上。另外,大量废水、污染物被排放到河、湖、海洋等水体,并将污染扩及大气,恶化了地球环境。人类用农药杀灭害虫及植物病原生物,也同时杀灭了害虫的天敌和其他有用生物,这种持续的人类行为将直接导致自然界包括植物在内的生态平衡的彻底破坏,而这个平衡是人类进入这一环境之前很早就建立了的。

2. 人类对植物的依赖

人类和动物依赖植物产生氧气,吸入氧气,呼出 CO_2,须臾不能停止。植物是人类大部分产品的来源,水稻、玉米、马铃薯、糖料作物、蔬菜、水果等,所有的食物,包括鱼、肉、家禽、蛋、奶酪和牛奶，没有哪一样与植物无关。调味品如香料、食用色素、化妆品如香水也多来自植物，一些染料、黏胶剂、可降解的外科手术缝合线、食品添加剂、饮料及乳化剂也都与植物有关。木材、造纸、衣着、窗帘、台布和家具，甚至连钓鱼竿、滑雪板/杖和各种盛具，都与植物有关。可以说人类的衣、食、住、行都离不开植物。无数药用植物被开发，许多抗生素生产与真菌有关。园林观赏植物则为人类的健康和良好家居环境提供了保证。

据估计，公元前 6 000 年，地球总人口不足 2 000 万，到了 1750 年，地球的总人口达到了 20 亿，1980 年达到 44.8 亿，1985 年为 48.9 亿，2010 年达到 65 亿，预计到 2020 年，世界人口将高达 75 亿。这意味着未来我们不得不需要将作物产量大幅度提高，才能满足人类粮食温饱需求。

我国是世界上植物种类最多的国家之一，仅种子植物就有 3 万种以上。我国的农耕文化为世界农业做出了重要贡献，水稻、小米在我国已有数千年的栽培历史，品种资源很丰富。大豆的引种栽培使中国豆腐有了特殊的含意；茶树的发现，使茶文化成为世界文明的一部分；我国培育成功的大白菜被直译成英语单词，人参、党参和豆腐也是如此。我国有丰富的野生稻资源，其中雄性不育野生稻的发现，才使杂交水稻最终获得了成功。八角、油桐、生漆、松香、板栗、桃、梅、柚、柑橘、枇杷、荔枝、龙眼、茶、桑、大豆、牡丹、月季、菊花、山茶、油茶、杜鹃花、兰花、水仙、杉木和竹子等均为我国原产、特产的植物或植物产品，银杏、水杉、水松、银杉和珙桐更属稀世珍宝。我国拥有数以万计的中草药，人参、三七、乌头、附子、菊花、辛夷、白芍、丹皮、巴戟天、砂仁、当归、杜仲、桂皮和石斛等均为名贵的药用植物，中医药学是人类瑰丽的文化遗产之一。我国被称为世界园林植物之母，牡丹、梅花、兰花、菊花和木绣球是我国培育出来的花卉植物的重要代表。玫瑰、月季、香水月季和石竹是我国培育的风靡世界的切花。菊花、月季、香石竹是不可或缺的选育新品种的杂交材料。我国丰富的植物资源养育了中华民族，孕育了灿烂独特的中华文明。

3. 植物将在生物质能源和再生能源开发利用中发挥作用

人们已经认识到可利用植物改良环境、提高产量和品质，以及生产再生能源，以满足人口增长、粮食短缺、能源危机和环境污染等全球问题。

（1）生物质能源（biomass energy）：将植物油脂转化成生物柴油（biodiesel）的技术已经成熟。高光效速生 C_4 植物芒草 *Miscanthus giganteus* 的开发已经取得成功，科学家正在寻求新的适应性广、生长速度快和生物产量高的野生植物资源。我国的野生油脂植物资源非常丰富，油茶、油桐、麻疯树和乌桕油脂产量很大，可以采取集约化经营的方针，大规模种植油脂植物将是可行的。也可以采取延长产业链的办法，如在茶叶生产中，茶树的籽实通常较少利用被废弃，可以在生产茶叶的同时利用茶籽生产生物柴油。

（2）生物产氢（biohydrate）：目前，莱因衣藻 *Chlamydononas reinhardtii* 生产氢气已获得成功。但由于其转化太阳能效率还不到 0.1%，限制了它在生产上的广泛应用。

（3）生物乙醇（bioethanol）：利用植物淀粉如木薯和作物秸秆生产乙醇，乙醇与汽油混合称为"乙醇汽油"，这是生物质能源来源的另一途径。

（4）利用微生物生产沼气：人畜粪便及植物鲜料可以在密闭的窖内，利用厌氧的甲烷菌等微生物，生产以甲烷为主的沼气，代替天然气。它既是清洁能源，又对人畜粪便进行了无害化处理，废渣还可用作肥料。在大型畜禽饲养场建立沼气生产工厂是变废为宝、有利可图的事业。在我国许多农村地区，沼气已成为居民的主要燃料。

另外，植物在生物再生能源（biorenewable resources）和可降解资源（biodegradable resources）利用方面也发挥重要作用。

四、植物的个体发育、系统发育与幼态成熟

植物的个体发育（ontogeny）是指某一植物个体从某个阶段（孢子、合子、种子）或其组成的器官、组织或细胞从开始到成熟的过程。通过个体发育，可以认识植物个体生长发育的规律和植物生活史规律。植物的系统发育（phylogeny）是指植物类群起源和演化的历史，可以指一个类群，如科、属、种，也可

以指整个植物界在地球上的起源和演化。系统发育有两个基本过程——起源和发展。起源是从无到有的过程，一般认为同一物种或同一分类群起源于共同的祖先。生物类群不论大小，都有其发展演化过程。即从少到多、从简单到复杂和从低级到高级的阶段性分化过程。

个体发育与系统发育，从起源和演化的观点看，其本质是一致的，都是推动植物进化的两种不可分割的过程。系统发育建立在个体发育的基础上，而个体发育又是系统发育的环节。个体发育有时能够反映器官或组织的系统发育历史，例如导管分子的发育，在早期极像管胞，只是在后期才具有特殊的穿孔形式，表明导管确系来源于管胞；又如苏铁、银杏的精子具有鞭毛，但又同时具有花粉管，鞭毛显然是退化器官，据此可确定它们的祖先必须借助于水才能完成受精作用。不过个体发育在器官组织的发生过程常很简缩，以至在解释它们的系统演化时毫无价值，例如我们不能从个体发育中发现根、茎、叶系统发育的历史。生活环境对植物体的影响及植物体对环境条件的适应，对于植物的个体发育和系统发育有很大的作用，这两者促进了植物的演化。

幼态成熟（neoteny）指当较为原始的、先发生的阶段变成终结阶段或成年阶段，个体发育中的始发期排挤了中间期和终结期，导致其过早地完成，这个被称为"打断的个体发育"或"幼态成熟"。幼态成熟是动植物中普遍存在的现象。个体发育的过早完成，可能导致个体发育向新的方向演化，从而偏离原来的个体发育进程，引起新的演化，形成新的类群。例如有人推测买麻藤 *Gnetum* 和百岁兰 *Welwitschia* 雌配子体不再形成颈卵器，是在其祖先的雌配子体形成最初的游离核阶段"幼态成熟"，形成不同于其他裸子植物的、缺乏颈卵器的雌配子体。被子植物极其简化的 8 核胚囊，也是通过"幼态成熟"过程，在大孢子连续 3 次有丝分裂形成 8 核时停止发育形成的。

五、植物学的分支

植物学是一门基础学科，它不但研究植物种类的组成、相互之间的亲缘关系、植物的起源和演化，而且也研究植物在各层次的生命活动，包括结构和功能、生长发育、遗传信息、基因的演化与调控，植物的分布及其与环境相互作用等，为解决广泛的应用问题提供基本理论和方法。

我国《植物学发展战略调研报告》认为现代植物科学体系应包括：

（1）结构植物学（structural botany）：包括植物细胞生物学、解剖学及形态学、电镜及光镜显微技术、组织化学及细胞化学。植物细胞核、染色体、染色质的结构及细胞分裂、植物细胞的叶绿体、细胞壁及液泡是结构植物学的研究重点；植物细胞骨架系统的研究成为近年结构植物学的研究热点。植物组织培养的形态发生、花器官形态发生与基因调控的关系、植物功能基因组的研究、经济植物及特有植物有用产物的发生是有发展前途的研究领域。

（2）系统与演化植物学（systematic and evolutionary botany）：包括分类、系统及演化、区系及植物地理学和藻类、苔藓、蕨类以及真菌。系统与演化植物学是植物科学中一门经典的分支学科，近年来，由于引入了新概念、新方法而有了飞跃发展，并逐渐发展而分为系统学、区系学和物种生物学三个重要分支。系统学也称宏观系统学，以研究种级以上分类群为对象，在研究时必须利用形态、解剖、胚胎、细胞、植物化学、古植物学等多学科所获得的各种性状资料和证据。近年，又利用分子生物学的资料来研究系统，称为分子系统学。系统植物学被认为是一门无穷的、综合的学科，因此有时也称为综合分类学。植物区系学包括传统的植物区系地理学、历史植物地理学以及植物区系学最基础的工作——"植物志"。物种生物学包括植物界各类群的实验分类学、遗传生态学、细胞分类学、化学分类学，近年更引入分子生物学的研究方法。物种生物学或称为群体遗传学，其目标和任务就是认识居群和物种的生物学关系及演化关系。

（3）环境植物学（environmental botany）：包括生态学、自然保护及管理制度、污染、共生生物和外来植物的研究。其中，植物多样性的研究成为世界性的热点。在自然保护方面，提出了维持基本生态过程及维持生命系统、保护基因多样性、对物种和生态系统的持续利用三大目标。

（4）发育植物学（developmental botany）：包括营养发育、生殖发育及种子萌发和休眠在内的研究。在高等植物营养发育方面，开展了关于根、茎、叶、生长点分生组织及形成层的分化，培养细胞的脱分化及再分化的研究；在生殖发育方面，开展了关于配子体及配子的发生、花粉不亲和性的分子机制、双受精作用、胚及胚乳的发育、种子贮存蛋白及萌发中核酸和蛋白质的合成等的研究；在发育与环境方面，开展了关于光形态发生、向性、温度和光照等环境条件对植物发育的影响等的研究；在发育的分子生物学方面，开展了关于发育的决定及与发育有关的基因不同时间及空间特异性表达的调节、细胞异质性的建立、生长素及其他生长调节物质的分子生物学等的研究。植物光合作用的基因调控和信号传递的研究是最有前途的研究领域。

（5）资源植物学（resources botany）：包括的内容十分广泛，例如：资源植物的调查和资源植物志的编写，资源植物的地理分布和有用物质积蓄量的估算，资源植物有用物质的研究、提取及利用，有用化学成分代谢过程及其基因调控，植物化学成分演变与植物系统演化的关系，作为基因库的植物资源的利用和保护等。

六、学习植物学的方法

植物科学与人类的存亡息息相关，是人类在生存和生产中总结发展起来的学科，是一门实践性很强的科学。许多植物科学的理论是通过长期的观察、分析、总结归纳和提炼而成的。这就决定了学习植物学首先需要多观察、多动手、多实践和多比较。只有勤学苦练，才能从纷繁复杂、丰富多彩、生机勃勃的植物世界中总结出植物生长发育和演化的规律。

植物科学的研究整体上围绕着两条主线，即个体发育和系统发育。一方面，研究的是植物个体生活史特征以及植物对环境变化的响应（response）与反馈（feedback）、驯化（acclimation）与适应（adaption）、遗传与变异、生长与发育。另一方面，所有的生物起源于共同的祖先，也就是说，地球上所有的生命（包括化石生物）之间都存在或近或远的亲缘关系，都是随着环境的变化逐渐演化而来的，遵循"物竞天择，适者生存"的自然法则。因此，这些事实告诉我们，应用辩证唯物主义的观点去分析问题和解决问题。

当今世界是信息网络时代，学习植物学离不开网络资源的辅助。常用的网站有Google、维基百科和百度，从中可以得到大量的参考资料。同时，许多有关植物园、植物标本馆、植物学期刊、植物学研究和教学机构以及图书馆等专业性网站，也是进一步研究植物不可缺少的资源。此外，各种论坛也有许多有价值的信息。

思考题

1. 如何理解植物学的发展简史？
2. 如何理解植物科学不同分支学科的发展趋势？
3. 通过网络，查阅最新国际植物命名法规的主要内容。
4. 什么是生物五界系统？查阅文献，比较五界系统与"三域学说"有什么不同。
5. 什么是种？什么是品种？

数字课程学习

● 彩色图库　　● 名词术语　　● 拓展阅读　　● 教学PPT

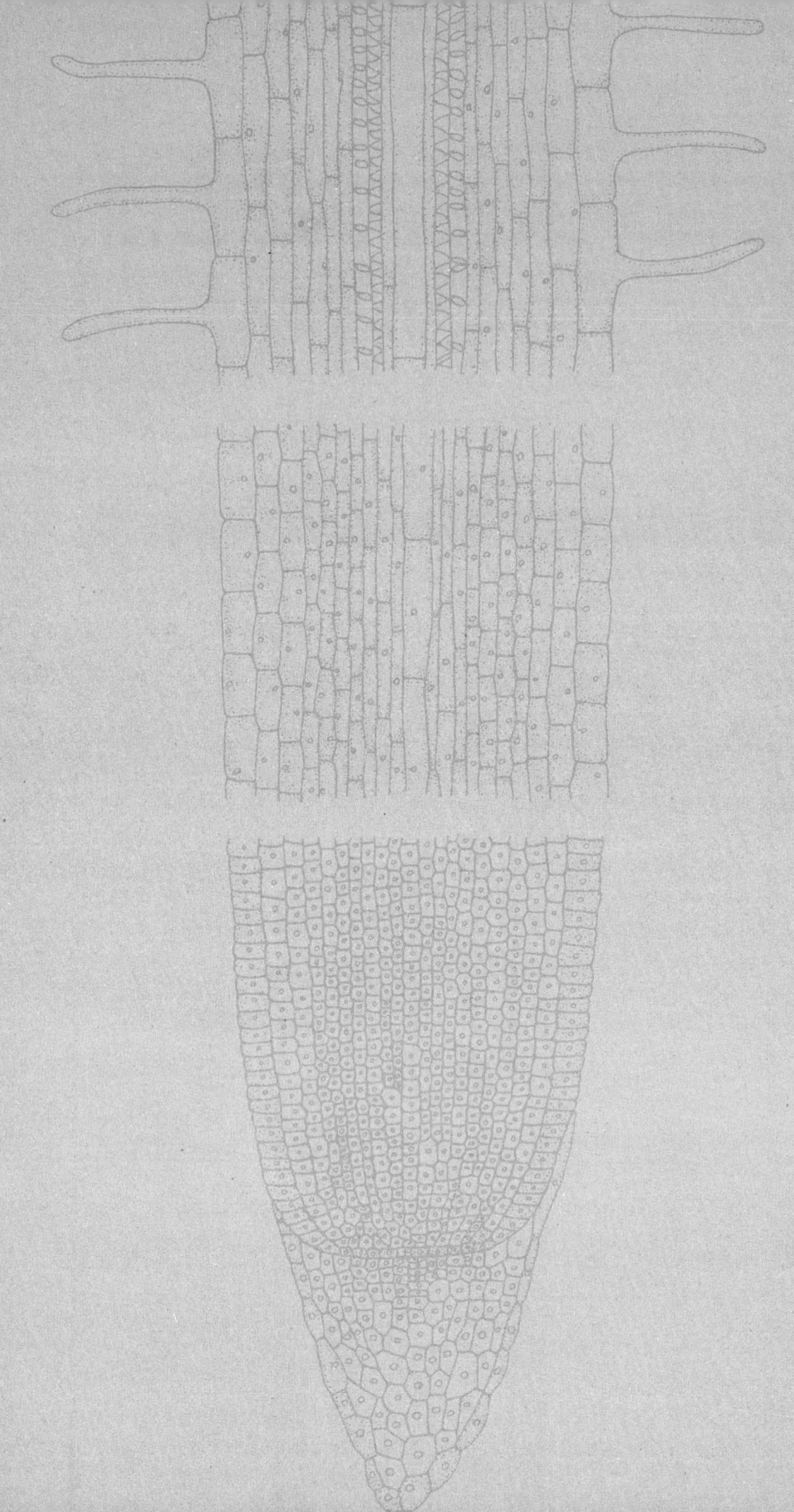

上篇
结构植物学

Part I
Structural Botany

第一章 植物细胞

英国物理学家虎克（R.Hooke）1665年用自制的显微镜检查酒瓶塞切片时，发现了他称之为"cell"的木栓细胞（其实是死亡的木栓细胞壁）。细胞的发现及显微镜的进步，激发了人们对微观世界的探索热情。19世纪上半叶，德国植物学家施莱登（M.Schleiden，1838）和动物学家施旺（T.Schwann，1839）根据前人对植物和动物的大量观察和发现，提出了细胞学说（cell theory），即一切生物机体都由细胞组成；每个细胞是相对独立的单位，既有自己的生命，又与其他细胞共同组成整体生命。细胞学说的创立是生物学发展史上的里程碑，被恩格斯（F.Engels）列为19世纪自然科学的三大发现之一。细胞学说为生物科学的发展奠定了坚实的基础。

20世纪初，电子显微镜和各种成像技术的发明，使人们看到了更为精细的亚细胞结构。20世纪60年代，组织培养技术出现，证实了未完全分化的植物细胞具有遗传上的全能性（totipotency），进一步证明了细胞是生物个体发育和系统发育的基础。

第一节 植物细胞的基本结构

一、植物细胞的大小和形状

植物细胞一般在显微镜下才能看到。在种子植物中，细胞的直径一般在10～100 μm之间。少数植物的细胞，如番茄果肉、西瓜瓤的细胞，直径可达1 mm，肉眼可以分辨。苎麻韧皮纤维细胞长约200 mm，但其横向直径仍是很小的。

植物细胞的大小由遗传因素所控制，同时在一定程度上也受到环境因素的影响。细胞的表面积和体积比是决定细胞大小和功能的表现形式，较小细胞具有较大的表面积和体积比，能够进行高效和快速的代谢和通讯。细胞直径每增加1倍，表面积和体积分别相应增加100和1 000倍。一般说来，代谢速率快的分生组织细胞比成熟组织细胞要小。

植物细胞的形状非常多样，常见的有球形、椭圆形、多面体、纺锤体和柱状体等（图1-1）。单细胞生物的细胞、游离细胞或生长在疏松组织中的细胞常呈球形，但在排列紧密的多细胞组织中，细胞由于互相挤压而呈多面体。一个典型的、未经特殊分化的薄壁细胞呈十四面体。细胞的形状亦随细胞的生长、成熟度而发生变化。整体上，植物细胞形状的多样性，反映了细胞形态、结构与功能相适应的规律。

二、植物细胞的结构

植物细胞无论形状、大小和功能如何，其基本结构都由原生质体（protoplast）和细胞壁（cell wall）两部分组成。原生质体是具有生命特征的部分，细胞壁包在原生质体的外面。

（一）原生质体

原生质体的主要物质是原生质（protoplasm），它是生命活动的物质基础，细胞的一切代谢活动都在这里进行。水是原生质中极为重要的组分，原生质一般含水量为80%～90%，细胞一切生命活动的重要化学反应都在水溶液中进行。生活细胞中除去水分后的干物质，约有90%是蛋白质、核酸、糖类和脂质。

（1）蛋白质（protein）：蛋白质是原生质的主要组成物质，占细胞干重的50%以上。蛋白质是由许多氨基酸通过肽键结合形成的高分子化合物，相对分子质量很大，从几千到几百万不等。有的蛋白质还含有P、S、Fe等元素。目前已知的氨基酸有20余种，由于合成蛋白质的氨基酸种类、数目和排列

图 1-1 种子植物各种形状的细胞

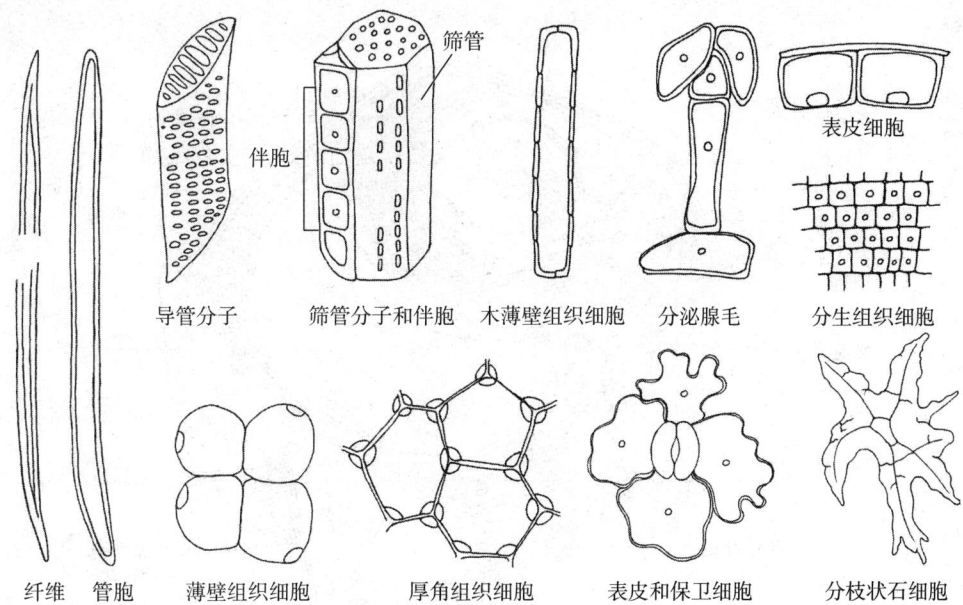

顺序的不同,所以形成了极其多样的蛋白质。酶就是一类蛋白质,在生活细胞中催化各种化学反应。

(2) 核酸(nucleic acid):核酸也是生命的物质基础之一,由核苷酸(nucleotide)通过核苷键连接而成。核酸有两种类型:脱氧核糖核酸(deoxyribonucleic acid,简称DNA)和核糖核酸(ribonucleic acid,简称RNA)。一般DNA主要存在于细胞核里,RNA主要分布于细胞质中。核酸是遗传物质,对植物的形态和生理、遗传和变异等起着主要的决定作用。

(3) 糖类(carbohydrate):糖类主要由C,H,O三种元素组成,一般以$C_n(H_2O)_n$的通式表示。糖类分为单糖(如葡萄糖)、双糖(如蔗糖)和多糖(如淀粉、纤维素)。糖类是构成细胞壁的主要成分,也是细胞中的重要贮藏物质。糖类可与蛋白质、脂质结合成复合物,成为细胞的结构物质。

(4) 脂质(lipid):脂质包括油、脂肪、磷脂等,主要由甘油和脂肪酸所构成的长链分子组成,链的长度比蛋白质、核酸短得多。脂质是构成各种膜的主要成分。

此外,在原生质中还含有少量的无机盐和生命活动必不可少的生理活性物质,主要有维生素、激素等。

原生质是无色、半透明、具有不同程度弹性的黏稠液体,有极强的亲水性,是一种亲水胶体。原生质高度分散的胶粒(蛋白质颗粒)具有巨大的表面积,为细胞进行代谢活动创造了有利条件,并保证了原生质结构的稳定与生理功能的正常进行。

在植物细胞中,原生质进一步分化成原生质体中的各种细胞结构,如细胞质、细胞核、质体、线粒体等(图1-2)。

1. 细胞膜

细胞膜又称质膜(plasma membrane),包围在原生质体表面,厚度约800 nm。大多数情况下,细胞膜包括质膜和细胞内的内膜系统(由内质网、高尔基体、微体和液泡等的膜组成)。与内膜系统相对,质膜又称外周膜或外膜。质膜和内膜系统合称为膜系统。

动植物细胞的膜有相似的基本构造,因而又统称为生物膜(biomembrane),生物膜的基本成分为蛋白质和类脂。关于膜的结构,目前尚未完全了解。流动镶嵌模型(fluid mosaic model)认为,生物膜的基本框架是磷脂双分子层,膜上的球状蛋白分子以各种方式镶嵌在磷脂双分子层中,有的结合在膜的内外表面,有的嵌入磷脂质层中,有的贯穿于整个双分子层(图1-3)。整个双分子层具有一定的流动性,可以在同一平面上自由移动,使膜处于不断变动的状态。在电镜下,膜的横剖面表现为两层暗带(膜蛋白质主要分布区)夹一层明带(类脂分布区),这样的三层结构称为单位膜(unit membrane)。质膜由一层单位膜组成。细胞中除质膜外,细胞核的内膜和外膜,以及其他细胞器的被膜一般也都是单位膜,但各自的厚度、结构和性质有所差异。

质膜具有"选择透性",能使细胞从周围环境中不断地取得所需要的水分、盐类和其他必需的物质,

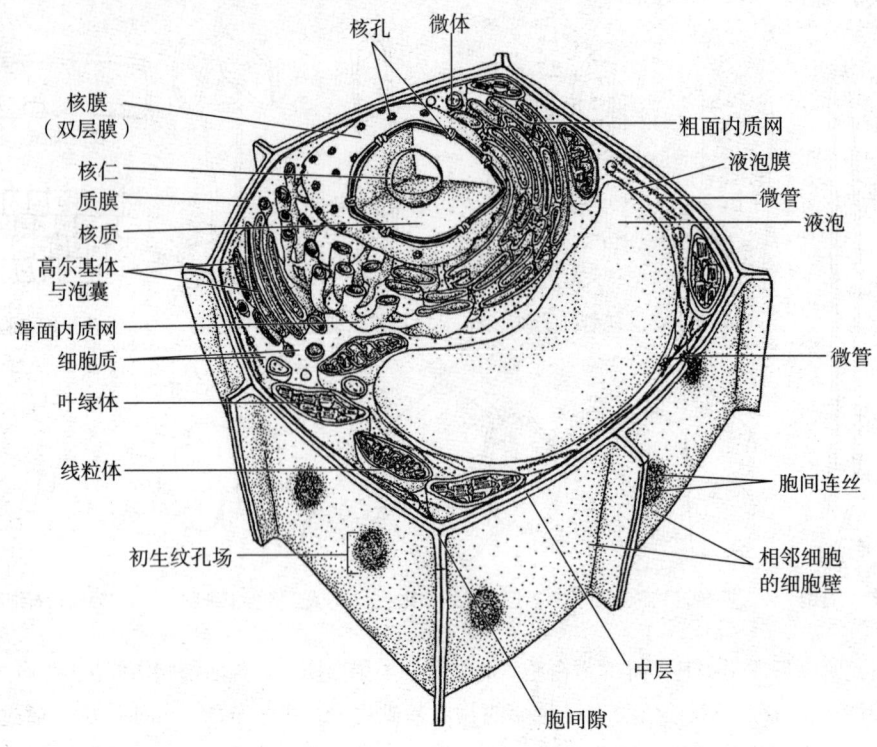

✿ 图1-2 植物细胞的亚显微结构立体模式图（重绘自Mauseth，2007）

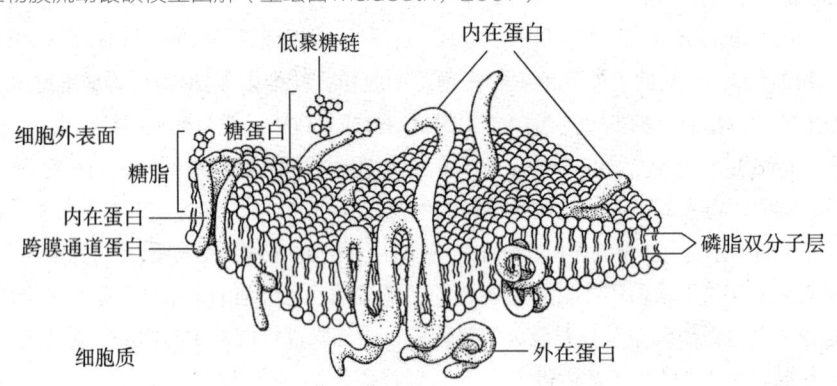

✿ 图1-3 生物膜流动镶嵌模型图解（重绘自Mauseth，2007）

而又阻止有害物质的进入；同时，把代谢废物排除出去，而又不使内部有用的成分任意流失，从而保证细胞具有一个合适而相对稳定的内环境。此外，质膜还有许多重要的生理功能，如主动运输、细胞识别以及参与一些代谢活动的调节等。

2. 细胞质

在年幼的活细胞中，细胞质（cytoplasm）充满细胞腔，而在成熟的细胞中，液泡占据主要细胞空间，细胞质逐渐成为紧贴细胞壁的薄层，介于细胞壁和液泡之间，细胞核及其他细胞器都包埋于其中。细胞质基质呈胶体状态，有一定的黏度和弹性。在生活细胞中，细胞质处于不断的运动状态，它能带动细胞器和其他成分在细胞内作有规则的持续流动，这种运动被称为胞质环流（cytoplasmic streaming 或 cyclosis）。胞质环流有两种情况：在具有单个大液泡的细胞中，细胞质常围绕液泡朝一个方向作循环式运动，例如黑藻及苦草叶细胞中的细胞质运动；在具有多个液泡的细胞中，细胞质分成许多小流，各小流可以有不同的流动方向，称为流走式运动，例如紫露草和许多植物花丝上表皮毛细胞中的细胞质运动。

细胞质运动是生活细胞的标志之一。一旦细胞死亡，运动也随即停止。

3. 细胞核

除原核生物（如蓝藻）外，所有生物细胞都具有细胞核（nucleus）。通常一个细胞只有一个核，也有双核或多核细胞。细胞核直径在2～15μm之间。细胞核的形状和位置随细胞生长而变化。在年幼的细胞（如分生组织）中，细胞核相对较大，呈圆球形，约占细胞空间的75%，位于细胞中央。当细胞分化以后，细胞核的相对体积逐渐减小，成熟细胞的细胞核成扁球形，位于细胞边缘。个别成熟细胞的核被许多线状的细胞质悬吊在细胞的中央。

细胞核由核膜（nuclear envelope）、核质（nucleoplasm）和核仁（nucleolus）等几部分组成（图1-4）。在核膜上有均匀或不均匀分布的、直径为50～70nm的小孔，称为核孔（nuclear pore）。这些核孔只允许某些分子进出核（如蛋白质运进核，RNA被运出）。核内有一至几个折光性很强的小球体，称为核仁。核仁由RNA和组蛋白组成，其大小随细胞生理状态而变化。核膜以内、核仁以外的胶态物质称为核质，它包括一种极易被碱性染料着色的细线状的染色质（chromatin）和另一种不易被染色或染色很浅的核液（nucleochylema）。染色质的主要成分是DNA和蛋白质。当细胞分裂的时候，这些染色质丝多次高度螺旋化而形成粗短的染色体（chromosome）。对于一种生物来说，其染色体数目和结构是稳定的。如萝卜有18条染色体，尖头箭蕨（*Ophioglossum peduculosum*）有1 000条染色体。核液是核内没有明显结构的基质，其化学成分主要有蛋白质、RNA和酶。

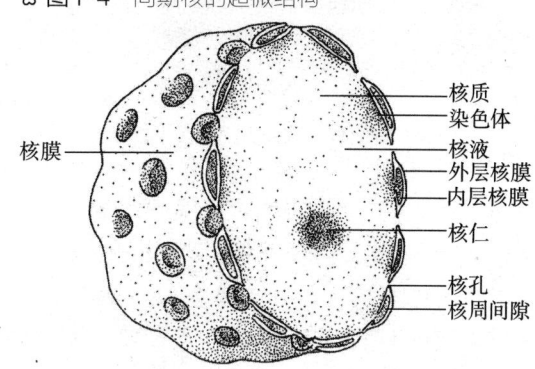

图1-4 间期核的超微结构

细胞核是细胞的控制中心，控制细胞的生长、发育、分化和代谢。细胞核中贮存的遗传信息在新细胞产生时会从母细胞传到子细胞。

4. 细胞器

（1）质体（plastid）：质体是绿色植物特有的结构。质体的形状、大小及其中所含的色素和功能，随植物种类、器官和外界条件而有所不同。根据色素的组成，可将质体分为叶绿体（chloroplast）、有色体（chromoplast）和白色体（leucoplast）三种类型（图1-5）。

叶绿体存在于植物绿色部分的细胞中，如叶肉细胞和幼茎的皮层细胞。高等植物的叶绿体其形状大小比较相似，呈卵形而略扁，其直径为2～10μm。在每个绿色细胞中，叶绿体数量为75～125个，有时多至数百个。在真核藻类中，叶绿体有杯状、带状和各种不规则形状。

高等植物叶绿体所含色素有叶绿素a（chlorophyll a）、叶绿素b（chlorophyll b）、叶黄素（xanthophyll）和胡萝卜素（carotenoids）。其中叶绿素是主要的光合色素，它能吸收和利用光能，直接参与光合作用；其他两类色素将吸收的光能传递给叶绿素，起辅助光合作用的功能。植物叶片的颜色与细胞叶绿体中这三种色素的比例有关。

叶绿体外为一双层膜包围，里面充满无色的基质，基质中含有40～60个基粒（granum）。基粒由圆盘状的类囊体（thylakoid）叠合而成，在基粒之间有基质片层（fret）相联系（图1-6）。在基粒的双层膜

图1-5 不同细胞内的质体

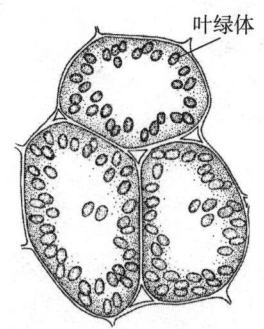 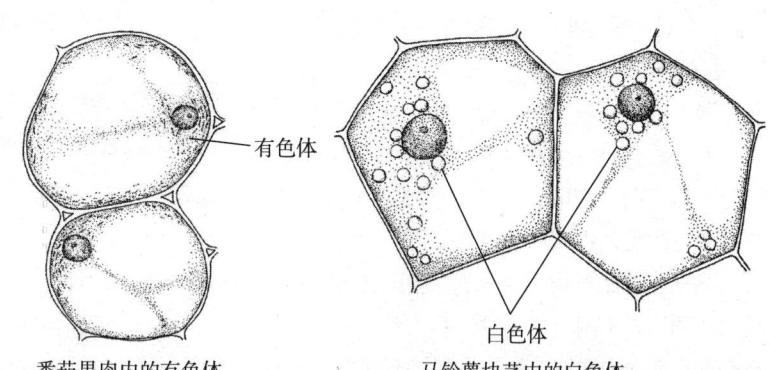

天竺葵叶肉细胞内的叶绿体　　　番茄果肉内的有色体　　　马铃薯块茎内的白色体

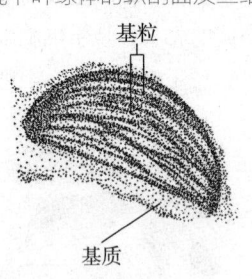 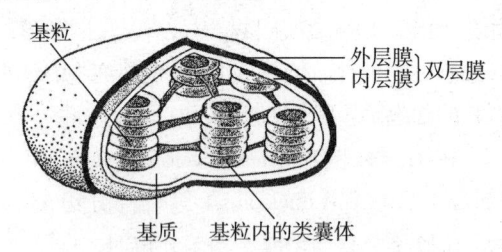

图1-6 电镜下叶绿体的纵剖面及三维模式图（重绘自Mauseth，2007）

一个叶绿体的透射电镜照片（×20 000）　　　一个叶绿体结构（剖去部分）的立体示意图

上和基质中有光合作用所需的酶类。光合作用的光反应在基粒上进行，暗反应在基质中进行。

有色体存在于植物花瓣、果实和根中。黄色的花瓣、番茄和辣椒等红色果实、胡萝卜的根中含有丰富的有色体。有色体所含的色素是胡萝卜素和叶黄素，由于两者比例不同，可分别呈黄色、橙色或橙红色。有色体所含的色素，尤其是胡萝卜素易形成结晶，使有色体的形状呈多角形或不整齐的颗粒和针形。有色体能积累淀粉和脂质，在花和果实中具有吸引昆虫和其他动物传粉及传播种子的作用。

白色体是不含色素的质体，呈颗粒状，多见于幼小或不见光组织的细胞中，特别在贮藏组织的细胞中较多。有些白色体在细胞生长过程中能积累淀粉，称为造粉体（amyloplast）；有些白色体能参与油脂的形成，称为造油体（elaioplast）。

有色体和白色体均有双层膜包被，但内部没有发达的膜结构，不形成基粒。

质体可由前质体（proplastid）发育而来。前质体是一种较小的无色体，直径1~3 μm。前质体可以发育成各种质体。在光照影响下，前质体增生片层，叠合成基粒，并合成各种光合色素与蛋白质，发育为叶绿体。在不见光的贮藏器官的细胞中，片层发育受到限制，前质体发育成白色体。

质体之间可随着外界条件和细胞生理功能的不同而发生转变。白色体在有光的情况下可转化成叶绿体，如子房受精后逐渐发育为果实时，白色体转变为叶绿体，果实成熟时，叶绿体转变为有色体。相反，当质体失去了所增加的物质，也可变成白色体。

（2）线粒体（mitochondria）：线粒体普遍存在于生活的真核细胞中，在光学显微镜下呈粒状、棒状或线状，通常长为1~2 μm，宽为0.2~1 μm。在电子显微镜下可见线粒体的双层膜结构。其内膜在不同的部位向内折叠，形成许多隔板状或管状突起，称为嵴（cristae），嵴之间充满基质（图1-7）。在嵴的表面和基质上有100多种与呼吸作用有关的酶。线粒体内嵴的数量是判断线粒体的活性和细胞活力的主要依据。

图1-7 线粒体三维结构图解

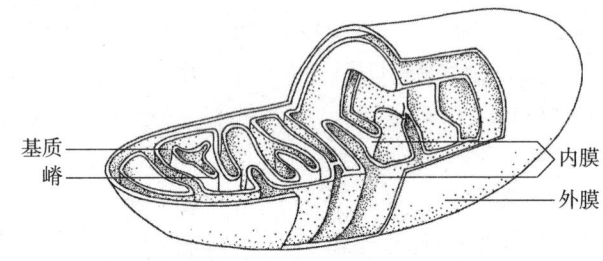

线粒体是细胞进行呼吸作用的重要场所，细胞代谢所需的总能量中约有90%来自线粒体。因此，线粒体被人们喻为细胞的"动力工厂"。

（3）内质网（endoplasmic reticulum，ER）：内质网是由单层膜包围、扁平的囊状和管状组成的网状结构，其数量极多，成为细胞与细胞间的联系管道。在电子显微镜下可见内质网呈两层平行的膜，中间充满基质（图1-8）。

图1-8 粗面内质网立体结构模式图（右为一个槽库）

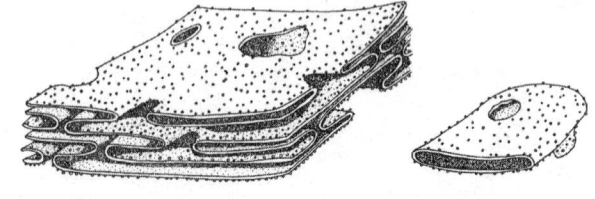

内质网有两种类型：一类在膜的外侧附有许多核糖体颗粒，称为粗面内质网（rough ER）；另一类在膜的外侧通常不附有核糖体，称为滑面内质网（smooth ER）。粗面内质网主要与蛋白质合成、分泌或贮藏有关。滑面内质网主要与脂质的分泌有关。内质网表面能够合成许多酶，如细胞呼吸过程中的酶，并出现在细胞内膜合成的地方。内质网的形状、数量、类型、组成成分以及在细胞内的位置，因细胞类型、发育时期和生理状况相应地变化。其中，粗面内质网的发达程度可作为判断细胞分化程度和功能状况的一种形态学指标。

（4）高尔基体（dictyosome或Golgi body）：高等植物细胞中的高尔基体由一叠扁圆形的泡囊（槽库）（cisterna）所组成，每一泡囊由单层膜包围，直径0.5～1μm，通常每细胞5～8个。低等生物细胞内的高尔基体数量较多。泡囊边缘可以不断形成小泡（vesicle），小泡从高尔基体脱离后，游离到细胞的基质中（图1-9）。

高尔基体是1898年意大利科学家Camillo Golgi发现的，它与细胞分泌作用有关。它对粗面内质网运来的蛋白质进行加工、浓缩、贮存和运输，最后形成分泌小泡，并自高尔基体泡囊上分离，排出细胞外。

此外，高尔基体能合成纤维素、半纤维素等多糖类物质，这些物质在有丝分裂时参与细胞壁的形成。也有实验表明，根冠细胞分泌的黏液、蜜腺分泌的花蜜、松属植物的树脂道上皮细胞分泌的树脂，都与高尔基体活动有关。

（5）核糖体（ribosome）：核糖体也称为核糖核蛋白体，常呈长圆形或球形，直径15～25 nm。其主要成分是RNA和蛋白质。核糖体常以游离状态存在于细胞质中，也可附着于粗面内质网膜上，并出现在细胞质叶绿体和线粒体等细胞器中。核糖体没有膜包被，因此有人认为它不是一种细胞器。核糖体是细胞中蛋白质合成的中心。在进行蛋白质特别是复杂蛋白质分子合成时，5～100个核糖体常聚成多核糖体（polyribosome）。

（6）微体（microbody）：在细胞质中还有一些直径为0.5～1.5μm、单层膜包裹的球状微小颗粒。根据酶系统的不同，分为过氧化物酶体（peroxisome）、乙醛酸循环体（glyoxysome）和溶酶体（lysome）。过氧化物酶体普遍存在于高等植物的叶肉细胞内，常与叶绿体、线粒体相配合，参与光呼吸过程中的乙醇酸循环，即把光合作用过程中产生的乙醇酸转化成己糖。乙醛酸循环体主要在油料种子萌发时，与圆球体和线粒体配合，把贮藏的油脂转化成糖类。溶酶体具有自溶作用，把衰老细胞破裂后释放的酶和其他大分子水解消化。

（7）液泡（vacuole）：液泡是植物细胞特有的结构。幼小的分生组织细胞中具有小而多的液泡，随着细胞的生长，代谢产物的增多，吸收水分的增加，于是小液泡增大，彼此合并，最后在细胞中央形成占据整个细胞体积的90%以上的一个或两个大的中央液泡（图1-10）。

☆ 图1-9 高尔基体

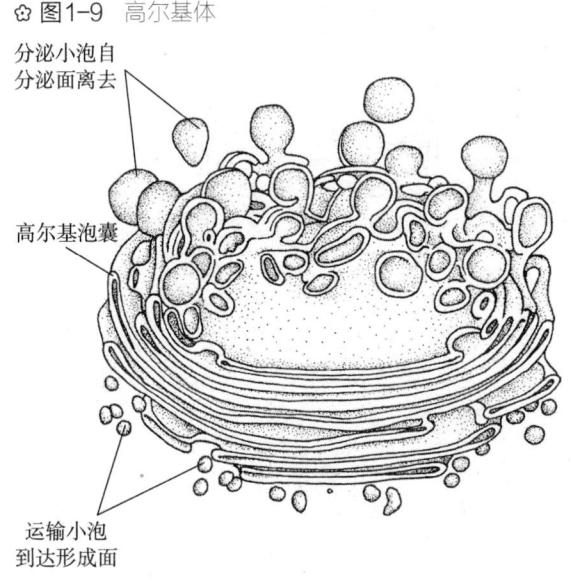

分泌小泡自分泌面离去

高尔基泡囊

运输小泡到达形成面

☆ 图1-10 液泡的形成

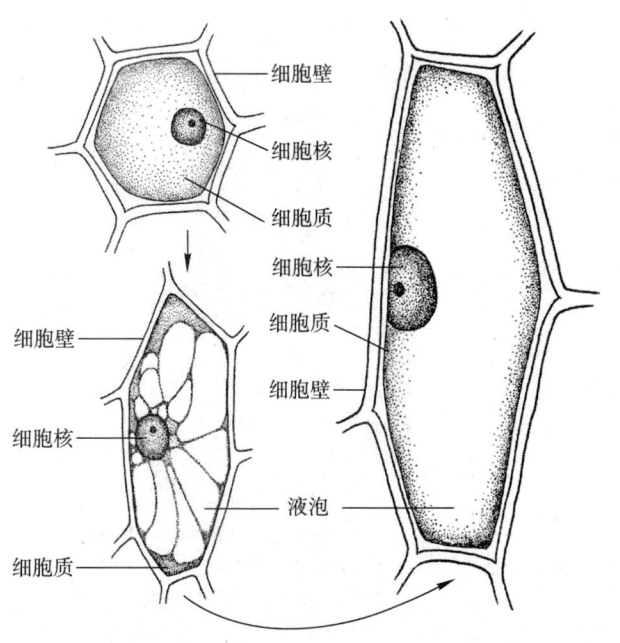

液泡被一层液泡膜（vacuolar membranes，tonoplasts）包裹，膜内充满细胞液（cell sap），细胞液起维持细胞膨压的作用，稍呈酸性，含有各种溶解物质，如盐、糖、有机酸、少量的可溶性蛋白和水溶性的花青素（anthocyanidin）。细胞液的成分随着植物种类、发育时期以及不同的代谢产物而异。细胞液的浓度增大时，常有晶体出现。

5. 细胞骨架

细胞骨架（cytoskeleton）主要由微管（microtubules）和微丝（microfilaments）构成（图1-11）。微管是由微管蛋白（tubulin）组成的一中空细管，长数微米，直径为15～25 nm。它通常出现在细胞内胞质的运动中，参与细胞壁纤维素的加成和细胞器的运动。在细胞分裂时微管参与纺锤体和成膜体形成。

微丝由长而细的蛋白质丝构成，平均直径为6 nm，常常成束。在多细胞动物中它的主要作用是运动和收缩。在植物细胞中它参与胞质环流。

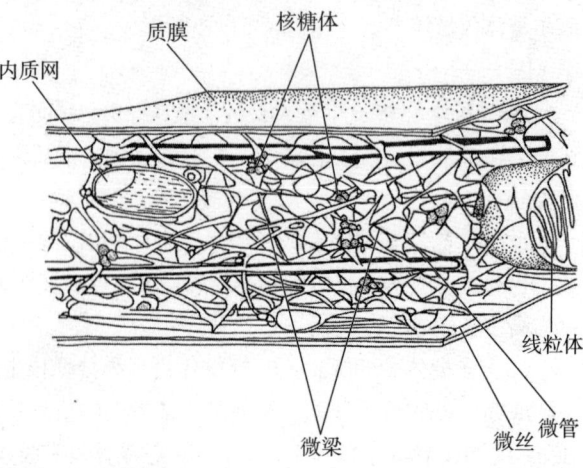

✿ 图1-11　细胞骨架模式图

（二）细胞壁

细胞壁（cell wall）是植物细胞的显著特征之一。细胞壁的主要组成物质是纤维素（cellulose）、半纤维素（semicellulose）、果糖（pectin）和葡糖蛋白（glycoprotein）。纤维素是由100～15 000个葡萄糖基连接而成的长链化合物，是地球上最为丰富的高分子化合物。

根据细胞壁形成的先后、化学成分和结构方面的不同，细胞壁可分为胞间层（中层）（intercelluler layer，middle lamella）、初生壁（primary wall）和次生壁（secondary wall）（图1-12）。幼小的细胞原生质之间的壁极薄，以后新细胞壁的物质增加，使其渐次增厚。最初形成的薄壁称为胞间层（或中层），主要由果胶酸钙和果胶酸镁的化合物组成。果胶化合物是一种可塑性大和高度亲水的胶体，它使相邻细胞黏着在一起，又可缓冲细胞间的挤压而不致影响细胞的生长。果胶很容易被酸溶解或酶分解，从而导致细胞的分离。有些真菌能分泌果胶酶，溶解植物细胞的胞间层而侵入植物体内。沤麻过程就是利用细菌

✿ 图1-12　细胞壁的分层结构

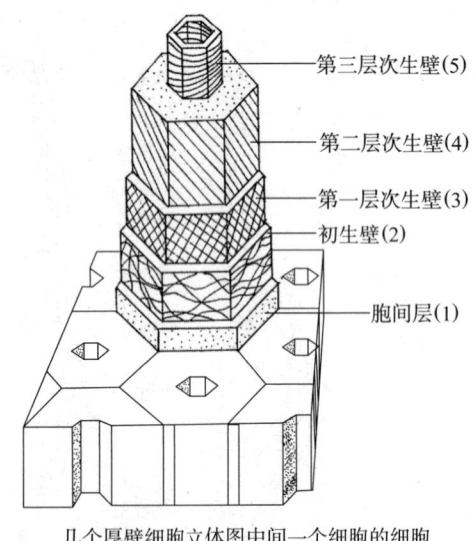

几个厚壁细胞立体图中间一个细胞的细胞壁被逐层部分去除，以显示各层，各个壁层上的线条表示微纤丝的排列方式

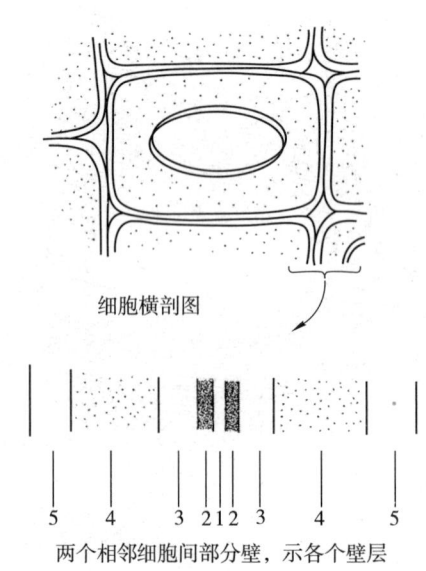

两个相邻细胞间部分壁，示各个壁层

活动产生的果胶酶，分解纤维的胞间层而使其相互分离。

在胞间层的两侧累积的由纤维素、半纤维素、果胶和少量糖蛋白组成的薄层，称为初生壁。初生壁的厚度一般较薄，为1～3μm，质地较柔软，有较大的可塑性，能随着细胞的生长而延展。许多细胞在形成初生壁后，如不再有新壁层的积累，初生壁便为它们永久的细胞壁。

细胞停止生长后，在初生壁内侧继续积累的细胞壁层，称为次生壁。次生壁以纤维素为主，常含有木质素（lignin）。次生壁较厚，一般为5～10μm，占细胞体积的5%～95%。次生壁生长时，纤维素微纤丝（micro fiber）镶嵌在木质素中，有增强细胞壁机械强度的作用。

细胞在生长分化过程中，由于原生质体分泌一些物质渗入到纤维素的细胞壁，改变细胞壁的性质，使细胞壁具有一定的功能。常见的物质有角质（cutin）、栓质（suberin）、木质、矿质等，它们渗入细胞壁的过程分别称为角质化（cutinization）、栓质化（suberinization）、木质化（lignification）和矿质化（mineralization）。角质和栓质是脂肪性物质，角质化和栓质化的壁不易透水，具有减少蒸腾和免于雨水浸渍的作用；木质是亲水性物质，木质化的壁硬度增加，加强了机械支持作用，壁又能透水；矿质主要是碳酸钙和二氧化硅，矿质化的壁也具有较高硬度，增强了支持力。

（三）细胞间的联系

在相连的生活细胞之间，细胞质常以极细的细胞质丝穿过细胞壁而互相联系，这种穿过胞间层和初生壁的细胞质丝称为胞间连丝（plasmodesma）（图1-13）。胞间连丝的存在有利于细胞之间物质运输和信息传递，使植物体中生活的原生质体联合成一整体。在植物体的个别部位和特定时期，胞间连丝还成为糖、氨基酸、各种离子和其他可溶性的物质从一个细胞进入另一个细胞的通道。当感染病毒时，胞间连丝可能成为病毒迁移的途径。

在初生壁上有一些明显凹陷的胞间连丝通过的区域，该区域称为初生纹孔场（primary pit field，或叫原纹孔）。细胞壁增厚时，次生壁不是均匀地附加于初生壁上，往往在原有的初生纹孔场处不形成次生壁，只有胞间层和初生壁，这种比较薄的区域称为纹孔（pit）。相邻两细胞的纹孔常常成对存在，称为纹孔对（pit pair）。纹孔有利于细胞间的沟通和水分的运输。

纹孔可因形状不一而分为单纹孔（simple pit）和具缘纹孔（bordered pit）两类（图1-14）。单纹孔结构简单，次生壁不拱出纹孔腔外，所形成的纹孔口底同大。具缘纹孔结构比较复杂，纹孔四周的次生壁拱出纹孔

✿ 图1-13 胞间连丝的分布和超微结构

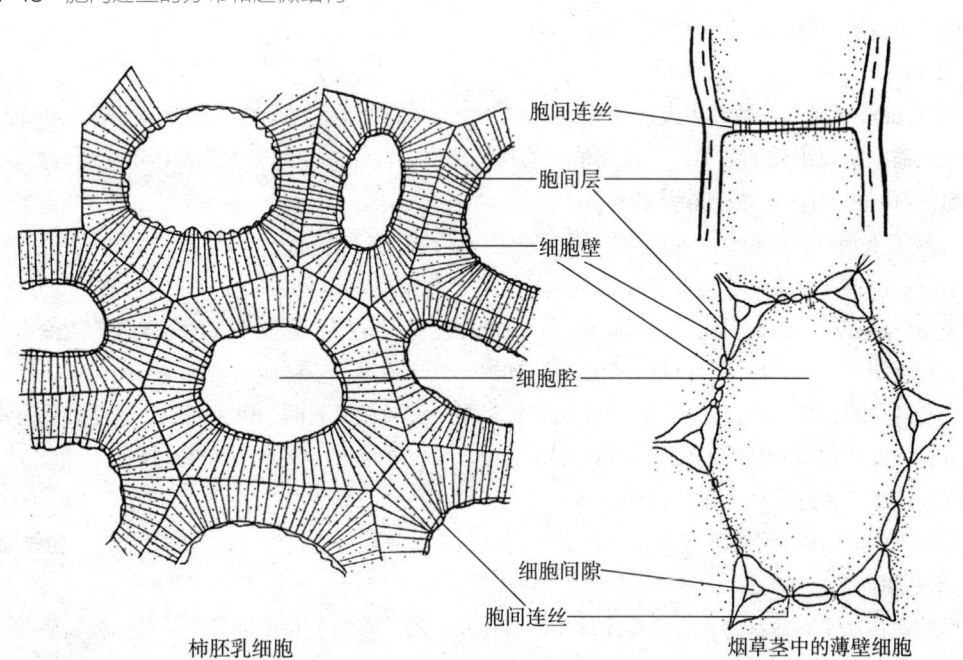

柿胚乳细胞　　　　　　　　　　烟草茎中的薄壁细胞

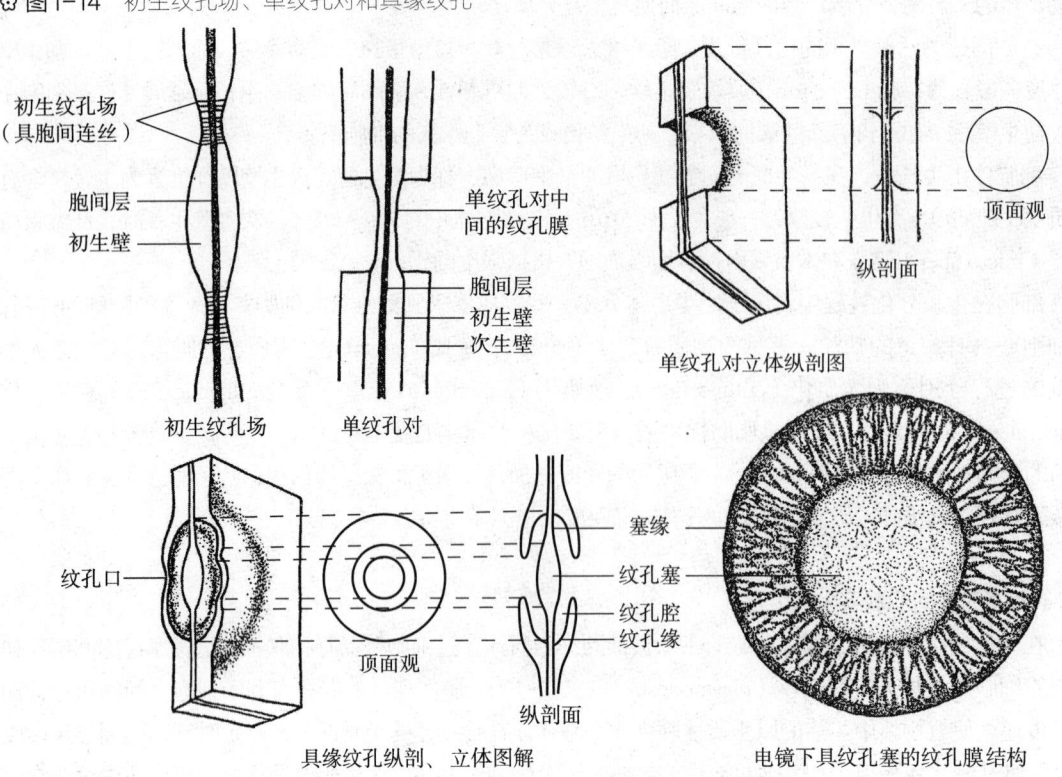

图1-14 初生纹孔场、单纹孔对和具缘纹孔

腔之外,从正面观察,具缘纹孔出现大小两个同心环,小环是纹孔口的轮廓,大环是纹孔腔底部的影像,也就是纹孔膜的边缘。裸子植物管胞的具缘纹孔,纹孔中央增厚成纹孔塞(torus),周缘具微纤丝组成的网状塞缘(margo),水可以通过塞缘空隙在管间流动;若水流过速,就会将纹孔塞推向一侧,使纹孔塞关闭了该侧的纹孔口,暂时堵塞水流通道。纹孔在不同类型细胞的壁上的数量、分布方式和类型都有不同。

三、植物细胞的后含物

后含物(ergastic substance)通常是指细胞中原生质体代谢的产物、代谢废物和贮藏物质。后含物的种类很多,并因植物的种类和细胞、组织的不同而不同。许多后含物具有重要的经济价值,它们大致可分成淀粉、蛋白质、脂质和结晶等几大类。

1. 淀粉

淀粉(starch)是高等植物中仅次于纤维素的一种丰富的糖类。在光合作用时,淀粉在叶绿体中合成;后来它被水解成小分子糖类,运输到植物的其他部位,再在那些部位由造粉体重新合成贮藏淀粉。一个造粉体内可能含有一个或几个淀粉粒。

在显微镜下观察淀粉粒,可见有明暗相间的轮纹环绕着脐点(hilum)。脐点是淀粉粒的发生中心,糖类沿着它层层沉积。由于直链淀粉(葡萄糖分子成直线排列)和支链淀粉(葡萄糖分子成分支排列)两种糖类交替地分层沉积,因此出现了轮纹。轮纹的产生也同光照、温度、湿度等条件的改变有关。淀粉粒有三种类型:单粒淀粉粒,只有一个脐点,如豆、麦淀粉等;复粒淀粉粒,具有两个以上脐点,各脐点分别有各自的轮纹环绕,如米、燕麦淀粉等;半复粒淀粉粒,有两个以上脐点,各脐点除有本身轮纹环绕外,外面还包围着共同的轮纹,如马铃薯淀粉。一个细胞中所有的淀粉粒可以全为单粒或复粒,也可以同时存在三种类型的淀粉粒(图1-15)。

不同植物的淀粉粒大小和形态不同,因此,可以利用这一点来鉴定种子和植物其他含淀粉的部位。

2. 蛋白质

贮藏的蛋白质呈固体状态,与原生质体中呈胶体状态的、参与各种生理代谢活动的蛋白质在性质上完全不同。

☆ 图 1-15　马铃薯块茎中的淀粉粒

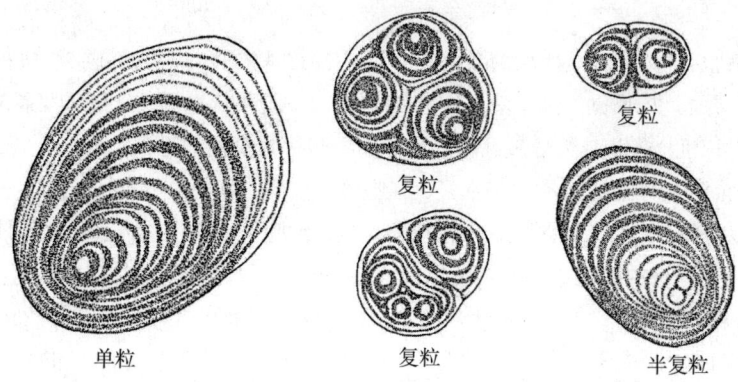

贮藏蛋白质可以是结晶或无定形的。结晶的蛋白质因具有晶体和胶体的两重性，被称为拟晶体（crystalloid）。拟晶体常呈方形，例如马铃薯块茎上近外围的薄壁细胞中存在的方形结晶。无定形蛋白质常被一层膜包裹成圆球状的颗粒，称为糊粉粒（aleurone grain）。有些糊粉粒既包含无定形蛋白质，又包含拟晶体，成为复杂的形式，如许多豆类种子子叶的薄壁细胞中的糊粉粒和蓖麻胚乳细胞中的糊粉粒（图1-16）。糊粉粒有时集中分布在特殊的细胞层内，如禾谷类果实胚乳最外面的一层或几层细胞含大量的糊粉粒，特称糊粉层（aleurone layer）。

3. 脂质

脂质广泛分布在胚、胚乳、子叶、花粉及一些贮藏器官中的细胞内（图1-17）。细胞壁和壁内的蜡质、角质和木栓质也是一些脂肪性物质。

4. 结晶

在植物细胞中的结晶大多数是草酸钙结晶，少数为碳酸钙结晶。一般认为，结晶是由细胞中代谢废物沉积而成的。草酸钙形成结晶后，成为不溶于水的物质，对原生质体没有毒害。草酸钙结晶按其形状可分为单晶、针晶和簇晶三类（图1-18）。结晶的形状和分布具有一定的分类学价值。

除上述几类物质外，细胞质中还有含量微小的后含物，如维生素（vitamin）、激素（hormone auxin）、次生代谢产物、单宁（tannin）和色素等。

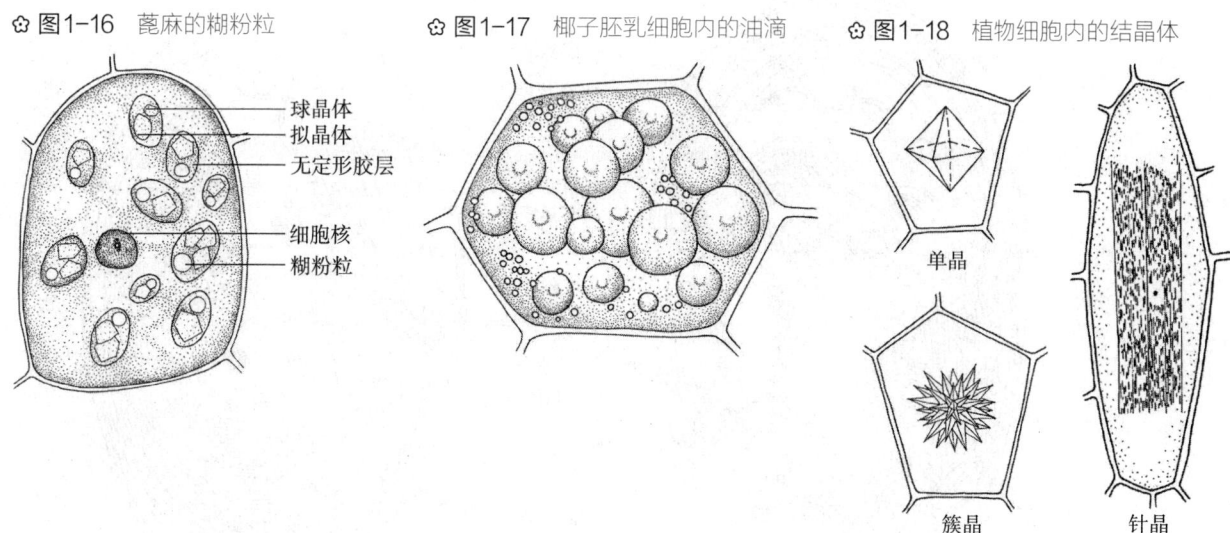

☆ 图1-16　蓖麻的糊粉粒　　☆ 图1-17　椰子胚乳细胞内的油滴　　☆ 图1-18　植物细胞内的结晶体

四、原核细胞与真核细胞

上面讲述的细胞结构是大多数植物所共有的。它们都有具核膜包被的真正细胞核；细胞质中有具膜细胞器（线粒体、质体、内质网、高尔基体等）；细胞具有细胞壁，主要成分是纤维素；细胞分裂方式多样，有无丝分裂、有丝分裂和减数分裂几种。这样的细胞称为真核细胞（eukaryotic cell）。在自然界中，还存在另一类分化简单的细胞，主要由细胞膜、细胞质、核糖体和拟核组成。拟核由一条环状DNA双链构成，分布于细胞中央一个较大的区域，外无核膜包被；细胞质中无线粒体、质体等具膜细胞器，能进行光合作用的蓝藻也只有由膜组成的光合片层，片层上附有光合色素（图1-19）；有的种类具细胞壁，其成分主要是肽聚糖；细胞分裂方式只有无丝分裂一种。这样的细胞称为原核细胞（prokaryotic cell）。原核细胞从结构上和细胞内功能的分工上都反映出其处于较为原始的状态。目前已知的生物中，只有细菌、古细菌（archaebacteria）和蓝藻的细胞是原核细胞，因此它们被称为原核生物（prokaryote monera）。

第二节 植物细胞的繁殖

多细胞植物个体的生长和繁衍都是细胞数目增加、每个细胞体积增大以及功能分化的结果。细胞数目的增加是通过细胞分裂来实现的，细胞分裂是生命的特征之一。细胞分裂主要有三种方式：有丝分裂（mitosis）、无丝分裂（amitosis）和减数分裂（meiosis）。

一、有丝分裂

有丝分裂是一种最常见的分裂方式，主要发生在植物根尖、茎尖及生长快的幼嫩部位的细胞中。从一次细胞分裂开始到下一次分裂前的过程，称为细胞周期（cell cycle）（图1-20），有丝分裂细胞周期包括一个间期（interphase）和一个分裂期。植物细胞周期经历时间一般在十几至几十小时之间。间期所占的时长占整个细胞周期90%左右的时间，而间期中以S期（DNA复制期）最长。

✿ 图1-19　原核细胞与真核细胞

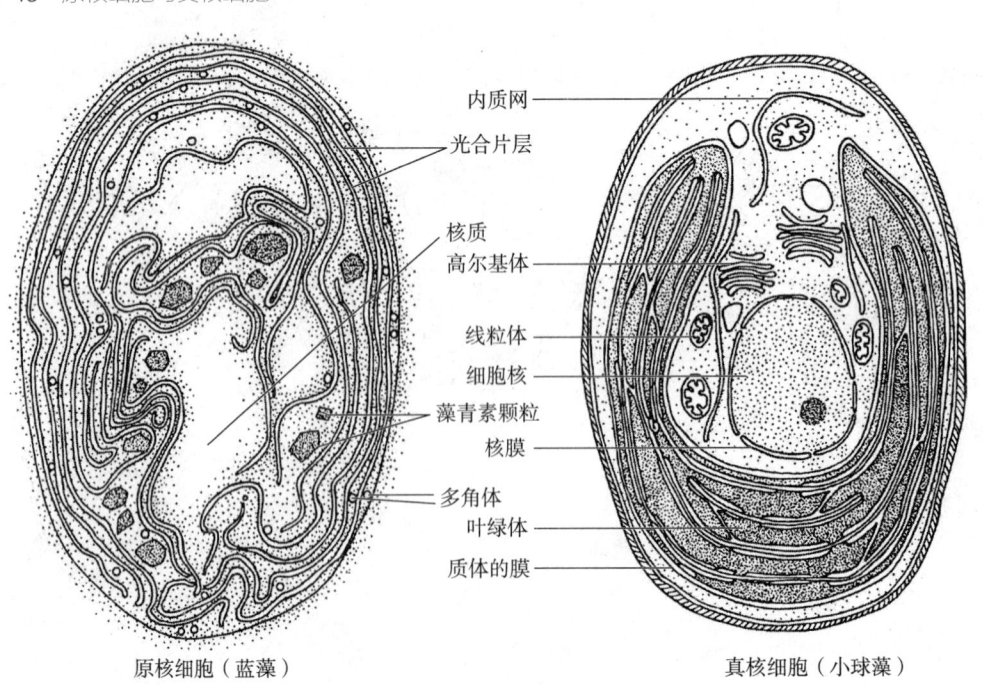

原核细胞（蓝藻）　　　　真核细胞（小球藻）

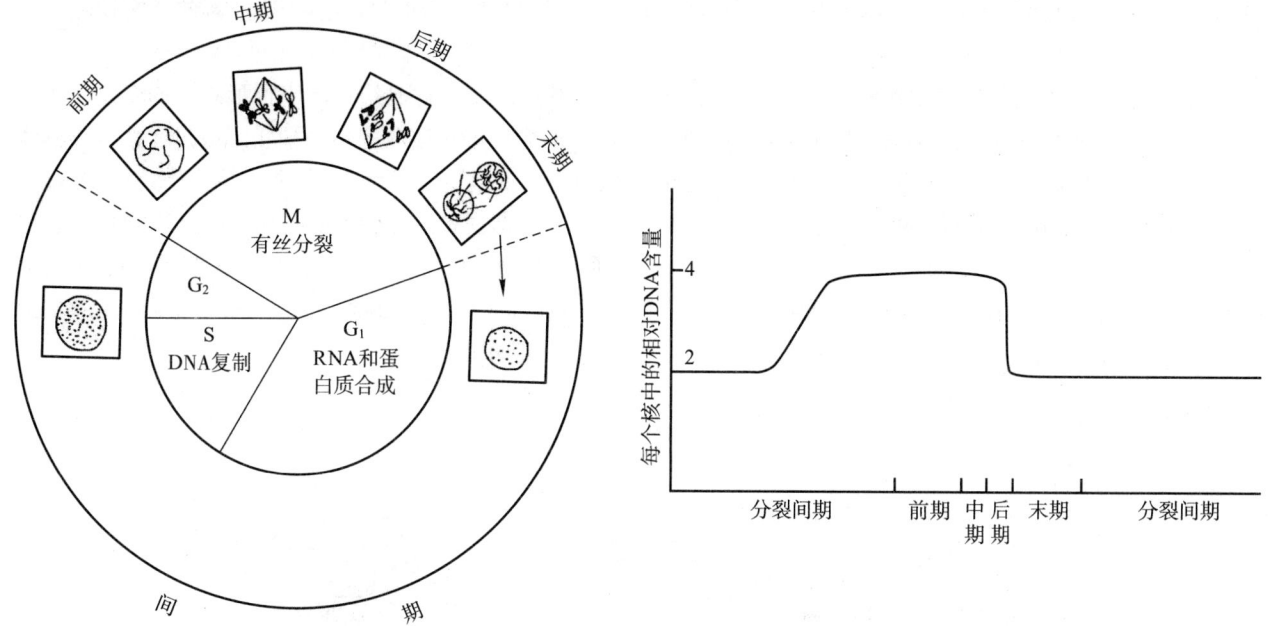

图1-20 细胞周期图解及蚕豆根尖细胞核内DNA含量的变化

（一）细胞分裂间期

1. 复制前期（Gap 1，G_1期）

由细胞上一次分裂结束后立即开始。在G_1期，细胞增大，核糖体、RNA以及许多蛋白质大量合成。合成过程最明显的细胞学特征是核仁由于积累大量的RNA而迅速增大。

2. 复制期（synthese phase，S期）

主要进行细胞DNA的复制，导致DNA含量加倍。

3. 复制后期（Gap 2，G_2期）

S期结束即进入G_2期。G_2期持续时间较短。在G_2期，DNA含量不再增加，只有线粒体等细胞器的增加，有丝分裂期有关的微管和其他物质的产生、染色体的复制和缩短也发生在这个时期。

（二）细胞分裂期

分裂期包括核分裂（karyokinesis）和胞质分裂（cytokinesis）两个环节。多数情况下，核分裂和胞质分裂在时间上是紧接的，但也有的细胞核进行多次分裂而不发生胞质分裂，如在种子的胚乳发育过程中就是这样。

1. 核分裂

从细胞核内出现染色体开始，经一系列变化，最后分裂为两个子核（daughter nucleus）为止，是一个连续的过程。根据细胞核形态的变化，一般人为地分成前期（prophase）、中期（metaphase）、后期（anaphase）和末期（telophase）四个时期。

（1）前期：前期的主要特点是染色体变短、变粗，成为形态上可辨认的染色体（chromosome）。每条染色体由两股染色单体（chromatid）组成，除了在着丝点（kinetochore或centromere）外，它们之间是不相联系的。着丝点是染色体上的一个染色较浅的缢痕，在光学显微镜下可以明显看到。在染色体形成的同时，核仁、核膜逐渐消失，同时细胞中出现许多纺锤丝（spindle fibers），标志着前期的结束。

（2）中期：染色体聚集到细胞中央的赤道面（equatorial plane）上排列整齐，此时纺锤体（spindle）很明显。组成纺锤体的纺锤丝有两种类型：一种是染色体纺锤丝（chromosomal fiber），这是从染色体的着丝点向两极延伸的纺锤丝；另一种是连续纺锤丝（continuous fiber），这种丝没有附着在染色体上，而是细胞从一极延伸向另一极。在电镜下可以看到这两类纺锤丝都由许多微管组成。中期染色体的形状缩短到比较固定的状态，排列比较有规律，因此是观察染色体形态和数目的最好时期。

（3）后期：每个染色体的姐妹染色单体在着丝点上分开，分离后的染色单体称为子染色体（daughter chromosome），它由纺锤丝缩短分别拉向两极。此时两极各有一套数目与母细胞完全相同的子染色体。

（4）末期：子染色体到达两极后，纺锤丝解体，每一组子染色体由重新形成的核膜包围；子染色体变得又长又细成丝状、颗粒状乃至最后成为不能区分的染色质，此时核仁重新出现，新的子核形成。

2. 胞质分裂

胞质分裂通常在核分裂后期、染色体接近两极时开始。这时纺锤体出现形态上的变化，在两个子核之间的连续丝中增加了许多短的纺锤丝，形成一个纺锤丝密集的桶状区域，称之为成膜体（phragmoplast）。电镜下看到这一区域内微管数量增加，微管垂直于赤道面排列，并引导来自高尔基体的小泡向赤道面运动；小泡集结，相互融合，释放出多糖物质，构成细胞板（cell plate）。同时，小泡的被膜融合，在细胞板的两侧形成新的质膜。在形成细胞板时，成膜体由中央位置逐渐向四周扩展，细胞板也随着向四周延伸，直至与原来母细胞的侧壁连接，成为新壁的胞间层的最初部分。新细胞壁的形成，把两个新形成的细胞核和它们周围的细胞质分隔成为两个子细胞（图1-21）。

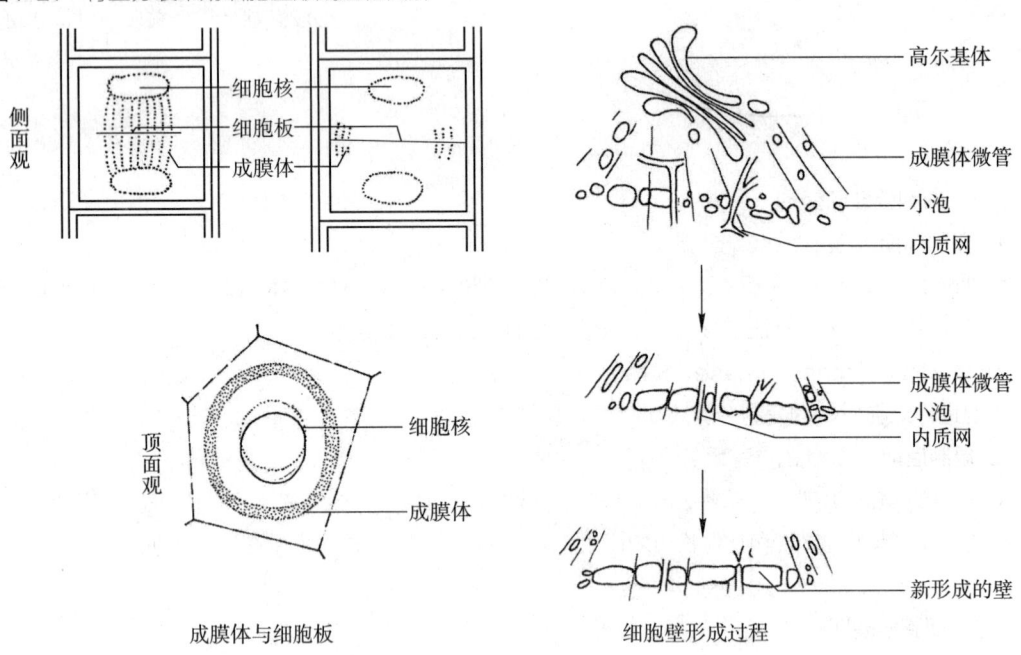

图1-21　有丝分裂末期细胞壁形成过程图解

有丝分裂伴随着生物体的一生，生物体死亡，有丝分裂也就终止。通过有丝分裂，由一个细胞分裂成两个子细胞（daughter cells）时，每个子细胞染色体的数目和DNA数量与母细胞精确一致。DNA复制是在间期实现的，而经过细胞分裂期，加倍的遗传物质等量地分配到子细胞中去，从而保证了子细胞中DNA含量的恒定。

二、无丝分裂

无丝分裂又称直接分裂（direct division），分裂过程比较简单，分裂时核内不出现染色体等一系列复杂的变化。无丝分裂有多种形式，最常见的是横缢，即细胞核先延长，然后在中间缢缩、变细，最后断裂成两个子核（图1-22）。另外，还有纵缢、出芽、碎裂等多种形式。在同一组织中可以出现不同形式的分裂。过去认为无丝分裂在低等植物中比较常见，在高等植物中仅见于衰老和病态的细胞。事实上，高等植物中也较普遍地存在着无丝分裂。无丝分裂与有丝分裂相比，过程简单，耗能较少，且速度较快，但细胞核中物质未能平均分配到子核中，从而涉及遗传的稳定性问题。对无丝分裂的生物学意义，还有待于进一步深入研究。

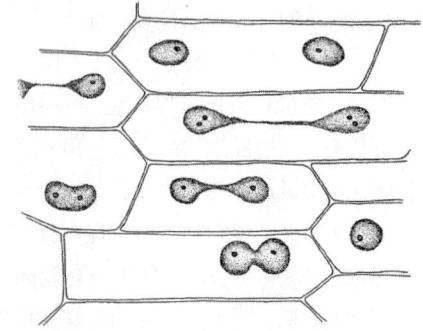

图1-22　鸭跖草细胞的无丝分裂

三、减数分裂

减数分裂是植物进行有性生殖时行使的一种细胞分裂，与生殖细胞或性细胞形成有关。减数分裂的全过程包括两次连续的分裂，即由染色体数目减半的第一次减数分裂（简称分裂Ⅰ）和一次有丝分裂组成的第二次分裂（简称分裂Ⅱ），形成了四个子细胞，每个子细胞核内染色体数目为母细胞染色体数目的一半。

减数分裂是一个连续过程，为了叙述的方便，可人为地分为下列几个时期，各时期的特点如下。

（一）分裂Ⅰ

这一时期发生在核内染色体复制已完成的基础上，比有丝分裂变化更为复杂，可划分为前、中、后、末四个时期。

1. 前期Ⅰ

前期Ⅰ经历的时间最长，变化最大，可分为五个阶段（图1-23）。

细线期（leptotene）：细胞核中出现细丝状的染色体，细丝上有许多颗粒状的染色粒（chromomere）。

偶线期（zygotene）：也称合线期。此时，由来自父本和母本的形态相似的两条同源染色体配合，称为染色体配对或联会（synapsis）。在完成配对以后，可以看到每对同源染色体含有四条染色单体。

粗线期（pachytene）：染色体继续缩短变粗，同源染色体上的一条染色单体与另一条同源染色体的染色单体相互扭合，并在相同部位发生横断和片段的互换。染色单体片段的互换导致了父母本基因的互换，从而改变了原有基因的组合，使后代发生变异。

双线期（diplotene）：每对同源染色体的四个染色单体开始分离，但在一点或更多点上出现交叉（chiasmata），使染色体呈现出X、V、O、8等各种形状。

终变期（diakinesis）：染色体凝缩到最短，核仁、核膜逐渐消失，最后出现纺锤丝。

2. 中期Ⅰ

纺锤体出现。成对同源染色体的着丝点进入细胞的赤道面上。

3. 后期Ⅰ

在纺锤丝的牵引下，成对的同源染色体各自分开，分别向两极移动。这时，每一边的染色体数目只有原来的一半。

✿ 图1-23 减数分裂图解

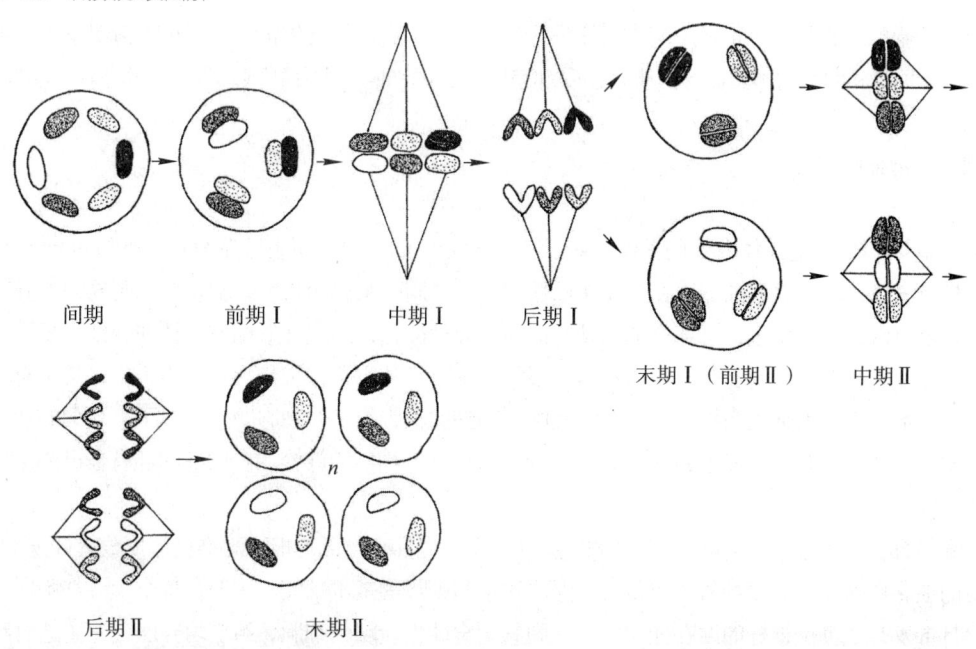

4. 末期Ⅰ

到达两极的染色体又聚集起来，重新出现核仁、核膜，组成两个子核，但染色体并不完全消失。每个子核中染色体只有母细胞的一半。

减数第一次分裂的终变期和中期，染色体最清晰，因此常用这一时期的花粉母细胞或胚囊母细胞来计量植物染色体的数目。

（二）分裂Ⅱ

第一次分裂结束后，经过短暂的间歇便开始第二次分裂。第二次分裂过程基本上与有丝分裂一样，唯一不同的是染色体不再复制。分裂Ⅱ也分前期Ⅱ、中期Ⅱ、后期Ⅱ和末期Ⅱ四个时期，最后形成四个子细胞，每个子细胞的染色体数只有母细胞的一半。

减数分裂的两次分裂，其中只有一个时期进行DNA复制。减数分裂不同于有丝分裂之处，在于前期Ⅰ有同源染色体配对，两次分裂后，每个新的单倍体细胞含有的染色体数目只为母细胞的一半。

减数分裂有重要的生物学意义。通过减数分裂，有性生殖细胞（配子）的染色体数目减半，而在以后发生有性生殖时，两个配子相结合形成合子，合子的染色体重新恢复到亲本体细胞的数目，使细胞的遗传性基本不变，成为保持物种稳定性的基础；同时，在减数分裂过程中，由于同源染色体发生联合、交叉和片段互换，使同源染色体上亲本的基因发生重组，因而使后代的基因多样化。

第三节 植物细胞的生长和分化

一、植物细胞的生长

新形成的细胞，通过体积增大、细胞器的增加和内含物的增多，实现细胞增长。细胞体积增大但细胞数量不增加。细胞生长是多细胞植物体生长的基础，也是植物细胞分化和组织形成的基础。

细胞的生长有两种方式：一种是细胞吸水胀大的"生长"，这是植物细胞液泡吸水膨胀的结果，这种现象称为细胞伸长（elongation）。例如，由根尖产生的新细胞在伸长区吸水伸长，使根往下长；竹笋在雨后吸足水分，细胞伸长，使笋尖突出土面等。另一种是细胞实质性生长。这是在细胞生长时，细胞的鲜重和干物质随着体积的增加而增加。在液泡变化的同时，细胞内其他细胞器在数量和分布上也发生各种变化，例如内质网增加，质体逐渐发育，细胞壁的厚度也有不同程度的增加，壁的化学组成也发生变化。

植物细胞的生长是有一定限度的，当体积达到一定大小后，便会停止生长。正常情况下成熟细胞的大小随植物种类和细胞的类型而异，也直接受环境因子，如光照、水分和碳、氮等营养条件的影响。

二、植物细胞的分化

高等植物的生长是其体内细胞不断分裂、生长和分化的结果。所谓细胞分化（differentiation），就是一团相当一致的分生组织细胞，在其成熟过程中，与其同一来源的相邻细胞发生了明显的差异。例如根尖，在根冠以内是分生区，这部分细胞具有很强的分裂能力，细胞外形相似，其细胞结构相同。在根的发育过程中，这部分细胞逐渐分化为不同类型的细胞，靠外方的细胞变为扁平的表皮，其中有些细胞的壁形成了突起，逐渐伸长为根毛；而在纵轴中央的细胞很大很长，细胞壁上出现了不均匀的次生壁加厚，细胞原生质体瓦解，形成了运输水分的导管和运输营养物质的筛管。各层细胞都有自己的生理功能和形态结构特点。

细胞分化是一个复杂的问题。植物体的全部组成细胞具有与合子相同的染色体或整套的遗传信息。在一定的细胞质环境下，还具备遗传信息传递、转录和翻译的基本功能。因而，每个生活细胞应与合子一样，具备发育成整个植株的潜在能力，即细胞具有全能性。现代细胞、组织培养已证实了这种细胞全能性。那么，具有相同遗传信息的细胞为什么会分化成结构和功能很不相同的各种成熟细胞呢？这是当今生物学领域中最诱人而又远未彻底解决的问题。从20世纪初开始，人们在这一领域开展了广泛的探索，目前可以肯定的是，细胞分化是由于遗传信息的部分表达或部分受抑制所致。一般认为，影响细胞分化的因素可能是：① 外界环境，如光照、温度、湿度等使某些信息表达，而另一些受抑制。如全黑暗可使小麦花粉全部败育，短日照使菊花提前开放等。② 细胞分化受其在植物体内所处位置的制约。如植物根、茎中的形成层向心形成的细胞产生木质部，离心的分化为韧皮部。③ 细胞极性化是细胞分化的首要条件。极性是指细胞（也指一个器官或植株）内的一端与另一端在结构和生理上的差异，常表现为两端细胞质浓厚不一、细胞器数量有多寡、核位于一端等。极性的建立常引起不等分裂，即两个子细胞大小不等，所含的内容物也不尽相同。这成为今后向不同方向分化的前提。如叶片表皮内经不等分裂产生的小细胞分化为气孔器保卫细胞，较大的一个分化为表皮细胞。合子分裂前成为具明显极性的细胞，不等分裂产生的大细胞分化为胚柄细胞，小细胞分化为胚。④ 生长素和细胞分裂素是启动细胞分化的关键物质。在组织培养中，在培养基中给予不同比值的两类激素，可使离体植物组织块继续生长分化出愈伤组织，或是芽细胞，或是根的原始细胞。

小　结

　　细胞是一切生物生命活动的基本单位，也是功能的基本单元。显微技术的发展推动了细胞的发现和细胞学说的建立。

　　细胞可以划分为原核细胞和真核细胞。植物细胞由生活的原生质体和包围着它的细胞壁构成；真核细胞原生质内含有细胞基质和各种细胞器。真核细胞的核具有双层膜，膜上有核孔，核内有核质、核液和核仁。核质中有染色质丝，细胞分裂时染色质丝浓缩成染色体，染色体数目因种而异。质体包括叶绿体、白色体和有色体，在一定条件下可以互相转化。叶绿体具双层膜，膜内含基质，基质中有由类囊体组成的基粒以及基粒间的基质片层。液泡占据了成熟细胞大部分的体积，它具有液泡膜和细胞液，细胞液是高渗透性溶液，含可溶性物质及花青素等。相邻细胞由果胶质组成的中层结合在一起，初生壁由纤维素、半纤维素和糖蛋白构成，而次生壁又增加了木质素，是在初生壁内部增厚的。细胞间通过胞间连丝联结在一起进行物质交换和信息交流。具有纤维素的细胞壁、质体和液泡是植物细胞特有的结构。

　　后含物是细胞中的贮藏物质和代谢产物，主要包括淀粉、蛋白质、脂质和晶体等。

　　细胞分裂主要有三种方式：有丝分裂、无丝分裂和减数分裂。有丝分裂包括分裂间期和细胞分裂期，有丝分裂的结果是由1个母细胞形成2个与母细胞相同的子细胞。减数分裂包括两次连续的分裂，结果形成4个染色体数目为母细胞染色体数目一半的子细胞。减数分裂过程中发生了同源染色体配对、联会、交叉和基因互换。

思考题

1. 试述植物细胞的结构，它具有哪些特征性结构？
2. 植物细胞间是如何实现相互联系和物质运输的？
3. 什么是初生壁？植物细胞壁有何功能？
4. 原生质和细胞质有何差异？
5. 真核生物的细胞核有哪些组分？它们是如何执行生理机能的？
6. 什么是胞间连丝？对生活的植物细胞来说它具有哪些重要性？
7. 试述叶绿体的结构特点。
8. 何谓细胞周期？在有丝分裂中，它包含哪些阶段？
9. 试比较有丝分裂、无丝分裂和减数分裂的异同点。
10. 减数分裂意义何在？

数字课程学习

● 彩色图库　　● 名词术语　　● 拓展阅读　　● 教学PPT

第二章 植物组织

第一节 植物组织的概念和类型

一、植物组织的概念

通过细胞生长和分化，形成的来源相同、形态相同或不同、行使共同生理功能的细胞群称为组织（tissue）。植物组织细胞的形态结构和它们的生理功能相适应。由一种类型细胞构成的组织称为简单组织（simple tissue），由多种类型细胞构成的组织称为复合组织（compound tissue）。例如叶肉的同化组织，其细胞壁薄，细胞内含叶绿体，能进行光合作用，细胞之间排列疏松，胞间隙较大，有利于气体的交换。高等植物分化出各种组织并承担不同的生理机能，使植物在生活过程中能够适应环境条件，顺利地进行生长和发育。

植物体的各个器官（organ）都是由某几种组织构成的，它们组成整个植物有机体的一个部分，它们之间有着有机的内在相关性，但仍然有相对的独立性，并且具有一定程度相互转化的能力。离体的组织，在适当的培养条件下，甚至可以形成一个完整的植物体。

二、植物组织的类型

根据植物组织生理功能上的不同和形态构造上的差异，一般把它们分为分生组织、薄壁组织、保护组织、机械组织、输导组织和分泌组织。其中，后五种组织都是在器官形成时，由分生组织衍生的细胞发展而成的，因而有人把它们总称为成熟组织（mature tissue）或永久组织（permanent tissue）。

（一）分生组织

分生组织（meristems，meristematic tissue）的细胞小、六面体形，核大，液泡小或无液泡，通常位于植物体生长的部位，具有持续分裂的能力，其作用直接关系到植物的生长和发育。植物体内的分生组织，按性质来源的不同，可分为三大类：原分生组织、初生分生组织和次生分生组织。如果按在植物体上的位置分，又可分为顶端分生组织、侧生分生组织和居间分生组织（图2-1）。

1. 原分生组织

原分生组织（promeristem）是位于根端和茎端的一部分细胞，是直接从胚胎遗留下来的胚性组织。原分生组织的细胞一部分分化为其他组织，另一部分则保持着原分生组织的性质。

2. 初生分生组织

初生分生组织（primary meristem）是由原分生组织衍生的细胞组成，位于原分生组织之后。它的特点是：一方面细胞仍能分裂；另一方面细胞已开始分化，向着成熟组织的方向发展，可以看作是由原分生组织向成熟组织过渡的组织。根尖、茎尖中分生区的稍后部位的原表皮（protoderm）、原形成层（procambium）和基本分生组织（ground meristem）属于此类。

原分生组织和初生分生组织均位于根、茎先端最幼嫩部分，按其存在位置合称为顶端分生组织（apical meristem）。它们的分裂活动使根和茎不断伸长，并在茎上形成枝和叶。植物发育到一定阶段，有些茎尖顶端分生组织形成花或花序。

在麻黄和禾本科植物茎的节间基部和葱、韭及一些植物花轴的基部有居间分生组织（intercalary meristem），这是顶端分生组织保留下来的分生组织。这种分生组织按来源来说仍属于初生分生组织，从位置来说属于节间分生组织，故称居间分生组织。

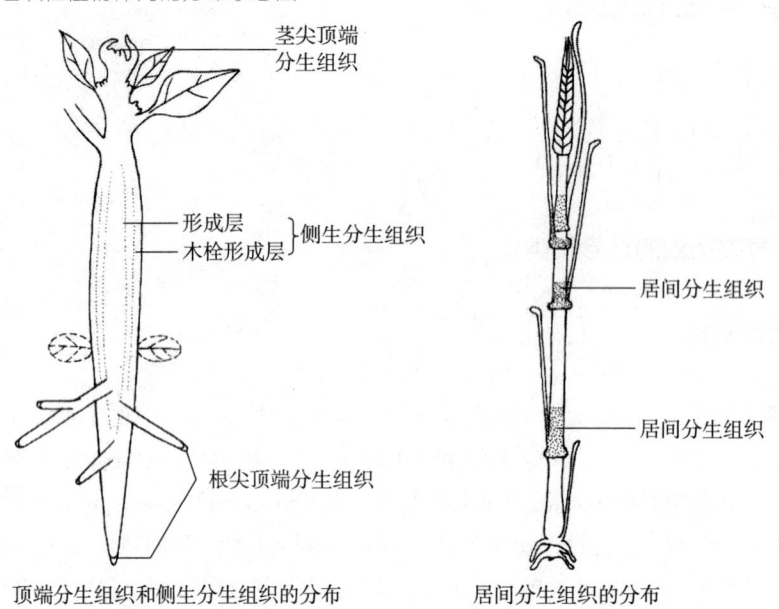

◎ 图2-1 分生组织在植物体内的分布示意图

顶端分生组织和侧生分生组织的分布　　　居间分生组织的分布

居间分生组织的细胞主要进行横分裂，它们的分裂活动的持续时间较短，经一段时间分裂后，本身就完全分化为成熟组织。

3. 次生分生组织

次生分生组织（secondary meristem）是由已成熟的薄壁组织细胞，经过生理和结构上的变化，又重新恢复分裂能力的组织，例如形成层（cambium）和木栓形成层（phellogen）。次生分生组织发生的部位不在根、茎顶端，而在它们的侧方，所以也属于侧生分生组织（lateral meristem）。这些分生组织的活动与根、茎的加粗生长有关。

侧生分生组织并不是普遍存在于所有种子植物中，而是仅见于裸子植物和双子叶植物。草本双子叶植物中的侧生分生组织根本不存在或只有微弱的活动；单子叶植物中一般没有侧生分生组织。因此，草本双子叶植物和单子叶植物的根和茎没有明显的增粗生长。

（二）薄壁组织

薄壁组织（parenchyma）是植物体内分布很广的一类组织，它遍布植物体的各处而与其他组织结合在一起，成为植物体的基本部分，所以又被称为基本组织（ground tissue）。

薄壁组织由生活的薄壁细胞组成，细胞一般较大，细胞壁薄而柔软，由于互相挤压常成十四面体，但也有为长柱形，甚至分枝等形状。细胞中有大的液泡，或有淀粉粒、单宁、晶体和其他分泌物。细胞排列疏松，具有明显的胞间隙。

薄壁组织是分化程度较低的一类组织，在一定条件下可恢复细胞分裂能力，转变为次生分生组织，或参与侧生分生组织的发生。薄壁组织有较大的可塑性，在植物发育的过程中常能进一步特化为其他组织。薄壁组织还有形成愈伤组织的再生能力，因而与扦插、嫁接的成活关系密切。分离的薄壁组织细胞团或单个细胞通过离体培养，具有发育为整个植株的全能性。

薄壁组织因功能不同可分成不同的类型，它们在形态上具有不同的特点（图2-2）。

同化组织（assimilating tissue）是薄壁组织最主要的一类组织，它分布在植物体的一切绿色部分，如幼茎的皮层、发育中的果实和种子，尤其是叶片的叶肉中。其主要特点是原生质体中发育出大量的叶绿体，也称为绿色组织（chlorenchyma tissue）。

吸收组织（absorptive tissue）位于根尖的根毛区，包括表皮细胞和由表皮细胞向外延伸形成的管状结构——根毛（root hair），其功能是吸收水分和溶于水中的无机盐。根毛数目很多，壁薄，常具黏液，与土壤紧密接触，有利于根吸收水分和养料。

贮藏组织（storage tissue）主要存在于各类贮藏器官，如块根、块茎、球茎、鳞茎、果实和种子中；

☆ 图2-2　几种薄壁组织

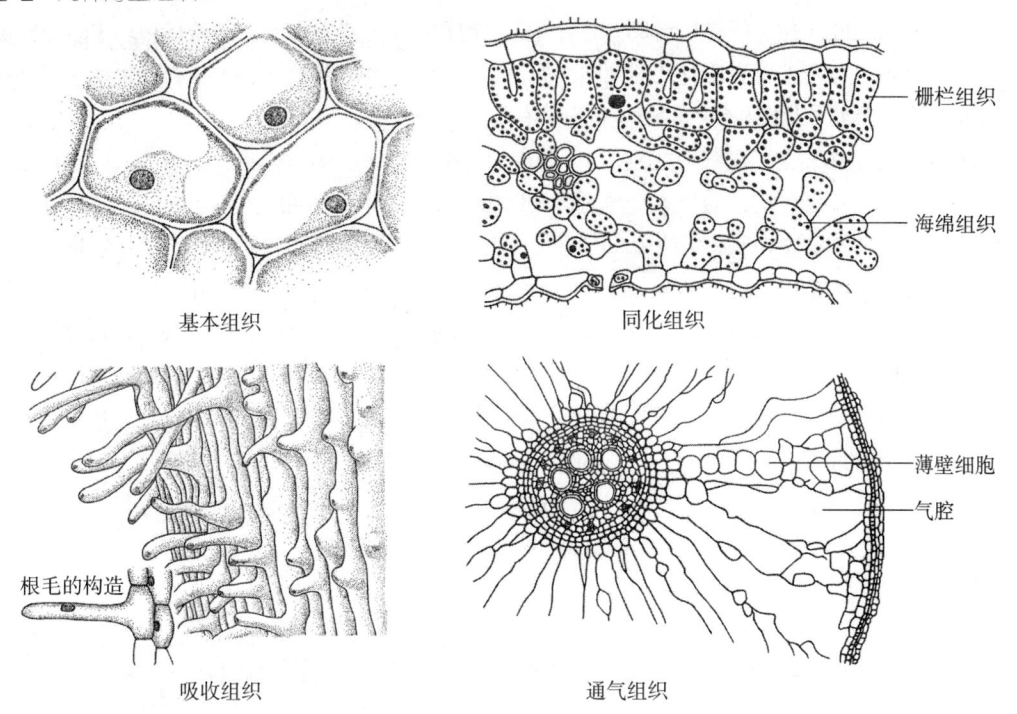

基本组织　　同化组织（栅栏组织、海绵组织）

吸收组织（根毛的构造）　　通气组织（薄壁细胞、气腔）

根、茎的皮层和髓以及其他薄壁组织也有贮藏的功能。贮藏的物质有淀粉、蛋白质、糖类、油类等。

贮水组织（aqueous tissue）细胞较大，细胞壁薄，有很大的液泡，里面充满黏性汁液。一般存在于旱生的肉质植物中，如仙人掌、龙舌兰、景天、芦荟等植物。

通气组织（aerenchyma）是指具有大量细胞间隙的薄壁组织，在水生和湿生植物中特别发达，如水稻、莲、睡莲等的根、茎和叶中薄壁组织有大的间隙，在体内形成一个相互贯通的通气系统。通气组织还与植物在水中的浮力和支持作用有关。

传递细胞（transfer cell）是一种特化的薄壁组织（图2-3）。其特点是初生壁向原生质体内部形成指状突起，因而扩大了与壁紧贴在一起质膜的表面积，有利于细胞间溶质的运输。传递细胞广泛分布在短途且迅速转运溶质的组织或器官中，如叶片叶脉末梢、茎节部的维管束以及分泌结构中，在种子的子叶、胚乳或胚柄等部位也有分布。

☆ 图2-3　初生木质部中的一个传递细胞（示光合产物及溶质的运输途径）

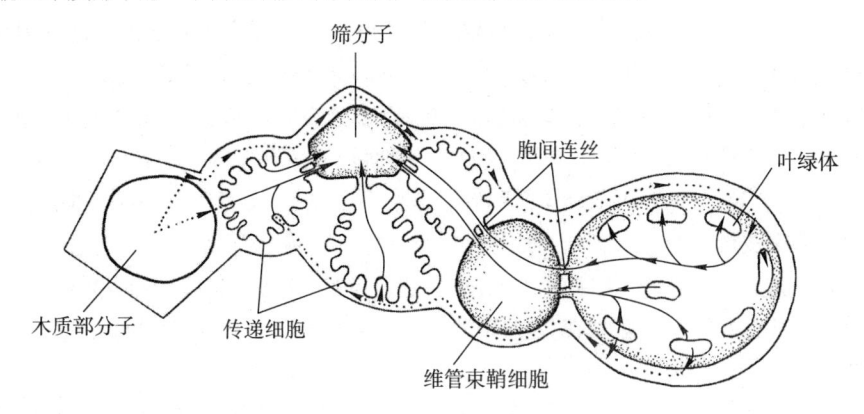

木质部分子　传递细胞　筛分子　胞间连丝　叶绿体　维管束鞘细胞

（三）保护组织

保护组织（protective tissue）是覆盖在植物体表面起保护作用的组织，是一类复合组织。保护组织的作用是减少体内水分的蒸腾，控制植物细胞与环境的气体交换，防止病虫害侵袭和机械损伤等。根据来源和形态特征的不同，可以分为表皮和周皮两种类型。

1. 表皮

表皮（epidermis）位于所有幼嫩植物的最外层，通常由一层含有多种不同特征和功能的连续细胞组成。有些植物的气生根部分表皮有几层细胞，如附生兰的根，称为根被（velamen），这些细胞具有海绵样的结构。无花果属和胡椒科植物的气生根也具有数层厚的表皮。

表皮细胞是生活细胞，细胞排列紧密，侧壁常呈波状或齿状，彼此嵌合，除气孔外，没有细胞间隙。表皮细胞外壁常因脂肪性的角质侵入纤丝之间和纤维素分子之间而呈角质化（cutinization）。在电镜下，角质膜分两层：外面是由角质和蜡质组成的角质层（cuticle），里面是由角质、纤维素、果胶构成的角化层（cuticular layer）（图2-4）。角质膜的厚薄随植物种类和生态环境不同而有差异。阳光充足的干旱条件下，角质膜较厚；荫蔽、潮湿条件下，角质膜较薄。角质膜表面光滑或形成乳突、皱褶、颗粒等纹饰，有些植物在角质膜外面还沉着各种形式的蜡质，称为蜡被。在蜡棕榈表皮积累的蜡具有商业用途。角质膜和蜡被可以减少水分蒸腾，防止病菌侵害，阻止一些溶液进入表皮。因此，在生产上是选育抗病品种，施用除草剂、杀菌剂等农药时必须考虑的因素。角质膜和蜡被的形态和纹饰，可用作植物分类。

✿ 图2-4 表皮细胞外壁上的角质膜和气孔

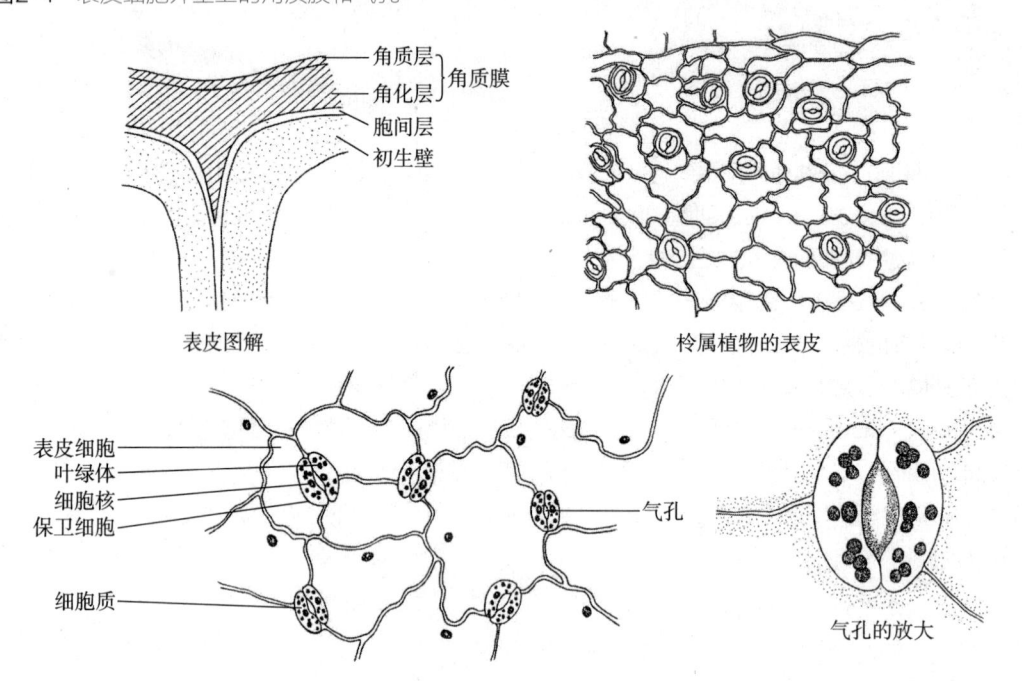

气孔（stoma）常分布在气生表皮上，是植物与外界进行气体交换的通道。通常两个保卫细胞（guard cell）和它们间的开口共同组成，称为气孔器（stoma apparatus）。保卫细胞是具叶绿体的生活细胞，一般呈肾形或哑铃型，细胞壁不均匀增厚，使保卫细胞形状改变时，能导致孔口的开放或关闭，从而调节气体的出入和水分的蒸腾（图2-4）。有些植物的保卫细胞外侧有一至数个副卫细胞（subsidiary cell）。

表皮还可以具有各种单细胞和多细胞的毛状附属物（图2-5），表皮毛具有保护和防止下面水分丧失的作用。有些植物表皮形成腺毛、腺体，可以分泌出芳香油、黏液等物质。

有些植物的表皮还存在一些异细胞（idioblast），这是指在一种组织内含有的少数细胞，这些细胞在形状、大小或内含物上都与所在组织有明显差异。如禾本科植物叶脉间上表皮的泡状细胞。

2. 周皮

木本植物的根、茎由于次生生长不断增粗，表皮这层初生保护组织会因器官的增粗而被破坏、脱落。周皮的出现就是代替表皮起保护作用的组织。它由次生分生组织——木栓形成层产生，属于次生保护组织。

木栓形成层行平周分裂，形成径向成行的细胞，这些细胞向外分化成木栓层（phellem 或 cork），向内分化成栓内层（phelloderm）。木栓层、木栓形成层和栓内层合称周皮（periderm）（图2-6）。

木栓层是由多层木栓细胞组成结构紧密的组织，细胞壁较厚，并且强烈栓质化，细胞成熟时原生质

☆ 图2-5　表皮毛状体

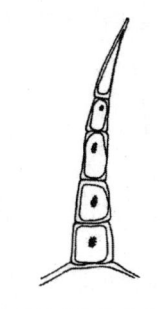

三色堇花瓣上的乳头状毛　　南瓜的多细胞表皮毛　　熏衣草属叶上的分支毛　　橄榄叶上的盾状毛（顶面观）

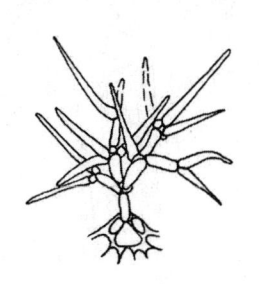

橄榄叶上的盾状毛（侧面观）

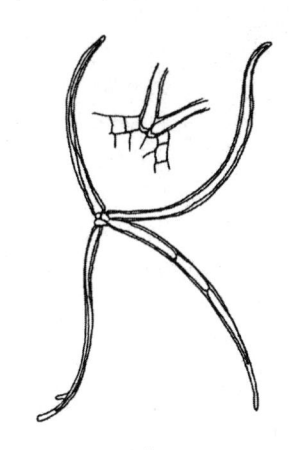

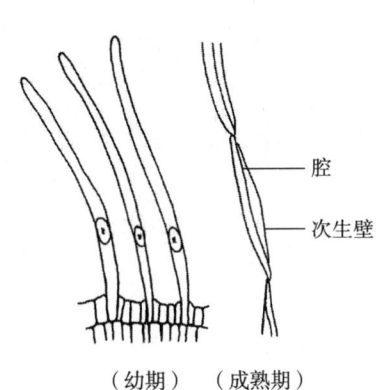

棉属叶上的簇生毛　　棉属种子上的表皮毛（幼期）（成熟期）　　大豆叶上的表皮毛

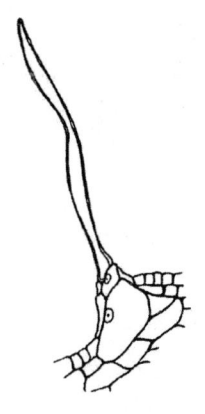

腔
次生壁

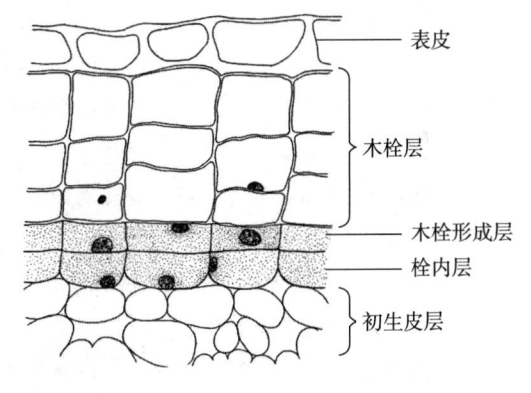

体死亡解体，细胞腔常充满空气。因而木栓层具有高度不透水性，并有抗压、绝缘、隔热、质地轻、具弹性、抗有机溶剂等特性，可以有效地保护植物。木栓在商业上有相当的重要价值，栓皮栎、栓皮槠和黄檗是商用木栓的主要来源。

栓内层是薄壁的生活细胞，细胞壁不栓化，通常只有一层细胞。

通常在多年生木质茎上，可以看到一些圆形、椭圆形、方形或菱形等突起，称为皮孔（lenticel）。这是在原来气孔器的下方，由木栓形成层产生大量排列疏松的补充细胞（complementary cell）突破周皮而形成的结构。皮孔是周皮形成后，植物体与外界环境进行气体交换的通道。

☆ 图2-6　天竺葵属茎横切面

表皮
木栓层
木栓形成层
栓内层
初生皮层

（四）机械组织

机械组织（mechanical tissue）在植物体内主要起机械支持作用。植株越高大，需要的支持强度就越大，机械组织也就越发达。

机械组织的主要特征是细胞的次生壁强烈加厚。根据细胞形态和加厚方式的不同，可分为厚角组织和厚壁组织（图2-7）。

1. 厚角组织

厚角组织（collenchyma）由长形的生活细胞组成，常具叶绿体，与厚壁组织相比，厚角组织细胞壁在细胞角隅处不均匀增厚，细胞壁柔韧而坚强，既有支持作用，又不妨碍幼嫩器官的生长。厚角组织通常连续或成束分布于幼茎、叶柄、花柄等部位的表皮下面，或离开表皮层只有一层或几层细胞，或分布于较大叶脉的一侧或两侧。

☆ 图2-7 机械组织

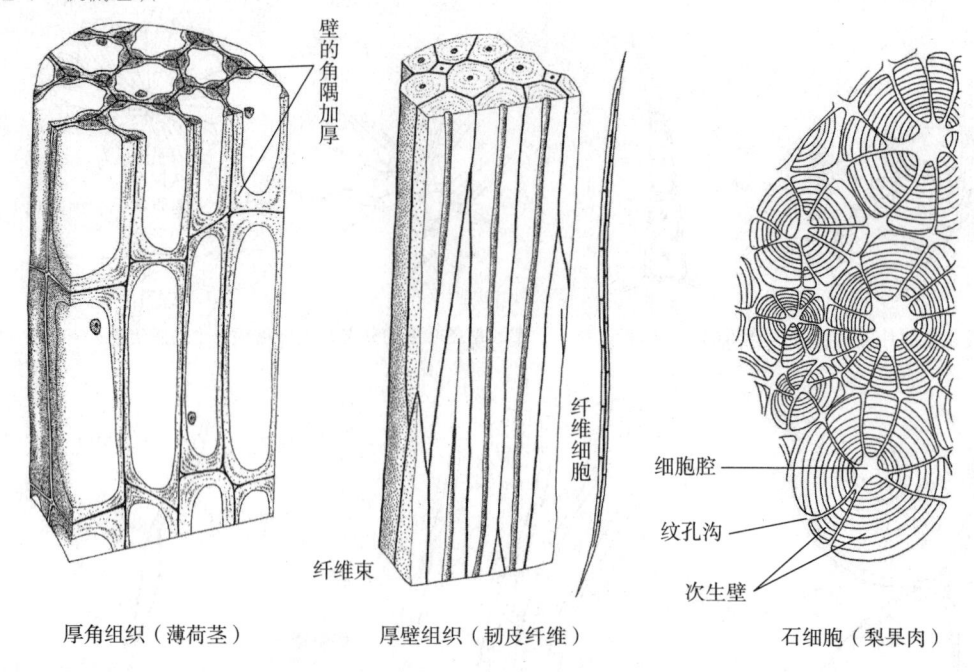

厚角组织（薄荷茎）　　　厚壁组织（韧皮纤维）　　　石细胞（梨果肉）

2. 厚壁组织

厚壁组织（sclerenchyma）细胞具有均匀增厚的次生壁，并且常常木质化。细胞成熟时，原生质体通常死亡分解，成为只留有细胞壁的死细胞。厚壁组织细胞可分为石细胞和纤维两类。

石细胞（sclereid 或 stone cell）通常有极度增厚和强烈木质化的次生壁。随着细胞壁的增厚，原来的纹孔形成明显的管状纹孔道；有时纹孔道彼此汇合，形成特殊的分枝纹孔道。石细胞的形状主要是近乎等径的，但是有的变化很大，有的呈骨状或不规则的分枝状。石细胞广泛分布于植物的茎、叶、果实和种子中，有增加器官的硬度和支持作用。它们常单个散生或数个群集，有时也可以连续成片地分布。梨的果肉中，石细胞普遍存在，在老的品种中尤为发达。核桃、桃、椰子等坚硬的内果皮便是由多层连续的石细胞组成。在茶叶、桂花的叶片中常有单个分枝状的石细胞散布于叶肉细胞间，由此增加了叶的硬度。石细胞在茎中多见于皮层、髓部或韧皮部中，它的数量是鉴定作物品质的依据之一。

纤维（fiber）细胞狭长，两端尖细，略呈纺锤形。细胞壁明显地次生增厚，细胞腔极小，纹孔很小，大多呈缝隙状。成熟时，原生质体一般都消失，成为死细胞，但也有少数植物，如藜科木本种的纤维中可有生活的原生质体。根据存在部位和细胞壁特化程度的不同，纤维可分为韧皮纤维和木纤维。韧皮纤维主要存在于植物的韧皮部中，也出现于皮层或中柱鞘；它的次生壁主要由纤维素组成，不木质化或木质化程度较低。这种纤维韧性很强，是重要的纺织工业原料，如麻类的韧皮纤维。木纤维主要存在于双子叶植物的次生木质部中，长度比韧皮纤维短；细胞壁常木质化，因而细胞硬度大，抗压性强，可增强树干的支持力和坚固性。杨树、桉树和桦木等阔叶树木纤维是重要的造纸原料。木纤维的细胞长度、壁的厚度以及纹孔的形态和分布常有变化，是木材鉴定的依据之一。

（五）输导组织

输导组织（conducting tissue）的作用是植物体内长距离运输水分和物质。输导组织贯穿植物体的各种器官中，彼此联系形成一个复杂而网状的运输系统。

根据运输物质的不同，输导组织可分为两类：一类是输送水分和溶于其中的无机盐的导管（vessel）和管胞（tracheid），另一类是输送有机养分的筛管（sieve tube）和筛胞（sieve cell）。

1. 导管和管胞

导管普遍存在于被子植物的木质部中，由许多管状的死细胞以端壁连接而成，总称导管。组成导管的每一个细胞称为导管分子（vessel element）。

导管分子幼时管径比较狭小，是含有原生质体和各种细胞器的生活细胞。在细胞成熟过程中，导管分子直径显著增大，细胞内出现大液泡，在微管集中分布的部位逐渐形成花纹状的次生壁。不久，导管分子发生胞溶现象，液泡膜破裂，释放水解酶，原生质体被分解，细胞质和细胞核消失，细胞间的横壁渐次溶解，最后横壁消失，形成穿孔（perforation）。穿孔的形成使导管中的横壁打通，成为一贯通的长管（图2-8）。导管是一种比较完善的输水结构，水流可顺利通过导管细胞腔及穿孔上升，也可通过侧壁上的纹孔横向运输。

✿ 图2-8　刺槐导管形成的各个时期

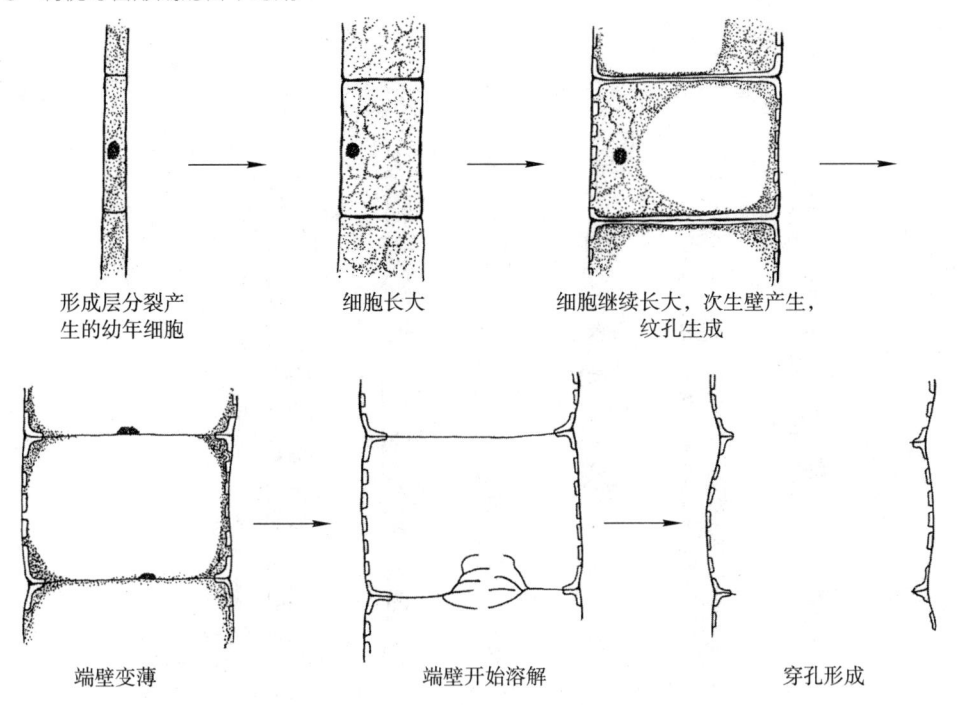

形成层分裂产生的幼年细胞 → 细胞长大 → 细胞继续长大，次生壁产生，纹孔生成 → 端壁变薄 → 端壁开始溶解 → 穿孔形成

导管分子的形态及其端壁穿孔的类型，常随植物种类而不同。在系统演化上，导管分子中外形扁宽、端壁近于与侧壁垂直、形成单穿孔的，比外形狭长、端壁倾斜、形成具横闩的复穿孔的更为进化。具梯状穿孔板的横闩数目可多至百余条，因此，具单穿孔的导管较具梯状穿孔板的输导能力更强。

根据导管的发育先后和侧壁木质化增厚的方式不同，可将导管分为环纹、螺纹、梯纹、网纹和孔纹5种（图2-9）。环纹和螺纹导管的木质化次生壁，分别呈环状和螺旋状，加厚于导管初生壁的内侧。由于增厚的部分不多，所以仍可适应器官的伸长生长。这两种导管的直径小，输水能力弱，在器官早期生长过程中出现，主要分布在原生木质部中。梯纹导管中，木质化增厚的次生壁部分呈横条状隆起，形似梯状。网纹导管与孔纹导管壁的增厚较多，细胞壁的延伸性大为降低。这三种导管的直径较大，输导效率显著提高，出现于器官组织分化的后期，主要分布在后生木质部和次生木质部中。木质部中有输导作用的仅是发育后期形成的导管，其中孔纹导管比较普遍。

蕨类植物和裸子植物依赖管胞输水，而大多数被子植物中，管胞与导管同时存在。每一管胞是一个细胞，细胞狭长而两端呈楔形。在器官中纵向连接时，上下两细胞的末端紧密地重叠，水分通过管胞壁上的纹孔流动，因此管胞输导水分的能力比导管小。管胞大多具厚壁，且有重叠的排列方式，因此兼有支持功能。管胞细胞壁的增厚也有环纹、螺纹、梯纹、网纹和孔纹5种（图2-10）。

✿ 图2-9　导管的类型

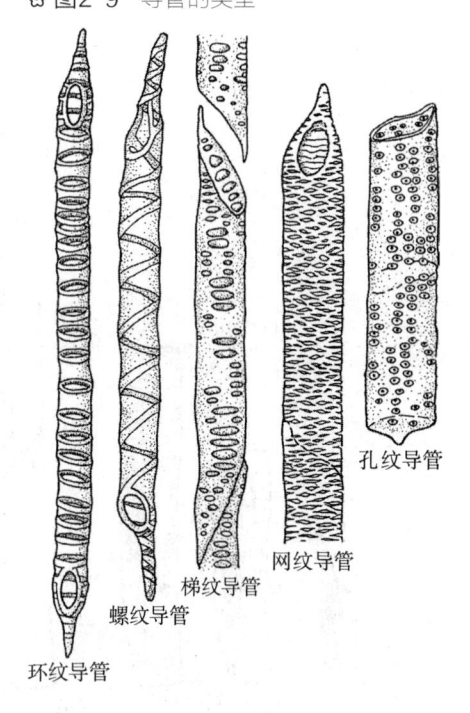

环纹导管　螺纹导管　梯纹导管　网纹导管　孔纹导管

2. 筛管和筛胞

筛管是被子植物韧皮部中输导有机养料的管状结构，由一列长筒形的活细胞纵向连接而成，每一组成细胞称为筛管分子（sieve tube element）。筛管分子的细胞壁属初生壁性质，端壁及部分侧壁上有许多小孔，称为筛孔（sieve pore）。筛孔常成群聚集于稍凹的区域形成筛域（sieve area），分布有筛域的端壁称为筛板（sieve plate）。只有一个筛域的筛板为单筛板，分布数个筛域的则为复筛板。相邻两个筛管分子的原生质形成的联络索（connecting strands）通过筛孔彼此相连，筛管分子相互贯通，形成运输同化产物的通道（图2-11）。

✿ 图2-10　管胞的类型

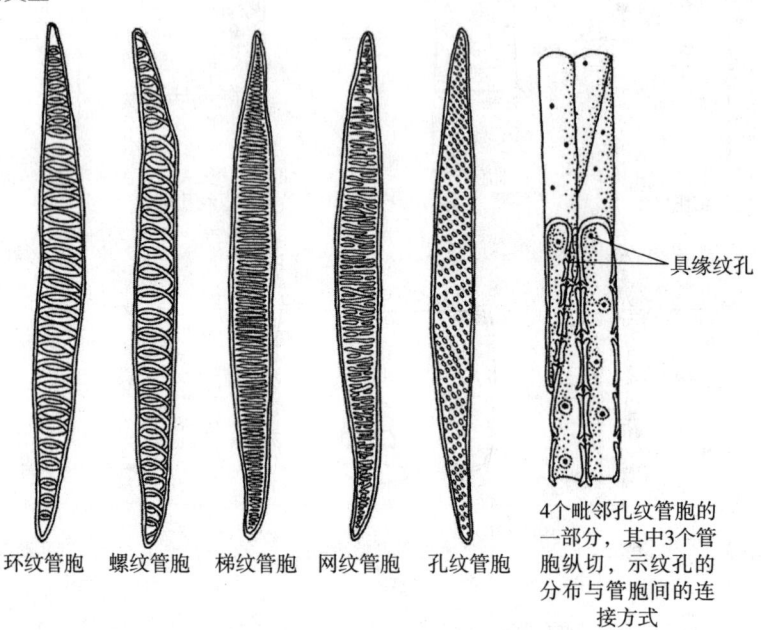

环纹管胞　螺纹管胞　梯纹管胞　网纹管胞　孔纹管胞　4个毗邻孔纹管胞的一部分，其中3个管胞纵切，示纹孔的分布与管胞间的连接方式

具缘纹孔

✿ 图2-11　筛管与伴胞的发育

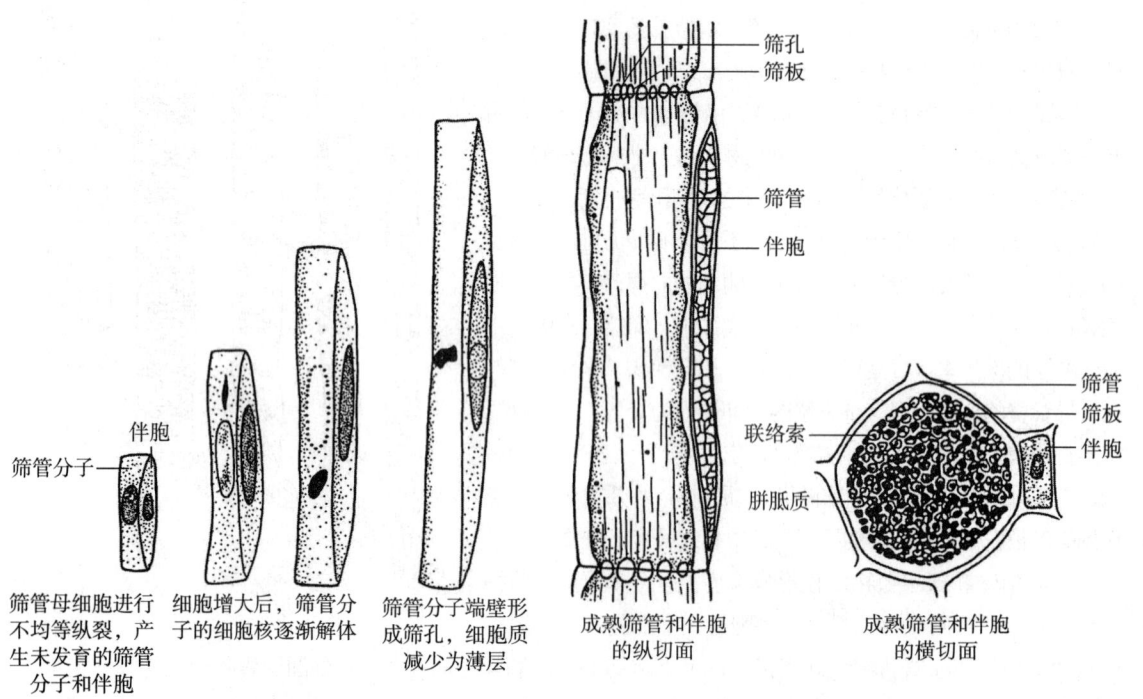

筛孔
筛板
筛管
伴胞

伴胞
筛管分子

联络索
胼胝质

筛管
筛板
伴胞

筛管母细胞进行不均等纵裂，产生未发育的筛管分子和伴胞

细胞增大后，筛管分子的细胞核逐渐解体

筛管分子端壁形成筛孔，细胞质减少为薄层

成熟筛管和伴胞的纵切面

成熟筛管和伴胞的横切面

从系统演化和生理适应方面看，具近于横的单筛板和联络索少而粗的粗短筛管分子，较具倾斜的复筛板和联络索多而细的细长筛管分子更为进化，更有利于输导养料。

筛管分子中有高分子化合物胼胝质（callose）和特殊的韧皮蛋白（P-蛋白，phloem protein）。因昆虫吮吸或其他因素造成筛管筛板损伤，胼胝质和韧皮蛋白可以加以修复。

在筛管分子发育成熟过程中，细胞核解体，液泡膜破坏，核糖体、高尔基体、微管和微丝消失，只保留了与物质运输和维持生活直接有关的细胞器，如具有贮存蛋白质或淀粉功能的质体，以及可以保证筛管分子中物质运输对能量需要的线粒体。韧皮P-蛋白也由原先分散状态而趋集于细胞腔的侧面和筛孔附近。

成熟的筛管分子成为特殊的无核生活细胞，在筛孔的四周围绕联络索而积累胼胝质。胼胝质在筛孔之间的端壁上逐渐沉积加厚，联络索则相应变细。当筛管分子进入冬眠休眠或衰亡时，胼胝质已成为垫状沉积在整个筛板上，称为胼胝体，在次年春季来临时再行恢复活动，胼胝体溶解，联络索重新出现。一般植物的筛管输导功能只有一个生长季，少数植物，如葡萄、椴的筛管可保持二至多年。筛管分子失去后输导功能后不再恢复，取而代之的是具有活力新的筛管分子。

筛管运输的物质主要为蔗糖，此外，还有一些含氮化合物、少量有机酸和无机物。筛管有时也是某些病菌、病毒传播的途径。

在筛管分子的旁侧有一至数个狭长的伴胞（companion cell）。伴胞与筛管分子是由同一母细胞经过不均等纵裂而来的，其中较小的一个子细胞形成伴胞。伴胞有时也进行横分裂，以致在筛管分子的一侧出现一纵列伴胞。伴胞在横切面上多呈三角形、方形或梯形，细胞核较大，有丰富的细胞器和发达的膜系统，这些都表明伴胞有很高的代谢活性。伴胞与筛管分子的侧壁之间存较更多的胞间连丝。当筛管分子衰老死亡时，伴胞也随之失去功能而死亡。有些植物的叶脉中的伴胞发育为传递细胞，使筛管分子与伴胞更加紧密联系。同时，由于它们位于筛管分子与叶肉之间，能更高效地传递光合产物。

筛胞是裸子植物和蕨类植物输送养分的细胞，它不像筛管由许多细胞纵向的相连成长管，而是单个的细胞聚集成群，以斜壁或侧壁相接。筛胞壁的筛域特化程度不大，不形成筛板。筛胞的旁边没有与其同源的伴胞，但在一些裸子植物中却存在形态与生理和筛胞有关的蛋白质细胞（albuminous cell）。蛋白质细胞来源于韧皮部薄壁细胞或韧皮射线细胞，它们具有浓厚的细胞质，染色较深；在与筛胞相接的细胞壁上有胞间连丝存在，功能上相当于伴胞。筛胞衰老、失去功能时，蛋白质细胞也随之死亡。

（六）分泌组织

植物体内有些细胞可以分泌产生一些特殊的物质，如树脂、蜜汁、乳汁、精油、黏液等，这些细胞称为分泌细胞。由分泌细胞所组成的组织称为分泌组织（secretory tissue）。根据分泌物是保存在植物体内还是分泌到体外，分泌组织可分成外部的分泌结构和内部的分泌结构两类。

1. 外部的分泌结构

外部的分泌结构比较简单，大都位于植物器官的表面，其分泌物能直接分泌到植物体外。常见的类型有腺毛（glandular hair）、蜜腺（nectary）、腺表皮（glandular epidermis）、腺鳞（glandular scale）、盐腺（salt gland）和排水器（hydathode）等（图2-12）。

腺毛：是表皮上有分泌作用的毛状附属物。腺毛一般由头部和柄部构成。头部由单个或多个具有分泌作用的细胞组成，柄部是不具分泌功能的细胞，例如薄荷、烟草、棉花、泡桐、女贞等植物的茎和叶上的腺毛。食虫植物的变态叶上，有多种腺毛分别分泌蜜腺、黏液和消化酶等，有引诱、黏着和消化昆虫的功能。腺毛的有无及其形态类型对鉴定植物有一定参考价值。

蜜腺：是一种分泌糖液的外部分泌结构。虫媒植物的花部通常具蜜腺，称为花上蜜腺。除花外，植物的其他部分上也能产生蜜腺，称为花外蜜腺，如棉花叶背面主脉上的蜜腺、蚕豆托叶上的蜜腺。蜜腺的形态多样。有的蜜腺分化成具一定外形的特殊结构，如一品红的花上蜜腺成杯状。蜜腺的分泌结构大多包括表皮及表皮下几层薄壁细胞。花蜜腺发达和蜜汁分泌多的植物是良好的蜜源植物，如紫云英、洋槐等。

腺表皮：是植物体某些部位具有分泌功能的表皮细胞，如花柱柱头细胞。当腺毛有时头部大而扁

☆ 图 2-12 外部分泌结构

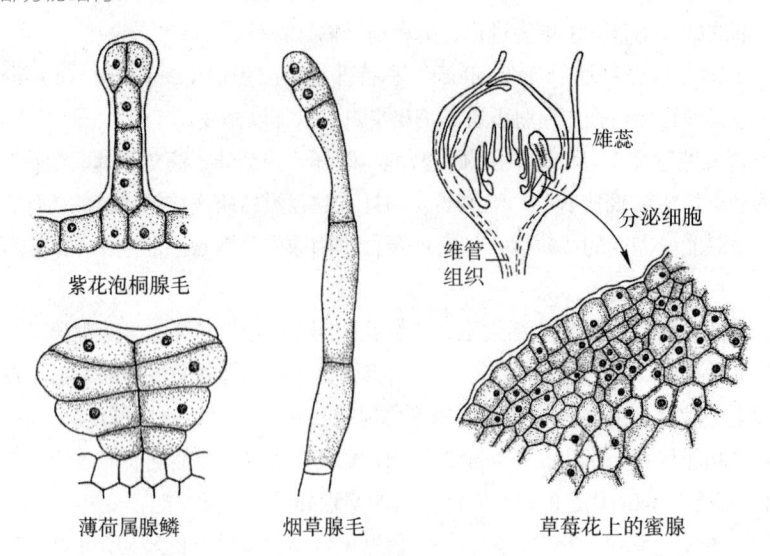

紫花泡桐腺毛　薄荷属腺鳞　烟草腺毛　草莓花上的蜜腺

平，柄部极短或缺，排列成鳞片状，称腺鳞。腺鳞普遍存在于植物中，尤其见于唇形科、菊科和桑科植物中。

盐腺：分泌物为盐类，一般盐碱地上生长的植物体表有盐腺分布，用于分泌多余的盐分以保持体内的盐分平衡，如松属等植物的茎和叶表面均分布有盐腺。红树植物的泌盐结构亦是一种盐腺。

排水器：是植物将体内过多的水分排出体表的结构。排水器由水孔（water pore）和通水组织（epithem, pl.epithemata）组成。水孔大多存在于叶片的边缘或顶端，它们是保卫细胞失去了开闭运动能力的气孔的变形。通水组织是水孔下方不含叶绿体的薄壁组织，细胞排列疏松。当植物体内水分多余时，水分通过叶脉末端的管胞，流经通水组织的许多胞间隙，再经水孔的开口流出。植物这种排水过程称为吐水现象（guttation）。旱金莲、番茄、草莓、睡莲等许多植物上可见到吐水作用。

2. 内部的分泌结构

内部的分泌结构埋藏在植物体的薄壁组织中，分泌物积聚在细胞腔内或细胞间隙中，常见的有分泌细胞（secretory cell）、分泌腔（secretory cavity）、分泌道（secretory canal）和乳汁管（laticifer）。

分泌细胞通常为薄壁细胞，体积常大于周围的细胞，它们的分泌物积聚于细胞腔内。根据分泌物的类型，分泌细胞又可分为油细胞（樟科、木兰科、芸香科、腊梅科等）、黏液细胞（仙人掌科、锦葵科、椴树科等）、单宁细胞（葡萄科、杜鹃花科、桃金娘科等）、芥子酶细胞（白花菜科、十字花科）和含晶细胞（桑科、石蒜科、鸭趾草科等）。

分泌腔和分泌道是由毗连的细胞构成的腔状或管道状结构，其中充满分泌物。它们的形成有两种方式：一种是溶生的（lysigenous），由一团分泌细胞解体而成，如柑橘属、桉树属植物上见到的溶生分泌腔（图2-13），在腔的周围可以看到部分损坏溶解的细胞，另一种是裂生的（schizogenous），分泌细胞之间的中层溶解，细胞互相分离，由完整的分泌细胞衬在腔室或管道周围，分泌物贮存在裂生的细胞间隙中。在伞形科、菊科和漆树科中有裂生的分泌腔；在松柏类和一些木本双子叶植物中有裂生的树脂道（resin duct）（图2-13）和树胶管（gum duct）。植物受伤时，树脂从树脂道中溢出，经挥发而成松香，将伤口封闭。树脂的产生，增强木材的耐腐性。漆树茎上的裂生分泌道特称为漆汁道，在其中积聚漆汁。漆汁是优良的天然油漆，抗腐蚀性强，髹涂在木材和金属器物使形成一层保护膜。

多数被子植物体内具有乳汁管（图2-14）。乳汁管一般有两种类型：一种称为无节乳汁管（nonarticulate laticifer），它是由一个细胞发育、不断伸长和分枝而成的，游离多核，成为一个多核的巨大细胞。大戟属、桑科、夹竹桃科、萝藦科植物大多具有这一类型乳汁管。另一种称为有节乳汁管（articulate laticifer），它是由许多圆柱形细胞在发育过程中彼此相连，细胞间的横壁溶解消失，成为多核的、贯通的管道，在植物体内形成的一个庞大的网状系统。三叶橡胶、番木瓜科、菊科、罂粟科、桔梗科、芭蕉科、旋花科等植物具有这一类型的乳汁管。

在植物体内，乳汁管大都分布于韧皮部中，如三叶橡胶的乳汁管。此外，在有些植物中，乳汁管还

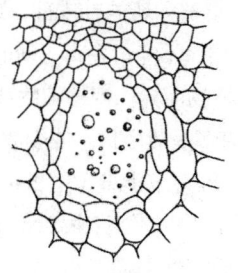

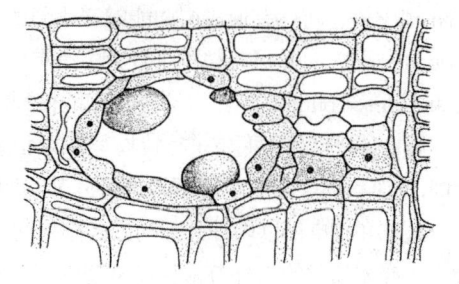

☆ 图2-13 柑橘的分泌腔及松树树脂道的横切面

柑橘果皮的溶生油囊　　　松树树脂道的横切面（示裂生腔）

☆ 图2-14 乳汁管

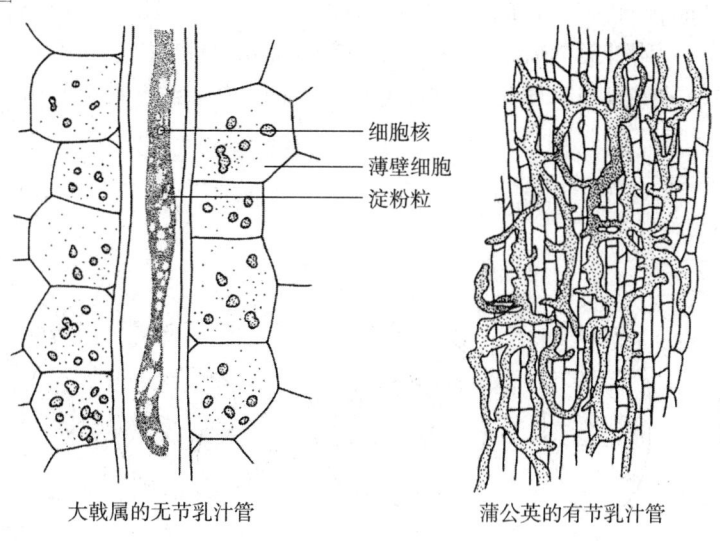

大戟属的无节乳汁管　　　蒲公英的有节乳汁管

出现于表皮、皮层、木质部以及髓部等。

乳汁通常呈白色或黄色，成分极为复杂，含有糖类、蛋白质、脂肪、单宁、植物碱、橡胶、树脂、无机盐等。许多科、属植物的乳汁中含有橡胶，它是萜烯类物质，呈小颗粒悬浮于乳汁中，其中著名的有三叶橡胶（*Hevea brasiliensis*）、印度橡胶树（*Ficus elastica*）、银胶菊（*Parthenium argentatum*）和杜仲（*Eucommia ulmoides*）等。乳汁对植物可能起着防御食草动物吮吸、啃啮和覆盖创伤的保护功能。

第二节　植物的组织系统和维管组织

植物体内的各种组织不是孤立存在的，它们彼此紧密配合，共同执行着各种机能，从而使植物体成为有机的统一整体。通常将植物体或植物器官中由一些复合组织进一步在结构和功能上组合而成的复合单位称为组织系统（tissue system）。

维管植物中的主要组织可归纳为三种组织系统，即皮组织系统（dermal tissue system）、维管组织系统（vascular tissue system）和基本组织系统（fundamental tissue system），分别简称为皮系统、维管系统和基本系统。皮系统包括表皮和周皮，它们覆盖于植物体外表，在植物个体发育的不同时期，分别对植物体起着不同程度的保护作用。维管系统包括韧皮部和木质部，它们连续地贯穿于整个植物体内，输导水分和有机养料。基本系统包括各类薄壁组织、厚角组织和厚壁组织，它们是植物体各部分的基本组成。组织系统把植物体的地上和地下、营养和繁殖各器官汇连起来，成为一个有机整体。

当维管组织在器官中呈分离的束状结构存在时，就称为维管束（vascular bundle）。维管束一般包括三部分：韧皮部（phloem）、木质部（xylem）和束中形成层（fascicular cambium）。韧皮部有筛管、伴胞、韧皮纤维和韧皮薄壁细胞；木质部有导管、管胞、木纤维和木薄壁细胞；裸子植物和双子叶植物的维管束，在木质部和韧皮部之间存有形成层，能够产生新的木质部和新的韧皮部，可以继续进行发育，称为无限维管束（open bundle）；单子叶植物维管束中没有形成层，不能再发育出新的木质部和新的韧皮部，称为有限维管束（closed bundle）。维管束在茎中的排列因植物而异。裸子植物和双子叶植物茎中的维管束排列通常沿茎周呈环状排列；而单子叶植物茎中的维管束多呈散生状态或少数呈环状排列。

根据维管束中木质部和韧皮部的位置不同，可分为不同的维管束类型（图2-15）：韧皮部在外方，木质部在内方，即木质部和韧皮部以内外并列的方式排列的，称为外韧维管束（collateral bundle），绝大多数植物都属此类型；在木质部的内外方都存在着韧皮部，木质部处于韧皮部之间的，称为双韧维管束（bicollateral bundle），这类维管束常见于葫芦科、茄科、旋花科、夹竹桃科等植物茎中；韧皮部位于中央，木质部包围在其外而呈同心圆的，称周木维管束（amphivasal bundle），均存在于单子叶和双子叶植物茎中，如香蒲和莎草的茎中、蓼科和胡椒科植物的茎中；木质部在中央，韧皮部包围其外而呈同心圆的，称周韧维管束（amphicribral bundle），主要见于蕨类植物，是一种较原始的类型；木质部和韧皮部成辐射状相间排列的，习惯上称为辐射维管束（radiant bundle），是存在于初生根中的一种类型。其实，在幼根的初生结构中，韧皮部与木质部并不结合成束状，因此称辐射维管束为辐射排列的维管组织或维管柱为宜。

✿ 图2-15　维管束的类型

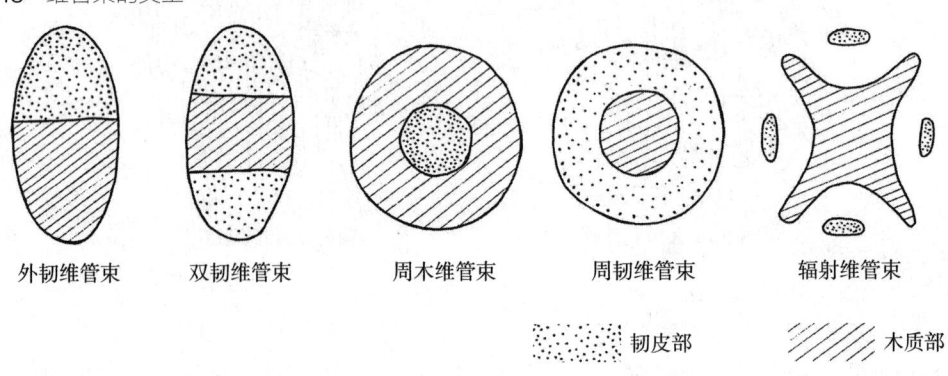

外韧维管束　　双韧维管束　　周木维管束　　周韧维管束　　辐射维管束

韧皮部　　　木质部

小 结

一群行使共同生理功能的细胞群称为组织。由一种类型细胞构成的组织称为简单组织，由多种类型细胞构成的组织称为复合组织。可以把构成的组织区分为分生组织、薄壁组织、保护组织、机械组织、输导组织和分泌组织。

分生组织的细胞具有持续分裂的能力，按来源有原分生组织、初生分生组织和次生分生组织；按位置有顶端分生组织、侧生分生组织和居间分生组织的不同。薄壁组织细胞壁薄、因功能不同可分为同化组织、吸收组织、贮藏组织、贮水组织、通气组织和传递细胞等。机械组织包括细胞壁不均匀增厚的厚角组织和均匀增厚的厚壁组织，而厚壁组织则包括石细胞和纤维。保护组织在初生结构中包括表皮、气孔及毛被等附属物，而根表皮具根毛为吸收组织。输导组织包括木质部和韧皮部，木质部含导管和管胞，韧皮部含筛管、筛胞和伴胞。分泌组织可以出现在植物体的各个部位，分泌诸如树脂、蜜汁、乳汁、油、黏液等。

维管植物组织系统可以进一步表述为皮组织系统、维管组织系统和基本组织系统，它们把植物体结合成为一个有机整体。

思考题

1. 分生组织具有什么功能？有哪些类型的分生组织？它们各分布于植物体的什么部位？
2. 如何区分薄壁组织、厚角组织和厚壁组织？
3. 何谓传递细胞？何谓排水器？
4. 如何区分表皮和周皮？
5. 木质部和韧皮部有何功能，它们各包括哪些成分？
6. 管胞与导管管壁的加厚有哪些类型？哪类植物的管状分子具有具缘纹孔，请描述一下它的结构。
7. 如何区分维管束、维管组织和维管柱？
8. 分泌组织有哪些主要类型？分泌细胞分泌的物质有哪些类型？

数字课程学习

● 彩色图库　　● 名词术语　　● 拓展阅读　　● 教学PPT

第三章 种子植物的营养器官

由多种组织构成的完成几种生理功能的结构单元,叫做器官(organ)。种子植物有六大器官——根、茎、叶、花、果实和种子。根、茎、叶执行水分的吸收、物质的合成、运输、转化等营养生长功能,称为营养器官(vegetative organ);花、果实、种子完成开花结果至种子成熟的全部生殖过程,称为繁殖器官(reproductive organ)。这些器官在生理上有明显的分工,形态结构与所执行的功能相适应,表现出形态结构与机能的统一性。各器官间彼此密切联系,相互协调,有机结合为一整体,共同完成植物的生活史。

和动物不同,植物能够无限生长(indeterminate growth),这是由于植物在根尖、茎尖永远有一群保持分生能力的细胞,不断分化出新的组织和器官。一年生、二年生植物虽然也具有顶端生长点,但它们的细胞分生能力不会永久保持,这是植物无限生长的例外,属于有限生长(determinate growth)。

第一节 根

根是植物演化过程中为适应陆地生活而发展起来的器官。现存的高等植物中,除了苔藓植物和松叶蕨以外,都具有由胚根或具有发生不定根的能力。

一、根的生理功能

根的主要功能如下:

(1)根具有固着和支持作用,使地上部分的茎叶得以伸展,牢固地锚着在地上。

(2)根具有吸收和输导作用。根的主要功能是从土壤中吸收水、二氧化碳和无机盐,并将它们转运到植物体的各个部分,光合产物也可以从上而下输送到根。根的吸收主要靠根毛和幼嫩的表皮。

(3)根具有合成和分泌功能,可以合成氨基酸,分泌包括糖类、氨基酸、有机酸、固醇、生物素和维生素等生长物质以及核苷酸、酶等。有些植物的根能分泌释放生长抑制物,使周围植物死亡,产生所谓的异株克生现象(allelopathy,化感作用)。根的分泌物是土壤中一些微生物生长的必需物质。

(4)根具有贮藏作用,可贮藏糖、淀粉等。如甘薯、菊芋、甜菜的根等。

(5)有些植物的根具有繁殖的能力。如甘薯可以利用块根上的不定芽进行繁殖。

此外,一些植物的根还具有呼吸、攀缘等作用。

二、根与根系

1. 定根与不定根

种子萌发时,胚根首先突破种皮向地生长,形成主根(main root)。主根由胚根发育而来,称为初生根(primary root),也称直根(tap root)。如白菜和菠菜粗壮的根。从主根上可以产生侧根(lateral root),侧根上再可产生第二级或第三级支根,形成根系(root system)。

不论主根和侧根,都来源于种子的胚根,所以也称之为定根(normal root)。而在茎、叶上产生的位置不定的根,称为不定根(adventitious root)(图3-1)。利用茎、叶能产生不定根的特性可进行大量的扦插、压条等营养繁殖。

不定根具有和定根同样的构造和生理功能,同样能产生侧根。

✿ 图3-1　根的种类与根系的类型

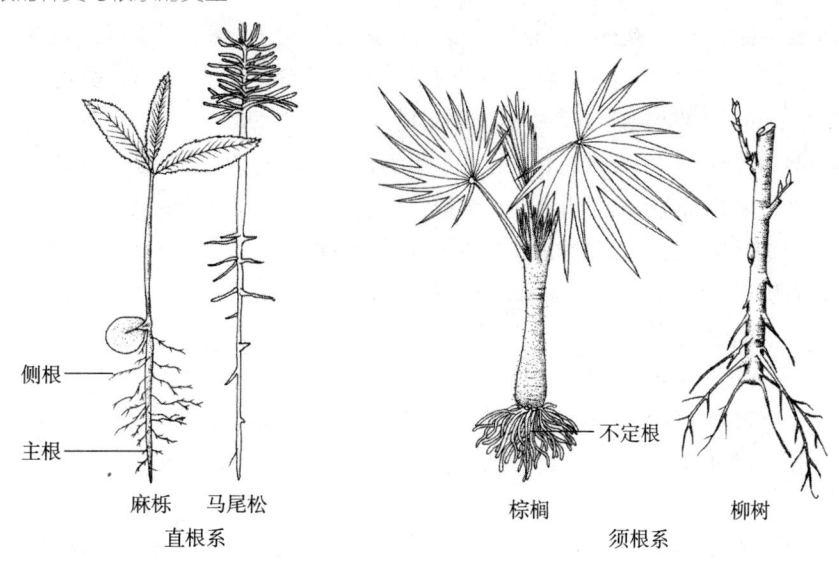

麻栎　马尾松
直根系

棕榈　　　柳树
须根系

侧根
主根
不定根

2. 根系的类型

植物个体全部根的总和称为根系。定根与不定根均可以发育成根系。种子植物的根系有两种基本类型。

（1）直根系（tap root system）：由胚根发育产生的初生根和次生根组成，主根发达，较粗长，能明显区分出主根和侧根，这种根系称为直根系。大多数双子叶植物和裸子植物的根系都属此种类型，如棉、大豆、蒲公英、松、柏、麻栎等（图3-1）。

（2）须根系（fibrous root system）：主根不发达或早期停止生长，由茎基部形成许多粗细相似的不定根，呈丛生状态，这种根系称为须根系。例如水稻、小麦、竹、棕榈、葱、蒜、百合等大部分单子叶植物和某些双子叶植物（如平车前 Plantago major）的根系（图3-1）。

由扦插、压条等营养繁殖而成的树木，它的根系由不定根发育而成，虽然没有真正的主根，但其中一两条不定根往往发育粗壮，外表上类似主根，具有直根系的形态，这种根系习惯上亦看成是直根系。

三、根尖的结构与发育

根尖（root tip）是指根的顶端到着生根毛的部分，它是根中生命活动最旺盛的部分，根的伸长生长、组织的形成以及吸收活动主要是在根尖完成的。主根、侧根、不定根都具有根尖。根尖从顶端自下而上可分为根冠（root cap）、分生区（cell division zone）、伸长区（elongation zone）和成熟区（maturation zone）四部分（图3-2），各区的生理机能和细胞形态结构不同。不同区间并无严格的界线，而是逐渐过渡的。

1. 根冠

根冠位于根尖的最先端，形似帽套，覆盖于分生区之外，有保护内方幼嫩的分生区的作用。茎中没有类似根冠的结构。

根冠由生活的薄壁细胞组成，它的外层细胞高尔基体分泌黏性物质，使土粒表面润滑，便于根尖向土壤深入时免受损伤。当根尖伸入土壤时，根冠外层具黏液的细胞与土粒摩擦受损而脱落，由内方分生区的细胞不断产生新的细胞补充，使根冠始终保持一定的形状和厚度，这是根在土壤中生长的一种适应。黏性润滑剂也是根际微生物生长物质，从而可产生氮素供应植物。环境条件能影响根冠的发育。正常生长在土壤中的植物在水培时，它们的根上可能不发育出根冠。

长期以来，根冠被认为是根感受重力的部位。根冠前端细胞中的淀粉体（amyloplasts）有平衡石的作用。证据表明淀粉体中存在 Ca^{2+} 浓度梯度，影响了细胞中激素的分布，从而实现根的向地反应。有些研究认为，除了淀粉体以外，细胞中的内质网和高尔基体或生长激素也都参加了向地反应。

2. 分生区

分生区也叫做生长锥（growing tip），是位于根冠内方的顶端分生组织。分生区细胞多为立方体，核大，位于中央，有若干小液泡，它的分生能力强，有节律地每天分裂一次或两次。分生区是观察细胞有丝分裂的最佳区域，可以观察到细胞周期的不同分裂阶段。

根尖的中央具有顶端分生组织，它包括原分生组织和初生分生组织。原分生组织位于前端，由保持着胚性细胞特性的原始细胞组成。由原分生组织分化出原表皮、基本分生组织和原形成层三部分初生分生组织，由它们分裂、分化，分别形成根的表皮（epidermis）、皮层（cortex）和维管柱（vascular cylinder），组成根的初生结构（primary structure）。髓（pith）由基本分生组织产生，多数双子叶植物根无髓，而多数单子叶植物根具髓。

在许多植物根尖分生区的中央部分，有一个有丝分裂不活跃的中心区被称为不活动中心（quiescent centre）（图3-3）。当顶端分生组织或根冠受损，不活动中心可以恢复细胞分裂，并形成新的顶端分生组织。一旦新的顶端分生组织建立，中央细胞又变得不活跃，形成新的不活动中心。

3. 伸长区

伸长区位于分生区稍后部分，长 2～10 mm，细胞逐渐停止分裂，并显著伸长成圆筒形，是根伸长生长的主要部位。该部分的显著特征是细胞显著伸长，可数倍于原来细胞的长度，宽度增加很小，许多小液泡聚合成1或2个大液泡，液泡占细胞体积的90%以上，在外观上较分生区更为洁白透明而易于区别。伸长区的细胞伸长，把根冠和顶端分生组织推进土壤。

4. 成熟区

成熟区紧接伸长区，细胞已停止伸长，并且已分化出初生组织中各种类型的细胞，因此有时将成熟区也称为"分化区"（differentiation zone）。这一区的明显标志是表皮上产生根毛，因此，此区又叫根毛区（root hair zone）。该区细胞的液泡充分发育，占据细胞内绝大部分空间，细胞核与细胞质被挤到周围而成为一薄层原生质。表皮突起细胞管状延伸成根毛，细胞核也移到了管中。根毛吸收水分和无机盐，由于与土壤颗粒密切结合，借助于微纤丝极大地增加了根的吸收表面积。根毛长0.5～1 cm，数目因植物种类而异。如玉米的根毛约为38 000根/cm^2，而豌豆的根毛约为23 000根/cm^2。移栽植物时，如果过度损伤根系和根毛，往往会带来枝叶的枯萎，甚至个体的死亡。根毛的生长速度较快，但寿命较短，一般只有几天，多的在10～20天即死亡。菊科一些植物的根毛可长期存活，但后期木化、变粗。幼根向前生长，不断形成新的根毛区以代替旧的根毛区。通常只有陆生植物才有根毛，而具有菌根的植物（如

图3-2　根尖纵切图解

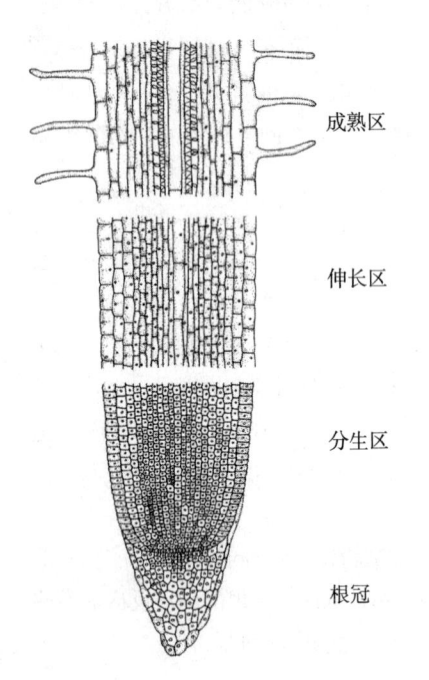

图3-3　洋葱根尖纵切面图解（说明分生组织活动的分布，有丝分裂的频率用点的密度表示）

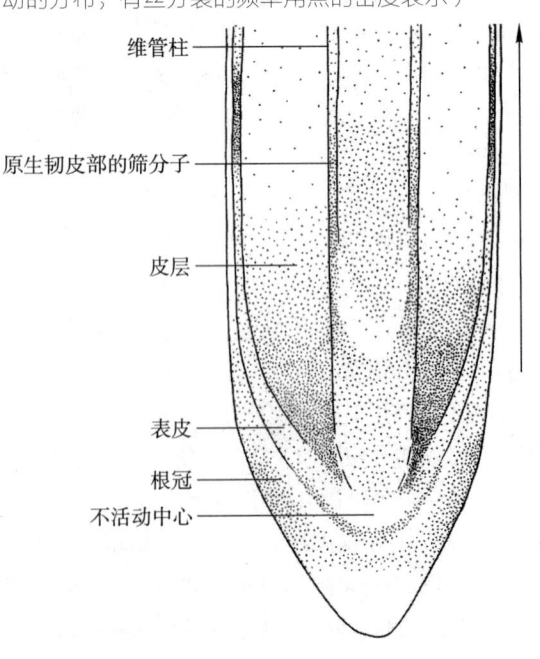

冷杉属）和水生植物，大都不具有根毛或根毛不发达。

成熟区除了有根毛这一特征以外，另外一个重要特征就是已分化出各种成熟组织。上述由初生分生组织经分裂、生长和分化而形成成熟的根的过程，称为初生生长（primary growth）。初生生长主要是植物的伸长生长。经初生生长所形成的各种成熟组织称为初生组织（primary tissue）；由初生组织组成的根的结构，即根的初生结构（primary structure）。

四、根的初生结构

在显微镜下观察根尖成熟区的横切面，可以看到根的初生结构由外至内分别为表皮、皮层和维管柱（图3-4，图3-5）。

1. 表皮

根的表皮是成熟区最外面的一层细胞，由原表皮发育而成。表皮细胞近似长方柱形，长径与根的纵轴平行，排列整齐紧密。根的表皮细胞壁和角质层薄，水分和溶质可以自由通过。部分表皮细胞的外壁向外突起，延伸成根毛。

在热带附生的兰科和天南星科植物的气生根（aerial root）中，表皮是多层细胞发育成的根被（velamen）。根被的死细胞紧密排列，细胞壁上有木质化的带状或网状加厚以及初生纹孔场。根被的主要作用是减少皮层细胞水分的过度散失，具有保护的功能。

2. 皮层

皮层由基本分生组织发育而成，位于表皮与维管柱之间，占初生结构的大部分体积。表层由生活的薄壁细胞组成，细胞排列疏松，有明显的胞间隙；水生植物的皮层可以分化成通气组织。皮层细胞中通常没有叶绿体，但是常含有淀粉粒。

皮层的最外一层，即紧接表皮的一层细胞，常常排列紧密，没有细胞间隙，称为外皮层（exodermis）。当表皮破坏后，外皮层细胞的壁栓质化，代替表皮起保护作用。有些植物根（如鸢尾）的外表皮由多层细胞组成。

皮层最内一层细胞同样排列整齐紧密，无胞间隙，围成一个圆筒，称为内皮层（endodermis）。内皮层细胞初生壁的径向壁和横向壁上，常有栓质化和木质化的带状加厚，这种特殊结构叫做凯氏带（casparian strips）（图3-6）。凯氏带是调节水分和矿质元素进行共质体（symplast）和非共质体（质外

✿ **图3-4** 根的维管柱初生结构的立体图解　　✿ **图3-5** 双子叶植物幼根的初生构造

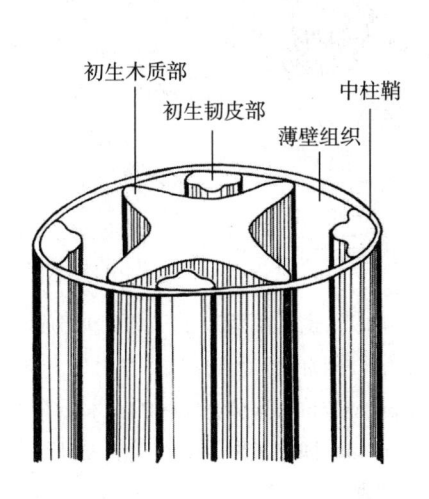

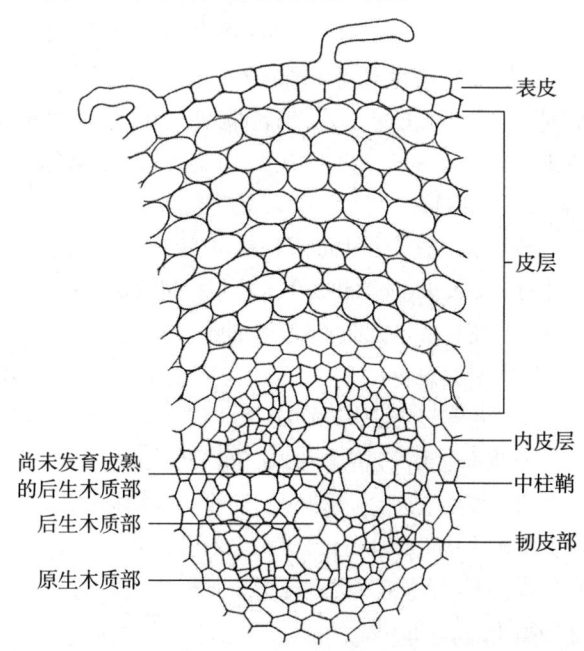

☆ 图3-6 内皮层的结构

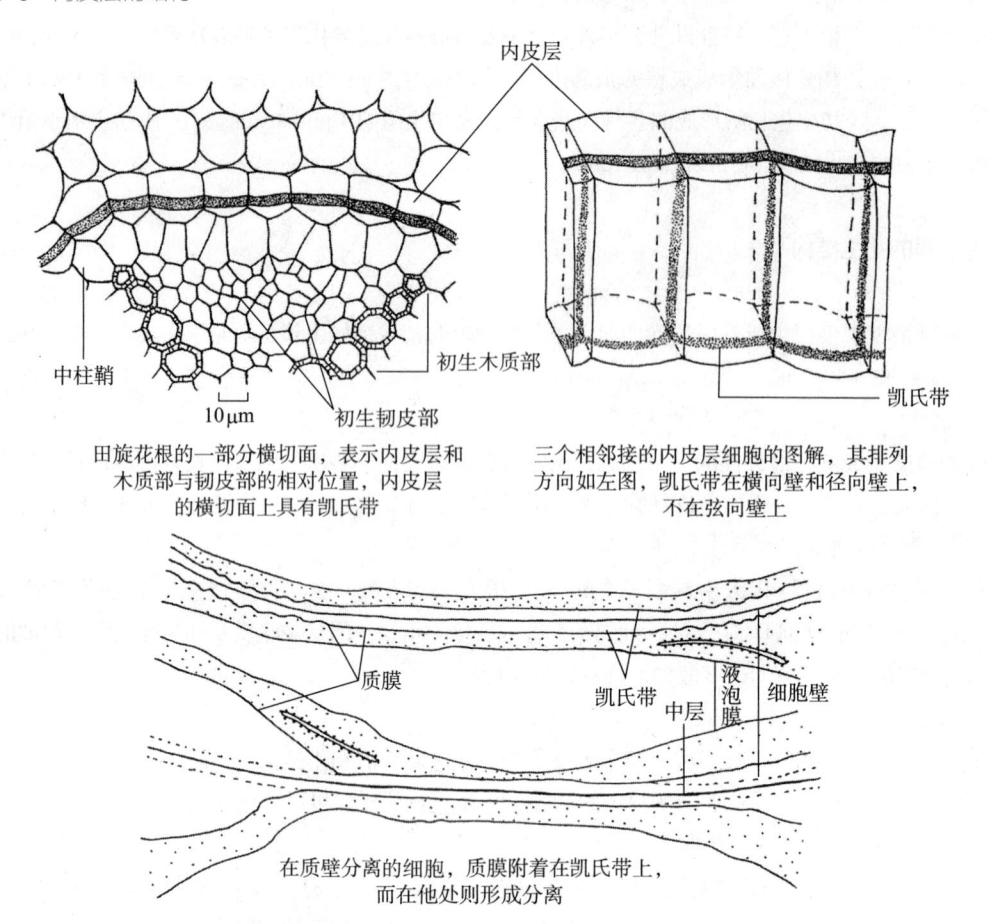

田旋花根的一部分横切面，表示内皮层和木质部与韧皮部的相对位置，内皮层的横切面上具有凯氏带

三个相邻接的内皮层细胞的图解，其排列方向如左图，凯氏带在横向壁和径向壁上，不在弦向壁上

在质壁分离的细胞，质膜附着在凯氏带上，而在他处则形成分离

体）（apoplast）运输的纽带。凯氏带阻止了水分通过细胞壁上的孔道，质外体通道被阻断，这一屏障迫使水和溶质进出维管柱时被迫通过内皮层细胞的质膜或它们的胞间连丝进行共质体运输。这样由根吸收并向茎和叶运输的无机盐，通过质膜选择作用而不致于使有害的无机盐进入细胞。内皮层的这一结构对于根的吸收具有特殊意义。

许多单子叶植物的内皮层进一步发展，在内皮层细胞的径向壁、上下横向壁以及内切向壁都显著加厚并木质化，只有外切向壁（靠近皮层的一侧）较薄（图3-7）。在横切面上呈马蹄形。只有少数对着木质部束处的内皮层细胞保持薄壁状态，这些细胞称为通道细胞（passage cell），它们是皮层和维管柱之间物质交换的通道。

☆ 图3-7 蒜根初生结构（示内皮层细胞及通道细胞）

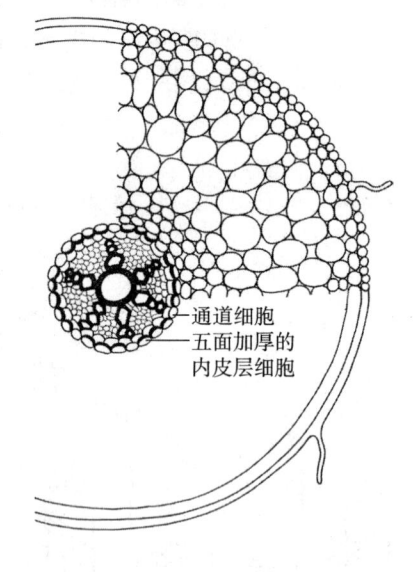

3. 维管柱

皮层以内的结构叫做维管柱。维管柱在根中也称中柱（stele），由中柱鞘（pericycle）和初生维管组织组成。有些植物，在根的维管柱中央还有由薄壁细胞或厚壁细胞组成的髓（pith）。

中柱鞘是维管柱的外层组织，紧接内皮层，一般由一层薄壁细胞组成，也有由两层至多层细胞组成的。中柱鞘细胞恢复分裂能力可以产生侧根、木栓形成层和一部分双子叶植物的维管形成层。

初生维管组织包括初生木质部（primary xylem）和初生韧皮部（primary phloem）（图3-8）。木质部位于维管柱的中央，呈辐射状。每个辐状结构称为木质部束（xylem arms）。韧皮部则位于木质部放射臂之间成斑块状（phloem patches）。木质部束的数目有相对的稳定性，通常是4束，也有2束、3束或更多束的。依根内木质部束数的不同，把根划分为二原型（diarch）、三原型（triarch）、四原型（tetrarch）和多原型（polyarch）等。

根的初生木质部细胞在分化过程中是由外向内呈向心式成熟的，即靠近中柱鞘的细胞最早分化为口径小的环纹导管和螺纹导管，这部分木质部称为原生木质部（protoxylem）；接着继续向中心分化，形成口径较大的梯纹、网纹或孔纹导管，这部分木质部称为后生木质部（metaxylem）。根的初生木质部的这种由外向内渐次成熟的发育方式称为外始式（exarch）（图3-8）。由于初生木质部的发育是外始式，最初形成的导管出现在木质部的外方，接近中柱鞘和内皮层，因而缩短了皮层和木质部间的运输距离，提高了植物生长早期输导的效率。

被子植物根的初生木质部结构比较简单，主要有导管、管胞，也有木纤维和木薄壁细胞。初生韧皮部位于两木质部束中间，与初生木质部相间排列。这种排列方式是根区别于茎的基本特征之一。由于与木质部相间排列，因此，初生韧皮部斑块的数目与初生木质部束的数目相一致。根的初生韧皮部发育成熟的方式也是外始式，即原生韧皮部（protophloem）在外方，后生韧皮部（metaphloem）在内方。初生韧皮部由筛管、伴胞、韧皮纤维和韧皮薄壁细胞组成。

一般植物根的维管柱中央是没有髓的，由初生木质部中后生木质部的大导管所占据。多数单子叶植物、有些草本双子叶植物中的根中存在着髓。在有髓的根中，初生木质部和初生韧皮部在髓的外围也作相间排列（图3-9）。

✿ **图3-8** 毛茛幼根中柱横切面（示初生木质部的分化，内皮层尚未分化）

✿ **图3-9** 玉米幼根的横切面（示具髓的根）

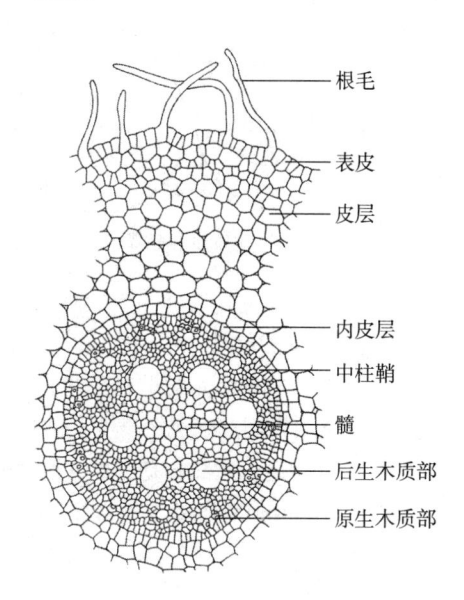

五、侧根与不定根的形成

1. 侧根的形成

植物的根可以反复产生侧根，形成根系。侧根起源属于内起源（endogenous origin），当侧根开始发生时，主根中一定部位的中柱鞘细胞脱分化，恢复分裂能力，进行平周分裂（periclinal division），使细胞层数增加。分裂后的细胞再进行平周和垂周分裂（anticlinal division），这群（聚集的）细胞便产生向外的突起，形成了侧根原基（root primordium）。当幼小的侧根原基生长突破内皮层和皮层时，开始分化出生长点和根冠。由于侧根不断生长所产生的机械压力和根冠所分泌的物质能溶解皮层和表皮细胞，使侧根能较顺利地突破外围组织，进入土壤（图3-10）。侧根的产生虽然在根毛区开始，但真正突破皮层、表皮伸入土壤时，则常在根毛区后部，这样就使侧根的产生不至于破坏根毛而影响根的吸收功能。

侧根的产生位置决定于主根初生木质部的类型。二原型的根中，侧根在初生木质部与初生韧皮部之间发生；三原型和四原型的根侧根在正对初生木质部的位置发生；多原型的根侧根从正对初生韧皮部处发生（图3-11）。

✿ 图3-10 侧根发生的部位及过程

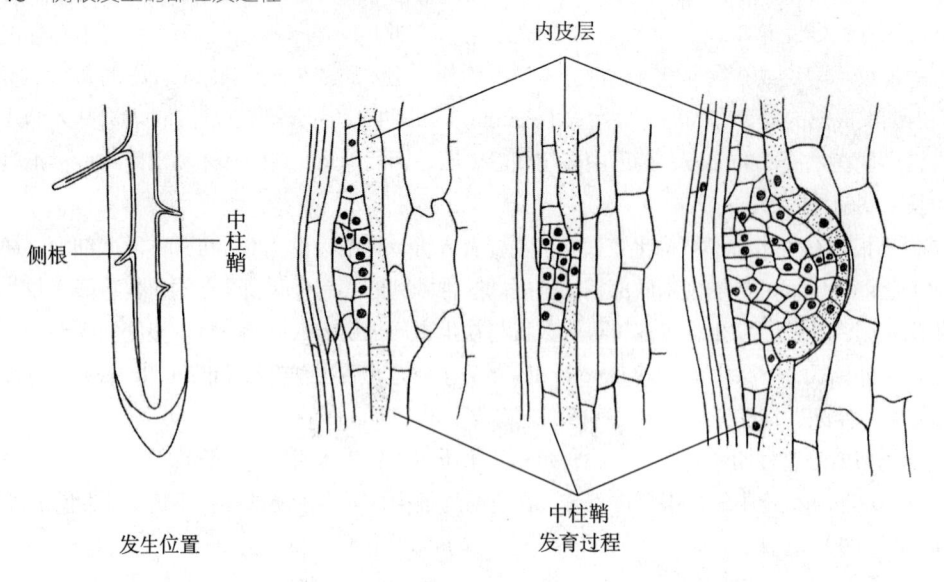

✿ 图3-11 侧根发生部位与根的初生木质部束的关系

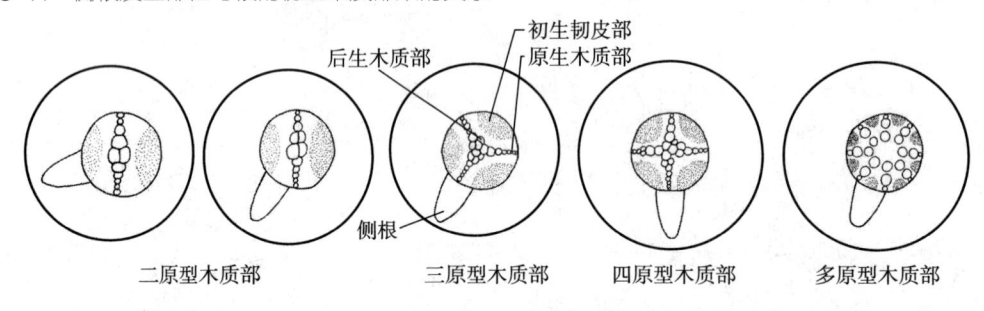

2. 不定根的形成

大多数植物的不定根的起源也像侧根一样，是内起源的。双子叶植物和裸子植物幼小茎上的不定根，通常由束间薄壁组织产生，较老茎上的不定根则由靠近维管形成层的维管射线产生。因此，新生的根十分靠近木质部和韧皮部。少数植物的不定根可以是外起源（exogenous origin）的，如碎米荠（*Cardamine pratensis*）的不定根与腋芽连在一起发生。在某些水玉簪科、兰科植物中，也可以看到外起源的茎生根。

六、根的次生生长和次生结构

大多数单子叶植物和少数草本双子叶植物的根只形成初生结构，直到植物死亡。而大多数木本双子叶植物和裸子植物的根，不仅有伸长生长产生的初生结构，而且还有增粗生长产生的次生结构（secondary structure）。增粗生长也就是次生生长（secondary growth）。它由次生分生组织——维管形成层（vascular cambium）和木栓形成层（cork cambium；phellogen）的活动产生。

1. 维管形成层的发生和活动

根在增粗生长前，位于初生木质部与初生韧皮部之间的薄壁组织恢复分生能力，进行平周分裂并转变为维管形成层。维管形成层最初是在每一韧皮部斑块内方产生，因此，最初的形成层呈间断条状。随后，各条形成层左右扩展至木质部束顶部，和中柱鞘细胞相接。此时这些部位的中柱鞘细胞也恢复分生能力，参与维管形成层的形成，并与条状的维管形成层连接成为一个波状的形成层环（cambium ring）（图3-12）。

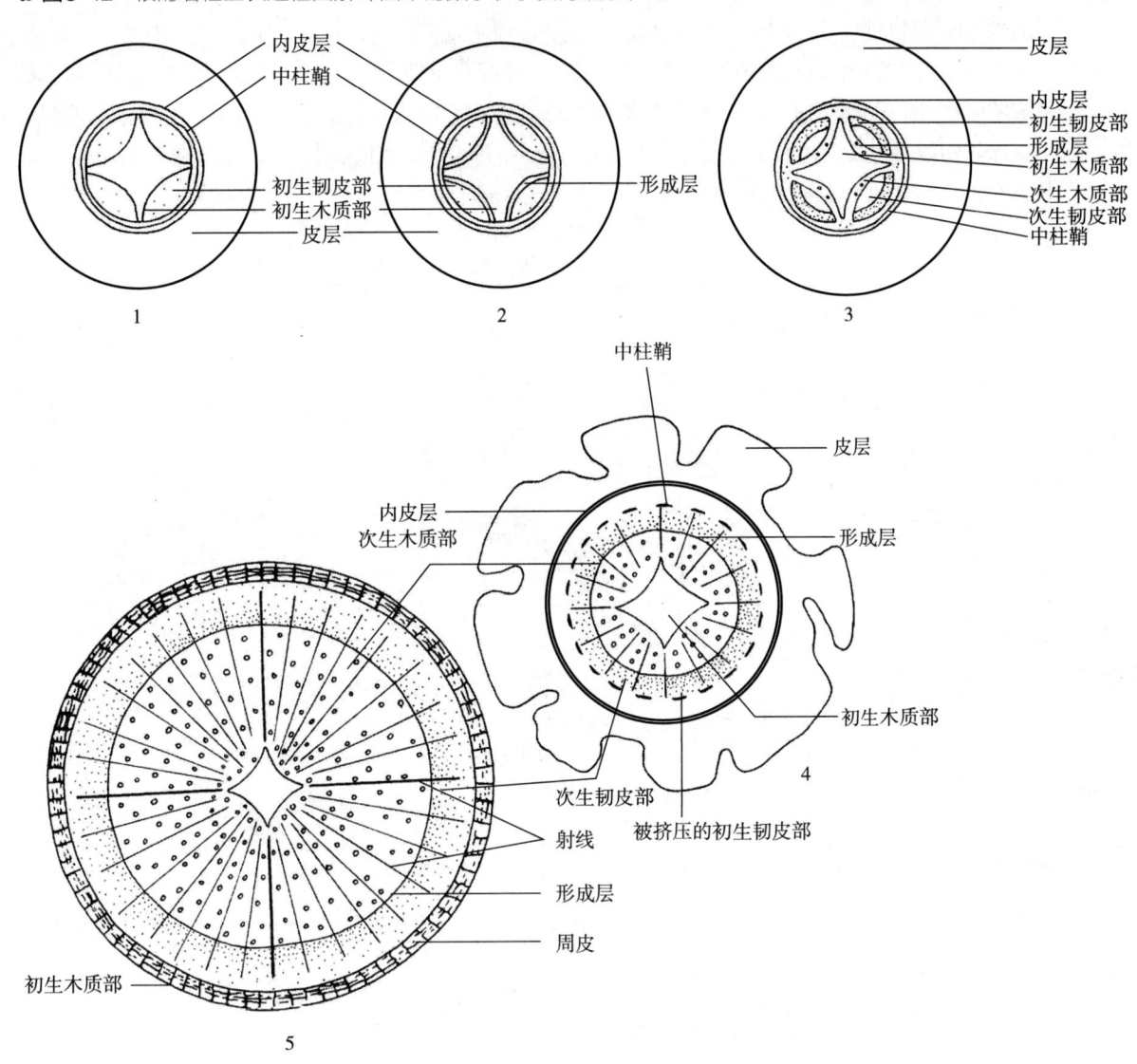

图3-12 根的增粗生长过程图解（图中的数字表示发育顺序）

由于初生韧皮部内方的形成层产生较早，分裂也较快，因此，在初生韧皮部与初生木质部之间形成的次生组织（次生韧皮部和次生木质部）较多；而在初生木质部束顶部的形成层开始活动较晚，所形成的次生组织较少。这样，初生韧皮部被新形成的次生组织推向外方，波状的形成层也就逐渐变成正圆环状。随着次生组织增加，初生韧皮部被挤毁、剥落。

形成层的分裂活动主要是进行切向分裂（tangential division），向外分裂出的细胞组成次生韧皮部，向内分裂出的细胞组成次生木质部。一般地，形成的次生木质部细胞要比次生韧皮部细胞数目多，因此，在横切面上次生木质部的宽度比次生韧皮部的宽度大好几倍。在具次生生长的根中，次生木质部和次生韧皮部之间始终存在着形成层。

次生木质部与次生韧皮部的组成成分，基本上与初生木质部和初生韧皮部相同，但常在次生结构中产生一种新的组织——维管射线（vascular ray），它是形成层处向内外贯穿于次生木质部和次生韧皮部之间的横向运输结构，由薄壁细胞组成。其中，位于次生木质部的称木射线（xylem ray），位于次生韧皮部的称韧皮射线（phloem ray）。

2. 木栓形成层的活动和周皮的形成

由于形成层的分裂活动，使根不断增粗。维管柱以外的成熟组织（皮层和表皮）因内部组织的增加而遭破坏。事实上，与形成层活动伴随发生的是根的中柱鞘细胞恢复分裂的能力，形成木栓形成层（图3-13）。木栓形成层进行切向分裂，向外产生木栓层（phellem或cork），向内形成由薄壁组织组成的栓内层（phelloderm）。木栓层、木栓形成层和栓内层总称为周皮（periderm）。木栓层细胞径向排列紧密整齐。细胞成熟后，细胞壁栓质化，细胞内原生质体解体，死亡后的细胞内充满空气。这种不透水、不透气的组织代替外皮层而起保护作用。当木栓层形成后，木栓层外围的组织由于营养断绝而死亡。

在多年生的根中，木栓形成层不像形成层那样终生存在，而是每年重新形成。其位置是在原有木栓形成层内方，并逐渐向内推移，最终可由次生韧皮部中的部分薄壁细胞发生。

上述由维管形成层和木栓形成层活动产生的次生维管组织，包括次生木质部、次生韧皮部和周皮，统称为次生结构。图3-14是木本植物根由初生生长进入次生生长形成各类组织的过程。

✿ 图3-13　根的木栓形成层

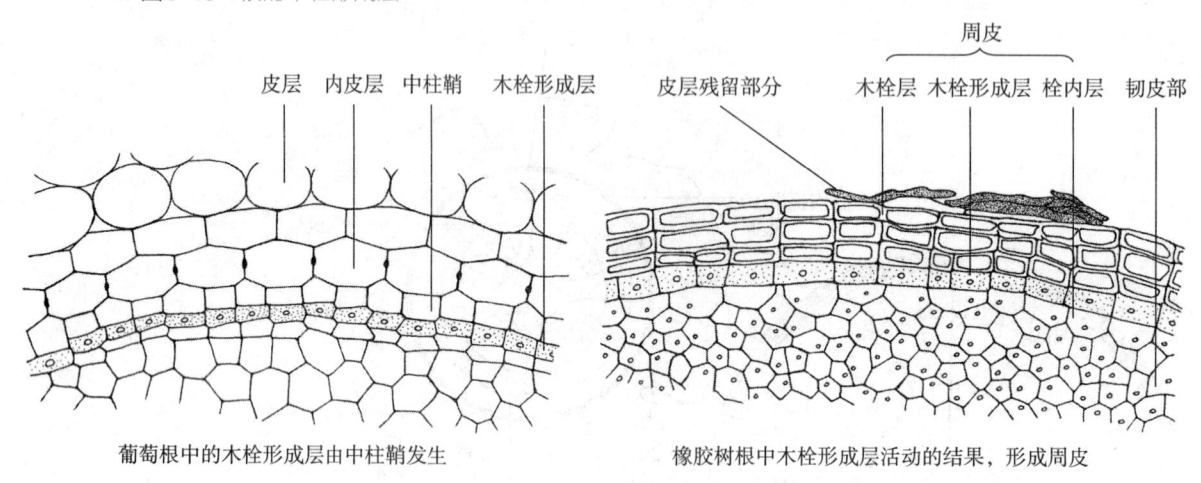

葡萄根中的木栓形成层由中柱鞘发生　　　　橡胶树根中木栓形成层活动的结果，形成周皮

✿ 图3-14　木本植物根组织的分化过程

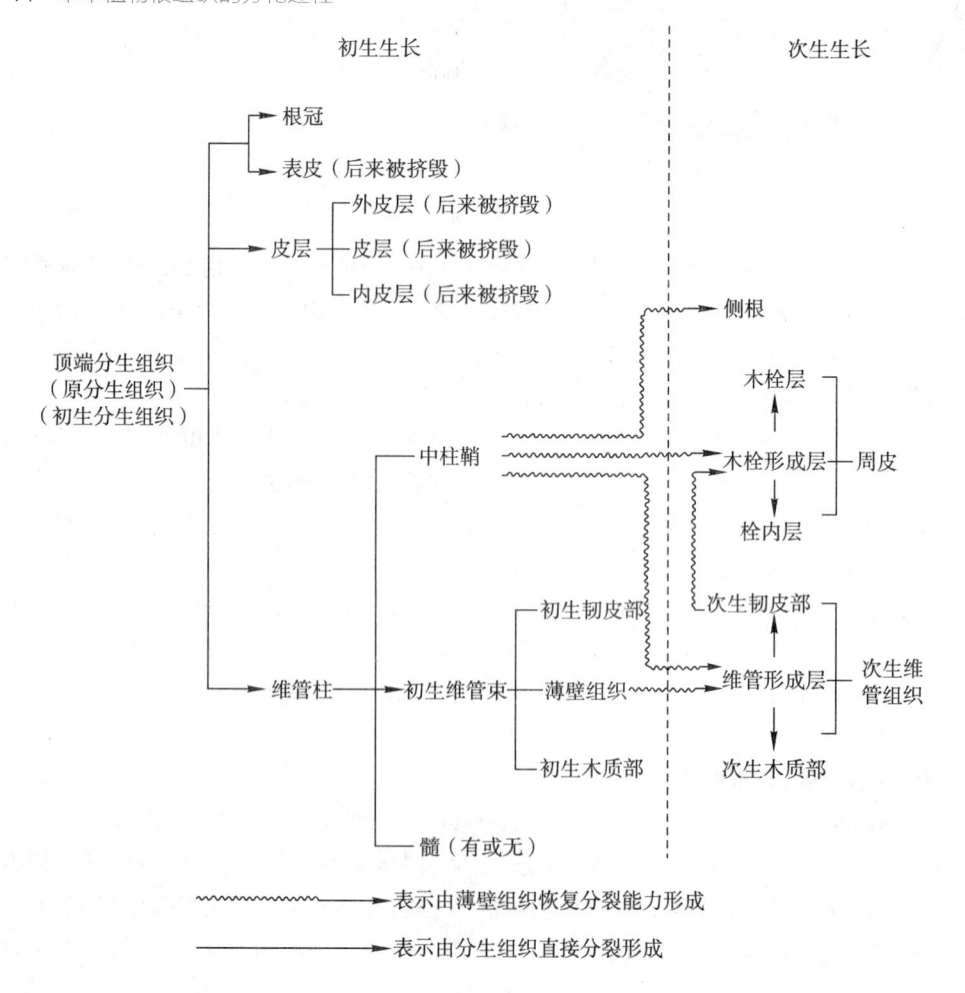

七、根瘤与菌根

高等植物的根中常有微生物生长，它们与植物相互影响形成具有一定外形和结构的共生（symbiosis）关系。这种共生关系，如果高等植物根与细菌共生形成根瘤（root nodule），高等植物根与真菌共生则形成菌根（mycorrhizae）。

1. 根瘤

豆科植物的根上常有球形或卵形的瘤，称为根瘤，它是由生活在土壤中的根瘤细菌（*Rhizobia*）侵入根内而产生。豆科植物在幼苗时期，土壤中的根瘤细菌受根毛分泌物刺激产生了使根强烈弯曲的物质，根瘤菌聚集在根毛弯曲处，以管状的侵入线（infection thread）进入根的皮层，引起皮层细胞内迅速分裂繁殖，根瘤菌也在皮层内大量繁殖，使皮层部分的体积膨大，形成根瘤（图3-15）。由于根瘤菌能产生固氮酶，在根瘤内大量繁殖的根瘤菌把空气中的氮转化成硝态氮，这种过程叫做生物固氮。

除豆科植物外，其他一些非豆科植物，如赤杨、木麻黄、桤木、杨梅、胡颓子、苏铁、罗汉松等根上也有根瘤形成。

✿ 图3-15　根瘤与根瘤菌

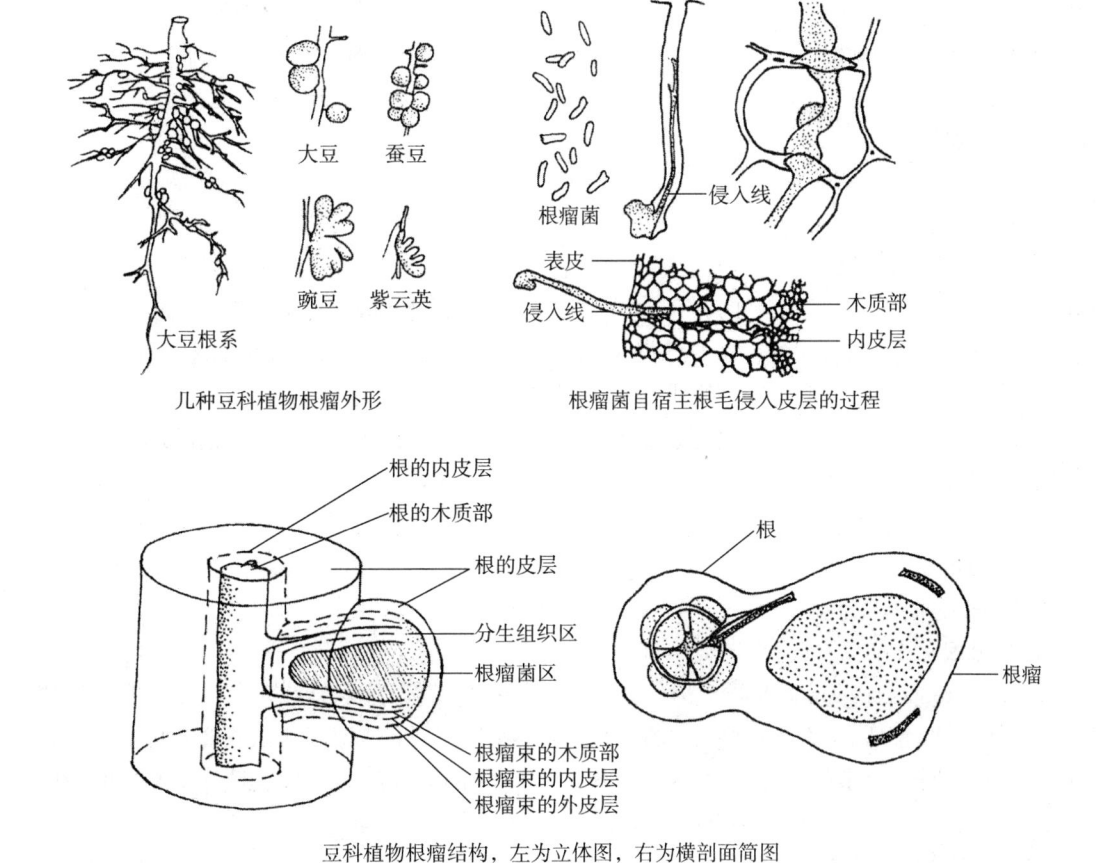

几种豆科植物根瘤外形　　　　根瘤菌自宿主根毛侵入皮层的过程

豆科植物根瘤结构，左为立体图，右为横剖面简图

2. 菌根

超过3/4的陆生植物的根可以与许多真菌共生，形成互利共生（mutualism）的菌根。对于许多木本植物和草本植物，菌根真菌是维持植物的正常生长和发育所必需的。兰科植物从种子萌发到幼苗形成都需要菌根真菌参与（图3-16）。

根据真菌的菌丝在根中存在部位不同，通常把菌根可分为外生菌根和内生菌根。与缺乏菌根的植物对比，具有菌根的植物根根毛发育较少，菌根真菌菌丝代替了根毛的作用，扩大了根的吸收面积，提高了根吸收水分和矿质元素的效率。

図3-16 菌根

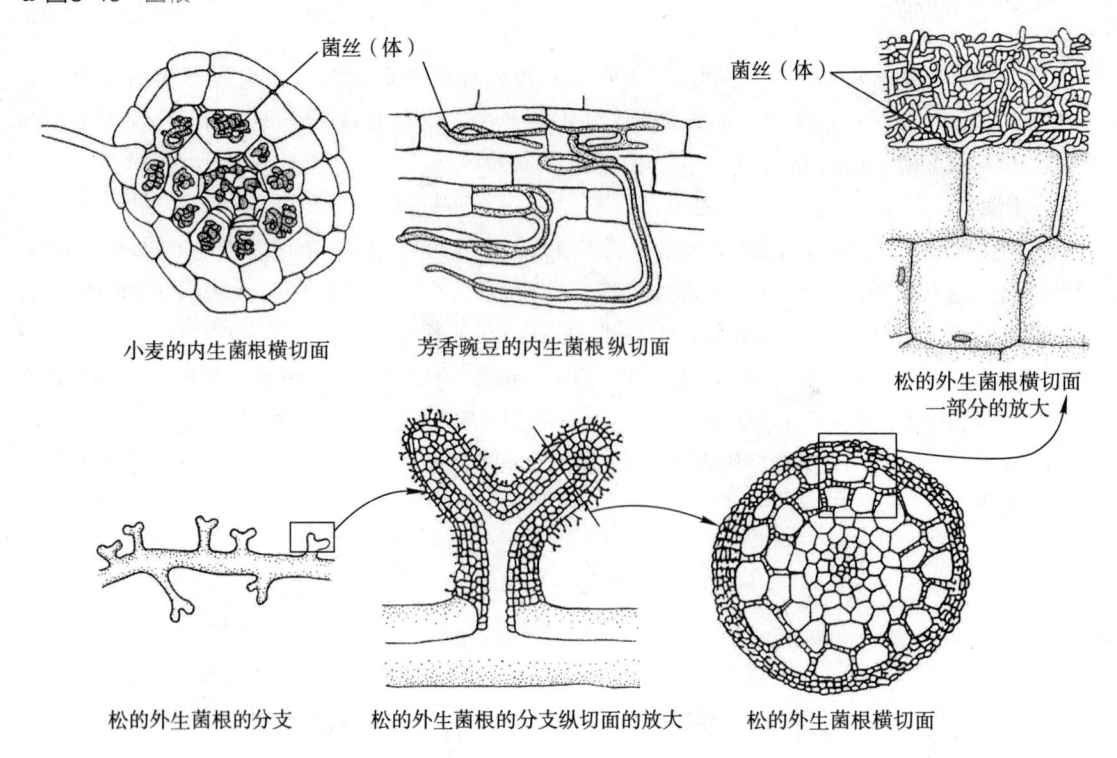

菌丝（体）

小麦的内生菌根横切面　　芳香豌豆的内生菌根纵切面

菌丝（体）

松的外生菌根横切面一部分的放大

松的外生菌根的分支　　松的外生菌根的分支纵切面的放大　　松的外生菌根横切面

八、特化的根

（一）变态的概念

植物的营养器官都有其一定的与生理功能相适应的形态特征，但是往往由于环境条件的改变，植物器官因适应某一特殊环境而改变其原有的功能和形态结构，这种改变不是病理的或偶然发生的，而是该物种的正常遗传特性。这种现象称为变态（metamorphosis），该器官称为变态器官（specialized organ）。例如，长期生于干旱环境中的仙人掌，为了减少蒸腾，叶变为刺状，而茎则变为代替叶行光合作用的绿色肉质茎，叶和茎的功能和形态都产生变态。这种变态特征经长期的自然选择已成为该物种的形态特征。

（二）根的变态

常见的变态根有以下类型。

1. 贮藏根

贮藏根（food-storage roots）形状多样，外观肥大、肉质，富含糖类等营养物，主要包括肉质直根和块根（图3-17）。常见于二年生或多年生的草本双子叶植物，结构上以大量贮藏薄壁组织为主，维管分子散生其间。萝卜、胡萝卜、甜菜、甘薯、木薯、何首乌等的根属于这一类。贮藏营养物质用于植株的开花结实或作为营养繁殖、萌生新植株；也是越冬植物的一种适应性结构。

萝卜、胡萝卜、甜菜等的肉质直根实际由两部分发育而成：上部由下胚轴形成，下部由主根基部发育，并生有数列侧根，这些侧根与主根的其余未膨大的部分均具正常结构。肥大的胚轴端部在营养生长期间着生节间很短的茎与莲座叶，甘薯、木薯、何首乌的肉质根呈块状，是由不定根（营养繁殖时）或侧根（实生苗）的近地表部分经特殊的增粗生长形成的。在块根的上、下部分的根则仍为正常生长的结构。

贮水根（water-storage roots）：生长在干旱地区某些葫芦科植物有巨大的贮水根，它们在一年中有好几个月不降雨的情况下通过贮水根保存的水分完成生长。野南瓜（*Cucurbita perennis*）的主根重达72.12 kg，当土壤缺水时根中的贮藏水能为植物所利用。

⭐ 图3-17 几种贮藏根的形态

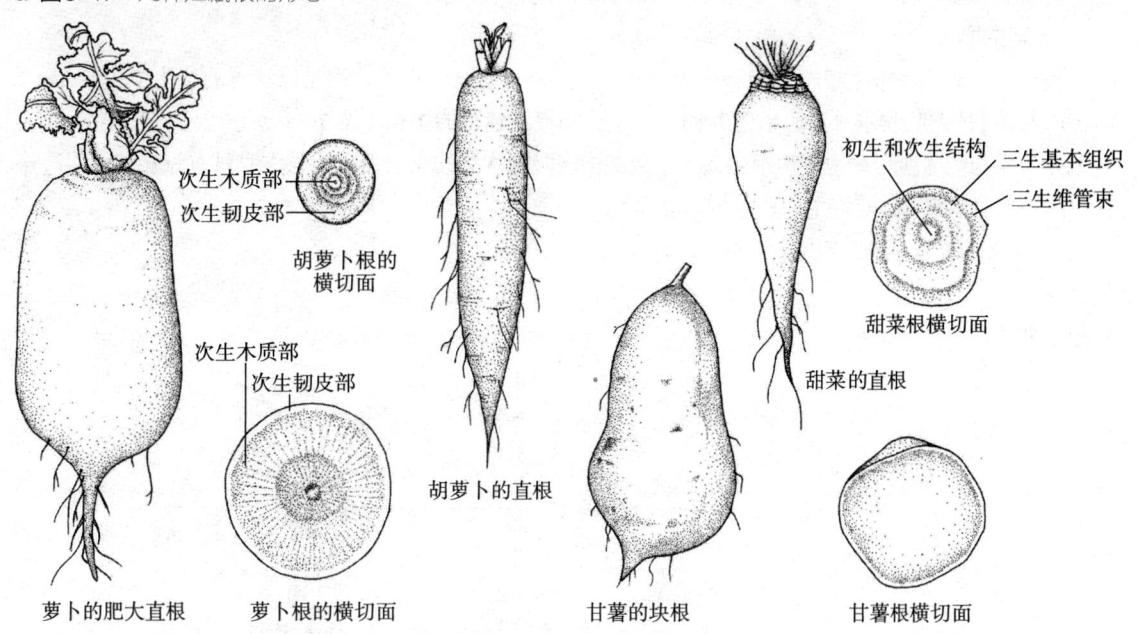

2. 气生根

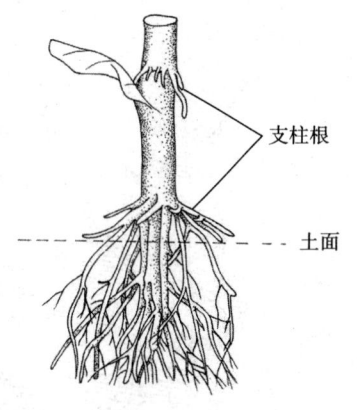

生长在空气中的根叫气生根（aerial roots）。兰科附生兰、天南星科植物的气生根具有根被。因此，气生根被称为根被根（velamen roots），不过习惯上仍称气生根。气生根又可分为如下类别。

⭐ 图3-18 玉米的气生支柱根

（1）支柱根（prop root）：一些浅根系的草本植物，如玉米、高粱，近地面的几个节上可环生几层气生的不定根，不定根向地性生长入土，在土内产生侧根，有支持植物的特殊作用，也起吸收、输导作用（图3-18）。无花果属植物从枝上产生多数下垂的气生根，进入土壤以后，由于次生生长增加直径，成为强大的支柱根。支柱根深入土壤后，再产生侧根，具支持和吸收作用。一些红树植物也在近基部产生多数支柱根，如白骨壤等。

（2）呼吸根（pneumatophores）：生长在我国南方海岸的红树、木榄、白骨壤，河岸、池边的水松、落羽杉都有许多支根，从淤泥中或水面下向上生长，挺立在空气中，称为呼吸根。呼吸根外有呼吸孔，内部有薄的皮层和发达的通气组织，以利于通气和贮存气体，维持植物的正常生长。

（3）繁殖根（propagative roots）：某些植物常在茎之外的位置产生不定芽（adventitious bud），特别是在接近地面的区域，这些不定芽生长形成气生根，称为吸根或根出条。它们附着在茎的基部，与原来的根分离，独立生长，这就是繁殖根，例如樱桃、苹果、桃和许多果树。

（4）攀缘根（climbing roots）：常春藤、凌霄、络石等的茎细长柔弱，不能直立，其上生不定根以固着在其他植物树干、山石或墙壁上而攀缘上升。

（5）同化根（assimilating roots）：附生兰 *Campylocentrum pachyrrhizum* 和 *Harrisella porrecta*，其辐射状的气生根占整个植物体的绝大部分，而苗端只在它们开花时才产生出来，根绿色，代替茎叶进行光合作用，制造养分。香子兰具有发达的茎叶，但其气生根也有叶绿素，可以进行光合作用。

（6）收缩根（contractile roots）：一些草本双子叶和单子叶植物具有把植物拉进土壤深处的收缩根。许多百合的鳞茎具有收缩根，收缩根在几周内把贮藏的养分用完，然后皮层褶皱，缩短到根收缩前的1/3，把鳞茎一点点拉进土壤合适的深度，在这种深度，温度相对稳定（图3-19）。这是寒冷地区植物保护自身对环境的一种适应措施。

（7）板根（buttress roots）：由于雨量充沛，长在土壤浅表的热带树木在树干的基部长出巨大的板状根，看起来就像树干的一部分，用以加强对巨大树干的支持。

3. 寄生根

菟丝子、列当等寄生植物，叶退化为小鳞片，不能进行光合作用，而是借特殊的寄生根（parasitic root）从寄主体内吸收水分和有机营养物，严重影响寄主植物的生长（图3-20）。

桑寄生与槲寄生可产生寄生根侵入寄主组织内，吸取水分和无机盐，但其本身具有绿叶，能制造养料，此为半寄生植物，对寄主的危害相对较小。

✿ 图3-19 收缩根（重绘自Stern等，2003）

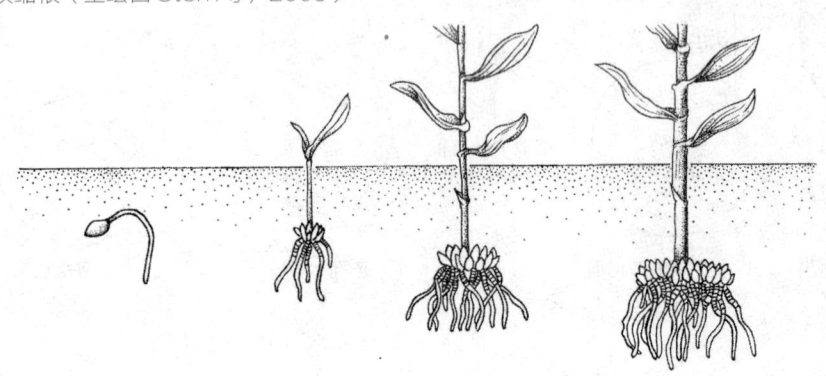

✿ 图3-20 菟丝子寄生根

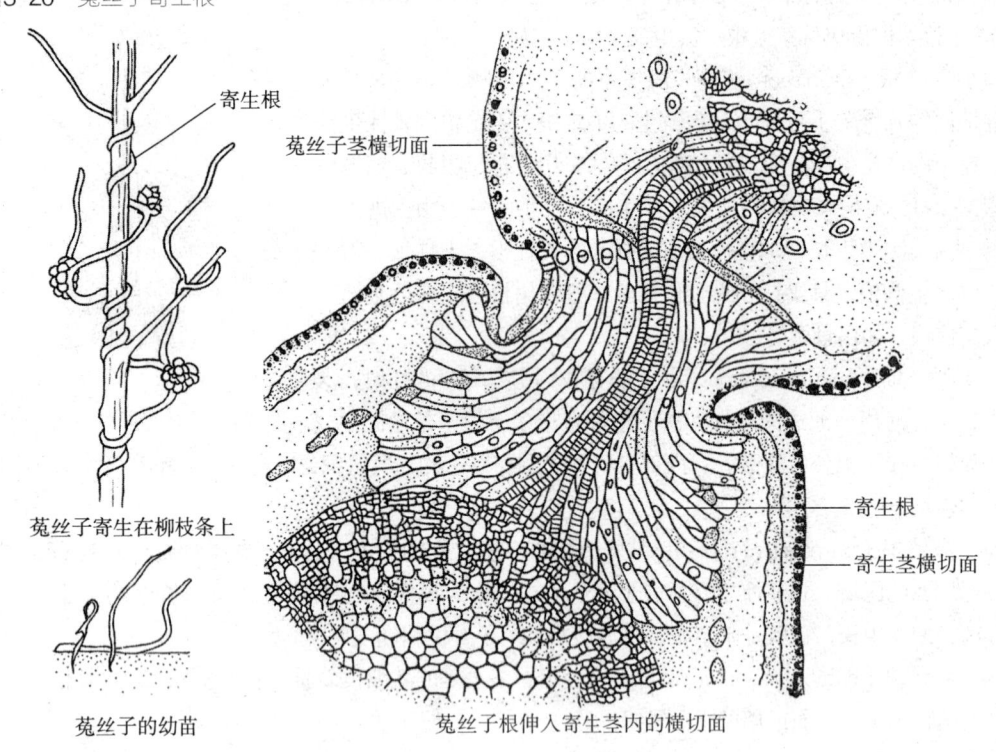

寄生根

菟丝子茎横切面

菟丝子寄生在柳枝条上

寄生根

寄生茎横切面

菟丝子的幼苗　　　菟丝子根伸入寄生茎内的横切面

第二节　茎

茎是植物体另外一大营养器官，它组成地上部分的枝干，上承枝叶，下连根，在形态、结构和功能上，都与根和叶密切相关。茎与根的结构有许多共同点，但茎的结构远比根复杂。茎的外部形态最明显的是茎具节、节间，有叶长芽。不同植物的茎，在不同的发育阶段有不同的结构类型。

一、茎的生理功能

茎的主要功能是输导和支持。

茎的输导作用与它的结构紧密相连。种子植物依靠茎维管组织中的导管（或管胞）和筛管（或筛胞），把根所吸收的水分和无机盐，以及根合成或贮藏的营养物质输送到地上各部分，同时又将叶所制造的光合产物运输到根、花、果实、种子各部分去利用或贮藏。茎的输导作用把植物体各部分的活动连成一整体。

茎的支持作用也与茎的结构密切联系。茎是植物的中轴，不仅担负着庞大的枝叶和大量花果的全部重量，同时还要抵抗气候变化时所增加的外界力量，这主要靠的是分布在茎基本组织和维管组织中的机械组织，特别是纤维和石细胞，这种组织犹如建筑物中的钢筋混凝土骨架。其次，木质部中的导管、管胞也起着辅助的作用。由于茎的支持作用，使叶在空间保持适当的位置，以便充分接受阳光而有利于光合作用和蒸腾作用，并使花在枝条上更好地开放而利于传粉、果实和种子的发育、成熟和传播。

此外，茎还有贮藏和繁殖的作用。

二、茎的形态

（一）茎的基本形态

种子植物茎的外形多呈圆柱形，也有不少植物的茎呈其他形状，如百岁兰块状茎，莎草科植物三角茎，薄荷、蚕豆等植物的方形茎，昙花、仙人掌的扁平茎等。

茎上生叶的部位称为节（node），相邻两节之间的部分称为节间（internode）。在茎的顶端生有顶芽（terminate bud），叶腋（leaf axil）处生有腋芽（axillary bud）。这种着生有叶和芽的茎称为枝（shoot）。因植物种类的不同，或一株植物体上因部位不同，节间长短常有变异。有些草本植物，如萝卜、蒲公英、车前的茎，节间缩短，难以辨认，叶排列成基生的莲座状。玉米、竹、甘蔗和蓼科植物，节部膨大，节间长而明显。许多树木，如苹果、桃、银杏、松等，在茎上有节间显著伸长的枝条，称为长枝；长枝上生有节间极短的短枝。短枝上通常开花结实，所以又称之为花枝或果枝（图3-21）。

✿ **图3-21** 枝条形态及芽的类型

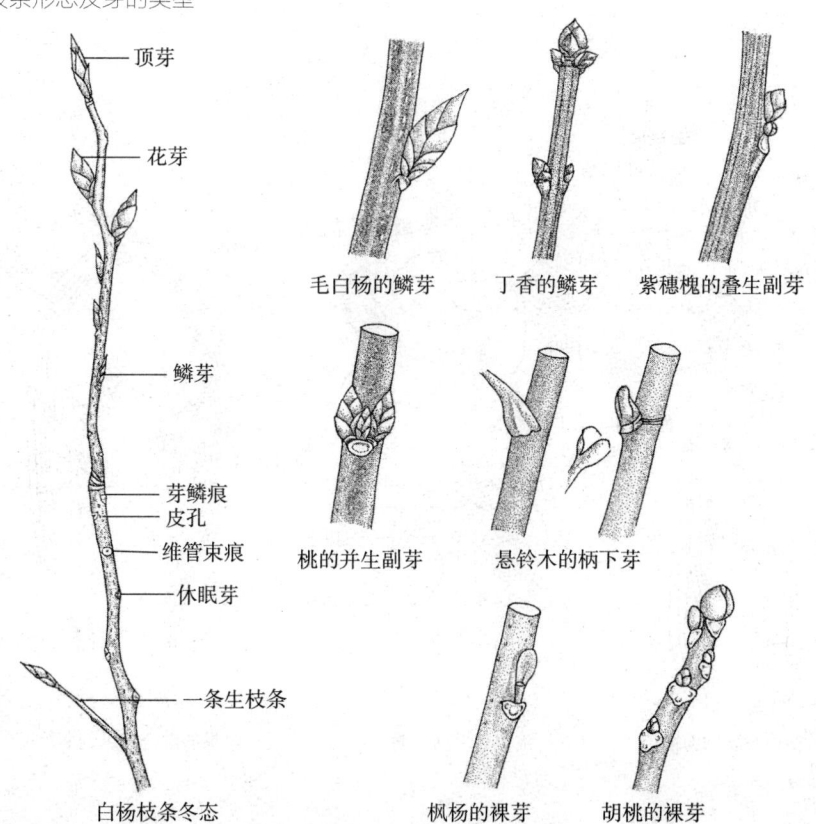

白杨枝条冬态：顶芽、花芽、鳞芽、芽鳞痕、皮孔、维管束痕、休眠芽、一条生枝条

毛白杨的鳞芽　丁香的鳞芽　紫穗槐的叠生副芽

桃的并生副芽　悬铃木的柄下芽

枫杨的裸芽　胡桃的裸芽

第二节 茎

落叶植物叶片脱落后，在枝条上留下的痕迹称为叶痕（leaf scar）。不同植物的叶痕形状和颜色等各不相同。叶痕内的点、线状突起，是茎与叶柄间维管束断离后留下的痕迹，称为维管束痕或束痕（bundle scar）。不同植物束痕的排列、形状及束数也各不相同。在枝条上，顶芽开放后芽鳞脱落留下的痕迹称为芽鳞痕（bud scale scar），它的形状与数目也因植物而异。在通常情况下，顶芽每年活动一次，所以根据芽鳞痕的数目和相邻芽鳞痕的距离，可判断枝条的年龄和生长速度。此外，在茎上还可以看到皮孔（lenticel），这是茎内组织与外界气体交换的通道。皮孔的形状、颜色和分布的疏密情况，也因植物而异。因此，在落叶乔木和灌木的冬枝上，可根据叶痕、维管束痕、芽鳞痕、皮孔等的形状，作为鉴别植物种类、植物生长年龄等的依据。

（二）芽及分枝方式

1. 芽的结构

芽（bud）是枝条和花的原始体。通常由种子萌发所生长的植物，胚芽是第一个芽，地上部分除上胚轴或下胚轴和子叶以外，均由胚芽形成。胚芽发展为主茎、叶及腋芽，腋芽又形成分枝，反复分枝形成庞大的分枝系统。

在植物的营养生长阶段，芽通常发育成枝叶，这种芽称为叶芽（leaf bud）。叶芽的结构如图3-22所示，包括顶端分生组织、叶原基（leaf primordium）、幼叶和腋芽原基（axillary bud primordium）。顶端分生组织位于叶芽的中央，其基部有一些侧生的突起，即为叶原基（叶的原始体）。叶原基在以后的发展过程中形成幼叶。腋芽原基位于每个叶原基或幼叶的叶腋，以后形成腋芽，将来发展成侧枝。愈近基部的幼叶愈大，腋芽原基也愈大。有的植物最外方还有一至几片芽鳞。

当植物体从营养生长转入生殖生长时，开始形成花芽（floral bud）。花芽是花或花序的原始体，外观常较叶芽肥大，内含花或花序各部分的原基（图3-22）。

有些植物还具有一种既有叶原基和腋芽原基，又有花部原基的芽，称为混合芽（mixed bud）。这种芽将来发育为有叶、有花或花序的枝条（图3-22），如苹果、梨、海棠等的芽。

2. 芽的类型

按芽的性质，可分为叶芽、花芽和混合芽。一般来讲，叶芽瘦长较小，花芽和混合芽饱满而较大，但有些植物的叶芽和花芽，在外形上却不容易分辨。

图3-22 几种芽的构造

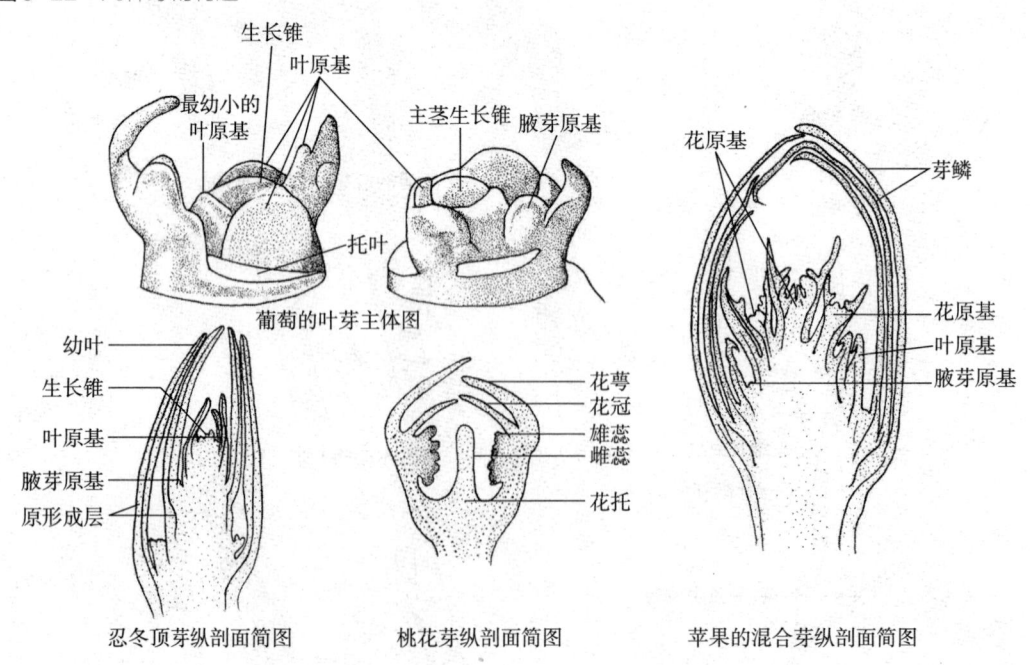

按芽在枝上的位置，可分为定芽（normal bud）和不定芽（adventitious bud）。定芽生于枝条顶端或叶腋处，又可分为顶芽（terminal bud）和腋芽（axillary bud）。通常，每一叶腋处只生一个芽，但有些植物叶腋内可有两三个叠生或并列的芽，其中后生的称副芽（accessory bud），如紫穗槐的叠生副芽、桃的并生副芽，这些芽可以全为叶芽或花芽，也可兼有之。有些植物的腋芽为叶柄基部所覆盖，直到叶落后，芽才显露出来，称为柄下芽（subpetiolar bud），如悬铃木和刺槐的腋芽。

生于老根、老茎、叶或外植体（用于组织培养的小段离体器官）上，或细胞培养、组织培养形成的胚状体上的芽称不定芽。例如，甘薯、榆树等自根上生出的芽，落地生根、秋海棠叶上的芽，桑、柳等老茎或创伤口上产生的芽都属不定芽。农林、园艺上常利用植物能产生不定芽的特性进行营养繁殖。

按芽鳞的有无，芽可分为鳞芽（scaly bud）和裸芽（naked bud）。鳞芽又称被芽，其外围有芽鳞包被。芽鳞（bud scale）是一种具有保护作用的变态叶，具有厚的角质层，外表又常有绒毛或蜡质，有的种类还分泌树脂之类的黏液，保护芽内部的组织免受干旱、冻害的损伤。鳞芽多见于木本植物，如桑、茶、杨、玉兰、枇杷等。绝大多数草本植物（尤其是一年生植物）和少数木本植物，如枫杨等的芽不具芽鳞，只被幼叶包裹着，称为裸芽。

按芽的生理活动状态，可分为休眠芽（dormant bud）和活动芽（active bud）。落叶植物，在秋末，所有的芽都进入季节性的休眠；在夏季炎热干旱的地区，一些植物的芽也处于休眠状态，这些芽称为休眠芽。芽的休眠是植物对逆境的一种适应，即使在生长季节，同一株植物上也总有部分芽处于休眠状态。分化完善、能在当年生长季节萌动生长为枝条或花的芽称为活动芽。一年生植物的芽多数是活动芽。

在一定条件下，休眠芽与活动芽是会转变的，如在生长季突遇高温、干旱，会引起一些植物的活动芽转入休眠；休眠芽在植株受到创伤和虫害时，或有人为的力量，如摘除顶芽、打破其顶端优势等，都可使休眠的腋芽成为活动芽。

3. 分枝方式

分枝是植物的基本特性之一，是植物生长的普遍现象。高等植物常见的分枝方式有二叉分枝（dichotomous branching）、单轴分枝（monopodial branching）、合轴分枝（sympodial branching）和假二叉分枝（false dichotomous branching）（图3-23）。

（1）二叉分枝：由顶端分生组织平分成两半，每一半形成一个分枝，经过一定生长时期，又进行同样的分枝，因此分枝系统成为二叉状。这是一种较原始的分枝方式，多见于低等植物，在高等植物中则见于苔藓植物和蕨类植物。

（2）单轴分枝：顶芽不断向上生长，形成发达的主干。同时，侧芽也发展成侧枝，侧枝再分枝，但各级侧枝生长均不如主干。这种分枝方式称为单轴分枝，又称总状分枝。裸子植物和一部分被子植物，如杨、山毛榉等均为单轴分枝。单轴分支的主干高大挺直，形成有经济价值的木材。一些草本植物，如黄麻等亦为单轴分枝，栽培时，保持其顶端优势可提高麻类的品质。

（3）合轴分枝：顶芽活动一段时间后，生长缓慢乃至死亡，或分化为花芽，由位于顶芽下面的腋芽代替顶芽，继续发育，形成一段枝条。以后，这种分枝上的顶芽又停止发育，又由它下面的腋芽来代替，如此重复生长。这种主干是由许多腋芽发育而成的侧枝联合组成，称为合轴分枝。这种分枝在幼嫩时显著地呈曲折状。合轴分枝植株上部或树冠呈开展状态，有效地扩大了光合作用面积，是比较进化的分枝方式，大多数被子植物如马铃薯、番茄、苹果、梨、桃、杏、核桃、桑、柳等有这种分枝方式。有些植物如茶树和一些树木，在幼年时为单轴分枝，成年时又出现合轴分枝。棉花植株上也有单轴分枝方式的营养枝（只长叶和芽而无花）和合轴分枝方式的果枝。

（4）假二叉分枝：顶芽停止生长或顶芽分化为花芽后，由近顶芽的两个对生的腋芽同时发育为一对对生侧枝，因为从其外表看和二叉分枝相似，因此称为假二叉分枝，但实际上是合轴分枝方式的变化。具假二叉分枝的植物如丁香、石竹、泡桐、七叶树、槲寄生等。

合轴分枝和假二叉分枝是被子植物主要的分枝方式，是较进化的类型。

✿ 图3-23 植物的分枝方式

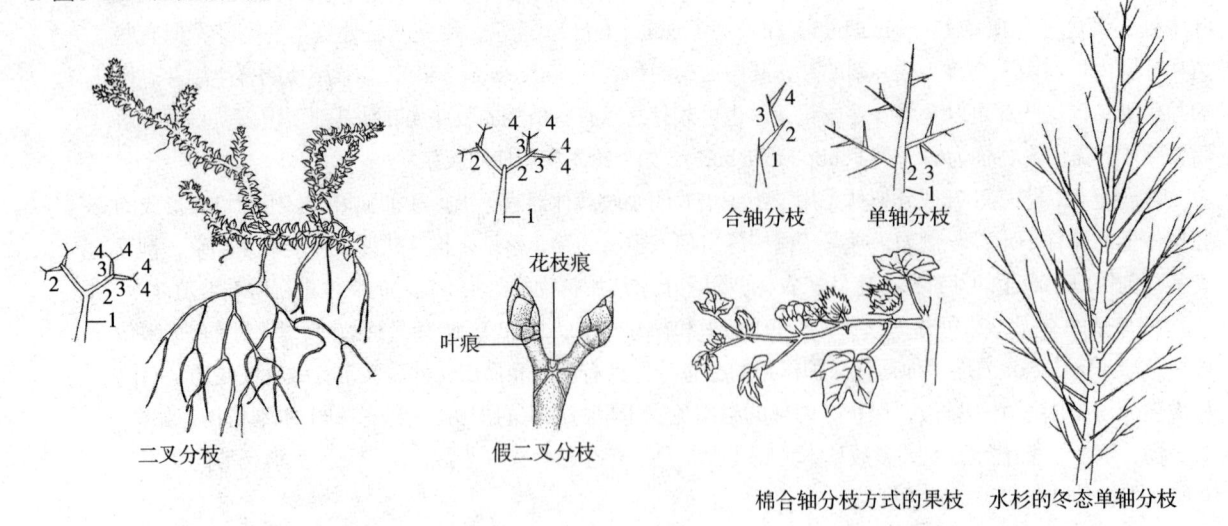

二叉分枝　　假二叉分枝　　合轴分枝　单轴分枝
　　　　　　　　　　　　棉合轴分枝方式的果枝　水杉的冬态单轴分枝

（三）茎的生长习性

不同植物的茎在长期的演化过程中有各自的生长习性，以适应外界环境。因生长习性的不同，茎可以分为直立茎（erect stem）、缠绕茎（twining stem）、攀缘茎（climbing stem）和匍匐茎（stolon或runner）四类。

（1）直立茎：茎背地性生长，直立。大多数植物的茎都是此类，如樟、桉、木棉等。

（2）缠绕茎：茎较柔软，不能直立，以茎本身缠绕他物上升，如牵牛、紫藤、忍冬、何首乌等的茎（图3-24）。

（3）攀缘茎：茎细长、柔弱，不能直立，常发育出特有的结构攀缘他物上升，如葡萄、黄瓜、南瓜、豌豆等以卷须（tendrils）攀缘他物上升；白藤、猪殃殃以钩刺，爬山虎以茎卷须顶端的吸盘，常春藤、薜荔以气生根攀缘他物上升（图3-24）。

有缠绕茎和攀缘茎的植物，统称为藤本植物（vine或liana）。缠绕茎和攀缘茎都有草本和木本之分，因此藤本植物也分为草本和木本，前者如黄瓜、南瓜、豌豆等，后者如葡萄、紫藤、忍冬等。

有些植物的茎同时具有攀缘和缠绕的特性，如葎草既以茎本身缠绕他物，同时又有钩刺附于他物之上。

（4）匍匐茎：匍匐茎是平卧在地上蔓延生长，如蛇莓、草莓、甘薯等的茎。这种茎一般节间较长，节上生有不定根，芽会生长成新植株（图3-25）。

三、茎尖的构造与发育

（一）茎尖的结构

茎尖（shoot tip）基本上和根尖相同，茎尖的顶端部分称为生长锥（growing tip）。但茎尖的先端没有根冠，而是由许多幼叶紧紧包裹而得到保护。茎尖顶端分生组织不断地进行细胞分裂，形成了比根尖复杂的结构。在茎尖（芽）的先端生长锥部分，其基部两侧的小突起称为叶原基。在幼叶的腋间有腋芽的原始体突起，称为腋芽原基。

不论是胚芽、顶芽、腋芽或不定芽，都有类似的结构和生长发育过程。通过茎尖作纵切面，可以观察到茎尖大致可分为分生区、伸长区和成熟区（图3-26）。

1. 分生区

茎尖为原分生组织（promeristem），也称为顶端分生组织（apical meristem）所在地，和根尖的生长点很相似，具有很强的分裂能力，茎内一切组织都是由它分裂衍生而成的。在生长锥以下周缘产生新的叶原基和腋芽原基。在生长锥的下部，是由原分生组织分裂形成的初生分生组织（primary meristem），其细胞一方面具有分裂能力，同时也开始分化，逐渐发展为原表皮、基本分生组织和原形

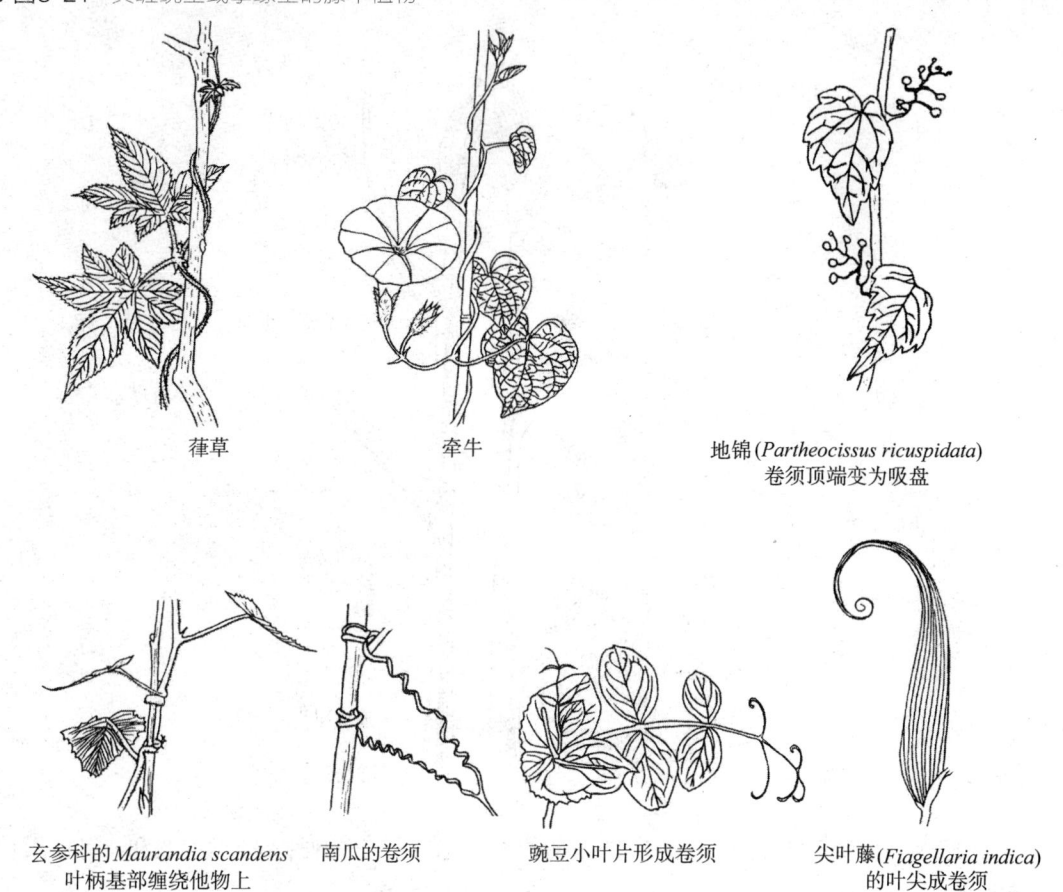

✿ 图3-24　具缠绕茎或攀缘茎的藤本植物

葎草　　　　　牵牛　　　　　地锦(*Partheocissus ricuspidata*)
　　　　　　　　　　　　　　卷须顶端变为吸盘

玄参科的 *Maurandia scandens*　南瓜的卷须　豌豆小叶片形成卷须　尖叶藤(*Fiagellaria indica*)
叶柄基部缠绕他物上　　　　　　　　　　　　　　　　　　　　的叶尖成卷须

✿ 图3-25　蛇莓的匍匐茎（李佩瑜绘）

成层几部分（图3-26）。

2. 伸长区

伸长区是分生组织进入成熟组织的过渡区，细胞液泡化，细胞除迅速伸长外，初生组织陆续出现。原表皮分化形成排列整齐的表皮，基本分生组织分化形成皮层和中央部分的髓部，原形成层束分化形成维管束。

茎的伸长区比根长，常包含几个节和节间。其长度随生长季节的变化有所不同。生长季节末，伸长区逐渐转为成熟区。

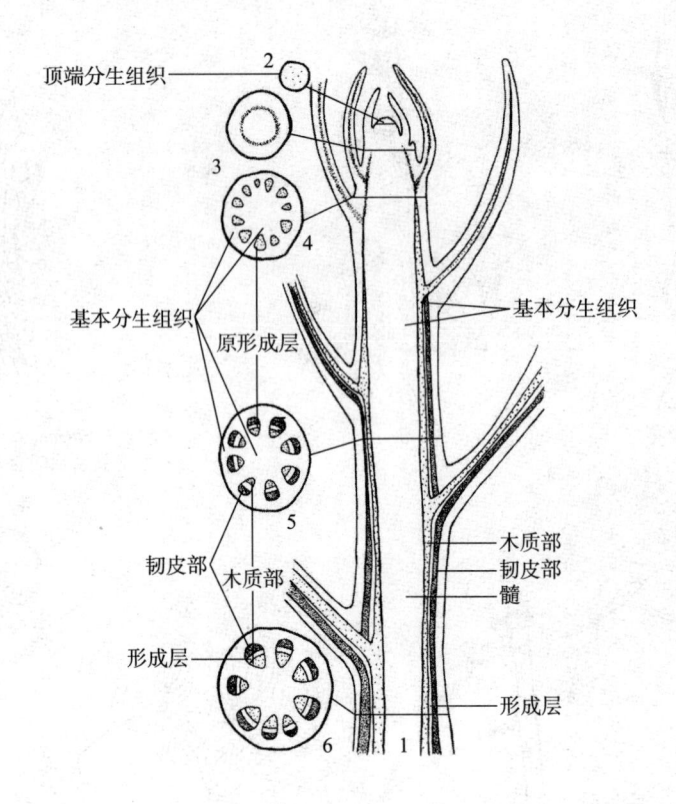

图3-26 茎尖发育过程（1～6）和三种初生分生组织及初生结构部位的模式图

茎的伸长包括茎顶端细胞数目的增多和节间的伸长，换言之，茎的伸长是顶端生长和节间的居间生长的结果。

3. 成熟区

与根一样，茎的成熟区各种组织分化基本成熟，形成茎的初生结构。

（二）叶和芽的起源

叶是由叶原基逐步发育而成的。裸子植物和双子叶植物中，发生叶原基的细胞分裂一般是在顶端分生组织表面的第二层或第三层出现。单子叶植物叶原基的发生常由表面层经过平周分裂发生。

顶芽发生在茎端的顶端分生组织，而腋芽起源于腋芽原基。大多数被子植物的腋芽原基发生在叶原基的叶腋处。

茎上的叶和芽起源于分生组织表面第一层或第二、三层细胞，这种起源的方式称为外起源（exogenous origin）。

当叶和芽发育时，从维管柱分出的木质部和韧皮部束称为束迹，向上延伸进入叶和芽，进入叶的分枝维管束称为叶迹（leaf traces），进入枝的分枝维管束称为芽迹（枝迹，bud traces）。分枝维管束迹分出时，每一束迹均在维管柱上留下一个指甲形的空隙，分别称为叶隙（leaf gaps）和芽隙（枝隙，bud gaps），空隙处填满了薄壁组织。

四、双子叶植物茎的初生结构

由茎的顶端分生组织中的初生分生组织所衍生的细胞，长大分化而形成的组织称为初生组织，由这种组织组成茎的初生结构。茎的初生结构皆由表皮、皮层和维管柱三大部分组成（图3-27、图3-28）。

（一）表皮

茎的表皮是典型的保护组织，由原表皮发育而来，仅有一层细胞，细胞形状比较规则，一般呈砖形，长轴与茎的纵轴平行。

✿ 图3-27 双子叶植物茎初生结构的立体图解

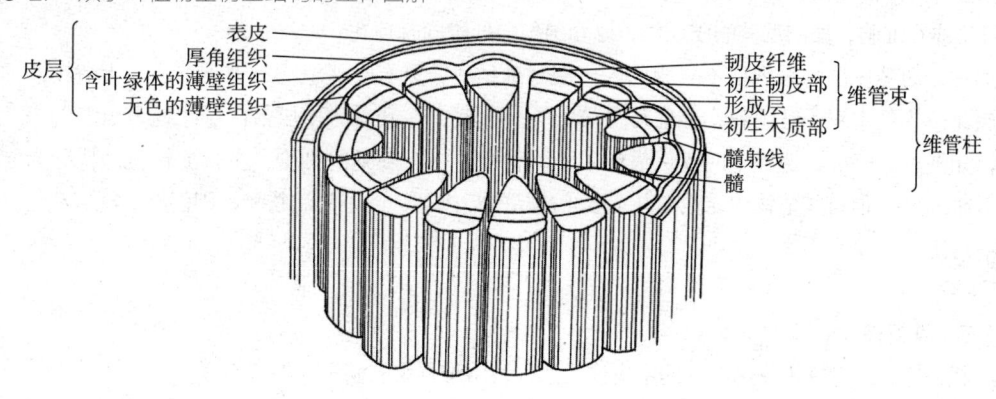

✿ 图3-28 桃属幼茎横切面（示初生构造）

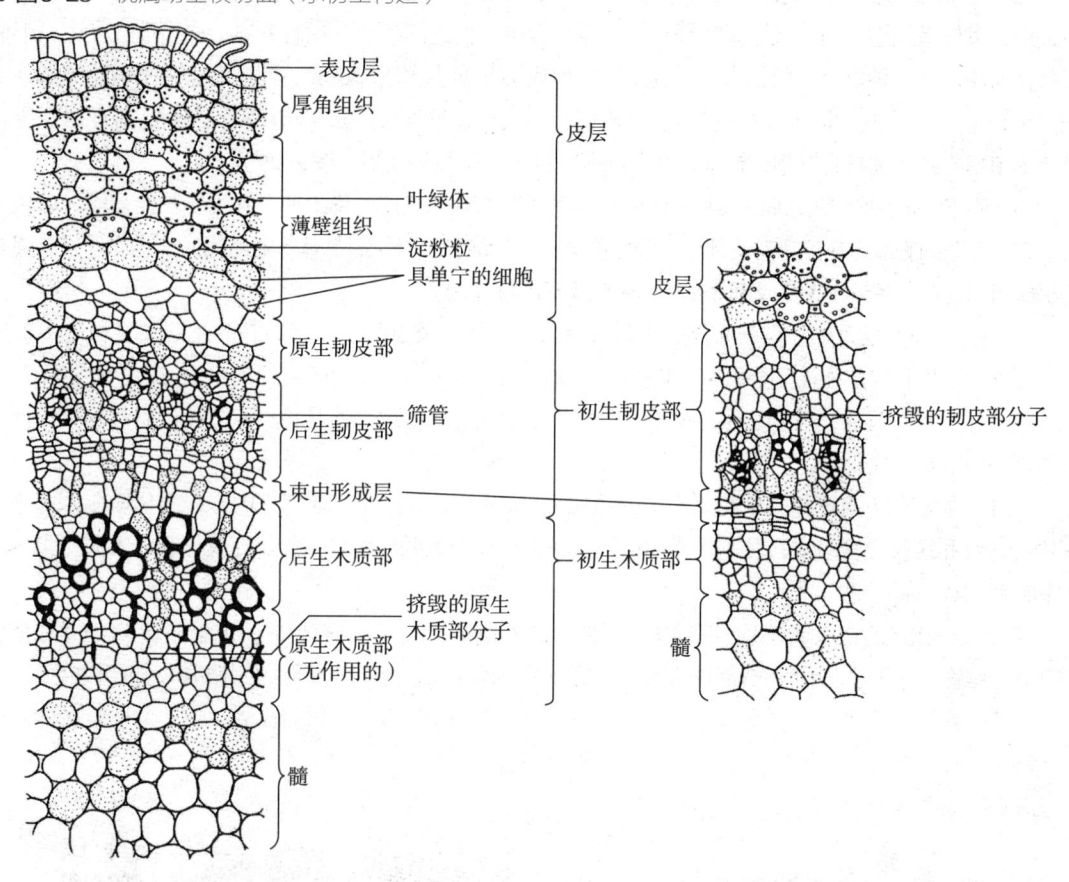

表皮细胞是活细胞，一般不具叶绿体。有些植物茎的表皮细胞含花青素，因此茎呈红、紫等颜色，如蓖麻的茎。表皮细胞的外壁较厚，角质化并有角质层，有的还有蜡质，如甘蔗的茎。角质和蜡质能控制蒸腾并增强表皮的坚固性，是植物气生部分表皮细胞的共同特征。因此，越是旱生的植物，茎的表皮细胞壁的角质层越厚；沉水植物的表皮，角质层一般较薄或缺失。

茎表皮具有气孔，它是内外气体交换的通道。有时表皮上还分化出各种形式的表皮毛、腺毛。

（二）皮层

皮层由基本分生组织分化而成，位于表皮内方，具多层细胞。

皮层最主要的是薄壁组织，其细胞较大，壁较薄，排列疏松，具胞间隙。近外方的薄壁组织常具叶绿体，能进行光合作用。水生植物和湿生植物茎皮层中的薄壁组织具有发达的胞间隙，构成通气系统。

茎的皮层中，通常靠近表皮的几层皮层细胞分化为厚角组织，在皮层中呈分散束或连续层。在薄荷、蚕豆等方形的茎或芹菜多棱形的茎中，厚角组织常分布在四角或棱角部分。有些植物茎的皮层中还存在纤维或石细胞，如南瓜茎的皮层中，厚角组织与纤维同时存在。

通常，幼茎皮层的最内层不具根的内皮层特殊结构，只有一些植物的地下茎或水生植物的茎才具内皮层。一些草本双子叶植物，如益母草属、千里光属，在开花时皮层最内层才发育出凯氏带。有些植物，如蚕豆、南瓜、棣等茎的皮层最内层，即相当于内皮层处的细胞，富含淀粉粒，特称为淀粉鞘（starch sheath）。但有些植物的淀粉鞘并不限于皮层的最内层，或不具淀粉鞘，因而造成皮层和维管柱的界限不易划分。

（三）维管柱

与根一样，维管柱为皮层以内的中央柱状部分，由维管束、髓和髓射线组成。

1. 维管束

维管组织成束状，在多数植物茎的节间排列成环状，束间由薄壁组织隔离开来。在有些植物的茎中，维管束似乎是连续的，但如果仔细观察，也可看出它们之间多少存在着分离。初生维管束由原形成层分化而成，是一种复合组织，由初生韧皮部、形成层和初生木质部组成。大多数的种子植物都是外韧维管束，也有的在初生木质部内外都具有韧皮部而形成双韧维管束，如在葫芦科、茄科、旋花科、夹竹桃科等植物的茎中都具有双韧维管束，其中以葫芦科茎中的最为典型（图3-29）。

双子叶植物的初生韧皮部由筛管、伴胞、韧皮薄壁细胞和韧皮纤维组成，其主要功能是输导有机养料。韧皮薄壁细胞散生在整个韧皮部中，较伴胞大，常含淀粉、丹宁、晶体等贮藏物质。韧皮纤维是强韧的机械组织，在许多植物中常成束分布在初生韧皮部的最外侧。

初生韧皮部的发育顺序与根相同，也是外始式。原生韧皮部较为柔嫩，在分化延长过程中多被破坏。因此，初生韧皮部往往完全由后生韧皮部组成。

初生木质部由导管、管胞、木薄壁细胞和木纤维组成，其主要功能是输导水分和矿质营养。导管是木质部中的主要组成成分。

初生木质部的发育顺序与根相反，是内始式（endarch），即原生木质部在内方，由包埋在木薄壁组织内的环纹和螺纹导管组成；后生木质部在外方，由管径较大的梯纹、网纹、孔纹导管、木薄壁组织细胞和纤维组成。

双子叶植物茎的初生维管束，在初生木质部和初生韧皮部之间，具有形成层（图3-28）。它是原形成层在初生维管束分化过程中留下来的分生组织，在以后茎的生长，特别是木质茎的增粗中，将起主要作用。

✿ 图3-29　南瓜茎横切面图

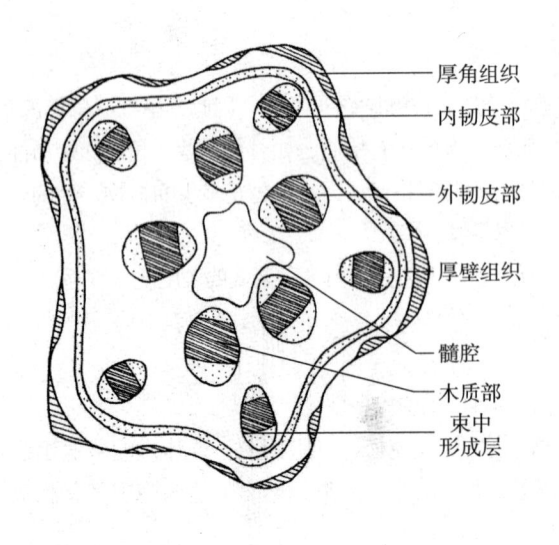

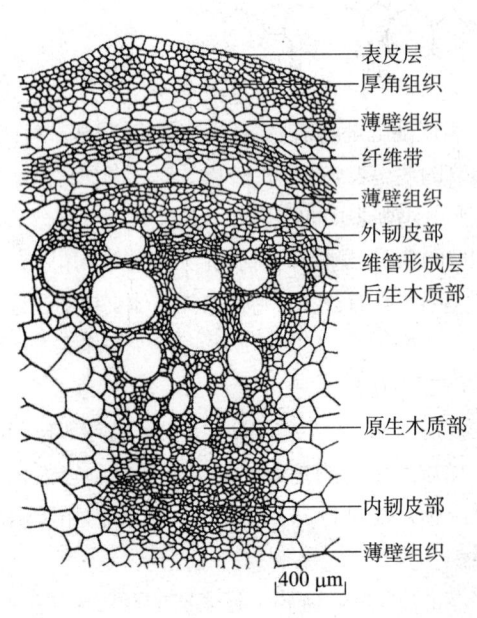

2. 髓

髓是茎的中心部分，由基本分生组织产生。多数植物的髓由薄壁组织组成（图3-28），通常贮存丰富的内含物，如淀粉、晶体、单宁等。有些植物的髓发育成石细胞，如樟。有的植物的髓在发育时破裂，致使节间中空，形成髓腔（pith cavity），或节间还存留薄片状的组织，如连翘、猕猴桃、枫杨和单子叶植物的茎等。有些植物的髓部周围部分有排列紧密的、壁较厚的小细胞，与内方的大细胞差异很大，特称环髓带（perimedullary region）。

3. 髓射线

髓射线（pith ray）也叫初生射线（primary ray），是维管束之间的薄壁组织，由基本分生组织产生。髓射线在横切面上呈放射形，内连髓部，外通皮层，有横向运输的作用。也是茎内贮藏营养物质的组织。在大多数木本植物中，由于维管束排列相互靠近，因而髓射线很窄，仅为1或2行薄壁细胞。双子叶草本植物则有较宽的髓射线。

以上所述初生结构是茎的节间部分，它代表了茎的大部分结构。节是叶着生的位置。由于叶片和腋芽分化的维管束都在节上汇合，并通过节部进入茎内，和茎内维管束相连；有时叶维管束要经过几个节间，才能和茎内的维管束相连，因此，节内组织的排列，特别是维管组织的排列，比节间要复杂得多，这将在茎和叶的联系中再作讨论。

五、双子叶植物茎的次生结构

一般草本植物的茎，由于生活期短，不具形成层或形成层活动很少，因而只有初生构造或仅有不发达的次生结构。而木本植物的茎是多年生的，在初生构造形成后，同时产生发达的次生构造。与根相同，茎的次生构造——维管形成层和木栓形成层细胞分裂、生长和分化，产生次生结构的过程称为次生生长，产生的结构称为次生结构。

（一）维管形成层的产生和活动

1. 维管形成层的发生与组成

在茎的初生结构形成时，原形成层并没有全部分化成维管组织，而在维管束的初生木质部和初生韧皮部之间，留下一层分生组织，即维管形成层（以下简称形成层）。这部分形成层在维管束内，称为束中形成层（fascicular cambium）（图3-30）。次生生长开始时，髓射线中与束中形成层相接的一部分细胞恢复分生能力，构成形成层的另一部分，称为束间形成层（interfascicular cambium）（图3-30）。这样，束间形成层和束中形成层连接起来，使整个茎的形成层成为圆筒状，在横切面上则为圆环状（图3-31）。从来源性质上讲，束中形成层和束间形成层是完全不同的，前者由原形成层转变而成，后者由部分束间薄壁组织细胞恢复分生能力而产生，但以后两者在分裂活动、分裂产生的细胞性质以及数量上，都是非常协调的，它们共同组成了次生分生组织。

茎和根的形成层细胞都是由纺锤状原始细胞（fusiform initial cells）和射线原始细胞（ray initial cells）组成（图3-32）。纺锤状原始细胞是纵向延长的细胞，长度比宽度可超过几十倍到几百倍，两端尖锐，其切向面略宽于径向面，因此其横切面为切向扁平形。射线原始细胞是近于等径的，很像一般的薄壁细胞。

✿ 图3-30 马兜铃幼茎横切面的一部分（示束间形成层的形成）

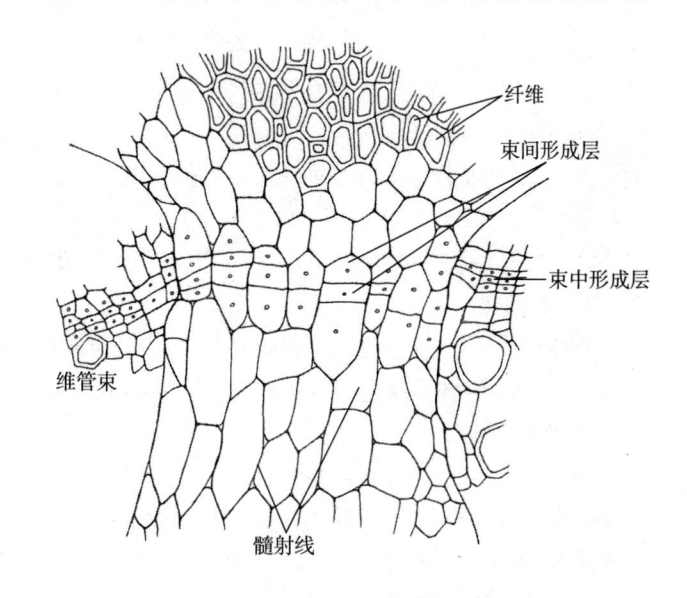

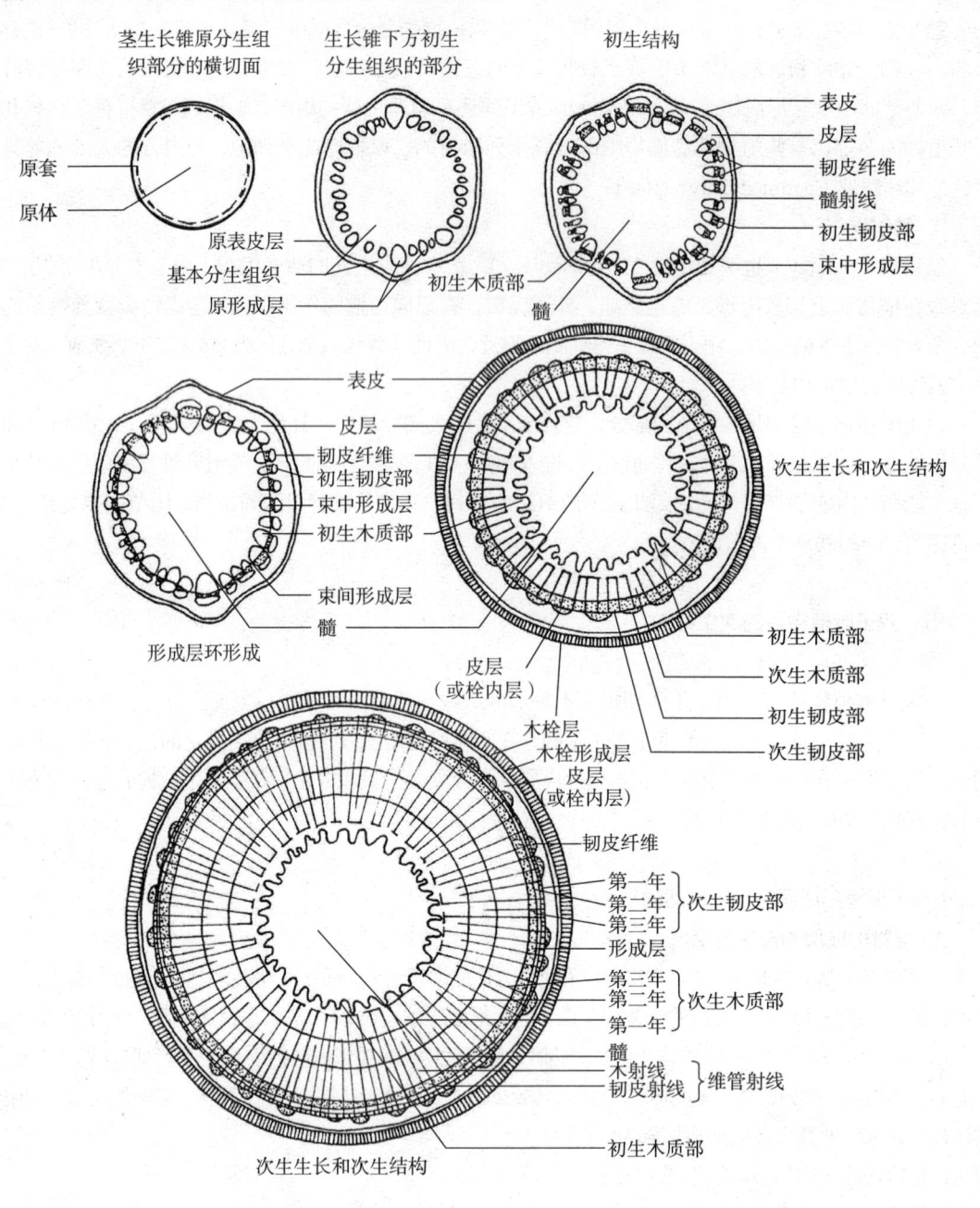

图3-31 多年生双子叶植物茎的初生与次生生长图解

2. 维管形成层的活动和衍生组织

纺锤状原始细胞主要进行切向（平周）分裂，向外形成次生韧皮部细胞，添加在原有的初生韧皮部的内方；向内形成次生木质部细胞，添加在原有的初生木质部外方。由于形成层内方的次生木质部分子不断增加，使茎不断增粗（图3-32）。形成层在不断地进行平周分裂形成次生结构的同时，也进行少量的径向（垂周）分裂，增加原始细胞，扩大本身的圆周以适应内方木质部的增大，同时，形成层的位置也渐次向外推移。

有些草本双子叶植物茎中仅有束中形成层而无束间形成层，次生结构的量也比较少，如部分葫芦科植物。有的在束中形成层也不明显，甚至无次生生长发生，如毛茛属。

3. 次生韧皮部

双子叶植物的次生韧皮部的组成，基本上和初生韧皮部中的后生韧皮部相似，包括筛管、伴胞、韧皮薄壁组织和韧皮纤维，有时还具有石细胞（如麻栎、水青冈）或乳汁管（如三叶橡胶、杜仲）。次生韧皮部中各组分的量和排列状态常因植物而异。

形成层产生次生韧皮部的量要比产生次生木质部的少。筛管的输导作用常只能维持一至两年就被新

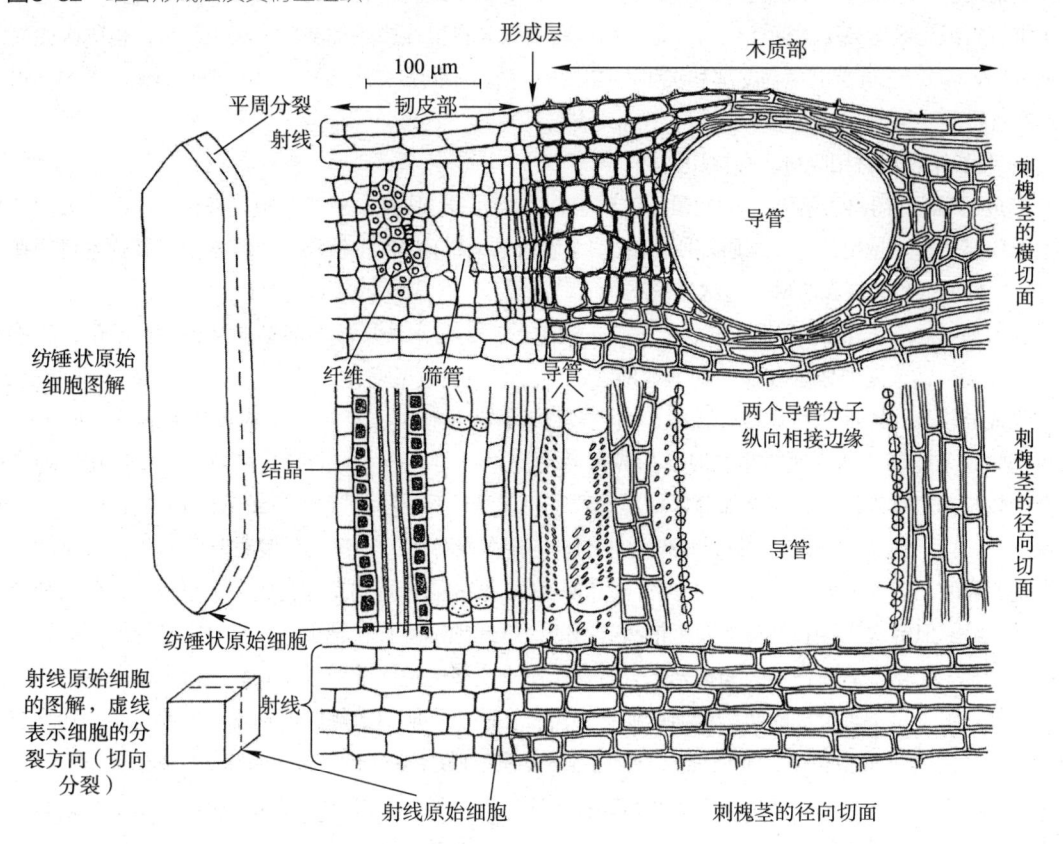

✿ 图3-32 维管形成层及其衍生组织

生筛管分子所更新，这些衰老的筛管及一些韧皮薄壁细胞渐渐被挤毁。在木本植物的老茎中，次生韧皮部又是木栓形成层发生的场所，此处的周皮一旦形成，其外方的部分韧皮部就因水分、养料被隔绝而死亡，成为干树皮的一部分。这些都是茎中次生韧皮部比次生木质部少得多的原因。

次生韧皮部形成时，初生韧皮部被推向外方，被挤压破裂，所以茎在不断加粗时，初生韧皮部除纤维外，有时只留下压挤成片段的细胞壁残余。

在次生韧皮部形成时，形成层的射线原始细胞向外产生韧皮射线（phloem ray），细胞壁不木质化，与木射线通过射线原始细胞相通连，两者合称维管射线。木本双子叶植物每年产生次生维管组织，同时每年形成的射线横穿在新形成的次生维管组织中，起横向运输的作用，同时还兼有贮藏作用，较老的韧皮射线细胞可以有垂周分裂成径向增大，而使韧皮射线呈喇叭口状。

4. 次生木质部

双子叶植物茎的次生木质部在组成上和初生木质部基本相似，包括导管、管胞、木薄壁组织和木纤维。这些组成分子都是由纺锤状原始细胞的衍生细胞发展而来，细胞的长轴都与茎轴平行，共同组成了次生木质部的轴向系统。次生木质部中的导管以孔纹导管最为普遍，梯纹和网纹导管为数不多，没有环纹和螺纹导管。木薄壁组织在次生木质部中成束或成层分布，围绕或沿着导管分子有多种分布方式，是木材鉴别的依据之一。木纤维在双子叶植物的次生木质部比初生木质部中的数量多，在晚材中尤其发达，和导管一起成为双子叶植物次生木质部的主要组成分子。次生木质部与初生木质部在组成上也有不同，即次生木质部还具有木射线（wood ray）。木射线细胞是薄壁细胞，细胞壁常木质化。它由射线原始细胞向内方产生的细胞发育而成，细胞作径向伸长和排列，构成了与茎垂直的径向系统，这是次生木质部的特有结构。

5. 维管射线

木本双子叶植物每年产生新的维管组织，也同时产生新的维管射线，横贯在新的次生韧皮部和次生木质部内。导管或管胞中的水分可以通过维管射线横向运输到形成层和次生韧皮部，筛管中的有机养料也可以通过维管射线横向运输到形成层和次生木质部。因此，维管射线既是横向运输组织，也是贮藏组织。就排列方向和生理功能来看，维管射线很像髓射线，但从起源、位置和数量上看，二者全然不同。髓射线是由基本分生组织的细胞分裂分化而成，是初生结构，也称初生射线（primary ray），它位于初生维管组织（维管束）之间，数目一定。而维管射线来自射线原始细胞，是次生结构，也称次生射线（secondary ray），它位于次生韧皮部和次生木质部内，数目不固定，随着新维管组织的形成、茎的增粗生长不断进行。

6. 生长轮、早材和晚材、心材和边材

形成层产生次生木质部细胞的数量远较次生韧皮部为多。因此，就木本植物来说，茎的绝大部分是次生木质部，树木越粗，次生木质部所占的比例也越大。多年生木本植物的次生木质部又称木材，在形成过程中可出现生长轮和心材、边材等形态特征。

生长轮（growth ring）习惯上称为年轮（annual ring），是形成层季节活动的结果。在温带，随着气候逐渐变暖，春、夏形成层分裂活动渐渐增强，产生的细胞数量增多，导管和管胞的口径大而壁较薄，木纤维成分较少，因而木材质地较疏松，颜色较浅，称为早材（early wood）或春材（spring wood）。夏末秋初气候条件渐不适宜树木生长时，形成层活动随之减弱，产生的细胞数量减少，导管和管胞口径小而壁较厚，木纤维较多，使这部分木材质地致密，色泽较深，称为晚材（late wood）或秋材（autumn wood）。一年之中，由早材到晚材是逐渐过渡的。但经冬季休眠，在第一年晚材与第二年早材之间的变化则是明显的，因而形成了明显的同心圆环。同一年内形成的早材和晚材构成一个生长轮，可依其计算树木的年龄。但因次生生长是自下而上依次进行的，越向顶部生长轮越少，只有最靠基部的部分，才完整地显示其生长年限。热带地区的树木，只有在干湿季交替的地区才形成生长轮，湿（雨）季形成的结构如早材，干（旱）季形成的结构相当于晚材；生长在四季不明显的地区的树木，一般无生长轮。有些植物在一年内的正常生长中，不止形成一个生长轮，称为假年轮（false annual ring）。例如柑橘属植物，一年中可产生三个生长轮，这是由于这些植物在一年内有几次生长高峰。当气候出现异常或有自然灾害发生，会影响生长轮宽窄的变化。

当次生木质部的量越积越多时，有的植物的髓及内方的木质部会发生变化，出现心材（heart wood）和边材（sap wood）（图3-33）之分。边材是靠近形成层的次生木质部，含有生活细胞，色泽较淡，具有输导和贮藏作用。边材一般较湿，又称液材。心材是次生木质部的内层，由死细胞组成，色泽较边材深。其中的导管由于周围的薄细胞从纹孔处挤入其腔内，形成侵填体（tylosis）而被堵塞，失去输导功能。此外，一些物质（如树脂、树胶、丹宁、油类等）渗入细胞壁或进入细胞腔内，因而使心材较坚重、色泽较深。一些植物的心材中还形成特殊的色素，而使心材呈现种种色泽，如桃花心木呈红色，乌木呈黑色，等等。

形成层每年产生新的边材，同时接近心材的一部分边材继续转变为心材，因此，边材的量较稳定，而心材则逐年增加。边材和心材的比例及明显程度，各种树木不同。心材的形成，有助于树木负载量和支持力的增加。

7. 茎的三种切面

茎的构造通常是通过茎的横向、径向和切向三个切面来了解的（图3-33）。横切面是与茎的纵轴垂直所作的切面。在横切面上可以看到导管、管胞、木薄壁组织细胞和木纤维等的直径大小和横切面的形状，所见射线是从中心向四周发射的辐射状线条，显示射线的长度和宽度。径向切面是通过茎中心而切的纵切面，从径向切面上看到的组成分子（包括射线在内）都是纵切面，细胞排列较整齐，尤其是射线细胞与纵轴垂直，其长方形的细胞排列多行、井然有序，颇似一段砖墙，显示了射线的高度和长度。切向切面也称弦向切面，是垂直于茎的半径所作的纵切面。所见的导管、管胞、木薄壁组织细胞和木纤维都是纵切面，可以看到它们的长度、宽度和细胞两端的形状；所见射线是横切面，轮廓呈纺锤状，如果是异型射线，可以看到纺锤状的射线束上下两端有直立射线细胞。因此，在切向切面上可以了解到射线的高度、宽度、细胞的列数和两端细胞的状况。

（二）木栓形成层的活动和树皮的形成

1. 木栓形成层的活动

茎与根相似，在次生生长过程中除不断地产生次生维管组织外，还形成木栓形成层，产生次生保护

结构——周皮和树皮以代替表皮。大多数植物的木栓形成层活动期有限，停止活动后，在其内侧形成新的木栓形成层，再产生新的周皮。

茎的木栓形成层来源比根复杂。茎中最初的木栓形成层起源因植物而异。通常是由紧接表皮的皮层细胞起源（如杨、桃、胡桃）；有的起源于皮层第二、三层细胞（如刺槐、马兜铃）；有的在皮层的深层发生（如棉），茶则在初生韧皮部中发生；而有些可由表皮细胞转变而成（如苹果、夹竹桃、梨、柳等）（图3-34）。

✿ 图3-33　木材的三种切面（示边材和心材）

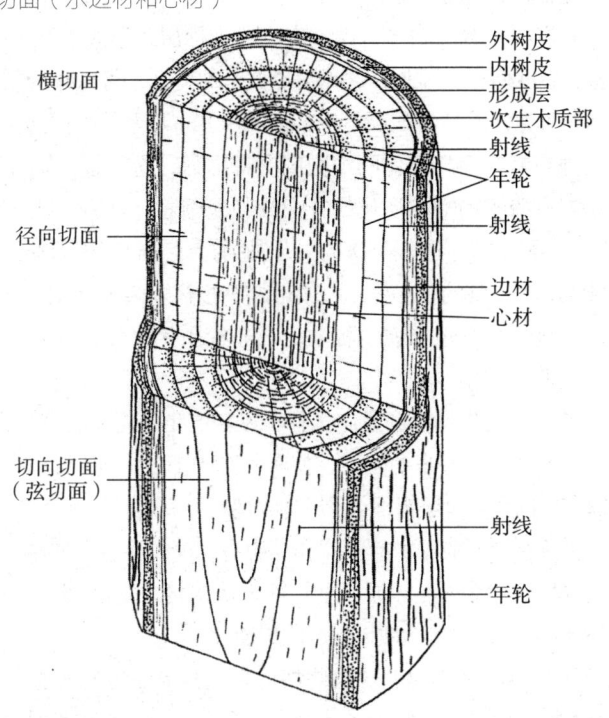

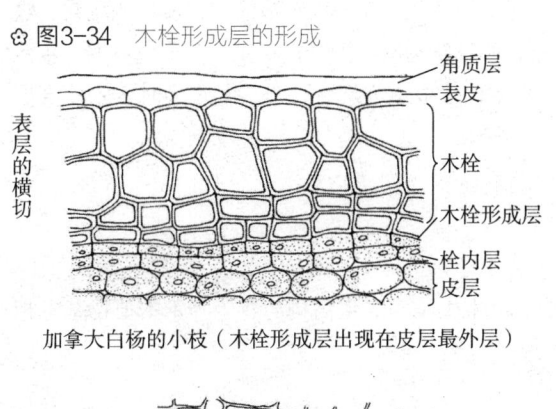

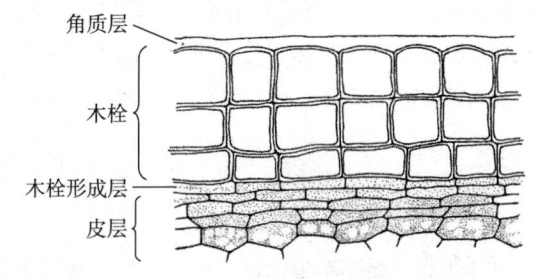

✿ 图3-34　木栓形成层的形成

加拿大白杨的小枝（木栓形成层出现在皮层最外层）　　千年不烂心的小枝（木栓形成层出现在表皮）

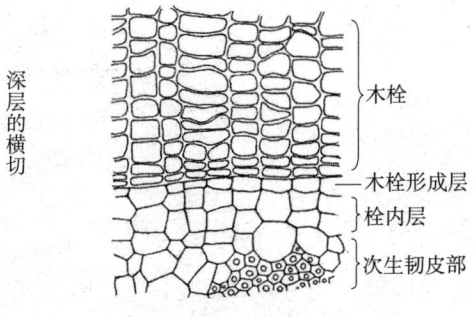

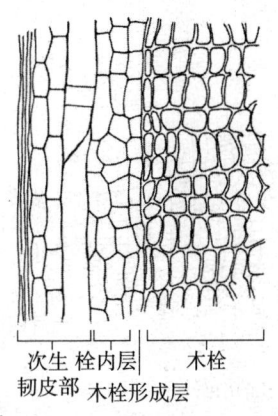

Salix alba var. *vitellima* 次生韧皮部

木栓形成层与维管形成层一样，有活动期与不活动期。有的植物两者的活动期一致；有的植物如洋槐，在维管形成层的一个活动期中，木栓形成层有两个活动期。木栓形成层的活动还常受外界环境条件和内部生长激素的影响。

2. 周皮、皮孔与树皮

茎的周皮亦由木栓层、木栓形成层和栓内层组成。栓内层一般由1～3层常含有叶绿体的薄壁细胞组成；茎的周皮上还有皮孔。

皮孔是茎与外界进行气体交换的结构，是一些分布在周皮中的圆形、椭圆形或长棱形的浅褐色小突起。最早的一些皮孔多半在气孔下出现。先是气孔下的薄壁细胞开始分裂，随后木栓形成层产生；木栓形成层在该部位所产生的细胞不形成正常的木栓，而形成一群球形细胞，排列疏松，有发达的细胞间隙，称为补充细胞。由于补充细胞数目增多，撑破表皮或木栓层，形成皮孔（图3-35）。皮孔的形状、色泽、大小，在不同植物上很不相同。因此，落叶树冬枝上的皮孔，可以作为鉴定树种的根据之一。双子叶植物的皮孔大致可分成两类，即具封闭层（closing layer）的和无封闭层的。具封闭层的类型，疏松而非栓质化的细胞有规则地与紧密而栓质化的细胞层交替排列。这种紧密排列的栓质化细胞形成一至几个细胞厚的封闭层，把内方疏松而非栓质化的补充细胞包围着。以后，补充细胞的增生破坏了老封闭层，而新封闭层又产生，因而形成了不少层次的交替排列。尽管封闭层因补充细胞的增生而连续遭到破坏，但其中总有一个封闭层是完整的，如桦木、山毛榉、樱桃、桑等。无封闭层的类型，结构比较简单，无分层现象，但细胞有排列疏松或紧密、栓质化或非栓质化之分，如鹅掌楸、木兰、苹果属、杨属、接骨木等。

随着木栓形成层的位置渐向次生韧皮部方向推移，最新产生的周皮将其外方生活细胞（如栓内层、皮层、韧皮部等处的薄壁细胞）的营养来源阻断，使其外方的部分成为死的硬树皮（hard bark）或外树皮（outer bark）。由于硬树皮常因茎的增粗而开裂和部分脱落，因此又称落皮层（rhytidome）。硬树皮以内的生活部分的树皮，包括木栓形成层、栓内层和其内有功能的次生韧皮部合称为软树皮（soft bark）或内树皮（inner bark）。在林业采伐和木材加工上，常将从木材（木质部）上剥离的部分统称为树皮（bark），它包括形成层以外的部分，即包括硬树皮和软树皮。

树皮的特征常成为鉴定树种的依据之一。这些特征因木栓形成层的发生、分布以及树皮组成分子的积累情况不同而异。若木栓形成层呈层状或条状分布，而且死亡组织较长时间不脱落，就使树皮上出现许多深裂纵沟，如刺槐、榆。若木栓形成层相继发生时成鳞片状分布，就形成鳞状树皮，如洋梨、松属。具环状木栓形成层者，树皮常较光滑，呈套状脱落，称环状树皮，如金银花属、葡萄属植物。悬铃木属和一些桉属植物是环状与鳞状树皮的中间类型，其木栓形成层为环状，当茎径增大时，木栓层扩张，而后破裂，树皮成大片状脱落，现出鳞片状光滑的斑痕。

六、裸子植物茎的结构

裸子植物多是木本植物，其初生生长和初生结构、次生生长和次生结构与双子叶木本植物基本相

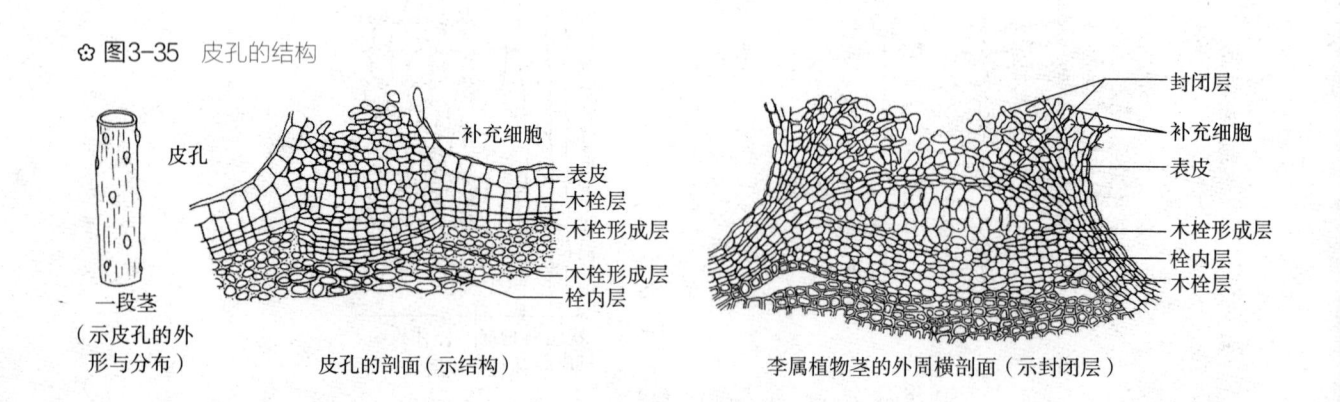

☆ 图3-35 皮孔的结构

似，只是韧皮部和木质部的组成成分有所不同。

裸子植物的韧皮部一般没有筛管和伴胞，而以筛胞执行输导作用。筛胞是细长的生活细胞，顶端与侧壁均有筛域分布，各细胞以筛域相通。韧皮薄壁细胞量的多少和韧皮纤维或石细胞的有无，因植物种类而异，如侧柏有韧皮纤维，而松树一般都无纤维。有的种类还分布有树脂道，如松。

裸子植物的木质部一般没有导管，只有管胞，无典型的木纤维，管胞兼具输导水分和支持的双重作用。木射线或仅由薄壁细胞组成，或含有射线管胞（ray tracheids）。射线管胞的长轴与管胞长轴垂直，具较薄的次生壁和具缘纹孔，成熟时原生质体消失。木薄壁细胞或有或无，或多或少，因种而异。有的种类木质部内亦有树脂道。由于次生生长形成的木材主要由管胞组成，因而木材结构均匀细致，易与双子叶植物的木材区分。裸子植物木材中亦有年轮、心材与边材的分化。

七、单子叶植物茎的结构

单子叶植物茎尖的结构与双子叶植物相同，但由它所发育的茎的结构则是不同的。单子叶植物茎结构类型较多，现以禾本科植物为代表说明单子叶植物茎结构的特点。

表皮细胞排列比较整齐，由长细胞和短细胞纵向相间排列（图3-36）。长细胞是角质化的表皮细胞，短细胞是木栓化的栓质细胞（suberin cells）和含二氧化硅的硅质细胞（silica cells）。表皮上还分布有气孔。

图3-36 甘蔗表皮的表面观

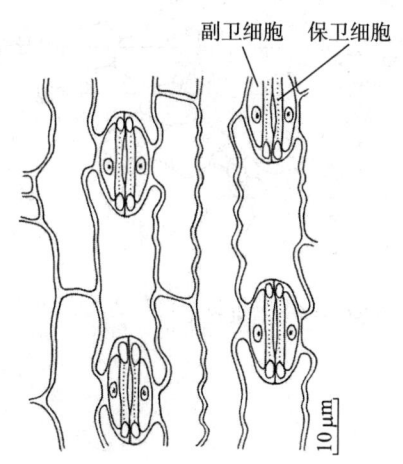

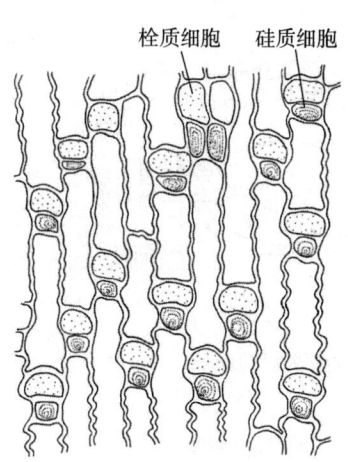

具有气孔的叶片下表皮　　　具有栓质细胞和硅质细胞的茎的表皮

表皮以内除维管束外均为基本组织，大多是薄壁细胞，愈向中心，细胞愈大，维管束分布在它们之间，因此不能划分出皮层和髓部。基本组织具有皮层和髓的功能。基本组织近表皮的部分由厚壁细胞组成，有加强茎支持的功能，对抗御倒伏起着重要作用。维管束的数目很多。有的茎维管束是散生的，如玉米、甘蔗、高粱等有实心茎的禾本科植物，百合科、棕榈科也具有这种特征；有的茎，维管束成内、外两轮排列，如水稻、小麦，中央为髓腔（图3-37）。

维管束虽然有不同的排列方式，但维管束的结构却是相似的，都是外韧维管束。维管束中的木质部呈"V"形，由3或4个导管组成。"V"形的下部为原生木质部，由两个环纹或螺纹导管组成，在初期有运输水分的作用，能随着茎的迅速生长而引伸，在环纹导管附近，常有因导管破裂而形成的空腔；"V"形的两臂为后生木质部，有两个口径较大的孔纹导管。初生木质部的外方为初生韧皮部，具有筛管和伴胞。在木质部和韧皮部的外围有一圈厚壁组织，称为维管束鞘（bundle sheath）。由于维管束内没有形成层，所以其没有次生结构。单子叶植物茎的加粗，是初生结构形成过程中各个细胞体积增长的结果。茎的皮层也不发生木栓形成层，因此缺乏周皮，而依靠表皮组织或皮层的表层细胞木栓化、矿化，担负保护作用。

但是，单子叶植物中，也有少数种类具有形成层，能产生次生组织，如棕榈、龙血树、丝兰等。但其起源和活动情况与双子叶植物有很大不同。如龙血树的形成层是从初生维管束群外方的薄壁组织中发生，向外产生少量薄壁组织，向内产生薄壁组织和周木维管束，这些次生的维管束也是散生的（图3-38）。在干燥与多雨季节交替的地区生长的龙血树还形成年轮。

八、特化的茎

特化的茎也称变态茎。茎的变态很多，一般可分为地下茎（subterraneous stem）的变态和地上茎

图3-37　水稻和小麦茎的结构

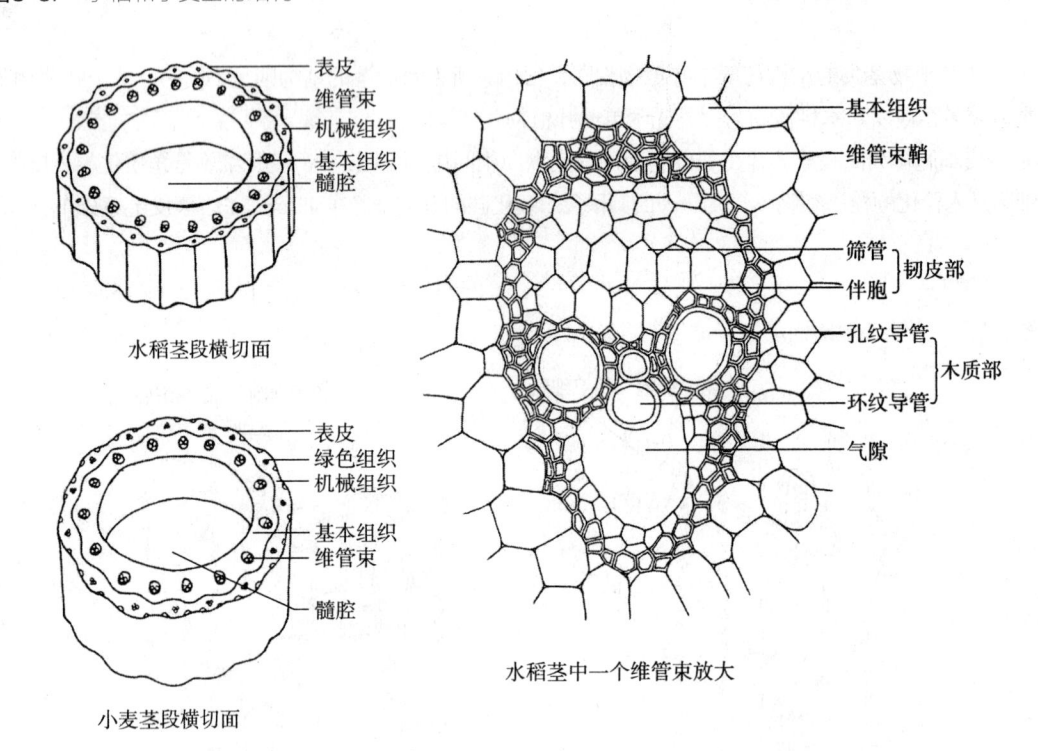

水稻茎段横切面

小麦茎段横切面

水稻茎中一个维管束放大

图3-38　龙血树茎横切面

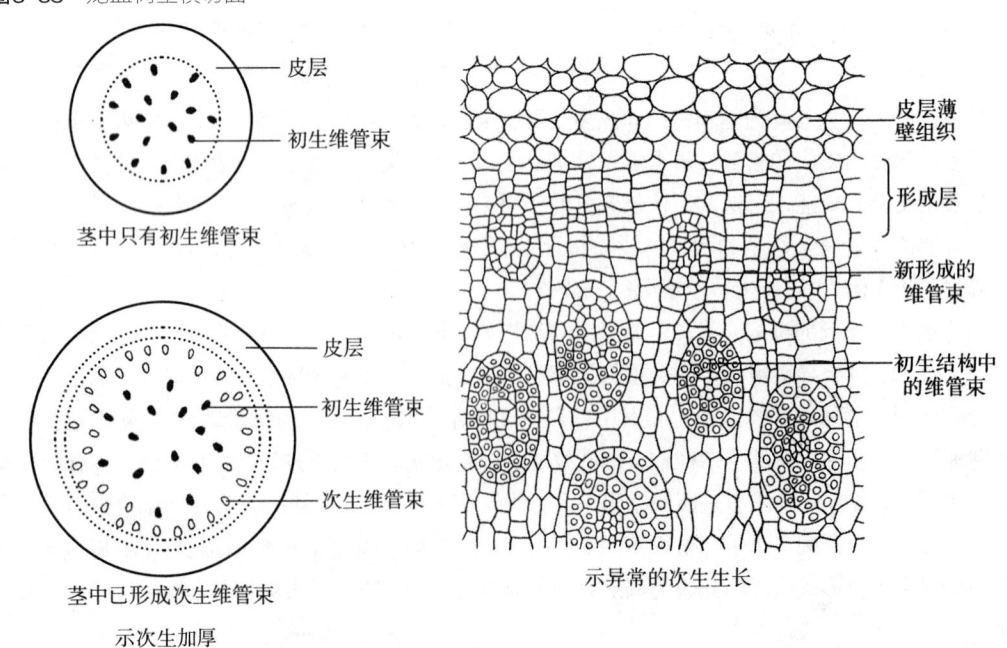

茎中只有初生维管束

茎中已形成次生维管束

示次生加厚

示异常的次生生长

（aerial stem）的变态。

1. 地下茎的变态

地下茎与根很相似，但地下茎上有退化的叶（鳞片），叶脱落后留有叶迹；地下茎上可以看出节和腋芽，容易与根区别。常见的地下茎有四种（图3-39）。

（1）根状茎（rhizomes）：根状茎简称根茎，外形与根相似，蔓生于土层下，但具明显的节与节间，叶退化为非绿色的鳞片叶，叶腋中的腋芽或根状茎的顶芽可形成背地性直立的地上枝，同时节上产生不定根。一些经济植物、牧草和杂草，如竹、莲、黄精、玉竹、芦苇、白茅、狗牙根等都具有根状茎（图3-40）。根状茎贮有丰富的营养物质，可存活一至多年，若因耕犁等外力切断时，茎段上的腋芽仍可再生为新植株。

（2）块茎（tubers）：马铃薯是最常见的一种块茎，是地下枝条先端几个节与节间经特殊增粗生长而成。成熟的块茎由周皮、皮层、外韧皮部、木质部、内韧皮部及位于中央的髓组成。其中，内韧皮部较发达，组成块茎主要部分。韧皮部和木质部内部以薄壁组织最为发达，因此整个块茎中，除木栓外，主要是薄壁组织，而且薄壁组织细胞内贮存着大量淀粉。

（3）鳞茎（bulbs）：鳞茎是单子叶植物常见的变态茎，是一种节间极短、其上着生肉质或膜质变态叶的地下茎。常见的鳞茎如百合、洋葱、薤头、水仙、葱、蒜等。洋葱鳞茎（图3-39）中央的节间缩短的茎称为鳞茎盘（有时称为盘茎），顶端的顶芽将来形成花序。节上生长肉质的鳞片叶，重重包围鳞茎盘，富含糖分，是主要的食用部分，其外围还有几片膜质鳞片叶保护。蒜和洋葱相似，但食用部分是由腋芽发育、膨大而成的子鳞茎，俗称"蒜瓣"。双子叶植物的红花酢浆草在肉质块根上部具鳞茎。

（4）球茎（corms）：球茎是短而肥大的地下茎，外表有明显的节与节间，节上可见褐色的退化鳞片叶。常见的球茎有荸荠、慈姑、芋等。球茎具顶芽，荸荠更有较多的侧芽，簇生在顶芽四周（图3-39）。球茎贮有大量营养物质，可作营养繁殖。

2. 地上茎的变态

地上茎由于和叶的关系密切，因此有时也称地上枝。地上茎的变态，虽然形态发生变化，但从其着生位置、能分枝和长叶，因而容易确定是枝条的变态。常见有下列几种。

（1）茎刺（thorns）：一些植物，如柑橘、山楂的枝转变为刺，称为茎刺或枝刺。皂荚的枝刺为分枝的刺（图3-40）。茎刺有时生叶，其位置又常在叶腋，因而与叶刺有区别。至于蔷薇、月季茎上的皮刺，

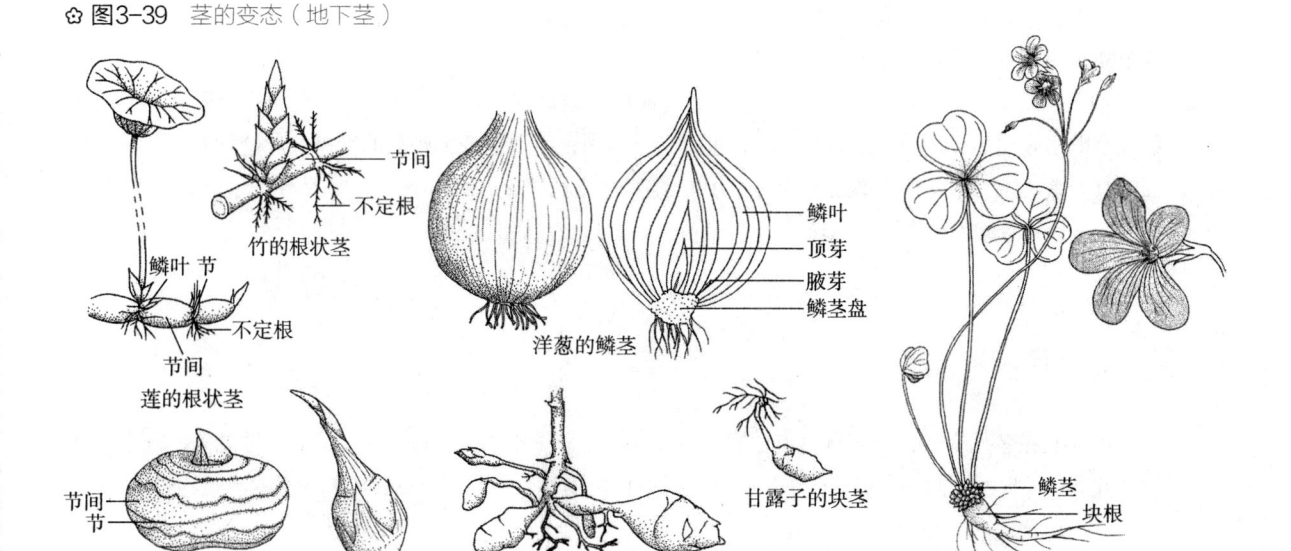

✿ 图3-39 茎的变态（地下茎）

红花酢浆草的鳞茎和块根（李佩瑜绘）

图3-40　几种变态的地上茎

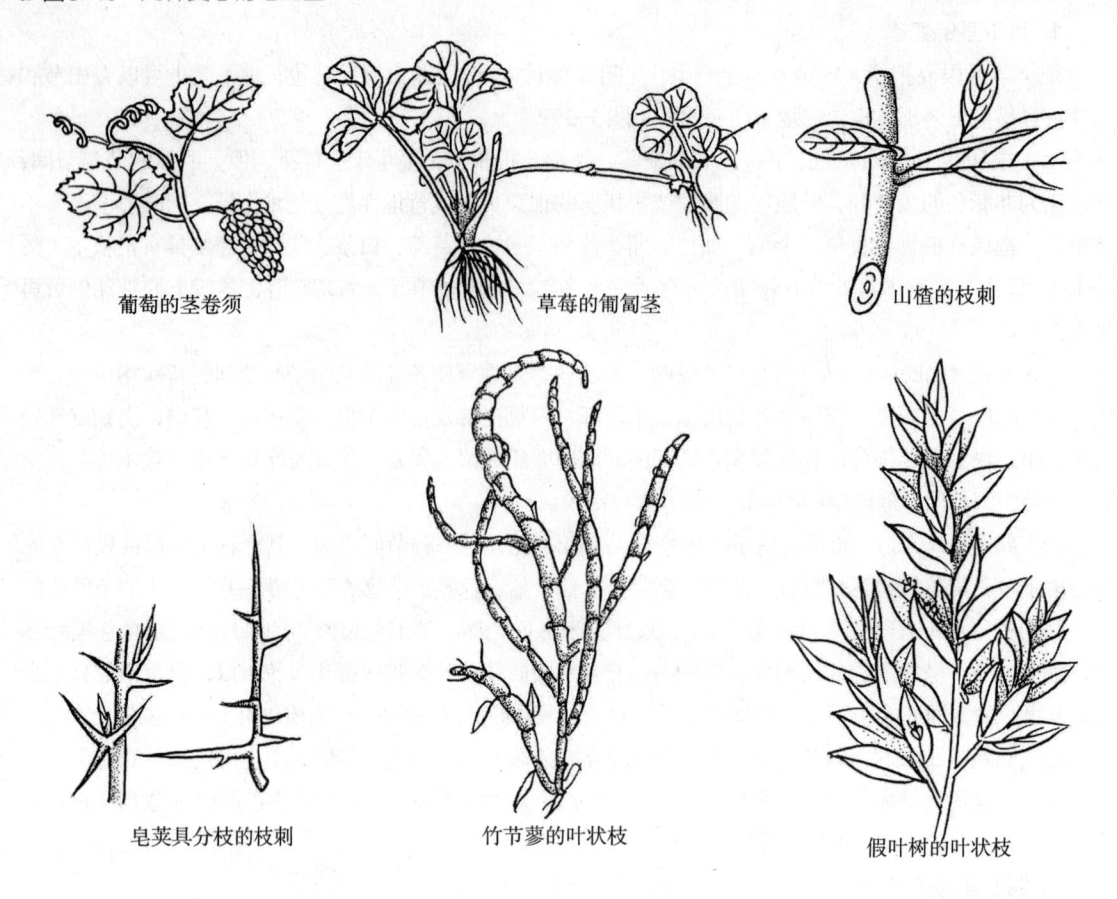

葡萄的茎卷须　　　　草莓的匍匐茎　　　　山楂的枝刺

皂荚具分枝的枝刺　　竹节蓼的叶状枝　　　假叶树的叶状枝

其数量多而分布无规则；它们是茎表皮形成的，与维管组织无联系，并非茎的变态。

（2）茎卷须（tendrils）：南瓜、葡萄等一部分枝变为卷须（图3-40），有的卷须还分枝。卷须的机械组织和输导组织均不发达，主要是薄壁组织。幼卷须感受力敏锐，在接触支撑物后能在数分钟内做出卷曲、缠绕生长的反应，衰老时便失去卷曲反应的能力。茎卷须的位置或与花枝的位置相当（如葡萄），或生于叶腋（如黄瓜、南瓜），与叶卷须不同。

（3）叶状茎（cladophylls）：茎或枝转变成叶状，扁平，呈绿色，能进行光合作用，称为叶状茎或叶状枝。如假叶树的侧枝变为叶状枝，叶退化为鳞片状，叶腋内可生小花；竹节蓼的叶状枝极显著，叶小或全缺（图3-40）；天门冬也产生叶状枝。

（4）肉质茎（sarcocauls）：仙人掌类植物的肉质茎成球状、块状、多棱柱等形状，有发达的贮水组织，富贮水分和营养物质；并具叶绿体，可行光合作用；茎上有变为刺状的变态叶。这种变态茎还有较强的营养繁殖能力。薯蓣（淮山）、黄独的缠绕茎常产生珠芽（bulbil，bulbel），又称"零余子"，也是一种肉质茎。银杏的"树乳"类似珠芽。

第三节　叶

叶生长在茎的节部，与茎有着密切的联系。执行光合作用和蒸腾作用是叶的最主要功能。叶是重要的营养器官，植物所需的有机养料依赖叶制造，一切生物都直接或间接依赖由叶制造的有机养料。

一、叶的生理功能

光合作用和蒸腾作用是叶的主要生理功能。叶是绿色植物光合作用的主要器官，通过光合作用吸收日光能量，利用二氧化碳和水，合成植物本身生长发育所需的葡萄糖，并释放氧气。光合作用过程中释放的氧是生物生存的必要条件之一。

水分以气体状态从生活的植物体内散失到大气中的过程称为蒸腾作用。叶是蒸腾作用的主要器官，常通过气孔和角质层行蒸腾作用。成熟叶的蒸腾量95%是通过气孔进行的。蒸腾作用是根系吸水的动力之一，并能促进植物体内矿物质的运输，还可降低叶的表面温度，使叶免受日光的灼伤。

少数植物，如落地生根、秋海棠等的叶具有繁殖能力；豌豆小叶变为卷须，有攀缘能力；洋葱、百合的鳞叶肥厚，成为贮藏器官；有的植物的叶变态为保护结构，如鳞叶、叶刺等；一些食虫植物的叶变成适宜捕捉与消化昆虫的捕捉器。

此外，叶还具有吸收的能力。向叶表面喷施农药和根外施肥，就是利用叶表面将它们吸收进入植物体内。有些植物的叶片还可吸收二氧化硫、一氧化碳和氯气等有毒气体，滞留灰尘。因此，植物对大气净化具有一定的作用。

二、叶的形态

（一）叶的组成

叶一般由叶片（blade）、叶柄（petiole）和托叶（stipule）三部分组成（图3-41）。

☆ 图3-41 完全叶

典型的叶片是绿色扁平体，叶柄位于叶片的基部，是连接叶片着生于茎上的结构，具有支持和物质转输的功能；托叶生于叶柄的两侧，形状、大小随植物种类而不同。具叶片、叶柄和托叶的叶，称为完全叶（complete leaf），如桃、梨、豌豆等植物的叶。有的植物的叶可以缺少其中一两部分，如不具托叶或叶柄，或两者俱无，称为不完全叶（incomplete leaf），如茶、白菜、莴苣、荠菜、蓝桉等植物的叶。不完全叶中以无托叶的最为普遍。植物中缺叶片的叶较少见，但如台湾相思（Acacia confusa），幼苗期具羽状分裂叶，成长后缺叶片，叶柄扩展成叶片状，称为叶状柄（phyllode）。有的植物的叶没有叶柄，叶片直接生在茎上，称为无柄叶（sessile leaf），如荠菜、苦苣菜等。

（二）叶片的形态

1. 叶形、叶缘、叶尖、叶基

叶的大小和形状常因植物种类而异。以大小而言，长度可由几毫米到几米，如卷柏的叶细小，仅几毫米；而棕榈、香蕉叶长达1~2m；王莲的浮水叶，其叶片直径达2m。叶的形状变化更大，但分类地位相近的植物叶形相似，在分类学上常作为鉴定植物的依据之一。叶形通常指叶片（含复叶的小叶片）的整体形状、叶缘特点、叶尖及叶基的形状以及叶脉分布式样。

（1）叶形：叶片的形状主要是以叶的长度和宽度的比例和最宽的部位来决定。基本形状有线形、披针形、椭圆形、卵形、菱形、心形、肾形等。在叙述叶形时，还常用"长""广""倒"等字眼冠在前面，如长椭圆形、广卵形、倒卵形等（图3-42）。凡叶柄着生在叶片背面的中央或边缘内，不论叶形如何，均称其为盾状叶（peltate leaf），如莲、蓖麻、天竺葵的叶。

（2）叶缘：在叶片生长时，叶的边缘生长或以均一的速度进行，或生长速度不均，结果出现不同形状的叶缘。叶缘有如下一些形状：全缘、波状、齿状、缺刻（图3-43）。依缺刻的形式可分为羽状缺刻（裂片呈羽状排列）和掌状缺刻（裂片呈掌状排列）。依裂入的深浅可分浅裂、深裂、全裂三种。

（3）叶尖：叶的尖端主要有渐尖、急尖、骤尖、截形、短尖、微凹、微缺、倒心形等形状（图3-44）。

（4）叶基：常见有心形、耳垂形、箭形、楔形、戟形、偏斜形等形状（图3-44）。

2. 禾本科植物的叶

禾本科植物的叶分叶片和叶鞘（leaf sheath）两部分。叶鞘包裹着茎秆，有保护茎的居间生长

▲ 图3-42 叶片整体形状

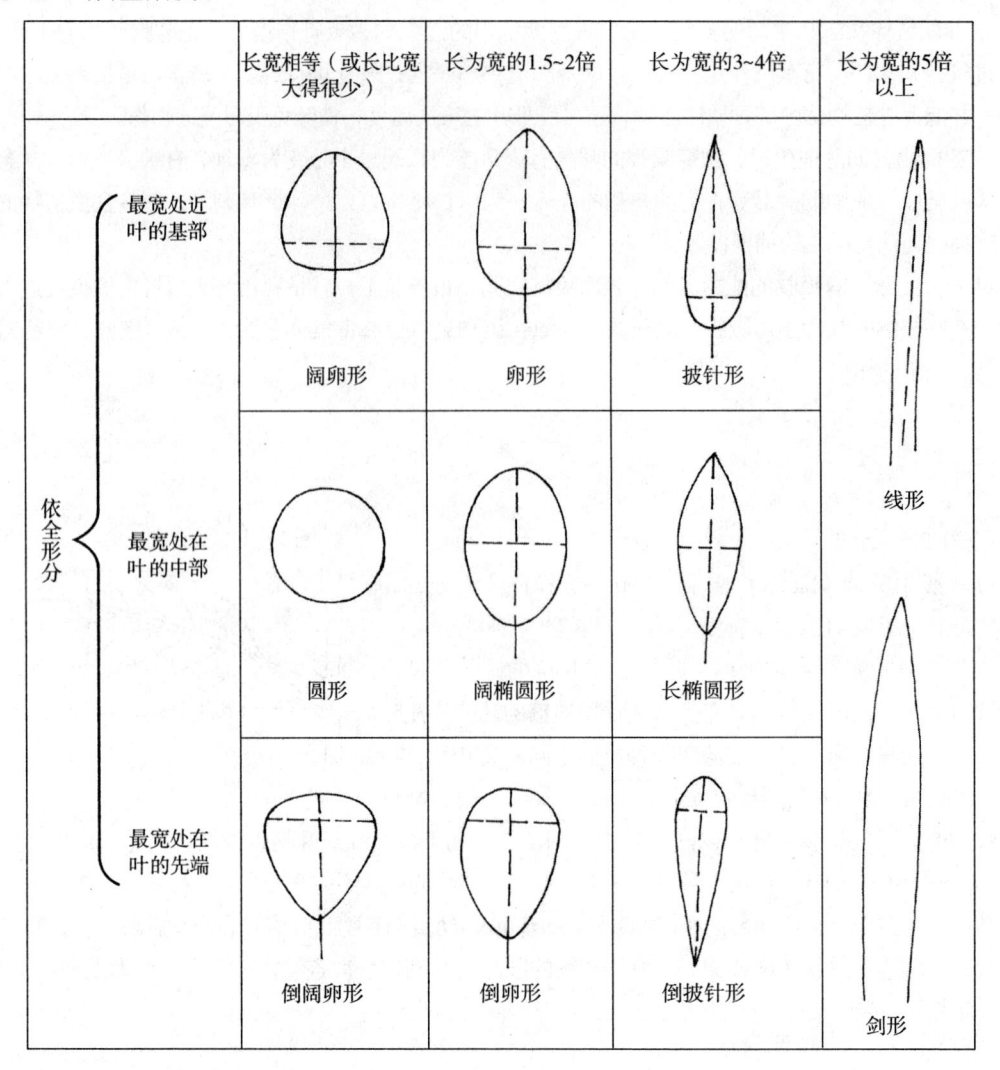

		长宽相等（或长比宽大得很少）	长为宽的1.5~2倍	长为宽的3~4倍	长为宽的5倍以上
依全形分	最宽处近叶的基部	阔卵形	卵形	披针形	线形
	最宽处在叶的中部	圆形	阔椭圆形	长椭圆形	
	最宽处在叶的先端	倒阔卵形	倒卵形	倒披针形	剑形

（intercalary growth）、加强茎的支持作用和保护叶腋内幼芽的功能。叶片狭长呈线形或狭带形，叶片和叶鞘相接处，有一片向上突起的膜状结构，称为叶舌（ligule）。叶舌能使叶片向外弯曲，使叶片可更多地接受阳光，同时可防止水分、真菌和害虫进入叶鞘中。有的禾本科植物，如大麦、小麦，其叶鞘上端的两侧与叶片相接处，突出成叶耳（auricle）。叶舌和叶耳的有无、形状、大小、色泽可以用作鉴定禾本科植物种或品种的依据（图3-45）。

（三）叶脉

叶脉（vein）是由叶肉内的维管束和其他有关组织组成的，叶脉通过叶柄与茎内的维管组织相连。叶脉在叶片上的分布规律称为脉序（venation）。脉序主要有平行脉（parallel vein）、网状脉（net vein）和叉状脉（Dichotomous vein）三种类型（图3-46）。

平行脉是各叶脉大致平行排列，多见于单子叶植物中。其中，各叶脉是自基部平行直达叶尖，称直出脉或直出平行脉，如水稻、小麦、竹等；侧脉自中脉横出至叶缘，彼此平行，称为侧出脉或侧出平行脉，如香蕉、芭蕉、美人蕉；各叶脉自基部辐射而出，称射出脉或辐射平行脉，如蒲葵、棕榈；各叶脉自基部平行出发，但彼此逐渐远离，稍作弧状，最后在叶尖汇合，称作弧形脉或弧状平行脉，如车前、玉簪。

网状脉的特点是叶脉错综分枝，连结成网状，是多数双子叶植物脉序的特征。其中，具一条明显的主脉，两侧分出许多侧脉，状若羽毛，侧脉间又多次分出细脉，称为羽状网脉，如大多数双子叶植物；由叶基分出多条主脉，形如掌状，主脉间又一再分枝，形成细脉，称为掌状网脉，如南瓜等。有极少数单子叶植物，如薯蓣、芋等具有网状脉序，但单子叶植物无论是平行脉序或网状脉序，其叶脉末梢都是

☆ 图3-43 叶缘的基本类型与叶的缺刻类型

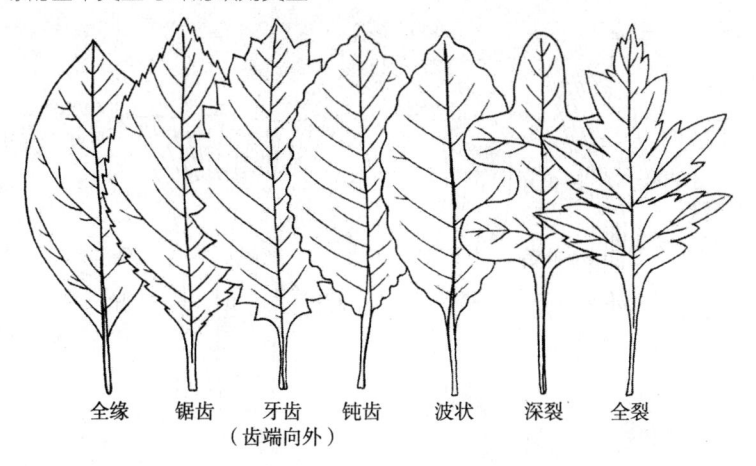

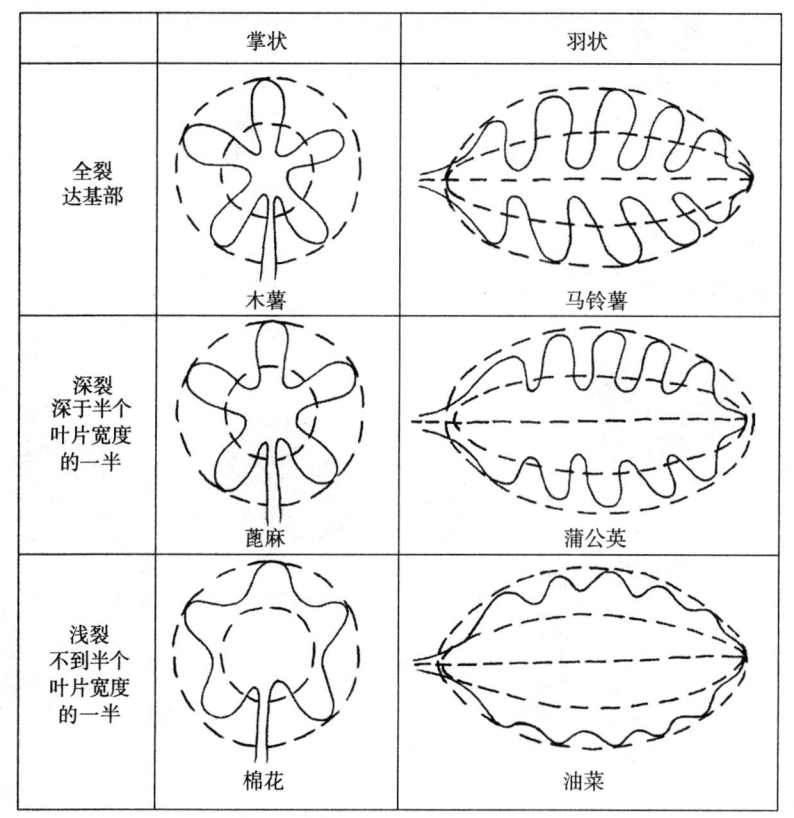

全缘　锯齿　牙齿（齿端向外）　钝齿　波状　深裂　全裂

	掌状	羽状
全裂 达基部	木薯	马铃薯
深裂 深于半个 叶片宽度 的一半	蓖麻	蒲公英
浅裂 不到半个 叶片宽度 的一半	棉花	油菜

☆ 图3-44 叶尖与叶基的类型

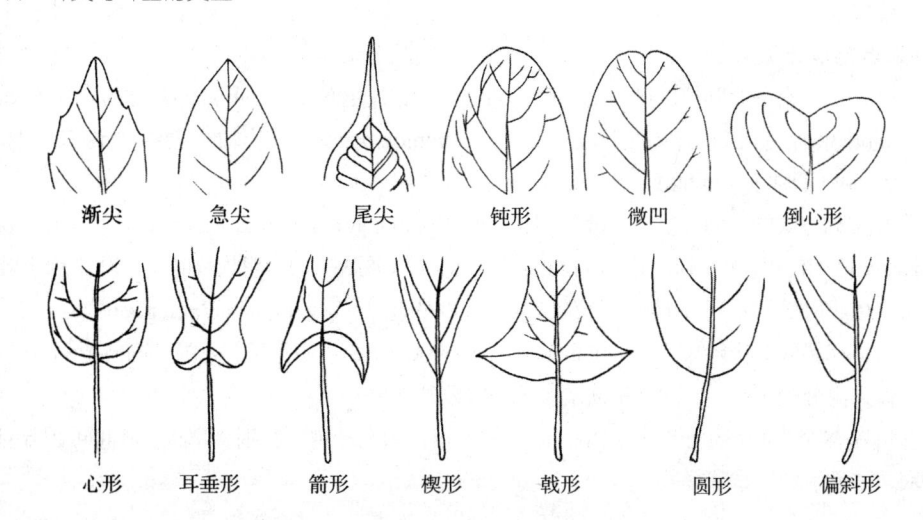

渐尖　急尖　尾尖　钝形　微凹　倒心形

心形　耳垂形　箭形　楔形　戟形　圆形　偏斜形

第三节 叶

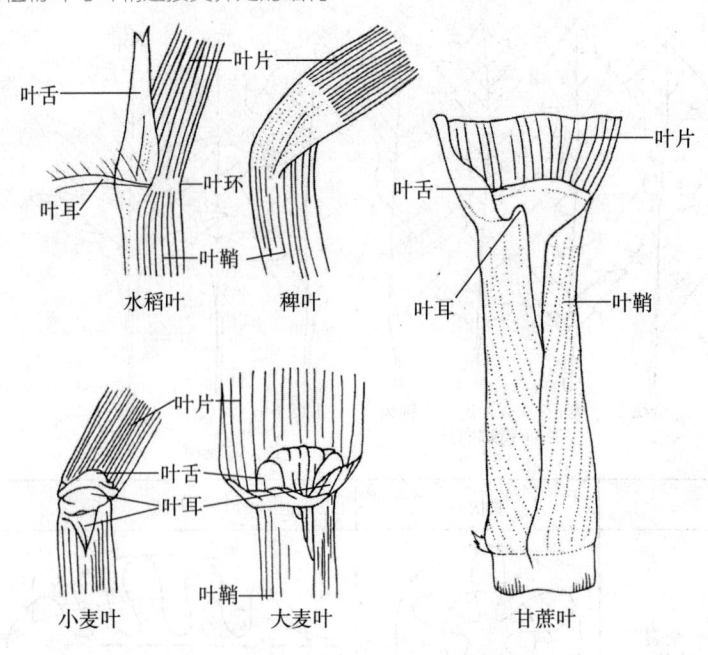

☆ 图3-45 禾本科植物叶与叶鞘连接交界处的结构

☆ 图3-46 叶脉的类型

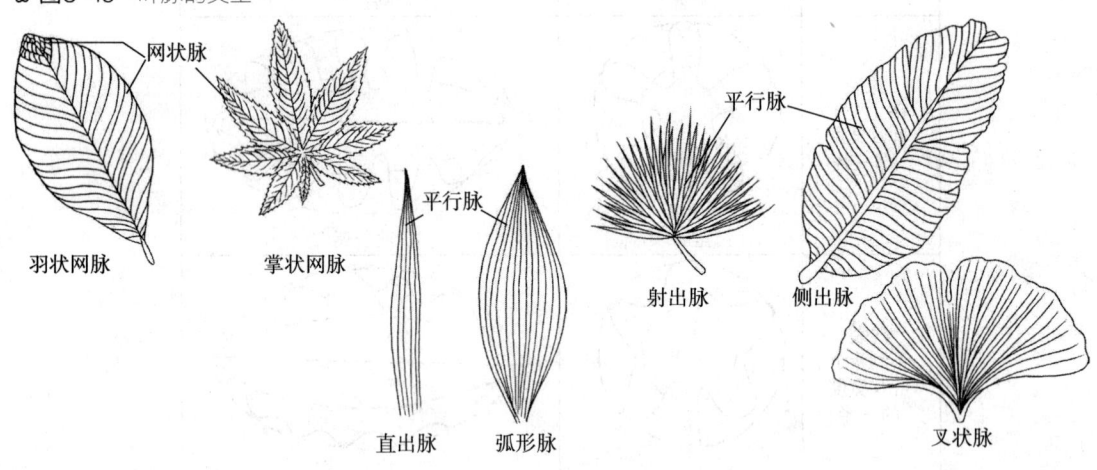

联结在一起的,没有自由的末梢,这一点和双子叶植物的叶脉不同。

叉状脉的各脉作二叉分枝,如银杏。这种脉序常见于蕨类植物。

(四)单叶与复叶

在一个叶柄上生有一个叶片的叶称为单叶(simple leaf),生有多个小叶片的叶称为复叶(compound leaf)。复叶的叶柄称为叶轴(rachis)或总叶柄(common petiole),叶轴上着生的许多叶称为小叶(leaflet),小叶的叶柄称为小叶柄(petiolute)。

根据小叶排列方式的不同,复叶又分为羽状复叶(pinnately compound leaves)、掌状复叶(palmately compound leaves)和三出复叶(ternately compound leaves)(图3-47)。羽状复叶是小叶排列于叶轴的两侧成羽毛状。依小叶数目不同,羽状复叶又分为奇数羽状复叶(odd pinnately compound leaves,如蚕豆、刺槐、文冠果)和偶数羽状复叶(even pinnately compound leaves,如花生、龙眼、荔枝)。羽状复叶又因叶轴分枝与否,再分为一回、二回、三回及多回羽状复叶。

掌状复叶是多个小叶皆生于叶轴顶端,排列如掌状,如七叶树、牡荆。掌状复叶也可因叶轴分枝而再分为一回、二回、三回掌状复叶。

☆ 图3-47 复叶的类型

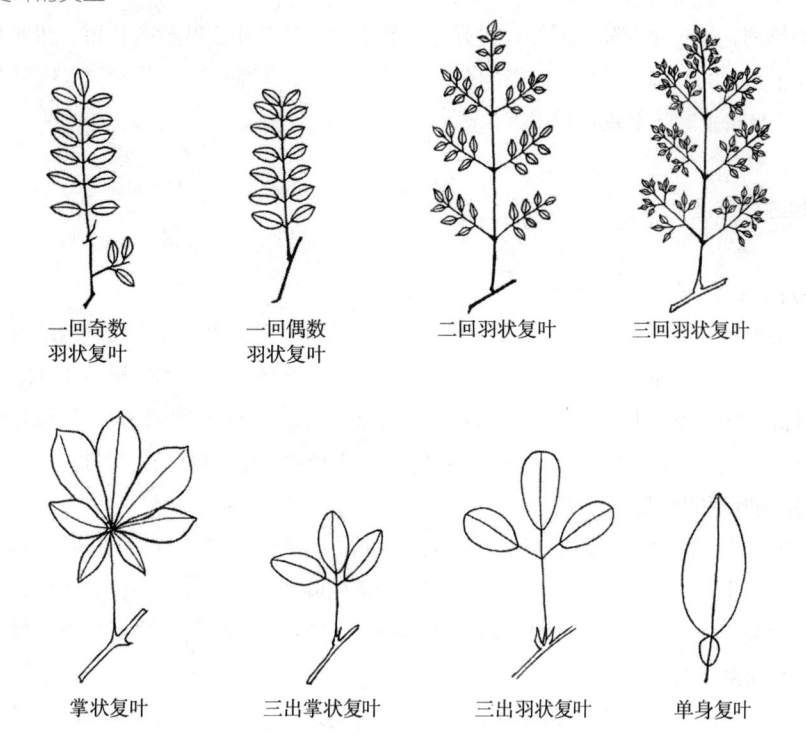

一回奇数羽状复叶　一回偶数羽状复叶　二回羽状复叶　三回羽状复叶

掌状复叶　三出掌状复叶　三出羽状复叶　单身复叶

　　三出复叶是三个小叶生于叶轴顶端。如果三个小叶柄是等长的，称为三出掌状复叶（ternate palmate leaves），如橡胶树、红车轴草；如果顶端小叶柄较长，就称为三出羽状复叶（ternate pinnatel leaves），如苜蓿、大豆。

　　还有一种形态特殊的复叶，外形像单叶，是由三出复叶的两枚侧生小叶退化成翅状，总叶轴与顶生小叶连接处有关节，如柚、橙的叶，称为单身复叶（unifoliate compound leaves）。如果两枚侧生小叶完全退化，顶生小叶具节，则为单小叶（unifoliole），如金橘、柑橘、山小橘中的一种叶。

　　有时单叶与复叶不易区分，则可从下列几个方面来鉴别：① 单叶的叶腋处有腋芽，复叶的小叶叶腋处无腋芽；② 单叶所着生的小枝顶端具芽，复叶的叶轴顶端没有芽；③ 单叶在小枝上排成各种叶序，复叶叶轴上的小叶与叶轴成一平面；④ 落叶时，单叶叶片与叶柄同时脱落，而复叶常为小叶先落，叶轴后落。

（五）叶序和叶镶嵌

1. 叶序

　　叶在茎上的排列方式称为叶序（phyllotaxy）。叶序有三种基本类型，即互生（alternate）、对生（opposite）和轮生（whorled）（图3-48）。

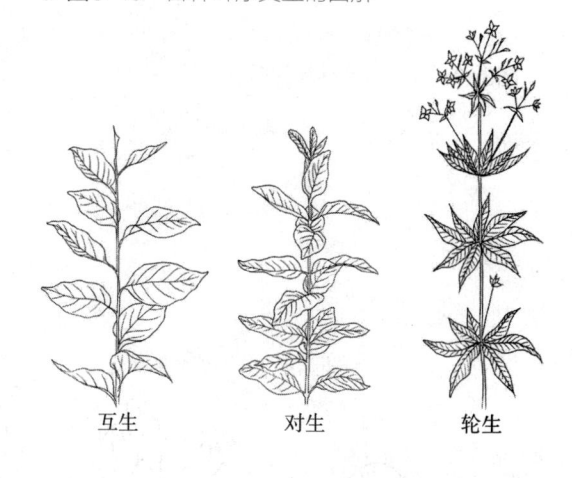

　　互生叶序是每节上只生一叶，交互而生，叶成螺旋状排列在茎上，如樟、玉兰等的叶序。

　　对生叶序是每节上生两叶，相对排列，如丁香、薄荷、石竹等。在对生叶序中，下一节的对生叶与上一节的对生叶交叉成垂直方向的，称为交互对生（decussate），如茜草。

　　轮生叶序是每节上生三叶或三叶以上，排成轮状，如夹竹桃、百合、梓树等。

　　此外，尚有枝的节间短缩密接，叶在短枝上成簇生出，称为簇生叶序（fascicled phyllotaxy），如银杏、枸杞、落叶松等。或叶着生在茎基部近地面处，如车前、蒲公英等，称叶基生。

☆ 图3-48 各种叶序类型的图解

互生　对生　轮生

2. 叶镶嵌

叶在茎上的排列，不论是互生、对生还是轮生，相邻两节的叶由于叶柄的长短、扭曲和叶片的各种排列角度形成互不遮蔽的结果。通常，枝条上部叶的叶柄较短，下部叶的叶柄较长，同时各节叶着生的方向不同，使同一枝条上的叶不致互相遮盖，称为叶镶嵌（leaf mosaic）。

三、叶的起源和发育

1. 叶原基的发生

叶由叶原基发育形成。叶原基发生于茎尖生长锥的侧面，一般由表层和表层以内的几层细胞分裂形成最初的突起，接着向长、宽、厚三个方向生长。但厚度生长开始与停止均较早，使叶原基早期即成为扁平形。以后基部继续增宽，有些植物（如禾本科）其基部可以包围整个生长锥。从突起到厚度生长停止，整体仍由分生组织组成，外形上尚未有叶片、叶柄、托叶的分化时均可称为叶原基。

2. 叶的发生与叶片的发育

叶原基形成后，接着下部发育为托叶，上部发育为叶片与叶柄（图3-49）。托叶原基生长迅速，不久即成为保护叶原基上部的雏形托叶。叶原基上部先分化出叶片，一般在芽内已具雏形，而叶柄或在芽内叶形态发生的后期，或当叶片从芽中展开时才明显可见，以后随幼叶片的展开而迅速伸长。在具叶鞘的叶中，相当于叶柄发生的部分发育为叶鞘。

叶片由叶原基上部经顶端生长、边缘生长和居间生长形成。叶原基上部的细胞分裂逐渐限于顶端，通过顶端生长使这部分伸长。不久，在其两侧的细胞开始分裂，进行边缘生长，形成具有背腹性的扁平雏形的叶片；如果是复叶，则通过边缘生长形成多数小叶片。边缘生长进行一段时间后，顶端生长停止。当幼叶逐渐由芽内伸出、展开时，边缘生长停止，整个叶片进行近似平均的表面生长，又称为居间生长。居间生长伴随着内部组织的分化成熟，和叶柄、托叶的形成而成为成熟叶。

在叶片的发育过程中，其内部也像根、茎一样，由原分生组织（叶原基早期）过渡为初生分生组织，再逐渐分化为初生结构。此时，除一些双子叶植物主脉基部维管组织中可能保留活动甚弱的形成层外，其他部分均为成熟组织，所以，叶的生长是有限生长。

四、叶的结构

（一）双子叶植物叶的结构

1. 叶片

双子叶植物的叶片多具有背面（远轴面或下面）和腹面（近轴面或上面）之分。腹面直接对光，因

✿ 图3-49　完全叶形成过程图解

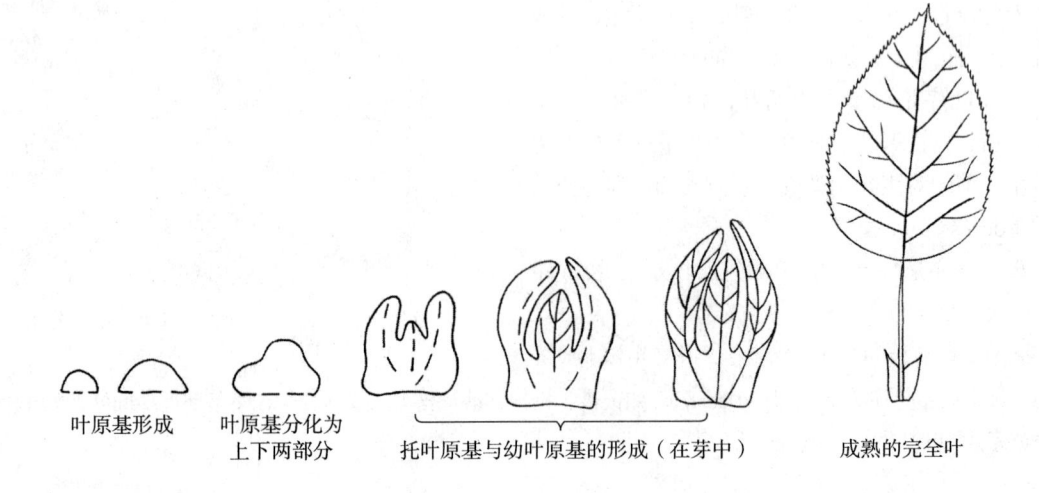

叶原基形成　叶原基分化为上下两部分　托叶原基与幼叶原基的形成（在芽中）　成熟的完全叶

而背腹两面的内部结构也相应出现差异，这种叶称为两面叶（bifacial leaf）或异面叶（dorsi ventral leaf）。有些植物的叶片近乎和枝的长轴平行或与地面垂直，叶片两面的受光情况差异不大，因而叶片两面的内部结构也相似，这种叶称为等面叶（isobilateral leaf）。不论异面叶还是等面叶，其叶片均由表皮、叶肉和叶脉三部分组成（图3-50）。

（1）表皮：表皮包被在整个叶片外围，有上下表皮之分。表皮通常由一层生活细胞组成；但也有少数植物叶片表皮由多层细胞组成，称为复表皮（multiple epidermis），如印度橡胶、夹竹桃、海桐花的表皮。

叶片的表皮细胞表面观一般是形状不规则的扁平细胞，侧壁凹凸不齐，彼此互相嵌合，紧密相连，无胞间隙。在横切面上则成方形或长方形，外壁较厚，角质化，并具角质层。多数植物叶的角质层外常有一层不同的蜡被层。角质层有节制蒸腾与防御病菌或异物侵入的作用。

上表皮的角质层一般较下表皮的厚，厚薄程度因植物种类与发育年龄而异，也随植物生长环境不同而有差异。叶表皮细胞透明，容许光线透过，通常不具有叶绿体，叶表皮上可能着生单一或多种类型的表皮毛。

叶表皮上气孔的分布密度要比茎表皮上的大得多，这与叶光合作用时气体交换和进行蒸腾作用相适应。叶表皮上气孔的数目、形态结构和分布均因植物而异，与生态条件亦有关。大多数植物每平方毫米的下表皮平均有100～300个气孔。一般草本双子叶植物，如棉、马铃薯、豌豆的气孔，下表皮多于上表皮；木本双子叶植物，如茶、桑、夹竹桃的气孔都集中于下表皮；湿生或水生植物的浮水叶气孔在上表皮。此外，植物体上部叶的气孔较下部叶的多，同一叶片近叶尖和中脉部分的气孔较叶基和叶缘的多。沉水叶一般无气孔。

双子叶植物的气孔由两个肾形的保卫细胞组成，保卫细胞含有叶绿体。两保卫细胞相邻处略凹陷，成为气孔。保卫细胞虽然也是由原表皮细胞分裂分化而来，但形成后和一般的表皮细胞迥然不同。它的细胞壁增厚情况很特殊，在和表皮细胞相连的一面，细胞壁较薄，其余各方的细胞壁都比较厚。这样的结构，使保卫细胞充水膨大时，向表皮细胞的一方弯曲，将气孔分离部分的细胞壁拉开，结果气孔张开。当保卫细胞失水时，膨压降低，紧张的状态不再存在，两个保卫细胞恢复原来状态，气孔关闭。气孔的开闭能调节气体交换与蒸腾作用，在植物生活中有重要意义。气孔的开闭在一天内是有周期性的。常于黎明开启，随气温升高和日照增强而逐渐扩大，上午9时至10时增至最大，中午前后逐渐关闭，下午因叶内水分渐增又再开启，至傍晚日落又因光合作用停止而逐渐关闭。这种周期变化又因植物种类、植物生理状况以及气候和水分条件而异。了解这方面的规律，对于选择适宜的根外追肥或喷施农药的时间有实际意义。

✿ 图3-50 双子叶植物叶的解剖

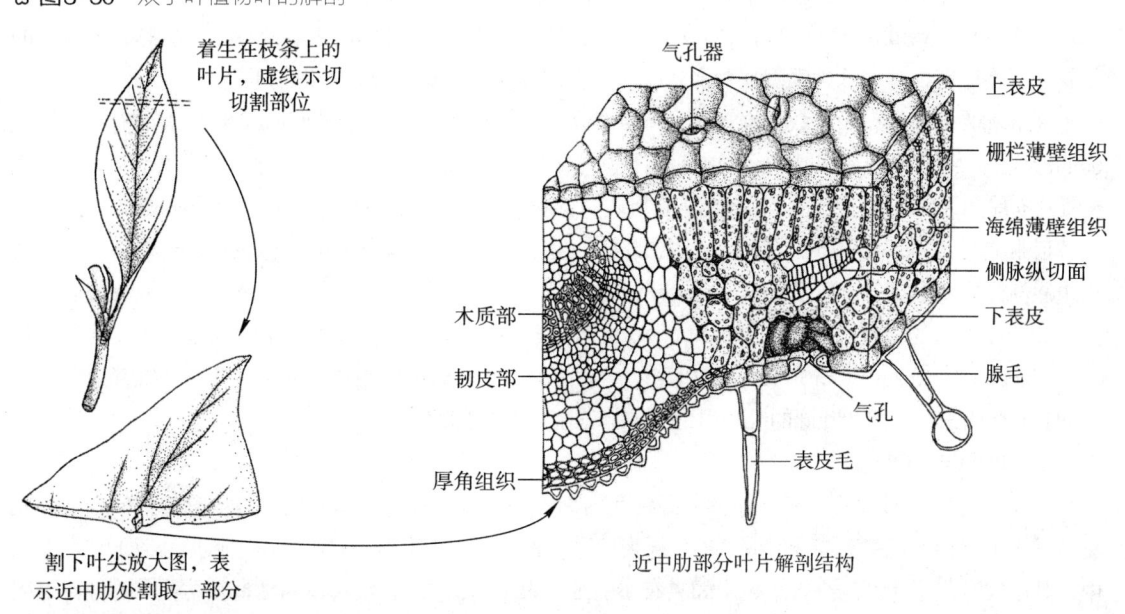

有些植物的气孔，在保卫细胞的四周还有一个或多个与表皮细胞形状不同的细胞，叫副卫细胞（subsidiary cell）。副卫细胞常有一定的形状和排列方式，可分为平列型、横列型、不等型、无规则型四种。

（2）叶肉（mesophyll）：叶肉由基本分生组织发育而来，主要由同化组织组成。有的植物叶肉内还含有少量其他组织，如棉、柑橘有溶生的分泌腔，甘薯、柑橘属植物具有晶异细胞（crystal idioblast），茶叶中有骨状石细胞等（图3-51）。

✿ 图3-51 蜜柑（左）和茶叶（右）叶片横剖面（示叶肉组成）

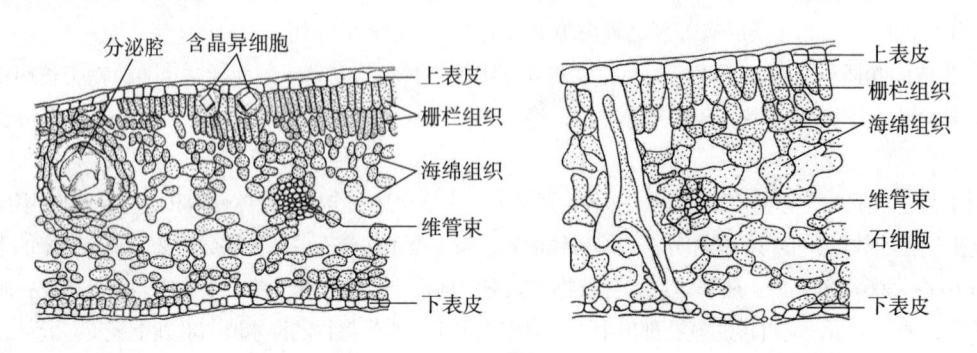

叶肉是叶片内最发达、最重要的部分，是绿色植物进行光合作用的主要场所，并常反映出与生态条件及功能相适应的结构特点。在两面叶中，由于背腹两面受光情况不同，近腹面的叶肉分化为栅栏组织（palisade tissue），背面的分化为海绵组织（spongy tissue）。少数具等面叶的双子叶植物，如垂柳、桉，叶肉中无这两种组织的分化，或虽有分化，栅栏组织却分布在叶的两面。一些水生植物仅形成疏松的海绵组织。

栅栏组织细胞呈长柱形，含较多的叶绿体，细胞排列整齐，间隙较小，在叶片内可以排列成1～4层。例如，棉为1层，长达叶片厚度的1/3～1/2，甘薯为1或2层，茶因品种不同而可有1～4层的变化。细胞内叶绿体的分布常因光照强度而有适应性变化：强光下叶绿体移向侧壁，以减少受光面积，避免灼伤；弱光下则分散于细胞质内，以充分利用散射光。

海绵组织是位于下表皮和栅栏组织之间的同化组织，含叶绿体较栅栏组织少，细胞的大小和形状不规则，排列疏松而有较大的细胞间隙。由于这些特点，使两面叶的背面色泽常明显浅于腹面。

组成叶肉的绿色同化组织一般兼有通气功能，即使在栅栏组织中，仍具有相当的细胞间隙。叶肉的细胞间隙与气孔下方的孔下室形成曲折、连贯的通气系统，有利于光合作用及气体交换。

（3）叶脉（vein）：叶片中由原形成层发育而来的维管束成为叶脉的主要部分，在主脉和大侧脉的维管束周围还有由基本分生组织发育而来的薄壁组织和厚角组织（或厚壁组织）。

主脉和大侧脉中有一至数个维管束，木质部位于近轴面，韧皮部位于远轴面，中间有时有活动极微弱的形成层；维管束包埋在基本组织中，这些基本组织不分化为叶肉组织，常为薄壁组织，有时在近表皮处还有厚角组织或厚壁组织。机械组织在叶的背面特别发达，因此使叶脉在叶片背面形成隆起。

叶脉越分越细，结构也越简单，形成层消失，机械组织减少以至完全没有。木质部和韧皮部的结构也逐渐简单，组成分子数目减少。到了叶脉的末梢，木质部只有短的管胞，韧皮部中则只有短而狭的筛管分子和增大的伴胞。较小的叶脉维管束外面常围绕着一层或几层排列紧密的细胞，形成维管束鞘（vascular bundle sheath）（图3-52）。维管束鞘由薄壁细胞或厚壁细胞组成，或两者兼有。维管束鞘一直延伸到叶脉的末梢，因此叶脉的维管组织很少暴露在叶肉细胞间隙中。

2. 叶柄与托叶

叶柄多呈两侧对称状，有时外形如圆柱而内部仍为两侧对称。叶柄的结构与茎有些相似，是由表皮、基本组织和维管束三部分组成。最外层为表皮，表皮内为基本组织。维管束成弧形分散于基本组织中，其中常有几个大型的维管束，中间夹有小的维管束（图3-53）。维管束的结构和幼茎中的维管束相似，但木质部与韧皮部排列方式与叶片中的一致。每一维管束外常有厚壁组织包围。在双子叶植物中，木质部与韧皮部之间往往有一层形成层，但形成层只有短期的活动。

托叶形状各异，两侧常不对称，但亦具背腹面，扁平状。托叶的内部结构基本如叶片，但各组成分子简单、分化程度低，叶肉细胞含有叶绿体，亦可执行光合作用。

（二）单子叶植物叶的结构

单子叶植物叶的形态和结构比较复杂，类型较多，它们的生长和发育也不相同。现以禾本科植物的叶为例说明单子叶植物叶的一般结构特征。禾本科植物叶结构与双子叶植物不同，其特点主要表现在表皮和叶肉组织。

1. 表皮

表皮分为上表皮和下表皮。表皮细胞的组成较复杂，但排列有序。上下表皮细胞均由近矩形的长细胞和两种短细胞组成。长细胞的长轴与叶片纵轴平行，横切面近乎方形，侧面的细胞壁以细小的波纹彼此相嵌，细胞壁角质化。短细胞又分为硅细胞和栓细胞两种。硅细胞常为单个的硅质体所充满，禾本科植物的叶质地比较坚硬，就是由于含有硅质。栓细胞是一种细胞壁栓质化的细胞，常含有有机物质。长细胞与短细胞的形状、数目与相对位置，因植物种类而不同。

相邻两叶脉之间的上表皮有数列特殊的薄壁的大型细胞，称泡状细胞（bulliform cell）。其长轴与叶脉平行，中间的一列最大，两侧的数列依次减小，在横切面上形成展开的折扇状。泡状细胞垂周壁较薄，液泡大，不含或少含叶绿体。水分不足时，泡状细胞失水较快，引起叶片向腹面卷曲，以降低蒸腾

✿ 图3-52　细脉与脉梢

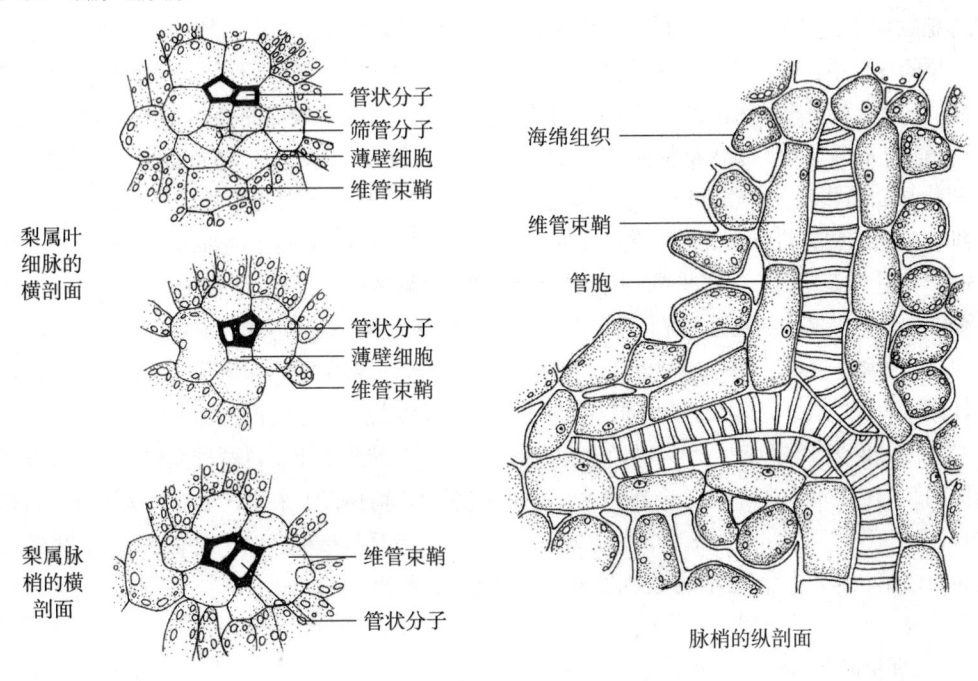

✿ 图3-53　三种类型的叶柄横剖面（斜纹为木质部）

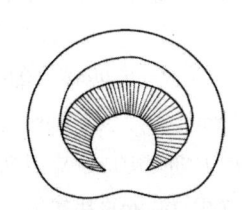

量。内卷一般是可逆的，若水分供应恢复时，泡状细胞膨胀，叶片舒张。因此，泡状细胞也称运动细胞（motor cell）。但是有些实验表明，叶片的伸展与卷缩，最重要的是与泡状细胞以外的其他组织的收缩及不同类型的组织的分布有关。

禾本科植物的上下表皮上都有气孔，成纵行排列。与一般双子叶植物不同，气孔的保卫细胞呈哑铃形，细胞的两端呈球形，壁薄，中间伸直并部分壁厚。气孔的开闭是两端球状部分胀缩变化的结果。当两端球状部分膨胀时，气孔开放；球状部分收缩时，气孔关闭。保卫细胞外侧还各有一个棱形的副卫细胞。

2. 叶肉

禾本科植物为等面叶，叶肉中的光合组织没有明显的栅栏组织和海绵组织的分化，细胞间隙比较小。不同植物的叶肉细胞又各具特点。例如，水稻与竹的叶肉细胞整体为扁圆形，细胞壁向细胞腔内形成褶叠，叶绿体沿褶叠的壁排列；小麦、大麦的叶肉细胞则由不同长度的链形细胞组成。

3. 叶脉

禾本科植物为平行叶脉，各纵走叶脉间有横向细脉连系。维管束韧皮部靠近下表皮，木质部靠近上表皮。在维管束与上下表皮之间有发达的厚壁组织，维管束外常有1或2层细胞包围，组成维管束鞘。维管束鞘有两种类型：如玉米、高粱、甘蔗的维管束鞘是单层薄壁细胞，细胞较大，排列整齐，含叶绿体；水稻、小麦、大麦等的维管束鞘有2层细胞，外层细胞较大，壁薄，含较少的叶绿体，内层细胞较小，壁厚，几乎不含叶绿体。禾本科中叶维管束鞘类型的不同，一般可作为分群参考依据。

水稻的中脉，向叶片背面突出，结构比较复杂，由多个维管束与一定的薄壁组织组成。维管束大小相间而生，中央部分有大而分隔的气腔，与茎、根的通气组织相通。光合作用释放的氧，由这些通气组织输送至根部，供给根部细胞呼吸需要。

（三）C_3和C_4植物叶的结构特点

高等植物根据碳代谢的不同可以分为C_3植物和C_4植物。大多数植物是C_3植物，C_4植物多分布于热带高温干旱的环境中，数量较C_3植物少得多。已发现的不过几千种，分属禾本科、菊科、苋科、茄科、藜科、莎草科、大戟科、马齿苋科、紫茉莉科和蒺藜科10个演化地位较高的科。其中，禾本科有一半的种属于C_4植物。在较原始的植物及藻类中均未发现C_4植物，故有人认为C_4植物的起源比C_3植物晚。

C_3植物和C_4植物表现出非常恒定的结构上的差异。其中，区别禾草类中的C_3植物和C_4植物，薄壁组织的维管束鞘结构显得特别重要。在C_3植物中，维管束鞘细胞具有较少的细胞器和相当小的叶绿体（图3-54）。因此在低倍镜下，这些细胞比起含有丰富叶绿体的叶肉组织，显得空而透明。在C_4植物中，维管束鞘细胞具有丰富的细胞器，尤以线粒体、过氧化物体为多，线粒体和叶绿体较大，一般比叶肉组织的叶绿体大（图3-54）。有些C_4植物，如甘蔗、玉米，维管束鞘中的叶绿体基粒片层不发达，多为一些平行延伸的基质片层，但形成淀粉的能力却较叶肉的叶绿体强，在光照下往往形成大量淀粉粒。

C_4植物的叶肉组织细胞和维管束鞘形成有规则的排列。在横切面上，这两种细胞一起围着维管束作同心层排列，形成"花环型"（kranz type）结构，叶肉细胞长轴垂直于束鞘，呈辐射状；两者的细胞壁互相嵌合，胞间连丝明显。有的植物，如玉米，虽无明显的花环状结构，但叶肉细胞与维管束鞘的空间结构关系较C_3植物紧密。上述结构特点显然适合于CO_2的再利用。

（四）松属针叶的结构

裸子植物的叶除银杏、买麻藤外，通常比较狭细，成针状、条状或鳞片状，故习惯上称裸子植物为针叶植物。针叶面积较小，具有一些旱生结构特征，能够耐低温和干旱。

松属叶均为针状，2~5针成束生长于短枝上，常因每束针数不同，而使横切面的形状成半圆形（如马尾松、黄山松）或三角形（如云南松、华山松）。

通过松属针叶作横切面，可以看到从外到内有以下几部分（图3-55）。表皮细胞壁厚，细胞腔很小，外壁覆盖着发达的角质层。表皮下有多层厚壁细胞，称为下皮层（hypodermis）。下皮层细胞的层数，依种类不同而异。气孔从表皮层下陷到下皮层内，由一对保卫细胞及一对副卫细胞组成，副卫细胞在保卫细胞的外面。内陷气孔形成下陷的空腔，空腔阻止了外界流动的干燥空气和气孔的直接接触，是一种减少叶内水分蒸腾的旱生适应。

松属的叶肉细胞壁内褶，伸入细胞腔内，叶绿体沿褶襞分布，这就增大了叶绿体的分布面，扩大了光合面积。叶肉内具树脂道，树脂道的位置根据种的不同而异，可以作为分种依据的参考。叶肉组织以内有明显的内皮层，其细胞内含有淀粉粒。

维管束分布在内皮层以内，维管束的数目随种类而异，如云南松、油松针叶中央有两个维管束，而华山松、红松等的针叶中则只有一个维管束。

在维管束与内皮层之间，有几层紧密排列的转输组织（transfusion tissue），包围着维管束。转输组织由转输管胞与转输薄壁细胞组成。转输管胞是死细胞，壁较薄，并有具缘纹孔；转输薄壁细胞是具有原生质体的生活细胞，成熟以后为单宁所充塞。

上述松属针叶解剖构造上的特征，如具有下皮层、内陷气孔、内皮层及转输组织等，在其他松柏类

图3-54　几种禾本科植物叶片横切面的一部分（示维管束鞘与其周围叶肉细胞的形态结构）

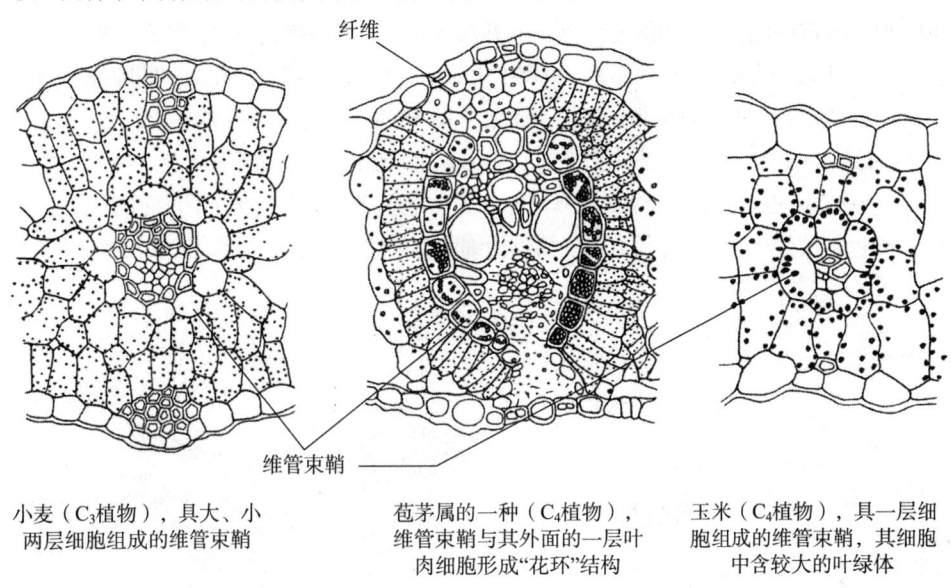

小麦（C_3植物），具大、小两层细胞组成的维管束鞘

苞茅属的一种（C_4植物），维管束鞘与其外面的一层叶肉细胞形成"花环"结构

玉米（C_4植物），具一层细胞组成的维管束鞘，其细胞中含较大的叶绿体

图3-55　松针叶横切面

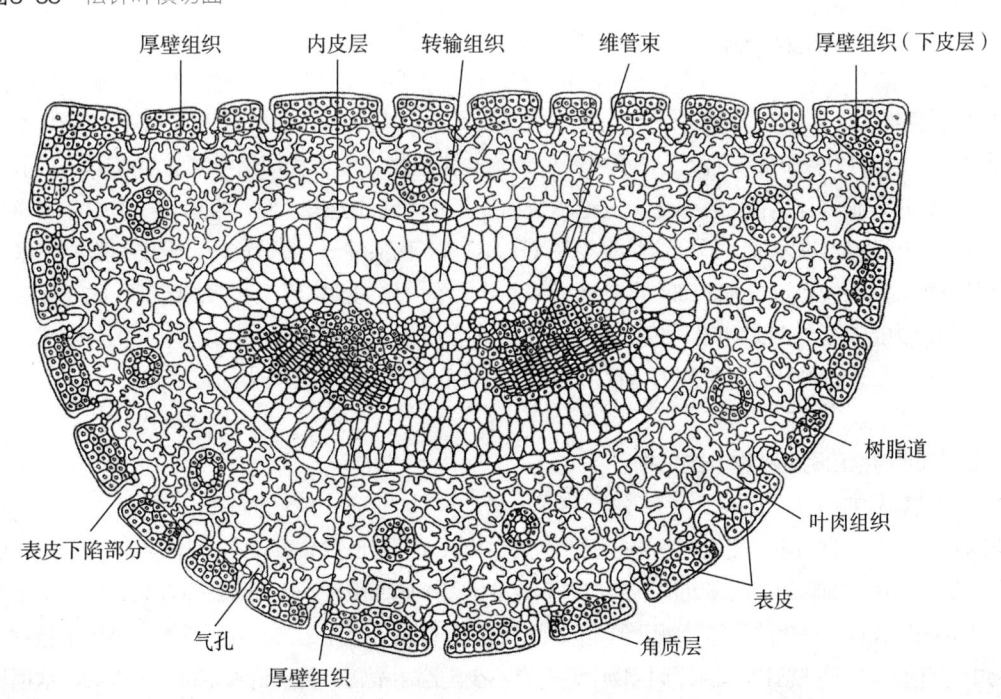

第三节　叶

植物中也具有，只是数量上不同。而另一些种类可具有栅栏组织与海绵组织，如冷杉属、杉木属、紫杉属、银杏及苏铁等。

五、叶的生态类型

植物叶在结构上常随生态因子的不同而有改变。影响叶结构的生态因子为水、光和温度等。根据植物和水分的关系，可区分为旱生植物（xerophytes）、中生植物（mesophytes）和水生植物（hydrophytes）。根据植物和光照强度的关系，又可分为阳地植物（sun plant）、阴地植物（shade plant）和耐阴植物（tolerant plant）。这些植物在形态上各有特点，特别表现在叶的形态结构上。

（一）旱生植物和水生植物叶的结构

1. 旱生植物的叶

旱生植物叶片的结构主要朝着降低蒸腾和贮藏水分两个方向发展。前者通常是叶小而厚，或多茸毛。在结构上叶的表皮细胞壁厚，角质层发达。有些种类表皮由多层细胞组成，气孔下陷，或限生于局部区域（如夹竹桃叶的气孔窝）(图3-56)。栅栏组织细胞层次多，海绵组织和细胞间隙都不发达，机械组织的量较多。这些形态结构将减少蒸腾面积，或减少蒸腾强度，以适应干旱的环境。

旱生植物的另一种类型称为肉质植物（fleshy plant），如芦荟、马齿苋、龙舌兰、猪毛菜等。其叶片肥厚多汁，叶内有发达的贮水组织，保水力强。仙人掌也是这一类型的植物，不过它的叶片退化，茎肥厚多浆汁，呈绿色，代替叶行光合作用。这些植物的细胞能保持大量水分，因此能够耐旱。

图3-56 旱生植物与水生植物的叶

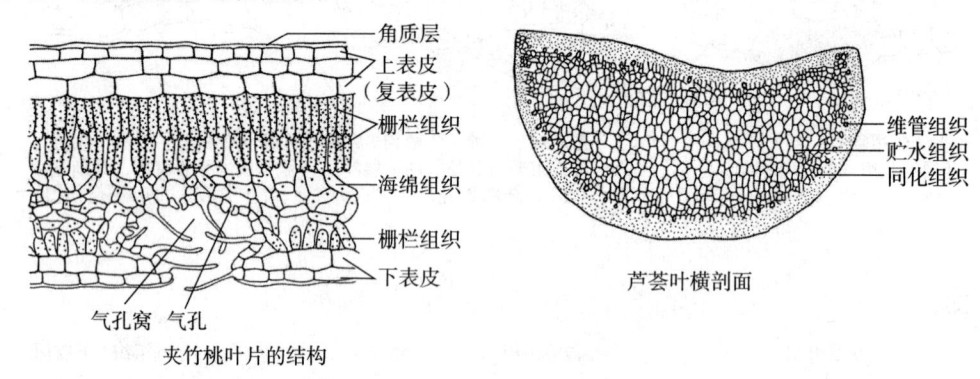

夹竹桃叶片的结构

芦荟叶横剖面

2. 水生植物的叶

整个植物或植物体的一部分浸没在水中的植物称水生植物。按生长环境中水的深浅不同，水生植物分为沉水植物，植物体整体沉在水中；或挺水植物，茎叶大部分挺出水面，根生长在水中；或浮水植物，植物体的叶片漂浮在水面。适应这种生态环境的结构特征为：叶片通常较薄，表皮细胞的外壁不角质化，没有角质层或角质层很薄，细胞内具叶绿体；叶肉不分化为栅栏组织和海绵组织，成为几层有发达通气系统的构造；机械组织和维管组织退化，尤其是木质部不发达。浮水叶只有上表皮具少量气孔，沉水叶无气孔；沉水叶的叶片又常裂为丝状，以减少流水的冲击力和增加与水的接触面。

（二）阳地植物和阴地植物叶的结构

1. 阳地植物的叶

阳地植物在阳光直射下，受光和热比较强，蒸腾作用大。一般叶片较厚较小，表皮细胞壁和角质层较厚。栅栏组织发达，细胞的层次多，海绵组织则不甚发达，细胞间隙较小。叶脉细密而长，机械组织发达。这些都充分表现了旱生的形态特征。但是阳地植物只是倾向于旱生形态，并不就等于是旱生植物。旱生植物中，有不少是阳地植物；但阳地植物中，也有不少是湿生植物，甚至是水生植物。例如，水稻是水生植物，同时又是阳地植物。阳地植物的气生环境和旱生植物有些类似，但土壤环境可以大不相同，甚至完全相反（图3-57）。

2. 阴地植物的叶

阴地植物的叶倾向于湿生形态。一般是叶大而薄，栅栏组织发育不良，细胞间隙发达，叶绿体较大，表皮细胞也常含有叶绿体。由于阴地植物生境中缺乏直射光，光合作用主要依靠富含蓝紫光的散射光。叶绿素b对此类光的吸收力大于叶绿素a，所以阴地植物叶中叶绿素b与叶绿素a的比值较阳地植物叶的大，叶片亦多呈黄绿色（图3-57）。

☆ 图3-57 在向阳和荫蔽条件下的栎树叶片解剖结构

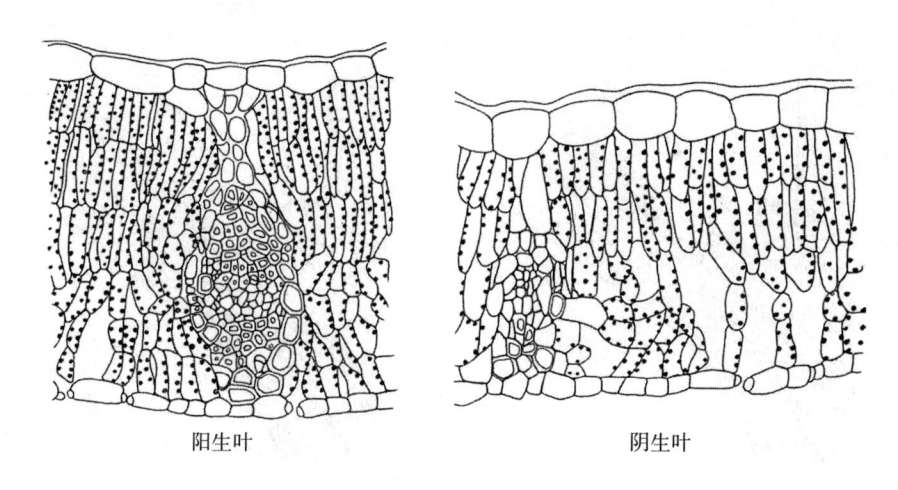

阳生叶　　　　　　　　　　阴生叶

六、叶的衰老与脱落

1. 叶的衰老

叶有一定的生活期，一般都短于植物的寿命，叶生活期的长短视具体植物。杨、柳、榆、槐、悬铃木、栎、桃、水杉等多年生木本植物的叶只能生活一个生长季，在冬季或干旱季节来临时便同时全部干枯脱落，这种树木称为落叶树（deciduous tree）；而龙眼、荔枝、芒果、松、柏、女贞的叶可生活一至几年，在春、夏季，新叶发生后，老叶才逐渐枯落，因此落叶有先后，在植株上次第脱落，而不是集中在一个时期，因而全树看来终年常绿，称为常绿树（evergreen tree）。

叶在结束生活期而脱落之前，要经历衰老的变化。叶衰老时有如下变化：随叶内叶绿素减少和叶绿体蛋白质的分解，叶色逐渐变黄；叶内细胞间隙增大，使水分渐趋不足，叶片易萎蔫，叶片气孔关闭也较健壮叶早，光合作用效率下降；叶内可溶性蛋白质和同化产物向叶外转运量均逐渐降低，因为筛管中胼胝质增加，甚至堵塞筛孔。整体上细胞代谢功能呈现衰退状态。

叶的衰老，就整株而言，是向顶进行的；就单叶而言，则因植物类群而异。双子叶植物大多由叶基向叶尖进行，禾本科植物则向基进行。

叶衰老的原因十分复杂，可能的原因之一是植株内的营养物质再分配，转移到竞争力更强的部位；二是叶内生长物质量的改变，包括生长促进物质细胞分裂素的减少和生长抑制物质脱落酸（abscisic acid，ABA）在叶内的积累。

2. 叶的脱落

叶经历衰老的变化后即死亡、脱落。大多数植物落叶的原因与叶柄中产生离层（abscission layer）有关。叶脱落前，叶柄基部的一些细胞进行分裂，形成由几层小型薄壁细胞组成的离区（abscission zone），之后不久，该细胞群的胞间层黏液化，组成胞间层的果胶酸钙转化为可溶性的果胶和果胶酸，而使离区的细胞彼此分离形成离层，有的植物还伴有离区部分细胞壁甚至整个细胞的解体。在离层形成同时，叶也逐渐枯萎，在这部分叶的悬垂以及风吹雨袭的外力作用下，叶便自离层处脱落。脱落前，紧接离层下的几层细胞栓质化（有时还有胶质、木质等沉积于这些细胞壁和胞间隙），形成保护层（protective layer）。有的植物还在断痕处形成与茎的周皮相连接的周皮（图3-58）。

大多数单子叶植物和草本双子叶植物并无离层形成，凋萎叶的脱落似乎只是机械性折断。小麦等植物叶的凋落只限于叶片，而叶鞘仍然留存并起作用。

离层不仅在叶柄基部，在一定条件下亦可在花柄、果梗基部出现，造成落花、落果等现象。

现已了解，离层形成的外因主要为日照的改变。长日照可以推迟离层形成的时间，而短日照可加速其产生。自然界中落叶植物大多为温带植物，在温带冬季来临前日照逐渐变短，落叶也随之产生。离层形成的内因可能是脱落酸的影响。已证实脱落酸不仅与离层产生有关，还抑制植物生长发育，促进休眠。

图3-58 落叶前后离区和离层、保护层的形成

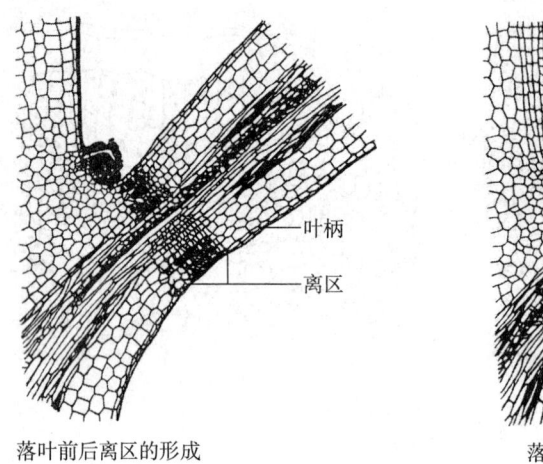

落叶前后离区的形成　　　　落叶前后离层、保护层的形成

七、特化的叶

叶与环境条件接触面最广，可塑性大，因而造成变态的多样化。

1. 苞片和总苞

生在花下面的变态叶，称为苞片（bract）。苞片一般较小，绿色，也有形大而呈各种颜色的。苞片数多而聚生在花序外围的，称为总苞（involucre）。苞片和总苞有保护花芽或果实的作用，如向日葵花序外围的总苞，鱼腥草、珙桐的白色花瓣状总苞。

2. 鳞叶

鳞叶（scale leaves）退化或特化成鳞片状，这一类变态叶大致可分为三种：鳞芽外具保护作用的芽鳞或鳞片，根状茎（如竹、藕）、球茎（如荸荠）、块茎（如马铃薯）等变态茎上退化的叶——鳞叶或鳞片，百合、洋葱的鳞茎上肉质、具贮藏作用的鳞叶。

具贮藏作用的鳞叶则肉质肥厚，亦不含叶绿素而富含大量养分，供次年发芽、开花之需。

3. 叶卷须

叶的一部分变成卷须状，称为叶卷须（tendrils）。如豌豆复叶顶端的两三对小叶变为卷须，有攀缘的作用。叶卷须的内部结构及作用基本同茎卷须（图3-59）。

4. 叶刺

有些植物叶变为刺状，称为叶刺（spines），如小檗的叶、仙人掌植物的叶，洋槐的托叶变成刺，称托叶刺（图3-59）。它们具有防止动物侵害或减少水分蒸腾的作用。

叶刺是由叶或托叶特化的刺，枝刺（thorns）是由腋芽或顶芽特化的刺；皮刺（prickles）是蔷薇属植物茎、叶由表皮突起特化的刺。

5. 叶状柄

有些植物叶片不发达，而叶柄转变为扁平的叶片状，具有叶的功能，称为叶状柄（phyllode）（图

3-59）。台湾相思在幼苗时出现几片正常的羽状复叶，其后产生的小叶完全退化，仅存叶状柄。

6. 捕虫叶

一些食虫植物的叶变态为捕虫叶（insect-trapping leaves）。这些变态叶有的呈瓶状（如猪笼草），有的为囊状（如狸藻），有的呈盘状（如茅膏菜）（图3-59）。食虫植物往往生活在氮素较低的环境中，捕虫叶上有分泌黏液和消化液的腺毛，昆虫被捕后，由腺毛分泌消化液，消化虫体蛋白质以满足植物对氮素的要求。

✿ 图3-59　几种变态叶

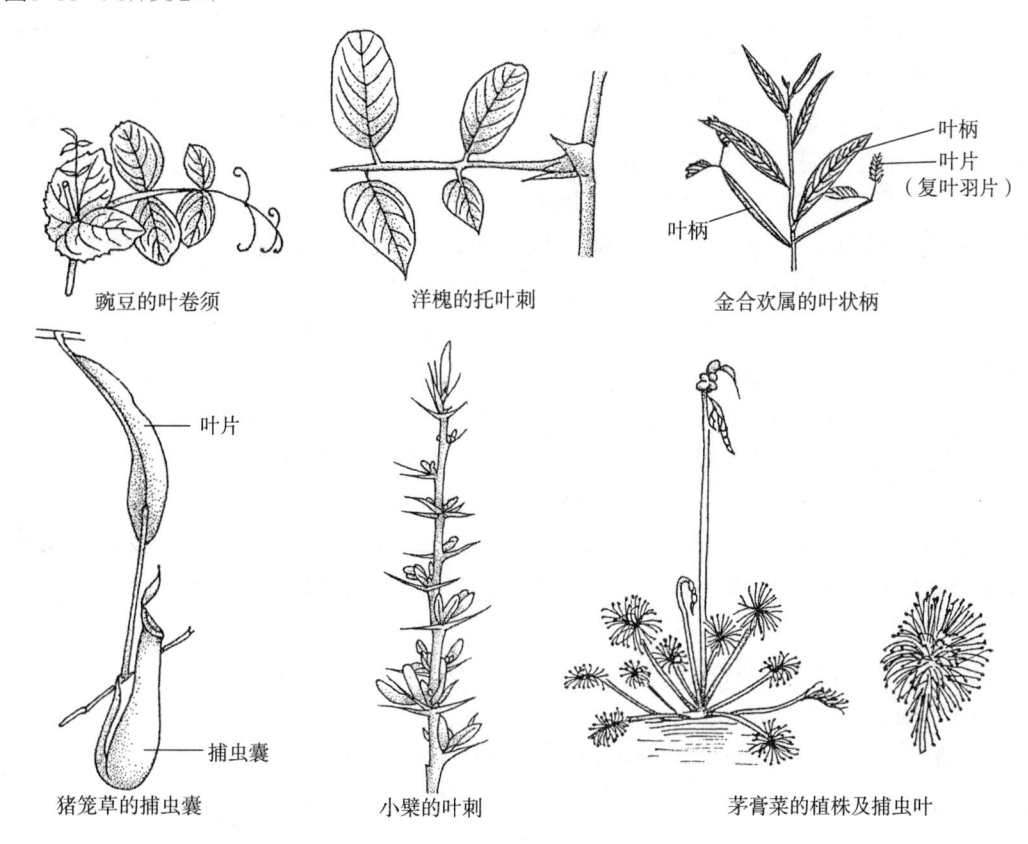

豌豆的叶卷须　　洋槐的托叶刺　　金合欢属的叶状柄（叶柄、叶片（复叶羽片）、叶柄）

猪笼草的捕虫囊（叶片、捕虫囊）　　小檗的叶刺　　茅膏菜的植株及捕虫叶

7. 贮藏叶（storage leaves）

沙漠植物的肉质叶特化为贮水叶，从紧接表皮下到具叶绿体的同化组织间，有大而壁薄的薄壁细胞，它们不含有叶绿体，有较大的液泡，用于贮藏水分。这种叶脱离母体后所含的水仍可维持其数月之久。洋葱、百合等的鳞茎贮藏了大量糖类，可供植物早期生长需要。

8. 瓶状叶（flower-pot leaves）

一种澳大利亚树眼莲属（*Dischidia*）植物的部分叶长成瓮状的袋，成为蚁巢。蚂蚁运送食物的同时把土壤运至袋中，袋中含氮素的物质随即增加，叶片蒸腾时改善了泥土的湿度，促使叶节中产生不定根，伸进袋中泥土，最后根从袋中伸出。这一奇特繁殖方式中，蚂蚁提供了肥料，"花瓶"长出根，为植物开拓出新的生境。

9. 窗状叶

南非博茨瓦纳沙漠中生长的番杏科植物，有一种植物 *Fenstraria* sp. 具有适应干旱的窗状叶（window leaves）。它的叶似锥状的冰淇淋甜筒，长约3.75 cm，埋在沙中，只露出1角硬币大小的叶顶端。露出的一端覆盖一层厚、但较透明的表皮，表皮具蜡状的角质层。表皮下面有一群紧密排列的、透明的贮水细胞，它们可以让阳光穿过，进入叶肉细胞的叶绿体中，这就是"窗户"，叶肉细胞在窗状叶内向四周排列。这种大部分埋在沙土中的植物可以避开干燥的风，使它在绝大多数植物无法忍受的环境中生存。窗状叶也存在于一些肉质植物中。

第四节 营养器官间的相互联系

种子植物器官间的高度分工是长期对陆生环境的适应并经自然选择形成的，是演化的表现。但种子植物各器官间又是密切相连的，每种器官在结构上彼此相通，在生长过程中彼此协同完成各种器官的各项功能，表现出植物体的整体性。

1. 根与茎的联系

根与茎是互相连续的结构，共同组成植物体轴。

初生结构的植物体外表为表皮连续覆盖。有次生生长的植物体，在根、茎交接处向两端逐渐形成周皮，并与尚未有次生生长的部分的表皮连续（图3-60）。在初生生长阶段，由根至茎的基本系统和维管系统逐渐发生如下变化：皮层由厚到薄，髓从无到有，维管柱由"实心"（无髓）、所占比例小到"空心"、所占比例变大（图3-60）。根与茎的初生维管柱还在多方面不同，如维管束的束数、木质部与韧皮部的相对位置（根为间隔排列；茎为内外排列，即韧外木内）以及发生顺序（根的木质部与韧皮部均为外始式；而茎的木质部为内始式，韧皮部为外始式）。由根到茎的维管系统必然有一个转变，这样才能实现相互连接。这个转变发生在土表附近的根与茎相接处，由于变化以梯度逐渐进行，因而形成一个区段，称为过渡区或转变区（transition zone）。过渡区通常很短，从小于1mm到2～3mm，很少达到几厘米。其具体部位因植物而异，可在胚轴，或主根近胚轴端，或由主根至胚轴的部分。

从根到茎的变化，一般先是维管柱增粗，伴随着维管组织因分化的结果，木质部的位置和方向出现一系列变化。图3-61显示南瓜属和菜豆属植物中二原型根的类型从根到茎维管组织的变化。

一个二原型的根，它的维管柱的每一束初生木质部束发生转变时，先是纵向分裂成两束，一束向右向外反转，另一束向左向外反转，各旋转180°，继而移向韧皮部的内方，与韧皮部相接。在木质部变化的同时，韧皮部也逐渐分裂移位。因此，这一类型茎中的初生维管束和根中的初生维管束的束数不同，但通过上述变化，根与茎的初生结构的差异得以统一，维管系统的相应部位得以连接。过渡区的结构，只有在初生结构中才能看得清楚。

不同植物，不仅过渡区的位置、长度可能不同，而且细节也常有差异。

2. 茎与分枝及叶的联系

双子叶植物的茎及其分枝的初、次生结构均基本相似，皮系统与皮层、髓均可直接连贯，而维管系统则通过枝迹与分枝的维管组织相连（图3-62）。枝迹是由茎的维管柱分出，经其皮层通往分枝的一或几段维管束，在枝迹的上方为薄壁细胞所充填处，称为枝隙。

双子叶植物叶通常长在嫩枝上，表皮可相互直接连续，待茎产生周皮时，叶往往脱落，仅在茎表留下叶痕；茎的皮层亦可与叶柄的基本组织直接连接；维管组织的连接则通过叶迹，即由茎的维管柱近叶着生处的一侧形成分枝，通过茎的皮层，在茎节处进入叶柄（无柄叶则进入叶片基部）。叶迹即指由茎维管柱分出的、将通往叶子的一束或几束维管束，其上方同样有由薄壁组织组成的叶隙（leaf gap）（图3-62）。

正是由于各茎节处叶隙和枝隙的存在，才使茎的初生维管柱整体如网状。

禾本科作物叶以叶鞘抱茎，叶鞘基部与茎合成一体，茎中的多叶迹经茎节进入叶鞘、叶片成为平行叶脉。在茎节处，与叶中脉相连的大的叶迹常向茎中心作不同程度（因植物而异）的弯曲，小的叶迹则留在茎外围。这些叶迹维管束可以单独成束向茎下部伸展，经一个或几个节间再与茎中原有维管束合并，并在节部出现重新分支与联合，因而茎成为散生中柱。其他情况则与双子叶植物同。此外，在幼苗期因各节间基部均具居间分生组织，只有在居间生长完成后，各节间的维管组织才完全连续。

第五节 同功器官与同源器官

根据器官的来源或生理功能相同与否，器官可分为两类：一类叫做同功器官（analogous organ），一类叫做同源器官（homologous organ）。

凡外形相似、功能相同、但来源不同的变态器官，称为同功器官，如茎刺和叶刺、茎卷须和叶卷须

✿ 图3-60 初生生长阶段的双子叶植物整体剖面图解　　✿ 图3-61 根茎过渡区图解

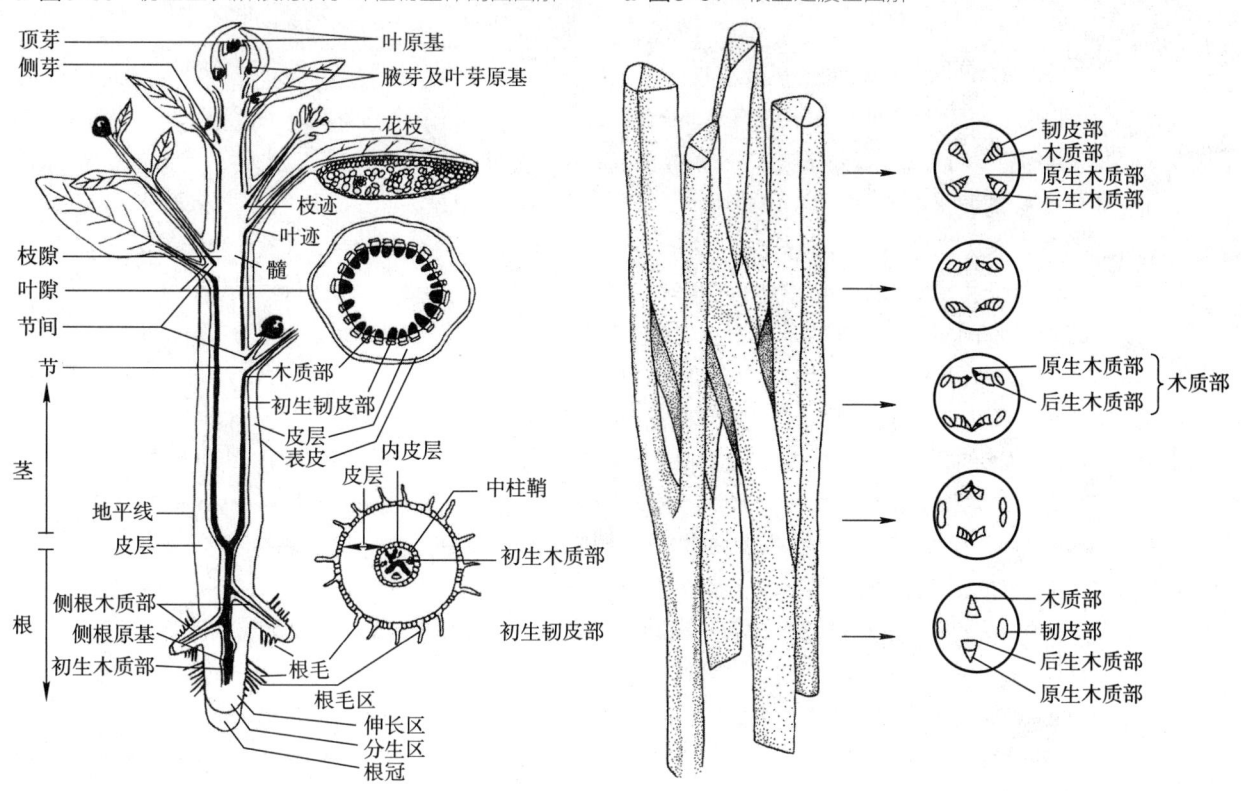

✿ 图3-62 双子叶植物茎与分枝、茎与叶之间的结构联系图解

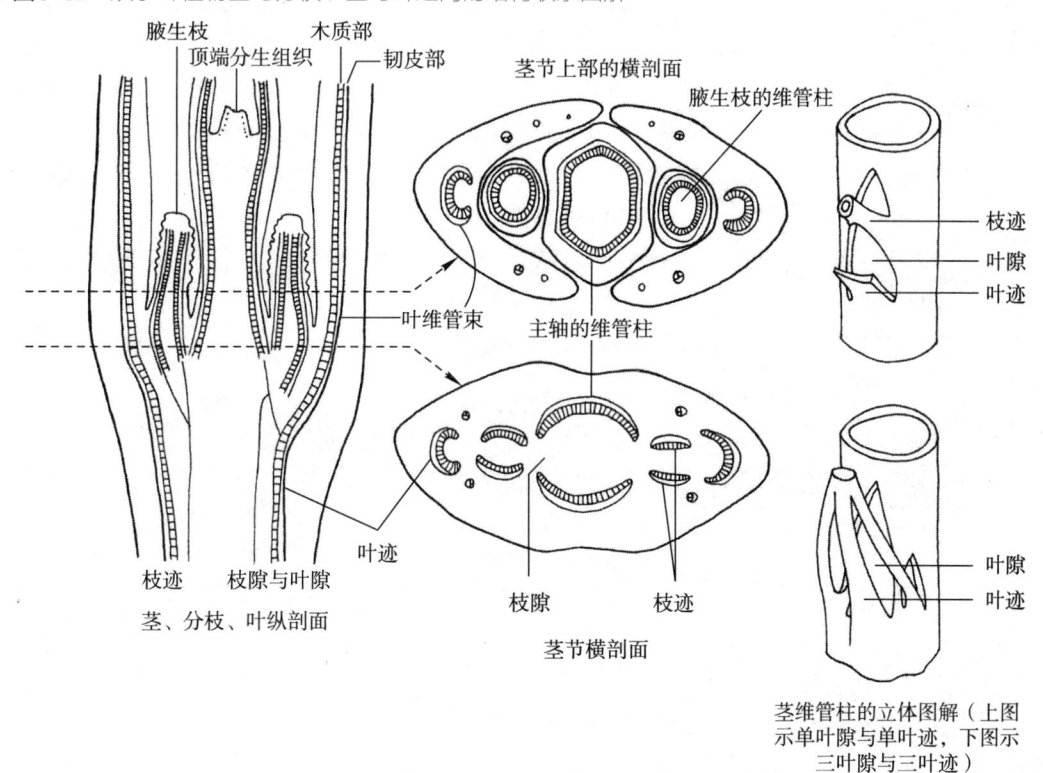

茎维管柱的立体图解（上图示单叶隙与单叶迹，下图示三叶隙与三叶迹）

等。若外形和功能都有差别，而来源却相同的，则为同源器官，如茎刺和茎卷须、支持根和贮藏根等。这是在演化过程中，植物营养器官变态的两个方向：来源不同的器官长期适应某种环境，执行相似的生理机能，就逐渐发生同功变态；来源相同的器官，长期适应不同的环境而执行不同的功能，就导致同源变态的发生，形成同源器官。

第五节　同功器官与同源器官

小　结

根、茎、叶是种子植物的营养器官。

根尖自下而上可分为根冠、分生区、伸长区和成熟区四部分。在分生区，顶端分生组织分化出原表皮、基本分生组织和原形成层，再由它们发展出包括表皮、皮层和维管柱的初生结构。内皮层具有凯氏带增厚。维管束外有由薄壁细胞组成的中柱鞘。侧根和维管形成层可起源于中柱鞘。初生木质部与初生韧皮部相间排列，初生木质部外始式发育。根的次生生长是维管形成层和木栓形成层活动的结果。

特化根有贮藏根、气生根、呼吸根、支柱根、繁殖根、攀缘根、同化根、收缩根、寄生根等。

茎尖顶端分生组织活动结果使茎伸长，由它产生原表皮、原形成层和基本分生组织，再分别发展出表皮、皮层、初生维管束和髓。叶和芽发生于叶原基和芽原基。茎初生木质部的发育顺序与根相反，是内始式。维管形成层形成后产生次生构造。木栓形成层最初由紧接表皮的皮层薄壁组织形成，由它产生了茎表面次生保护组织——周皮。维管形成层的季节活动使木本植物的茎形成了生长轮，称为年轮。多年生木本植物会形成心材和边材。

裸子植物茎的韧皮部以筛胞，木质部多以管胞执行输导作用，无典型的木纤维，管胞兼具输导水分和支持的双重作用。因此裸子植物木材称为软材，双子叶植物因在木质部中具有纤维称为硬材。

单子叶植物茎在基本组织中具有分散的维管束，没有形成层，每个维管束具有厚壁维管束鞘包围。少数单子叶植物（如棕榈类）由于维管束外方的薄壁细胞恢复分生能力，产生出次生维管束，因而可以长得很高大，但这种次生分生组织并不是永存的，只是周期性地产生。

茎的特化包括根状茎、块茎、鳞茎、球茎、茎刺、茎卷须、叶状茎。

被子植物的完全叶由叶片、叶柄和托叶三部分组成。典型叶是扁平的，表皮透明，可以让阳光透入叶肉，叶柄着生在枝上，可以转动调节叶片与光线的角度，进行光合作用。

叶起源于叶原基，叶的形态变化很大。叶分为单叶和复叶，复叶又可分为羽状复叶和掌状复叶。叶片均由表皮、叶肉和叶脉三部分组成。表皮通常由一层生活细胞组成，下表皮或上下表皮分布着气孔。叶肉细胞位于上下表皮之间，异面叶有栅栏组织和海绵组织之分。维管束均为初生结构。禾本科植物叶上下表皮细胞由长细胞和短细胞组成，短细胞又分为硅细胞和栓细胞两种。禾本科植物叶肉中的光合组织没有明显的栅栏组织和海绵组织的分化，其细胞壁向细胞腔内形成褶叠，叶绿体沿褶襞排列。裸子植物叶表皮细胞壁厚，细胞腔小，外壁覆盖着发达的角质层。表皮下有多层厚壁细胞，称为下皮层。松属的叶肉细胞壁内褶，伸入到细胞腔内，叶绿体沿褶襞分布，具内皮层，在维管束与皮层间具有转输组织。

植物在环境因子作用下，发展出适应旱生和水生的叶。根据植物和光照强度的关系，又可分为阳地植物、阴地植物和耐阴植物。

落叶树是到了秋冬一次性脱落全部叶，常绿树是叶脱落有先后，不是集中一次性落叶。叶的脱落是受脱落酸影响产生离层后引起的。

叶的特化包括苞片、总苞、鳞叶、叶卷须、叶刺、叶状柄、捕虫叶、贮藏叶，瓶状叶、窗状叶等。

营养器官间的联系主要是根茎初生维管束的连接，茎维管束与枝叶间的连接，并形成枝迹、叶迹的结构。

思考题

1. 根尖可以分成哪几部分？成熟区的标志是什么？
2. 根的初生结构如何转变为次生结构？
3. 根冠的作用是什么？顶生分生组织位于何处？
4. 根的初生结构从外到内分成哪几部分，各部分有何特点？
5. 侧根起源于何处？
6. 如何从外部形态区分根和茎？
7. 请说明根、茎形成层，初生分生组织，维管形成层和木栓形成层的区别及其分化结果。
8. 如何区分双子叶植物的茎和单子叶植物的茎？根据是什么？

9. 如何区分鳞茎、球茎、块茎？
10. 什么是年轮？如何区分硬材、软材，心材和边材？
11. 试述叶的一般结构。为什么叶无次生木质部和韧皮部？
12. 裸子植物和单子叶植物的叶各有何特点？C_4植物的叶结构与C_3植物有何区别？
13. 叶中的维管束鞘起何作用？
14. 落叶具有何种意义？何谓常绿树、落叶树？
15. 植物的各营养器官之间在结构和功能上如何相互联系？

数字课程学习

● 彩色图库　　● 名词术语　　● 拓展阅读　　● 教学PPT

第四章 种子植物的繁殖器官

植物的繁殖是一种自然现象，为了维持种群的数量，植物必须通过各种繁殖方式来增加个体，保证种族的延续。这种由植物个体不断产生新个体的现象称为植物的繁殖（propagation）。

植物的繁殖有多种方式，通常可区分为营养繁殖（vegetative propagation）、无性生殖（asexual reproduction）、单性生殖（parthenogenesis）和有性生殖（sexual reproduction）四大类型。

（1）营养繁殖：植物营养体的一部分脱离母体（或不立即脱离母体）而长成新个体，这是植物系统演化中出现的初级繁殖方式。结构简单的低等植物，如酵母的出芽、水绵藻丝断裂等。维管植物以变态的营养器官（如块根、块茎、鳞茎、球茎、根状茎等）进行繁殖。生产实践上人们常利用营养器官能形成不定根、不定芽的特性，采用扦插、压条、嫁接和组织培养等方法大量繁殖和培育优良品种。

（2）无性生殖：亦称孢子生殖（spore reproduction）。在植物生活史中的某一时期，产生一种叫孢子（spore）的无性生殖细胞，孢子从母体分离后，在适宜的条件下直接发育成新个体。以孢子进行繁殖是藻类、菌物、苔藓和蕨类植物的主要繁殖方法。种子植物虽然也能产生孢子（珠心中的大孢子和花粉囊中的小孢子），但它们的孢子不能脱离母体而独立生活，只能进行异养的寄生生活。所以，被子植物中不能划分出自然的无性生殖。

（3）单性生殖：无配子生殖的一种方式，即卵（egg）未经受精过程就发育成新个体的现象。

（4）有性生殖：植物体中产生特殊的、有性别差异的称为配子（gametes）的生殖细胞，由两性配子结合，形成合子（zygote）或受精卵（fertilized egg），再由合子或受精卵发育为新个体。由于合子获取了双亲的遗传性，因此增强了后代的生活力和更广泛的适应性。

被子植物的有性生殖是在花中完成的，出现了双受精过程和包被于子房中的胚，发展出果实和具有三倍体胚乳的种子，达到了植物系统发育的最高阶段。而花、果实和种子是被子植物最重要的繁殖器官，了解它们的基本形态、起源和发育是十分有意义的。

第一节 花

被子植物营养生长到一定阶段时，在茎枝上孕育出花原基并依次发育成花。被子植物种类繁多，花的大小和形态迥异。一朵典型的花由花柄、花托、花萼、花冠、雄蕊群和雌蕊群组成，它们由外至内依次着生于花柄顶端的花托上（图4-1）。具备这些结构的花称为完全花（complete flower），而缺少其中某

图4-1 花的基本组成部分

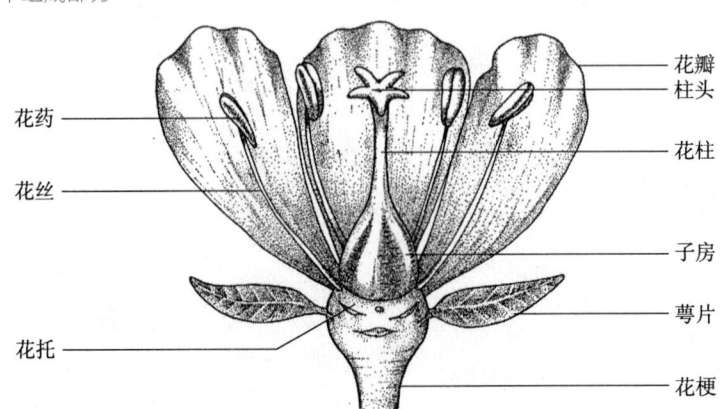

一部分的则称为不完全花（incomplete flower）。从植物发育生物学角度来看，花是节间缩短的、适应于生殖的变态枝条，花中各组成部分是变态叶。然而，这种传统理论需要足够的化石材料来证实。

在植物的个体发育中，花的分化标志着植物从营养生长转入生殖生长。花是被子植物所特有的有性生殖器官，是形成雌雄生殖细胞和进行有性生殖的场所。被子植物在花中完成受精、结果、产生种子等一系列有性生殖过程，以繁衍后代，延续种族。花在植物的生活周期中占有极其重要的地位。

一、花的形态和结构

花大小差异很大，大的如生在印度尼西亚的大花草 *Rafflesia arnoldii*，其花径达 1 m，重达 9 kg；小的如无根萍 *Wolffia arrhiza*，花径不过 0.1 mm。但无论大小，花都具有共同的基本结构。

1. 花柄和花托

着生花的小枝，称花柄（pedicel）或称花梗，它将花朵展布于一定的空间位置，也是花与茎连接的通道。花柄的结构与茎相同，表皮内有维管系统，维管束排列成筒状分布于基本组织中。当果实形成时，花柄发育为果柄。花柄的长度常随植物而异，有的花花柄开花后伸长，而有的花是无柄的。

花托（receptacle）位于花柄顶端，是花萼、花冠、雄蕊、雌蕊着生的部位。在多数植物（如油菜）中，花托稍微膨大，但在不同植物中也会出现形状变化。例如，玉兰的花托伸长呈圆柱状，草莓的花托肉质化隆起呈圆锥形，莲的花托膨大呈倒圆锥形，蔷薇的花托呈坛状，桃的花托呈杯状；花生的花托在雌蕊（子房）基部形成短柄状，在花完成受精后能迅速伸长，将子房推入土中，发育为果实。

此外，有些植物的花托，在花萼至雌蕊之间的部分特别发达，形成花盘，如柑橘的环形花盘位于子房之下。

2. 花萼

花萼（calyx）位于花的最外轮，由若干萼片（sepal）组成。萼片各自分离的称离萼，如油菜、桃、樟；萼片彼此连合的称合萼，合萼下端的连合部分为萼筒，上端的分离部分为萼裂片（萼檐），如茄。有些植物的萼筒下端向一侧延伸成管状的距（spur），如飞燕草、凤仙花、旱金莲等。也有的植物在花萼的外面还有一轮绿色的瓣片，称为副萼（accessory calyx），如棉花、锦葵、草莓。萼片通常早落或开花后脱落，但也有直至果实成熟、花萼依然存在并扩大，称为宿萼（persistent calyx），如柿、茄、辣椒等。

花萼多为绿色，萼片的结构与叶相似，但栅栏组织和海绵组织的分化不明显。花萼一般具有保护幼花、幼果的功能，并兼行光合作用。有些植物，如一串红、桢桐属的花萼颜色鲜艳，有引诱昆虫传粉的作用；蒲公英的萼片变成冠毛，有助于果实的传播。

3. 花冠

花冠（corolla）位于花萼内侧，由若干花瓣（petal）组成，排列为一轮或几轮。结构上多由薄壁细胞组成。花瓣细胞中含有花青素或有色体，颜色绚丽多彩。有时花瓣的表皮细胞外壁，特别是近轴面上可能突起，使花瓣呈现出丝绒般光泽。有些植物的花瓣中含有挥发油，能释放出芳香气味，或由花瓣蜜腺分泌蜜汁。花冠除了有保护内部的幼小雄蕊和雌蕊的作用之外，主要是招引昆虫进行传粉。

花瓣也有分离或连合之分，前者称为离瓣花，如油菜、苹果、桃、玉兰的花；后者称为合瓣花，合瓣花的每一裂片叫花冠裂片（冠檐），如番茄、南瓜、甘薯的花。

花冠的形态多种多样，根据花瓣数目、形状及离合状态，以及花冠筒的长短、花冠裂片的形态等特点，通常分为下列主要类型（图4-2）：十字形（如油菜、萝卜）、蝶形（包括大型旗瓣1个和翼瓣、龙骨瓣各2个，如大豆、蚕豆）、蔷薇形（如桃、梅等蔷薇科植物）、漏斗状（如甘薯、蕹菜）、钟状（花冠筒稍短而宽，如南瓜、桔梗）、筒状（花冠筒长，管形，如向日葵花序中央的花）、舌状（花冠筒较短，上部宽大向一边展开，如向日葵花序周缘的花）和唇形（上唇常2裂，下唇常3裂，如芝麻、薄荷）等。

根据花冠大小、形状的对称情况，又可分为辐射对称（如桃）、两侧对称（如大豆）、双面对称（荷包牡丹）和不对称（如美人蕉）四类。辐射对称花又称整齐花，两侧对称花和双面对称花均属不整齐花。

花萼与花冠总称为花被（perianth），两者齐备的花为重（双）被花（double perianth flower）（如桃、梨），缺一的为单被花（simple perianth flower）（如桑、苎麻）。单被花中有的全为花萼状，如藜、甜菜；也有的全为花冠状，如荞麦、百合。有的植物花被全部退化，如杨、柳、桦木等，称之为无被花（achlamydeous flower）。

花瓣在花芽内卷叠排列的方式，常依植物种类而异，主要有镊合状（valvate）、旋转状（rotate）和覆瓦状（imbricate）三类（图4-3）。镊合状排列指花瓣各片仅以边缘彼此相接近，但不叠盖，如茄、番茄。旋转状排列是花瓣各片以一侧边缘盖于相邻一片的边缘之外，依次回旋叠盖，如棉。覆瓦状排列为花瓣中有一片或两片完全覆盖于外，如樱草。

❀ 图4-2　花冠的类型

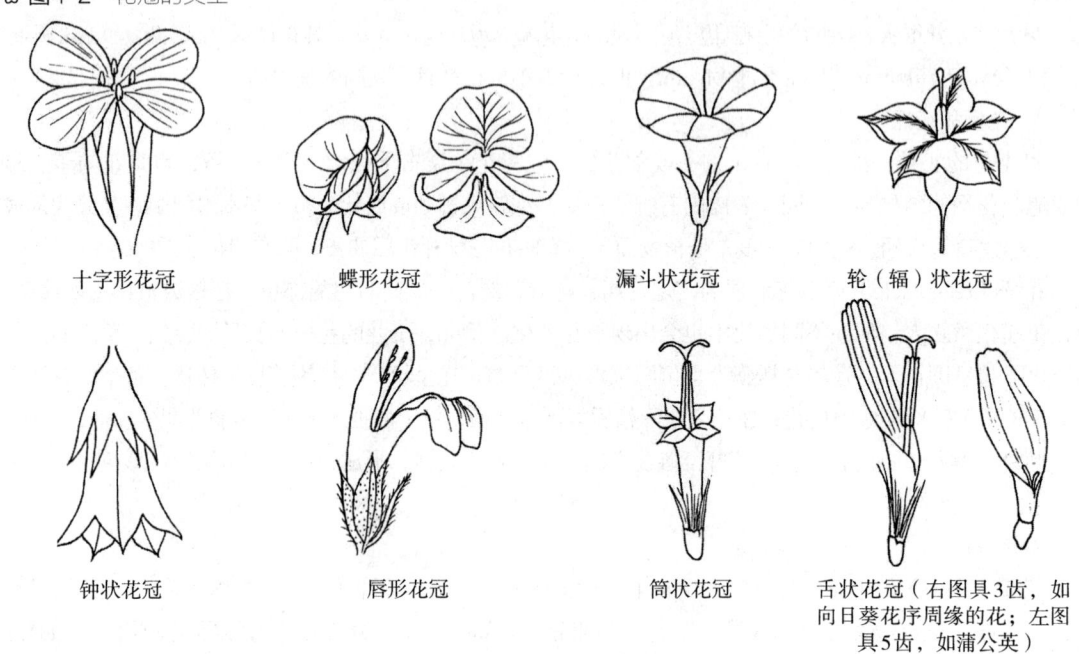

十字形花冠　　蝶形花冠　　漏斗状花冠　　轮（辐）状花冠

钟状花冠　　唇形花冠　　筒状花冠　　舌状花冠（右图具3齿，如向日葵花序周缘的花；左图具5齿，如蒲公英）

❀ 图4-3　花被片的排列方式

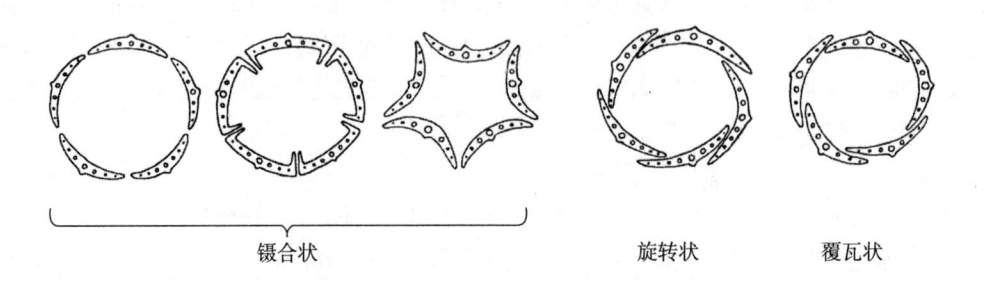

镊合状　　　　　旋转状　　覆瓦状

4. 雄蕊群

雄蕊群（androecium）是一朵花中雄蕊（stamen）的总称，位于花被的内方，一般直接生在花托上，也有基部着生于花冠或花被上的。

每一雄蕊包括花药（anther）和花丝（filament）两部分。花药生于花丝顶端，一般由4个花粉囊组成，分为两半，中间以药隔相连。花粉囊内形成花粉粒。花丝细长以支持花药，使之伸展于一定的空间，以利散发花粉。

雄蕊的数目和形态类型变化很大，常随植物不同而异（图4-4）。一朵花中雄蕊的花丝，其长度大多相等，但有些植物中也存在不等长的现象，而且这种特性还成为相对稳定的遗传性状。油菜、萝卜等十字花科植物，花内含6枚雄蕊，其内轮的4枚花丝较长，外轮2枚较短，称为四强雄蕊（tetradynamous stamen）。益母草、夏至草等唇形科植物，以及泡桐、地黄等玄参科植物，它们的雄蕊二长二短，称为二强雄蕊（didynamous stamen）。

有些植物的雄蕊多而无定数，如莲、桃、苹果、棉等。有些植物的雄蕊数目少且常有定数，如垂柳的雄蕊2枚，小麦、香附子3枚，菠菜、菱4枚，甜菜、亚麻5枚，水稻、葱6枚，石竹10枚。从演化的角度看，雄蕊多而不定数是比较原始的，少而有定数是经演化的形态。

雄蕊也有离生和合生的情况。棉花的雄蕊数量多，花丝连合，形成单体雄蕊（monodelphous stamen）。大豆、豌豆有10枚雄蕊，其中9枚花丝连合，1枚单生，形成二体雄蕊（diadelphous stamen）。花丝连合成3组以上的称为多体雄蕊（polydelphous stamen），如木棉、金丝桃。菊科植物的雄蕊，其花药聚生在一起，称为聚药雄蕊（synantherous stamen）。

花药在花丝上着生的情况以及花药成熟后开裂散出花粉的方式有多种类型（图4-5）。花丝顶端直接与花药基部相连的称为底着药（innate anther）；花药背部贴生于花丝上的称为背着药（dorsifixed anther）；花药背部的一点着生在花丝顶端的称为丁字着药（versatile anther）；花药向着雌蕊一面生长的称为内向药（introrse）；向着花冠生长的，则称为外向药（extrorse）。

花药开裂的方式有几种情况（图4-6）。大多数植物是纵裂，即花粉囊沿纵轴开裂；有的在花粉囊的上部裂开一孔，称孔裂，如杜鹃、番茄；另一些植物则以一瓣片向上揭开，称瓣裂，如樟科植物。

❀ 图4-4 雄蕊的类型

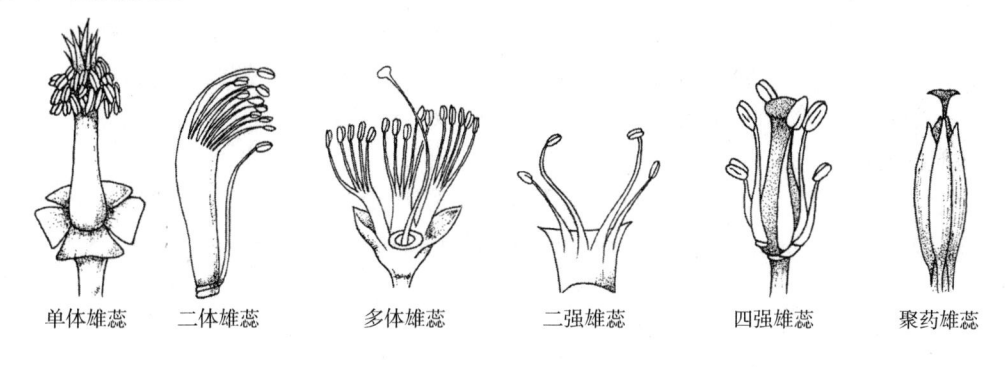

单体雄蕊　二体雄蕊　多体雄蕊　二强雄蕊　四强雄蕊　聚药雄蕊

❀ 图4-5 花药着生方式

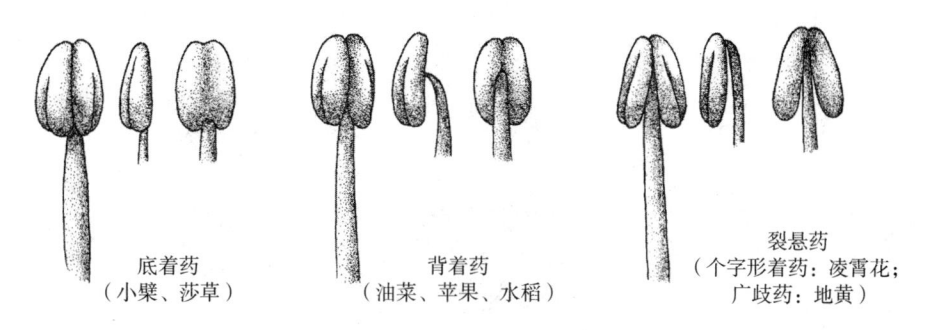

底着药
（小檗、莎草）　　背着药
（油菜、苹果、水稻）　　裂悬药
（个字形着药：凌霄花；
广歧药：地黄）

❀ 图4-6 花药开裂方式

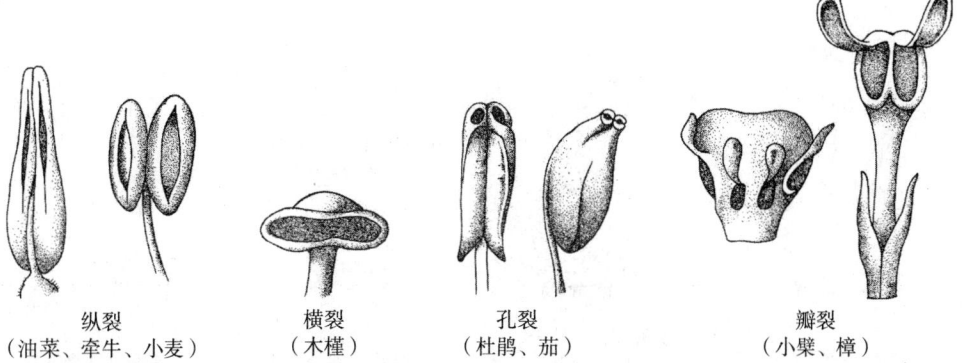

纵裂
（油菜、牵牛、小麦）　　横裂
（木槿）　　孔裂
（杜鹃、茄）　　瓣裂
（小檗、樟）

5. 雌蕊群

雌蕊群（gynoecium）是一朵花中雌蕊（pistil）的总称，位于花中央或花托顶部。每一雌蕊由柱头（stigma）、花柱（style）和子房（ovary）三部分组成。构成雌蕊的基本单位是心皮（carpel），这是具生殖作用的变态叶。由一个心皮两侧边缘向内卷合或数个心皮边缘互相连合而成为雌蕊（图4-7）。心皮边缘相接合处为腹缝线（ventral suture），心皮中央相当于叶片中脉的部位为背缝线（dorsal suture）。在腹缝线和背缝线处各有维管束通过，分别称为腹束和背束。

根据一朵花中心皮的数目和离合情况可以区分不同类型的雌蕊。由一个心皮构成的雌蕊称为单雌蕊（simple pistil），如大豆、桃。由2个或2个以上心皮构成的雌蕊，如果心皮彼此分离，形成一朵花内有多个分离的雌蕊，称离生雌蕊（apocarpus gynoecium），如玉兰、草莓、蔷薇等。如果几个心皮相互连接成一个雌蕊，称合生雌蕊（syncarpous gynoecium）。多数被子植物具有这种类型的雌蕊。合生雌蕊各部分结合的情况不同，有的子房、花柱和柱头全部结合；有的子房和花柱结合，而柱头分离；有的仅子房结合，而花柱、柱头都是分离的（图4-8）。

柱头位于雌蕊的顶端，是承受花药的地方，一般膨大或扩展成各种形状。花柱是柱头和子房间的连接部分，也是花粉管进入子房的通道，能为花粉管的生长提供营养和某些向化物质。

子房是雌蕊基部膨大的部分，是雌蕊的最主要部分，由子房壁（ovary wall）、胎座（placenta）、胚珠（ovule）组成。子房的中空部分称为室（locule）。由一个心皮形成的子房称为单子房，只有一室，如牡丹、豌豆。由多个心皮组成的子房称为复子房，复子房中可由数个心皮合为一室或数室，如黄瓜为一室，烟草为二室，牵牛为三室，月见草为五室等。多室复子房的室数，一般与心皮的数目相同。也有因产生假隔膜而室数多于心皮数的。

胚珠着生于子房的内壁，由心皮内侧表皮细胞分裂突出而形成。一个成熟的胚珠由珠心（nucellus）、珠被（integument）、珠孔（micropyle）、珠柄（funiculus）和合点（chalaza）组成。子房内

图4-7 心皮发育为雌蕊的示意图

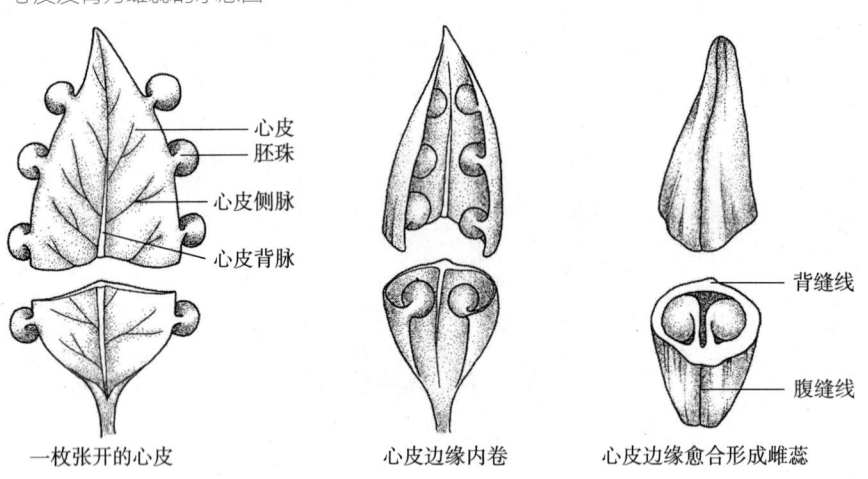

一枚张开的心皮　　　　　　心皮边缘内卷　　　　　　心皮边缘愈合形成雌蕊

图4-8 雌蕊的连合

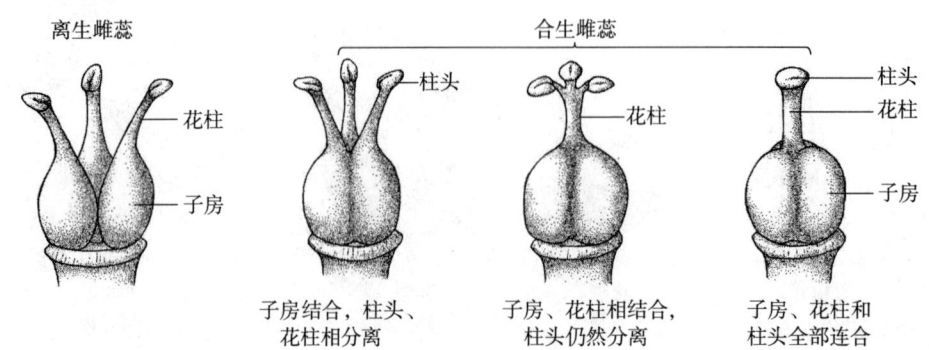

离生雌蕊　　　　　　　　　　　　　合生雌蕊

子房结合，柱头、　　　子房、花柱相结合，　　　子房、花柱和
花柱相分离　　　　　　柱头仍然分离　　　　　　柱头全部连合

胚珠的数目因植物种类而异，常一至多个不等。

子房中，着生胚珠的部位称为胎座（plancenta）。由于心皮的数目、连结情况以及胚珠着生的部位等不同，形成不同的胎座式。主要胎座式分为下列几类（图4-9）。

（1）边缘胎座（marginal placenta）：单子房，一室，胚珠着生于腹缝线上，如豆科植物。

（2）中轴胎座（axile placenta）：复子房，数个心皮边缘内卷，汇合成隔，直达子房中央，将子房分为数室，胚珠着生于中央交会处的中轴周围，如柑橘、苹果和梨等。

（3）侧膜胎座（parieta placenta）：复子房，一室或假数室，胚珠着生于腹缝线上，如油菜（假2室）、西瓜、黄瓜等葫芦科植物。

（4）特立中央胎座（free central placenta）：复子房，子房的隔膜消失而成一室，由心皮基部和花托上端愈合，向子房中生长成为特立中央的短轴，胚珠着生其上，如石竹、马齿苋等。

此外，还有胚珠着生于子房基部的基生胎座（basal placenta）（如向日葵、大黄）以及胚珠着生于子房室顶部的顶生胎座或悬垂胎座（pendulous placenta）（如樟科、桑、榆）。

子房着生于花托上，它与花其他部分（花萼、花冠、雄蕊群）的相对位置，常因植物种类而不同，通常分为以下三类（图4-10）。

（1）上位子房（superior ovary）：子房仅以底部连生于花托顶端，花的其他部分着生于子房下方的花托四周。上位子房的花也称下位花（hypogynous flower），如毛茛、牡丹、水稻、桃等。

（2）下位子房（inferior ovary）：子房全部陷生于深杯状的花托或萼筒中，并与它们的内侧愈合，仅柱头和花柱外露，花萼、花冠、雄蕊群着生于子房以上的花托或萼筒边缘，此即为下位子房，这种花则称为上位花（epigynous flower）。子房陷生于花托的植物较少，一般见于葫芦科、腊梅科、仙人掌科、番杏科、檀香科、睡莲科等少数科中；多数植物的下位子房是被萼筒包围而发育形成，如苹果、梨等。

（3）半下位子房（half-inferior ovary）：子房下半部陷生于花托，并与其愈合，花萼、花冠、雄蕊群环绕子房四周而着生于花托边缘，故称为半下位子房，这种花则称为周位花（perigynous flower），如蔷薇、月季、樱花、蒲桃属植物等。

每朵花中，同时具备雌蕊群和雄蕊群的称为两性花（bisexual flower），仅存在雌蕊群或雄蕊群的称单性花（unisexual flower）。其中仅具有雄蕊群的称雄花（male flower），仅存在雌蕊群的称雌花（female flower）。若仅有花被，无雌雄群，或雌雄蕊不育的称无性花或中性花（asexual flower）。雌花与雄花生于同一植株上的称雌雄同株（monoecium），分别生于不同植株上的称雌雄异株（dioecium）。在同一株上

✿ 图4-9 各种不同的子房和胎座

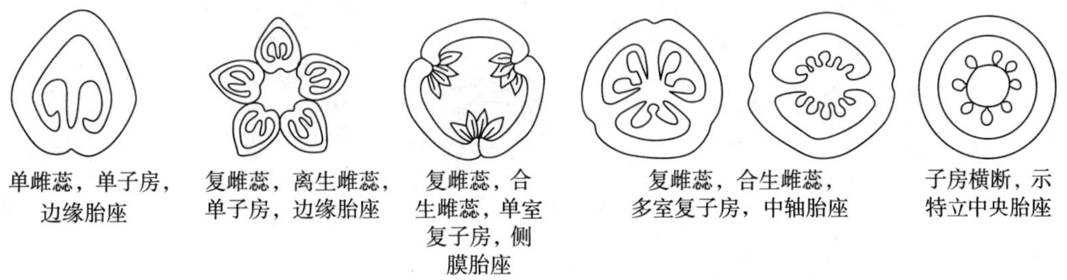

单雌蕊，单子房，边缘胎座　　复雌蕊，离生雌蕊，单子房，边缘胎座　　复雌蕊，合生雌蕊，单室复子房，侧膜胎座　　复雌蕊，合生雌蕊，多室复子房，中轴胎座　　子房横断，示特立中央胎座

✿ 图4-10 子房位置的类型

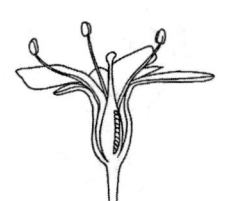

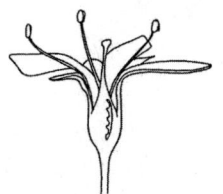

上位子房（下位花）　　上位子房（周位花）　　半下位子房（周位花）　　下位子房（上位花）

存在两性花又存在单性花，则称杂性花（polygamous flower）。

二、花程式和花图式

为了说明花的结构、各部组成、排列、位置以及它们之间的关系，常用花程式（floral formula）和花图式（flower diagram）表示。这种方法清晰显示植物特征和亲缘关系，易于将植物分类和有助记忆。

1. 花程式

花程式是用一些字母、符号和数字，按一顺序列成程式以表述花的特征。通常用K代表花萼（德文花萼Kelch中的首个字母），C代表花冠（corolla），A代表雄蕊群（androecium），G代表雌蕊群（gynoecium），P代表花被（perianthium）。花各部分的数目用阿拉伯数字表示，写于字母的右下角。其中以"∞"表示数目多而不定数；"0"表示缺少某部；在数字外加上括号"( )"，表示该部为联合状态。某部分分为数轮或数组时，则在各轮或各组的数字之间用"+"号相连。关于子房的位置，用 G 表示子房上位，$\overline{G}$为子房下位，$\overline{\underline{G}}$为子房半下位。G的右下角数字依次表示组成雌蕊的心皮数、子房室数和每室的胚珠数，它们之间用"："相连。花程式最前面冠以"*"表示辐射对称花，"↑"表示两侧对称花；♂为雄花，♀为雌花，☿为两性花（两性花的符号有时略而不写）。现举例说明如下：

百合的花程式为：*☿$P_{3+3}A_{3+3}\underline{G}_{(3:3)}$。表示百合花为两性；整齐花；花被2轮，每轮3片；雄蕊2轮，每轮3枚；雌蕊3心皮合生，3室，子房上位。

桃的花程式为：*☿$K_5C_5A_∞\underline{G}_{(1:1)}$。表示桃花为两性；整齐花；萼片5个，离生；花瓣5片，离生；雄蕊多数不定；雌蕊1心皮，子房上位。

蚕豆的花程式为：↑☿$K_{(5)}C_{1+2+(2)}A_{(9)+1}\underline{G}_{(1:1)}$。表示蚕豆花为不整齐花，两侧对称；萼片5个，合生；花冠由5片花瓣组成，1枚旗瓣，2枚翼瓣离生，2枚龙骨瓣合生；雄蕊为二体雄蕊，9枚连合，内轮1枚分离；雌蕊1心皮1室，子房上位。

2. 花图式

花图式是花的各部分垂直投影所构成的平面图（图4-11）。图式中的花的各部分横切面简图，表示它

✿ 图4-11 花图式

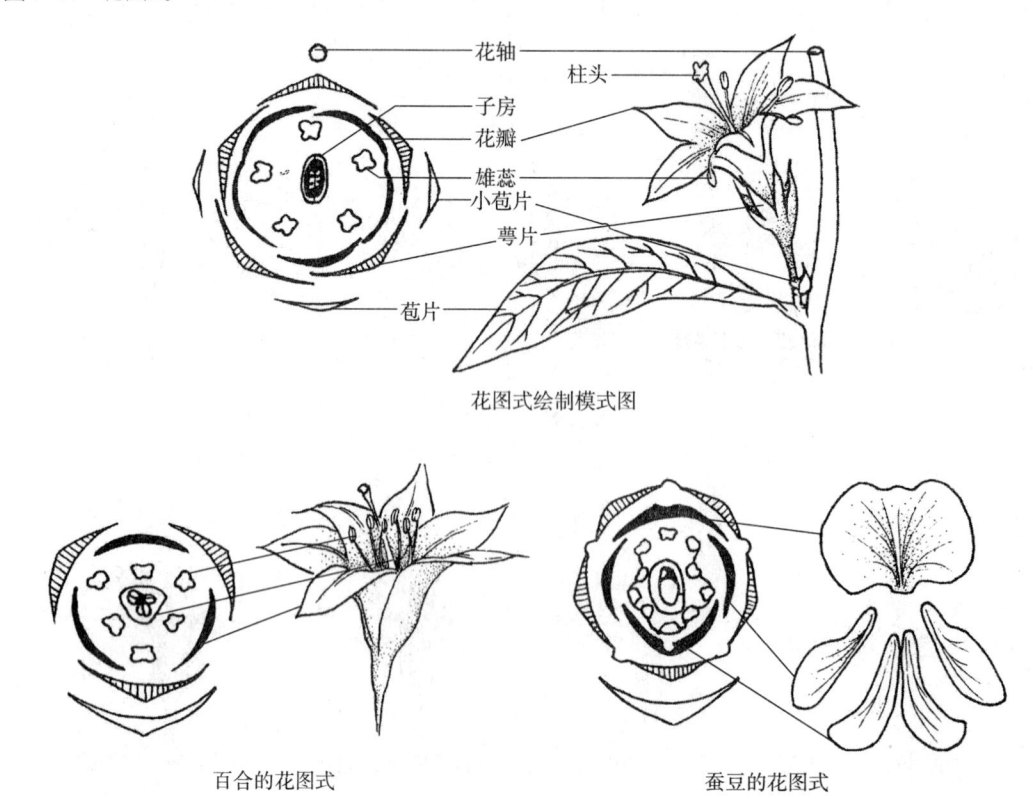

花图式绘制模式图

百合的花图式　　　　蚕豆的花图式

们的数目、离合状态、排列情况以胎座类型等特征，如为顶生花，则可不绘花轴和苞片。

通常在画花图式时，以"○"表示花轴，画在花图式的上方；以背面有突起的新月形空心弧线表示苞片，画于花轴的对方和两侧；以新月形而背面有突起的弧形（新月形内画有横线）表示萼片；以背面没有突起的新月形实心弧线表示花瓣。如果花萼、花冠是离生的，则各弧线彼此分离；如为合生，则把弧线连起来。此外还要表示出花萼、花冠各轮的排列方式（螺旋状、镊合状、覆瓦状）和各轮的相对位置（对生、互生）；雄蕊以花药横切面表示，雌蕊以子房的横切面表示，并表示心皮的数目、合生或离生、子房的室数、胎座类型以及胚珠着生情况等。

三、花序

花可以单生于枝顶或叶腋部位，如玉兰、牡丹、桃等，称为单生花（solitary flower）。大多数植物的花依一定的方式和顺序排列于花枝上，形成花序（inforescences）。花序的总花柄或主轴称为花序轴（rachis），花序轴亦称花轴，可以分枝或不分枝。花序中没有典型的营养叶，有时仅在每朵花（亦称小花）的基部形成一小的苞片（bract）。有些植物的花序，其苞片密集组成总苞（involucre），位于花序的最下方。

根据花序轴分枝的方式和开花的顺序，将花序分为无限花序（indefinite inflorescence）和有限花序（definite inflorescence）两大类。

1. 无限花序

无限花序的开花顺序是花序轴基部的花先开，然后向顶依次开放。花序轴能较长时间保持顶端生长能力，能继续向上延伸，并不断产生苞片和花芽。如果花序轴很短，各花密集排成平面或球面时，则由边缘向中央依次开花。无限花序的生长分化属单轴分枝式的性质，常又称为总状类花序，有时也称为向心花序（图4-12）。

另外，由于主轴连续进行顶端生长所留下的顶生花丛，于是有花的枝条和无花的枝条相间而生，或是因合轴生长而留下的花序称为间生花序，如桉、红千层、白千层，长花序枝条上部为无花的枝条。

（1）总状花序（raceme）：花序轴单一，较长，由下而上生有近等长花柄的两性花，如油菜、花生、紫藤等。

（2）伞房花序（corymb）：花序轴较短，着生在花轴上的花，花柄长短不一，基部花的花柄较长，越近顶部的花柄越短，各花分布近于同一水平上，如梨、苹果、山楂等。

（3）伞形花序（umbel）：花序轴进一步缩短，各花自轴顶生出，花柄等长，花序如伞状，如五加、人参、韭菜、常春藤等。

（4）穗状花序（spike）：花序轴直立，较长，其上着生许多无柄的两性花，如车前、马鞭草等。

（5）柔荑花序（catkin）：花序轴上着生许多无柄或具短柄的单性花，通常雌花序轴直立，雄花序轴柔软下垂，开花后，一般整个花序一起脱落，如杨、柳、枫杨、栎等。

（6）肉穗花序（spadix）：花序轴膨大、肉质化，其上着生许多无柄的单性花的花序。像玉米和香蒲这样含有许多总苞片的花序、且花序轴肉质的花序为肉穗花序。有的肉穗花序外包有大型单一的苞片，称为佛焰苞（spathe），因而这类花序又称佛焰花序，如天南星科植物半夏、天南星和芋等。

（7）头状花序（capitulum）：花序轴缩短呈球形或盘形，上面密生许多近无柄或无柄的花，多数总苞片常聚成总苞，生于花序基部，如三叶草、蒲公英、向日葵。

（8）隐头花序（hypanthodium）：花序轴肉质，特别肥大并内凹成囊状，许多无柄单性花隐生于囊体的内壁上，雄花位于上部，雌花位于下部。整个花序仅囊体前端留一小孔，可容昆虫进出以行传粉，如无花果、薜荔等。

上述花序的花轴均不分枝，是简单花序。还有一些无限花序的花轴分枝，每一分枝相当于上述的一种花序，故称为复合花序。复合花序又分以下几种：

（1）圆锥花序（panicle）：又称复总状花序。花序轴的分枝作总状排列，每一分枝相当于一个总状花序，如女贞、水稻、南天竺等。

✿ 图4-12 无限花序与有限花序

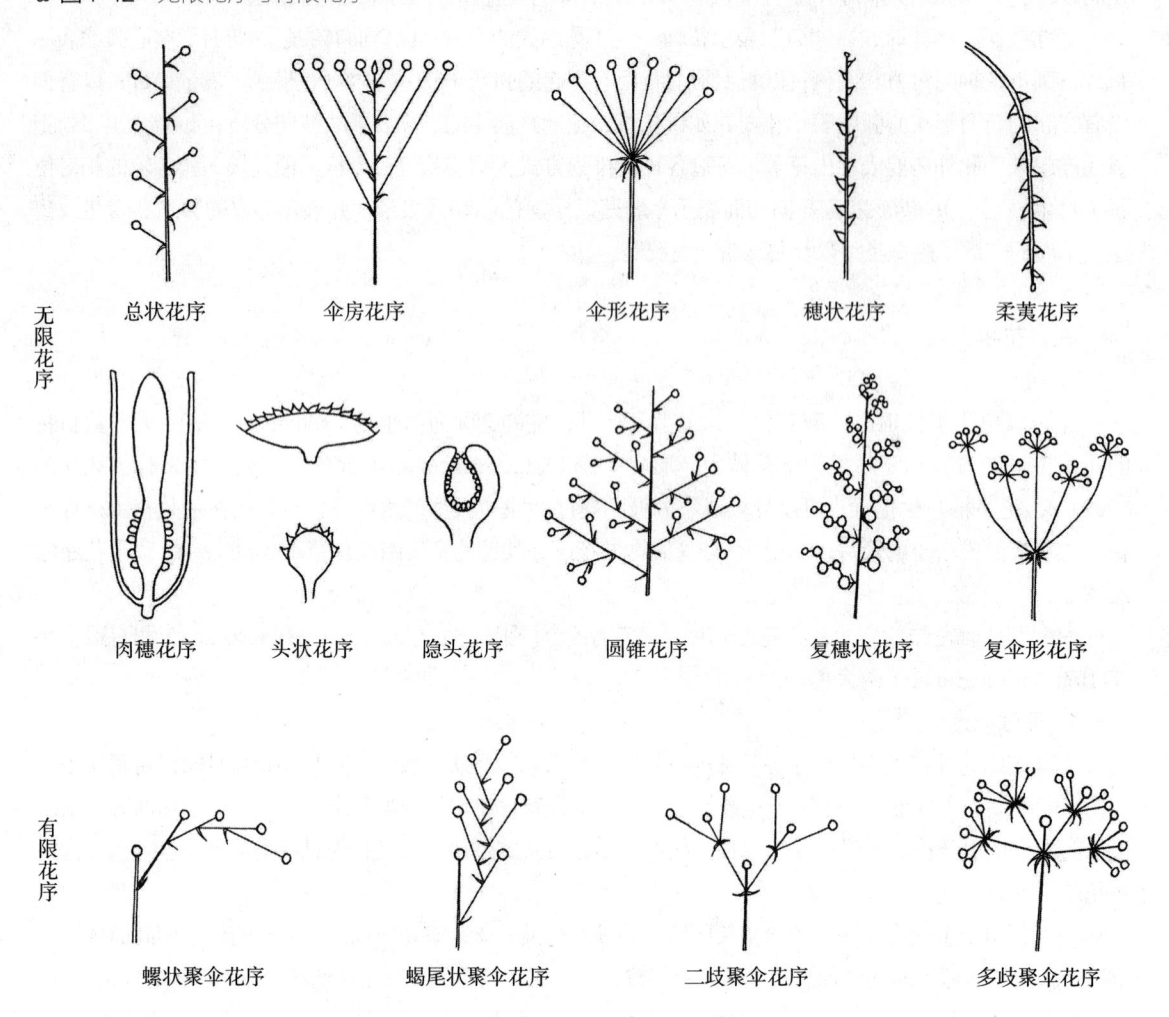

无限花序：总状花序　伞房花序　伞形花序　穗状花序　柔荑花序
肉穗花序　头状花序　隐头花序　圆锥花序　复穗状花序　复伞形花序

有限花序：螺状聚伞花序　蝎尾状聚伞花序　二歧聚伞花序　多歧聚伞花序

（2）复伞房花序（compound corymb）：花序轴的分枝作伞房状排列，每一分枝再为伞房花序，如花楸、石楠等。

（3）复伞形花序（compound umbel）：花序轴顶端分出伞形分枝，各分枝之顶再生一伞形花序，如胡萝卜、芹菜、小茴香等。

（4）复穗状花序（compound spike）：花序轴上依穗状式着生分枝，每一分枝相当于一个穗状花序，如小麦。

2. 有限花序

有限花序的开花顺序是顶端花先开，基部花后开；或者是中心花先开，侧边花后开。花序轴顶较早丧失顶端生长能力，不能继续向上延伸。有限花序的生长分化属合轴分枝式性质，常又称为聚伞类花序，有时也称为离心花序（图4-12）。

（1）单歧聚伞花序（monochasium）：花序轴顶端先生一花，然后在顶花下的一侧形成分枝，继而分枝之顶又生一花，其下方再生二次分枝，如此依次开花，形成合轴分枝式的花序。如果各次分枝都从同一方向的一侧长出，最后整个花序成为卷曲状，称为螺状聚伞花序（helicoid cyme），如附地菜、勿忘草；如果各次分枝是左右相间长出，整个花序左右对称，称为蝎尾状聚伞花序（scorpioid cyme），如唐菖蒲、委陵菜等。

（2）二歧聚伞花序（dichasium）：顶花先形成，然后在其下方两侧同时发育出一对分枝，以后分枝再按上法继续生出顶花和分枝，如繁缕、石竹、大叶黄杨等。

（3）多歧聚伞花序（pleiochasium）：顶花下同时发育出三个以上分枝，各分枝再以同样方式进行分枝，各分枝又自成一小聚伞花序，如大戟等。轮伞花序（verticillaster）则以多歧聚伞花序着生于对生叶的叶腋，一般指唇形科的花序为轮伞花序。

第四章　种子植物的繁殖器官

四、花芽分化

植物在营养生长过程中，感受了一定的光周期、温度、营养条件等调节发育的刺激，使一些芽的分化发生了质的变化，在茎上一定部位的顶端分生组织（生长锥），有的不再产生叶原基，而分化出花的各部分原基或花序各部分原基，最后发育形成花或花序，即为花芽分化（flower bud differentiation）。花芽的出现是被子植物从营养生长进入生殖生长的重要转折标志。在花芽的分化过程中，顶端分生组织从无限生长变成有限生长，也是一个顶端分生组织的最后一次活动。

花芽分化时，芽的顶端生长锥（顶端分生组织）产生明显的形态学变化和细胞生理学变化。在形态学上，在生殖生长时期，顶端分生组织表面积明显增大，有些植物，如桃、梅、棉、水稻、小麦、玉米等的生长锥出现伸长，基部加宽，呈圆锥形；但也有的植物，如胡萝卜等伞形科植物的生长锥却不伸长，而是变宽呈扁平头状。以后随着花部原基（萼片原基、花瓣原基、雄蕊原基和心皮原基）或花序各部分的依次发生，生长锥的面积又逐渐减小，当花中心的心皮和胚珠形成之后，顶端分生组织则完全消失（图4-13）。从生长锥的组织结构来看，花芽分化时，茎端生长锥的表面有一层或数层细胞加速分裂，而生长锥中部的细胞分裂慢，细胞变大，出现大液泡。

✿ 图4-13 棉的花芽分化过程

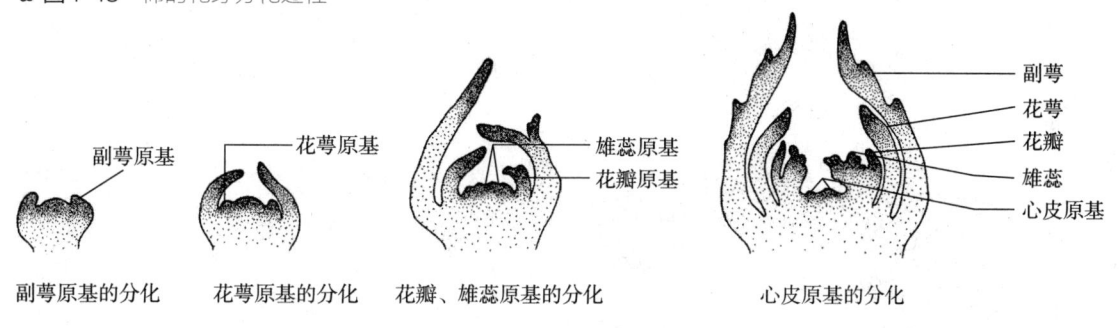

| 副萼原基的分化 | 花萼原基的分化 | 花瓣、雄蕊原基的分化 | 心皮原基的分化 |

进入成花年龄后，不同植物花芽分化的时间又与特定季节、环境条件和植物生长状况有关。相同植物或同一品种，在同一地区，每年花芽分化时期大致接近。

许多果树的花芽在开花前数月便已分化完成。如桃、梅、梨、苹果等一般的落叶树种，从开花前一年的夏季即开始花芽分化，以后转入休眠，到次年春季，未成熟的花部继续发育直至开花。柑橘、油橄榄等春夏开花的常绿树木，其花芽分化大多在冬季或早春进行；而秋冬开花的种类，如油菜、茶等则在当年夏季进行花芽分化。

此外，同株植物中每朵花的分化时间，也因枝条的类型和花芽的位置而有先后。

第二节 雄蕊的发育和结构

花芽分化过程中，雄蕊原基经细胞分裂、分化，体积逐渐增长，以后顶端膨大发育为花药，基部伸长形成花丝。花丝的结构比较简单，最外一层为表皮，其内为薄壁组织，中央有一维管束贯穿，直达花药之中。开花时，花丝以居间生长的方式，迅速伸长，将花药送出花外，以利花粉散播。花药是雄蕊的主要部分，通常由四个（少数植物为两个）花粉囊组成，分为左右两半，中间由药隔相连，来自花丝的维管束进入药隔之中。花粉囊是产生花粉粒的地方。花粉成熟时，花药开裂，花粉由花粉囊内散出而传粉。

一、花药的发育

由雄蕊原基顶端发育来的幼期花药，最外层为表皮，里面主要为基本分生组织，将来参与药隔和花粉囊的形成。在幼期花药的近中央处逐渐分化出原形成层，它是药隔维管束的前身。

当花药（具四个花粉囊的类型）逐步增大时，在花药的四个角隅处细胞分裂较快，使花药的横切面由近圆形渐变成四棱形状。随之，四个棱角处的表皮细胞内侧，分化出一或几纵列的孢原细胞（archesporial cell）。孢原细胞体积和细胞核均较大，细胞质也较浓，通过一次平周分裂，形成内外两层细胞，外层为初生壁细胞（primary parietal cell），内层为造孢细胞（sporogenous cell）。以后初生壁细胞再进行平周分裂和垂周分裂，产生呈同心排列的数层细胞，自外向内依次为药室内壁（endothecium）、中层（middle layer）和绒毡层（tapetum），它们连同包被整个花药的表皮构成了花药壁，将造孢细胞及其衍生的细胞包围起来。

药室内壁位于表皮下方，通常为单层细胞。幼期药室内壁的细胞中含大量多糖；在花药接近成熟时，此层细胞径向增大明显，细胞内的贮藏物质逐渐消失，细胞壁除外切向壁外，其他各面的壁多产生不均匀的条纹状加厚，加厚成分一般为纤维素，或在成熟时略为木质化。药室内壁在发育后期又称为纤维层（fibrous layer）（图4-14）。由于在同侧两个花粉囊交接处的花药壁细胞保持薄壁状态，无条纹状加厚，花药成熟时，药室内壁失水，其细胞壁加厚所形成的拉力，致使花药在抗拉力弱的薄壁细胞处裂开，花粉囊随之相通，花粉沿裂缝散出（图4-15）。花药孔裂的植物以及一些水生植物、闭花受精植物，它们的药室内壁不发生条纹状加厚壁，花药成熟时亦不开裂。

中层位于药室内壁的内方，通常由1～3层细胞组成。当花粉囊内造孢细胞向花粉母细胞发育而进入减数分裂时，中层细胞内的贮藏物质渐被消耗而减少；同时由于受到花粉囊内部细胞增殖和长大所产生的挤压，中层细胞变为扁平，较早地解体而被吸收。但有些植物（如百合）的中层细胞，其细胞上也

✿ 图4-14　花药的发育与结构

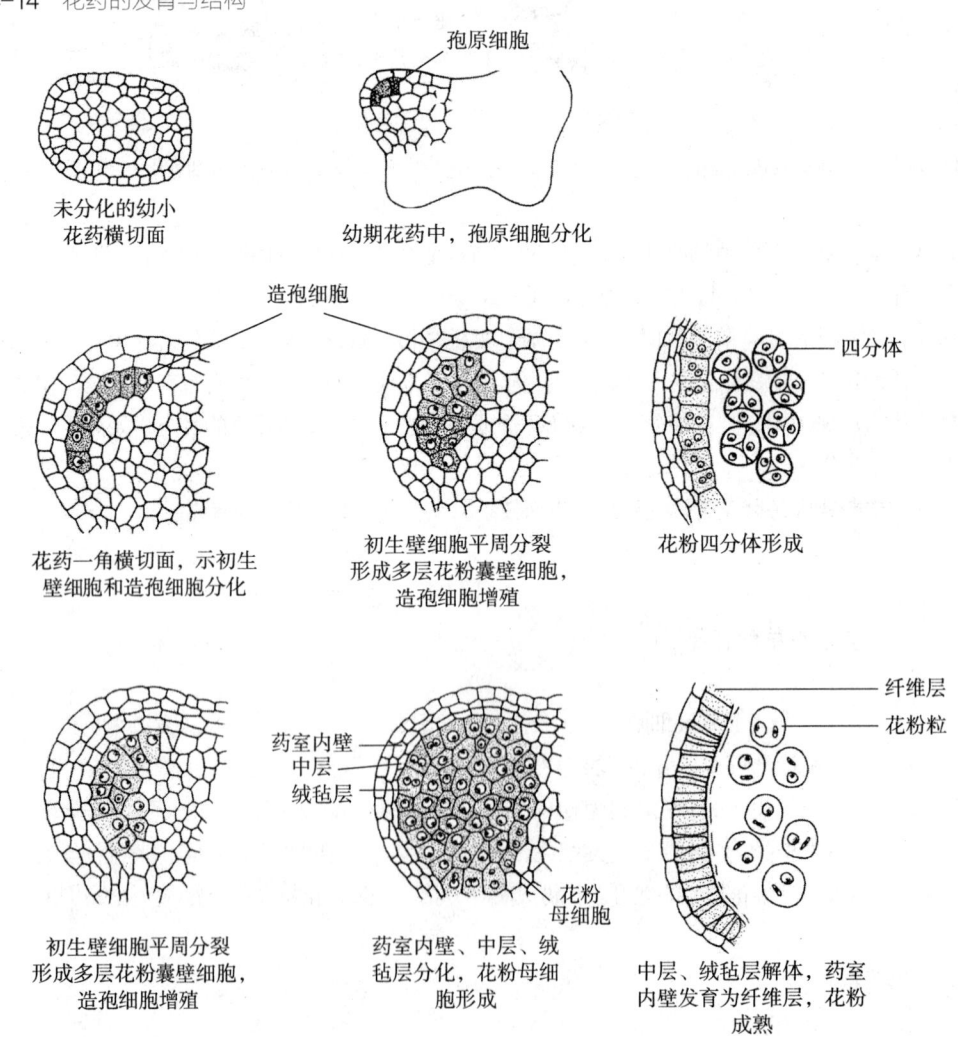

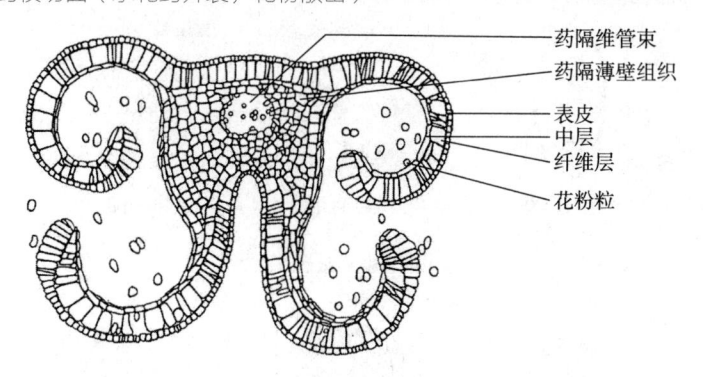

⚙ 图4-15　成熟花药横切面（示花药开裂，花粉散出）

药隔维管束
药隔薄壁组织
表皮
中层
纤维层
花粉粒

可形成一定程度的条纹状加厚，致使在成熟花药中尚可保留部分中层细胞。

绒毡层是花药壁的最内层细胞，它与花粉囊内的造孢细胞直接毗连。绒毡层细胞及其细胞核均较大，细胞质浓，细胞器丰富。初期细胞中含单核，后来则常成为双核、多核结构，表明绒毡层细胞具有高度的代谢活性。绒毡层细胞含有较多的RNA、蛋白质和酶，并有油脂、类胡萝卜素和孢粉素等物质，可为花粉粒的发育提供营养物质和结构物质。它们合成和分泌的胼胝质酶，能适时地分解花粉母细胞和四分体的胼胝质壁，使幼期单核花粉粒互相分离而保证正常的发育；合成的蛋白质运转到花粉壁，构成花粉外壁蛋白质，在花粉与雌蕊的相互作用中起识别作用。随着花粉粒的形成发育，绒毡层细胞逐渐退化解体。由于绒毡层对花粉的发育具有多种重要作用，所以，如果绒毡层的发育和活动不正常，常会导致花粉败育，出现雄性不育现象。

二、花粉粒的发育

花粉粒的发育包括小孢子（microspore）的产生和雄配子体（male gametophyte）的发育。

1. 小孢子的产生

当花粉囊壁组织逐渐发育分化时，花粉囊内部的造孢细胞也相应分裂形成许多小孢子母细胞（microspore mother cell）或花粉母细胞（pollen mother cell）。也有少数植物（如锦葵科和葫芦科的某些植物）其小孢子母细胞也可以由造孢细胞不经分裂直接发育而成。花粉母细胞的体积较大，初期常呈多边形，稍后渐近圆形，细胞核大，细胞质浓，没有明显的液泡。花粉母细胞彼此之间以及与绒毡层细胞之间，有胞间连丝存在，保持着结构上和生理上的密切联系。在花粉囊壁的中层和绒毡层逐渐解体消失的过程中，小孢子母细胞发育到一定时期便进入减数分裂阶段。减数分裂开始，在初生壁与细胞质膜之间形成胼胝质壁。以后，胼胝质壁逐渐加厚，胞间连丝终被阻断。小孢子母细胞经过减数分裂后形成四个单核花粉粒（mononuclear pollen），即小孢子，它们仍被包围于共同的胼胝质壁之中，而且在各个小孢子之间自己的胼胝质。胼胝质是低渗性的，能允许营养物质通过，但对细胞间信息大分子的交换可能有阻止作用，因而保持了减数分裂后基因重组与分离后的小孢子之间的独立性，对于植物的遗传与演化都有重要意义。

小孢子母细胞减数分裂时的胞质分裂有两种方式（图4-16）。一种方式是在减数分裂的先后两次核分裂时，均相继伴随胞质的分裂，即第一次分裂形成两个细胞——二分体，第二次分裂形成了四分体（tetrad）。这种四分体中的四个子细胞排列在同一平面上，成为等双面体。这种分裂方式多见于单子叶植物，如水稻、小麦、玉米、百合等，也见于少数的双子叶植物，如夹竹桃。另一种方式是第一次核分裂时不伴随胞质分裂，仅形成一个两核细胞，不出现二分体阶段。当第二次分裂形成四核之后，才同时发生胞质分裂而形成四分体。这种四分体中的四个子细胞不分布在一个平面，而是成为四面体排列。这种分裂方式多见于双子叶植物，也有少数单子叶属于此型。

小孢子母细胞进行减数分裂的过程中，生理上处于十分活跃状态，一般农作物、果树和蔬菜在此期间对环境条件变化甚为敏感。如遇低温、干旱、光照不良或供肥不当等，都可能影响减数分裂的正常进行，从而影响花粉的形成和发育，以致不能正常传粉结实，降低产量。因此，减数分裂时期是农业生产上加强管理的重要阶段。

2. 雄配子体的发育

由四分体中释放出来的单核细胞，是含有一个核、尚未成熟的花粉粒，也叫小孢子。此时的单核花

⊕ 图4-16 小孢子母细胞减数分裂的胞质分裂类型

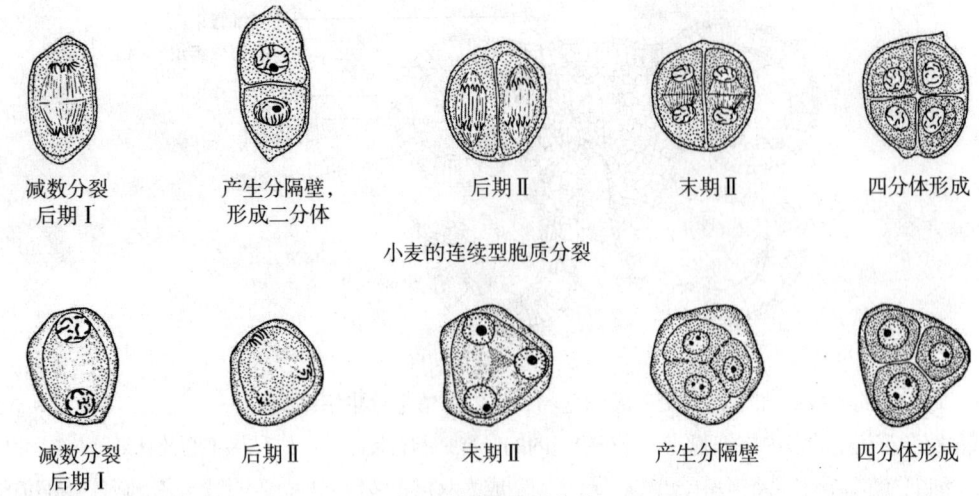

| 减数分裂后期Ⅰ | 产生分隔壁，形成二分体 | 后期Ⅱ | 末期Ⅱ | 四分体形成 |

小麦的连续型胞质分裂

| 减数分裂后期Ⅰ | 后期Ⅱ | 末期Ⅱ | 产生分隔壁 | 四分体形成 |

蚕豆的同时型胞质分裂

粉粒的核位于细胞中央（单核居中期），具有浓厚的细胞质，继续从解体的绒毡层细胞取得营养和水分。不久，细胞体积迅速增大，细胞质明显液泡化，逐渐形成中央大液泡，细胞核随之移到一侧（单核靠边期）。接着进行一次有丝分裂，先形成两个细胞核，贴近花粉壁的为生殖核，向着大液泡的为营养核。以后发生不均等的胞质分裂，在两核之间出现弧形细胞板，形成两个大小悬殊的细胞，其中靠近花粉壁一侧的呈凸透镜状的小细胞，含少量细胞质和细胞器，为生殖细胞（reproductive cell）；另一侧为营养细胞（vegetative cell），是包括原来的大液泡以及大部分细胞质和细胞器，并富含淀粉、脂肪、生理活性物质的大细胞。生殖细胞与营养细胞之间的壁不含纤维素，主要由胼胝质组成。生殖细胞形成不久，细胞核内的DNA含量通过复制增加了一倍，为进一步分裂形成两个精子建立了基础；同时整个细胞从最初与之紧贴的花粉粒壁部逐渐脱离开来，成为圆球形，游离在营养细胞的细胞质中。生殖细胞由于其外围的胼胝质壁解体而成为裸细胞，以后，细胞渐渐伸长变为长纺锤形或长圆形（图4-17）。

很多植物当花药成熟时，其花粉发育到含营养细胞和生殖细胞时即散出进行传粉，这种花粉称2-细胞型花粉。被子植物中约有70%的种类，属于这种类型，如棉、桃、李、梨、苹果、柑橘、茶、大葱等。另外一些植物的花粉，在花药开裂前，其生殖细胞还要进行一次有丝分裂，形成两个精细胞，它们是以含有一个营养细胞和两个精细胞进行传粉的，被称为3-细胞型花粉，如水稻、小麦、油菜、向日葵等。至于2-细胞型花粉传粉后，则要在萌发的花粉管内由生殖细胞分裂而形成两个精细胞。2-细胞型花粉及3-细胞型花粉通常又被称为雄配子体，精细胞则称为雄配子（male gamete）。在电子显微镜下观察精细胞，可见其核外包围着一层细胞质，在细胞质中有结构简单的线粒体、少量高尔基体、一些内质网和少数大小不等的单层膜小泡。

由孢原细胞形成到雄配子产生的分化过程概括如下：

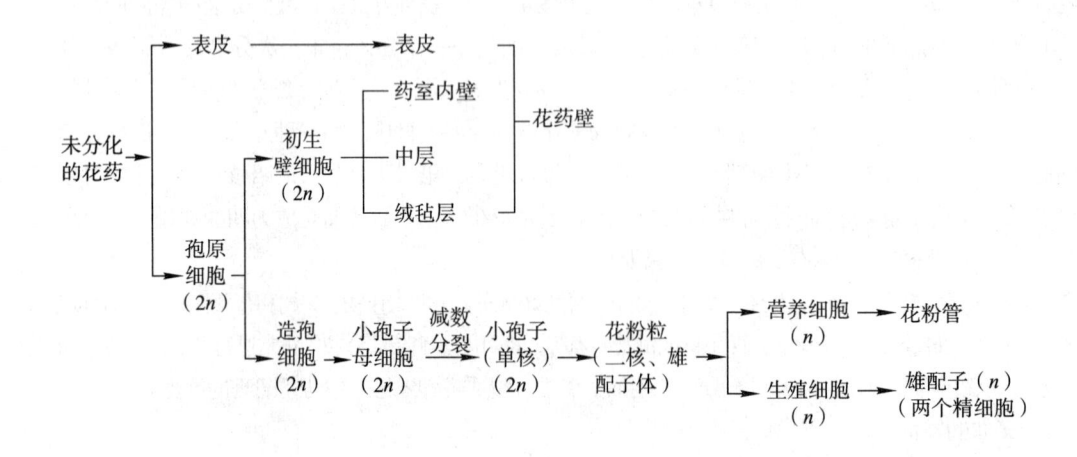

未分化的花药 → { 表皮 → 表皮
　　　　　　　　初生壁细胞(2n) → { 药室内壁, 中层, 绒毡层 } 花药壁
　　　　　　　　孢原细胞(2n) → 造孢细胞(2n) → 小孢子母细胞(2n) →减数分裂→ 小孢子(单核)(2n) → 花粉粒(二核、雄配子体) → { 营养细胞(n) → 花粉管；生殖细胞(n) → 雄配子(n)(两个精细胞) }

三、花粉粒的形态及内含物

1. 花粉粒的形态

花粉粒的形状多种多样，有圆球形、椭圆形、三角形、四方形、五边形以及其他形状（图4-18）。有些植物的幼期单核花粉始终保留在四分体中，发育为含4，8，16，32，64个花粉粒的复合花粉。这种复合花粉见于杜鹃花科、夹竹桃科、豆科、灯心草科等的一些属中。花粉粒的大小，有时差别甚为悬殊，大型的如南瓜花粉粒直径为150～200 μm，微型的如勿忘草（*Myosotis sylvatica*）仅2～5 μm；但大多数植物花粉的直径处于15～60 μm之间。花粉外壁的形态变化特多，有的比较光滑，有的形成刺状、粒状、瘤状、棒状、穴状等各式雕纹。外壁上的萌发孔（germ pore）或萌发沟（germ furrow），其形状、数目等也常随不同植物而异，如水稻、小麦等禾本科植物只有1个萌发孔，桑有5个，棉的萌发孔可达8～16个，多数双子叶植物花粉具有3沟孔。

✿ 图4-17 花粉粒的发育与花粉管的形成

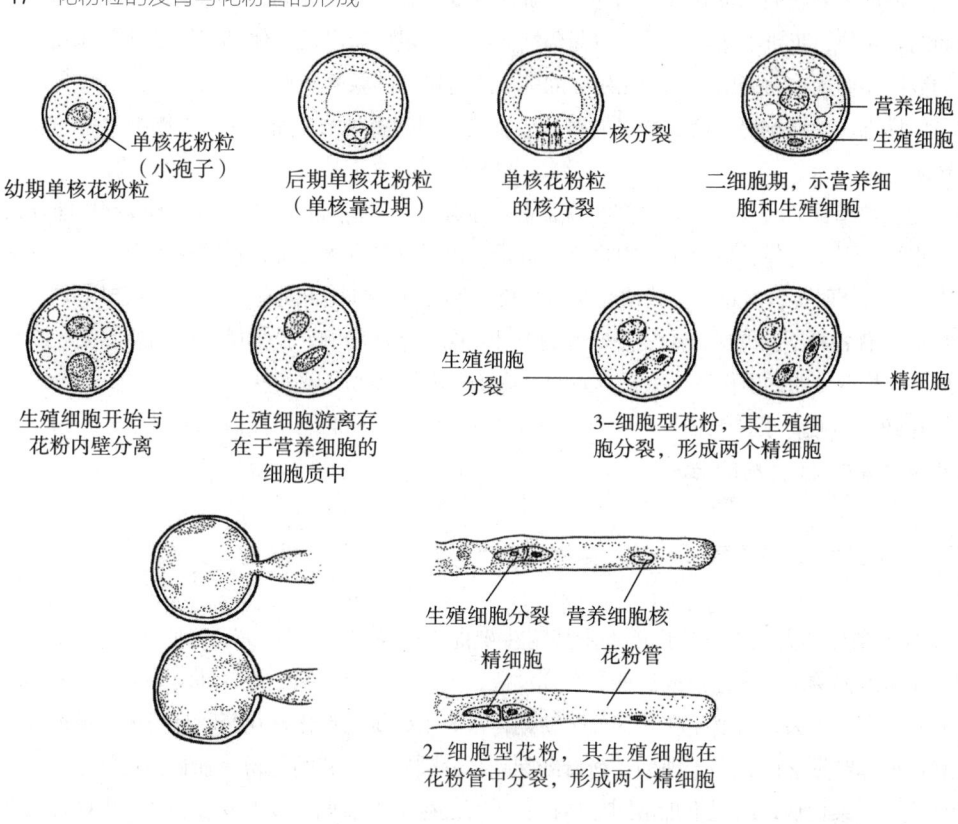

✿ 图4-18 不同植物的花粉粒形态

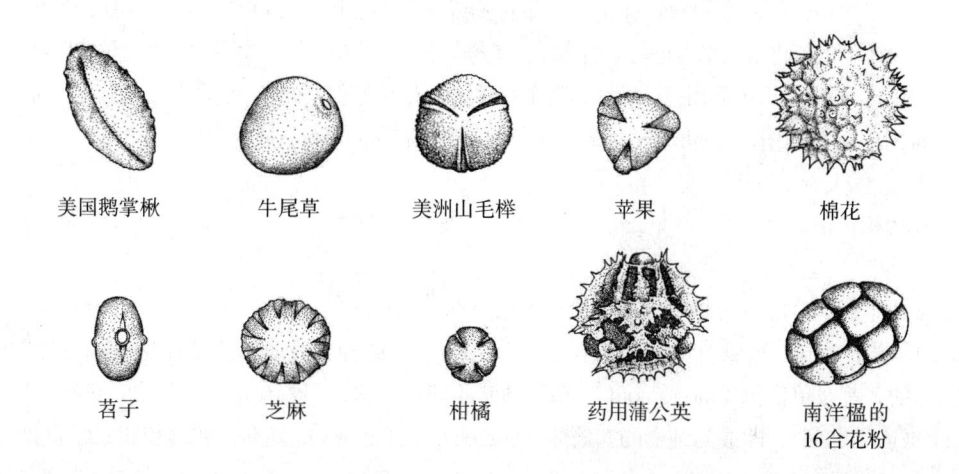

成熟花粉粒有两层壁。外壁的主要成分是孢粉素，其化学性质极为稳定，具抗高温高压、抗酸碱、抗酶解特性，故能使花粉外壁及其上的雕纹得以长期保存，这对于花粉的鉴别有重要意义。此外，外壁上还有纤维素、类胡萝卜素、类黄酮素、脂质及活性蛋白质等物质。花粉粒的内壁较薄，主要成分为纤维素、半纤维素、果胶酶及活性蛋白质。外壁蛋白和内壁蛋白的来源、性质和功能均有差别。外壁蛋白是由绒毡层细胞合成、转运而来；内壁蛋白由花粉粒本身的细胞质合成，存在于内壁多糖的基质中，而以萌发孔区的内壁蛋白特别丰富。壁蛋白是花粉与雌蕊组织相互识别的物质。某些风媒花粉能引起枯草热及季节性哮喘，花粉壁蛋白是这些花粉过敏症的过敏原。

由于每种植物的花粉在形状、大小和构造上都有自己的特征，因此，根据花粉粒的形态可以鉴定植物，尤其是在化石植物的鉴定上，花粉和孢子形态成为古植物学、地质学、植物分类学研究中的重要依据，现已成为一门专门的学科，称为孢粉学（palynology）。

2. 花粉内含物

花粉内含物主要贮藏于营养细胞的细胞质中，包括营养物质、各种生理活性物质和盐类。它们对花粉的萌发和花粉管的生长有重要作用。

花粉贮藏的营养物质以淀粉和脂肪为主。通常风媒植物的花粉多为淀粉质的，虫媒植物的花粉则多为脂肪质的。此外，花粉中还含有果糖、葡萄糖、蔗糖、蛋白质以及人体必需的多种氨基酸。脯氨酸在花粉中的数量和作用较为突出，玉米花粉中的脯氨酸含量为其氨基酸总量的72%。脯氨酸含量常是花粉育性的重要标志，不育花粉中脯氨酸量显著减少。花粉中含多种维生素，尤以B族维生素较多，脂溶性维生素较缺乏。

各种生长调节物质，如生长素、细胞分裂素、赤霉素、芸薹素、乙烯、抑制剂等都可能存在于花粉中。人们相继发现：葡萄、百合花粉中含有赤霉素，柑橘花粉产生乙烯，油菜花粉中含有芸薹素。但一种花粉中不一定同时都含有这几类物质。花粉生长调节物质有抑制或促进花粉生长的作用。

花粉中含有各种不同的酶，主要是水解酶或转化酶，如淀粉酶、脂肪酶、蛋白酶、果胶酶和纤维素酶等。酶对花粉管中的物质代谢、贮藏物质的分解及同化外界物质起重要作用。

花粉中还含有花青素、糖苷等色素以及占干重2.5%～6.5%的无机盐。色素对紫外线起着滤光器的作用，能减少紫外线对花粉的伤害。

四、花粉败育与雄性不育

由于外界条件和内在因素的影响而形成无生殖能力的花粉，这称为花粉败育（abortion）。花粉败育的原因是多方面的。温度过高或过低、水分亏缺、光照不足、施肥不当、环境污染、农药处理等均可能导致花粉败育。如果败育发生在花芽分化初期，常表现为雄蕊退化，花药畸形或无花粉形成；如果败育发生在四分体时期之前，多表现为花粉母细胞减数分裂异常，有的花粉母细胞相互粘连，有的是分裂过程中产生落后染色体，出现不正常四分体；若败育发生在单核期或接近双细胞期，则往往缺乏淀粉积累，原生质解体，花粉粒空瘪。

在正常的自然条件下，个别植物体也会产生花药或花粉不能正常发育的现象，称为雄性不育（male sterility）。雄性不育的植物常表现为花药瘦小萎缩、花药内不产生花粉、没有生活力等。这种特性对植物本身没有什么意义，但农业生产上利用这一特性，在杂交时免去人工去雄的操作，节省大量人力。目前，由于杂种优势在育种上的广泛应用，光温敏雄性不育系（与恢复系配套）的培育已成为提高作物产量的有效手段。

五、花药和花粉培养

人们应用细胞的全能性，将单核期花粉在无菌条件下离体培养，形成胚状体（embryoid）或愈伤组织（callus），最后诱导形成独立的花粉植物（pollen plant）。这种培养成功的植株是从减数分裂后的小孢子发育来的，都是单倍体（monoploid）。单倍体是不能结实的，但若在培养过程中，染色体发生加倍（自然加倍或人工加倍），即成为纯合的二倍体（homozygous diploid），这种二倍体植物正常开花、结实。

花粉单倍体培养技术在遗传学研究及诱变育种方面有重要意义。在育种工作中可以克服杂种分离，缩短育种年限，提高育种效率。

第三节　雌蕊的发育

雌蕊的发育主要是胚珠的发育和胚珠内胚囊的发育，伴随着胚珠外胚囊的发育，子房膨大，花柱伸长，柱头形成。

一、胚珠的发育

胚珠发生时，首先由胎座表皮下层的局部细胞进行分裂，产生突起，形成胚珠原基。原基前端成为珠心（nucellus），后端分化出珠柄（funiculus）。以后，在珠心基部发生环状突起，逐渐向前扩展包围珠心，形成珠被（integument）（图4-19）。珠被由一层或两层细胞组成，番茄、向日葵、胡桃等仅具单层珠被（unitegmic），而大多数双子叶植物和单子叶植物，如白菜、南瓜、油茶、苹果、水稻、小麦等具有双层珠被（bitegmic），其外侧一层称外珠被（outer integument），里面一层称内珠被（inner integument）。珠被形成过程中，在珠心最前端的地方留下一条未愈合的孔道，称为珠孔（micropyle）。与珠孔相对的一端，珠被与珠心连合的区域为合点（chalaza）。由胎座经珠柄而入的维管束经合点进入胚珠。

图4-19　卷丹（*Lilium tigrinum*）发育胚珠的纵切面（当珠被发育时，胚珠弯曲，而成倒生胚珠）

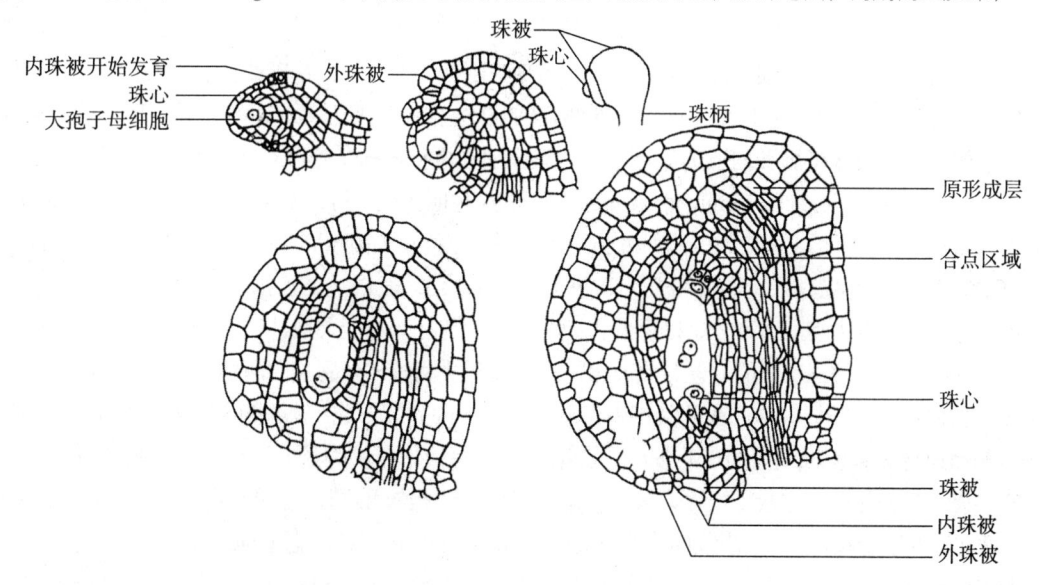

胚珠发育时，由于各部生长速度的变化，形成不同类型的胚珠。主要类型如图4-20所示。

（1）直生胚珠（orbotropous ovule）：胚珠各部均匀生长，直立，珠孔向上，珠孔、珠心纵轴、合点和珠柄成一直线，如荞麦、大黄、胡桃等的胚珠。

（2）倒生胚珠（anatropous ovule）：胚珠倒转，虽然珠孔、珠心纵轴、合点都在一直线上，但珠孔向下靠近珠柄，合点向上，外珠被与珠柄贴合的部分很长，形成一条外隆的纵脊，其中有经珠柄引入的维管束，此纵脊称为珠脊。这种类型的胚珠广泛存在于被子植物中，如菊、向日葵、瓜类、棉以及禾本科植物的胚珠。

当珠被发育时，胚珠弯曲，而成倒生胚珠

（3）横生胚珠（hemianatropous ovule）：珠被一侧生长较快，胚珠向一侧弯曲90°，胚珠横卧，珠孔、珠心纵轴和合点所连成的直线与珠柄成直角，如毛茛科、锦葵科等植物的胚珠。

✿ 图4-20　胚珠的类型和结构

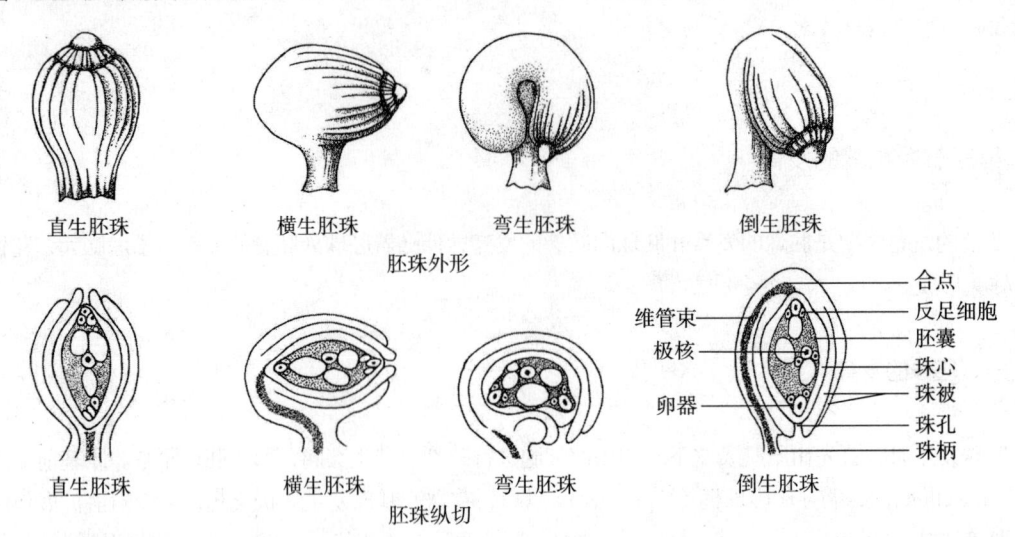

直生胚珠　　横生胚珠　　弯生胚珠　　倒生胚珠
胚珠外形

直生胚珠　　横生胚珠　　弯生胚珠　　倒生胚珠
胚珠纵切

维管束　　　　　　　　　合点
极核　　　　　　　　　　反足细胞
卵器　　　　　　　　　　胚囊
　　　　　　　　　　　　珠心
　　　　　　　　　　　　珠被
　　　　　　　　　　　　珠孔
　　　　　　　　　　　　珠柄

（4）弯生胚珠（campylotropous ovule）：胚珠下部直立，上部略弯，珠孔偏下，珠孔、珠心纵轴和合点不在一直线上，如豆科植物的胚珠。

（5）曲生胚珠（amphitropous ovule）：胚珠的轴强烈弯曲，使珠孔与珠柄靠近，如荠菜、泽泻等。

直生胚珠和倒生胚珠的珠孔与合点都在一条垂直线上，曲生胚珠是上述三种不同弯曲程度的中间类型，珠孔与合点不在一条直线上。

二、胚囊的形成

在胚珠发育初期，珠心细胞大小均匀一致，当珠被刚开始形成时，在近珠孔端的珠心表皮下分化出一个体积较大的孢原细胞。孢原细胞的细胞质浓，细胞核也大。有些植物（如棉）的孢原细胞平周分裂一次，形成外方的周缘细胞和内方的造孢细胞。周缘细胞再行各向分裂产生多数细胞，参与珠心组成；造孢细胞则发育为胚囊母细胞（embryo sac mother cell），也叫大孢子母细胞（megaspore mother cell）。有些植物（如向日葵、水稻、小麦）的孢原细胞不经分裂，直接长大而起胚囊母细胞的作用（图4-21）。

胚囊母细胞经过减数分裂形成四个大孢子（megaspore），通常是纵行排列，一般珠孔端的三个退化，仅合点端的一个为功能大孢子，以后发育为胚囊。发育时，功能大孢子细胞体积明显增大，成为单核胚囊。以后连续进行三次核的有丝分裂，第一次分裂形成两核，分别移向两端。然后每个核又相继进行两次分裂，各形成四核。这三次分裂都不伴随着细胞质的分裂形成了八核胚囊。随着核分裂的进行，胚囊体积迅速增大，侵蚀四周的珠心细胞，占据珠心中央大部分。胚囊的子核中，两端各有一个移向胚囊的中央，互相靠近，这两个核称为极核（polar nuclei），极核和周围的细胞质组成中央细胞（central cell）。珠孔端的三个核，一个分化为卵细胞（egg cell），两个分化为助细胞（synergids cell），这三个细胞组成卵器（egg apparatus）。靠近合点的三个核分化为反足细胞（antipodal cell）。至此，由功能大孢子发育成为七细胞八核的成熟胚囊（mature embryo sac）即为被子植物的雌配子体（female gametophyte），卵细胞是雌配子（female gamete）（图4-21）。

这种由近合点端的一个大孢子经三次有丝分裂形成的七细胞八核胚囊称为蓼型胚囊（Polygonum-type embryo sac）。在被子植物中约有70%属此类型。除蓼型胚囊外，还有葱型胚囊（Oenothera-type embryo sac）和贝母型胚囊（Fritillaria-type embryo sac）。葱型胚囊是指减数分裂形成的四个大孢子中的两个退化消失，另外两个单倍核，继续发育为七细胞八核胚囊，这种胚囊也称双孢型胚囊。贝母型胚囊是大孢子母细胞减数分裂的四个单相核同时并存于一个细胞内，并同时参与胚囊的形成。所以又叫四孢型胚囊。

七细胞胚囊中，成熟的卵细胞表现出明显的极性，细胞近似洋梨形，内含一个大液泡，位于细胞近珠孔一端；核大型，在细胞中位于液泡相反的一端。卵细胞是否有壁包围，因不同植物而异。玉米、棉的卵细胞，仅在近珠孔端有细胞壁，其余部分为质膜所包围，不存在细胞壁；而荠菜的卵细胞，大部分

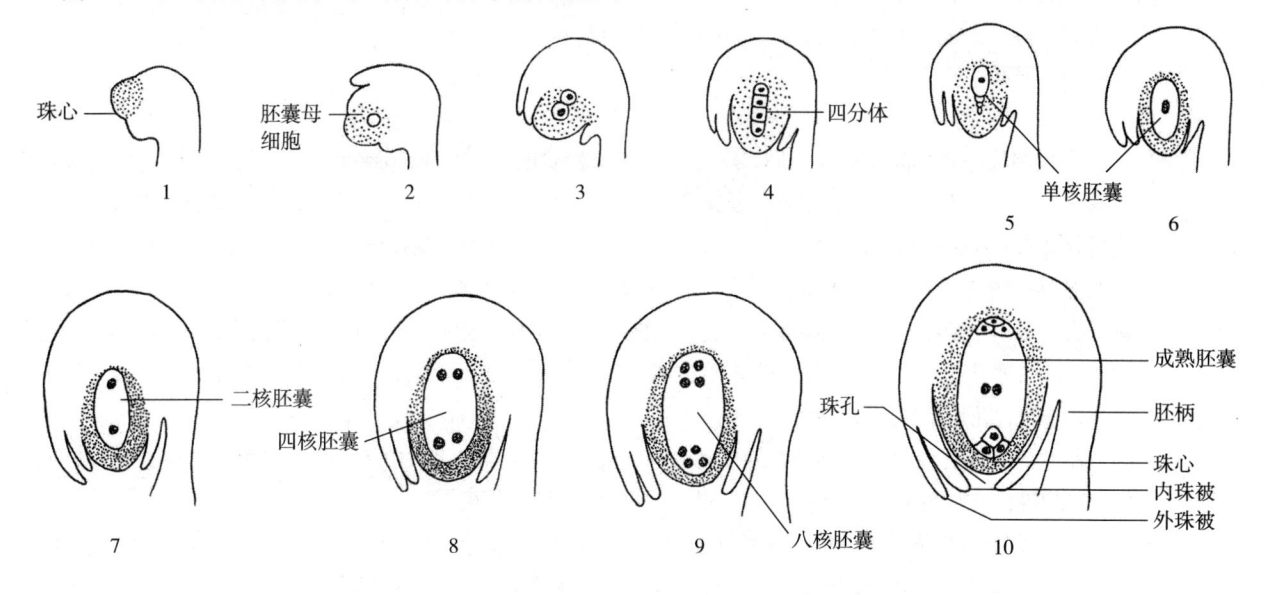

✿ 图4-21 胚珠和胚囊发育过程（数字代表发育的顺序）

为细胞壁所包围，而在合点端出现蜂窝状的不连续的细胞壁。卵细胞在发育早期有较多的细胞器，成熟时，线粒体、内质网、高尔基体、核糖体等细胞器减少，其合成和代谢活动也较低。卵细胞经受精后发育成胚。

两个助细胞与卵细胞紧靠在一起，呈三足鼎立状排列。助细胞的壁也是从珠孔端至合点端逐渐变薄，近珠孔端的细胞壁较厚，并向内形成不规则的指状或片状的突起，称为丝状器（filiform apparatus）。丝状器由果胶质、半纤维素和少量纤维素组成，它增加了质膜的表面积，有利于营养物质的吸收和运转。助细胞也有高度的极性，其细胞核和细胞质常偏于珠孔端，液泡则多位于合点端，这与卵细胞的极性恰恰相反。助细胞有丰富的细胞器，如线粒体、内质网、高尔基体、核糖体和小泡等。表明助细胞是代谢高度活跃的细胞，除能将吸入的代谢物质运进胚囊外，还可合成和分泌一些物质，对引导花粉管进入胚囊有着定向作用。助细胞是短命的，在受精后很快就解体了，有些植物的助细胞甚至在受精前即已退化。

在组成胚囊的成员中，反足细胞的变异最大。大多数植物的反足细胞为三个，但在不同植物中，可以从无到几十个，甚至多达几百个，如胡椒中有100个，箬竹中有300个。反足细胞还可以形成多核或多倍体细胞，细胞质中含有丰富的线粒体、质体、高尔基体、核糖体和粗面内质网等。有些植物（如玉米、亚麻、针茅等）的反足细胞在毗连珠心的细胞壁上存在壁内突，反映了反足细胞具有传递细胞的性质，其功能是将母体的营养物质运转到胚囊。反足细胞通常亦是短命的，在受精前或受精后不久即退化。不过，也有不少植物的反足细胞有较长的生活期。

中央细胞是胚囊中体积最大而高度液泡化的细胞。中央细胞中的核称为极核，在蓼型胚囊中是两个。在成熟胚囊中，极核相互靠近，或在受精前融合成为一个双倍体的次生核（secondary nucleus），周围有细胞质围绕。中央细胞与卵细胞、助细胞和反足细胞之间有胞间连丝相通，加强了结构上和生理上的协调。中央细胞与其相邻的珠心细胞虽无胞间连丝相通，但在有些植物中，中央细胞与珠心毗连的壁内侧形成许多指状内突，具有从珠心吸取营养物质以及向外分泌消化珠心细胞的酶的作用。中央细胞的细胞质内含有丰富的细胞器，同时还可积累多量淀粉或蛋白质、脂肪等贮藏物质，显示出有较强的代谢活性和贮存营养物质的作用。中央细胞与第二个精细胞融合后，发育成为胚乳。

现将胚囊发育过程图示如下：

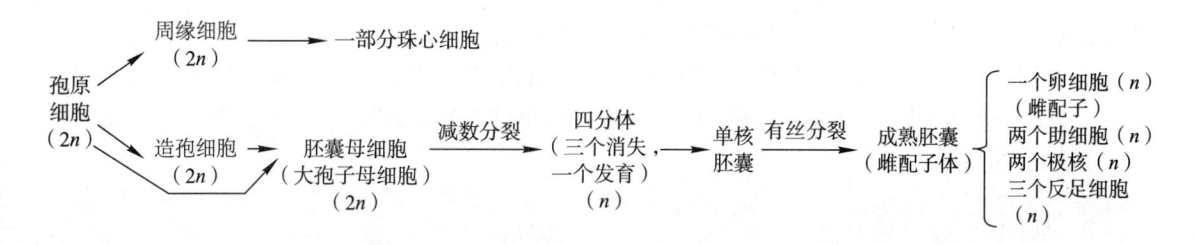

孢原细胞（2n） → 周缘细胞（2n） → 一部分珠心细胞
孢原细胞（2n） → 造孢细胞（2n） → 胚囊母细胞（大孢子母细胞）（2n） → 减数分裂 → 四分体（三个消失，一个发育）→ 单核胚囊（n）→ 有丝分裂 → 成熟胚囊（雌配子体）→ 一个卵细胞（n）（雌配子）、两个助细胞（n）、两个极核（n）、三个反足细胞（n）

第三节 雌蕊的发育

第四节 开花与传粉

一、开花

当植物花的各部分发育成熟后，就进入开花传粉阶段。开花（blossom）时，花被展开，雄蕊和雌蕊露出，以利于传粉。此时，雄蕊花丝挺立，花药呈现该植物特有颜色；雌蕊柱头分泌黏稠溶液。如柱头是分裂的，则裂片张开；如柱头上有腺毛，则腺毛突起以利于接受花粉。

各种植物在开花年龄和开花季节上常有差别。一、二年生植物，生长几个月后就开花，一生中仅开花一次。多年生植物常要生长多年才开花，如桃为3～5年，柑橘为6～8年，椴树为20～25年，竹需数十年之久才开花。大多数多年生木本植物和草本植物到达成熟期后，能年年再次开花；但竹类一生中只开花一次，花后植株往往死亡。

植物的花期长短也有差异，有的仅几天，如桃、梨、杏等；有的可持续1～2个月或更长时间，如棉、腊梅等；有些热带植物，如可可、柠檬、桉树可以终年开花。

各种植物的开花习性是植物在长期演化过程中形成的遗传特性，但在一定程度上也常因纬度、海拔、坡向、气温、光照、湿度等环境条件的影响而发生变化。通常，纬度愈低的地区，植物开花期愈早于纬度高的地区。一些春季开花的植物，当遇上3—4月间气温回升较快时，花期普遍提早；若遇到早春霜冻严重、晚霜结束又较迟的年份，花期则普遍推迟。晴朗干燥、气温较高的天气可以促进植物提早开花；反之，阴雨低温天气则会延迟开花。

二、传粉

开花以后，花药开裂，花粉以各种不同的方式传送到雌蕊的柱头上，这一过程称为传粉（pollination）。传粉是有性生殖过程的重要环节。传粉有两种不同的方式，即自花传粉（self pollination）和异花传粉（cross pollination）。

（一）自花传粉与异花传粉

1. 自花传粉

雄蕊的花粉落到同一朵花的雌蕊的柱头上称为自花传粉，如小麦、大麦、豌豆、芝麻等都是自花传粉植物。在实际应用上，常将作物或林木同株异花间的传粉和果树栽培上同品种间的传粉也称为自花传粉。自花传粉时存在一定的适应机制，两性花中雄蕊群围绕雌蕊群布生，相互接近；雄蕊的花粉粒与雌蕊柱头间存在亲和性。

严格的自花传粉植物异花传粉则不能受精。自花传粉的植物的育种方法从根本上来说也不同于异花传粉植物，自花传粉是高度纯合子的（homozygous），因为其基因均来自同一对父母。这种植物在演化上积累了同系交配（inbreeding）带来的优点，能够适应其生境。

在自花传粉中有闭花受精（cleistogamy）现象，如豌豆的花尚处于蕾期，花粉粒在花粉囊里即萌发，花粉管穿出花粉囊壁，向柱头生长，进入子房，将精细胞送入胚囊，完成受精。花生、凤仙花属、酢浆草属植物都有这种现象。严格讲，闭花受精不存在传粉现象。闭花受精可避免花粉粒为昆虫所吞食，或被雨水淋湿而遭到破坏，是对环境条件不适于开花传粉时的一种合理的适应现象。

在黄花大苞姜（*Caulokaempferia coenobialis*）中存在花粉滑动授粉（pollen sliding）自花传粉现象（王英强等，2005）。这种姜科植物花柱穿过药隔中央，柱头在药隔顶端伸出，花粉囊上端与宽平的花柱上端紧密连接，花粉囊内的花粉粒由细线连结成表面富含油的花粉团（pollen kitt）。当花下弯时，花柱柱头处于花粉囊的下方，这时花粉囊开裂，每个花粉囊各溢出1滴充满花粉的油滴，2油滴汇合，形成快速在花柱上蔓延、透明的油膜（oil film），流向柱头。花柱两侧的毛使花柱成导向槽，当油膜流向柱头时实现自花传粉（见图11-118）。

2. 异花传粉

植物界中，自花传粉不是很普遍，大多数植物有异花传粉的特性。异花传粉是指一朵花的花粉传到另一朵花雌蕊的柱头上的过程。在作物和果树栽培上，异株间的传粉和异品种间的传粉也称为异花传粉。

从植物演化的生物学意义分析，异花传粉比自花传粉优越。异花传粉的雌雄配子来自不同亲本，遗传差异较大，由它们结合产生的后代是高度杂合子的（heterozygous），具有较强的生活力、抗逆性和适应性。

植物在演化中形成许多适应异花传粉的性状：① 花单性，雌雄异株，如杨、柳、杜仲等。常常是雌株远多于雄株。② 两性花，但雌雄蕊异熟；或雄蕊先熟（较普遍），如玉米、草莓、泡桐等；或雌蕊先熟，如木兰、甜菜、柑橘等。③ 雌雄蕊异长或异位，如荞麦、报春花、酢浆草属等。④ 柱头的选择性，使落在同一柱头上的花粉不能萌发，或不能完成受精，或者不能结实，如桃、梨、苹果、葡萄等。

自然界还存在同一种植物有两种交配系统。如在苦苣苔科和姜科中就存在异花传粉和自花传粉的混交系统。这是因为当异花传粉缺乏必要的传粉条件时，自花传粉成为保证植物繁衍的特殊适应形式。正如达尔文所说，对于植物来说，用自体受精方法来繁殖种子，总比不繁殖或繁殖很少量种子来得好些。

（二）风媒传粉与虫媒传粉

异花传粉植物，必须借助一定的媒介。在自然条件下，花粉主要靠风力和昆虫传播。植物对不同传粉媒介的长期适应，常常产生与之相适应的形态和结构。

1. 风媒传粉

依靠风传粉的植物称为风媒植物，它们的花称风媒花（anemophilous flower）（图4-22）。据估计，约有1/5的被子植物为风媒传粉（anemophily），如大部分禾本科植物和木本植物中的栎、杨、胡桃、桦木等。

✿ 图4-22 风媒传粉

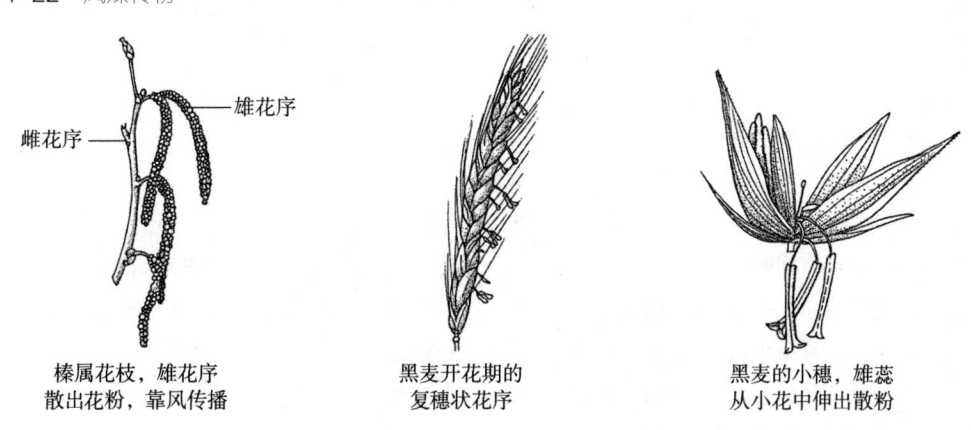

榛属花枝，雄花序散出花粉，靠风传播　　黑麦开花期的复穗状花序　　黑麦的小穗，雄蕊从小花中伸出散粉

风媒花常形成穗状或柔荑花序，花被一般不鲜艳，小或退化，无香味，不具蜜腺；能产生大量小而质轻、外壁光滑、干燥的花粉粒。禾本科植物的雄蕊具细长花丝，花药早期伸出稃片之外，易随风摆动，散发花粉。风媒花的花柱往往较长，柱头常分裂成羽毛状，以扩大面积，增加接受花粉的机会。此外，风媒植物多在早春开花，具有先花后叶或花叶同放的习性，减少大量枝叶对花粉随风传播的阻碍。

2. 虫媒传粉

借助昆虫传粉的植物称为虫媒植物，如荔枝、龙眼、苹果、梨和油菜等多数有花植物，它们的花称为虫媒花（entomophilous flower）（图4-23）。虫媒花一般具大而艳丽的花被，有芳香气味或其他气味，有分泌花蜜的蜜腺。色、香、蜜三者是对引诱昆虫传粉的适应。虫媒花的花粉粒较大，表面粗糙，常形

图4-23 鼠尾草的虫媒传粉过程

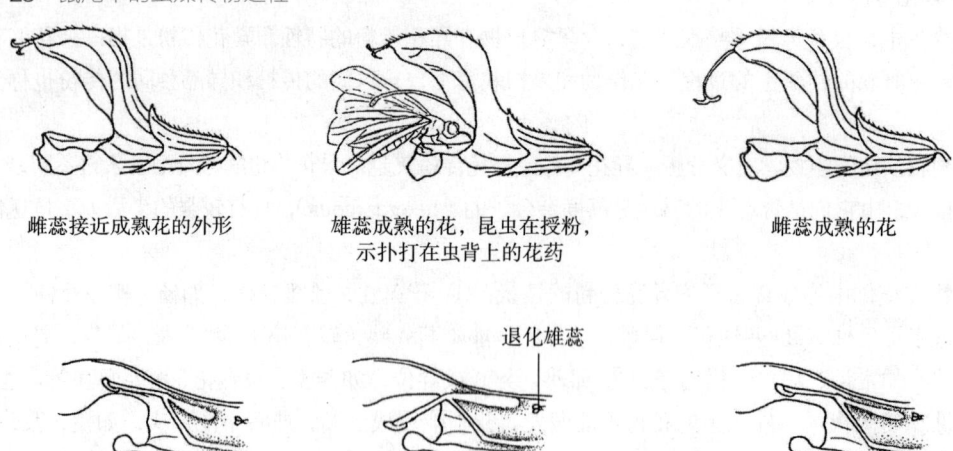

雌蕊接近成熟花的外形　　雄蕊成熟的花，昆虫在授粉，　　雌蕊成熟的花
　　　　　　　　　　　　示扑打在虫背上的花药

退化雄蕊

花冠基部剖面　示部分药隔和退化的花粉囊及药隔运动的情况

成刺突雕纹，有黏性，易黏附在昆虫体上而被传播。传粉的昆虫种类很多，常见的如蜂、蝶、蛾、蚁、蝇等。花和昆虫之间亦产生了各种巧妙的协同演化关系，如花的大小、形态、结构、蜜腺的位置等常与虫体的大小、形态、口器的结构等都是密切相关的。

但是风媒和虫媒并不是绝对的，有些虫媒植物，如椴树、油茶等也可以借风力传送花粉。

除风媒传粉和虫媒传粉（entomophily）外，一些水生植物，如金鱼藻、黑藻等借水力传送花粉，称为水媒传粉（hydrophily）。还有借鸟类传粉的，称为鸟媒传粉（ornithophily），其中传粉的主要是一些小形的蜂鸟。

第五节　受精作用

受精作用（fertilization）是指雄配子（精细胞）和雌配子（卵细胞）互相融合的过程，是有性生殖过程的重要阶段。

一、花粉粒的萌发与生长

生活的花粉粒传到柱头上后，很快就开始了相互识别（recognition）作用。花粉粒和柱头组织间所产生的蛋白质是识别作用的基础。花粉壁中有内壁蛋白与外壁蛋白两种，其中外壁蛋白是"识别物质"。柱头乳突细胞的角质膜外覆盖着一层蛋白质薄膜，它具有"识别接受器"的特点。当花粉粒与柱头接触后，几秒钟之内，外壁蛋白便释放出来，并与柱头蛋白质相互作用。如果两者是亲和的，随即由内壁释放出来的角质酶前体便被柱头的蛋白质薄膜所活化，而将蛋白质薄膜下的角质膜溶解，花粉管得以穿入柱头的乳突细胞；如果两者是不亲和的，柱头乳头细胞则发生拒绝反应，产生胼胝质，阻碍花粉管进入。此外，柱头表面存有的酶系统和分泌物中的酚类物质，也与识别作用和花粉管穿入柱头角质膜有着密切关系。

被柱头"认可"的亲和花粉从周围吸水，代谢活动增强，体积增大，内壁自萌发孔突出，逐渐伸长形成花粉管（pollen tube）（图4-24）。

花粉粒在柱头萌发所需的时间，常因植物种类而异。水稻、高粱、甘蔗在传粉后几乎立即萌发；玉米、大麦、橡胶草约需5 min；有些植物需经较长时间，如甜菜需经2 h，甘蓝需经2～4 h。花粉粒萌发时需要一定的湿度，但过度潮湿则有害，如雨天开花或人工授粉，易发生不实。温度对花粉萌发的关系密切。各种植物有其花粉萌发的最适温度，如小麦为20℃，番茄为21℃，水稻为28℃。大多数植物的萌发温度在20～30℃范围。

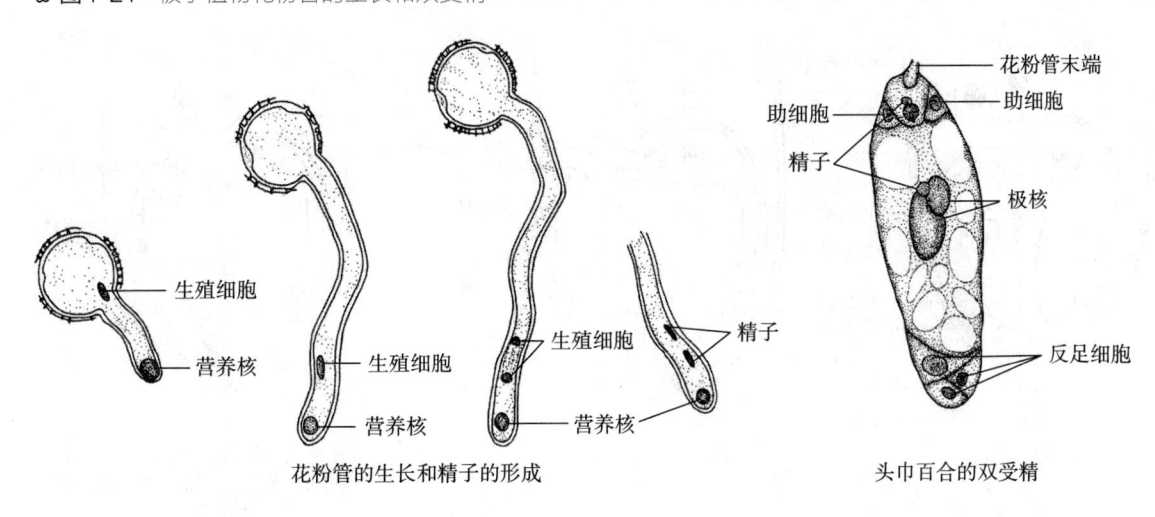

☆ 图4-24 被子植物花粉管的生长和双受精

花粉管的生长和精子的形成　　头巾百合的双受精

　　花粉管穿过柱头沿着花柱向子房方向生长，在空心花柱中，花粉管沿花柱道表面下伸；在实心花柱中，花粉管常在引导组织的细胞间隙中生长。

　　花粉管在生长过程中，除了利用花粉粒中的贮藏物质外，还从花柱组织吸收营养物质，以供花粉管的生长和新壁的合成。随着花粉管向前伸长，花粉粒中的内容物几乎全部集中于花粉管的顶端。如果是三细胞花粉粒，则包括一个营养核和两个精细胞、细胞质和各种细胞器；如为二细胞花粉粒，生殖细胞在花粉管中再分裂一次，形成两个精细胞。

　　花粉管通过花柱进入子房以后，通常沿子房壁内表面或胎座继续生长，直趋胚珠。花粉管进入胚珠有三条途径：① 经珠孔进入珠心，到达胚囊的，称为珠孔受精（porogamy），如油茶及大多数被子植物。② 花粉管经胚珠基部的合点到达胚囊的，称为合点受精（chalazogamy），如桦、椴木、榆、胡桃等。③ 花粉管经珠柄或珠被进入胚珠、到达胚囊的，称中部受精（mesogamy），如南瓜属。这一类型很少见。

　　花粉管在生长过程中，无论采取什么途径，最后总是准确地到达胚珠，进入胚囊。雌蕊组织中存在某种物质如钙离子梯度能使花粉管产生向化性生长，即诱导花粉管的定向生长。花粉管生长的速度因植物种类和环境条件不同常有差别，木本植物一般较慢。从花粉粒萌发到花粉管进入胚囊所需时间，小麦、水稻20～30 min，柑橘约30 h，胡桃约72 h，栓皮栎和麻栎约需14个月。影响花粉管生长速度的外界条件主要是温度，在适宜的温度范围内，温度增高，生长速度也相应加快。如小麦在10℃时2 h可到达胚珠，20℃时只需30 min，30℃时仅需15 min。此外，花粉生活力的高低、亲本亲缘关系的远近、花粉粒数量的多少，都会影响花粉管的生长速度。

二、双受精作用

1. 双受精过程

　　花粉管到达胚囊后，从一个退化助细胞的基部进入，另一个助细胞短期存在或相继退化。随后，花粉管末端的一侧形成一小孔，释放营养核、两个精细胞和花粉管物质。其中一个精细胞与卵细胞融合，另一个精细胞与中央细胞的两个极核融合。这种两个精细胞分别与卵和极核融合的现象，称为双受精（double fertilization）。双受精作用是被子植物有性生殖中的特有现象（图4-25）。

　　双受精过程中，精核进入卵细胞后，精核与卵核接触处的核膜融合，最后核质相融，两个核的核仁也共融为一个大核仁。至此，卵已受精，成为合子，将来发育成胚。另一个精细胞进入中央细胞后，其精核与极核的融合过程跟精核与卵核的融合过程基本相似，但融合的速度较精卵融合快。精核和极核融合形成三倍体的初生胚乳核，进一步发育成胚乳。

2. 受精的选择性

　　植物受精作用的全过程中，始终贯穿着选择作用。从传粉开始，柱头与花粉之间即进行相互识别；

图4-25 被子植物双受精作用中精细胞转移至卵细胞和中央细胞的图解

花粉管进入胚囊

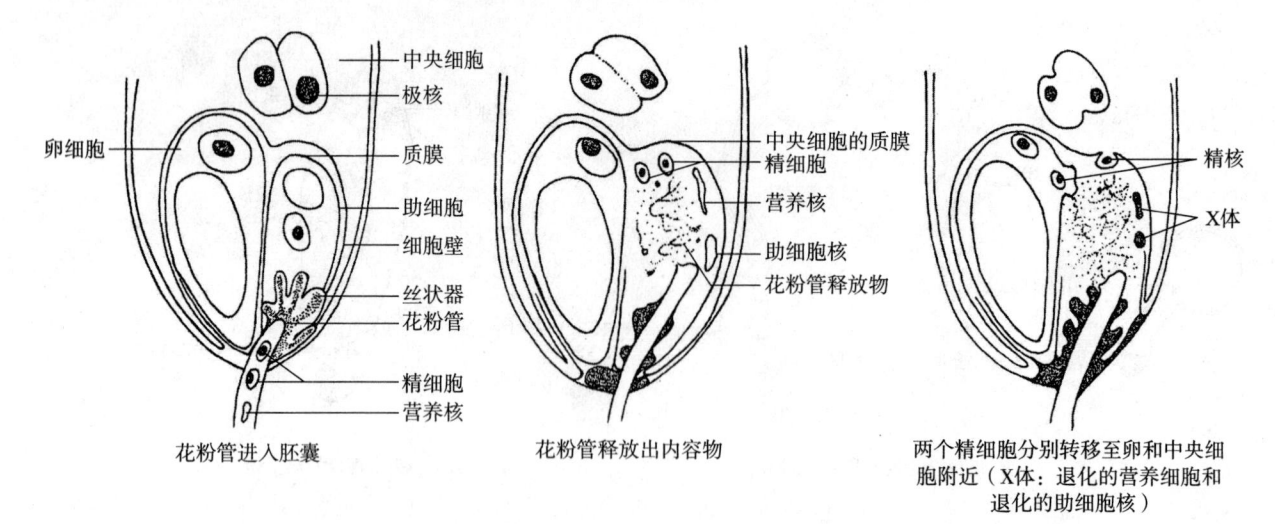

花粉管释放出内容物

两个精细胞分别转移至卵和中央细胞附近（X体：退化的营养细胞和退化的助细胞核）

而伸入花柱中的多条花粉管通常只有生活力强、生长迅速的一条进入胚囊。少数植物中有时出现2或3条花粉管先后进入胚囊，但最后仍然只有一条花粉管中的精细胞与卵发生融合，其余花粉管均被同化吸收。在受精时，卵细胞又总是选择生理上和遗传上最适合的精细胞来完成受精过程，以产生生活力最强的后代。卵细胞对于精细胞的选择性，是植物在整个生活过程中对外界环境条件选择现象中的普遍规律之一。

受精的选择性是演化的表现。正如达尔文指出的那样，植物如果没有受精选择，就不可能充分得到异体受精的利益，也不可避免自体受精或近亲交配的害处。

3. 双受精的生物学意义

双受精作用具有特殊的生物学意义。因为双受精作用形成一个二倍体的合子，使植物原有染色体的数目得以恢复，保持了物种的相对稳定性；同时通过父、母本具有差异的遗传物质的重组，使合子具有双重遗传性，既增强了后代个体的生活力和适应性，又为出现新的变异提供了基础。而且，作为胚发育中营养来源的三倍体的胚乳，同样兼有双亲的遗传性，更适合作为新一代胚的养料，使子代的生活力更强，适应性更广。因此，被子植物的双受精，加上其他各种形态构造上的演化适应，使它们成为地球上适应性最强、构造最完善、种类最多、分布最广、在植物界中占绝对优势的类群。

三、无融合生殖和多胚现象

1. 无融合生殖

被子植物正常的有性生殖是由两性配子融合的细胞发育成胚。但在有些植物的胚囊里，不经精卵融合也可以产生胚，这种现象称为无融合生殖（apomixis）。它虽发生于有性器官中，但无两性细胞的融合。虽然不经精卵融合，但却仍然形成胚，以种子形式繁殖，而并非通过营养器官进行繁殖。

无融合生殖现象已在被子植物36科300多个种中发现，形式多样，主要有下列几种类型：

（1）孤雌生殖（parthenogenesis）：即卵细胞不经受精作用，直接发育成胚的现象。在玉米、小麦、烟草等植物中曾有报道。

（2）无配子生殖（apogamy）：在被子植物中，由胚囊中卵细胞以外的非生殖细胞不经受精发育产生胚的一种无融合生殖，如葱、含羞草等。

上述两种方式所产生的胚以及由胚发育成的植株都是单倍体，无法进行减数分裂，生活力弱，几乎是完全不育的。但如果通过各种手段使其染色体加倍，形成纯合二倍体，则可应用于育种中。

（3）无孢子生殖（apospory）：在被子植物中，发生在通常由珠心细胞起源的胚囊中的一种无融合生殖，如早熟禾等。

2. 多胚现象

在一般情况下，每一胚珠中的受精卵仅发育形成一个胚，但有时在一个胚珠中产生两个或两个以上的胚的现象，称为多胚现象（polyembryony）。多胚现象产生的原因很多，有的由合子胚本身分裂成两至多个胚，然后各部分独立发育成胚，裸子植物的多胚即属此种情况，被子植物中也有此种情况，如兰科和百合科的郁金香、百合、椰子等。有的在一个胚珠中形成两个胚囊而形成多胚，如桃、梅。也有由胚囊内的其他细胞经受精形成多胚的，如助细胞受精形成合子胚以外的胚，经受精产生的胚是二倍性的，具有父母本的遗传特性。更多的是除了合子胚外，胚囊中的助细胞（如菜豆）和反足细胞（如韭菜）不经受精也发育成胚，这种胚是单倍性的，只具母本的遗传特性，通常是不育的。在某些植物中，胚囊外面的珠心或珠被细胞也可直接进行细胞分裂，形成一些不定胚（adventive embryo）。这些不定胚与合子胚同时并存，如柑橘的种子中可存在4或5个甚至更多的胚，其中只有一个是来源于受精卵的合子胚，其余均为来源于珠心的不定胚（珠心胚）。这种不定胚是二倍性的，只具有母本的遗传特性，能较好地保持母体性状。柑橘属、芒果属、仙人掌属、百合属等都极易产生不定胚。

第六节　种子和果实

被子植物完成受精后，胚珠发育为种子，子房壁连同其中所包被的胚珠，共同发育为果实。有些植物花的其他部分（甚至花以外的结构）也可参与果实的形成。被子植物的种子包在果实内，受到良好的保护。裸子植物的种子无子房壁包被，呈裸露状态。

种子和果实与人类生活有着极为密切的关系，是粮食、蔬菜、果品、饮料、工业和医药的原料。

一、种子和幼苗

种子（seed）是种子植物特有的繁殖器官，也是种子植物的繁殖单位。种子里的胚是植物体的雏形，并贮藏有大量营养物质。种子萌发后，胚发育为幼苗，逐渐成为独立的植株。种子既是种子植物有性生殖过程的最终产物，又是新一代生命的开始。为了进一步了解种子植物的个体发生和形态结构的形成过程，有必要首先了解种子的形态、结构、类型、萌发的条件以及幼苗的形态。

（一）种子的形成和结构

种子通常由胚、胚乳和种皮三部分组成，它们分别由合子（受精卵）、初生胚乳核（受精极核）和珠被发育而成。但也有很多植物的种子是由种皮和胚两部分所组成，种子内没有胚乳。在种子形成过程中，大多数植物的珠心部分被吸收利用而消失，也有少数种类的珠心继续发育，直到种子成熟，成为种子的外胚乳。不同植物的种子，虽然大小、形状以及内部结构颇有差异，但它们的发育过程都是大同小异的。

1. 胚的发育

合子形成后，经过一定时间的休眠，胚才开始发育。休眠期的长短随植物种类不同而异，通常，胚乳为细胞型的休眠期较短，胚乳为核型的休眠期较长。如水稻的休眠期为4~6 h，棉花为2~3天，可可树约半个月，茶树需经5~6个月合子才开始分裂。

胚的发育有许多类型，现以荠菜为例说明双子叶植物胚的发育过程。

合子的第一次分裂是横分裂，形成大小不等的两个细胞。近珠孔端的一个细胞较长，高度液泡化，称为基细胞（basal cell）；远珠孔的细胞较小，细胞质浓，称为顶端细胞（apical cell），这种差异是由合子的生理极性所决定的。从形成两个细胞开始直至器官分化之间的阶段，称为原胚（proembryo）阶段。

基细胞经过分裂成为胚柄（suspensor）。胚柄把胚体推向胚囊，以利于胚在发育中吸收周围的营养物质。近年来，从超显微结构研究中发现，一些植物，如菜豆、豇豆等的胚柄在结构上具有传递细胞的特征，显示胚柄有从周围组织转移营养物质至胚的功能。此外，推测胚柄有合成和分泌激素（或其他化合物），以调节胚早期发育的作用。胚柄是暂时性的结构，随着胚的成长而逐渐退化，成熟种子中只保留一些痕迹。

在胚柄生长同时，其顶端细胞也相应进行分裂。顶端细胞先要经过两次互相垂直的纵分裂，成为4个细胞，即四分体时期，然后各个细胞再横向分裂一次，成为8个细胞的球状体，即八分体（octant）时期。八分体的各细胞先进行一次平周分裂，再经过各个方向的连续分裂，成为一团组织，即多细胞的球形胚体。以上各个时期都属于原胚阶段。球形胚体继续增大，在顶端两侧部位的细胞分裂较多，生长较快，形成两个突起，称为子叶原基。此时整个胚体呈心形。继而子叶原基生长延伸，形成两片形状、大小相似的子叶（cotylendon）。紧接着，子叶基部的胚轴（hypocotyl）也相应伸长，整个胚体呈鱼雷形。以后，在两片子叶基部相连处的凹陷部位分化出胚芽（plumule）；与胚芽相对的一端形成胚根（radicle），至此，幼胚分化完成。随着幼胚的发育，胚轴和子叶显著延伸，成熟胚在胚囊内弯曲成马蹄形，胚柄退化消失（图4-26）。

✿ 图4-26　荠菜胚的发育

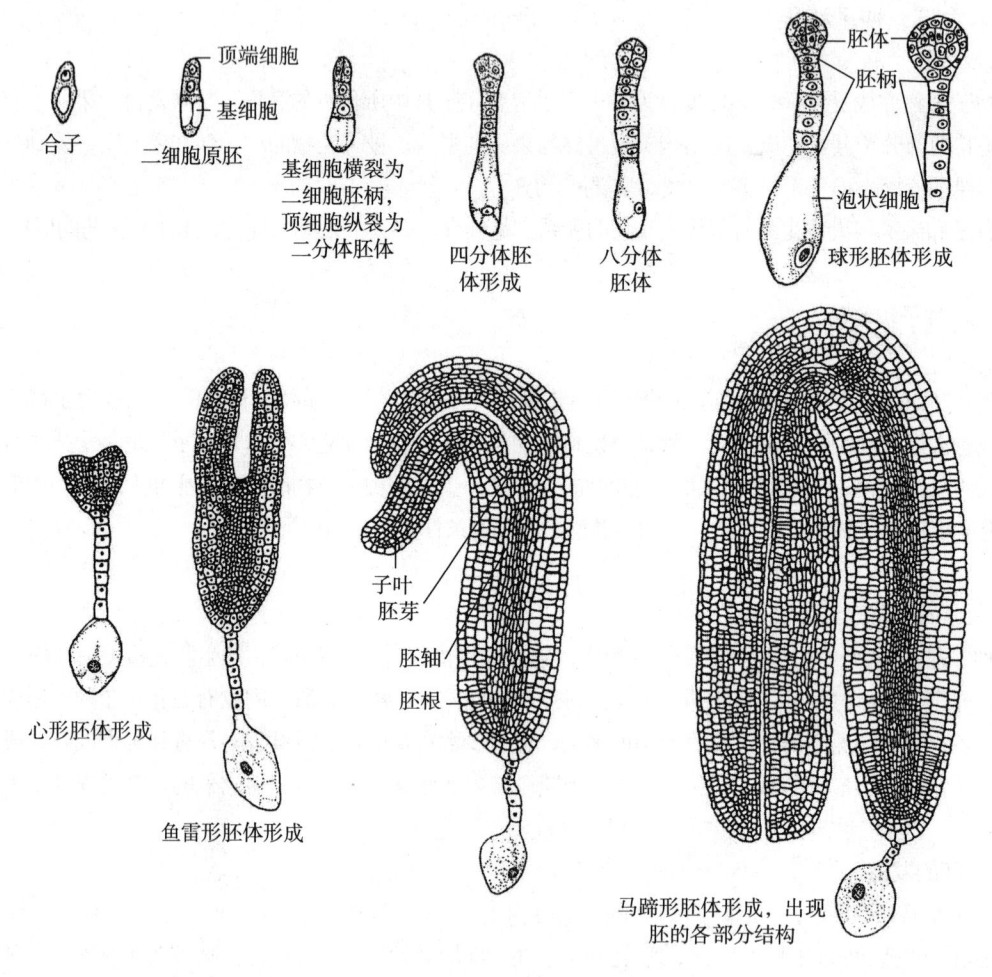

单子叶植物胚的发育，可以禾本科的小麦为例说明。小麦合子的第一次分裂是斜向的，分为2个细胞，接着2个细胞各自进行一次斜向分裂，成为4细胞的原胚。每个细胞再各自不断地从各个方向分裂增大，形成16~32细胞时期，此时胚呈现棍棒状，上部膨大，为胚体的前身，下部细长，分化为胚柄，整个胚体周围由一层原表皮细胞所包围。不久，在棒状胚体的一侧出现凹刻，就在凹刻处形成胚体主轴的生长点，凹刻以上的一部分胚体发展为盾状子叶。由于这一部分生长较快，所以很快突出在生长点之上。生长点分化后不久，出现了胚芽鞘的原始体，成为一层折叠组织，罩在生长点和第一片真叶原基的外面。与此同时，在胚体的子叶相对的另一侧，形成一个新的突起，并继续长大，成为外胚叶。由于子叶近顶部分细胞的居间生长，所以子叶上部伸长很快，不久成为盾片，包在胚的一侧。胚芽鞘开始分化出现的时候，就在胚体的下方出现胚根鞘和胚根的原始体，由于胚根与胚根鞘细胞生长的速度不同，所以在胚根周围形成一个裂生性的空腔，随着胚的长在，腔也不断地增大。

至此，小麦的胚体已基本上发育形成。在结构上，它包括一枚盾片（子叶），位于胚的内侧，与胚乳相贴近。茎顶的生长点以及第一片真叶原基合成胚芽，外面有胚芽鞘包被。相对于胚芽的一端是胚根，外有胚根鞘包被。在与盾片相对的一面，可以见到外胚叶的突起。有的禾本科植物如玉米的胚，不存在外胚叶。

胚发育的初期，双子叶植物与单子叶植物基本相同，但在胚分化过程中则出现了差别，主要差别是单子叶植物胚的子叶原基不均等的发育，在成熟胚中只形成一个明显的子叶（图4-27）。

无论是双子叶植物还是单子叶植物，它们的成熟胚都分化出胚芽、胚轴、胚根和子叶四个部分。禾本科植物在胚芽和胚根之外还有胚芽鞘和胚根鞘的特殊结构（图4-27）。

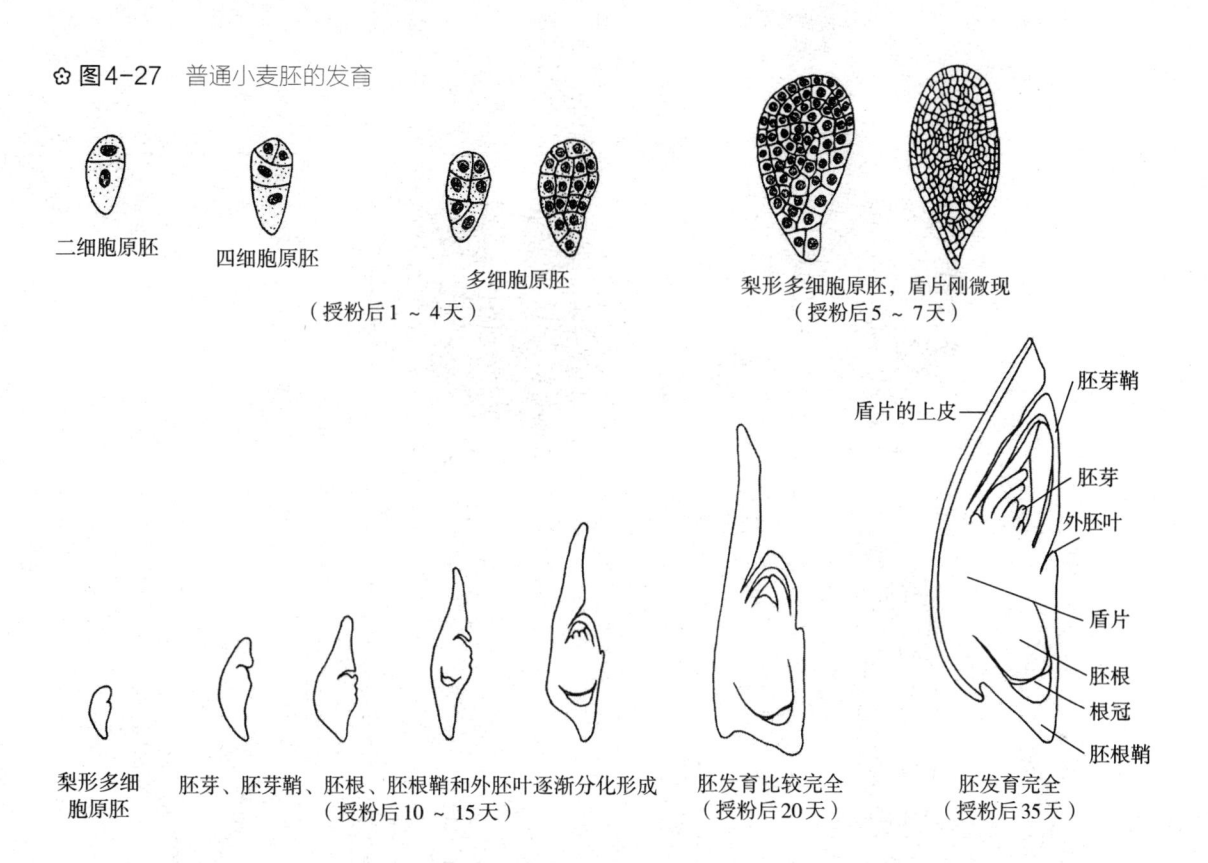

✿ 图4-27　普通小麦胚的发育

二细胞原胚　　四细胞原胚　　多细胞原胚　　梨形多细胞原胚，盾片刚微现
　　　　　　　　　　　　　　（授粉后1～4天）　　（授粉后5～7天）

梨形多细胞原胚　胚芽、胚芽鞘、胚根、胚根鞘和外胚叶逐渐分化形成　胚发育比较完全　胚发育完全
　　　　　　　　（授粉后10～15天）　　　　　　　　（授粉后20天）　（授粉后35天）

标注：胚芽鞘、盾片的上皮、胚芽、外胚叶、盾片、胚根、根冠、胚根鞘

胚芽包括生长锥、叶原基和幼叶。胚根顶端为生长点和覆盖在其外的幼期根冠。胚轴是连接胚芽和胚根的短轴，子叶着生于其上。胚轴一般分为两部分，由子叶到第一片真叶之间的部位称为上胚轴（epicotyl）；子叶和胚根之间的部位称为下胚轴（hypocotyl），下胚轴通常简称胚轴。在不同的植物里，子叶的数目和生理功能不完全相同。有的种子的子叶在种子萌发后露出土面，进行短期的光合作用；当真叶出现后，子叶就开始枯萎了。

2. 胚乳的发育

裸子植物的胚乳，是由雌配子体发育成的，为单倍体，仅具母本的特性。被子植物的胚乳（endosperm）是极核受精后发育而成的，一般是三倍体，通常不经休眠（如水稻）或经短暂的休眠（如小麦）后，即开始第一次分裂。所以，胚乳的发育总是先于胚的发育。

胚乳的发育一般有三种形式，即核型（nuclear type）、细胞型（cellular type）和沼生目型（helobial type）（图4-28）。

核型是被子植物中最普通的胚乳发育形式。其特点是初生胚乳核（primary endosperm nucleus）的分裂和以后一段时期核的分裂都不伴随细胞壁的形成，因而胚囊中各细胞核分散于细胞质中，出现一个游离核时期。游离核的数目通常随植物种类而异，多的可达数百以至数千个，才过渡到细胞时期，如胡桃、苹果等。少的仅8或16个核，甚至只有4个核，如咖啡。随着游离核的增多和胚囊内中央液泡的形成和扩大，游离核连同细胞质被挤到胚囊的边缘。通常在合点端和珠孔端核较密集。核的分裂以有丝

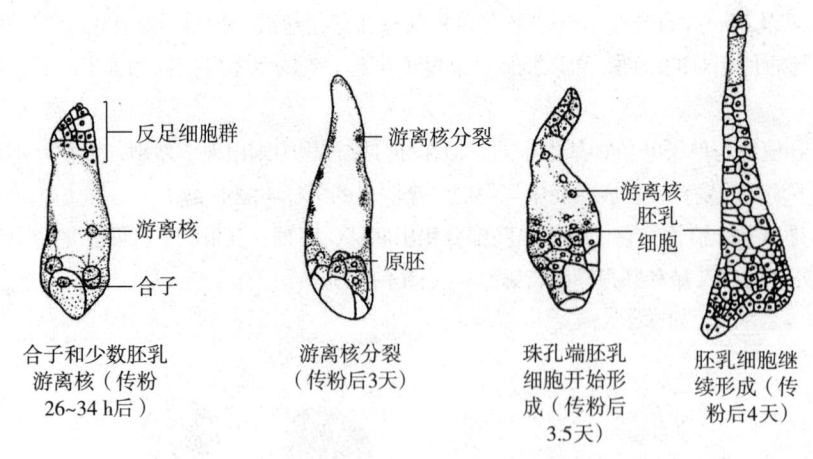

☆ 图4-28 玉米、矮茄和紫萼胚乳的发育

玉米核型胚乳的发育过程

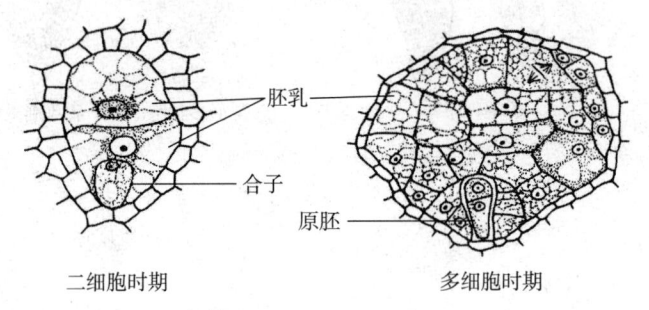

矮茄（*Solanum demissum*）细胞型胚乳的初期发育

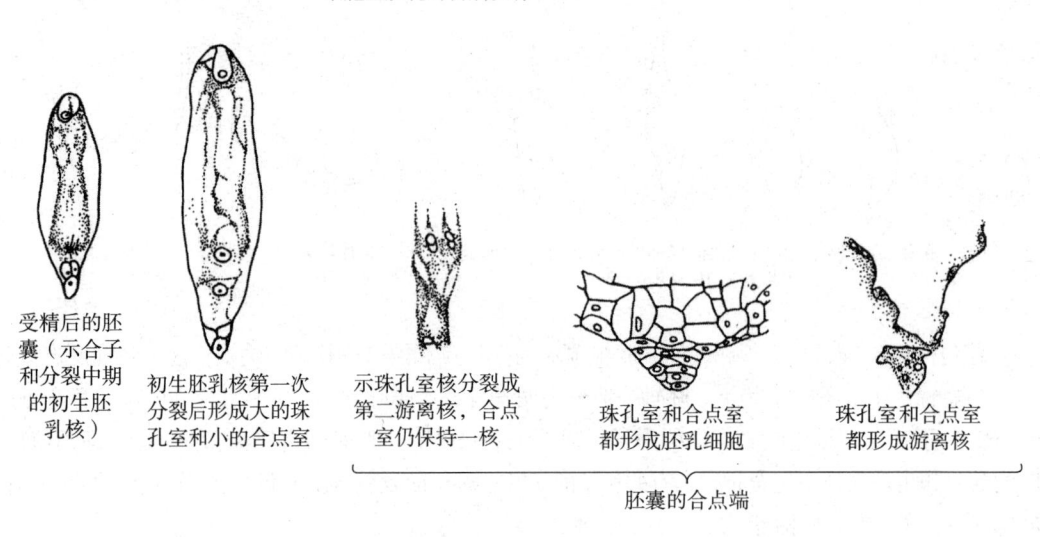

紫萼沼生目型胚乳的发育

分裂方式进行为主，也出现少数的无丝分裂。胚乳核分裂到一定阶段，即在游离核之间形成细胞壁，分隔成胚乳细胞。胚乳细胞壁的形成通常是在胚囊的边缘开始，向中心发展，最后整个胚囊被胚乳细胞充满。但也有些植物仅在原胚附近形成胚乳细胞，而合点端始终保持游离核状态。也有的只在胚囊边缘形成少数几层的细胞，胚囊中央仍为胚乳游离核。

细胞型胚乳的发育不同于核型，在于它在初生胚乳核分裂开始即伴随着细胞壁的形成，以后各次分裂也都以细胞形式出现，无游离核时期。大多数合瓣花类植物，如番茄、烟草、芝麻等均属细胞型。

沼生目型胚乳的发育是核型和细胞型的混合类型。其特点是初生胚乳核第一次分裂时形成横壁，把胚囊分成两室，即珠孔室和合点室。珠孔室较大，核多次分裂成游离状态，到后期，游离核间产生细胞壁，形成细胞。合点室核的分裂次数较少，并一直保持游离状态。属于这一类型的植物只限于沼生目种类如泽泻、慈菇、紫萼（*Hosta ventricosa*）等。

成熟的胚乳细胞一般是等径的大型薄壁细胞，有细胞质和细胞核，具丰富的细胞器，细胞间有发达的胞间连丝。细胞间排列紧密，没有细胞间隙。有些植物的胚乳细胞还形成壁内突的结构。

胚乳是一种营养组织，细胞中积累大量淀粉、蛋白质或油脂等营养物质，为胚的生长发育或种子萌发和出苗提供养料，这种营养组织亦为贮藏组织。不同植物种子的胚乳，在种子发育和成熟过程中，有的已被耗尽，其中的养料多转移到子叶之中，形成肥大的子叶多为双子叶植物。有的则保持到种子成熟，供萌发之用，多为单子叶植物。

胚和胚乳在发育过程中，通常吸收胚囊周围的珠心组织的养料，所以珠心一般遭到破坏而消失。但在极少数植物的种子中，由于珠心组织不被完全吸收，而有一部分残留，形成类似胚乳的贮藏组织，称为外胚乳（perisperm）。有少数植物种类在种子形成过程中外胚乳特别发达，胚乳则很不发育，如咖啡。外胚乳不同于胚乳，它是非受精的产物，为二倍体组织。外胚乳和胚乳虽然来源不同，但功能相同。外胚乳可在有胚乳的种子中出现，如胡椒、姜等；也可以发生于无胚乳的种子中，如石竹、苋等。

被子植物中亦有例外的情况，例如兰科、川蓇草科、菱科等植物，种子在发育过程中极核虽也经过受精作用，但受精极核不久退化消失，并不发育为胚乳，所以种子内并不存在胚乳结构。

3. 种皮的形成

种皮是由珠被发育而成的。受精后，在胚和胚乳发育的同时，珠被发育成种皮，包在种子的最外面，起保护作用，使种子内部不受到机械损伤，防止水分丧失和被微生物所感染。具两层珠被的胚珠，常形成两层种皮。外珠被形成外种皮，内珠被形成内种皮，如蓖麻、苹果等。但有些植物，如毛茛科、豆科等，其内珠被在种子形成过程中全部被吸收而消失，只有外珠被继续发育为种皮，在形成种子时一般只具一层种皮。禾本科植物的种皮极不发达，如玉米、小麦、水稻等仅剩下由内珠被内层细胞发育而来的残存种皮。这种残存的种皮与果皮愈合在一起，而主要由果皮对内部幼胚起保护作用。

成熟的种子，种皮外表一般可见种脐（hilum）、种孔、种脊（raphe）等结构。种脐是种子与种柄脱离后留下来的痕迹，多数种子的种脐细微，不很明显。种子萌发时，种脐是水分进入种子内的通路。种孔是原来的珠孔。种脊位于种脐的一侧，隆起，略成黑色，是倒生胚珠的外珠被与珠柄愈合形成的纵脊，内含维管束。种孔是种子萌发时胚根穿出的孔道。种脐和种孔是每种植物种子都具有的构造，而种脊则不是。

种皮成熟时，内部结构也发生相应改变。大多数植物的种皮其外层常分化为厚壁组织，内层为薄壁组织，中间各层往往分化为纤维、石细胞或薄壁组织。种皮构造在分类学鉴定到种时有一定意义。以后随着细胞失水，种皮成为干种皮。有的种皮十分坚实，不易透水、透气，使种子萌发时吸水困难。因此，有些植物种子在播种前必须加以处理。有些植物种子的种皮具有光泽、花纹或其他附属物，如橡胶树的种皮的花纹、乌桕种皮附着的蜡层、马尾松和榆的外种皮扩展成翅等。少数植物种子具有肉质种皮，如石榴种子的种皮，其外表皮由多汁的细胞层组成，形成可食的部分；裸子植物中的银杏，其外种皮亦为肥厚肉质结构。此外，还有少数植物的种子形成假种皮（aril）。假种皮是指从胚珠基部向外突起、发育形成包裹在种子外面、色泽鲜艳的一种结构。通常将种子外面的任何肉质部分都当作假种皮，但其起源很却很复杂，它们或来自外珠被的外层肉质细胞，或起源于外珠被的各部分，有时合点和珠柄部分也参与形成假种皮。假种皮包于种皮之外，常含有大量油脂、蛋白质、糖类等贮藏物质，如龙眼、荔枝果实的肉质、多汁的可食部分。

（二）种子的类型

不同植物的种子在大小、形状、颜色、花纹和内部结构等方面有着较大差别。大者如椰子的球形种子，其直径几可达15～20 cm；小的如一般习见的油菜、芝麻、烟草的种子。种子的形状，差异也较显著，有肾形的如大豆、菜豆的种子；圆球形的如油菜、豌豆的种子；扁形的如蚕豆的种子；椭圆形的如花生的种子，以及其他形状的种子。种子的颜色也各有不同，有纯为一色的，如黄色、青色、褐色、白色、红色或黑色等；也有具彩纹的，如蓖麻的种子。种子的外部形态如此多样化，利用种子外形的特点可以极好地鉴别植物种类。

根据种子成熟后胚乳的有无，将种子分为有胚乳种子（albuminous seed）和无胚乳种子（exalbuminous seed）两类。

1. 有胚乳种子

这类种子由种皮、胚和胚乳三部分组成。双子叶植物中的蓖麻、烟草、番茄、辣椒、柿等以及单子叶植物中的水稻、玉米、小麦、洋葱等植物的种子都属于这一类型。现以蓖麻和水稻种子为例，说明双子叶植物和单子叶植物有胚乳种子的结构。

蓖麻种子椭圆形，略侧扁，种皮坚硬光滑，具斑纹。种子的一端有海绵状的种阜，是由外种皮延伸而成。腹面中央有一长形隆起的种脊，是倒生胚珠的珠柄和一部分外珠被愈合，在成熟种皮上留下的痕迹。外种皮以内是白色膜质的内种皮及胚乳，种子的胚呈薄片状，被包在胚乳的中央。两片子叶大而薄，有明显的脉纹（图4-29）。

从纵切面上可见，水稻籽粒由籽粒皮、胚乳和胚三部分组成（图4-29）。籽粒皮包在籽粒的外围，由果皮和种皮愈合而成，不易分离。因此，水稻的籽粒是果实，称为颖果。胚乳占有籽粒的大部分体积；胚处于籽粒基部的一侧，仅占小部分位置。胚乳由两部分组成，一部分是糊粉层，只有一层细胞，包在胚乳外围，紧贴种皮；其余部分是含淀粉的胚乳细胞。胚由胚芽、胚芽鞘（coleoptile）、胚根、胚根鞘（colerhiza）、胚轴和子叶组成。子叶呈盾形，称为盾片（scutellum）。盾片的另一侧紧靠胚乳。盾片与胚乳相接近的一面，有一层排列整齐的细胞，称为上皮细胞（epithelium）。当种子萌发时，上皮细胞分泌酶到胚乳中，分解胚乳内贮藏的淀粉和蛋白质成为可溶性物质，然后由上皮细胞吸收，转运到胚的生长部位。

✿ 图4-29 有胚乳种子及其构造

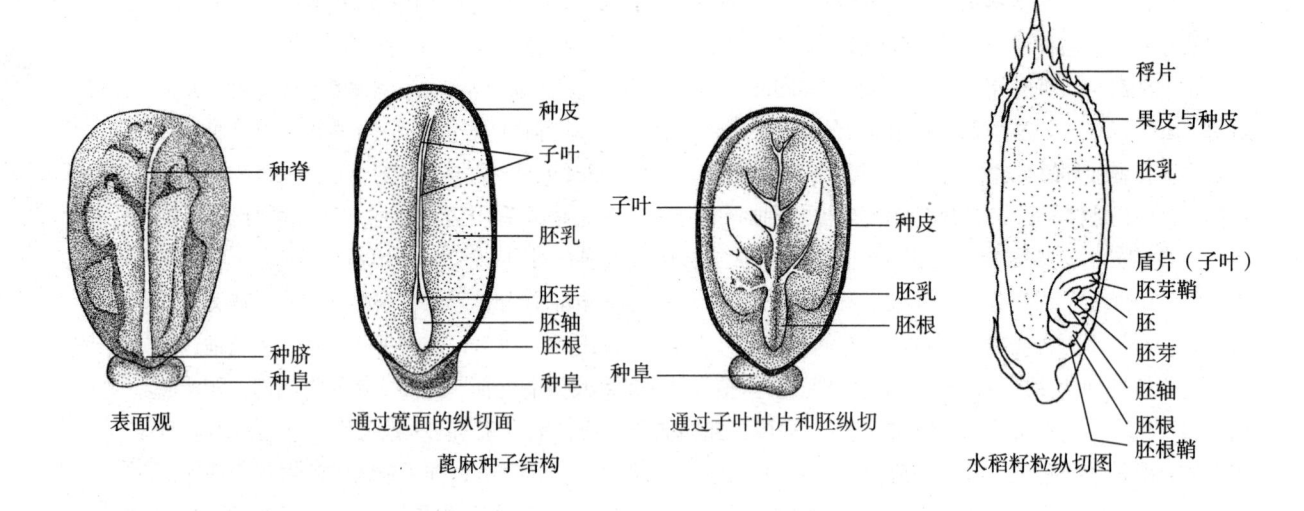

蓖麻种子结构

表面观　　通过宽面的纵切面　　通过子叶叶片和胚纵切

水稻籽粒纵切图

2. 无胚乳种子

这类种子由种皮和胚两部分组成，缺乏胚乳。双子叶植物中的豆类、瓜类、柑橘、棉、桃等和单子叶植物中的慈菇、泽泻等植物的种子属此类型。现以蚕豆和慈菇为例说明双子叶植物和单子叶植物的无胚乳种子的结构。

蚕豆种子略呈肾形而扁平，一端较宽，另一端较狭，外面有绿色或黄褐色革质种皮包被。在种子较宽一端的种皮上，有一条黑色眉状的种脐。种脐的一端有一小孔，称为种孔。剥去种皮，可见两片肥厚、扁平的子叶。在宽阔的一端，夹在两片子叶之间为一锥形的胚根；与胚根相连的另一端是胚芽，状如几片幼叶。胚根与胚芽之间有粗短的胚轴相连接，两片子叶直接连在胚轴上（图4-30）。

慈菇种子很小，包在侧扁的三角形瘦果内，每一果实仅含一粒种子。种子由种皮和胚两部分组成。种皮薄，仅有一层细胞。胚弯曲，胚根的顶端与子叶端紧相靠拢；子叶长柱形，一片，着生于胚轴上，其基部包被着胚芽。胚根和下胚轴一起组成一段短轴（图4-30）。

（三）幼苗的类型

由胚长成的幼小植物就是幼苗（seedling）。幼苗出土后，在形态上具有一般成长植物所具有的三种

图 4-30 无胚乳种子的结构

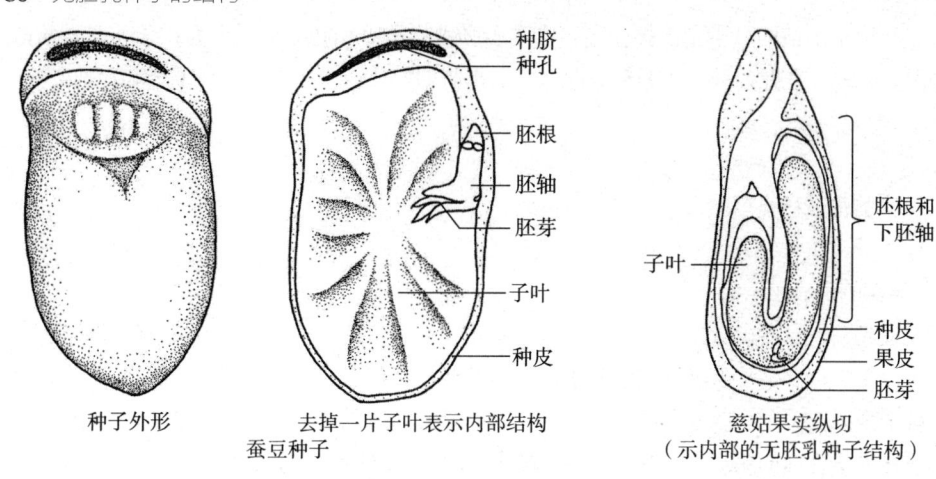

种脐
种孔
胚根
胚轴
胚芽
子叶
种皮

胚根和下胚轴
子叶
种皮
果皮
胚芽

种子外形　　去掉一片子叶表示内部结构　　慈姑果实纵切
　　　　　　　　蚕豆种子　　　　　　　　（示内部的无胚乳种子结构）

重要的营养器官——根、茎、叶。但幼苗不能完全营独立生活，仍然依靠种子内的贮藏物质作为自己的营养源。由于胚轴的生长情况随植物而不同，因而有不同的幼苗出土类型。由子叶着生点到第一片真叶之间的一段胚轴，称为上胚轴；由子叶着生点到胚根的一段称为下胚轴。子叶出土幼苗与子叶留土幼苗的最大区别，在于这两部分胚轴在种子萌发时的生长速度不相一致。

1. 子叶出土幼苗

种子萌发时，胚根突破种皮，伸入土中；形成主根后，下胚轴迅速伸长，把子叶、上胚轴和胚芽一起推出土面（图4-31）。这样形成的幼苗称为子叶出土幼苗（epigaeous seedling）。大豆、蓖麻、白菜、胡萝卜、黄瓜、松树等大多数双子叶植物和裸子植物的幼苗都是这种类型的。

2. 子叶留土幼苗

种子萌发时，下胚轴发育不良或不伸长，只是上胚轴和胚芽迅速向上生长，形成幼苗的主茎，而子叶始终留在土壤中（图4-32）。这样形成的幼苗称为子叶留土幼苗（hypogaeous seedling）。蚕豆、荔枝、柑橘、胡桃、油茶等一部分双子叶植物和大部分单子叶植物，如小麦、玉米、水稻、毛竹、棕榈、蒲葵等的幼苗都属此类型。

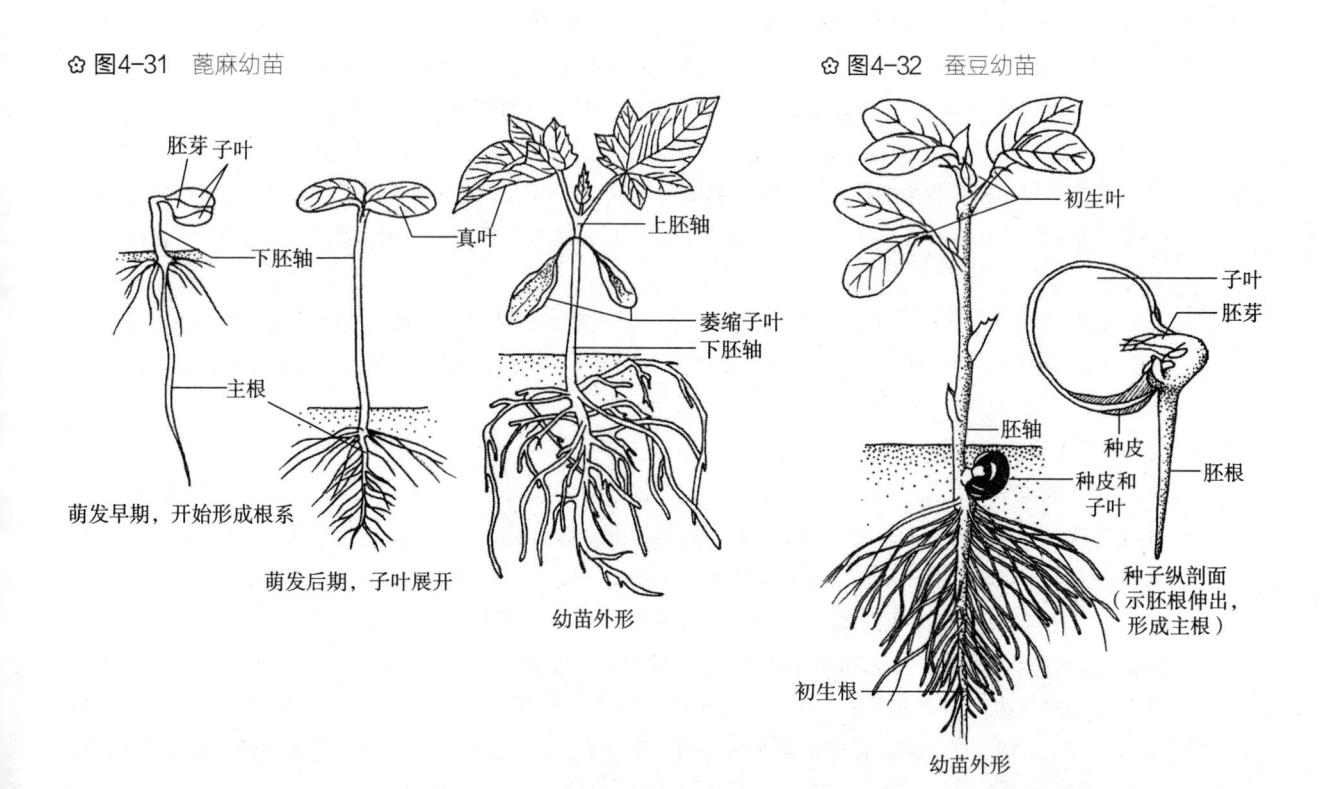

图 4-31 蓖麻幼苗

胚芽　子叶
下胚轴
主根

萌发早期，开始形成根系

真叶
下胚轴

萌发后期，子叶展开

上胚轴
萎缩子叶
下胚轴

幼苗外形

图 4-32 蚕豆幼苗

初生叶
胚轴
种皮和子叶
初生根

子叶
胚芽
种皮
胚根

种子纵剖面
（示胚根伸出，形成主根）

幼苗外形

第六节　种子和果实

了解幼苗的类型，对农林、园艺生产都有指导意义。萌发类型对种子的播种深度有密切关系。一般情况下，子叶出土幼苗的种子宜浅播覆土，有利于胚轴将子叶和胚芽顶出土面；子叶留土幼苗的种子，播种宜稍深。此外，掌握各种植物的幼苗形态来识别苗期的植物，在森林更新调查和育苗工作中是非常必要的。

二、果实的形成和类型

（一）果实的形成和结构

卵细胞受精后，花各部分发生显著变化。通常花冠凋谢，花萼枯落，少数植物的花萼宿存，雄蕊和雌蕊的柱头，花柱也都枯萎，仅子房或是子房以外其他与之相连的部分继续发育膨大，发育为果实。被子植物的种子由果皮（子房壁或心皮）所包被，因而果实为被子植物所特有。果实包括由胚珠发育而成的种子和包在种子外面的果皮（pericarp）。一般而言，果实的形成与受精作用联系密切，花只有在受精后才能形成果实。果皮是由子房壁发育形成的。

果皮通常分为外、中、内三层。外果皮（exocarp）一般很薄，有角质层和气孔，有时还有蜡粉和毛。幼果的果皮细胞中含有许多叶绿体，因此成绿色。果实成熟时，果皮细胞中产生花青素或有色体，所以显出红、橙、黄等各种颜色。中果皮（mesocarp）由薄壁细胞组成，结构上变化很多，有的肉质、肥厚，如桃、李、杏等；有的由薄壁组织和厚壁组织组成，成熟时为革质，如刺槐、豌豆等。中果皮内有维管束分布，有的维管束非常发达，形成复杂的网状结构，如丝瓜络、橘络等。内果皮（endocarp）变化也很大，有些植物的内果皮木质化加厚，非常坚硬，如桃、李、胡桃、椰子、油橄榄等；有的内果皮的表皮毛变成肉质化的汁囊，如柑橘的果实；有的果实成熟时，内果皮分离成单个的浆汁细胞，如葡萄、番茄等。

果皮的构造虽然可分为三层，但由于植物种类不同，果皮的结构、色泽、质地以及各层发育程度的变化是很大的，有时三层结构不易区分出来。果皮的发育更是一个十分复杂的过程，常常不能单纯地和子房壁的内、中、外层组织对应起来；而且组成三层果皮的组织层，常在发育过程中分化，因而要追索各层果皮的起源更显得困难。

（二）单性结实和无子果实

有些植物，特别是栽培植物，不经过受精，子房也能长大发育成果实，这种现象称为单性结实（parthenocarpy）。单性结实所形成的果实不含种子，或虽有种子但在种子内没有胚，称为无子果实。

单性结实有两类：一种是自发单性结实（autonomous parthenocarpy），即花不经传粉、受精或其他刺激而形成果实，如香蕉、柿、葡萄和柑橘的某些品种的单性结实。另一种是诱导单性结实（induced parthenocarpy），即通过外界刺激而引起的单性结实现象。用种间花粉刺激柱头，如马铃薯花粉刺激番茄柱头或苹果花粉刺激梨的柱头，都可以得到无子果实。用某些植物生长调节剂刺激花蕾，如低浓度2,4-D或IAA处理番茄和茄子花蕾、GA浸葡萄花序，均可诱导单性结实。反常的气候（如经常遇到低温）也可以引起单性结实。

单性结实能形成无子果实，但无子果实不一定完全由单性结实所致。有些植物虽然完成了受精作用，但由于种种原因，胚的发育中途停止，其子房或花的其他部分继续发育，也可形成无子果实。

（三）果实的类型

果实的类型有好几种划分方法。果实只由子房发育而成的，称为真果（true fruit），多数植物的果实是这种情况。有些植物的果实，除子房外尚有其他部分参与组成，如花托、花被以至花序轴，这些果实称为假果（spurious fruit，accessory fruit或false fruit），例如梨、苹果、石榴、凤梨以及瓜类等。

如果根据果实是由单花或花序形成，或以雌蕊的类型来分，可分为单果（simple fruit）、聚合果（aggregate fruit）和复果（multiple fruit）三类。单果是由一朵花中一个单雌蕊或复雌蕊参与形成的果实。单果在植物界很普遍，如荚果、蒴果、瘦果等。聚合果是由一朵花中许多离生雌蕊聚生在花托上，以后每一雌蕊形成一个小果，许多小果聚集在同一花托上，因小果的不同，聚合果可以是聚合蓇葖果，如八角、玉兰，也可以是聚合瘦果，如蔷薇、草莓，或者是聚合核果，如悬钩子、茅莓等植物的果实（图4-33）。复果是由整个花序发育成的果实，也称聚花果（collective fruit）或花序果（图4-34）。如菠萝的果实由许多花聚生在肉质花轴上发育而成；无花果的肉质花轴内陷成囊状，囊内壁上着生许多小坚果。

果实的分类主要还是根据果皮的性质及成熟后是否开裂来划分，分为肉果（fleshy fruit）和干果（dry fruit）两大类。

✿ 图4-33 聚合果

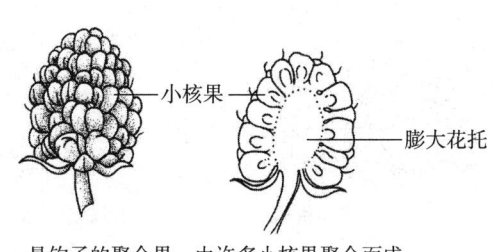

悬钩子的聚合果，由许多小核果聚合而成

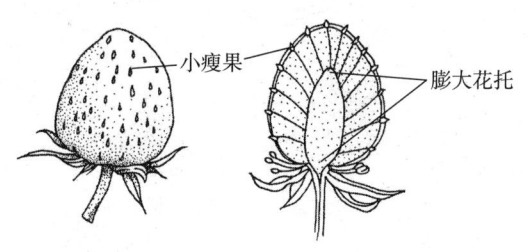

草莓的聚合果，许多小瘦果聚生于膨大的肉质花托上

✿ 图4-34 聚花果（复果）

桑葚，为多数单花集于花轴上形成的聚花果

凤梨的聚花果，多汁的花序轴成为主要的食用部分

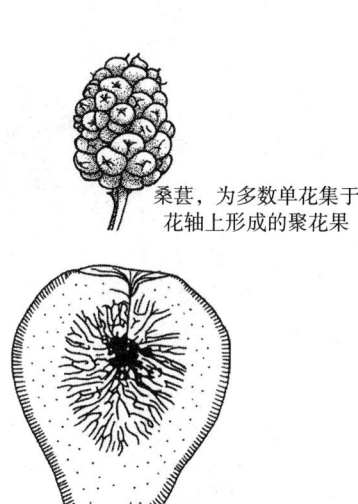

无花果果实的剖面，隐头花序凹陷膨大的花序托成为果实的可食部分

1. 肉果

果实成熟时，肉质多汁，供食用的果实大部分是肉果。肉果在成熟过程中常出现一系列生理变化，如：糖类由淀粉转化成可溶性糖；有机酸氧化变成糖类；单宁也氧化或成为不溶状态，从而增加了果实的甜味，减少酸味和涩味；质体中的叶绿素破坏了，细胞液出现花青素，使果实的颜色有所转变；果肉细胞中产生某些挥发性脂肪物质，使果实变香；果肉细胞的胞间层由于果胶酶的作用而溶解，使果肉软化，成为色、香、味三者兼备的可食用部分。肉果又可按果皮来源和性质不同而分为以下几类（图4-35）。

（1）浆果（berry）：浆果由一个或几个心皮形成，含一粒至多粒种子。外果皮薄，中果皮、内果皮和胎座均肉质化；浆汁丰富。如番茄、葡萄、柿、茄等。番茄果实的肉质可食部分，主要是由发达的胎座发展而成。

葫芦科植物的果实（瓜类）也是浆果，特称为瓠果（pepo）。由3个心皮组成，果实的肉质部分是由子房和花托共同发育而成的，因而是假果，果皮无明显外、中、内果皮之分。南瓜、冬瓜等的食用部分为肉质的中果皮和内果皮，西瓜的主要食用部分为发达的胎座。

柑橘类的果实也是一种浆果，称柑果（hesperidium）或橙果，由多心皮具中轴胎座的上位子房发育而成，它的外果皮厚，外表革质，内部分布许多油囊；中果皮较疏松，具多分枝的维管束（即橘络）；内果皮膜质，分为若干室，向内产生许多多汁的汁囊，是食用的主要部分。

（2）核果（drupe）：核果是具有坚硬内果皮的一类肉果，通常由单雌蕊发育而成，内含一粒种子。外果皮极薄，由表皮层和表皮下的几层厚角组织组成；中果皮厚，是肉质的食用部分，全由薄壁细胞组成；内果皮是由石细胞构成的硬核，如桃、梅、李、杏等的果实。椰子也是核果，但它的中果皮干燥无汁，成纤维状，俗称椰棕；内果皮即为椰壳。

（3）梨果（pome）：梨果是由多心皮的下位子房和花托愈合发育而成的一类肉质假果。外面很厚的肉质部分是原来的被丝托，肉质部分以内才是果皮部分。外果皮和被丝托，以及和中果皮之间均无明显界限可分；内果皮木质化，较易分辨，如梨、苹果、山楂等的果实（图4-36）。

第六节 种子和果实

图4-35 肉果的主要类型

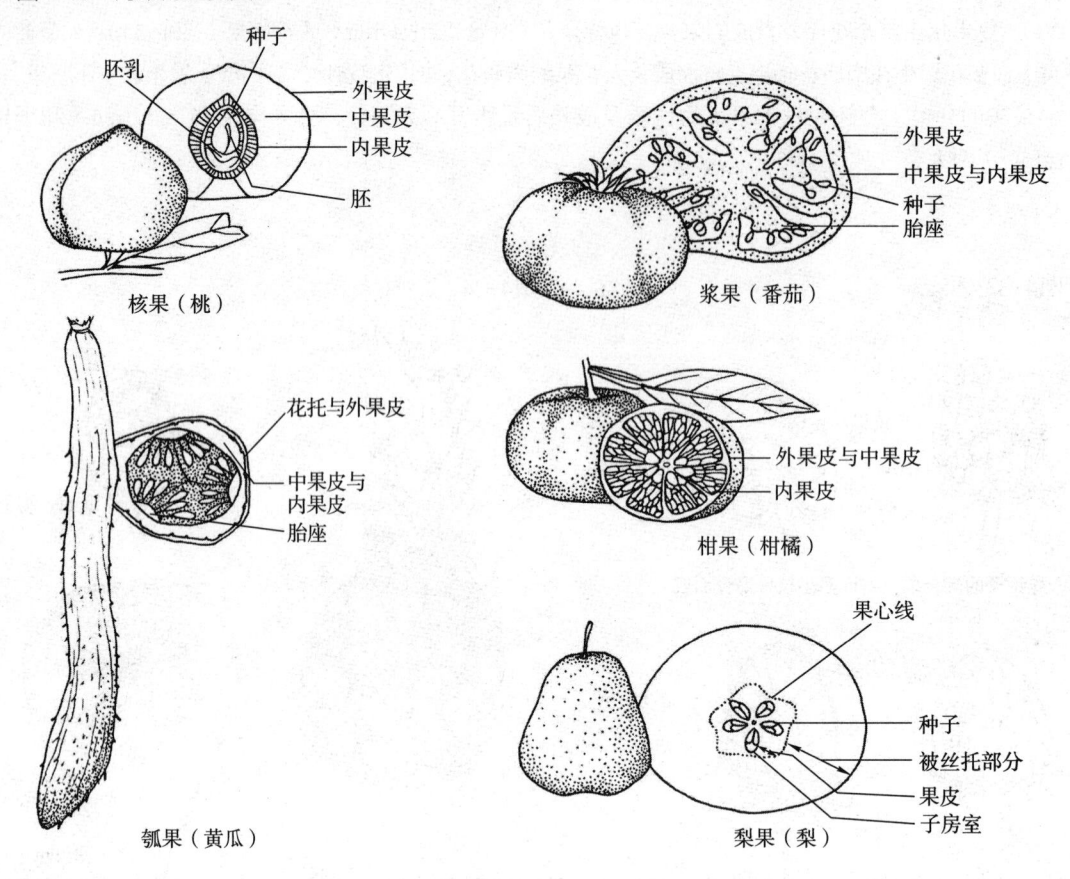

核果（桃）
浆果（番茄）
瓠果（黄瓜）
柑果（柑橘）
梨果（梨）

图4-36 苹果的果实（假果）发育和结构

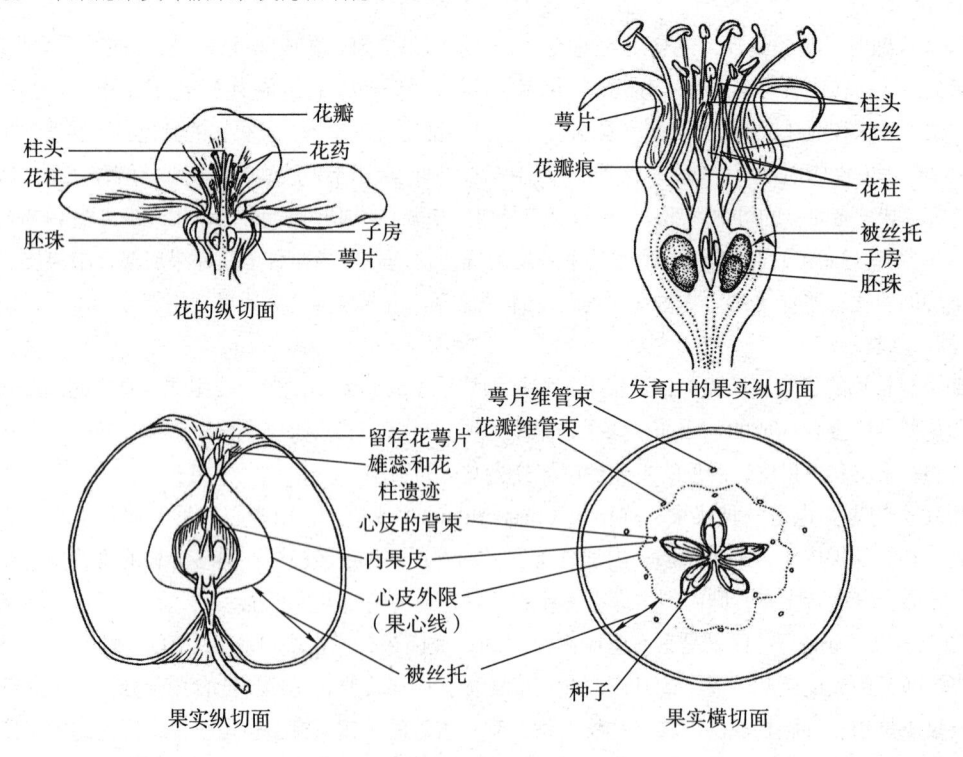

花的纵切面
发育中的果实纵切面
果实纵切面
果实横切面

2. 干果

果实成熟时，果皮干燥，有的自行开裂，称为裂果（dehiscent fruit）；有的不开裂，称为闭果（indehiscent fruit）。根据心皮结构的不同，干果又可分为如下类型。

裂果类（图4-37）

（1）荚果（legume）：荚果是豆科植物特有的一种干果，由一个心皮发育而成。成熟时果皮沿背缝和腹缝两面开裂，如大豆、豌豆、蚕豆等。有些豆科植物的荚果比较特殊，如落花生、合欢的荚果在自然情况下不开裂；含羞草、决明、山蚂蟥等的荚果呈分节状，每节含一粒种子，成熟时分节脱落，这类果实称为节荚果；槐的荚果为圆柱形分节，呈念珠状；苜蓿的荚果螺旋状，边缘有齿刺。

（2）蓇葖果（follicle）：果实由一心皮或离生心皮发育而成，果实成熟时，沿腹缝线（如牡丹、芍药、飞燕草）或背缝线开裂（如木兰、辛夷）。

（3）蒴果（capsule）：蒴果由两个或两个以上合生心皮发育而成，每室含多数种子。蒴果是较普遍的一类果实，果实成熟时有几种裂开方式，常见的有室背开裂（loculicidal dehiscence），即沿心皮的背缝裂开，如棉、百合、鸢尾、酢浆草等；室间开裂（septicidal dehiscence），即沿心皮相接处的隔膜裂开，如烟草、马兜铃、秋水仙等；室轴开裂（septifragal dehiscence），即果皮外侧沿心皮的背缝线或腹缝线相接处裂开，但中央的部分隔膜仍与中轴相连，如牵牛、曼陀罗、杜鹃花；周裂（circumscissile dehiscence），即果实中上部环状横裂成盖状脱落，如马齿苋、车前；孔裂（porous dehiscence），即果实成熟时，每一心皮顶端裂一小孔，以散发种子，如罂粟、虞美人、桔梗、金鱼草的果实。

（4）角果（silique）：角果是十字花科植物特有的开裂干果，由二心皮的子房发育而来。子房一室，后来由心皮边缘合生处向中央生出假隔膜，将子房分隔为两室。果实成熟时，果皮沿两腹缝线裂成两片而脱落，只留假隔膜，种子附于假隔膜上。油菜、甘蓝、白菜的角果很长，称为长角果（silique）；荠菜、独行菜的角果短阔，称为短角果（silicle）。

图4-37　裂果的主要类型

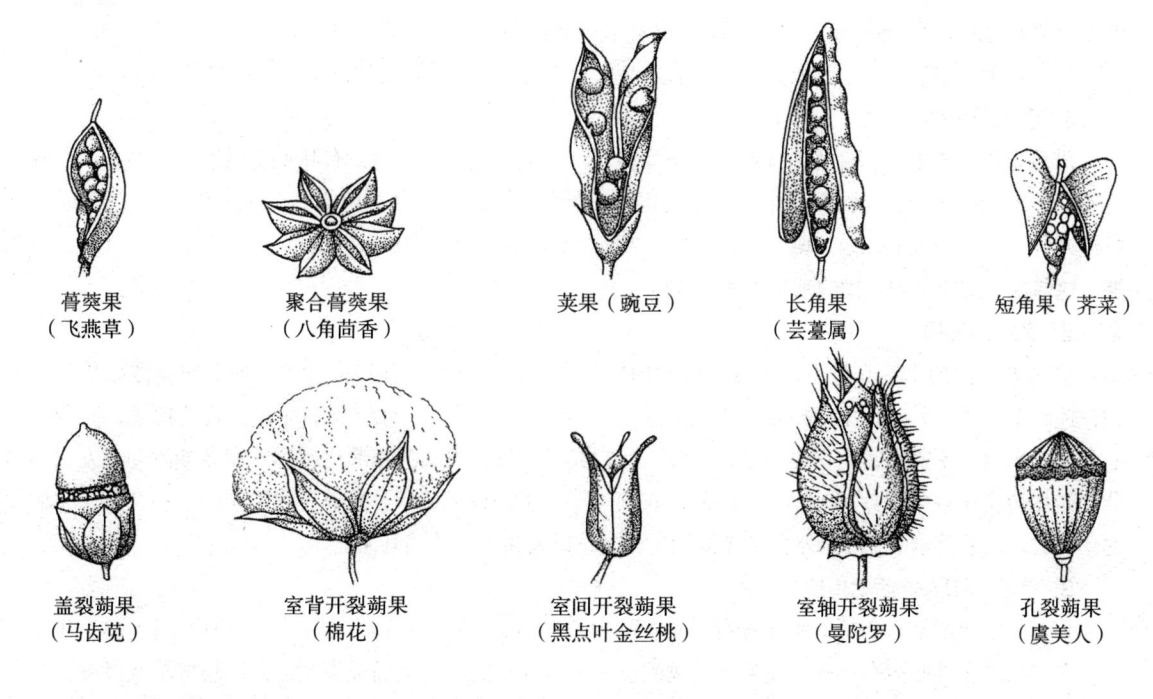

蓇葖果（飞燕草）　聚合蓇葖果（八角茴香）　荚果（豌豆）　长角果（芸薹属）　短角果（荠菜）

盖裂蒴果（马齿苋）　室背开裂蒴果（棉花）　室间开裂蒴果（黑点叶金丝桃）　室轴开裂蒴果（曼陀罗）　孔裂蒴果（虞美人）

闭果类（图4-38）

（1）瘦果（achene）：瘦果由1～3个心皮组成，子房仅具一室，内含一粒种子。成熟时，果皮革质或木质，仅种子基部与果皮相连，果皮容易与种皮分离。一心皮构成的瘦果如白头翁，二心皮瘦果如向日葵，三心皮瘦果如荞麦。

（2）颖果（caryopsis）：颖果是禾本科植物特有的果实类型。果皮薄、革质，只含一粒种子，果皮与种皮紧密愈合而不易分离，如水稻、小麦、玉米等的果实。颖果与瘦果的不同之处在于后者的果皮与种皮分离。

（3）翅果（samara）：翅果的果皮一部分延伸成翅状，有利于果实的散播，如榆、白蜡树、槭、枫杨等的果实。翅果与瘦果相似，就是生有翅的瘦果。

☆ 图4-38 闭果的主要类型

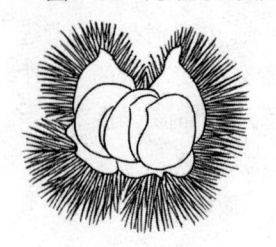

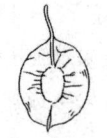

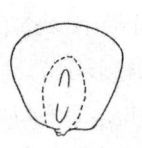

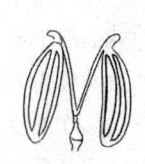

坚果（板栗）　　翅果（榆树）　　翅果（槭）　　颖果（玉米）　　瘦果（荞麦）　　双悬果（伞形科）

（4）坚果（nut）：坚果的果皮坚硬木质化，内含一粒种子，如腰果、椰子。山毛榉科坚果外面常包有壳斗，壳斗是由原花序的总苞发育而成，如栗属和栎属的果实。通常一个花序中仅有一个果实成熟；但也有两三个果实成熟的，如板栗。

（5）双悬果（cremocarp）：双悬果由两个心皮的子房发育而成两室。伞形科植物的果实多属这一类型。果实成熟时，子房室分离成两瓣，分悬于中央果柄的上端，种子仍包在心皮中，果皮干燥，但不开裂，如胡萝卜、茴香的果实。双悬果是裂果与闭果的中间类型。

（6）胞果（utricle）：亦称"囊果"，是由合生心皮形成的一类果实，具1枚种子，成熟时干燥而不开裂。果皮薄，疏松地包围种子，极易与种子分离，是藜科植物如藜、梭梭、地肤的果实。

三、果实和种子的传播

在长期自然选择过程中，种子植物的果实和种子形成了适应不同传播媒介的多种形态特征，以利于果实和种子的扩散（dispersal），扩大后代个体生长分布的范围，使种群繁衍。

果实和种子的散布，主要依靠风力、水力、动物和人类的携带以及通过果实本身的力量。

1. 借风力传播

借风力传播的果实和种子，一般体积小而轻，常具毛、翅等附属物，有利于随风远扬。例如，兰科植物的种子细小如尘，易飘浮空中而吹送到远处；莴苣、蒲公英等菊科植物的果实上生有冠毛；垂柳、白杨的种子外有细绒毛；榆、槭、枫杨的果实及松、云杉的种子具翅；酸浆的果实外具薄膜状气囊，等等。这些都是适应风力传播的结构（图4-39）。

2. 借水力传播

借水力传播的果实和种子，主要是水生植物和沼泽地带植物，其果实或种子多形成漂浮结构。例如，莲的聚合果，其花托组织疏松，形成"莲蓬"，可以漂载果实进行传播；生于海边的椰子，其果实的外果皮平滑，不透水，中果皮疏松，呈纤维状，充满空气，可随海流漂逐到远处海岛沙滩而萌发，因此热带海边常出现成片分布的椰林。此外，农田沟渠边生长许多苋、藜属、酸模属的一些杂草，它们的果实成熟后散落水中，常随水漂流至湿润土壤上，萌发生长，传播开来。

3. 借动物和人类活动传播

借动物、人类活动传播的果实和种子有不同的适应结构。有些植物，如窃衣、苍耳、鬼针草、葎草等，它们的果实外面生有钩刺，能附于动物的皮毛上或人们的衣服上而被携至远方；马鞭草及鼠尾草的一些种，果实具有宿存黏萼，易黏附在动物皮毛上面而被传播（图4-40）。有些植物的果实或种子具坚硬的果皮或种皮，被动物吞食不易受消化液的侵蚀，以后随粪便排出体外而散播。另外，有些杂草的果实和种子常与栽培植物同时成熟，借人类收获作物和播种活动而传播，如稻田恶性杂草种，往往随稻被收割，随稻播种，造成防除上的困难。

4. 借果实开裂时的机械力传播

有些植物，如大豆、凤仙花的果实，其果皮各部分的结构和细胞的含水量不同，果实成熟干燥时，果皮各部分发生不均衡的收缩，使果皮爆裂将种子弹出（图4-41）。

✿ 图4-39 借风力传播的果实和种子

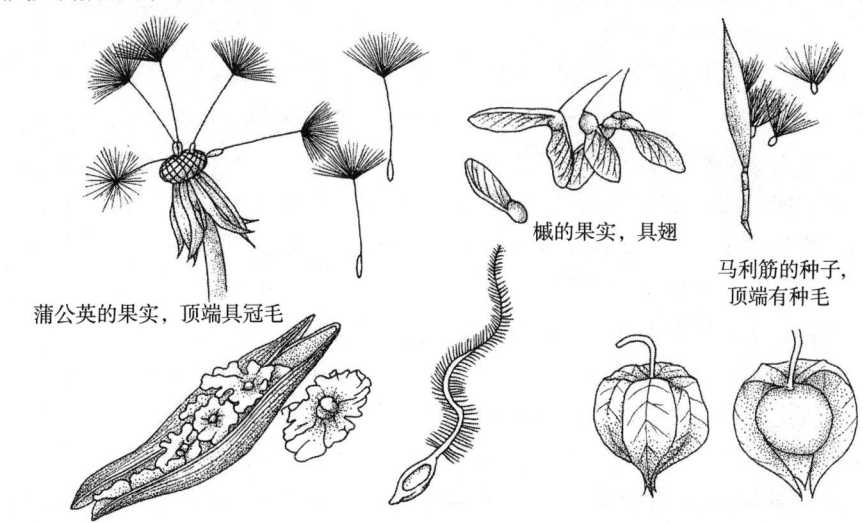

蒲公英的果实，顶端具冠毛　　槭的果实，具翅　　马利筋的种子，顶端有种毛

木蝴蝶（*Oroxylum indicum*）种子，四周具翅　　铁线莲的果实，花柱残留呈羽状　　酸浆的果实，外包花萼所成的气囊

✿ 图4-40 借人类和动物传播的果实和种子

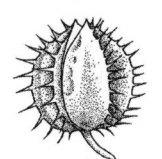

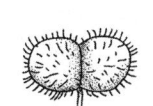

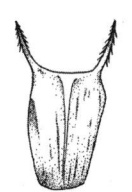

蒺藜的果实　　葎草属的果实

苍耳的果实　　鬼针草的果实　　鼠尾草属的一种，萼片上遍生腺毛，能黏附人和动物体上　　左图的一部分腺毛放大

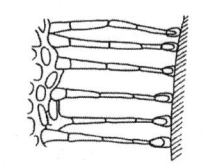

✿ 图4-41 靠果实开裂时的机械力传播的果实和种子

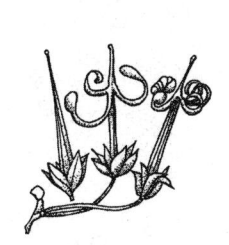

凤仙草果实自裂，散出种子　　老鹳草果皮翻卷，散发种子　　菜豆果皮扭转，散出种子　　喷瓜果熟后，果实脱离果柄时，由断口处喷出浆液和种子

第六节 种子和果实

第七节　被子植物的生活史

植物经历一段时期的营养生长以后，转入生殖生长，产生雌、雄性配子，两性配子融合后形成合子，然后发育成新一代植物体，新个体又有规律地循环全部过程。这种从受精卵（合子）开始，经过生长发育和繁殖，再产生下一代受精卵（合子）的全部过程，称为生活史（life history）或生活周期（life cycle）。

被子植物的生活史，通常是指从上一代种子开始至新一代种子形成所经历的全过程。

被子植物的生活史中存在着两个基本阶段。第一阶段是从受精卵（合子）开始，直到花粉母细胞（小孢子母细胞）和胚囊母细胞（大孢子母细胞）进行减数分裂前为止。这一阶段细胞内染色体的数目为二倍体，称为二倍体阶段（$2n$），一般称孢子体阶段或孢子体世代。此阶段在被子植物生活史中所占时间很长，是植物体的无性阶段，称为无性世代。被子植物的孢子体有高度分化的营养器官和繁殖器官，以及广泛的适应性，这是被子植物成为陆生植物优势类群的重要的原因。第二阶段是从花粉母细胞和胚囊母细胞经过减数分裂分别形成单核花粉粒（小孢子）和单核胚囊（大孢子）开始，直到各自发育为含精细胞的成熟花粉或花粉管，以及含卵细胞的成熟胚囊为止。此时，这些有关结构的细胞内染色体的数目是单倍的，称为单倍体阶段（n），一般称配子体阶段或配子体世代。此阶段在被子植物生活史中所占时间很短，配子体结构相当简化，而且不能脱离二倍体植物体而生存，是植物体的有性阶段，称为有性世代。在生活史中，二倍体的孢子体阶段（世代）和单倍体的配子体阶段（世代）有规律地交替出现的现象，称为世代交替（alternation of generation）。被子植物生活史中的两个阶段，二倍体占整个生活史的优势，单倍体只是寄生在二倍体上生存，这是被子植物和裸子植物生活史的共同特点。但被子植物的配子体比裸子植物的更加退化，而孢子体更为复杂。

被子植物世代交替中出现的减数分裂和受精过程是整个生活史的关键，也是两个世代交替的转折点（图4-42）。

✿ 图4-42　被子植物生活史图解

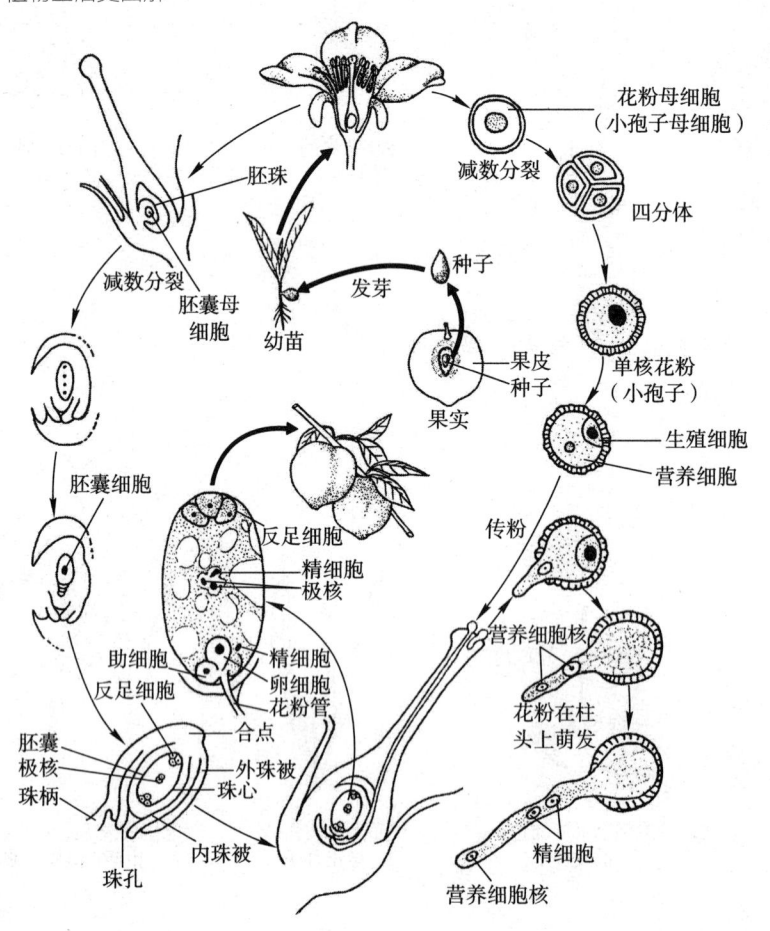

小　结

繁殖包括营养繁殖、无性生殖和有性生殖。

花被认为是特化的、变态缩短的枝条。花芽的出现是被子植物从营养生长进入生殖生长的重要转折标志。

一朵典型的完全花由花柄、花托及着生其上的花萼、花冠、雄蕊群和雌蕊群组成。缺少其中某一部分的则称为不完全花。

花各部分在花托上可以是分离的，也可以是连合的。花有辐射对称和两侧对称的区别。

花单生或依一定的方式和顺序排列于花枝上，形成花序。

雄蕊由花药和花丝组成，雌蕊则由子房、花柱、柱头组成，子房有上位、下位、半下位的区别，子房室数、胚珠数目和胎座具有各种类型。成熟胚囊具有7个细胞8个核。

花粉粒借外力传到雌蕊柱头上，称为传粉。传粉有自花传粉和异花传粉两种方式。

受精作用是指精卵互相融合的过程。被子植物具有特殊的双受精，三倍体的胚乳是双受精的结果。

受精作用完成后，胚珠发育为种子，子房壁连同其中所包被的胚珠，共同发育为被子植物独特的果实。果实的形成可以由子房而来，也可以由花的其他部分，最常见的是花托、萼与子房参与发展而来。由单雌蕊或复雌蕊形成的果实是单果，同一朵花多个离生雌蕊形成的果实是聚合果，由整个花序发育而来的果实是聚花果。果实主要根据果皮的性质以及成熟后是否开裂划分为肉果和干果两大类。肉果包含浆果（也包括瓠果、柑果等）、核果和梨果；干果则包含裂果和闭果，裂果有荚果、蓇葖果、蒴果和角果，闭果有瘦果、颖果、翅果、坚果、双悬果等。果实和种子的传播可由它们形态上的特化借助风力、水流、动物、鸟传播，也可由果实自身开裂把种子弹射出去传播。

成熟种子通常具有种脐、种孔、种皮、胚和胚乳，胚乳可以在种子成熟时被子叶吸收而成为无胚乳种子。胚包括胚芽、胚轴和胚根，双子叶植物具2枚子叶，单子叶植物具1枚子叶。

被子植物的生活史，通常是指从上一代种子开始至新一代种子形成所经历的全过程。它包括有性世代（配子体世代）和无性世代（孢子体世代）的交替。

思考题

1. 请说明花梗、花托、花萼、花冠、雄蕊、雌蕊的概念。子房和心皮是同一概念吗？
2. 胚珠和胎座各有哪些类型？
3. 试述被子植物的有性生殖过程。
4. 双受精在生物学上具有什么意义？
5. 种子有哪些基本类型？
6. 果实有几种分类方式？各包括哪些主要类型？各类果实的主要代表植物是什么？
7. 依果皮的性质，以及果实成熟后果皮是否开裂，可以把果实分为哪几种类型？
8. 为何从花和种子的结构划分单子叶植物和双子叶植物？
9. 被子植物的生活史包括两个世代，如何界定？

数字课程学习

● 彩色图库　　● 名词术语　　● 拓展阅读　　● 教学PPT

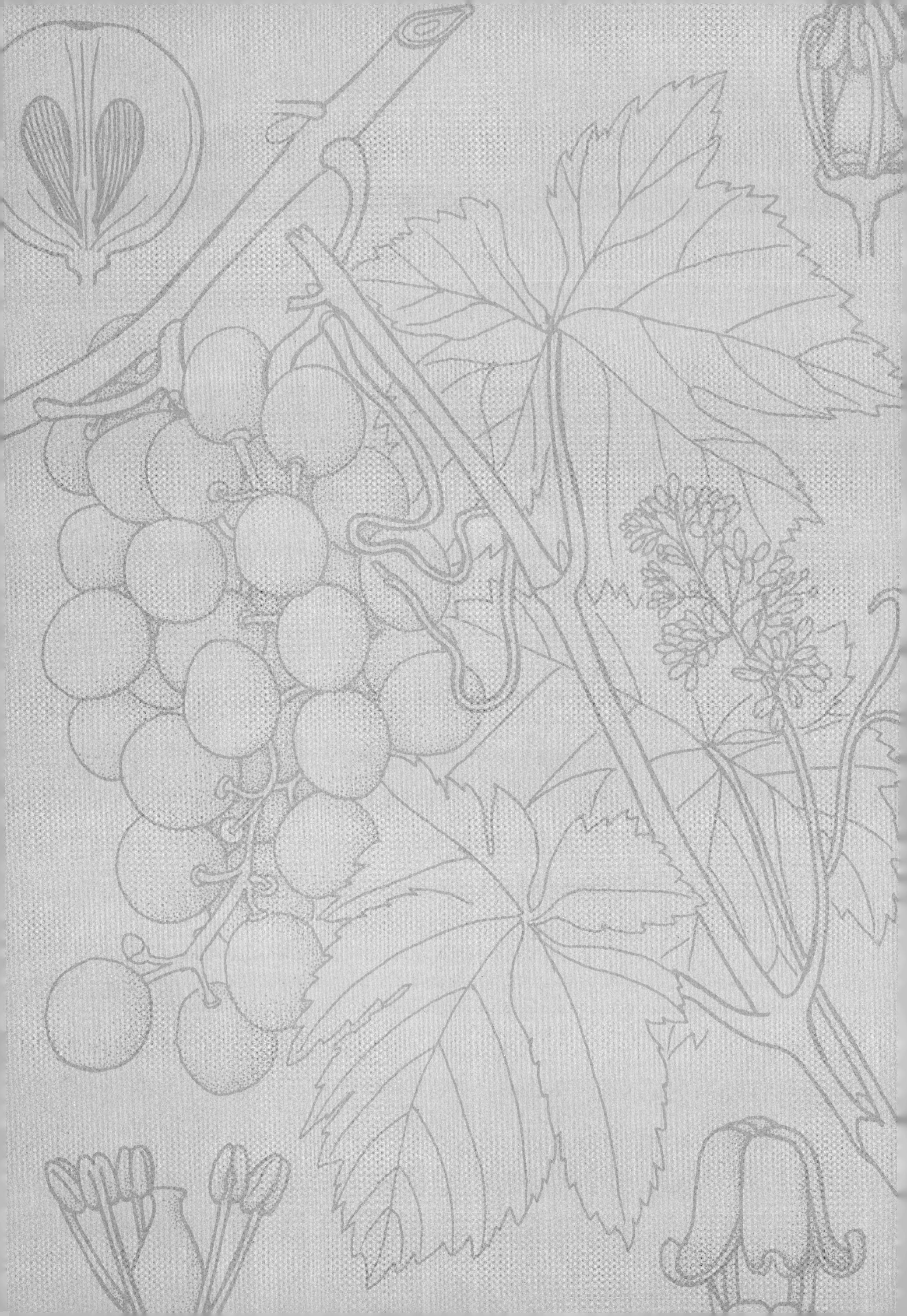

下篇
系统与演化植物学

Part II
Systematic and
Evolutionary
Botany

第五章 藻类植物（Algae）

第一节 概论

藻类（algae）是一群具有光合作用色素、能进行放氧光合作用的自养原植体植物（autotrophic thallophyte）。藻类植物体结构简单，无根、茎、叶的分化，生殖器官单细胞，合子不发育成胚。

一、藻类植物的分布

目前发现的近3万种藻类约90%生活在水中，如淡水、河口、半咸水或咸水湖、海水，甚至在50~80℃的温泉中。生活在水中的藻类，有的行浮游生活，如衣藻属（*Chlamydomonas*）、栅藻属（*Scenedesmus*）、水绵属（*Spirogyra*）等；有的营固着生活，如石莼属（*Ulva*）、鞘藻属（*Oedogonium*）等。有些藻类生长于潮湿的岩石、墙壁、土表、树干上，这些种类称为亚气生藻，如色球藻属（*Chroococcus*）、橘色藻（*Trentepohlia*）等。雪藻（*Chlamydomonas nivalis*）生活在雪山、冻原。一些藻类与真菌共生，形成地衣。少数藻类可寄生在动植物体内，如鱼腥藻属（*Anabaena*）生长在满江红属（*Azolla*）的组织内，小球藻属（*Chlorella*）生长在动物水螅（*Hydra*）体内。少数藻类失去叶绿素，行腐生生活。

二、藻类的繁殖方式

藻类的繁殖方式包括营养繁殖、无性生殖和有性生殖。

营养繁殖是指营养体上的一部分由母体分离出来后又能长成一个新个体的繁殖方式。单细胞藻类通过细胞分裂进行，多细胞丝状体、片状体或茎叶体以断裂方式形成新的个体。

无性生殖则形成若干类型的孢子，如游动孢子、静孢子和休眠孢子等，孢子不经过两两结合直接发育成新的个体。

有性生殖是指植物体形成生殖细胞（配子），配子经过两两结合形成合子，由合子萌发形成新个体，或者由合子先形成孢子，再由孢子萌发成新个体的生殖方式。根据相结合的两个配子形状、结构、大小和运动能力（行为）等方面的差异，可分为同配生殖（isogamy）、异配生殖（heterogamy）、卵式生殖（oogamy）3种方式。同配生殖中，雌雄配子形状、结构、大小和运动能力相同，配子同形；异配生殖中，雌雄配子形状、结构相同，但大小和运动能力不同，配子异形，大而运动能力迟缓的为雌配子（female gamete），小而运动能力强的为雄配子（male gamete）；卵式生殖中，雌雄配子形状、结构、大小和运动能力都不相同，大而无鞭毛不能运动的称为卵（egg），小而有鞭毛能运动的称为精子（sperm）。

三、藻类生活史类型及特点

蓝藻和一些单细胞藻类仅存在营养繁殖，极少数蓝藻以内生孢子或外生孢子进行无性生殖，均不发生有性生殖。有性生殖存在于大多数真核藻类，它从无性生殖发展而来，沿着同配、异配和卵式生殖的方向演化，在生活史中发生减数分裂，单倍体核相和双倍体核相交替出现。

在有性生殖过程中，由于减数分裂所发生的时间不同，以及形成的植物体的核相差异，形成了3种不同的生活史类型（图5-1）。

（1）合子减数分裂型的生活史：减数分裂在合子萌发时发生，生活史中合子是唯一的双倍体阶段，只有1种单倍体植物体，该类型藻类植物体既可产生配子，也可产生孢子（水绵不产生孢子），孢子直接

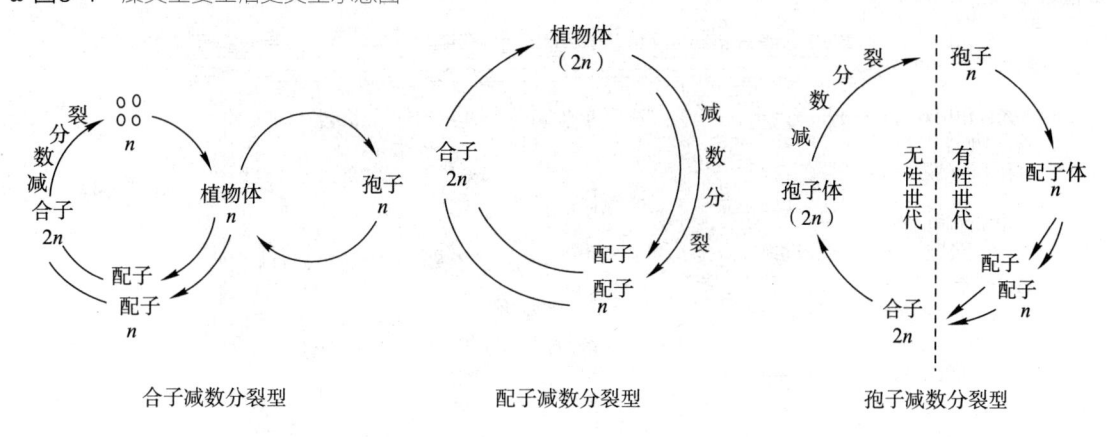

☆ 图5-1 藻类主要生活史类型示意图

合子减数分裂型　　　　配子减数分裂型　　　　孢子减数分裂型

萌发成新个体，配子结合形成合子。

（2）配子减数分裂型的生活史：减数分裂在配子囊形成配子时发生，生活史中配子是唯一的单倍体阶段，只有1种双倍植物体。

（3）孢子减数分裂型的生活史：生活史中单倍体和双倍体的植物体交替出现，合子萌发时不发生减数分裂，而形成1个双倍体植物，双倍体植物进行无性生殖，在孢子囊内形成孢子时进行减数分裂，产生孢子，再萌发形成单倍体植物，单倍体植物进行有性生殖。孢子减数分裂型生活史中有配子体（单核相）和孢子体（双核相）两种植物的交替出现，称为世代交替现象。具世代交替生活史的植物，有的种类孢子体和配子体植物形态、构造上相同，称为同形世代交替；有的种类孢子体和配子体植物在形态、构造上不同的，称为异形世代交替，其中有的以孢子体占优势，有的以配子体占优势。

四、藻类植物分类

藻类是起源最早的一群植物，目前常将其置于原生生物界（Protista），许多学者将内共生起源学说作为真核藻类演化的理论依据，但不同学者据此所拟定的分类系统仍存在较大差异。本教材采用胡鸿钧（2006）的分类系统，该系统以当代藻类系统的演化理论为依据，同时考虑到生物分类学的特点，在R.E.Lee（1999）提出的分类系统的基础上进行修改，将藻类植物分成蓝藻门、原绿藻门、灰色藻门、红藻门、金藻门、定鞭藻门、黄藻门、硅藻门、褐藻门、隐藻门、甲藻门、裸藻门和绿藻门共13个门。本教材将介绍其中除原绿藻门、灰色藻门、定鞭藻门和隐藻门外的9个门。

第二节　蓝藻门（Cyanophyta）

一、形态结构

蓝藻的植物体有单细胞、群体、丝状体（filament）。群体有定形群体和不定形群体。蓝藻细胞具有明显细胞壁，原生质体分化为中心质和周质两个部分，无细胞器和真正的细胞核，仅具核质，属于原核生物（prokaryote）。细胞壁的主要成分为黏多糖（glycosaminopeptide）或肽聚糖（peptidoglycan）。细胞壁外有胶质鞘（gelatinous sheath）或衣鞘（sheath），主要为果胶酸（pectic acid）和黏多糖。此外，还常含有红、紫、棕色等非光合色素（图5-2）。

中心质（centroplasm）又称中央体（central body），存在于细胞中央，含有的DNA以细纤丝状存在，无核膜和核仁结构，但有核物质的功能，称原始核或拟核。中心质的周围是周质（periplasm），又称色素质（chromoplasm）。在电子显微镜下，在周质中可看到类囊体（thylakoid），或称光合作用片层（photosynthetic lamellae），是由膜层形成扁平封闭的小囊，单个有规律地排列，不聚集成带，不形成载色体。类囊体表面有叶绿素a、藻胆体（phycobilisome）、叶黄素等；光合作用的产物为蓝藻颗粒体（cyanophycin）和蓝藻淀

☆ 图5-2 蓝藻细胞的亚显微结构

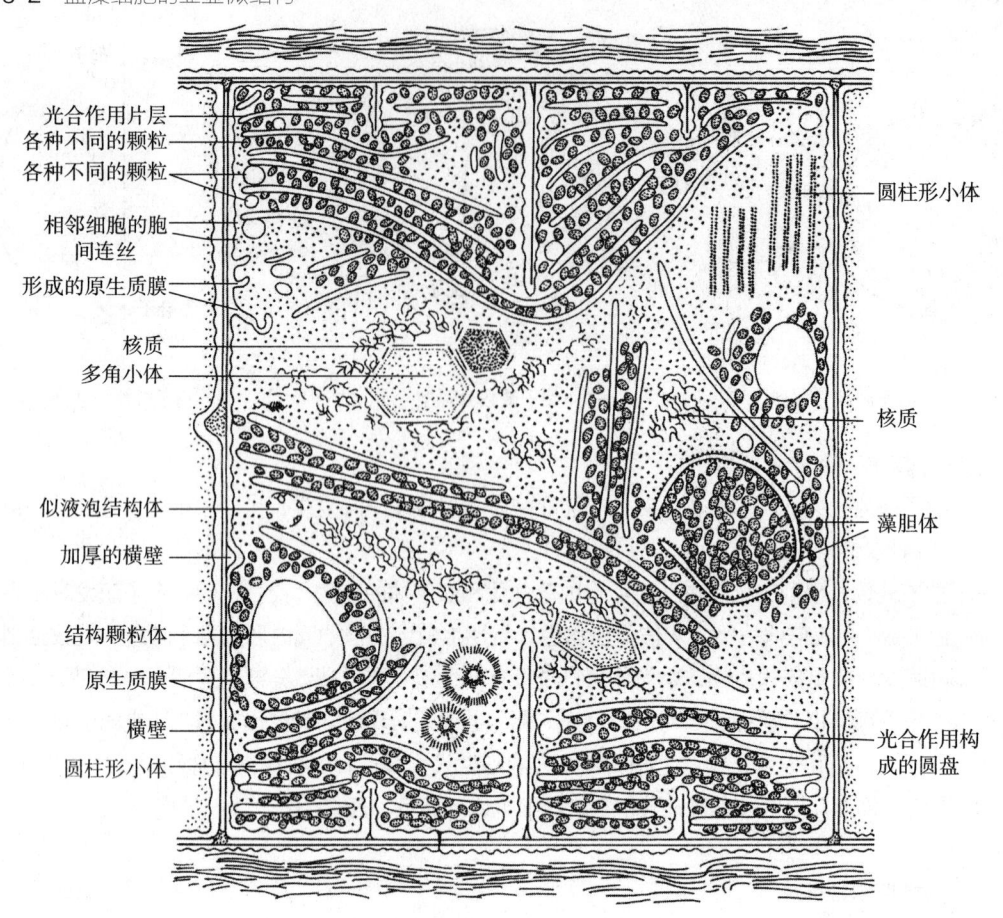

光合作用片层
各种不同的颗粒
各种不同的颗粒
相邻细胞的胞间连丝
形成的原生质膜
核质
多角小体
似液泡结构体
加厚的横壁
结构颗粒体
原生质膜
横壁
圆柱形小体

圆柱形小体
核质
藻胆体
光合作用构成的圆盘

粉（cyanophycean starch），分散在周质中，也是贮藏物质。藻胆体由藻蓝蛋白（phycocyanin）和藻红蛋白（phycoerythrin）组成，两者分别是由藻蓝素和藻红素与组蛋白结合成的颗粒体。藻蓝素和藻红素又称藻胆素（phycobilins），蓝藻中因藻蓝素含量比例较大，藻体常呈蓝绿色，故又称蓝绿藻（blue-green algae）。

异形胞（heterocysts）是藻丝上一种比营养细胞大的特殊细胞，常呈无色透明状，由营养细胞形成。在形成异形胞时，细胞内贮藏颗粒解体，类囊体破碎，形成新的膜，并在原细胞壁外分泌出新的壁物质，因而异形胞的壁较厚。异形胞内常具固氮酶，被认为是蓝藻行固氮作用的场所。另外，异形胞与繁殖有关。

有些蓝藻细胞内具有伪空泡，或称气囊（gas vacuole），气囊具有遮光或帮助细胞漂浮的作用。

二、繁殖

蓝藻以直接分裂繁殖为主。单细胞类型直接分裂后，子细胞分离，即形成单细胞个体。群体类型是细胞反复分裂，子细胞不分离，形成大的群体，破裂后形成多个小群体。丝状体的类型以藻殖段（homogonium）方式繁殖，通过丝状体中个别死细胞（necridia），异形胞之间的藻体断裂，营养细胞之间形成双凹形分离盘（胶质隔离盘，separation discs），以及机械作用等方式形成许多小段，每一小段称为藻殖段，可发育成一个丝状体。某些真枝藻产生藻殖孢（hormocysts），为一短丝体，位于母株分枝顶端，与藻殖段不同的是它由厚而有层理的胶质鞘包围。

蓝藻通过产生厚壁孢子、外生孢子或内生孢子进行无性生殖。厚壁孢子（akinete）是由营养细胞体积增大，经积累营养物质，细胞壁增厚而形成的，常在丝状体类型中出现；厚壁孢子可长期休眠，以渡过不良环境，环境适宜时萌发形成新的植物体。少数种类可形成外生孢子（exospore）或内生孢子（endospore）（图5-3）。形成外生孢子时，细胞内原生质发生横分裂，形成大小不等的两块原生质，上端一块较小，形成孢子；基部一块仍保持分裂能力，继续分裂，形成孢子，母细胞壁破裂放出孢子后，其壁仍留存，形成丝状假鞘，如管胞藻属（*Chamaesiphon*）。内生孢子是由母细胞增大，原生质体进行多次分裂，形成许多具有薄

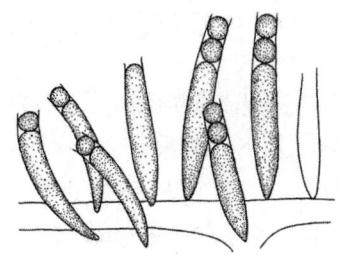

◇ 图5-3 蓝藻门的外生孢子和内生孢子

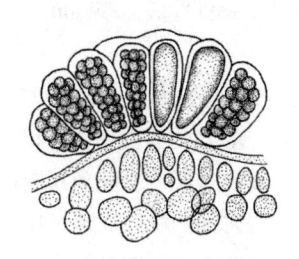

管胞藻属外生孢子　　　　　皮果藻属内生孢子

壁的子细胞，母细胞破裂后孢子散出，每个孢子萌发形成新的单细胞体或群体，如皮果藻属（*Dermocarpa*）。

三、分类及代表

蓝藻的分布很广，从两极至赤道、从高山至海洋都有分布。在海洋生态系统中蓝藻通常并不起眼，但在适宜条件下，蓝藻迅速生长，形成厚垫状的丝状体。此外，在富营养基质的水体中，有些浮游蓝藻大量繁殖并聚集于水面，形成"水华"（algal bloom），由于藻细胞死亡分解消耗大量氧气，有些水华藻类还会产生毒素，因此"水华"对水体生态系统危害极大。

蓝藻门下辖4目，150属，已知约2 000种。四个目为色球藻目（Chroococcales）、颤藻目（Osillatoriales）、念珠藻目（Nostocales）和真枝藻目（Stigonematales）。

1. 色球藻目

单细胞或群体类型，主要通过直接分裂进行繁殖。色球藻目为蓝藻门的常见种类，常浮游于湖泊、池塘中，或黏着于湿岩、树干上（图5-4）。

（1）色球藻属（*Chroococcus*）：为球形单细胞或群体类型。其群体是由于细胞分裂后子细胞不分离，多代子细胞在一起形成的2，4或6个细胞的群体，其中每个细胞有个体胶质鞘，每两个或多个细胞的群体外部有公共胶质鞘。细胞分裂后接触面平直，常呈半球形、四分体形等，公共胶质鞘均匀或分层。

（2）微囊藻属（*Microcystis*）：由大量细胞形成的浮游性胶群体，群体中细胞排列不规则，细胞常具伪空泡，有些藻类能分泌毒素，危害其他藻类。

2. 颤藻目

由单列细胞构成不分枝或具假分枝丝状体，单生或聚集成群，无异形胞，常以藻殖段的方式进行繁殖。

颤藻属（*Oscillatoria*）：由单列细胞构成不分枝的丝状体。细胞短柱形或盘状，少数具气囊。常由双凹形的死细胞或膨大胶化的隔离盘形成藻殖段，藻丝无胶质鞘。藻丝直或扭曲，能颤动，作匍匐式或旋

◇ 图5-4 蓝藻门群体类型的代表属

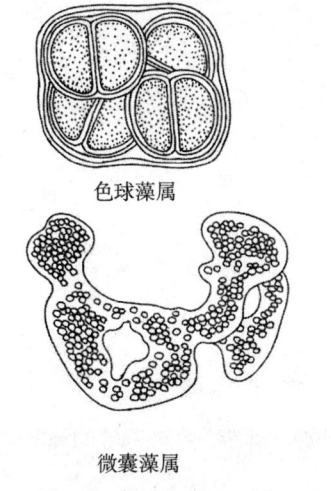

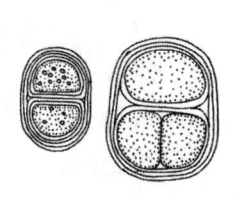

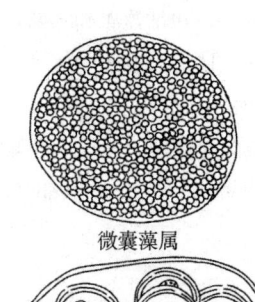

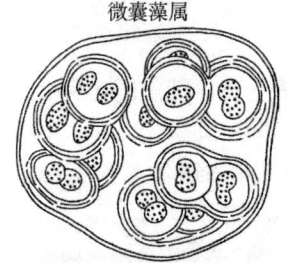

色球藻属　　　　色球藻属　　　　微囊藻属

微囊藻属　　　腔球藻属（*Coelosphaerium*）　　黏球藻属（*Gloeocapsa*）

第二节　蓝藻门（Cyanophyta）

转式运动（图5-5）。

颤藻目常见的还有螺旋藻属（*Spirulina*）、席藻属（*Phormidium*）等。

3. 念珠藻目

不分枝或具假分枝的丝状体，具异形胞和厚壁孢子，以藻殖段或藻殖孢的方式进行繁殖。

念珠藻属（*Nostoc*）：植物体胶状或革状，幼时球形至长圆形，成熟后为球形、丝状、泡状等各种形状态，中空或实心，漂浮或着生，藻丝螺旋弯曲或缠绕；有公共胶质鞘。藻丝呈念珠状，宽度相等，细胞扁球形、桶形、腰鼓形或圆柱形。异形胞间生，幼时顶生。念珠藻属常形成繁殖孢（gonidium），即与异形胞相连处的营养细胞内含物亦变稠，细胞变大，称厚壁孢子，经休眠后萌发成新藻丝（图5-5）。

念珠藻属一些种类可食用，如地木耳（*Nostoc commune*），又称葛仙米；发菜（*Nostoc flagelliforme*），西北干旱环境分布，尤以宁夏、内蒙古较多。

念珠藻目常见的还有鱼腥藻属（*Anabaena*）、筒孢藻属（*Cylindrospermum*）等（图5-5）。

✿ 图5-5 蓝藻门丝状体类型的代表属

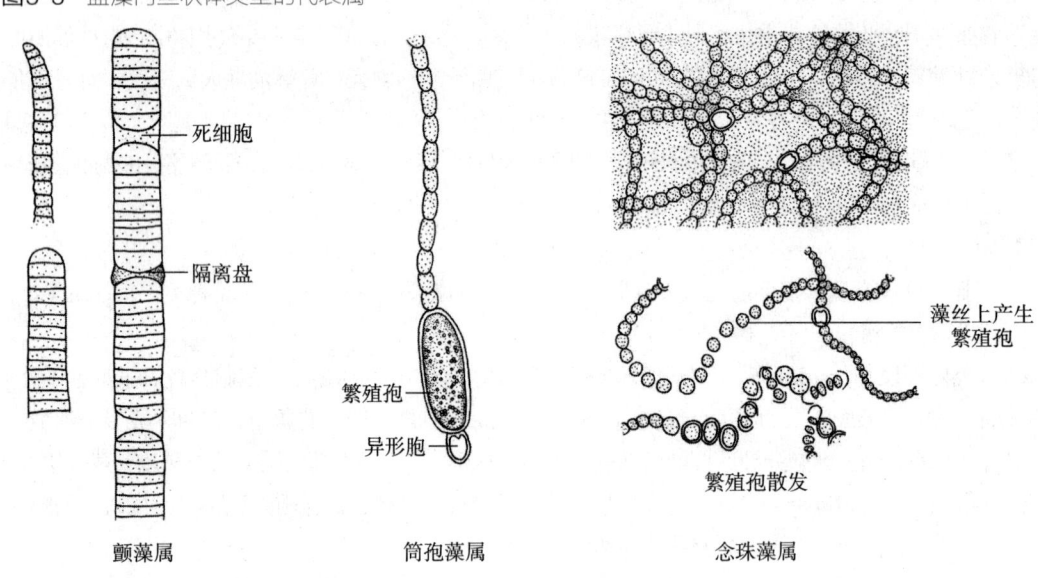

颤藻属　　　　筒孢藻属　　　　念珠藻属

四、蓝藻门的地位

最古老的蓝藻化石据认为有31亿年的历史，因此推测在35亿～33亿年前就出现了蓝藻，是地球上最早出现的古老生物之一。

蓝藻和细菌同属原核生物，以细胞直接分裂的方式进行繁殖。1938年，Copeland提出原核生物界（Prokaryota），包括蓝藻和细菌，因此蓝藻亦称蓝细菌（cyanobacteria）。蓝藻与其他细菌的差别主要表现在三方面：① 蓝藻含叶绿素a，光合作用产生氧；② 蓝藻含藻蓝蛋白和藻红蛋白；③ 有些种类既能固氮又能产生氧气。

蓝藻作为早期的光合自养型生物，通过吸收CO_2放出O_2，以及其他原始的代谢方式，促进着地球圈或生物圈的演化等，因而在生物演化史的早期具有极重要的意义。

第三节　红藻门（Rhodophyta）

一、形态结构

多数红藻为多细胞，构成简单的丝状体、假薄壁组织的叶状体或枝状体等，在较高等的类群中有类似组织的分化；藻体常较小，高约10 cm，一些种类可超过1 m。

细胞壁由纤维素和果胶质构成。原生质具有高度的黏滞性，并且牢固地黏在细胞壁上，红藻具有抗寒、抗旱、抗高渗透压的能力与原生质的黏滞性有关。

多数红藻细胞仅1核。少数在幼时单核，成年时多核。有中央大液泡。载色体一至多个。原始类型载色体1枚，中轴位，呈星芒状，有1蛋白核或缺，如紫球藻属（图5-6）；多数种类载色体周生，盘状。电镜下可见载色体外有2层载色体膜，外侧无内质网膜包被，类囊体单个存在，膜表面有藻胆体。光合色素为叶绿素a、叶绿素d、β-胡萝卜素和叶黄素类，以及藻红素和藻蓝素。因藻红素占的比例高，故藻体多呈红色。少数红藻缺乏色素行寄生生活。

贮藏物为红藻淀粉（floridean starch），是一种非水溶性糖类，类似于肝糖，以小颗粒状存在于细胞质中或载色体表面。用碘化钾处理，颜色由黄褐色，渐变成葡萄红色、紫色。有些红藻的贮藏物质是红藻糖（floridose）。

二、繁殖

红藻以分裂方式进行营养繁殖，亦可进行无性生殖和有性生殖。

红藻门植物整个生活史中无游动细胞。无性生殖时产生静孢子，通过营养细胞产生单孢子囊，每一孢子囊仅产生1个孢子，称单孢子。有些种类产生四分孢子囊，经减数分裂产生四分孢子，如多管藻。

多数雌雄异株，少数雌雄同株。雄性生殖结构又称精子囊，产生无鞭毛的不动精子；雌性生殖结构又称果胞（carpogonium），形似烧瓶，只含1个卵，果胞上有受精丝（trichogyne）。红藻多具有世代交替现象。

三、分类及代表

红藻门包括红毛菜纲（Bangiophyceae）和红藻纲（Florideophyceae），约有400属3 900种。绝大多数种类分布于热带暖海岸，仅10余属50余种分布于淡水，罕见于极地寒带。海生红藻分布深度多为75～100 m，分布最深达260 m。

1. 红毛菜纲

藻体为单细胞、丝状体、坚实圆柱状或1或2层细胞厚的片状体等，常具1个轴生的星芒状载色体。

（1）紫球藻属（*Porphyridium*）：植物体为单细胞，细胞圆形或椭圆形；有时可形成群体，外有一层胶质薄膜。载色体1，具蛋白核，无淀粉鞘。细胞核1个，位于载色体的一侧（图5-6）。营养繁殖时，细胞纵裂为两个细胞。生长于淡水或潮湿地表和墙角。

（2）紫菜属（*Porphyra*）：藻体为紫红色、紫色或紫蓝色叶状体。叶状体卵形、竹叶形、不规则圆形等，边缘多少有皱褶，高20～30 cm，宽10～18 cm，基部楔形或圆形，以固着器生于海滩岩石上。藻体由单层细胞或两层细胞组成，外有胶质层，细胞单核，载色体1，具蛋白核。

本属约25种，我国海岸常见8种，如甘紫菜（*P. tenera*）等。

甘紫菜的藻体雌雄同株。春天，表面水温15℃左右时，产生生殖器官。藻体的任何一个营养细胞都可发育为精子囊或果胞。1个营养细胞经分裂形成64个精子囊，这一结构称为精子囊器，每个精子囊含有1精子。营养细胞稍加变态即成果胞，内含1卵，果胞一端微隆起，从胶质表面伸出，形成受精丝。精子放出后随水流漂到受精丝上，进入果胞与卵结合，形成二倍体的合子。合子经过有丝分裂，形成8个二倍体的果孢子。果孢子成熟后，落到文蛤、牡蛎或其他软体动物的壳上，萌发进入壳内，长成单列分枝的丝状体，称为壳斑藻，藻体与壳内组织不易分离。壳斑藻在晚秋水温为20～25℃时，经减数分裂产生壳孢子，壳孢子萌发形成紫菜叶状体。在初夏水温为15～20℃时，壳斑藻亦能产生壳孢子，此时，壳孢子（n）萌发为直径约3 mm的夏季小紫菜（n），由小紫菜产生单孢子，再发育为小紫菜，在整个夏天可重复2～3代。晚秋，水温降至约15℃，单孢子萌发为大紫菜。在北方，大紫菜的生长期为每年的11月至次年的5月，大紫菜在初夏及晚秋水温15～17℃时亦可产生单孢子并萌发形成大紫菜（图5-7）。

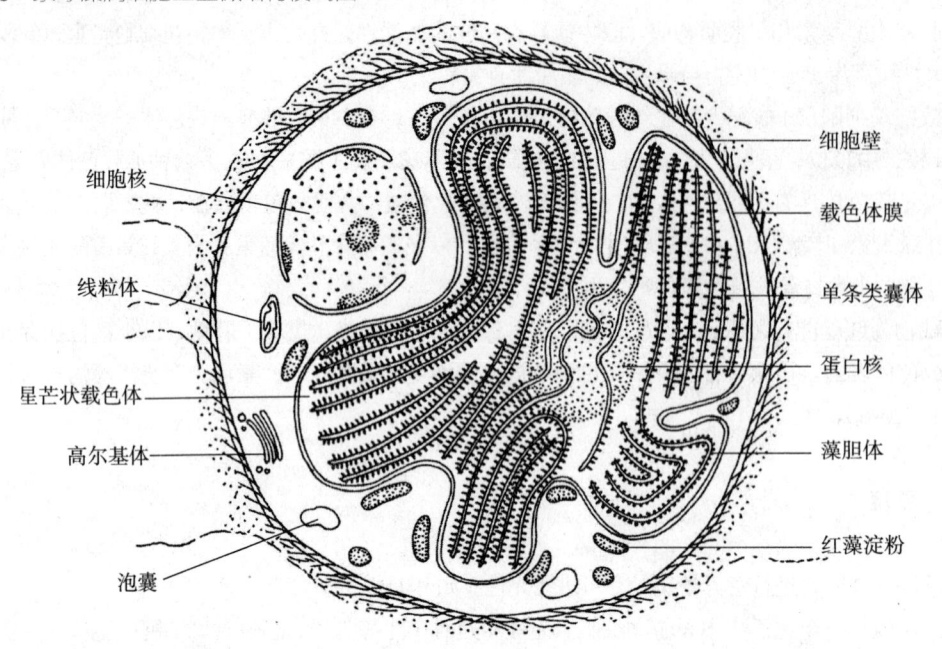

✿ 图5-6 紫球藻属细胞亚显微结构模式图

✿ 图5-7 紫菜属的生活史

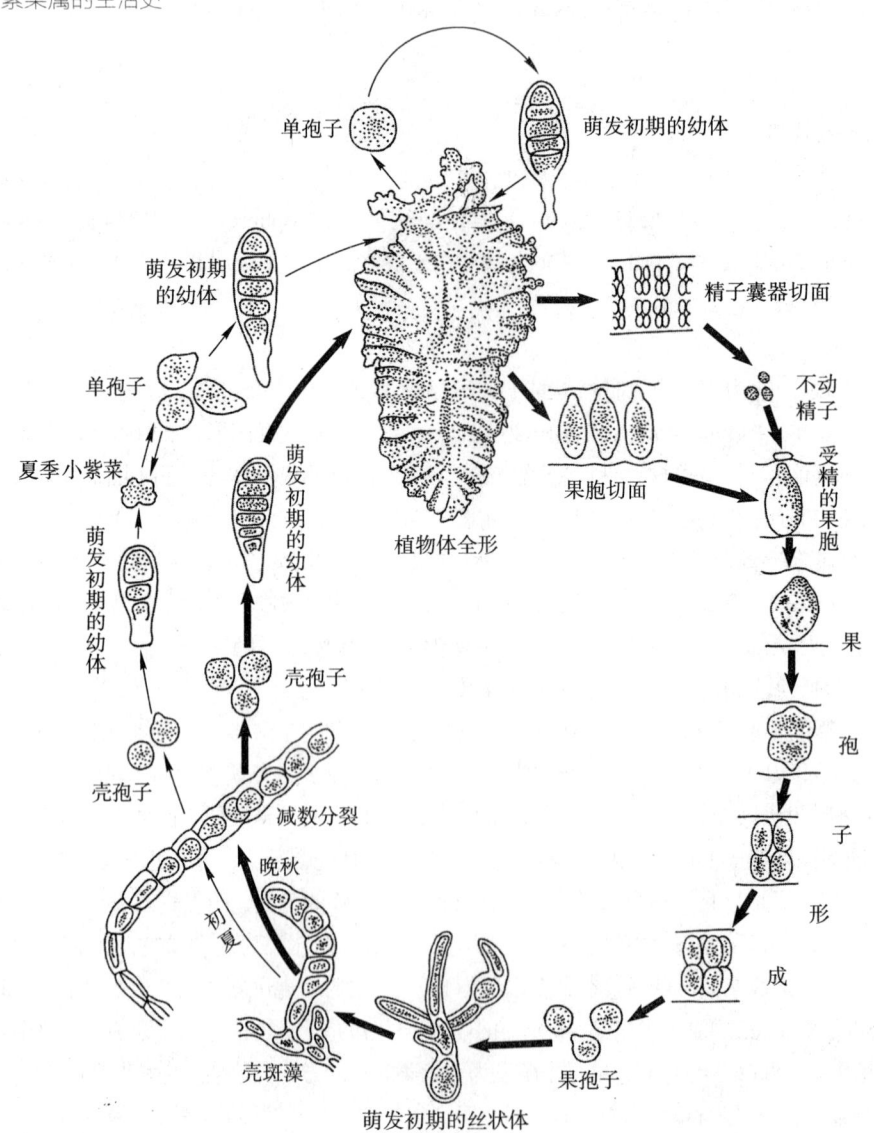

2. 红藻纲

藻体为分枝的丝状体，分枝分离或互相疏松地交错排列，或紧密地排列形成假薄壁组织体；载色体通常多个，周生、盘状，罕为片状。

多管藻属（*Polysiphonia*）藻体为多列细胞的分枝丝状体；有些种类的丝状体分化为直立丝状体和匍匐丝状体，基部以单细胞假根固着于海边岩石上，高3～20 cm。丝状体中央有一列较粗的细胞，称为中轴管（central siphon）；中轴管外由4～24个较小的围轴管（peripheral siphon）细胞包围。

本属植物的生活史中存在四种类型的植物体：单倍体的雌配子体和雄配子体、双倍体的果孢子体和四分孢子体。其中配子体和四分孢子体在外形上完全相同，是典型的同形世代交替。有性生殖时期，精子囊生在雄配子体上部的生育枝上，成熟时呈葡萄状；果胞在雌配子体上部可育性的毛丝状体上产生。果胞产生时，毛丝状体的中轴细胞旁生一个特殊的围轴细胞，又称支持细胞，由支持细胞分裂，上面形成4个细胞的果孢丝体（carpogonial filament），其顶端细胞就是具有受精丝的果胞，果胞核分裂为二，下核为果胞核，上核为受精丝核，后来上核退化，精子由受精丝基部产生连接细胞，并进入果胞与果胞核结合。同时，支持细胞又生出几个细胞，为辅助细胞及不育细胞，果胞通过其下面的辅助细胞与支持细胞相连。合子核分裂为二，穿过辅助细胞，进入支持细胞，并在此细胞中继续分裂，其余核退化，此时支持细胞与辅助细胞、不育细胞等融合形成融合体，并产生很多产孢丝，融合体中的核移至产孢丝中，产孢丝末端形成果孢子囊，每1囊含1核。融合体又称为孢子囊团块，称为囊果（即果孢子体）。果孢子萌发，形成二倍体的四分孢子体，在四分孢子体上形成四分孢子囊，经减数分裂，产生4个单倍的四分孢子；四分孢子萌发形成雌雄配子体（图5-8）。

本属约150余种，全为海产。

红藻纲常见的类群还有淡水分布的串珠藻属（*Batrachospermum*）等；海洋分布的海索面属（*Nemalion*）、珊瑚藻属（*Corallina*）、仙菜属（*Ceramium*）、松节藻属（*Rhodomela*）、石花菜属（*Gelidium*）、海萝属（*Gloiopeltis*）、江蓠属（*Gracilaria*）等。

☆ 图5-8　多管藻属的生活史

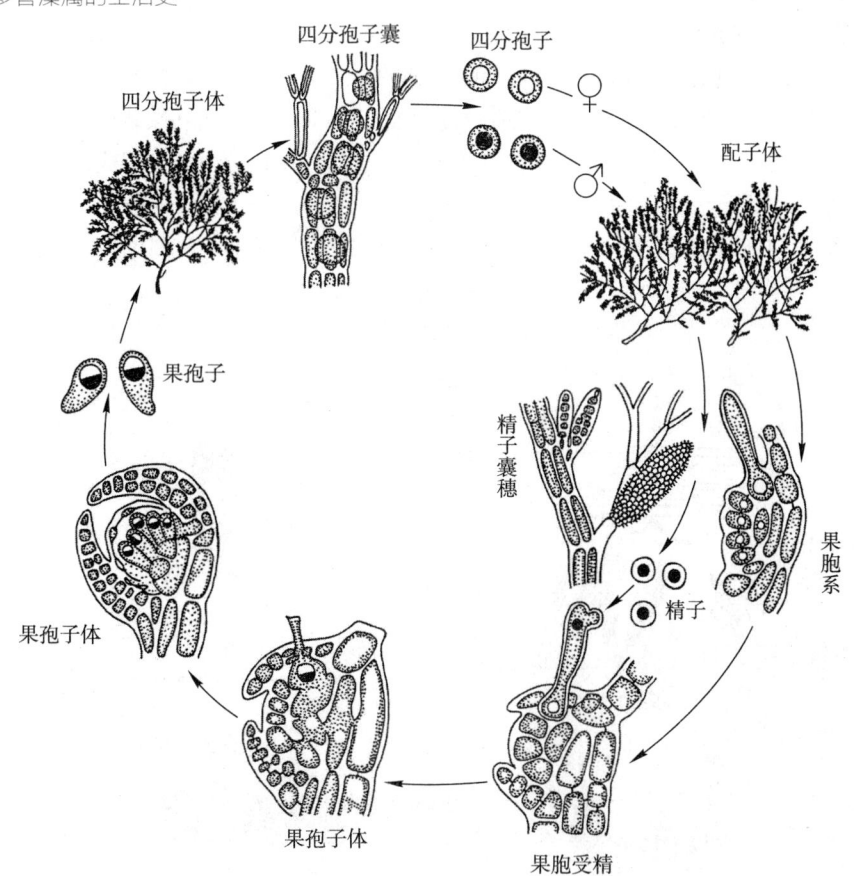

红藻门具有许多种类具有经济价值。紫菜可做羹汤，或油炸后作食品，包裹寿司等；江蓠属、石花菜属、麒麟菜属（Eucheuma）、鸡毛菜属（Pterocladia）可提取藻胶，作润肠剂；海萝胶可制浆料，用于染制香云纱；海人草（Digenea simplex）治蛔虫；红叶藻属（Delesseria）含有阻凝血素，治疗肝出血有效。

四、红藻门的地位

红藻门是较古老的一群藻类，化石出现于19亿年前的寒武纪。红藻门不形成类囊体带；光合色素为叶绿素a、藻红素和藻蓝素，形成藻胆体，与蓝藻门具有相似性。但两者亦存在重大差异，蓝藻为原核生物，红藻为真核生物；在植物体态以及有性生殖等方面，红藻门都远比蓝藻门更进化。

第四节 金藻门（Chrysophyta）

一、形态结构

藻体为单细胞、群体或分枝丝状体。单细胞及一些群体种类营养细胞前端有鞭毛，终生能运动。能运动的金藻多无细胞壁，有一些种类原生质体外具有由原生质体分泌的纤维素质的囊壳或果胶质膜，其表面镶有硅质的小鳞片（scales）。丝状、叶状体状、胶群体状等类型的种类具细胞壁，由原生质体分泌的纤维素和果胶质组成，具1～2个伸缩泡，位于细胞的前部或后部。

金藻细胞原生质体呈透明玻璃状，有两个大形侧生的片状载色体，两片之间为金藻昆布糖囊泡，有时有蛋白核。电镜下，载色体包有4层膜，内面2层为载色体膜，外侧被2层内质网膜包围，最外层内质网膜同时也与外层核膜相连。类囊体带由3个类囊体组成。光合色素为叶绿素a、叶绿素c、β-胡萝卜素和几种叶黄素。但叶绿素含量较少，胡萝卜素、叶黄素（如墨角藻黄素fucoxanthin）含量较多，因此载色体呈黄绿色、橙黄色、褐黄色、金棕色。因此金藻又常被称为金黄藻类（golden-yellow algae）（图5-9）。

同化产物为金藻昆布糖（chrysolaminaria），或称金藻淀粉。金藻昆布糖为β-1,3-葡聚糖，与褐藻昆布糖相似，贮藏在细胞后端的金藻昆布糖囊泡内。有时有油滴。

细胞核一个，位于细胞前端，细胞分裂时进行有丝分裂。眼点在细胞前端载色体膜和外层类囊体带之间，由一层油滴构成。运动型细胞前端具1或2条鞭毛。鞭毛由轴丝及鞭毛鞘组成，横断面上，鞭毛鞘内周边部9条轴丝，每条轴丝由2条微管组成，中央2条轴丝，每条轴丝由1条微管组成，这类鞭毛被称为"9+2"型鞭毛。具两条鞭毛时，一条鞭毛较长，伸向前方，为茸鞭型（tinsel type），其鞭毛鞭上有一列

✿ **图5-9** 金藻细胞亚显微结构模式图及金藻门代表属

螺旋状排列的鞭茸（mastigoneme）；另一条较短，稍弯向后方，是尾鞭型（whiplash），鞭毛鞘上无鞭茸。

二、繁殖

（1）营养繁殖：单细胞运动型种类常以细胞纵裂的方式形成两个子细胞；群体运动的种类常断裂成两个或两个以上的段片，每个段片发育成一个新群体。有囊壳的种类，原生质体纵裂为两个细胞，一个保留于原囊壳内，另一个游出囊壳，附于基物或母囊壳边缘，子细胞原生质分泌出纤维素质的新壳。

（2）无性生殖：有些金藻常在夏季干旱或冬季寒冷时由营养细胞形成特殊的内生不动孢子（胞囊，cysts）以渡过不良环境。形成胞囊时，细胞停止运动并变圆，在原生质里面先分泌出一层纤维素膜，并逐渐变厚，有二氧化硅堆积而变硬，顶端有一开孔，膜外原生质经孔口移入膜内，孔口由一胶质塞或硅化塞封闭起来，原生质内积累大量的金藻昆布糖和油。不能运动的种类，以游动孢子（zoospore）进行生殖，游动孢子有1或2条鞭毛。

（3）有性生殖：同配或异配，仅在少数属中发现。

三、分类及代表

金藻多分布淡水，海洋、咸水湖中亦常有分布，而在透明度大、温度较低、有机质含量少、pH4～6的微酸性、含钙质较少的软水中较常见。浮游金藻在冬季、晚秋、早春寒冷季节生长旺盛。

含金藻纲（Chrysophyceae）和黄群藻纲（Synurophyceae）2纲，7目，200属，约1 000种。

（一）金藻纲

1. 色金藻目（Chromulinales）

藻体为单细胞或群体，无细胞壁，裸露可变形或原生质外具囊壳或硅质鳞片，具1条或2条不等长的鞭毛，载色体1或2，周生。

锥囊藻属（*Dinobryon*）：藻体为单细胞或连成树状群体，细胞外具纤维素的钟形囊壳，顶端有两条不等长的鞭毛，老细胞无鞭毛。多行营养繁殖；少有性生殖，如有则为同配（图5-9）。约17种，生活在贫营养的淡水或酸性泥炭水中，有机质多时消失；有2种海产。

2. 褐枝藻目（Phaeothamniales）

藻体为丝状体或假薄壁组织体，附着生活，细胞具细胞壁，色素体1个，片状，周生。

褐枝藻属（*Phaeothamnion*）：植物体为分枝丝状体，基部有一个细胞特化成半球形的固着器，附着于其他藻体上；生殖时在细胞内产生1，2，4，8个游动孢子，各具两条不等长的鞭毛（图5-10）。约5种，主要分布于池塘、湖泊、沼泽等淡水水体中。

✿ 图5-10 褐枝藻属（自福特，1978）

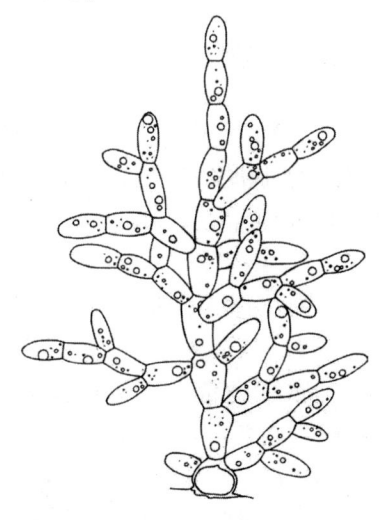

（二）黄群藻纲

黄群藻目（Synurales）

自由运动的单细胞或群体，细胞的表质上排列有许多硅质的鳞片，具1～2条不等长的鞭毛，色素体多2个，少数1个，周生。

黄群藻属（*Synura*）：藻体为椭圆形或球形的群体，每个细胞前端具2条近等长鞭毛；细胞在群体中央以胶质互相黏附，似放射状群体，群体外无胶被。细胞外具果胶质膜，其上镶嵌有螺旋排列的硅质小鳞片，鳞片表面有纹饰或硬刺，细胞基部无鳞片（图5-9）。约10种，生于小水体中，晚秋、早春或冬季水温低时可大量出现。

四、金藻门的地位

金藻门最初被列入动物界原生动物门中。20世纪初，人们发现金球藻属（*Chrysosphaerella*）、褐枝藻属具有典型的植物性细胞壁构造，并且其原生质体、生殖细胞的构造与具鞭毛无细胞壁的金藻类相同，因而把金藻归于自养的植物界。

第五节　黄藻门（Xanthophyta）

一、形态结构

藻体为单细胞、群体、丝状体或多核管状体。多核管状体是指含很多细胞核和载色体的长形细胞。

大多数黄藻具有细胞壁，单细胞和群体类型的细胞壁是由两个"U"形半片套合组成的；丝状体的细胞壁是由两个"H"形的半片套合而成的。少数属种的细胞壁无半片构造或无细胞壁。细胞壁的化学成分主要是果胶质，有些种类细胞壁内沉积有二氧化硅，无隔藻属（*Vaucheria*）、黄丝藻属（*Tribonema*）、气球藻属（*Botrydium*）的细胞壁含有纤维素。黄藻细胞与金藻相似，原生质透明，其细胞多单核，少数多核，核小（图5-11）。

载色体一至多数，盘状、片状或带状，边位，呈淡绿色或黄绿色。载色体的亚显微结构和金藻相似，所含色素为叶绿素a、β-胡萝卜素、叶黄素（主要是硅甲素diadinoxanthin），无墨角藻黄素；无隔藻属含有叶绿素c；有的种类尚含黄藻黄素（heteroxanthin）。贮藏物质主要为金藻昆布糖。

黄藻运动细胞有两条近顶生或略偏向腹部、不等长的鞭毛。一根长的向前，茸鞭型；另一根短的弯向后方，尾鞭型。鞭毛"9+2"型。眼点由一层含β-胡萝卜素的油滴构成，位于细胞体的前端，靠近短鞭毛基部的内质网膜与载色体膜之间。

二、繁殖

黄藻主要行无性生殖。无性生殖时产生游动孢子、似亲孢子或不动孢子。有些运动型、根足型的黄藻，可形成与金藻相似的胞囊。黄藻有性生殖较少见，黄丝藻属为同配，气球藻属为同配或异配，无隔藻则为卵式生殖。

三、分类及代表

黄藻门含黄藻纲（Xanthophyceae）和针胞藻纲（Raphidophyceae）2纲，以下介绍的3个类群均属黄藻纲。

（1）黄丝藻属（*Tribonema*）：丝状体不分枝，幼时以一端固着；细胞圆柱形或腰鼓形，长为宽的2～5倍，细胞壁由两个"H"形半片套合而成。细胞核1个，载色体1至多数，周生，盘状、片状或带状，无蛋白核（图5-11）。

营养繁殖时藻体折断或细胞壁的"H"片脱开。无性生殖产生不动孢子、游动孢子或胞囊。不动孢子也产生"H"形半片套合的壁，萌发时原生质体延长，将孢子壁的"H"套片顶开，后形成新壁，逐渐发展成新的丝状体。游动孢子无壁，前端具两条不等长鞭毛，游动孢子自母细胞释放后作短时期的游动，然后静止，具鞭毛一端向下，形成盘形固着器附于基质上，生长成新藻体。有性生殖为同配。

约22种，淡水产，早春和晚秋常见，较温暖的地区冬季亦出现。

（2）气球藻属（*Botrydium*）：单细胞多核体，细胞上部球形、倒卵形或为分叶的囊状体；下部为分枝的假根，伸入土壤中。细胞黄绿色或淡绿色，露出土壤表面，肉眼可见；细胞壁内有一薄层含许

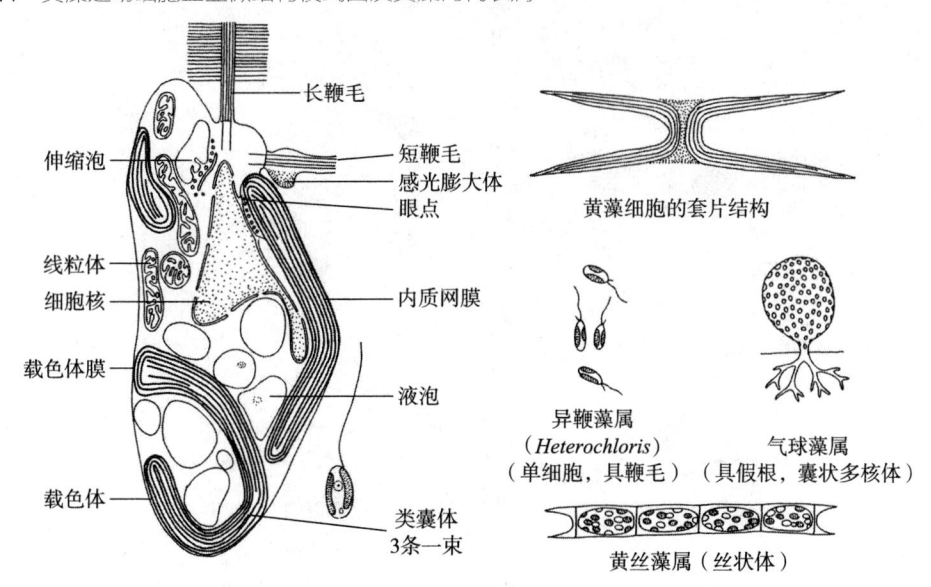

⭐ 图5-11 黄藻运动细胞亚显微结构模式图及黄藻门代表属

多个细胞核和盘状载色体的原生质，中央有一大液泡（图5-11）。无性生殖产生游动孢子、不动孢子和多核孢子。

约7种，生于潮湿土壤表面、水边、稻田埂上。

（3）无隔藻属（*Vaucheria*）：分枝稀疏的多核管状体，下部有少数假根附着于泥土中。生长靠细胞顶端部分的延长，细胞壁薄，原生质紧贴壁，有许多核及小粒状载色体；中央具一个大液泡；贮藏食物为油，无淀粉。

无性生殖时，水生种类产生复合游动孢子，由分枝枝顶膨大，原生质浓厚并有许多核和载色体，在膨大的基部生成横壁，形成一个游动孢子囊；细胞核均匀地分散在四周，并在对着每个核的地方生出两根鞭毛，随之形成孢子；这种孢子是许多游动孢子的复合体，被称为复式游动孢子（compound zoospore），又称复合动孢子；孢子停止游动后，分泌出细胞壁；孢子可立刻萌发，萌发时从两端生出管状体及假根，发育成植物体。陆生种类则常以静孢子进行生殖。

有性生殖为卵式，同宗或异宗配合，生殖细胞分别形成于卵囊和精子囊中。卵囊和精子囊生于侧生的短枝上。卵囊圆形或椭圆形，基部生一横壁，顶端或侧面生一喙（beak），卵囊内仅一核发育，其余核退化；精子囊在分枝顶端形成短弯管状，基部也有一横壁，内生许多具两条鞭毛的精子，精子由卵囊的喙进入，与卵结合。合子壁厚，休眠后经过减数分裂发育成新的植物体。生活史为合子减数分裂型（图5-12）。

50多种，多数产于淡水中，少数生于潮湿的泥土表面。

四、黄藻门的地位

因无隔藻属存在典型的卵式生殖，与绿藻门的许多种相似，因此最初被置于绿藻门中。但黄藻门在光合色素、载色体亚显微结构、贮藏物质等方面与绿藻门都不同，有人将黄藻类从绿藻门分出，称为不等鞭毛藻（Heterokontae）。而黄藻门载色体外包有两层内质网膜，光合色素为叶绿素a、β-胡萝卜素和叶黄素等，具2条鞭毛，眼点由油滴组成等特征与金藻相似，有些学者也把它列入金藻门中。

图5-12 无隔藻属的生活史

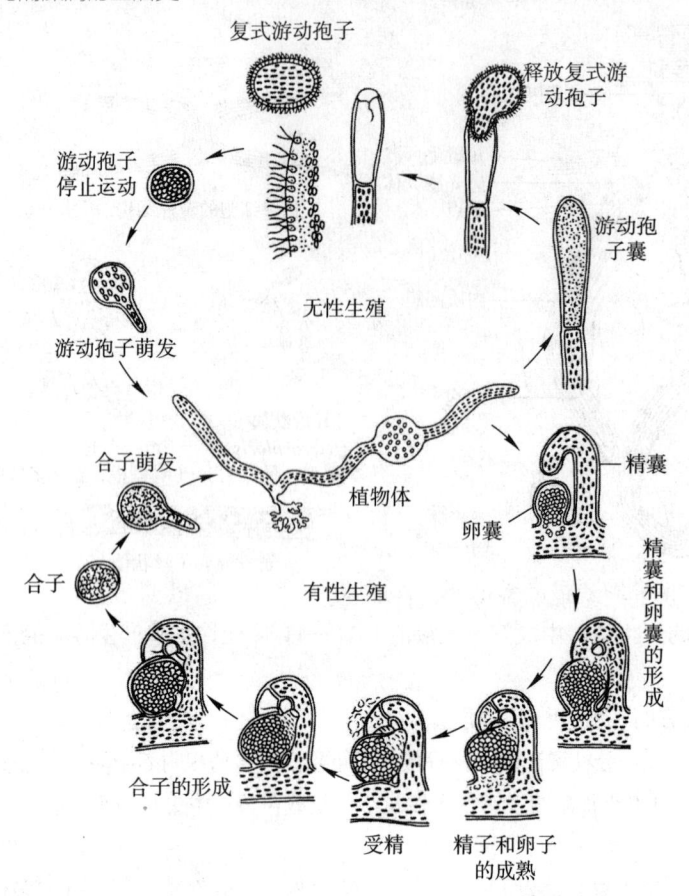

第六节 硅藻门（Bacillariophyta）

一、形态结构

藻体为单细胞或由多个细胞连成链状、带状、丛状或放射状群体。

细胞壁成分为硅质和果胶质，无纤维素。硅质在外，较厚，主要为二氧化硅。硅藻细胞壁（图5-13）由两个套合的半片组成，半片称为瓣。形态上，外面的半片（瓣）称为上壳（epitheca），里面的半片（瓣）称为下壳（hypotheca），瓣的顶面和底面称为壳面（valve）；侧面，即两个瓣套合的地方称为环带面。壳面有各种纹饰、突起，在电镜下呈小孔、小穴、小腔状，开口向内。

依据壳面花纹的不同，硅藻门可分为辐射硅藻类（又称中心硅藻类）和羽纹硅藻类，前者壳面圆形，辐射对称，表面花纹自中央一点向四周呈辐射状排列，后者壳面长形，花纹排列成两侧对称。

在羽纹硅藻中，有些种类壳面中线上有长的纵裂缝，称为壳缝（raphe）；在壳面中央呈加厚状，称中央节（central nodule）；在两端亦加厚，称极节或端节（poler nodule，terminal nodule）。有些种类的壳缝纵沟呈管状，称管壳缝。

细胞核一个，球形或卵形。细胞中央有液泡，紧贴细胞壁之内有一层原生质；载色体1至多数，小盘状、片状，有或无蛋白核。光合色素有叶绿素a、叶绿素c、α-胡萝卜素、β-胡萝卜素和叶黄素类；叶黄素包括墨角藻黄素、硅藻黄素（diatoxanthin）、硅甲黄素（diadinoxanthin），因此硅藻呈橙黄色、黄褐色。同化产物为金藻昆布糖和油。

硅藻营养体中没有游动细胞，仅精子具茸鞭型鞭毛；鞭毛轴丝"9＋0"型，没有中央轴丝，为硅藻所特有。羽纹硅藻能自发运动，具运动能力的硅藻都有1或2条壳缝，借助壳缝系统，与其外围基物接触，才能运动。在运动中有两种器官参与，一是壳缝末端的折光颗粒，它们可以分泌出一种纤维状物质，这种纤维状物质通过壳缝末端压出，并附着在其基质上；二是在每个壳缝下面长的丝状形带（纤维带），分泌出含纤维素的运动物质，而这种物质又具有节奏性收缩的能力，其运动方向是沿着纵轴的方向前进或后退。

二、繁殖

硅藻常以细胞分裂的方式进行营养繁殖（图5-14）。细胞分裂时，原生质膨胀，使上、下两壳略为分离；细胞核进行有丝分裂，载色体、蛋白核等细胞器也随着分裂；原生质沿着与瓣面平行的方向分裂，一个子原生质体居于母细胞的上壳，另一个子原生质体居于母细胞的下壳；每个子原生质体立即分泌出另一半细胞壁，新分泌出的半片始终是作为子细胞的下壳，老的半片作为上壳；结果一个子细胞的体积和母细胞等大，另一个则比母细胞略小一些，每次总是在下壳内形成下壳；几代之后，只有一个子细胞的体积与母细胞等大，其余的愈来愈小。但是体积的缩小不是无限的，缩小到一定的大小后，会以产生复大孢子（auxospore）的方式恢复其大小。

复大孢子的形成常与有性生殖相联系。产生复大孢子的方式有同配、异配、卵式、自配、单性五类。以披针桥穿藻（*Cymbella lanceolata*）为例，形成复大孢子时，两个要结合的细胞先进行一次减数分裂，各形成4个子核，其中两个核退化，其余两个核发育成大小不等的两个配子。配子结合形成两个复大孢子（同宗异配），并发育成新的植物体（图5-14）。

✿ 图5-13　硅藻的细胞壁示意图

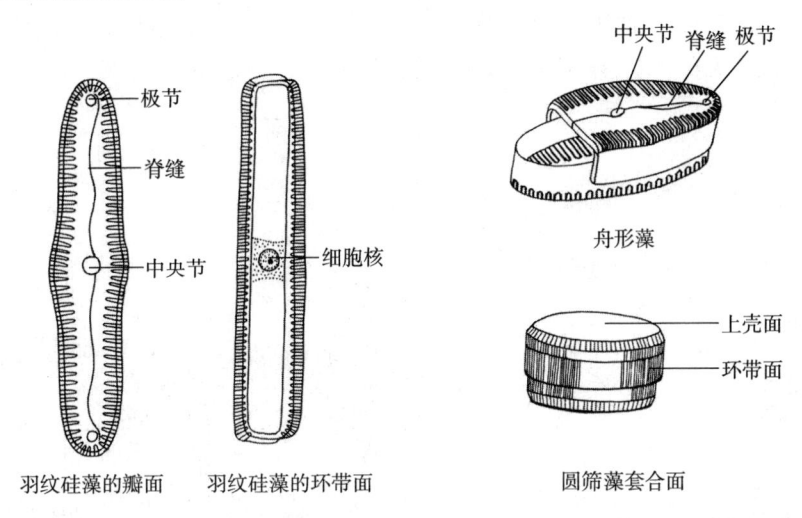

羽纹硅藻的瓣面　　羽纹硅藻的环带面　　圆筛藻套合面

✿ 图5-14　硅藻的繁殖（数字表示发育顺序）

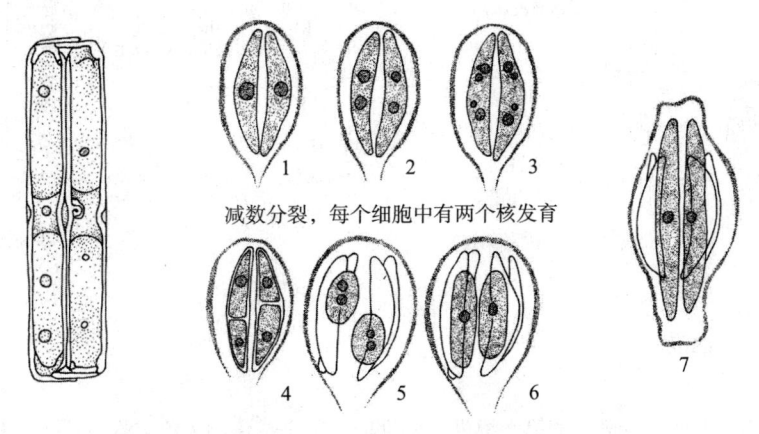

羽纹硅藻的有丝分裂　形成两个大小　早期合子　合子增大，形成复大孢子
　　　　　　　　　　不等的配子

三、分类及代表

硅藻的分布很广，在淡水、咸淡水、海水中或在陆地潮湿土表、湿藓苔原、岩表、树皮以及土壤中均有分布。硅藻一般春秋两季生长旺盛，是鱼、贝等动物的优良饵料。

硅藻可分成中心纲（Centricae）和羽纹纲（Pinnatae）2纲，200余属，约16 000种。

1. 中心纲

小环藻属（*Cyclotella*）：广泛分布于淡水水体中，少数种类海生。单细胞，圆盘状或鼓形。有些种类以胶质或小棘刺连成疏松链状群体。壳面圆形，少数种椭圆形，边缘有辐射状排列的线纹、孔纹、肋纹，中央平滑或具颗粒；带面平滑。载色体多个，小盘状（图5-15）。本属约40种，除以浮游藻类为主外，尚有少数种生长在土壤中，早春大量出现，为硅藻土矿中主要壳体。

中心硅藻类的其他类型如圆筛藻属（*Coscinodiscus*）：壳面基本圆形，具孔纹，孔纹常六角形；最外围有时有真孔，能分泌胶质；直链藻属（*Melosira*）：细胞圆柱形，以壳面相连成链状群体（图5-15）。

2. 羽纹纲

羽纹硅藻属（*Pinnularia*）：藻体多为单细胞，有时连接成带状群体。细胞壳面线状、椭圆形至披针形，两侧平行，极少数种两侧中部膨大或成对称的波状，壳面两侧具横的平行的肋纹，中轴区宽，有时超过壳面宽度的1/3，常具中央节、端节（极节）；带面观长方形，载色体片状，2块，位于细胞带面两侧，常各具一蛋白核（图5-15）。

约200种，多数底栖生活，也有附着生活，以淡水产为主，少数海产。

舟形藻属（*Navicula*）：细胞舟形，壳面具线纹或点纹，上下壳面具壳缝（图5-15）。

脆杆藻属（*Fragilaria*）：细胞壳面披针形，无壳缝，两侧具横线纹，中线无纹区为假壳缝，以壳面或细胞的一端连成链状或"Z"形群体，大多数分布于淡水中。

✿ 图5-15 硅藻的各种类型

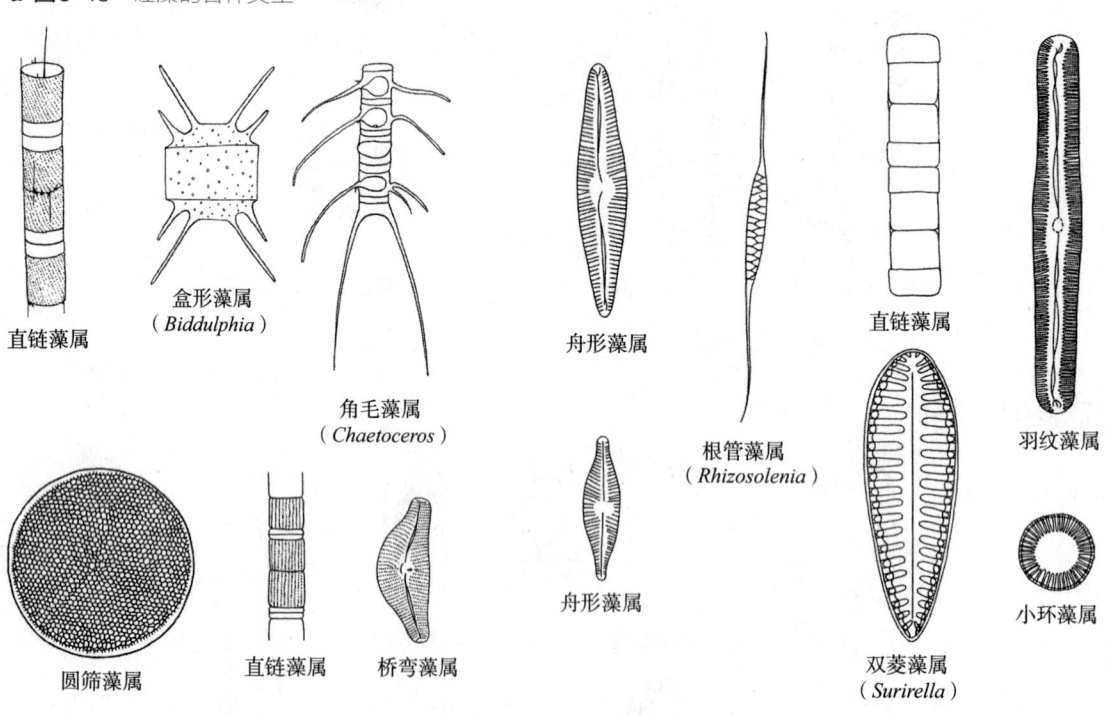

直链藻属　盒形藻属（*Biddulphia*）　角毛藻属（*Chaetoceros*）　舟形藻属　根管藻属（*Rhizosolenia*）　直链藻属　羽纹藻属

圆筛藻属　直链藻属　桥弯藻属　舟形藻属　双菱藻属（*Surirella*）　小环藻属

四、硅藻门的地位

硅藻在侏罗纪出现，白垩纪和第三纪为鼎盛时期，至今藻体仍为单细胞或群体。硅藻、金藻、褐藻的载色体都含有叶绿素a、叶绿素c和墨角藻黄素。硅藻曾归入金藻门中，但特殊的细胞壁套合结构，以及细胞分泌的物质经过壳面裂缝引起运动的现象与金藻门有很大不同；硅藻细胞壁的构造与黄藻门相近，但硅藻营养体为二倍体（2n），在含叶绿素a、叶绿素c的类群中较特殊。在中心纲中出现有鞭毛的雄配子和微孢子，在根管藻属（*Rhizosolenia*）和菱形藻属（*Nitzschia*）的细胞分裂时出现伸缩泡及胞口、胞咽、产鞭体等，都显示硅藻可能来自鞭毛藻。

化石硅藻在石油勘探、地层划分和对比，以及古地理、古气候及古生态的研究方面有重要的科学意义；在研究全球气候变化方面也可应用硅藻生态分析加以探讨；另外以硅藻壳体为主形成的硅藻土还是重要的工业原料。

第七节 褐藻门（Phaeophyta）

一、形态结构

植物体为多细胞体，具一定形态，大形。植物体可分为：无分化的分枝丝状体或分化为匍匐枝和直立枝的异丝状体；由分枝丝状体互相紧密结合形成的拟薄壁组织体；藻体分化为表皮层、皮层和髓三部分的有组织分化的植物体等。有组织分化的种类属于较高级的类型，其表皮层细胞较小，有多数载色体；皮层细胞较大，接近表皮层的几层细胞，也含载色体；中央为髓，由无色的长细胞组成，有些种类有喇叭状的长形细胞，称喇叭丝，均有输导和贮藏作用。

褐藻细胞壁成分为纤维素和藻胶，此外尚有褐藻酸（alginic acid）。藻胶与褐藻酸具黏性，有助于细胞黏成一个坚实体，当退潮时，也可使藻体免于干燥。

细胞具单核，载色体1至多枚，粒状或小盘状（图5-16）。类囊体3条组成类囊体带。载色体具2层载色体膜，外侧尚有2层内质网膜包裹，外层内质网膜与核膜相连。载色体常具1大型蛋白核，其不埋于载色体内，而是突出于载色体的一侧并与载色体内的基质紧密相连，称为单柄型（single stalked type），蛋白核外包有淀粉鞘，但有些褐藻种类没有蛋白核。有学者认为没有蛋白核的种类是比较演化的，网地藻目（Dictyotales）、黑顶藻目（Sphacelariales）、海带目（Laminariales）和墨角藻目（Fucales）等均无蛋白核。

光合色素为叶绿素a、叶绿素c、β-胡萝卜素和几种叶黄素，以墨角藻黄素含量最大，使藻体呈褐色。墨角藻黄素有利用短波长光的能力，光合作用能力极强。贮藏物质为昆布多糖（laminarin）和甘露醇（mannitol），是一类溶解状态的糖类，占藻体干重的5%～35%。一些种类细胞具中央大液泡，但多数种类细胞具许多小液泡。

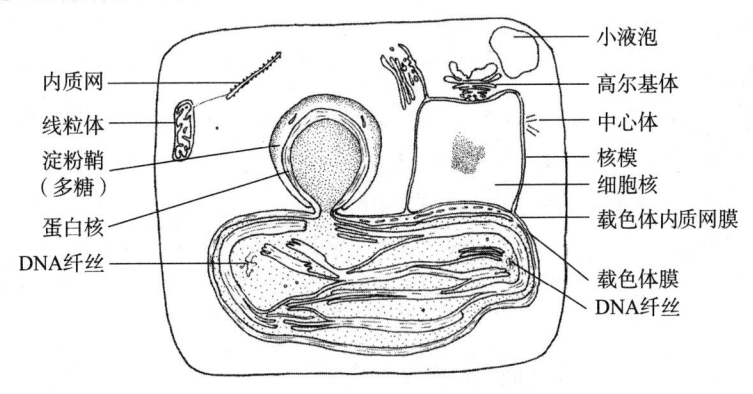

图5-16 褐藻细胞亚显微结构示意图

二、繁殖

营养繁殖以断裂的方式进行，藻体纵裂成几个部分，每个部分发育成一个新植物体；或者由母体上断裂成断片，脱离母体发育成植物体，如马尾藻属（*Sargassum*）；或形成一种特殊的分枝，称繁殖枝（propagule），脱离母体后发育成植物体，如黑顶藻属（*Sphacelaria*）。

除墨角菜目外，均可进行无性生殖，以产生游动孢子和静孢子为主。形成的孢子囊有两种：① 单室孢子囊（unilocular sporangium），是由孢子体的一个细胞增大形成的，该细胞核经减数分裂和有丝分裂，形成128个具侧生双鞭毛的游动孢子，而网地藻属（*Dictyota*）的单室孢子囊仅形成4个静孢子。② 多室孢子囊（plurilocular sporangium），孢子体的一个细胞经过多次分裂，形成一个细长的多细胞组织，每个小立方形细胞发育成一个侧生双鞭毛的游动孢子；此种孢子囊发生在二倍体的藻体上，形成孢子时不经过减数分裂，因此游动孢子是二倍体，发育成一个二倍体植物体。

有性生殖时在配子体上形成一个多室配子囊，配子囊的形成过程和多室孢子囊相同；配子结合方式有同配[如水云目（Ectocarpales）]、异配[如马鞭藻目（Cutleriales）]和卵式（如墨角藻目）。除墨角藻目以外，褐藻都具有世代交替现象，在异形世代交替中多为孢子体大，配子体小，如海带（*Laminaria japonica*）；少数是孢子体小，配子体大，如萱藻（*Scytosiphon lomentarius*）。

褐藻的精子和游动孢子常具两条不等长侧生的鞭毛。多数种类向前方伸出的一条鞭毛较长，属茸鞭型。向后方伸出的一条鞭毛较短，属尾鞭型。但鹿角菜属向前伸的鞭毛较短，茸鞭型，向后伸的鞭毛较长，尾鞭型。

三、分类及代表

褐藻门是固着生活的底栖藻类，绝大多数生长于海洋，极少数种类生活在淡水中。褐藻门属于冷水藻类，寒带海中分布最多；暖水藻类较少，如马尾藻属。海生褐藻属从潮间带一直分布到低潮线下约30m，很多种类体型较大，如巨藻（*Macrocystis pyrifera*, kelps）、海棕榈（*Postelsil*, sea palm）等，形成所谓的海底森林。

褐藻门约250属1 500种。根据世代交替的有无及类型，将褐藻门分为三个纲：等世代纲（Isogeneratae）、不等世代纲（Heterogeneratae）和圆孢子纲（Cyclosporae）。

1. 等世代纲

具有同型世代交替，其孢子体的繁殖通过动孢子、静孢子或中性孢子实现，有性生殖为同配、异配或卵配。

水云属（*Ectocarpus*）：本属多海产。单列细胞构成叉状分枝丝状体，丝状体分化成匍匐部分和直立部分。细胞核1，载色体盘状或带状，有蛋白核。

无性生殖结构发生于孢子体侧生小枝的顶端细胞上。单室孢子囊进行减数分裂，产生孢子；多室孢子囊进行有丝分裂，产生中性孢子（2*n*）。有性生殖为异宗配合，多室配子囊在配子体的侧生小枝的顶端细胞上形成，雌雄配子的大小相同，结合成合子后立即萌发，形成二倍体的孢子体。配子体和孢子体的形态构造相同，为同形世代交替（图5-17）。

2. 不等世代纲

具异形世代交替，孢子体发达，形成薄壁组织或拟薄壁组织，配子体微小，丝状，多分枝。

海带属（*Laminaria*）：海带属约30种，分布在北冰洋、北大西洋、北太平洋及非洲南部海洋，长达数米。海带（*L. japonica*）为本属常见种类（图5-18）。

海带的孢子体分三部分：固着器、柄、带片。固着器呈锚状；柄不分枝，圆柱形或略侧扁，柄部常分化为表皮、皮层和髓；带片生长于柄的顶端，不分裂，没有中脉，幼时常凸凹不平，内部构造和柄相似。

海带的孢子体成熟时，带片两面的表皮细胞斜分裂，产生单室游动孢子囊。游动孢子囊棒状丛生，孢子囊间夹着称为隔丝（paraphysis，或称侧丝）的长细胞，隔丝尖端有透明的胶质冠。带片上生长游动孢子囊的区域呈深褐色。孢子母细胞经过一次减数分裂及多次有丝分裂，产生很多单倍体的同型游动孢子；游动孢子梨形，同型的游动孢子是有性别分化的。北方海带的孢子多在9或10月间成熟，10月底到11月间大量逸出。

图5-17 水云属的生活史

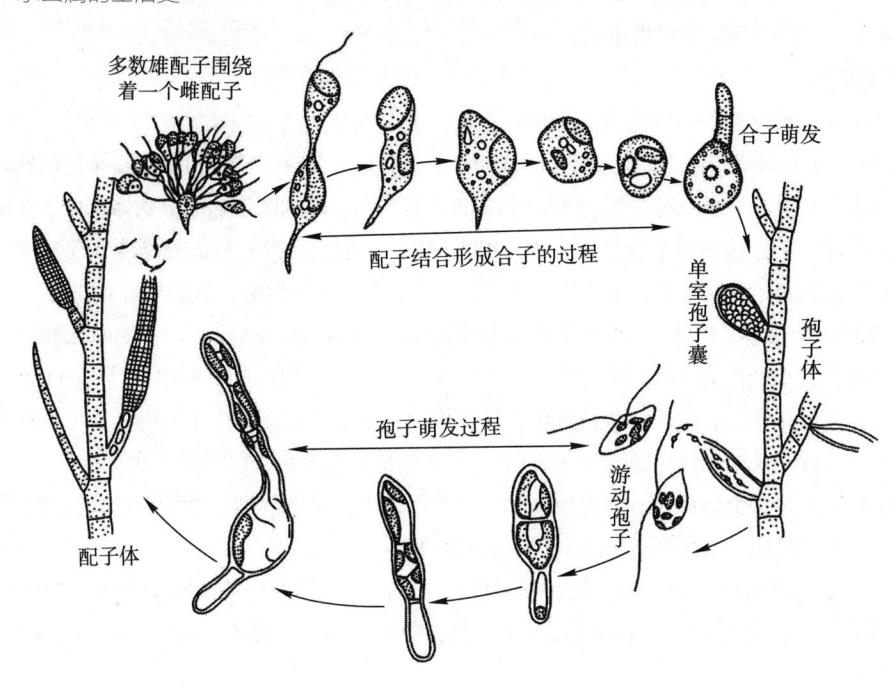

图5-18 海带的生活史

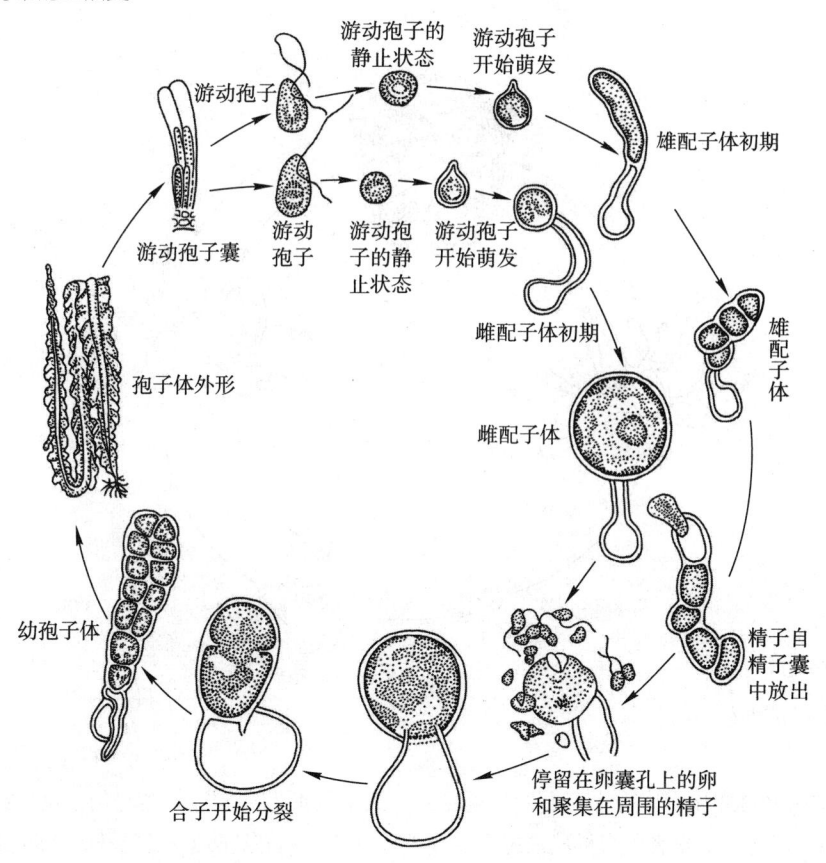

孢子逸出后立即萌发为雌雄配子体，约经1个月死亡。雄配子体为分枝丝状体，仅由十几个至几十个细胞组成，精子囊含一具侧生双鞭毛的精子，构造和游动孢子相似。雌配子体是由少数较大的细胞组成，分枝也很少，在2~4个细胞时，枝端即产生单细胞的卵囊，内有1卵；卵成熟时排出，附着于卵囊顶端，在母体外受精，形成二倍体的合子；合子不离母体，数日后即萌发为新海带，次年6月在适宜条件下，可长至1.3~1.7 m。

本目其他种类如裙带菜（*Undaria pinnatifida*），长约1.8 m，宽0.5 m，带片具中脉，要求水温较高，适于南方生长，在海南岛沿海岸带生长较好。

3. 圆孢子纲

生活史中无世代交替，藻体为二倍体的孢子体。

鹿角菜属（*Pelvetia*）：中国仅鹿角菜（*P. siliguosa*）一种，温带性海藻，可食用。藻体褐色，为具分化的薄壁组织体，多固着于岸边岩石上，高6~15 cm，基部固着器为圆锥状的盘状体，盘状体中央有扁圆柱状短柄，上部二叉分枝，可重复分枝至2~8回。生长在水浪冲击岩石上的藻体分枝较少；而生活在较平静的水中的鹿角菜分枝较多。短枝及部分枝分化为表皮、皮层和髓，髓部具长形细胞。

鹿角菜的植物体是二倍体，有性生殖时在枝顶端形成生殖托（receptacle）。生殖托有柄，呈长角果状，较营养枝粗；生殖托表面有明显疖状突起，突起处有一开口的腔，叫生殖窝（conceptacle）。雌、雄生殖器官卵囊和精囊生长在同一生殖窝中，即雌雄同窝。精囊长在窝内生出的分枝上，每个分枝上有2或3个精囊，间有隔丝；精囊单细胞，核的第一次分裂是减数分裂，以后经多次有丝分裂，形成128个精子，精子鞭毛两条，前短后长。卵囊单细胞，形成时基部有一卵囊柄，卵囊经过减数分裂，最后发育成两个卵。鹿角菜具配子减数分裂型的生活史（图5-19）。

褐藻门常见的其他代表中，等世代纲有黑顶藻属、网地藻属和海蕴（*Nemacystus decipiens*），不等世代纲有裙带菜、绿酸藻（*Desmarestia viridis*）和萱藻，圆孢子纲有海蒿子（*Sargassum pallidum*）和囊叶藻（*Cystophyllum hakodatense*）等。

✿ 图5-19　鹿角菜的生活史

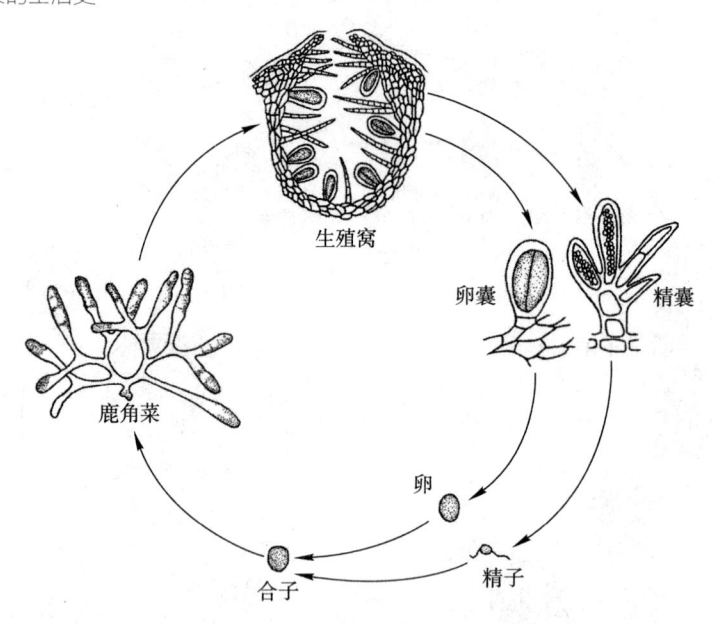

四、褐藻门的地位

有关褐藻门的可靠化石出现于三叠纪。褐藻运动细胞的形态和构造与黄藻门运动性细胞相似，所含色素也相似，因此有的学者主张褐藻来源于黄藻类，由单细胞的具两条不等长侧生鞭毛的祖先演化而来，但褐藻门植物显然是一个自然发展的类群，其形态结构、细胞学特征和代谢产物均与其他各门藻类具明显区别。

第八节 甲藻门（Pyrrophyta）

一、形态结构

甲藻也常被称为双鞭藻（Dinoflagellates）。

甲藻多为单细胞，细胞球形、长椭圆形或三角形等，前后略扁或者左右略扁，多数具有2条不等长、排列不对称的鞭毛；极少数无鞭毛甲藻作变形虫运动，或不运动。少数为群体或分枝丝状体，仅生殖时游动细胞有鞭毛。

甲藻细胞除少数裸型种类外，具有含纤维素的细胞壁。具细胞壁的甲藻常分为两类：纵裂甲藻，由左右两个对称的半片组成，无纵沟和横沟，如原甲藻属（Prorocentrum），单细胞，不分成板片，具顶生鞭毛2条，浮游；横裂甲藻，细胞壁由多个板片嵌合而成，分为上下两部分，上部为上壳（epitheca），下部为下壳（hypotheca），两部分之间有一横沟（girdle），和横沟相垂直的还有一纵沟（sulsus），纵沟又称腹区，位于下壳腹面中央，与横沟垂直，对称部为背面。有侧生鞭毛2条。板片表面具角、刺、突起、窝纹、孔纹等，板片形态构造和组合是鉴定种的依据。

甲藻的主要细胞器有载色体、鞭毛、甲藻液泡、刺丝胞和眼点等（图5-20）。载色体数目多，盘状、片状、棒状或带状，多周生，电镜下，载色体包有3层膜，外面为1层内质网膜，内质网膜不与核膜相连，内面两层是载色体膜；类囊体带由3个类囊体组成，主要色素有叶绿素a、叶绿素c、β胡萝卜素、多甲藻黄素（peridinin）、硅甲藻素、甲藻黄素、硅藻黄素，黄色素含量比叶绿素含量高近4倍，因此载色体呈黄绿色、橙黄色、褐色。同化产物与绿藻、高等植物相同，为淀粉和油；少数种类具蛋白核。

甲藻细胞核在分裂间期染色体明显，细胞分裂时核膜、核仁不消失，不形成典型的纺锤体。这种细胞核被称为甲藻核（dinokaryon）或间核（mesokaryon），具有此类细胞核的生物是介于原核生物和真核生物之间的中核生物，又称间核生物（mesokaryotes）。

甲藻的运动细胞有两条顶生或侧生鞭毛。顶生鞭毛在细胞前端，一条直伸向前方，是尾鞭型，另一条伸向后横向弯曲，是茸鞭型；侧生鞭毛在腹部，从横沟与纵沟交叉处的鞭毛孔伸出，一条在横沟中，茸鞭型，叫横鞭毛，运动时使藻体滚动，另一条沿纵沟向后方伸出，是尾鞭型（whiplash type），叫做纵鞭毛，作用是向前推动。鞭毛为"9+2"型；两条鞭毛的搏动使藻体作螺旋状滚动。

甲藻液泡（pusule）近于甲藻细胞体表层，囊状体，没有伸缩能力，外端有一开口与外界相通，有渗透营养的作用。刺丝胞（trichocyst），由高尔基体长出形成，长约200μm，在刺激作用下，这种含蛋白质的丝便从藻体抛出，后被水溶解，可能与捕食或防御功能有关。眼点存在于部分种类中，由"脂粒"构成，外侧有一层薄膜。

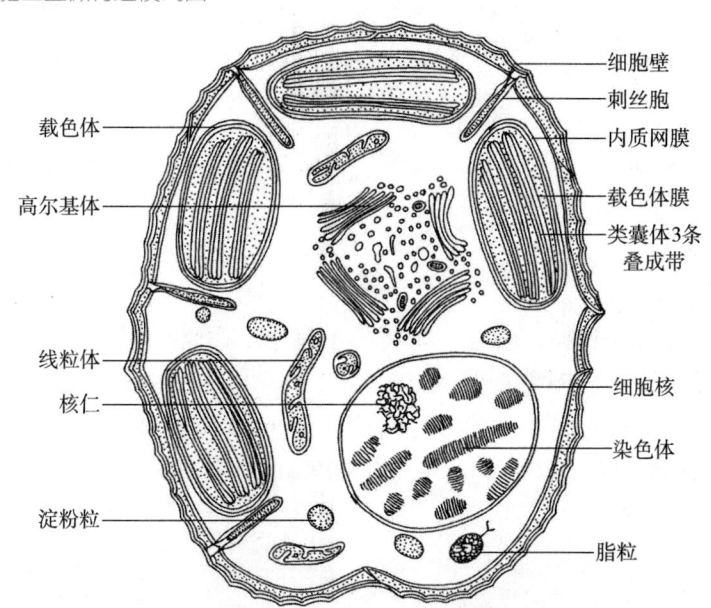

图5-20 甲藻细胞亚显微构造模式图

二、繁殖

甲藻以营养繁殖为主，少数产生游动孢子、不动孢子或厚壁休眠孢子，极少数具同配的有性生殖。

三、分类及代表

甲藻以海产为主，多生于暖海，为贝类等的饵料；淡水中较少。某些单细胞甲藻如原甲藻（*Prorocentrum*）等在条件适宜时可能突然大量繁殖，由于藻体富含叶黄素而使水变成黄褐色，引起赤潮。

某些甲藻可与动物如Cnidarians形成共生体（mutualistic symbionts）；极少数甲藻缺乏载色体，寄生在鱼类、桡足类或其他脊椎动物体内，在无细胞壁的种类中行动物性营养是普遍现象。这种光合型和异养型甲藻的并存说明早期原生动物和藻类具有密切关系。

甲藻门约3 000种，目前不同学者对其各类群之间的亲缘关系仍存在较大分歧。以往的分类系统中，将甲藻根据其甲片构造分成两纲：纵裂甲藻纲（Desmophyceae），细胞壁由左右2片组成，无纵沟和横沟，2条鞭毛着生于细胞顶端；横裂甲藻纲（Dinophyceae），又称沟鞭藻纲，细胞壁由多个板片嵌合而成，具横沟和纵沟。但后来对甲藻超微结构的研究发现两者的超微结构区别不大，故将两者合并为1纲甲藻纲（Dinophyceae）。甲藻门中常见的有多甲藻属（*Peridinium*）和角甲藻属（*Ceratium*）。

（1）多甲藻属（*Peridinium*）：藻体单细胞，椭圆形、卵形或多角形；背腹扁，背面稍凸，腹面平或凹入；纵沟和横沟明显，细胞壁有多块板片组成，少数有乳突、孔、刺、翼状突起等；载色体数目多，粒状，周生。约200种，海产为主，淡水较少（图5-21）。

（2）角甲藻属（*Ceratium*）：单细胞，不对称形，顶端有板片突出形成的长角，底部有2或3个短角（图5-21）。

✿ 图5-21 甲藻门甲藻纲代表属

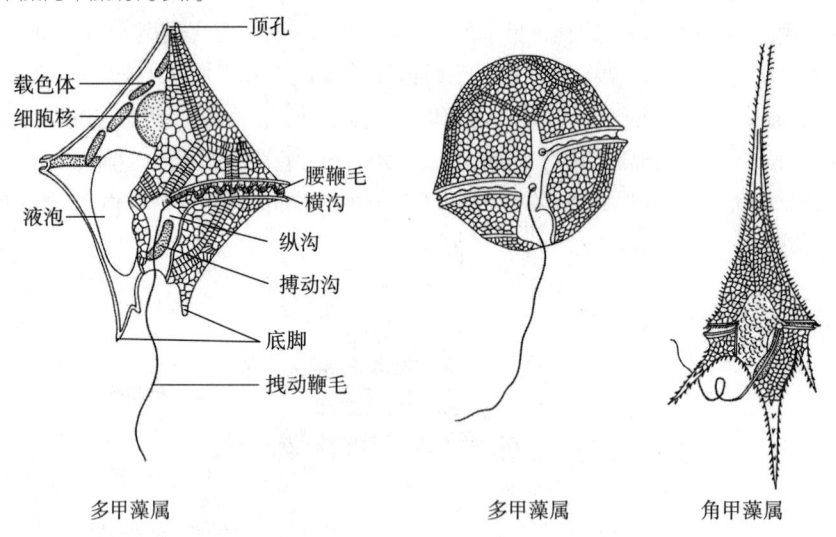

多甲藻属　　　　多甲藻属　　　　角甲藻属

四、甲藻门的地位

甲藻的体型构造有别于其他藻类，是一群较自然的类群，与原生动物中的纤毛虫类亲缘关系较接近，如均具刺丝胞结构。甲藻与硅藻的光合色素较相似，但藻体形态、同化产物差异较大。

甲藻死亡后沉积于海底，是古代生油地层中的主要化石。地质勘探中常把甲藻化石当做地层对比的主要依据。又因甲藻的生态适应范围较狭，可应用甲藻化石推测古地貌、古地理。

第九节 裸藻门（Euglenophyta）

一、形态结构

除柄裸藻属（*Colacium*）以胶柄固定并形成简单的群体外，其余裸藻门植物皆为无细胞壁，具有鞭毛、能游动的单细胞体。

裸藻细胞的最外层为原生质膜，内侧是由原生质体外层特化成的表层，亦称周质体（periplast），它的主要成分为蛋白质（约80%），其次是脂质（约11.6%），还有少量的糖类。周质体由平而紧密结合的表膜条纹（pellicle stripe）组成，这些条纹多以旋卷状围绕着藻体，条纹下具黏液体，可分泌黏液或胶质。黏液的成分为糖类，可形成细胞表面永久的胶质覆盖层或积累在细胞后端形成胶质拖曳物。裸藻属中囊胞的胶被，囊裸藻属的囊壳，柄裸藻属的胶被、胶柄和胶垫均是由黏液体分泌形成的。有些种类的周质体薄而柔软，藻体能变形，有的种类的周质体坚硬，藻体不能变形。一般认为周质体的演化是由柔软向硬化发展的。

裸藻细胞具多种细胞器及复杂的结构（图5-22），如高尔基体、线粒体、载色体、黏液体、鞭毛器、眼点、细胞核等。藻体前端有胞口（cytostome）和狭长的胞咽（cytopharynx），胞咽下部的膨大部分叫储蓄泡（reservoir），储蓄泡周围有一至多个伸缩泡（contractile vacuole）。

✿ 图5-22 裸藻细胞亚显微结构模式图及裸藻门代表属

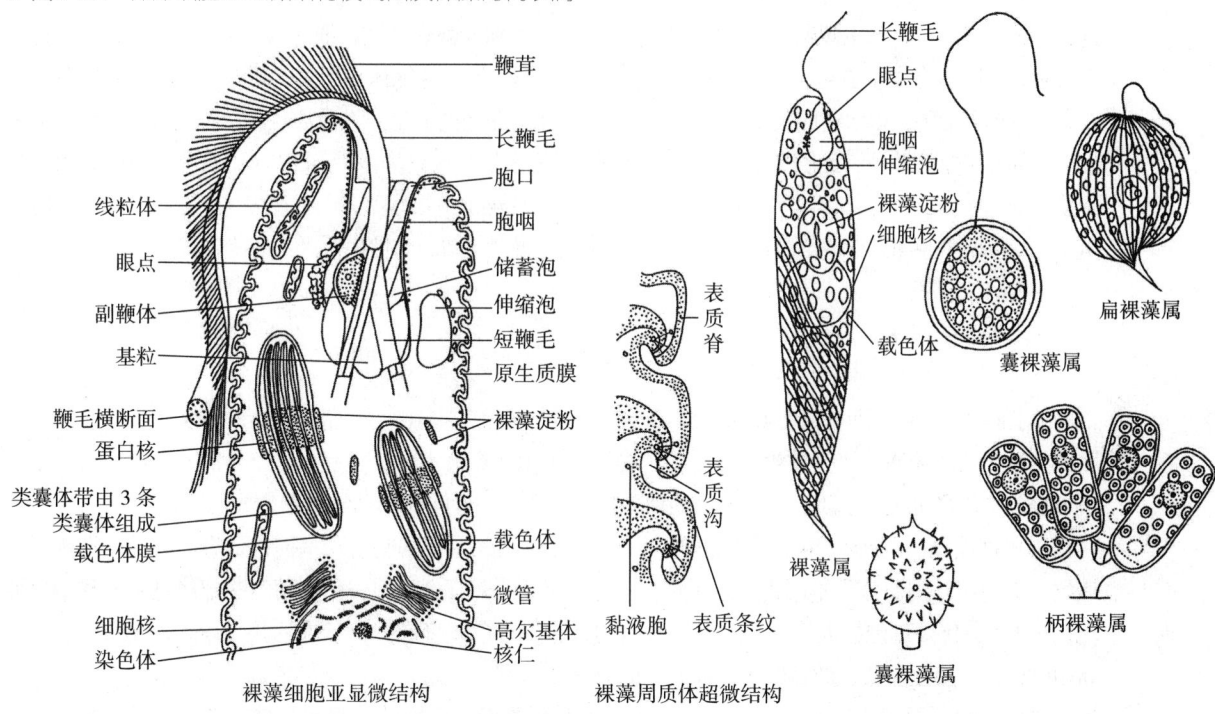

本门鞭毛的基本数为2条，但多数种类仅1条游动鞭毛伸出体外，另1条退化成残根保留在体内并与游动鞭毛的基部相连接而成"叉状结构"，在分叉的末端有生毛体又称为基粒或基体（basal body）。在游动鞭毛基部的鞭毛膜内，靠近鞭毛轴丝处有一隆起的晶状体组织，称为副鞭体（paraflagellar body）或副鞭隆体（paraflagellar swelling），与趋光作用有关。鞭毛为茸鞭型鞭毛。

眼点（stigma）位于储蓄泡与胞咽之间的背面，一般由20～50个橙色油滴组成，主要含β-胡萝卜素或其衍生物，无被膜，有趋光性。

裸藻的细胞核与甲藻相似，亦为中核，其核较大，静止期有粒状或丝状染色体。有丝分裂时，核膜不消失，有纺锤体，具连续纺锤丝（continuous tiber），但不形成染色体纺锤丝；中期核仁开始拉长，成长哑铃状，至后期断开成为两个子核仁；后期整个核开始拉长，子染色体分开至两极；末期拉长的核断开分为两个子核（图5-23）。

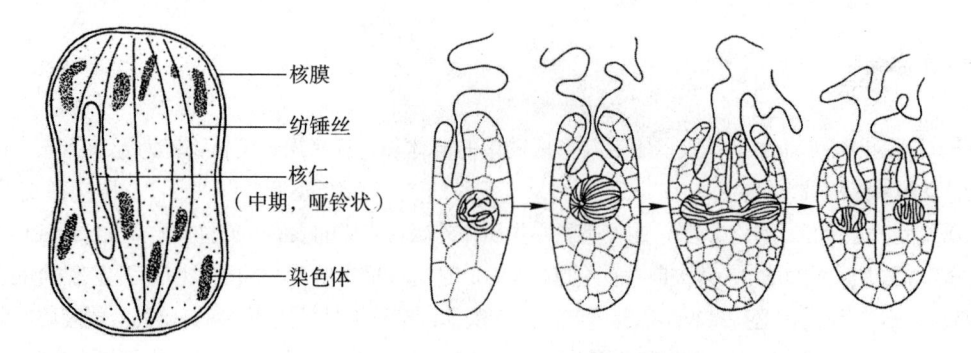

☆ 图5-23　裸藻细胞核有丝分裂及细胞的纵裂繁殖示意图

裸藻载色体形状多样，如盘状、星形、带状等；含叶绿素a、叶绿素b、β-胡萝卜素和3种叶黄素等。载色体包有3层膜，外面1层为内质网膜，内面两层为载色体膜。类囊体带由3个类囊体组成；载色体上有时有蛋白核（pyrenoid）。同化产物为裸藻淀粉（paramylum）和油。裸藻淀粉是裸藻的特有产物，只存在于细胞质中，形态多样，颗粒呈盘形、环形、杆状、球形、片状等；油可存在于蛋白核表面。

二、繁殖

裸藻以细胞纵裂的方式进行繁殖（图5-23）。细胞分裂可以在运动状态下进行，也可以在胶质状态下进行。分裂开始时，着生鞭毛的一端发生凹陷，同时鞭毛器和眼点分裂，细胞核开始有丝分裂，这些过程完成后，细胞本身发生缢裂，在2～4 h内完成；缢裂的结果，叶绿体和裸藻淀粉在每个子细胞中各保留一半，一个子细胞保留原有的鞭毛，另一个子细胞长出一条新的鞭毛。在胶质状态，细胞分裂时首先失去鞭毛，并分泌厚的胶被，细胞在胶被内反复分裂，形成多细胞的胶群体（palmella）。环境适宜时，每个细胞发育成一个新的个体；环境恶劣时，细胞停止运动，分泌出一层厚壁，形成胞囊（cyst），环境适宜时原生质体从厚壁中脱出，形成会游动的新个体。裸藻没有无性生殖，有性生殖尚不能确定。

三、分类及代表

本门仅1纲1目，即裸藻目Euglenales，含约40属800种。其中，20%～30%的种类不含叶绿体。裸藻大多数生活在淡水中，少数生活在半咸水中，很少生活在海水中；在有机质丰富的水体中，可大量繁殖形成水华，严重污染水质。无色类型的裸藻营腐生或具吞食固体的动物营养方式。

（1）裸藻属（*Euglena*）：细胞纺锤形、长纺锤形或圆柱形，细胞前端宽而钝，表面具螺旋形排列的线纹，无甲鞘。周质体具不同程度的弹性，多少可变形。鞭毛仅1根，由储蓄泡底部经过胞咽和胞口伸出；另1根退化。细胞核大，圆形。多数种类的细胞内载色体多数，盘状或片状，周生；少数种类载色体中轴位，一般呈星状，数目较少，仅1或2个（图5-22）。

（2）柄裸藻属（*Colacium*）：又称胶柄藻属，具细胞壁，无鞭毛，眼点和储蓄泡位于下方。以细胞前端分泌出胶质柄附着于轮虫、枝角类等浮游动物体上，不游动。细胞构造与裸藻属相似，细胞分裂时，子细胞自己分泌出一个胶质柄，不脱离母体，仍留在母细胞柄上，集合成一个丛状群体；细胞也可以从母体上脱出，发育成单鞭毛的游动细胞，作短暂的游动后，失去鞭毛，分泌出细胞壁和胶质柄，附着于一个新的动物体上（图5-22）。

（3）囊裸藻属（*Trachelomonas*）：藻体具球形、卵形、椭圆形等囊壳，囊壳由铁化合物沉积而成，褐黄色，囊壳表面光滑或点纹、孔纹或颗粒突起，具孔口，鞭毛从孔口处伸出（图5-22）。

（4）扁裸藻属（*Phacus*）：藻体侧扁，周质体不具弹性，不能变形，单细胞，具环状的大形裸藻淀粉（图5-22）。

四、裸藻门的地位

由于裸藻兼具动物和植物的特性，对于其起源和分类地位一直存在争议。自20世纪70年代以来，叶绿体内共生理论的提出及其随后的有关研究发现等不少证据可以证明绿色裸藻是经内共生演化而来的。近期对裸藻类鞭毛器超微结构的深入研究以及分子生物学的研究，基本上可以证明吞食性的无色裸藻与原生动物中的动基类（kinetoplastids）具有同源性，这说明绿色裸藻是由吞噬性的无色裸藻与绿藻共生演化后发展而成的，而腐生性的无色裸藻是由绿色裸藻失去色素体分化而来。内共生演化假设能较合理地解释裸藻类所特有的性状：动植物兼性，在同一个细胞体内既具有高级类型（与绿藻类似）的色素体，同时又保持原始的间核性状。

第十节 绿藻门（Chlorophyta）

一、形态结构

藻体多种多样，包括单细胞、群体、丝状体、叶状体、管状体及多核管状体等。少数单细胞和群体类型的营养细胞前端有鞭毛，终生能游动；但绝大多数绿藻的营养体不能运动，只在繁殖时形成游动孢子和具鞭毛的配子。

细胞壁分两层，内层主要为纤维素，与高等植物相似；外层果胶质，常常黏液化。载色体杯状、片状、盘状、星状、带状、网状等，其结构与高植物的叶绿体结构类似，具双层载色体膜，类囊体带由 2～6 个类囊体组成，含叶绿素a、叶绿素b、胡萝卜素、叶黄素等，其中叶绿素含量较多，同化产物为淀粉、蛋白质和油，与高等植物相似，载色体内通常有1至数枚蛋白核（又称淀粉核，pyrenoid）。

细胞核1至多数，常位于靠壁的原生质中；单核类型的细胞核常位于中央，悬在原生质丝上，如水绵属。

运动细胞、生殖细胞常具2或4条顶生等长鞭毛及1个橘红色眼点。鞭毛具"9＋2"条轴丝。轴丝几乎全被鞭毛鞘（细胞质衣鞘，cytoplasmic sheath）包围，仅末鞘（endpiece）裸露。鞭毛鞘上无羽状鞭茸结构，为尾鞭型。鞘藻目及德氏藻属（*Derbesia*）的生殖细胞常具一轮横向鞭毛。

二、繁殖

绿藻的繁殖方式有三种：营养繁殖、无性生殖和有性生殖。

（1）营养繁殖：单细胞、群体类型常以细胞分裂方式即有丝分裂来增加细胞的数目。绿藻细胞有丝分裂有三种基本类型（图5-24）。① 绿藻型有丝分裂，细胞在有丝分裂中期核膜不消失，末期纺锤体消失，分裂过程中形成由平行于细胞分裂面的微管构成的藻质体（phycoplast），末期两子核相距较近，胞质以环沟或细胞板的方式进行分裂。② 石莼型有丝分裂，细胞在分裂过程中核膜和纺锤体不消失，不形成藻质体或成膜体（phragmoplast），末期两子核相距较远，胞质以环沟的方式进行分裂。③ 轮藻型有丝分裂，与高等植物的细胞分裂相似，细胞在有丝分裂的中期核膜消失，纺锤体不消失，末期两子核相距较远，胞质以环沟或细胞板（由成膜体形成）的方式进行分裂。丝状体的类群常以断裂的方式繁殖。某些单细胞绿藻，遇到不良环境时，细胞多次分裂后形成胶群体，如四孢藻属（*Tetraspora*）。环境好转时，每个细胞又可发育成新的植物体。

（2）无性生殖：形成游动孢子或静孢子。形成游动孢子时，细胞内原生质体收缩，形成一个无细胞壁的游动孢子，或经过分裂形成多个游动孢子。游动孢子放出后，游动一个时期，缩回或脱掉鞭毛，分泌出细胞壁，成为一个营养细胞，继而发育为新的植物体。静孢子无鞭毛，不能游动，有细胞壁，可分为两类：静孢子在形态上与母细胞相同，称为似亲孢子（autospore），某一细胞产生的全部似亲孢子可以保持在一起，形成似亲群体（autocolony）；在环境条件不良时，营养细胞原生质体分泌厚壁，围绕在

图5-24　绿藻细胞有丝分裂（末期）模式图

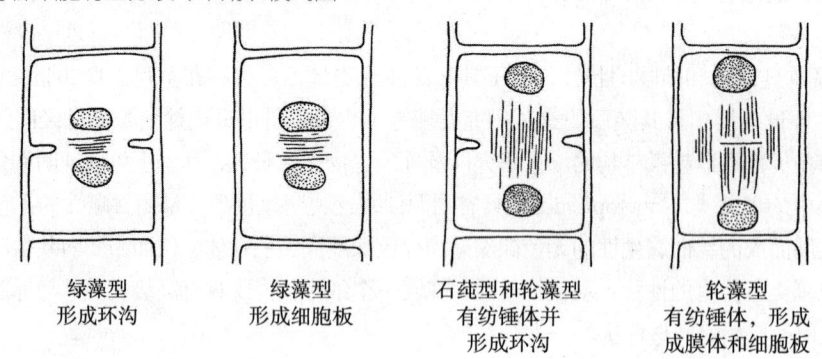

绿藻型　　　　绿藻型　　　石莼型和轮藻型　　轮藻型
形成环沟　　形成细胞板　　有纺锤体并　　有纺锤体，形
　　　　　　　　　　　　　形成环沟　　　成膜体和细胞板

原生质体的周围，并与原有的细胞壁愈合，同时细胞内积累大量的贮藏物质，形成厚壁孢子（akinetes, hypnospore），环境适宜时，即发育成新的个体。

（3）有性生殖：具同配生殖、异配生殖和卵式生殖。

三、分类及代表

约90%的绿藻分布于淡水中，仅约10%分布于海水或咸淡水交汇处。淡水种受水温制约不明显，广泛分布。海水种类常沿海岸分布，其地理分布受到水温的影响。

绿藻门类型较多，根据形态学、鞭毛的超微结构、胞质分裂过程的特征以及分子系统学资料可将绿藻门分成4个纲，即葱绿藻纲（Prasinophyceae）、绿藻纲（Chlorophyceae）、双星藻纲（Zygnematophyceae）和轮藻纲（Charophyceae），共约350属，5 000～8 000种。

（一）葱绿藻纲

单细胞鞭毛类，具1条，2条，4条或8条鞭毛，其鞭毛及细胞表面常覆有1至多层由多糖构成的鳞片。

四片藻目（Tetraselmidales）

四片藻属（Tetraselmis）：单细胞，纵扁，正面观椭圆形、卵形或心形；细胞前端略突出，中央具4条等长鞭毛，具1眼点；细胞具囊壳，表面覆有鳞片；载色体完整或前端分成4叶，底部具1蛋白核（图5-25）。

图5-25　四片藻属

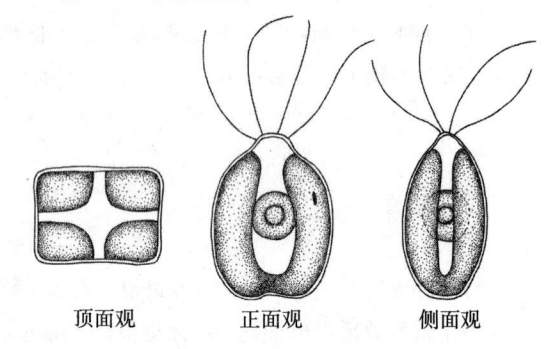

顶面观　　正面观　　侧面观

（二）绿藻纲

植物体形态多样，单细胞和群体类型不具鞭毛或具2~4条等长鞭毛，其他形态的植物体生殖时形成具2条或4条鞭毛的动孢子或配子。色素体具蛋白核或无，具鞭毛细胞的色素体上常具1橘红色眼点。本纲含11目，以下介绍其中5目。

1. 团藻目（Volvocales）

藻体为浮游性的单细胞或定形群体，营养细胞具顶生双鞭毛，细胞构造多为衣藻型，无营养性的细胞分裂，主要产淡水。

（1）衣藻属（Chlamydomonas）：衣藻属100多种。植物体单细胞，卵形、椭圆形、圆形等；前端有两条等长的顶生鞭毛，鞭毛着生处有或无乳突。鞭毛基部有两个伸缩泡，一般认为是排泄器官。细胞具1个厚底杯状载色体，其内有1明显的蛋白核，细胞前端透明处为载色体的开口。眼点位于藻体前端载色体膜与类囊体之间，橙红色，细胞核位于中央（图5-26）。

无性生殖常在夜间进行。生殖时藻体鞭毛收缩或脱落变成游动孢子囊。细胞核先分裂，形成4个子核（蛋白核亦分裂为4），有些种分裂3~4次，形成8~16个子核。随后细胞质纵裂，形成2，4，8或

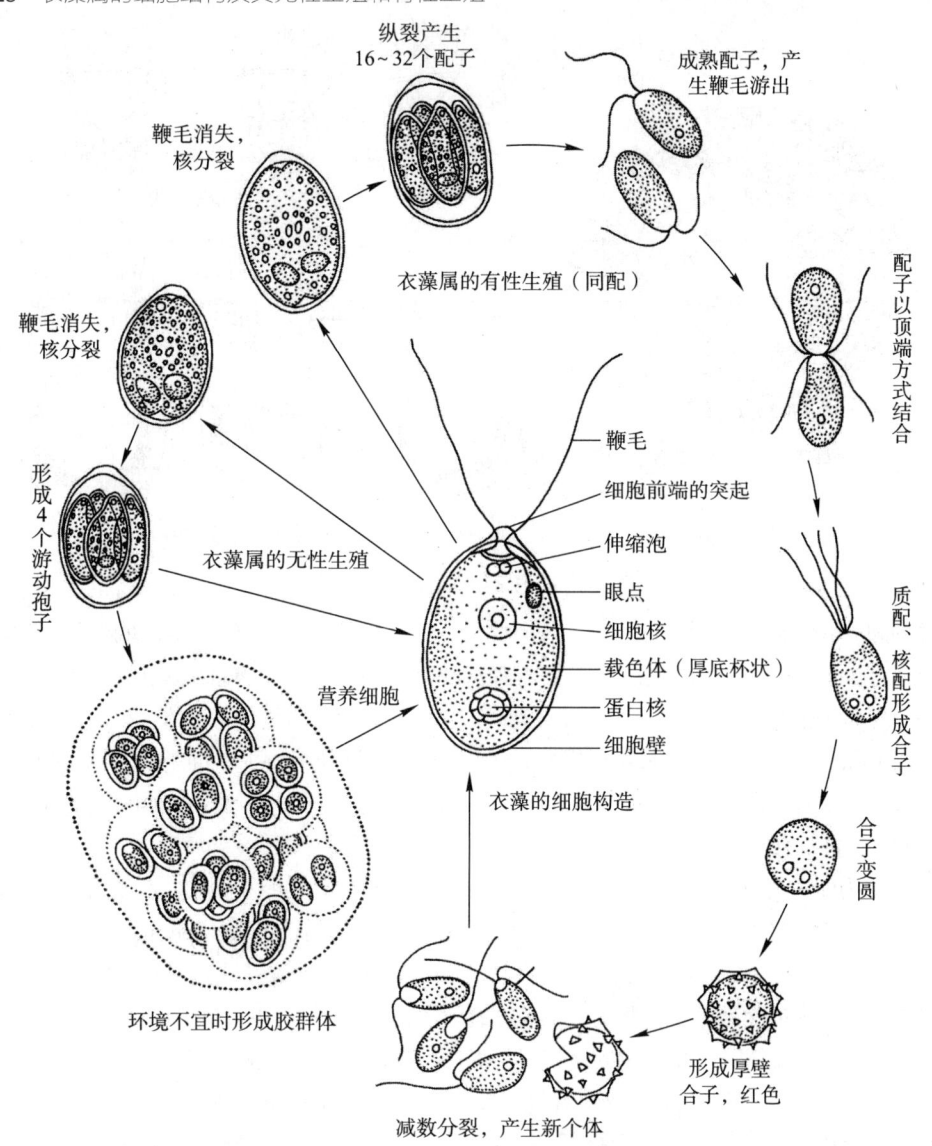

☆ 图5-26 衣藻属的细胞结构及其无性生殖和有性生殖

16个子原生质体，每个子原生质体分泌一层细胞壁，并生出两条鞭毛，子细胞由于母细胞壁胶化破裂而放出成为游动孢子，然后长成新的植物体。若在潮湿的土壤环境下，原生质体反复分裂，产生数十、数百至数千个没有鞭毛的子细胞，埋在胶化的母细胞壁中，形成一个不定胶群体（palmella）。在环境适宜时，每个子细胞生出两条鞭毛，从胶质中逸出。

有性生殖多为同配，少异配或卵式。生殖时，细胞脱去鞭毛，体内的原生质体经过分裂，形成32～64个小细胞，称为配子，配子的形态和游动孢子相似，仅略小；成熟的配子从母细胞中逸出后，游动不久即成对结合，形成双倍核、具4条鞭毛能游动的合子，合子游动数小时后变圆，分泌细胞壁形成厚壁合子，壁上有时有刺突；合子经过休眠，环境适宜时萌发，经过减数分裂，产生4个单倍核的原生质体，也有的再多次有丝分裂，产生8，16，32个单倍核的原生质体；以后，合子壁胶化破裂，单倍核的原生质体被逸出，并在几分钟之内形成细胞壁，生出鞭毛，发育成新的个体。衣藻的生殖过程较特殊：其配子与游动孢子形态相同，有性生殖与无性生殖同源，都是来自营养细胞的变化。营养细胞产生哪种生殖细胞与营养条件有关，当营养物质充足时多形成孢子，营养缺乏时多形成配子；但若给予配子充足的营养，亦可不经配合而形成新个体，行单性生殖。

（2）团藻属（*Volvox*）：由数百至上万个细胞不重叠地排列成一个空心球体，群体细胞数目一般为512～6144个，球体内充满胶质和水。细胞的形态和衣藻相同，具鞭毛；每个细胞各有一层胶质鞘包着，由于胶质膜彼此挤压，表面观细胞为多边形，细胞间有胞间连丝相连（图5-27）。

无性生殖多以形成生殖胞的方式进行。生殖胞（gonidium）是群体后端部分细胞失去鞭毛形成的比

第十节 绿藻门（Chlorophyta）

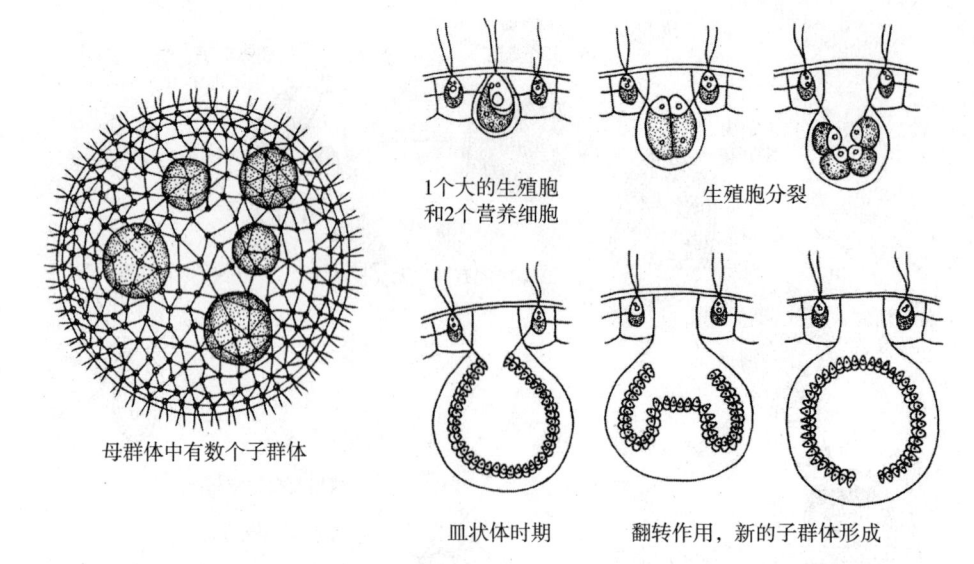

图5-27 团藻属及其无性生殖过程

普通营养细胞大10倍或10倍以上的细胞（每个群体产生2～50个生殖胞）。由生殖胞进行多次纵分裂，形成皿状体（plakea）；当皿状体发展为32个细胞时，细胞开始分化为营养细胞和生殖细胞，继续分裂直至形成一个球体（子群体），球体有一个孔。此时，群体内细胞前端是向着群体中央的，球体从孔处经过翻转作用（inversion），细胞的前端翻转到群体的表面；翻转作用完成后，细胞长出两条鞭毛，子群体陷入母群体的胶质腔中；而后，由母群体表面的裂口逸出，或待母群体破裂后放出。子群体大约经过6次无性生殖后，进行有性生殖。

有性生殖为卵式生殖（oogamy），群体中只有少数生殖细胞产生卵和精子。产生精子的生殖细胞经过反复纵裂，形成皿状体，并经过翻转作用，发育成1个能游动的精子板（sperm packet），精子板一般具有16，32，64，128，256，512个精子；游动精子板不分散成单个精子，而是整个精子板游至卵细胞附近才散开。产生卵的生殖细胞略膨大，不经分裂就发育成1个不动卵。精子穿过卵细胞周围的胶质，与卵结合形成合子，受精后，合子分泌出一层厚壁，壁光滑或具刺状突起，常含血色素。合子从群体的胶质中逸出后，不立即萌发，能抵抗恶劣环境，数年不死，待环境好转时即萌发。合子萌发时，外壁层破裂，内壁层变成一个薄囊；原生质体在薄囊内发育成一个具有双鞭毛的游动孢子（或静孢子），游动孢子（或静孢子）连同薄囊一起，由外壁层的裂口逸出，经减数分裂反复有丝分裂发育成一个约128或256个细胞的群体，其发育过程与无性生殖相似，亦经过皿状体时期和翻转作用。团藻的合子在萌发前进行减数分裂，故在生活史中仅有单倍体植物体（图5-28）。

团藻常在夏季发生于淡水池塘或临时性积水中，生活2～3周后即消失。热带海滩中常可见团藻胶质鞘钙化后死亡，群体破裂形成的白色粉末。

（3）盘藻属（*Gonium*）：定形群体，4～16个细胞排列于一个平面上，无分化，胞间有间隙；无性生殖时，群体的全部细胞同时产生游动孢子，有性生殖时为同配（图5-29）。

（4）实球藻属（*Pandorina*）：定形群体，4，8，16，32个细胞组成的实心球体，胞间紧密；无性生殖时，群体细胞同时产生游动孢子，有性生殖为异配（图5-29）。

（5）空球藻属（*Eudorina*）：16，32，64个细胞组成的球形或椭球形的空心群体，细胞间有间隙；有性生殖为异配；已开始有营养细胞与生殖细胞的分化，有少数种类的群体某些营养细胞不再产生配子和孢子（图5-29）。

从团藻目的演化可以看到，藻体从单细胞（衣藻属）到群体（盘藻属、实球藻属、空球藻属），再到多细胞体（团藻属），显示了在体型、结构方面明显的演化趋势；细胞的营养作用和生殖作用由不分化到有分化，即由不分工到分工；有性生殖由同配、异配到卵式生殖。

2. 绿球藻目（Chlorococcales）

藻体为单细胞或群体，营养细胞无鞭毛，产生似亲孢子，不行营养性的细胞分裂，淡水产浮游性种类。

（1）小球藻属（*Chlorella*）：单细胞，圆形或略呈椭圆形，直径约10 μm或更小，载色体杯形或曲带

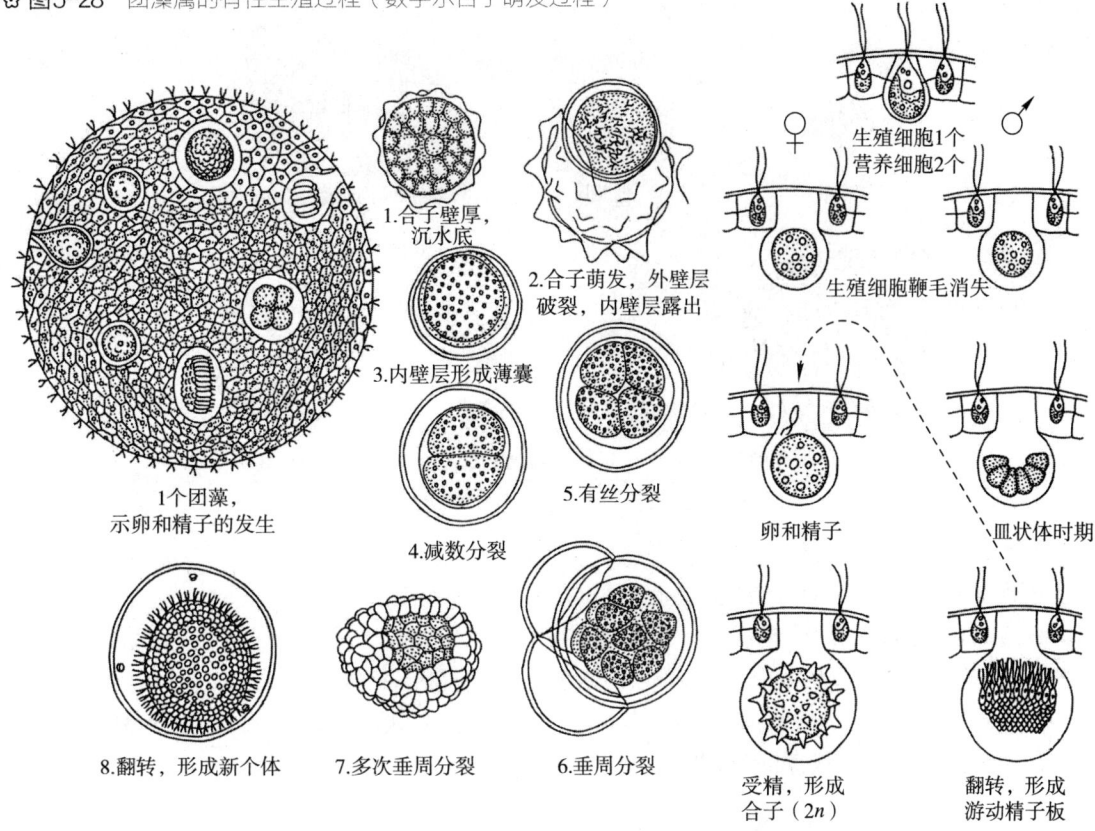

图5-28 团藻属的有性生殖过程（数字示合子萌发过程）

1个团藻，示卵和精子的发生
1.合子壁厚，沉水底
2.合子萌发，外壁层破裂，内壁层露出
3.内壁层形成薄囊
4.减数分裂
5.有丝分裂
6.垂周分裂
7.多次垂周分裂
8.翻转，形成新个体

生殖细胞1个
营养细胞2个
生殖细胞鞭毛消失
卵和精子
皿状体时期
受精，形成合子（2n）
翻转，形成游动精子板

图5-29 团藻目一些属

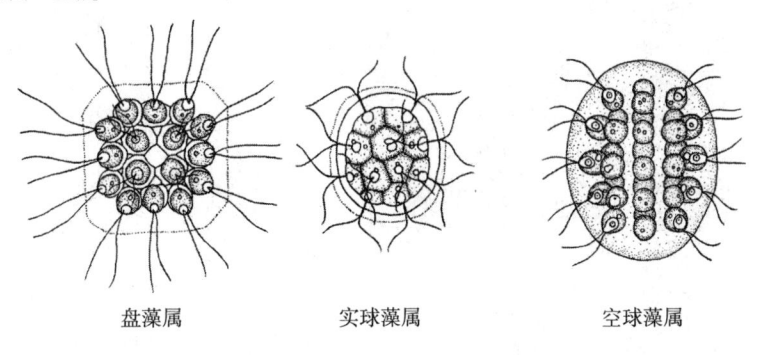

盘藻属　实球藻属　空球藻属

形。细胞衰老时载色体分裂成数块。除蛋白核小球藻（*Chlorella pyrenoidosa*）外，其余种无蛋白核。无营养细胞的直接分裂；无性生殖时细胞的原生质分裂形成2，4，8，16个似亲孢子，母细胞壁破裂时，孢子放出成为新植物体。

小球藻在多种水体中浮游生长，为绿球藻目中的常见种。

（2）栅藻属（*Scenedesmus*）：植物体为定型群体，常由4，8，16个细胞构成，群体细胞以长轴互相平行排列成一行，或互相交错排列成两行。无性生殖产生似亲孢子，从母细胞壁纵裂的缝隙中放出，或与纵轴相平行排列成子群体（侧面保持接触）（图5-30）。本属为淡水普生种。

（3）盘星藻属（*Pediastrum*）：2～128个细胞组成的定形群体，细胞呈辐射状排列于一个平面上，有穿孔或无，外圈细胞常有向外的突起（图5-30）。

（4）水网藻属（*Hydrodictyon*）：由许多长圆柱形的细胞连接成网状，每个网眼是由5或6个细胞组成（图5-30）。

（5）空星藻属（*Coelastrum*）：定形群体，常由4，8，16，32，128个细胞组成球形至多角形的空心球体，细胞之间以或长或短的细胞壁突起相互连接。

第十节　绿藻门（Chlorophyta）

☆ 图5-30　绿球藻目

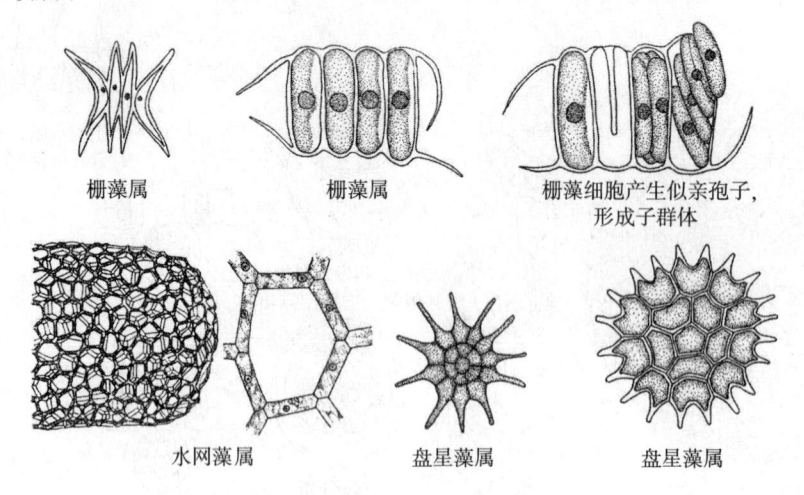

栅藻属　　　栅藻属　　　栅藻细胞产生似亲孢子，形成子群体

水网藻属　　　盘星藻属　　　盘星藻属

3. 丝藻目（Ulotrichales）

单列细胞不分枝的丝状体，细胞结构丝藻型。

丝藻属（*Ulothrix*）：细胞单核。丝状体基部的细胞分化为有固着作用的细胞，叫固着器（holdfast）。固着器的载色体色较浅，小粒状。除固着器细胞外，其他细胞形态结构相似，为一列短筒形的营养细胞，细胞壁薄或厚，有层理，核位于中央，载色体1个，大型环带状，有多个蛋白核（图5-31）。

丝状体细胞全部都可以行营养性分裂，有些种类可通过丝状体断裂进行营养繁殖。

☆ 图5-31　丝藻的生活史

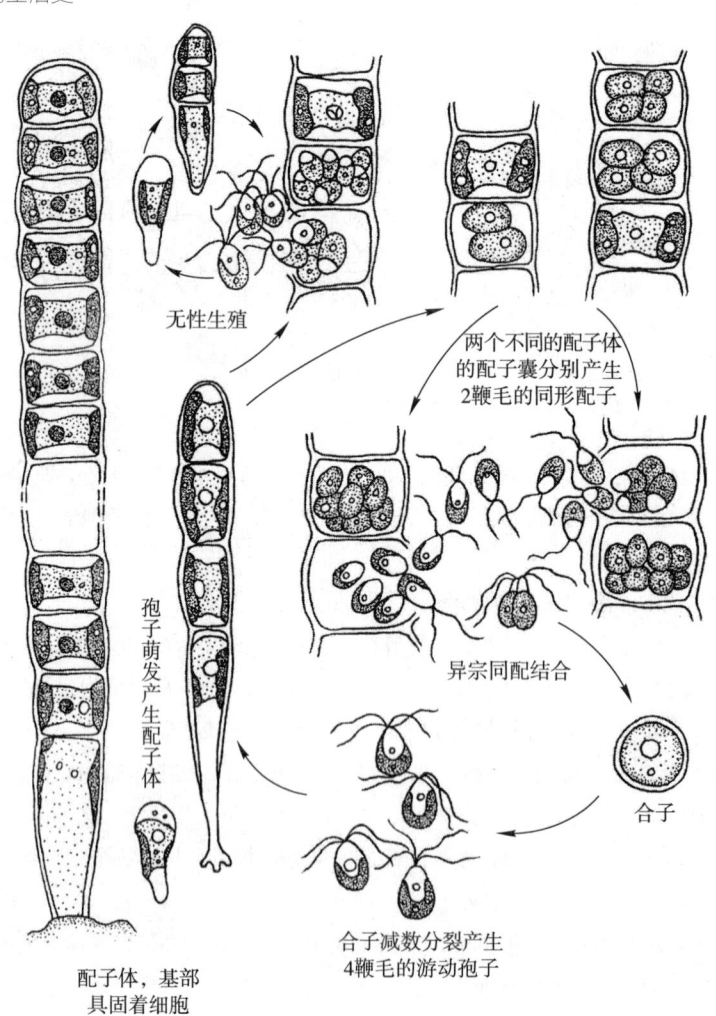

无性生殖时除固着器细胞外，其他营养细胞均可产生游动孢子。1个细胞可产生2，4，8，16或32个游动孢子。游动孢子有一眼点，顶端有4根鞭毛，由母细胞侧壁的小孔逸出。刚逸出的游动孢子被一个薄囊包着，不久薄囊消失，游动孢子游动一段时间后，前端固着于基物上，产生细胞壁，再横分裂形成两个细胞，下面细胞为固着器，上面细胞继续分裂形成丝状体。

有性生殖时产生配子过程和形成孢子过程相同，只是产生的配子数目多，达64个。配子仅具2条鞭毛，易于识别。无性生殖或有性生殖可同时在一条丝状体上进行。两个配子的结合是来自两条不同丝状体的同形配子的结合，称为异宗同配生殖（heterothallism）。合子经过减数分裂产生4鞭毛的游动孢子，孢子萌发长成一个新植物体。

丝藻属为丝藻目的常见种类，生活于流动淡水、瀑布或急流处的岩石上，湖泊岸边亦有分布。

4. 石莼目（Ulvales）

1或2层细胞构成的片状体，生活史中有世代交替现象。

（1）石莼属（*Ulva*）：石莼分布于海岸中潮线，俗称海莴苣（sea lettuce）。片状体略呈椭圆形、披针形或带状，藻体细胞两层排列紧密，细胞间隙富有胶质，细胞表面观多角形，切面观呈长形或方形。植物体下部长出无色的假根丝，生长在两层细胞之间并向下生长，伸出于植物体外，互相紧密交织，构成假薄壁组织状的固着器，固着于岩石上。固着器多年生，每年春季可长出新的植物体。细胞单核，位于片状体细胞的内侧。载色体1枚，片状或杯状，位于片状体细胞的外侧，内含有1枚蛋白核（图5-32）。

石莼属有两种植物体，即孢子体（sporophyte）和配子体（gametophyte）。两种植物体的形态结构相似，在表观上难于区别。石莼成熟的孢子体，除基部外的其余细胞均可形成孢子囊；孢子母细胞经减数分裂，形成单倍体的游动孢子，游动孢子具4条鞭毛；孢子成熟后脱离母体，游动一段时间后，附着在岩石上，2～3天后萌发成单倍体的配子体。配子体成熟后，产生许多同形配子；配子的产生过程和孢子相似，但不经过减数分裂；配子具两根鞭毛；配子结合是异宗同配，合子2～3天后即萌发成双倍体的孢子体。

（2）浒苔属（*Enteromorpha*）：1层细胞的管状体，核1，蛋白核1，载色体1，生活史与石莼属相同。

（3）礁膜属（*Monostroma*）：1层细胞的膜状体，细胞之间有厚的胶质，生活史是异形世代交替。石莼、浒苔和礁膜均可供食用。

5. 鞘藻目（Oedogoniales）

丝状体不分枝或少分枝，细胞分裂时在母细胞壁的侧壁上留有环状裂缝，因此在细胞顶端具帽状环纹，称为冠环。游动孢子有一轮横向鞭毛。有性生殖为卵式生殖。

✿ **图5-32** 石莼属的生活史（同形世代交替）

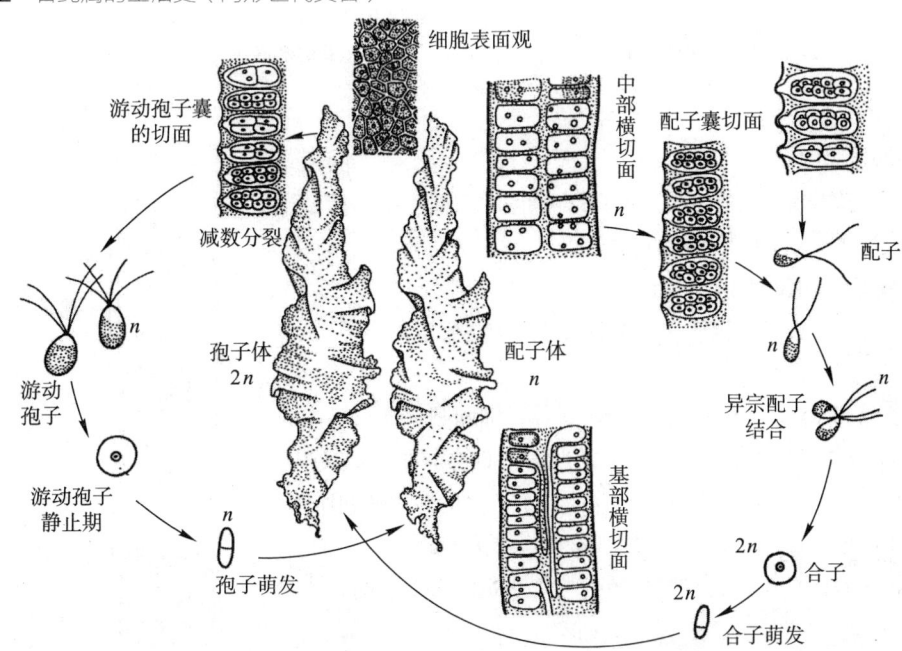

鞘藻属（*Oedogonium*）：为单列细胞不分枝的丝状体，细胞筒状，细胞核大而明显，载色体网状，具多个蛋白核。丝状体的基部有一盘状固着器。藻丝有些细胞一端具有冠环。鞘藻每个细胞都具有分裂能力（图5-33）。

无性生殖产生游动孢子。游动孢子可在每个细胞中产生，细胞壁破裂后游出。游动孢子卵形，深绿色，有一红色眼点，顶端生一圈鞭毛而露其顶。游动一短时期后便固着，并产生一分枝盘状固着器，发育成新藻体。

有性生殖为卵式生殖。根据雄性生殖器官的结构及发育方式分成矮雄种和大雄种，大雄种类由营养细胞通过多次分裂形成一列短小的雄性生殖细胞即精囊；矮雄种类则由营养细胞特化为雄孢子囊，由雄孢子囊产生一个特称为雄孢子的动孢子，由雄孢子产生特称为矮雄体的雄性个体，有的矮雄体仅有一个生殖细胞，从中产生精子；有的种类矮雄有一个以上的生殖细胞，由矮雄柄细胞和精子囊两部分组成。每个精子囊内产生1或2个精子，精子形态构造与游动孢子相似，但体积显著地小，通过精囊细胞的裂孔出来，到暂时性的胶质囊中。卵囊圆形或椭圆形，常比营养藻丝粗大，成熟时，卵囊壁裂开，游动精子由开裂处进入。卵囊中仅有1个卵。精子与卵结合形成合子（或称卵孢子），合子黄褐至亮红色，具有2或3层壁，壁上有纹饰；合子经1年或1年以上的休眠后萌发，萌发时进行减数分裂，形成4个游动孢子。有的种类还有孤雌生殖（单性生殖），即卵囊中卵细胞不形成卵孢子而直接成长为植物体。

鞘藻属为淡水藻，常在池塘、水沟中的水草或枯枝上固着生长。

图5-33 鞘藻的细胞结构及鞘藻属的繁殖

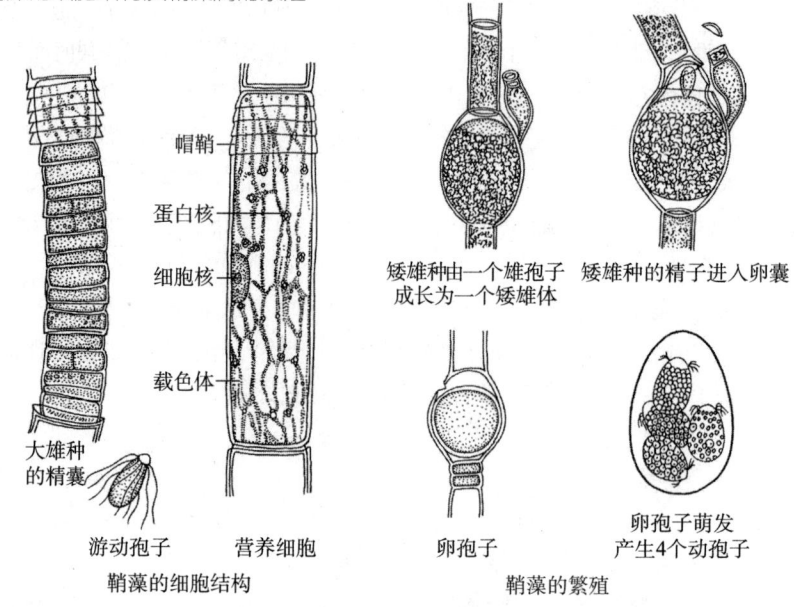

图5-34 水绵属的细胞构造

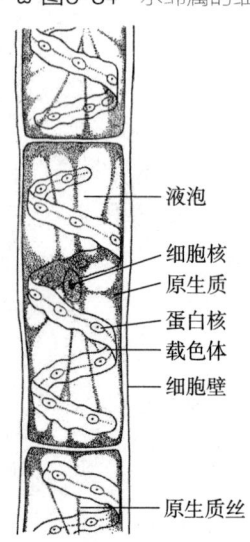

（三）双星藻纲

植物体的营养细胞和生殖细胞均不具鞭毛，有性生殖为接合生殖，形成接合孢子。含2目双星藻目和鼓藻目。

1. 双星藻目（Zygnematales）

单细胞或不分枝的丝状体，细胞中部无缢缩，分裂细胞不产生1个新的半细胞。

（1）水绵属（*Spirogyra*）：不分枝丝状体，细胞圆柱状。具中央大液泡。载色体1至多条带状，成螺旋状围绕于细胞周围的原生质中。载色体上有一列蛋白核。核位于细胞中央，被浓厚的原生质包围着，核周围的原生质与细胞周围的原生质之间有原生质丝相连（图5-34）。

水绵属没有无性生殖，有性生殖为接合生殖，有下列两种类型（图5-35）。

☆ 图5-35 水绵属的接合生殖

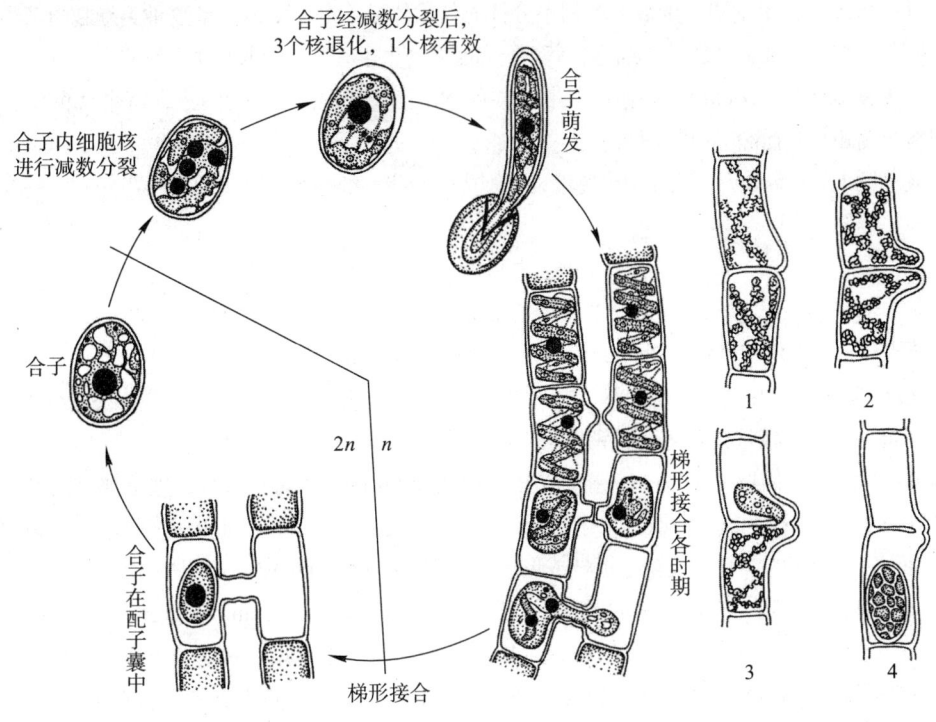

梯形接合（scalariform conjugation）：生殖时，两条亲和的丝状体平行靠近，在两细胞相对的一侧相互发生突起，突起逐渐伸长而接触，接触处壁消失，连接成管，称为接合管（conjugation tube）。同时，细胞内的原生质体放出一部分水分，收缩形成配子，其中雄性丝状体细胞中的雄配子以变形虫式的运动，通过接合管移至相对的雌性丝状体的细胞中，与雌配子结合；结合后，雄性丝状体的细胞只剩下空壁；雌性丝状体的每个细胞中都形成一个合子。配子结合时细胞质先融合，稍后两核才融合形成"接合子"。这种接合称为梯形接合，为异宗配合。合子成熟时分泌厚壁，随着死亡的母体沉于水底，待母体细胞破裂后逸出体外。合子耐旱性很强，水涸不死，可保持数周、数月至一年不等，多等待环境适宜时萌发。合子萌发时，减数分裂形成4个单倍核，其中3个消失，只有1个核萌发，先形成萌发管，由此长成新的植物体。

侧面接合（lateral conjugation）：这是较梯形接合更为原始的一种接合方式，较少见。生殖时，同一条丝状体上相邻的两个细胞间形成接合管，或两个细胞之间的横壁上开一孔道，其中一个细胞的原生质体通过接合管或孔道移入另一个细胞中，细胞质融合及核配后形成合子；侧面接合后，丝状体上空的细胞和具合子的细胞，交替存在于同一条丝状体上，这种水绵可认为是雌雄同体的，为同宗配合。

（2）双星藻属（Zygnema）：不分枝的丝状体，每个细胞具2个星状轴生的载色体，各具1个蛋白核（图5-36）。

（3）转板藻属（Mougeotia）：不分枝的丝状体，每个细胞具1个片状轴生的载色体，其上有数个蛋白核，载色体可随光照方向而转动（图5-36）。

☆ 图5-36 双星藻目和鼓藻目的一些属

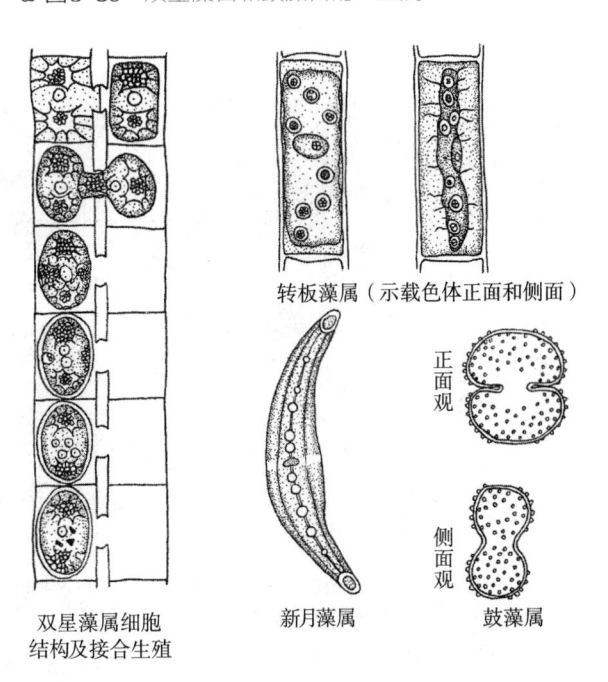

第十节 绿藻门（Chlorophyta）　　　163

2. 鼓藻目（Desmidiales）

植物体绝大多数为单细胞，少数为单列不分枝的丝状体或不定型群体，多数种类细胞中部缢入而将细胞分成两个半细胞。细胞分裂时子细胞各获得母细胞的1个半细胞，再长出1个新的半细胞。

（1）新月藻属（*Closterium*）：细胞新月形，载色体2个，位于细胞核的两边，每个载色体有一列蛋白核，细胞两端各有1个液泡（图5-36）。

（2）鼓藻属（*Cosmarium*）：藻体中央缢缩，细胞成哑铃状；细胞壁平滑或具各种乳突（图5-36）。

（四）轮藻纲

植物体具有拟根茎叶，直立且分枝，具轮生枝以及节和节间的分化。有性生殖时形成结构较复杂的卵囊球和精囊球。本纲仅轮藻目（Charales）1目，5属。

（1）轮藻属（*Chara*）：本属约150种，主产淡水中，特别是较清的静水中，少数在微盐性的水中。

植物体直立且多分枝，体表常含有钙质；茎明显分化成节和节间，在节上长有一轮具一定长度的短枝和顶端可继续生长的侧枝，在短枝基部或节上有单细胞刺状的苞片或小苞片；地下部分以单列细胞分枝的假根固着于水底淤泥中。节间细胞大，长形，多核，载色体多数，具中央大液泡。节部细胞短小，能反复分裂，分裂产生的细胞形成轮生短枝或形成包于节间细胞外面的皮层（图5-37）。

轮藻属没有无性生殖。有性生殖的雌性生殖器官又称卵囊球（oogonium），雄性生殖器官又称精囊球（spermatangium），均着生于短枝的节上，同株或异株。卵囊生于小苞片上方，长卵形，内含1个卵细胞。卵的外围有5个螺旋状的管细胞（tube cell）。每1管细胞上方各有1个小的冠细胞，5个冠细胞在卵囊上组成冠（corona）。精囊球圆形，生于小苞片下方，外壁由8个（罕为4个）三角形盾细胞（shield cell）构成。盾细胞内含有很多橘红色的载色体，因此，成熟的精子囊肉眼观看是橘红色的。盾细胞内侧中央连接1个圆柱形盾柄细胞（manubrium），盾柄细胞末端有1或2个圆形的头细胞（head cell），头细胞上又可生几个小、圆形的次级头细胞。从次级头细胞上长出多条单列细胞的精囊丝（antheridial filament），每个细胞内产生1个精子，成熟时，精子释放到水中。精子细长，顶生两根等长鞭毛，螺旋状。卵囊成熟时，冠细胞裂开，精子从裂缝进入，与卵结合形成合子。合子分泌形成厚壁。合子经过休眠后萌发，萌发时合子减数分裂，形成4个子核，继续发育成"原丝体"。原丝体是绿色分枝的丝状体，可长出数个新植物体。

营养繁殖常以藻体断裂的方式进行，或在植物地下假根的节上长出无色圆球状的小结球，称为珠芽，

图5-37　轮藻门2属

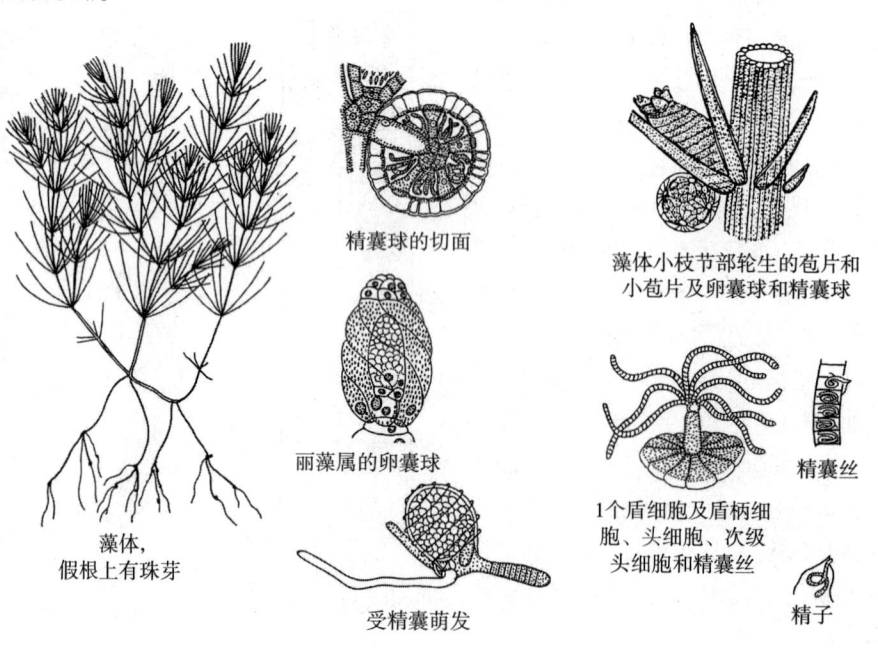

珠芽由一个细胞或多个细胞构成，其内充满淀粉，类似于种子植物的块根或块茎，由珠芽长出新的植物体。

（2）丽藻属（*Nitella*）：植物体节间细胞外面无皮层，卵囊球每个管细胞上面有两个冠细胞，整个卵囊上有10个冠细胞，分两层，每层5个（图5-37）。

轮藻的植物体高度分化，生殖器官构造复杂，卵囊球和精囊球外有不孕性细胞包被，细胞有丝分裂过程与高等植物相似，因此有人将其独立为轮藻门（Charophyta）。

四、绿藻门的地位

绿藻的化石在14亿～12亿年前就已出现。1975年，美国藻类学家柳文（R.A.Lewin）在一种海鞘的泄殖腔沟纹处发现一种原绿藻（Prochloron），含有叶绿素a和b，但无藻胆体，为原核藻类（prokaryotic algae）。曾有观点认为原绿藻的某些祖先通过内共生过程演化成了真核绿藻的载色体，但后来分子系统学证据显示原绿藻与蓝藻的亲缘关系比与绿藻的亲缘关系更为密切。

绿藻和高等植物之间有很多相似之处，如有相同的光合色素及光合产物，鞭毛都是尾鞭型，因此，绿藻被认为是高等植物的祖先，在植物界的系统发育中居于主干地位。

第十一节 藻类植物的起源与演化

根据化石资料，最早的蓝藻与细菌化石出现于大约35亿年前，经过约10亿年，真核生物开始出现。最初的真核生物亦极为简单，可能具有一个具膜包围的细胞核雏形，内质网以及微管等，但是不具备线粒体和质体。线粒体先于质体出现，其产生方式可能是由于一个早期的真核生物吞食了一个可进行有氧呼吸的细胞但并未消化它，这两种生物共同生活并相互受益，这就是内共生，经过数亿年的演化，形成了真正的线粒体，并分化出许多种类。一些种类很快死亡，另一些种类成功生存并分化出多种形态，其中一部分以后演化出具细胞核和线粒体，但不具质体的动物和真菌，另一些早期的真核生物则进入另一次内共生，这一次是与光合作用能力的蓝藻共生，形成包括绿藻在内的藻类并最后产生了真正的植物——有胚植物。

一、依内共生理论建立的藻类植物系统树

依据DNA测序、电镜及生化分析等技术，建立了一个关于藻类演化的假说（图5-38）。

根据这个假说，在质体的产生过程中经历一个单一的初级内共生（primary symbiosis），然后经历了多样的次级内共生（secondary endosymbiosis）。初级内共生是具线粒体和过氧化物酶体的需氧吞噬原生生物（aerobic phagocytic protozoan）吞食蓝藻，形成具双层膜的质体的过程，导致红藻、绿藻和灰色藻（glaucophyta，是一类介于蓝藻和红藻之间的小类群）的出现。

次级内共生是吞噬原生生物吞食真核微藻，被吞食的微藻核功能减退或转移到宿主细胞核。次级内共生过程产生了其余分枝的藻类。裸藻产生于一个真正的真核生物吞食了一个绿藻（另一个真核生物），此后绿藻的细胞壁退化，最后仅绿藻的载色体保留了下来。另一类早期真核生物异鞭毛类（heterokonts, stramenopiles）参与了一次或数次吞食红藻的内共生过程，产生了褐藻、金藻、黄藻和硅藻。异鞭毛类均具有两根不等的鞭毛，但是这一类群的有些种类没有载色体，因此可能部分异鞭毛类进行了次生内共生过程，具有光合能力，而另一些没有进行次生内共生，此路线的藻类在演化过程中，与色素形成有关的基因发生突变、丢失或转移（从细胞质到细胞核），发展出不同门的真核藻类。这类具色素的异鞭毛类均具叶绿素a、c（无叶绿素b和藻胆素），载色体外均具4层膜，最内的两层对应于红藻载色体最初的内层和外层膜，第三层膜对应于红藻的质膜，最外层的第四层膜对应于部分异鞭毛类细胞的内质网。在隐藻和某些杂色藻质体内侧双膜与外侧双膜之间发现的"核形体"（nucleomorph）被认为是内共生微藻在长期内共生过程中退化的"遗迹"。

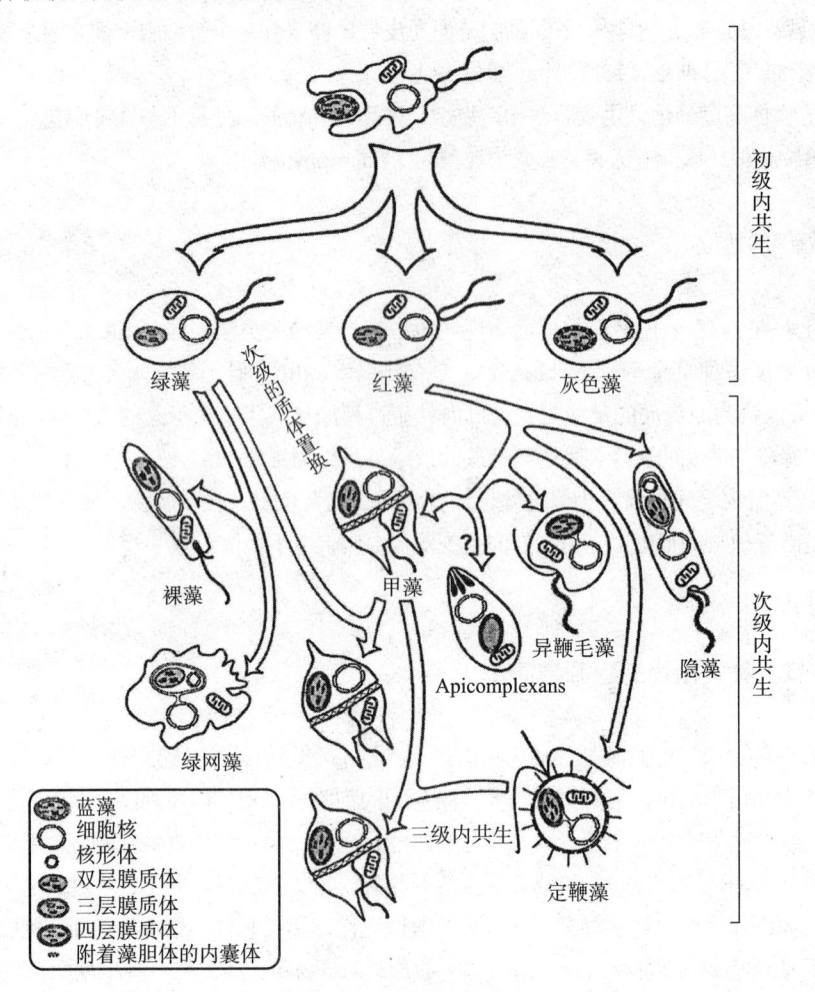

◆ 图5-38 质体初级、次级内共生与微藻多样性（Palmer，2003）

最近的一些分子系统学证据提出了一些不同的看法，认为藻类并不是单一的演化枝，而是数个演化枝的一部分（图5-39）

二、藻类体型及生活史的演化

藻类体型的演化是由根足型向鞭毛型、球胞型、丝状体、片状体、假薄壁组织体等依次演化。其中，根足型为裸细胞；鞭毛型细胞有鞭毛；球胞型为单细胞或群体，无鞭毛；丝状体分枝或不分枝，或为异丝体；组织体为拟薄壁组织体，或膜质管状体，有分枝或无分枝。鞭毛型亦可发展成胶群体，球胞型亦可发展成多核体。

在低等藻类中，无营养细胞和生殖细胞的分化，较高级的类群开始产生营养细胞与生殖细胞的分化。多数真核藻类开始出现有性生殖，有性生殖由同配向异配和卵配发展。具有有性生殖的植物中，合子减数分裂型与配子减数分裂型生活史无世代交替，而孢子减数分裂型则具有世代交替。

藻类体型、生殖结构及生活史的演化是不同步的，不同的类型在同一门藻类植物中可同时出现，如绿藻门、金藻门、黄藻门等体型较多，皆存在有根足型、鞭毛型、胶群体型、球胞型、丝状体型等。绿

◆ 图5-39 藻类植物的系统发育树（自Mauseth，2007）

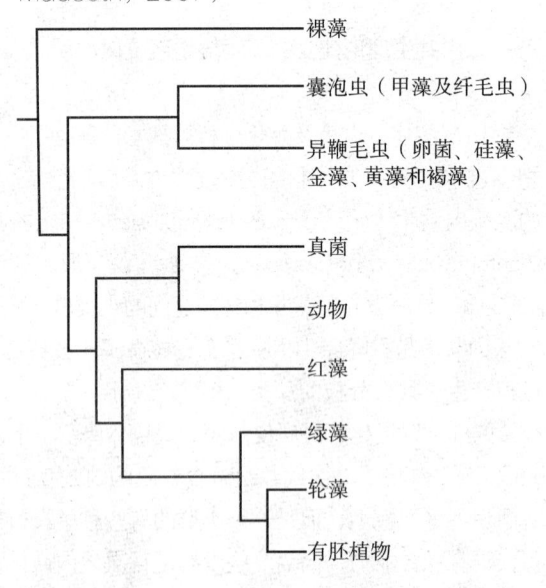

藻门、红藻门、褐藻门中皆出现类似"茎叶"的组织体，而3个门在藻体构造、生殖方式、生活史类型等都发展到较高级水平，常称为高等藻类；相应地，蓝藻门、裸藻门、甲藻门、金藻门、黄藻门、硅藻门等常称为低等藻类。

三、藻类植物的经济意义

藻类植物在地球上的分布最为广泛，出现在包括陆地、海洋、湖泊、土壤、戈壁滩、温泉和极地等几乎各种生境中。藻类在自然界中具有重要的生态学意义，主要表现在：第一，在全球大规模的光合作用过程中，约有一半的光合产物是由藻类所产生的，据估计仅海藻固定的有机碳素达13.5×10^{10} t；第二，固氮蓝藻（及固氮细菌）等还可以直接利用大气中的氮气，每年可固定氮素约1.7×10^{8} t；第三，无论是在淡水中，还是在海洋中，藻类都是水体食物网的基本环节，是无数浮游生物、水生动物的饲料，被称为"原初生产者"；第四，在陆地生态系统中，藻类在维持水网营养、改造土壤基质、净化环境等方面也间接地发挥着巨大的作用。在干旱的沙漠、戈壁滩地区，每年的降雨量少于几十毫米，然而蓝藻由于细胞外具带黏性的胶质鞘，能把细砂黏结，形成"生物结皮"（biotic crust），为菌类、地衣、苔藓的生长创造了条件。

1. 食用藻类

藻类营养价值很高，藻体中含有糖类、蛋白质、脂肪、无机盐、各种维生素、有机碘，以及Ca，Na，Mg，K，P，S，I，Fe，Zn等元素。蓝藻供食用的有葛仙米、发菜、海雹菜等，其中葛仙米可解热、清肺，蛋白质含量达30%～40%；绿藻门供食用的有溪菜、刚毛藻、水绵、石莼、礁膜、浒苔、海松；褐藻门供食用的有海带、铁钉藻（*Ishige okamurai*）、鹅肠菜（*Endarachne binghaniae*）、裙带菜、海蒿子、羊栖菜、鹿角藻（*Sargassum fusiforme*）、绳藻（*Chorda filum*）；红藻门供食用的有紫菜、海索面、石花菜、海萝、麒麟菜、鸡毛菜（*Pterocladia tenuis*）、江蓠等。中非乍得的湖泊生产大量螺旋藻（*Spirulina platensis*），其含有50%的蛋白质，当地人用以制作糕点食用。目前许多国家都进行螺旋藻的人工养殖，我国海南、广东、台湾等地区都有较大规模的螺旋藻养殖基地。据报道，我国的螺旋藻蛋白质含量高达60%～70%，其营养全面、热量低，为减肥食品，同时对治疗胃炎、高血压、糖尿病、便秘、肿瘤等有辅助疗效。

2. 藻类与渔业的关系

小型藻类是水生经济动物如鱼、虾等的主要饵料。水体中浮游植物的繁殖季节及数量，可作为渔业规划发展的重要指标。如在印度海岸，油沙丁鱼以海洋脆杆藻（*Fragilaria oceanica*）为饵料，藻类繁盛即油沙丁鱼丰收。海岸带及海水中生长的大型藻类，也是鱼类产卵和哺育幼鱼的良好场所。

藻类也会对渔业带来巨大危害。绿球藻和直链藻属常附生在鱼的皮肤上和鳃部，使其化脓致死。在鱼苗孵化池中，丝状藻类如水网属等大量繁殖，形成密集、紊乱网状，常留挂鱼苗，并和鱼苗争夺水中的氧气。夏季，鱼池微囊藻、鱼腥藻、束丝藻大量繁殖形成"水华"，消耗水里大量氧气，导致藻体大量死亡、腐烂分解，水中氧气含量下降，鱼类生活受到危害。一些甲藻和硅藻可引起近海区域的赤潮，对近海渔业产生巨大危害。某些水华和赤潮种类还能分泌毒素，食用这些含毒素的水产品可使家禽、家畜和人中毒。褐藻中有一类酸藻，分泌酸性物质能使鲍鱼死亡。海松、马尾藻盛长时，常使珍珠贝窒息死亡。

3. 藻类在农业上的应用

藻类大量死亡后沉到水底，积累后形成有机淤泥，可作肥料。湖泊池塘中的轮藻，可作钙肥。海岸褐藻含30%钾盐，为高效钾肥。固氮藻类能固定空气中的氮素。迄今为止已发现有70多种固氮蓝藻，我国分布10多种。固氮蓝藻在生长期间，除固氮作用外，还可分泌出氨基酸、激素、糖等物质，丰富水体营养。有些藻类没有固氮能力，但对土壤中微生物有很大影响，能促进固氮细菌增强固氮能力。

4. 藻类在工业及医药上的应用

褐藻、红藻的许多种类，如江蓠属、石花菜属、麒麟菜属、鸡毛菜属、马尾藻属等是重要的工业原料，可提取藻胶、琼胶、卡拉胶等。海萝胶可制浆料，用于染制香云纱，藻胶酸在牙科可作牙模型原料，藻胶酸的钙盐可作止血药。琼胶在医学上和生物学上可作各种微生物和组织培养的培养基，并且还是一种有效的润肠剂。

第十一节　藻类植物的起源与演化

褐藻含有大量碘质，每吨可提取5 kg，用于治疗和预防甲状腺肿。有些藻类可驱虫，如海人草（*Digenea simplex*），而鹧鸪菜（*Caloglossa leprieurii*）又被称为蛔虫菜。红叶藻属（*Delesseria*）植物含有阻凝血素，治疗肝出血有效。海带、昆布（*Ecklonia kurome*），有消痰软坚、利水消肿作用。

硅藻大量死亡后，细胞内的有机物质分解，细胞壁仍保存，沉积后，形成硅藻土。硅藻土用于耐高温的隔离物质、化学成分分离，以及金属、木材的磨光剂。

5. 水质净化与监测

水的自净作用在自然界中到处都有发生，自净过程是多种因素促进的，有物理、化学和生物等因素参与。藻类在水体自净过程中的作用主要是通过进行光合作用向水体提供氧气，促进细菌的活动，以加速废水中有机物的分解；分解过程中所产生的二氧化碳又可在藻类的光合作用过程中被利用而排除。因此，在生物自净过程中，细菌和藻类的活动是相辅相成的，被广义地称为"藻菌共生"。藻类还可吸收、积累有害元素，藻体内的富集能力常高于环境的数千倍，如四尾栅藻（*Scenedesmus quadricauda*）积累的铈（Ce）和钇（Y）比环境高2万倍。在污水处理中，经常利用藻菌净化功能建立氧化塘，以净化有机物质和去除氮、磷物质，也可用于处理其他污染物质，为进一步提高处理效率，便于收获藻类，近年来常将藻类与活性污泥结合，形成活性藻（activated algae）。另外，有些藻类对水体中的污染物等非常敏感，可以通过分析藻类植物组成的种类、性质和数量来推测、评价、监测和预报水质，补充水质化学分析的不足。

小　结

　　藻类植物多为光合自养生物，大部分生活于水体中，对维持地球生态系统的平衡起着重要作用。藻类生活史类型多样，原始类型仅具营养繁殖或无性生殖，而具有有性生殖藻类的生活史根据其减数分裂发生的时期又可分为合子减数分裂型、配子减数分裂型和孢子减数分裂型，其中孢子减数分裂型生活史具有世代交替。藻类植物的分门主要依据细胞结构、鞭毛有无、细胞壁成分、所含色素及光合产物等，其中蓝藻和原绿藻是没有真正细胞核的原核生物，其余各门藻类都是真核生物，但其中的甲藻和裸藻细胞核属于中核类，又被称为中核生物。金藻、黄藻和硅藻具有相似的光合产物及细胞结构，可能存在一定的联系。绿藻、褐藻和红藻在生殖及体型上较复杂。在系统演化上，绿藻和红藻为初级内共生的产物，而裸藻、金藻、黄藻、硅藻和褐藻等则属于次级内共生的产物。

思考题

1. 藻类有哪些共同性状？分为几个门？分门的依据是什么？
2. 为什么说蓝藻是最原始、最古老的一群植物？它和红藻具有什么关系？
3. 裸藻门在结构上有何特殊性？它是如何起源的？
4. 金藻门、甲藻门、硅藻门和黄藻门有哪些相同及不同之处？
5. 轮藻的原植体形态结构与有性生殖器官的结构有何特异之处？
6. 试述绿藻门的纲、目分类依据，绿藻的体型、生殖和生活史的演化趋势。
7. 藻类植物有性生殖有几种方式，它们之间的演化关系如何？
8. 绿藻门植物在哪些方面表现出与高等植物的亲缘关系？
9. 红藻门、褐藻门植物各有哪些体型？有哪些生活史类型？其生境特征如何？
10. 什么叫世代交替？是否所有植物都具世代交替？具有有性生殖的植物是否一定有世代交替？
11. 植物的减数分裂发生在哪些时期？这对植物的生活史类型有什么影响？试举例说明。
12. 简要说明藻类的系统演化路线。

数字课程学习

● 彩色图库　　● 名词术语　　● 拓展阅读　　● 教学PPT

第六章 菌物（Fungi）

菌物是一群具有真核，由丝状多细胞组成的（少数为单细胞的球形，如酵母），营异养生活，进行孢子繁殖的生物。

菌物的异养生活方式有腐生（saprophytism）、寄生（parasitism）和共生三种。从死生物残骸、有机物或土壤腐殖质中吸收营养称腐生。从活生物组织中吸收营养称寄生，被寄生的生物称为寄主（host）。寄生和腐生并无严格的界限，很多菌物先寄生于活体上，待活体死亡后，这些菌物仍继续生活，此时由寄生转为腐生。

据《安–比氏菌物词典》（Ainsworth & Bisby's Dictionary of Fungi, 1995）估计，自然界的菌物约150万种，被定名的约10万种。本教材所指的菌物，不是严格意义上的单一起源的真菌（true fungi or eumycetes），或者说不是严格意义上六界系统中的真菌界（Kingdom Fungi），而是把其他真核菌物以广义菌物的概念，以"门"作系统排列。

第一节 黏菌门（Myxomycota）与根肿菌门（Plasmodiophoromycota）

一、黏菌门

在生长期或营养期为无细胞壁、多核的原生质团，二倍体阶段由黏变形体（plasmodium）或具尾鞭的游动细胞结合形成的合子发育而成；子实体的外层具有一层包被，包被内是由原生质团分化而来的、具有一定形态、非细胞结构的产孢子组织。黏变形体外多具胶质鞘。

黏菌多生于森林中阴暗和潮湿的腐木上、落叶上或其他湿润的有机物上。多数黏菌为腐生菌，少数黏菌寄生在经济植物上，危害寄主。

黏菌门仅黏菌纲1纲6目74属约700种。

发网菌目（Stemonitales）

孢子紫褐色，具隐型原生质团（原生质团起初细小，质地均一，后来伸长，分枝，形成由细而透明的股索组成的网体，原生质颗粒状结构极不明显，原生质团缺乏胶质鞘）。孢子萌发为孔出式。

发网菌属（*Stemonitis*）：是黏菌门中常见的类群。变形体呈不规则的网状，直径数厘米，在阴湿处的腐木上或枯叶上缓缓爬行。无性生殖时，变形体移动到干燥光亮的地方，形成很多的发状突起，每个突起发育成1个具柄的孢子囊（子实体）（图6-1）。孢子囊常长筒形，紫灰色。孢子囊柄伸入囊内的部分，称囊

✿ 图6-1 发网菌属的生活史

轴（columella），孢子囊内有孢丝（capillitium）交织成孢网，原生质团中的许多核进行减数分裂，形成许多单核的小原生质块，每1小原生质块分化出细胞壁，形成1个孢子，藏在孢网的网眼中。成熟时，包被破裂，借助孢网的弹力把孢子弹出。孢子在合适的环境下萌发为具两条不等长鞭毛的游动细胞。尾鞭型的鞭毛收缩，使游动细胞变成一个变形体状细胞，称变形菌胞。有性生殖时，由游动细胞或变形菌胞两两配合，形成合子，合子不经休眠进行多次有丝分裂，形成多数具双倍体核的多核原生质团黏变形体（图6-1）。

二、根肿菌门

在高等植物、藻类或真菌上寄生的一类菌物。生活史中大部分时间生活在寄主细胞内。可产生多核、无细胞壁的原生质团，但其原生质团不能运动和吞食食物。休眠孢子游离分散在寄主细胞内，不互相结合形成休眠孢子团，无壁或在某些种内有薄壁。引起寄主细胞过度增大和分裂，导致组织增生形成肿瘤。

根肿菌门仅含1纲1目1科，已知16属45种。

根肿菌目（Planmodiophorales）

芸薹根肿菌（*Plasmodiophora brassicae*）：侵害十字花科植物根部，使根的薄壁组织膨大而患根肿病，寄主死后，在病部细胞中形成小，单核，外被几丁质的薄壁的休眠孢子。休眠孢子逸出后，在适当的条件下萌发为游动细胞，再从十字花科植物的根毛侵入，不久失去鞭毛的游动细胞囊化，由囊化的游动孢子产生一管插入根毛细胞壁，囊化游动孢子原生质进入寄主细胞，增大形成初生原生质团（也称产囊或产孢子原生质团），初生原生质团可以互相融合。初生原生质团达到一定大小后反复分裂，发育出游动孢子囊。游动孢子囊产生次生游动孢子，它们被释放后又重复侵入寄主细胞，并形成多核单倍的次生原生质团（又称产孢原生质团或产孢子原生质团），最后次生原生质团分裂，形成球状无色的休眠孢子。单倍原生质团亦可形成配子，配子结合形成合子，合子发育成双倍的原生质团，再经减数分裂形成单倍原生质团，最后形成休眠孢子（图6-2）。

✿ 图6-2　芸薹根肿菌的生活史

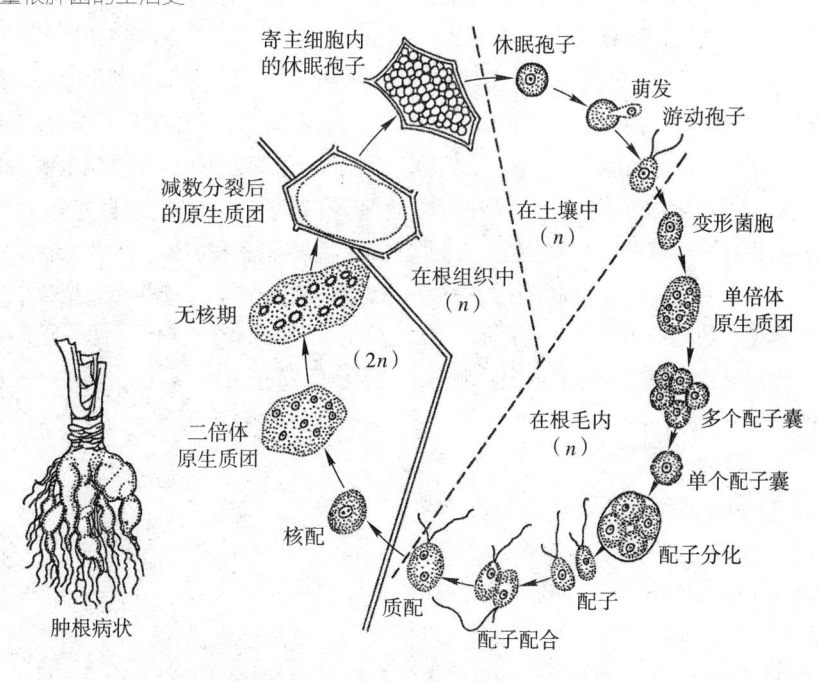

三、黏菌的系统地位

从黏菌营养体结构和营养方式看,它们与原生动物相似,而从繁殖方面看,它们能产生具细胞壁的孢子,又具备真菌的性质。Bessey(1950)认为黏菌属于动物,将其称为菌形动物(Mycetozoa),把广义黏菌归入动物界的原生动物门。但由于黏菌的生活环境与真菌相近,所以对它们的研究历来由真菌工作者进行,文献资料将其一般和真菌排列在一起。

第二节　卵菌门(Oomycota)

多为水生的腐生菌或寄生菌,少数为高等植物的专性寄生菌。卵菌无性生殖时产生的游动孢子具有等长的双鞭毛,茸鞭在前,尾鞭在后。营养体细胞为二倍体,减数分裂在形成配子时发生。细胞壁主要成分为 β-葡聚糖,也含有脯氨酸及少量纤维素,不含几丁质。有性生殖产生卵孢子,其生殖结构包括产生雄核的精囊(雄器)和产生卵的卵囊(藏卵器),精、卵结合形成卵孢子,卵孢子厚壁,萌发时进行有丝分裂,形成双倍体的营养体。

卵菌门门仅1纲卵菌纲(Oomycetes),含5目,约95属300多种。

一、水霉目(Saprolegniales)

多腐生,少数寄生。具孢子囊层出现象,藏卵器内具卵1至多枚。

水霉属(*Saprolegnia*)

本属多腐生,少寄生,如寄生水霉(*S. parasitica*)。水霉属常生活于淡水鱼的鳃盖、侧线或其他破损的皮肤以及鱼卵上,形成鱼霉(fish mold),严重危害幼鱼;也生活在死鱼、苍蝇、蟑螂、蝌蚪、昆虫和其他淡水动物的尸体上。菌丝多核,无隔,白色,绒毛状,多分枝。水霉属菌丝有两种:短根状菌丝穿入寄主的组织中,吸收寄主的养料;细长分枝的菌丝从基质的表面向各个方向生长,形成一小团分枝繁密的无色菌丝体。

无性生殖时,菌丝的顶端稍膨大并在基部产生横隔壁,形成一个长筒形的游动孢子囊(图6-3)。孢子体成熟后顶端开一圆孔,游动孢子顺序地从孔口游出,此后,在旧孢子囊的基部再生第二个孢子囊,伸入旧孢子囊空壳中,如此,孢子囊可以重复产生3或4次,这样在新生的孢子囊外便有多个空孢子囊壳,这种现象称为孢子囊的"层出形成"(图6-3),是水霉属的主要特征。水霉属常产生两种类型的孢子,即初生的游动孢子和次生游动孢子,又称"双游现象"(diplanetism)。从孢子囊中散出的游动孢子球形或梨形,顶生2条鞭毛,称为"初生孢子"。初生游动孢子在条件适宜时可直接萌发形成菌丝。当条件不利时,初生孢子的鞭毛收缩成为球形的静孢子(休止细胞),不久静孢子萌发形成1个具侧生鞭毛的肾形游动孢子,称为"次生孢子"。次生孢子不久又变为静孢子。静孢子在新寄主上萌发,发育为新菌丝体。

无性生殖若干代后,水霉进行有性生殖。在菌丝的顶端形成精囊和卵囊。卵囊球形,内含1~20个卵。精囊较小,长形、多核,通常和卵囊在同一菌丝上,紧靠着卵囊。精囊生出一至数个丝状突起,称授精管,穿过卵囊壁,放出精核,与卵结合形成二倍体的合子(即卵孢子)。在同一卵囊内可形成多个卵孢子,卵孢子经休眠后从破碎的卵囊放出,萌发,细胞核反复进行有丝分裂,形成一条多核芽管,再形成菌丝体,即为双倍体植物体(图6-3)。

二、霜霉目(Peronosporales)

多数种类寄生于维管植物上,藏卵器具卵1枚。

1. 白锈菌属(*Albugo*)

白锈菌属约30种,全部是高等植物的专性寄生菌。常见的白锈菌(*A. candida*)寄生于十字花科植物上,侵害其茎、叶、花及果实,产生白色粉状孢子堆。

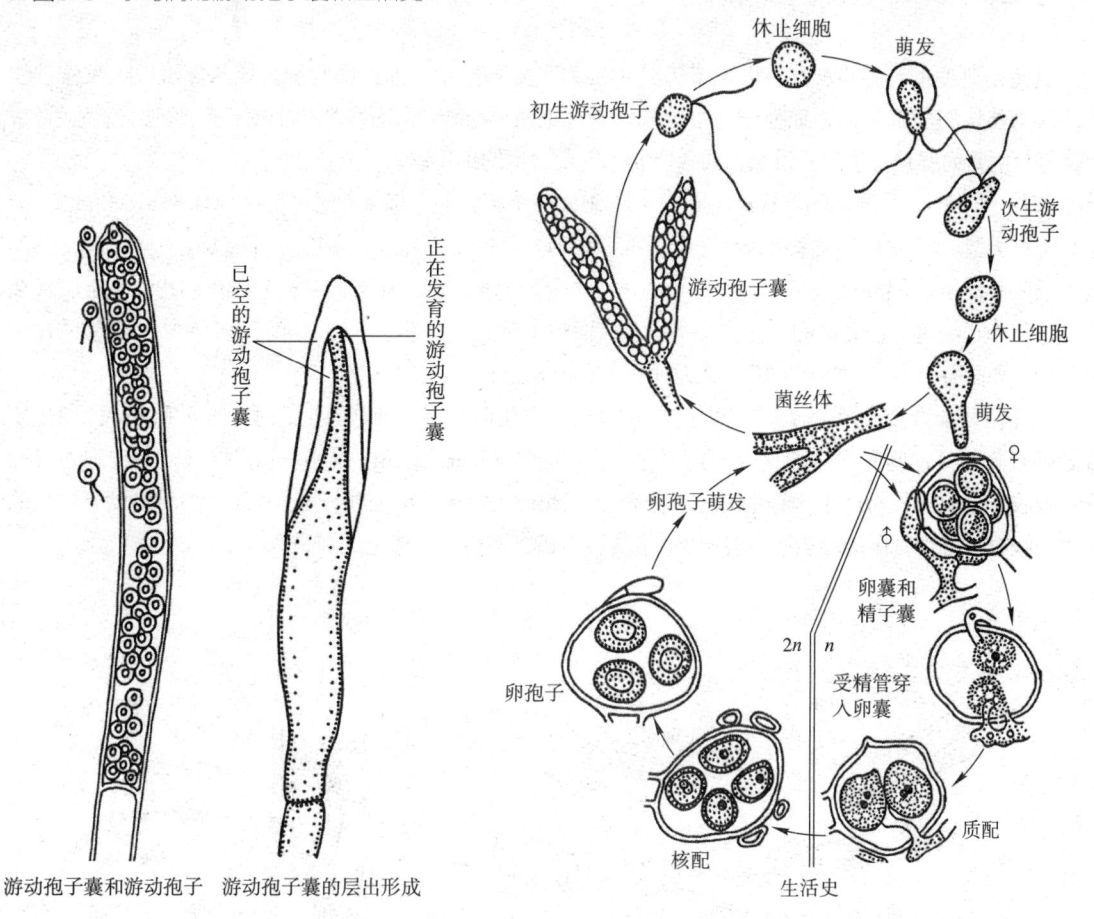

图6-3 水霉属的游动孢子囊和生活史

游动孢子囊和游动孢子　游动孢子囊的层出形成

无性生殖时，菌丝在寄主表皮下长出短、不分枝、密集成排的棍棒状孢囊梗。椭圆形、串珠状、多核的孢子囊在孢囊梗上连续形成（早形成的在顶端、晚形成的在基部）。由于菌丝生长及许多孢子囊产生，寄主表皮隆起、破裂，孢子囊散出，随风传播。孢子囊萌发产生游动孢子。游动孢子休眠后萌发，产生芽管再次侵入寄主组织。

有性生殖时，在菌丝的顶端产生横壁，形成卵囊和精囊，精核借授精管进入卵囊内，结合形成卵孢子，卵孢子壁增厚，上有网状突起或有瘤、刺等纹饰，可用作鉴定种类。卵孢子在第二年春季萌发形成游动孢子。游动孢子休眠后萌发，产生芽管再次侵入寄主组织。

2. 霜霉属（Peronospora）

霜霉属是高等植物专性寄生菌，引起霜霉病，危害蔬菜和油料作物。常见的为寄生霜霉（P. parasitica），又称十字花科霜霉。寄主被感染后，发病部位主要在叶片上，病斑淡黄绿色，背面生白色的粉霉，即病菌的孢子囊，发病后期病斑变为橘黄色，叶片萎蔫、枯死。该病菌也侵害寄主的角果。

菌丝体无色，在寄主细胞间隙生长，吸器球形、倒卵形或屈曲丝状分枝。以无性生殖为主。孢囊梗自寄主气孔伸出，单生或丛生，上部4～7次成锐角叉状分枝，分枝无色而纤弱，顶端尖，着生无色孢子囊。分生孢子囊近球形，传播到其他叶片上，遇到水湿便产生芽管，从寄主的表皮或气孔侵入，在叶组织内发育为菌丝体。极少数在寄主上生长到末期产生藏卵器和精囊，经减数分裂分别形成卵和精子，受精后形成厚壁的卵孢子。卵孢子传到寄主上，在条件适宜时萌发，产生芽管，侵入寄主细胞内。

卵菌门内存在着明显的从低级向高级类群演化的特点。在生活习性方面，从水生到水陆两栖，再到陆生，又从腐生到专性寄生等逐步演化。如水霉属为水生，无性生殖时孢子萌发产生"双游"现象；白锈菌属具有水陆两栖性质，其孢子囊萌发时产生单游的游动孢子；而霜霉属是陆生的，产生芽管。

一般认为卵菌起源于黄藻门异管藻目（Heterosiphonales）的无隔藻属，主要依据是卵菌和异管藻的细胞壁均具有纤维素，某些种均具有"双游"现象，营养体均为二倍体，有性生殖方式相似，两者都反映了从水生到陆生的适应过程。由于卵菌在形态结构、生活史及生理方面的特殊性，多数学者倾向于独立成卵菌门。

第三节 真菌（True Fungi）

真菌是典型的异养真核生物，营养方式主要为寄生和腐生，通过细胞壁直接从环境中吸收营养物质；常为丝状的多细胞体，细胞壁的主要成分为几丁质（chitin），即氨基葡聚糖；产生孢子繁殖后代；贮藏养分主要为肝糖，也有少量蛋白质、脂肪，以及微量的维生素。

菌丝（hypha）是纤细的管状体（图6-4），组成一个菌体的全部菌丝总称为菌丝体（mycelium）。菌丝有两种类型。一类是无隔菌丝，具一个长管形细胞，分枝或不分枝，多核。另一类是有隔菌丝，菌丝由于横隔膜而被分隔成许多小室，每一小室内含1或2个细胞核。菌丝的横隔上常有小孔，原生质甚至核可以从小孔流过，子囊菌的小孔多为单穿孔；而担子菌的小孔在穿孔的边缘膨大而使中心孔呈"琵琶桶"状，外面覆盖有一层弧形的膜，称为桶孔（图6-5）。

腐生菌菌丝直接或产生假根从基质中吸取养分；寄生菌在寄主细胞内生活时，直接和寄主的原生质接触而吸收养分；胞间寄生的真菌，其菌丝分化成吸器（haustorium）（图6-4），伸入寄主细胞内吸养分。吸收养分的方式借助于多种水解酶，把大分子物质分解为可溶性的小分子物质，然后借助于较高的渗透压吸收。寄生真菌的渗透压一般比寄主高2～5倍，腐生菌的渗透压则更高。

✿ 图6-4 真菌的营养菌丝及吸器

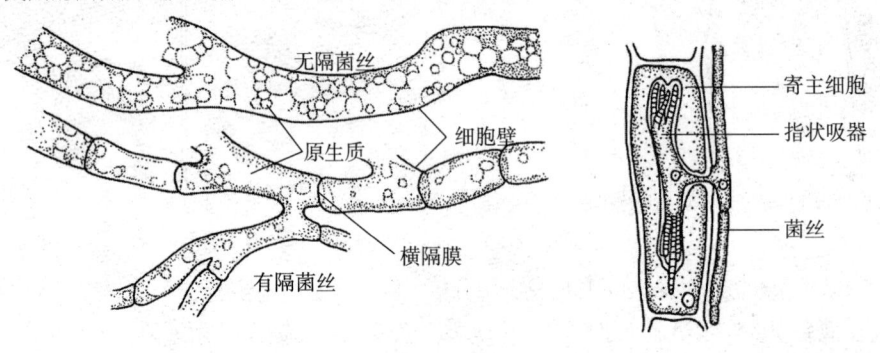

✿ 图6-5 真菌菌丝隔膜类型（自邢来君和李明春，1999）

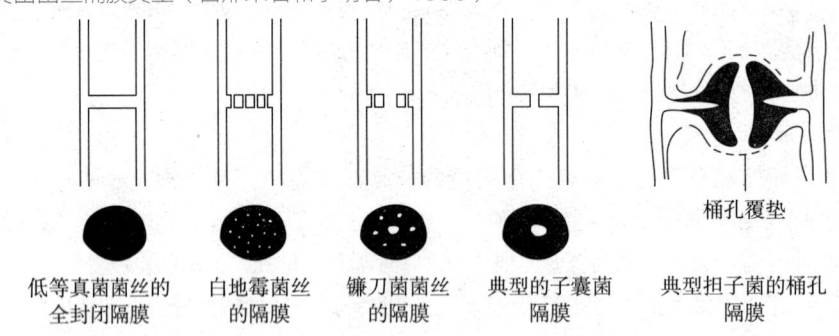

许多有隔的高等真菌在繁殖或在环境条件改变时，菌丝常相互交织而形成结构紧密的菌组织，菌组织有两种：① 拟薄壁组织（pseudoparenchyma），由紧密排列的等角形或卵圆形菌丝细胞组成，与维管植物的薄壁细胞相似。② 疏丝组织（prosenchyma），菌丝细胞仍为长形，多呈平行排列或相互交错，结构较疏松。有些菌组织还可以形成不同形态的菌丝组织体，主要有三类菌丝组织体（图6-6）：① 根状菌索（rhizomorph），菌丝体密结呈绳索状，外形似根，其外层颜色较深，称皮层，由拟薄壁组织组成，内层由疏丝组织组成，称心层或髓层，顶端有一个生长点。根状菌索有的较粗，长达数尺，在环境恶化时停止生长，条件适宜时，再恢复生长，在木材腐朽菌中根状菌索很普遍，如天麻密环菌的菌索。② 子座（stroma），容纳子实体的褥座，是从营养阶段到繁殖阶段的一种过渡形式，亦由拟薄壁组织和疏丝组织构成，如冬虫夏草。③ 菌核（sclerotium），由菌丝密结形成的颜色深、质地硬的核状体，小的似菜籽，大的大于篮球；菌核中贮藏有丰富的养分，耐干燥和极端温度，是度过不良环境的休眠体，在适宜条件下，可以萌发为菌丝体或产生子实体，如茯苓。

☆ 图6-6 真菌的菌丝组织体及菌丝组织

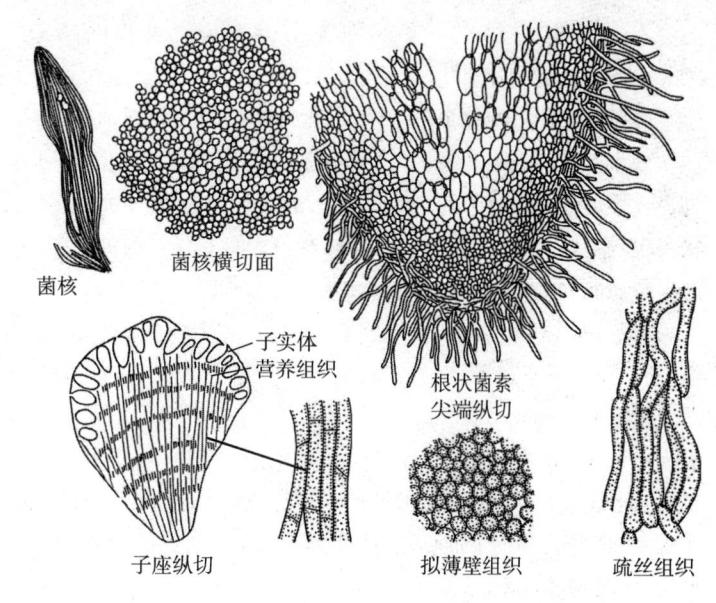

繁殖及生活史

真菌繁殖方式有3种。营养繁殖可以通过菌丝断裂，也可以通过细胞分裂进行。

真菌的无性生殖以产生孢子进行。无性孢子包括游动孢子、孢囊孢子和分生孢子等。游动孢子（zoospore）是在游动孢子囊（zoosporangium）中形成的具单鞭毛能游动的孢子，无细胞壁。孢囊孢子（sporangiospore）是在孢子囊（sporangium）内形成的不动孢子。分生孢子（conidium或conidiospore）：由菌丝或分生孢子梗以吹气球的方式从生长点形成芽殖型（blastic）分生孢子或从菌丝顶端形成膜断裂形成菌丝型（thallic）分生孢子。

有性生殖时产生接合孢子、子囊孢子、担孢子等，是有性生殖细胞经结合后产生的孢子，称有性孢子。壶菌产生的二倍体合子称休眠孢子。接合菌同形或略有不同的配子囊接合后经质配、核配形成二倍的接合孢子。子囊菌有性生殖形成子囊，在子囊内产生单倍的子囊孢子。担子菌有性生殖在担子上形成单倍的担孢子。

在少数真菌中会发生一种特殊的准性生殖（parasexuality）方式。在子囊菌和担子菌中，具不同性状的两株菌丝接触并互相融合、质配，导致在同一细胞中并存有不同遗传性状的细胞核，所形成的菌丝体叫异核体（heterokaryon），这种现象也称为异核现象（heterokaryosis）。在特殊的生殖结构中，双核细胞发生核配并进行减数分裂，形成子囊孢子或担孢子。但在少数种类中，即使不是在生殖结构中，两个遗传性状不同的细胞核偶尔（概率低于2‰）能进行核配、融合成一个二倍的杂合核，也叫做杂合二倍体。杂合二倍体进行有丝分裂时，有极少数的细胞核在分裂过程中能发生染色体交换、重组，产生新的杂合二倍体、非整倍体或单倍体的分离子，即重组体。由于非整倍体分离子不稳定，染色体可随机地重新分配，经过一系列的转变，最后形成各种不同的单倍体。准性生殖的作用与有性生殖相似，其主要区别是准性生殖没有减数分裂的过程，在体细胞内进行染色体交换和单倍体化。对于一些极少或从不进行有性生殖的真菌来说，如半知菌类，准性生殖是其进行基因重组的唯一途径。

真菌的分类近年来发展很快，近40年已有10多个重要的分类系统，呈现出众说纷纭的状态，本教材基本采用《安-比氏菌物词典》第8版的系统，根据游动细胞的有无、有性阶段的有无或有性阶段产生孢子的特点等将真菌界分为壶菌门、接合菌门、子囊菌门、担子菌门，同时考虑到半知菌类的独立性，仍将其单独进行介绍。对于纲以下的分类，仍主要采用Ainsworth等（1973）的分类系统。

一、壶菌门（Chytridiomycota）

（一）主要特征

多为单细胞或单细胞具假根，单细胞体兼具营养和繁殖功能，称为整体产果式（holocarpic）。少数为有发达分枝丝状体，菌丝无横隔壁，多核，菌体有营养和繁殖的分工，繁殖时仅菌体的一部分形成繁殖结构，通过封闭式隔膜隔开，其余部分仍行使营养体功能，称为分体产果式（eucarpic）。细胞壁主要成分为几丁质。无性生殖时产生具1根后生尾鞭型的游动孢子。有性生殖方式为同配、异配或卵配，产生休眠孢子或卵孢子。

（二）主要类群

本门共600余种，大多数种类生于水中，少数两栖。腐生、寄生或专性寄生，仅壶菌纲（Chytridiomycetes）1纲5目。

壶菌目（Chytridiales）

单细胞或单细胞具假根，细胞壁为几丁质。游动孢子具一后生尾鞭式鞭毛，单极萌发。孢子囊有两种，一种是薄壁的游动孢子囊；一种是厚壁的休眠孢子囊，多经配合形成，孢子囊萌发时，囊上生乳头状突起或出管，通过它们或一个有盖的孔释放孢子。有性配合形成厚壁休眠孢子，休眠孢子（囊）萌发产生游动孢子。含5科77属560余种。

节壶菌属（*Physoderma*）：全为寄生菌。主要侵害高等植物的组织，但不引起寄主组织膨大，在寄主组织内的菌丝产生大量球形或椭圆形休眠孢子，休眠孢子萌发时产生具单鞭毛的游动孢子。常见种如玉蜀黍节壶菌（*P. maydis*）（图6-7），侵害玉米叶鞘、叶等，引起玉米褐斑病，病斑隆起褐色，径1～5 mm，内有大量粉末状黄绿色休眠孢子。休眠孢子近圆形，一端稍平有盖，春季散出，萌发时，因原生质膨胀将盖顶开，形成一孔口，经减数分裂形成的游动孢子通过孔口游出，游动一段时间后产生细胞壁又侵入寄主，在寄主细胞内产生囊下泡和假根吸收养分。寄主外部的菌体膨大形成配子囊，经有丝分裂产生与游动孢子形状一样但较小的配子，配子结合形成合子，又侵入寄主，在寄主内产生根状菌丝和膨大细胞，膨大细胞变圆，壁增厚即为休眠孢子，菌丝体逐渐消失。休眠孢子在散射光下，水温25℃时经一昼夜即可萌发。

图6-7 玉蜀黍节壶菌的侵染发育过程

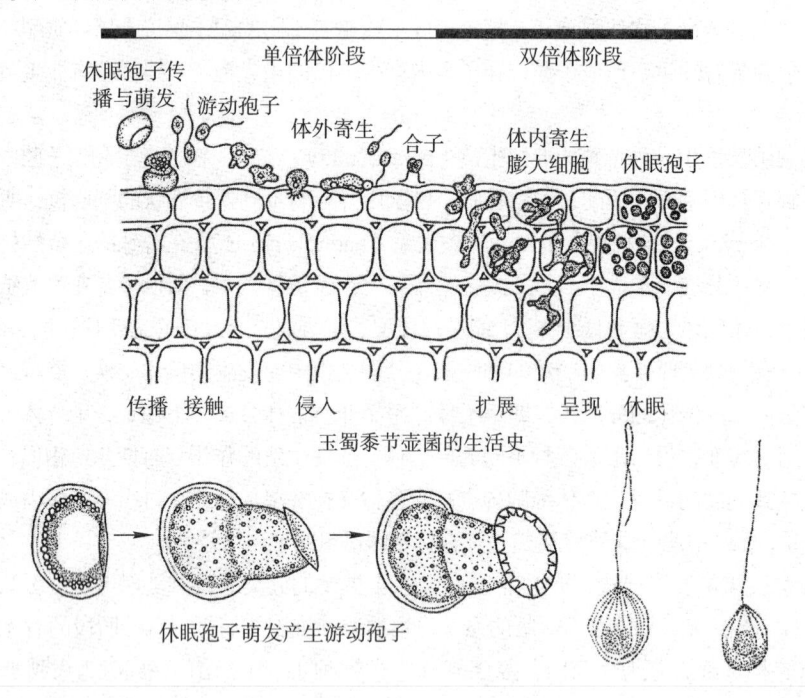

二、接合菌门（Zygomycota）

（一）主要特征

接合菌多为腐生，生于土壤中或有机质丰富的基质上；少数寄生于人体、动植物体内。绝大多数具有发达的菌丝体，菌丝无隔、多核，细胞壁由几丁质组成。无性生殖产生不动的孢囊孢子，称为静孢子。有性生殖时由配子囊接合，形成各种形状的接合孢子。因此，接合菌不再产生能游动的孢子。

（二）主要类群

本门约1000种，包括接合菌纲（Zygomycetes）和毛菌纲（Trichomycetes）。

接合菌纲属于腐生或寄生菌，常具发达的菌丝体，寄生的菌丝能侵入寄主组织内。可以分为7目。本教材只介绍毛霉目（Mucorales）和虫霉目（Entomophthorales）。

1. 毛霉目（Mucorales）

无性繁殖形成孢囊孢子或分生孢子。

（1）根霉属（*Rhizopus*）：本属为腐生菌。匍枝根霉（*R. stolonifer*）又称面包霉，或称黑根霉，常生在面包及日常食品上或混杂在培养基中。

孢子落到基质上，适宜时萌发生出芽管，发展为棉絮状的菌丝体，在基质表面蔓生形成大量弧形的匍匐菌丝。紧贴基质处菌丝生出的假根，伸进基质内吸取营养。在假根的上方生出1至数条直立的孢囊梗，其顶端膨大形成孢子囊（图6-8）。孢子囊中央有1半球形的囊轴（columella），囊轴基部与孢子囊梗相连接处形成稍膨大的囊托，原生质和细胞核流入幼孢子囊内，并聚集在囊轴外围形成碗帽状，其外为一层薄壁。孢子囊中原生质分裂成块，每块原生质体具2～10个核，从而形成具多核的静孢子，又称孢囊孢子。孢子成熟后孢子囊破裂散出，在适宜的基质上即可迅速萌发成新菌丝体。

有性生殖为异宗配合。在两个不同宗的菌丝一端发生多核的原配子囊，其基部具一短的囊柄，顶端膨大，具亲和力的"＋"、"－"两个配子囊互相接触，在接触处囊壁融解，原生质混合，细胞核配对、融合，产生多数二倍体的细胞核。由两个配子囊接合形成一具多数合子核（2n）的新细胞，称为"接合孢子"。

接合孢子囊黑色，细胞壁厚，有疣状突起。孢子囊内有1细胞壁平滑的接合孢子，经休眠后在适宜的条件下萌发，经减数分裂形成芽管破壁而出，芽管伸长后其顶端发育出新的孢子囊。新孢子囊又称为芽孢子囊或减数分裂孢子囊，其内形成"＋"和"－"两种孢子，囊壁破裂后放出孢子，分别发育为"＋"和"－"的匍枝根霉菌丝体（图6-9）。

（2）毛霉属（*Mucor*）：形态与根霉属相似，两者常混生，两者的主要区别在于毛霉属无匍匐菌丝和假根，孢子囊与囊梗相接处无囊托。

根霉属和毛霉属用途很广，有些种含有大量的淀粉酶，把淀粉分解为葡萄糖，再由酵母菌进行发酵，把葡萄糖发酵为酒。酿酒业利用它们制成酒曲酿酒。有些种类能产生脂肪酶，分解脂肪，使羊毛脱脂、山羊皮软化。还有些种类能产生果胶酶，使麻纤维分离。多种毛霉能产生蛋白酶，有分解大豆的能力，用来制豆腐乳，豆豉。鲁氏毛霉（*M. rouxianus*）产生乳酸、琥珀酸及甘油等。有些种类能侵犯人类的脑部及神经系统。

2. 虫霉目（Entomophthorales）

通常寄生于昆虫体内，无性繁殖主要产生分生孢子。

✿ 图6-8　匍枝根霉的无性生殖

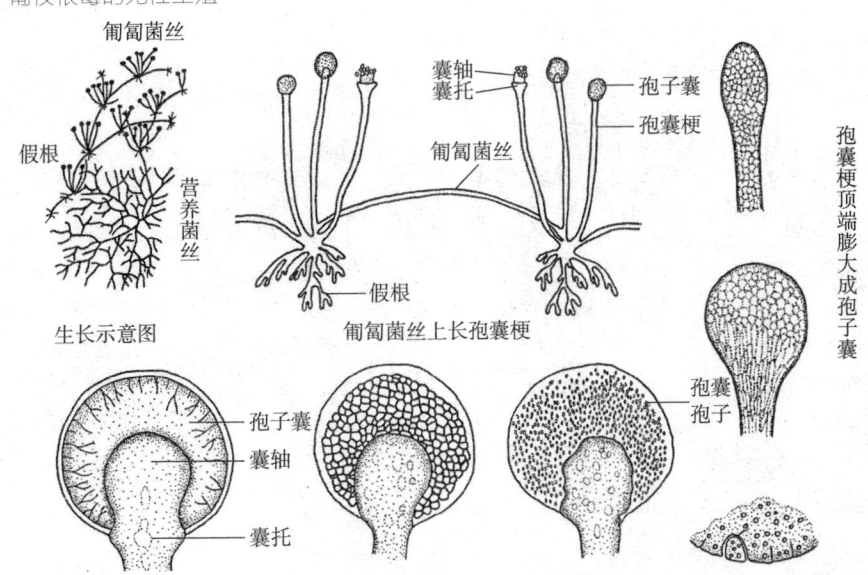

☆ 图6-9　匍枝根霉的生活史

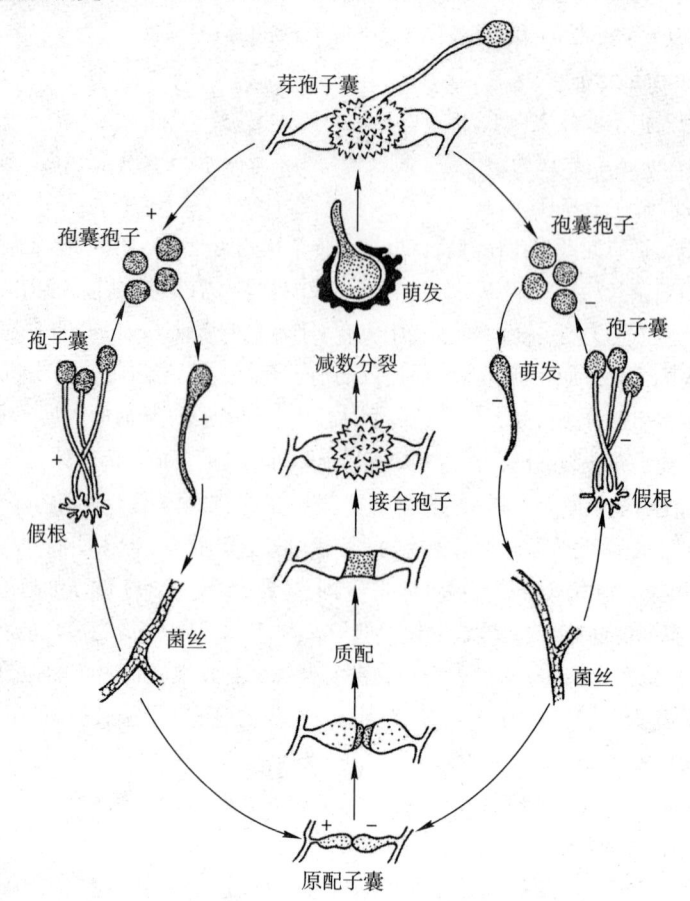

虫霉属（*Entomophthora*）：本属大多数寄生在昆虫，如苍蝇、蝗虫、蚜虫、甲虫、蝴蝶幼虫等体内；或腐生在蛙、蜥蜴粪便中。菌丝体多有隔，常自隔膜处断裂成多核菌丝段，称为虫菌体。无性生殖发达，产生光滑分生孢子，伸出寄主体外，常被弹射释放。有性生殖形成接合孢子，或孤雌生殖形成拟接合孢子。

常见种类如蝇虫霉（*E. muscae*）（图6-10），寄生于苍蝇上，被害的苍蝇常贴附在玻璃窗上，寄主的四周由于弹射的孢子而形成白色的晕。其他常见的有蚜虫霉（*E. aphidis*）、蚊虫霉（*E. culicis*）等。虫霉在生物防治方面具有重要意义。

☆ 图6-10　蝇虫霉（自邢来君与李明春，1999）

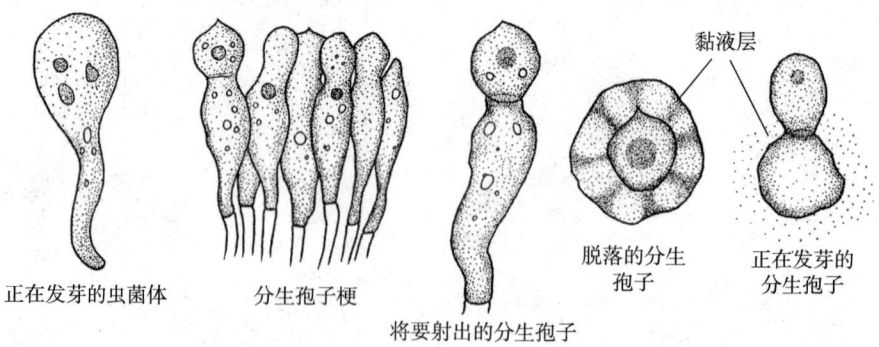

三、子囊菌门（Ascomycota）

（一）主要特征

子囊菌门是真菌界中种类最多的一群，与人类的关系也非常密切。除酵母菌类为单细胞外，绝大部分子囊菌都是多细胞有隔菌丝体。通常每个细胞中有一个细胞核，但也有多核的菌丝细胞。

子囊菌的营养繁殖，单细胞的种类以出芽方式繁殖，多细胞的种类可通过断裂繁殖。无性生殖以形成分生孢子为主。有性生殖多同宗配合，少异宗配合，配合后形成子囊（ascus），合子在子囊内进行减数分裂，通常产生8个子囊孢子（ascospore）。有的种类子囊孢子多达1000余个。子囊菌不产生游动孢子和游动配子。

有性生殖产生的生殖结构有两种形式。单细胞的种类的子囊裸露，不形成子实体。多细胞的种类，其菌丝常交织成疏丝组织和拟薄壁组织，形成叫子囊果（ascocarp）的子实体，子囊包于子囊果内。

子囊、子囊孢子、子囊果的形成过程以火丝菌（*Pyronema confluens*）为例来说明（图6-11）。火丝菌常生长在火烧后的土壤上。菌丝体白色，棉絮状，分枝多，在菌丝的上层生出密集无柄的子实体，即子囊盘。子囊盘小型，土红色至橘红色，直径1～3 mm。首先在菌丝体顶端生出一些短小、直立、二叉状分枝的菌丝，这些二叉状分枝菌丝的顶端细胞有的发育成棒形多核精囊，有的发育成多核的称为产囊体（ascogonium）的卵囊。精囊紧靠产囊体，雄核经多次分裂形成100多个精核。产囊体球形或近球形，雌核经过多次分裂，最后形成100多个雌核。之后，产囊体的顶端产生一条弯管形的受精丝（trichogyne），其基部形成横隔，顶端伸向精囊，当受精丝与精囊接触后，接触处细胞壁融化，受精丝基部的横隔壁亦融化，精囊中大部分原生质与精核通过受精丝流入产囊体中，进行质配。

在产囊体中，雌雄核成对地排列在近壁处，同时在产囊体的上半部产生无数管状的产囊丝（ascogenous hypha），雌核与雄核成对地流入产囊丝中，然后产囊丝产生分隔，形成含一对核的若干个细胞，此后，产囊丝顶端的细胞伸长，并弯曲形成钩状体（产囊丝钩，crosier），双核同时分裂，形成4个核，后钩状体产生横隔，形成3个细胞：钩柄细胞、钩尖细胞和钩头细胞。钩尖与钩柄细胞含1核；钩头细胞含2核，即子囊母细胞（ascus mother cell）。

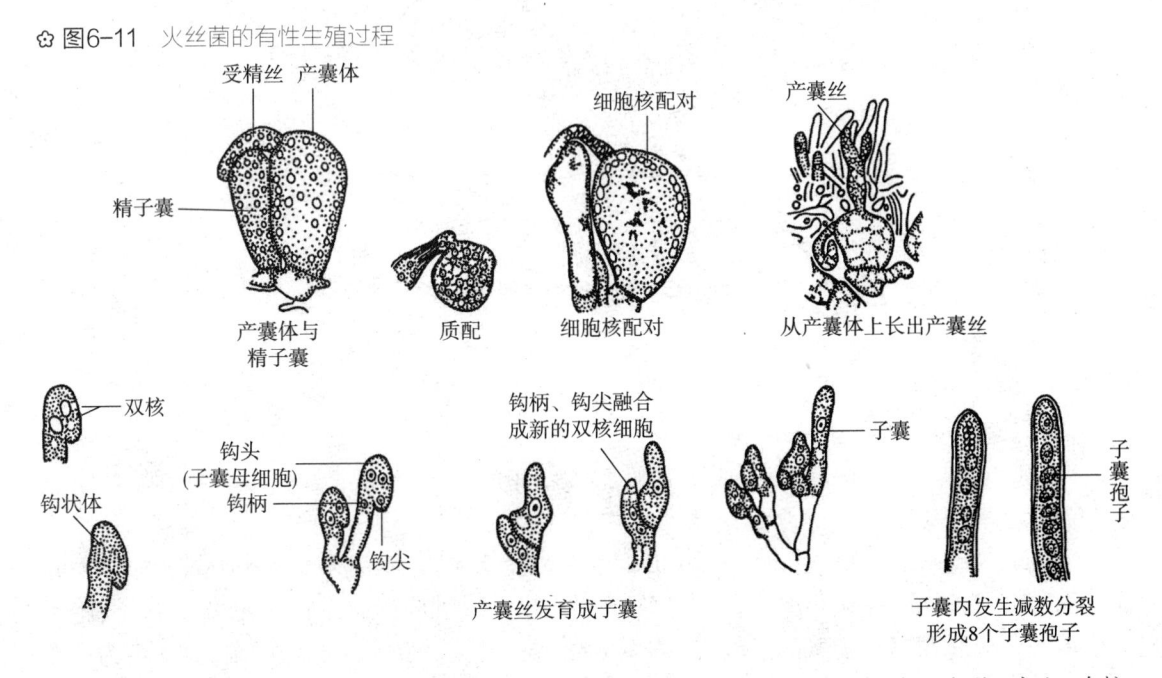

✿ 图6-11　火丝菌的有性生殖过程

子囊母细胞进行核配，形成合子后经减数分裂产生4个单相的核，再经一次有丝分裂，产生8个核，随之形成具8个子囊孢子的子囊。子囊母细胞逐渐伸长变成棒状子囊，子囊孢子在子囊内排列成一行。当钩头细胞形成子囊的时候，钩尖与钩柄接触沟通，钩尖细胞核移到钩柄细胞里，再形成1个双核细胞，两个核同时分裂，产生2雌核和2雄核，再形成钩头、钩尖和钩柄，再产生子囊。如此反复多次，一根产囊丝生出一丛平行排列的子囊。从产囊体的下方还生出不育菌丝，不育菌丝在子囊间发育形成侧丝（paraphysis），在外侧则相互交织形成包被（peridium），包围雌雄生殖结构，形成子囊果的外壳。子囊果内侧丝和子囊整齐地排列成一层，称子实层（hymenium）。火丝菌属的子囊果呈盘形，子囊排列于一个张开的盘状子囊果内，称子囊盘。

(二)主要类群

子囊果的形态是子囊菌分类的重要根据,子囊果通常有三种类型(图6-12、图6-13):子囊盘(apothecium),呈盘状、杯状或碗状,子实层暴露向外;闭囊壳(cleistothecium),球形,完全闭合,无孔口,待壳破裂后孢子才散出;子囊壳(perithecium),瓶形,顶端有一孔口,此种类型的子囊果多埋生于子座内。

子囊菌分布广泛,寄生在动植物体上或生于枯枝落叶、朽木上,或土壤中,形成中型和较大型的子实体。Ainsworth(1973)根据子囊果的有无、子囊果的类型、子囊的特点等,将子囊菌亚门分为半子囊菌纲、腔囊菌纲(Loculoascomycetes)、不整囊菌纲、虫囊菌纲(Laboulbeniomycetes)、核菌纲和盘菌纲等6个纲。约有3 000属30 000种以上,在此仅介绍常见的代表类群。

☆ 图6-12 子囊果的三种类型

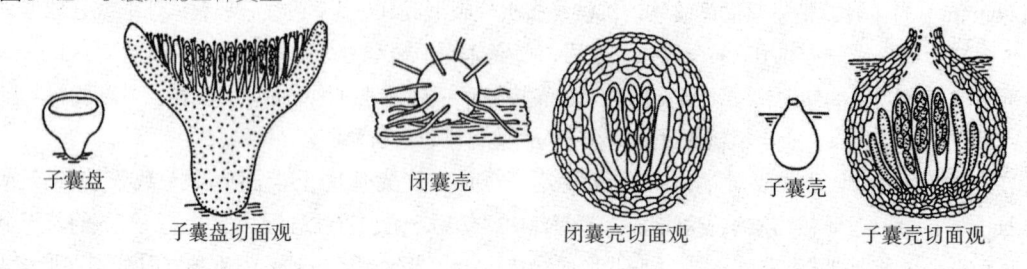

☆ 图6-13 子囊果的纵切面图解

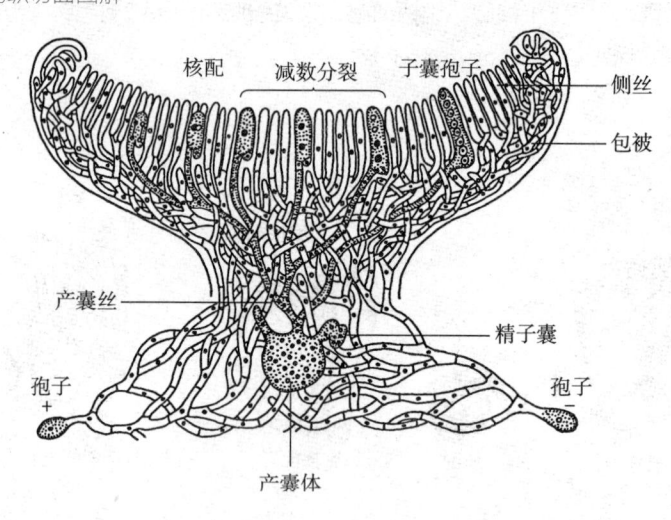

1. 半子囊菌纲(Hemiascomycetes)

又称原子囊菌纲(Protoascomycetes),其子囊裸露,不产生产囊丝和子囊果。菌体单细胞或具不发达的菌丝体。含糖基质上腐生,或寄生于昆虫、高等植物体内。

酵母属(Saccharomyces):本属为子囊菌门中的原始类群,单细胞。酿酒酵母(S. cerevisiae)细胞球形或椭圆形,有中央大液泡,细胞核小。有时数个单细胞连成串,形成拟菌丝。营养繁殖以出芽为主。有性生殖时由两个营养细胞接合,质配后紧接着进行核配形成合子,并以芽殖法形成双核相细胞,再转变为子囊。子囊球形或近球形,单细胞,无包被,有一个双核相的细胞核,减数分裂后产生4个单核相的子囊孢子或再经一次有丝分裂产生8个子囊孢子;子囊孢子球形,除略小外其结构与营养细胞完全相同(图6-14)。

酵母属多存在于富有糖分的基质中,在牛奶、动物排泄物内、土壤中以及植物营养体部分都可以找到。酿酒酵母是最常见的用于酿造的一种酵母菌。酵母酿酒时,将葡萄糖、果糖、甘露糖等单糖吸入细胞内,在无氧的条件下,经过细胞内酶的作用,把单糖分解为CO_2和酒精。酵母呼吸产生的CO_2可用于发面包和馒头,还可以利用酵母生产甘油、甘露醇和有机酸以及医药。

2. 不整囊菌纲(Plectomycetes)

又称不正子囊菌纲,子囊果为闭囊壳,子囊球形或近球形,不规则散生,不形成子实层。仅散囊菌目(Eurotiales)。

图6-14　酵母属及酿酒酵母生活史

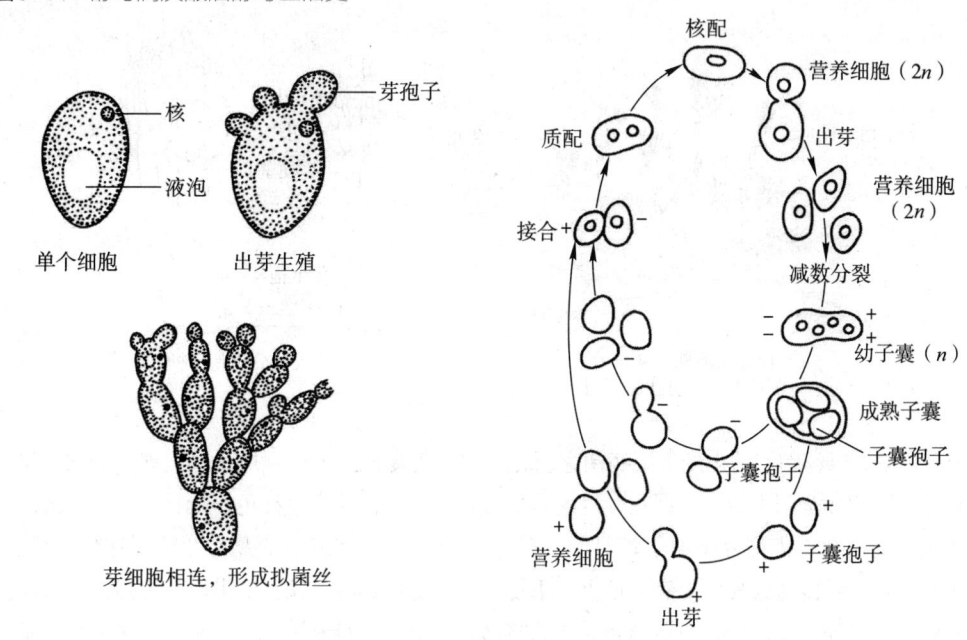

（1）曲霉属（Aspergillus）：在自然界分布极广，其分生孢子几乎无处存在。菌丝体发达，产生大量分生孢子梗，其顶端膨大，称泡囊（vesicle），或称顶囊；泡囊表面布满放射状排列的瓶形结构，依次为梗基、初生小梗、次生小梗等，在小梗顶端形成一串球形分生孢子（图6-15）。分生孢子黑色、黄色、绿色、白色等，为菌落的主要色彩，可作为曲霉属分类的依据。有性生殖仅见于少数种类，子囊果为闭囊壳，子囊球形、卵形、梨形，不规则地分散在闭囊壳中，无子实层，子囊壁易溶解，闭囊壳内留下许多分散的子囊孢子。

图6-15　曲霉属

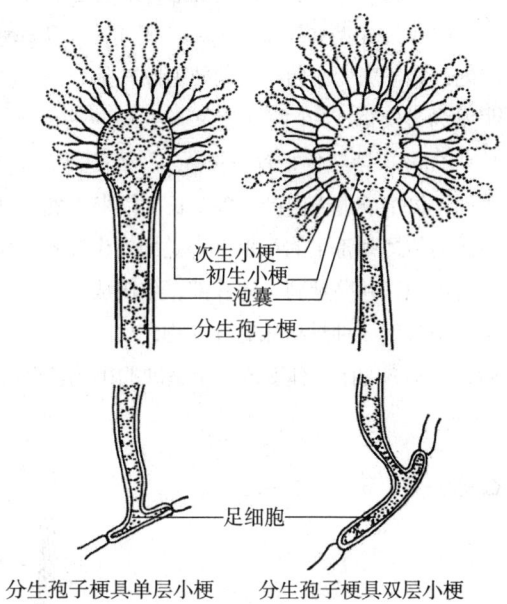

曲霉具有强大的酶活性，可用于工业生产。我国自古以来就利用曲霉做发酵食品，例如，利用黑曲霉的糖化能力制酒，利用黄曲霉（Aspergillus flavus）无毒菌株分解蛋白质的能力制酱等。黄曲霉的有毒菌株能产生黄曲霉毒素，引起肝脏坏死。现代发酵工业生产中，利用曲霉来生产柠檬酸、葡萄糖酸以及其他有机酸类和化学药品。

（2）青霉属（Penicillium）：青霉通常生于腐烂的水果、肉类、衣服及皮革上，主要以分生孢子进行繁殖，从菌丝上产生长而直立的分生孢子梗，其梗在顶端分枝数次而呈扫帚状。最末一级分枝呈瓶状，叫小梗，基部为梗基。在小梗上形成一串绿色分生孢子（图6-16）。孢子成熟后，随风飞散，落在基质上，在适当的条件下便萌发为菌丝。有性生殖仅见于少数种类。

青霉属应用很广，如某些青霉可用于制造有机酸、乳酸等。药用青霉素（penicillin），即是从产黄青霉（Penicillium chrysogenum）和点青霉（P. notatum）代谢产物中提取出来的。

3. 核菌纲（Pyrenomycetes）

核菌纲的子囊果为子囊壳或闭囊壳，子囊棍棒状，排列整齐规则，顶孔开裂或缝开裂。为子囊菌门最大的纲，有640属约8 000种。

（1）赤霉菌属（Gibberella）：子囊壳蓝色或紫色，小型，常散生于基质的表面。孢子梭形，有3～5个横隔，类似于多细胞的孢子。赤霉菌属多为危害农作物的寄生菌。

☆ 图6-16 青霉属

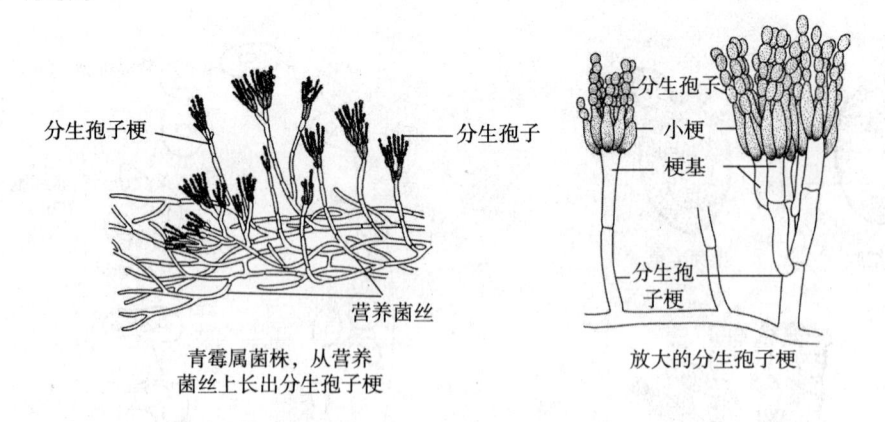

小麦赤霉（*G. saubinetii*）是小麦重要病菌之一，主要侵害麦穗。先在颖片基部出现水浸状褐斑，再逐渐扩散到整个颖片和全部小穗，后期在颖片的基部和颖片的缝合处产生红色粉状物，即为该菌的分生孢子。分生孢子有两种：大型分生孢子新月形，有3～5个分隔，无色；小型分生孢子卵形，很少见。分生孢子在当年夏季可传播到其他无病麦穗上，重复侵染。麦粒熟时，在芒上出现小黑点，即病菌的子囊壳。小麦赤霉子囊壳壶形，聚生，蓝紫色，内含多数子囊。子囊棒形，每个子囊内有8个梭形子囊孢子，有3个分隔，螺旋状2行排列于子囊内。病菌以菌丝体或子囊壳随病株残体越冬，翌年萌发，再重复传染。发病严重的小麦，人畜吃后常引起中毒。

（2）麦角菌属（*Claviceps*）：麦角菌（*C. purpurea*）寄生于大麦、小麦、燕麦及许多禾本科杂草的子房内，将子房变成菌核。菌核近圆柱形，两端角状，长1～2cm，内部白色。菌核落地后越冬，翌年春萌发为子实体，1个菌核上可产生10～20个子实体。子实体蘑菇状，头部膨大呈球形，称子座，直径1～2mm，紫红色，有一长柄。子囊壳满布于子座周围，全部埋于子座内；椭圆状，孔口突出于子座的表面，每个子囊壳内产生多个长圆柱形子囊，其内产生8个子囊孢子。麦角菌的子囊孢子线状，单细胞，借风力传播到寄主的花穗上，立刻发生芽管，侵入花的子房中，发育成白色棉絮状的菌丝体，随后破坏子房组织，并蔓延到子房外部，生出成对短小的分生孢子梗，其顶端产生白色卵形的分生孢子。分生孢子堆中产生一种具甜味的分泌物，引诱昆虫将孢子传播到其他花穗上，重复感染健康麦穗。当产完孢子后，子房内的菌丝体变成一个坚硬的黑褐色菌核（图6-17）。

☆ 图6-17 麦角菌生活史

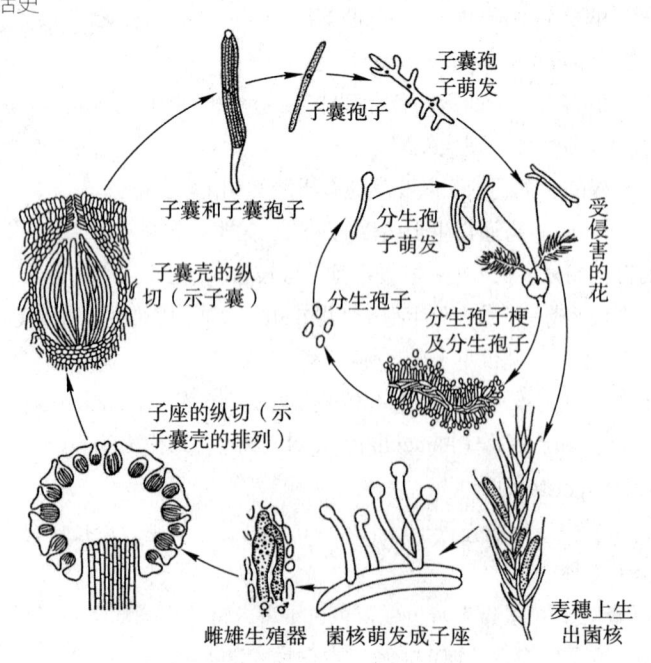

麦角菌菌核药用称为麦角（ergot），为重要中药，含12种生物碱，用于治疗产后出血和促进产后子宫复原等，但麦角碱有毒，应避免人畜误食。

（3）虫草属（Cordyceps）：子座大部分发生在昆虫体上，肉质，常为棒状，直立。虫草属很多种为药用真菌，如冬虫夏草（C. sinensis）（图6-18），菌丝体寄生于鳞翅目幼虫上，把虫体变成充满菌丝的僵虫，即为菌核。菌核萌发生出有柄的棍棒形子座，在子座顶端膨大部分的边缘形成许多子囊壳。子囊孢子线形，多个细胞，常在隔膜处分裂为若干段。为著名中药，主产于藏、青、甘、云、黔、东北等地区。

（4）白粉菌属（Erysiphe）：闭囊壳内有数个子囊，排列成子实层。闭囊壳表面有柔软、菌丝状附属丝，子囊内有2～8个子囊孢子。禾谷白粉菌（E. graminis），寄生于小麦叶片、叶鞘、茎秆和花穗上，为害小麦。

核菌纲供药用的常见种类还有蝉花（Cordyceps sobolifera）、竹黄（Shiraia bambusicola）（图6-18）等。

4. 盘菌纲（Pezizomycetes）

子囊果为子囊盘，盘状、杯状，子囊排列成子实层，分布在子囊盘的内表面，子囊顶端不加厚。

（1）羊肚菌属（Morchella）：腐生，子囊果中型，林中常见（图6-18）。子实体有菌盖和菌柄。菌盖近球形或圆锥形，边缘全部和柄相连，表面有网状棱纹，状如羊肚；柄平整或有凹槽；子实层分布在菌盖的凹陷处。子囊之间有长的侧丝。常见种如羊肚菌（Morchella esculenta），生于林地和林缘，是美味的食用菌。

（2）盘菌属（Peziza）：腐生，子囊盘中至大型，通常杯状，无柄或近于无柄。子囊常呈圆柱状，子囊孢子8个，椭圆形，无色，通常在子囊内排列成一行，有侧丝。为盘菌目中最常见的腐生菌。

（3）核盘菌属（Sclerotinia）：寄生，常引起植物严重病害。子囊盘有柄，从定形的菌核长出，菌核生于寄主表面或茎、叶内，或由菌丝和寄主组织共同组成的假菌核。子囊棍棒形，顶端加厚，中央有小孔道。核盘菌（S. sclerotiorum）危害多种植物，引起菌核病（图6-19）。

四、担子菌门（Basidiomycota）

（一）主要特征

担子菌种类繁多，世界上已知25 000多种。担子菌与人类关系较密切，许多担子菌是植物的专性寄生菌或腐生菌，能引起植物病害或导致木材腐烂，还有许多担子菌具食用或药用价值，有毒的种类也很多。

✿ 图6-18 子囊菌亚门一些常见属种

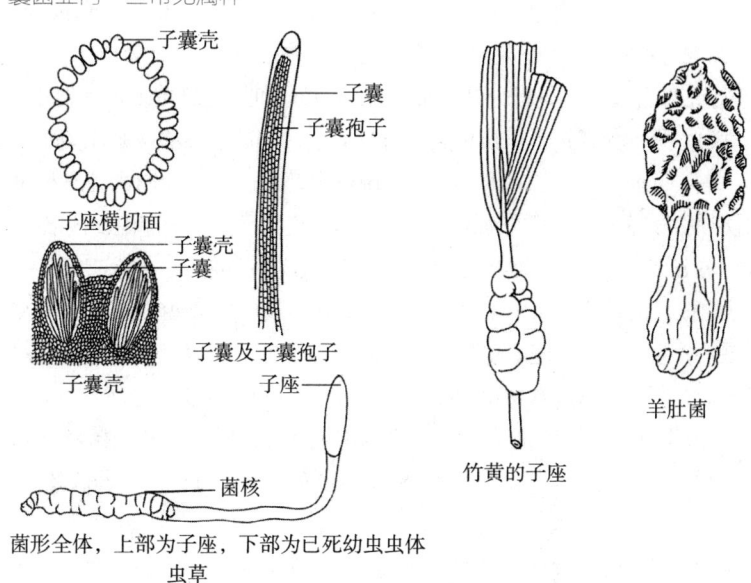

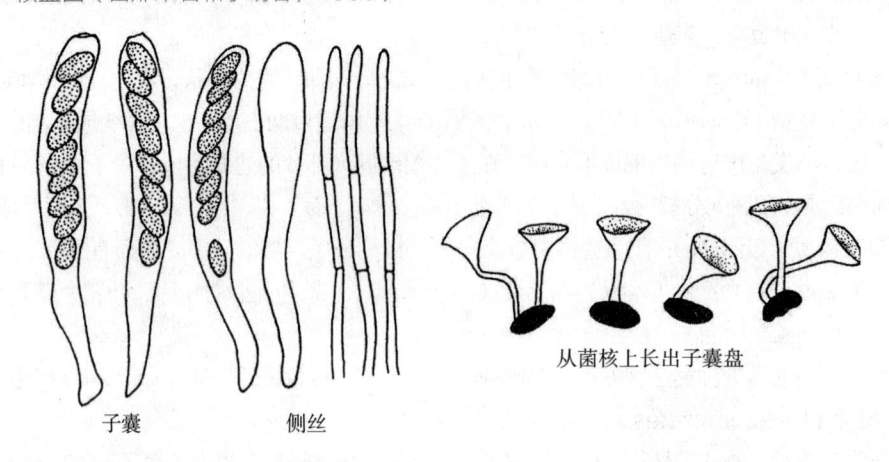

☆ 图6-19　核盘菌（自邢来君和李明春，1999）

子囊　　　侧丝　　　从菌核上长出子囊盘

营养体全为多细胞菌丝体。菌丝发达，常有分枝，菌丝有横隔，生活史中有三种类型菌丝。担孢子萌发产生的菌丝，初期无隔多核，不久产生横隔，将细胞核分开而成为单核菌丝，称初生菌丝（primary hyphae）。为单倍体，所组成的菌丝体称初生菌丝体，在生活史中周期很短。由初生菌丝的两个单核细胞结合进行质配而不核配，形成双核细胞，并常直接分裂形成双核菌丝，称次生菌丝（secondary hyphae）。它所组成的菌丝体称次生菌丝体，在生活史中周期很长。由次生菌丝特化形成三生菌丝，仍为双核菌丝，三生菌丝组织化形成各种子实体，称担子果（basidiocarp）。

（二）繁殖

许多担子菌的双核菌丝，进行细胞分裂时，常以锁状联合的特殊分裂方式增加细胞。其分裂过程如下：

在菌丝细胞中部形成1喙状突起，并向菌丝一侧弯曲，双核中的1核移入喙突的基部，另1核在它的附近，两核同时分裂为4个核，其中2核留在细胞的上部，1个留在下部，另1个进入喙突中。这时在细胞中生出横隔，将上下分割为两部分，包括喙突共形成3个细胞。上部细胞双核，下部细胞及喙突均为单核，以后喙突的尖端与下部的细胞接触并沟通，喙突中的核流入下部细胞内，又形成双核细胞。由此1个双核细胞分裂成2个双核细胞，并在两个细胞之间残留一个喙状的痕迹。这种分裂过程称为锁状联合（clamp connection）（图6-20）。

有性生殖主要有三种方式，但常常不形成有性结构，或者初期仅进行质配。

初生菌丝的结合：两条初生菌丝生长不久，即进行配合，只质配，不核配，形成双核的异核细胞。异核细胞通过以下两种方式之一长成次生菌丝：一种方式是双核细胞产生一分枝，双核移入分枝，2核同时分裂产生4个核后，形成隔膜将姊妹核分开，形成2个双核子细胞这样重复地分裂和分隔，最终导致异核的菌丝体（图6-21）；另一种方式是双核细胞先行核分裂，然后子核移至亲配型相反的初生菌丝体中，即"+"核移至"-"菌丝中，"-"核移至"+"菌丝中，然后菌丝体内的外来核迅速分裂，此时菌丝的隔膜常降解以便细胞核通过，子核在细胞间迁移分布，直到母菌丝全部由双核细胞组成。

形成担子、担孢子（basidiospore）：双核菌丝的顶端细胞膨大形成担子（basidium），担子经核配和减数分裂产生4个单倍的核，担子顶端生出4个小梗，小梗顶端膨大形成幼担孢子，4个单倍的核通过小梗进入幼担孢子内，最后产生4个单细胞、单核、单倍的担孢子（图6-20）。担孢子萌发形成初生菌丝。两个单核担孢子亦可结合，萌发后形成双核菌丝，如黑粉菌等（图6-21）。

性孢子与菌丝（受精丝）结合：性孢子由昆虫或水带至营养菌丝旁，营养菌丝则起着雌性器官的作用（称受精丝），在接触处溶解成一小孔，性孢子的原生质体及细胞核进入营养菌丝内形成双核菌丝，如锈菌。

担子菌还可通过无性生殖产生分生孢子和粉孢子等进行繁殖。

总体而言，具有典型的双核菌丝、特殊的锁状联合现象以及形成担孢子，是担子菌门的三个最主要特征。

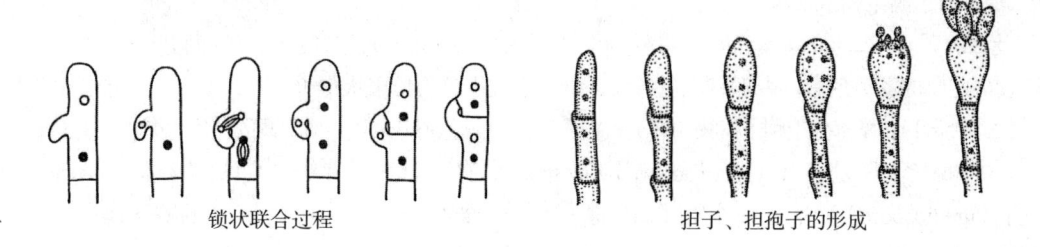

❂ 图6-20 锁状联合及担子、担孢子的形成

锁状联合过程　　　　　　　　担子、担孢子的形成

❂ 图6-21 担子菌的质配

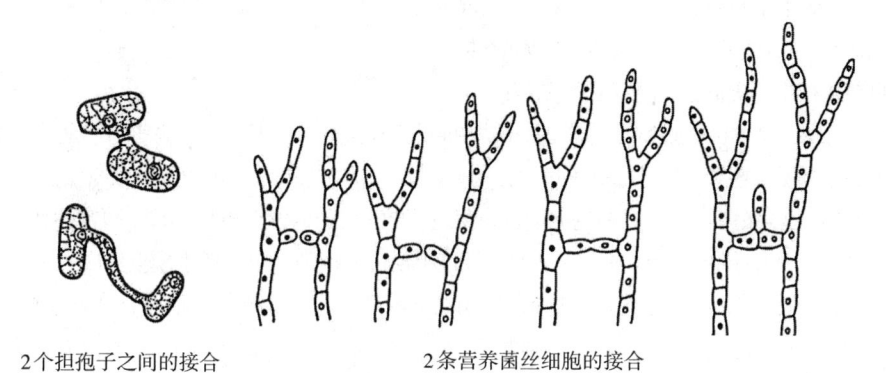

2个担孢子之间的接合　　　　2条营养菌丝细胞的接合

（三）主要代表类群

英国真菌学家Ainsworth（1973）根据有无担子果（basidiocarp）和担子果是否开裂、有无冬孢子，将担子菌门分为冬孢菌纲（Teliomycetes）、层菌纲（Hymenomycete）和腹菌纲（Gasteromycetes）。

1. 冬孢菌纲

多数种类寄生于高等植物上，严重危害农作物和林木。担子有或无分隔，不形成担子果，产生自冬孢子（teliospore），冬孢子常成堆或散生于寄主组织中。冬孢菌纲根据担孢子的数目及放射情况，可分为黑粉菌目（Ustilaginales）和锈菌目（Uredinales），约174属6 000种。

（1）黑粉菌目：担子有隔或无隔，担孢子侧生或顶生，每个担子产生担孢子的数目不固定，孢子不强力散射。绝大多数寄生于高等植物上，尤以禾本科和莎草科为多，常为害小麦、玉米、高粱、谷子和水稻等农作物，产生大量煤黑色粉状孢子，因此得名。黑粉菌已知有1 000余种。

玉米黑粉菌（*Ustilago maydis*）主要致玉米感染黑粉病。植株地上部分的任何部位均可受到感染。病菌侵染时，首先担孢子或无性芽侵入寄主组织内，发育为单核的初生菌丝，两条亲和异性初生菌丝接合，形成双核的次生菌丝，蔓延于寄主细胞间隙或伸入细胞内，形成菌丝体，吸收寄主细胞的营养。由于菌丝的刺激使寄主细胞胀大，并促进其他部分的养料向被害部分输送。因此，该区域形成局部性的白色肿瘤，径可达10 cm。瘤内植物组织全被破坏，并充满双核菌丝，只留一层表皮。双核菌丝分为若干节，形成节孢子并重复感染玉米植株。至生长季末，形成黑色的双核厚壁（垣）孢子，即为冬孢子（teliospore）。冬孢子大量发生时在植物上呈现黑粉状的病症而称为黑粉病。

冬孢子球形，2核，表面有明显的细刺，借风力散布。冬孢子萌发时，首先核配成双相的合子核，再减数分裂，产生4个单相核，从孢子破口处生出一条直的前菌丝，菌丝细胞横分裂形成4个细胞的担子，每个担子内有1个核，担子中的核再分裂为2个核，此时在担子上侧生出突起，1个核进入担子细胞侧面的突起中形成一个担孢子，另一个核仍留在担子细胞中，可继续分裂产生担孢子。担孢子也可用出芽方式再产生无性芽。担孢子或芽孢子落在玉米上，萌发形成初生菌丝，再重复侵染过程。至秋天，冬孢子可在土壤、堆肥、寄主的残体或玉米籽粒上越冬。翌年，当玉米种子萌发长成幼苗时，厚壁孢子萌发形成担孢子。

小麦黑粉菌（*U. tritici*）寄生于小麦和大麦的花穗上，使植株患黑粉病。丝轴黑粉菌（*Sphacelotheca reilinana*）引起高粱和玉米丝黑穗病。

茭白（菰）（*Zizania caduciflora*）嫩秆因茭笋黑粉菌（*U.esculenta*）侵入刺激细胞膨大而成"茭笋"，作蔬食。肥厚的茭笋色白，内部有黑色条纹，后成松散黑色的粉末状孢子。

（2）锈菌目：常寄生于种子植物和蕨类植物体上，种类达5000余种。典型锈菌在生活史能产生5种类型的孢子。初生菌丝体形成性孢子（spermatium, pycniospore），次生菌丝体产生锈孢子（亦称春孢子，aeciospore）、夏孢子（urediospore）和冬孢子，担孢子由冬孢子产生。大部分锈菌以冬孢子越冬，核配在冬孢子内进行。冬孢子萌发时，经减数分裂，形成具4个细胞的担子，每个细胞产生1个担孢子，孢子借弹力散射。有些锈菌在生活史中有两个不同寄主，称转主寄生（heteroecism）。有些锈菌只有一种寄主，称单主寄生（autoecism）。

禾柄锈菌（小麦秆锈病菌）（*Puccinia graminis*）为最常见的锈菌，具有转主寄生现象：第一寄主为小麦、大麦、燕麦及其他禾本科植物，产生夏孢子、冬孢子和担孢子，第二寄主为小檗属（*Berberis*）或十大功劳属（*Mahonia*）等的某些种类，产生性孢子和锈孢子。

禾柄锈菌的形态和生活史简述如下（图6-22）：

每1具柄冬孢子由2个双核细胞组成。越冬时期，冬孢子的双核进行核配，成熟的冬孢子是禾柄锈菌生活史中唯一的双倍体阶段。冬孢子也是厚壁（垣）孢子，抗寒力强，也是禾柄锈菌的休眠孢子。翌春，冬孢子萌发，每个细胞产生1条菌丝，合子核进入菌丝，经过减数分裂产生4个单核相核，再产生横隔形成4个细胞，每1细胞在同一侧各产生1个小梗，单倍的核经过小梗进入担孢子中，在小梗上形成1个担孢子，4个担孢子，"+"、"−"各2个。由此可见锈菌的冬孢子和冬孢子萌发所形成的菌丝相当于担子的作用。

担孢子不能传染小麦，只能传染小檗属的一些种类。当被风吹到小檗属植物的嫩叶上，产生芽管，从寄主上表皮的气孔侵入，产生单核菌丝体，胞间寄生，产生吸器伸入寄主细胞内。寄主被感染后数日，近叶表皮处的单核菌丝形成瓶状的"+"、"−"性孢子器（pycnium, spermogonia）。性孢子器中产生许多杆状的性孢子梗，顶端连续产生圆形单核性孢子。同时，孢子器孔口伸出许多受精丝。性孢子随同性孢子器内所分泌的黏液缓缓流到孔外，此黏液有香味，能招引昆虫，借昆虫的传播，把（−）或（+）性孢子传到亲和性的（+）或（−）性孢子器内。

✿ 图6-22　禾柄锈菌生活史

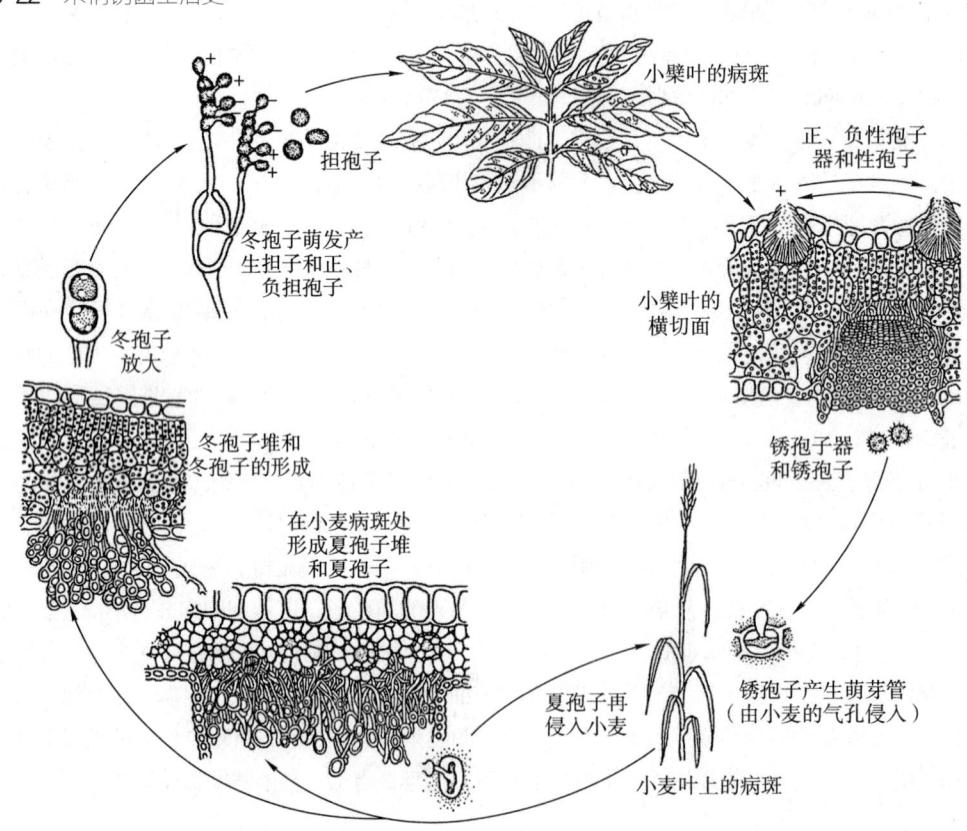

性孢子核进入受精丝，进行质配，形成双核菌丝，双核菌丝形成锈孢子器（春孢子器，aecium）。锈孢子器丛生在寄主叶的下表面，在叶面形成橘黄色小点。锈孢子器杯状，四周有1层包被，器内菌丝密集成束，菌丝的顶端分出1串双核的锈孢子（春孢子，aeciospore），每2个锈孢子之间夹1个扁小的细胞，当锈孢子成熟后，小细胞消失，锈孢子器突破寄主的下表皮，放出锈孢子。锈孢子为单细胞，双核，黄色，球形，表面有刺。

锈孢子只能侵染小麦等禾本科植物。锈孢子从寄主的叶片、叶鞘或秆上气孔进入，在胞间发育为双核菌丝体，也产生吸器侵入寄主细胞，不久就产生双核，长椭圆形，橙黄色，表面有细刺的夏孢子（urediniospore）。夏孢子群聚在一起称夏孢子堆，成熟后突破寄主的表皮，包被裂开，夏孢子即脱落飞扬。锈菌名称即根据植物体表面大量发生夏孢子堆产生铁锈状的病斑而来。夏孢子为锈菌的分生孢子，是锈菌繁殖最有效的方式，在一个生长季节中能产生很多代。在禾柄锈菌的生活史中，只有夏孢子可以侵染原来产生它的寄主。禾柄锈菌在夏孢子阶段不断传播和侵染，在南方还可以夏孢子阶段越冬。因此，夏孢子为锈病传播的主要方式。到寄主生长季末期双核菌丝不再产生夏孢子，而形成冬孢子堆。

冬孢子落地后越冬，翌年再萌发产生担孢子。

禾柄锈菌引起小麦秆锈病，是世界和我国春麦区和部分秋麦区的毁灭性病害，造成数以百万吨小麦籽粒的损失。禾柄锈菌有许多特别变型，每一个变型适合于一个寄主，如 *P. graminis* f. sp. *tritrci* 仅仅侵染小麦，*P. graminis* f. sp. *secal* 只能侵染黑麦（rye）等。禾柄锈菌的特别变型目前已经鉴定出来的超过250个，而且每年都有更多变型被发现。

2. 层菌纲

层菌纲具发达的担子果（子实体），担子果分为裸果型（gymnocarpous type）、半被果型（hemiangiocarpous type）、假被果型（pseudoangiocarpous type）三类（图6-23）。裸果型的子实体在整个发育期中一直开放，子实层一开始即裸露；半被果型在子实体发育初期具内、外菌幕包裹子实层，但随着子实体的发育，内、外菌幕撕裂，子实层外露；假被果型最初子实层裸露，后幼小菌盖的边缘向内侧弯曲，子实层封闭，当子实体进一步成熟，子实层又裸露。

担子通常由菌丝上生出，分隔或不分隔，整齐地排列成子实层。子实层分布在菌髓（trama）的两侧，菌髓和子实层构成子实层体（hymenophore）。子实层体有片状、疣状、管状、针状、褶状等多种形式。子实层中有时夹杂侧丝、刚毛（seta）、囊状体（cystidium）和胶囊体（gleocystidium）等。

本纲9目15 000余种。以下介绍银耳目（Tremellales）、木耳目（Auriculariales）、伞菌目（Agaricales）、非褶菌目（Aphyllophorales）的代表种类。

（1）银耳目：腐生菌，裸果式。担子果有柄或无柄，平伏、扁平、带状、棒状、匙状、珊瑚状或花瓣状等，胶质或软骨质、膜质。子实层生于担子果的两侧。担子球形，纵分为4个细胞，每个细胞上有1个小梗，其上生1个单细胞的担孢子。

银耳（*Tremella fuciformis*）：常见种类，生于多种腐木上。担子果（子实体）白色或略带黄褐色。花

图6-23　伞菌目担子果的发育类型（自邢来君和李明春，1999）

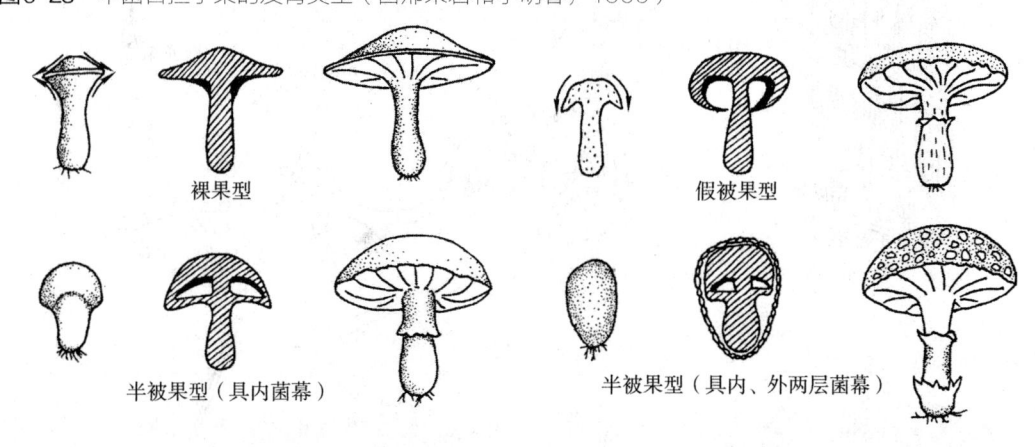

瓣状，边缘波状或瓣裂，两面平滑，胶质，担子埋于胶质体中。银耳味美，可食用和药用。分布华东至西南、台湾（图6-24）。

黄金银耳（*T. mesenterica*）：生于枯立木、倒木和伐桩上。子实体扁平脑状或疣状，从树皮缝隙间长出，宽1～3cm，高0.5～2cm，鲜橙黄色至金黄色，胶质。供食用，东北、华北、华东、西南各省均有。

（2）木耳目：担子果裸果式，耳状、壳状或垫状，胶质。子实层分布在表面一侧，或大部分埋于子实体内，担子圆柱形，横分隔为4个细胞，每个细胞上生1个小梗，顶端产生1个担孢子。

木耳（*Auricularia auricula*）：担子果宽3～10cm，厚约2mm，以侧生的短柄或狭细的附着部固着于基质上，丛生，常叠生。菌肉由具锁状联合的纤细菌丝构成。木耳为重要的食用菌，我国东北、华北、华东、华南、西南、西北各省均产。木耳除食用外，亦作药用，有润肺和清涤胃肠作用（图6-25）。

毛木耳（*A. polytricha*）：亦称黑木耳，子实体具有较长的绒毛。食用价值仅次于木耳，东北、华北、华东、西南、西北各省均产。

✿ 图6-24 银耳

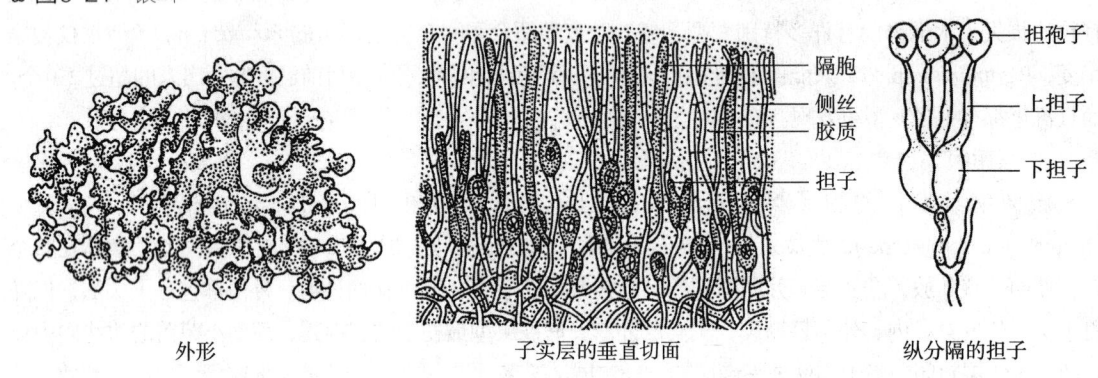

外形　　　　　　　子实层的垂直切面　　　　　　　纵分隔的担子

✿ 图6-25 木耳的担子果和担子及生活史

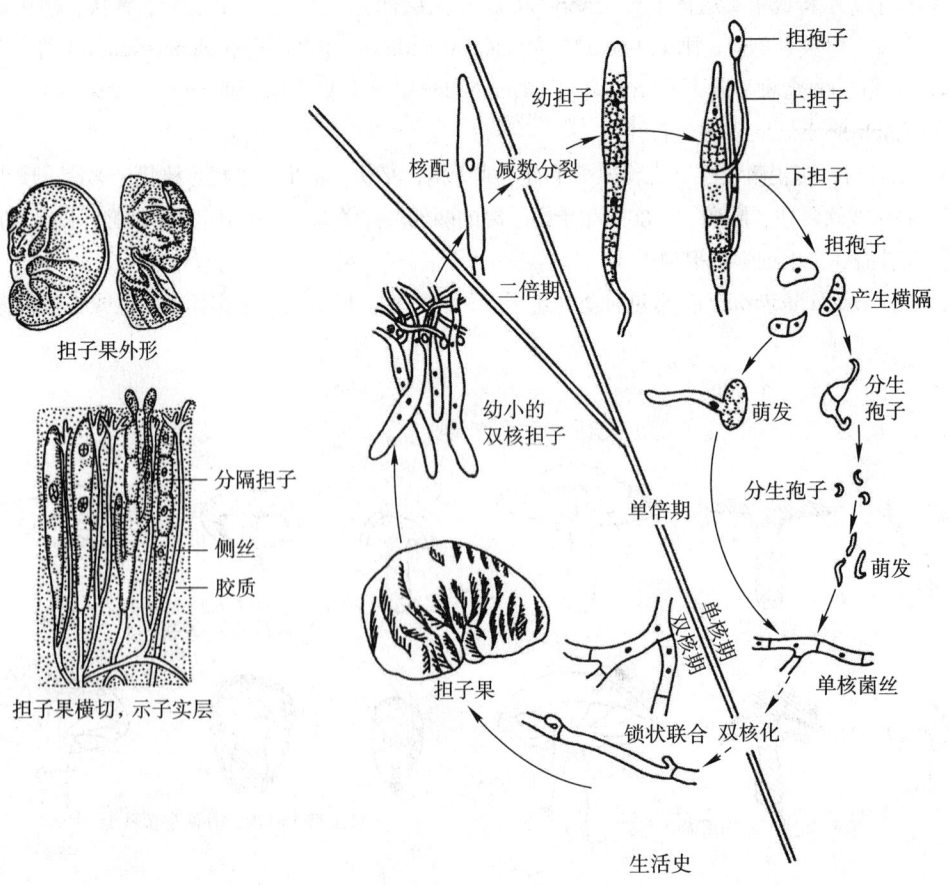

担子果外形

担子果横切，示子实层

生活史

（3）伞菌目：腐生，担子无隔。

担子果常为肉质，由菌盖、菌柄、菌褶等三个主要部分组成（图6-26）。顶端的伞状或帽状结构称菌盖（pileus）；菌盖下的支持部分称菌柄（stipe），菌柄大多数中生，也有侧生或偏生。菌盖的腹面为菌褶（gills），又称子实层体，呈放射状排列，菌褶的内部组织称菌髓，通常由长形的菌丝细胞组成；子实层生于菌褶的两面，主要由担子和侧丝组成，有时还有少数大型的细胞，称囊状体（cystidium，隔胞）。担子单细胞，无隔，棒状，常具4个小梗（sterigma），每支小梗顶端有1个担孢子，成熟时孢子强力弹射。

图6-26 伞菌子实体的形态结构

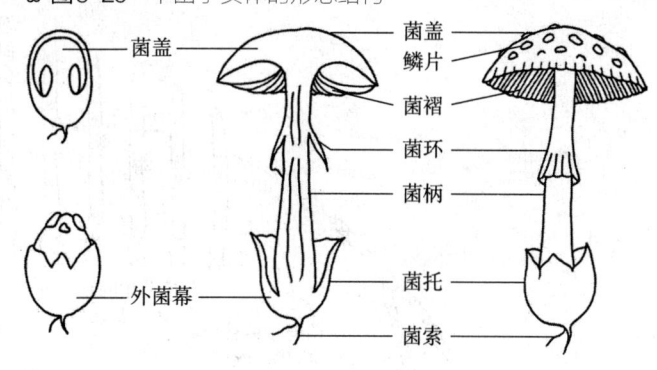

有些种类担子果幼嫩时常有内菌幕（partial veil）遮盖菌褶，菌盖充分发展时，内菌幕破裂，常在菌柄上形成环状残留物，称菌环（annulus）。有的种类还具有外菌幕（universal veil），包围整个担子果。当菌柄引长时外菌幕破裂，其一部分残留在菌柄的基部，称菌托（volva），在菌盖上面的外菌幕往往破裂为鳞片（scale），或消失。在伞菌中，有些种类既有菌环又有菌托，有些种类仅有菌环或仅有菌托，而另一些无菌环和菌托。

伞菌的生活史是从担孢子开始的，担孢子成熟从小梗上脱落，先萌发成为单核菌丝体，由2条单核初生菌丝的营养细胞结合，形成双核菌丝体，这种结合有同宗也有异宗的，在合适条件下，双核菌丝体生出菌蕾，由菌蕾再分化成担子果，形成担孢子，完成生活史周期。

① 蘑菇属（伞菌属）（*Agaricus*）：菌盖肉质，形状规则，多为伞形；菌柄中生，肉质，易与菌盖分离；有菌环；菌褶离生，初期白色或淡色，后变为紫褐色或黑色。孢子印为暗紫褐色，孢子紫褐色。多数可食用，少数种类有毒。

蘑菇（*A. campestris*）为常见的食用菌之一，又称四孢蘑菇（图6-27）。担子果肉质，菌盖初期呈半球形，渐平展呈伞状，充分展开时直径可达10～20 cm，盖面光滑，有时后期有毛状鳞片，颜色纯白色至近白色，并带淡褐色；菌柄连在菌盖的中央，与盖面同色。在菌盖未展开前，菌柄短而粗，中实；充分发展时，菌柄近圆柱形，长5～12 cm，粗1～3 cm，内部松软，稍空，菌环白色，膜质，附于菌柄上部，老熟的担子果，菌环脱落。菌盖内部由双核的长管状菌丝构成，白色，肉质，称为菌肉。菌褶薄片状，基部与柄离生，中部宽，初期白色，后变为粉红色，最后变为黑褐色。

双孢蘑菇（*A. bisporus*）是世界上栽培最广的一种食用菌，菌盖径5～12 cm，扁平球形，近白，中部有浅或深褐色鳞片；菌肉白，成熟时变粉红色至黑褐色；菌环以下有膜质白色纤毛状鳞片。18世纪初法国开始人工栽培。

② 口蘑属（*Tricholoma*）：菌盖肉质，幼小时边缘向内卷曲；无菌环和菌托；菌柄中生；孢子印纯白色，少数淡奶油色。

松口蘑（*T. matsutake*）（图6-28）又名松茸、松蕈，为著名食用菌。菌盖宽5～20 cm，扁球形至近平展，污白色，具黄褐至栗褐色鳞片；菌肉厚，菌褶白色；菌柄粗2～2.6 cm；菌环下有栗色纤毛状鳞片。秋季在林中散生，或形成蘑菇圈，或与树木形成菌根。

③ 毒伞属（鹅膏属）（*Amanita*）：菌盖伞形，具有菌环和菌托；菌柄易与菌盖分离；菌褶离生。孢子印白色，孢子无色。毒伞属大部分有毒，少数可食。

豹斑毒伞（豹斑鹅膏）（*A. pantherina*）菌盖初期半球形，后平展，边缘有条纹，表面附有白色块状鳞片。夏、秋季节生于阔叶林、混交林中或林缘及牧场，我国东北、华北、西南、华东等省均有。极毒。

橙盖伞（*A. caesarea*）别名橙盖鹅膏、黄罗伞、黄鹅蛋菌，是著名食用菌。菌盖鲜橙黄色至橘红色，平展，中央稍突起，边缘条纹明显；菌环具细条纹，菌柄长，菌托苞状，白色（图6-28）。在西欧享有盛名，我国产于四川。

白毒伞（*A. verna*）极毒。菌体纯白色；菌盖、菌环、菌托表面边缘无条纹；菌褶离生、稠密（图6-28）。

✿ 图6-27 蘑菇的生活史

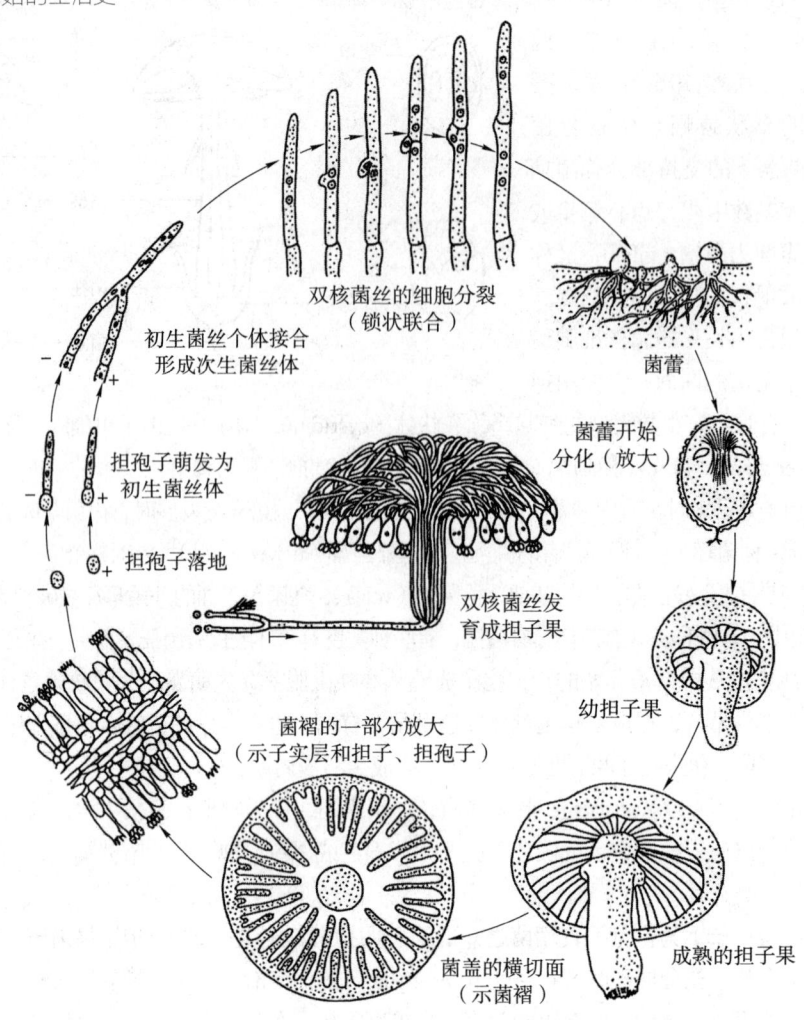

✿ 图6-28 伞菌目其他类群

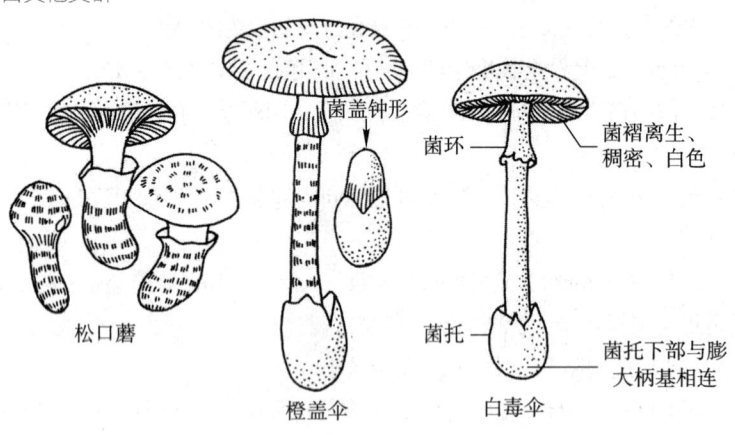

④ 香菇属（*Lentinus*）：担子果半肉质至革质，坚韧，干时收缩，湿润时恢复原状；菌盖不规则；菌柄偏生或近中生；菌褶延生，薄，质韧，褶缘有锯齿。孢子印白色，孢子无色。

香菇（*L. edodes*）的担子果半肉质；丛生或群生。生于阔叶树的倒木上，我国西南、华东、华南各省均产。近年来，大多数地区进行人工大量培养。香菇除味美可食外，其所含的多糖类有药用价值。

⑤ 包脚菇属（*Volvariella*）：担子果肉质，菌褶肉红色，离生；菌柄生于菌盖中央，易与菌盖分离；具菌托。孢子成堆时粉红色，椭圆形或近球形，光滑。

草菇（*V. volvacea*）可食，可进行人工栽培，主要分布于气候炎热的地带，目前北方各地也引种栽培。

⑥ 小火菇属（*Flammulina*）：菌盖光滑或被白色粉末，菌肉薄或厚，肉质，菌褶弯生至直生，常为黄色，菌柄常被短绒毛，孢子印纯白色，孢子无色，椭圆形至长椭圆形，光滑，木生。

金针菇（*F. veltipes*）担子果由细长脆弱的菌柄和形似铜钱的菌盖组成，乳白色或金黄色，是目前栽培食用的主要伞菌之一。

（4）非褶菌目（又称多孔菌目）：本目种类繁多，分布十分广泛，为腐生或寄生的大型真菌。

裸果型担子果，构造复杂，1至多年生，担子果木质、木栓质、肉质、蜡质、炭质、海绵质、酪质，稀为胶质；外形差别很大，有蹄形、扇形、半球形、猬形或珊瑚枝形等（图6-29）。子实层生于菌管内或菌刺上，或在一个平面上，无菌褶。担子不分隔，棒状。

① 灵芝属（*Ganoderma*）：木质或木栓质，表面有坚硬具油漆光泽的皮壳。子实层管状，管口小。担孢子卵形，顶端平截，双层壁，外壁无色光滑，内壁褐色，有微细突起。

灵芝（*G. lucidum*）为该属最常见的种类。菌盖半圆形至肾形，直径1～20 cm，菌盖及菌柄均具明显的油漆光泽。生于栎属或其他阔叶树近地处，我国大部分省区均有分布。供药用，亦用作滋补剂。紫芝（*G. sinense*）与灵芝等同使用。

② 猴头菌属（*Hericium*）：担子果块状或分枝，无柄；肉质，无明显菌盖；子实层着生于菌齿上。孢子无色，平滑，长圆形至球形。

猴头菌（*H. erinaceus*）担子果为一年生，肉质，团块状，白色，基部侧生悬垂于树干上，长径5～20 cm。菌齿覆盖于菌体表面的中部和下部，长而下垂。生于栎、胡桃等树木上，我国东北、华北、西北、西南、内蒙古等均产。食用。

3. 腹菌纲

典型的被果型，担子果很发达。

担子果有1～4层包被（peridium），内为产孢体（gleba），即产孢组织，通常多腔，担子沿着腔的边缘生出。有些种类的产孢体在担孢子成熟后分解，另一些种类的产孢体则持久而不分解。前者在担子果成熟时，只剩下一团孢子粉，有时掺杂一些残余的厚壁变态菌丝，即孢丝（capillitium）。担子果大部分生于地下，成熟时露出地面；有些种类生在地面；也有些种类永久生在地下。

腹菌纲有700余种，通常分为5目150属。腹菌纲的食用菌与药用菌种类均颇多。经济价值较大的有鬼笔目（Phallales）、马勃目（Lycoperdales）。

（1）鬼笔目：初期担子果生于地下或地面，近球形、卵形或洋梨形，成熟时包被开裂，产孢体随着孢托伸长而外露，包被遗留于孢托下部，成为菌托。产孢组织成熟时有黏性、恶臭。担孢子卵形，表面光滑。

图6-29　多孔菌目担子果的各种类型

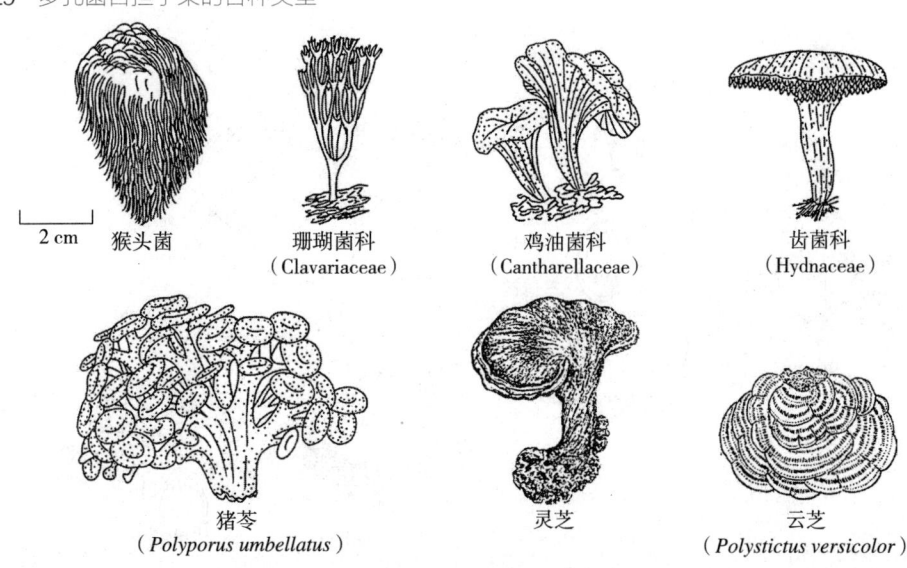

猴头菌　　珊瑚菌科（Clavariaceae）　　鸡油菌科（Cantharellaceae）　　齿菌科（Hydnaceae）

猪苓（*Polyporus umbellatus*）　　灵芝　　云芝（*Polystictus versicolor*）

① 竹荪属（*Dictyophora*）：菌盖帽状，造孢组织生于菌盖外部；菌柄粗而呈海绵状；菌幕生于菌盖下，与柄顶相连，白色网状，长而下垂。

短裙竹荪（*D. duplicata*）是鬼笔目最重要的种类（图6-30）。菌盖钟形，顶平，有孔，有明显的网格，在网格中有青褐色、臭而黏的产孢组织；菌裙（菌幕）白色。菌柄白色，中空，海绵状。生于竹林或阔叶林地，食用，脆滑爽口。吉林、辽宁、黑龙江、河北、江苏、浙江和西南诸省均产，现已人工栽培成功。

长裙竹荪（*D. indusiata*）生于竹林或阔叶树落叶层，食用同短裙竹荪。

② 鬼笔属（*Phallus*）：与竹荪属相似，但无菌幕。白鬼笔（*P. impudicus*）担子果呈粗毛笔状，高10～15 cm；孢托（菌柄）柱形，中空，基部有白色菌托；菌盖钟形，高3.5～5 cm，顶端开孔与中空的菌柄相通，表面有大而深的网格（图6-30）。产孢组织青褐色，黏稠，有草药香气。常见，全国各省区均有。夏末至秋季生于林地、林缘，可食。

（2）马勃目：担子果多呈球形或近球形，无柄或有柄，基部有白色根状菌索，或有不孕的基部，包被二至多层，不开裂或有多种开裂方式；担子果成熟后产孢组织分解，只剩下粉状的担孢子堆和孢丝。担子球形，先端生有4～8个小梗，各生有1个担孢子。担孢子球形，常有疣或刺，淡色至褐色（图6-30）。

① 马勃属（*Lycoperdon*）：担子果球形、卵形或梨形，不孕基部发达或缺。外包被具刺、疣或颗粒，易脱落；内包被膜质，由顶端开裂成小口。

梨形马勃（*L. pyriforme*）的担子果群生至散生，梨形或近梨形，不孕基部发达，高3～5 cm，粗1.3～3 cm；包被2层（图6-30）。常见，全国各省、区皆有分布。

② 秃马勃属（*Calvatia*）：担子果大，近球形、梨形或陀螺形，有或无不孕基部。外包被常呈膜状，平滑或有斑纹；内包被薄，上部呈碎片脱落。

头状秃马勃（*Calvatia craniiformis*）担子果头状或半球状，高4.5～8 cm，宽3.5～6 cm，淡赤褐色至茶褐色，不育基部发达。生于林地、林缘和草地上。幼时可食。全国各省、区皆有分布。大秃马勃（*C. gigantea*）担子果大型，球形至近球形或扁球形，直径15～35 cm，不孕基部小或缺。基底的中部有纽状菌丝束，深扎入地下。担子果幼时可食，干燥子实体称马勃，药用清热解毒，利咽，止血。紫色马勃（*C. lilacina*）与脆皮马勃（*Lycoperdon fenzlii*）与大马勃同作药用。

③ 地星属（*Geastrum*）：担子果近球形，外包被的内层肉质，外层纤维质，成熟后破裂为辐射状的裂片；内包被膜质，由顶端开口。

尖顶地星（*G. triplex*）菌蕾球形，径3～4 cm，有突出的嘴部（图6-30）。外包被的基部呈浅袋形，上部裂为5～8个夹瓣，裂片反卷；内包被烟灰色。嘴部呈阔圆锥形，直径2～3 cm，表面有放射状纵沟，基部凹陷。生于林地、林缘。全国各省、区几乎均有。

✿ 图6-30　鬼笔目和马勃目常见菌

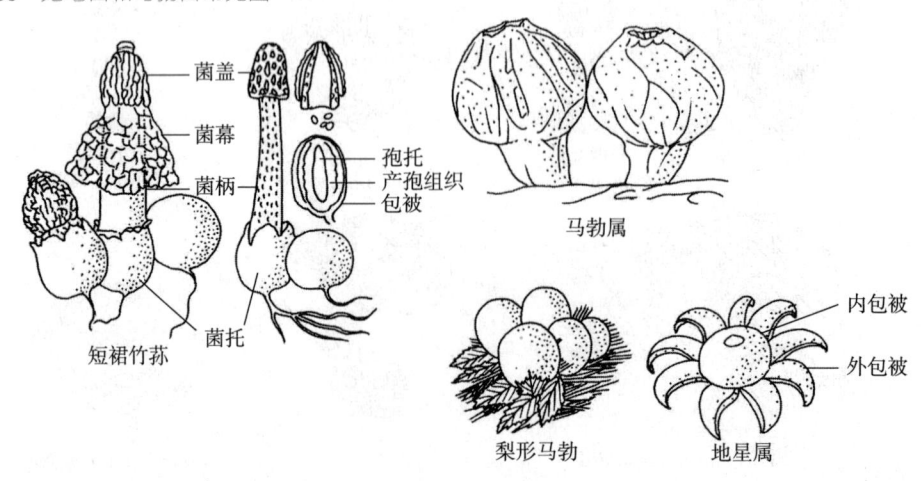

五、半知菌类 (Fungi Imperfecti)

(一) 主要特征

半知菌的菌丝体发达，菌丝有隔，为单倍体。半知菌以营养繁殖为主要方式，无性生殖则形成分生孢子梗，再形成分生孢子 (conidiospore)，萌发形成菌丝。许多半知菌具有准性生殖 (parasexuality)，是真菌在无性生殖阶段中一种遗传性状重组的机制。

对于只发现无性阶段而未发现有性时期的真菌统称为半知菌 (deutero fungi) 或不完全菌 (fungi imperfecti)。这可能由于多种原因：缺乏相对性系的异宗配合的菌丝；失去功能性的雄性菌系，不能进入有性生殖并产生有性孢子；真菌发育的不同阶段是在不同的时间和地点，因此人们只发现其无性阶段而未发现有性时期。

半知菌并非一个自然的分类群，它们应属于子囊菌或担子菌的无性发育阶段，一旦发现其有性阶段，则可归入相应的类群中。在《安-比氏菌物词典》第8版中，取消了半知菌门，将半知菌称为有丝分裂孢子真菌 (mitosporic fungi)，并划归子囊菌和担子菌，但考虑到其相对独立性及我国的传统，在此仍将其单独列出。

(二) 主要类群

半知菌有1 800余属，26 000余种，其中约有300属是农作物和森林病害的病原菌，有些属可能是引起人类和动物皮肤病的病原菌。Saccardo (1899) 依据分生孢子的着生方式把半知菌划为4目。以下只介绍其中3个目。

1. 丛孢目 (Moniliales)

分生孢子产于分生孢子梗 (condiophore) 上，孢子梗分散丛生于基质表面。约660属4 100种。

稻梨孢（稻瘟病病菌）(*Pyricularia oryzae*)：引起水稻稻瘟病，是水稻中最严重的病害，自幼苗至抽穗均可感染，引起苗瘟、叶瘟、穗瘟等（图6-31）。

稻瘟病病菌的分生孢子梗2~5根，簇生，自寄主气孔伸出，其顶端生出5~6或更多个分生孢子；分生孢子梨形，具短柄，近无色，有1~3个隔膜，将孢子分为2~4个细胞。分生孢子落到植株上，萌发侵入新寄主，3日内即可发病，再经6~8 h即可产生分生孢子，因此部分稻田发病，不久即可蔓延全部稻田；稻谷成熟时，分生孢子附于稻秆、稻谷或在稻田中越冬，菌丝体也可以越冬，翌年春萌发，再侵入新寄主。

图6-31 稻瘟病病菌

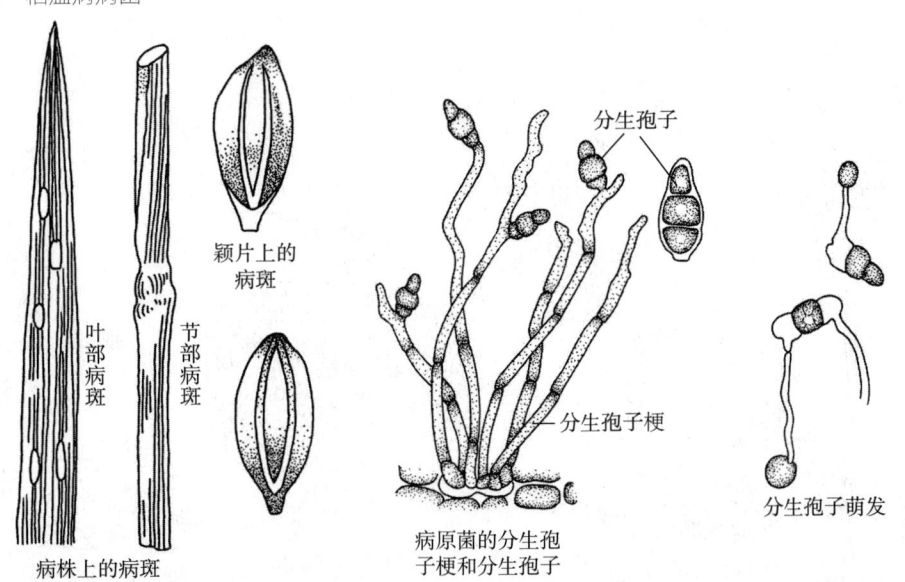

2. 黑盘孢目（Melanconiales）

分生孢子梗紧密地排列于分生孢子盘（acervulus）上，上产分生孢子。约90属1 000种。

葫芦科刺盘孢（*Colletotrichum lagenarium*）：常见病原菌之一，寄生于冬瓜、甜瓜及其他葫芦科植物上，侵染叶、茎蔓和果实（图6-32）。叶面病斑呈圆形，黄白色，后变为褐色，有同心环纹，干时开裂；果实上病斑呈黄白色的圆形凹斑，后变为黑褐色，中央开裂；潮湿时病斑上产生粉红色黏稠物质，即病菌的孢子盘；分生孢子盘聚生，后期呈黑色。分生孢子梗圆筒形，梗间散生刚毛；分生孢子卵形至圆柱形，无色，单胞。

棉刺盘孢（棉花炭疽病病菌）（*Colletotrichum gossypii*）（图6-32）：是引起我国棉花苗期、铃期最重要的病害。分生孢子聚生粉红色，孢子盘带黏性，四周有排列不整齐的刚毛。该菌仅侵害棉花。

3. 球壳孢目（Sphaeropsidales）

分生孢子梗生于分生孢子器（pycnidium）壁上，顶端有分生孢子。分生孢子器一般具有一孔口或全封闭，表面生或基物内生。约500属5200种，如柑橘黑点病、蚕豆褐斑病。

茄褐纹拟茎点霉（茄褐纹病病菌）（*Phomopsis vexans*）：常见病菌，侵染茄子幼苗、叶片、果实。发病幼苗在茎基部生褐色凹斑，不久幼苗折倒；叶上病斑近圆形，有同心环纹，中央呈灰色，后期穿孔。果实上最易发病，病斑在生长期或后期发生，病斑梭形或圆形，凹陷，有轮纹；发病后期，病斑扩大，生出黑色孢壳，并导致病果腐烂。在叶和茎上的病斑也能产生孢壳。孢壳黑色，扁球形，埋伏，有孔口。分生孢子有两种，一为长方形，两端尖；一为线形，稍弯曲。

第四节 菌物的演化及其与人类的关系

一、菌物的演化

菌物并不是一个自然的分类群其中黏菌、集胞菌和根肿菌等与原生动物的关系密切，而卵菌、网黏菌和丝壶菌则常被归于藻菌界。

菌物的其他几个类群可以认为是一个单元起源的分类群，被归入真菌界，其演化反映了从水生到陆生的演化过程：在壶菌门，具游动孢子，游动配子，水生，并具同配、异配、卵式生殖。接合菌门与壶菌门的菌丝具有相似的形态特征，其菌丝亦无隔，但它不再产生游动孢子，而产生静孢子（孢囊孢子）以适应陆生环境，并发展出接合生殖这一特殊的有性生殖。子囊菌门也不再产生游动孢子和游动配子，其子囊由有性生殖产生，产囊体还形成受精丝；产生的子囊和子囊孢子均藏于各式的子囊果中，这种演化结果无疑更适于陆地生活。

☆ 图6-32 棉花炭疽病和葫芦科刺盘孢

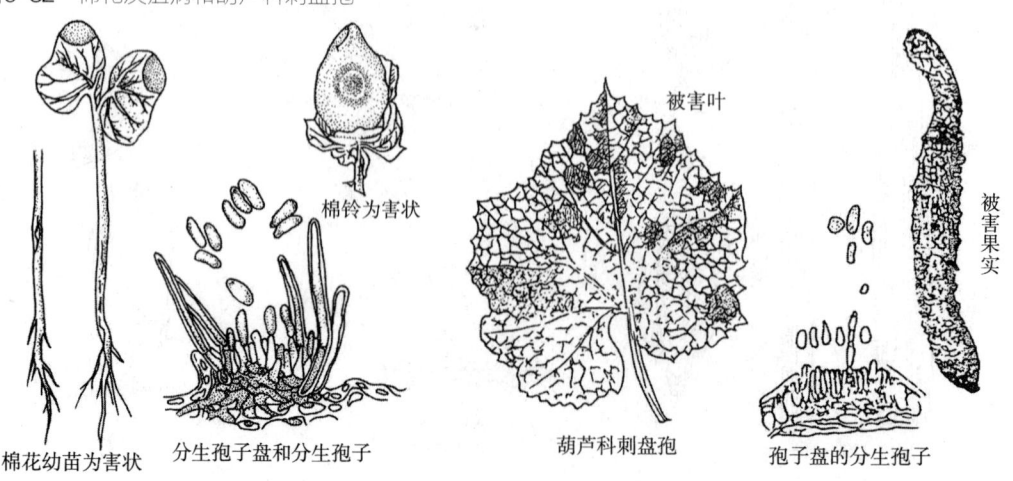

棉花幼苗为害状　分生孢子盘和分生孢子　棉铃为害状　被害叶　葫芦科刺盘孢　孢子盘的分生孢子　被害果实

担子菌是菌物形态最多样性的类群，此类群形成冬孢子、担子果等结构以进一步适应陆生气候环境，而担子菌层菌纲和腹菌纲生殖结构的简化，是在更高形式上的简化，其有性孢子（担孢子）直接由营养细胞双核结合，经过减数分裂产生，是更进步的特征。

二、菌物与人类的关系

（1）食用：很多大型真菌是滋味鲜美的食用菌，如蘑菇、香菇、松口蘑、口蘑、紫蘑、草菇、猴头菌、木耳、银耳及羊肚菌等，可食用的真菌总计已超过300种。但是亦有约75种真菌是有毒的，且这些有毒种类与可食种类在外形上不易区分。只有极少数种，如毒伞属中的一些种，误食可能引起死亡。

（2）药用：从菌物中获得的药物已经为人类的健康做出了很大贡献。1929年Fleming在真菌中发现青霉素，并在沉睡了10多年后，在第二次世界大战时用于战地救护，抢救了许多军人的生命。中药历来重视菌物作药，如苦白蹄［*Fomes officinalis*（Vill. ex Fr.）Ames.］、冬虫夏草、竹黄、茯苓、猪苓、灵芝、紫芝、云芝、硬皮地星、黑龙须菌、高粱黑粉菌和多孔菌等，均为药用菌。

（3）工农业：菌物在工业上有广泛应用。例如，酿造业利用酵母、曲霉、毛霉和根霉等菌种酿酒、制酱、做腐乳和豆豉；酵母用于米面发酵也为人所知。医药、造纸、制革、石油工业等，均离不开各种菌物发酵。饲料业利用真菌中的各种酶类分解粗饲料以提高饲料的营养价值；农业上利用真菌提取生长激素可促进作物生长，如利用白僵菌、黑僵菌可杀灭松毛虫、玉米螟等多种害虫。

（4）分解者：菌物在自然界物质循环中也有重要意义。菌物在分解动植物遗骸，将C和N归还给大气和土壤，对于保持地球生物圈生态环境的稳定起着非常大的作用。

菌物对人类有益，但有些菌物也直接或间接地对人类有害。例如，食品霉烂、森林植物和作物的病害，大都是由于菌物的寄生和腐生所引起的；人和家畜的某些皮肤病也是由菌物寄生所引起的；误食毒蘑菇可致中毒等。

总之，菌物和人类之间关系密切，需要更进一步的研究，例如对于太平洋海沟火山口或其他深海的菌物的研究发现，有许多是前所未见的，对于它们潜在的药用价值，国内外都颇为重视。

小 结

菌物是没有光合色素，具有细胞壁，异养的生物，它作为分解者而存在。黏菌是介于动物和真菌之间的一个类群，既具有变形虫阶段，又具有产生孢子的能力。卵菌因其在生活史、生理学、生物化学、细胞学以及分子生物学等方面和真菌均存在较大差异，目前一般将其归入藻类。真菌中壶菌门和接合菌门的菌丝均无隔，属低等真菌，其中壶菌门产生具鞭毛的游动孢子或游动配子；接合菌门不产生具鞭毛的孢子或配子，其有性生殖为特殊的接合生殖。子囊菌门和担子菌门多具发达的菌丝体，菌丝有隔，属高级真菌。子囊菌有性生殖产生子囊和子囊孢子，担子菌在生活史中有初生菌丝、次生菌丝及三生菌丝三种形式，次生菌丝和三生菌丝具锁状联合，有性生殖产生担孢子。半知菌门是尚未明了其全部有性生活史，可能应归于子囊菌和担子菌。子囊菌和担子菌是真菌中种类最丰富，经济价值也最大的类群。

思考题

1. 菌物是一群什么样的生物？
2. 黏菌具有哪些特征？
3. 子囊菌门的最主要特征是什么？
4. 担子菌的三大主要特征是什么？其生活史有哪三种菌丝体，各在生活史中处于何种地位？
5. 子囊果的类型有哪几种？各举 1~2 例。
6. 何谓钩状联合，它是有性行为吗？何为锁状联合，它是有性行为吗？
7. 请简述禾柄锈菌的生活史过程，其生活史中共产生几种孢子，其中哪些是有性生殖孢子，减数分裂发生在什么时期？什么叫转主寄生？什么叫单主寄生？
8. 试述伞菌类担子果的类型及结构。
9. 半知菌是一个什么样的类群？其主要特征是什么？

数字课程学习

● 彩色图库　　● 名词术语　　● 拓展阅读　　● 教学PPT

第七章 地衣(Lichens)

一、地衣及其形态结构

地衣是由一些藻类和真菌形成的共生生物体(symbionts),大约有500属14 500种。

地衣中的真菌多为子囊菌(ascomycetes),只有约10种是担子菌(basidiomycetes)。藻类主要是绿藻,绿藻中共球藻属(*Trebouxia*)和橘色藻属(*Trentepohlia*)约占全部地衣体藻类的90%;也有蓝藻,如念珠藻属(*Nostoc*)等。

共生(symbiosis)是地衣最显著的特征,但并不是任何真菌都可以同任何藻类共生,反过来,也不是任何藻类都可以同任何真菌共生而形成地衣。同一种藻可以出现在不同种地衣中,但是每一种地衣都有其独特的真菌种类。与地衣中藻类共生的真菌被称为地衣共生菌(mycobiont),与地衣中真菌共生的藻类被称为共生光合藻(photobiont)。地衣体背部(上皮层)由真菌菌丝组成薄而坚韧的表层庇护着中层——藻层,下皮层菌丝相对疏松,有贮藏水分、保持藻细胞湿润的作用。

地衣复合体,被认为是对菌藻双方有利的共生关系(symbiotic relationship),在地衣中,具光合作用的藻类提供有机物,而真菌则提供水分和无机盐,并且保护藻类免受干化、损伤和高光照。研究显示,从地衣中分离出来的藻类在培养基中生长得更快更好,亦有证据表明,真菌干扰了藻类细胞壁的建成,阻断糖进行聚合反应生成聚糖,而聚糖正是建造细胞壁的成分,因此地衣中的藻细胞壁薄而弱化,以便分泌更多的糖供应真菌,在一些时候,真菌菌丝进入藻细胞壁,直接从细胞中吸收糖。因此,地衣中真菌和藻类的共生关系严格来说是一种控制寄生(controlled parasitize)关系,这种共生关系是在裸露的岩石、戈壁沙漠、极地等极端的环境下而采取的生存策略。地衣生长异常缓慢,每年仅生长0.1 mm ~ 1 cm,在其他生物都不能生长的极端恶劣的环境,它们可以连续生长4 500年以上。

二、形态构造

地衣的形态可分为三种类型(图7-1)。

(1)壳状地衣(crustose lichens):地衣体为壳状物紧贴基质,菌丝与基质紧密连接,有时还生出假根伸入基质中,不易剥离。壳状地衣约占全部地衣的80%。如茶渍衣属(*Lecanora*)、文字衣属(*Graphis*)和毡绒衣属(*Ephebe*)等。

(2)叶状地衣(foliose lichens):地衣体呈扁平,有背腹性,以假根或脐着生于基质上,易剥离。如梅衣属(*Parmelia*)、地卷衣属(*Peltigera*)以假根着生基质;脐衣属(*Umbilicaria*)以脐部着生基质。

(3)枝状地衣(fruticose lichens):地衣体树枝状或树状,多数具分枝,如树花属(*Ramalina*)。石蕊属(*Cladonia*)分枝直立,松萝属(*Usnea*)分枝悬垂,常生山顶矮林。

图7-1 地衣的形态

文字衣属(壳状地衣) 地卷衣属(叶状地衣) 石蕊属(枝状地衣) 茶渍衣属(壳状地衣) 梅衣属(叶状地衣) 松萝属(枝状地衣)

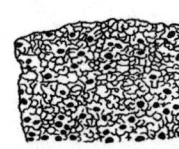

另外，也存在不少中间类型的形态，如标氏衣属（*Buellia*）由壳状到叶状，其地衣体中心与壳状地衣类似，与基质紧贴，而在边缘部分则与叶状地衣相似，易与基质分离，所以又称之为鳞状地衣（squamulose lichen）。粉衣科（Caliciaceae）地衣由于横向伸展，壳状结构逐渐消失，呈粉末状。

从结构上，地衣可分成异层地衣（heteromerous lichen）和同层地衣（homolomerous lichen）。异层地衣体可分为4层：上皮层（upper cortex）、藻胞层（algae layer）、髓层（medulla）和下皮层（lower cortex）。上皮层和下皮层均由菌丝交织而成，但下皮层常较薄，并有形成假根（rhizines）的菌丝覆盖，有些地衣无下皮层。藻胞层位于上皮层之下，藻细胞分布于菌丝之间，成明显的一层；髓层介于藻胞层和下皮层之间，由一些疏松的菌丝交织而成，如蜈蚣衣属（*Physcia*）、梅衣属等。叶状地衣多属异层地衣，从下皮层伸出假根与基质相连。枝状地衣亦多为异层地衣，但其内部构造呈辐射式，上、下皮层致密，藻胞层很薄，包围中轴型的髓层（如松萝属），或髓部中空（如石蕊属）。同层地衣体的藻细胞不在上皮层之下集中排列成一层，而是在髓层中均匀地分布，如猫耳衣属（*Leptogium*）（图7-2）。壳状地衣多为同层地衣。很多壳状地衣无下皮层，从髓层中直接伸出菌丝与基质相连。

地衣常有各种彩色，是由于上皮层菌丝细胞含橙色、黄色或其他色素的缘故。

图7-2 地衣的假组织横切面示意图

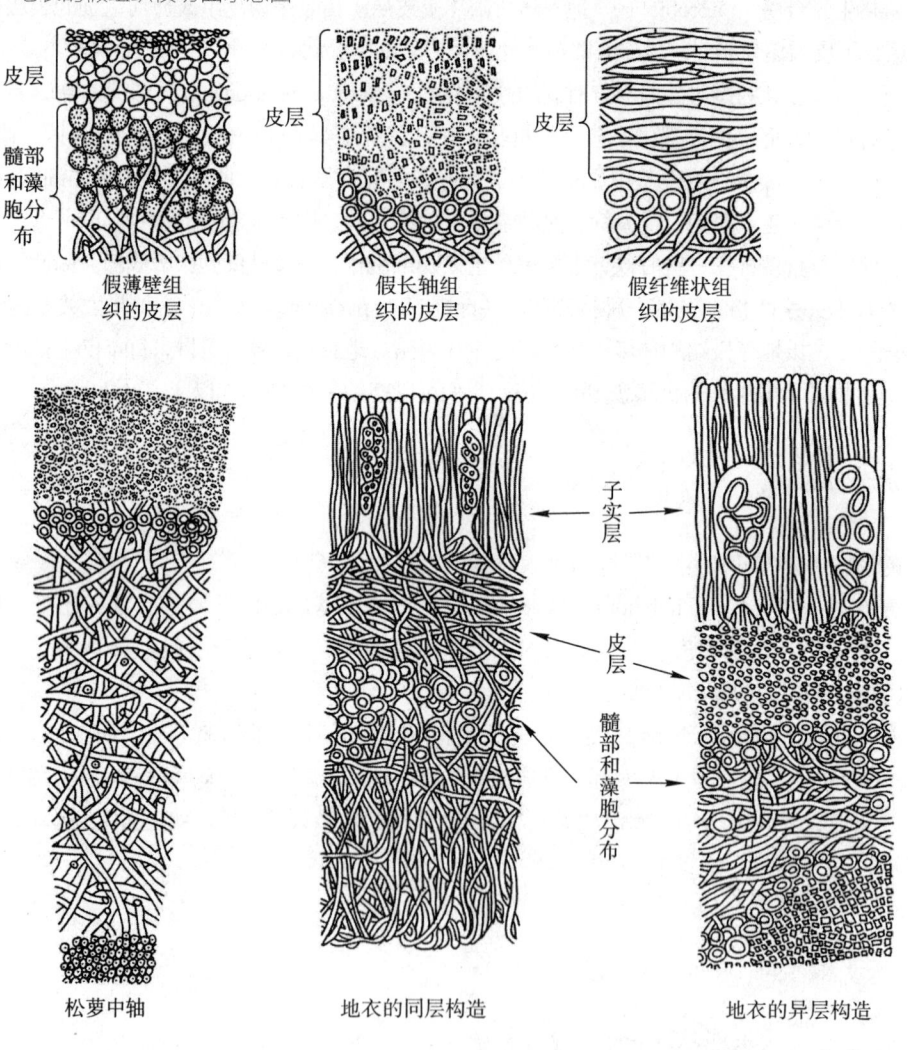

三、繁殖

（1）营养繁殖：是地衣体最普通的繁殖形式。断裂是它们主要的方式，此外也常借助于粉芽（soredium）、珊瑚芽（isidium）和小裂片（lobule）等营养繁殖的构造。粉芽是散布于地衣体表面的小粉状结构，是藻胞群被菌丝缠绕形成的团状结构。珊瑚芽（裂芽）是地衣体上突起的瘤状结构，具有皮层，内包围有藻胞群。在某些情况下珊瑚芽转变为粉芽，反之，粉芽也可转变为珊瑚芽。小裂片是叶状地衣边缘或不确定部位形成的小扁平突出物，也称为不定芽。它们从母体分离后，借风、水流或动物等传播。

（2）有性生殖：是指地衣体中子囊菌或担子菌进行有性生殖，产生子囊孢子或担孢子。子囊菌类按其子实体可分为盘菌类和核菌类。盘菌类子实体为子囊盘，子囊盘圆或椭圆形，裸露在地衣的背面或边缘，称裸子器，很少具柄的，也有子实体沉埋在地衣体或它的突起中；核菌类中子实体为子囊壳，球形或半球形，一般陷生于上皮中，单生或连成假子座。子囊壳壁柔软到具碳质，并常为碳化原植体层（包被）包裹，仅留顶部孔口。子囊壳底部完整的称全壁式，分开的称半壁式。此类地衣称核果地衣（pyrenocarp lichen）。子囊孢子散出，落到适宜的基质，遇藻细胞和适宜的湿度条件，孢子萌发，形成新的地衣植物。

地衣中的真菌共生藻，亦可独立地进行繁殖。蓝藻在湿度合适时以较快的速度繁殖，并将产生的细胞释放到原植体周围。绿藻可以形成游动孢子或同型配子进行繁殖。

四、分类及代表类群

地衣极度耐干旱、耐寒冷，其原植体中含有一种凝胶状物质，使其可以忍受迅速的干湿交替。当干旱时迅速失水，其水分含量可以降至仅为其干重的2%，新陈代谢暂时停止，进入一种耐受状态，但只要略有水分，地衣就会迅速吸水，开始进行光合作用和生长。许多地衣每天代谢活动的时间只有1 h或更少，但这对它们已能获得足够的营养。由于地衣能够特别高效地吸收养分，因此能生长于极端贫瘠的环境，如裸露的岩石、栅栏柱子、沙漠、南极等（在南极分布有350种地衣）但地衣的这种特性也使它很容易从空气中吸收污染物而导致死亡。

（1）松萝属（*Usnea*）：丛生枝状，直立、半直立至悬垂。枝状体为圆柱形至棱柱形，通常具软骨质中轴。子囊盘茶渍型，子囊果托边缘往往有纤毛状小刺。子囊孢子无色，椭圆形。地衣体内含松萝酸。长松萝（*U. longissima*）常见，广布。

（2）梅衣属（*Parmelia*）：叶状，较薄，上、下皮层间无膨胀空腔。背面灰色、灰绿色、黄绿色至褐色，具粉芽或裂芽，或缺。腹面淡色、褐色至黑色，边缘淡色，有假根。子囊盘散生于背面，子囊孢子无色，近圆形至椭圆形。

（3）文字衣属（*Graphis*）：壳状，生于树皮上，表生或内生，无皮层或具微弱的皮层。子囊盘曲线形，稀为长圆形，深陷于基物表面或突出。盘面狭缝状，有时缝隙较宽。子囊孢子无色，熟后暗色，长椭圆形或腊肠形。

（4）地卷衣属（*Peltigera*）：叶状或鳞片状。子囊盘大，生于裂片的顶端表面或叶缘表面，或在叶面中央并凹陷。子囊孢子长椭圆形至近针形，无色或淡褐色。

（5）石蕊属（*Cladonia*）：原植体柱状或树枝状，末端扩大或否。子囊果柄皮层菌丝排列方向与子囊果柄垂直，单一中空。子囊盘蜡盘形。孢子无色，卵形、长椭圆形至纺锤形。藻类为共球藻。

（6）扇衣属（*Cora*）：地衣共生菌为担子菌，生于土壤或树木，外形似伏革菌属真菌，生于树上的以侧生假根附着于基质上。为同层地衣。地衣体的下表面有同心环状排列的弧状突起，即为子实层体，其表面为子实层，具担子和担孢子。

五、经济及生态意义

地衣是除风、雨、阳光、地壳运动和重力作用外，使岩石风化形成土壤的一种生物模式。裸岩上的地衣，分泌的地衣酸，通过螯合作用，腐蚀岩石，使岩石表面逐渐龟裂和破碎，再加上自然界的其他作用，使岩石嬗变为土壤。在一些地方，地衣本身也为苔藓等的生长提供了庇护，例如在极地，地衣苔原是普通的生物群落。

地衣体中含有淀粉和糖，多种地衣可供食用，如石耳（*Umbilicaria esculenta*）、石蕊（*Cladonia rangiferina*)、冰岛衣（*Cetraria islandica*）等，北欧一些国家用地衣提取淀粉、蔗糖、葡萄糖和酒精；在北极和高山地衣苔原带，有专门啃食地衣苔藓的驯鹿等。

在医药方面，松萝、石蕊、石耳是沿用已久的中药，石蕊可以生津、利咽、解热、化痰；松萝用于祛痰、治疟、催吐和利尿。肺衣（*Lobaria pulmonaria*）用于治疗肺病、肺气喘。绿皮地卷（*Peltigera aphthosa*）可治小儿鹅口疮。地衣多糖（lichenin）具较高的抗癌活性。从松萝等种类提取各种地衣酸，对革兰氏阳性菌多具有抗菌活性，对结核杆菌也有高度的抗菌活性。

有些地衣可用于提取香料，配制化妆品等，如可利用扁枝属（*Evernia*）、树花属（*Ramalina*）、肺衣属（*Lobaria*）可提取某些芳香料。早期，从许多种地衣中提取天然染料，但自煤焦油染料问世后，现已不再利用了。过去用染料衣（*Roccella tinctoria*）提取红靛（石蕊）为化学的指示剂（石蕊试纸），现也为人工合成品所代替。

地衣也有危害性的一面。如森林中云杉、冷杉树冠上常挂满松萝等地衣，或几乎全为地衣所遮盖。森林中各种树枝表面满布地衣，不仅影响树木的光照和呼吸，且易成为害虫的栖息地。某些地衣生于茶树、柑橘树和其他果树等上，造成生产上的损失。

小　结

　　地衣是真菌和藻类的复合共生原植体，两者的关系也称为控制寄生关系，这是低等植物适应陆生生活的一种形式。地衣共生菌大多为子囊菌，极少数为担子菌；共生光合藻为绿藻和蓝藻。

　　地衣从形态上可以划分为叶状地衣、壳状地衣和枝状地衣三类；地衣体结构从背面到腹面大体上可分为坚韧而厚的上皮层、具有藻细胞的藻胞层、疏松菌丝构成的髓层和较致密的下皮层。

　　很多地衣能生长于极端干旱、寒冷环境，但也有许多种类生长在较为湿润的森林。

　　地衣在改造自然环境方面起着非常重要的作用。

思考题

1. 地衣是一种什么样的植物？
2. 地衣共生菌和共生光合藻是一种什么样的关系？
3. 地衣的种是真正的种吗？
4. 地衣是如何进行繁殖的？
5. 地衣在自然界有何种作用，具有什么经济意义？
6. 在地衣中，真菌和藻类分别处于什么样的地位？
7. 同层地衣和异层地衣的结构各有何特征？
8. 地衣可分为哪些主要类群，各有何代表植物？

数字课程学习

● 彩色图库　● 名词术语　● 拓展阅读　● 教学PPT

第八章 苔藓植物（Bryophyta）

第一节 概论

一、基本特征

苔藓植物是一群没有维管组织以及根茎叶分化的小型有胚植物，其生殖器官为多细胞结构。生活史具有世代交替，且配子体世代占优势，孢子体常寄生于配子体上（少数种类的孢子体可以独立生存）。

1. 配子体

苔藓植物配子体有两种基本形态：一种为无茎叶分化的扁平的叶状体（thallus）；另一种为具类似茎、叶分化的拟茎叶体。植物体具有由单细胞或单列细胞所组成的假根，主要起固着作用，无维管组织的分化。但少数高级类群有类似于导管分子和筛胞的长细胞。叶多由1层细胞组成，仅中肋处有多层细胞，叶表面角质层薄或不具角质层，可直接从环境中吸收水分、养料，称拟叶。

2. 繁殖

（1）营养繁殖：很多种类能产生各种形式的无性胞芽（gamma）进行营养繁殖，亦可通过叶状体断裂或个体局部死亡而以类似分株的方式进行。

（2）无性生殖：产生无性孢子，孢子萌发形成原丝体（protonema），由原丝体发育形成配子体。

（3）有性生殖：苔藓植物的配子体在有性生殖时产生颈卵器（archegonium）和精子器（antheridium）。颈卵器形似长颈烧瓶，由颈部（neck）和腹部（venter）两部分组成。细长颈部的外壁由1层细胞构成，中央称颈沟（neck canal）；颈沟内有一串颈沟细胞（neck canal cell）。腹部的外壁常平周分裂形成2或3层细胞，中间具1大形卵细胞（egg cell）。卵细胞与颈沟细胞之间的部分称腹沟（ventral canal），内含1个腹沟细胞（ventral canal cell）（图8-1）。

图8-1 苔藓植物的颈卵器和精子器

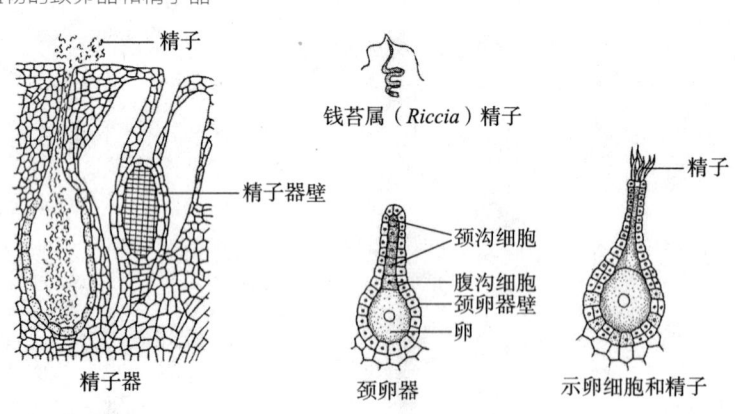

精子器多呈棒状或球状，外壁由1层细胞组成；精子器内产生许多螺旋状卷曲，具两条鞭毛的精子。颈卵器中的卵成熟时促使颈沟细胞与腹沟细胞解体，精子借助水游动进入颈卵器而与卵结合，形成2倍体的合子。

合子不经休眠即分裂形成胚。胚的形成是陆生植物演化的里程碑，是植物界演化的一件大事，它标志着高等有胚植物演化历程的开始。

3. 孢子体

苔藓植物的胚在颈卵器内发育形成孢子体。孢子体通常由三部分组成（图8-2）：上端为孢子囊

(sporangium)，成熟时称孢蒴（capsule）；孢蒴之下为蒴柄（seta, pl. setae）；最下端为基足（foot），孢子体借助基足伸入配子体组织中吸收养料。无性生殖时，首先在孢蒴中形成多细胞的孢子囊，其外有不孕性的蒴壁细胞包被，其内形成造孢组织（sporogenous tissue）；造孢组织产生孢子母细胞，经减数分裂形成四分孢子。

孢子在适宜的环境中萌发，先形成原丝体，状如丝状绿藻（图8-3）。原丝体生长一段时间后，产生芽，芽向上生长形成配子体。

图8-2 地钱成熟的孢子体

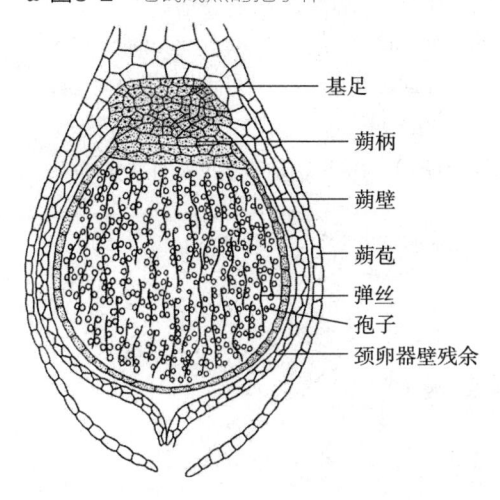

图8-3 葫芦藓的原丝体

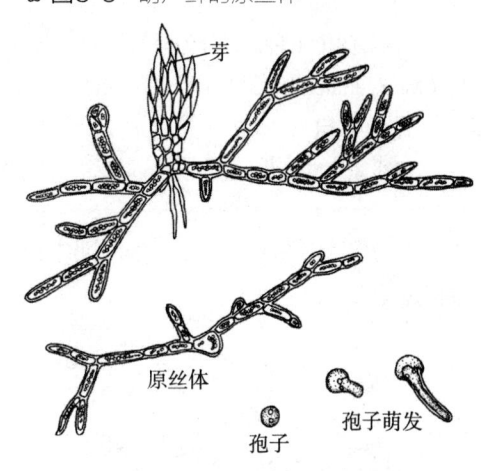

二、苔藓植物对陆地生活的适应性

苔藓植物颈卵器和胚的出现，是适应陆地生活的演化特征。人们将苔藓植物、蕨类植物、种子植物合称为有胚植物，同属于高等植物的范畴。但是苔藓植物体型矮小，不具维管组织，无真正的根，体表无角质层或角质层极不发达，在干旱的环境中仅几分钟就会因失水而干燥，受精作用依赖于水，因此苔藓植物多生于阴湿的环境中。苔藓植物常丛生成片，植物体间的微小空隙有利于苔藓通过毛细作用从周围环境中吸收水分，同时苔藓丛内植物体之间的空隙可以贮存大量水分，极大地提高其保水能力。也有一些苔藓能耐干旱，这类苔藓常通过水分补偿机制适应干旱环境，其植物体在含水量仅为其干重的30%时仍不至死亡，仅处于休眠状态，一旦环境好转即恢复生长。

由此可见，虽然苔藓植物具有一些适应于陆生环境的形态结构特征，但由于无真正的根和维管组织，受精过程依赖于水，因此苔藓植物的个体往往较矮小，无法在植被中占据优势地位。

三、分类

苔藓植物广布于热带、亚热带、温带、寒带地区，多适生于阴湿的环境中，但在干旱寒冷的地区，如裸岩、高山、极地等完全在太阳下曝晒的区域亦有大量苔藓生长。

全世界有苔藓植物约23 000种，我国约2 800种。传统上通常把苔藓植物归于一个门苔藓植物门（Bryophyta）和分为三个纲：苔纲（Hepaticae）、角苔纲（Anthocerotae）和藓纲（Musci）。

第二节 苔纲（Hepaticae）

一、形态结构特征

苔类植物的营养体（配子体）或为叶状体，或为有类似茎、叶分化的拟茎叶体，植物体多为两侧对称，有背腹之分，假根由单细胞组成，细胞常含油体（oil body）。叶状体苔类（thalloid liverworts）由一至多层细胞组成，有或无分化，腹面有或无鳞片；拟茎叶体苔类（leafy liverworts）叶长于细长茎上，但茎无组织分化，全为薄壁细胞，叶无中肋，多仅有一层细胞。孢子体的构造较简单，孢蒴无蒴齿（peristomal teeth）和蒴轴（columella）。孢蒴内除孢子外还具有弹丝（elater）。孢子萌发时，原丝体阶段不发达，为由少数细胞组成的丝状体，或为团状或片状体，且每一原丝体只能产生1个配子体。

二、主要类群

苔纲有8 000种，划分为藻苔目（Takakiales）、美苔目（Calobtyales）、叶苔目（Jungermanniales）、叉苔目（Metzgeriales）、囊果苔目（Sphaerocarpales）和地钱目（Marchantiales）6目。本书只介绍地钱目和叶苔目。

1. 地钱目

地钱属（*Marchantia*）：以在我国广泛分布的地钱（*M. polymorpha*）为例说明地钱属的特征（图8-4）。

图8-4 地钱

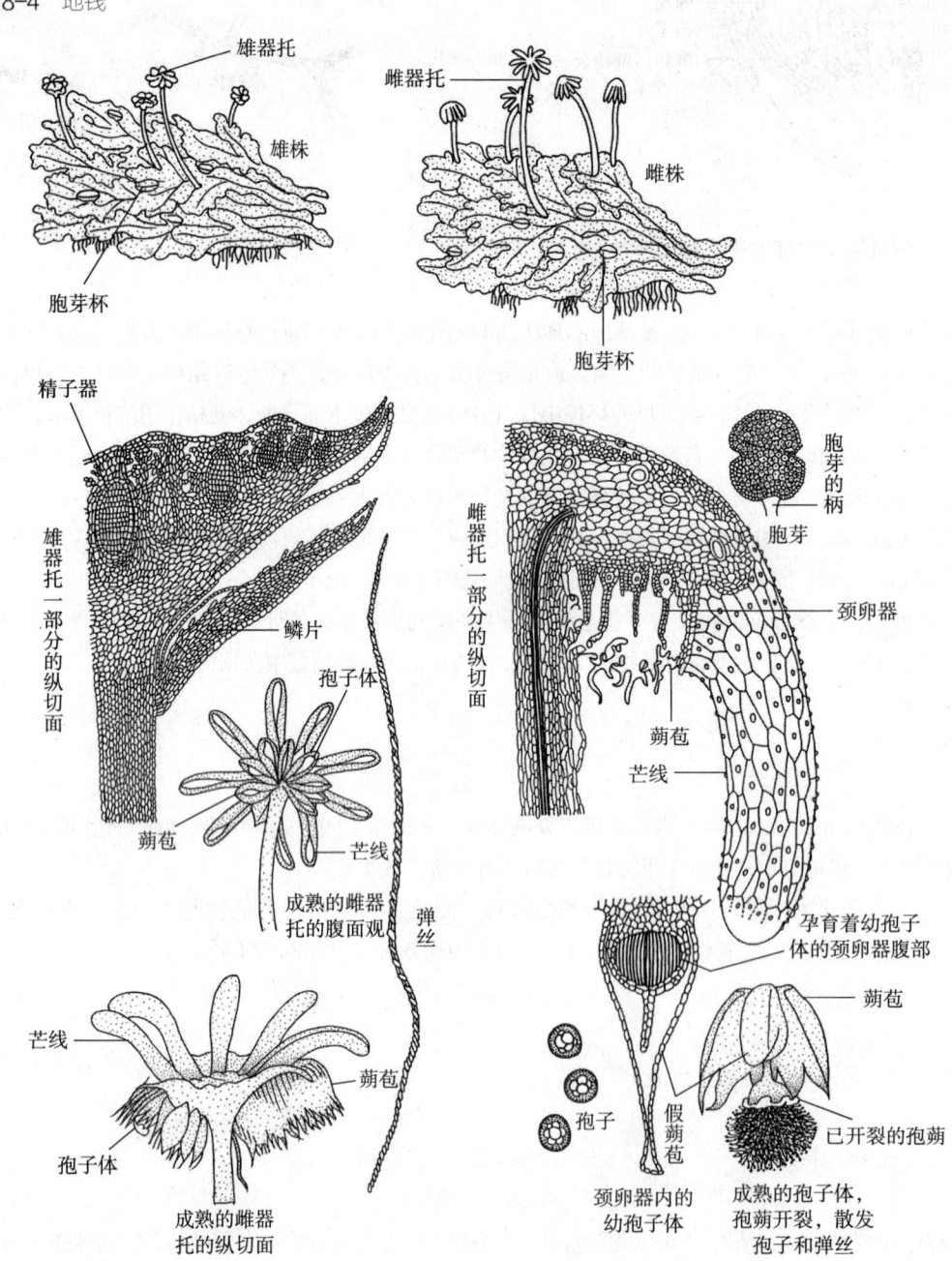

配子体为绿色带状或心形、二叉分枝的两侧对称叶状体，分枝前端凹陷处有生长点。叶状体由多层细胞组成，有背腹之分。最上层是表皮，具角质膜，表皮下有一层气室（air chamber）（图8-5），气室的底部有许多不整齐的细胞，排列疏松，细胞内含有许多叶绿体，无油体，这是地钱的同化组织。气室与气室之间有不含或稍含叶绿体的细胞，称限界细胞。每个气室的顶部中央有个通气孔（air pore），通气孔是由数个细胞构成的烟囱状结构，无闭合能力，与真正的气孔不同。肉眼从叶状体背面看到的菱形网纹，即为气室的分界，而中央的白点即为通气孔。气室以下是由多层细胞组成的薄壁组织，内含有淀粉，近基质的细胞有大油滴，有时也可以看到黏液道。下表皮与薄壁组织的细胞紧紧相连，无角质化增厚。腹面有多数假根及紫褐色鳞片，具有固着以及保护和蓄水的功能。

☆ 图8-5　地钱配子体切面及配子体背面观（示胞芽杯）

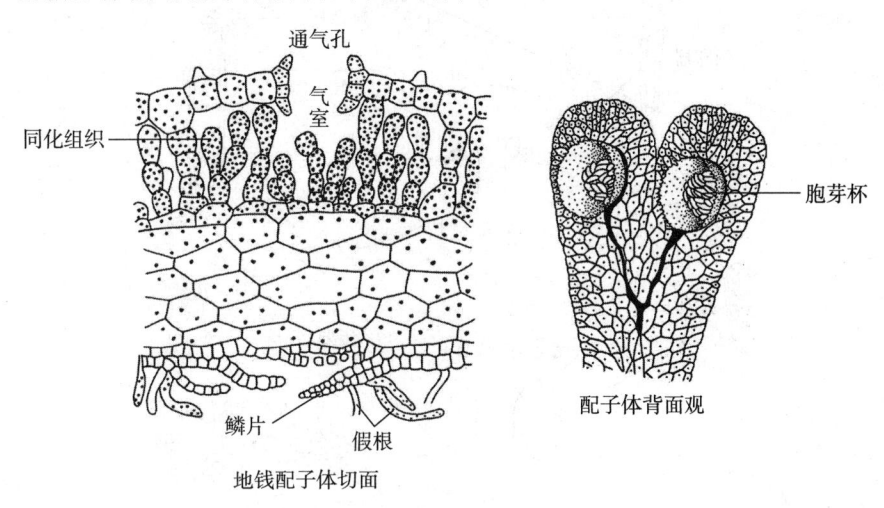

地钱常通过胞芽进行营养繁殖。胞芽生于叶状体背面中肋上的绿色胞芽杯（cupule）中，为多细胞的圆片状体，侧面观如双面凸透镜，正面观如扁哑铃状、中部两边有缺口，缺口内各有一生长点，以无色短柄固着于杯底，成熟时由柄处脱落，散落于土中萌发成新的配子体。

地钱配子体为雌雄异株，都可以产生胞芽，因此胞芽也具有不同的性别。地钱的营养繁殖除形成胞芽外，也可通过配子体较老的部分逐渐死亡腐烂、幼嫩部分分裂成为两个新植物体而进行。这种现象在其他苔藓植物中也甚为普遍。

地钱有性生殖时，在雌雄配子体的中肋上分别产生雌生殖托（archegoniophore）和雄生殖托（antheridiophore）。雄生殖托圆盘状，具有长柄；生殖托内生有许多精子器腔，每一腔内生一个精子器，精子器腔有小孔与外界相通；精子器卵圆形，外壁由一层细胞构成，下有一个短柄（一个细胞纵裂为2或4）与雄生殖托组织相连，成熟的精子器内具有许多精子；精子细长，顶端生有两条等长的鞭毛。雌生殖托的托柄较长，托盘指状深裂，形成8～10条下垂的指状芒线（ray），在两芒线基部之间的下侧生有一列倒悬的颈卵器，每行颈卵器的两侧各有一片薄膜将其遮住，称蒴苞（involucre），蒴苞为柱形囊状构造，保护幼嫩的孢蒴；另外每个颈卵器的基部细胞还会发育形成一层鞘状结构，称假蒴苞（pseudoperianth），亦起保护作用。

雌、雄生殖器官成熟时，精子器内的精子逸出，以水为媒介，游入成熟的颈卵器内。精子与卵结合形成合子，合子在颈卵器内不经休眠，即发育为胚，再形成孢子体（图8-2）。

地钱孢子体分三部分：顶端为孢子囊（孢蒴），孢子囊基部有一个短柄（蒴柄），短柄先端伸入配子体组织内而膨大，即为基足。基足吸收配子体的营养，供孢子体生长发育。孢子囊幼时绿色，具叶绿体，无气孔。无性生殖时，孢蒴内的细胞有的经减数分裂后形成孢子；有的细胞不经减数分裂而伸长，其细胞壁螺旋状加厚而形成弹丝（elater）。孢蒴成熟后，撑破假蒴苞，孢蒴顶部不规则开裂，孢子借弹丝的作用散布出去。孢子同型异性，在适宜环境中萌发成数个细胞后，由1个顶细胞发展成1个雌性或雄性配子体。孢子有时在孢蒴内已萌发形成多细胞的原丝体。地钱的生活史如图8-6所示。

☆ 图8-6 地钱生活史

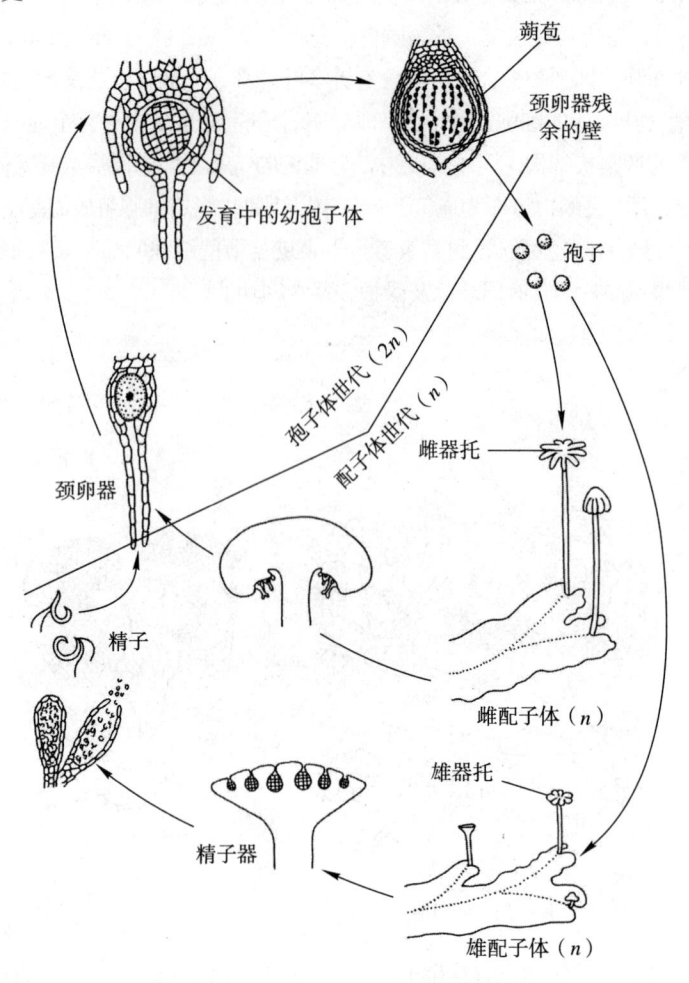

2. 叶苔目

光萼苔属（*Porella*）：光萼苔属是叶苔目常见的类群，分布较广，常在热带或较温暖的地区，成片匍匐丛生于阴湿石面或树干上（图8-7）。叶由单层细胞构成，共3列，左、右两列侧叶（lateral leaf）较大，每一侧叶2裂至基部而形成两瓣。上面的一瓣大，称背瓣（dorsal lobe）；下面的一瓣小，称腹瓣（ventral lobe）。背瓣平展，腹瓣呈舌形并与茎平行。与地面接触的一列称腹叶（under leaf）。腹叶小，与腹瓣形状相似。在腹面观，叶片呈假5列排列。茎横断面呈圆形，细胞无组织分化。假根单细胞，生于腹叶基部。

☆ 图8-7 光萼苔属、片叶苔属和塔叶苔属

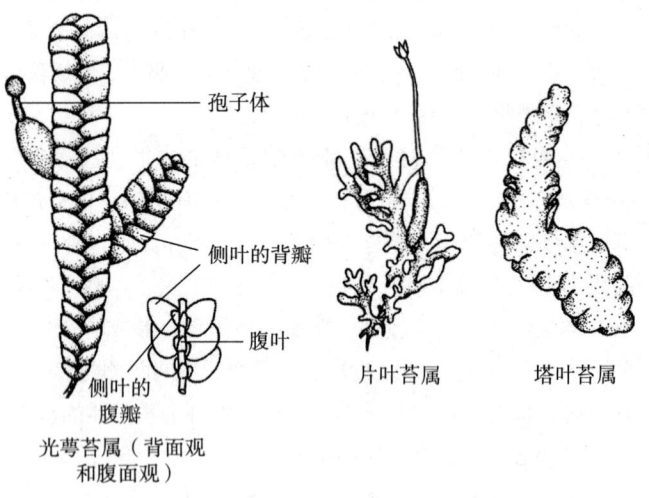

雌雄异株。生有精子器的雄器苞（perigonium）与生有颈卵器的雌器苞（perichaetium）生于侧生的短枝上。受精后卵发育为胚，再形成孢子体。孢子体具基足、蒴柄和孢蒴三个部分。蒴柄粗而柔软，孢蒴圆形，成熟时4瓣纵裂，孢子借弹丝作用散布体外，弹丝具有两条螺纹。光萼苔属的生殖器官常有某些保护结构，如在颈卵器周围处有叶片称苞叶，常与营养叶异形，较大而长，边缘具齿或毛。

也有一些介于拟茎叶体和叶状体两者之间的类型，如叶苔目的塔叶苔属（*Schiffneria*）。叉苔目中的种类多为叶状体形，如片叶苔属（*Riccardia*）等（图8-7）。

第三节 角苔纲（Anthocerotae）

一、形态结构特征

角苔纲的配子体叶状，带状或心形，腹面无鳞片，鲜绿色或褐绿色，叶状体内部无组织分化。细胞常含1个大型叶绿体，有些属的细胞含叶绿体2～8个，每个叶绿体含有1淀粉核，细胞不含油体。由于其细胞均为薄壁细胞，肉质而脆弱，不耐干旱，常生长于潮湿的土壤，被其他杂草遮盖，而在树干和裸岩上很少见。生长于温带的角苔，配子体在凉爽潮湿的秋季出现，冬季里生长，翌春形成孢子体，在夏季到来之前即死亡，配子体的生活期不足一年。

孢子体从配子体上长出，长角状圆柱形或短角状圆柱形，绿色，具基足和蒴轴，但无蒴柄，基足之上有分生组织，可连续产生孢子体组织，新形成的细胞被推向顶端时，逐渐分化出蒴壁、蒴轴和造孢组织，因此在外形上孢子囊的界限并不明显。造孢组织覆盖于蒴轴外，产生孢子以及假弹丝或弹丝。成熟时由先端2线状孔开裂。角苔的孢子体蒴壁细胞中具叶绿体，能自行制造养料，因此它在配子体上实际上是营半寄生生活，实验证明离开配子体的孢子体在合适的培养基上可生活数月之久，且由于基部分生组织的作用，在离体培养时还能生长，只是生长速度较慢。

二、主要类群

角苔纲仅一目，含角苔科（Anthocerotaceae）和短角苔科（Notothylataceae）2科，角苔科5属约300种，短角苔科1属约10种。

角苔属（*Anthoceros*）：是角苔纲的代表属（图8-8）。

角苔属的配子体为具背腹面的叶状体，在叶状体的边缘有深缺刻，腹面生有假根。在叶状体的腹面含有胶质穴，有念珠藻属植物附生于穴内。

☆ 图8-8 角苔属

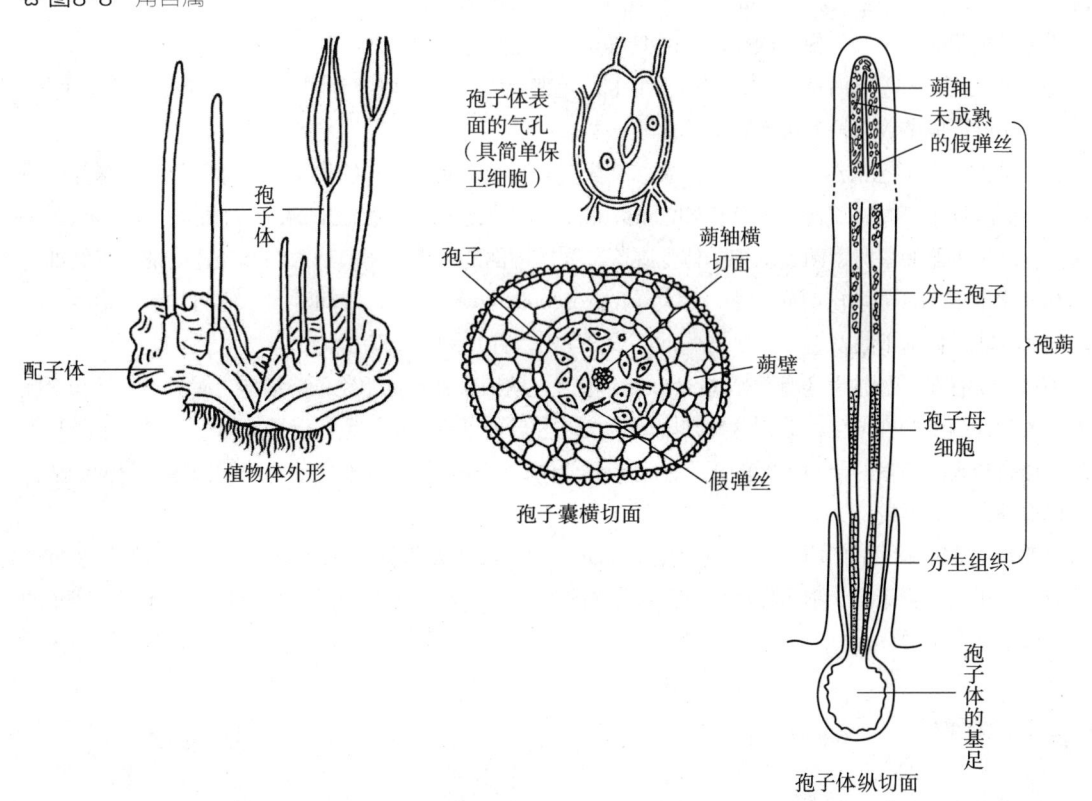

角苔属为雌雄同株植物，精子器和颈卵器均起源于叶状体内部的细胞而非表皮细胞，并且颈卵器外无腹壁细胞，颈壁细胞亦难与周围的营养细胞区分。孢子体较发达，呈长柱状或角柱形。蒴壁由多层细胞构成，表层细胞壁常角质化，且具有由表皮细胞垂直分裂形成的一对简单的保卫细胞围成的气孔。中央自上而下有由营养组织构成的蒴轴（columella）；造孢组织形如长管，罩于蒴轴周围，经减数分裂产生四分孢子，同时也产生假弹丝。角苔的假弹丝由多细胞组成，其细胞壁无螺纹增厚。孢子的成熟期不一，由上而下渐次成熟；孢子成熟后，孢子囊壁由上而下逐渐纵裂成两瓣，孢子借假弹丝的扭转力散出体外，而孢蒴蒴轴仍残留于叶状体上。

第四节　藓纲（Musci）

藓类植物多年生，其种类繁多，遍布世界各地，它比苔类植物更耐低温，因此在温带、寒带、高山、冻原、森林、沼泽常能形成大片群落。

一、形态结构特征

配子体多为拟茎叶体，叶多具中肋，绝大多数藓类除中肋外均由1层细胞构成。在部分类群，如金发藓属（*Polytrichum*）的种类，其叶的上表面具有栉片（lamellae），具有保水和增加光合作用面积的作用。藓类植物体上表面已具角质层，而下表面无角质层，这种结构有利于植物体直接从雾露中吸收水分和营养物质，但亦使植物体不能有效保持水分。

藓类植物的茎一般短小，长仅数厘米，单一或具各种分枝。茎常无组织分化，其表层细胞多呈规则的长方形，排列紧密，与内层细胞仅略有分化，与真正的表皮不同。内部组织均一或具中轴分化。多数藓类植物的水分和营养物质是在薄壁细胞间作简单运输。一些较高级的类群如金发藓，其中轴具有导水胞（hydroids）及类筛管（leptoids）的分化。导水胞细胞伸长，成熟时失去细胞质，端壁部分贯通，每1导水胞与上下导水胞连接成1列，具输导水分的功能。类筛管细胞亦伸长，与邻接细胞具明显联系，成熟时无细胞核，但有细胞质。邻接细胞具细胞质和丰富的酶，与伴胞类似。

在茎基或沿匍匐茎具假根，假根由单列细胞构成，主要起固着作用。

孢子萌发形成典型的原丝体，原丝体丝状，亦有片状、叶状或块状等。原丝体多年生，蔓延生长，一个原丝体可形成多数芽，芽向上生长形成配子体。

孢子体的外部形态虽然简单，但其内部结构相对较复杂。具有真正的表皮，至少在孢子囊基部出现气孔。蒴柄内具厚壁的长细胞，常为导水胞和拟筛管。孢子囊的顶部分化出一帽状的蒴盖（operculum），当基部的环带细胞脱落时，蒴盖从孢子体上脱落，露出内面的蒴齿。蒴齿是由细胞经过精细准确的细胞分裂和分化形成的，表现出明显的水湿运动（hygroscopic movement），湿润时向下弯曲，覆盖孢腔，干燥时向外弯曲，使孢子散发出来。孢子小而干，不互相黏着，易通过气流散布。

有些种类在孢子囊顶端还有蒴帽（calyptra）覆盖，蒴帽来源于颈卵器颈部细胞，属配子体结构。胚开始发育时，颈细胞亦增生，最初这些细胞的生长速度与孢子囊保持一致，但后来变得很慢，于是从配子体上撕裂开来。蒴帽对于孢子囊的正常发育是必要的，若在孢子囊成熟之前将蒴帽摘除，蒴柄仍能伸长，但孢子囊不能形成。

几乎所有藓类植物的孢子都是同型的，但*Macromitrium*和火藓属（*Schlotheima*）的个别种类在每个孢子囊中产生两类孢子，大孢子发育成具颈卵器的雌配子体，小孢子则形成附着于雌配子体上的矮小的雄配子体。

二、主要类群

藓纲分为泥炭藓目（Sphagnales）、黑藓目（Andreaeales）和真藓目（Bryales）3个目。

1. 泥炭藓目

仅有泥炭藓科（Sphagnaceae）泥炭藓属（*Sphagnum*）。

泥炭藓属：产于水湿地区或沼泽地区，植物体灰白色或灰黄色，有时紫红色。配子体丛生成垫状，上部不断生长，下部逐渐死亡。死亡部分常成密集块状，构成泥炭（peat）。无假根。茎直立，顶端分枝短而密集，呈头状，侧枝丛生，有下垂的弱枝与上仰的强枝两种。茎横切面呈圆形，构造简单，分为皮部与中轴两部分。皮部细胞大形，无色，透明；中轴细胞小形，多为厚壁或薄壁。叶片由单层细胞构成，无中肋。叶片细胞有两种：一种是含有叶绿体的细长小型细胞，彼此相互连接成网状，是活细胞；另一种是大型无色的死细胞，其细胞壁有螺纹加厚及水孔。活细胞围于死细胞外，能进行光合作用，制造有机养料。死细胞具有吸水和贮水作用（图8-9）。

泥炭藓属的精子器和颈卵器分别生于主茎顶端不同小枝上。孢子体的孢蒴球形，有圆形蒴盖（operculum），蒴盖外无蒴帽。孢蒴内有一半圆形蒴轴。造孢组织覆罩于蒴轴上面。蒴柄不延伸，极短。基足基部膨大，埋于配子体内。随着孢子体的生长，着生孢子体的小枝顶端也随之而延长，发育为假蒴柄（pseudopodium），而将孢子体举于枝外。成熟后的孢蒴紫褐色，蒴盖横裂。孢子散出，萌发成片状原丝体，每一个原丝体只形成一个配子体。

泥炭藓属植物有300多种，世界各地均有分布，尤以北温带分布较广。我国主要分布在东北、西北和西南部高寒地区。

2. 黑藓目

黑藓目仅有黑藓科（Andreaeaceae），含2属，我国只有黑藓属（*Andreaea*）。

黑藓属：是生于高山、寒地或极地的小型藓类。植物体棕色或黑棕色，直立丛生，垫状，有假根；茎圆柱状，纯由厚壁细胞构成，无皮部和中轴的分化；叶片有中肋1或2条或退化，叶细胞厚壁，多具疣或乳头状突起。雌雄同株或异株。同株时，精子器、颈卵器丛生于不同枝的顶端。精子器具长柄，颈卵器具

图8-9 泥炭藓属（李佩瑜绘）

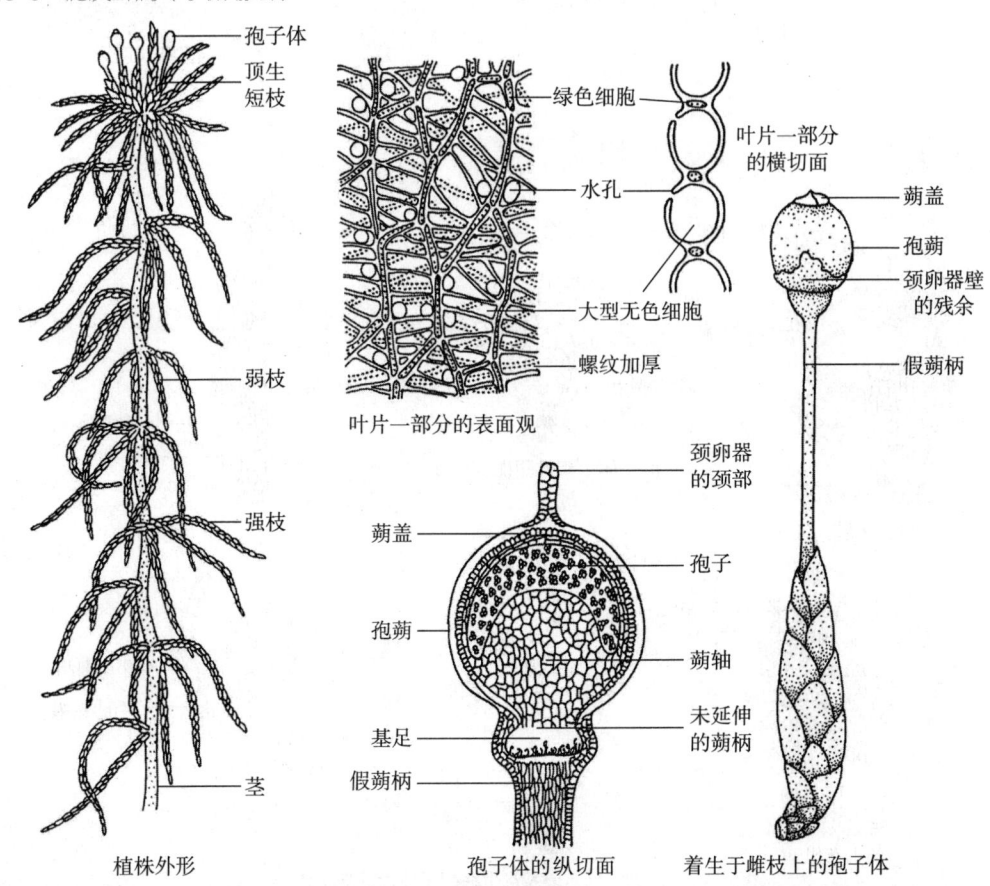

第四节 藓纲（Musci）

短柄。孢子体的孢蒴长卵形，有蒴帽（calyptra）和蒴盖，无蒴齿，有蒴轴。孢蒴成熟时，孢子囊壁通常成4或8瓣纵裂，但顶部与基部仍相连。蒴柄极短，基足插入由配子体延伸形成的假蒴柄内（图8-10）。

3. 真藓目

真藓目在藓类中种类最多，分布最广，遍布世界各地，是藓类中最大的目。葫芦藓属（*Funaria*）为真藓目中的常见属。

葫芦藓（*F. hygrometrica*）为小型藓类，着生于富含有机质的氮素基质中，常见于林间、火烧迹地及人类居所附近。配子体的茎短小，植物体高2cm左右，直立，丛生，基部生有假根。叶丛生于茎的上部，卵形或舌形，排列疏松。叶有一条明显的中肋，除中肋外都由一层细胞构成（图8-11）。

雌雄同株，雌、雄生殖器官分别生在不同枝的顶端。雄枝的顶端叶形较大且外张，称雄苞叶，形如一朵小花，中央含有许多精子和侧丝，整体称雄器苞；精子器棒状，具1短柄，内具多数精子，精子螺旋状，具有两条鞭毛。侧丝由一列细胞构成，呈丝状，但顶端细胞明显膨大，具保存水分和保护精子器的作用。雌枝顶端如顶芽，其中有颈卵器数个，通常只有1个颈卵器发育成孢子体。

图8-10 黑藓属（李佩瑜绘）

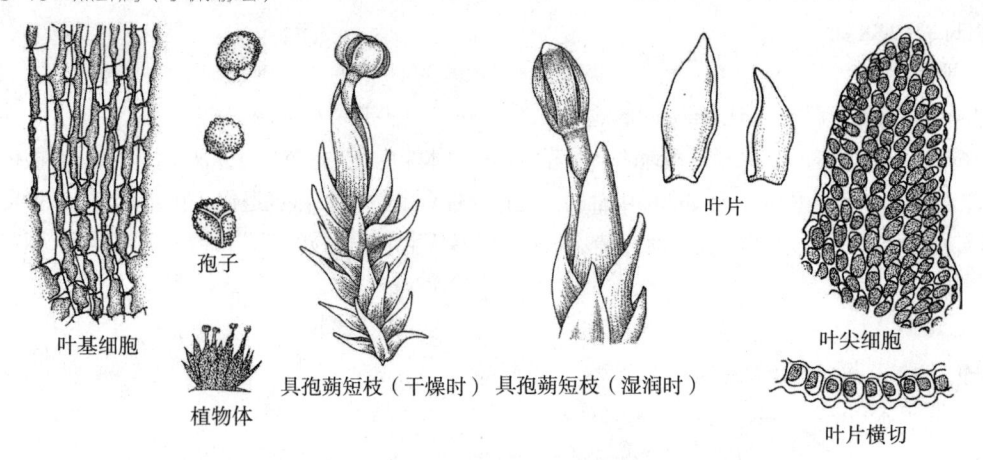

图8-11 葫芦藓

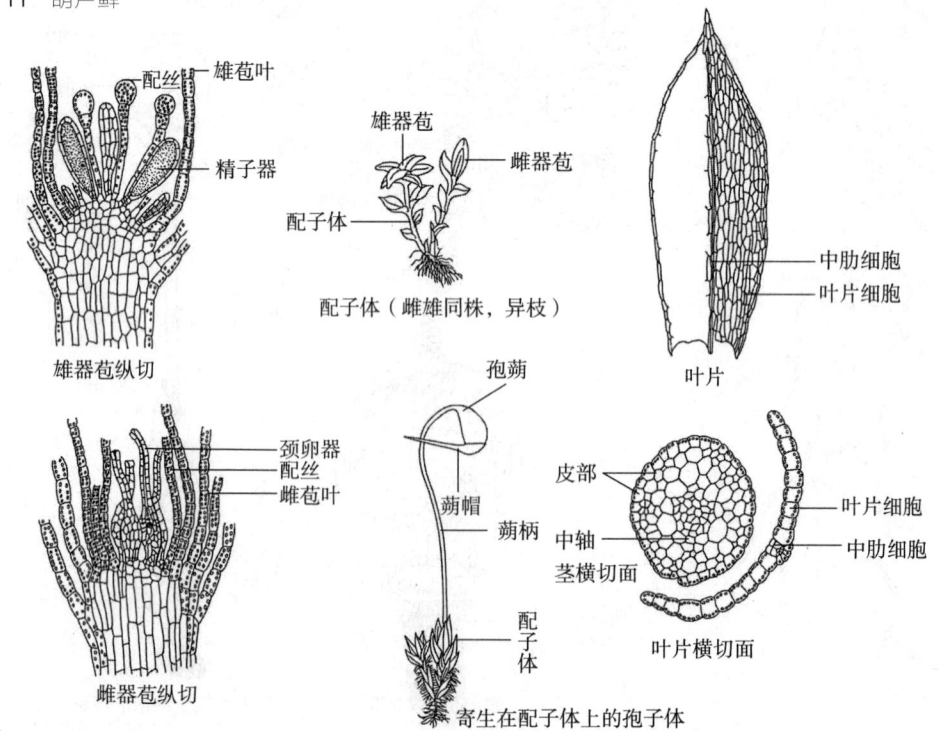

受精作用在潮湿的环境下进行，受精卵在颈卵器内发育为胚，由胚发育成孢子体。

孢子体亦由孢蒴、蒴柄和基足三部分构成（图8-12）。孢蒴的构造较为复杂，可分为三部分：顶端为蒴盖（operculum），中部为蒴壶（urn），下部为蒴台（apophysis）。在孢蒴的外面尚覆盖有蒴帽，除去蒴帽可见蒴盖。蒴盖的构造简单，由一层细胞构成，覆于孢蒴顶端。蒴盖脱落可见孢蒴口部边缘具有内外两层蒴齿。蒴壶的构造较为复杂，最外层是一层表皮细胞，表皮以内为蒴壁，由多层细胞构成。造孢组织覆盖于蒴轴外，在造孢组织和蒴壁之间有排列疏松、含有叶绿体的组织，称为营养丝；其间有许多空隙，称为气室。

蒴壶和蒴盖相邻处有由表皮细胞的径向壁加厚构成的环带（annulus），内侧生有蒴齿（peristomal teeth），其平周壁有附着的加厚物质。蒴齿共有32枚，分内外两轮，各16枚。环带内侧为薄壁组织。蒴盖与蒴齿之间也有1或2层薄壁细胞。蒴盖脱落后，蒴齿露在外面，能行干湿性伸缩运动，孢子借蒴齿的运动弹出蒴外。蒴台在孢蒴的最下部，蒴台的表皮上有许多气孔，由2个简单的保卫细胞构成，内侧具气室，表皮内有2或3层薄壁细胞和一些排列疏松而含有叶绿体的薄壁细胞，能进行光合作用。孢蒴成熟后，孢子散出蒴外，在适宜的环境中萌发成为原丝体（图8-3）。

原丝体由绿丝体（chloronema）、轴丝体（caulonema）和假根构成。绿丝体的每个细胞内含有多数椭圆形的叶绿体，细胞端壁与原丝体的长轴成直角，其机能是进行光合作用。轴丝体的每个细胞内叶绿体较少，多呈纺锤形，细胞端壁与原丝体的长轴呈斜交，它的机能主要是产生具有茎、叶的芽。假根由不含叶绿体的无色细胞构成，细胞的端壁亦是斜生，主要起固着与吸收作用。葫芦藓一条原丝体可以产生几个芽体，每一个芽体都能形成一个新植物体。

✿ 图8-12　葫芦藓的孢蒴图解（左图引自钟恒等，1996；李佩瑜重绘）

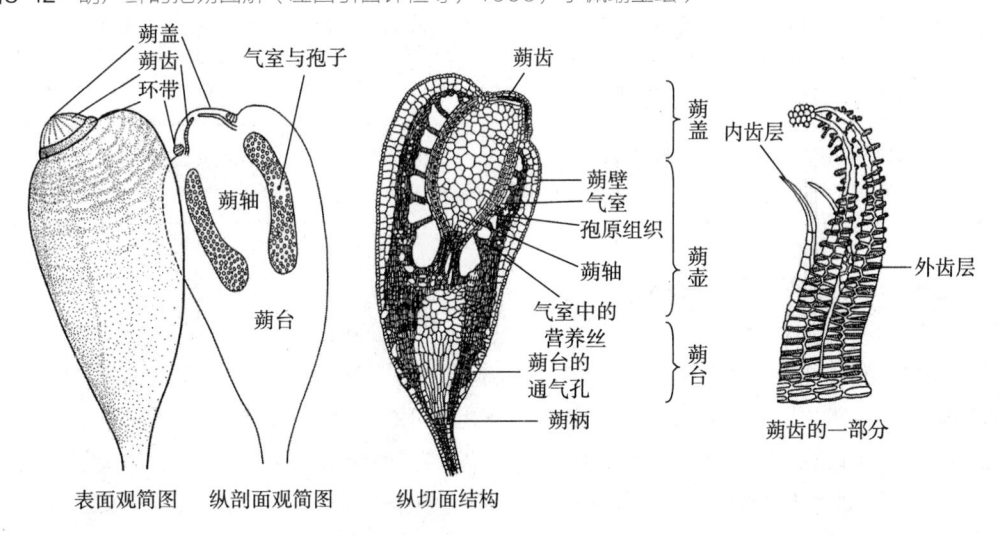

第五节　苔藓植物的起源和演化

一、起源

没有分化出维管组织的苔类、角苔类、藓类以单倍体（haploid）在生活史中占优势地位，而具有维管组织的植物，以二倍体（diploid）或多倍体（polyploid）在生活史中占优势。这两类植物归为有胚植物，共同点是它们的生殖结构均是多细胞的，且有不孕性细胞组成的保护层，这种具有不育性细胞的生殖结构一旦形成以后，陆生植物的演化就已经是不可逆转的了。

苔藓植物由胚发育成的孢子体仍与配子体相连，并寄生于配子体上。尽管苔类、角苔类和藓类的孢子体结构的复杂程度不一样（表8-1），但其特殊的生活史特征及独特的孢蒴结构说明它们之间有一定的亲缘关系，称为苔藓植物门（Bryophyta），或在有胚植物中作为没有维管束分化的植物，称为无维管植物（non-vascular plants）。但是苔藓植物的三个类群和现存的其他植物类群均没有密切的亲缘关系，有限的化石证据也难以说明苔藓植物三个类群之间的亲缘关系。因此目前对苔藓植物的来源问题意见尚不一致，存在一些不同的观点，其中影响较大的是绿藻起源说。该学说认为，苔藓植物是由绿藻演化而来，主要依据是：苔藓植物的叶绿体和绿藻的载色体结构相似，并且所含色素的种类相同，都具有叶绿素a、b和叶黄素，光合产物都是淀粉；苔藓植物体的孢子萌发时先发育形成原丝体，与丝状绿藻相类似；细胞分裂时产生成膜体和细胞板；生殖时产生游动精子，具有两条等长的顶生尾鞭型鞭毛，与绿藻的精子相似；绿藻中存在有明显的世代交替类型，如石莼、刚毛藻等，苔藓植物的世代交替明显；绿藻门鞘毛藻属（Coleochaete）（丝状藻类）的合子萌发时也有不离开母体的迹象，与苔藓植物的合子在配子体内发育的方式很相似。也有的学者认为轮藻的卵囊、精囊可与苔藓植物的颈卵器、精子器相比拟。但是鉴于苔藓植物中的3个类群的差异如此明显，因此它们可能是分别独立起源于绿藻门的不同类群。

☆ 表8-1　苔纲、角苔纲和藓纲特征比较

	苔纲	角苔纲	藓纲
配子体	叶状体或拟茎叶体，具背腹之分，两侧对称 叶无中肋，茎由同形细胞构成，无中轴分化，假根为单细胞。细胞具油体，叶绿体多数	叶状体，具背腹之分，假根为单细胞。细胞含1枚叶绿体，具淀粉核，不含油体	拟茎叶体，多辐射对称 叶常具1~2中肋，偶退化，茎常具中轴，假根由单列细胞构成。细胞不含油体，叶绿体多数
孢子体	蒴柄不发达，常柔弱，在孢蒴成熟之后延伸，无蒴盖和蒴齿，孢蒴成熟后多纵裂，多有弹丝（单细胞）构造	无蒴柄，具蒴轴，成熟时先端2裂，假弹丝由单列细胞构成。蒴壁具气孔	蒴柄坚挺发达，在孢蒴成熟之前即延长，具蒴帽，蒴盖，有蒴齿，无弹丝或假弹丝，成熟时多盖裂。蒴壁具气孔
原丝体	原丝体不发达，一原丝体仅发育成一个植物体	原丝体不发达，一原丝体仅发育成一个植物体	原丝体发达，一个原丝体可发育成多个植物体

二、苔藓植物的生态学及经济意义

苔藓植物是植物界的拓荒者之一。在蓝藻、地衣生长过后，苔藓植物可生活于沙碛、荒漠、冻原地带及裸露的石面或新断裂的岩层上，在生长的过程中，能不断地分泌酸性物质，溶解岩面，藓丛还可以停留和保持尘埃颗粒，本身死亡的残骸亦堆积在岩面之上，年深日久成为小块土壤，为其他高等植物创造了生存条件。

苔藓植物可促进生态系统的演化。苔藓植物常常具有极强的吸水能力，尤其是当密集丛生时，其吸水量高时可达植物体干重的15~20倍，而其蒸发量却只有净水表面的1/5，因此，在防止水土流失上起着重要的作用。

苔藓植物是环境的指示植物。苔藓植物对自然条件较为敏感，在不同的生态条件下，常出现不同种类的苔藓植物，因此可以作为指示植物。如泥炭藓类多生于我国北方的落叶松和冷杉林中，金发藓多生于红松和云杉林中，而塔藓（Hylocomium splendens）多生于冷杉和落叶松的半沼泽林中，因此存在所谓的金发藓云杉林、泥炭藓落叶松林等。而在我国南方，叶附生苔类，如细鳞苔科（Lejeuneaceae）、扁萼苔科（Radulaceae）等植物在热带雨林中很常见。苔藓植物对SO_2、HF等污染物有高度的敏感性，可作为大气污染的指示植物，用于环境监测。

苔藓植物在医药、园艺、工农业方面均有经济价值。在医药方面，如金发藓属（Polytrichum）的某些种类（如土马鬃），有清热解毒作用。暖地大叶藓（Rhodobryum giganteum）对治疗心血管病有较好的疗效。仙鹤藓属（Atrichum）、金发藓属等植物的提取液，对金黄色葡萄球菌、革兰氏阳性菌有抗菌作用。园艺方面，苔藓植物常用于包装、运输新鲜苗木，栽培蝴蝶兰、卡特兰、石斛兰等附生兰类或作为播种的覆盖物，以免水分过量蒸发。另外，泥炭可作燃料及肥料等，其高吸水性和防腐特性使其成为处理伤口的优质原料。

小 结

　　苔藓植物是一群无维管组织的矮小陆生植物，其有性生殖器官出现了颈卵器及精子器，合子发育形成胚，孢子体寄生于配子体上，为不等世代交替的生活史类型。苔藓植物可分为苔纲、角苔纲和藓纲，苔纲的植物体为叶状体或具背腹之分的拟茎叶体，细胞含油体，孢子体简单，无蒴轴、蒴盖及蒴齿的分化；角苔纲的植物体为叶状体类型，细胞多含1枚大型的具淀粉核的叶绿体，其孢子体不具蒴柄而具蒴轴；藓纲的植物体多为辐射对称的拟茎叶体，其孢子体复杂，具蒴轴、蒴盖及蒴齿分化。多数学者认为苔藓植物起源于绿藻。

思考题

1. 苔藓植物分哪三个类群，各有何主要特征？
2. 苔藓植物生活史有何独特性？
3. 苔藓植物的哪些特征是适应于陆生环境的？颈卵器和胚的出现在陆生植物的演化中有何重要意义？
4. 试述地钱和葫芦藓的生活史。
5. 苔藓植物的孢子体寄生于配子体上，为什么也具有含叶绿体的细胞及气孔等结构？
6. 关于苔藓植物的绿藻起源说的主要依据是什么？

数字课程学习

● 彩色图库　● 名词术语　● 拓展阅读　● 教学PPT

第九章 蕨类植物（Pteridophyta）

维管植物概述

苔藓植物被称为无维管组织的有胚植物，蕨类植物和种子植物则是具有维管系统（vascular system）的有胚植物，简称为维管植物（vascular plant）。

一、中柱类型及其演化

中柱指维管植物的中轴部分，包括中柱鞘、维管组织及髓、射线等薄壁组织。种子植物茎的皮层与中柱之间界限不明显，常称维管柱。中柱的概念虽有其局限性，但用以说明茎、根维管系统发育仍具有统一概念的价值。维管植物中，由初生木质部和初生韧皮部排列方式的不同而形成多种类型的中柱。根据中柱类型，可以判断植物类群之间的亲缘关系（图9-1）。

✿ 图9-1 中柱类型横剖面图解

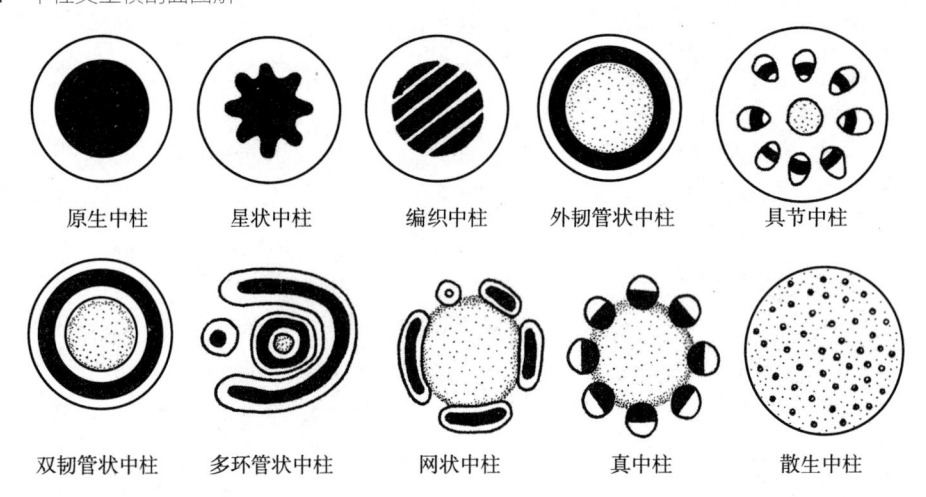

原生中柱　星状中柱　编织中柱　外韧管状中柱　具节中柱

双韧管状中柱　多环管状中柱　网状中柱　真中柱　散生中柱

1. **原生中柱（protostele）**

原生中柱包括三种类型：单中柱（haplostele）、星状中柱（actinostele）和编织中柱（plectostele）。原生中柱中央由圆柱状木质部组成，无髓部，外侧为圆筒状韧皮部，又称单中柱或单体中柱。原生中柱是最简单的中柱，也是最原始的类型，最早出现于泥盆纪的化石中。具有原生中柱的维管植物有时可见到与角苔属相似的蒴轴结构，这也说明其原始性。星状中柱指木质部的核心部分在横切面上成为星芒状的原生中柱。编织中柱指原生中柱的木质部在横切面上成为分离的片状，韧皮部则位于它们的中间或周围。原生中柱常见于裸蕨类、石松类及其他植物的幼茎中（有时也见于根中）。

2. **管状中柱（siphonostele）**

管状中柱包括两种类型：双韧管状中柱（amphiphloic siphonostele）和外韧管状中柱（ectophloic siphonostele）。管状中柱在蕨类植物中普遍存在，其特点是木质部围绕中央髓部形成圆筒状。若韧皮部在木质部的内外两侧都出现，则称之为双韧管状中柱，又称疏隙中柱（solenostele），如某些真蕨类。在髓部的外围产生内韧皮部，是高度特化的表现。若韧皮部围绕于木质部的外侧表面，则称之为外韧管状中柱。

3. 网状中柱（dictyostele）

网状中柱由管状中柱演变而来。由于茎的节间甚短，节部叶隙、枝隙密集，从立体观察，这种类型的中柱是包裹着髓柱的维管束互相联结，形成筒形网状结构，称为网状中柱。从茎的横切面看，真蕨类的网状中柱包括一圈分开的维管束，每束的结构都是周韧的，中央为木质部，外面围以韧皮部，再外有中柱鞘和内皮层。这种同心束类型又称为分体中柱。不少蕨类具网状中柱。

在原生中柱、管状中柱、网状中柱之间有一些特殊的类型，如：多体中柱，柱心为多个单体中柱的原生中柱；多环管状中柱，两个或两个以上的同心环状排列的管状中柱；多环网状中柱，两个或两个以上的同心环状排列的网状中柱；具节中柱，具有关节结构的中柱，以中央空腔和原生木质部空腔的存在为特征，节处为实心，常在蕨类木贼属（*Happochaeta*）中出现。

4. 真中柱（eustele）

真中柱是种子植物的初生维管柱。在茎的横切面上，有一圈由薄壁组织分隔开的分离维管束，木质部与韧皮部为内外并生型。真中柱来源于管状中柱，由于枝迹、叶迹的加入，在横切面上，维管柱的形态显得很复杂。被认为前种子植物的古蕨具有真中柱，现存种子植物均有真中柱。

5. 散生中柱（atactostele）

维管束木质部和韧皮部内外并生多束，形成1至多轮，散生在基本组织内，茎中的皮层和髓没有明显的界限。主要存在于单子叶植物茎中。

中柱类型的发生、分化及演化，与髓形成作用（medullation）密切相关。若原生中柱的中央木质部被薄壁组织所取代，则发展成管状中柱。其证据是在髓部中会出现木质部的成分（如管胞）等，说明髓部原是木质部，这种分化过程被称为髓形成作用；另在比较原始的化石及现代蕨类中亦发现管胞、薄壁组织同时在髓部出现。由于叶隙的大量出现和节间的缩短，使管状中柱演化成真中柱和散生中柱，亦即在种子植物中所见到的中柱的最高级的形式。1963年，韦特蒙（Wetmon）和里尔（Rier）曾用实验方法证实生长激素和糖能局部地导致维管组织的出现。该类研究揭示结构分化过程与生理分化过程之间存在某些必然的联系。

二、维管植物的分类系统

目前，对维管植物的系统分类尚存在较大分歧。单元论观点认为维管植物有其共同祖先，是单元起源的（monophyletic），也就是说它只有一次起源，所有的维管植物都是由最初形成的原始祖先分化发展而来。因此，所有维管植物在分类系统中应归成一门，即维管植物门（Tracheophyta）。但有些学者对单元论的观点持反对意见，建议将维管植物分为蕨类植物门和种子植物门。本教材采用后者的分类系统。

第一节　蕨类植物概述

蕨类植物（ferns）既是高等的孢子植物，又是原始的维管植物，同时也是颈卵器植物和有胚植物。具有异形世代交替生活史，孢子体常为多年生，根、茎、叶具有维管组织的分化，产生孢子囊。配子体可独立生活，上面形成精子器、颈卵器。就演化水平而言，蕨类植物是介于苔藓植物和种子植物之间的、没有种子的维管植物。

一、孢子体

多为多年生，少数为一年生草本。体表常被各种附属物：单细胞毛、节状毛、星状毛、鳞片等。根状茎常在地下横走，或匍匐地面、蔓生等，少数具有立式或其他形式的地上茎，分枝由二叉分枝演化为单轴分枝，亦有不分枝的。常在根状茎上着生不定根。蕨类植物茎主要中柱类型有原生中柱、管状中柱、网状中柱等。木质部的主要成分为管胞及薄壁组织，管胞壁上具有环纹、螺纹、梯纹或其他类型的加厚。少数蕨类具有导管，如某些石松类、真蕨类（如蕨 *Pteridium aquilinum*）等。不过蕨类植物的导管和管胞，其大小区别不明显。韧皮部的主要成分是筛胞、筛管以及韧皮薄壁组织。现代生存的蕨类中，除了极少数如水韭属（*Isoëtes*）和瓶尔小草属（*Ophioglossum*）等种类外，一般没有形成层的结构。

蕨类植物的叶，根据形态、结构可分为小型叶（microphyll）和大型叶（macrophyll）；小型叶是延生起源，无叶隙（leaf gap）和叶柄（stipe），为原始类型的叶；大型叶是顶枝起源，为较演化的类型，常有叶柄、叶片两部分，有叶隙、叶迹、叶脉多具分枝，存在于真蕨类和木贼类中。多数蕨类植物的叶无营养叶（不育叶，sterile frond）与孢子叶（能育叶，fertile frond）之分，既能进行光合作用制造养分，又能在叶上产孢子囊和孢子，这种叶称为同型叶。少数蕨类植物的叶分化为具光合作用的营养叶，和专营无性繁殖的孢子叶。

蕨类植物的孢子囊由叶表皮细胞发育而来。原始类群的孢子囊是由一群细胞发育而成，称为厚囊性（eusporangiate type）发育，孢子囊形体较大，无柄，孢囊壁厚，由多层细胞构成，具气孔；较演化的类群孢子囊由1个细胞发育而成，称为薄囊性（leptosporangiate type）发育，形体较小，具3列细胞构成的长柄，囊壁仅以1层细胞构成。在小型叶蕨类中，孢子囊常单生在孢子叶的近轴面叶腋或叶基部，孢子叶通常集生在枝的顶端，形成孢子叶球（strobilus）或孢子叶穗（sporophyll spike）。较演化的真蕨类，其孢子囊常生于孢子叶背面，沿边缘、叶脉、脉间、脉近侧着生，或集生在一个特化的孢子叶上，往往由多数孢子囊聚集成群，称为孢子囊群或孢子囊堆（sorus）。较原始的蕨类，孢子囊群裸露；演化的种类在孢子囊群具外囊群盖（indusium）。水生蕨类的孢子囊群生在特化的孢子囊果（孢子荚，sporocarp）内。孢子囊开裂方式从无特化的机制或仅有部分增厚的细胞，演化出称为环带（annulus）的特化机制。环带是由孢子囊壁上1行不均匀增厚的细胞构成的。

孢子囊内的孢子母细胞经减数分裂后形成孢子，有孢子同型（homospory）和孢子异型（heterospory）。无论是同型孢子还是异型孢子，在形态上都可分为两面型或四面型两类：两面型孢子较演化，两侧对称；赤道面观肾形或椭圆形，有时稍长；具单裂缝。四面型孢子辐射对称，极面观为圆形或钝三角形，赤道面观近椭圆形或扇形等；具

✿ 图9-2　孢子类型

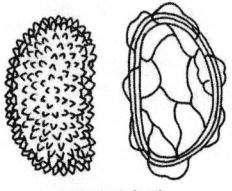

两面型孢子　　四面型孢子　　球形四面型孢子

3裂缝。孢壁分为三层，即内壁、外壁、周壁。内壁：纤维素，包于原生质外，柔软而透明；外壁：孢粉素，坚硬，具瘤、疣、刺、棒、肋条、穴、网、柱等纹饰；周壁：由未消耗的绒毡层沉积形成，存在于部分类群如木贼属中，位于孢子最外层，质薄、柔软、透明，光滑或有突起等纹饰（图9-2）。

二、配子体

孢子散播后萌发成配子体。配子体的原始类型辐射对称，块状或圆柱状体，埋在土中或部分埋在土中，无叶绿体，通过菌根取得营养，多数的精子器和颈卵器埋在其中。演化的类型配子体为绿色，具有腹背分化的叶状体或丝状体，能独立生活，在腹面产生颈卵器和精子器。蕨类植物的精子具鞭毛，借水游到颈卵器与其内的卵结合，受精卵发育成胚。胚胎发育在原始类型分化较缓慢，合子第1次分裂是横裂。演化类型分化较快，通常在4或8细胞期即分化，合子第1次分裂甚至第2次分裂都是纵裂。幼胚暂时寄生在配子体上，长大后配子体死亡，孢子体即行独立生活。

三、生活史

蕨类植物生活史具有世代交替，孢子体和配子体均能独立生活，孢子体世代占优势（图9-3）。

少数蕨类植物，现在已发现的至少有3科4属，其配子体仍较发达或占优势。例如生于北美洲温带地区的书带蕨（*Vittaria lineata*），配子体如淡绿色的叶状地衣，生长繁茂，瓶蕨（*Trichomanes bashianum*）配子体犹如刚毛藻的分枝丝状体，生活史中都不产生孢子体或极少产生孢子体，配子体在整个生活史中占优势。

✿ 图9-3 蕨类植物的生活史

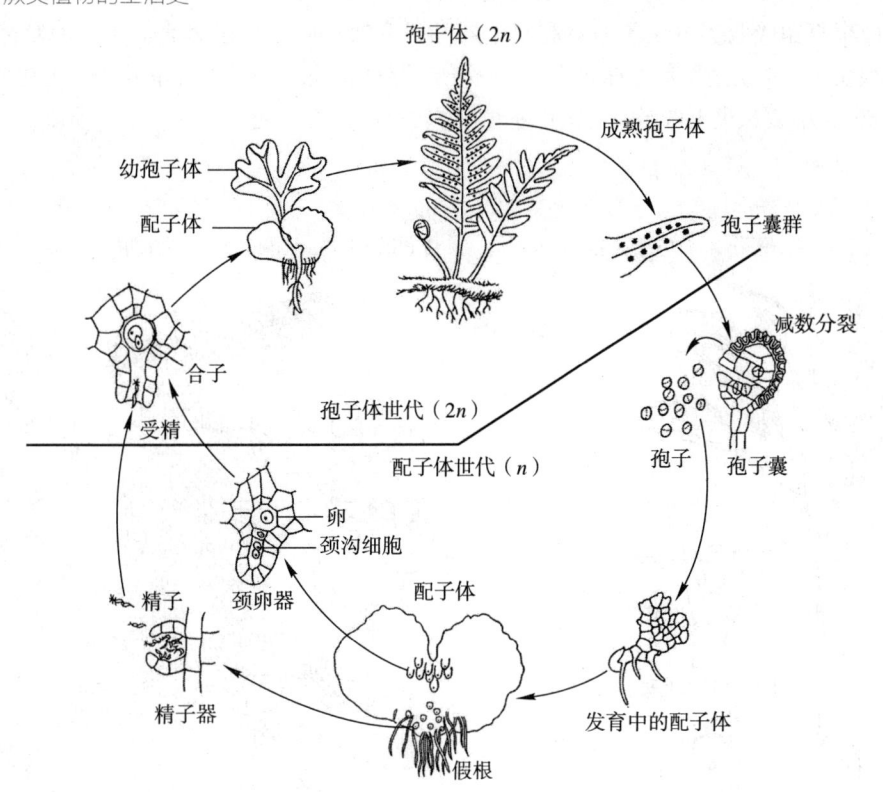

四、分类及分布

现存蕨类植物有12 000余种，广布世界各地，尤以热带亚热带最为丰富。我国的蕨类植物有63科230属2 600余种。

蕨类植物门可划分为5个亚门，即松叶蕨亚门（Psilophytina）、石松亚门（Lycophytina）、水韭亚门（Isoëphytina）、楔叶蕨亚门（Sphenophytina）和真蕨亚门（Filicophytina）。

第二节 松叶蕨亚门（Psilophytina）

一、形态结构

孢子体具匍匐根状茎和直立茎，二叉分枝，根状茎上有假根，有固着与吸收作用；具原生中柱，横切面呈星状；外始式木质部，螺纹或梯纹管胞，无髓部、无叶，但茎上有细小、绿色、叶状、无脉，螺旋状排列的瓣片，称为突起（enation），孢子囊厚囊性发育，2~3个成聚囊生在枝端或孢子叶近端处，孢子圆形，同型。

二、分类及代表植物

松叶蕨亚门又称裸蕨植物，现代仅存松叶蕨目（Psilotales），含松叶蕨属（Psilotum）和梅溪蕨属（Tmesipteris）。松叶蕨属我国仅有松叶蕨（P. nudum）1种，分布热带和亚热带地区。梅溪蕨属常见的梅溪蕨（T. tannensis）产于澳大利亚、新西兰及南太平洋诸岛。

松叶蕨的孢子体根状茎棕褐色，生于腐殖土或岩缝中，也有的生在树皮上；体内有共生的内生菌丝（图9-4）。直立茎基部棕红色，上部绿色，茎上有纵脊3~5条，小枝扁平，表皮有气孔。孢子囊成熟时黄色，3个汇合生于茎上部孢子叶叶腋内。孢子叶二深裂。孢子同型。

配子体小型，大小约2 mm，呈不规则圆筒状，或成二叉分枝，棕色，无叶绿素（图9-5）。有假根，靠菌根真菌吸收养分。颈卵器和精子器随机分散在同一配子体表面。合子发育形成足部（foot）和根状茎，根状茎发育出直立茎，然后与足部分离。松叶蕨在日本栽培用作观赏植物，称扫帚蕨（wiskfern）。夏威夷土著居民用松叶蕨煮水作轻泻剂。

图9-4 松叶蕨的孢子体（谢庆建绘）

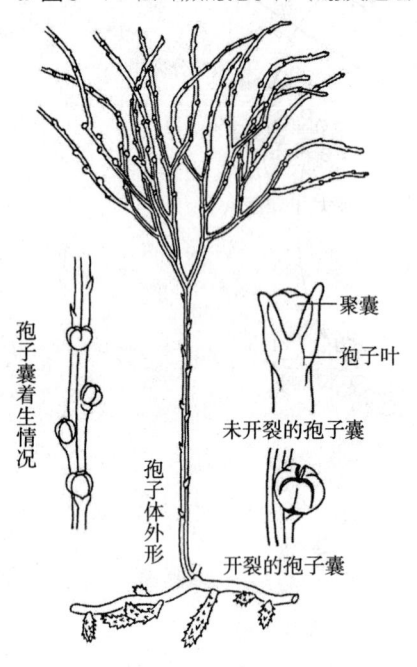

图9-5 松叶蕨的配子体（谢庆建绘）

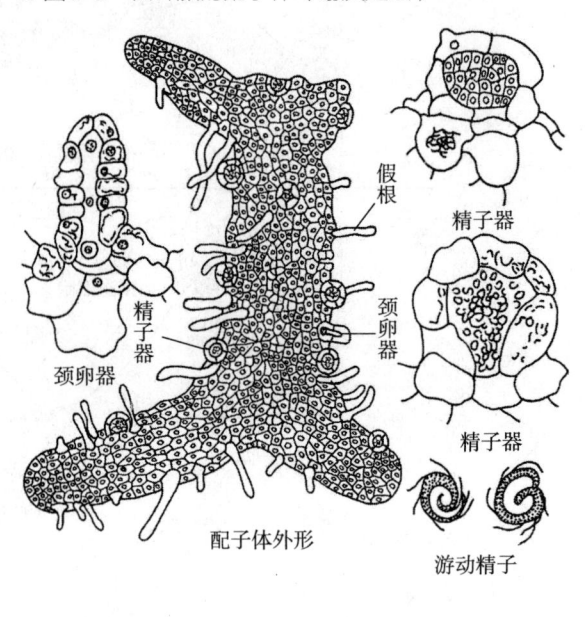

第三节 石松亚门（Lycophytina）

一、形态结构

孢子体有根、茎、叶的分化。茎多为二叉分枝，具原生中柱，外始式木质部，梯纹管胞为主、稀孔纹管胞。小型叶，具1中肋。无叶隙，延生起源，有时具叶舌。孢子囊侧生于孢子叶腋或叶腋上方的茎枝上，稀生孢子叶上，为厚囊性发育。孢子叶通常集生于分枝的顶端，形成孢子叶球（穗）。孢子同型或异型。合子第1次分裂为横分裂，胚胎分化迟缓。

二、分类及代表植物

现存的石松亚门含石松目（Lycopodiales）和卷柏目（Selaginellales）1 100余种。

1. 石松目

茎直立或少数悬垂，具有分枝的根状茎，上有具根毛的不定根。叶轮生或排成紧密的，少有疏离的螺旋状，无叶舌。孢子叶散生或集生成孢子叶球。孢子囊肾形，具短柄，生于特化的孢子叶腋部。孢子母细胞经减数分裂形成同型孢子，散布后在数天内萌发，或几年后开始萌发。配子体常为块状，全部或部分埋在地下，需要菌丝共生。配子体雌雄同株，可生活数年之久，有些种类配子体暴露在空气中的部分可转化成绿色。

石松目分石松科（Lycopodiaceae）和石杉科（Huperziaceae）。石松科的孢子叶与营养叶异形，孢子叶集成孢子叶球，孢子壁具网状、拟网状或颗粒状纹饰；石杉科孢子叶不形成孢子叶球，孢子叶与营养叶同形或孢子叶较小，孢子壁具蜂窝状纹饰。

石松属（*Lycopodium*）约有400种，分布于全世界。孢子体为多年生草本，常叉状分枝，茎的中柱为星状中柱或编织中柱，茎上密生螺旋状排列的鳞片状或针状小叶。孢子四面体型，黄色（图9-6）。

配子体为不规则的块状体（图9-6）。有些种类配子体全部埋在土中，如石松（*L. japonicum*）；有的种类是部分埋在土中或生在土壤表面，露出地面部分有叶绿体，如扁枝石松（*Diphasiastrum complanatum*）和铺地蜈蚣（*Palhinhaea cernua*）。

精子器和颈卵器同生于配子体上部，埋生于配子体组织中。精子器椭圆状，具厚壁。精子有两根鞭毛。颈卵器的颈部露出配子体外。

石松科植物大都产于热带、亚热带，喜酸性土壤。我国有20余种，常见的有石松属的石松、扁石松属的扁枝石松（异名：地刷子石松）、铺地蜈蚣，其他有藤石松属（*Lycopodiastrum*）和小石松属（*Lycopodiella*）等。

✿ 图9-6 石松孢子体和配子体

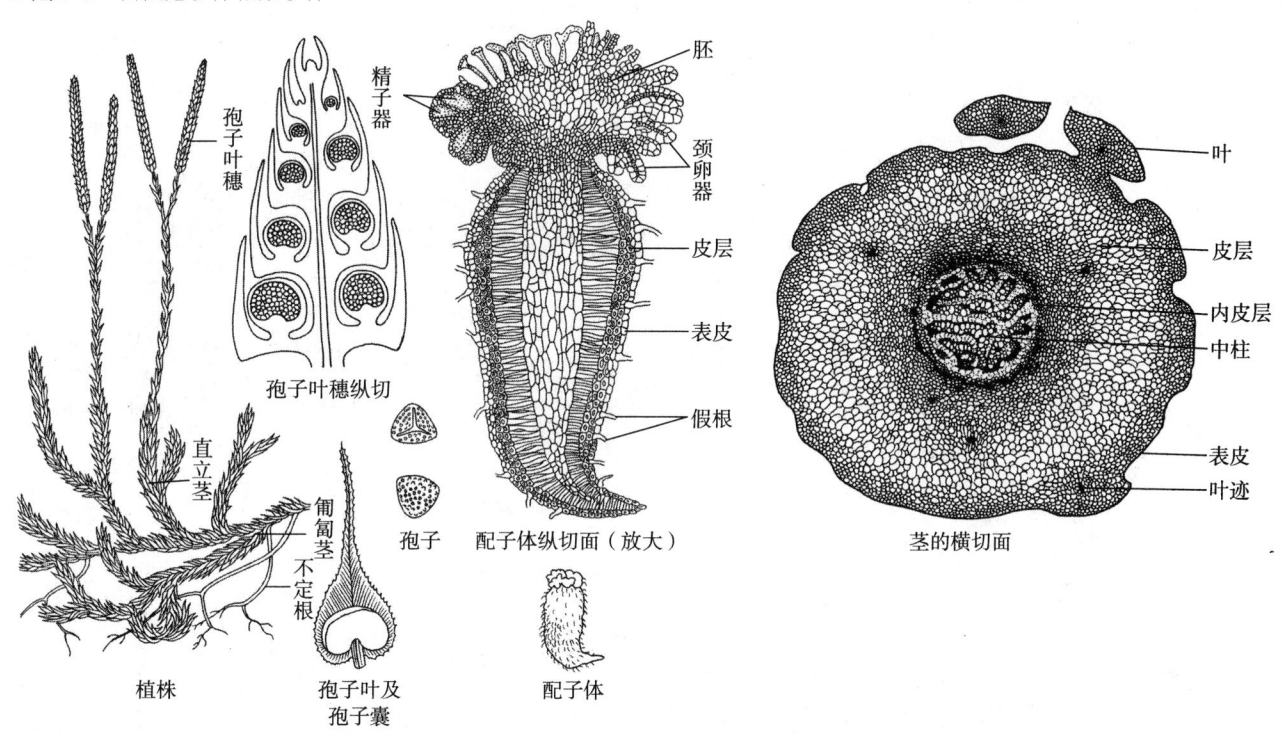

2. 卷柏目

草本，通常平卧，有背腹之分，匍匐茎轴上有向下生长的细长根托（rhizophore），先端丛生不定根；小型叶，腹面基部有叶舌（ligule）；孢子叶通常集生成孢子叶球；孢子囊和孢子异型，大孢子囊产生1～4个大孢子，小孢子囊有多数小孢子。

卷柏目仅卷柏属（*Selaginella*）。卷柏属孢子体大小差别甚大，小的仅约5cm，大者缠绕可长达20m。茎具背腹性，二叉分枝或近单轴分枝，分枝处常具根托。茎分表皮、皮层和中柱三部分（图9-7）。表皮无气孔；皮层与中柱间有巨大的间隙，是被一种疏松的辐射状排列的长形细胞隔开所形成的，这些细胞称为横桥细胞（trabecula），类似于内皮层细胞。中柱由简单的原生中柱到多环管状中柱等各种形式。在连续分枝的各节间，中柱分裂为2～16个分离的多体中柱，木质部外始式。叶为鳞片状，通常排列成4纵列；左右2列较大，称为侧叶或背叶；中央2列较小，生于近轴面，称中叶或腹叶，少数螺旋状排列，如中华卷柏（*S. sinensis*）。叶舌舌状或扇状（图9-7），叶成熟时即脱落。

孢子叶密集枝顶，成4纵列排成孢子叶穗，孢子囊单生于孢子叶叶腋内。孢子叶穗两性或单性，两性的孢子叶穗上半部为小孢子叶，下半部为大孢子叶，或大小孢子叶各成2列排于孢子叶穗上（图9-7）。大孢子囊通常较大，常只有1个大孢子母细胞能分裂，产生4个大孢子，其中仅有1～3个发育成熟；小孢子囊较小，产生许多小孢子。孢子外壁有瘤状、棒状或刺状等各种纹饰。

卷柏属大孢子、小孢子的萌发是在孢子壁内进行的，配子体极度退化（图9-8）。小孢子在孢壁内分裂成大小2个细胞，小的是原叶细胞（prothallial cell），不再分裂；大的称为精子器原始细胞，再分裂几次形成精器壁细胞和精原细胞。精原细胞经过多次分裂产生256个精子，精子具双鞭毛，成熟后，精子器壁破裂，精子游出。雌配子体的发育也在孢壁内进行，大孢子的核经过多次分裂，形成很多自由核，再由外向内在核周围产生细胞壁，成为营养组织，其上发育出少数的颈卵器及假根；颈卵器小，在孢壁内生长，成熟时暴露在孢壁缝线（seam）开口处，有颈细胞8（排成2层）、颈沟细胞1，腹沟细胞1和卵1。精子和卵结合在大孢子囊中，或落在地上的大孢子中进行。受精卵发育为胚，胚柄将胚推入雌配子体中。胚在8细胞期即分化，发育成具2子叶和下胚轴的胚，胚足保留。

现存的卷柏属植物约有700种。我国有50种以上，多分布在热带和亚热带，多见于阴湿环境中，常见的如翠云草（*S. uncinata*）和伏地卷柏（*S. nipponica*）等。也有少数比较能耐干旱的种类，如卷柏（*S. tamariscina*）和江南卷柏（*S. moellendorffii*）。南亚热带常绿阔叶林中常见深绿卷柏（*S. doederleinii*）、薄叶卷柏（*S. delicatula*）等。

◎ 图9-7　卷柏属内部结构

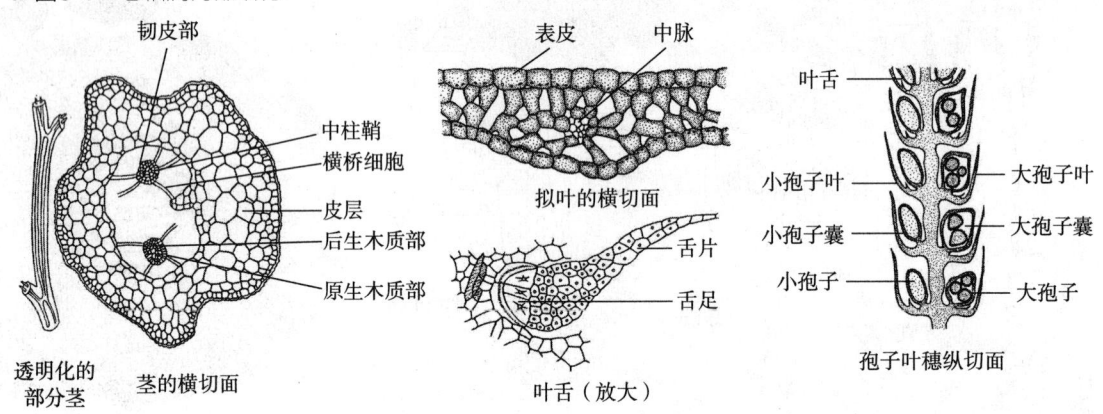

◎ 图9-8　卷柏属孢子体及雌、雄配子体

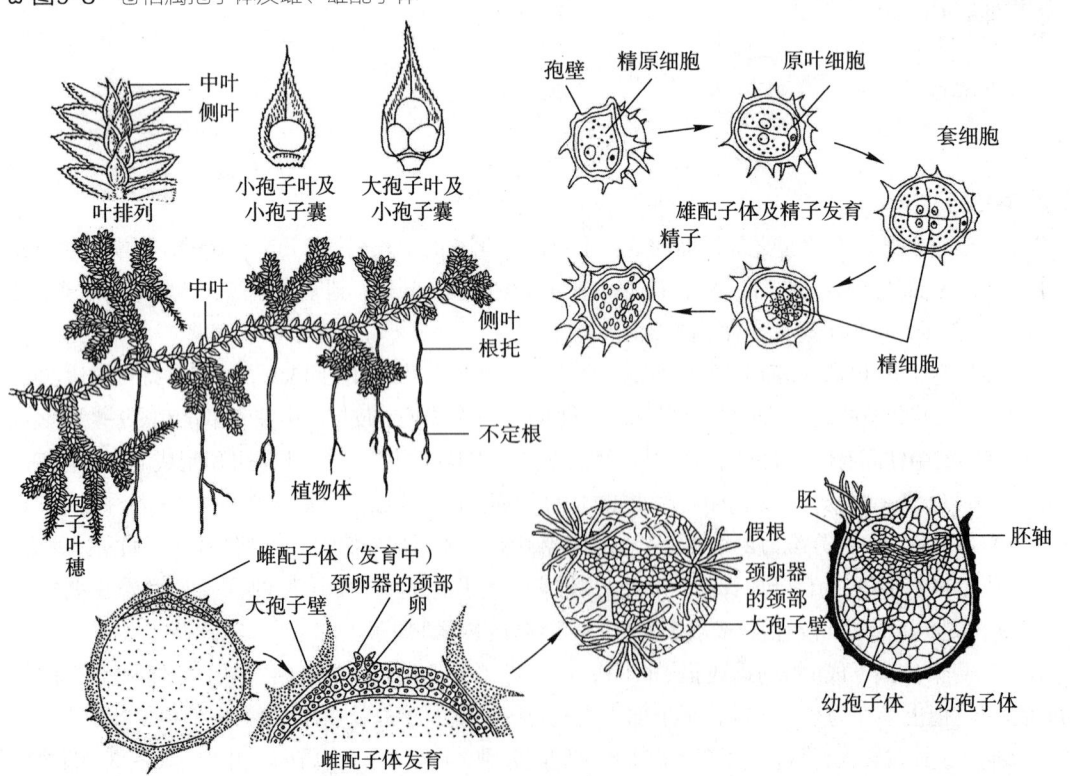

第四节 水韭亚门（Isoëphytina）

一、形态结构

水韭植物（quilworts）为多年生草本，一年中有部分时间植物浸于水中。小型叶基部稍作匙状，上部线形或钻形，柔软，紧密螺旋状排列在粗短的茎上，外观似球茎；叶基部具叶舌。茎具原生中柱，具形成层，有螺纹及网纹管胞；孢子囊和孢子异型，孢子囊生于孢子叶近轴面基部的特化小穴中。单性的配子体强烈退化。合子第1次分裂为横分离，胚胎分化较早。

二、分类及代表植物

水韭亚门现仅有水韭属（*Isoëtes*）（图9-9）。

✿ 图9-9　水韭属

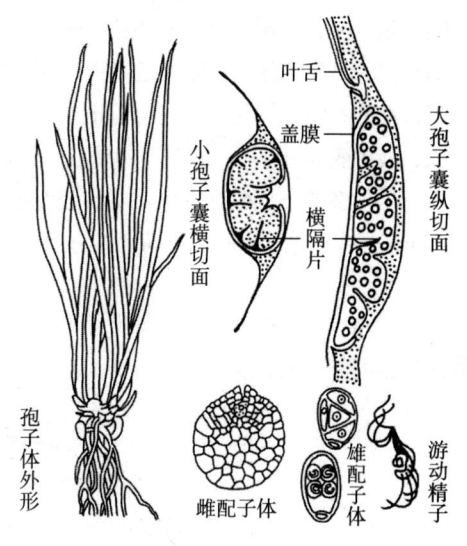

高约10cm，茎粗短块状，茎下部的纵沟内有许多二叉分枝的根托，上长有须状丛生的不定根。茎顶螺旋状排列着莲座状叶丛，最外围的叶不育，向内依次分化为大孢子叶、小孢子叶以及尚未成熟的孢子叶和尚未分化的幼叶。无论是孢子叶或营养叶，叶基宽，成匙状，叶向上突然收窄成锥状伸长，叶内有时具4列有横隔的通气道。叶舌宿存。孢子囊生于孢子叶的叶舌下方一个特殊的凹穴中，全部或部分地被生于舌片下的膜质突起（缘膜，盖膜，veum）所覆盖，类似囊群盖。某些种类在维管束的两侧各有1黏液道。

大孢子囊有大孢子150~300枚，大孢子四面体型，三裂缝。小孢子囊有小孢子30万枚或更多，小孢子二面体型，单裂缝。孢子囊没有适应散布孢子的特化机制，孢子在囊壁腐烂后散发。

配子体与卷柏的配子体相似。雄配子体仅具1个营养细胞、4个壁细胞和1个精原细胞；精原细胞形成4个精细胞，再发育成4个游动精子。

水韭属有70余种，广布全世界，多近水生或沼泽地生长。我国有3种，最常见的为中华水韭（*I. sinensis*），普遍分布于长江下游地区；水韭（*I. japonica*）产华中至西南。

第五节 楔叶蕨亚门（Sphenophytina）

楔叶蕨亚门植物常称为木贼植物（horseworts），由于植物多分节又称有节植物（Arthrophyta），又由于其分枝细密，称马尾草（horsetails），或因为其粗糙的表面用来擦拭金属用具，又称擦锈草（scouring rushes）。木贼植物全世界广布，高常不超过1.3m。

一、形态结构

孢子体有根、茎、叶的分化。茎二叉分枝或常为单轴分枝，具明显的节与节间，节间中空，管状中柱转化为具节中柱，以中央空腔和原生木质部空腔为特征，内始式木质部。具梯纹、孔纹管胞，间或有导管。叶小，轮生成鞘状，属大型叶，当有分枝存在时，它们与叶互生而非生于其叶腋中。孢子囊生于多少成盾状的特称为孢囊柄（sporangiophore）的孢子叶上。孢囊柄在枝顶聚集成孢子叶球。孢子同型或异型，周壁具弹丝。

配子体两性或单性。

二、分类及代表植物

楔叶蕨现存的仅有木贼科（Equisetaceae），含问荆属（*Equisetum*）和木贼属（*Hippochaete*）。

木贼科植物为多年生草本，具根状茎和气生茎，均有节与节间之分，相邻两个节间的中央气腔互不相通；根状茎棕色，蔓延地下，节上生多分枝的不定根，有时还生出块茎，脱落后发育成新个体；地上茎直立，有纵肋脊，肋间有槽（沟）。

问荆属气生茎分化为营养枝（sterile stem）和生殖枝（fertile stem）。营养枝在夏季生出，绿色，节上轮生许多分枝。生殖枝在春季生出，短而粗，棕褐色，不分枝，枝端生孢子叶球。

茎表面粗糙，富含硅质，节间外表具许多纵肋（stem rib），肋间具槽（sculus），纵肋与上下节的叶互生，相连各节间的肋亦互生，沿槽两侧分布有许多纵行排列的气孔。气孔发育独特，气孔原细胞两次分裂形成内外两层4个细胞，外面2个与表皮细胞一样充满硅质，失去关闭气孔能力，内面2个细胞形体较小，没有硅质增厚而起着保卫细胞作用。节间每1凹槽内侧有一群垂直向的棒状厚壁组织，占据皮层的周边部分，或延伸至中柱，往内有一个大的空腔，称槽沟（vallecular cavity），或称皮层气腔，槽沟充满空气并纵贯节间。在厚壁组织间，厚壁组织与槽沟，以及槽沟相互间均分布着具有细胞间隙的绿色组织，细胞间隙在气孔下方更为明显。内皮层之内为中柱，从幼年至成熟，中柱依次从原生中柱到管状中柱，最后变为具节中柱，具节中柱在节处是实心的，在节间中心腔（髓腔，medullary cavity）的周围排列着一圈很多的不分枝维管束。中心腔占据大部分髓并贮有水分。每个维束管下有气腔，称脊沟（carinal cavity），或称维管束腔，充满空气（图9-10）。

✿ 图9-10　问荆茎的横切面

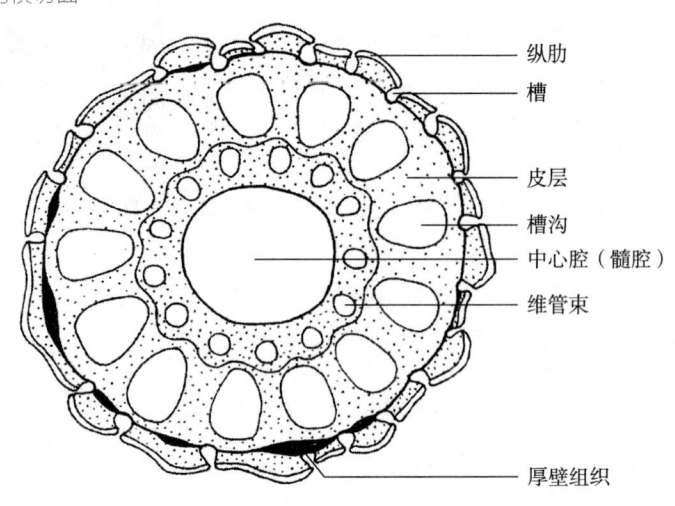

纵肋
槽
皮层
槽沟
中心腔（髓腔）
维管束
厚壁组织

孢子叶球纺锤状，是由许多紧密排列的孢子叶轮生于粗壮的囊轴上形成的。孢子叶又称孢囊柄，具细的短柄和盾状着生的六角形盘状体，各个孢子叶的盘状体边缘互相密接，在未成熟的孢子叶球上形成一个连续的密封的表面，显然这是一种对孢子囊的保护。某些种类在靠近孢子叶基部的穗轴上，还有一种称为围领的小环状突起；有些种类的围领尚具有小孢子囊，因而围领被认为是变态的孢子叶轮或苞片，或特化了的孢子叶。孢子囊大形，圆状体，5～10枚垂直于囊轴悬生于孢囊柄盘状体边缘。孢子母细胞在减数分裂时有1/3不发育；孢子同型，孢子球形，含叶绿素，无裂缝或有时具裂缝，外壁较薄，周壁（perisporium）具颗粒状纹饰，或有时具褶皱，外围围绕4条弹丝。弹丝共同着生在某一点上，具有干湿运动性质，有助于孢子囊的开裂和孢子的散出。孢子在适宜的环境中，经过10～12 h即可萌发，如环境条件不良，数天后即死亡。

配子体具背腹性，腹面为多层细胞的垫状组织，下侧生多数假根，上部分裂成许多不规则的带状裂片，裂片仅1层细胞，绿色，裂片间发育配子囊。木贼属的孢子虽为同型，但配子体有时却具有雌雄的分别，而这种孢子萌发时雌雄同株和异株的差别，可能与营养及光照等环境条件有关，如实验证明基质营养良好时多为雌性，否则多为雄性。颈卵器颈短，仅具3或4个颈细胞，突出于配子体外，腹部有1个腹沟细胞和1个卵。精子器下陷在配子体的组织内，产生256个大型游动精子。胚胎发育不形成胚柄，4细胞期即已分化，上半部发育为茎，下半部发育为根。同一配子体可发育成多个孢子体。幼胚在配子体中取得养料，发育成小型孢子体，生出幼根时，配子体亦随之死亡（图9-11）。

木贼属气生茎不分营养枝和生殖枝，绿色，节上轮生许多分枝，在分枝的顶端常产生孢子叶球。

木贼科现存有30余种，除澳大利亚外，在全世界广泛分布。我国有10种以上，生于河边、林下、草原、沼泽地，有的生在阴湿环境，也有的生在空旷干燥处。常见的种类有散生问荆（*Equisetum diffusum*）、木贼（*Hippochaete hiemale*）、节节草（*H. ramosissima*）等。

✿ 图9-11 问荆

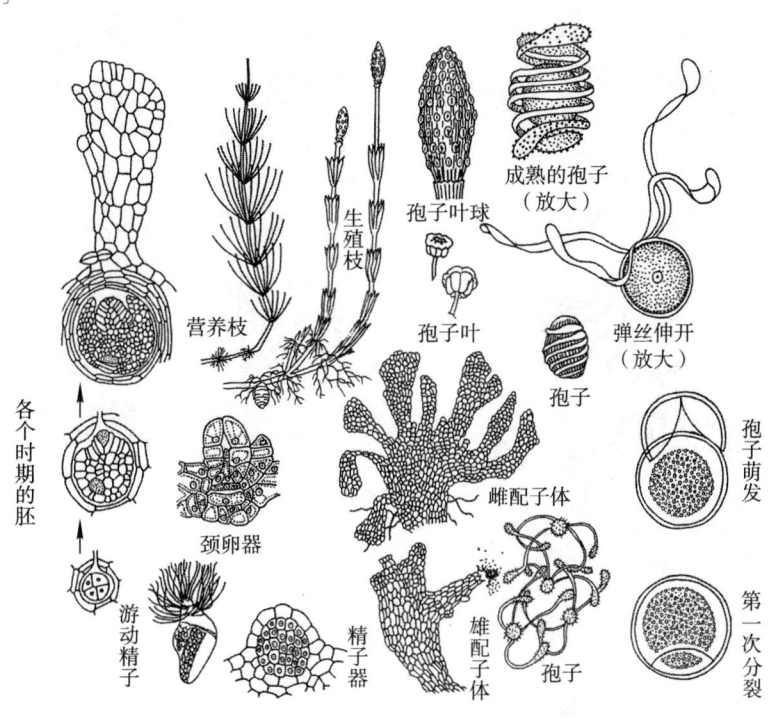

第六节 真蕨亚门（Filicophytina）

一、形态结构

孢子体发达，分化为根、茎和叶。除树蕨类外，茎均为根状茎，二叉分枝至单轴分枝，具各式中柱，各式管胞，个别具导管。除原生中柱外，均具叶隙。

大型叶，顶枝起源，常分化为叶片和叶柄，叶片具叶轴并常分裂。蕨类植物的叶脉多式多样，从单一不分枝，羽状或叉状分离到小脉联结网状等，网状脉序是演化类型。根据叶脉的联结情况亦可将其分为分离型、中间型和闭合（网结）型（图9-12）。

孢子囊常聚集成各种囊群着生在叶缘、背面或特化的孢子叶上（图9-13），有或无囊群盖（indusium）。囊群盖上位或下位，其形状和囊群一致，有圆形、杯形、碟形、球形、肾形、条形、穴生、网状或汇生在叶背网脉上。孢子囊成熟时常要借助于孢子囊壁形成的环带开裂。图9-14为几种常见的环带类型及其代表属。孢子多同型。

配子体形小，绿色，常为背腹性心形叶状体。精子器和颈卵器均生于腹面。

☆ 图9-12 蕨类植物脉序类型

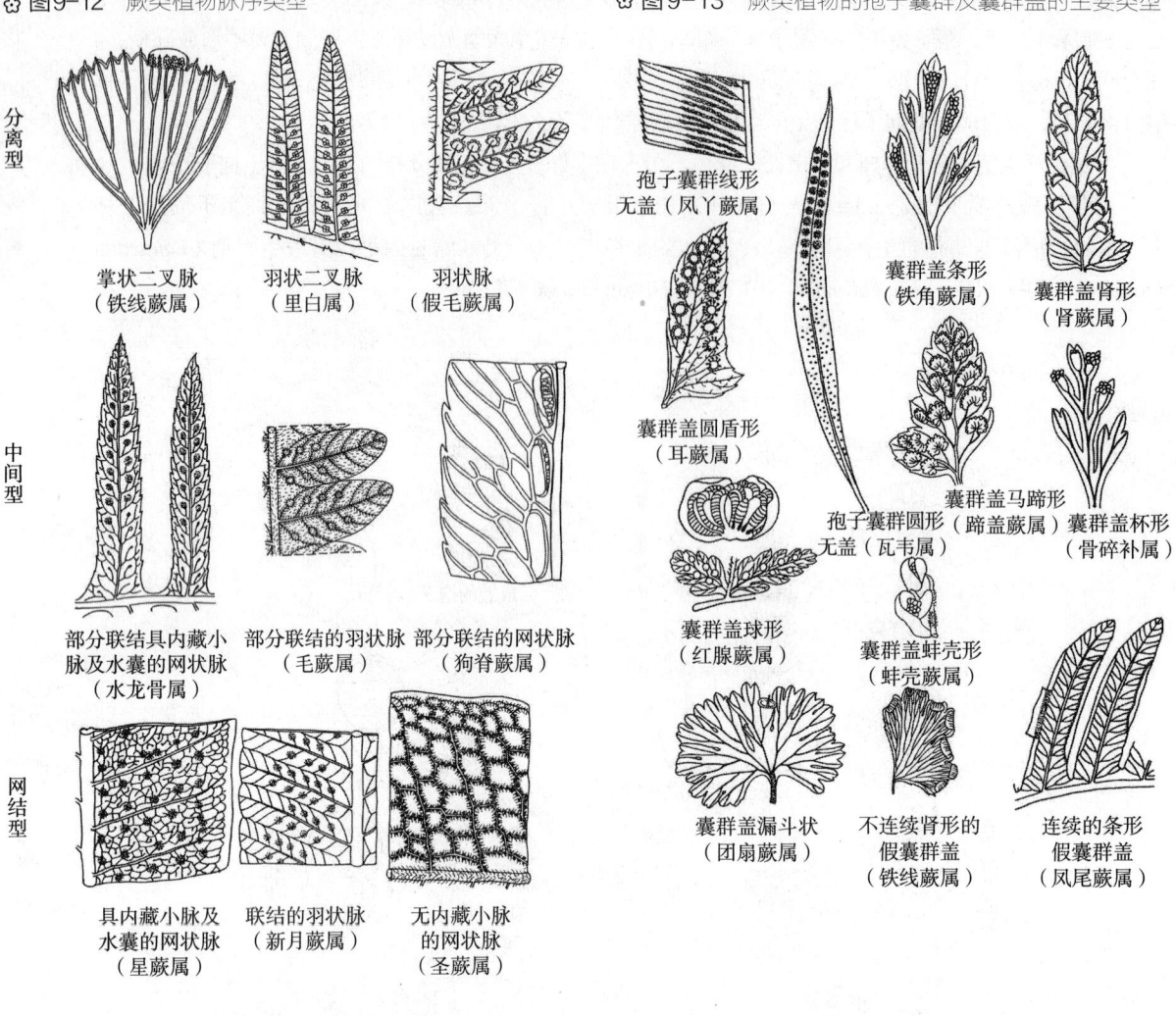

☆ 图9-13 蕨类植物的孢子囊群及囊群盖的主要类型

☆ 图9-14 蕨类植物孢子囊的环带类型

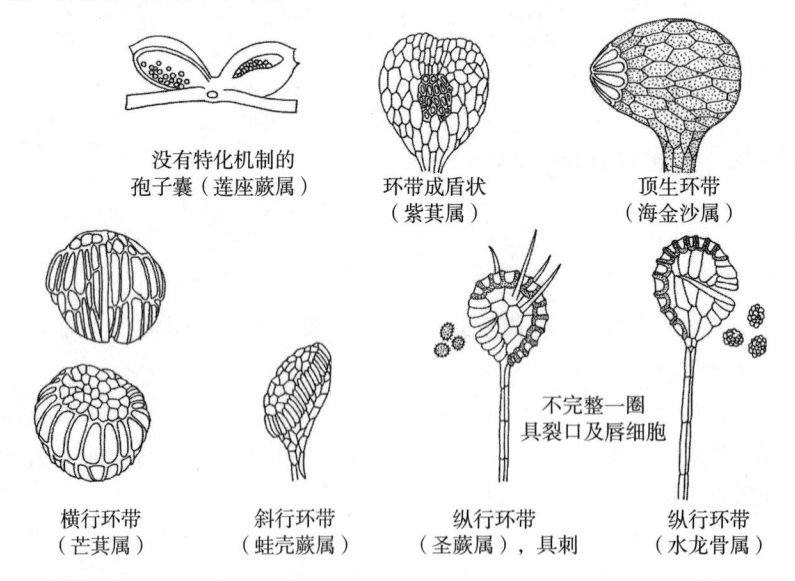

二、分类及代表植物

现存的真蕨类常依据孢子囊着生的位置、孢子囊形态结构、孢子囊发育的方式和顺序划分为三个纲：厚囊蕨纲、原始薄囊蕨纲、薄囊蕨纲。真蕨亚门是现存蕨类中最繁茂的一群。现存的真蕨植物超过1万种，广布于全世界，我国有56科2 500多种，广布。

（一）厚囊蕨纲（Eusporangiopsida）

孢子囊起源于一群细胞，孢子囊壁由多层细胞组成，具气孔和短柄；绒毡层数层，由孢囊壁形成。孢子囊生于特化的孢子叶或无特化的叶背面，形成孢子囊群或聚囊。孢子同型。配子体地下生，辐射对称或具背腹性，具菌根。精子器埋在配子体中。

厚囊蕨纲包括瓶尔小草目和观音座莲目。

1. 瓶尔小草目（Ophioglossales）

草本。菌根无根毛。茎稍肉质，深埋在土中，通常每年在茎上只生1枚营养叶。叶具鞘状托叶，幼时非拳卷。孢子囊穗由总叶柄顶端或营养叶基部生出，具柄。含3科5属，我国有瓶尔小草科等3科4属。

瓶尔小草属（Ophioglossum）：根状茎短而直立，基部为原生中柱，向上逐渐过渡为管状中柱和网状中柱，内始式木质部，具梯纹或网纹管胞。营养叶单一或2～3叶，全缘，叶脉网状。在叶柄的腹面生出1个孢子囊穗，囊穗上生2行孢子囊。孢子囊大，具厚壁。孢子多数，四面体型，具网状纹饰。配子体上散生多数配子囊。精子器和颈卵器除颈部均埋在配子体组织中，精子具多鞭毛。我国约有6种，常见的有瓶尔小草（O. vulgatum）（图9-15）、一支箭（O. pedunculosum）和狭叶瓶尔小草（O. thermale）等。

2. 观音座莲目（Angiopteriales）

具短的块茎状茎干，连同宿存的叶基、托叶形成硕大的莲座状，少数具根状茎，外被毛或鳞片。叶为羽状或掌状复叶，在叶柄基部有1对宿存的托叶。孢子囊聚合成孢子囊群，孔裂或缝裂，或在顶端具有类似环带结构的增厚细胞；配子体心形，具背腹性，有中脉。

莲座蕨属（Angiopteris）：配子体径2.5～3.5cm，是真蕨植物中最大的配子体（图9-16）。常见的有福建莲座蕨（A. fokiensis）。

（二）原始薄囊蕨纲（Protoleptosporangiopsida）

原始薄囊蕨纲植物介于厚囊蕨纲和薄囊蕨纲之间，其孢子囊常由一个原始细胞发育而成，但囊柄可由多数细胞发生；孢子囊的壁由单层细胞构成，孢子同时发育。绒毡层为2或3层，由单个囊壁细胞分化而成。仅在孢子囊的一侧有数个细胞的壁是加厚的，形成不发达的横行盾形的环带。配子体为长心形的叶状体（图9-17）。

仅1目1科3属。

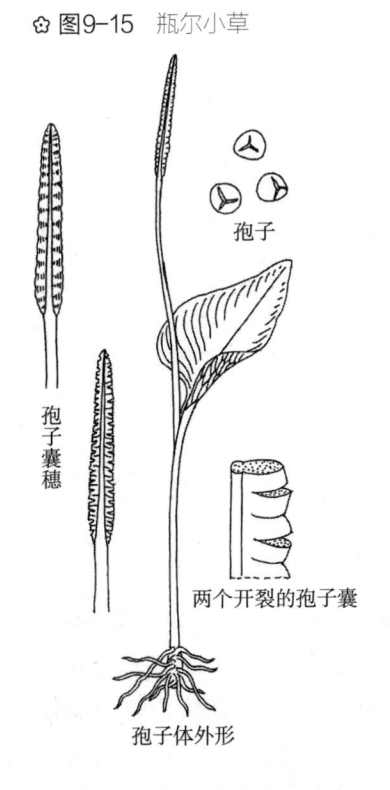

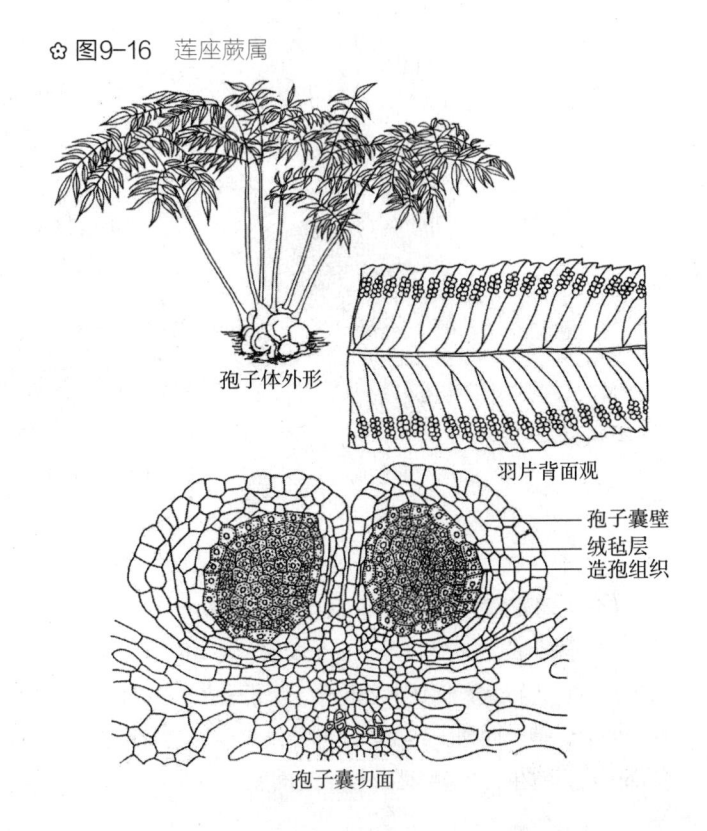

☆ 图9-15 瓶尔小草

☆ 图9-16 莲座蕨属

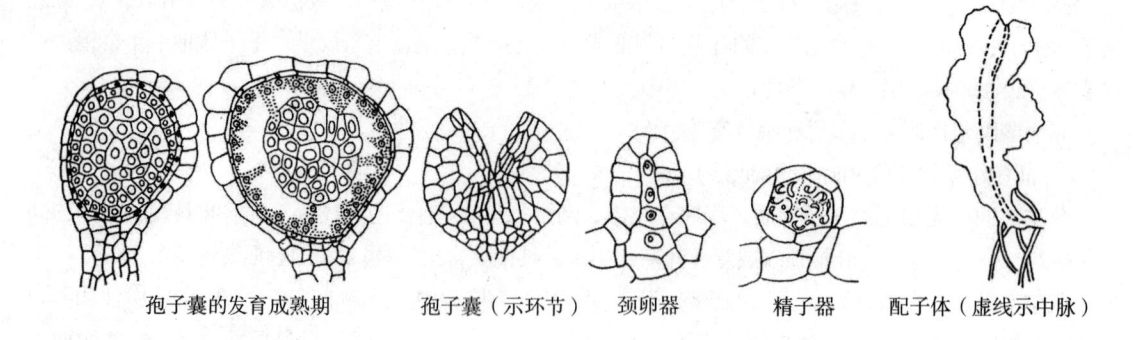

✿ 图9-17 绒紫萁（*Osmunda chytoniana*）的孢子囊和配子体

孢子囊的发育成熟期　　孢子囊（示环节）　颈卵器　精子器　配子体（虚线示中脉）

紫萁属（*Osmunda*）：常见类群。根状茎粗短，直立或斜升，外面包被着宿存的叶基，叶簇生于茎顶端，幼叶拳卷，被棕色绒毛，成熟后叶平展，绒毛脱落。叶为一回至二回羽状复叶。有些种类孢子叶与营养叶异型，营养叶比孢子叶生长期长；而另一些种类孢子叶与营养叶同型，上部羽片生孢子，下部羽片仍为营养性，或者反过来。孢子囊较大，孢子四面体型（图9-18）。

我国约9种，常见的有紫萁（*O. japonica*）和华南紫萁（*O. vachellii*）等。

✿ 图9-18 紫萁属

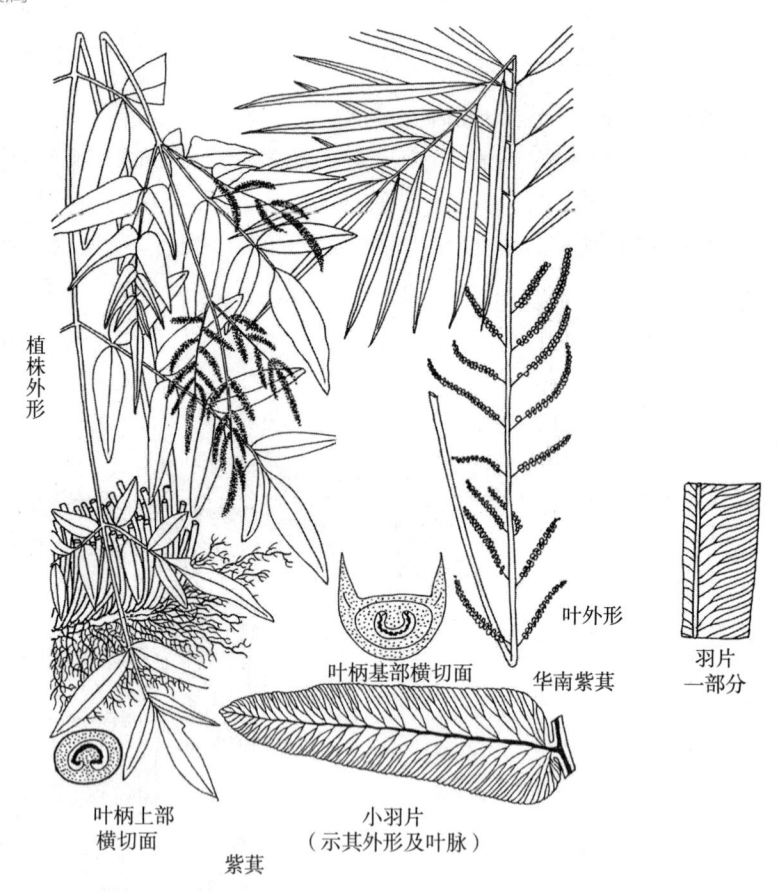

植株外形　　叶柄基部横切面　叶外形　华南紫萁　羽片一部分
叶柄上部横切面　紫萁　小羽片（示其外形及叶脉）

（三）薄囊蕨纲（Leptosporangiopsida）

薄囊蕨纲的孢子囊起源于一个圆锥形原始细胞。孢子囊壁由一层细胞构成，具有各式的环带。绒毡层2层，由单个囊壁细胞分化形成。孢子囊汇集成各式孢子囊群，着生在叶的背面、边缘或少数集生成孢子囊果，孢子同型少异型。配子体地上生，具背腹性。配子器突出，精子器小，游动精子少；颈卵器颈部突出，弯生，颈沟细胞2核，无横隔。

薄囊蕨纲通常划分为3个目，即水龙骨目（Polypodiales）（或称真蕨目Filicales）、苹目（Marsileales）和槐叶苹目（Salviniales）。

1. 水龙骨目

绝大多数为陆生或附生，极少数沼生或水生。孢子囊聚生成各式孢子囊群，具囊群盖或无，原始的类群孢子囊同时发育，较演化的顺序向基发育，演化型则无一定次序，混合发育。孢子同型。现以蕨科（Pteridiaceae）蕨属（*Pteridium*）为例说明本目特征。

孢子体多年生，高达1m左右。根状茎分枝，横卧，被有棕色的茸毛。茎的中柱属多环多裂网状中柱，皮层组织与维管束之间有一圈内皮层，维管束外具维管束鞘，木质部中始式（图9-19）。

✿ 图9-19　蕨的植物体（孢子体）

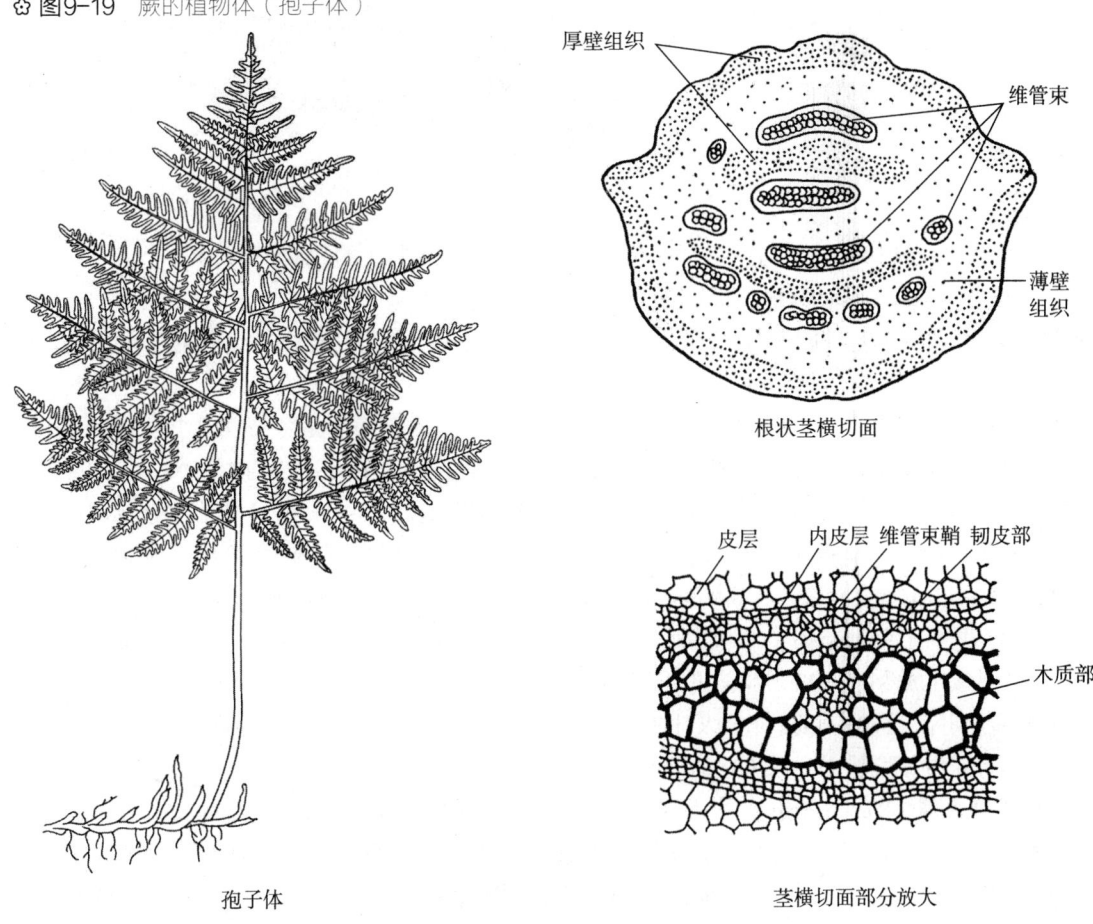

孢子体　　　　　茎横切面部分放大

叶每年从根状茎上抽出，叶柄长而粗壮。叶片大，2～4回羽状复叶。孢子囊群沿叶边缘连续分布。孢子囊壁有1条纵行的环带。环带多数细胞的内壁和侧壁（径向壁）均木质化增厚，留有数个不加厚的唇细胞（lip cell），形成裂口带（stomium）。孢子成熟时，环带从唇处开裂反卷，并将孢子弹出（图9-20）。

孢子散落在适宜的环境中，到了第二年开始萌发，成为配子体。配子体形小，宽约1cm，为心脏形的扁平体，四周仅一层细胞，中部为多层细胞；细胞内含叶绿体，能行光合作用；腹面生假根；雌、雄生配子囊都生在配子体的腹面。颈卵器着生在配子体心脏形凹口附近，其腹部埋在配子体组织内。颈卵器含有腹沟细胞和卵细胞各一个。颈卵器的颈较短，仅5～7层颈壁细胞，并突出体外。当卵成熟时，颈口开裂，颈沟细胞和腹沟细胞分解为胶质体，并部分流出体外，这种物质对精子具有趋化性的刺激作用。精子器球形，外层细胞即精子器的壁突出于配子体的表面。每个精子器产生精细胞30～50个，成熟后，成为螺旋形多鞭毛的游动精子。精子游出后，循着腹沟细胞分解的物质进入颈卵器的腹部，但仅有1个精子能和卵受精。受精卵在受精后2～3h就开始分裂，至4个细胞时，即形成幼胚；幼胚从配子体下面伸出，成为独立生活的孢子体，配子体亦随之死亡（图9-21）。

图9-20 蕨的孢子叶

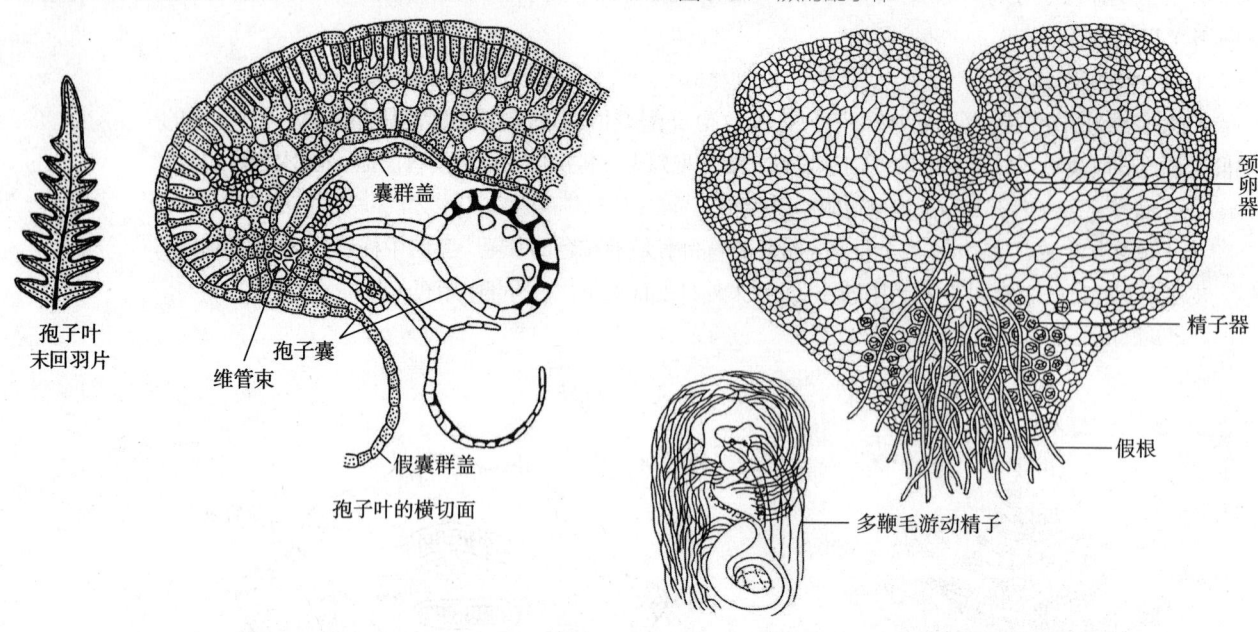

图9-21 蕨的配子体

孢子叶末回羽片

囊群盖
孢子囊
维管束
假囊群盖
孢子叶的横切面

颈卵器
精子器
假根
多鞭毛游动精子

水龙骨目是蕨类中最大的一个目，现存的真蕨亚门植物有95%以上的种属于此目。

（1）里白科（Gleicheniaceae）：根状茎长而横走，具原生中柱，被鳞片或节状毛。叶片一回羽状，或为一至多回两歧或假两歧分枝，每一分枝处的腋间有一被毛或鳞片并为叶状苞片所包裹的休眠芽。叶脉分离，小脉分叉。孢子囊群小而圆，无盖，生于叶片下面小脉的背上，常成1行排列于主脉和叶边之间。孢子囊陀螺形，有1条横绕中部的环带。如铁芒萁（*Dicranopteris linearis*）广布于长江以南各省区，为酸性土壤的指示植物。

（2）海金沙科（Lygodiaceae）：攀缘。根状茎长而横走，具原生中柱，有毛而无鳞片。叶单轴型，叶轴无限生长，细长，缠绕攀缘，沿叶轴长出羽片，一至二回两歧掌状或一至二回羽状，近二型：不育羽片常生于叶轴下部，全缘或具细齿；能育羽片位于叶轴上部，边缘生有流苏状的孢子囊穗；孢子囊大，椭圆形，顶生环带。海金沙（*Lygodium japonicum*）广布我国暖温带及亚热带。

（3）铁线蕨科（Adiantaceae）：根状茎短而直立或细长横走，管状中柱或原始型的网状中柱，被鳞片。叶一型，螺旋状簇生或两行散生；叶柄紫黑色或栗褐色，光亮；叶片一至四回羽状或一至三回二叉掌状分枝，羽片或末回小羽片对开式或扇形；叶轴及叶柄均为黑褐色。孢子囊群紧贴叶缘，长椭圆形或线形，无真囊群盖，由叶缘反卷构成假盖。铁线蕨（*Adiantum capillus-veneris*）广布于长江以南各省区，为钙质土指示植物。

（4）乌毛蕨科（Blechnaceae）：根状茎匍匐或直立，网状中柱，被全缘红棕色鳞片。叶一型或二型，有柄，叶片一至二回羽裂，罕为单叶。叶脉分离或网状。孢子囊群为长的或椭圆形的汇生囊群，着生于与主脉平行的小脉或网眼外侧的小脉上，均紧靠主脉；囊群盖开向主脉，少无盖；孢子囊大，纵行环带。狗脊蕨（*Woodwardia japonica*）为本科的常见种。

（5）鳞毛蕨科（Dryopteriaceae）：根状茎粗短，直立或斜升，网状中柱，被红棕色或褐色鳞片。叶一型，叶柄密被与根状茎同样的鳞片，叶片一至多回羽状或羽裂，两面均无毛或下面疏被鳞片。孢子囊群圆形，背生或近顶生于小脉上；囊群盖圆肾形，以缺刻着生，或为盾形而盾状着生，棕色或褐色。贯众（*Cyrtomium fortunei*）为本科常见种（图9-22）。

（6）水龙骨科（Polypodiaceae）：根状茎长而横走或有时斜升，网状中柱，被鳞片。叶一型或二型，叶脉网状，网眼内具分叉的内藏小脉。孢子囊群生于叶表面或陷生于叶肉内；囊群盖缺。孢子囊具纵行环带。水龙骨（*Polypodium niponicum*）广布于长江以南各省区，附生岩石上。尖齿水龙骨（*P. argutum*）亦常见（图9-23）。

本目常见的种类还有凤尾蕨科的井栏边草（*Pteris multifida*）、蜈蚣草（*P. vittata*）、半边旗（*P. semipinnata*），肾蕨科（Nephrolepiaceae）的肾蕨（*Nephrolepis auriculata*），槲蕨科（Drynariaceae）的崖姜（*Pseudodrynaria coronans*）（图9-23）等。

2. 苹目

小型水生蕨类，草本。根状茎具双韧管状中柱，长有多数发达的根，上生2列叶。孢子囊生于特化

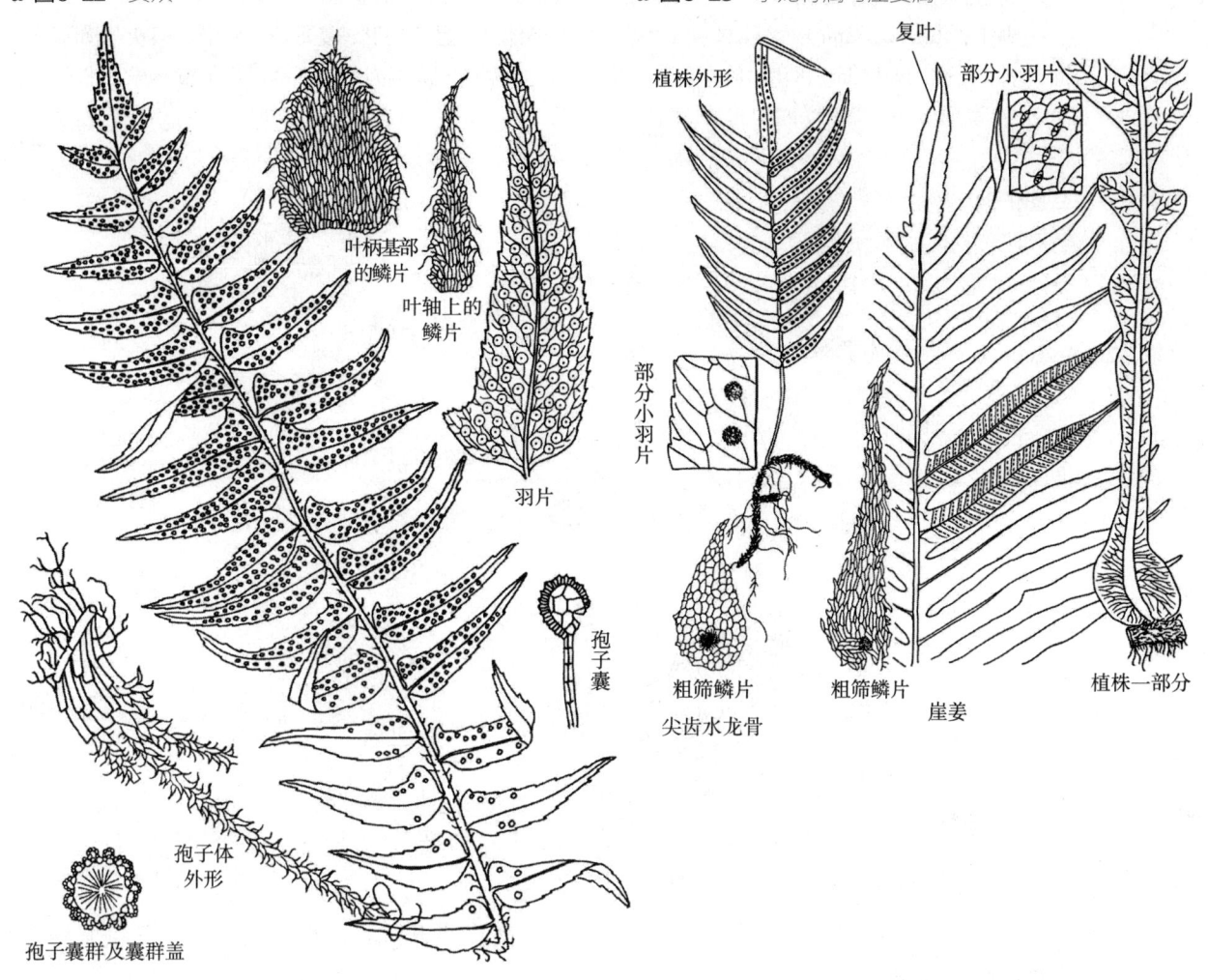

✿ 图9-22　贯众　　　　　　　　　　　　　　　　✿ 图9-23　水龙骨属与崖姜属

的孢子囊果中，孢子囊顺序发生。每个孢子囊果具多数孢子囊群，孢子囊群中大孢子囊和小孢子囊混生。孢子囊果的壁是由羽片变态所形成的。大孢子单生于大孢子囊内，小孢子多数聚生于1个小孢子囊内。苹目仅苹科（Marsileaceae）1科，有3属。我国只有苹属，广泛分布于南北各地。

苹属约70种，我国仅有苹（*Marsilea quadrifolia*），又称四叶苹或田字草。根状茎长而匍匐，二叉分枝，能无限生长，腹面生不定根。茎具双韧管状中柱，外始式木质部，外皮层有通气组织。叶有长柄，由4片小叶组成。小叶倒卵形或倒楔形，二叉脉序，并横结成网脉。

孢子囊果（孢子荚）生于叶柄基部，矩圆状肾形，幼时绿色，密生幼毛；成熟后棕黑色，质硬，无毛。孢子囊果壁由叶片变态而成，内生多数孢子囊群，大小孢子囊同生在一个孢子囊群中。大孢子囊内含1个大孢子，小孢子囊内有32或64个小孢子。孢子囊果在水中开裂，软骨质或胶质环迅速吸水膨胀，并逐渐伸长而突出于开裂的果瓣外，同时将孢子囊群拉出果外，最后环的一端断裂而成绳索状。孢子囊群伸出果外5～6 h后，囊群盖和孢子囊壁开始分解而放出孢子。大孢子、小孢子萌发形成雌、雄配子体，配子体退化，胚胎在4细胞期开始分化，其在孢子内发育的情况与卷柏属相似（图9-24）。

3. 槐叶苹目

漂浮水生植物，生殖时产生孢子囊果，孢子囊果壁是由变态的囊群盖形成，性质完全不同于苹目的孢子囊果壁。孢子囊果单性，大孢子囊果内含1至多个大孢子囊；小孢子囊果内含有许多小孢子囊。孢子囊向基顺序发育。

槐叶苹目有槐叶苹属（*Salvinia*）和满江红属（*Azolla*），在我国均广泛分布。

槐叶苹（*S. natans*）：小型浮水植物，茎横卧于水面，被毛，无根。茎节上3叶轮生：上侧2叶矩圆形，表面密布乳头状突起，背面被毛，漂浮水面，下侧1叶细裂成须状，悬垂水中，形如根，称沉水叶。孢子囊果成簇地着生在沉水叶基部的短柄上。孢子囊果异性，有大、小两种类型。大孢子囊果较小，果内生少数大孢子囊，囊内含大孢子1枚；小孢子囊果较大，内含多数小孢子囊，每个小孢子囊内含小孢子64枚（图9-25）。

满江红（*A. imbricata*）：又称绿苹或红苹。植物形体小，呈三角形、菱形或近圆形，根状茎横卧于水面，羽状分枝，须根下垂水中。叶覆瓦状排列于茎上，无柄，深裂为上、下两瓣：上瓣漂浮于水面，营

图9-24　苹

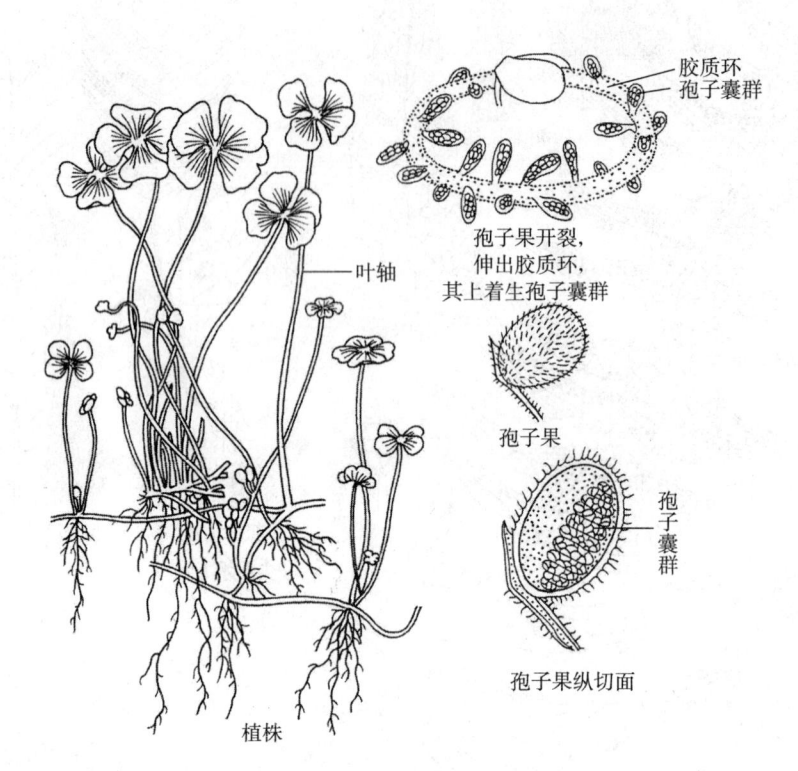

图9-25　槐叶苹

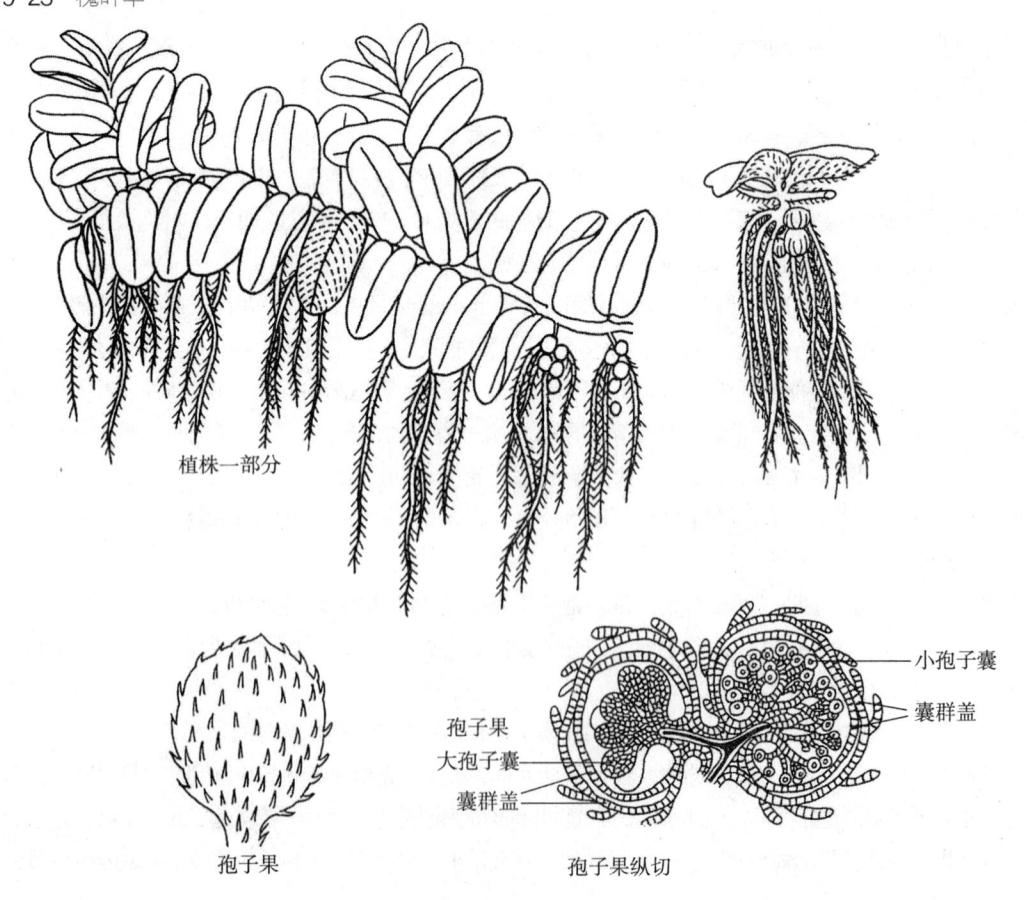

光合作用；下瓣斜生于水中，无色素。上瓣内侧的空隙中含有胶质，并有鱼腥藻（*Anabaena azollae*）共生其中。孢子囊果成对生在侧枝的第一片沉水叶裂片上。孢子囊果异性，有大、小孢子囊果之分。

满江红幼时绿色，成熟时或到秋冬转为红色，使江河湖泊中呈现一片红色，因此称为满江红。槐叶苹亦有相似特征。鱼腥藻能固定空气中的游离氮，故满江红又是良好的绿肥。

第七节 蕨类植物的起源和演化

一、蕨类植物经历的地质年代

蕨类植物是一群古老的高等植物，普遍认为古代和现代蕨类植物可能具有共同祖先。根据化石推测，蕨类植物可能都是来自距今4亿年前的古生代志留纪末期和下泥盆纪时出现的莱尼蕨类。从志留纪到中泥盆纪时，蕨类植物大量出现。而到二叠纪前期，大量蕨类植物相继绝迹，成为古代的化石蕨类。迄今，仅有少数成为孑遗种，而部分种类在三叠纪、侏罗纪又演化出新的种系，并继续繁衍。

二、化石蕨类植物的主要类群

1. 莱尼蕨类（Rhyniophytes）

最早确定的维管植物化石为一类已经灭绝的植物——光蕨属（*Cooksonia*），本属植物茎直立，高数厘米，短圆柱形，二叉分枝，无叶。植物体表皮具角质层，皮层由薄壁组织构成，木质部束由环纹增厚的管胞构成。分枝末端膨大形成造孢组织，其孢子囊外有数层不育细胞构成的壁。孢子同型。具此类共同特征的化石称为莱尼蕨类。

莱尼蕨属（*Rhynia*）与光蕨属相近（图9-26），发现于苏格兰的中泥盆纪地层的莱尼（Rhynie）矿区，最早可追溯到古生代的志留纪（距今4亿~3.5亿年）。植物体分为横卧的根状茎与直立的气生茎两部分，无真根，仅有单细胞突出的假根。直立茎二叉分枝，光滑无叶，内始式原生中柱，表皮具气孔和保卫细胞，似有角质层增厚。孢子囊圆筒形，生于二叉分枝的顶端；孢子囊壁厚，成熟时不开裂。孢子囊腐烂后，四分孢子才散出，孢子同型。

在发现莱尼蕨属的同一地层中还发现了另外一些类似的植物，其中两种为里昂蕨属（*Lyonophyton*）和伞蕨属（*Sciadophyton*），它们为配子体而非孢子体。茎顶端着生扁化的杯状区域，上面有颈卵器和精子器，但无孢子囊。这类植物具直立二叉分枝的茎，具管胞的维管组织，气孔和角质层。由于莱尼蕨属的孢子体和伞蕨属的配子体同时出现，它们可能是同一种类的两个阶段。

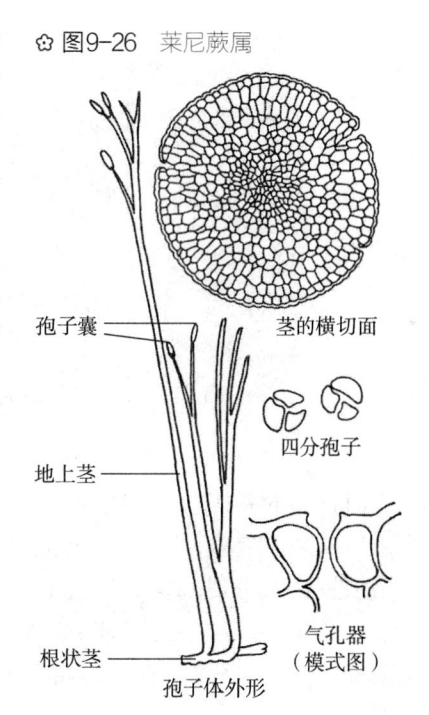

2. 工蕨类（Zosterophyllophytes）

工蕨类植物最早出现于泥盆纪，其代表植物为工蕨属（*Zosterophyllum*），为无次生生长的小型草本，高仅15 cm，茎光滑裸露，二叉分枝，木质部小，具环纹和梯纹增厚。可能生长于沼泽区域，茎上部具角质层的表皮细胞及气孔，但下部由于生活于水下，无这些结构。孢子囊壁数层细胞厚，孢子同型。它们的许多特征与莱尼蕨类一致，但它的孢子囊侧生而非顶生；孢子囊成熟时在顶端边缘横裂；外始式原生木质部，应为一个独特的类群。现代的具大型叶的植物，包括真蕨、松柏类和有花植物，其孢子囊都是顶生而非侧生，与工蕨属不同，因此莱尼蕨属而非工蕨属植物可能是藻类和后来的种子植物之间的过渡类型。但现存的一些维管植物如石松类，具有侧生孢子囊，因此它们可能代表了起源于类似工蕨属的祖先的演化路线。

莱尼蕨类和工蕨类具有如此多的共同特征，很可能它们起源于一个共同的祖先，由莱尼蕨类演化出

✿ 图9-26 莱尼蕨属

孢子囊 — 茎的横切面
地上茎 — 四分孢子
根状茎 — 气孔器（模式图）
孢子体外形

后来的种子植物和真蕨植物的祖先,而工蕨类则演化出石松类植物。

图9-27　镰蕨属

3. 石松类（Lycophytes）

石松类代表着从早期陆生植物演化的一条独特路线,其具侧生孢子囊及外始式原生木质部,因此可能来源于工蕨类型的祖先,至距今3.25亿年的石炭纪发展到鼎盛。

早期的石松类植物为镰蕨属（*Drepanophycus*）（图9-27）和刺石松属（*Baragwanathia*），它们与工蕨类相似,但亦有一些重要区别:其突起大,长达4cm,具有一个单一的发育良好的维管束痕迹,这些突起能有效增加光合作用,可以称为叶,但是是小型叶。此处的"小型"是指其来源于突起而不是指其实际大小,一些植物中,其叶可长达78cm。石松类植物另一个比莱尼蕨和工蕨属演化的特征是具真正的根,有利于固着和吸收,从而孢子体可以长得极为高大,有的种类高达30m以上。

许多消失的石松类植物如鳞木属（*Lepidodendron*）（图9-28）、封印木属（*Sigillaria*）（图9-29）和*Stigmaria*具维管形成层和次生生长,它们

图9-28　鳞木属

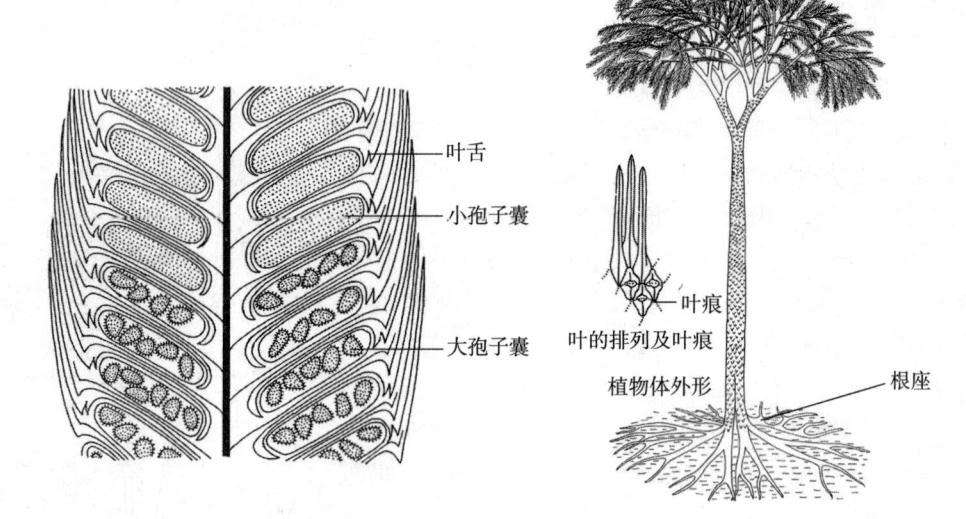

的木材与松树和其他松柏类植物的次生木质部非常相似,具髓、射线和伸长的管胞,但其维管形成层具一个很大的缺陷,细胞不能进行径向分裂,即不能产生新的纺锤状原始细胞,随着木材径向增加,其形成层细胞切向径亦增加,至一定时期其形成层细胞就由于过分伸展而失去功能,因此它们中还没有发现超过10cm厚的木材。

图9-29　封印木属

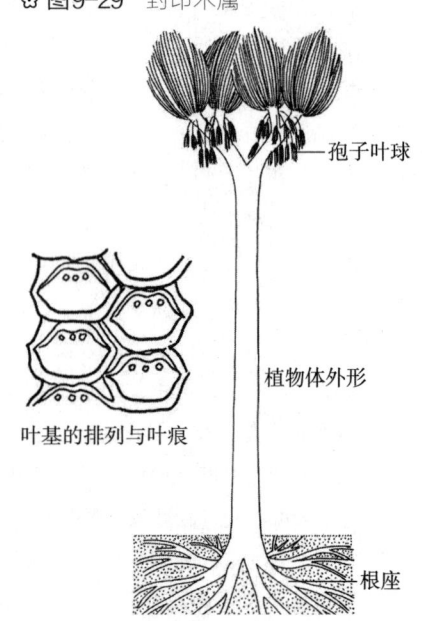

4. 三枝蕨类（Trimerophytophytes）

三枝蕨类是1968年提出来的,包括已经灭绝的3属植物:三枝蕨属（*Trimerophyton*）、裸蕨属（*Psilohyton*）（图9-30）和*Pertica*。它们和莱尼蕨类非常相似,具有二叉分枝的茎,内始式具管胞的维管束,顶生的侧面开裂的孢子囊,孢子同型。但三枝蕨类还有一些特殊的特征,被认为是从莱尼蕨类中演化出来的一个独特类群。最主要的是越顶（overtopping）趋势,其茎不等分枝,在较晚地层出现的种类中由于越顶趋势使主茎和侧枝易于区分,而到了*Pertica*则表现为假单轴分枝,小的侧枝有

的可育，产生孢子囊，有的不育，具叶的功能。

三枝蕨类大约在下泥盆纪从莱尼蕨中分出，一直生存至上泥盆纪，最后演化成现代种子植物、真蕨类和木贼类的祖先而终止。

5. 木贼类（Sphenophytes）

木贼类植物在距今3亿年前的石炭纪时期很繁茂，这类植物形成大型乔木，直径达30cm，高达20m，它们具真正的单轴生长、主茎、侧枝以及真正的叶和根（图9-31）。该类群的演化可通过三枝蕨类追溯至莱尼蕨类，它的两个类群楔叶目（Sphenophyllales）和芦木目（Calamitales）具维管形成层，产生次生木质部，可能同时还产生次生韧皮部，但由于保存的化石不是很好，因此尚不能确定。

木贼类与石松类的维管形成层是各自独立演化的，但它们具有共同的缺陷：纺锤状原始细胞不能进行垂周分裂产生更多的原始细胞，随着木材积累维管形成层被推向外方，木贼类的纺锤状原始细胞最终因太大而失去功能，次生生长消失。

6. 真蕨类（Pteridophytes）

最早的真蕨类出现于距今3.75亿年前的泥盆纪，这些真蕨类化石与现代真蕨很相似。原始蕨属（*Protopteridium*）的小原始蕨（*P. minutum*）是1936年在云南省泥盆纪地层中发现的原始蕨类的重要代表，茎二叉合轴分枝，侧枝的末端扁化成扁平二叉分枝的叶片状（图9-32）。孢子囊着生在具有维管束的小侧枝顶上。

古羊齿属（*Archaeopteris*）也是1936年在云南省中泥盆纪的地层中发现的原始蕨类的重要代表，具有大型、二回羽状的真蕨型叶子，在一个平面上排列着小羽片。孢子囊同型，着生在小羽片轴上，孢子囊内孢子异型。其化石复原图见图11-36A。

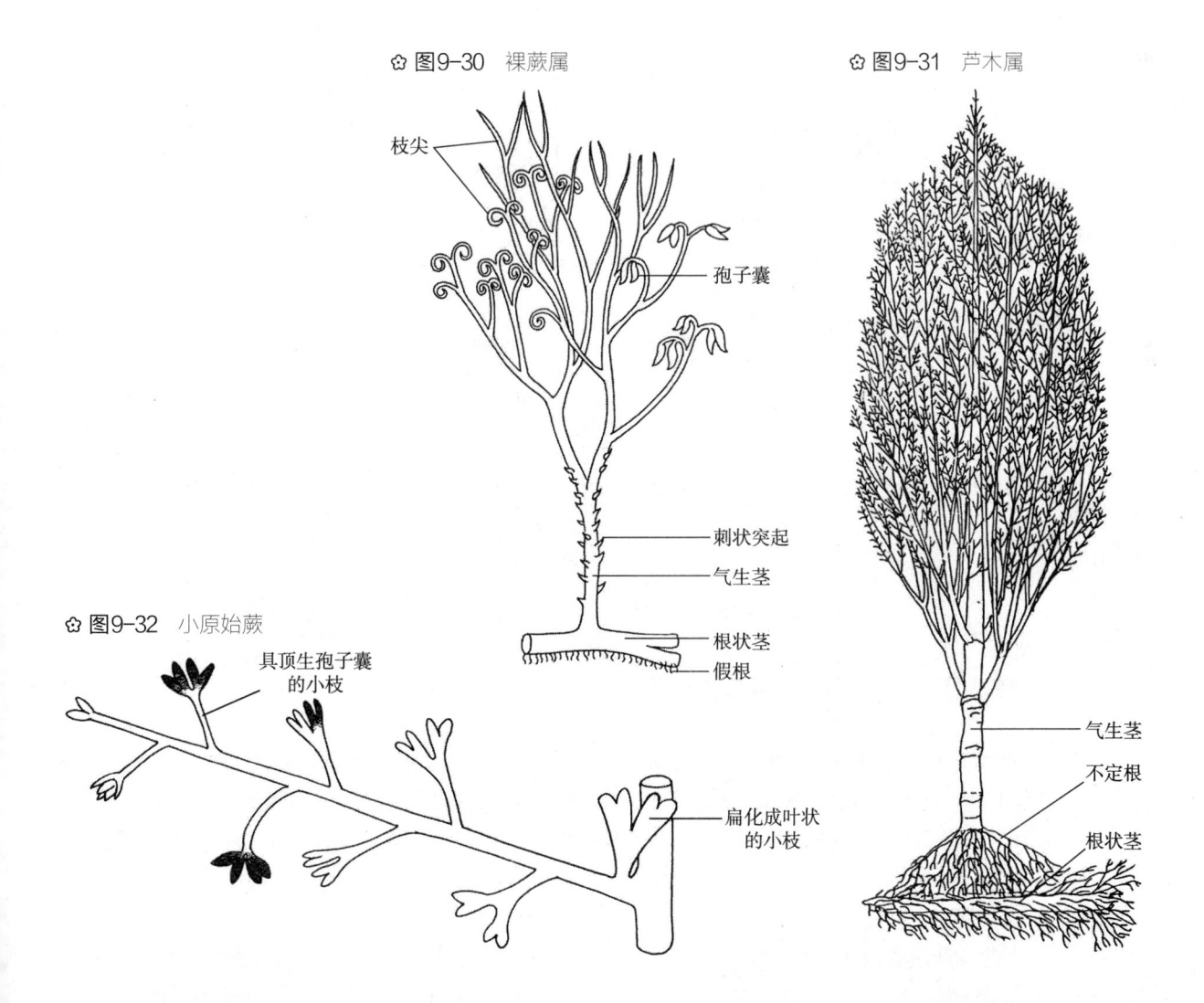

图9-30 裸蕨属

图9-31 芦木属

图9-32 小原始蕨

三、蕨类植物的起源和演化概述

多数学者认为古老蕨类植物起源于藻类，至于起源于哪些藻类植物，则有不同意见。有人认为裸蕨起源于绿藻，其理由主要是：具有相同的叶绿素，贮藏营养物质主要是淀粉类，以及游动细胞有等长鞭毛等特征。

裸蕨类植物（包括莱尼蕨类、工蕨类和三枝蕨类）远在晚志留纪或泥盆纪已经登陆生活，由于陆地生活的生存条件多样，这些植物为适应多变的生活环境而不断向前分化和发展。分子系统学知识的引入改变了传统的很多观点，如叶绿体基因组的研究显示石松类（Lycopsids）是现存的最早维管植物，而松叶蕨位于厚囊蕨中，是瓶尔小草科（Ophioglossaceae）的姐妹群。图为9-33最近提出的一个维管植物的系统发生图。根据这个假设，莱尼蕨类是藻类与维管植物的过渡类群，其通过工蕨类演化出了具侧生孢子囊的石松类（包括包括石松、卷柏和水韭类），而楔叶蕨类、松叶蕨类和其他蕨类植物组成由裸蕨属演化出的一个单系群。

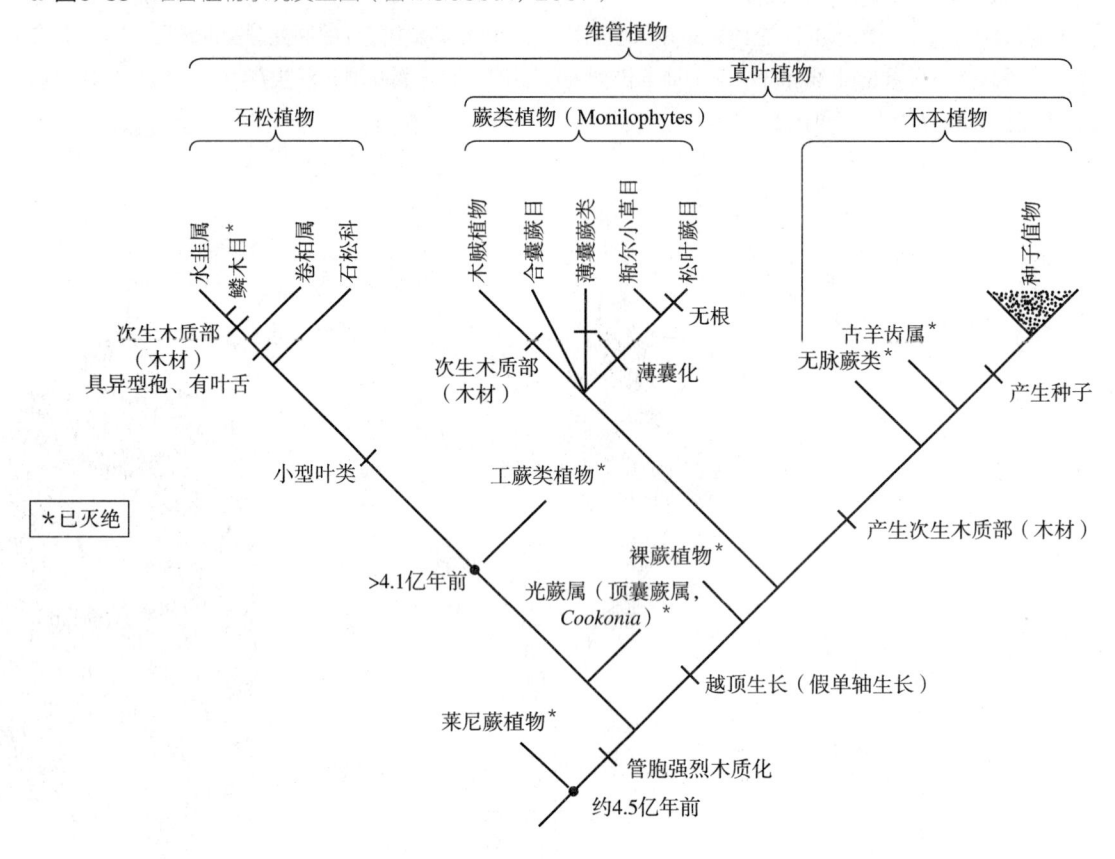

✿ **图9-33** 维管植物系统发生图（自Mauseth，2007）

第八节 蕨类植物与人类生活的关系

蕨类植物是最早的具有输导组织及根以有效吸收和运输水分的植物。高大的古代蕨类改变了它们所生活的环境，它们产生的生物量被沉积下来，由于缺乏氧气，抑制了其腐烂，从而形成大量的煤。古大气中的二氧化碳以煤的形式大量被固定。蕨类植物和人类的关系非常密切，除形成了煤炭的古代蕨类植物为人类提供大量的能源外，现代蕨类植物的经济利用亦是多方面的。

1. 药用

民间常用蕨类植物作为药用。它们被用于治疗痢疾、佝偻病、糖尿病、发烧、眼病、烧伤、创伤、湿疹等皮肤病、麻风病、咳嗽、蚊叮虫咬、产前阵痛、便秘等，还可作为解毒剂。李时珍《本草纲目》

中的记载有不少是蕨类植物。到目前为止，作药用的蕨类至少已达100多种。例如，海金沙孢子治尿道感染、尿道结石，茎用于清热解毒；卷柏用于治痔疮，外敷治刀伤出血；江南卷柏治湿热黄疸、水肿、吐血等症；阴地蕨（*Scepterium ternatum*）治小儿惊风；石松中药名伸筋草，用于祛风湿，舒筋活络；骨碎补（*Davallia formosana*）能坚骨补肾、活血止痛；金毛狗（*Cibotium batometz*）的鳞片能止刀伤出血；槲蕨（*Drynaria fortunei*）能接骨镇痛，治风湿麻木；贯众、绵马贯众（*Dryopteris crassirhizoma*）、紫萁的根状茎均用作贯众，可治虫积腹痛、流感等症，亦用作除虫农药；狗脊根状茎具祛风湿，补肝肾，强腰膝之效；乌蕨（*Stenoloma chusanum*）在民间作治疮毒及毒蛇咬伤药。

2. 食用

早在我国周朝初年，就有伯夷、叔齐二人采蕨于首阳山（今陕西省西安市西南）下，采薇为食的记载。蕨类拳卷的嫩叶浸水后可食用，常被食用的种类有蕨（*Pteridium aquilinum*）、菜蕨（*Callipteris esculenta*）、紫萁以及莲座蕨目的大部分种类。蕨的根状茎富含淀粉，常作凉粉食用，也可酿酒。

3. 工业上的应用

有些蕨类植物也可用于工业生产。石松的孢子可作为冶金工业上的优良脱模剂；还可用在火箭、信号弹、照明弹等各种照明制造工业上，作为引起突然起火的燃料。木贼含硅质很多，民间用于擦拭木器和金属炊具。

4. 林业生产上的指示作用

许多蕨类植物可以作为宜林地的指示植物，同时也是气候分带的指示植物。例如，铁芒萁、里白（*Siplopterygium glaucum*）、狗脊蕨、半边旗（*Pteris semipinnata*）、石松等蕨类植物喜生于酸性土壤；碎米蕨（*Cheilosoria mysurensis*）、肿足蕨（*Hypodematium crenatum*）、铁线蕨、肾蕨等喜生于含钙土壤。

5. 农业上的利用

有些蕨类植物是农业生产中的优质饲料和肥料。例如满江红是很好的绿肥，其干重含氮量达4.65%，比苜蓿还要高；也是猪、鸭等家畜、家禽的良好饲料。蕨、里白和铁芒萁的叶子富含单宁质，不易腐朽，质地坚实，容易通气，用它垫厩，不但可作厩肥，还可减少厩圈病虫害的孳生；也是常绿树苗蔽荫覆盖的极好材料。

6. 观赏

很多蕨类体态优美，能适应低光照条件，并且不易感染虫害，因此是时下最受欢迎的室内观赏植物，而在室外亦广泛被用于装饰观赏。目前在温室和庭院中广泛栽培的有肾蕨、铁线蕨、翠云草、鸟巢蕨（*Neottopteris nidus*）、鹿角蕨（*Platycerium bifurcatum*）、桫椤（*Alsophila spinulosa*）、崖姜和莲座蕨等。

小 结

维管植物包括蕨类植物和种子植物。

维管植物的出现和完善导致植物体高度分化和形成复杂的根、茎、叶系统。

中柱的概念虽然有一定的局限性，但用以说明根、茎维管系统发育仍具有一定意义。中柱的各种类型中，古蕨的原生中柱是种子植物真中柱的源头，通过髓形成作用把维管柱分割成若干维管束。

蕨类植物具有真正的根、茎和叶分化，属于原始的维管植物，同时也是颈卵器植物和有胚植物，但其主要依靠孢子进行繁殖，因此又属孢子植物，或者无种子的维管植物。蕨类植物的孢子体和配子体均可独立生活，但生活史中以孢子体占优势，幼孢子体仍需配子体供给养分。蕨类植物门可分为5个亚门，其中松叶蕨亚门、石松亚门和水韭亚门为具小型叶类群，楔叶蕨亚门和真蕨亚门为具大型叶的类群，真蕨类是现存种类最多的类群。分子系统学的证据显示，石松类为一个单系的类群，而木贼类、松叶蕨类和其他所有蕨类植物组成另一个单系的类群。

思考题

1. 维管组织的出现在植物演化中有何重要意义？
2. 中柱有哪些主要类型？原生中柱是如何演化成真中柱的？
3. 什么是小型叶？什么是大型叶？根据什么来划分？
4. 蕨类植物的孢子囊有哪些特征？在演化过程中，孢子囊如何演化？
5. 试述蕨类植物生活史。
6. 松叶蕨具有较多的原始性状，表现在哪些方面？
7. 指出石松目和卷柏目的主要区别。
8. 蕨类植物中的厚囊性发育和薄囊性发育各有何特征？
9. 最早的陆地植物可能是哪一类？它们如何演化？

数字课程学习

● 彩色图库　　● 名词术语　　● 拓展阅读　　● 教学PPT

第十章 裸子植物亚门（Gymnospermae）

种子植物概述

能够产生种子，并用种子来繁殖的植物，称为种子植物（seed plant，spermatophyte），它包括裸子植物和被子植物，组成种子植物门（Spermatophyta）。种子植物自泥盆纪（Devonia）产生，由于营养器官和繁殖器官空前的完善，获得了比蕨类植物更适应于地球环境的能力，迅速成为地球植被的主导者。

一、种子植物的特征

种子植物的孢子体特别发达，具有发达的根系，植物体的形态多种多样，生活方式和生活环境千变万化；具有真中柱，内外并生型维管束，形成层和次生生长；大型叶；输导组织最初只有管胞和筛胞作为运输水分和营养的管状分子，后来发展出导管、筛管和伴胞，使得输送物质的效率大大提高；支持组织也由兼具输水和机械支持作用的管胞发展出了木纤维，内部结构和分工愈来愈细，外部形态也随着环境压力而引起适应性变化；叶片的结构、表皮气孔、毛被等附属物，对调整植物的蒸腾，最大限度地摄取阳光和CO_2，进行光合作用、制造养分发挥了最大的作用。

种子植物孢子体世代异常复杂，配子体世代高度简化。孢子异型。由大小孢子囊产生的大小孢子萌发成雌雄配子体，均不能离开孢子体独立生活。小孢子在小孢子囊内发育形成了原叶细胞、管细胞和生殖细胞；大孢子母细胞经减数分裂后形成4个链状排列的大孢子，只有远珠孔端一个大孢子继续发育成雌配子体。它和蕨类植物最大的不同是孢子产生后不是散布出去、离开母体萌发，形成能够独立生活的配子体，而是留在母体中萌发，特别是雌配子体的发育一直停留在大孢子囊内，直到经过受精作用形成胚和种子才离开母体。在雌雄配子体内分别产生了雌配子（即卵）和雄配子（即精子），由于花粉管的出现使精卵的结合彻底摆脱了受精过程对水的依赖。完成受精作用的最终场所是胚珠，最终结果便是产生了种子。种子由种皮、胚和胚乳三部分组成。种皮由珠被发育而来，是前一代孢子体的一部分；胚是精卵结合的结果，代表着新生的孢子体；胚乳是贮藏在种子中的营养组织，能够供给种子萌发的需要，直到它长成独立的植物体。在裸子植物中，胚乳是未经受精的产物，是雌配子体的一部分，因而是单核相的。在被子植物中，胚乳是受精的产物，是1个精子和2个极核结合的结果，因而是三核相的。

具有胚珠、花粉管和种子，是种子植物最为本质的构造，也是和现存地球上其他植物类群最根本的差别。胚珠、花粉管和种子是植物演化过程中革命性的转折，营养器官和内部结构的协同演化，千差万别的自然环境和气候条件，风媒传粉以及后来发展出来的虫媒等传粉方式，导致无数新的种子植物的诞生，使种子植物在地球上兴起、扩大，最终取代了其他植物类群，形成地球上最大的一门植物——种子植物门。种子植物现存万余属，约23.6万种。

种子植物无疑脱胎于孢子植物，但现存的孢子植物，包括蕨类植物，均不是种子植物的祖先。关于这一点，我们将在裸子植物起源的讨论中涉及。但是由于历史的原因，现在使用的有关种子植物的名词术语，和一部分用于孢子植物的名词术语是相同的。我们在使用这部分名词时，必须注意它们之间有着一定的联系，更重要的是分清它们之间的本质差别。比如种子植物的"花"，它的机能是产生大、小孢子，这和孢子植物的孢子叶球是基本相同的。"花"和孢子叶球不同，因为它后来又是有性生殖进行的场所，雌雄配子体的发育、传粉、受精、胚和种子的发育，都是在"花"中完成的。从植物的系统发育来看，"花"是种子植物特有的、兼行无性生殖和有性生殖的结构。这和具有孢子叶球的孢子植物是不同的，后者仅是无性生殖的场所。因此，我们有时在种子植物中使用"大孢子叶"、"大孢子叶球"、"小孢子叶"、"小孢子叶球"时，其概念是属于种子植物的，而不是孢子植物的。

下面列出的孢子植物和种子植物生殖器官上术语的比较，可以作为学习这两类植物在系统发育可能的联系时参考，是并不等同的：花（球花）-孢子叶球；雄蕊-小孢子叶；花粉囊-小孢子囊；花粉母细胞-小孢子母细胞；花粉粒（单核期）-小孢子；花粉管和精核等-雄配子体；心皮-大孢子叶；珠心-大孢子囊；胚囊母细胞-大孢子母细胞；胚囊（单核期）-大孢子；胚囊（成熟期）-雌配子体；胚乳-部分雌配子体（裸子植物）或受精产物（被子植物）。

二、种子植物的分类

把种子植物作为一个门看待，其共同的特征是具有胚珠、花粉管和种子。但根据胚珠着生在大孢子叶即心皮上是否为心皮所包裹，花粉粒在柱头上萌发还是在胚珠中萌发可以划分为两类种子植物。一类是胚珠和种子生于开放的大孢子叶上，或大孢子叶柄的上端，或生于无叶的轴的上端，花粉粒在胚珠中萌发，这就是裸子植物（gymnosperms）；另一类是胚珠和种子为心皮所包裹，形成由子房、花柱、柱头构成的雌蕊（pistil），花粉粒在柱头上萌发，最后形成果实，这就是被子植物（angiosperms）。心皮在种子植物中也称大孢子叶（carprophyll）。

裸子植物保留颈卵器这一特殊雌性生殖器官，与苔藓植物、蕨类植物同称为颈卵器植物，但它作为有种子的维管植物，配子体寄生在孢子体上，绝大多数种类具有颈卵器，小孢子萌发形成花粉管，同时与被子植物一样由胚、胚乳和珠被等形成种子，但不形成雌蕊和果实。

第一节　裸子植物的特征

裸子植物的孢子体特别发达，均为多年生木本植物，大多为单轴分枝的高大乔木，有发达的主根。分枝常有长枝和短枝之分，长枝细长，无限生长，叶在枝上螺旋排列；短枝粗短，生长缓慢，叶簇生枝顶。具有真中柱、形成层和有次生生长。输导组织多为管胞而非导管，筛胞而非筛管、伴胞。大型叶针形、条形或鳞片状，极少数为扁平的阔叶。条形叶面的气孔单列成气孔线，叶背的气孔线多条紧密排列成浅色的气孔带（stomatal band），气孔带之间凸起的绿色中脉区为中脉带，气孔带与叶缘之间的绿色区为边带。

孢子叶大多聚生成球果状（strobiliform），称为孢子叶球。孢子叶球单生或多个聚生成各式球序，常为单性同株或异株。小孢子叶（雄蕊）聚生成小孢子叶球（雄球花，staminate strobilus），每个小孢子叶下面生有贮满小孢子（花粉）的小孢子囊（花粉囊）。大孢子叶（心皮）丛生或聚生成大孢子叶球（雌球花，female cone），在不同的类群，大孢子叶分别被称为珠鳞（ovuliferous scale）、套被；无叶状体的银杏生胚珠的部分则被称为珠领（collar）。胚珠由珠被（大孢子囊外侧附属物）、珠心和珠柄组成，顶端有珠孔（micropyle）。珠心顶部常有贮水的贮粉室（pollinic chamber），或珠孔附近的外珠被伸长形成珠孔管（micropylar tube）。配子体非常微小，构造简单，完全寄生在孢子体上。雌配子体由大孢子发育而成，下端的雌配子体就是未来种子的胚乳；顶端则生有2个或多个颈卵器，或极少数不生颈卵器。雄配子体先在小孢子囊开始发育，到具有3或4个细胞时由风力传播，到达珠孔时继续发育，形成花粉管，内有两个游动或不游动的精子。

裸子植物胚的发育通常具有前胚阶段，并伴随着多胚现象。

种子由胚、胚乳和种皮等组成。胚来源于受精卵，是新一代孢子体；胚乳来源于雌配子体；种皮来源于珠被，是老一代的孢子体，并经由内外种皮皆有维管束通过，到仅在内种皮上具有维管束，到最后种皮中缺失维管束。种子除由珠被发展为种皮外，还具有由大孢子叶等变态的假种皮包围着种子，或种鳞（seed scale；果鳞，cone scale）托护着种子。大孢子叶聚生成为球果（strobilus，strobili）（图10-1）。

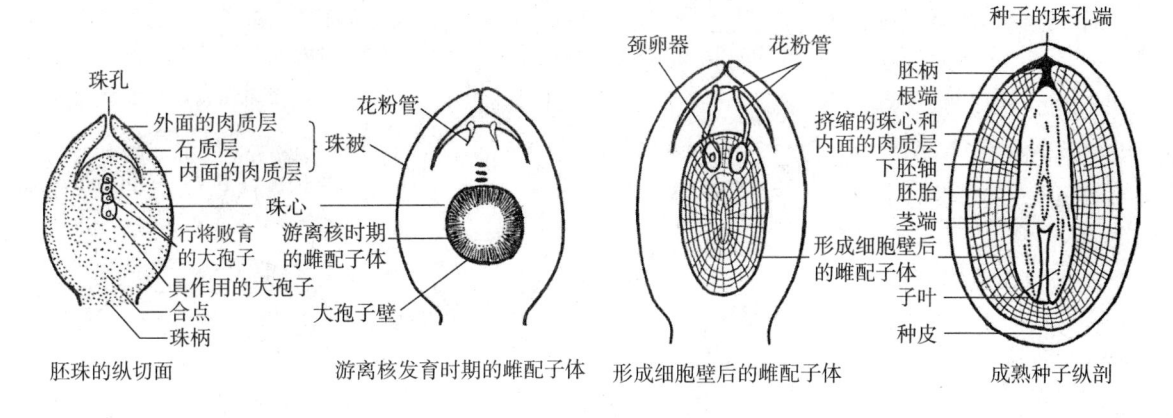

☆ 图10-1 裸子植物种子的发育过程及其结构

第二节 裸子植物分类

由于起源的年代久远，漫长的地质变迁，现存裸子植物是大浪淘沙的结果，在系统发育上十分不连续；由于它们在生殖行为和种子发育过程大体一致，把这些不连续的类群归为裸子植物只是为了方便认识它们。

根据大孢子叶的形态，结合配子体，特别是雌配子体的发育，可以把裸子植物亚门（Gymnospermae）划分为苏铁纲（Cycadopsida）、银杏纲（Ginkgopsida）、松柏纲（球果纲）（Coniferopsida）、紫杉纲（红豆杉纲）（Taxopsida）及买麻藤纲（Gnetopsida）（或盖子植物纲Chlamydospermatopsida）5个纲。

裸子植物发生于古生代末期，中生代最盛，到现代仅有800余种，分属12科71属。我国是裸子植物种类最多、资源最丰富的国家，有11科41属236种。引种栽培的有7属51种。国产种类有许多被称为"活化石"如银杏、银杉、水杉、水松等植物。它们大多数是林业生产的重要用材树种，提供了像纸浆、树脂、栲胶等医药、化工等工业原料，少数如榧树提供了著名的干果"香榧子"，某些种类的"松籽"亦供食用，如马尾松等多种，杉、竹柏是荒山绿化的首选树种，它们耐土壤贫瘠、干旱，强大的根系有助于水土保持，郁闭后为其他动物的栖息、后续植物阔叶树的生长提供了庇护条件。

一、苏铁纲（Cycadopsida）

苏铁纲植物茎干埋于地下或成柱状，常不分枝，茎内形成层活动弱、生长缓慢，皮层与髓部发达，常具黏液沟。皮层和髓部与维管束的比例相对较大，因此苏铁的木材被称为"疏木"（manoxylic）。具树蕨状或棕榈状的羽状复叶和鳞片叶，羽状叶脱落后在茎上留下叶基（leaf base）。大小孢子叶球单性异株，集合成疏松的大孢子叶球，从羽状分裂到盾状，胚珠生于孢子叶两侧，多数到仅2枚。胚珠大型，珠被两层，内外两层均具维管束。小孢子叶球球果状，小孢子叶鳞片状，小孢子囊数个聚生、密布于小孢子叶的背面，厚囊性发育。小孢子单槽，精子多鞭毛。种子大，种皮厚，外种皮肉质，中种皮骨质，内种皮膜质，子叶2枚，胚乳丰富。

（一）分类及代表植物

本纲现存仅1目1科，约9属100种左右，其中4属产于美洲，2属产于非洲，2属产于大洋洲，1属产于东亚，具有极其典型的洲际间断分布区。有的学者将苏铁类分成3科，甚或5科。

苏铁科（Cycadaceae）：我国仅有苏铁属（*Cycas*），约25种，常见的是苏铁（*Cycas revoluta*）（图10-2）和华南苏铁（*C. rumphii*）等。

苏铁具有独立的柱状主干，通常不分枝。真中柱，内始式木质部，次生木质部的管胞具有多列圆形的具缘纹孔。形成层的活动仅维持一个短时期，继而被由皮层相继发生的形成层所替代。髓具有与黏液沟相连的、独立的维管束系统。圆锥根粗大，深入土中。侧根皮层内有鱼腥藻（*Anabaena cycadeae*）寄居。叶二型，一为鳞片叶，长卵形，先端尖锐，密被褐色毛，紧密排列在茎上，宿存；另一为营养叶，成羽状深裂叶，大型，柄基部小羽片成刺状，羽片具中肋而无侧脉，幼时似蕨而向内拳卷（图10-2）。

图10-2 苏铁

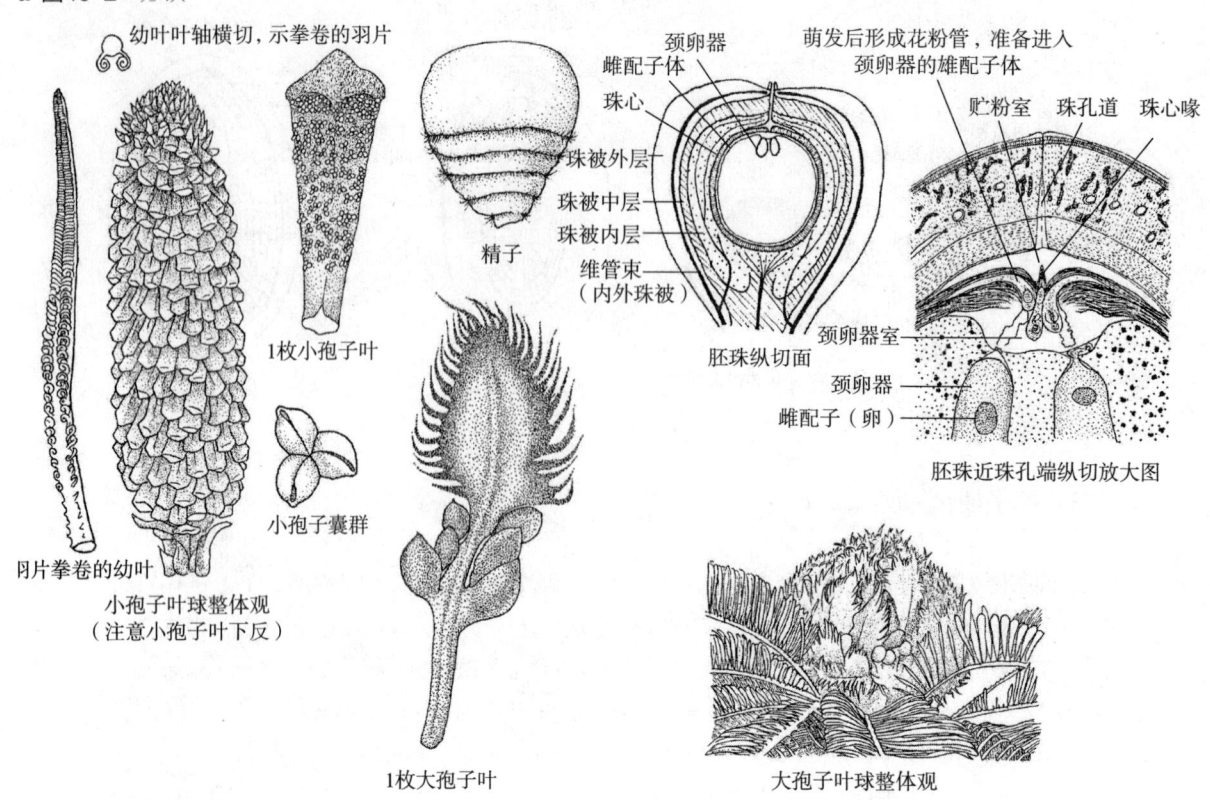

营养叶生活可达数年，脱落后在茎干上留下永久性的叶基，与鳞片叶一起组成胄甲状的被覆物。

雌雄异株。小孢子叶稍扁平、肉质、盾状，螺旋状紧密地排列成长椭圆柱形的小孢子叶球，生于茎顶。每个小孢子叶下面生有许多由2~5个小孢子囊组成的孢子囊群（聚囊）。囊柄粗大，囊壁由数层（3~6层）细胞构成，借表皮细胞不均匀增厚而纵裂，类似于环带。这是裸子植物中，孢子囊机械组织构造类似于蕨类植物的唯一代表。

大孢子叶密被黄褐色茸毛，先端羽状分裂，或成为盾状，基部柄状，柄的上端生有2~8个胚珠。大孢子叶丛生于茎顶，形成疏松的孢子叶球，或成球果状。胚珠直立，珠被单层，随着胚珠的发育分化成3层：内外两层均有维管束通过，中层由石细胞组成。珠心厚，顶端具贮粉室。

小孢子母细胞经减数分裂和有丝分裂，形成4个小孢子；小孢子有2层细胞的壁，外壁甚厚。小孢子经3次分裂，形成1个原叶细胞、1个管细胞和1个生殖细胞，这时3个细胞组成的雄配子体称作花粉粒；花粉粒从孢子囊释出，经由风力或昆虫传送，到达胚珠中充满传粉滴的珠孔道，由于传粉滴干涸而进入贮粉室。花粉管伸长，顶端分枝，侵入珠心，类似于银杏，随着珠心解体，贮粉室扩大，花粉管进入雌配子体上的颈卵器腔。在花粉管伸长时，生殖细胞一分为二，产生1个不育细胞（sterile cell；柄细胞，stalk cell）和1个精原细胞（spermatogenous cell；体细胞，body cell），精原细胞再一分为二，产生2个精子，精子鞭毛极多，陀螺形，直径可达0.3mm，肉眼可见，是生物界最大的精子。

胚珠的珠被下半部与珠心相连，上半部则分开，顶端留一孔，即珠孔。在珠心，一细胞膨大成为大孢子母细胞，经减数分裂形成一列4个大孢子，近珠孔端的3个退化，仅最内1个存留继续发育。开始是核的反复分裂，并分布在四周，中央是1个大液泡，然后每一个细胞核与周围细胞质组成细胞，分泌出细胞壁，新细胞逐渐向中央生长，直至充满整个雌配子体。此时，在配子体近珠孔的一端，生长数个颈卵器，颈卵器有1个极大的卵，直径达500μm，颈细胞4个，无颈沟细胞，腹沟细胞1个且很快解体。雌配子体发育时胚珠也同时长大，珠心层由雌配子体蚀去，但在颈卵器的上方留下称为颈卵器室（archaegoniae chamber）的空隙。

精子成熟时，花粉管先端破裂，两个精子和一些液体被射入颈卵器室，通过颈卵器的颈，到达卵细胞质内部，鞭毛带脱开，精核与卵核结合，形成合子。若有几个精子同时进入颈卵器，只有其中1个雄核与卵结合，其余精子最后解体。

合子形成后，反复进行游离核分裂，形成一层紧贴细胞壁的细胞质，内含许多核（60～1 000），随后每一核与部分细胞质组成细胞，分泌出细胞壁。细胞形成自颈卵器下端开始，逐渐地向着颈部；其中一部分仍然保持着游离核状态，并和围绕着它们的细胞质最终解体，形成空洞。这就是未分化的前胚。前胚分化缓慢，基部的细胞分裂伸长，形成长而卷曲的胚柄，前胚的末端发育成胚，胚顶端有细胞壁增厚的胚帽。由于胚柄的发育伸长，胚的前端穿过坚韧的卵膜，将胚推入雌配子体中。苏铁的多胚现象是由几个颈卵器中的合子发育而来，属于简单多胚，通常只有1个胚能正常发育。种子成熟时，有2枚大形的子叶和稍指向珠孔端的大形圆柱体的胚根。珠被外层发展为厚肉质的外种皮，中层发展为由石细胞构成的硬壳，内层为一纸质层，成熟时即破裂。此外，成熟种子含有充满营养物质的配子体残余，即胚乳（图10-3）。

苏铁的种子无休眠期，种子的萌发由胚的伸长、珠孔区域的石质种皮破裂和胚根伸出而开始。子叶仅基部从种子中突出，经数星期或更长时间，在两片子叶间才出现第一片真叶。

✿ 图10-3 苏铁属植物的生活史

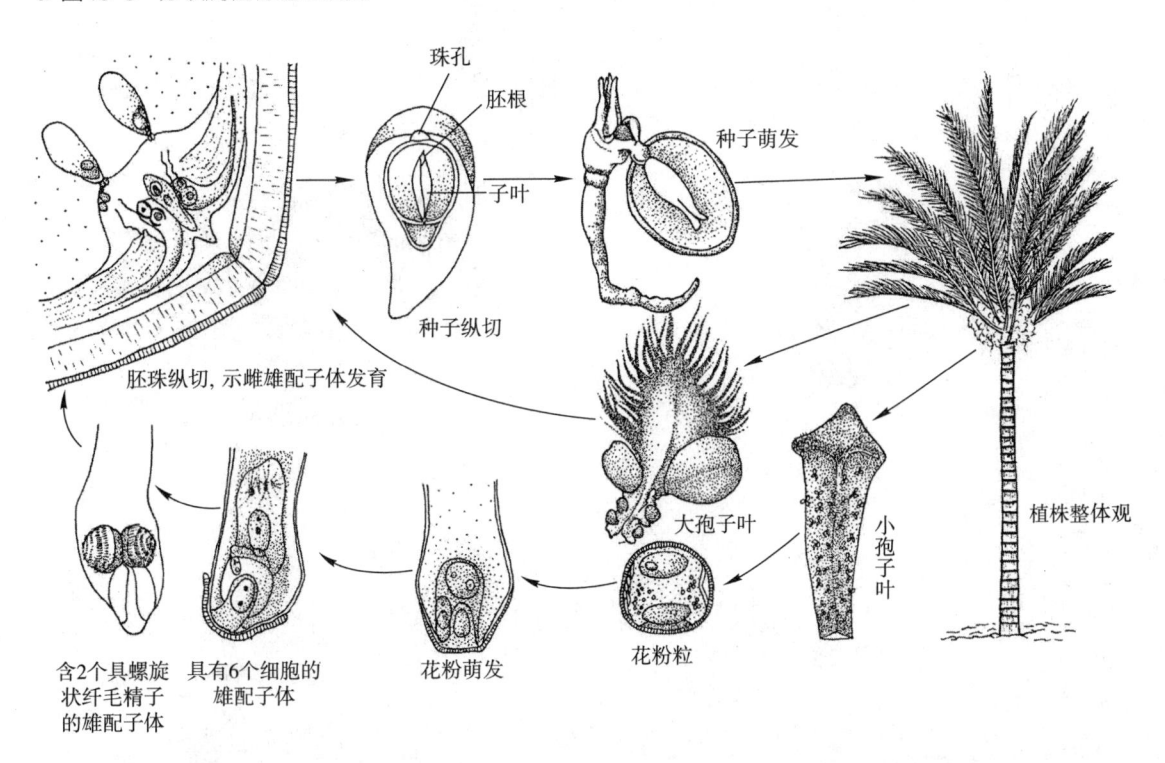

（二）系统发育

苏铁的孢子体具有较多的原始特征，是具种子的维管植物中唯一具有大型蕨状叶、羽叶在幼时拳卷的现存类群。茎顶生球果状的大小孢子叶球之后，继续营养生长，长出新叶，来年又发育出新的大孢子叶球，这种较为原始的"出芽现象"在被子植物的少数类群中还存在。大孢子叶羽状分裂，胚珠生于大孢子叶的基部。相较于其他苏铁纲植物，苏铁属的大孢子叶着生多数的胚珠，是现存苏铁纲中最原始的种类。与苏铁属不同，泽米苏铁（*Zamia*）等的大孢子叶已经简化成盾状，胚珠减退至2枚。表明苏铁纲不但在纲内，甚至在属内也存在着系统演化（图10-4）。

二、银杏纲（Ginkgopsida）

银杏纲植物为落叶大乔木，多分枝，有长短枝之分。叶扇状，顶端常2裂，二叉脉序。孢子叶球单性异株，精子多鞭毛。种子核果状。

（一）分类及代表植物

本纲现存仅1目1科1属1种。

银杏（*Ginkgo biloba*）：为孑遗种，我国特产。它的起源可以追溯到二叠纪，距今2.25亿年左右，中生代遍布于全世界，那时的化石银杏叶的印痕与现代的银杏就没有什么分别。银杏生活史如图10-5。

银杏是高大而多分枝的乔木，具分泌腔或分泌细胞。具有顶生营养性长枝和侧生的生殖性短枝。长枝髓小、皮层薄、木质部甚厚，短枝髓大、皮层厚、木质部甚窄。具内外并生型管状中柱，内始式木质部，原生木质部仅由螺纹管胞组成，后生木质部为孔纹管胞，次生木质部由圆形具缘纹孔管胞组成，年轮明显。由于在木材中髓部与皮层所占的比例较低，木射线较窄，相对于苏铁来说属于"密木"（pycnoxylic）。叶扇形，具长柄，叶顶端具波状缺刻或全缘，叶基楔形或为肾状，叶脉二叉分枝状。在长

图10-4 苏铁纲大孢子叶的演化

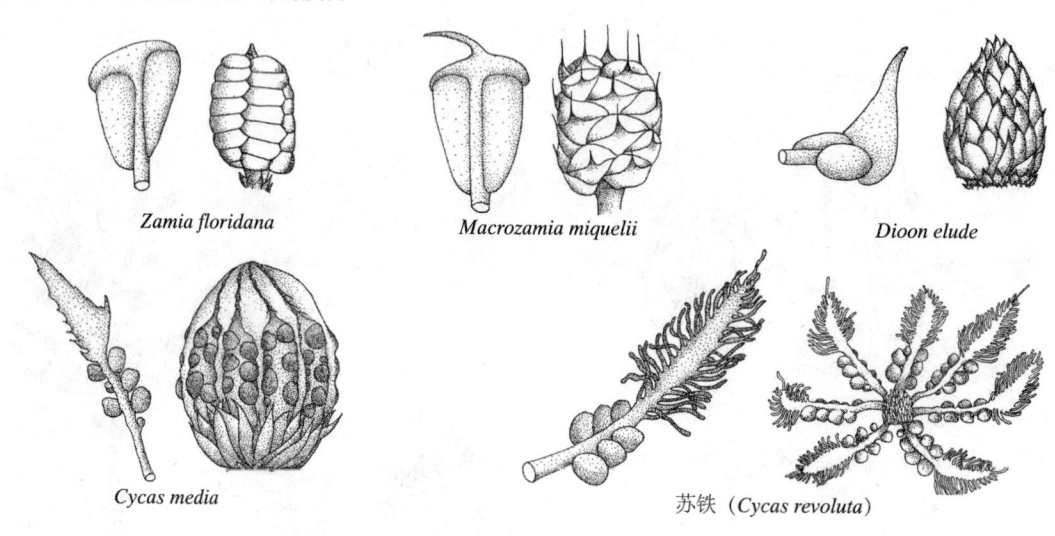

Zamia floridana　　*Macrozamia miquelii*　　*Dioon elude*

Cycas media　　苏铁（*Cycas revoluta*）

图10-5 银杏的生活史

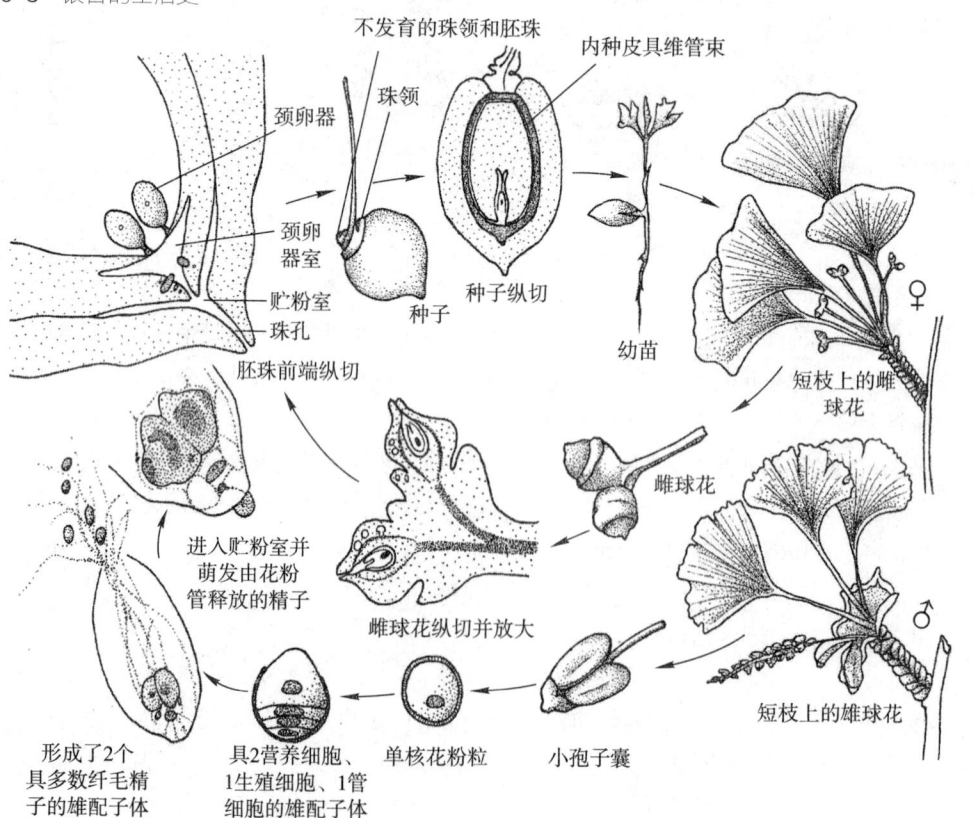

枝上的叶螺旋状排列，为2/5式、3/8式或5/13式，先端2深裂；短枝由于生长很慢，叶在枝条顶端成簇生，叶顶端不裂或浅裂。短枝在生长若干年后亦可以伸长为具螺旋状排列叶的长枝。1个或多个分泌沟伴随着两条维管束进入叶柄，每一条维管束反复一分为二成叉状脉序。

小孢子叶球成柔荑花序状，生于短枝顶端的鳞片腋内，鳞片具长柔毛，鳞片相当于苞片，表明它是一单花而非花序。小孢子叶有1短柄，柄端有2个（稀3或4个，或甚至7个）小孢子囊组成的悬垂的小孢子囊群。小孢子囊壁由4～7层细胞组成，表皮细胞为薄壁细胞，表皮下有一层带纹增厚的细胞带，起着囊壁内向纵裂的作用。小孢子母细胞减数分裂，形成4个小孢子。小孢子长圆球形，纵轴有一凹陷的远极槽，舟状，外壁有微细的突起。

大孢子叶球极为简化，具1长柄，柄端具有2个环形的珠领（collar）。珠领上各生1个直生胚珠，其中只有1个成熟，作为例外也可发育若干个胚珠（可多达15个）。每个胚珠具一层厚珠被，珠孔道狭长，花粉室充满糖液。

小孢子在小孢子囊内就开始萌发，首先分裂形成1个分生组织原始细胞和1个很快消失的透镜形细胞——第一原叶（营养）细胞，接着分生组织原始细胞又分裂成1个精子器原始细胞和很快消失的第二原叶（营养）细胞，最后精子器原始细胞分裂成为1个较小的生殖细胞和1个较大的管细胞。发育到4个细胞，即2个营养细胞、1个生殖细胞、1个管细胞的雄配子体又称为花粉粒，此时小孢子囊破裂，花粉粒由风力吹送到胚珠上继续发育。

单独的大孢子母细胞产生在珠心与珠被大约分开的地方，减数分裂产生链状排列的四分体，其中只有远珠孔端的1个发育、增大，细胞核不断分裂，并不立即形成细胞壁，排列在中央大液泡的周围，细胞核的分裂系由合点端向珠孔端方向推进。游离核阶段称为多核阶段。在游离核分裂结束时，开始由多核细胞的周围发生垂周壁，结合一些小泡，转变成了细胞，这就是雌配子体。珠孔端雌配子体产生颈卵器，常为2个，亦可有1～5个变化。颈卵器产生时，靠近珠孔端的雌配子体的1个表面细胞，通过平周分裂形成1个大的中央细胞和1个较小的初生颈细胞，后者分裂形成1对颈细胞。中央细胞核分裂产生1个腹沟细胞核和1个卵核，2个颈细胞各分裂一次形成4个细胞的颈。大孢子发生与珠心上部贮粉室的形成是同步的，在珠孔端的珠心内部一群细胞增大，随后退化，产生一个腔室，最后腔室上的珠心表皮破裂，形成了有大开口的贮粉室。颈卵器发育完成后，一个独特的配子体组织柱（称为"帐篷柱"）突起在颈卵器与贮粉室之间。这个柱首先延伸到贮粉室下面的珠心组织，最后珠心组织和大孢子膜的相邻区域开始毁坏，产生一个颈卵器腔，这时围绕中央"帐篷柱"形成了圆形的缝隙（图10-6）。

银杏的花粉到达胚珠，进入贮粉室，胚珠通道即关闭，并发育出珠心喙。雄配子体继续发育，花粉管伸长，前端成分枝，附着在贮粉室的壁上，并生出许多假根状吸器侵入珠心细胞之间，作为一种吸器，随着花粉管的伸长，前端悬垂于颈卵器腔（archaegoniae chamber）中。这时生殖细胞垂周分裂，产生1个不育细胞（柄细胞）和1个体细胞（精原细胞），由体细胞核再一分为二，形成2个游动精子。银杏成熟的游动精子呈陀螺形，鞭毛多数，着生在精细胞一端的3圈螺旋带上，在精原细胞破裂后进入花

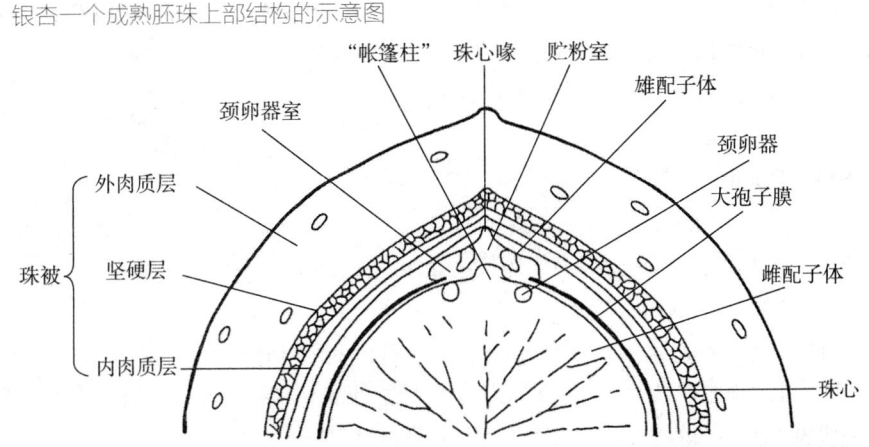

☆ 图10-6 银杏一个成熟胚珠上部结构的示意图

粉管的下端。随后花粉管的顶端发育出一个开口，游动精子进入颈卵器腔（室）中的液体里。在鞭毛的推动下，游动精子通过颈细胞，被挤压成长圆柱形，包括鞭毛带，整个地进入细胞质。一个雄配子体产生的2个精子，一般只有一个进入颈卵器，另一个即使进入颈卵器，也很快退化而被吸收。随后，具功能的游动精子的细胞核与长着鞭毛的套分开，精核与卵核融合，产生二倍体的合子，发育出胚。

银杏胚胎发生的早期阶段，经过许多次游离核的分裂。大约经过8次连续的分裂，产生256个核，开始形成向心的细胞壁和多细胞的原胚，无明显的胚柄。胚的下端通过活跃的细胞分裂形成分生组织，由此发育出茎端和子叶，后面的一些细胞则分化成初生根或胚根，子叶2枚，偶3枚。成熟种子的胚除子叶外，通常含有另外几个叶结构的原基。银杏的受精作用和胚胎发生既可在树上进行，也可在胚珠落地后进行。

银杏种子的种皮分3层：外种皮厚而肉质，含油脂和芳香油，无维管束；中种皮白色，石质；内种皮红色，薄膜质，有维管束。萌发时胚根从种孔伸出，但是种皮和胚乳仍可在相当一段时间内附着在子叶的先端。

银杏是我国特有的树种，被称为"活化石""世界上最不可思议的一种植物"，在我国浙江西北、安徽东南仍分布着零星的野生银杏，同时亦有着悠久的栽培历史。植株往往具下垂、钟乳石状的"树乳"，其中包有短枝；"树乳"触地可生根、长叶。银杏种子成熟时金黄色，Ginkgo源自中文"金果"；去除外种皮后的种子露出坚硬的中果皮，称为"白果"。种仁药食兼用，有润肺、止咳、强壮功效。银杏叶可提取银杏内酯等，用于治疗心脑血管疾病。银杏美丽的扇形叶，入秋时一片金黄，抗虫、抗污染，在温凉地区作为风景行道树，很早就步出国门，日本在晋代前就由僧人将银杏植于庙宇旁，因此银杏又常被称为"庙宇植物"；18世纪传入欧洲、北美等地，由于秋天叶呈金黄，此树又被称为"金发少女树"。银杏外种皮在种子成熟时发出腐臭气味，因此作为风景行道树时多喜栽雄株。

（二）系统发育

关于珠领的性质，有学者认为是残存的大孢子叶。但组织发生研究表明，珠领的发生是在珠被出现之后才在它的边缘发生；再者，珠领中无任何维管组织，珠被的维管束只限于内层，这些特征促使一些学者认为，银杏的胚珠是茎生的而不是叶生的，珠领不具大孢子叶的性质。但是在银杏的栽培中又发现过叶生胚珠的情况。

在雌雄配子体的发育上，银杏与苏铁植物是相似的。花粉管兼具吸器和输送精子的作用，精子具多数鞭毛，除雌配子体外，胚的发育具有多数游离核阶段的前胚。在地史上，苏铁植物出现在石炭纪晚期到二叠纪早期，比银杏稍早，其珠被的内外两层皆有维管束通过，而银杏只限于珠被的内层有维管束，且在珠被中含有叶绿素细胞，在其余种子植物中珠被的维管束均已消失。在雄配子体发育中，苏铁只发育出一个营养细胞，而银杏有两个营养细胞。孢子体的形态，苏铁植物与银杏差异极大，木材方面一为"疏木"，一为"密木"；但两者都具有分泌细胞和分泌道，银杏叶二叉分枝的脉序，与古代的苏铁是相似的。由此看来，苏铁植物与银杏尽管孢子体形态差别极大，但由配子体发生、受精过程和胚胎的发育，两者之间的亲缘超过了与现存裸子植物中的任何一群。

李星学认为银杏具单叶、叉状叶脉，贮粉室，以及具有游动精子，可能与科达树（尚未发现科达树的游动精子）起源于共同的祖先。有人认为化石银杏（*Sphenobaiera furcata*）的小孢子叶球与种子蕨盾子目（*Antevsia furcata*）很相似，银杏类的花粉和盾子目的花粉在光学显微镜下无法分辨，因而银杏属于孑遗的种子蕨。

三、松柏纲（Coniferae）

松柏纲植物为木本，茎多分枝，常有长短枝之分，具树脂道。叶为针状、鳞片状，稀为条状。孢子叶常排成球果状，单性，多同株，少异株。

松柏纲植物因叶多为针状，而常称为针叶树或针叶植物（conifer），森林称为针叶林（needle forest）；又因孢子叶常排成球果（cone）而称为球果植物（coniferophyte）。它们的生活史可以松科的松属（*Pinus*）为代表（图10-7）。

☆ 图10-7 松属的生活史

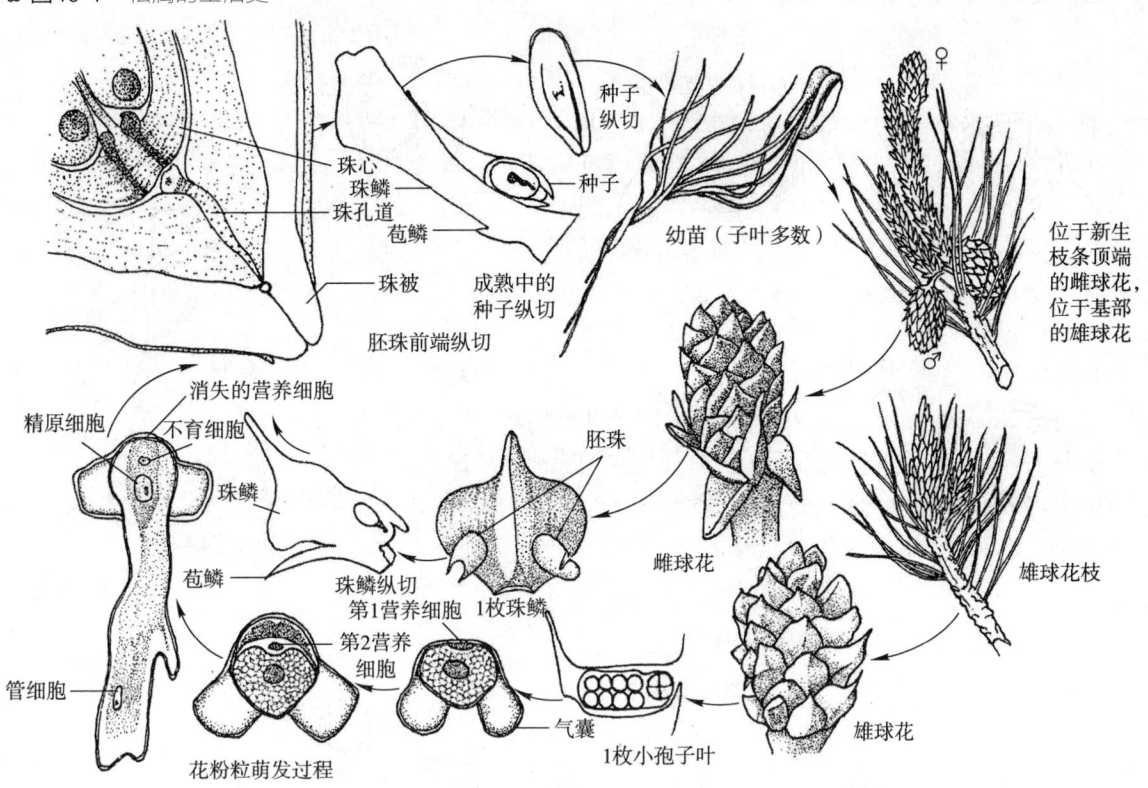

松属的孢子体具有强大的根系和枝系，以及强烈的次生生长。具无限生长的长枝和有限生长的短枝。真中柱，内始式木质部，其组织90%～95%由管胞组成，原生木质部具环纹和螺纹管胞，后生木质部的大型管胞径向壁上有圆形具缘纹孔。次生木质部管胞壁上的具缘纹孔数目少，并具有特别增厚的纹孔塞（纹孔的封闭膜），具缘纹孔的内壁具有多数小突起而起防止孔塞紧贴于内壁上的作用。叶为针形，通常2～5条成束，腋生于短枝顶端的苞状鳞叶（先出叶）腋内。基部包有8～12枚膜质芽鳞组成的叶鞘，并有居间生长；叶内具有1或2条维管束和粗大的树脂道。维管束内具有第一年内能进行活动的形成层。

孢子叶球单性同株。大孢子叶球生于新生枝条的顶端；小孢子叶球则生于新生枝条的基部。小孢子叶细小，叶状，螺旋排列于短轴上，形成小孢子叶球（雄球花），理论上它只相当于一朵花。每一小孢子叶下侧着生2个小孢子囊。小孢子囊壁有数层细胞。在南方，小孢子母细胞通常在秋季出现经减数分裂形成小孢子（花粉），而在第二年春季或当年冬季进行传粉；在北方要在第二年春季才进行减数分裂。小孢子两侧由外壁形成两个气囊，能使小孢子在空气中飘浮。小孢子在小孢子囊内开始萌发，在4个细胞（2个营养细胞，1个管细胞，1个生殖细胞）的情况下，小孢子囊背面纵缝裂，雄配子体（花粉粒）逸出，经风传播，即可传粉，到达胚珠后继续发育（图10-8）。

大孢子叶螺旋状排列成大孢子叶球。大孢子叶木质或革质，称为珠鳞。种子成熟时，珠鳞增大，此时又称为种鳞或果鳞。珠鳞腹面载有2个胚珠，胚珠珠孔向轴；珠鳞背面托有1片不育的苞鳞（bract scale），又称盖鳞。不育苞鳞加上能育的珠鳞相当于一朵花，整个大孢子叶球相当于一复合的花序。胚珠珠被1层，无维管束通过。大孢子母细胞产生在珠心内部。胚珠的分化非常缓慢。在北方，早春始分化珠被和珠心，春末始分化大孢子母细胞，在南方则较早。大孢子母细胞减数分裂形成3或4个大孢子，如3个大孢子是因为大孢子母细胞减数分裂后，上面第一个细胞不再进行分裂的原因。形成的大孢子直列成一列，称为链状四分体，只有最下一个继续发育，其余大孢子相继败育。

大孢子在春天形成，但在秋天才开始发育成雌配子体，先行游离核分裂，经过冬天的休眠，翌年春，雌配子体继续发生游离核的分裂。游离核分裂结束时，大约含有2 000个贴于四周的细胞核，幼配子体的中央是一个大液泡，向心形成许多小液泡，然后包围着每一个核和部分的细胞质，形成了细胞壁。这时在雌配子体的顶端形成2～7个颈卵器。颈卵器具有1个大形的卵细胞、4个颈细胞和1个很快消失的腹沟细胞，颈卵器上方形成像苏铁植物和银杏的珠心喙，无颈卵器室，也不形成显著的花粉室，但由

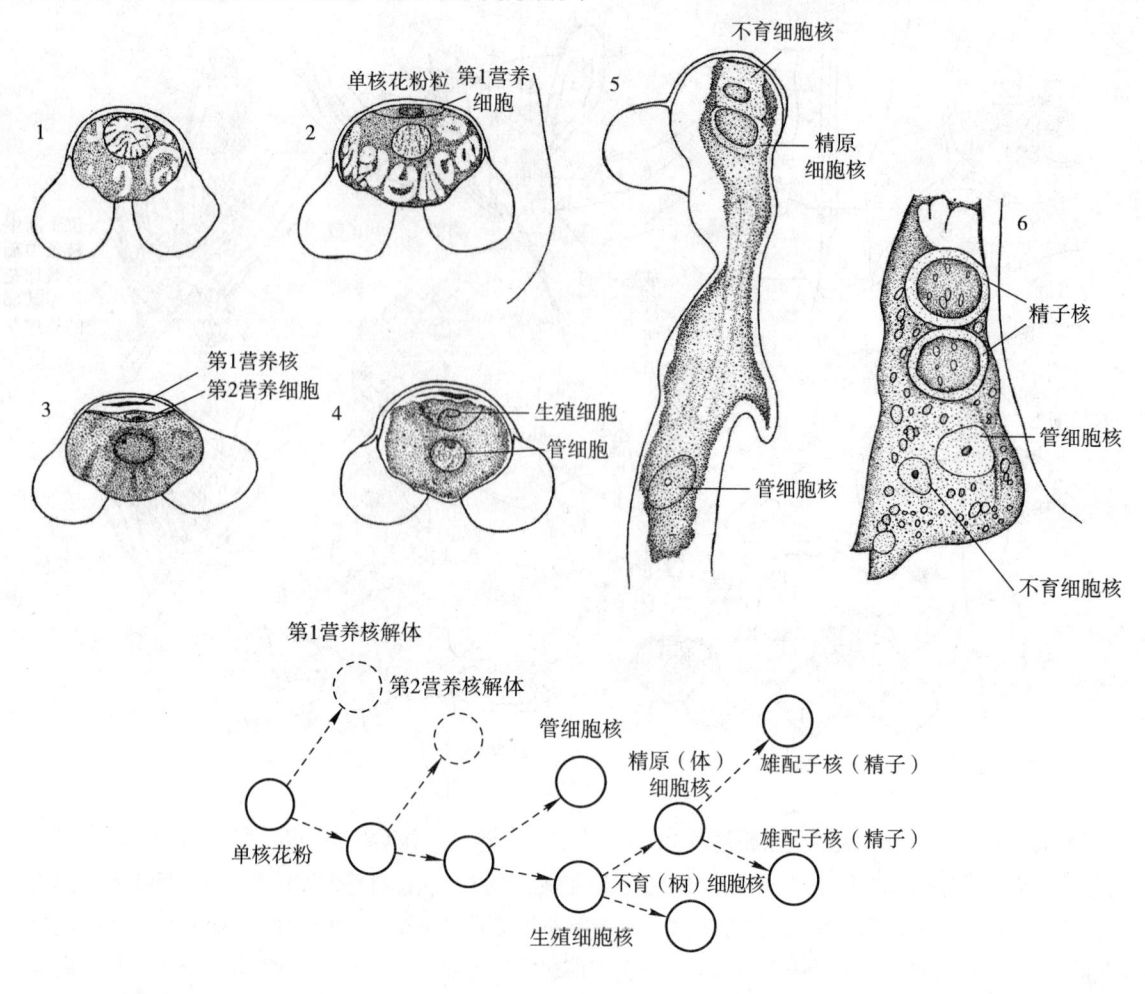

◆ 图10-8 松属雄配子体的发育（数字表示发育顺序）

松属Pinus花粉粒萌发

于珠心的解体，形成一个陷潜。

传粉时，大孢子叶球的轴稍为伸长，使幼嫩的珠鳞和苞鳞稍为张开，便于花粉进入。珠被也张开，受粉后又关闭起来。花粉粒落在大孢子囊顶端相当于花粉室内，滞留于珠孔分泌出的黏液——传粉滴中，并随液体的干涸而被吸入珠心。同时生殖细胞分裂为二，形成不育细胞（柄细胞）和精原细胞（体细胞），此时管胞也开始伸长，并迅速长出花粉管，花粉管先端进入珠心后作有限的分枝，不像苏铁、银杏那样分枝多。但这时大孢子母细胞还没有进行减数分裂，花粉管进入珠心相当距离后，即暂时停止生长，直到第二年春天或夏天颈卵器分化形成后，才再继续生长，此时精原细胞一分为二，形成2个不等大的精子（雄配子）。

受精作用发生在受粉13个月后，也就是大孢子叶球出现的第三年春天。此时大孢子叶球已成熟为球果，并已达到或即将达到其最大体积，颈卵器也已发育完成。花粉管伸长至颈卵器，用力挤入颈细胞间，将两个精子、管核和破碎细胞送至卵细胞质。大的精子穿过卵膜并停留在卵核，仍然保留其原有的膜，精核与卵核各自分裂，然后分裂的精核与分裂的卵核一对一融合成为新孢子体最初的两个核。

合子形成后，经5次分裂，形成4层16细胞的前胚（原胚）。首先合子进行游离核分裂，形成4个核后随即移向颈卵器的下端；接着第三次分裂，跟着形成了细胞壁，细胞排成上下两层，每层4个，但上层细胞靠近卵细胞质处不形成细胞壁，称为开放层，下层称为胚细胞层。这时开放层细胞先分裂一次，跟着胚细胞层亦进行同样的横分裂，至此形成4层共16个细胞，由下至上每层名称为胚细胞层（embryonic cell tier）、胚柄层（suspensor tier）、莲座层（rosette tier）和开放层（open tier）（图10-9）。松柏纲植物前胚均具有这种叠生排列的细胞，而与银杏、苏铁的早期胚胎发生多数游离核不排列成层不同。胚柄层异常地伸长后，称为初生胚柄，把胚细胞层推进并穿过卵膜伸入雌配子体，吸取雌配子体的营养；雌配子体上部的细胞破坏后形成"融蚀性的空腔"，初生胚柄在有限的空腔内变得弯曲，胚细胞层便再横分裂几次，形成几层细胞，这些细胞伸长形成次生胚柄（胚管）。这样，胚柄不断将胚细胞层推入雌配子体中。胚细胞层每一个细胞均可在纵向面彼此分离发育成单个的胚，故理论上1个受精卵可发育出4个胚，这就是裂生多胚现象（cleavage polyembryony）。莲座层细胞以及开放层细胞最后都分解了。松的雌配子体中，几个颈卵器中的卵均可能受精，发育成胚；如有多个颈卵器卵受精，种子中可含有许多胚。这种由每一个卵受精后发育成一个胚所形成的多胚现象，称为原生多胚现象（primary polyembryony）。松柏纲的多胚现象是特有的，但无论是原生多胚或是裂生多胚，最后都只有一个胚发育成熟，成为种子中的有效胚，其他胚均在竞争中陆续败育，到种子成熟时已看不到任何痕迹。成熟胚有胚根、胚轴、胚芽以及数个至十多个子叶。胚根指向珠孔端（图10-9）。

受精后，大孢子叶球继续发育成球果，珠鳞木质化，顶端扩大成鳞盾（scale shield），鳞盾中部隆起为鳞脐（scale umbo）。在种子形成过程中，珠被的外层和中间层形成紧贴的外种皮，内层变为膜质的内种皮，一些种珠鳞的部分表皮形成种子顶生膜状的翅。

种子发芽时，主根先经珠孔伸出种皮，并很快发生侧根。子叶初时尚存留于种子内，从胚乳吸取营养，随着胚轴和子叶的不断发展，种皮最后破坏，子叶才从种子中舒展出来。随着茎的伸长，真叶长出，并从鳞叶叶腋内长出长短枝。

（一）分类及代表植物

松柏纲是现代裸子植物中数目最多且分布最广的类群。现代松柏纲植物约44属近500种，隶属于南洋杉科（Araucariaceae）、松科（Pinaceae）、杉科（Taxodiaceae）及柏科（Cupressaceae）4科。我国有3科23属214种。它们在欧亚大陆北部及北美广大地区组成大面积的森林甚至单优的纯林，在南半球的新西兰、澳大利亚及南美洲的温带则具有丰富的南洋杉科植物。但大多数松柏类的特有属及全部古老的孑遗属都集中在太平洋沿岸，而且许多属如松属、冷杉属、云杉属及落叶松属的多数种类也集中于太平洋四周，特别是我国。我国不但是松柏植物最丰富的国家，也是松柏植物最古老的起源地，特别富有特有属和第三纪孑遗植物。

图10-9 松属胚的发育

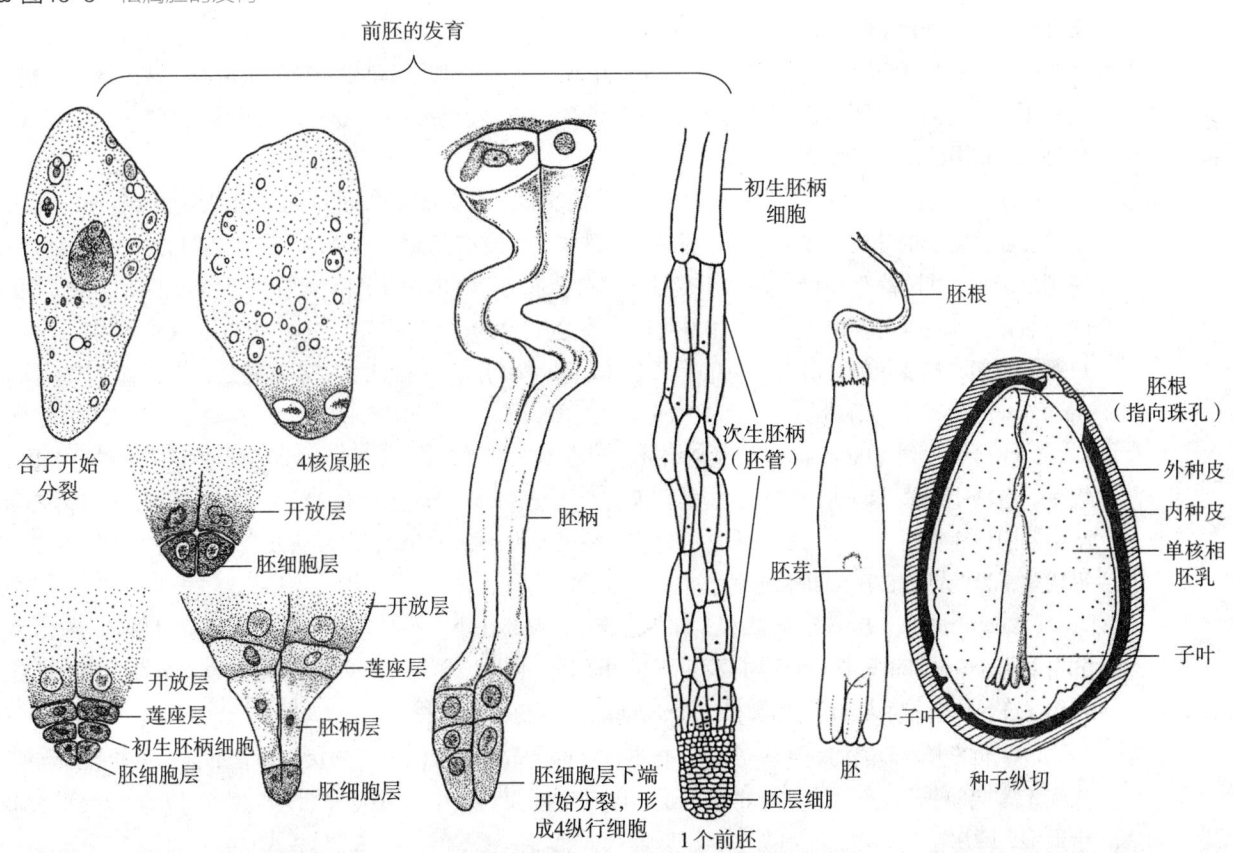

1. 松科（Pinaceae）

松科植物叶互生或簇生，针形或线形。孢子叶球单性同株。小孢子叶具有2个小孢子囊，小孢子多数有气囊。大孢子叶球的苞鳞和珠鳞常能分离，珠鳞发达，近轴面基部有2枚胚珠。种子常有翅。

松科是松柏纲中种类最多且在经济价值上最重要的一科，约有11属240多种。我国约有10属97种，其中许多是特有属和孑遗植物。

（1）油杉属（*Keteleeria*）：叶条形，扁平，中脉在叶面隆起，单生。球果直立，当年成熟，种鳞不脱落，种子连翅几乎与种鳞等长。约9种，产于我国南方各省，为我国特有属和第三纪孑遗植物。常见有油杉（*K. fortunei*），分布于浙、闽和两广；铁坚杉（*K. davidiana*），乔木，高50m，为我国特有树种，产甘、陕、川、鄂、湘、黔（图10-10）。

✿ 图10-10 铁坚杉

（2）冷杉属（*Abies*）：叶条形，扁平，中脉在叶上面凹下，单生。枝具圆形而微凹的叶痕。球果直立，当年成熟，种鳞脱落。约50种，我国约有19种，分布于东北至西南以及台湾省山区，多成纯林，用途很广，为我国自然林的主要资源之一。常见的有臭松（臭冷杉）（*A. nephrolepis*），分布于东北及华北；冷杉（*A. fabri*），分布于四川。

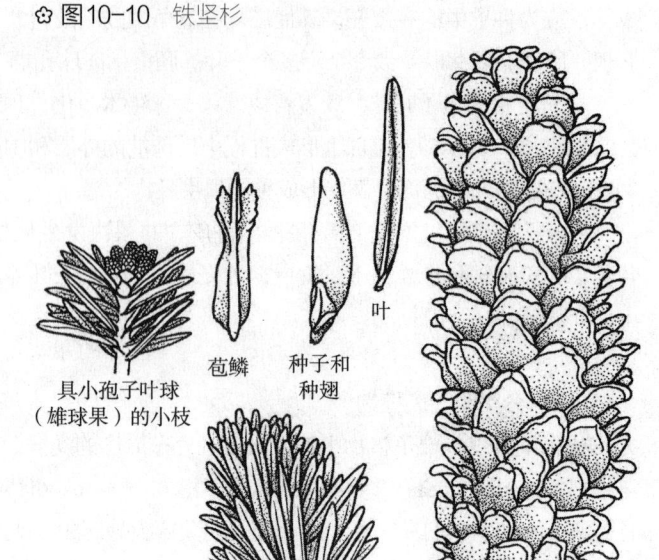

（3）铁杉属（*Tsuga*）：叶条形，扁平，单生，叶下面在有白色气孔带。小枝有隆起或微隆起的叶枕。球果下垂，当年成熟，种鳞宿存。约14种，为第三纪孑遗植物，分布于亚洲（中国、日本等）和美洲。我国约有5种，常见有铁杉（*T. chinensis*），分布于西南和西部各省区，木材耐腐，可供枕木、车辆等用材；树皮可提栲胶，种子含油50%，可供工业用。

（4）银杉属（*Cathaya*）：叶条形、扁平，中脉在叶上面凹下，单生。枝分长短枝。球果腋生，初直立后下垂，苞鳞短，不露出，种鳞宿存。仅有银杉（*C. argyrophylla*）一种，为我国所特有的"活化石"植物，分布于四川、广西及湖南。

（5）云杉属（*Picea*）：叶通常四棱状或扁棱状条形，或条形扁平，四面有气孔线或仅上面有气孔线。小枝有显著隆起的叶枕。球果下垂，苞鳞短于珠鳞，种鳞宿存（图10-11）。约有50种，分布于北温带，特别是东亚。我国约有19种和10多个变种，广布于东北、西北、西南和台湾等省区的山区，组成大面积的自然林，为我国主要林业资源。木材纹理细致，有弹性，可作建筑、飞机、舟车、家具等用材；树干可割取树脂，树皮可制栲胶。常见的有云杉（*P. asperata*），产于四川、甘肃和陕西；鱼鳞松（*P. jezoensis* var. *microsperma*）产于东北。

（6）金钱松属（*Pseudolarix*）：落叶乔木。叶条状、扁平，簇生，脱落。小孢子叶球（雄球花）数个簇生。苞鳞比珠鳞小，种鳞木质、脱落。仅有金钱松（*P. amabilis*）1种，为我国特有属种，产于华东和华中及四川等省区（图10-12）。木材供建筑、桥梁等用，根皮药用，治顽癣及食积等，种子可榨油；树形优美，为世界著名五大园林树种之一。

（7）落叶松属（*Larix*）：叶条状、扁平，簇生，脱落。小孢子叶球单生。种鳞革质，宿存。约15种，分布于北半球温带和寒带；我国约12种，广布于东北、西北、华北及西南，常组成纯林。材质坚韧、优良，可作建筑、舟车、桥梁等用。落叶松（*L. gmelinii*），产于东北；红杉（*L. potaninii*），产于西南、甘肃及陕西。

（8）黄杉属（*Pseudotsuga*）：常绿大乔木，叶扁平，叶基扭转成二列状。球果下垂，苞鳞长于珠鳞，先端3裂。18种，分布于美洲西北和东亚；我国5种，产于西南、中南至台湾。黄杉（*P. sinensis*），分布于云南、四川。

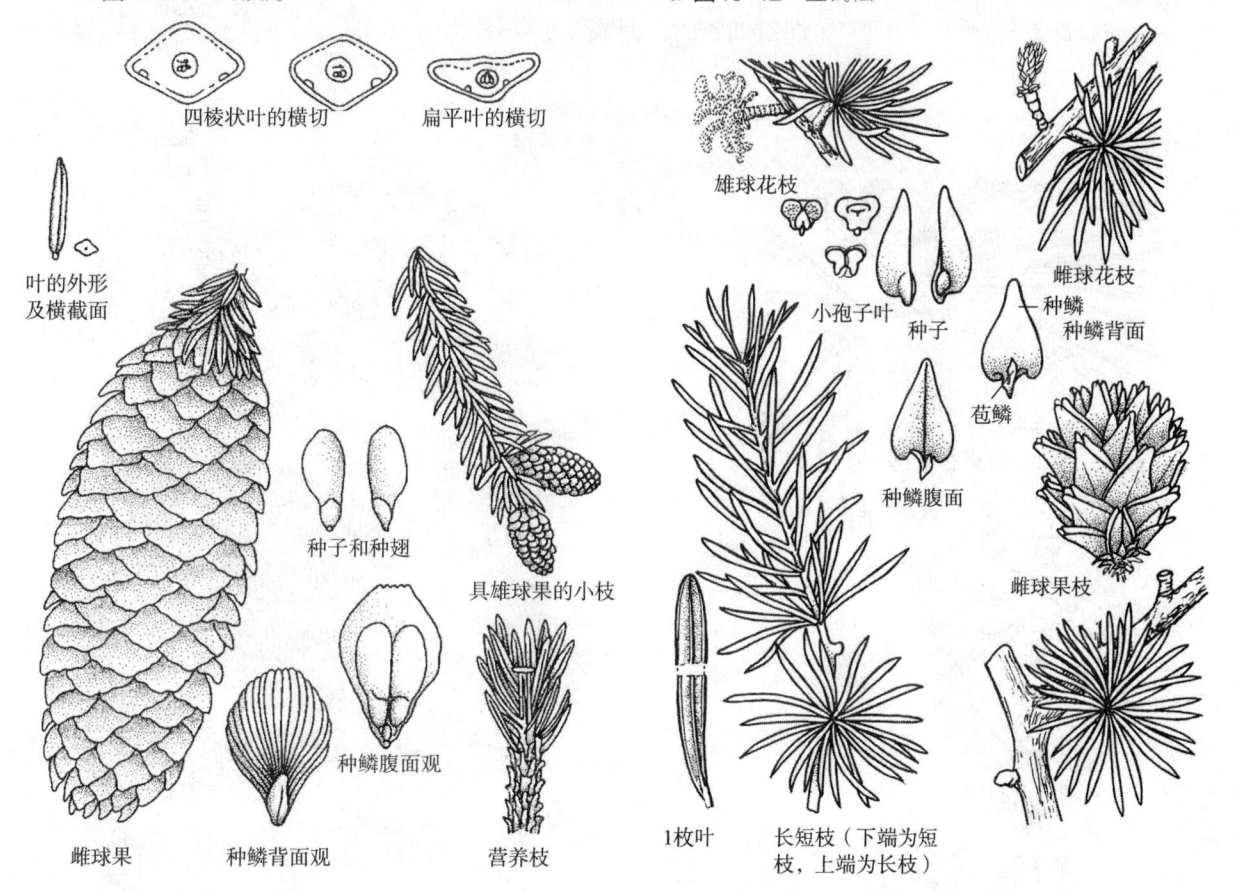

✿ 图10-11　云杉属　　　　　　　　　✿ 图10-12　金钱松

（9）松属（Pinus）：80余种，分布从北极附近至北非、中美及南亚直到赤道以南；我国有22种，分布极广，引种10余种，是重要的造林树种，如南方的马尾松（P. massoniana）、西南的云南松（P. yunnanensis）、华东的黄山松（P. taiwanensis）、华北的油松（P. tabulaeformis）、东北的红松（P. koraiensis）；引种的湿地松（P. elliottii）和加勒比松（P. caribaea）等也是良好的造林树种。松属木材材质柔软，施工较易，且含树脂，耐腐及水浸，可作坑木、枕木、建筑、家具、纸浆、木箱和其他用途，树皮可供制栲胶，树干可割取松香（松脂），用以提取松节油等化工原料。松籽含油30%～40%。红松、华山松（P. armandii）（图10-13）、白皮松（P. bungeana）的种子作干果食用。

（10）雪松属（Cedrus）：叶针状，坚硬，三棱形或四棱形，生于嫩枝上的单生，互生，生于老枝上或短枝上的丛生。球果直立，种鳞脱落。4种，我国有雪松（C. deodara）1种，产西藏，树形优美，为庭园观赏树种。

2. 杉科（Taxodiaceae）

杉科植物叶常两型，与小枝一起脱落。小孢子囊及胚珠常多于2个。苞鳞小，与珠鳞合生，珠鳞常作盾状或覆瓦状排列，腹面着生胚珠2～9。种子两侧具窄翅或下部具翅。

杉科在上侏罗纪就已存在。在白垩纪和第三纪杉科的数量极大，并广泛分布于北半球。现代的杉科植物已处于衰退状态，仅有10属16种，其中将近半数是单型属，并成为孑遗植物，其余的属也只有2或3种。在地理分布上，除1属见于南半球塔斯马尼亚外，以我国亚热带最为集中，共5属10种。

（1）水松属（Glyptostrobus）：单型属。具三型叶。叶互生，异型，条形，针状而稍弯或鳞片状；有条形叶的小枝冬季脱落，有鳞形叶的小枝不落。种鳞木质，先端有6～10裂齿。能育种鳞有2粒种子，种子下端有长翅。水松（G. pensilis）为我国特有种，也是第三纪孑遗植物，产于华南和西南。现各大城市均有栽培，常栽于浅水边，常见呼吸根，珠江三角洲作农田防护林植物。木材供建筑、家具等用；树根材质松软，浮力大，可作救生用品和瓶塞材料；枝、叶、果可入药，有祛风除湿、收敛止痛之效。

（2）水杉属（Metasequoia）：单型属。叶条形，交互对生，两列状，脱落。种鳞盾形、木质，交互对生。能育种鳞有5～9粒种子。种子扁平，周围有翅。水杉（M. glyptostroboides），为我国特有树种，最珍贵的孑遗植物，产于川东、鄂西及湘西北，现广泛栽培（图10-14）。木材轻软，可供建筑、家具等用。水杉曾被认为是介于松科与柏科之间的植物，而单列为水杉科。

☆ 图10-13 华山松

☆ 图10-14 水杉

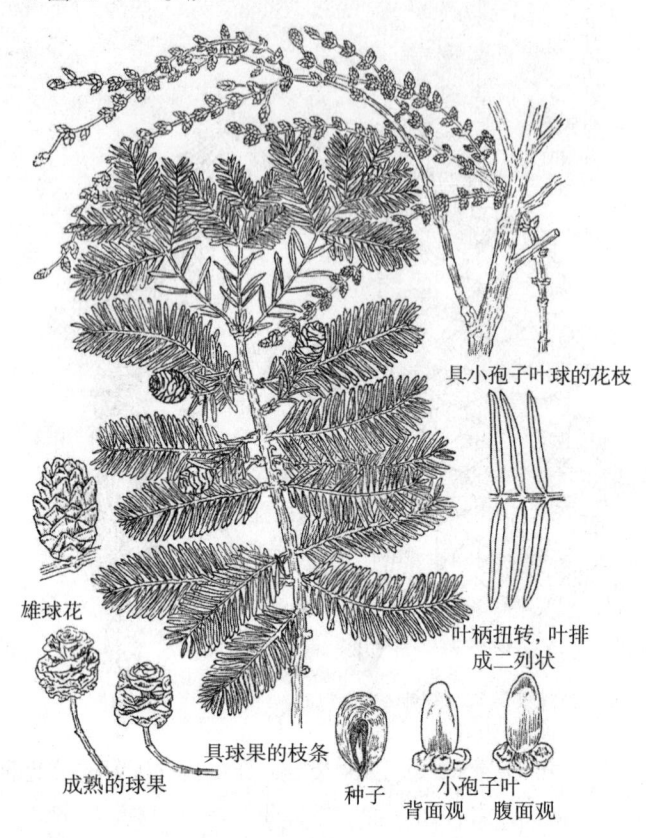

（3）杉属（*Cunninghamia*）：叶互生，条状披针形，有锯齿。苞鳞大，种鳞小。能育种鳞有3粒种子，种子两侧具翅。2种，特产于我国长江流域及以南各省区。杉木（*C. lanceolata*）为秦岭以南面积最大的人造林树种，生长迅速，木材轻，纹理细致，有香气，耐腐蚀，可供建筑、桥梁、家具、电杆、枕木或造纸等用（图10-15）。树皮可作雨篷。

我国的杉科植物还有柳杉（*Cryptomeria fortunei*），叶螺旋状排列，钻形，微弯；珠鳞背面有倒钩，顶端有尖裂片，胚珠3～5；分布于华东、中南至西南，常作观赏栽植。台湾杉（*Taiwania cryptomerioides*），叶二型，鳞片状钻形或铲状钻形；珠鳞有胚珠2个，苞鳞退化；产于台湾，木材供建筑等用。

我国引种栽培的杉科植物约有4属7或8种。其中北美红杉（赤木世界爷）（*Sequoia sempervirens*）和巨杉（世界爷）（*Sequoiadendron giganteum*）都是高达百米以上

☆ 图10-15 杉木

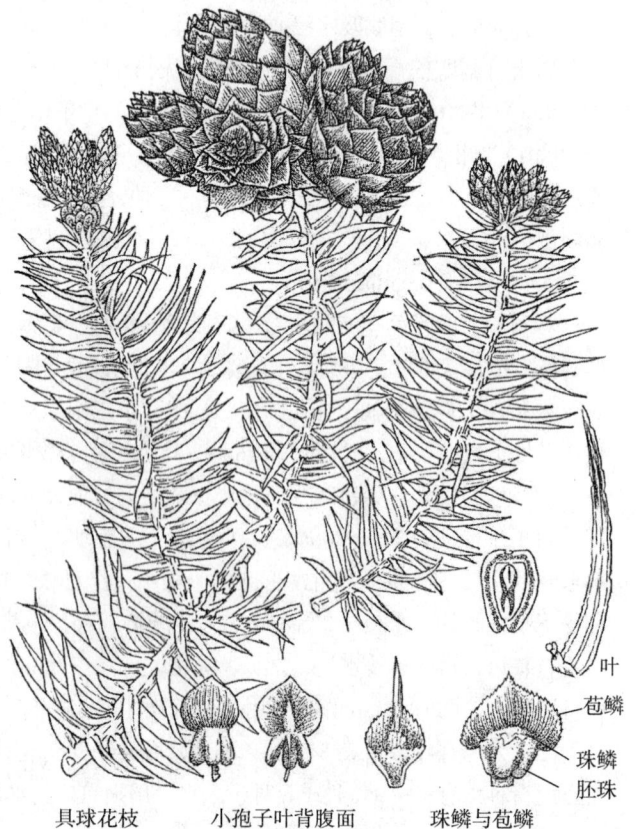

的巨树，胸径达8～11m，年龄分别可达2000～4000年，都是北美的单型属。另一个产自北美的落羽杉属（*Taxodium*），我国引种3种，其中池杉（*T. ascendens*）已成为长江流域广大地区的优良造林树种。

3. 柏科（Cupressaceae）

柏科植物叶对生或3～4枚轮生，鳞片状或刺形。小孢子囊常多于2个，胚珠也常多于2个。苞鳞与珠鳞完全合生；种鳞盾形，木质或肉质，交互对生或轮生，稀螺旋状着生。种子两侧具窄翅或无翅，或上部有一长一短的翅。

柏科大约早在侏罗纪就已存在，白垩纪及第三纪时达到极盛，现代约有20属145种，广泛分布于全世界。我国约8属近40种，另引种栽培1属15种。

（1）侧柏属（*Thuja*）：叶鳞形，交互对生，小枝扁平，排成一平面，直展。孢子叶球单性同株，单生于短枝顶端。球果木质，当年成熟；种鳞4对，扁平，背部近顶端具反曲的尖头。种子1或2枚，无翅或有棱脊。仅有侧柏（*T. orientalis*）一种（图10-16），为我国特产，除新疆、青海外，几遍布全国，常多栽培。木材可供建筑等用；枝、叶药用，能收敛止血、利尿、健胃、解毒、散瘀；种子可榨油，入药滋补强壮、安神润肠。

（2）柏木属（*Cupressus*）：叶鳞形，交互对生，先端尖。小枝扁平，排成一平面，下垂。孢子叶球单性同株，单生于枝顶。球果木质，翌年成熟；种鳞4对，盾形。种子多数，具窄翅。20余种，分布于北美、东南欧至东亚。我国有3种。常见的有柏木（*C. funebris*），分布于华东、中南、西南及甘肃和陕西南部；材质优良，供建筑、造船、器具等用，种子可榨油，全株可药用及提取挥发油。

（3）圆柏属（*Sabina*）：叶鳞形或刺形，刺形叶基部下延。孢子叶球单性异株，单生于枝顶。球果木质；种鳞完全结合，成熟时不张开。种子无翅。50余种，分布于北温带。我国约20种，广布。常见的有圆柏（桧树）（*S. chinensis*），各地多栽培为园林树种；木材供建筑等用，枝叶入药，根、干枝叶可提取挥

✿ 图10-16　侧柏

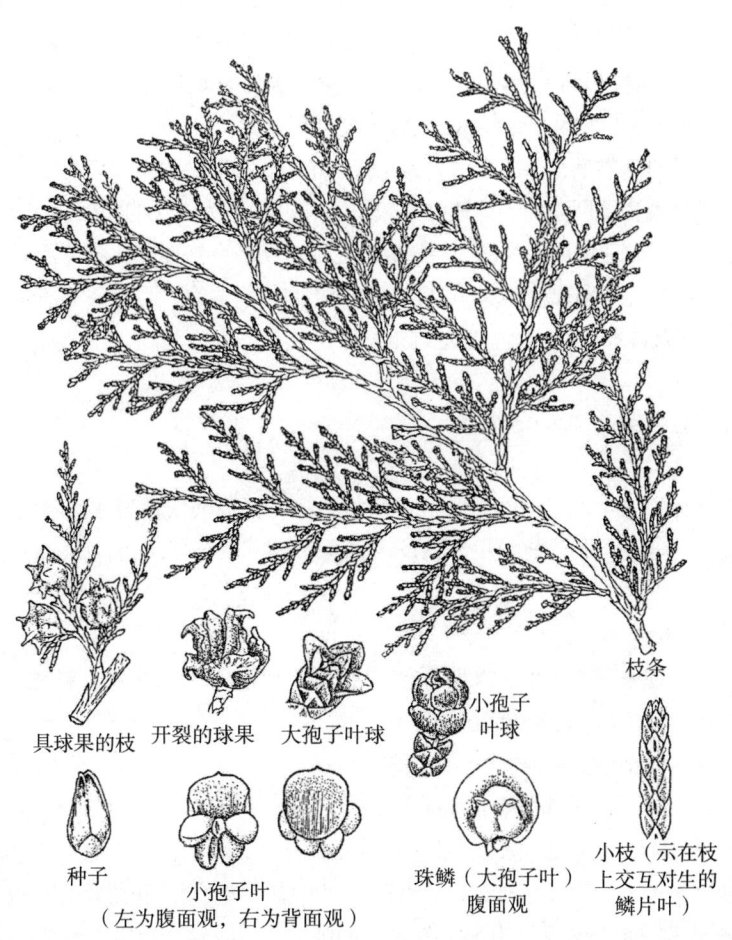

发油，种子可提取润滑油。

柏科植物在我国常见的还有福建柏属（*Fokienia*），仅有福建柏（*F. hodginsii*）一种，叶交互对生，4列；中央鳞叶楔状披针形，两侧的鳞叶对摺，近长椭圆形；是我国特有属种，广泛栽培于各地。刺柏属（桧属）（*Juniperus*），球果肉质，种鳞连合成浆果状。刺柏（*J. formosana*），三叶轮生，线状披针形，先端尖锐，我国特有种，多作园林绿化。扁柏属的红桧（*Chamaecyparis formosensis*）高达60 m，胸径6.5 m，特产于台湾，号"阿里山神木"。

4. 南洋杉科（Araucariaceae）

常绿乔木，有树脂；大枝常轮生；叶螺旋状着生或交互对生，革质，基部下延；花单性异株，稀同株；小孢子叶具4～20个小孢子囊，花粉粒无气囊；珠鳞不发达，舌状，苞鳞发达，与苞鳞合生或离生，种子1枚，无翅或具两侧的翅和顶翅；子叶2～4个。含2属40余种，是南半球热带与亚热带主要针叶树种。引入栽培4种，常见有南洋杉（*Araucaria cunninghamia*），是极为壮丽的园林植物；异叶南洋杉（*A. heterophylla*）也常有栽培。

（二）系统发育

松柏纲4个科虽然以大孢子叶特化为珠鳞为共同特征，但在如下几个方面，它们各具自己的特点：① 松科植物的雄配子体先后出现2个营养细胞；但在杉科和柏科的雄配子体发育已不再产生营养细胞，而直接产生生殖细胞和管细胞；在南洋杉科中，却产生数量多达40个的营养细胞（或核），这是种子植物中最大的雄配子体，其在系统演化上的意义，迄今并未定论，一般认为这是一个原始的特征。由精原细胞形成的一般是两个精核，但在杉科和柏科的一些属中，在精核形成后就在核间产生细胞壁，形成精细胞，从而被认为是刚脱去鞭毛的游动精子。② 不同的受粉类型：松属花粉粒的翅或气囊的功能是使花粉通过珠孔道中的液体趋向倒生胚珠的珠心，在珠心凹陷处萌发；但松柏纲的某些类群如黄杉属，花粉粒无翅，胚珠也不分泌传粉滴，花粉粒落在珠孔开口端的下方，在珠孔道中萌发。另一种特殊的受粉类型在南洋杉科*Agathis*属中发现，花粉粒在珠鳞上萌发，花粉管分枝并进入珠鳞，类似吸器。③ 前胚的发育：多数的松柏纲植物在合子形成后仅形成4个游离核，而巨杉形成8个游离核，南洋杉科植物形成32～64个游离核，北美红杉则无游离核阶段，合子第一次分裂即形成细胞。④ 松柏纲植物普遍具有裂生多胚现象，但冷杉属、黄杉属和云杉属只有简单多胚现象。

松柏纲植物的精子缺乏鞭毛，并发育出更为完善的花粉管；前胚发育仅有有限的游离核分裂，前胚中细胞分层排列，具有裂生多胚现象，这些都是较银杏和苏铁更为进化的特征。在大孢子叶的结构上，珠鳞处于苞鳞的腋间，因而珠鳞被认为是一短枝经扁化成叶状、变态而来，和苏铁羽状或盾状的大孢子叶是完全不同的；但和明显是轴顶生胚珠的银杏在衍源上是否有联系，目前并不清楚。不过，在银杏的珠领中没有维管束，而苞鳞和珠鳞均具有发达的维管组织。

四、紫杉纲（红豆杉纲）（Taxopsida）

紫杉纲植物为木本，多分枝。叶为条形或条状披针形，稀为鳞状钻形或阔叶状。孢子叶球单性异株，稀同株。大孢子叶特化为鳞片状的珠托或瓮状的套被。种子具肉质的假种皮或外种皮。

（一）分类及代表植物

红豆杉科的化石发现于上白垩世。现代的红豆杉纲包含罗汉松科、三尖杉科和红豆杉科3个科，它们在系统上紧密相关，并可能有共同起源的祖先。

1. 罗汉松科（Podocarpaceae）

常绿乔木或灌木。管胞具单列或稀二列的具缘纹孔，木射线单列，有树脂细胞，无树脂道。单叶互生，稀对生，针状、鳞片状或阔长椭圆形。孢子叶球单性异株，稀同株。小孢子叶球大多数单生，或稀聚生成柔荑花序状。小孢子叶螺旋状排列，有背腹性，小孢子囊2个。花粉粒大多数有2个气囊，少数有3个，稀至6个。大孢子叶球着生于叶腋或托苞片的腋内，有时完全合生，通常在主轴上排成各式球序，具多数或少数螺旋状着生的苞片，部分或全部、或仅顶生的1枚苞片着生倒生（稀有直生的）的胚珠1枚。大孢子叶强烈变态为囊状套被，包围着胚珠，或在胚珠基部缩小成杯状，有时完全与珠被合生。雄配子体的营养细胞4～8个，精原细胞产生2个精子，通常仅1个具有功能，另一个较小并很早衰退。雌配子体有发达的大孢子膜；颈卵器2个，稀3～5，或少数多达20个。前胚的构造变异大，通常具有双核的细胞。具多胚现象，子叶2枚。种子成熟时，珠被分化为薄而石质的外层和厚而肉质的内层等两层种皮，套被变为革质的假种皮；或珠被变成极硬而石质的种皮，套被变成肉质的假种皮。托苞片变成肉质或非肉质并与大孢子叶球轴愈合的种托。

罗汉松科含8属130余种，其中罗汉松属分布最广，种类最多，其余各属种类较少或为单型属，分布亦局限。南半球是罗汉松科的主要分布区，在那里成为山地森林的重要组成树种，并在侏罗纪、白垩纪及第三纪地层中发现大量的化石。北半球只有少数属种。我国只有2属14种。

（1）罗汉松属（*Podocarpus*）：大孢子叶球腋生，套被与珠被合生。种子核果状，全部为肉质假种皮包围，具肉质或非肉质的种托。约100种，主要分布于南半球。我国13种3变种，主要分布于云南、两广及台湾。常见的有竹柏（*P. nagi*），叶对生，革质，卵形或卵状椭圆形，有多数并列的细脉，无中脉；小孢子叶球穗状圆柱形；大孢子叶球无肉质种托；材质纹理直，易加工，为华南造林树种；种子含油30%，供工业用，精制后亦可食用。罗汉松（*P. macrophylla*），叶条状披针形，先端圆钝，中脉显著隆起；种子卵圆形，成熟时呈紫黑色，而其下的肉质种托红色；分布长江流域以南各省区，日本亦有。小叶罗汉松（*P. macrophylla* var. *maki*），原产日本，小乔木或灌木，叶较短，常向上伸展，园林绿化或观赏植物（图10-17）。鸡毛松（*P. imbricatus*），大乔木，叶异型，幼苗及萌生枝上的叶线形，老枝叶鳞形或钻形，种托有乳头状突起；分布于海南、广西、云南东南及南部；木材纹理直，易加工，适用于家具、建材等。

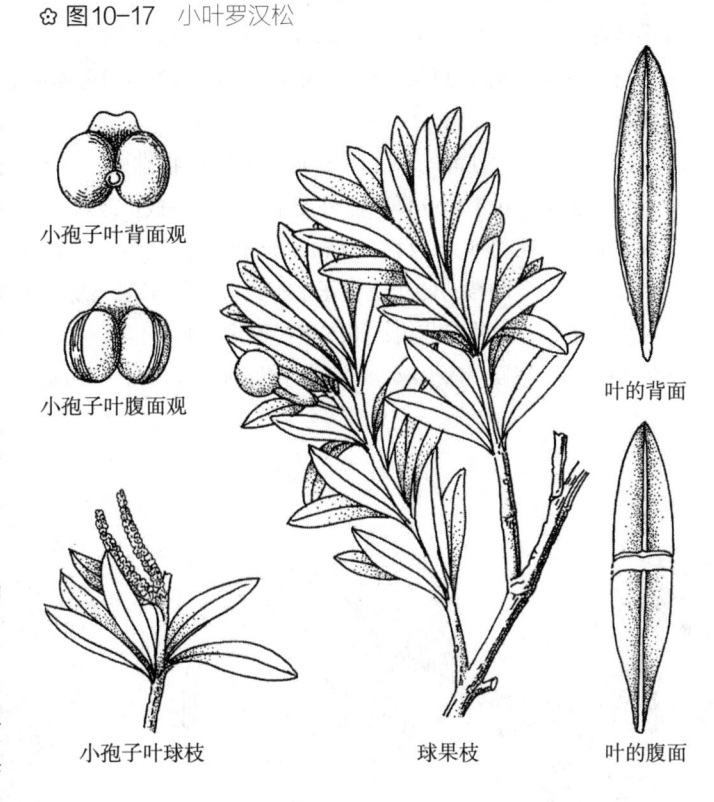

✿ 图10-17　小叶罗汉松

（2）陆均松属（*Dacrydium*）：叶异型，镰状针形，或鳞形、钻形。大孢子叶球生于小枝顶端，套被与珠被离生。种子坚果状，卵圆锥形，横生，仅基部为肉质或较薄而干的假种皮所包围，成熟时红色或褐色。约20种，主要分布于南半球；我国1种，即陆均松（*D. pierrei*），产于海南，是原生林的主要树种，越南、泰国、柬埔寨也有。

2. 三尖杉科（粗榧科）（Cephalotaxaceae）

仅三尖杉属（*Cephalotaxus*），9种，主要分布在东亚，尤其是我国的华中、华南和台湾省。我国产7种1变种，引种1种，其中5种为我国特有。

常绿小乔木或灌木，具近对生或轮生的枝条，有鳞芽。叶条形或披针状条形，交互对生或近对生，在侧枝上基部扭转成二列。管胞具单列纹孔及1或2条大形螺纹增厚。单列射线，髓心有树脂道。孢子叶球常单性异株。小孢子叶6～11个组成球状总序。小孢子叶具2～5个（通常是3个）多少悬垂的小孢子囊；花粉粒球形，无气囊，具极退化而残余的槽。雄配子体不产生营养细胞。大孢子叶球由3或4对交互对生的珠托或套被（即大孢子叶）组成，生于小枝基部的苞腋，每一大孢子叶的腹面生有2枚直生胚珠；大孢子叶变态为囊状的套被，在种子成熟时完全包围在种子的外围，肉质；种子的外种皮坚硬、石质，内种皮膜质状。胚具子叶2片，前胚和早期的胚细胞全部具单核的细胞。染色体$X=12$。

三尖杉属在系统发育上与罗汉松属的原始代表密切相关，是联系罗汉松科与红豆杉科的中间环节。在北半球的第三纪地层中曾发现它们的代表。木材富弹性，可供制农具；种子可榨油，供制漆、蜡、肥皂、润滑油等用；多种全株含有三尖杉生物碱，供制抗癌药物。分布较广的有三尖杉（*C. fortunei*）（图10-18）、粗榧（*C. sinensis*）。粗榧叶较前者窄，宽约3mm，是我国特有的第三纪孑遗植物。

3. 红豆杉科（紫杉科）（Taxaceae）

红豆杉科植物为乔木或灌木，具鳞芽。管胞具大型螺纹增厚，木射线单列，有或无树脂道。叶披针形或条形，互生或近对生，由于叶柄的扭转而成二列状；叶面中脉凹陷，叶背具突起的中脉、两条气孔带和两条边带。孢子叶球单性异株，稀同株。小孢子叶球通常单生，或少数呈柔荑花序状球序。小孢子叶通常辐射对称，或少数具背腹性，具6~8个小孢子囊。花粉粒球形，无气囊，外壁有颗粒状纹饰，雄配子体完全不产生营养细胞，单核细胞时即散布。大孢子叶球通常单生，或少数2或3对组成球序，大孢子叶基部具多数成对的苞片，顶端有一个变态为珠托的大孢子叶。雌配子体具有1~3或8个颈卵器。具有多胚现象，子叶2片。成熟种子核果状或坚果状，包于肉质而鲜艳的假种皮中。

红豆杉科含5属23种，分布于北半球，我国为本科分布中心，有4属13种，其中白豆杉属和穗花杉属为我国特有。

（1）红豆杉属（紫杉属）（*Taxus*）：叶螺旋状排列，无树脂道，气孔带淡黄或淡绿色。孢子叶球单生。种子生于红色肉质的杯状假种皮中。为本科数量最大、分布最广的一个属，10余种，分布于欧洲、亚洲及北美。我国有3或4种，广布于全国。红豆杉（*T. wallichiana* var. *chinensis*），分布于甘肃南部至两广和西南，是我国特有的第三纪孑遗植物。木材水湿不腐，为水中工程的优良用材；种子含油60%以上，供制皂、润滑油及药用；树皮供提取紫杉醇，作抗癌药物（图10-19）。

（2）白豆杉属（*Pseudotaxus*）：小枝近对生或轮生。叶螺旋状排列，无树脂道，气孔带具白粉。孢子

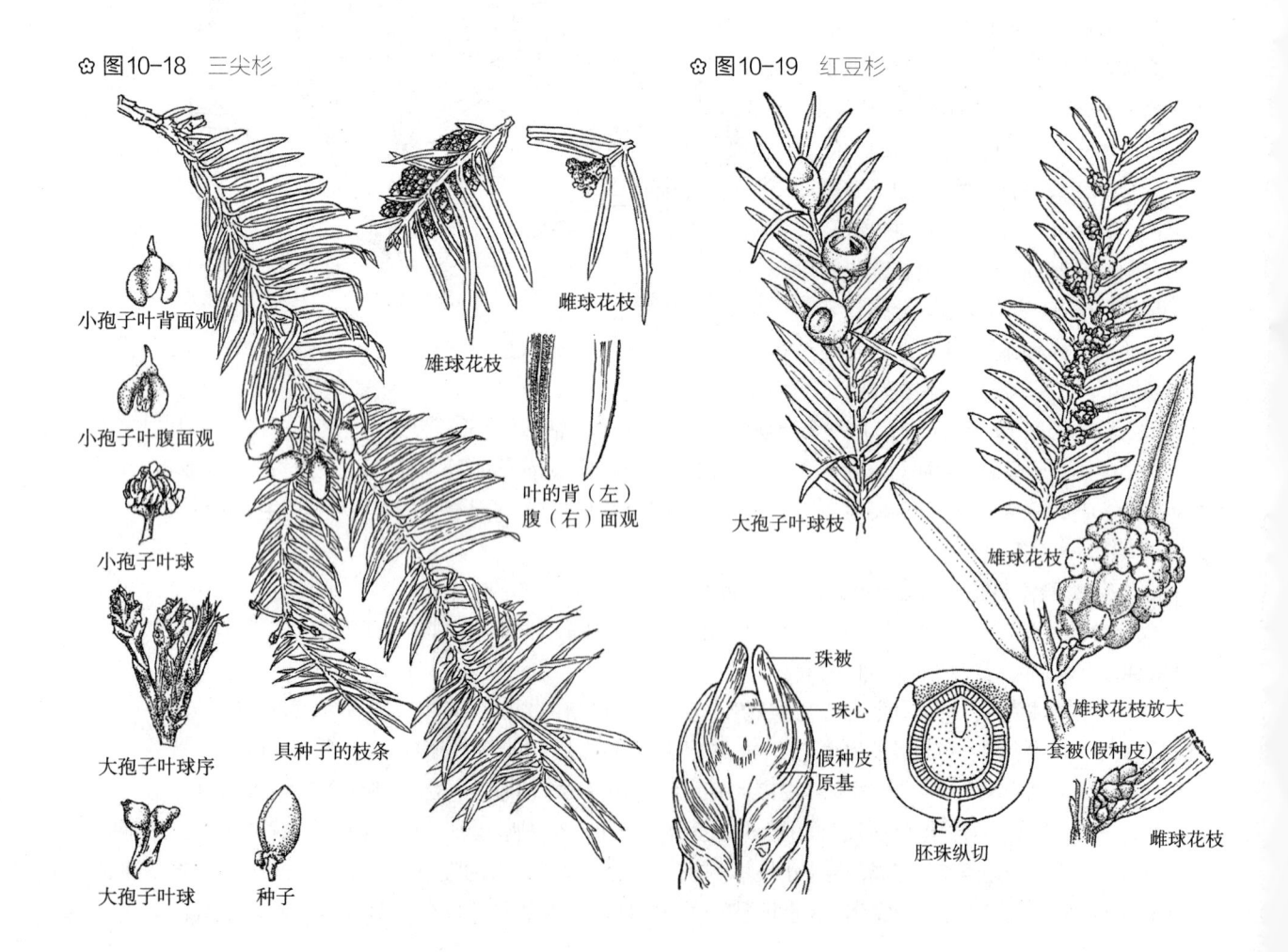

叶球单生。种子生于白色肉质的杯状假种皮中。仅白豆杉（*P. chienii*）一种，为我国特有，产于浙江、江西及两广。木质优良，可供农具、雕刻、器具等用。

（3）穗花杉属（*Amentotaxus*）：叶交互对生，有树脂道。小孢子叶球聚生成穗状，大孢子叶球单生。种子生于囊状、红色的肉质假种皮中，仅顶端尖头露出。为我国特有属，3种，分布于南方各省区。穗花杉（*A. argotaenia*），分布于两广、两湖、江西、甘肃、四川及西藏。木材供作农具、家具等；种子含油50%，可制肥皂等（图10-20）。

（4）榧树属（*Torreya*）：叶交互对生，有树脂道。小孢子叶球单生，大孢子叶球成对对生。胚珠1个，生于漏斗状的珠托上。种子全部包于肉质假种皮中。约6种，分布于我国、日本及北美。我国4种，引种1种。榧树（香榧）（*T. grandis*），叶先端有凸起的刺状短尖头，基部圆或微圆，长1.1～2.5 cm，为我国特有树种，产于华东、湖南、贵州等地。材质优良，可作土木建筑及家具用材；香榧的种子"香榧子"为著名干果，种

☆ 图10-20　穗花杉

仁甘香如花生，可入药，有化痰止咳、杀肠道寄生虫、通便、治痔疮等功效。日本榧（*T. nucifera*），叶先端有较长的尖状尖头，原产日本，我国各大城市引种为风景树。

（二）系统发育

松柏纲大孢子叶球经过简化，也就是说大部分螺旋状着生的大孢子叶退化，仅余少数在顶部的1～3个大孢子叶具有胚珠，其余较下面的大孢子叶退化成仅余苞片，然后能育的大孢子叶强烈变态，成为盘状、杯状或瓮状的套被。套被在种子成熟时常肉质化，部分或全部包裹种子，这种大孢子叶是紫杉纲和松柏纲的区别点之一。

关于珠托和套被的性质，张宏达（1986）认为这是与银杏珠领具有同样性质的胚珠保护组织：胚珠受精后发育成种子，套被肉质化，形成杯状体或囊状体，罩在种子上，构成了另一种类型的果实。紫杉纲的雄配子体不再发育出营养细胞，前胚期游离核为16～32个；而在松柏纲的大多数种类中，游离核仅有4个，另紫杉纲珠被内层不具维管束，胚的发育具有多胚现象，这与松柏纲是相似的。在红豆杉科中，有学者根据榧树属子叶肥厚而具吸收功能，并且留土、表皮具气孔、叶肉不分化等特征，认为是红豆杉科中最原始的属。

五、买麻藤纲（倪藤纲，盖子植物纲）（Gnetopsida，Chlamydospermopsida）

买麻藤纲又称为倪藤纲，或称为盖子植物纲，藤本、灌木、块状体，稀有小乔木。次生木质部具有导管，无树脂道。叶对生，阔叶状、带状或退化成鳞片状。孢子叶球序二叉分枝，孢子叶球有类似于花被的盖被（chlamydia），或有两性的痕迹。胚珠珠被1或2层，珠被向外延伸，形成珠孔管。精子无鞭毛，颈卵器极其退化或无。种子有假种皮，胚具子叶2枚，胚乳丰富。

（一）分类及代表植物

买麻藤纲是由彼此在形态上相去甚远的3个目即麻黄目、买麻藤目、百岁兰目组成，每一目仅有1

属。迄今在地层中并未发现买麻藤纲的植物大化石。

1. 麻黄科（Ephedraceae）

麻黄属（*Ephedra*）：为多分枝的灌木或亚灌木，少数藤本，极罕为小乔木，如产自阿根廷的 *E. triandra*（图10-21）。小枝对生或轮生，绿色，节间有多条细纵纹，叶对生或轮生，在上部的细长而呈针状，下面呈鳞片状，茎部多少合生成膜质的鞘。孢子叶球单性异株，偶尔同序，或在小孢子叶球中发现不孕的胚珠。小孢叶球序对生，或3或4个轮生。小孢子叶具2片常常合生的盖被，2～8个小孢子聚囊；小孢子椭圆形，具多条纵沟槽。大孢子叶球序由成对或3或4对大孢子叶球组成。大孢子叶球基部具有数对苞片，顶端生有1～3个胚珠，每个胚珠均由1个特别增厚的囊状盖被（外珠被）包围着。胚珠的珠被多少伸长成充满液体的珠孔管。小孢子萌发基本与松属相似，最后形成1个管细胞核和1个生殖细胞核，后者再分裂为1个不育细胞核和1个精原细胞核，此时花粉便从小孢子囊中散发出来，这时的雄配子体含5个细胞。花粉粒由风力带至胚珠，黏在或浮在传粉滴的表面上。传粉滴蒸发时，将花粉粒向里拉进贮粉室。在贮粉室中雄配子体继续发育，管细胞伸长，精细胞核分裂成2个无鞭毛精核。大孢子发育成巨大的雌配子体，亦经过游离核阶段才形成细胞结构，在上端发育出2～11个颈卵器。颈卵器原始细胞平周分裂形成初生颈细胞和1个中央细胞，初生颈细胞继续分裂形成含32个或更多个颈细胞的长颈（8层或更多层颈细胞），中央细胞核分裂为卵核和腹沟细胞核。

花粉粒到达贮粉室后萌发，颈卵器的游离核亦直接与贮粉室相通，花粉管通过颈细胞，这时精原细胞分裂，产生两个精子，花粉管顶端破裂，两个精子、不育细胞、颈细胞进入细胞质，两个精子中只有1个精子与卵结合。

合子具有8核的游离核阶段，然后形成细胞壁，这8个细胞均可以独立地发育为一个胚胎，是属早期裂生多胚的类型。松属是原胚顶层的4个细胞分裂发育出多胚的。胚胎发育过程中，在苗端形成清楚的原套（tunica），这和被子植物中的情形是一样的。虽然在胚珠中可以有几个胚竞争发育，但在种子只

图10-21　麻黄属

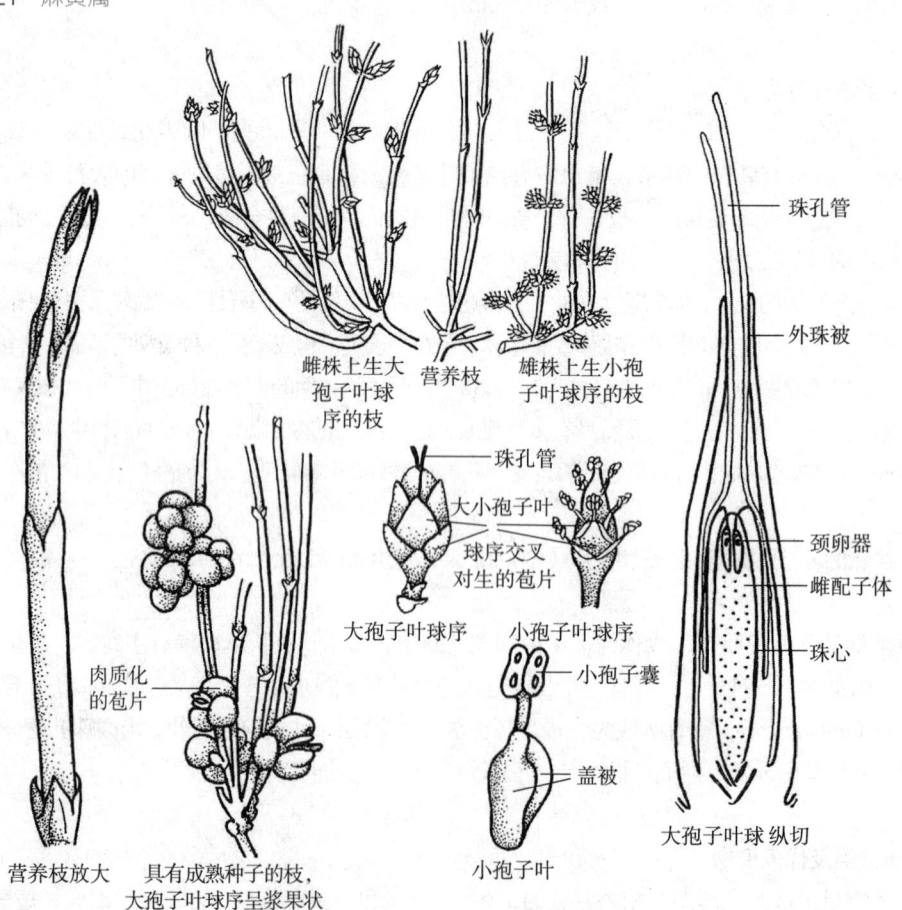

有1个完整发育的胚。种子成熟时，盖被变为木质或稀为肉质的假种皮，包围着种子，珠被形成膜质的种皮，大孢子叶球基部的苞片通常变为红、橙或黄色，并肉质化，这是借助动物传播的一种适应。麻黄种子无休眠期，甚至在母体孢子叶球内就可以开始萌发。染色体：$X=7$。

麻黄属有40多种，无例外地都是典型的旱生植物，分布于全世界的沙漠、半沙漠、干草原地区。我国西北部和北部分布极其普遍，约有12种及5变种。最普遍的是草麻黄（$E. sinica$），是著名的中药材，含麻黄碱，枝叶具镇咳、发汗、止喘、利尿等功效，根则止汗。木贼麻黄（$E. equisetina$），其麻黄碱含量更高，与草麻黄混用。甲基苯丙胺（甲基安非他命）自麻黄碱转化，又称"冰毒"，是毒品。

2. 买麻藤科（Gnetaceae）

本科仅含买麻藤属（$Gnetum$）。本属植物常为缠绕性大藤本，南美1种$G. gnenon$是小乔木。枝有膨大关节，具多列圆形且有具缘纹孔的管胞和导管、宽的射线、厚的皮部和多数的黏液沟，以及位于韧皮部外侧的针状细胞层。叶对生，宽阔，羽状网脉（图10-22）。孢子叶球在轮状苞片内腋生，单性同株或异株。小孢子叶球具一先端2浅裂的管状盖被，每个小孢子叶有1,2或4个侧生并多少合生的小孢子囊。大孢子叶球3～8个轮生，围于基部对生连合的苞片内。大孢子叶球具2层盖被，外盖被极厚，是由2个盖被片合生而成；内盖被是外"珠被"，被认为是一对合生的附属物或"小苞片"。珠被的顶端延长成珠孔管，大孢子囊内往往形成2个以上的大孢子母细胞，并且各自形成4个大孢子，全部参与雌配子体的形成，称为"四分孢子起源"雌配子体，在裸子植物各类群中表现特殊。雌配子体形成经过游离核阶段，并且在下半部形成细胞区后，靠近珠孔端的上部始终停留在游离核阶段，不形成颈卵器，在珠孔端附近的1个或多个游离核起雌配子（卵核）的作用。小孢子在3核状态时似乎是由昆虫传粉到达胚珠，漂浮在由珠孔道分泌的传粉滴上，并由于它的干涸而被吸入至珠孔的底部，形成花粉管；花粉管生长到达雌配子体时，2个精子、管核及细胞质进入雌配子体中，其中1个精子与卵核结合成合子，倘若附近有2个卵核，2个精子都可能与之结合。这又是与裸子植物各类群的显著不同点。胚胎的发育无游离核阶段，具发达的胚柄、长的胚轴和2枚子叶，这和麻黄属不同。虽有数个卵同时受精，但最后只有1个胚发育成熟。种子核果状，包于红色或橘红色肉质假种皮中，胚乳丰富。染色体：$X=11$。

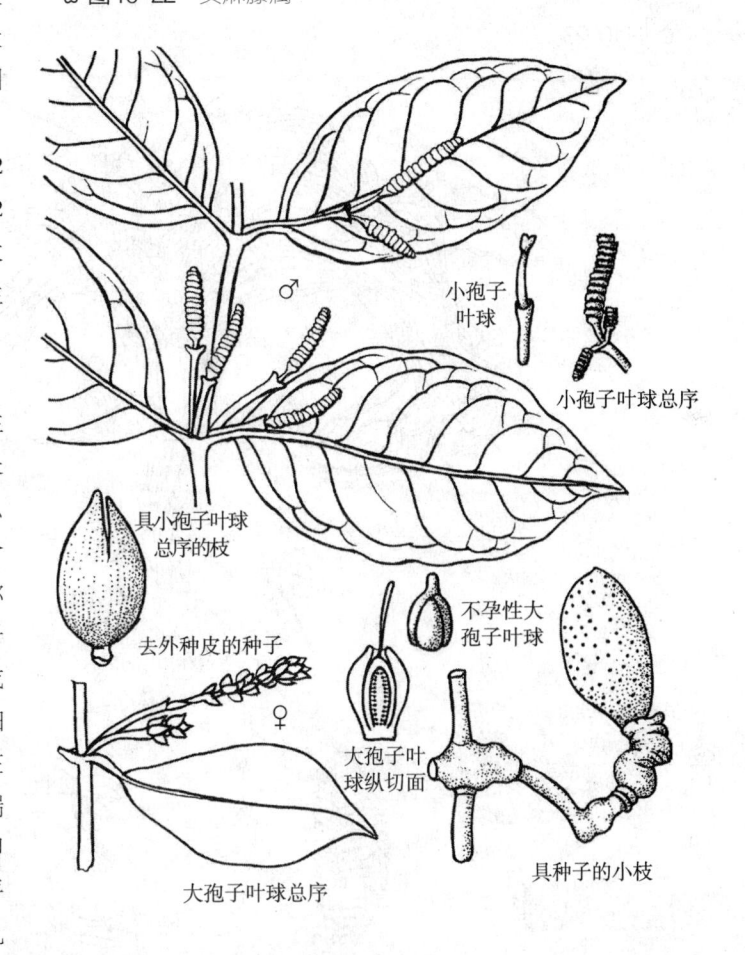

图10-22 买麻藤属

买麻藤属约35种，分布于亚洲、非洲与南美洲等热带和亚热带地区，在亚洲南部、东南部较多。我国南部产7种，分布于华东到西南各省区。常见种为买麻藤（$G. montanum$）和小叶买麻藤（$G. parvifolium$），其茎皮纤维可编草鞋，种子炒熟可食。

3. 百岁兰科（Welwitschiaceae）

1860年韦尔维茨（Frederic Welwitsch）在安哥拉发现了奇特的块状植物，后来这种植物被命名为百岁兰（$Welwitschia bainesii$），它分布于非洲西南部的沙漠中，是典型的旱生植物。百岁兰的体态和所有的裸子植物都不一样，茎粗短成块状体，终生只有1对大型的带状叶；叶长达3 m，宽约1 m，具平行脉，平行脉之间有斜向的横脉相联系，可以通过基部的居间分生组织的活动不断地生长；最初叶仅具2个叶迹，后来叶在基部增加宽度时，分化出4条或更多的侧生维管束（图10-23）。孢子叶球序单性异株，生于茎顶凹陷处，此应为枝状分枝系统顶端；孢子叶球序的苞片交互对生，排列整齐，呈鲜红色。小孢子叶球具6个基部合生的小孢子叶，中央有1个不完全发育的胚珠，这说明百岁兰的祖先是具有两性孢子叶球的。胚珠有筒状的盖被，珠被一层，延伸成珠孔管。百岁兰缺乏颈卵器。雌配子体发育与买麻藤相似，只是在雌配子体发育的后期，游离核由细胞壁隔开成若干组，受精开始时在珠孔端向上发育出胚囊管，花粉管向下生长，接触到胚囊管后破裂成一通道，这时不是精核下行与卵核结合，而是作为卵核的多个核上行进入花粉管，其中只有1个精核与卵核融合，发育成胚。这种精卵结合发生在花粉管的现象，称为粉管受精。胚无游离核阶段，前胚期只有2个细胞。种子成熟时，盖被成翅状，珠被管宿存（图10-23）。

✿ 图10-23　百岁兰

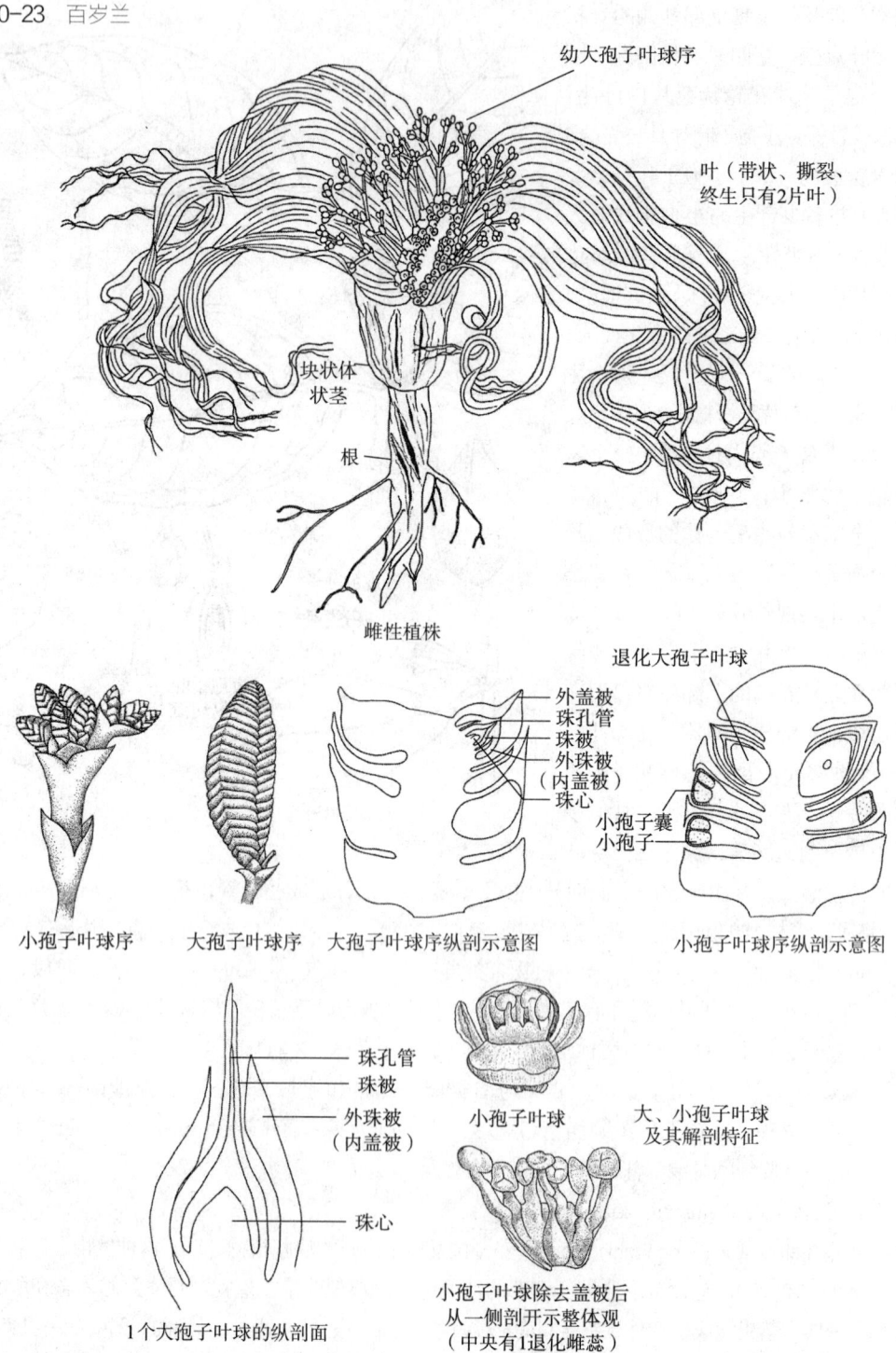

（二）系统发育

买麻藤纲的麻黄、买麻藤和百岁兰三个类群是一群既有联系，又彼此在形态和生殖行为上十分歧异的植物。例如，在木质部内具有导管，茎端具有原套的结构，交互对生的叶序；大、小孢子叶球在球果轴上具有一对对的苞片，包着具小孢子囊或胚珠的结构，因而是复合性的，相当于一个花序；发展出盖被这一保护花粉囊和胚珠的特殊结构；胚有2个子叶，以及未经受精就已存在的胚乳，这都是相同的。三个属的不同之处是：在雌雄配子体发育阶段，麻黄属的雄配子体产生2营养细胞、1管细胞、1不育细胞和1精原细胞，之后才从花粉囊逸出；而买麻藤属和百岁兰属雄配子体只产生1营养细胞，传粉时含3细胞，并且不再经过不育细胞和精原细胞阶段，直接由生殖细胞产生2精子。麻黄属的雌配子体发生是"单孢子起源"的，即大孢子母细胞减数分裂形成的四分孢子，只有1个大孢子发育形成雌配子体；而买麻藤属和百岁兰属的雌配子体是"四分孢子起源"的，雌配子体游离核阶段后，围绕每一个核形成细胞壁。麻黄属形成较原始的颈卵器，而买麻藤属和百岁兰属均不再形成颈卵器。买麻藤属雌配子体上端依然保持游离核状态，而百岁兰属则由细胞壁将细胞分隔成组。受精方式上，麻黄属与松属几乎是一致的；而买麻藤属是靠近珠孔端若干个游离核成为卵核，两个精子均可参与受精作用；百岁兰属具多核的雌配子细胞向上产生胚囊管，与向下的花粉管融合为一体，雌配子进入花粉管受精。买麻藤和百岁兰这两个属的胚胎发生不再经游离核阶段，原胚仅2个细胞。

关于大孢子叶球的性质，一般认为是轴性的，小孢子聚囊以及胚珠外面的盖被被认为是由2个小苞片合生而来，有的学者认为是外珠被（outer integument），其实从来源上看并不合适；盖被之下的一对苞片，在种子成熟时肉质化，有学者称之为"花被"；2个精子均可与卵核发生作用，也被认为是"双受精"的雏形，实际上这与被子植物的"双受精"有着本质上的差异；买麻藤纲的胚乳来源依然是雌配子体，是单核相的。导管在买麻藤纲中出现也是演化的表现，但其起源和在被子植物中是不同的。被子植物的导管是由于管胞末端一系列具缘纹孔的隔膜消失，然后形成梯状穿孔，最后再发育出单穿孔的导管束；而买麻藤纲植物的导管是由于一系列具缘纹孔先经过隔膜消失，然后穿孔扩大，这样就存在着穿孔和具缘纹孔间的过渡状态，最后部分穿孔消失形成单穿孔。所谓"麻黄式穿孔板"，是指管胞和导管分子之间的过渡形态，即在一个管状分子中既具有具缘纹孔，也具有在端壁的具缘有周面孔的穿孔（图10-24）。由此可见，买麻藤植物所具有的特征，尚未演化到被子植物，但它已经具有了一些被子植物的特征，这可能是演进的歧路引起趋同演化的结果。

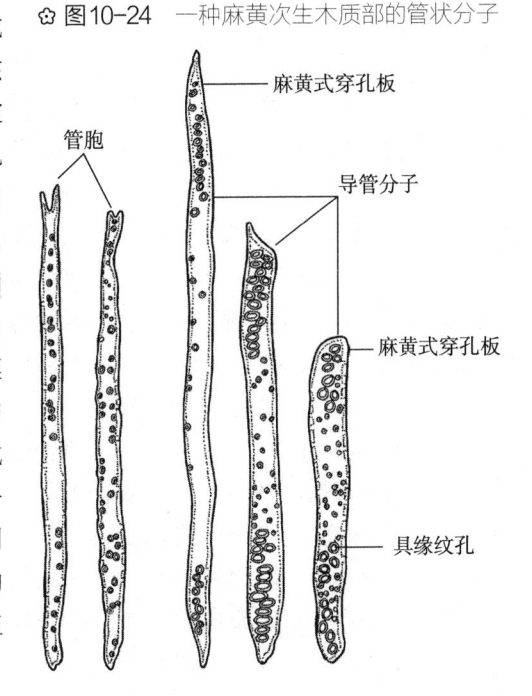

图10-24　一种麻黄次生木质部的管状分子

管胞　麻黄式穿孔板　导管分子　麻黄式穿孔板　具缘纹孔

第三节　裸子植物的起源和演化

裸子植物是一群古老的植物，它的起源可以追溯到距今约3.6亿年前的泥盆纪末期，经过了漫长的地质、气候环境等综合因子的作用；裸子植物这一由它的祖先所分化出来的支系，也不可避免地经受了严峻的考验，大部分的种系都已被淘汰，现代的裸子植物仅是过去裸子植物的残余，整个裸子植物亚门仅存留800余种，而且5个纲在外形与系统发育上都是不连续的。对于裸子植物的起源，由于年代的久远和化石的零星分布，至今离建立种子植物完整的系统发育谱系仍然很远。在种子植物诞生中，胚珠、花粉管和种子的出现，结合营养器官和输导组织的不断完善，是最具意义的。

一、蕨类植物的孢子囊

蕨类植物有异形的孢子囊，大小孢子分别发生在大小孢子囊中，下地萌发后分别形成雌雄的原叶体；也有同形的孢子囊，孢子同形但有性别上的分别，下地萌发后形成雌性或雄性的原叶体；更多的蕨类植物的孢子囊里的孢子不但同形，而且下地萌发后，产生的是两性的原叶体，即在同一原叶体上既有颈卵器也有精子器这样的配子囊。不管这三种类型孢子囊同形、异形或同形异性孢子，有三个特点必须注意：一是孢子要离开孢子囊（有例外）萌发最后形成颈卵器和精子器；二是承载着生殖器的原叶体是多细胞开放的结构，也是孢子离开母体后形成的；三是雌性的颈卵器至多深深埋在原叶体表面以下，由它所处的位置周围的原叶体细胞保护，它的开口即颈卵器的颈口应近原叶体的表面。为了保持湿润，所有的配子囊均生长于原叶体的下表面，受精过程需要借助水。在种子植物，含有胚囊（雌配子囊）的胚珠产生在大孢子叶（心皮，2n）上而不是原叶体上（n）。需要指出的是，蕨类植物的颈卵器和大多数裸子植物的颈卵器具有相似的性质，它们的内面仅有一个雌配子；无颈卵器的买麻藤类和百岁兰珠心先是形成孢子囊然后大孢子发育成具多数雌配子的配子囊；而被子植物发展出具少数细胞的配子囊（含7细胞8核），称为成熟胚囊，它大体上相当于颈卵器，但它除含雌配子（卵）外，还有极核配子。不管种子植物是否产生颈卵器，产生卵的结构均在瓶状体的胚珠内，胚珠不离开母体发育。

二、胚珠的起源

胚珠是种子植物所特有的结构，它既是雌性的结构，又是完成受精作用的场所，最后合子在这里发育成胚，胚成熟，胚珠便发展成种子。胚珠由珠被、珠心、珠孔、合点和珠柄等组成（图10-1）。珠心的作用相当于大孢子囊的结构；而珠被却是一个保护性的、在大孢子囊以外增加的结构，它在组织学上可分为三层：外面的肉质层、中间的"石化"或厚壁化层和里面的肉质层。在裸子植物的不同类群中，这三层发育程度各不相同。如松柏纲的珠被外层是不发育的，苏铁纲和银杏的珠被外层肉质化，后者还含有叶绿素。珠被的内层趋向于减退成薄膜状。珠被在系统发育过程从具有维管束到维管束消失，甚至在某些古代的种子中，珠心及珠被的外层均具有维管组织。苏铁植物的胚珠，珠被的外层和内层均有维管束通过，而银杏珠被仅内层具有维管束，松柏纲、紫杉纲、买麻藤纲以及被子植物的珠被维管组织已经退化。系统发育上珠被与珠心在合点之上是逐步愈合的，整个珠被在上端和珠心组织是分离的，并形成珠孔这样一个通道，供雄配子体进入。所以胚珠是具有保护性珠被结构的大孢子囊。珠被形成的实际过程现在已无法了解，最近从石炭纪发现的种子蕨膀子属 *Genomosperma kidstoni* 的化石种子提示了珠被的起源情况。这种化石种子不为珠被围成囊状，而是由8个轮生的丝状突起所包围。而 *Genomosperma latens* 的化石种子，8个丝状突起在顶端汇合，并且从基部向上的1/3已彼此连合。*Eurystoma angulare* 的化石种子，丝状裂片差不多完全连合；而在 *Stamnostoma huttonense* 的化石种子中，已表现出完全连合的珠被，上端围成一孔，真正的胚珠因此形成了。一个在泥盆纪末期被称为阿诺德古籽（*Archaeosperma arnoldii*）的化石种子还显示具有2个大孢子囊的生殖器官由二歧分枝、扁化的复合顶枝（syntelome）部分地包围，这种下部连合上部仍为长丝状裂片的结构称为"壳斗"（cupule），这种形态的胚珠又称为"前胚珠"（preovule）。由前胚珠演化为胚珠，关键在于珠被这一保护性结构的完善（图10-25）。不少学者认为珠被是由

✿ **图10-25** 阿诺德古籽：世界上第一枚种子的重建和种子蕨的种子

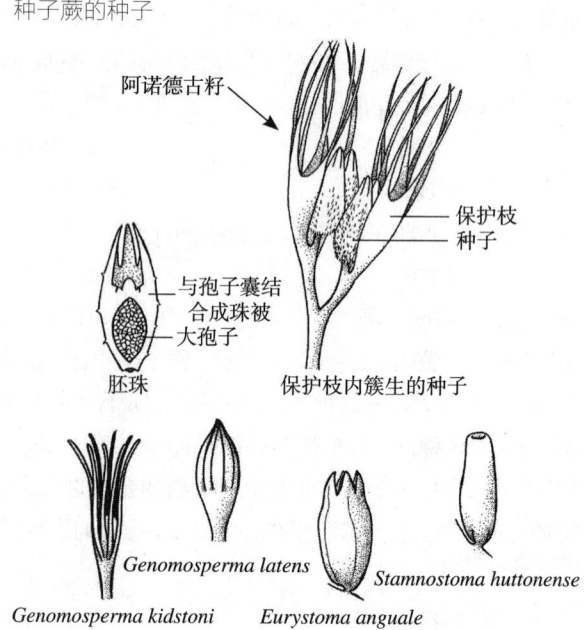

复合顶枝系形成的,从分离到逐步连合,最后形成囊状、具珠孔开口的、包围着大孢子囊的胚珠结构,一定经历了漫长的地质年代。然而具有珠被结构的胚珠已彻底摒弃了大孢子经由大孢子囊破裂而散布的情况,改而依赖孢子体营养发展出多细胞的雌配子体;胚珠结构的进一步完善,花粉室和传粉滴的分泌,为花粉粒进入胚珠发育提供了条件。胚珠中的卵经受精后便发育成胚,珠被也就发育成种皮,雌配子体的剩余部分便是胚乳,这就形成了种子。然而真正种子的产生,仍经历了相当长的地质年代。例如作为一个大类群的种子蕨在古生代末及中生代早期很繁盛,后来全部灭绝了。这是一群叶似真蕨而又产生"种子"的植物,但对种子蕨植物化石经过100多年的研究仍未能在种子中发现过胚的存在,在贮粉室里只有花粉粒而无花粉管的存在。有人认为种子蕨并不具真正的种子,因而应称为"胚珠植物"。可见胚珠的产生是种子产生的先决条件,但真正种子的产生并不是和胚珠的产生同步的,这点从目前发现的化石来看是可以肯定的。

三、裸子植物的起源与演化概述

裸子植物具有由原生中柱发展出来的真中柱,发育完善的根、茎、叶系统,以及胚珠、花粉管、种子和种子中未经受精而贮藏的单倍体胚乳等共同特征,大多数种类均具有颈卵器的构造。因此,人们趋向一致地认为裸子植物起源于一群具有原生中柱和异型孢子的古老蕨类,而不赞成多元起源的观点。

但是由于在现存裸子植物中,真正具有裸露胚珠的类群是苏铁植物、银杏和松柏纲植物,紫杉纲的套被和买麻藤纲的盖被形成肉质的假种皮似已有了对种子的保护结构,因此对裸子植物这一概念,特别对于裸子植物是否为一自然群提出了不同的意见。尽管"裸子植物"这一名词并不能令人满意地包括现存5个类群的裸子植物,但作为具有共同特征这一意义来说,"裸子植物"这一历史概念仍然具有它的意义,这就是具有胚珠、花粉管、种子、单倍体胚乳的植物类群,不管其种子是否获得了保护,以这一共同的特征作为界定。

现存裸子植物5个纲是根据孢子体的形态和产生胚珠的结构来划分的。苏铁植物显然是叶生胚珠的。银杏珠领的发生迟于胚珠,并且不具维管束,珠领不具有叶的性质,其胚珠是轴生的。松柏纲的珠鳞腋部着生胚珠,从演化上看,珠鳞属于轴性的结构;紫杉纲胚珠同样是轴生的,不过大孢子叶特化为珠托或套被,在演化上比松柏纲进了一步。买麻藤植物的盖被从起源上说也不是大孢子叶,胚珠是轴顶着生的,盖被相当于小苞片,小苞片在轴的基部。但是同属于轴生胚珠,并不表明彼此之间有密切的亲缘关系,除了松柏纲与紫杉纲在孢子体及生殖行为上相似点比较多,可能后者脱胎于前者外,其余类群均无直接联系。银杏与苏铁植物同具有有鞭毛的精子,兼作吸器的花粉管,前胚期多数的游离核阶段,子叶2枚,但在体态上相差甚远,银杏的木材是密木型的,而苏铁植物是疏木型的,已有分子学方面的研究表明,两者间亲缘关系要比它们之中任一类群与其他现存种子植物要密切,但这是否表明它们有共同祖先还是言之过早的。

(一)裸子植物可能的祖先

裸子植物既是种子植物,又是颈卵器植物,是介于蕨类植物与被子植物之间的一群高等植物,它们无疑是由蕨类植物演化而来的。现代的苏铁植物和银杏等裸子植物的原始类型具有多数鞭毛的游动精子,加强了裸子植物起源于蕨类植物的论点;而从大型叶、厚囊型孢子囊及异型孢子等特征来看,裸子植物不太可能起源于石松植物,也不大可能来自于现代异型孢子的薄囊蕨类,而很可能起源于同型或异型孢子囊类的古代原始类群,冠之以"前裸子植物"(广义地说,也可以认为是"前种子植物")。前裸子植物是木本植物,具单轴分枝和复杂的枝系,末级枝条扁化成叶,具二叉分枝脉序;茎内有形成层,有次生生长,从肋状原生中柱到具髓原生中柱或真中柱,原生木质部中始式起源,管胞上有具缘纹孔;用孢子繁殖,由同孢发展到异孢。

前裸子植物的古羊齿属(*Archaeopteris*)是北美东部泥盆纪分布最广泛的蕨类(图10-26),在非洲摩洛哥也发现了3.7亿年前古羊齿化石。古羊齿高达25～35 m,直径1.6 m,既具有裸子植物的典型解剖特征,又具有蕨类植物的特征。茎为真中柱,初生木质部中始式,具缘纹孔管胞,有的种类有射线,有髓部,有枝迹和叶迹,但无叶隙。具有复杂的螺旋状排列的叶状分枝系统,茎上有下延的叶基,侧枝上的末级分枝交互对生并扁化成营养叶。用孢子繁殖,而不用种子繁殖。孢子囊大小一致,在能育的羽状叶的近轴面上排成两排（图10-26），孢子同型或异型；异型孢子直径相差2～10倍。

设想古羊齿是裸子植物的祖先已经从解剖学上，主要从中柱的结构上获得支持。古羊齿以及其他前裸子植物，包括无脉蕨（Aneurophyton）、四裂木属（Tetraxylophyteris）的"叶"是一种复杂的分枝系统、扁化的枝，在无脉蕨和四裂木属具有原生中柱（图10-27），由于原生中柱作肋状突起，成为侧枝辐射出迹的出发点，并不形成隙。这样的中柱的下步演化是由于髓的出现和薄壁组织代替部分维管束的位置，原生中柱被逐步分割为"纵向的柱"。接着每个维管束附属物（枝、叶）节的位置，沿着弦切向分裂成两个径向排成一行的合轴维管束系统（图10-27）。外面的是叶迹，里面的维管束称为"修复维管束"（reparatory bundle），继续向上发育，无叶隙形成。这就是古羊齿等前裸子植物里发现的中柱类型。现代裸子植物的中柱是真中柱，叶迹直接由真中柱的合轴维管束发生，不产生叶隙。根据贝克（Beck, 1962；1964；1970；1971）和南伯德里（Namboodiri, 1968）由古羊齿等前裸子植物的研究所得出的中柱演化理论，杰佛里（Jeffrey, 1917）提出的裸子植物起源于真蕨类的理论已经不适用了，真蕨植物和裸子植物的演化，是两条完全分开的路线。

✿ 图10-26　古羊齿的重建

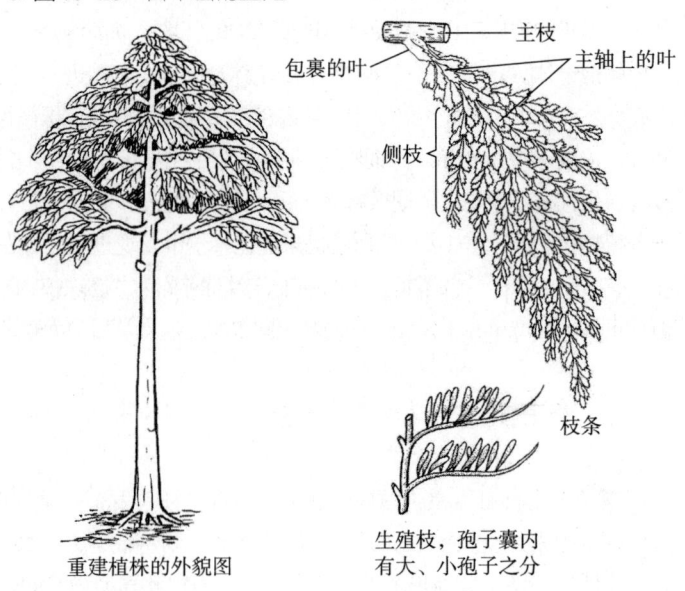

重建植株的外貌图

生殖枝，孢子囊内有大、小孢子之分

✿ 图10-27　前裸子植物和裸子植物初生维管束系统可能的演化

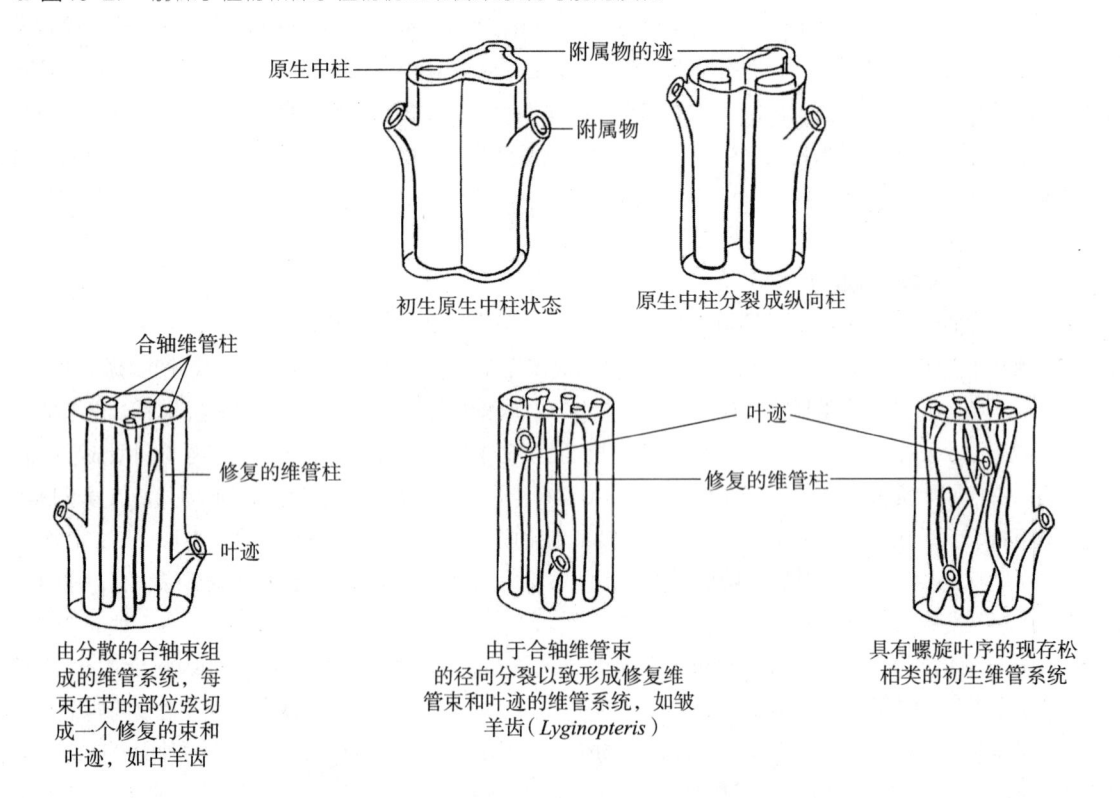

初生原生中柱状态

原生中柱分裂成纵向柱

由分散的合轴束组成的维管系统，每束在节的部位弦切成一个修复的束和叶迹，如古羊齿

由于合轴维管束的径向分裂以致形成修复维管束和叶迹的维管系统，如皱羊齿（Lyginopteris）

具有螺旋叶序的现存松柏类的初生维管系统

(二)化石种子植物

1. 种子蕨 (Pteridospermae)

种子蕨 (seed ferns) 最早发现于晚泥盆世,在石炭纪时曾达到极盛,少数代表生存到三叠纪末期之前。这是既具有蕨类的叶和习性,又产我生种子的一群植物,它的种类非常庞杂。下文以一些研究得较为详尽和在系统演化上被认为有重大意义的代表加以简述。

皱羊齿(凤尾蕨)(Lyginopteris)植物体常为藤本状,叶为多回羽状复叶,营养器官和生殖器官表面具有柄的腺体。真中柱,初生木质部中始式,髓部较大。小孢子囊聚囊,生于生殖小羽片下表面或生殖枝顶端,花粉三裂缝。胚珠小,外面围以杯状浅裂的壳斗,壳斗表面有具柄腺体。多瓣的珠被与珠心紧密结合,顶端有一狭小的珠孔。珠心中央柱与珠被间的空隙即为贮粉室,珠心中央为雌配子体(图10-28)。

髓木(Medullosa)是古生代最大的种子蕨,乔木,高达10 m,直径至20 cm,茎上有螺旋状排列的叶基,大型羽叶,单体中柱。小孢子囊管状,组成各种形态的聚合囊,生于小孢子叶下面或小孢子叶退化,在聚囊内小孢子囊由分离到连合成单一聚合囊。花粉远极二槽,近极单缝(图10-29)。胚珠生于蕨叶上,或末级羽轴中间,或顶端小羽片处,无壳斗构造,其大小迥异,大者长11 cm,直径6 cm,小者长约1 cm,直径则在1 cm之下,表面为三棱状椭球形,珠心和珠被除在基部相连外其余分离,有双重的维管束,整个结构类似于现代苏铁(图10-29)。

舌羊齿(Glossopteris)植物体为落叶乔木,单叶全缘,具中脉,原生中柱,密木型木材。小孢子囊组成囊簇,并有总柄,着生在菱形、长椭圆形的叶的近叶柄处。花粉双气囊。胚珠外有壳斗保护,在壳斗内有胚珠一至数个(图10-30)。

大羽羊齿(Gigantopteris)是东亚华夏植物区系二叠纪的特有化石群。植物体为灌木状藤本或木质藤本,前者具1或2回羽状复叶,后者为单叶。小孢子囊组成线形的复合聚合囊,生于蕨叶近中脉的侧脉上,类似莲座蕨的聚合囊。胚珠成列倒生在叶的边缘(图10-31)。

2. 拟苏铁(本内苏铁)(Cycadeoideinae, Bennettinae)

植物体类似苏铁,茎常不分枝或分枝,或成矮小粗壮、块状体,疏木型木材,1回羽叶,复唇形气孔。雌雄同株,且为两性的孢子叶球,最外为羽状分裂螺旋排列的不育苞片;苞片之上为环状排列、基部已连合的小孢子叶,中央为具柄的胚珠;在大孢子叶之间有顶端膨大的种间鳞,由虫媒传粉。种子

✿ 图10-28 皱羊齿类

头状腺体
Lyginopteris oldhamia

叶柄横切面
Lyginorachis sp.

叶
次生木质部
合轴束
外皮层
叶迹

Lyginopteris oldhamia
茎的横切面

生殖枝

Lyginorachis 型轴顶端
着生 *Stamnostma* 状壳斗

皱羊齿(*Lyginopteris*)植物体复原图

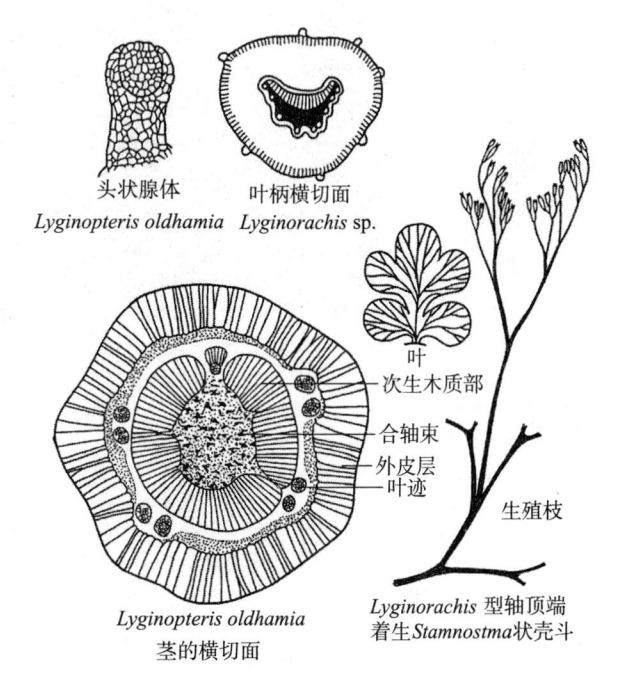

☆ 图10-29 髓木类的生殖器官

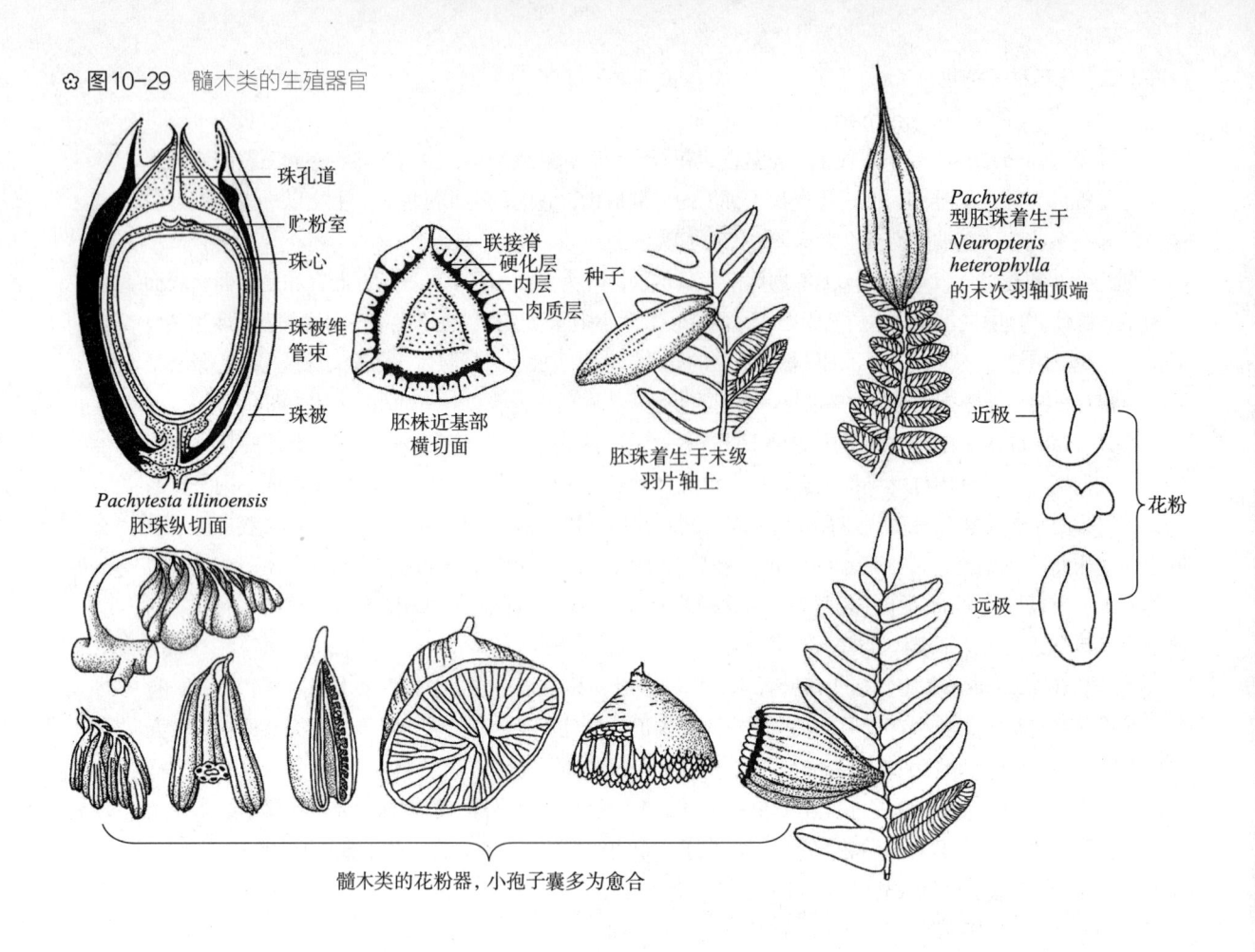

珠孔道
贮粉室
珠心
珠被维管束
珠被

联接脊
硬化层
内层
肉质层

种子

Pachytesta illinoensis
胚珠纵切面

胚株近基部
横切面

胚珠着生于末级
羽片轴上

Pachytesta 型胚珠着生于 *Neuropteris heterophylla* 的末次羽轴顶端

近极
远极
花粉

髓木类的花粉器，小孢子囊多为愈合

☆ 图10-30 舌羊齿

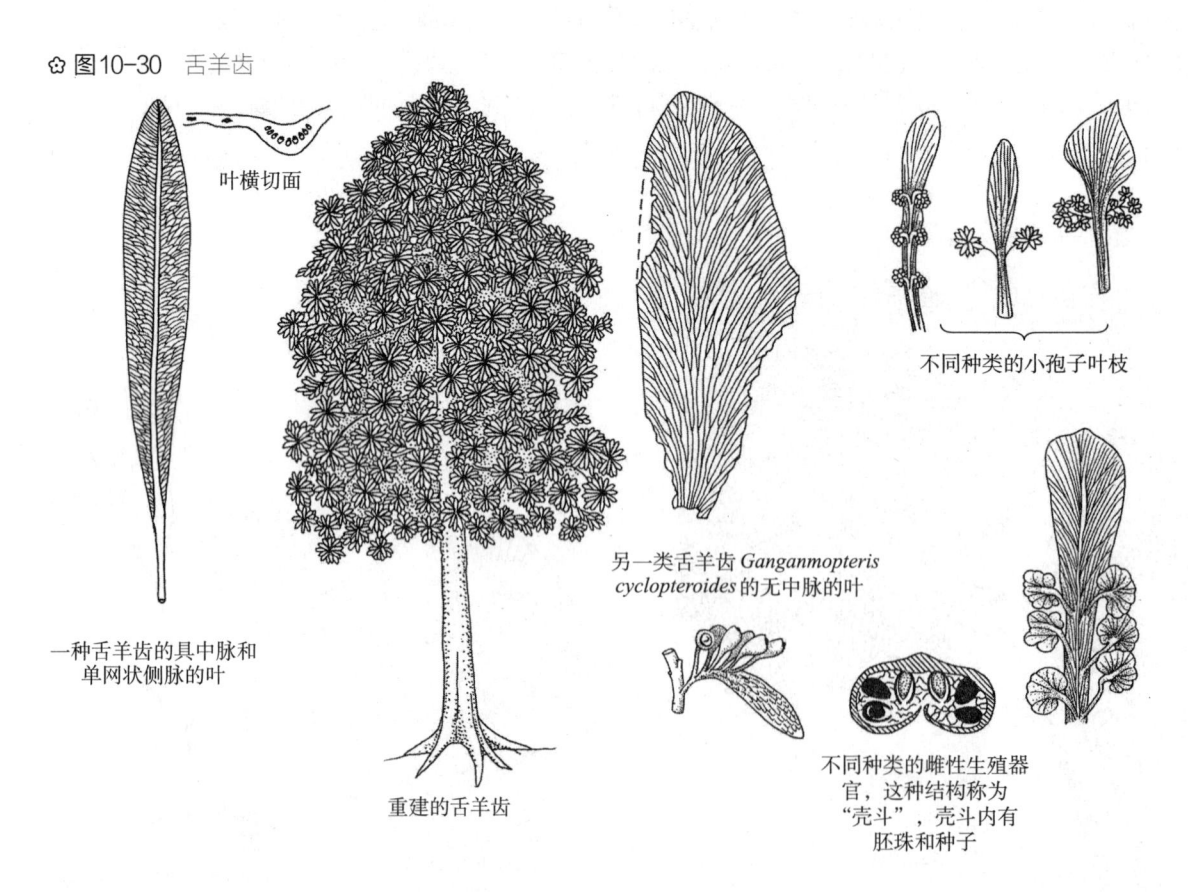

叶横切面

一种舌羊齿的具中脉和
单网状侧脉的叶

重建的舌羊齿

另一类舌羊齿 *Ganganmopteris cyclopteroides* 的无中脉的叶

不同种类的小孢子叶枝

不同种类的雌性生殖器官，这种结构称为"壳斗"，壳斗内有胚珠和种子

264　第十章　裸子植物亚门（Gymnospermae）

图 10-31 大羽羊齿目

披针大羽羊齿
(*Gigantopteris lanceolatus*)

Gigantotheca paradoxa
生殖叶上有雄性生殖器官

短网原大羽羊齿
(*Progigantopteris brevereticulatus*)

Eophyllognium cathayense
在生殖叶的边缘着生种子

Gigantonomia fukiensis
具复叶，羽片上生种子

烟叶大羽羊齿
(*Gigantopteris nicotiaanaeflolia*)

Gigantonoclea hallei
复叶，并具有由叶变态为钩状的攀缘器官

无胚乳。虽然在体态上拟苏铁与现存苏铁有相似之处，但是气孔结构上的差异，尤其是孢子叶球结构的差异表明，它们之间并无直接的联系。拟苏铁最可能的祖先是种子蕨，看起来是一个旁支（图 10-32）。

3. 科达树（Cordaites）

植物体为乔木或灌木，单叶，螺旋状排列，密木型木材，真中柱，髓部大。孢子叶球单性，同株或异株，生殖枝生有许多螺旋状排列的不育鳞和能育的孢子叶，在近顶部的少数孢子叶上着生有小孢子囊或胚珠。花粉有气囊。胚珠有贮粉室，珠被内外层皆有维管束。科达树在晚泥盆世已出现，石炭纪至二叠纪最盛。科达树茎的构造与古蕨接近，古蕨的化石茎曾被归入科达类；近年研究表明，古蕨的叶为复叶，同具二叉分枝的叶脉，可能表明它们具有亲缘关系。科达树与松柏纲，从茎、生殖器官的构造来看关系很密切（图 10-33）。

以上所涉及的化石种子植物和现代裸子植物各类群之间的关系，由于漫长的地质年代中气候和环境的变迁，种子植物为了自身的发展，唯有不断舍弃不适应环境的性状，老的种系不断绝灭，新的种系陆续演化出来，并沿着歧异的方向发展，现存五大类群裸子植物的祖先和演进的脉络不能说是完全明了的。

图 10-32 拟苏铁具大小孢子囊的球果理想复原图

（标注：苞片、小孢子叶单位、小孢子叶单位、聚合囊、胚珠和种子间鳞片、托、球果轴）

图10-33 科达树

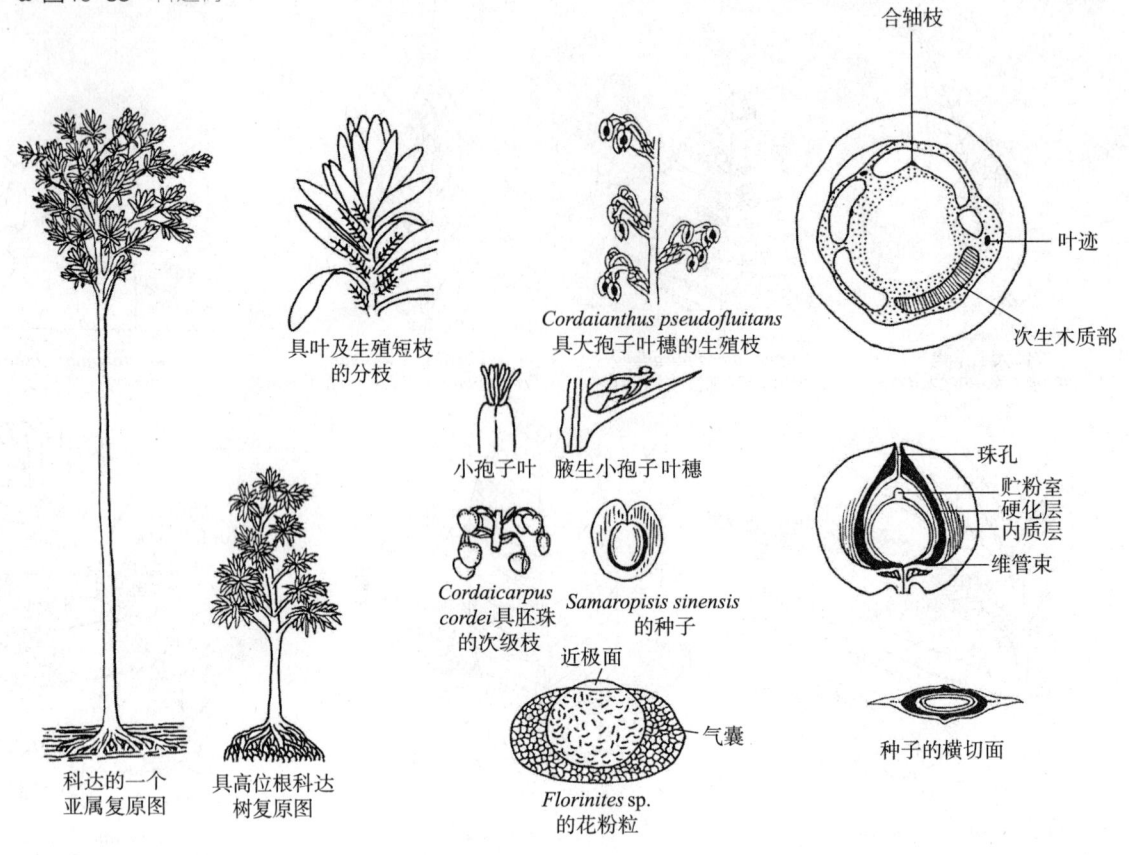

(三) 苏铁纲的起源

在20世纪50年代以前，不断有人提出苏铁纲起源于种子蕨，以后不断发现的化石为此提供了丰富的证据。从营养器官看，苏铁纲与种子蕨的髓木最为接近，两者均有羽状复叶，气孔为单唇形，疏木型木材；从生殖器官看，在北美堪萨斯州上石炭统中发现的籽羊齿（Spermopteris），在叶缘的远轴面着生2列胚珠，待到二叠统中发现的Phasmatocycas，胚珠下移而着生在大孢子轴的两侧，这就明显表明与现代的苏铁是有联系的。现代苏铁植物胚珠着生在叶柄两侧，大孢子叶由分裂到不分裂，胚珠也由多数到仅余一对，看来也是从苏铁纲祖先开始不断演化的结果。至于苏铁纲其初生木质部为内始式，环状的叶迹，则表明其比种子蕨演化。苏铁纲小孢子叶起源于种子蕨的证据尚缺乏（图10-34）。

(四) 银杏纲的起源

银杏纲植物发生于古生代，从下二叠纪到晚白垩世都存在有典型的银杏植物，在三叠纪至白垩纪末，银杏植物曾生长在地球上大部分地区，并在侏罗纪末之前达到最繁荣。但是从白垩纪开始了银杏的缓慢灭绝过程，到现代仅存的银杏（Ginkgo biloba）偏安中国一隅，不能不说是植物演化史上的奇迹。银杏生殖生活史与苏铁植物最相似，如胚珠具贮粉室，单槽花粉，兼作吸器的花粉管，多鞭毛的精子，具有多数游离核分裂的前胚期，2枚子叶等。但从营养器官看，银杏与苏铁植物无共同之处，却与松柏纲接近，如同具长短枝、密木型木材等。有人认为银杏起源于石炭纪的种子蕨类，并与种子蕨、科达类、松柏类同时演化。我国学者王伏雄（1983）认为银杏起源于前裸子植物。

(五) 紫杉纲与松柏纲的起源

紫杉纲与松柏纲的孢子体形态具高度一致性，生殖史上也有几乎一致的行为，尽管大孢子叶由于演进的关系，紫杉纲发展出能够变成肉质假种皮的套被，但仍表明它们有共同的来源。前面已谈到松柏纲最可能的祖先是科达树，现存的南洋杉科的木材与化石科达树结构很相似，而科达树则是古蕨的直接后裔。杉科、柏科可能来自已绝灭的伏脂杉科（Voltziaceae）或掌鳞杉科（Cheirolepidiaceae）。三尖杉科生殖短枝无营养鳞片，很可能由安奈杉（Ernestiodendron）通过古生代早期的巴列杉（Palissya）、穗果杉

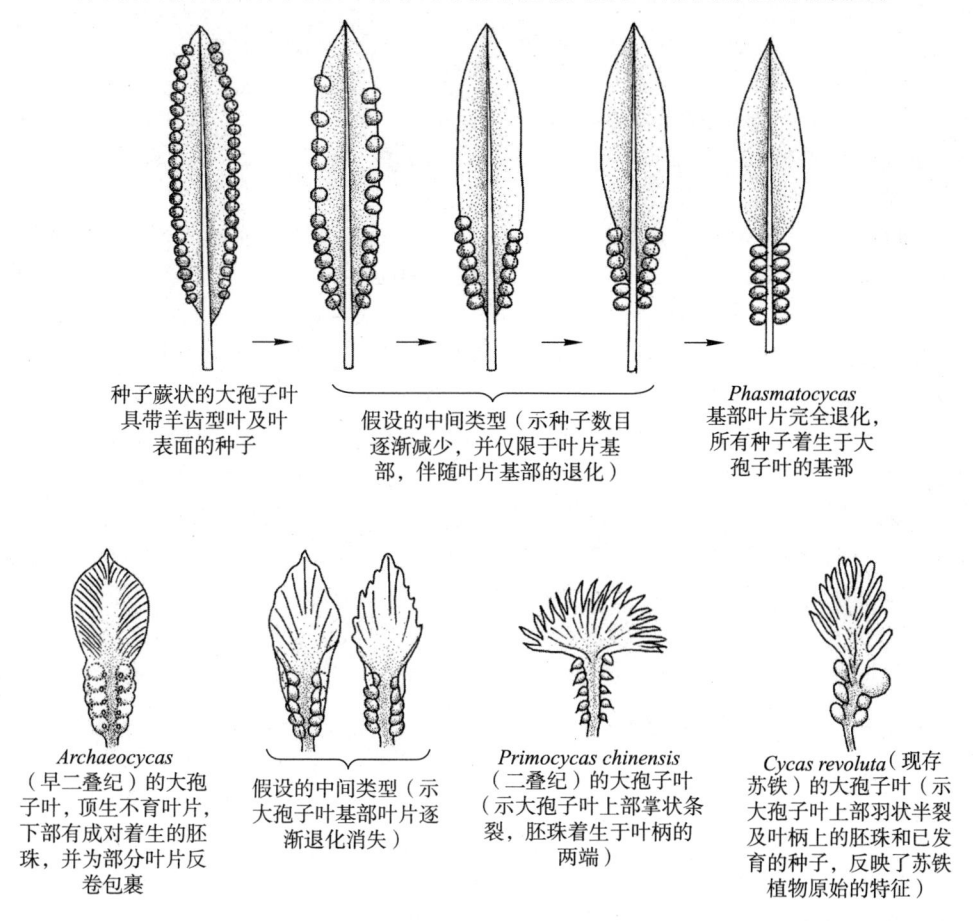

🟎 图10-34 种子蕨向原始苏铁状大孢子叶演化以及苏铁植物大孢子叶的系统发生的假设图示

种子蕨状的大孢子叶具带羊齿型叶及叶表面的种子 → 假设的中间类型（示种子数目逐渐减少，并仅限于叶片基部，伴随叶片基部的退化）→ *Phasmatocycas* 基部叶片完全退化，所有种子着生于大孢子叶的基部

Archaeocycas（早二叠纪）的大孢子叶，顶生不育叶片，下部有成对着生的胚珠，并为部分叶片反卷包裹 假设的中间类型（示大孢子叶基部叶片逐渐退化消失）*Primocycas chinensis*（二叠纪）的大孢子叶（示大孢子叶上部掌状条裂，胚珠着生于叶柄的两端）*Cycas revoluta*（现存苏铁）的大孢子叶（示大孢子叶上部羽状半裂及叶柄上的胚珠和已发育的种子，反映了苏铁植物原始的特征）

（*Stachyotaxus*）发展而来；南洋杉科、紫杉科和松科，有人则认为直接由科达树演化而来。在演进过程中，雌性生殖短枝组成的果穗简化为如松柏纲果鳞组成的球果；古老的生殖短枝由辐射状排列逐渐发展为平展，并分化为不育的苞鳞和珠鳞两部分；不育鳞片数目减少、连合；胚珠柄缩短、下弯、倒转，并与果鳞融合。

（六）买麻藤纲的起源

买麻藤纲植物在现代裸子植物中是完全孤立的一群。现存的麻黄属、买麻藤属及百岁兰属，其孢子叶球具有"花序"的性质和木质部导管的存在是把它们放在共同的一个纲里的理由，但是在形态学上的巨大差别和雌配子体发育和受精方式上的显著不同，都说明买麻藤植物三个属彼此之间并无密切的亲缘关系。由于目前除花粉粒外无任何买麻纲植物的大化石被发现，过去仅从麻黄轮生的枝、叶及明显的节认为它与木贼类植物有亲缘关系的假设并不可靠。根据在小孢子叶球有退化的胚珠存在，表明其祖先曾有两性的孢子叶球，而具有两性孢子叶球的化石种子植物仅有拟苏铁，两者的孢子体并无相似之处。因此，买麻藤植物的起源仍然是不清楚的。

小　结

具有真中柱、胚珠、花粉管和种子是种子植物最重要的特征。

不能片面地以是否具有颈卵器，是否具有导管和筛管伴胞，胚珠是否包在心皮内来区分裸子植物和被子植物（有花植物），应用更为本质的胚乳的来源这一明确特征来划分种子植物：裸子植物具有不经过受精的雌配子体胚乳；被子植物具有经过双受精作用的三倍体胚乳。

裸子植物是种子植物的一部分，绝大多数种类包括在松柏纲中，孢子叶球单性，多雌雄同株，少有雌雄同花序的，小孢子叶球有多数小孢子叶，小孢子叶的形态由片状到具短柄，小孢子囊由多数到2枚；大孢子叶球由于具有苞鳞或苞片成花序状，大孢子叶由羽状分裂、盾状、鳞片状再成囊状。以胚珠的着生位置考察，胚珠从着生大孢子叶柄上端的苏铁、银杏，到胚珠着生于扁平的珠鳞之上的松柏纲，应该说胚珠所获得的保护有限，苏铁和松柏纲的胚珠仅仅靠压叠的大孢子叶保护，胚珠和种子成熟时大孢子叶轴伸长，大孢子叶张开，胚珠和种子裸露。这些类群可以看做是"裸子植物"。紫杉纲植物的大多数及买麻藤纲植物种子具有假种皮，即从种子以外来源的结构包裹，紫杉纲植物的假种皮是大孢子叶，买麻藤纲植物的假种皮则为盖被，因此有学者认为，它们不能看做是"裸子"的，目前尚未有更准确的术语来界定它们。

总体上来看，用以维系裸子植物五个纲的最特殊点是胚乳为不经过受精的雌配子体残余，它既作为雌配子和胚形成时的营养，也作为种子萌发时对养料需要的供应，和被子植物完全不同。还有裸子植物的花粉在胚珠中萌发，苏铁和银杏的花粉管兼作吸器，雄配子体发育大都经过精子器原始细胞和不育细胞阶段，花粉散布时有4~5个细胞；雌配子体发育经过游离核阶段，并且多数具有颈卵器的结构。精卵结合形成合子后具有从数目极多到数目有限的游离核分裂，常常经过前胚阶段才进入胚的分化。在漫长的地质史发展过程中，环境与气候不断变动，许多种系发展出来了，又不断地灭绝，新种系的诞生意味着旧种系的消亡，如此存在于今天的裸子植物五个纲的亲缘关系看来也是不连续的。

思考题

1. 与其他的植物类群进行比较，试述胚珠、花粉管和种子在种子植物演化中的意义？
2. 什么叫"真中柱"？什么是"疏木型"木材和"密木型"木材？
3. 裸子植物种子的构造与被子植物的最大不同之处是哪一部分？
4. 裸子植物的花粉粒在何处萌发？
5. 以松属为例说明裸子植物雌、雄配子体发育，并与被子植物有性生殖过程进行比较。
6. 裸子植物的颈卵器发生于何处？
7. 为什么苏铁纲和银杏纲有性生殖过程具有相似的行为和形态，而在外形结构上却极不相同？
8. 如何解释银杏的"树（瘤）乳"现象？既然珠领是大孢子叶，为什么会有"叶生胚珠"现象？
9. 松柏纲植物大孢子叶球发展出何种机制保护传粉后的胚珠的？
10. 把紫杉纲从松柏纲中独立出来的理由是什么？
11. 紫杉纲植物具有套被和假种皮的类群，这套被和假种皮实际上就是大孢子叶（心皮），这是否也说明它们就是果实？肉质种托具有什么意义吗？
12. 买麻藤目与百岁兰目的有性生殖过程与其他裸子植物有什么不同？何谓"粉管受精"？
13. 买麻藤纲具有盖被和珠孔管表明它们有花被和花柱的分化吗？
14. 什么是"麻黄式穿孔板"？
15. 苏铁和银杏具有肉质的种皮，买麻藤纲具有由盖被发展而来的肉质假种皮，这表明它们是果实吗？
16. 如何看待麻黄作为重要药材以及从麻黄素转化为"冰毒"成为毒品的关系？
17. 裸子植物都是风媒传粉的吗？华南苏铁的小孢子叶球具有芳香气味是否也说明了它也是虫媒传粉的？

数字课程学习

● 彩色图库　　● 名词术语　　● 拓展阅读　　● 教学PPT

第十一章 被子植物亚门（Angiospermae）

第一节 被子植物的特征

被子植物（angiospermae）的胚珠由心皮（carpel）所包裹，形成子房（ovary），进而发育成果实。因而有别于裸子植物。

被子植物是植物界发展到最高级、最繁荣，种类最多、分布最广的一个类群。它的营养器官和繁殖器官都比裸子植物复杂，根、茎、叶内部组织结构更适应于各种生活环境，具有更强的繁殖能力。所以自从中生代白垩纪以来，它们就在地球上占据着绝对的优势。现在已知的约有1万余属，23.5万种，种类占植物界的一半以上。我国有3 148属，约3万种，是被子植物种系最丰富的地区。被子植物的出现，使得自然界变得绚丽多彩、生机盎然。现代动物界种类最繁多的昆虫纲，以及发展到高级水平的鸟纲和哺乳纲，是随被子植物的发展而繁衍起来的。人类的出现和发展，也和被子植物有着直接、间接的联系。当今世界粮食、能源、环境等全球问题，无疑和被子植物密切相关。

一、被子植物的特征

1. 具有真正的花

开花过程是被子植物的一个显著特征，故又称为有花植物（flowering plants）。花被的出现，一方面加强了保护作用，另一方面增强了传粉效率，以达到异花传粉的目的。雄蕊由花丝和花药两部分组成。雌蕊由子房、花柱、柱头三部分组成。组成雌蕊的单位称为心皮。原始的类群，雌蕊由多数分离的心皮组成；绝大多数被子植物的心皮已经完全缝合，胚珠被包裹在子房内，但单心木兰属（Degeneria）心皮边缘尚未完全闭合；木兰科、毛茛科的一些种类，花柱和柱头的分化不明显，心皮腹缝线缝合面上部形成柱头面。与裸子植物紫杉纲的套被、买麻藤纲的盖被不同的是，被子植物雌蕊形成了子房、花柱、柱头。买麻藤纲的珠被管是由珠被延伸而成的，是胚珠的一部分；而花柱、柱头是由心皮组成的雌蕊的一部分，来源是不同的。被子植物的花粉粒是在柱头上萌发的，而裸子植物的花粉粒是在胚珠上萌发的。

2. 具有果实

被子植物开花后，经传粉受精，胚珠发育成种子，子房也跟着长大，发育成果实，有时花萼、花托甚至花序轴也一起发育成果实。只有被子植物才具有真正的果实。果实出现具有双重意义：一是在种子成熟前起保护作用；二是种子成熟后以各种方式帮助种子散布，或是对种子继续加以保护。

3. 具有特殊的双受精作用

双受精产生三倍体胚乳，与裸子植物来自未经受精的、雌配子体性质的单倍体胚乳是完全不同的。三倍体胚乳对增强新植物体生命力和适应环境的能力都具有重要意义。双受精是在被子植物中才出现的。买麻藤类植物的两个精子均与雌核结合，并不是双受精。被子植物的胚乳在受精后才能发育形成，符合经济原则，与裸子植物预先由大孢子经过大量游离核分裂形成的胚乳形成鲜明的对照，所以裸子植物中发现无胚的"种子"实际上是胚珠未经受精的结果。被子植物的双受精是推动种类繁衍，并最终取代裸子植物的真正原因。

4. 孢子体高度发展和分化

形态结构上，被子植物组织分化细致，生理效能极高。木质部主要由导管、纤维和薄壁组织组成。导管和纤维都是由管胞发展和分化而来，机能上的分工促进了专司导水的导管和专司支持作用的纤维产生。在裸子植物里，未发展出纤维，管胞兼具水分输导与支持的功能。被子植物导管穿孔的形成与买麻藤植物显然不同，是由于梯状穿孔板横闩的消失，而不是由于具缘纹孔的扩大，形成麻黄式穿孔板。韧皮部有筛管和伴胞。输导组织的完善使体内物质运输效率大大提高。被子植物可以支持和适应总面积更大的叶，增强了光合作用的能力，并在这个基础上产生大量的花、果实、种子来繁衍种族。被子植物的体态与裸子植物相比具有很明显的多样性，木本植物包括乔木、灌木、藤本，是多年生的，有常绿，也有落叶的；草本植物有一年生或二年生的，也有多年生的。体型小的如无根萍（*Wolffia arrhiza*），植物体无根也无叶，呈卵球形，高仅1～2mm，是世界上最小的被子植物；但它的体内仍然具有维管束，而且能够开花、结果，形成种子。体型大的如杏仁桉（*Eucalyptus amygdalina*），高达150余米。

5. 配子体进一步简化

被子植物的雌雄配子体进一步简化，而且是寄生的。雄配子体成熟时由1个粉管细胞、2个精子等3个细胞组成。大部分被子植物在花粉粒散布时处于2细胞阶段，即含1个粉管细胞和1个生殖细胞时，花粉粒在柱头上萌发，生殖细胞便在花粉管中分裂形成2个精子，这在多心皮类群如木兰目、毛茛目中较为普遍，称为2-细胞阶段的雄配子体发育。而一部分被子植物，在花粉粒散布前，生殖细胞已经发生了分裂，形成了2个精子，花粉粒散布时含有3个细胞，称为3-细胞阶段的雄配子体发育。2细胞型花粉粒被认为是属于被子植物的原始类型，而3细胞型花粉粒被认为是衍生类型。雌配子体发育成熟时，通常只有7个细胞8个核，即1个卵、2个助细胞、2个极核和3个反足细胞，颈卵器不再出现。雌雄配子体结构上的简化是适应寄生生活的结果，丝毫未降低其生殖机能，反而可以更合理地分配养料，是演化的结果。

6. 适应性强，营养方式多样，能适应各种不同的生态环境

它们主要是陆生的，在平原、高山、沙漠、盐碱地等都可以生长；有不少种类是水生的，常见的如金鱼藻属（*Ceratophyllum*）、狐尾藻属（*Myriophyllum*）和黑藻属（*Hydrilla*），广泛分布于湖泊、池塘、河流和沟渠中，是再度适应水生生活的种类；少数种类生活在海中，如大叶藻（*Zostera marina*）。除绿色自养营养方式外，菟丝子属（*Cuscuta*）和列当属（*Orobanche*）等行寄生性营养；而桑寄生属（*Loranthus*）、槲寄生属（*Viscum*）等行半寄生性营养。"捕虫植物"除了有正常的光合作用外，还利用特化的结构捕捉各种小昆虫进行消化，吸收有机质作为它们补充的养料，如猪笼草属（*Nepenthes*）、茅膏菜属（*Drosera*）和狸藻属（*Utricularia*）。有的被子植物是腐生的，如天麻（*Gastrodia elata*）等。还有的被子植物与细菌或真菌形成共生关系，如豆科和兰科植物等。

7. 传粉方式的多样化，是促成被子植物具有繁复种系的其中又一个重要原因

与裸子植物主要行由风媒传粉不同，被子植物即具有多种传粉方式，包括风媒、虫媒、鸟媒、蝙蝠媒和水媒等。为了吸引动物传粉者，被子植物发展出了艳丽的花朵、特化的蜜腺、花盘，或者强烈的气味（芬芳的或者是不愉快的）等，动物在花间寻找和获取花蜜（一种糖溶液，是富能食物）时，会无意间将沾到体上的花粉从一朵花带到另一朵花的柱头上，帮助了植物的繁殖。昆虫是被子植物的主要传粉者，昆虫种类的演化和发展与被子植物是密不可分的，同时彼此间相互适应，促进了协同演化。鸟媒传粉的花通常没有气味，由于共同演化，夏威夷蜂鸟发展出长而弯曲的鸟喙，以便将喙插进管状花获取花蜜。反过来，花蜜猎取者造访的花发展出长管状的花冠，保证蜂鸟采蜜时能帮助其实现异花传粉。动物传粉者与植物之间，在它们传粉的时候演化出许多专性的亲缘关系。例如无花果属的隐头花序，其中有不育的雌花——瘿花，花柱短，柱头略呈喇叭状，瘿蜂由隐头花序的口部通过总苞，进入内部，寻找瘿花产卵，这样便把位于上部的雄花花粉带到位于底部的雌花，或带到其他花序上，做了传粉使者。风媒传粉的花多数较小而不起眼，产生大量的花粉，特别是许多单子叶植物，如禾本科、莎草科等，以及双子叶植物具柔荑花序的类群。水媒传粉，如苦草属（*Vallisneria*）和黑藻属（*Hydrilla*），雌花有长花柄，伸出水面开花，雄花则生于水底，成熟时脱离母体升至水面，花被仍不张开，使雄花浮在水面，随水流动或被风吹动，接触到雌花，即行传粉，是半水媒、半风媒的。

二、被子植物的分类原则

花果的形态学特征是被子植物分类的主要标准，根、茎、叶及其附属物（如毛被、鳞片等）也是重要标准。解剖学特征也常用作辅助性的分类标准，如木材构造、脉序、花粉形态、染色体形态和数量等。化学成分已运用于植物分类学上。近年来发展起来的植物分子系统学方法，通过对植物遗传系统的

核基因组以及叶绿体基因组的研究来探讨植物系统发育和演化问题，是对经典分类研究方法的深入和补充，特别对确定某些在系统位置上有争议的类群，能提供非常有用的证据。

植物器官形态演化的过程，通常是由简单到复杂、由低级到高级的，但在器官分化及特化的同时，伴随着简化的现象。例如裸子植物未发展出花被，被子植物通常是有花被的，也有某些类型失去了花被。茎、根器官的组织也是由简单逐渐变复杂，但在草本类型中又趋于简化。这个由简单到复杂，最后又由复杂趋于简化的变化过程，是植物有机体适应环境的结果。

下面是一般公认的形态构造的演化规律和分类依据，以外部形态和解剖学特征为主，也涉及一些与传统看法不同的新观点。

（1）木本是原始的性状，草本是次生的。

（2）茎干不分枝或二叉分枝、单轴分枝是原始的，合轴分枝是次生的。

（3）叶常绿是原始的性状，落叶是次生的。

（4）风媒花是最早发生的，虫媒花是次生的。

（5）单性花是最早发生的，两性花是次生的。

（6）花单生是原始的，花序是次生的。

（7）无被花和单被花是原始的，双被花是次生的。

（8）花各部分数目多数的原始些，螺旋排列的要比轮状排列的原始些。

（9）花被同型是原始的性状，分化为花萼、花冠是次生的。

（10）辐射对称的花是原始的，两侧对称及不对称的花是次生的。

（11）下位花（子房上位）是原始的，周位花较高级，上位花（子房下位）最高级。

（12）心皮离生，雌蕊群由很多心皮组成是原始的；心皮合生，而且有定数的是次生的。雄蕊群也是这样。

（13）胚珠多数是原始的，胚珠少数是次生的，胚珠散生是原始的，聚成胎座是次生的。

（14）中轴胎座是原始的，侧膜胎座、特立中央胎座是次生的。

（15）种子有胚乳是正常的，种子缺乏胚乳是次生性状。

（16）管胞是原始的，导管是次生的。导管侧壁具环纹、螺纹是原始的，梯状纹孔、网纹纹孔、孔纹纹孔是次生的。

（17）导管细胞狭而细长是原始的性状，短而宽是高级的；导管的端壁倾斜而有多数梯状穿孔的是原始的类型；反之，穿孔较少，甚至一个穿孔的是高级的类型。

（18）真中柱虽然起源于裸蕨，是最古老的，但也是所有种子植物的特征，相对于网状中柱等得到了最大的完善。

（19）多列射线是原始的，单列射线是次生的，混合异型射线比同型射线原始。

（20）具3沟孔的花粉是基本的，其他萌发孔类型的花粉可能是次生的。

（21）双珠被比单珠被原始。不过，裸子植物的胚珠都是单珠被的。演化可能是从单珠被发展到双珠被，再发展为次生的单珠被。

各种器官的演化是互相关联的，相对的，在这里也提出一些与传统原则不同的观点，如两性花比单性花高级，虫媒比风媒高级，因为种子植物在泥盆纪末期出现在地球上就是单性的，由风媒传粉，一直到现存的裸子植物依然为单性风媒传粉的，其珠被也是单层的，这从出现的先后次序来判断并不困难。被子植物的情形也同样，昆虫是在被子植物产生之后才繁衍起来的，不能认为被子植物一诞生就是由虫媒传粉的。而且，所有风媒传粉的花都非常简单，如单被或无被、柔荑花序；而虫媒传粉的花或花色艳丽，或有香气，或具有花盘、蜜腺，花被为适应昆虫而作特殊形状，如距、二唇形、兰花唇瓣上的胼胝体及花粉块、黏盘等，换言之，虫媒花、两性花的构造要比风媒花、单性花复杂得多。但是另一方面，单性花发展到两性花，风媒花发展到虫媒花，再从两性花、虫媒花转变为次生的单性花和风媒花也是有的，如杨柳科是由虫媒转变为风媒的，山茶科柃属是由两性花转变为单性花的。这表明对一个类群的演化趋势必须全面、综合地考察，不能把某一个特征绝对化，而得出偏颇的结论，应该知道，各个器官与性状之间的演化是不同步的，而且内部结构的演化往往较外部结构滞后。

三、被子植物的分类

关于被子植物亚门次级分类单元的划分，不同的学者有不同的系统，国际上主要有边沁和虎克系统（英国）、恩格勒和柏兰特（德国）、哈钦松系统（英国）、塔赫塔间系统（俄罗斯）、克朗奎斯特系统（美国）、Rolf Dahlgren系统（瑞典）、Robert F. Thorn系统（美国）和APG系统（The Angiosperm Phylogeny Group，被子植物系统发育小组）等。国内有胡先骕系统，张宏达系统和吴征镒系统等。本教材按照传统方式以及多数学者的观点，把被子植物首先划分为双子叶植物纲和单子叶植物纲，两个纲的基本区别如表11-1。下文分别介绍代表性的类群。

表11-1 双子叶植物纲和单子叶植物纲的基本区别

双子叶植物纲	单子叶植物纲
1. 花常为四或五基数	1. 花常为三基数
2. 花粉常为三沟孔	2. 花粉常为单孔或散孔
3. 种子常具2枚子叶	3. 种子常为1枚子叶
4. 植物体常有发达主根	4. 植物体多有须根
5. 茎内维管束排成圆筒状	5. 茎内维管束散生
6. 具形成层	6. 无形成层
7. 叶常具网脉，无叶鞘	7. 叶常具平行脉或弧形脉，具叶鞘

第二节 双子叶植物纲（Dicotyledoneae）

双子叶植物纲包括48目约294科，可进一步划分为原始花被亚纲（离瓣花亚纲）和合瓣花亚纲。

原始花被亚纲（Archichlamydeae）

花单性到两性，无被、单被、同被或双被（但花瓣分离），雄蕊着生在花托上，珠被常为2层，种子多少有胚乳，从风媒发展到虫媒。

一、木麻黄目（Casuarinales）

乔木或灌木。小枝轮生或假轮生，具节，纤细。叶退化成鳞片状，4~20环状轮生成鞘状。花单性，同株或异株；雄花轮生花序轴上，组成柔荑花序；雌花序头状；雄花苞片2，杯状合生，花被片1~2，雄蕊1；雌花苞片1，无花被，心皮2枚合生，花柱短，柱头2枚，子房初为2室，后成单室。胚珠2颗。小坚果扁平，有翅。种子单生，种皮膜质。仅木麻黄科。

木麻黄科（Casuarinaceae）

♂: *$P_{1~2}A_1$; ♀: $P_0 \overline{G}_{(2:1~2:2)}$

特征同目。4属，96种，产大洋洲，至亚洲东南部、大洋洲、西南太平洋岛屿，在非洲和美洲亚热带和热带海岸成归化种。主要属为 *Allocasuarina*、*Gymnostoma* 和木麻黄属。我国引入木麻黄（*Casuarina equisetifolia*）（图11-1）、粗枝木麻黄（*C. glauca*）和细枝木麻黄（*C. cunninghamiana*），作行道树及防风树，木材耐腐坚硬。

二、胡桃目（Juglandales）

芳香乔木，常具树脂；羽状复叶，互生，有或无托叶；花杂性或雌雄同株，雄花单花被，雄蕊多数

✿ 图11-1 木麻黄

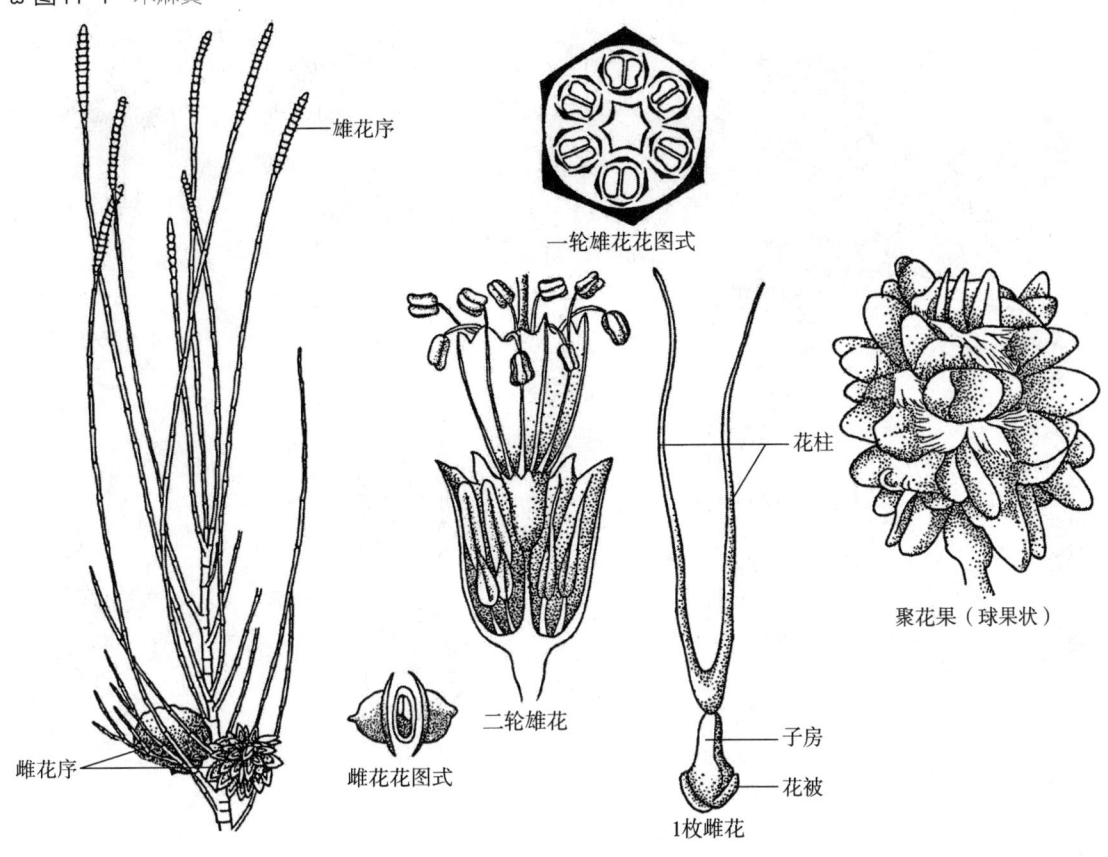

至3枚；子房下位，1或2室，胚珠1个，种子无胚乳。含杨梅科（Myricaceae）和胡桃科2科。

1. 胡桃科（Juglandaceae）

♂：*P_{3~6}A_{40~3}；♀：P_4\overline{G}_{(2:1:1)}

落叶乔木，有树脂；羽状复叶，互生，无托叶。花单性，雌雄同株；雄花排成下垂的柔荑花序，花被与苞片连生，不规则3~6裂，雄蕊多数至3个；雌花为穗状花序，直立，或单生，无柄，小苞片1或2枚；花被与子房连生，3~5浅裂；子房下位，1室，或不完全2~4室，花柱2个，羽毛状；胚珠1个，基生。核果，或为具翅坚果，种子单生，无胚乳，子叶常具皱褶，含油脂。染色体：X=16。

约8属60余种，分布于北半球。我国有7属28种，南北皆产。

（1）胡桃属（*Juglans*）：核果，外果皮肉质，干后成纤维质，不规则开裂，核（内果皮）有雕纹，不完全2~4室。约15种，我国有4种。常见的有胡桃（*J. regia*）（图11-2），原产于我国西北部及中亚。在我国栽培已有2 000多年历史，木材有多种用途，种仁含油60%，油食用，干果食用，内果皮可制活性炭。

（2）山核桃属（*Carya*）：核果，外果皮木质4裂，核平滑，有纵棱，总苞4裂。约30种，多产于美洲，我国4种。常见有山核桃（*C. cathayensis*），原产于华东，亦作油料植物；薄壳山核桃（*C. illinoensis*），原产于北美、墨西哥，现在江、浙、华中和四川引种。

（3）枫杨属（*Pterocarya*）：总状花序，坚果有两翅。有8种，分布北温带，我国7种，南北皆产。枫杨（*P. stenoptera*），分布于南北各省，广泛栽培作行道树，叶可放养野蚕，可消灭血吸虫的中间寄主钉螺，治腹水病，亦可作农药。

黄杞（*Engelhardtia roxburghiana*）和化香树（*Platycarya strobilacea*）也是我国华东、华南、华中、西南广大地区常见的树种。

图11-2 胡桃与黄杞

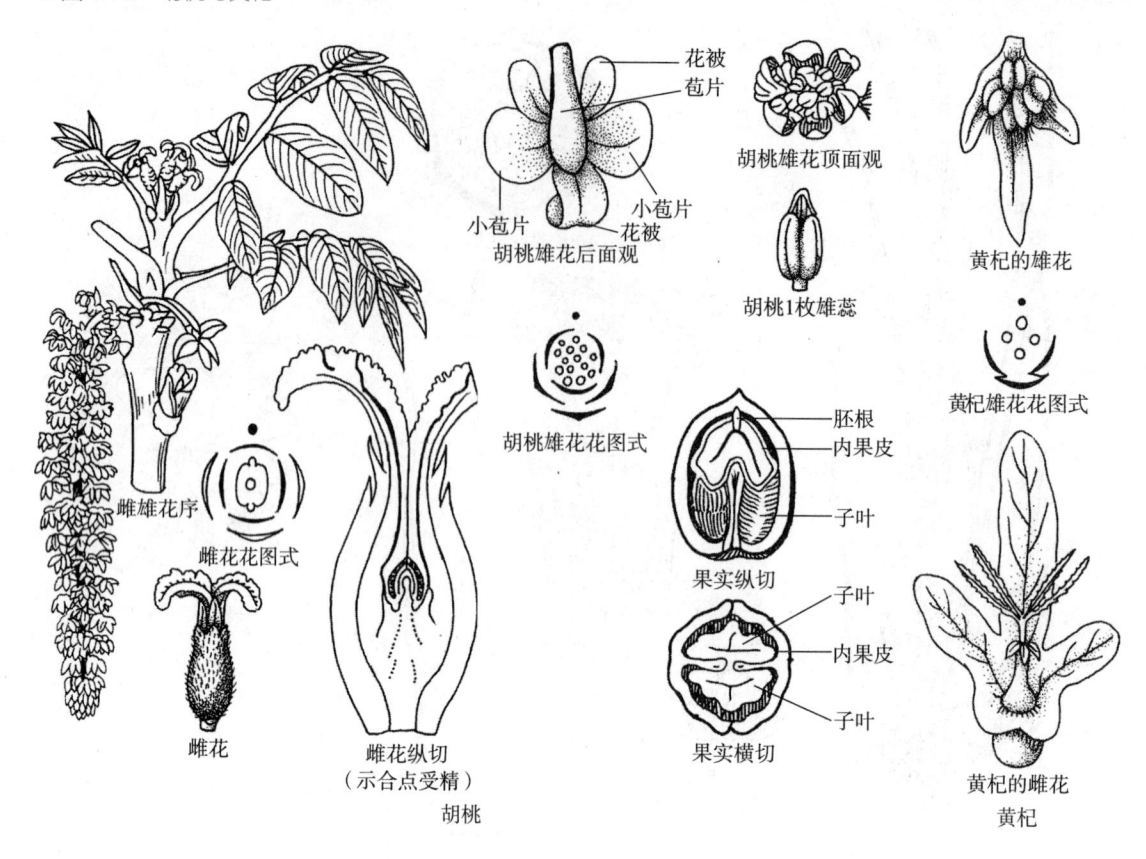

2. 杨梅科（Myricaceae）

$*♂♀P_0A_{1\sim9}\overline{G}_{(2:1:1)}$

2属50多种，我国产杨梅1属（图11-3）。叶为单叶，有芳香腺体。花单性，风媒，无花被，雌雄同株，有时雌雄同序。果为肉质核果，而与胡桃科不同。我国1属4种。杨梅（*Myrica rubra*）产长江以南，果带酸味。

图11-3 杨梅科

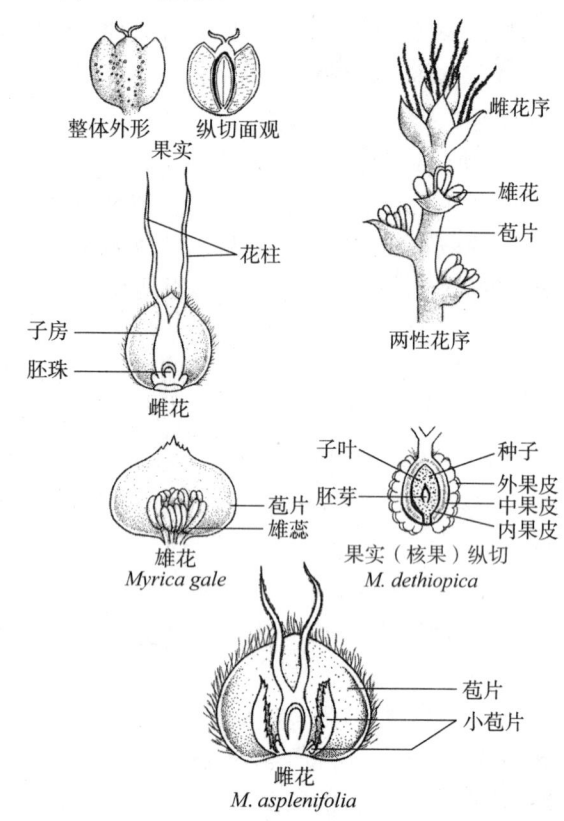

三、杨柳目（Salicales）

本目仅含杨柳科1科。

杨柳科（Salicaceae）

$*♂♀K_0C_0A_{2\sim\infty}\underline{G}_{(2:1)}$

木本；单叶互生，有托叶；花单性，雌雄异株，柔荑花序，每一苞片内有1花，无小苞片；无花被，有1杯状花盘或2个腺状鳞片；雄蕊2个至多数；子房1室，花柱1或2～4个，2心皮，侧膜胎座，胚珠多数，倒生；蒴果，两瓣开裂；种子多数，细小，由珠柄长出多数柔毛，胚直生，为一层残余的内胚乳所包。染色体：X=19，22。

本科3属约540种，主产于北温带。我国有3属约230种，全国分布。本科植物易自然杂交，繁殖多用扦插法，亦多为速生材用树种，是我国北方重要的造林植物。

（1）杨属（*Populus*）：叶宽阔，苞片条裂，有杯状花盘，雄蕊常多数，花序下垂（图11-4）。约40种，我国约25种。毛白杨（*P. tomentosa*）是我国北部和东部的防护林和绿化的主要树种，也是木本植物研究的模式材料，其基因组测序已完成。加拿大杨（P. canadensis）为一杂交种，现广植于亚、欧、美各洲，我国南北广泛栽培。银白杨（P. alba）新疆野生，我国从东北至西北广泛栽培，为家具等材用树种。

（2）柳属（Salix）：叶常较狭窄，苞片全缘，无花盘，有能分泌蜜汁的腺体，雄蕊常2枚，雄花序直立（图11-4）。约500种，我国有200种以上，各省区均产。垂柳（S. babylonica），枝下垂，叶条状披针形，南北栽培，根系发达，保土能力强，是河堤的造林树种，亦作行道树。

杨柳科由于具有单性花、柔荑花序、没有花被、合点受精等特征，一向被归在柔荑花序类；又由于具有2~4个侧膜胎座和多数的胚珠等特征，被归入侧膜胎座类。恩格勒根据杨柳目花极简单，且下白垩纪就已经出现，因而把它与杨梅科、木麻黄目作为原始类型放置在一起。但许多学者认为，杨柳科木质部导管单穿孔、髓部小、射线单列，应为较演化的类群。至于杨柳目花的高度简化，不是古老特征的保留，而是演化过程中减退的结果。杨柳目的祖先是具有1或2轮花被的，现在的杨柳目花被已退化成鳞片状的蜜腺或花盘，花苞代表了退化的一朵花。杨属雄蕊数较多，比柳属原始，并一直沿着风媒的方向发展；柳属则从风媒又走向虫媒，表现为蜜腺的出现，雄蕊数目减少。塔赫他间（Takhatajan, 1980）认为杨柳目是由大风子科的山桐子族（Idesiinae）经退化而来。克朗奎斯特（Cronquist, 1981）和塔氏的观点一致，更指出杨柳

✿ 图11-4 杨属和柳属花和果实的形态结构

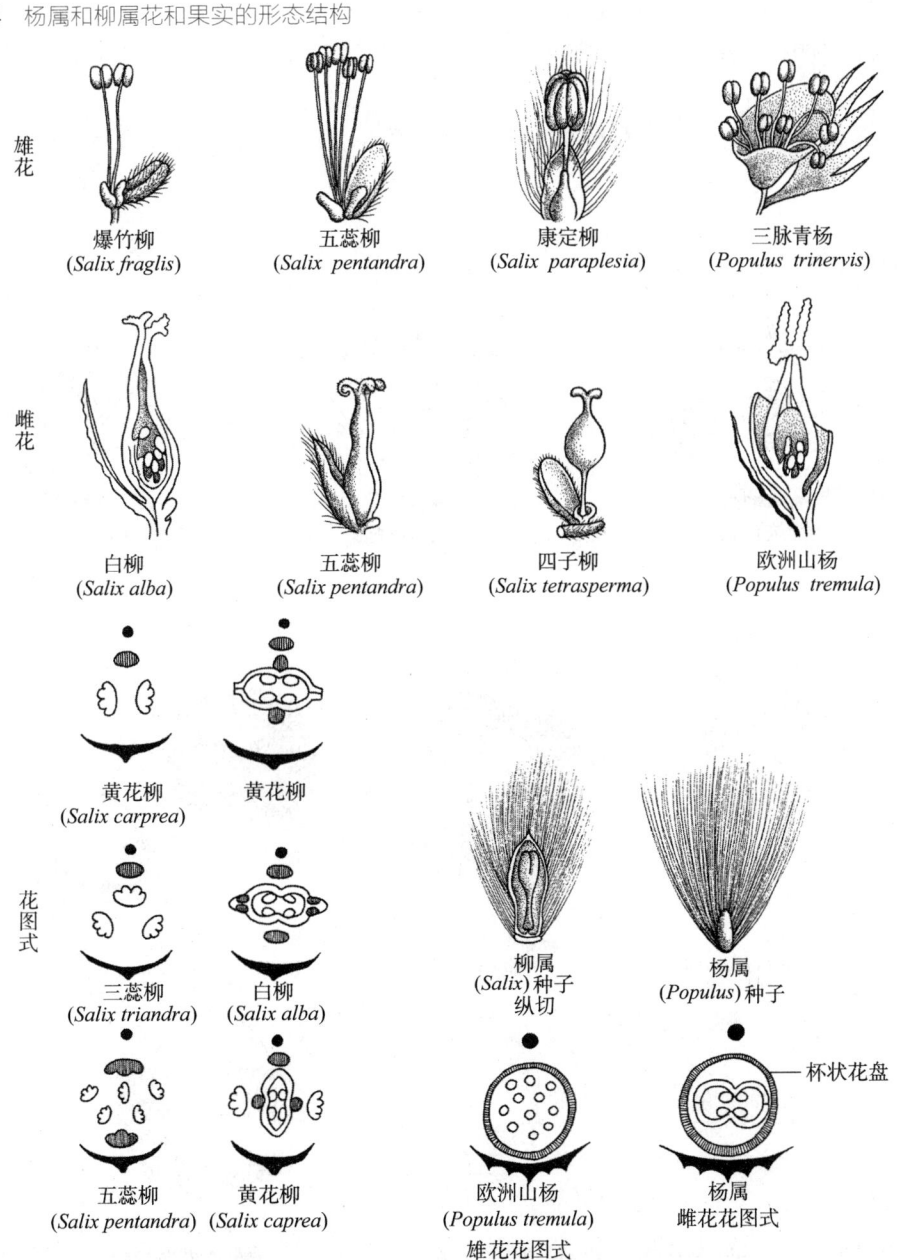

科中普遍存在的水杨苷（salicin）也存在于山桐子族中，而旌节花科可能是联结现存杨柳目和它的祖先的中间环节。rbcL序列的系统发育分析结果支持塔氏和克氏的观点，支持杨柳科与山桐子族有密切的亲缘关系。

四、壳斗目（Fagales）

木本；单叶互生，有托叶；花单性，雌雄同株，单被；雄花组成柔荑花序，雄蕊多数至2个；雌花常单生，有总苞，子房下位，1～6室，坚果。含桦木科（Betulaceae）和壳斗科。

1. 壳斗科（Fagaceae）

$*\delta\varphi K_{(4\sim8)} C_0 A_{4\sim20} \overline{G}_{(3\sim6:3\sim6:2)}$

常绿或落叶乔木，稀为灌木；单叶互生，革质，全缘或有锯齿，侧脉直出齿尖，有托叶；花单性，雌雄同株，稀为异株；雄花排成柔荑花序，花被8～4，常合生，裂片覆瓦状排列；雄蕊7～4或更多，花丝细长，花药2室，纵裂，退化雄蕊细小或缺；雌花位于雄花序的基部，单生或3朵组成二歧聚伞状，其外包围着总苞，总苞有刺或鳞，或毛被，花被和子房合生，4～7裂（图11-5）；退化雄蕊存或缺；子房下位，2～6室，花柱常与子房室数相等，分离或基部联合成柱，宿存；胚珠2个，珠被2层；总苞在结实时增大，变坚硬，呈壳斗状或完全封闭，外侧常有鳞片或刺，成熟时不开裂，或瓣裂，或不规则开裂；坚果，种子通常只有1个，无胚乳（图11-6）。染色体：$X=12$。

本科8属约900种，主要分布于热带及北半球的亚热带，只有 *Nothofagus* 分布于南半球。我国有6属300余种。

（1）石栎属（*Lithocarpus*）：或称柯属、椆属。常绿乔木，叶全缘或有锯齿，雄花为直立柔荑花序，

✿ 图11-5　壳斗科3个属的雌花花图式

栗属花图式　　水青冈属花图式　　栎属花图式

✿ 图11-6　壳斗科的果实

水青冈
(*Fagus longipetiolata*)

板栗
(*Castanea mollissima*)

桂林栲
(*Castanopsis chinensis*)

多穗柯
(*Lithocarpus polystachyus*)

青刚栎
(*Quercus glauca*)

栓皮栎
(*Q. variabilis*)

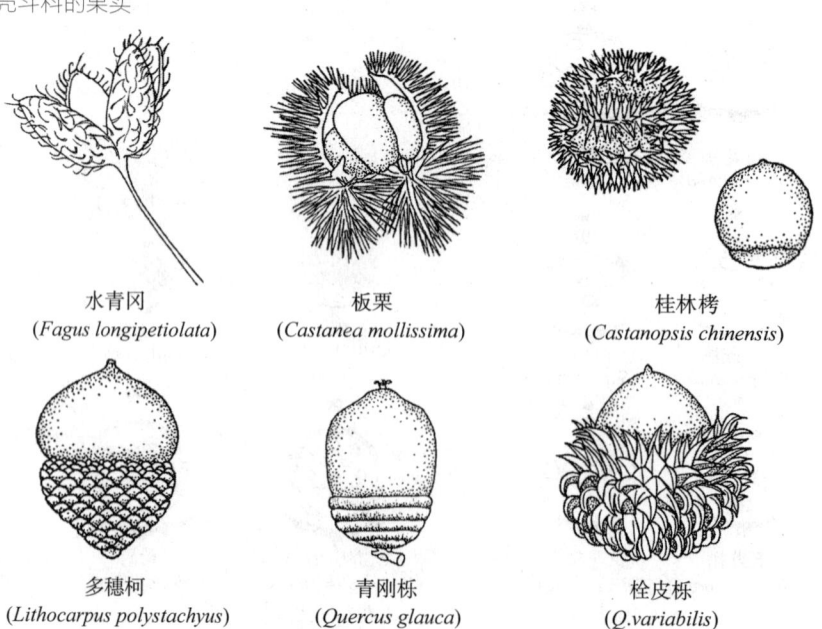

雌花3~7朵簇生，子房3室，有退化雄蕊，总苞杯状，多数不完全封闭，鳞片覆瓦状、螺旋状或轮状排列，中有坚果1枚。约300种，产于亚洲热带和亚热带。我国约100种。常见的有绵柯（*L. henryi*），叶全缘，壳斗浅碟形，苞片三角形，中部隆起，分布于长江流域及华南。

☆ 图11-7　黧蒴

（2）栲属（*Castanopsis*）：又称锥栗属。常绿乔木，叶全缘或有锯齿，雄花为直立柔荑花序，雌花单生，稀3朵歧伞排列，子房3室，总苞封闭，有针刺。约140种，主产东亚。我国约有70种，主产于长江以南各省区。黧蒴（*C. fissa*）华南杂木林中常见，用作薪炭材（图11-7）。常见的还有桂林栲（*C. chinensis*）和苦槠栲（*C. sclerophylla*）。

（3）栗属（*Castanea*）：落叶乔木，雄花为直立柔荑花序，雌花单独或1~3朵生于总苞内，子房6室，总苞完全封闭，外面密生针状长刺，内有1~3个坚果。约12种，产于北温带。我国3种。板栗（*C. mollissima*），原产于我国，南北各地均有栽培，为著名的木本粮食作物。茅栗（*C. seguinii*），常作板栗砧木。

（4）三棱栎属（*Trigonobalanus*）：壳斗裂瓣状开裂，常有3~5枚果实，极端可多至15枚，果实三棱形，子叶出土萌发。染色体：X=22。含3种。中国仅三棱栎（*T. doichangensis*）1种，产云南。

（5）栎属（*Quercus*）：多为落叶乔木，雄花序下垂，雌花1或2朵簇生，子房3~5室，总苞的鳞片为覆瓦状，或宽刺状。约300种，分布于北半球的亚热带及温带。我国约100种。常见的有栓皮栎（*Q. variabilis*）及麻栎（*Q. acutissima*），从辽宁、河北至西南和华南均有分布。胡氏栎（雷公橱）（*Q. hui*），分布于广东、广西、福建、湖南，叶缘反卷，嫩枝和叶密被黄绒毛，壳斗包围坚果基部，苞片成同心环带，密生黄绒毛。

（6）水青冈属（*Fagus*）：落叶乔木，雄花为下垂的头状花序，雌花成对生于具柄的总苞内，坚果三角形，总苞具刺或瘤突。约14种，产于北温带。我国有8种。水青冈（*F. longipetiolata*），叶卵形，壳斗被褐色绒毛和卷曲软刺，分布于长江流域以南及陕西南部。

我国亚热带常绿林主要是以栲属、青冈属、石栎属（柯属）和栎属树种组成森林上层优势种，并混有落叶的水青冈属植物。在温带阔叶林则是栎属的种类占优势。

壳斗科的原始性状表现为常绿、叶全缘。生殖结构表现为花序轴粗壮，同时具有雄花序、雌雄同序（androgynous）和混生花序（mixed）三种花序。雄花序分枝多，多花（3~24朵）；雌雄同序时，雌花常位于花序轴下部；所谓混生花序，就是雄花和雌花混杂着生在花序中。雌花多朵聚生（3~10朵），并具退化雄蕊。据研究，混生花序是金缕梅亚纲已经灭绝的祖先类群保留下来的原始性状。演化的趋势是混生花序到雌雄同序，再演化成雌雄花序分离，直至雌雄异株，如在栎属。

关于壳斗起源有两种假说：一是二歧聚伞花序说（dichasium theory），认为壳斗起源于不育花的花柄和不育的小花序轴，因而是轴性器官的复合体。二是花被片说（perianth theory），认为壳斗是3裂的外轮花被片和外果皮的复合体，因而是叶性的器官。

壳斗科雄花序下垂的种类被视为风媒传粉类型；而雄花序梗粗壮、花序呈直立的种类被视为虫媒传粉的类型，如栗属等，花被与花药均呈黄色，并有强烈的气味，花粉倾向于互相黏结，雌花柱头具黏性，吸引蝇类等进行传粉。栲属及柯属的一些种类也有这种情形。

2. 桦木科（Betulaceae）

*♂♀ $K_{0~6} A_{1~4} \overline{G}_{(2:2)}$

乔木或灌木，单叶互生，有托叶，具重锯齿，羽脉直通齿尖。花单性同株，组成下垂的柔荑花序；花被片缺如或1~4（~6）；雄蕊（1~）4（~6）；子房下位，2室，每室2胚珠，仅1枚发育，胚珠具1层珠被；瘦果、坚果或具2翅的翅果。

本科6属150多种，主产北温带，我国6属皆产，约70余种。桦木属（*Betula*）种数最多（60种），桤木属（*Alnus*）（35种）、鹅耳枥属（*Carpinus*）（35种）次之，榛属（*Corylus*）10种，铁木属（*Ostrya*）10种，虎榛子属（*Ostryopsis*）为我国特有属，仅3种。白桦（*B. platyphylla*）树皮灰白，层层剥落，东北至西南、西北各省区广布。江南桤木（*A. trbeculosa*）果序球果状，果苞木质，鳞片状，宿存，分布华东、华中、广东。鹅耳枥（*Carpinus turczaninowii*），叶具重锯齿，果苞较小，顶端尖，分布辽、晋、冀、豫、陕、甘等省。铁木（*O. japonica*）叶具不规则重锯齿，果苞膜质，膨胀，顶端短尖，分布冀、豫、陕、甘、川西，木材坚硬，可作家私等用。榛（*Corylus heterophylla*）果苞钟状，外面有细棱，密生刺状腺体，坚果球形，可食；我国东北至西北广布，朝鲜半岛、日本、俄罗斯东西伯利亚、蒙古东部亦有分布。虎榛子（*Ostryopsis davidiana*）果苞厚纸质，囊状，顶端4浅裂，分布辽、内蒙古、冀、晋、陕、甘、川等省区（图11-8）。

☆ 图11-8 桦木科

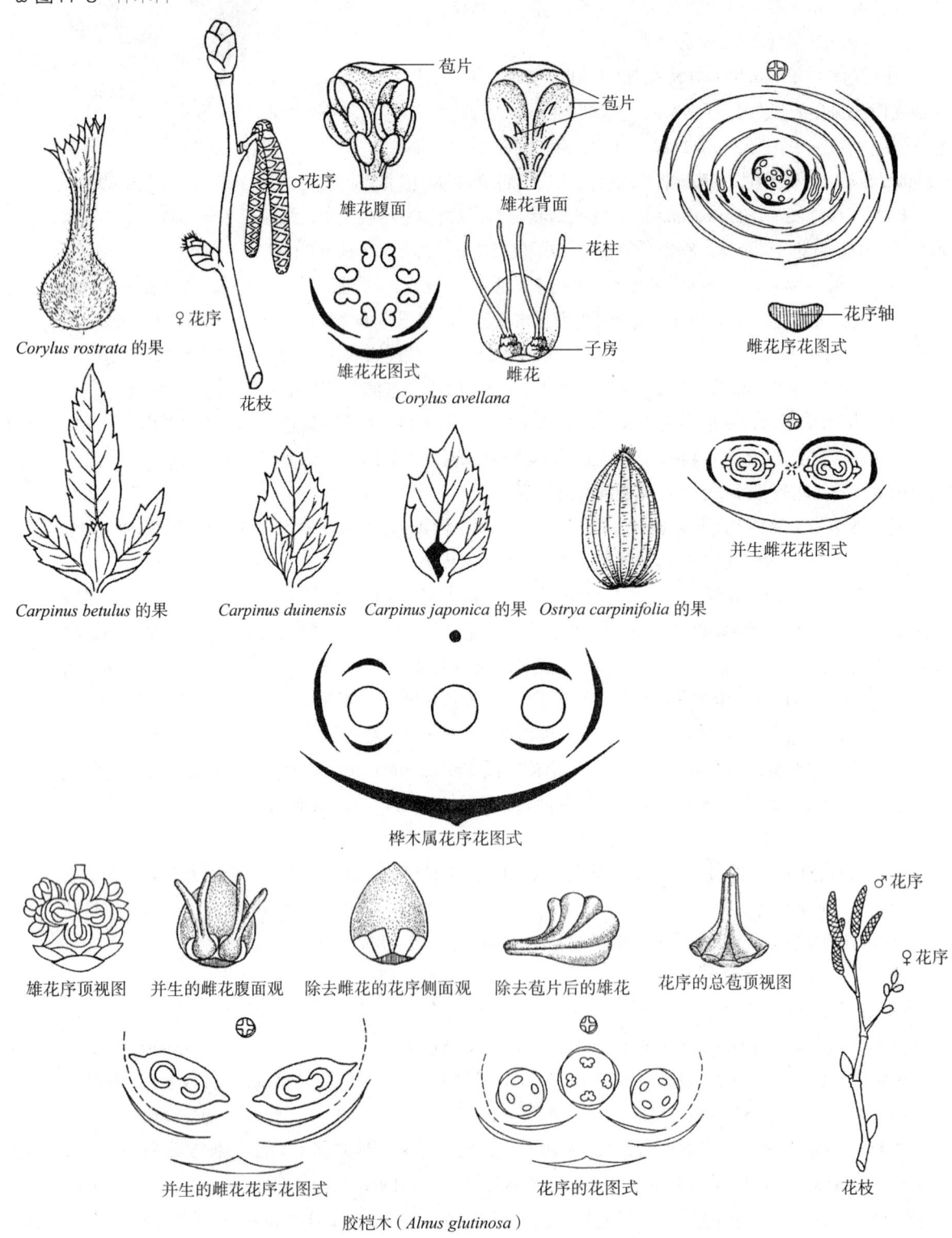

桦木科雄花排成下垂、雌花则排成直立的柔荑花序，花在春天先叶或与叶同时开放，显系风媒传粉植物，桦木属和桤木属小翅果亦由风传播。

五、荨麻目（Urticales）

草本或木本；叶多互生，常有托叶；花两性或单性，辐射对称，单被或无被，基数2+2，稀2+3；雄蕊少数，稀多数，与花被对生；子房由2个心皮组成，上位，1或2室，胚珠1或2个。多为风媒传粉，若为虫媒则比较专性。本目含马尾树科（Rhoipleteaceae）、杜仲科（Eucommiaceae）和大麻科（Cannabaceae）等6科。

1. 榆科（Ulmaceae）

✶♀或♂♀ $K_{4\sim 8} C_0 A_{4\sim 8} \underline{G}_{(2:1\sim 2:1)}$

木本；单叶互生，在枝上排成二列状，叶基常偏斜，托叶早落；花小，两性或单性，雌雄同株，单生、簇生或形成短聚伞花序、总状花序；花单被，萼片状，4~8裂，宿存；雄蕊4~8，与花被对生，花丝在芽时直立，花粉粒扁球形至近球形，2~5个萌发孔，外壁常具脑纹或颗粒状纹饰；雄花中常有退化雌蕊；子房上位，2心皮，1或2室，每室1胚珠，双珠被，花柱2，柱头头状；翅果、坚果或核果，种子无胚乳。染色体：X=10，11，14。

本科约16属230种，分布于热带和温带地区。我国8属58种，南北均产。

（1）榆属（*Ulmus*）：乔木，落叶或常绿，树皮有黏液，芽鳞片多数，叶具重锯齿，羽状脉直通叶缘。花两性，稀杂性；翅果，果核扁平，子叶扁平。约40种，分布于欧、亚、美洲，我国23种。榔榆（*U. parvifolia*），树皮呈圆片状剥落，秋季开花，浅黄色，主要分布于长江流域各省区，为庭园绿化及盆景栽培树种，在石灰岩山生长良好（图11-9）。

✿ 图11-9　榔榆

（2）朴属（*Celtis*）：落叶，叶基3出脉，侧脉不直达边缘，花杂性，核果近球形。约70种，产于温带和热带，我国约20种，分布于各省区。朴树（*C. sinensis*），叶宽卵形至狭卵形，核果径4~5mm，果柄与叶柄近等长。产于黄河流域以南。小叶朴（*C. bungeana*），叶斜卵形至椭圆形，中上部边缘具锯齿，果柄比叶柄长，分布于东北到西北，以及华东、华南。在北京周口店猿人洞穴，我国考古工作者在发现古代人化石的同时，曾发掘出小叶朴的果核化石，时间从几十万年到100万年前，是古代人直接从森林中采集植物果实的证据。

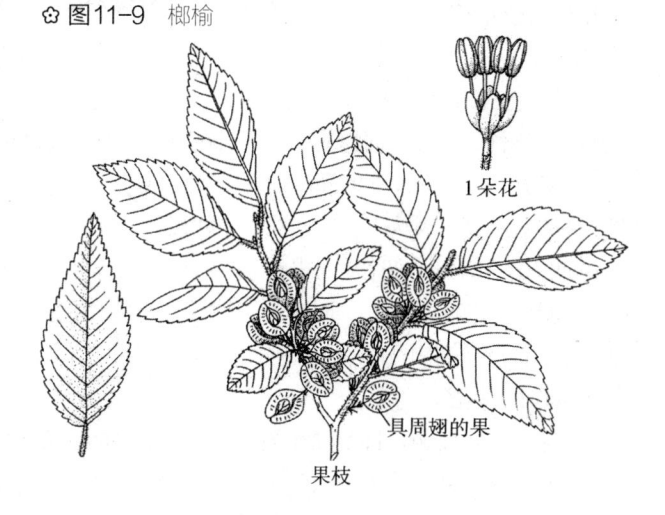

本科常见的还有山黄麻属（*Trema*），植物茎皮纤维丰富，叶基偏斜，基3~5出脉或为羽状脉，花小，单性或杂性，产于热带，我国6种。异色山黄麻（*T. orientalis*）、狭叶山黄麻（*T. angustifolia*）分布于华南至西南，以及中南半岛、印度尼西亚亦有。白颜树（*Gionniera subaequalis*），大乔木，核果，分布于云南、广西、广东、越南、缅甸、印度和印度尼西亚亦产。糙叶树（*Aphananthe aspera*），叶两面有粗毛，粗糙，核果，分布于华东到西南及山西、朝鲜、日本也有。青檀（*Pteroceltis tatarinowii*），分布于华北、华南到西南，树皮为著名"宣纸"原料。

2. 桑科（Moraceae）

✶♂♀ $K_{4\sim 6} C_0 A_{4\sim 6} \underline{G}_{(2:1:1)}$

木本或草本，偶为藤本，常有乳汁，具钟乳体；叶多互生，托叶明显，早落；花单性同株或异株，排成柔荑、穗状、头状或隐头花序；单被，4数，多少肉质而宿存，或无被；雄蕊与花被同数而对生，或因退化而只有1个，花芽时卷曲；子房上位，1室，由2个心皮构成，其中1个常不发育，花柱2个，胚珠1个，倒生或弯生，胎座基生或顶生；瘦果、坚果或浆果，常成聚花果；种子具胚乳或缺，胚弯曲。染色体：$X=12\sim16$（图11-10）。

☆ 图11-10 桑科

本科约53属1 400种，主要分布于热带、亚热带。我国约16属150种，主要分布于长江以南各省区。

（1）桑属（*Morus*）：乔木或灌木，叶互生，花成穗状花序，花丝在芽中内弯，子房由肥厚的肉质花被所包。桑（*M. alba*），乔木，叶互生，花单性同株或异株，雄花排成穗状花序，雌花排成密集穗状花序，我国原产，各省区有栽培；桑叶饲蚕。养蚕和丝绸织造是我国劳动人民的伟大发明，丝绸和丝绸之路是沟通中西方交流的重要商品和信道。桑葚（果实）、根内皮（桑白皮）、桑叶与桑枝均药用，茎皮纤维可制桑皮纸。

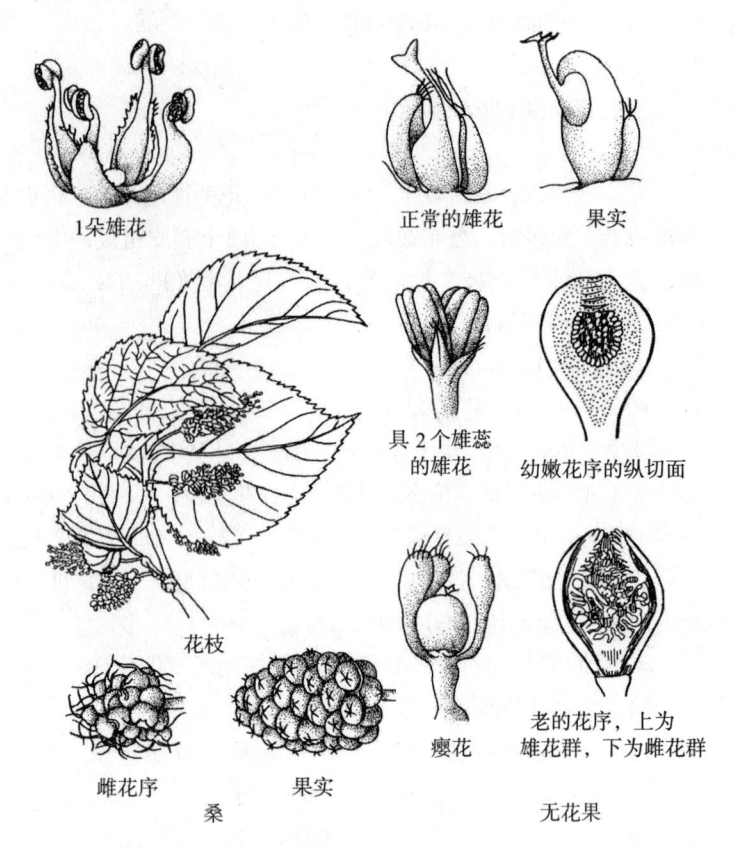

（2）无花果属（榕属，*Ficus*）：植物体有乳汁，托叶大而抱茎，脱落后在节上留有环痕；花单性异株，或同株，生于肉质花序托所构成的隐头花序内壁，花序托的开口处有多数总苞片；雄花有花被1～6片，雄蕊1或2个。能育的雌花具有较长的花柱；另一种为不育的瘿花，花柱粗短，柱头呈喇叭口状，瘿蜂产卵器（长于瘿蜂体长）插进花柱将卵产于子房内，卵在子房中孵化。瘿蜂在寻找瘿花产卵过程中也带走花粉，并给雌花授粉。对叶榕（*F. hispida*），花雌雄异株，雄株隐头花序中有多数的瘿花，雄花比瘿花数量要少得多并集聚于花序托口部之下，而瘿花则满布整个花序托的内表面；对叶榕多数为雌株，雌隐头花序内只有雌花，三种类型的花均只有1枚花被。

无花果属约1 000种，大都粗生快长，浓荫如盖。榕树（*F. microcarpa*），大乔木，常多气根，触地而成支柱根，果实熟时紫黑色。垂叶榕（*F. benjamina*），叶柄长，叶脉密，长尾尖，果实熟时黄到红色。印度榕（*F. elastica*），乳汁含橡胶，栽培供观赏。菩提树（*F. religiosa*），原产印度，引种于寺庙旁，大约与佛教同时传入我国，蚀去叶肉余叶脉的叶美丽，可在上面作画，用于书签，广州称"菩提纱"。薜荔（*F. pumila*），攀缘或匍匐灌木，聚花果大，腋生，呈梨形或倒卵球形，分布于长江以南各省区，果可做凉粉。

桑科其他常见植物有菠萝蜜（*Artocarpus heterophyllus*），为广植于热带地区的一种果树，我国华南和云南东部都有栽培，木材可提取特种冶金工业用的桑色素。白桂木（*A. hypargyrea*）、桂木（*A. lingnanensis*），分布于广东、海南，果酸甜可食。葨芝（*Cudrania cochinchinensis*），有刺，落叶灌木或小乔木，广布于热带亚洲、东非及大洋洲，根用于治跌打内伤、肺结核等。见血封喉（箭毒木）（*Antiaris toxicaria*），分布于云南、广东南部、海南，乳汁有剧毒，早期用于制毒箭、猎兽等。

在克朗奎斯特系统中，大麻属（*Cannabis*）、葎草属（*Humulus*）一般放在大麻科（Cannabaceae）中，是独立的科，其植物体不含乳汁，托叶宿存，花单性，雌雄异株；雄花排成圆锥花序，雌花聚生；花被5，雄蕊5，雌花萼膜质包围着子房，子房无柄，1室，花柱2裂，胚珠1，瘦果。染色体：$X=8,10$。明显区别于桑科。

3. 荨麻科（Urticaceae）

$*♂♀ K_{4\sim5} C_0 A_{4\sim5} \underline{G}_{(2:1:1)}$

草本或灌木，表皮细胞有钟乳体，茎皮纤维丰富；单叶互生或对生，两侧常不对称，常具托叶，茎叶常有刺毛；花细小，多单性，雌雄同株或异株，聚伞花序，且常密集成头状，有的生于延长的花序轴上；雄花：花被4或5，裂片有时有附属体，雄蕊与花被同数且对生，花丝在蕾时内弯，开放时伸直；雌花：花被2～5，子房1室，胚珠1个，直立或基生；瘦果或核果，有胚乳。染色体：X=7，12，13。

本科45属700多种，分布于热带和温带。我国有23属约200种，全国各地均产。

（1）荨麻属（*Urtica*）：草本，常被刺毛（螫毛），触之感觉奇痛；叶对生，花被片4，雄蕊4，柱头毛帚状。裂叶荨麻（*U. fissa*），叶掌状浅裂，分布于云南、贵州、四川、湖北、浙江等省。刺毛是荨麻科植物特有的一种表皮毛，为前端中空而尖锐、基部由多数细胞组成能分泌蚁酸的腺体，皮肤接触刺毛有剧痛和烧灼感。

（2）苎麻属（*Boehmeria*）：灌木或小乔木，叶3出脉，有锯齿，花排成团伞花序或再排成穗状或圆锥花序式；雄花被3～5，雄蕊3～5，退化雄蕊球形或梨形；雌花被管状，2～4齿裂；结果时有角、翅或膨胀，子房内藏，1室，花柱柔弱；瘦果为花萼所包。约100种，分布于热带与亚热带地区，我国35种，分布极广，主产于西南、中南。其最著名者为苎麻（*B. nivea*），中南部广为栽培。公元前1100年前我国人民已将苎麻驯化，利用其纤维织布，现为我国重要纤维作物，其产量居世界第一位。

荨麻科其他常见属种有冷水花属的透明草（*Pilea microphylla*），肉质纤细草本，原产于热带美洲，现广布于热带地区，多生于湿墙。冷水花（*P. cadierei*），原产于越南，栽培观赏。雾水葛（*Pouzolzia zeylanica*），披散或匍匐状草本，有块根，分布于我国，以及印度至马来西亚（图11-11）。赤车（*Pellionia radicans*），多年生肉质草本，分布于华东到华南，越南北部、日本亦有。楼梯草属（*Elatostema*），多种供观赏。

4. 杜仲科（Eucommiaceae）

*♂♀ $P_0 A_{5\sim10} G_{(2:1:2)}$

落叶乔木。有乳汁。单叶，互生，边缘有锯齿，无托叶。花单性，雌雄异株，先叶开放，无花被。雄花簇生，雄蕊5～10枚，花丝极短，药4室；雌花单生小枝下部，有苞片，心皮2枚，合生，有子房柄，顶端2裂，柱头位于裂口内侧，胚珠2枚。果扁平，不开裂，翅果先端2裂。胚乳丰富；子叶肉质。外种皮膜质。

单型科，杜仲（*Eucommia ulmoides*），中国特有，零星分布于华中、西南、西北、华东地区。树皮入药补肝肾，治腰膝痛等（图11-12）。

荨麻目植物从木本到草本，花单被，从两性到杂性，单性同株到异株，集合成各种花序，多数为风媒传粉，少数为虫媒传粉，在系统发育上是较为演化的一支，与壳斗目具有共同祖先。

☆ 图11-11 雾水葛

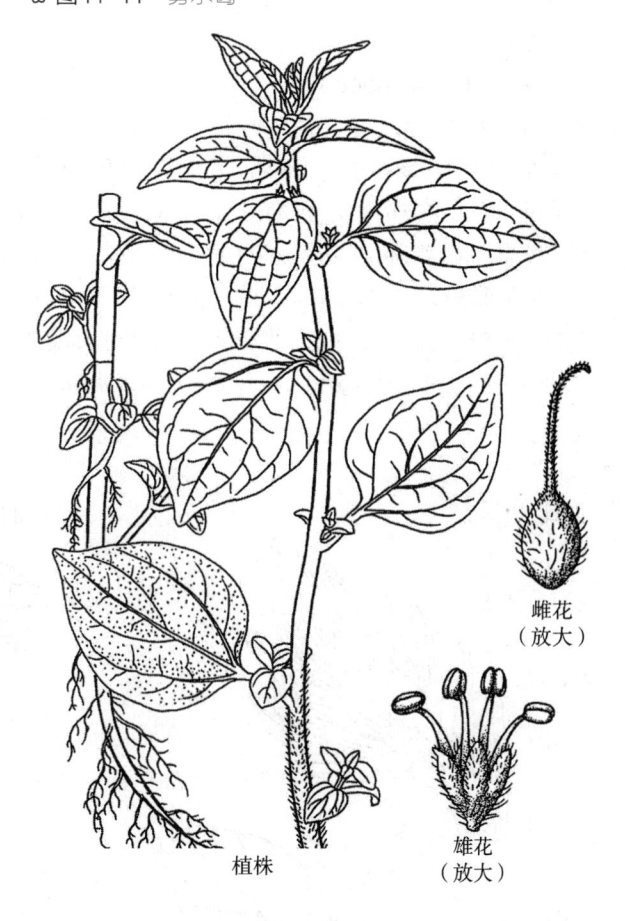

六、檀香目（Santalales）

木本或草本，常为寄生植物；叶互生或对生，或退化，无托叶；花两性或单性，辐射对称，异被或单被，雄蕊与花被同数，且与其对生；子房下位，1～5室，中轴胎座，种子具胚乳。含2亚目7科。

桑寄生科（Loranthaceae）

*♀或♂♀ $P_{3\sim8} A_{3\sim8} \overline{G}_{(3\sim4\sim1:3\sim4\sim1:1\sim2\sim3)}$

寄生灌木；叶对生或轮生，少数互生，或退化成鳞片，无托叶；花两性或单性，辐射对称，异被，或因萼退化而呈单被状，萼与子房合生，环状或不明显，花瓣分离或连合成管而单侧裂开，镊合状排列；雄蕊与花瓣同数，并与之对生，且多少合生；子房下位，1室，花柱单生或不存在，胚珠1，着生于子房内壁，多不显著；子房与花托杯联合成浆果状或核果，肉质花托与外果皮之间有一层黏液层；种子1枚，胚乳丰富。染色体：X=8～10，12。

本科约36属1300种，主产于热带和亚热带。我国有11属59种，分布于各省区。

（1）桑寄生属（*Loranthus*）：叶为羽状脉，花两性，异被。约500种，我国有30余种，南北均产。桑寄生（*L. parasiticus*），寄生于山茶科、壳斗科等植物上，茎叶含广寄生甙，入药祛风除湿、强壮（图11-13）。

（2）槲寄生属（*Viscum*）：叶3脉，或退化，花单性，单被。130多种，我国约14种。槲寄生（*V. coloratum*），含黄槲寄生甙、槲寄生毒肽类等，可入药。

檀香目的界定和目下科的范畴存在争议，由APG（2003）系统认为檀香目应包括桑寄生科（Loranthaceae）、槲寄生科（Viscaceae）、檀香科（Santalaceae）、铁青树科（Olacaceae）、青皮木科（Schoepfiaceae）、山柚子科（Opiliaceae）和Misodendraceae共8个科，现在的桑寄生科所包含的桑寄生属和槲寄生属也应独立成科，或者将槲寄生属归入檀香科。

七、蓼目（Polygonales）

本目仅1科。

蓼科（Polygonaceae）

✻♀或♂♀ K₆₋₃ A₆₋₉ G₍₂₋₄:₁:₁₎

草本，灌木或藤本；叶互生，稀对生，托叶膜质，鞘状包茎成托叶鞘；花两性或单性，辐射对称，单被或异被，花被6～3，或为5，花瓣状，覆瓦状排列，结实时常增大为膜质；雄蕊6～3或9，花药2室，纵裂，花盘环状或鳞片状；子房上位，1室，花柱2～4，常分离，胚珠1，基生；果为三棱形或凸镜形的坚果或瘦果，种子有丰富的胚乳，包围着胚（图11-14）。染色体：X=6～11，17。

本科32属1200余种，全世界分布，主产于北温带。我国8属200余种。

（1）荞麦属（*Fagopyrum*）：荞麦（*F. esculentum*）叶三角形或卵状三角形；花两性，花被5，不增大，

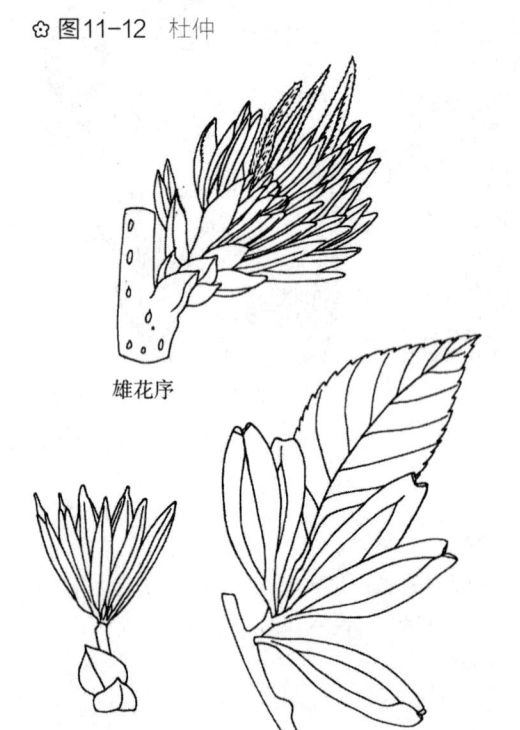

✿ 图11-12 杜仲

✿ 图11-13 桑寄生

雄花序

1朵雄花　　果枝

雄蕊8，花柱3，柱头头状；果卵形，有3锐棱。我国各地栽培，为粮食作物。荞麦花二型，即长花柱短雄蕊和短花柱长雄蕊两种，且一种花里的雄蕊高度与另一种花里的花柱高度相等。两轮雄蕊，内轮3枚花药外向，外轮5枚花药内向，蜜腺生于两轮雄蕊之间，这样容易使来寻找花蜜的昆虫从两侧接触花药并带上花粉；再加上雌雄蕊异熟，从而保证了异花传粉。一般是雄蕊先成熟，待雄蕊花药开裂、萎蔫后，花柱才伸长。异花传粉失败时也可行自花传粉。

（2）蓼属（Polygonum）：草本或藤本，有膜质的托叶鞘，花被3～5，瘦果三棱形或凸镜形（图11-14）。本属有300余种，我国有120余种。何首乌（P. multiflorum），藤本，圆锥花序大而开展，瘦果三棱形，包于翅状花被内，块根和藤（称夜交藤）药用。虎杖（P. cuspidatum），草本，茎中空，散生红色或紫红色斑点，叶卵圆形，花单性异株，根药用。火炭母（P. chinense），叶常有紫黑色斑块。杠板归（P. perfoliatum），蔓生草本，茎有棱角，有倒生钩刺，叶盾状着生，三角形，托叶圆形，包茎，茎叶药用，有散热止咳、散瘀解毒、止痒之效（图11-15）。红辣蓼（P. hydropiper），一年生草本，叶全缘，两面有腺点，穗状花序花疏生，花被有腺点，雄蕊6，8，短于花被，瘦果卵形。广布种，用作酒曲原料，又作毒杀粪蛆虫农药（图11-16）。

（3）大黄属（Rheum）：草本，根状茎粗壮，黄色，叶掌状浅裂。花两性，花被片外轮反卷，不增大。坚果有翅，根茎是泻下药。药用大黄（Rheum officinale），产陕西、四川、湖北、贵州、云南等省及河南西南部与湖北交界处（图11-14）。

关于蓼科的雄蕊，其基数应为6枚，排成2轮，但由于外轮雄蕊出现倍增，因此其最终数目可达到9枚，如大黄属。如果外轮3枚雄蕊全部一分为二，内轮中央雄蕊退化，则为8枚雄蕊；如外轮雄蕊只有侧生的2枚雄蕊发生分裂，内轮3枚雄蕊退化，则为5枚雄蕊；如外轮侧2枚雄蕊各一分为二，原有的4枚雄蕊全部退化，则雄蕊的最后数目为4枚；如只有外轮中央雄蕊退化，则雄蕊的最终数目为7枚。

蓼目兼具虫媒和风媒传粉，大黄属适应于虫媒传粉，柱头头状，在雄蕊基部有蜜腺，花聚合成密集的花序；而酸模属（Rumex）花适应于风媒传粉，柱头大而呈画笔或刷状，且花悬垂于纤细的花梗上。蓼目可能起源于中央子目，特别是与马齿苋科与落葵科最接近，但种子无外胚乳。

✿ 图11-14　蓼科

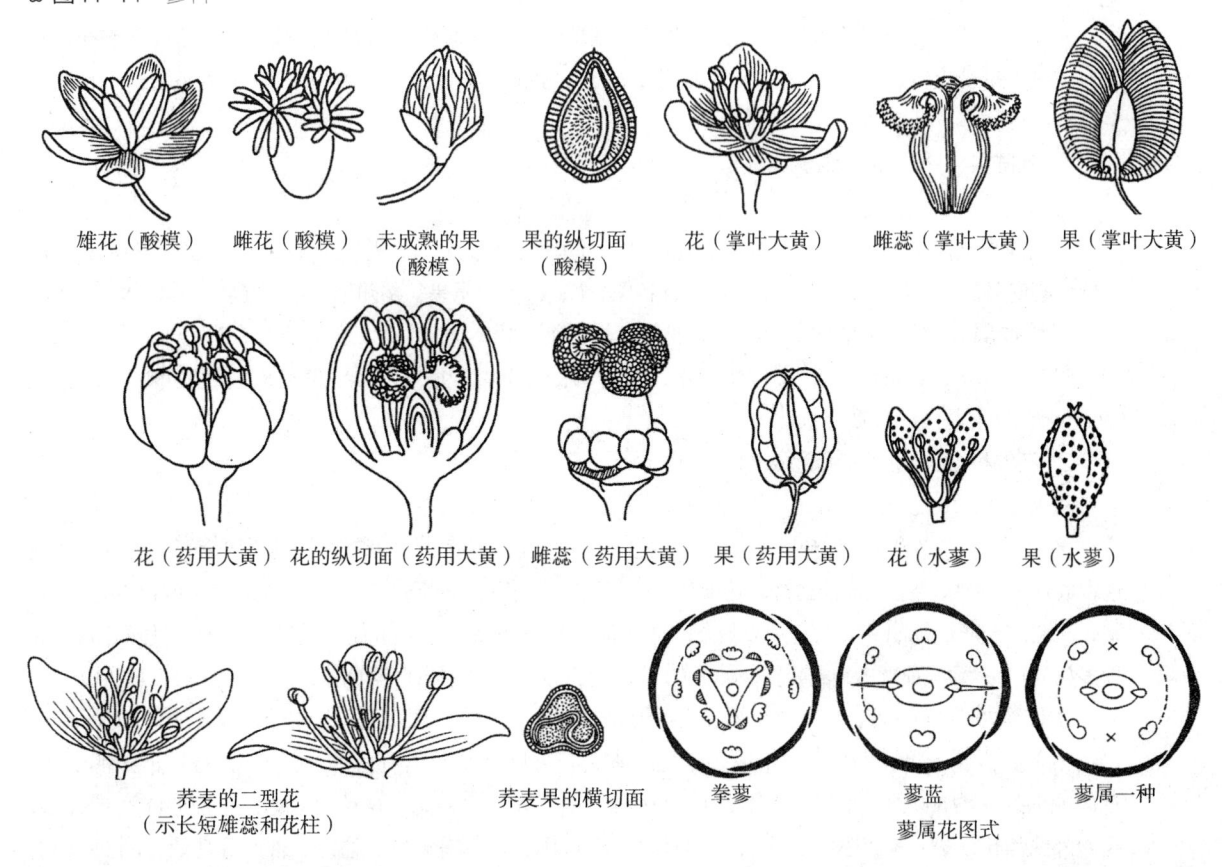

雄花（酸模）　雌花（酸模）　未成熟的果（酸模）　果的纵切面（酸模）　花（掌叶大黄）　雌蕊（掌叶大黄）　果（掌叶大黄）

花（药用大黄）　花的纵切面（药用大黄）　雌蕊（药用大黄）　果（药用大黄）　花（水蓼）　果（水蓼）

荞麦的二型花（示长短雄蕊和花柱）　荞麦果的横切面　拳蓼　蓼蓝蓼属花图式　蓼属一种

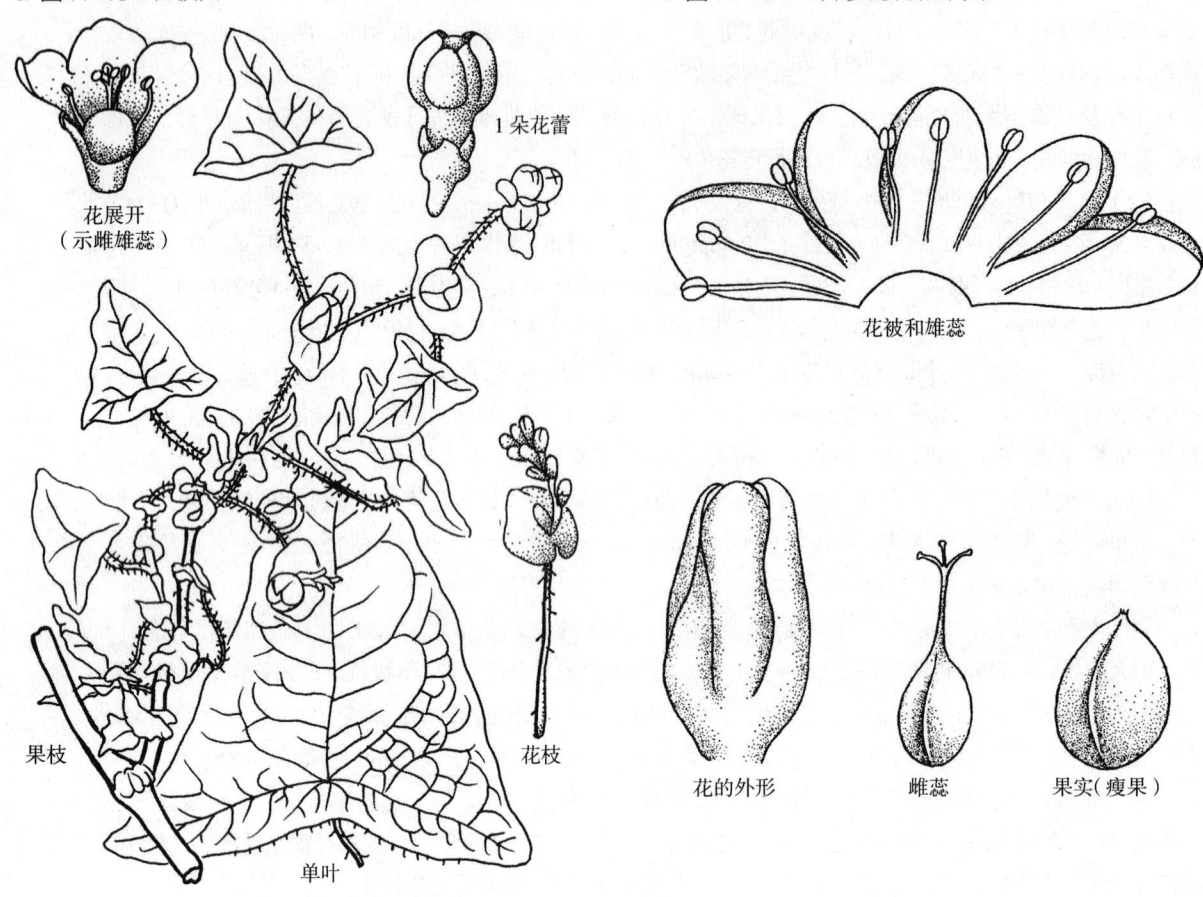

⚛ 图11-15 杠板归　　　　　　　　　　　⚛ 图11-16 红辣蓼的花和果实

八、中央子目（Centrospermae）

草本，罕木本，有些为肉质植物；花两性，稀单性，辐射对称，同被或异被，单被花或重被花，花盘有或无；雄蕊定数，1或2轮，且与花被对生；子房上位，常合生，弯生胚珠，1个至多数；中轴胎座至特立中央胎座，胚弯曲，包围外胚乳。含13科。

1. 商陆科（Phytolaccaceae）

$* \male 或 \male\female P_{5\sim 4} A_{4\sim 5\sim \infty} \underline{G}_{1\sim 5\sim 16,(1\sim 5\sim 16)}$

草本或木本，总状花序或聚伞花序；花两性，稀单性，辐射对称，花被4或5；雄蕊3个至多数；子房上位，心皮多数至1个，离生或合生，每室有胚珠1个；浆果或坚果，稀蒴果，具外胚乳。染色体：$X=9$。

本科17属120种，主要分布于热带美洲和南非。我国1属4种。

商陆（*Phytolacca acinosa*），多年生草本，根有毒，含皂素、商陆毒素、氧化肉豆蔻酸等。十蕊商陆（*P. decandra*）如图11-17所示。

2. 石竹科 Caryophyllaceae

$* \male K_{4\sim 5,(4\sim 5)} C_{4\sim 5} A_{5\sim 10} \underline{G}_{(5:1:\infty\sim 1)}$

多为草本，茎节常膨大，单叶对生，常无托叶；花两性，辐射对称，单生或二歧聚伞花序，花萼分离或连合成管状，4或5裂，具膜质边缘，花瓣与萼片同数，常有爪；雄蕊5～10，或1或2，亦有为3的；花药2室，纵裂；子房上位，1室，特立中央胎座，很少不完全2～5室，下半部为中轴胎座；花柱离生或连合，胚珠多数至1个；蒴果顶端齿裂或瓣裂，种子有胚乳，胚弯曲包围外胚乳。染色体：$X=6, 9\sim 15, 17, 19$。

本科约70属2 000种，广布全世界，主产温带。我国27属300种以上，分布于全国各地。

（1）石竹属（*Dianthus*）：一年或多年生草本，花萼脉清楚，下有苞片，花瓣5，有爪，先端全缘、有齿或细裂。约300种，主产地中海，我国16种，南北均有。石竹（*D. chinensis*），叶条形或宽披针形，花瓣外缘齿状浅裂，原产我国，世界各地栽培作观赏用，全草有利尿、通经、催产等功效（图11-18）。

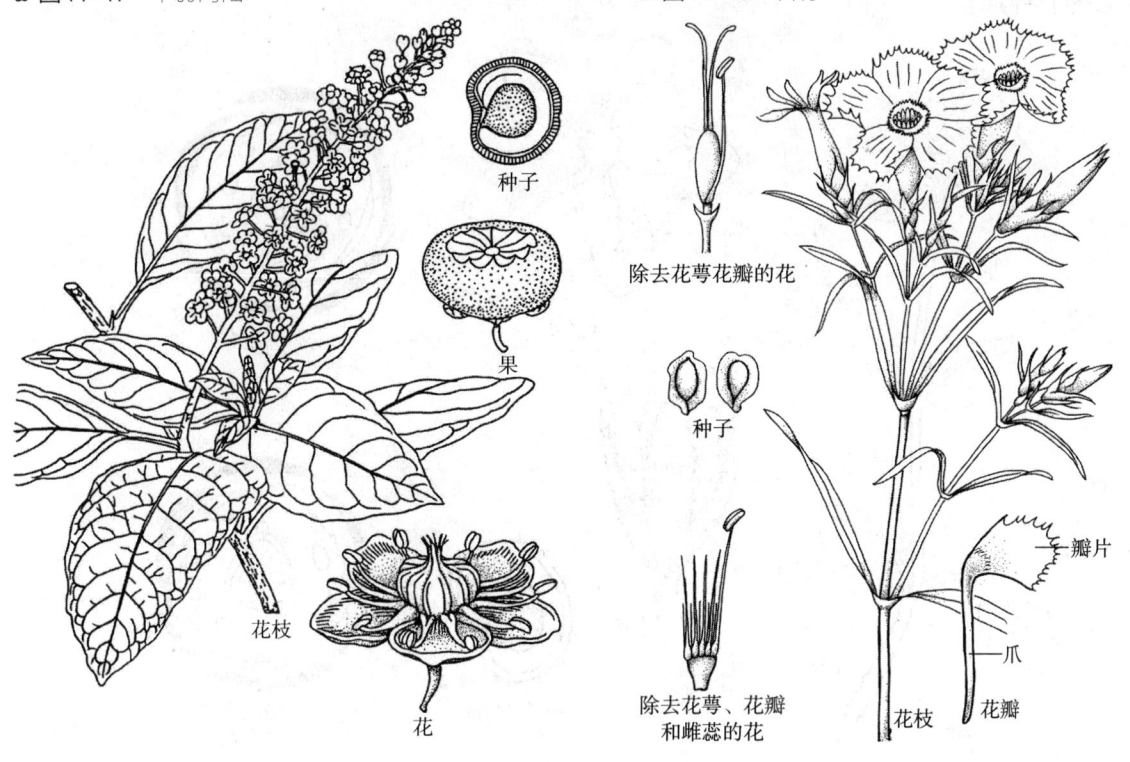

☆ 图11-17 十蕊商陆　　　　　　　　　　☆ 图11-18 石竹

康乃馨（D. caryophyllus），又称麝香石竹，叶狭披针形，花单生或2或3朵簇生，有香气，花有白、粉红、紫红等，原产南欧，栽培供切花用。

（2）繁缕属（Stellaria）：花瓣5，2裂，稀不存，雄蕊10，心皮3。约120种，全球分布，我国约57种，各省均产。繁缕（S. media），为一年生小草本，田间杂草，常见（图11-19）。

太子参（孩儿参）（Pseudostellaria heterophylla），多年生草本，块根长纺锤形，肥厚，分布于华东、华中以北，块根入药，健脾、补气、生津。王不留行（麦蓝菜）（Vaccaria segetalis），种子入药，活血通经、消肿、催乳，除华南外全国均产。

3. 藜科（Chenopodiaceae）

*♀或♂♀ $K_{5\sim3} C_0 A_{3\sim5} \underline{G}_{(2\sim5:1:1)}$

常为草本，常有粉状或皮屑状物（泡状毛破裂后的干萎产物）；单叶互生，肉质，无托叶；花小，单被，绿色，两性或单性，辐射对称，单生，2至数朵集生叶腋，或成稠密或间断的穗状花序或圆锥花序；花萼5～3裂，花后常增大，很少不存在，无花瓣，花盘有或无；雄蕊与萼片同数而对生，花丝分离或基部连合，于蕾中内折，花药2室，纵裂；子房上位或下陷于萼的基部，1室，心皮2～5，花柱1～3，胚珠1个，基生，直立或悬垂于珠柄上；胞果常包藏于扩大的花萼内或花苞内，不开裂，稀盖裂，种子常扁平，胚弯曲包围外胚乳（图11-20）。染色体：X=6，9。

本科100属约1 400种，分布全世界。我国39属188种，全国分布，尤以西北最多。

藜科植物适应于干旱地区，性耐盐碱，我国西北荒漠地区常见的有梭梭（Haloxylon ammodendron）、盐角草（Salicornia europaea）、猪毛菜（Salsola collina）、盐节草（Halocnemum strobilaceum）和沙蓬（Agriophyllum arenarium）等，其中有些亦生于滨海地区。甜（莙）菜（Beta vulgaris），根肥厚，纺锤状（图11-20）；富含甜菜糖。

4. 苋科（Amaranthaceae）

*♀或♂♀, $K_{5\sim3}, C_0 A_5 \underline{G}_{(3\sim2:1:1)}$

与藜科相比较，本科萼片干膜质，有颜色，花丝基部连合，蒴果盖裂，胚弯曲，包围外胚乳。

苋科常见的有青葙（Celosia argentea），穗状花序，种子称青葙子，分布于我国中南部。鸡冠花（C. cristata），花序呈鸡冠状、卷冠状、羽毛状，或为穗状花序或圆锥花序，颜色有黄、红、淡红、紫或杂色

☆ 图11-19 繁缕

- 花枝
- 1朵花
- 正常花图式
- 花萼和花冠
- 种子纵切面
- 三雄蕊花图式

☆ 图11-20 藜科

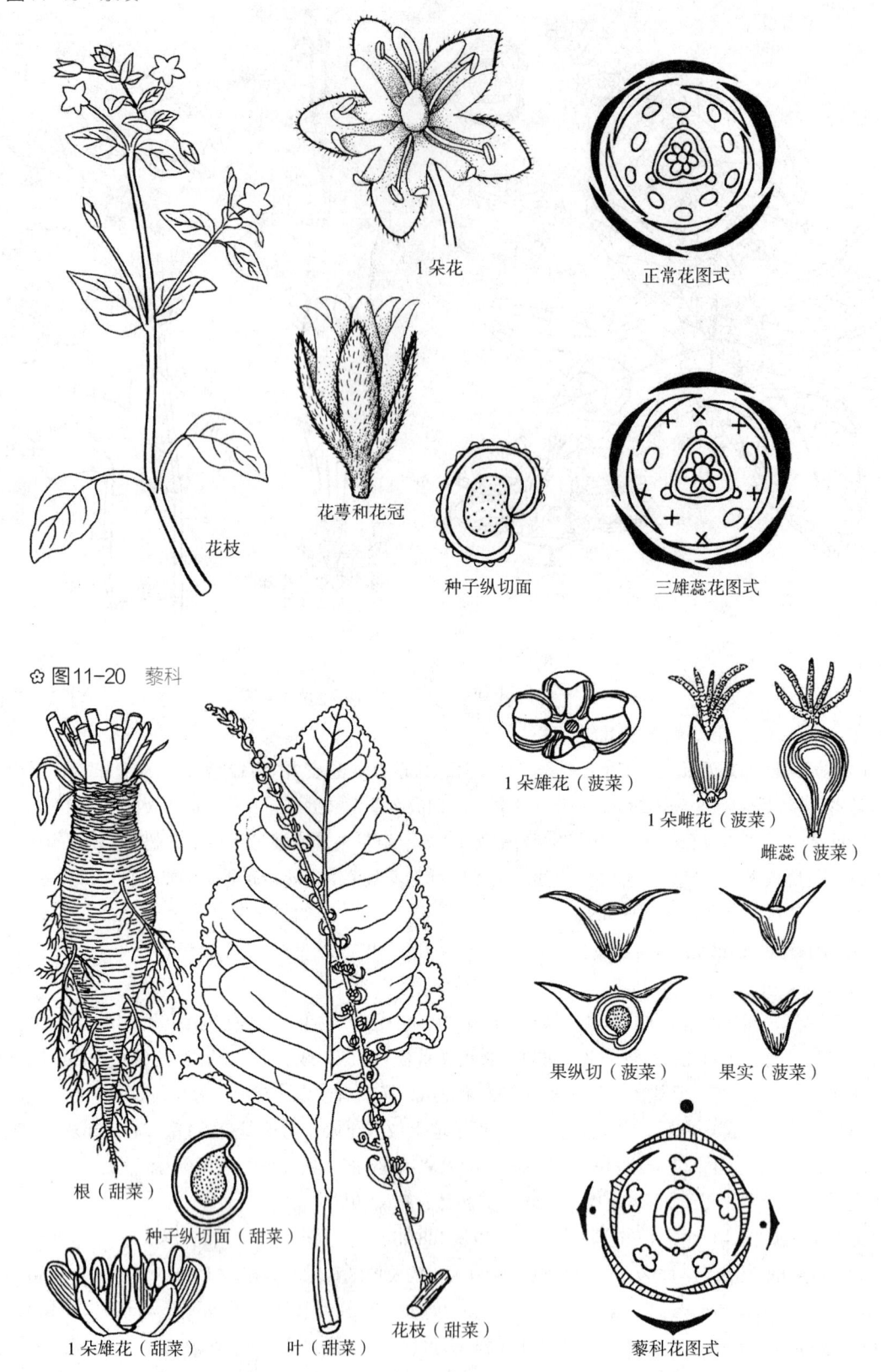

- 根（甜菜）
- 种子纵切面（甜菜）
- 1朵雄花（甜菜）
- 叶（甜菜）
- 花枝（甜菜）
- 1朵雄花（菠菜）
- 1朵雌花（菠菜）
- 雌蕊（菠菜）
- 果纵切（菠菜）
- 果实（菠菜）
- 藜科花图式

等，常见栽培。千日红（*Gomphrena globosa*），头状花序球状或长椭圆状，花色从白到紫红，原产于热带美洲，各地栽培供观赏。苋（*Amaranthus tricolor*），原产于热带美洲，我国各地栽培作蔬食。

中央子目较原始的科是商陆科、粟米草科（Molluginaceae），具有多少离生的心皮。本目植物显著的特征是弯曲的胚包围外胚乳，子房上位、1室，与蓼目形成对照。不少学者认为中央子目可能出自毛茛类，特别是与具有弯生胚的木通科和防己科较为接近。此外，目内演化，商陆科仍为演化中心，通过雄蕊减至一轮，胚珠仅余1枚，发展出藜科和苋科。内轮雄蕊消失以及心皮和雄蕊的进一步减少，花被成为花瓣状，发展出紫茉莉科和番杏科。心皮减退以及1对小苞片向花靠近形成2枚花萼，可能发展出马齿苋科。石竹科具有双被和典型的五轮五数花，被认为是单被花发展出双被花型的例子。从典型的中央子类的石竹科到马齿苋科及番杏科等，出现了胚珠已从多个减退为一个的发展过程，最后到达藜科、落葵科及苋科的1个基生胚珠。

九、木兰目（Magnoliales）

木本；花单生，花托显著，两性，稀为单性，花各部螺旋排列至轮状排列；有花被，多为3数，或缺；雄蕊多数；心皮离生，1个至多数；胚乳丰富，胚小。有些属种木质部仅具管胞，兼具梯纹穿孔。花粉粒单沟至3沟。含木兰科等22科。

1. 木兰科（Magnoliaceae）

$\ast \female, 罕 \male\female\ P_{\infty\sim 6}\ A_{\infty}\ \underline{G}_{\infty\sim 3}$

木本，树皮、叶和花有香气；单叶互生，全缘，托叶大，除鹅掌楸属2枚外，其余属种仅1枚，包被幼芽，早落，在节上留下环痕，有时在叶柄的腹面留下托叶痕；花大，两性，单生于枝顶或叶腋，外有1非绿色的大型苞片，花柄上有时可见绿叶状苞片；花被花瓣状，3数，多轮；雄蕊多数，分离，螺旋状排列在延长的花托下半部，花丝短，花药长形，2室，纵裂；药隔突出；花粉粒舟状，单沟；心皮多数，稀少数，通常螺旋状排列于花托延长而形成的轴上，离生，间有合生；胚珠2个至多数；成熟心皮为聚合蓇葖果，稀横裂或不开裂，个别为带翅的坚果；种子常悬挂在丝状的珠柄维管束上，胚乳丰富，嚼烂状（图11-23）。染色体：X=19。

木兰科有15属约250种，分布于亚洲的亚热带和热带，少数在北美洲南部及中美洲。我国有11属100余种，集中分布于西南部和南部。

（1）木莲属（*Manglietia*）：托叶在叶柄上留下托叶痕，花顶生，近似木兰属，心皮有胚珠4～14，多为大乔木，是材用树种。30余种，分布于亚洲热带、亚热带，少数至温带。我国约20余种，分布长江流域以南。常见的有毛桃木莲（*M. moto*），芽、幼枝和叶、果柄密被锈褐色绒毛，托叶痕长为叶柄的1/3，分布于湖南、广东、广西，木材细软，供细木工用。木莲（*M. fordiana*），嫩枝及芽被红褐色短毛，托叶痕不足叶柄的1/4，分布于湖南、江西、福建、广东、广西、贵州、云南等省区，木材供家具等用，果及树皮入药，治便秘和干咳。

（2）木兰属（*Magnolia*）：花顶生，花被多轮，雌蕊轴在结实时不伸长或伸长，心皮分离，胚珠2个。本属约70余种，分布亚洲东南、北美洲东南、中美洲及大小安的列斯群岛。我国约28种，主产西南。厚朴（*M. officinalis*），落叶乔木，叶大，顶端圆，我国特产，分布于长江流域，树皮及花果药用，主要成分为厚朴酚，有健胃、止痛等功效。玉兰（玉堂春）（*M. denudata*），花大，花被3轮，大小约相等，白色，观赏用，花蕾药用。荷花玉兰（*M. grandiflora*），叶大而厚，革质，花大，直径15 cm以上，有香气，原产于北美洲东南部，我国各地栽培供观赏（图11-21）。

✿ 图11-21　荷花玉兰

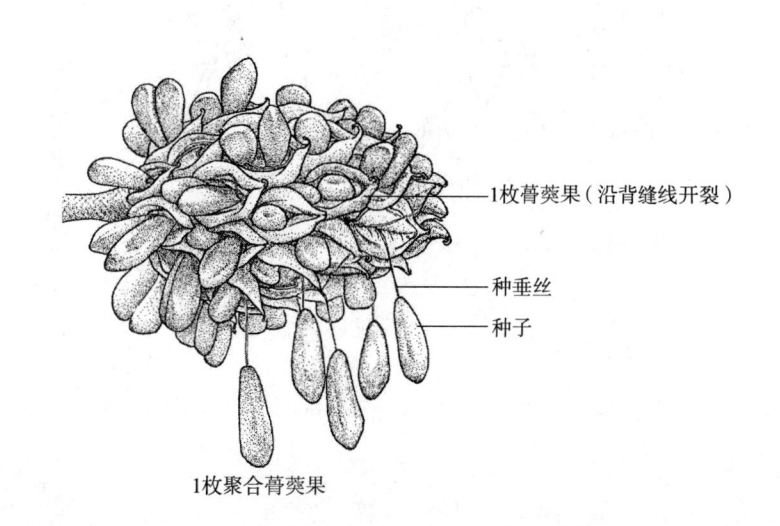

花枝

1枚蓇葖果（沿背缝线开裂）

种垂丝

种子

1枚聚合蓇葖果

（3）含笑属（*Michelia*）：花腋生，雌蕊轴在结实时伸长，每心皮胚珠2个至多数。50余种，分布亚洲热带、亚热带及温带。我国产约35种，分布西南、南部和中部。含笑（*M. figo*），常绿灌木，嫩枝被毛，花芳香，分布于华南各省区，栽培供观赏，花可提取芳香油，花瓣用以窨茶。白兰（*M. alba*），原产于印度尼西亚，华南各地栽培，花可提取芳香油，供化妆品等用，亦供药用（图11-22）。

（4）观光木（*Tsoongiodendron odorum*），乔木，花腋生，心皮在结果时连合，聚合果硬木质，每心皮胚珠8～10个，分布于广东、广西、江西、福建。

（5）鹅掌楸属（*Liriodendron*）：叶分裂，先端截形，具长柄，托叶2枚；单花顶生，萼片3，花瓣6，杯状，黄绿色，花药外向开裂；翅果不开裂。2种，北美和中国各1种。鹅掌楸（马褂木）（*L. chinense*），叶两侧各有2个小裂片，产于我国华中、华东地区（图11-23）。北美鹅掌楸（*L. tulipifera*），叶两侧各有1～4个裂片，花被灰绿，产于北美西部。两种均广泛栽培作观赏及材用。

2. 单心木兰科（Degeneriaceae）

$*\male K_3 C_{12\sim18} A_\infty G_{1:1:\infty}$

乔木，枝叶有香气，单叶互生，无托叶；花腋生，具长柄，两性，花被分化，花下有小苞片数枚，花萼3，花瓣12～18，排成3～5轮；雄蕊多数（20～30枚，3或4轮），花丝缺，花药4室，嵌入侧脉与中脉之间，纵裂，有退化雄蕊，位于发育雄蕊内侧；心皮1，无花柱，由心皮腹缝线处边缘反折成柱头面，胚珠多数，与腹缝线平行；果不开裂，种子具种垂丝。1属1种。单心木兰（*Degeneria vitiensis*），产于南太平洋斐济，如图11-24所示。染色体：X=12。

图11-22　白兰

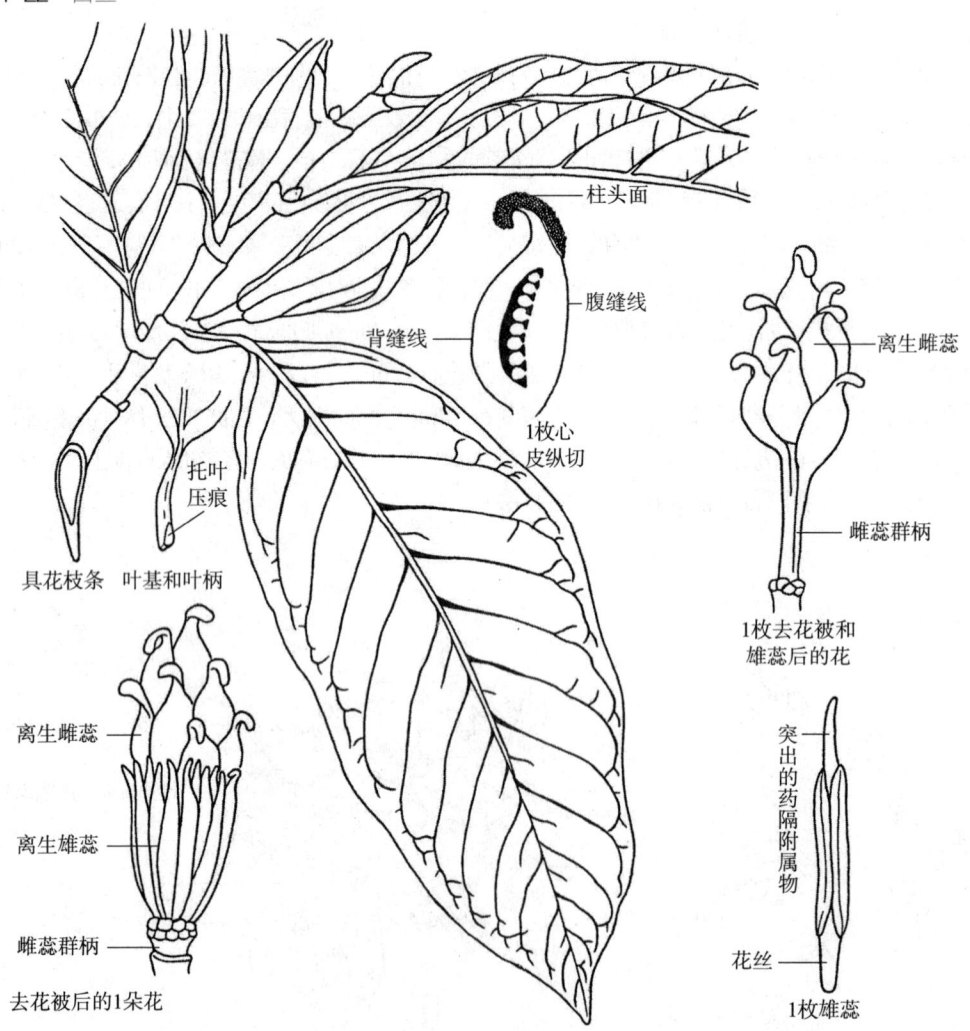

☆ 图11-23 木兰科枝叶形态花果及科内雌雄蕊的演化

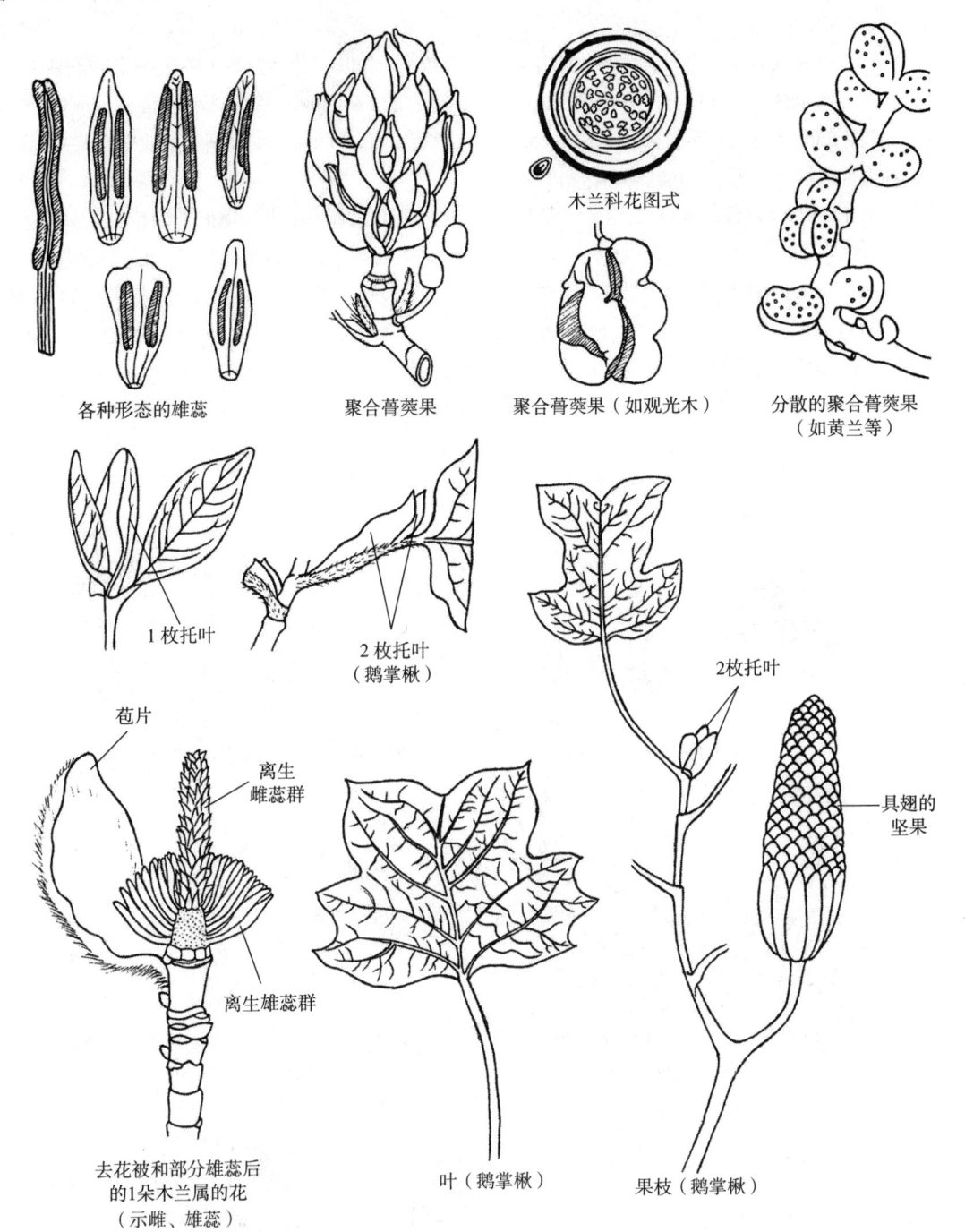

各种形态的雄蕊　聚合蓇葖果　聚合蓇葖果（如观光木）　分散的聚合蓇葖果（如黄兰等）

木兰科花图式

1枚托叶　2枚托叶（鹅掌楸）　2枚托叶　具翅的坚果

苞片　离生雌蕊群　离生雄蕊群

去花被和部分雄蕊后的1朵木兰属的花（示雌、雄蕊）　叶（鹅掌楸）　果枝（鹅掌楸）

☆ 图11-24 单心木兰

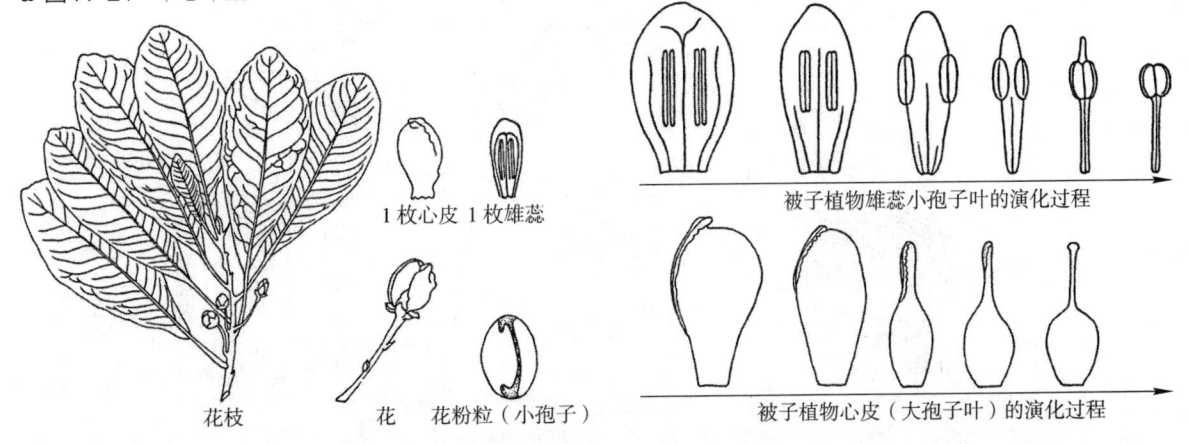

花枝　1枚心皮　1枚雄蕊　花　花粉粒（小孢子）

被子植物雄蕊小孢子叶的演化过程

被子植物心皮（大孢子叶）的演化过程

第二节 双子叶植物纲（Dicotyledoneae）

3. 番荔枝科（Annonaceae）

$*♀,稀♂♀ P_{3+3+3} A_∞ G_{∞:1:1~∞}$

乔木，灌木或藤本，常绿或落叶；单叶互生，全缘，无托叶；花常芳香，单生或簇生叶腋，辐射对称，两性，稀单性，花被略分化，外轮似萼，3枚，较内的2轮似瓣，每轮3枚，罕2枚，或仅1轮3枚；雄蕊多数，螺旋状排列，常有突出药隔；心皮1个至多数，离生，稀合生；蓇葖果或聚合浆果，常具长柄；种子有假种皮，胚小，胚乳丰富，嚼烂状。

本科120属2 100种，全世界热带、亚热带广布。我国24属103种，分布于西南至台湾，主产华南，少数至华东。常见的有番荔枝（Annona squamosa），聚合浆果，为著名的热带水果。紫玉盘（Uvaria macrophylla var. microcarpa），藤状灌木，花香，紫红色，心皮线状长椭圆形，分布于越南至我国，栽培供观赏（图11-25）。鹰爪（Artabotrys hexapetalus），常绿攀缘灌木，总花梗和合果梗弯曲成钩状，花芳香，黄色或淡黄绿色，心皮分离，分布于印度至我国南部，以及菲律宾。瓜馥木（Fissistigma oldhami），木质藤本，分布于长江以南各省区。假鹰爪（酒饼叶）（Desmos cochinchinensis），直立或攀缘灌木，成熟心皮

图11-25 番荔枝科

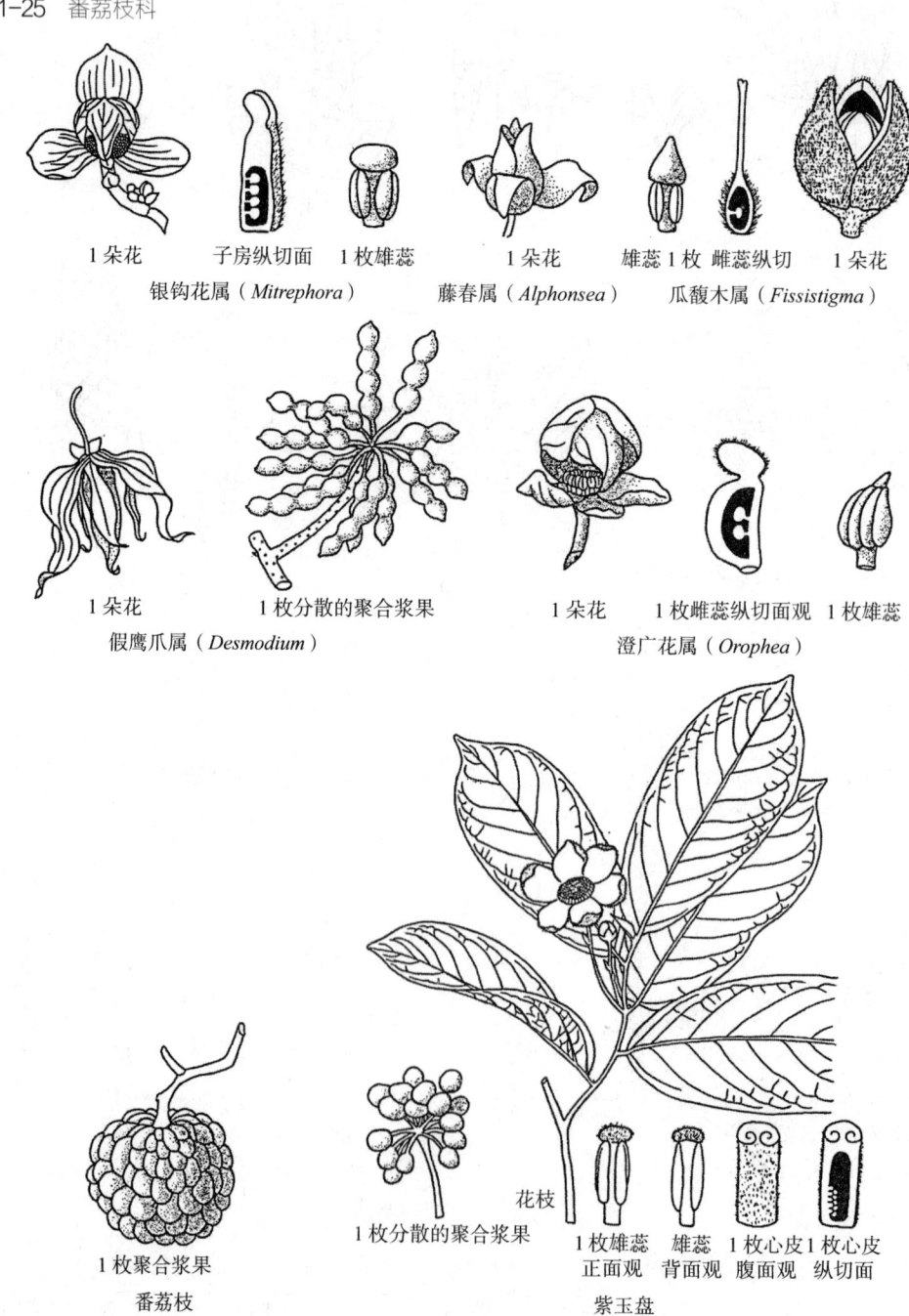

念珠状，分布于我国南部各省区，越南、马来西亚、印度也有；花香，美丽可作观赏用。依兰（*Cananga odorata*），分布于热带亚洲，台湾、福建、广东、广西、四川栽培；花极香，可提制高级香精油，称"依兰依兰"油，主产印度尼西亚。

4. 五味子科（Schisandraceae）

*♂♀ $P_{6\sim24} A_{4\sim5,\sim\infty} \underline{G}_{12\sim\infty}$

木质藤本，含精油细胞，花单性，雌雄异株，花托常成肉质近球形，心皮连合成肉质球状体或肉质延长状，浆果。有南五味子属（*Kadsura*）与北五味子属（*Schisandra*）2属约60种，分布东亚、北美。黑老虎（*K. coccinea*），芳香藤本，根药用，有舒筋活络之效（图11-26）。

✿ 图11-26　黑老虎

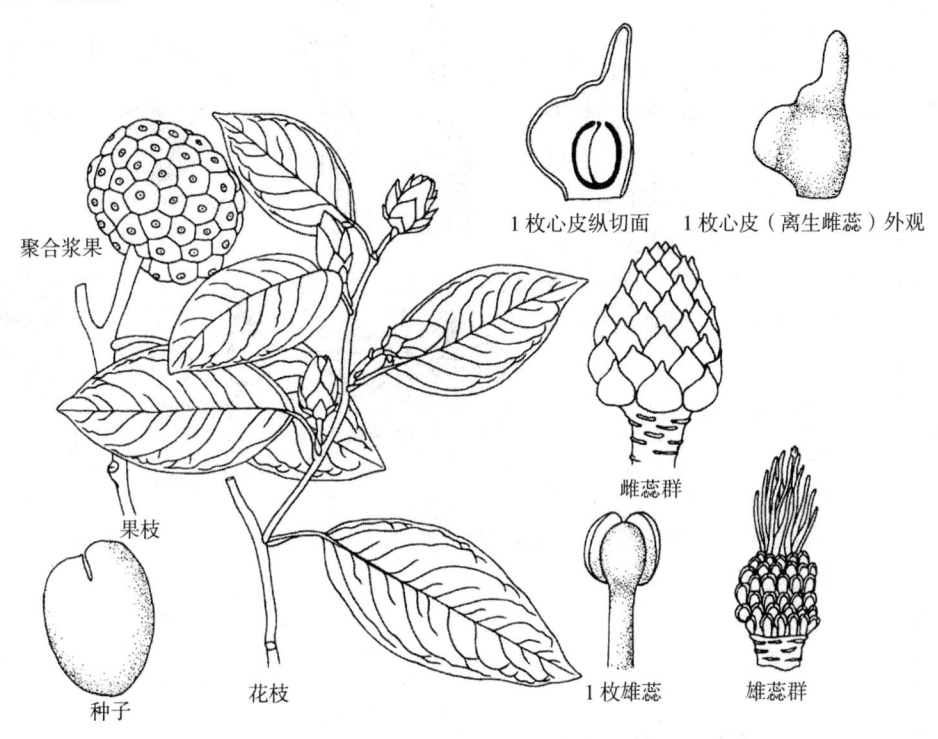

5. 八角茴香科（Illiciaceae）

*♀ $P_{7\sim33} A_{7\sim21} \underline{G}_{8\sim20:1:1}$

木本，树皮、枝、叶、花及果有香气；叶互生，无托叶；花单生或2或3朵聚生，两性，花被7～33，排成多轮，常有腺体；雄蕊7～21，螺旋状排列；心皮8～20，排成1轮，每心皮1胚珠；聚合蓇葖果，种子具丰富的油质胚乳，胚小。染色体：X=13，14。

本科1属50种，分布于亚洲东南部和美洲，我国西南至东部为主产区，30种。八角（*Illicium verum*），蓇葖8或9，先端钝，果为著名食用香料，与枝、叶可提取八角油，主产于广西（图11-27）。以八角主要成分为原料制作的"达菲"可用于治疗病毒感染，对"非典"有效。莽草（*I. lanceolatum*），蓇葖10～13，先端长而弯曲，种子有剧毒，根亦有毒。

6. 樟科（Lauraceae）

*♀或♂♀ $P_{3\sim2+3\sim2} A_{3+3+3+3} \underline{G}_{(3:1:1)}$

常绿或落叶木本，仅无根藤属（*Cassytha*）是无叶寄生小藤本。叶片及树皮均有油细胞，常有樟脑或肉桂油香气，或有黏液细胞；单叶互生，或因节间缩短似对生或轮生，全缘，三出脉或羽状脉，下面常有灰白色粉，无托叶；花两性，少数单性，辐射对称，组成腋生或近顶生的圆锥花序、总状花序或丛生花簇；花各部轮生，3基数；花被6～4，同形，排成2轮，被丝托（hypanthium，花被、花托和花丝相结合而形成）短，在结果时脱落或增大而宿存；雄蕊9（12～3），每轮3枚，常有第4轮退化雄蕊，第1、第2轮雄蕊花药内向，第3轮雄蕊花药外向，花药基部常有腺体；花药4～2室，瓣裂，花粉无萌发孔；子房上位，由3个心皮组成，2枚前侧方心皮退化，花柱单生，柱头2或3裂；胚珠单生，悬垂；浆果或核果，种子无胚乳（图11-28）。染色体：X=7，12。

本科约45属2 500种，分布于新旧热带或亚热带。我国产20属480种，多产于长江流域及其南部各省，为我国南部常绿林的主要森林树种，许多是优良木材、油料及药材。

（1）润楠属（*Machilus*）：叶具羽状脉，被丝托结果时几乎不增粗，雄蕊4轮，3轮能育，与樟属相似，但花被宿存，结果时花被向外反卷。约100种，分布于亚洲东南至日本，我国约70种，以云南、华南最多。泡花楠（*M. pauhoi*），分布于我国广西、广东、福建、浙江等地，材用树种，木材刨成薄片叫刨花，浸水中可产生黏液，可用作黏合剂。华润楠（*M. chinensis*），圆锥花序顶生，分枝长，花被果时宿存，分布于广东、广西，海南，越南也有。短花序楠（*M. breviflora*），圆锥花序常呈复伞花序状，花被果时脱落，分布于广东、广西、海南。

图11-27　八角

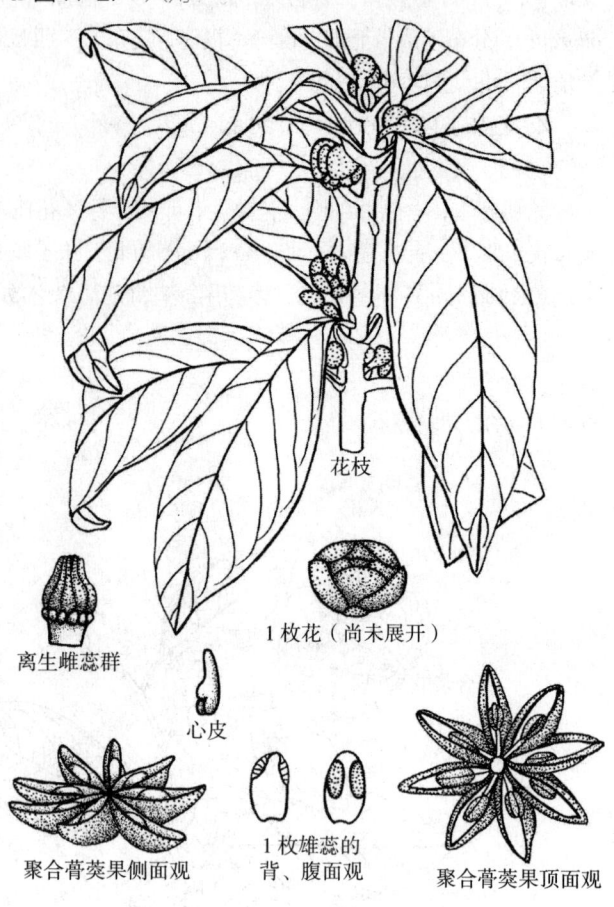

图11-28　樟科

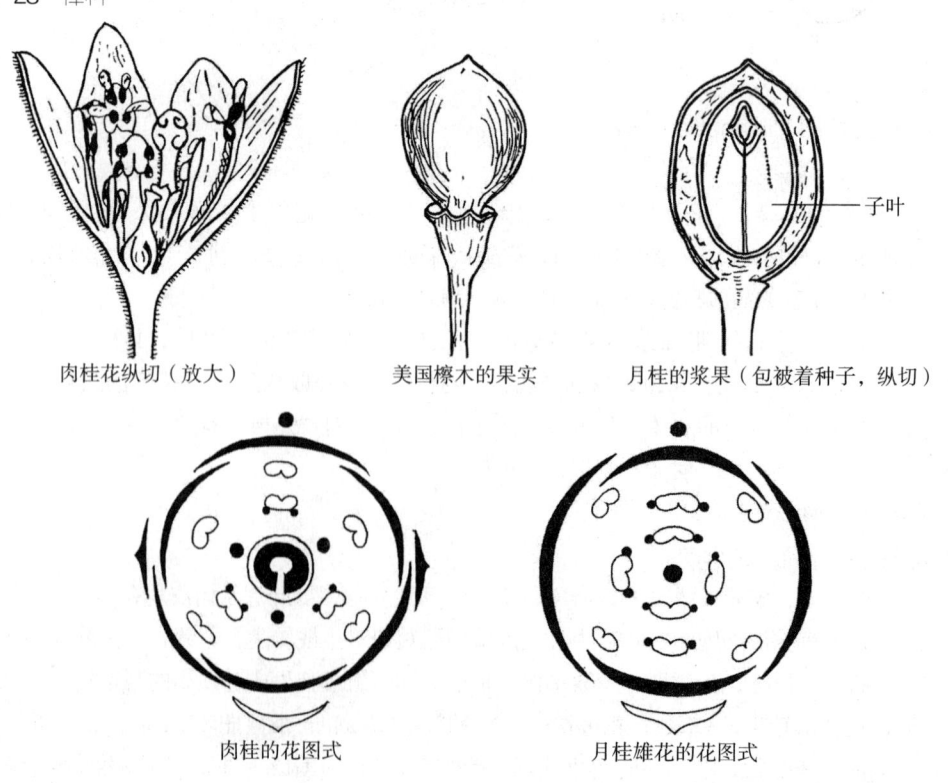

（2）楠木属（*Phoebe*）：叶的形态和花的结构和润楠属一样，只是花被裂片在结果时伸长，增厚成革质或木质，包着果实基部。约94种，分布于亚洲及热带美洲，我国34种，分布于秦岭以南各省区。楠木（*P. nanmu*），叶为羽状脉，下有柔毛，结果时花被直立，分布于云南、四川、贵州、广西和湖南；树干高大通直，材质优良，建筑及家具用材。

图11-29　樟

具果的枝条　示第一、二轮雄蕊中的1枚　示第三轮雄蕊中的1枚　雄蕊　花部纵切　花图式

（3）樟属（*Cinnamomum*）：叶互生，近对生或对生，离基3出脉或基3出脉，亦有羽状脉，无总苞，被丝托短，花被果时脱落；发育雄蕊3轮，第1，2轮内向，第3轮外向，基部有具柄或无柄的腺体，第4轮为退化雄蕊，花药4室。250种，产于亚洲及大洋洲，我国约50种，主产于长江以南各省区。樟（*C. camphora*），离基3出脉，脉腋有腺体，分布于长江以南及西南，日本也有；木材及根、叶、枝是提取樟脑及樟脑油原料（图11-29）。肉桂（*C. cassia*），枝、叶、树皮有强烈肉桂香气，叶长至20 cm，分布于云南、广西、广东、福建，亚洲其他热带地区也有；树皮称为肉桂或桂皮，是著名的食用香料，可口可乐里有肉桂油成分。阴香（*C. burmannii*），叶具离基3出脉，脉腋无腺体，分布于华东至西南，东南亚亦有，常用作绿化树种。

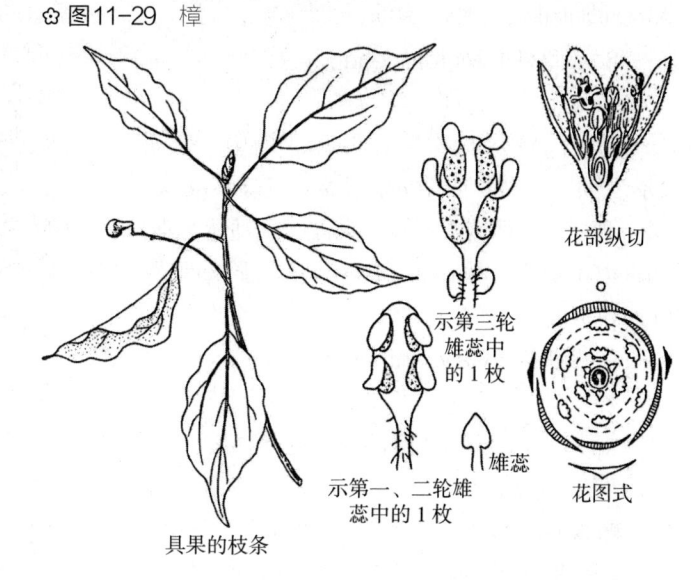

（4）厚壳桂属（*Cryptocarya*）：叶多羽状脉，少离基3出脉；花两性，被丝托陀螺形或卵形，结果时增大并包住果实，发育雄蕊9枚，花药2室。250种，分布于热带、亚热带地区，我国有20种。黄果厚壳桂（*C. conicinna*），叶为羽状脉，分布于广西、广东、海南、江西及台湾省，南亚热带常绿阔叶林常见。

（5）檫木属（*Sassafras*）：落叶乔木，叶互生，常聚于枝顶，叶尖2或3裂；花单性，雌雄异株，有异性退化痕迹；总状花序下具互生的总苞片，被丝托浅杯状，结果时增大，发育雄蕊9枚，花药4室。3种，东亚、北美间断分布，我国2种。檫木（*S. tsumu*），速生造林树种，产于华东到西南，材质优良，用于造船及家具。

（6）油丹属（*Alseodaphne*）：花3数，两性，花药4室，被丝托肉质极膨大。油丹（*A. hainanensis*），海南特产，为珍贵木材，极耐腐，适水工等建材用。

（7）木姜子属（*Litsea*）：叶具羽状脉，花单性异株，花序下具交互对生总苞，被丝托果时增大或不增大，能育雄蕊9枚，花药4室。如山苍子（*L. cubeba*），产于长江以南各省，果实及枝、叶、树皮可提取芳香油，供作医药原料，合成的苯丙砜可用以治麻风病；幼果及枝叶用于腌制咸菜。豺皮樟（*L. rotundifolia* var. *oblongifolia*），枝叶无毛，叶卵状圆形，长至5 cm，分布于广东、广西、湖北、江西、福建及台湾等地。

（8）无根藤属（*Cassytha*）：仅无根藤（*C. filiformis*）1种，为寄生草质藤本，借盘状吸根侵入寄主树皮；叶鳞片状或退化，穗状花序小，两性，小苞片3个，能育雄蕊9枚，花药2室，被丝托花后增大，包着果实；分布于我国南部。

7. 水青树科（Tetracentraceae）

*☿ $K_4 C_0 A_4 \underline{G}_{4:1:4}$

落叶乔木，具掌状脉，有锯齿，无托叶；花小，两性，排成穗状花序，花被4片；雄蕊4个，与花被片对生；心皮4个，与雄蕊互生，分离；花柱4个，花时直立于花蕾中央，以后向外反曲，最后位于蓇葖果外侧基部；胚珠4个，倒生。染色体：$X=19$。

本科仅1属1种。水青树（*Tetracentron sinensis*），产于我国四川、陕西、湖北、贵州及云南，尼泊尔

和缅甸等地也有（图11-30）。

8. 莽草科（Winteraceae）

*⚥ $K_{2\sim4} C_{5\sim\infty} A_\infty \underline{G}_{1\sim\infty}$

芳香，无托叶，次生木质部仅具管胞。花药2室，外向。花粉粒单孔型。浆果，胚珠多数。5属90种，分布西南太平洋、大洋洲、马达加斯加、中南美洲。林仙属（*Drimys*）产于墨西哥（图11-31）。

9. 蜡梅科（Calycanthaceae）

*⚥ $P_\infty A_{5\sim\infty} \underline{G}_{少数\sim\infty}$

灌木，树皮芳香；叶对生、无托叶。花单生，花托壶状、坛状，聚合瘦果。2属7种，产东亚、北美。蜡梅（*Chiminanthus praecox*）产华东、华中、西南、陕西、河南等地，芳香园林花木，多栽培。

10. 昆栏树科（Trochodendraceae）

*⚥ $P_0 A_\infty \underline{G}_{5\sim10}$

常绿乔木，顶芽大，单叶互生，无托叶。木质部仅有管胞，无导管。花两性，聚成顶生穗状或二歧聚伞花序，雌雄蕊轮生，花丝细长；心皮一轮，胚珠多数，蓇葖果。仅1种，昆栏树（*Trochodendron aralioides*）产中国台湾、朝鲜、日本（图11-32）。

图11-30 水青树

图11-31 莽草科各种生殖器官

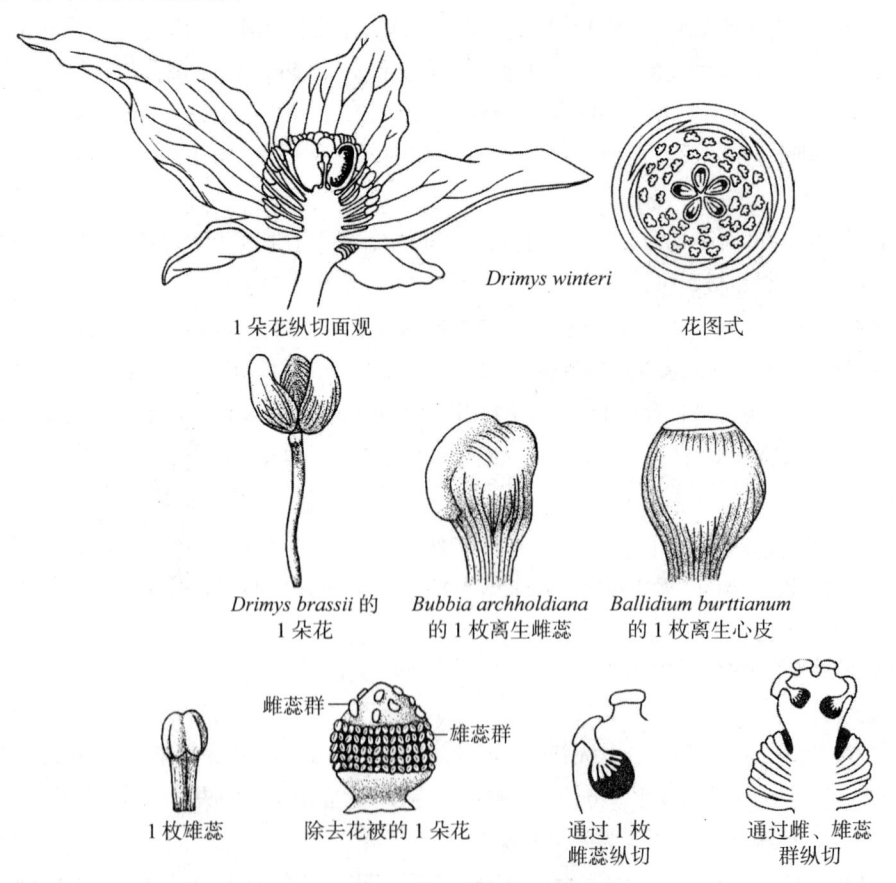

11. 领春木科（Eupteleaceae）

$\ast \male\female \, P_0 A_{8\sim18} G_{8\sim18}$

落叶乔木，芽常侧生，为近鞘状的叶柄基部包裹。单叶，互生。花两性，单生苞片内，先叶植物，无花被；风媒。心皮有长柄。簇生聚合翅果；1属2种，领春木（*Euptelea pleiosperma*）产中国及印度（图11-33）；日本领春木（*E. polyandra*）产日本。

12. 连香树科（Cercidiphyllaceae）

$\male\female \, B_4 P_0 A_{15\sim20} G_{4\sim6}$

落叶乔木，叶对生，托叶早落。花单性异株；雄花无梗，花丝细长；雌花有梗，腋生；聚合蓇葖果。种子有翅。1属2种，连香树（*Cercidiphyllum japonicum*）产中国，另一种产日本。

木兰目总共包含了22个科。在恩格勒系统（1964）植物科纲要里，木兰目下分6个群，第一群是木兰群，包括了木兰科、单心木兰科、莽草科、番荔枝科、肉豆蔻科（*Myristicaceae*）等8个科，代表了木兰目最为原始的一群。以木质部仅具管胞，花各部多数、螺旋状排列为特征，但也表现出心皮向着轮生、减退和合生的方向发展，如产于马来西亚和越南的木兰科的*Pachylanax*，其心皮仅3枚轮生，而单心木兰则仅有1枚心皮。在这一群中，雄蕊的原始特征是：花药和花丝分化不明显，花药长，花丝短，药隔大，突出花药之外（图11-34）；雌蕊的原始特征是：心皮在受精前保持开放状态，心皮的缝合线处为密生的腺毛分隔，完全未分化出花柱与柱头，成对的整个缝合线（鸡冠状）便是柱头；心皮对折连合后，延伸成短的花柱，具有了柱头（图11-23，图11-24）。这一群以大而显著的花、花被同型、虫媒传粉与其余5群相比较，处于较为原始的地位。第二群包括了五味子科和八角茴香科。前者与木兰科具有结构相似的花，只是以木质藤本的习性相区别；后者以心皮由螺旋状排列演化为轮状排列为特征。第三群包括了腊梅科、樟科、莲叶桐科（Hernandiaceae）等8个科，这在其他学者是以独立的樟目来包容的。腊梅科具有离生的心皮；樟科是由于轮生的3枚心皮中的2枚退化而成拟单心皮的，而4室的花药和排列方式显然比木兰科更原始。此外，樟科群的花已向小型和单性花、雌雄异株发展。第四群是单型科（仅含1种的科）的水青树科（Tetracentraceae）和昆栏树科（Trochodendraceae），两性花排成穗状或二歧聚伞花序，雌雄蕊轮生。第五群是领春木科（Eupteleaceae），落叶灌木或小乔木；花两性，簇生，无花被，花

✿ 图11-32　昆栏树

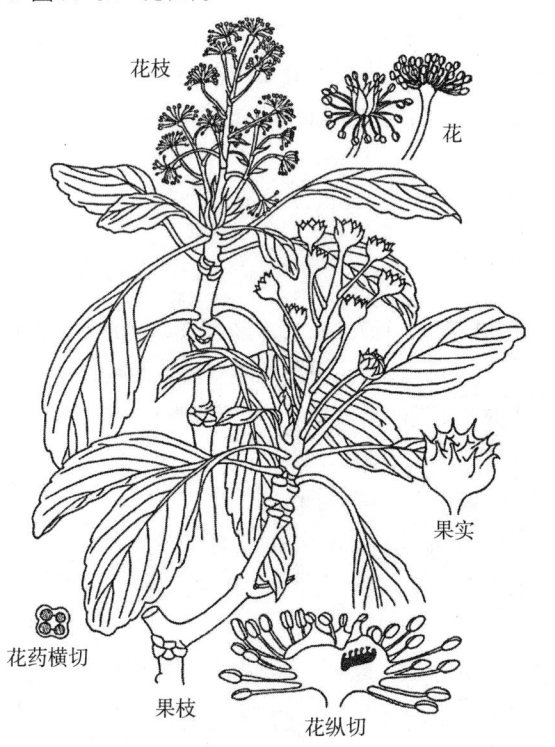

✿ 图11-33　领春木

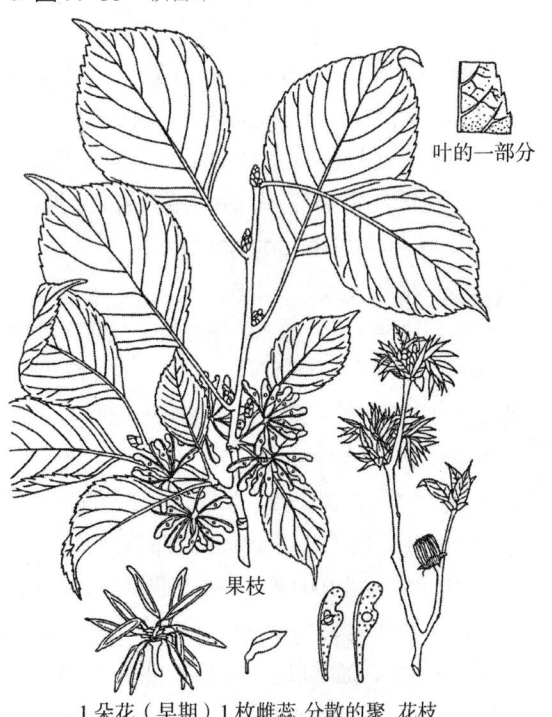

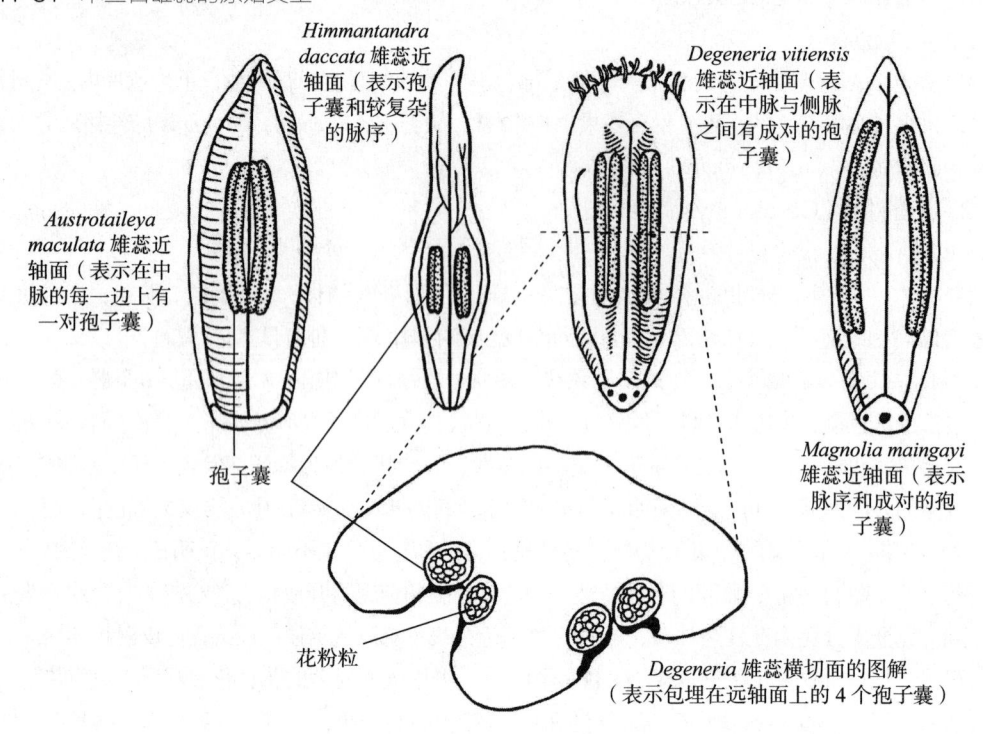

図11-34 木兰目雄蕊的原始类型

药长于花丝，心皮6～18，离生。第六群是连香树科（Cercidiphyllaceae），大乔木；花单性异株，单生或簇生，花无被，但有苞片4，心皮4～6。后面三群常被独立成昆栏树目（或除连香树科归于金缕梅目）。水青树科和昆栏树科的木质部里仅含管胞，花排成穗状，花被退化，无油细胞，缺乏蜜腺，看来有可能发展出风媒传粉的次生类群。

木兰目几乎全部为木本植物，其中又以乔、灌木为主，和具有离生心皮的毛茛目向着草本方向发展适成对照。

十、毛茛目（Ranales）

常为草本或木质藤本，罕为灌木，植物体不含芳香油，常含阿朴啡生物碱类；花两性至单性，辐射对称至两侧对称，异被或单被；雄蕊多数、分离，螺旋状排列，或定数而与花瓣对生；心皮多数，离生，螺旋排列或轮生；种子的胚直，具丰富胚乳。

毛茛目在恩格勒系统中由毛茛和睡莲2亚目组成，包括7个科。

1. 毛茛科（Ranunculaceae）

✽♀，稀♂♀ $K_5 C_5 A_{\infty \sim 少数} \underline{G}_{\infty \sim 1 : \infty \sim 1}$

多年生至一年生草本，稀为直立或攀缘灌木，叶互生或基生，稀对生，掌状分裂或羽状分裂，或为一至多回3小叶或羽状复叶，无托叶，或托叶附生于柄上；花两性，稀单性，辐射对称或两侧对称，单生或排成各种花序；萼片5，稀多数，绿色，花瓣状，少数种类基部延长成距，称为蜜腺叶，花瓣5，稀多数或较少，或缺；雄蕊多数，稀较少，向心发育，4～2室；心皮多数，离生，稀为1个；胚珠多数至1个；瘦果或蓇葖果，稀为浆果，种子有胚乳（图11-35）。染色体：X=6～10，13。

在唐松草属（Thalictrum）、升麻属（Cimicifuga）及类叶升麻属（Actaea）植物中，茎具散生维管束。

本科约50属2000种，广布于世界各地，多见于北温带与寒带。我国有40属736种。

（1）铁线莲属（Clematis）：攀缘灌木，羽状复叶对生，无托叶；花序腋生或顶生，萼片通常4个，有时6～8个，通常白色，有时红紫色，花瓣缺；雄蕊与心皮多数，瘦果，具宿存羽毛状花柱。300种，广布于全球，我国约110种，分布甚广，西南尤盛。威灵仙（C. chinensis），小叶5片，根供药用，有祛风湿、活血通络、利尿镇痛之效，分布于西南到华东。

☆ 图11-35 毛茛科

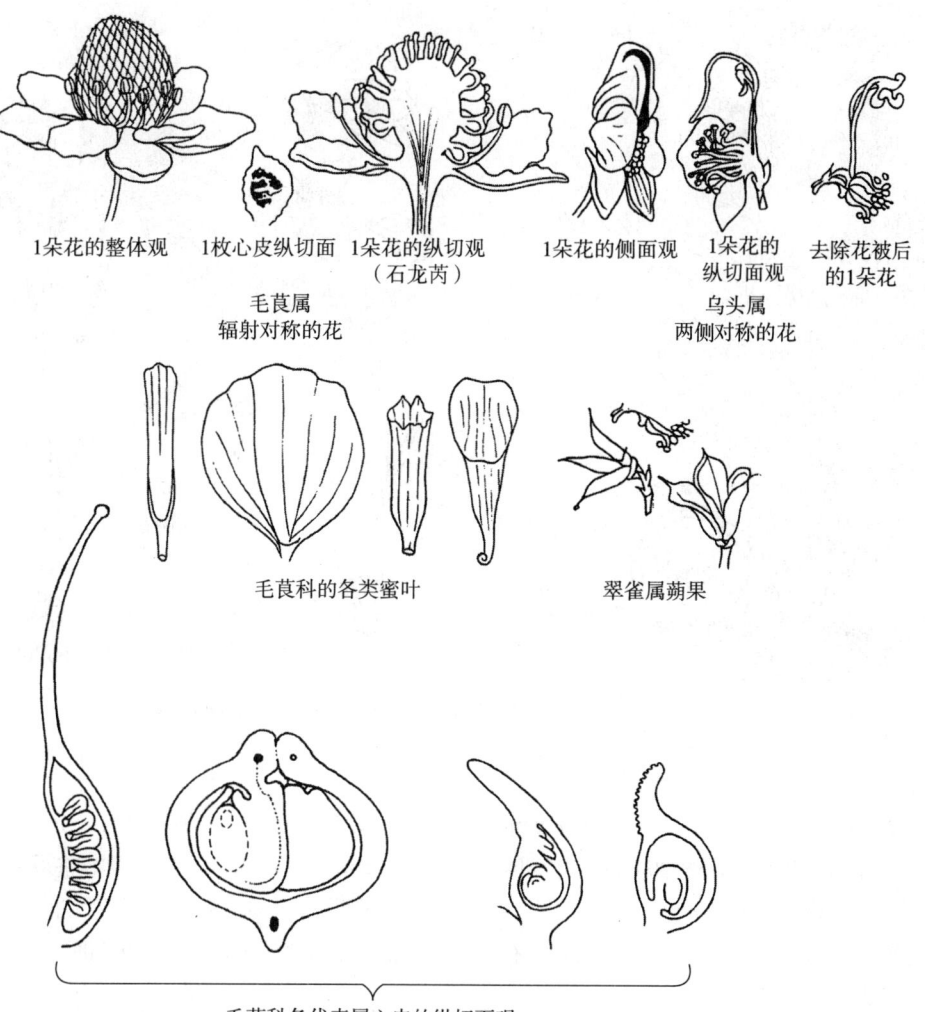

1朵花的整体观　1枚心皮纵切面　1朵花的纵切观　1朵花的侧面观　1朵花的纵切面观　去除花被后的1朵花
（石龙芮）

毛茛属
辐射对称的花

乌头属
两侧对称的花

毛茛科的各类蜜叶　　　　翠雀属蓇葖果

毛茛科各代表属心皮的纵切面观

（2）侧金盏花属（*Adonis*）：叶细裂，萼片5～8片，花瓣状；花瓣5～16片，黄色或红色；心皮多数，胚珠下垂，瘦果。约30种，分布于东半球温带，我国有10种，产于北部、西北和西南。侧金盏花（*A. ámurensis*），叶3回羽状全裂，萼片白色或淡紫色，9片，花瓣10，黄色，分布于东北、朝鲜、日本、俄罗斯远东地区亦有；可作药用，作为强心剂和利尿剂。

（3）毛茛属（*Ranunculus*）：直立草本，花黄色或白色，萼片和花瓣均为5片，基部常有蜜腺；雄蕊和心皮均为多数，离生，瘦果密集于花托上而成一头状体。约600种，广布于全世界，我国约90种，南北皆产。毛茛（*R. japonicus*）产于我国南北，生于沟边或水田边。石龙芮（*R. sceleratus*），植物体无毛，基生叶3浅裂，侧生裂片不等地2或3裂，茎生叶3裂，花黄色，分布于东北至西南，为北温带广布种（图11-36）。

（4）翠雀属（*Delphinium*）：一年或多年生草本，叶掌状分裂；花排成总状花序或圆锥花序，白色或紫色，萼片5，后面两个有长距；花瓣小，2～4枚，后面两个有长距，套在萼片长距中，两侧的花瓣无距或不存在；心皮3～7枚，蓇葖果，具多数种子。该属有300种，分布于北温带，我国110种，全国均产，主产于西南和西北。大花飞燕草（*D. grandiflorum*），退化雄蕊2，心皮3，分布于云南北部、华北到东北，作观赏（图11-37）。

其他常见种有：黄连（*Coptis chinensis*），草本，根状茎黄色，叶三角状卵形，3全裂，中央裂片具细柄；花两性，萼片条形，花瓣5片，基部有蜜腺；产于华中、华南和西南各省，是著名中药，含小檗碱5%～8%，有良好的消炎解毒作用。同属其他种亦供药用。银莲花（*Anemone cathayensis*），叶圆肾形，3全裂，有长柄；花单生或成聚伞花序，萼片花瓣状，多红紫色；雄蕊与心皮多数，瘦果；分布于山西、河南等地。金莲花（*Trollius chinensis*），叶片五角形，3全裂，中央裂片菱形，3裂近中部，分布于山西、

☆ 图11-36 石龙芮　　　　　　　　　☆ 图11-37 大花飞燕草

河北、内蒙古南部。耧斗菜（*Aquilegia viridiflora*），二回三出复叶，花萼、花瓣黄绿色，分布于山西、河北、内蒙古和东北，俄罗斯西伯利亚也有。乌头（*Aconitum carmichaeli*），叶掌状3裂，总状花序密生反曲的白色柔毛，萼片5，花萼蓝紫色，最上的萼片呈盔状，蓇葖果有多数种子，产于华北、华中和西南各省。主根入药为"乌头"，含多种乌头碱，有大毒；子根为中药"附子"，具温中、散寒、助阳、祛风湿、止痛功效。

毛茛科有两个种很特殊，即独叶草（*Kingdonia uniflora*）（图11-38）和星叶草（*Circaester agrestis*）（图11-39），均为矮小草本，二叉脉序，瘦果。前者叶单生圆形，叉指状分裂，产滇、川、甘、陕。后者叶簇生顶端，花单生腋生，产西南、西北至喜马拉雅地区，产海拔2 700 m以上。二叉分枝的叶脉，是陆生植物最为原始的叶脉类型，最早源自松叶蕨。在克朗奎斯特系统中，两个种各自被独立成科。

毛茛科是形态上变化比较多的科，花被的形状与构造、雄蕊与心皮的数目显示出很大的不同。原始的属种，萼、瓣多数，分离，雌、雄蕊多数，离生，螺旋状排列于凸起的花托上；较演化的属种，萼、瓣定数（5片），并向减少和连合的方向发展，花蜜叶的出现，以及后方萼片成盔状，使花由辐射对称发展到两侧对称，雌、雄蕊数目减少，使毛茛科种类演化在若干方面变得有线索可寻，这可归结于毛茛科是草本植物，生殖周期短，所获得的变异较木兰科能更快地在后代中得到体现。例如王文采院士归纳出翠雀属的演化趋势是：由多年生到一年生，由根状茎发展到直根；叶从深裂到全裂，一回羽片从浅裂到细裂；萼距从囊状或圆锥状到细筒状或钻状，从直到弯曲；退化雄蕊从狭长、不明显分化、无髯毛到分化为爪和瓣片，瓣片基部上有髯毛，最后髯毛次生性消失；种子从无翅到有鳞状横翅，再到有同心环的横膜翅，如图11-40所示。

2. **睡莲科（Nymphaeaceae）**

$*♂♀ K_{4\sim6} C_{8\sim\infty} A_\infty G_{(3\sim5\sim8)}$

水生草本，叶盾形或心形，有长柄，浮水；花两性，萼片4～6，离生；花瓣多数，下位或周位；雄蕊多数；心皮多个藏于肥大花托中或结合成多室子房[萍蓬草属（*Nuphar*）]；胚珠一至多个。染色体：X=8，10，12，14，17，29。

本科8属80种，全球热带性分布。我国有4属10种。莲（*Nelumbo nucifera*），地下茎及种子供食用。

⭐ 图11-38 独叶草

去除花被、雄蕊后的花（示离生雌蕊）

植株　　退化雄蕊　　正常雄蕊

外形　纵切面观
雌蕊

果实的外形

⭐ 图11-39 星叶草

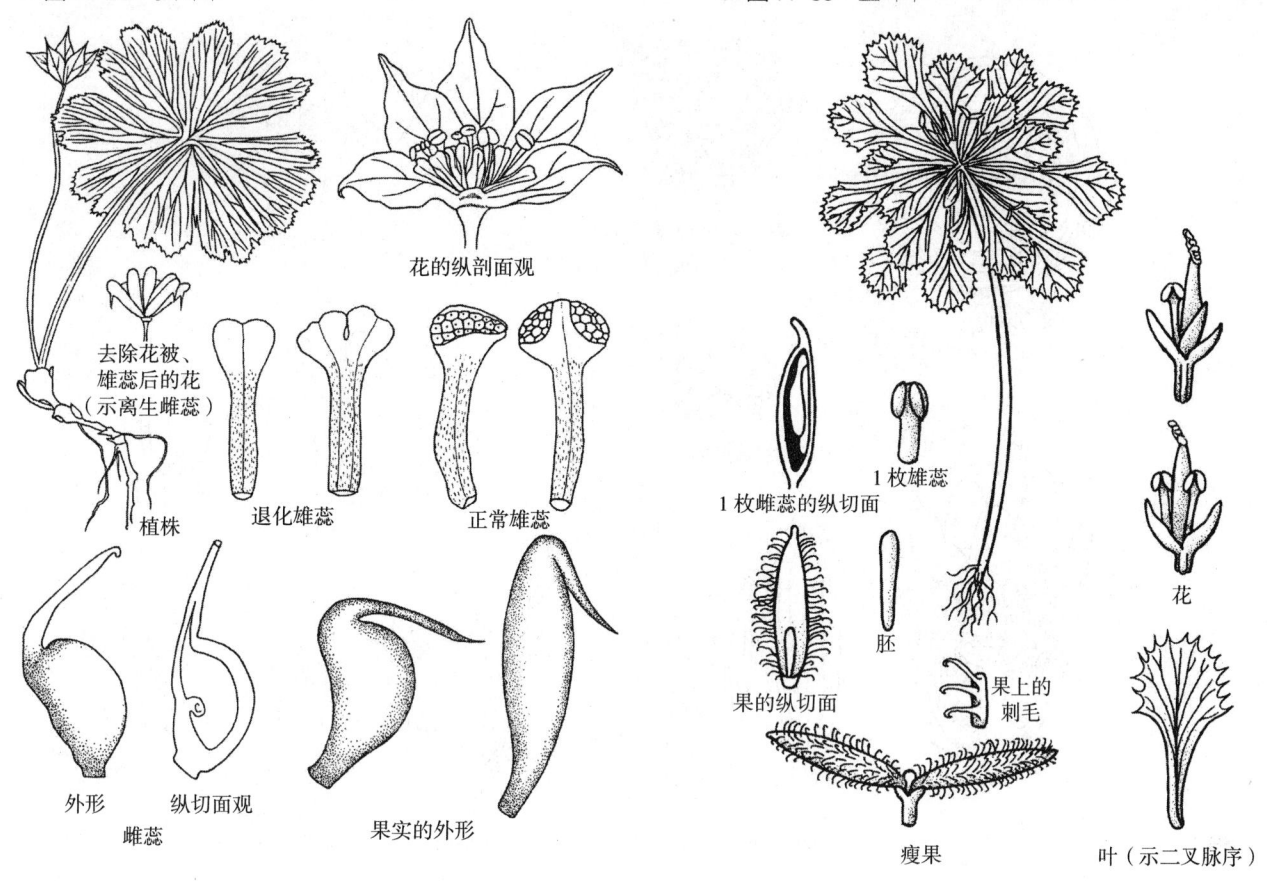

1枚雌蕊的纵切面　1枚雄蕊　胚

果的纵切面　果上的刺毛

花

瘦果　叶（示二叉脉序）

⭐ 图11-40 毛茛科翠雀属萼距、退化雄蕊和种子的演化示意图

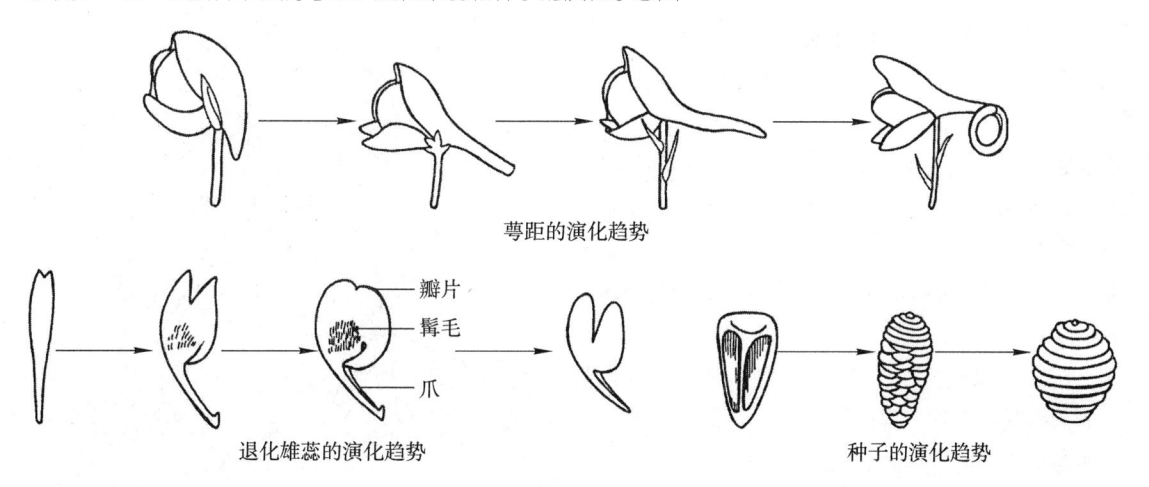

萼距的演化趋势

瓣片　髯毛　爪

退化雄蕊的演化趋势　　种子的演化趋势

美洲黄莲（N. lutea），产于美洲。芡（Euryale ferox），叶面脉上多刺，种子食用及药用，称为芡实。萍蓬草（Nuphar pumilum）、睡莲（Nymphaea tetragona），分布于我国北部（图11-41）。王莲（Victoria regia），叶浮水，直径可达2～3m，原产南美，现世界各地栽培。

莼菜属（Brasenia）：仅1种，即莼菜（B. schreberi），为多年生水生草本，根茎匍匐状，茎纤细；叶浮水，具柄，互生，全缘，盾状；花小，紫色；萼3～14片；瓣3或4片；雄蕊12～18，心皮6～18，离生，胚珠2或3，坚果革质，种子具丰富胚乳；分布于华东到湖南、四川、云南等省，东亚其他地区、印度、大洋洲、非洲、北美亦有；嫩茎叶被一厚层胶质物，可作蔬菜食用，柔滑可口。这是睡莲科中的原始代表，如图11-42所示。

图 11-41 睡莲科

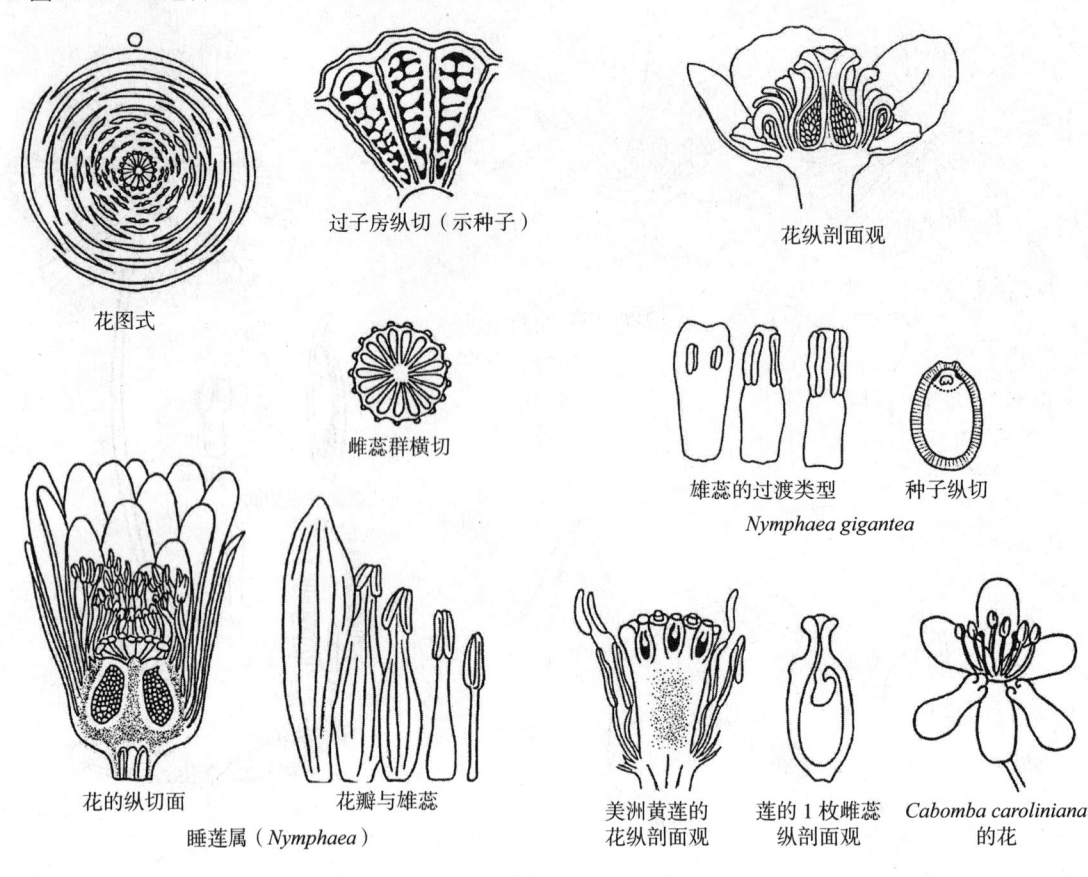

花图式　过子房纵切（示种子）　花纵剖面观

雌蕊群横切

雄蕊的过渡类型　种子纵切
Nymphaea gigantea

花的纵切面　花瓣与雄蕊
睡莲属（*Nymphaea*）

美洲黄莲的花纵剖面观　莲的1枚雌蕊纵剖面观　*Cabomba caroliniana* 的花

3. 金鱼藻科（Ceratophyllaceae）

本科含1属，即金鱼藻属（*Ceratophyllum*），为沉水草本，茎纤细，分枝；叶轮生，劈裂为多数裂片，裂片二叉状；花小，单性；单被，6~8片；雄蕊8~20，花丝极短，花药外向，药隔伸出而着色，先端具2或3齿，花粉粒无萌发孔；子房1室，含1胚珠，珠被单层；坚果，胚大，种子无胚乳。这是一个较为特化的科。金鱼藻（*Ceratophyllum demersum*）如图11-43。

毛茛目和木兰目之间有明显的亲缘关系。毛茛目的大多数科保持着离生的心皮，尤其是木通科和大血藤科等和木兰目的五味子科、八角茴香科的关系更为密切。毛茛目植物体缺乏精油细胞，由花被衍生出蜜腺叶或蜜腺，次生代谢物为生物碱；用以吸引昆虫传粉的不是芬芳的香气，而是蜜汁。在一些学者的处理上，木本的木兰目与以草本为主的毛茛目合成毛茛目。

图 11-42 莼菜

花的纵剖面观　植株

十一、胡椒目（Piperales）

草本或木本，草本茎具有和单子叶植物类似的散生维管束；叶对生或互生，有托叶，无花被；子房上位或偶下位，心皮稀为分离，侧膜胎座至半中轴胎座；种子有胚乳，胚小。含三白草科

(Saururaceae)、胡椒科、金粟兰科（Chloranthaceae）等4科。

胡椒科（Piperaceae）

$* \male \female P_0 A_{10\sim1} \underline{G}_{(4\sim1:1:1)}$

木质或草质藤本，或为肉质小草本；藤本种类的节常膨大，长有不定根；叶互生、对生或轮生，有辛辣气，基部两侧常不等，具离基3出脉，托叶常与叶柄合生或缺。穗状花序或肉穗花序，花小，单性，雌雄异株，或两性；有苞片，无花被；雄蕊1～10个；心皮1～4，子房上位，1室，胚珠1个，直立，珠被1或2层，浆果；维管束散生，导管细小。染色体：$X=13$；多倍体常出现。

本科8或9属近3100种，广布于热带和亚热带地区。我国有4属71种，产西南部至台湾。胡椒（*Piper nigrum*），藤本，花单性，雌雄异株，间或有杂性，苞片基部与花序轴合生成浅杯状；原产东南亚，我国华南、云南和台湾有栽培（图11-44）。未成熟果实晒干后果皮皱缩称为黑胡椒，成熟果实脱去果皮后色白称为白胡椒，供调味和药用，为健胃药及辛香调味品。蒌叶（*P. betle*），原产于印度尼西亚，我国南部栽培，叶含芳香油，有辛辣味，与槟榔咀嚼，为东南亚民族嗜好品。草胡椒（*Peperomia pellucida*），一年生直立小草本，生阴湿处。珠被单层。

本目的金粟兰科草珊瑚属（*Sarcandra*）植物木质部具有管胞，表明具有柔荑花序并不一定是最演化的。

十二、马兜铃目（Aristolochiales）

草质或木质藤本，有的为寄生植物；单叶，互生；花两性或单性，辐射对称；花被1轮，离生或合生，花瓣状，肉质；雄蕊与花被裂片相等，2倍或不定数；子房下位，胚珠多数，珠被常2层；胚乳存在，蒴果或浆果。含3科，下文介绍1科。

✿ 图11-43　金鱼藻

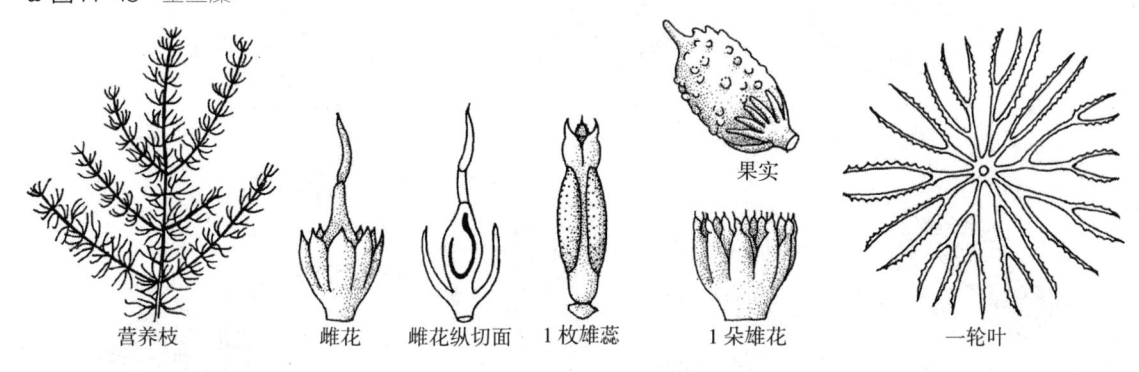

营养枝　雌花　雌花纵切面　1枚雄蕊　1朵雄花　果实　一轮叶

✿ 图11-44　胡椒

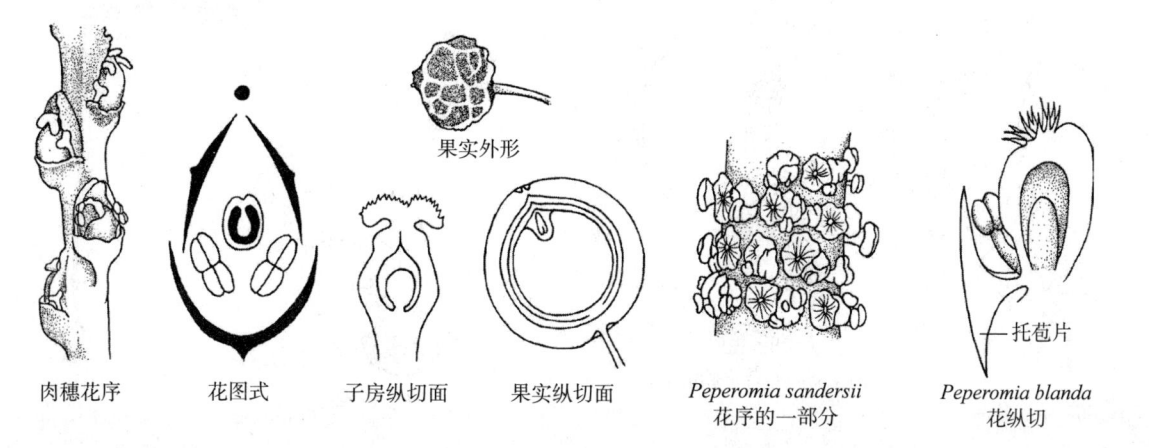

肉穗花序　花图式　子房纵切面　果实外形　果实纵切面　*Peperomia sandersii* 花序的一部分　*Peperomia blanda* 花纵切　托苞片

马兜铃科（Aristolochiaceae）

$* \uparrow ⚥ K_3 C_0 A_{6 \sim \infty} \overline{G}_{(4 \sim 6):4 \sim 6:\infty}$

多年生草本或藤本，根味苦、辣，有香气；叶互生，常有灰白粉被，基部多为心形，无托叶；花单生，两性，辐射对称或两侧对称；单花被，稀异被，花瓣状，合生成管状或坛状，3裂或向一侧延长，暗紫色或紫色，有臭气；雄蕊6个至多数；子房下位，4～6室；蒴果，罕为蓇葖果，种子有时有翅。染色体：X=6，7。

本科约7属350种，分布于热带至温带。我国有4属62种，南北皆产。

（1）马兜铃（*Aristolochia debilis*），藤本，根肉质，叶卵形或三角状矩圆形，基部心形，产于黄河以南至长江流域，南至华南。果称马兜铃，茎为天仙藤，根称青木香，均入药（图11-45）。同属的大叶马兜铃（*A. tagala*）亦作马兜铃入药。

（2）北细辛（辽细辛）（*Asarum heterotropoides* var. *mandshuricum*），多年生草本，根状茎短，有多数肉质根，叶肾状心形，下面全部有毛，花被片向下反卷，分布于东北、山东、山西、河南和陕西，根和根状茎入药。同属的细辛（*A. sieboldii*）与北细辛同效。

本目还有大花草科（Rafflesiaceae），8属50种，我国有2属2种，系肉质寄生草本。大花草（*Rafflesia arnoldii*），产于苏门答腊，有世界最大的花，其直径达1 m，重7.5 kg。马兜铃科的马蹄香属（*Saruma*）保留了离生心皮和蓇葖果等特征，反映出与木兰目的联系。哈钦松认为马兜铃目是从小檗目经由防己科发展出来，Bessey则把它作为最演化的科置于桃金娘目。

图11-45 马兜铃科

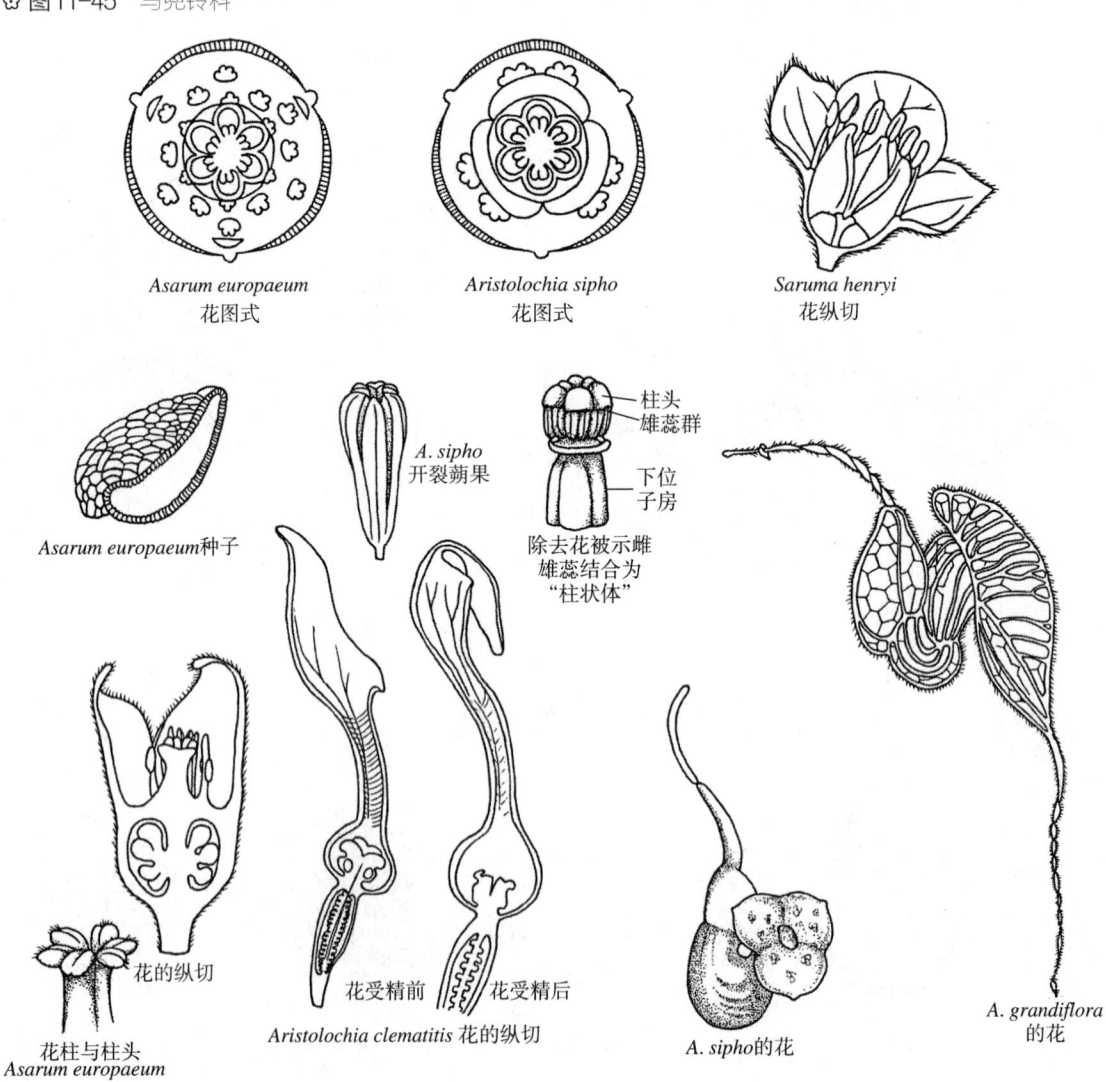

十三、藤黄目（Guttiferales）

木本，单叶互生或对生；花多两性，辐射对称，异被，5数，覆瓦状排列，少数旋转状排列；雄蕊多数，心皮分离或连合，子房上位，中轴胎座到侧膜胎座，胚珠多数，珠被2层；种子通常有胚乳。含五桠果等4亚目16科，下文介绍4科。

1. 芍药科（Paeoniaceae）

$*♀K_5C_{5\sim10}A_∞\underline{G}_{1\sim5}$

多年生草本或灌木，叶互生，有长叶柄，掌状或羽状复叶，或为羽状复叶，全缘；花辐射对称，两性，单生或成总状花序；萼片5，花瓣5～10；雄蕊多数，离心发育，花丝细长；心皮1～5（或多达15），分离，革质，基部常具蜜腺联合而成的花盘，整个地包着子房；柱头扩大，花柱几无或短，胚珠少数到多数，双珠被；蓇葖果，种子有由珠柄发育而来的假种皮，胚小，胚乳丰富。染色体：X=5。

本科仅含芍药属（Paeonia），约30种，大部分产于亚洲北温带。我国有11种，产于西南、西北、华北和东北（图11-46）。

芍药属传统上归于毛茛科，但它具有革质、宿存的萼片，花瓣的增加主要来自雄蕊的瓣化，周位花盘，假种皮的种子，与毛茛科的特征是不同的。另外，牡丹属的花粉粒3沟，覆盖不完全，与五桠果科等类似；合子萌发具有游离核阶段，是很独特的。

牡丹（P. suffruticosa），落叶灌木，花具浓郁香气，原产于我国，各地多栽培。芍药（P. lactiflora），草本，多年生，分布于西北、华北、东北，俄罗斯西伯利亚亦有，栽培供观赏。根部药用，未去外皮的称为赤芍，刮去外皮并在沸水中泡熟的称为白芍。赤芍活血、祛瘀、清热、凉血；白芍平肝、和血（活血与补血）、止痛、收敛，两者功效有差异。

2. 猕猴桃科（Actinidiaceae）

$*♀或♂♀K_5C_5A_∞\underline{G}_{(5:5:∞)}$

木质藤本，髓实心或片层状；单叶，互生，常有锯齿，被粗毛或星状毛，羽状脉；花两性、单性或杂性，单性时雌雄异株，常排成聚伞花序；萼片5，覆瓦状；花瓣5，少数为6～4；雄蕊多数，花药丁字形着生，纵裂或顶孔开裂；子房上位，5室以上，花柱5；浆果，常被毛，种子有丰富胚乳。染色体：X=15。

本科2属83种，分布于热带至亚热带。我国2属均产，73种。

猕猴桃属（Actinidia）：常绿，少落叶。萼片5～2，瓣5～12。55种以上，分布于亚洲热带至温带，我国主产，大多集中在秦岭以南，横断山以东地区。果肉含维生素C 100～900 mg，比一般果蔬高数倍至数十倍，现已成为世界上热门的新兴水果。中华猕猴桃（A. chinensis），本属植物中形态上最有代表性、经济性状最好、在现代产业和商业中经济意义最大的一个种，分布于西北经中南到华东。果实含糖类、磷酸单酯酶、肮酶及大量维生素C，可生食，也可加工成酒或果酱等；藤浸出液可作造纸的黏着剂，根供药用（图11-47）。

✿ 图11-46 芍药科

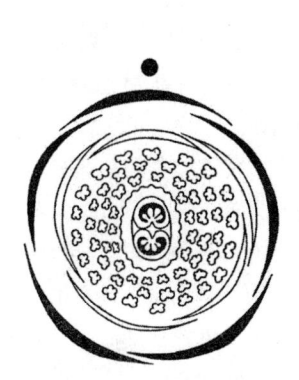

Paeonia officinalia 花图式 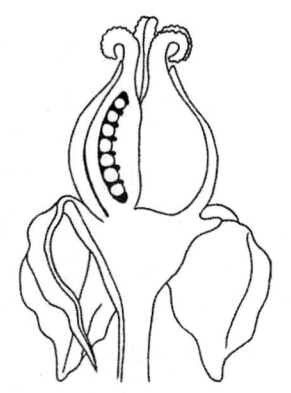　　牡丹花的纵切　　Paeonia peregrina 蓇葖果 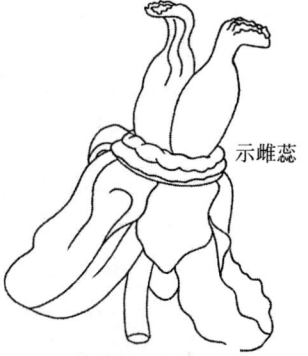　　Paeonia wittmanniana 除去雄蕊的花（示雌蕊）

☆ 图11-47　猕猴桃属

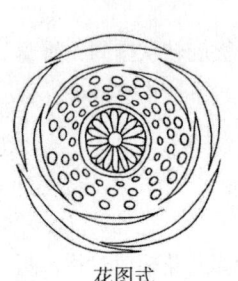

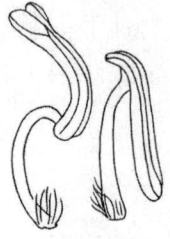

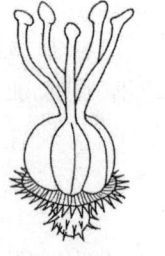

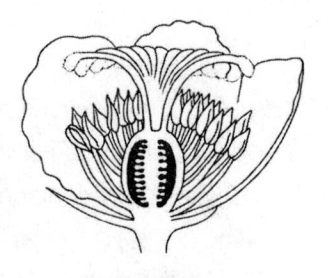

　　花图式　　　雄蕊形态　　去除花被、雄蕊　　子房横切面观　　花的纵剖面观
　　　　　　　　　　　　　　后的花（示雌蕊）　　　　　　　　　　Actinidia kolomikta
　　　　　　　　　　　　　　　Actinidia strigose

3. 龙脑香科（Dipterocarpaceae）

*♀ $K_{(5)}C_5A_∞\underline{G}_{(3:3:2)}$

木本，木材含树脂；叶革质全缘，具托叶；花排成腋生的圆锥花序，两性，辐射对称；萼管短或长，5裂片，果时常扩大成翅状；花瓣5，雄蕊多数，药隔延伸；心皮3，仅下部合生，上部分离；每室胚珠2；坚果，有些萼片扩大成翅，种子无胚乳。染色体：X=6，7，10，11。

本科16属600种，主要分布于亚洲热带地区。我国有4属8种，产于云南、两广南部及海南。狭叶坡垒（Hopea chinensis），结果时其中2枚萼片极扩大，产于海南、云南南部和广西南部，是贵重木材。青梅（Vatica astrotricha），宿萼不等大，其中2枚最大，产于海南，越南也有。望天树（Parashorea chinensis），宿存萼片增大，其中3枚最大，乔木，高达50～65 m，产于云南、广西南部。

此外尚有龙脑香属（Dipterocarpus），76种，产于亚洲热带，我国云南有1种。天然龙脑香来自印度尼西亚婆罗洲Dryobalanopsis aromatica的树脂，称为婆罗洲龙脑（Borneo camphor）。

4. 山茶科（Theaceae）

*♀, ♂♀ $K_5C_5A_∞\underline{G}_{(5～3:5～3)}$

常绿或落叶乔木或灌木，茎、叶中常含分枝或不分枝石细胞；单叶互生，具胼胝质状锯齿，无托叶；花两性，稀单性，辐射对称，单生，或数花簇生于叶腋，稀有总状花序；具苞片或小苞片，萼片5或6，有时苞与萼不分化，由下至上、从外向内逐渐增大；瓣5或6，或多数；雄蕊多数，多轮，分离或连合；子房由3～5个心皮组成，上位，稀更多，花柱分离或合生；胚珠多数到较少，中轴胎座；蒴果、核果或浆果状，种子无胚乳，或具胚乳。染色体：X=15，18，21，25。

本科约40属700种，主产于东亚，也见于西南太平洋、美洲和非洲。我国有15属480余种，广泛分布于秦岭以南各省区常绿林中。

（1）山茶属（Camellia）：常绿乔木或灌木；苞被（perules，指苞片，小苞片与萼无清楚的界限）从不分化、多数，到具有小苞片2～12，萼片5或6，花瓣5或6，有时多至14，白色、红色或黄色；雄蕊多轮，由完全分离到花丝高度合生；心皮3～5，连合成3～5室的子房，花柱完全分离到合生；蒴果木质，室背开裂；种子无胚乳，胚大，子叶半球形，富含油脂。280种，分布于东亚，我国238种，广泛分布于秦岭以南各省区。

大白山茶（C. albogigas），苞被片17，花瓣8～10枚，雄蕊多轮，子房5室，花柱在结果时从基部分离，花白色，径至15cm（图11-48）。本种为四倍体。分布于广东、广西。大苞白山茶（C. gramthamiana），接近于大白山茶，只是叶稍小，分布于香港和广东，同样为四倍体。

油茶（C. oleifera），灌木或小乔木，苞萼不分化，花白色。从长江流域以华南各地广泛栽培，是主要的木本油料作物，油供食用或医用。山茶（C. japonica），灌木或小乔木，枝叶无毛，苞被不分化，花红色，子房无毛。原产于四川峨眉山，朝鲜、日本也有；广泛栽培，栽培种花色有红色与白色，品种繁多。连山红山茶（C. lienshanensis）与张氏红山茶（C. changii），叶全缘，果实纺锤形，两头尖，均产于广东。金花茶（C. nitidissima），小苞片8，萼片5或6，均宿存，花瓣8～12枚，黄色，雄蕊基部连生，子房3室，花柱完全分离；产于广西南部，越南北部亦有，是培育黄色花山茶的重要种质资源。

茶（C. sinensis）（图11-49）和普洱茶（C. assamica）原产于中国，世界各地广泛栽培。小苞片2或3，

图11-48 大白山茶

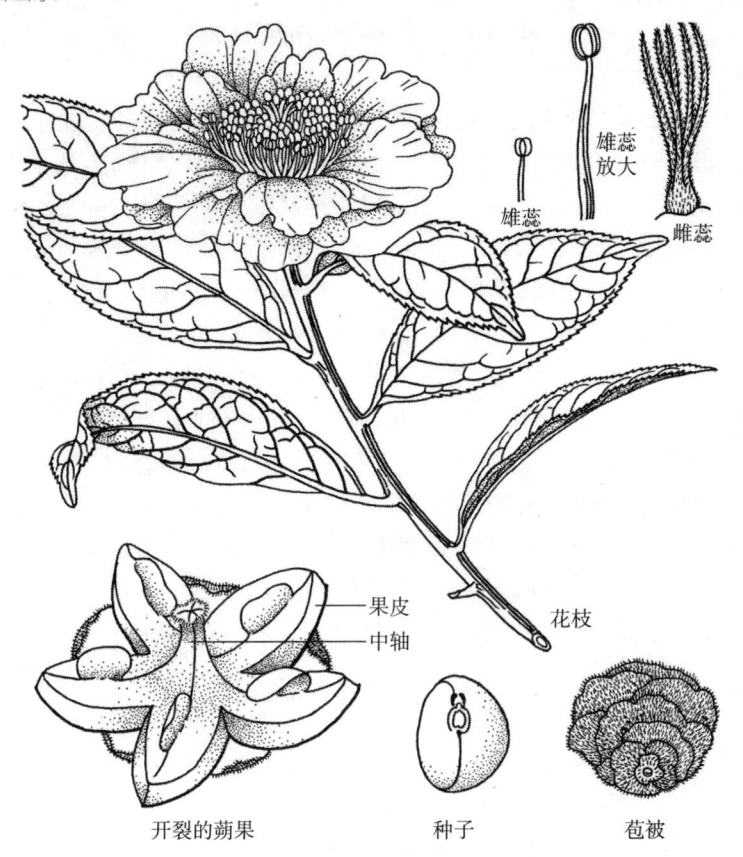

早落，萼片5或6，宿存，花瓣7或8枚，雄蕊多数，基本分离，子房有毛，3室。我国栽培茶树和制茶至少已有2 500年的历史。长沙马王堆汉墓陪葬品中有檟箱。古书《尔雅》已有"檟"（音gū，茶的最早读音）的记载，后称茶为"荼"，《唐本草》称为茶。茶芽和嫩叶含咖啡碱1%～5%，饮茶有兴奋神经和利尿的作用。可可茶（*C. ptilophylla*），产于广东，芽叶含5%左右的可可碱，尚有其他含特殊生物碱的茶树植物。茶叶的制成品有绿茶、青茶、红茶、黑茶、白茶和黄茶6大类，视发酵与否或发酵程度而定；一种绿茶的后发酵茶也称"普洱茶"。

山茶属植物演化的脉络关系较为清楚，山茶科其余属花的演化亦可从中找到依据。

（2）石笔木属（*Tutcheria*）：常绿乔木；苞萼不分化到苞片2，萼片5～10，花瓣5或6；雄蕊多数，心皮3～7；蒴果果片脱落；种子种皮厚，子叶折叠状，无胚乳，萌发时子叶出土并扩大成无锯齿的绿叶。已知26种，其中21种分布于我国华南，其余分布至越南、马来西亚、菲律宾。石笔木（*Tutcheria spectabilis*），小乔木，枝、叶无毛，果卵球形，密被黄色柔毛，分布于广东、香港、福建。

图11-49 茶

（3）木荷属（*Schima*）：乔木，苞片2～8，脱落，萼片5或6，宿存，花瓣5；子房5室；蒴果扁球

形，顶端平或微凹，中轴棒槌状；种子具周翅，有胚乳。约30种，我国有21种，其余分布于东南亚各地。木荷（*S. superba*），叶具锯齿，分布于华东到西南、台湾，日本琉球亦有，是亚热带常绿林建群种，在荒山灌丛为先锋树种。

（4）紫茎属（*Stewartia*）：有鳞芽，叶柄不对折，种子具周翅到无翅。15种，呈东亚、北美间断分布，我国10种，日本及朝鲜3种，北美2种。紫茎（*S. sinensis*），分布于四川、华东至湖北。

（5）柃属（*Eurya*）：国产山茶科唯一雌雄异株的属。花细小，柄短，簇生于叶腋，雌花中可发现退化雄蕊。苞片2，萼片5，花瓣5；雄蕊数目可数；子房3~5室，花柱分离或合生；果实为浆果状；种子细小，胚乳丰富。约130种，分布于东南亚和西南太平洋岛屿，我国约80种，产于西南至台湾。米碎花（*E. chinensis*），嫩枝二棱，嫩枝与顶芽有毛，雄蕊15，子房无毛，分布于台湾、华东至中南各省，东南亚各国亦有。

山茶科是亚洲亚热带地区常绿阔叶林的主要优势科和特征种，有许多代表类群，如厚皮香（*Ternstroemia gymnanthera*），常绿灌木或小乔木；叶全缘，常聚生枝顶；花两性，具柄，小苞片2，萼片5，均宿存，花瓣5；雄蕊多数，花丝基部连合；果实浆果状；产华东到西南，日本、柬埔寨亦有。黄瑞木（*Adinandra millettii*），芽有毛；花的形态与厚皮香属同，但种子细小，胚与胚乳不弯曲成马蹄形。分布于华东到华南。肖柃属（*Cleyera*），与杨桐属颇相似，但芽无毛，叶厚革质，常见有肖柃（*C. japonica*），分布于长江流域以南各省。大头茶（*Polyspora axillaris*），叶全缘或近顶部有少数齿刻，萼片5，脱落，花瓣5；子房5室，蒴果长卵形，种子具长的顶翅，有胚乳；子叶出土，不扩大；分布于广东、广西、海南、香港。*Gordonia*与*Laplacea*产于北美和中南美洲、西印度群岛，是大头茶属的对应属，前者花具长柄，苞片4，萼片5，宿存，花瓣5，雄蕊连生成束；后者花具柄或无柄，苞萼不分化或已分化，花粉粒具刺突纹饰。

山茶科尚有子房下位的茶梨属（*Anneslea*），以及猪血木属（*Euryodendron*）、圆籽荷属（*Apterosperma*）、核果茶属（*Pyrenaria*）、多瓣核果茶属（*Parapyrenaria*）等，种系的繁复，部分地体现了演化的系列，历来被系统学家认为是系统发育的关键科。

十四、罂粟目（Papaverales）

草本或灌木；花两性，辐射对称或两侧对称，异被；雄蕊多数至少数，分离或连合成2束；心皮合生，子房1室，侧膜胎座；种子有丰富的胚乳。含4亚目6科。下文介绍3科。

1. 罂粟科（Papaveraceae）

$* \uparrow ⚥ K_{2\sim3} C_{4\sim12} A_\infty \underline{G}_{(2\sim\infty:1:\infty)}$

草本或灌木，有乳汁；叶互生或对生，常分裂，无托叶；花多单生，萼片2或3，呈苞片状，早落；花瓣4~6或8~12，2轮；雄蕊多数，分离，花药2室，纵裂；子房上位，由数个心皮合成1室，侧膜胎座，稀为离生心皮；蒴果，瓣裂或孔裂，胚乳油质。染色体：X=11，16，19。

本科25属300种，主产于北温带，少数产于中南美洲。我国13属63种。

罂粟亚科（Papaveroideae）

（1）罂粟属（*Papaver*）：多为草本。基生叶羽状浅裂、深裂、全裂或二回羽状分裂，表面通常具白粉，两面被刚毛，有叶柄；茎生叶若有，则与基生叶同形，但无柄，有时抱茎。花单生，稀为聚伞状总状花序；具总花梗或有时为花葶，延长，直立，通常被刚毛。花蕾下垂，卵形或球形；萼片2，极稀3，开花前即脱落，大多被刚毛；花瓣4，极稀5或6，着生于短花托上，通常倒卵形，二轮排列，外轮较大，大多红色，稀白色、黄色、橙黄色或淡紫色，鲜艳而美丽，常早落；雄蕊多数，花丝大多丝状，白色、黄色、绿色或深紫色，花药近球形或长圆形；子房1室，上位，通常卵珠形，稀圆柱状长圆形，心皮4~8，连合，被刚毛或无毛，胚珠多数，花柱无，柱头4~18，辐射状，连合成扁平或尖塔形的盘状体盖于子房之上；盘状体边缘圆齿状或分裂。蒴果狭圆柱形、倒卵形或球形，被刚毛或无毛，稀具刺，明显具肋或无肋，于辐射状柱头下孔裂。种子多数，小，肾形，黑色、褐色、深灰色或白色，具纵向条纹或蜂窝状；胚乳白色、肉质且富含油分；胚藏于胚乳中。

罂粟（*Papaver somniferum*）为一年生草本，茎叶及萼片均被白粉，花大，绯红色。蒴果含有乳汁，可制鸦片；可提取吗啡（5.6%~12.83%）、可待因（0.63%~2.13%）、罂粟碱等30种生物碱；可制麻醉药，亦为最有害毒品。种子含油48%，可供食用和工业用。原产于亚洲西部。同属的虞美人（*P. rhoeas*）

不含鸦片，原产于欧洲，我国栽培供作观赏植物。

☆ 图11-50　红花绿绒蒿

（2）博落回属（*Macleaya*）：茎汁有剧毒，误食可致命。直立、多年生草本，茎有红色液汁；叶掌状分裂，基部心形，背面粉白；花组成顶生的圆锥花序；萼片2，乳白色；花瓣不存在；雄蕊多数；花柱极短，柱头2，最初和花柱合生，最后广歧；蒴果卵形；具短柄，2瓣裂。博落回（*M. cordata*）为高大草本，茎有橙色乳汁，常被白粉，有剧毒，可入药，亦作杀虫剂。

（3）绿绒蒿属（*Meconopsis*）：草本，具黄色液汁。花大而美丽，蓝色、紫色、红色或黄色，稀白色；萼片2，极稀在顶生花上为3～4，早落；花瓣通常4；雄蕊多数，花丝大多丝状。绿绒蒿是著名的观赏植物，以其花大、色泽艳丽、姿态优美而著称，是高山植物中最引人注目的花卉之一，常与另一些高山植物共同组成绚丽多彩的高山植被，早为国内外学者所引种栽培。红花绿绒蒿（*M. punicea*）如图11-50所示。

雄蕊　叶、花蕾与花　雌蕊　　全植株的缩图

荷包牡丹亚科（Fumarioideae）

属于罂粟科中花双面对称的一类植物。植物体无乳汁而有水液，花两性，双面对称（disymmetrical，具前后、左右两个对称面），萼片极小；花瓣4个，外1或2枚基部成囊状或距状；雄蕊4枚，离生，或6个连成2束；子房1室，有2个侧膜胎座。本亚科18属200余种，分布于北半球。我国有7属170种。常见的有紫堇属（*Corydalis*），120种，我国约有100种，多数可入药。如延胡索（*C. yanhusuo*），分布于江浙一带，块茎有镇痛、散瘀等功效；荷包牡丹（*Dicentra spectabilis*），为著名的观赏植物（图11-51）。

2. 白花菜科（Capparidaceae）

*⚥ $K_{4\sim 8} C_{4\sim 8} A_{\infty\sim 4} \underline{G}_{(2:1:\infty)}$

草本、灌木或乔木，偶为攀缘状；叶互生，单叶或掌状复叶，有托叶，常变态为刺或腺体；花常两性，辐射对称，单生或总状花序；萼片4～8，花瓣4～8，花盘环状或鳞片状；雄蕊4个至多数，具雌雄蕊柄；子房上位，常有柄（雌蕊柄），侧膜胎座；蒴果或浆果。30属650种，分布于热带亚热带，我国5属41种，产于西南至台湾。

鱼木（*Crateva religiosa*），乔木，具指状三出复叶，托叶早落；花白色，萼片卵形，花瓣6，叶状，有长爪；雄蕊多数，子房有长柄，无假隔膜（septum）；分布于广东、广西，亚洲热带其他地区及大洋洲亦有，常栽培作行道树。醉蝶花（*Cleome spinosa*），一年生草本，指状复叶5～7小叶，花玫瑰紫色或白色；雄蕊4～6个，长于花瓣2～3倍，常带紫色或蓝色；原产于南美，我国各地栽培。

3. 十字花科（Cruciferae）

*⚥ $K_4 C_4 A_{2+4} \underline{G}_{(2:1:\infty)}$

草本，或有辛辣液汁；基生叶旋叠，茎上叶互生，少数对生，无托叶；花两性，辐射对称，常排成总状花序；萼片4，花瓣4，十字排列，基部常见爪状；花托上有蜜腺，常与萼片对生；雄蕊6，内轮4枚，较长，外轮2，较短，分离或结合成对；子房上位，由2心皮组成，1室，有2个侧膜胎座，常有一个膜质的次生假隔膜或称胎座框（replum）把子房分为2室，亦有横隔成数室，柱头2，胚珠多数；长角果或短角果，2瓣开裂，少数不开裂；种子无胚乳，子叶弯曲或折叠状（子叶与胚根的排列有3种基本方式：一为子叶缘倚，又称子叶直叠；一为子叶背倚，又称子叶横叠；一为子叶对摺，又称子叶纵摺。此外，尚有子叶卷曲、重卷曲，这是划分属的重要依据）。染色体：$X = 4 \sim 15$，多为6～9（图11-52）。

本科约350属3500种，全球分布，主产于北温带。我国71属300余种。

（1）芸薹属（*Brassica*）：一、二年生或多年生，有时具块根；基生叶常大头羽裂；萼片基部囊状，花

图 11-51 荷包牡丹

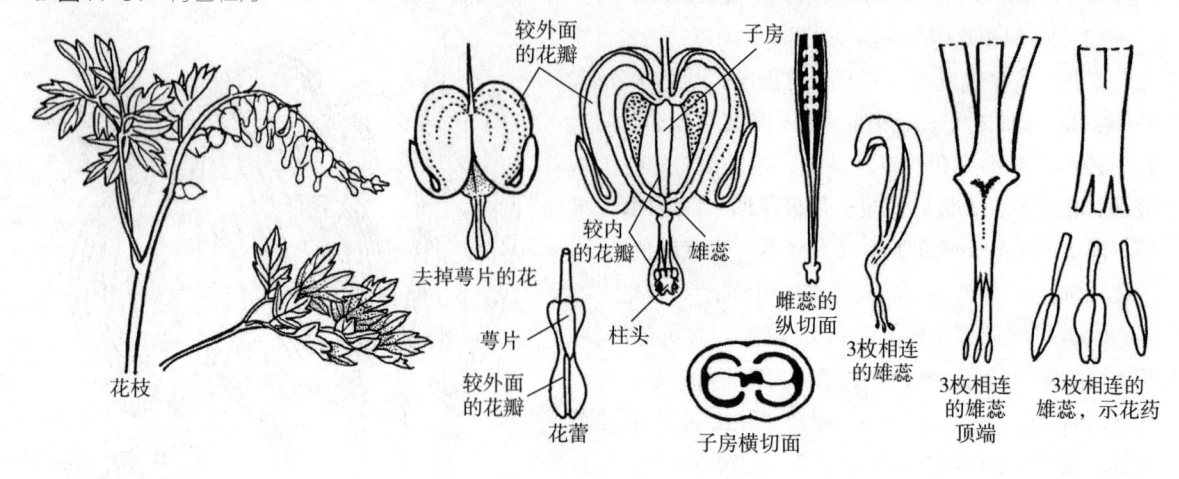

花枝　去掉萼片的花　较外面的花瓣　花蕾　萼片　较内的花瓣　柱头　雄蕊　子房　子房横切面　雌蕊的纵切面　3枚相连的雄蕊　3枚相连的雄蕊顶端　3枚相连的雄蕊，示花药

图 11-52 十字花科花、果和种子

黑芥：花图式　花　除去花瓣示雄蕊和雌蕊　子房纵切　子房横切　长角果

芥菜：子叶缘倚（直叠）　子叶脊倚（横叠）　子叶对摺（纵摺）　短角果横切面　短角果

子叶和胚根的排列方式

瓣常黄色，也有白色的；蒴果有喙，果瓣具中脉，子叶对摺。40余种，我国有14种（含栽培）。卷心菜（椰菜）（*B. oleracea* var. *capitata*）、花椰菜（花菜）（*B. oleracea* var. *botrytis*）、芥蓝（芥兰）（*B. alboglabra*），花白色，均原产于地中海，现为世界性的栽培蔬菜。大白菜（黄芽白）（*B. pekinensis*）原产于我国北部，是长期选育出来的优良品种，为东北、华北冬春两季重要蔬菜。青菜（小白菜）（*B. chinensis*）亦原产于我国，南方栽培甚广，品种很多，为常见普通蔬菜。

（2）萝卜属（*Raphanus*）：花白色或紫色，长角种子间稍缢缩，成熟时节间断开；约8种，集中分布于地中海地区，我国2种。萝卜（莱菔）（*R. sativus*），直根肥大肉质，供鲜食或腌制食用，原产于温带地区，世界各地栽培。其种子称莱菔子，药用可消食除胀，降气化痰。

（3）蔊菜属（*Rorippa*）：一或多年生；叶羽状深裂或近全缘；花黄色，瓣有时退化；外轮2枚雄蕊有时退化；角果线形到近球形；种子红棕色，子叶缘倚；90种，主产北温带，我国9种，南北皆有。蔊菜（*R. montana*）和印度蔊菜（*R. indica*）全草含蔊菜素，药用有解表、止咳、健胃、利尿作用。独行菜（*Lepidium apetalum*）、播娘蒿（*Descurainia sophia*）、蔊菜等种子均作"葶苈子"用，有利水消肿，泻肺平喘作用。豆瓣菜（西洋菜）（*Nasturtium officinale*），水生草本，单数羽状复叶，在我国野生或栽培，亚洲广布，欧、美也有，广东等地常栽培作蔬食或汤料。

有一些观赏种类，如紫罗兰（*Matthiola incana*）、桂竹香（*Cheiranthus cheiri*）等。多种可作野菜，如诸葛菜（*Orychophragmus violaceus*）。拟南芥（*Arabidopsis thaliana*）为常用模式生物。

十字花科的花部排列有认为是2基数的，即位于对角线上的4枚花瓣是原来位于中线位置上的2枚花瓣一分为二的结果；同样，内轮4枚雄蕊也是2枚雄蕊分裂而成，但个体发育并未显示这种起源推测。有认为是4基数的，即花瓣的对角线位置是由于原处于中线的4枚花瓣位置扭转的结果，外轮雄蕊4枚在发育中有2枚受抑制。

罂粟目花下位，具有离生的萼片、花瓣和雄蕊，这些与离生心皮的木兰目和毛茛目是相似的，不同的是花为2基数或4基数，子房具侧膜胎座。可以设想此目与毛茛目的小檗类中具有侧膜胎座的类群有联系。至于罂粟目内的亲缘，除了侧膜胎座的联系外，罂粟科内花各部数目的简化出现2或4基数的倾向，如角茴香属（*Hypeconum*）萼片2，花瓣4，雄蕊4，心皮2，这与白花菜亚目之间的联系则是明显的。至于十字花科，则明显脱胎于白花菜科。

十五、蔷薇目（Rosales）

木本或草本；单叶或复叶，互生，稀对生，有托叶；花两性，稀单性，辐射到两侧对称，异被，雄蕊多数至定数；子房上位至下位，心皮离生或合生，胚珠多数至少数，珠被2层，有时单层。含金缕梅等4个亚目共19科。下文介绍6科。

1. 悬铃木科（Platanaceae）

*♂♀ P₀A∞G∞:1:1~2

落叶大乔木，叶掌状，具锯齿，托叶大，抱茎；花单性，雌雄同株，排成密集的头状花序，雄花序无苞片，雌花序有线形苞片，花被缺；雄花几乎无柄，托以微小的鳞片，药隔顶端呈盾状，有退化的雌蕊；雌花心皮多数，分离，柱头生于一侧，胚珠1或2，下垂；坚果，种子有胚乳。仅1属即悬铃木属（*Platanus*），约7种，我国早在晋代已引入栽培。本属被认为原产于东南欧、印度和美洲，近年有人认为在我国西南有原产的悬铃木属植物。常见有二球悬铃木（*P. acerifolia*），如图11-53所示。

2. 金缕梅科（Hamamelidaceae）

*☿或♂♀ K₍₄₋₅₎C₄₋₅,₀A₄₋₁₃ G̲₍₂:₂:∞~₁₎

常绿或落叶，乔木或灌木，枝、叶常有星状毛；单叶互生，稀对生，具掌状脉或羽状脉，多数有托叶；花两性或单性同株，萼片4或5，常合生成筒；花瓣4或5，或缺；雄蕊4~13，花药2~4室，纵裂或瓣裂，退化雄蕊同数或缺；子房下位，稀上位，2室，上半部分离，花柱2，常宿存，胚珠多数到1个；蒴果，先端二喙状。染色体：X=8，12，15，16。

本科27属130种以上，主产于亚洲的热带地区。我国有17属80种，集中于南部。少数产于北美洲、大洋洲、马达加斯加。

（1）双花木属（*Disanthus*）：头状花序仅含2朵无柄并对生的花，萼片5，花瓣5，雄蕊5，子房上位，胚珠多数，花柱极短，是金缕梅科中较原始的类型。仅1种，产于中国和日本。长柄双花木（*D. cercidifolius* subsp. *longipes*），零星分布于湖南、广东、江西、浙江。

（2）马蹄荷属（*Exbucklandia*）：常绿乔木，叶厚革质，具长柄和掌状脉；托叶大，包着鳞芽；花两性或杂性同株，排成头状花序；萼齿短，花瓣2~5或缺；种子有翅。共4种，分布于我国、印度、马来西亚。我国有3种，产于西南至南部。马蹄荷（*E. populnea*），叶具掌状脉5~7条，基部心形，分布于西南，越南至印度和印度尼西亚也有。

（3）红苞木属（*Rhodoleia*）：叶具羽状脉；花两性，组成密集头状花序；总苞片覆瓦状排列，萼齿不明显，花瓣2~5枚，红色，排列于头状花序外侧，使整个花序形似单花。共9种，我国有6种。红苞木（*R. championii*），分布于广东、广西，花美丽，可供观赏。

（4）枫香（*Liquidambar formosana*），落叶大乔木，具树脂，叶掌状3裂，枝、叶芳香；花单性同株，雄花头状花序，总状排列；雌花头状花序单生；皆无花瓣，种子有翅。广布于黄河以南，树脂供药用和香料。苏合香（*L. orientalis*），产于小亚细亚，树脂药用。

其他重要属种还有：檵木（*Loropetalum chinensis*），常为灌木，叶互生全缘，全体被星状毛（图11-54）。花两性，顶生头状花序或穗状花序；花白色到红色，雄蕊花丝极短，药隔突出外弯；每室1胚珠。具宿萼；分布于长江中下游各省区丘陵荒山，花白色，木材硬，可作细木工材料。阿丁枫（蕈树）（*Altingia chinensis*），落叶乔木，具树脂，叶具羽状脉，枝、叶有香气，花与花序同枫香属，但花柱脱落；分布于华东到西南。金缕梅（*Hamamelis mollis*），叶具羽状脉；花两性，组成穗状花序；萼齿4，花瓣4，黄色；雄蕊4，子房上位；蒴果瓣裂；分布于广西、湖南、湖北、安徽、江西、浙江。蜡瓣花（*Corylopsis sinensis*），花两性，排成总状花序，花瓣黄色，与金缕梅均可供观赏。

金缕梅科植物的花由两性到单性、异被到单被、虫媒到风媒，雄蕊由多数到定数，子房由上位到半下位，胚珠由多数到1枚，花序由总状到头状，既体现了系统演化，又在相当一部分种类中表现出不连续。金缕梅科从祖先群演化出来后，向两个不同方向发展。第一个途径表现为头状花序，胚珠多数，叶具掌状脉结构的类型，包括双花木属、马蹄荷属、红苞木属、壳菜果属以及枫香属等，是结构比较复杂，并且保留了较多古老特征的类群。另一个发展途径为总状或穗状花序，胚珠单生，叶具羽状脉结构的类型，包括了金缕梅属等17属，是构造上比较一致，彼此在亲缘关系上比较接近的类群，而且其分布区更广，种类也较多，显然它们在近代获得更为顺利的发展。

3. **虎耳草科**（Saxifragaceae）

$*\varphi$或$\delta\varphi$ $K_5 C_{5\sim 0} A_{10\sim 15} \underline{G}_{(3\sim 1:3\sim 1:\infty)} \overline{G}_{(3\sim 1:3\sim 1:\infty)}$

多为草本，叶常互生，无托叶；花两性或单性，辐射对称；萼片5，花瓣与萼片同数而互生，或缺，常有爪，周位或上位；雄蕊10～15，着生于花瓣上；子房上位或下位，1～3室，花柱分离，胚珠多数，珠被2层；蒴果，浆果。染色体：X=6～18，21。

本科80属1200种，主产于北温带。我国14属，近300种。

（1）梅花草属（*Parnassia*）：鸡眼梅花草（*P. wightiana*），多年生草本，根状茎粗壮；叶基生，肥厚，肾形或宽心形，全缘，具长柄；花单生，白色或淡黄色；花瓣5，有流苏状毛，有短爪；雄蕊与5深裂的退化雄蕊互生；子房上位，由3心皮组成。分布于西北、西南到华南，印度也有。生潮湿沟边，全草入药。

（2）绣球属（*Hydrangea*）：常为灌木，叶对生；花白色、粉红色或蓝色，伞房花序的边缘花常不结

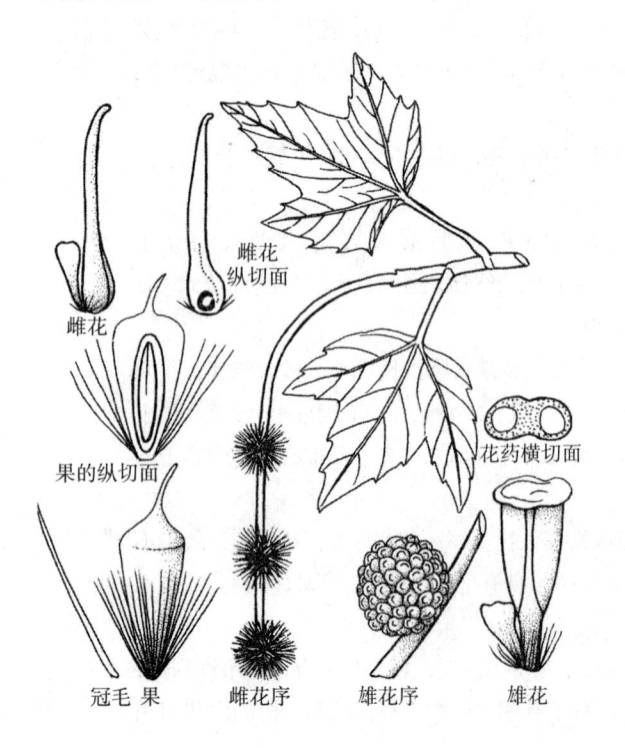

☆ 图11-53　二球悬铃木　　　　　　　　　　☆ 图11-54　檵木（叶创兴、谢庆建绘）

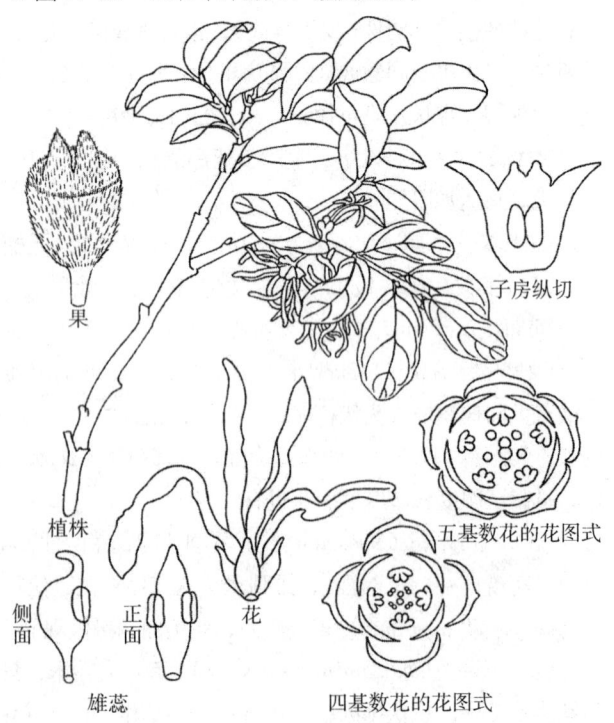

实，有大而美丽的花瓣状萼片，中部花或全体花为完全花，萼片4或5，花瓣4或5；雄蕊8～10；子房下位，2～5室，胚珠多数。绣球（*H. macrophylla* f. *hortensia*），各地栽培观赏，全部花均为不孕花。

该科其他常见植物有：虎耳草（*Saxifraga stolonifera*），全株被毛，有细长的匍匐茎，多年生草本；叶肾形或圆形，上面脉红或绿色，下面常紫红色，或两面皆绿色有白色条纹；全草入药，治中耳炎等病。落新妇（*Astilbe chinensis*），多年生草本，茎生叶2～3回三出复叶；花紫红色，心皮2，离生；在长江中下游至东北广布，根茎入药，含岩白菜素。冠盖藤（*Pileostegia viburnoides*），常绿木质藤本，圆锥花序顶生，花白色，萼片4或5，花冠结合成冠盖状；分布于长江以南各省区及台湾，印度亦产。鼠刺（*Itea chinensis*），灌木或小乔木；单叶互生，倒卵形或矩圆状倒卵形，具腺状齿，第三级脉密而垂直于中脉。无托叶；花两性，小，排成总状花序；萼片5，花瓣5；雄蕊5，着生于花盘上；子房上位或半下位，胚珠多数，珠被1层；蒴果2瓣裂。产于西南至台湾。

虎耳草科是一个庞大的类群，不少学者已将其拆分，把绣球（八仙）花属、茶藨子属、鼠刺属独立成科。它们在营养器官上差异很大，生殖器官结构亦同样表现出差别；但花的结构主要为5基数、辐射对称的两性花，胚珠多数，种子小，胚乳丰富等则是一致的。花结构的过渡性系列，为近缘的科提供了演化上的可能性。因此，恩格勒的第12版被子植物系统仍然维持了广义虎耳草科的概念，可能也正是基于这一理由。

4. 蔷薇科（Rosaceae）

$*♀ K_5 C_5 A_{\infty \sim 10 \sim 5} \underline{G}_{\infty \sim 1:1:\infty \sim 1}$ 或 $\overline{G}_{(5:5 \sim 2:2 \sim 1)}$

木本或草本，常有刺；单叶或复叶，互生，托叶常附生于叶柄上；花两性，辐射对称，很少两侧对称，周位花或上位花，花轴上端发育成碟状、钟状、杯状或圆筒状的花托；花萼分离或贴生于子房，萼片5；花瓣与萼片同数；雄蕊多数，稀5～10，花丝分离，花药2室；子房上位或下位，心皮多数到1枚，分离或以各种方式连合，花柱分离或合生；胚珠每心皮多数到2枚；果实各式：蓇葖果、瘦果、梨果、核果，有些生于增大的肉质花托上；种子无胚乳或少量胚乳。染色体：X=7～9，17。

本科124属3 300余种，全世界分布，主产于温带。我国有51属1 100种，全国各地均产。

根据花托的形态，花托与萼筒的关系，心皮数及分离或连合，与被丝托的关系，果实的形态本科分为4个亚科。各亚科花、果的比较如图11-55所示。

绣线菊亚科（Spiraeoideae）

子房上位，心皮5（12～1），离生或基部连合，每心皮有胚珠多数至2，蓇葖果。

绣线菊属（*Spiraea*）：小灌木，花白色，花托杯状，聚成伞房花序。主要分布在我国，南北各省均产。常栽培供观赏，如麻叶绣线菊（*S. cantoniensis*）（图11-56）和三裂绣线菊（*S. trilobata*）。

☆ 图11-55 蔷薇科各亚科的花、果结构比较图解

绣线菊亚科（绣线菊属）

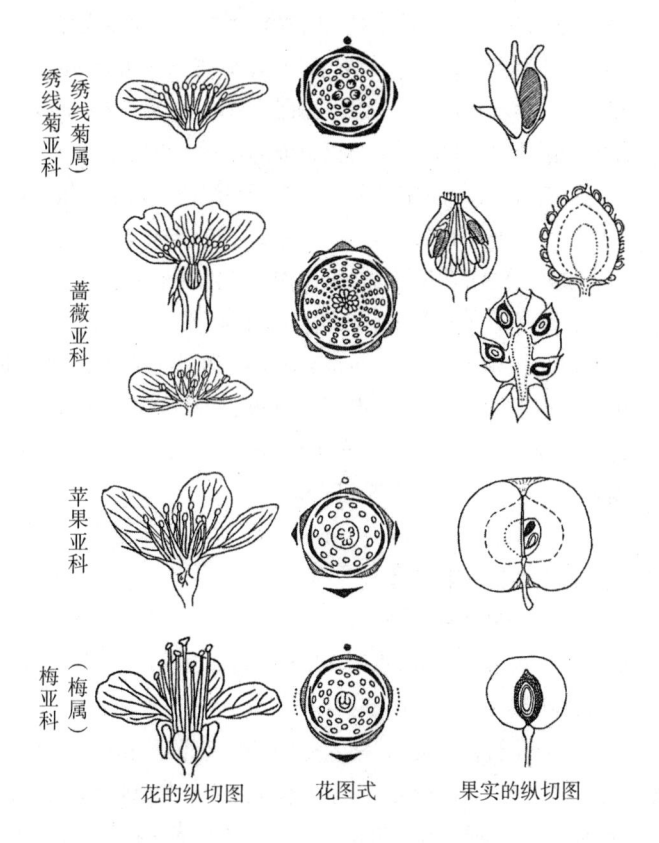

蔷薇亚科

苹果亚科

梅亚科（梅属）

花的纵切图　　花图式　　果实的纵切图

☆ 图11-56 麻叶绣线菊

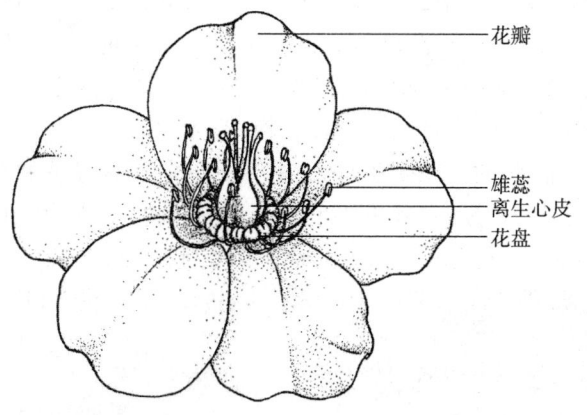

花瓣
雄蕊
离生心皮
花盘

蔷薇亚科（Rosoideae）

子房上位，心皮多数到1个，离生于突出的花托上或壶形的花托内，每心皮有胚珠1或2，聚合瘦果或聚合核果。

（1）蔷薇属（*Rosa*）：草本或灌木，常有皮刺，羽状复叶，托叶与叶柄连生。约150种，广布于北温带和热带草原；我国约60种，南北均产之。常见的有玫瑰（*R. rugosa*）、月季花（*R. chinensis*），均为我国原产，花供制香水原料，栽培的为杂交选育种，重瓣。金樱子（*R. laevigata*），攀缘灌木，有刺，花白色，盛产于我国南方，果可制糖及酿酒，果和根药用。

（2）草莓（*Fragaria ananassa*），草本，羽状3小叶，花白色至红色，花托凸起成头状，原产于南美，广泛栽培，聚合果食用。

（3）蛇莓（*Duchesnea indica*），具长匍匐茎，羽状3小叶，花黄色，聚合果小，全国广布，全草药用。

（4）悬钩子属（*Rubus*）：灌木，攀缘状；单叶或复叶，有刺，离生心皮生于肉质花托上。约500种，广布于全球，主产于北温带；我国约150种，南北均产。如茅莓（*R. parvifolius*）（图11-57）、悬钩子（*R. palmatus*）等果可食，亦供药用。红绵藤（*R. rufolanatus*）叶为止血剂。

苹果亚科（Maloideae）

心皮5~2，背面和花托的内侧多少结合，或仅部分结合，子房半下位或下位，每室有胚珠1或2个，梨果。

（1）沙梨（*Pyrus pyrifolia*），广泛分布于长江流域以南，南方栽培的梨主要是由沙梨育成的品系，果皮褐色，有浅色斑点，果肉石细胞较多。白梨（*P. bretachneideri*），果皮黄色，有细密斑点，分布于黄河以北地区，北方栽培梨为白梨育成的品系，果肉石细胞较少。豆梨（*P. calleryana*），梨果径1~2cm，黑褐色，有斑点，有细长果梗，分布于长江流域以南，根、叶、果入药。

（2）枇杷（*Eriobotrya japonica*），枝叶密被灰褐色或锈色绒毛，果黄色或橘黄色，被毛。分布于甘肃、陕西、河南以及长江流域以南，印度、缅甸、越南、印度尼西亚、日本也有。果食用，叶药用。

（3）苹果（*Malus pumila*），原产欧洲及亚洲西部，现栽培于世界温带各地。

（4）山楂（*Crataegus pinnatifida*），落叶小乔木，常有刺，叶3或4个羽状深裂片，果近球形，深红色。分布于华北、东北、江苏，朝鲜、俄罗斯西伯利亚、日本亦有。果供食用，并作药用，或制成山楂食品。变种山里红（*C. pinnatifida* var. *major*），华北栽培。同属的野山楂（*C. cunneata*）分布于长江流域以南各省，果亦可食用，药用同效。

（5）木瓜（*Chaenomeles sinensis*），果暗黄色，木质，芳香，长10~15cm，分布于山东、陕西以及华东、华南各省，果药用。

闽粤石楠（*Photinia benthamiana*），灌木或小乔木，叶边缘有锐利锯齿，分布于广东、福建、浙江、湖南。车轮梅（*Rhaphiolepis indica*），灌木，枝叶近秃净，分布于我国南方，日本也有（图11-58）。

梅亚科（Prunoideae）

子房上位，心皮1，稀2~5，生于凹陷的花托上，但不与花托愈合，胚珠1或2，核果。

樱桃属（*Prunus*）：落叶乔木或灌木。约200种，主产于北温带；我国约140种，各省均产。梅（*P. mume*），花白或粉红，果密生短毛，核有蜂窝状孔穴，我国原产，栽培已久，品种极多，供观赏用，果实供食用和入药。杏（*P. armeniaca*），与梅相似，但叶无毛，核果黄白色或黄红色，核平滑，果供食用，种子入药称为杏仁，又供制食品。李（*P. salicina*），花白色，核果无毛，果核有皱纹。桃（*P. persica*），全国广泛栽培，核果有绒毛，果核表面具沟孔和皱纹，果供食，种子入药称为桃仁，含苦杏仁甙。日本樱花（*P. yedoensis*），著名观赏花卉，原产于日本，我国广泛栽培。腺叶野樱（*P. phaeosticta*），叶近基部有2个腺体，分布于台湾、广东、广西、云南。

蔷薇科有许多种类是著名的果树，果实含有丰富的维生素。早在2000年以前，我国劳动人民已经广泛栽植蔷薇科植物的果树。《诗经》提到的20种果树中，就有桃、李、梅、唐棣（*Amelanchier sinica*）、木瓜等。《礼记》记载的14种果树中有桃、梅、李、杏、梨。到了汉初，我国果树栽培技术有了较大的发展，据考证，当时已对梨树采用嫁接技术，这充分说明了我国劳动人民的无穷智慧。

☆ 图11-57 茅莓

☆ 图11-58 车轮梅

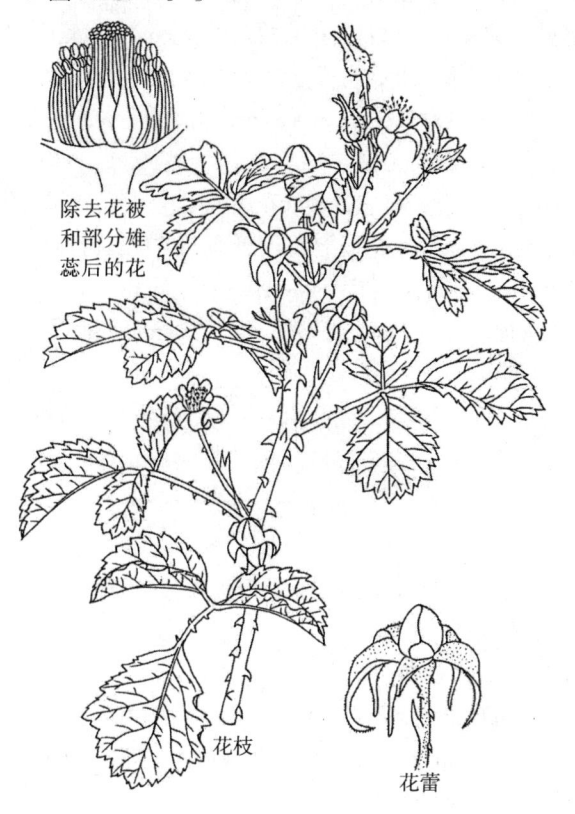

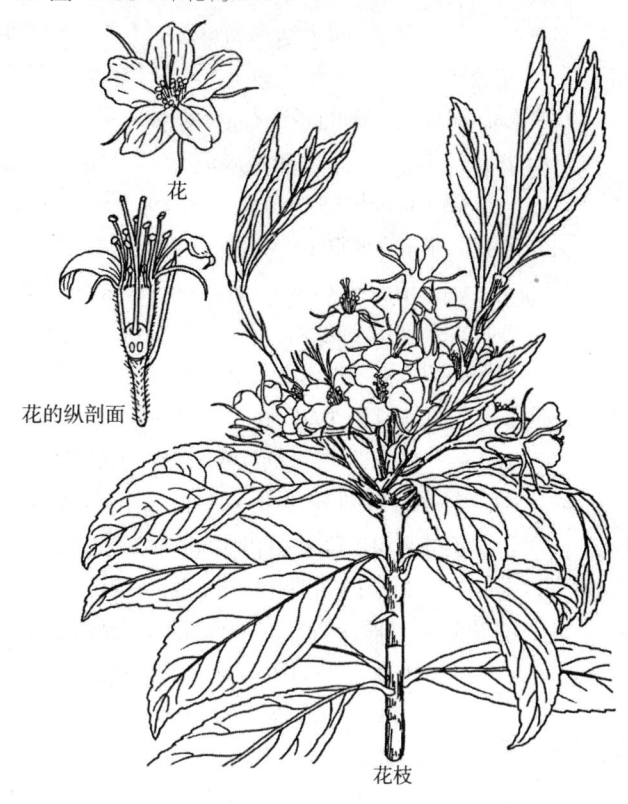

5. 豆科（Leguminosae）

$* \rightarrow \uparrow \male K_{(5)} C_5 A_{\infty \sim 10 \sim 5, (9)+1, (10)} \underline{G}_{(1:1:\infty \sim 1)}$

木本或草本，单叶或复叶，常具叶枕和托叶；花两性，辐射对称到两侧对称；萼片5，分离或连合；花瓣5，离生；雄蕊多数至定数，分离或合生，常成两体；子房上位，心皮1个；荚果，胚乳不存在。染色体：$X=5 \sim 16, 18, 20, 21$。

这里采用广义豆科的概念，含550属13 000余种，是有花植物第三大科。科下划分为含羞草亚科、苏木（云实）亚科和蝶形花亚科，三亚科花图式比较如图11-59所示。

含羞草亚科（Mimosoideae）

木本，稀为草本，叶1或2回羽状复叶，常具托叶；花辐射对称，排成穗状或头状花序；萼片5，或3~6，常合生；花瓣镊合状排列，分离或连成短筒；雄蕊多数，稀与花瓣同数，花药2室，纵裂，顶端常有1脱落的腺体；子房上位，有柄或无柄，胚珠多数，荚果有的具有次生横隔膜。

本亚科约40属1 900种，分布于热带和亚热带地区。我国13属30余种。

（1）围涎树（猴耳环）（*Pithecellobium clypearia*），小乔木，枝、叶疏生锈色毛；具2回羽状复叶，叶轴中部以下具1枚腺体，在叶轴上每对羽片间具1枚腺体，小叶6~16，斜菱形；荚果旋卷成环状。亮叶猴耳环（*P.*

☆ 图11-59 豆科三亚科花切面和花图式

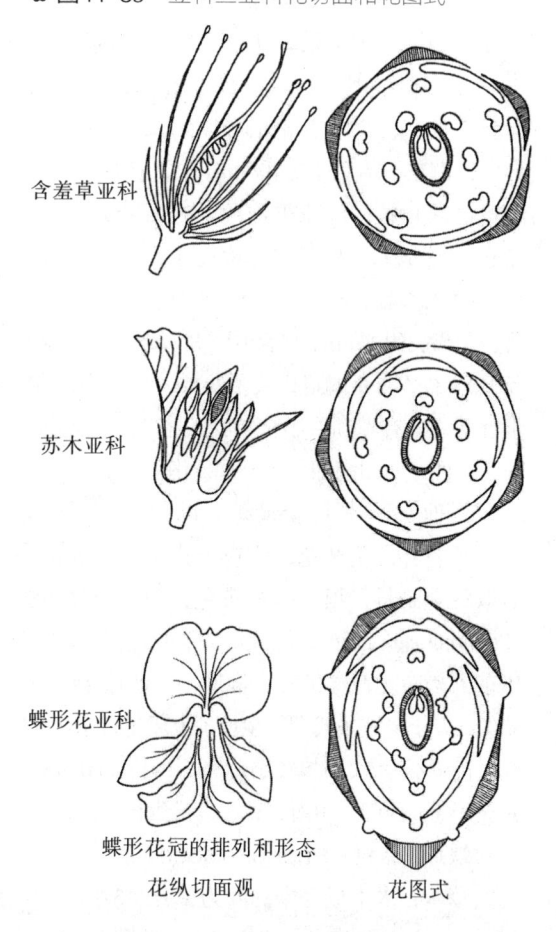

lucidum），枝近无棱，密生锈色毛，小叶较围涎树大。两种皆分布于华南到西南，越南到马来西亚也有。

（2）合欢（*Albizzia julibrissin*），乔木，2回羽状复叶，羽片4～12对，小叶两侧极偏斜；头状花序，花淡红色；荚果条形，扁平。分布于华东、华南、西南、华北及东北，为行道树和绿化树种。大叶合欢（*A. lebbeck*），羽轴近基部有一枚腺体，羽片2～4对，小叶4～8对，长2.5～4.5 cm；花绿白色；果长至25 cm，有毒。分布热带地区，广东、福建、台湾有栽培。

（3）台湾相思（*Acacia confusa*），乔木，叶退化，叶柄扁平化成叶状，头状花序腋生，黄色，台湾、福建、华南等地常见。性耐干旱，根系有大量根瘤菌，生长迅速，为荒山造林及水土保持的优良树种。

（4）南洋楹（*Falcataria moluccana*），叶轴近基部及中部有腺体，羽片11～20对；小叶18～20对，小叶中脉偏于上边缘，基部有3小脉。花序排成总状或圆锥状；花淡白色；果长10～13 cm。原产热带地区，现广植于各地，广州常见。

（5）海红豆（*Adenanthera pavonina*），高大落叶乔木，2回羽状复叶，羽片4～6对，小叶8～14枚，长2.5～3.5 cm，种子鲜红色，分布于热带亚洲、非洲，我国中南各省栽培。含羞草（*Mimosa pudica*），原产美洲，现已归化于热带各地，为广东常见杂草。

苏木亚科（Caesalpinioideae）

木本，1或2回羽状复叶，或为单叶，托叶常缺；花稍两侧对称，排成总状、穗状或聚伞花序，花瓣上升覆瓦状排列；雄蕊10枚或较少，分离或各式连合；荚果，或有横隔膜。

本亚科80属1000种，分布于热带及亚热带。我国20属100余种。

（1）决明（*Cassia tora*），灌木状草本，小叶3对；花黄色，荚果条形，种子入药，我国南北各地均产。黄槐（*C. surattensis*），小乔木，叶柄及最下2或3对小叶间的总轴上有矩圆形腺体，小叶7～9对；花黄色，荚果扁平。原产于印度、斯里兰卡，我国南方引种为观赏植物。腊肠树（*C. fistula*），大乔木，叶柄和总轴无腺体，小叶4～8对，长至12 cm；花淡黄，清香，荚果圆柱形，长36～60 cm。原产于印度、斯里兰卡和缅甸，我国南方引种。番泻叶（*C. anustifolia*）和尖叶番泻叶（*C. acutifolia*），叶具泻下导滞作用，用于便秘。产印度、埃及和苏丹。

（2）皂荚（*Gleditsia sinensis*），落叶乔木，枝有刺，羽状复叶，小叶4～8对或更多；花杂性，细小，白色，排成总状花序；木材供车辆、家具等用，荚果可代肥皂，果、种子和枝刺可入药。分布于我国南北各地。

（3）羊蹄甲属（*Bauhinia*）：乔木、灌木或藤本，有时具卷须，叶常2裂，稀全缘或有小叶；花多，大而美丽，花瓣5，几乎相等，有爪；雄蕊10，5或3枚，果扁平。约570种，分布于热带和亚热带地区。其中，白花羊蹄甲（*B. acuminata*），花白色，叶裂片先端尖，能育雄蕊10枚；红花羊蹄甲（*B. blakeana*），花为总状花序，能育雄蕊5枚，果不实；紫荆羊蹄甲（*B. variegata*），叶裂1/2～1/4，伞房花序，花粉红或白色具紫色线纹，能育雄蕊5枚，荚果长约20 cm；羊蹄甲（*B. purpurea*），花紫红，发育雄蕊3或4枚，其余的退化或不发育；红茸毛羊蹄甲（*B. aurea*），粗壮藤本，有卷须，小枝与叶下密生红棕色绒毛，分布于广东、广西、四川南部、贵州和云南等省。

其他有苏木（*Caesalpinia sappan*），小乔木，有疏刺，2回羽状复叶，花黄色，分布于我国南部和西南部。心材可提取红色染料，根可提取黄色染料，心材可供药用。格木（*Erythrophleum fordii*），二回奇数羽叶，花白，雄蕊10，分布于华东到华南，木材优良。紫荆（*Cercis chinensis*），叶全缘，先端尖，花于老枝条或多年生枝条上簇生；总状花序，花粉红或红，花瓣不等大，3枚较小；雄蕊10枚（图11-60）。分布于华北、华东、西南、中南、甘肃、陕西和辽宁，栽培供观赏。

蝶形花亚科（Papilionoideae）

草本、木本或藤本；叶为单叶、3小叶或一至多回羽状

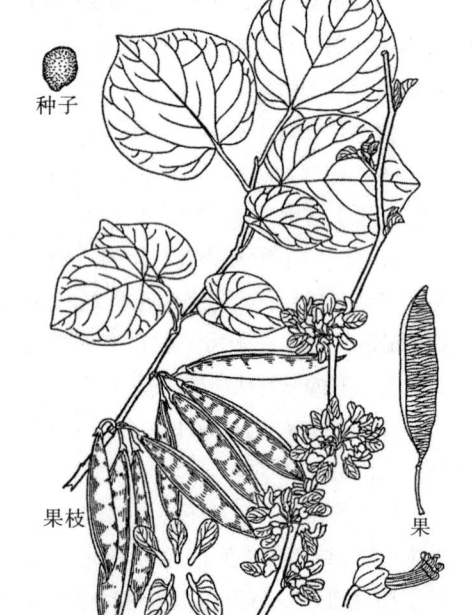

✿ 图11-60 紫荆

复叶，有托叶和小托叶；花两侧对称，蝶形，花萼5裂，具萼管，花瓣为下降覆瓦状排列，最上一片为旗瓣（standard petal），侧面两片为翼瓣（winged petal），最下两片常连合叫龙骨瓣（keel），花瓣常有爪和胼胝体；雄蕊10，上面1个分离，其余9个连合，组成二体（diadelphous）雄蕊，也有10个连成单体（adelphous）雄蕊，也有全部分离，或数目少于10的；荚果开裂或不开裂，有的具节荚。

本亚科约525属10 000种，分布于全世界。我国103属1 000余种，全国各地均产。

蝶形花亚科的种类，性耐干旱，能抗盐碱，适应能力极强；根系常与根瘤菌共生，固氮力强，可使豆类种子含大量的蛋白质、脂肪和淀粉。在日常生活中，蝶形花亚科植物占有重要的地位。

（1）红豆属（*Ormosia*）：乔木，具奇数羽状复叶，小叶对生；花白色或紫色，萼钟状，宿存；雄蕊10，分离；花柱拳卷；种皮朱红色；120种，热带地区分布，我国35种，产西南至华东。花榈木（*O. henryi*）分布于长江以南各省，越南也有，木材优良。

（2）槐属（*Sophora*）：灌木或乔木，具奇数羽状复叶，小叶对生；花白色或黄色，少为蓝紫色，旗瓣常比龙骨瓣短，龙骨瓣直立；雄蕊10，分离，偶基部合生成环状；荚果圆柱形，在种子间紧缩成串珠状，不开裂；约80种，分布温带和亚热带，我国约23种，南北均产。槐（*S. japonica*），南北各省常栽培作路树，越南、日本、朝鲜也有，其花蕾称槐花或槐米，入药具凉血、止血、清肝火作用。苦参（*S. flavescens*），灌木，其根药用有清热燥湿，杀虫利尿作用，南北均产。

（3）苜蓿属（*Medicago*）：草本，具羽状三出复叶，小叶有齿，叶脉伸入齿端；花黄色或紫色，旗瓣无柄，龙骨瓣短于翼瓣；两体雄蕊；花柱短，扁或锥状；荚果旋卷成陀螺状，平滑或有刺；65种，分布欧、亚、非洲，我国有16种。紫苜蓿（*M. sativa*），花冠紫色，荚果有疏毛。南苜蓿（*M. hispida*），花黄色，荚果有疏刺。2种均为优良饲料，栽培；亦可作绿肥。

（4）大豆属（*Glycine*）：缠绕、攀缘或匍匐草本；羽状三出复叶；花白、紫、蓝色；雄蕊单体或两体；约10种，分布北温带或热带地区，我国7种。大豆（*G. max*）原产我国，是重要的油料和蛋白质植物。大豆古称"菽"，也是英文大豆"soy"或"soya"的来源。大豆栽培及豆腐制作是中国对世界的伟大贡献。目前我国大豆的产量居世界前三位，主产地为东北。种子含蛋白质38%，脂肪17.8%。

（5）葛属（*Pueraria*）：缠绕植物；羽状三出复叶，托叶基部着生或盾状着生，有小托叶；花蓝色或紫色，萼钟状，萼裂片不等大，旗瓣具柄有耳，翼瓣狭，在中部与龙骨瓣贴生；两体雄蕊；花柱无毛；20种，分布亚洲热带至日本，我国12种，广布各省。甘葛藤（粉葛）（*P. thomsonii*），块根长圆柱状，食用或用以提取淀粉，药用称葛根，有解肌退热，透发麻疹，生津止渴，升阳止泻作用。野葛（*P. lobata*），块根亦作葛根药用，茎皮纤维称葛麻，可代替黄麻用，美国引种为遮阴植物，今成恶性杂草。

（6）豌豆属（野豌豆属）（*Pisum*）：一或多年生草本；偶数羽叶，叶轴顶端为分枝卷须，托叶叶状；花萼钟状偏斜；花白、紫色或红色；雄蕊两体；花柱内侧有纵列髯毛；豆荚肿胀；6种。豌豆（*P. sativum*），广为栽培供食用。

（7）甘草属（*Glycyrrhiza*）：多年生草本或半灌木，常有刺毛或鳞片状腺体，具奇数羽叶，小叶全缘或有微齿，无小托叶；两体雄蕊；荚果果瓣有刺毛状腺体或小疣状突起；20种，分布温带和亚热带地区，我国有6种。甘草（*G. uralensis*）、胀果甘草（*G. inflata*）、光果甘草（*G. glabra*）主产于西北、内蒙古和甘肃，它们的根及根茎称甘草，药用有益气补中、清热解毒、调和药性等作用。

（8）落花生属（*Arachis*）：匍匐草本；偶数羽叶2~3对；花红；具细长萼管，单体雄蕊；闭花受精后，花柄伸长把子房推入地下发育成荚果；约19种，其中落花生（*A. hypogaea*）是著名的油料作物，原产于巴西，世界各国广泛栽培。种子含脂肪40.2%~60.7%，蛋白质20%~33.7%。

（9）黄檀属（*Dalbergia*）：攀缘状灌木或乔木，具奇数羽状复叶，小叶互生，无小托叶；花小，白色、黄色或紫色；花瓣具柄，两体或单体雄蕊；荚果薄而扁平，不裂，在种子处的果瓣常增厚而有网纹；120种，分布热带和亚热带地区，我国25种。降香黄檀（*D. odorifera*），茎和根部心材作降香药用，有化瘀止血、理气止痛功效。印度黄檀（*D. sisso*），木材坚硬不易开裂。本属的木材称为"酸枝木"，是优良的家具用材。藤黄檀（*D. hancei*），藤状灌木，小枝变成钩状缠绕他树上举。

猪屎豆（*Crotalaria pallida*），3小叶，花黄色或紫色；雄蕊10枚单体，花药异形，5枚基着药，5枚背着药；花柱基部膝曲；荚果肿胀，无隔膜，成熟时摇之有响声；南方旷野随处可见。豆薯（沙葛）（*Pachyrhizus erosus*），草质藤本；羽状三出复叶，有小托叶；花浅紫色或白色，萼二唇形，旗瓣基部有耳；雄蕊两体；花柱内侧有毛；原产热带美洲，块根作水果或蔬食。蚕豆（*Vicia faba*），缠绕草本，有卷须；偶数羽叶复叶，托叶半箭头状，无小托叶；萼钟状偏斜；花蓝、紫色或黄色，翼瓣与龙骨黏合；是全世界普遍栽培的豆类植物。

豆科的经济植物是很丰富的，有供食用、药用、观赏和庭园绿化等用。

6. 牛栓藤科（Connaraceae）

心皮1～5，分离或近分离；蓇葖果，种子具假种皮。16属300种以上，我国5属9种。其中红叶藤（*Rourea microphylla*）为藤本，一回羽叶，小叶11～17或较少，网脉明显，分布于福建、广东、广西、云南，越南亦有。牛栓藤（*Connarus paniculatus*），一回羽叶，具小叶5～7，分布于云南，越南至印度亦有。

豆科被认为与牛栓藤科有亲缘关系，如后者两性和5基数的花，5枚心皮常仅1枚发育成果实，与苏木亚科花的结构接近。另外，有学者认为豆科从蔷薇科演化而来，如由绣线菊亚科的离生心皮数目减退到梅亚科仅余1心皮，花由辐射对称发展到两侧对称。

蔷薇目应为一个较自然的群，种子无胚乳以及被丝托的存在是本目所有类群共同的特征，亚目间及科间有过渡性的较为原始的类群相连接，如具离生心皮的悬铃木科、景天科、蔷薇科、牛栓藤科，花部由辐射对称到两侧对称，子房由上位到下位是演化的两个明显趋向。

十六、牻牛儿苗目（Geraniales）

草本，稀木本；花两性或单性，辐射对称或两侧对称，萼片5～3，花瓣5～0；雄蕊4或5，或8～10；常有花盘，心皮合生，中轴胎座，胚珠多数到1个，种子无胚乳。

本目含3亚目，包括酢浆草科（Oxalidaceae）、牻牛儿苗科等9科。下文介绍牻牛儿苗科和大戟科。

1. 牻牛儿苗科（Geraniaceae）

$* \to \uparrow \male\female K_{5(4)} C_{5(4)} A_{10\sim15} \underline{G}_{(2\sim5:3\sim5:1\sim2)}$

常为草本。叶互生或对生，常掌状或羽状裂，具托叶。花两性，常为辐射对称，排成聚伞花序；萼5，稀4；瓣5，稀4，均为覆瓦状排列；雄蕊10～15，排成2轮，常有退化雄蕊蜜腺5枚；子房上位，3～5室，花柱与心皮同数，下部或合生。蒴果，常由中轴延伸成喙，成熟时常由室间开裂，果瓣常由基部向上反卷成螺旋状，附着于中轴顶端，种子借果瓣反卷时的力量被弹射出去。种子微有胚乳或缺，子叶摺叠。X=7，14。

含11属约750种，广泛分布于温带、亚热带和热带山地；我国有牻牛儿苗属（*Erodium*）、老鹳草属（*Geranium*）和熏倒牛属（*Biebersteinia*）3属，引进天竺葵属（*Pelargonium*）1属等，共约67种。

（1）老鹳草属：植物体通常具倒向毛；聚伞花序常具2花；萼、瓣、腺体均为5；蒴果具长喙，果瓣5，内无毛，反卷后附于喙顶。约含400种，我国约有55种，主要分布西南地区及内陆山地和温带阔叶林地。老鹳草（*Geranium wilfordii*），多年生草本，茎生叶3裂，植株或具腺毛；花梗与总花梗相似，长为花的2～4倍，直立，苞片钻形，花白色或淡红色。蒴果长约2cm，被短柔毛或长糙毛。广布种，分布我国东北、华北、华东、华中、陕西、甘肃和四川1800m以下的山地，俄罗斯远东、朝鲜半岛和日本也有。

（2）天竺葵（*Pelargonium hortorum*），原产非洲南部，多年生草本，具浓烈的鱼腥味。花有白色、粉红、红色或橙红色，我国南北均有栽培。

2. 大戟科（Euphorbiaceae）

$\male\female K_{0\sim5} C_{0\sim5} A_{\infty\sim1} \underline{G}_{(3:3:1\sim2)}$

木本或草本，常有乳汁；单叶互生，间有对生，少数为复叶，叶基部常有腺体，托叶早落；花单性，雌雄同株或异株，花序多种，常为聚伞花序或大戟花序（杯花）；萼片2～5，稀1个或缺；无花瓣，或少数有花瓣而合生；有花盘或腺体；雄蕊多数，或只有1个，花丝分离或连合，花药2室（或3或4室），纵裂或孔裂；子房通常3室，每室有胚珠1或2，花柱与子房室同数，分离或部分连合；蒴果，少为浆果或核果，种子有明显的种阜，胚乳肉质，胚直生。染色体：X=7～12。

本科约280属8 000种，广布于全世界，主产于热带。我国约有61属360种，主要分布于长江以南各省区。本科是一个热带性的大科，具有重大的经济价值。

（1）大戟属（*Euphorbia*）：花无花被，花组成杯状聚伞花序，其中雌花仅1朵，雄花围绕雌花有序组成螺状单歧聚伞花序，每一雄花仅具1苞片和1雄蕊；子房3室，花柱3，每1花柱先端2裂。约2000种，分布亚热带和温带地区，我国超过60种。甘遂（*E. kansui*），主产陕、冀、豫等省；大戟（*E. pekinensis*），主产苏、川、赣、桂等省，2种根作峻泻剂。续随子（*E. lathyris*），种子称千金子，亦作峻泻剂。泽漆（*E. helioscopia*），全国皆产，全草药用有利水消肿作用。地锦草（*E. humifusa*），广布，全草药用具清热解毒、凉血止血作用。大飞扬（*E. hirta*），常见，民间作治疗头疮、止痒等用。用于栽培观赏的有一品红（圣诞树）（*E. pulcherrima*），原产于墨西哥，其生于上部的叶开花时朱红色，广泛栽培。火殃簕（*E. antiquorum*），茎有刺，仙人掌状，高至7 m，原产地可能为印度。绿玉树（*E. trucalli*），茎无刺。

（2）重阳木属（*Bischofia*）：乔木，具三出复叶，小叶具锯齿；单性异株，花无瓣亦无花盘；雄花花萼5，雄蕊5，分离，退化雄蕊存在；雌花退化，雄蕊少或缺，子房3（~4）室，花柱长而肥厚，顶端不裂；果球形，浆果状；2种，分布印度经马来西亚到我国中南部。重阳木（秋枫）（*B. javanica*），大乔木，三出复叶，分布于南方，越南、印度、印度尼西亚、菲律宾、日本、大洋洲亦有。阳性速生树种，可作行道树。

（3）算盘子属（*Glochidion*）：常为灌木，叶排成2列，托叶宿存，无白色乳汁；雌雄同株，花小无瓣，簇生或排成聚伞花序；雄花无花盘，萼片常为6，雄蕊3~8，花丝花药全部合生成圆柱状；雌花萼同雄花但稍厚，子房3~15室，花柱合生；蒴果有多数纵沟。

（4）油桐属（*Vernicia*）：落叶乔木，叶互生，全缘或3~5裂，叶柄顶端和叶裂处有粗大腺体；花大，单性同株或异株，排成圆锥花序，萼2~3，瓣5，白或略带红色；雄花有雄蕊8~20，花丝短合生；雌花子房3~5（~8）室，每室胚珠1，花柱2裂；核果，种子有具厚壳状种皮；3种，分布东亚，我国2种。油桐（*V. fordii*），果皮光滑，木油桐（千年桐）（*V. montana*），果皮皱缩。2种分布于华东至西南，越南也有，广泛栽培，种子含油量46%~51.59%。桐油是优良的干性油，我国的桐油产量占世界70%。

（5）巴豆属（*Croton*）：常为灌木或乔木，被星状毛或鳞片，叶片基部或叶柄顶端有2腺体；单性常同株，总状花序，雄花萼5，瓣5，花盘5裂，雄蕊5~20，分离；雌花无花瓣，萼5，花盘环状或分裂，子房3室，每室胚珠1，花柱3，离生，顶2~4裂；蒴果；750种，分布热带和亚热带，我国约10种，产西南到东南。巴豆（*C. tiglium*），灌木或小乔木，种子含巴豆油53%~57%，为峻泻剂。鸡骨香（*C. crassifolius*），腺体杯状，有柄，花柱12，产我国南部至西南部。

（6）乌桕属（*Sapium*）：乔木，叶柄顶端具2突起腺体；花单性雌雄同序，雌花在下，无花瓣与花盘，花萼2~5，雄蕊2~3，花丝分离，子房2~3室，每室胚珠1，花柱3，分离或合生，柱头外卷；蒴果，种子常有蜡质假皮，白色；120种，我国约10种。乌桕（*S. sebiferum*），南方山野常见，种子蜡层及种子干性油，供工业制肥皂、油漆用。

（7）五月茶属（*Antidesma*）：乔木或灌木，叶全缘，无白色乳汁；单性异株，花小，无瓣；雄花：萼3~5裂，花盘垫状，雄蕊2~5；雌花：萼同雄花，花盘环状或杯状，子房1室，花柱2~3，顶端2裂；核果；170种，广布东半球热带地区；我国16种，主要分布华南，西南、华东也有。五月茶（*A. bunius*），叶矩圆状，花序穗状，核果红色，分布广东至云南。

其他该科常见植物有叶下珠（*Phyllanthus urinaria*），一年生草本，托叶披针状，小，萼片6，果具小突刺或小瘤体，分布江、浙、闽、湘、赣、粤，日本、中南半岛、印度也有。余甘子（*Phyllanthus emblica*），落叶小乔木，单叶，蒴果，外果皮肉质，干后开裂。分布于南方，中南半岛、印度亦有。果生食先酸而后甘甜，渍制凉果亦可。橡胶树（*Hevea brasiliensis*）（图11-61），乔木，三出复叶，叶柄顶端有腺体；单性雌雄同序，花小无瓣，由聚伞花序再组成圆锥花序，花序中央为雌花，周围为雄花，蒴果3球；原产巴西，为最优良的橡胶植物，现在全球热带广为栽培，以马来西亚和印度尼西亚为产胶中心。木薯（*Manihot esculenta*）（图11-61），块根圆柱状，肉质，含大量淀粉，是热带地区的粮食作物，或提取淀粉供食用或酿造酒精。麻疯树（小桐子）（*Jatropha curcas*），种子含油60%，蓖麻（*Ricus communis*），种子含油70%。这两种与大戟属、木薯、乌桕、油桐均被称作能源植物，其中有的种类已得到大面积栽培。

大戟科是一个多歧异的科，植物体具或不具乳汁，除大多数为单性花，子房上位，中轴胎座，种子具有种阜的共同特征外，亦有两性，花从无被、单被到重被；单性异株，同株，到同序；雄蕊从1枚到多数，离生、束状分枝、合生成柱状；子房室从3、1到多数，花柱分裂或不分裂，蒴果可以成为浆果状或核果状，这些似乎体现了大戟科科内系统演化的连续性，但把如此多不同特征的类群集合在一起可能

✿ 图 11-61　橡胶与木薯

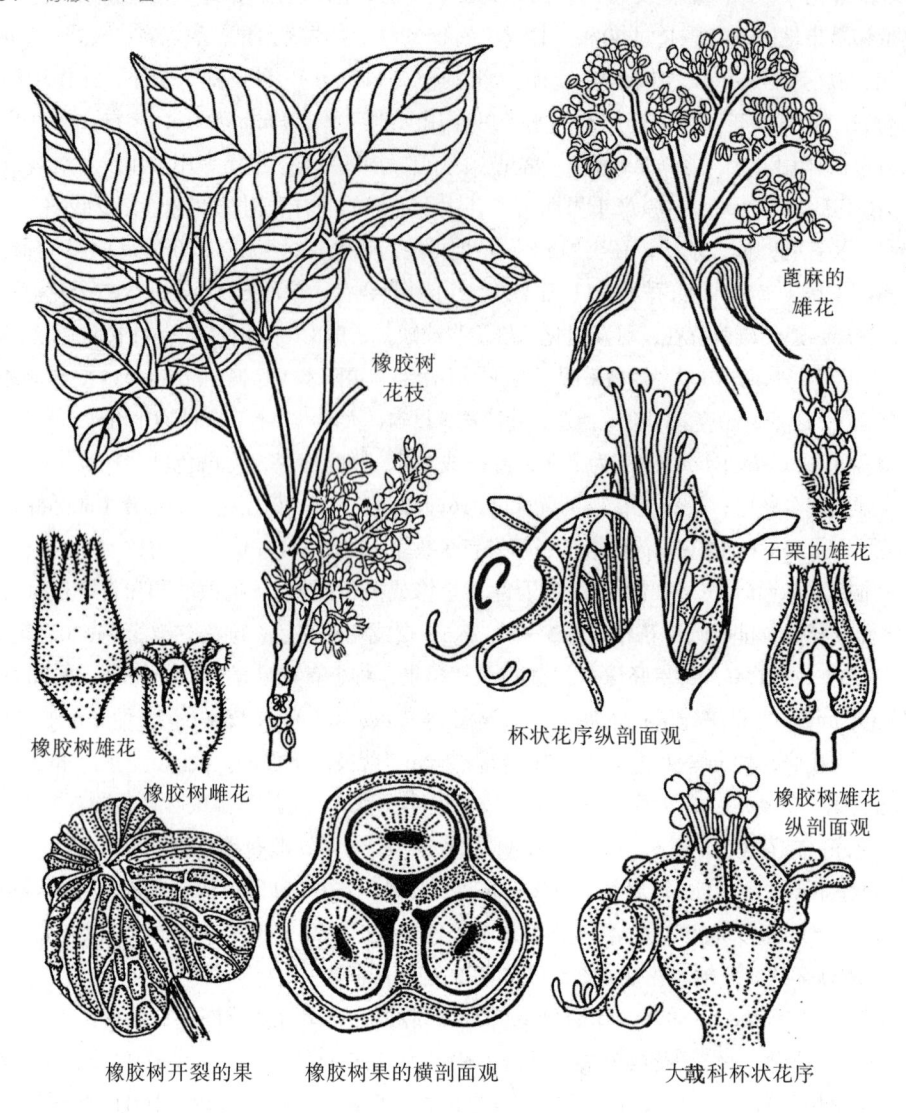

需要更多的研究，DNA序列系统发育分析未支持广义大戟科为一单系类群。

牻牛儿苗目将原来6个亚目减为3个亚目，沼花亚目是从无患子目分出来纳于此目的。沼花科（Limnanthaceae）植物具有离生心皮，牻牛儿苗科花4或5基数，均为两性；大戟科花为单性，花瓣常缺，雄蕊变化很大，稳定的3室子房形成一个演化上的系列。

十七、芸香目（Rutales）

乔木，灌木或藤本，少有草本；叶常有腺点，单叶或复叶，很少具托叶；花两性，辐射对称，萼片覆瓦状排列；花瓣旋转状或镊合状，分离或基部合生，花盘常显着；子房上位，心皮离生到合生，胚珠1或2；种子具或不具胚乳。含3亚目12科。下文仅介绍1科。

芸香科（Rutaceae）

$*♀$，稀$♂♀\ K_{5~3}\ C_{5~3}\ A_{6~10\ (~15)}\ \underline{G}_{(4~5:4~5:∞~1)}$，或 $\underline{G}_{2~5}$

木本，稀草本，常具刺，茎叶树皮有柑橘油香气；叶为复叶，稀为单小叶，有透明油腺点，含挥发油，无托叶；花两性，稀单性，辐射对称；萼片5～3，分离或连合；花瓣5～3，多为离生，或不存在；雄蕊与花瓣同数或加倍，稀更多，如系2轮时，外轮雄蕊与花瓣对生；花盘生于雄蕊内侧；子房上位，心皮4～5，或3～1，亦有更多，多合生，少数离生，花柱分离或合生；胚珠多数或少数，常为2个；浆果、核果或蒴果，稀为蓇葖果，种子有胚乳或缺。染色体：$X=7～9, 11, 13$。

本科约150属1600种，南非及大洋洲最多。我国28属154种。

（1）花椒属（*Zanthoxylum*）：灌木，有刺，叶奇数羽叶，互生，有透明的油腺点；花小，单性，异株，或杂性，心皮5～1，常有明显的柄，胚珠2；蓇葖果，果皮有瘤状突起的腺点。250种，分布于东亚和北美，我国有50余种。花椒（*Z. bungeamum*），除新疆及东北外，几乎遍布全国，子实辛辣芳香，作调味料，有温中散寒、燥湿之效，西南地区居民常食用。光叶花椒（两面针）（*Z. nitidum*），分布于华南，根、根皮、茎皮入药，祛风活血、麻醉止痛、解毒消肿（图11-62）。簕欓（*Z. avicennae*），小叶斜菱形或斜矩圆形，边缘似波浪状，分布于福建、广东、广西，果及枝、叶、根均可入药。

（2）吴茱萸属（*Euodia*）：单叶、三出复叶或羽状复叶对生；单性异株，花4～5数，花丝着生于花盘上，子房深4裂，蓇葖果黑色，由4开裂的成熟心皮组成；45种，分布热带和亚热带地区，我国25种，产西南到东北。

（3）芸香（*Ruta graveolens*），多分枝草本，揉之有强烈香气，叶2或3回羽状复叶或分裂；花黄色，萼宿存，瓣撕裂状，雄蕊8～10，花盘由8～10枚腺体组成；心皮3～5，上部离生；种子有棱，种皮有瘤状突起。原产于欧洲，我国南部常见栽培，可作调香原料，又可入药。

（4）柑橘属（*Citrus*）：有刺灌木或小乔木，叶互生，单身复叶或单小叶；花两性，5数，单生、簇生或排成花序，萼杯状，2～5裂，结果时增大，瓣4～8，雄蕊为花瓣数4～6倍，花丝合生成束，子房7～15室；柑果；20种，分布亚洲热带和亚热带地区，我国连引入的有15种，分布于长江以南各省区。橙（甜橙）（*C. sinensis*），以广东产的最为著名。柑（*C. reticulata*），长江以南各省区均产，品种甚多，尤以汕头的蕉柑和蜜桶柑、温州蜜柑、江西南丰橘、茶枝柑最为著名，果皮称橘皮，茶枝柑制作的陈皮质量最为上乘，入药有健脾、燥湿、化痰作用。柚（*C. grandis*），则以广西容县产的沙田柚为最佳，广东梅县为后起的沙田柚基地。化州柚（*C. grandis* var. *tomentosa*），子房有毛，未成熟或接近成熟的外层果皮称化橘红与橘皮同效。香橼（*C. medica*），分布江、浙、两广（图11-63）。佛手（*C. medica* var. *sarcodactylis*），果

✿ 图11-62　两面针

✿ 图11-63　香橼

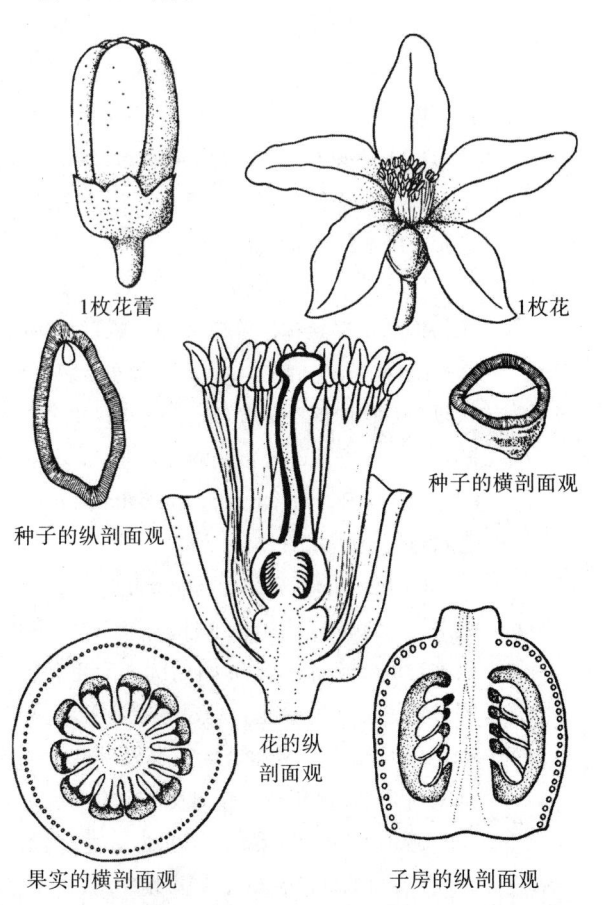

实长形分裂如掌或分开如指，其裂数代表心皮数，两种果实入药有疏肝解郁、理气和中、燥湿化痰作用。

其他有：黄柏（檗）（*Phellodendron amurense*），落叶乔木，奇数羽叶对生；单性异株，花小，具圆锥或伞房花序，核果；约10种，产东北到华北。黄皮树（*P. chinense*），产华中到西南，软树皮同作黄柏入药，具清热燥湿解毒作用。黄皮（*Clausena lansium*），落叶乔木，奇数羽叶；花两性，排成圆锥花序，萼、瓣4～5，花盘浅，雄蕊8～10，花柱短于或与子房等长；浆果；栽培作水果。九里香（*Murraya paniculata*），花白，芳香，花柱纤细，长于子房，柱头头状；分布于我国南方，印度、日本、中南半岛亦有，常栽植作绿篱。降真香（*Acronychia pedunculata*），叶、心材、种子含挥发油，根皮含多种油柑素。枳（枸橘）（*Poncirus trifoliata*），三出复叶，具粗刺，果有毛，产我国中部，广泛栽作绿篱，果供药用，破气消积。

芸香目可能与牻牛儿苗目有联系，只是前者雄蕊和心皮数目不稳定，雄蕊和子房之间具有花盘、植物体具有油腺及以木本为主等特征不同。也有学者认为芸香目来自虎耳草目（蔷薇目）。

十八、无患子目（Sapindales）

木本，稀草本，复叶或单叶；花两性或单性，辐射对称，稀两侧对称；异被，3～5基数；雄蕊与花被同数，或2倍，稀更多；有花盘，位于雄蕊内侧子房下部；子房上位，心皮1～5，合生或离生，胚珠1或2，稀多数。含4亚目10科。这里介绍3科。

1. 漆树科（Anacardiaceae）

*♂♀或♀ $K_{5\sim3} C_{5\sim3\sim0} A_{10\sim5, \infty\sim1} \underline{G}_{(5\sim3\sim1:5\sim3\sim1:1)}$

木本，含树脂道，有些具白色乳汁；单叶或复叶，互生，很少对生，无托叶；花小而多，单性、两性或杂性，多辐射对称，排成圆锥花序或总状花序；萼片5～3，花瓣5～3或缺；雄蕊10～5，稀更多或退化为仅1个，着生于花盘的边缘，花丝分离，若雄蕊2轮，外轮雄蕊对萼；花盘全缘或分裂；子房上位，1室或2～5室，合生，很少分离，花柱1～5，胚珠每室1个，倒生；核果，很少为坚果，种子无或有极薄的胚乳（图11-64）。染色体：$X=10, 12, 14\sim16, 20, 21, 30$。

本科约60属600种，主产于热带。我国产15属30余种。

（1）杧果（*Mangifera indica*）：枝、叶有微香气，单叶互生，花杂性，异被，雄蕊5～1，心皮1。原产印度，在汉晋时传入我国，华南各地有栽培，果实为著名热带水果。

（2）南酸枣（*Choerospondias axillaris*）：大乔木，奇数羽状复叶小叶全缘，花杂性，花瓣镊合状，雄蕊8～10，花盘10裂，心皮3～5，柱头截形；核果可食，味酸甜。种子顶端有5小孔，故有"五眼果"之称。产于我国南部至印度。

（3）盐肤木属（*Rhus*）：灌木或小乔木，有乳状液汁；叶常为奇数羽状复叶互生；圆锥花序顶生；花杂性或单性异株，萼5，瓣5，雄蕊5，花盘浅褐色；子房1室，胚珠1，花柱3；核果，成熟时红色，外果皮与中果皮合生。250种，分布亚热带和温带，我国有6种，广布。盐肤木（*R. chinensis*），具单数羽状复叶，叶轴及叶柄常有翅，叶缘具粗齿，除新疆外，几乎全国分布，朝鲜、马来西亚、日本亦有。盐肤木枝、叶寄生的五倍子蚜虫，刺激形成五倍子（虫瘿），含五倍子鞣质，供工业和医药用。滨盐肤木（盐霜泊）（*R. chinensis* var. *roxburghii*），分布于广东、广西、云南、台湾，印度也有，子实上分泌盐分，有咸味。

（4）漆树属（*Toxicodendron*）：乔木或灌木，有乳状液汁或树脂；圆锥花序腋生。果成熟时黄色，外果皮与中果皮分离。20余种，分布亚热带和温带地区，我国有5种，主要分布于长江以南各省区。漆树（*T. verniciflua*），复叶两面脉上有毛；树皮流出的乳液含漆酚，为优良的防腐、防锈涂料，以陕、鄂、川等省产的最佳。福建漆器有名。我国漆树栽培历史悠久，除新疆外，几分布于全国。野漆（*R. succedanea*），复叶两面无毛，芽及叶脉红褐色，边缘无锯齿，分布于华南、华东、西南及河北，日本、马来西亚、印度也有。漆树及野漆能引起皮肤过敏。

腰果（*Anacardium occidentale*），坚果肾形，长在膨大的果柄和花托上，种子和花托可食。阿月浑子（开心果）（*Pistacia vera*），原产地中海，我国新疆等地有栽培，种子供食用。人面子（*Dracontomelon dao*），

✿ 图 11-64 漆树科

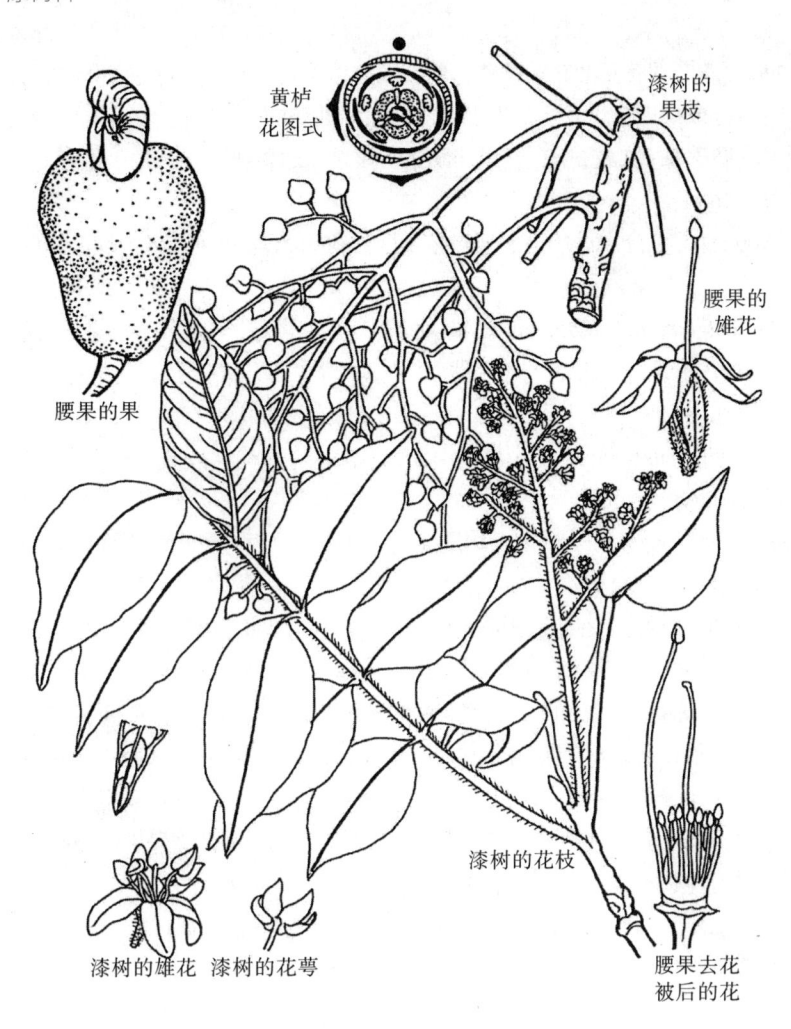

为常绿大乔木，奇数羽叶，小叶 11～17，互生，花两性；核果压扁，核有孔数个，状如人面，果实可食。分布于我国南方，东南亚亦有。

本科山橙子属（*Buchanania*）具5个离生的心皮，但在果时为宿存肉质的花瓣所包裹，并且仅1个心皮成熟。可能和马桑科有联系。

2. **槭树科**（Aceraceae）

✽☿或♂♀ $K_{5\sim4} C_{5\sim4\sim0} A_{10\sim4} G_{(2:2:2)}$

木本，多数为落叶；单叶或复叶，对生，无托叶，花两性或单性，雄花和两性花同株，或雌雄异株，辐射对称，排成总状或圆锥花序；萼片4或5，花瓣4或5，或缺；花盘扁平，位于雄蕊内侧或外侧，呈环状或分裂，亦有退化成齿的，或缺；雄蕊4～10，通常8；子房上位，2室，2裂，花柱2，分离或基部连合，每室有胚珠2枚；果为扁平的双翅果，翅来自外果皮延展；种子无胚乳。染色体：$X=13$。

本科2属150种，主产于北温带。我国2属均产，有100种以上。

（1）三角枫（*Acer buergerianum*），叶3浅裂，掌状三出脉。分布于北自山东，西南至云南、贵州，南至广东，日本也有。供材用，也作庭园及行道树。地锦槭（*A. mono*），广布于东北、华北和陕西、四川、湖北。元宝槭（*A. truncatum*），产于华北和河南（图11-65）。两种均可材用，树皮纤维可造纸和作代用棉，种子榨油供工业用。槭树属植物为良好的蜜源植物。中华槭（*A. sinense*），叶5裂至1/2，广布于长江流域及华南。红翅槭（*A. fabri*），单叶全缘，果翅红色，分布于长江流域和华南。

（2）金钱槭属（*Dipteronia*）：果实具近圆形的周翅。仅含1种，即金钱槭（*D. sinensis*），分布于华北、华中。

3. 无患子科（Sapindaceae）

$* ↑ ♀ 或 ♂♀ K_{5~4} C_{5~4~0} A_{10~8} \underline{G}_{(2~4:2~4:2~1)}$

木本，稀为攀缘草本，羽状复叶；花两性，单性或杂性，辐射对称，排成总状、圆锥或伞房花序；花萼5或4，花瓣5或4，或缺；花盘发达，生于雄蕊之外；雄蕊8～10，花丝分离或基部连合；子房上位，2～4室或更多，胚珠每室1或2个；蒴果、浆果、核果、翅果或坚果，种子无胚乳，间有假种皮。染色体：X＝11，15，16。

本科约143属2 000种，多分布于热带、亚热带地区。我国24属40种，各地均产，但主产于西南部和南部。

（1）倒地铃（*Cardiospermum halicacabum*），攀缘藤本；叶为二回三出复叶，叶具齿或分裂；花序第一对分支变态为卷须；花4数，花瓣2枚较大的与萼片黏合；花盘偏于一侧，雄蕊8；子房3室，每室1胚珠；蒴果膨大为囊状，室背开裂为3果瓣；种子球形，基部有假种皮。分布长江以南，常栽培；中南半岛、泰国也有。

（2）无患子（*Sapindus mukorossi*），产于我国中部和南部，心材黄色；果皮肉质，含无患子皂素，供洗涤用；种子无假种皮；木材供药用。

（3）龙眼（*Dimocarpus longan*），大乔木，树皮浅黄，纵裂，叶面有波曲；花萼覆瓦状排列，有花瓣，花盘有毛，有假种皮。我国特产果树。

（4）荔枝（*Litchi chinensis*），大乔木，树皮褐色，不裂，叶面平坦，萼片镊合状排列，无花瓣，果实的假种皮发达。是我国名贵的特产果树，原产于华南，海南岛及云南等地仍有大量野生荔枝，栽培已有2 000多年历史。木材坚硬质重，不易加工，俗又称酸枝（图11-66）。

其他有：坡柳（*Dodonaea viscosa*），落叶，单叶，无花瓣，花盘退化，胚珠2个，果瓣有翅，产于广东及东南亚。栾树（*Koelreuteria paniculata*），二回或不完全二回羽状复叶，小叶有锯齿或羽状分裂，花盘偏于一侧，果为一囊状蒴果，边缘有膜质薄翅3片，分布于华北、华中。文冠果（*Xanthoceras sorbifolia*），落叶小乔木，奇数羽叶互生，小叶有齿，花序总状，子房3室，每室胚珠7～8枚；蒴果坚硬。产我国西南和西北。红毛丹（*Nephelium lappaceum*），一回羽叶，花无花瓣，花盘肉质环状，果实核果状，具软刺，假种皮肉质，与种皮黏连，供食用，产东南亚，是著名的热带水果。

图11-65　元宝槭

图11-66　荔枝

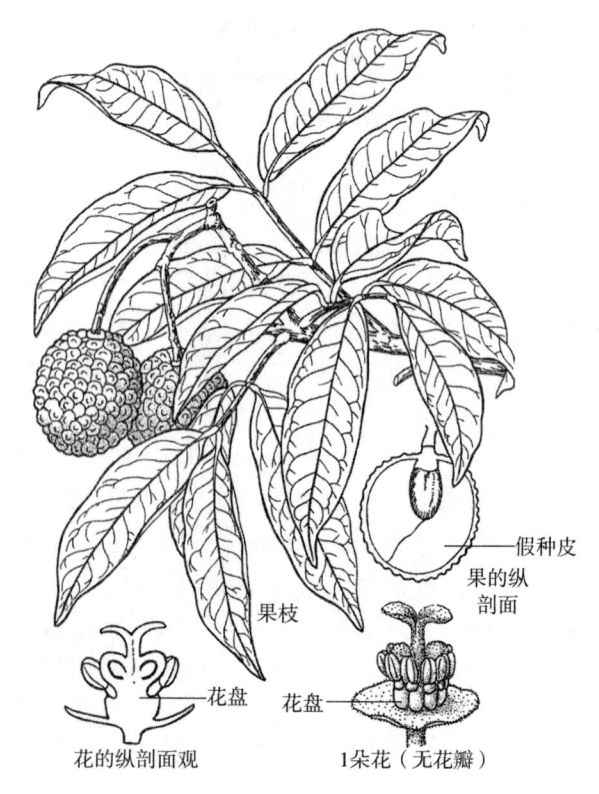

无患子目具有以复叶为主、有花盘的特征，这个目和芸香目很接近，不同的是植物体无油细胞。它们可能共同来自蔷薇目。

十九、卫矛目（Celastrales）

木本或藤本；单叶互生或对生，托叶小或缺；花两性或单性，辐射对称，4或5基数；萼片与花瓣同数，雄蕊一轮，与花瓣互生，有花盘；子房上位，胚珠1或2，种子有胚乳。含3亚目13科。下文介绍2科。

1. 冬青科（Aquifoliaceae）

*♂♀ $K_{3\sim6} C_{4\sim5} A_{4\sim5} \underline{G}_{(3\sim\infty:3\sim\infty:2\sim1)}$

乔木或灌木，多常绿；单叶，互生，托叶小或缺；花小，辐射对称，单性，雌雄异株或杂性；聚伞花序或簇生于叶腋，稀单生；花萼细小，3～6裂，覆瓦状排列，宿存；花瓣4或5，分离或基部连合；雄蕊与花瓣同数而互生，分离或着生于花瓣基部，花药2室，纵裂，无花盘；子房上位，3室至多室，胚珠每室1或2个，悬垂；核果，由3个或多个分核所组成，每一分核有1个种子，胚乳丰富，胚小，直生。染色体：$X=18, 20$。

本科3属400种，分布于东西两半球的热带和温带。我国仅有冬青属，约140种，广布于长江以南各省区。

冬青属（*Ilex*）植物是常绿阔叶林中的小乔木或林下灌木，亦常见于沟谷和灌丛中。冬青（*I. chinensis*），木材为细工原料，叶含原儿茶酸、原儿茶醛等，供药用。毛冬青（*I. pubescens*）及其变种秃毛冬青（*I. pubescens* var. *glabra*）含黄酮苷，药用对喉症有效。秤星树（岗梅）（*I. asprella*），根入药。铁冬青（*I. rotunda*），叶含长梗冬青甙，药用。猫儿刺（*I. pernyi*），树皮含小檗碱，药用代黄连素。广东冬青（苦丁茶）（*I. kwangtungensis*），叶长至16 cm，嫩芽及叶含可可碱，入药。枸骨（*I. cornuta*），叶厚革质，四角状长圆形或卵圆形，顶端和边缘常具硬刺齿，有时全缘（图11-67）。

2. 卫矛科（Celastraceae）

*♀或♂♀ $K_{6\sim3} C_{4\sim5} A_{4\sim5} \underline{G}_{(5\sim1:5\sim1:2\sim1)}$

木本或藤本，叶对生或互生；花的构造基本与冬青科相同，但有花盘；雄蕊4或5，着生于花盘的边缘上或下；子房1～5室；蒴果、浆果、核果或翅果，种子常有鲜明色彩的假种皮。染色体：$X=16, 23, 46$。

本科约40属400种以上，分布于两半球热带和温带。我国12属200种以上，南北均产。

卫矛属（*Euonymus*）：嫩枝四棱形，叶对生，花瓣分离，蒴果3～5裂。约150种，我国约100种。常见的有卫矛（*E. alatus*），枝四棱，棱上生宽达1 cm的木栓翅，叶纸质；以及疏花卫矛（*E. laxiflora*）、白杜（丝棉木）（*E. bungeanus*）等。

此外，尚有南蛇藤（*Celastrus orbiculatus*）、雷公藤（*Tripterygium wilfordii*）、昆明山海棠（*T. hypoglarca*）和美登木（*Maytenus hookeri*）等，均可药用。

卫矛目具有4轮5数的花，可能来自蔷薇目中5轮5数花的代表，当它失去了内轮的雄蕊，就成为典型的4轮5数花。

二十、鼠李目（Rhamnales）

木本或藤本；单叶，罕复叶，互生或对生，花与卫矛目相似，但雄蕊与花瓣对生，或花瓣不存在而与萼片互生；种子有胚乳。含3科。下文介绍2科。

1. 鼠李科（Rhamnaceae）

*♀或♂♀ $K_{6\sim4} C_{5\sim4\sim0} A_{5\sim4} \underline{G}_{(4\sim2:4\sim2:1)}$

木本或藤本，很少草本；单叶，互生或对生，有托叶；花小，两性，稀杂性或单性异株，多排成聚伞花序；花萼筒状，4～6浅裂；花瓣5或4，或缺，常短于萼片；雄蕊5，稀4，与花瓣对生，且常为花瓣所包藏，花药2室，纵裂，花盘周位；子房上位，独立或陷于花盆中，2～4室，花柱浅裂，胚珠每室1个，倒生；核果、翅果或蒴果，种子的胚乳薄或缺。染色体：$X=10\sim13$。

☙ 图11-67 枸骨　　　　　　　　　　　　　　　☙ 图11-68 枣

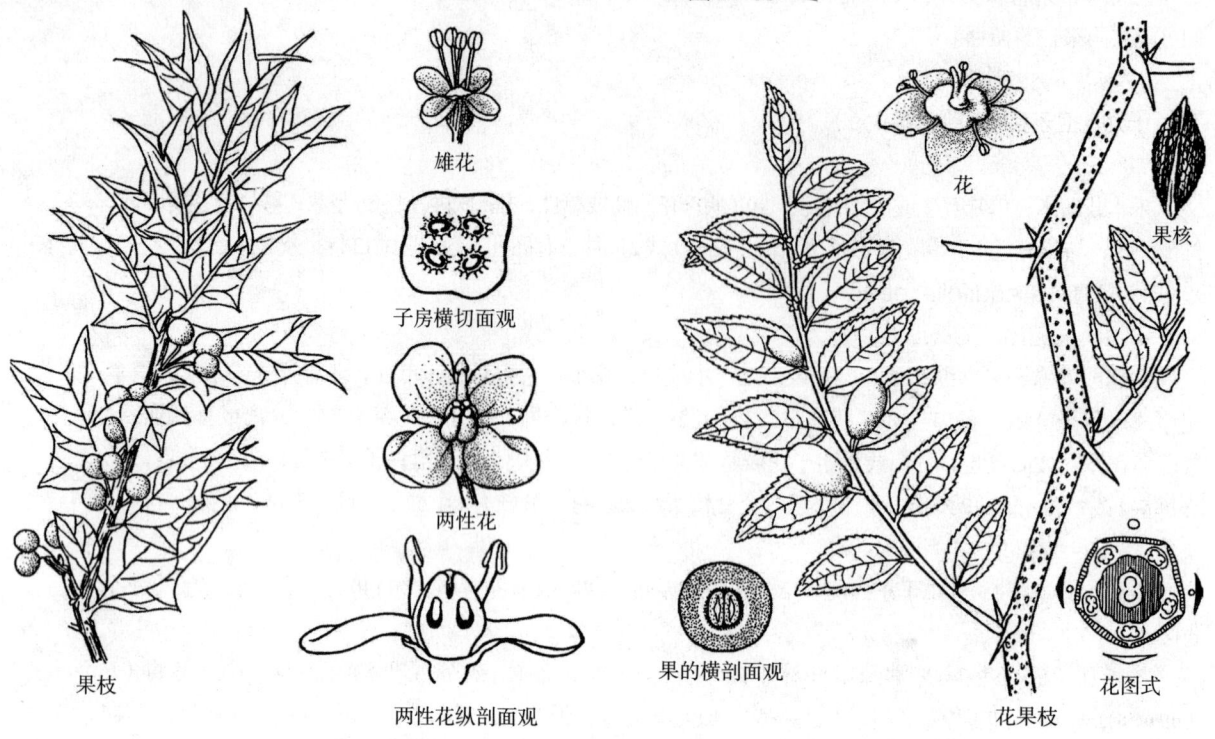

本科约58属900种，广布全球。我国约14属130种，南北均有分布，主产于长江以南地区。

枣（*Ziziphus jujuba* var. *inermis*），落叶小乔木，叶基出3～5脉，托叶变态为刺，核果大，红色（图11-68）。我国特产，栽培已有3000多年历史，品种和变种很多，果供食用和药用。鲜果经沸水烫后晒干或烘干即为红枣，用柴火熏制即成黑枣；木材为器具和雕刻良材。酸枣（*Z. jujuba* var. *spinosa*），核果小，味酸；种子药用称"酸枣仁"或"枣仁"，有镇静安神功效。

其他有：铜钱树（*Paliurus hemsleyana*），乔木，叶基三出脉，核果周围有木栓质的宽翅。分布于华东至中南，以及陕西。长叶冻绿（*Rhamnus crenata*），灌木，枝叶有毛，羽状脉7～12对；核果近球形，成熟后黑色。分布于华东、中南、西南、台湾，朝鲜、日本也有。全株或根皮入药，有毒，能杀虫、去湿、治疥疮；果实及叶可作染料。雀梅藤（*Sageretia theazans*），直立或攀缘灌木，有刺状短枝；核果熟时紫黑色，可食。分布于华东、华南到西南，以及台湾，印度、日本也有。铁包金（老鼠耳）（*Berchemia lineata*），藤状灌木，叶互生，全缘。分布于广东、广西、福建、台湾，越南、巴基斯坦、印度、日本也有。根药用。

拐枣（枳椇）（*Hovenia dulcis*），落叶乔木，叶卵圆形，三出脉，几乎分布全国。肉质果柄供食用和药用，种子亦作为"枳椇子"入药；亦作庭园绿化树。

2. 葡萄科（Vitaceae, Ampelidaceae）

　＊♀或♂♀ $K_{5\sim4} C_{5\sim4} A_{5\sim4} \underline{G}_{(6\sim2:6\sim2:2\sim1)}$

藤本，常有卷须，少数为灌木、小乔木或草本，常有水状液；叶互生，单叶或复叶，有托叶；花小，两性或单性，辐射对称，排成聚伞花序或圆锥花序，常与叶对生；萼片5或4，细小；花瓣5或4，分离或顶端连合成帽状，镊合状排列，早落；雄蕊5或4，与花瓣对生，着生于花盘基部；花盘环状或浅裂，紧贴子房；子房上位，6～2室，每室有胚珠2或1个；浆果，种子有胚乳。染色体：$X = 11 \sim 14$, 16, 19, 20。

本科约12属500余种，多产于热带和温带。我国7属约110种，南北均产。

（1）葡萄（*Vitis vinifera*），原产于亚洲西部，张骞出使西域时引进，我国北方栽培已有2000多年历史（图11-69）。

（2）爬山虎（爬墙虎）（*Parthenocissus tricuspidata*），与叶对生的卷须常有吸盘，花具两性，花瓣5，分离。分布于吉林至广东，日本也有。常作垂直绿化用。

图11-69 葡萄

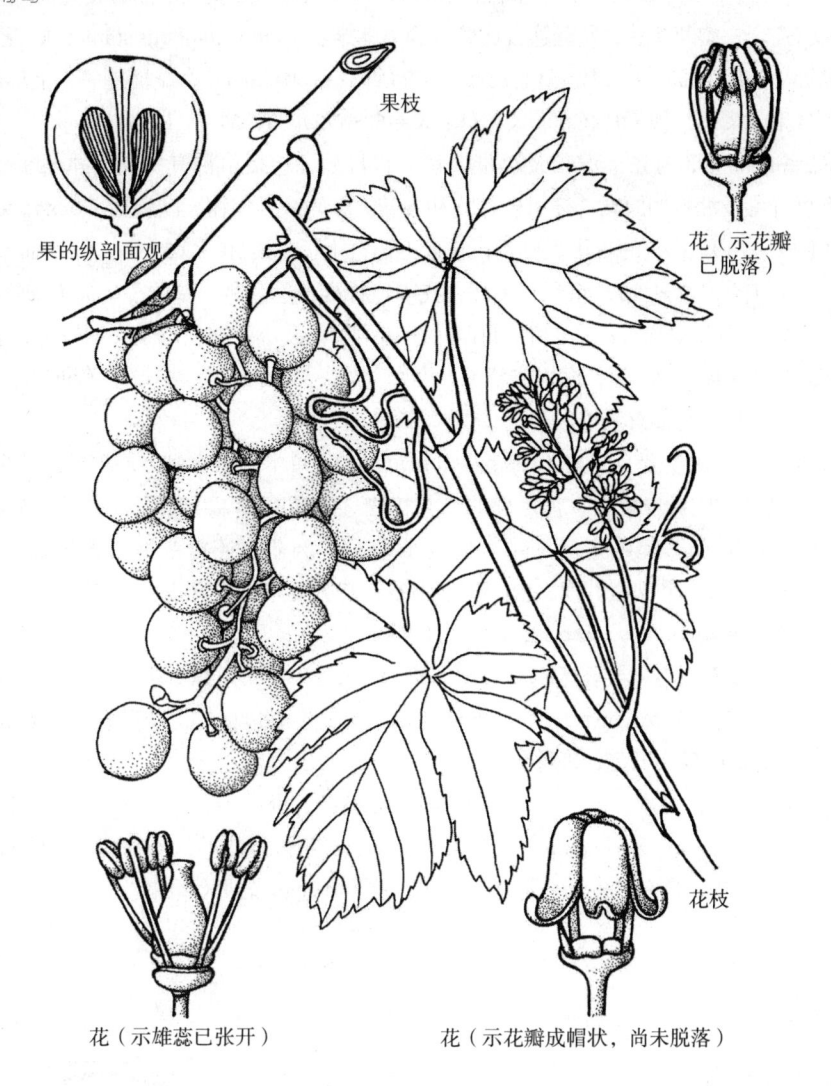

果的纵剖面观　果枝　花（示花瓣已脱落）　花（示雄蕊已张开）　花（示花瓣成帽状，尚未脱落）　花枝

（3）乌蔹莓（*Cayratia japonica*），草质藤本，卷须分枝，鸟足状复叶，5小叶。白粉藤（*Cissus modecoides* var. *subintegra*），草质藤本，全体被白粉，单叶，阔心状卵形。分布于海南，越南、泰国、印度至澳大利亚亦有。

本科尚有火筒树属（*Leea*），灌木或小乔木，无卷须，雄蕊下部合生，子房3～6室。约70种，主产于热带亚洲，我国6种。在华南、云南及台湾有火筒树（*L. indica*）。由于本属的特征与葡萄科差异很大，恩格勒系统把它独立成火筒树科（Leeaceae）。

鼠李科与葡萄科非常接近，后者常有卷须，花序与叶片对生。鼠李目和卫矛目同出于蔷薇目里具有5轮5数花的类群。由于外轮雄蕊的消失，结果形成雄蕊对瓣的特性。

二十一、锦葵目（Malvales）

木本或草本，茎皮纤维丰富；单叶互生，稀对生，稀为复叶，托叶有或无；花两性或单性，异被，很少无花瓣；雄蕊多数，多少连生，稀定数；子房上位，心皮3个至多数，常合生，中轴胎座；胚珠多数，珠被2层。胚乳丰富到缺。含4亚目，包括杜英科、椴树科、锦葵科、梧桐科等7科。

1. 锦葵科（Malvaceae）

$*♀$或$♂♀K_{5～3}C_5A_{(∞)}G_{(∞～3:∞～3:∞～1)}$

乔木、灌木或草本，常被星状毛，茎皮多纤维和具黏液；单叶，互生，全缘，具锯齿或有分裂，常为掌状脉；托叶2，早落；花两性，稀杂性或单性异株，辐射对称，常单生或簇生于叶腋，亦有排成总状或圆锥花序；萼片5～3，常基部合生，镊合状排列，有些具有苞片变成的副萼；花瓣5，旋转状排列，近基部与雄蕊管连合；雄蕊多数，花丝连合成管，为单体雄蕊（monadelphous stamen），花药1室，肾形或马蹄形，纵裂；子房上位，由多数至3心皮组成多室到3室，中轴胎座，花柱单一，上部常分离与心皮同数；蒴果、分果或浆果，种子有胚乳。染色体：$X＝5～22，33，39$。

本科约82属1500种，分布于温带及热带。我国有17属，包括引种有76种。本科植物具有重大经济价值，可提供纤维及油料的原料，还可供食用和观赏。作为纤维作物，以棉属（Gossypium）所产的棉花最为著名（图11-70）。棉花的种子表皮毛，在人工选育下长可达10～65 mm。陆地棉（G. hirsutum），灌木状草本，副萼有尖齿7～13，原产于美洲，我国植棉区普遍栽种。草棉（G. herbaceum），又名阿拉伯棉，一年生草本，副萼顶端有6～8齿，原产可能在阿拉伯及小亚细亚，生长期较短，适于我国西北各地栽培。海岛棉（G. barbadense），灌木状草本，副萼有10～15个粗齿，原产于美洲的热带，适于无霜的亚热带地区种植，我国南部有栽培。

茎皮含纤维的种类，主要有洋麻（Hibiscus cannabinus），草本，茎有刺，原产于旧大陆的热带，我国各地有栽培；其纤维比黄麻优良，为重要的麻类植物。苘麻（Abutilon spp.）、蜀葵（Althaea rosea）和玫瑰茄（Hibiscus sabdariffa）都可生产纤维。玫瑰茄的萼片肉质，还可制造果酱。黄葵（Abelmoschus moschatus），分布滇、桂、粤、湘、赣、台，生于山谷、沟旁或草坡，茎皮富含纤维，果含芳香油（图11-71）；咖啡黄葵（秋葵）（C. esculentus），嫩果可作蔬食。

本属供观赏的常见种类有木芙蓉（Hibiscus mutabilis）、朱槿（大红花）（H. rosa-sinensis）（图11-71）、木槿（H. syriacus）、吊灯花（H. schizopetalus）、黄槿（H. tiliaceus）生海边堤岸，花黄色。悬铃花（Malvaviscus arboreus var. penduliflorus），花不开张，垂悬。

黄花稔（Sida acuta），灌木，近无毛，叶基圆钝，花黄色，没有小苞片，分布于云南、广西、广东、台湾。赛葵（Malvastrum coromandelianum），亚灌木状草本，略被星状毛，叶基圆，叶脉凹陷，花黄色，有小苞片3，分布于云南、广东、广西、福建、台湾，世界其他热带地区也有。

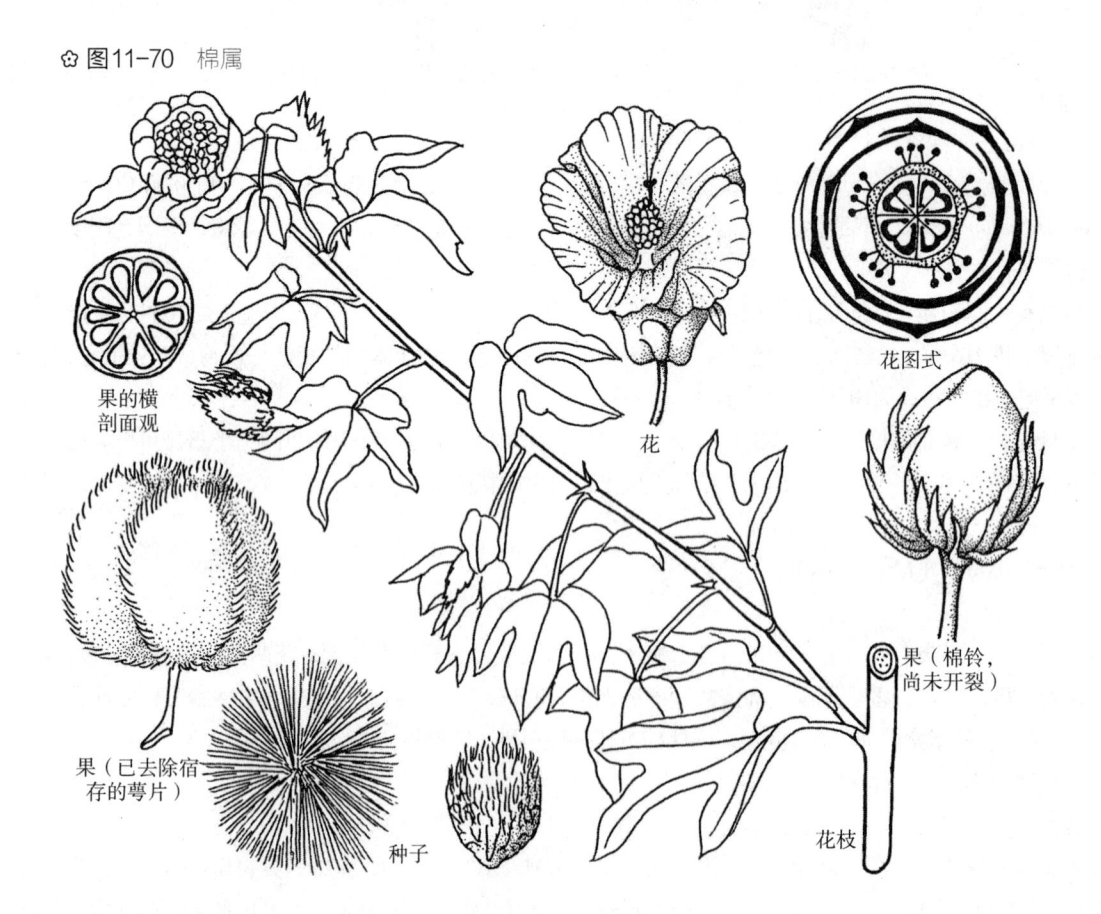

☆ 图11-70　棉属

✿ 图11-71　黄葵与朱槿

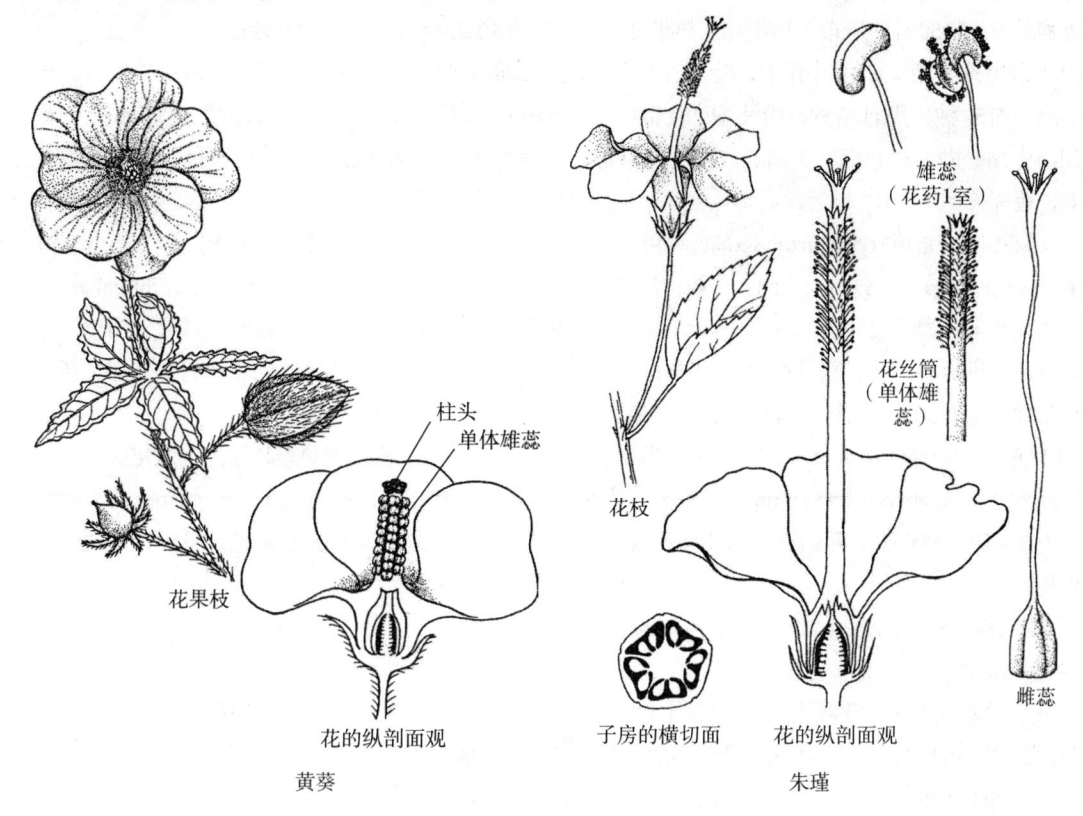

2. 杜英科（Elaeocarpaceae）

♀ $K_{5~4} C_{5~4~0} A_\infty \underline{G}_{(\infty~2:\infty~2:\infty~2)}$

木本，单叶互生或对生，有托叶；花常两性，排成总状或圆锥花序；萼5或4，瓣与萼同数或缺，顶端常撕裂状；雄蕊多数，生于花盘，花药顶孔开裂，子房多室到2室，每室胚珠多数到2个；核果、浆果或蒴果。染色体：X=6，11，13，14。

（1）杜英属（Elaeocarpus）：乔木，叶互生，花瓣顶端常撕裂，核果。水石榕（E. hainanensis）常绿小乔木，叶狭披针形或倒披针形；总状花序，花白色，径3～4cm；花萼与花瓣近等长，花瓣顶端细裂成丝；花药顶端有长芒（图11-72）。分布于海南及广东南部。山杜英（长芒杜英，羊屎树）（E. sylvestris），乔木，叶纸质，矩圆状椭圆形至倒卵形，叶基下延成楔形；核果椭球形，长约2cm；分布于我国东南至西南，树形如伞，作城市行道树。

（2）猴欢喜（Sloanea sinensis），常绿乔木，花数朵簇生，花梗长2.5～4cm；萼片4，花瓣4，上部浅裂；雄蕊有毛；蒴果5或6瓣裂，外生密刺状软毛，种子具黄色假种皮。分布于广东、广西、贵州、湖南及华东各省。

3. 椴树科（Tiliaceae）

*♀ $K_{5~3} C_{5~0} A_\infty \underline{G}_{(10~2:10~2:\infty~1)}$

木本，稀草本，茎皮亦富纤维；单叶，多为三出脉，具托叶；花多两性，辐射对称；萼5～3，瓣5或更少甚至缺失，基部常有腺体；雄蕊多数，分离或花丝连合成数束，常有退化雄蕊；子房上位，10～2室，每

✿ 图11-72　水石榕

室胚珠1个至多个；蒴果、核果或浆果。染色体：X=7，9，16，18，41。

本科约50属450种，广布于热带和亚热带地区。我国有12属94种，各省均有分布。

（1）椴树属（Tilia）：落叶乔木，叶基常心形或截平形而偏斜，花序梗1/2与膜质、舌状的大苞片合生，核果。约50种，我国35种，南北均产。椴树（T. tuan），叶基截形或近心形，苞片长至11 cm，分布于四川、贵州、湖北、湖南、江西、广西。两广椴（T. croizatii），叶基斜心形，下生密星状毛，脉腋簇生髯毛，苞片长至9.5 cm，基部深心形。

（2）破布叶（布渣叶）（Microcos paniculata），灌木或小乔木，枝叶有星状毛，后秃净，叶具基出3脉；具顶生圆锥花序，核果。分布于云南、广西、广东。叶供药用，广东"王老吉"凉茶也含有破布叶成分。

（3）刺蒴麻（黐头婆）（Triumfetta bartramia），半灌木，枝叶有星状毛；叶宽卵形，3裂，基出3～5脉；花黄色，雄蕊8～15，蒴果有短毛和钩刺（图11-73）。分布于云南到福建，以及台湾，非洲和亚洲其他热带地区也有。果上的钩刺可借人、畜传播。

（4）黄麻（Corchorus capsularis），著名的麻类作物，原产于印度，我国亚热带地区广为栽培。

（5）蚬木（Excetrodendron hsienmu），乔木，常生于石灰岩；叶基出5脉，叶柄长至10 cm；蒴果狭椭圆形，有5纵翅。分布于广西南部、云南东南部。木材常偏心生长，因而具偏心年轮，坚硬，供建筑和作砧板用。

4. 梧桐科（Sterculiaceae）

$*♀$或$♂♀K_5C_{5\sim 0}A_\infty \underline{G}_{(5\sim 2:5\sim 2)}$

草本、灌木或乔木；叶互生，单叶或指状复叶，有托叶；花两性或单性，辐射对称，单生或各式排列；萼片5，多少合生；花瓣5或缺；雄蕊多数，合生成一管，稀少数而分离；子房上位，2～5室，很少单心皮，无柄或具柄；胚珠每室数至多颗；果干燥或肉质，开裂或不开裂。染色体：X=5至多数；多为20。

本科约68属1 100种，分布于热带地区。我国19属82种，主产于西南部至东部。

（1）苹婆（凤眼果）（Sterculia nobilis），乔木，叶长8～25 cm；花杂性，排成圆锥花序；萼成管状，

图11-73 椴树科刺蒴麻

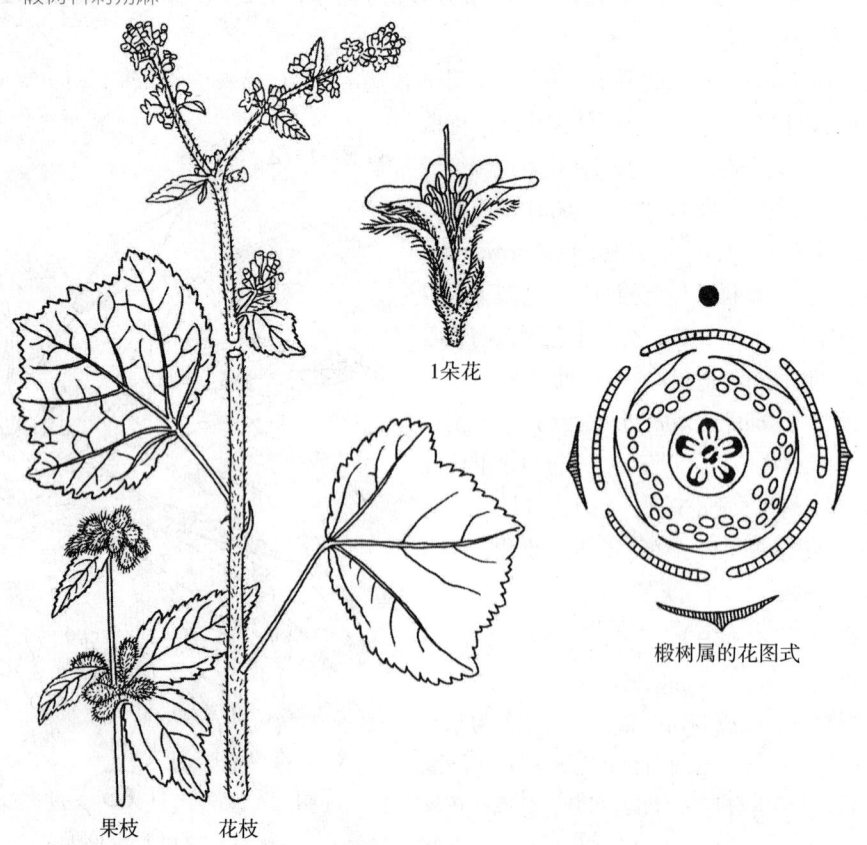

果枝　花枝　1朵花

椴树属的花图式

花瓣缺失；雄蕊结合成雄蕊柱；雌蕊由4或5心皮组成，有柄，每心皮有胚珠2至多枚，花柱基部合生；成熟心皮分离，成蓇葖状，表面暗红色，被短绒毛（图11-74）。分布于广东、广西和贵州。叶可裹粽，种子可食，果皮可入药。假苹婆（*S. lanceolata*），与苹婆接近，但萼裂几达基部，雌蕊近无柄，蓇葖果较小，鲜红色，分布于广东、广西、贵州、云南南部，中南半岛也有。

（2）梧桐（*Firmiana simplex*），落叶乔木；叶心状圆形，3~5掌状浅或深裂，宽15~30 cm，具长柄；雌蕊具柄；花与苹婆相似，但果木质，成熟前开裂为叶状的心皮，种子球形，着生于心皮边缘。分布于我国从河北至华南。速生树种，木材质轻，适于制乐器。

其他有：可可树（*Theobroma cacao*），种子经发酵后磨碎称为可可粉，是制巧克力的原料，有强心、利尿的功效。原产于南美，我国海南及广东省南部有引种。翻白叶树（半枫荷）（*Pterospermum heterophyllum*），成年树叶不裂，幼树或萌生枝叶掌状3~5裂，具花瓣，木质蒴果，种子顶端具膜质的翅。分布于广东、广西、福建。根浸酒可治风湿骨痛。银叶树（*Heritiera littoralis*），乔木；叶革质，叶下密生银色鳞片；花单性，无花瓣；雄蕊柱基部围有花盘；成熟心皮木质，不开裂。分布于广东南部滨海、海南、台湾、香港，为半红树植物。

5. 木棉科（Bombacaceae）

$* ↑ ⚥ K_5 C_5 A_{5\sim\infty} \underline{G}_{(5\sim2:\infty\sim2)}$

落叶乔木，树干有皮刺。花两性，大型，花萼杯状，雄蕊5至多枚，分离或合生；蒴果；种子常有绵毛。20属180种，中国5属6种，产云南、广东、广西。木棉（*Gossampinus malabarica*），分布于四川南部、云南、贵州、广西、广东、越南、印度、大洋洲也有。花红或橙红色，美丽，常先花而后叶，树干通直而雄伟，有皮刺，且具速生特性。

锦葵目被认为与藤黄目有亲缘关系，主要表现为：花双被，常为5基数，雄蕊由多数、分离到少数而连合。Cronquist认为锦葵目来自山茶目中较为原始的类群，只是在萼片是镊合状而非覆瓦状方面不同，他的山茶目概念相当于恩格勒系统藤黄目的一部分。哈钦松则把锦葵目单独抽出成立目，而将椴树科（含杜英科）、木棉科、梧桐科另成立椴树目，锦葵目由椴树目发展出来。伦德勒（Rendle，1937）认为同具星状毛和分果，表明锦葵目与大戟科有联系。

二十二、堇菜目（Violales）

木本或草本；花两性或单性，辐射对称或两侧对称，异被，或缺花瓣；雄蕊多数至少数；子房上位，侧膜胎座，稀为中轴胎座；种子有或无胚乳，胚直或弯曲。含6亚目20科。

堇菜科（Violaceae）

$* ↑ ⚥或⚨⚩ K_5 C_5 A_5 \underline{G}_{(3:1:\infty\sim1)}$

草本或木本，单叶互生或基生，很少对生，有托叶；花两性，少单性或杂性，辐射对称或两侧对称，单生或排成圆锥花序；萼片5，常宿存，覆瓦状排列；花瓣5，覆瓦状排列，下面一片常较大而基部有距或囊；雄蕊5，花药分离或围绕子房排成一圈，内向，纵裂，有些种类其中2~4个背部有附属物（图11-75），药隔延伸于药室顶外面成膜质附属体；子房上位，1室，常有3个侧膜胎座，很少只有2个；花柱单生，稀分裂；胚珠多数至1个，倒生；蒴果或浆果，蒴果常3瓣裂，种子具肉质胚乳。染色体：X=6，10~13，17。

本科约21属500余种，广布于温带和热带。我国4属130多种，广布。

堇菜属（*Viola*）：草本，叶多为卵形；萼片基部延伸；最下面1枚花瓣最大，基部延长成距；下面2枚雄蕊有腺状附属体突伸于距内；侧膜胎座有多数胚珠；果爿舟状而有硬的龙骨状突起，当两侧较薄部分因干燥而收缩时，厚的"龙骨"就外弯将种子射出。约500种，主产于北温带。我国约120种，南北均产。紫花地丁（*V. philippica* ssp. *munda*），含甙类和黄酮类，药用。三色堇（*V. tricolor* var. *hortensis*），花大，直径3~6 cm，每花有蓝、白、黄3种颜色，原产于欧洲，我国各大城市有栽培，供观赏。

堇菜目是侧膜胎座类的几个目中和藤黄目比较接近的一个目。由于中轴的减退以及胎座后退，形成了侧膜胎座。在藤黄目的金莲木科等已经出现了侧膜胎座，在堇菜目中，秋海棠科是具中轴胎座的。

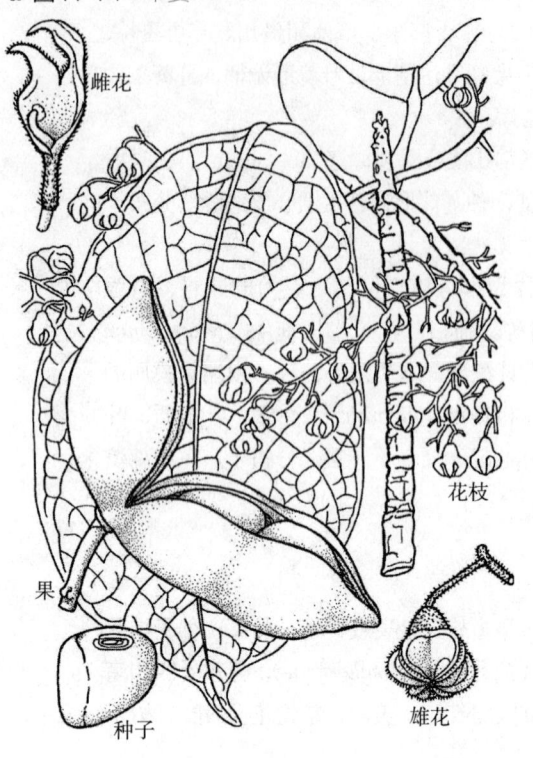

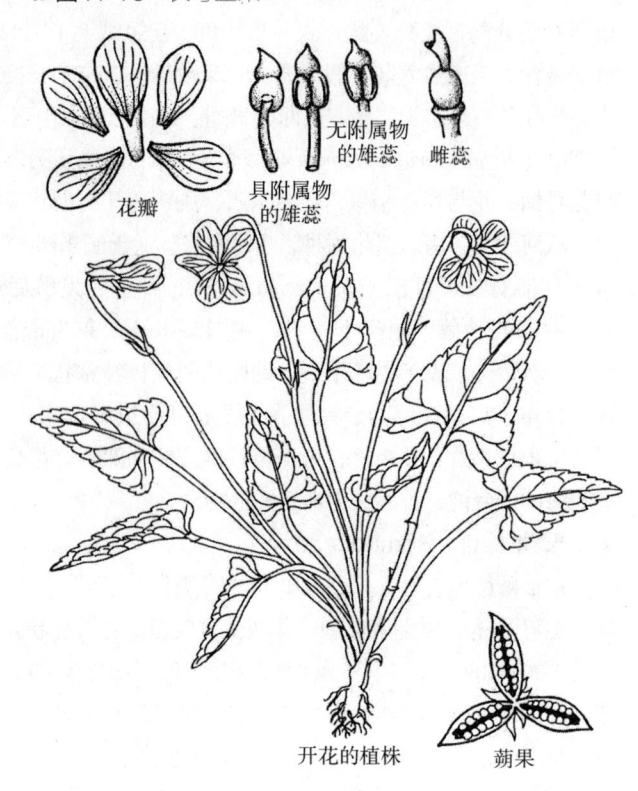

☆ 图11-74 苹婆　　　　　　　　　　　☆ 图11-75 长萼堇菜

二十三、葫芦目（Cucurbitales）

本目仅含葫芦科。

葫芦科（Cucurbitaceae）

*♂♀K$_{(5)}$C$_{(5)}$A$_{(5)}$G$_{(3:1)}$

攀缘状或匍匐状草本，稀木本，常有卷须；单叶互生，常掌状分裂，稀为复叶；花单性，雌雄同株或异株，单生、总状花序或圆锥花序；雄花的花萼呈管状，5裂；花瓣5，多合生；雄蕊5，有两对合生，外观上好像3枚，花药常曲成"S"形；雌花的子房下位，萼管与子房连合，花瓣合生，5裂，有3个侧膜胎座，胚珠多数，花柱1～4，但常为1个而有3个柱头；瓠果，肉质或最后干燥变硬，不开裂、瓣裂或周裂；种子多数，常扁平，无胚乳。茎内多为复并生维管束，且常有钟乳体。染色体：X=7～14。

本科约100属850多种，主产于热带和亚热带。我国约22属120种。

绞股蓝属（*Gynostemma*）：攀缘草本；卷须常分叉；叶为叉指状复叶，小叶5～7，有锯齿；花小，常单性异株，排成圆锥花序，萼5，花冠轮辐状，5裂；雄蕊5，花丝基部连合，花药直而不弯。约6种，分布热带亚洲和大洋洲，我国4种，从东南至西南分布。绞股蓝（*G. pentaphyllum*），植株具短柔毛，叶鸟足状5～7（～9）小叶。分布陕西南部和长江以南各省区；日本、越南、印度尼西亚、印度也有。

食用蔬菜中的瓜类，多是葫芦科植物。南瓜（*Cucurbita moschata*），原产于美洲，现世界各地广泛栽培。黄瓜（*Cucumis sativa*），原产于印度，现广植于世界温暖地区。冬瓜（*Benincasa hispida*），主产于热带和亚热带亚洲及大洋洲东部。丝瓜（水瓜）（*Luffa aegyptica*），果圆柱形，有纵浅槽或条纹，成熟后的维管束网称丝瓜络。广东丝瓜（*L. acutangula*），果有8～10条明显的棱和沟，原产于热带，果嫩时作蔬食（图11-76）。苦瓜（*Momordica charantia*），果皮有多数瘤状突起，种子有红色假种皮，果肉味苦稍甘，供夏季蔬食，我国南北均有栽培。葫芦（*Lagenaria siceraria*），瓠果大，下部大于上部，中部缢细，成熟后果皮变为木质，可作各种容器。佛手瓜（*Sechium edule*），原产于南美，云南、广西、贵州、广东有栽培。果实有5纵沟，供蔬食。

瓜类作为水果最有名的是西瓜（*Citrullus lanatus*），有些品种为籽用西瓜，有红色和黑色瓜子两类栽培品种。香瓜（甜瓜）（*Cucumis melo*），广布于热带和温带，栽培已久，品种很多，如哈密瓜、白兰瓜、菜瓜等是不同的变种或品种。

本科的药用种类有木鳖（*Momordica cochinchinensis*），果有刺状突起，种子为"木鳖子"；也作农药，治棉蚜、红蜘蛛等，产于我国南部和中部。罗汉果（光果木鳖）（*M. grosvenori*），果球形，被黄色或黑色柔毛，产于华南；果烘烤后，味甜如糖，为镇咳良药。栝楼（瓜蒌）（*Trichosanthes kirilowii*），块根圆柱形，称"天花粉"，瓜皮为"瓜蒌皮"，种子为"瓜蒌仁"，均为中药，产于我国南北各省（图11-77）。

过去一些植物学家因葫芦科具有侧膜胎座而将其置于侧膜胎座类，如德堪多（De Candolle）等，现代多心皮学派的克朗奎斯特、塔赫他间依旧支持这一观点，把葫芦科置于堇菜目。另一方面埃希勒（Eichler）根据其下位的子房，钟状花萼，连合的花冠，聚合的雄蕊等，把葫芦科置于桔梗科附近。这一观点被恩格勒所采纳，但不同的是，他的葫芦目仅含葫芦科，仍旧置于桔梗目附近。根据葫芦科解剖学上的特征，如具有大而宿存的珠心，花药有发达的绒毡层，两层的珠被，证明它不具合瓣花的特征。因此，最新的恩格勒系统对葫芦科系统地位的处置已与多心皮学派接近，将其置于堇菜目之后，认为葫芦科具有单性花，合瓣，聚药雄蕊，3心皮，子房下位，与以两性花，萼、瓣分离，雄蕊离生，5心皮雌蕊，子房上位为主要特征的堇菜目是不同的。

二十四、桃金娘目（Myrtales）

草本或木本，单叶；花两性，辐射对称，异被，稀缺花瓣，常4或5基数，稀6基数；雄蕊2轮，定数，亦有多数；子房多室至1室，上位至下位，花柱多单生，胚珠多数至1个，中轴胎座；种子胚乳存在或缺。含3亚目17科。下文介绍3科。

1. 桃金娘科（Myrtaceae）

$* \male\female \female K_{\infty \sim 3} C_{5 \sim 4} A_\infty \overline{G}_{(5 \sim 2)}$

常绿灌木或乔木，茎具双韧维管束；单叶对生，少互生或轮生，全缘，羽状脉或基出3~5脉，常有

✿ 图11-76 广东丝瓜

✿ 图11-77 栝楼

边脉，常有透明腺点，无托叶；花两性，很少杂性，辐射对称，单生或组成花序；萼筒与子房略合生，裂片3～多数；花瓣5或4，着生于花盘的边缘，或与萼片联成一帽状体；雄蕊多数，亦生于花盘边缘，在芽时内卷或折曲，花丝分离或连成管状，或成束而与花瓣对生，药隔顶端常有1个腺体，常有不具花药的雄蕊；子房下位，多室至1室，中轴胎座，稀侧膜胎座，胚珠多数；浆果、核果或蒴果，种子无胚乳，胚直生。染色体：X=6～9，多数11。

☼ 图11-78 水翁和桉属的花和果实

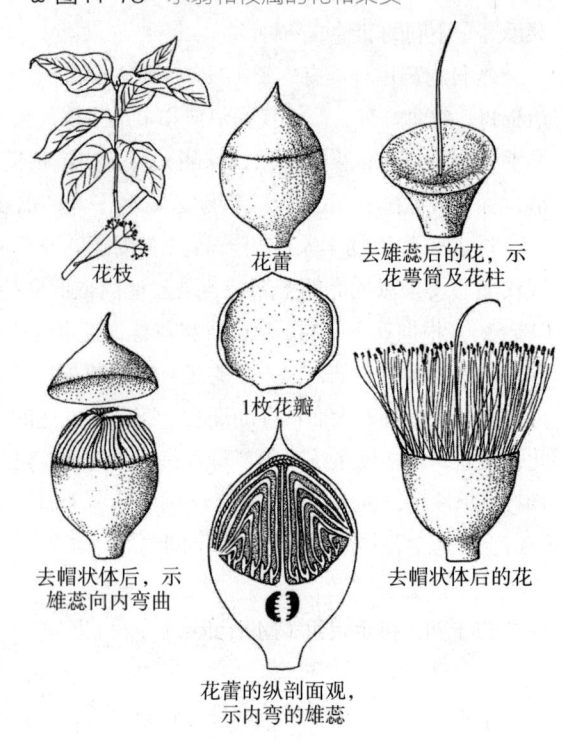

本科约75属3000种，分布于热带和亚热带地区，主产于美洲和大洋洲。我国原产9属，另已驯化的有6属。

（1）岗松（*Baeckea frutescens*），多分枝灌木，有香气，叶线形，对生，雄蕊5～10，蒴果。分布于广西、广东、福建、江西。岗松枝叶可用于提取岗松油。

（2）桉属（*Eucalyptus*）：叶异型，常互生，有边脉，有香气，花萼和花冠合生成帽状体，盖状脱落，雄蕊多数，蒴果。原产于澳大利亚，多数为高大乔木。我国引种桉树有上百年的历史，有80余种。种间常发生杂交现象。常见的有大叶桉（*E. robusta*）、窿缘桉（*E. exserta*）、细叶桉（*E. tereticornis*）、柠檬桉（*E. citriodora*）和蓝桉（*E. globulus*）等（图11-78）。桉树的枝叶可提取各种不同的桉油，油的主要成分包括桉叶醇、蒎烯、香草醛、松油烃等，在工业、医药和选矿上有很高的经济价值。

（3）蒲桃属（*Syzygium*）：乔木或灌木，叶对生，花萼和花冠分离，浆果。约600种，主产于热带和亚热带。我国73种。海南蒲桃（*S. cumini*），供材用和药用，又为城市行道树。蒲桃（*S. jambos*），叶两端渐尖，果绿色。洋蒲桃（*S. samarangense*），叶基圆或浅心形，果红色，台湾称莲雾。

很早就从大洋洲引进的还有白千层属植物，白千层（*Melaleuca leucadendra*）、细花白千层（*M. parviflora*）、红千层（*Callistemon regidus*）均为著名的庭园绿化植物，上述两属植物花谢后花序继续生长为一枝条，称出芽现象，如同苏铁，是一原始的特征。

我国原产种类中最常见的为桃金娘（*Rhodomyrtus tomentosa*），叶对生，基出3～5脉，浆果成熟时紫黑色，果肉紫红色，味甜，食用。番石榴（*Psidium guajava*），原产于热带美洲，久经栽培，华南各地逸为野生。浆果香甜，为著名水果，富含维生素C；叶含芳香油和鞣质，供药用。水翁（*Cleistocalyx operculatus*），乔木，枝、叶有香气，花萼与花瓣合生成帽状体；分布于广东、台湾（图11-78）。

2. 野牡丹科（Melastomataceae）

⚥ * $K_{5～4} C_{5～4} A_{\infty, 5～4, 10～8} \underline{G}_{(6～1:6～1:\infty～1)}$

草本，直立或攀缘灌木或乔木，叶对生，少有轮生的，常为基出3～5（～9）脉，但谷木属（*Memecylon*）为羽状脉，无托叶；花两性，辐射对称，4或5基数，常美丽，排成各式花序，少有单生的；萼管与子房基部合生或分离，5或4裂，或截平；花瓣5或4，分离，少合生；雄蕊与花瓣同数或2倍之，或多数，花药常顶孔开裂，药隔常有附属体或下延成距；子房下位或半下位，中轴胎座或特立中央胎座，罕具侧膜胎座，胚珠多数，罕仅1；浆果或蒴果。染色体：X=7～18，或更多（图11-79）。

本科240属3000余种，分布于热带和亚热带。我国有25属156种，分布于长江以南各省，西南和南部尤盛。

（1）野牡丹属（*Melastoma*）：叶具基出3～9脉，侧脉与基脉垂直；花5数，大而美丽，单生或组成圆锥花序，生于枝顶；萼坛状球形，外被粗毛或鳞片，萼裂5；花瓣红到紫红；雄蕊10，花药长，顶孔开裂，其中5枚较大，药隔下延成1个弯曲、末端2裂的附属体；子房半下位，5或6室。约70种，分布于热带亚洲和大洋洲。我国有9种，产于长江以南各省区。地稔（*M. dodecandrum*），披散或匍匐状亚灌

☆ 图11-79 野牡丹科的花

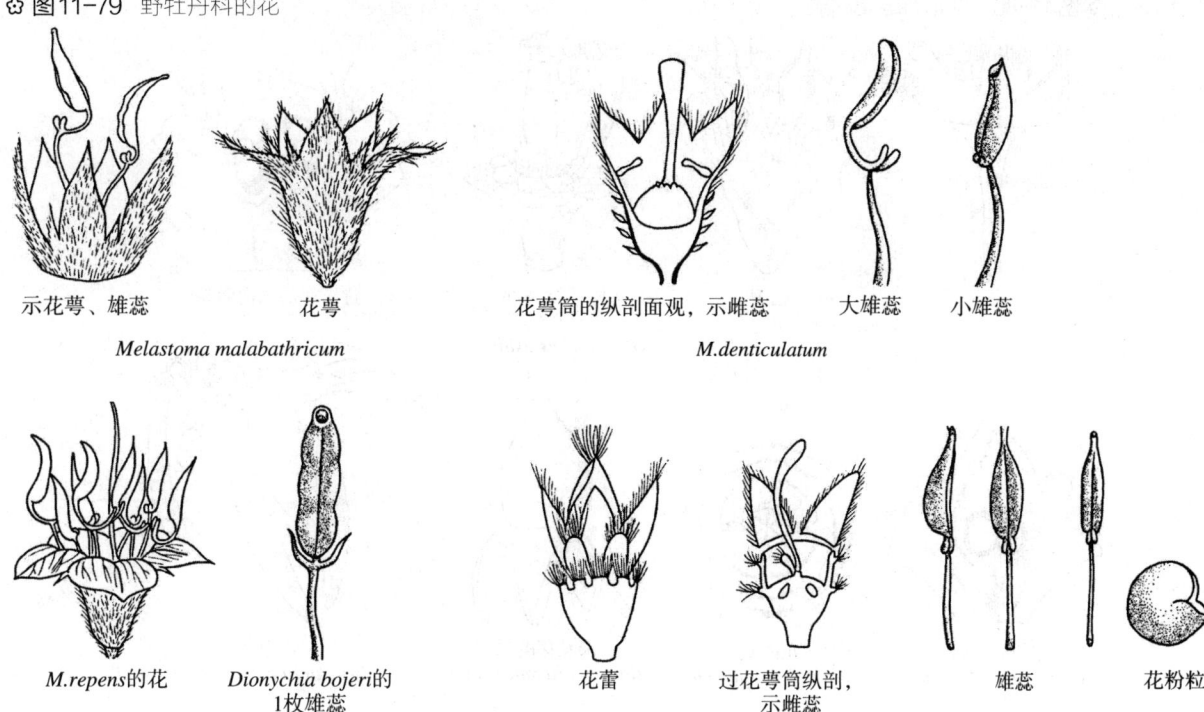

示花萼、雄蕊　　花萼　　花萼筒的纵剖面观，示雌蕊　　大雄蕊　　小雄蕊
Melastoma malabathricum　　　　　　　　　*M. denticulatum*

*M. repens*的花　　*Dionychia bojeri*的1枚雄蕊　　花蕾　　过花萼筒纵剖，示雌蕊　　雄蕊　　花粉粒
金锦香

木，叶具基出3～5脉，分布于我国东南部，越南亦有。为酸性土指示植物，果熟时可食。野牡丹（*M. candidum*），灌木，叶具基出5～7脉，上面密被紧贴粗毛，背密被长柔毛，花大，单生或3～5朵聚生。分布于广东、台湾、福建，中南半岛也有。

（2）壳木（角木）（*Memecylon ligustrifolium*），灌木或小乔木，叶革质，具羽状脉，花4基数；雄蕊8枚，花药短，纵裂，药隔基部有一圆锥形的距；子房下位，特立中央胎座；浆果，具1个种子。分布于云南、广西、广东。

（3）野海棠（*Bredia fordii*），半灌木或草本，叶具7～9条主脉，叶背紫红色，基部心形；花紫红，4数，花药顶孔开裂，药隔基部有3个小瘤体，蒴果。分布于江西、广东、贵州、四川。

此外尚有柏拉木（*Blastus cochinchinensis*）、金锦香（*Osbeckia chinensis*），具蒴果，华南地区林下常见，也分布于亚洲热带地区。

本科植物以叶对生、常具基出3～9脉、顶孔开裂的花药及药隔具奇特附属物为特征。

3. 红树科（Rhizophoraceae）

$* ⚥ K_{3\sim16} C_{3\sim16} A_{8\sim\infty} \overline{G}_{(2\sim6:2\sim6:2)}$

常绿灌木或小乔木；单叶对生，托叶早落，稀互生而无托叶，叶革质；花整齐，两性，单生或丛生于叶腋，或为聚伞花序；萼管与子房合生或分离，裂片3～16；花瓣与萼片同数；雄蕊与花瓣同数或2倍之，或无定数，并常与花瓣对生；子房下位或半下位，2～6室，稀1室，每室常有2个胚珠；果革质，不开裂。生于海滩的红树类树种，果实成熟后，种子在母树上即发芽，至幼苗长大后从树上脱落，坠入海滩淤泥中，长成新植株，称之为"胎生"或"胎萌"现象；而生于山区的种类，种子则不能在母树上发芽。染色体：X=8，9（图11-80）。

本科约含16属120种，广布于热带海岸和内陆。我国有6属13种，产于西南至台湾，大部分布于南部海岸，是构成红树林的主要树种。

（1）红树（*Rhizophora apiculata*），分布于海南东部海岸带，印度、马来半岛、印度尼西亚也有。红茄冬（*R. mucronata*），分布于广东南部、海南、台湾，非洲东岸、亚洲其他热带地区和大洋洲也有。

（2）秋茄（*Kandelia candel*），花瓣深裂，裂片顶端有附属体，雄蕊多数。分布于广东、福建、台湾，亚洲东南部也有。

（3）木榄（*Bruguiera gymnorhiza*），雄蕊为花瓣2倍，花瓣2深裂，裂间有一刺毛，裂片顶端有1～4

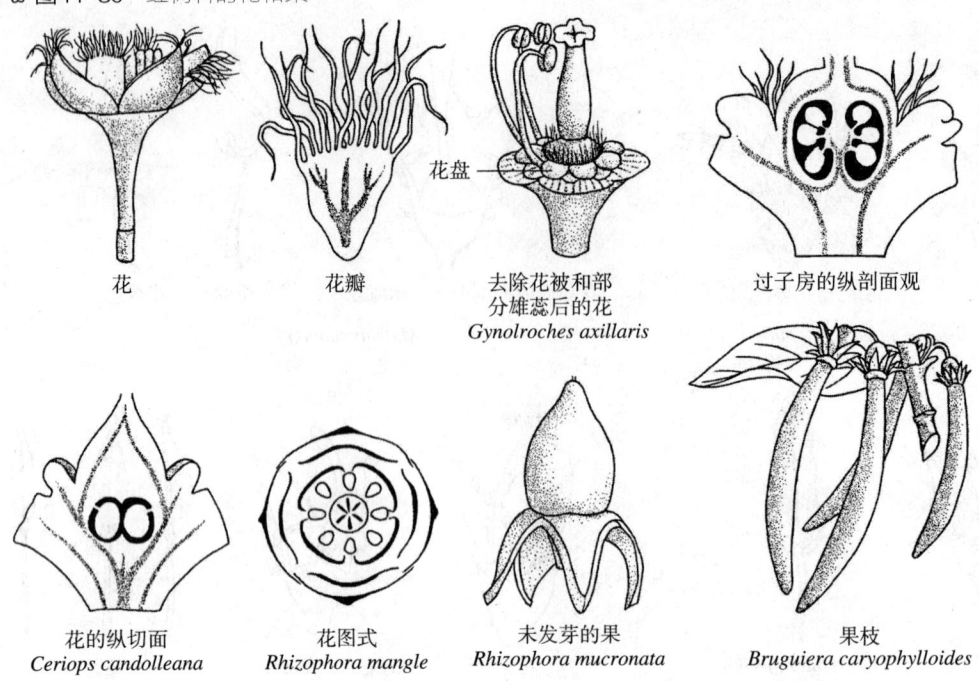

☆ 图11-80　红树科的花和果

花　　　　花瓣　　　去除花被和部　　过子房的纵剖面观
　　　　　　　　　　分雄蕊后的花
　　　　　　　　　　Gynolroches axillaris

花的纵切面　　　花图式　　　未发芽的果　　　果枝
Ceriops candolleana　Rhizophora mangle　Rhizophora mucronata　Bruguiera caryophylloides

条刺毛。分布于广西、广东、福建、台湾，非洲、亚洲其他地区和大洋洲也有。

上述各属种红树植物均生于海滩红树林中，是红树林的重要成分。

锯叶竹节树（*Carallia diplopetala*），叶缘具梳状细锯齿，齿端有腺体，叶下有褐红色小点（图11-81）。分布于广东、广西、云南山地，为国家二级保护植物。竹节树（*C. brachiata*），叶全缘，分布于广东、广西，印度至大洋洲也有。

桃金娘目以4基数或5基数花为特征，花被由异被到单被，雄蕊由多数到减退为与花瓣同数，子房由上位到下位，它们有一个共同点，即具有花盘；另外，茎内常有双韧维管束。在系统发育上可能和蔷薇目有联系。

二十五、伞形目（Umbellales，Apiales）

草本或木本，单叶或复叶；花排成伞形花序，两性，少单性，辐射对称，异被5或4；通常一轮雄蕊；子房下位，心皮5～1，稀更多，但常为2枚，每室有悬垂胚珠1枚，稀2；珠被1层，胚小，胚乳丰富。本目含7科。下文介绍2科。

1. 五加科（Araliaceae）

• ☿ 或 ♂♀ K$_{5\sim4}$ C$_{5\sim4}$ A$_{4\sim5,\ 8\sim10}$ $\overline{G}$$_{(5\sim2:5\sim2:1)}$

木本，有些种类是攀缘藤本或多年生草本，常有刺；单叶，掌状或羽状复叶，互生，叶柄基部抱茎，托叶边缘膜质、舌状，或成附属物；花小，两性或单性，伞形花序或头状花序；花萼小，与子房连生，或几乎不存在；花瓣5～10，分离，稀连合成帽状；雄蕊与花瓣同数，互生，或为花瓣的2倍，花盘生于子房顶部；子房下位，1～15室，常2～5室，每室有1倒悬胚珠，胚珠倒生；浆果或核果，种子有丰富胚乳。染色体：X=11，12。

本科约60属800种，分布于热带和温带。我国约有20属150多种。

本科植物经济价值主要在于药用，多种还是贵重药材，观赏植物亦为数不少。

（1）鹅掌柴属（*Schefflera*）：乔木或灌木，枝、叶、树皮有香气，掌状复叶，头状、穗状、总状或伞形花序等再组成复圆锥花序。200种，广布于热带、亚热带地区。我国37种，产于西南至东南。鹅掌柴（鸭脚木）（*S. heptaphylla*），掌状复叶有小叶6～9。广布于华南各省区和台湾，中南半岛、日本也有。树皮及嫩枝含挥发油；根皮、树皮及叶入药，有舒筋活络、消肿止痛及发汗解表功效。

（2）五加属（Acanthopanax）：植物体常有刺，枝、叶、树皮有香气，掌状复叶，有3～5小叶，伞形花序单生或再组成复圆锥花序，花梗无关节。35种，分布于亚洲。我国22种。五加（A. gracilistylus），分布于长江流域以南各省区，根皮入药，称五加皮。刺五加（A. senticosus），产于东北、河北、山西、内蒙古，根皮入药。白簕花（A. trifoliatus），叶常有3枚小叶。分布于华南、西南、中南，印度东北、中南半岛、日本、菲律宾亦有。根、茎、叶皆可入药。

（3）人参属（Panax）：多年生具宿根草本，掌状复叶，小叶3～5，轮生于茎顶。8种，我国5种。最著名的是人参（P. ginseng）（图11-82），主产于我国东北和朝鲜，根含多种人参皂甙，药性微温，大补元气，补脾益肺，生津，安神。西洋参（P. quinquefolium），主产美国、加拿大及法国，同用根，药性寒，补气养阴，清火生津。三七（P. notoginseng），产云南（称三七）、广西（称田七），块根药用，有化瘀止血、活血定痛作用，用于跌打损伤，内外出血，为著名的"云南白药"的主要成分。

此外，常春藤（Hedera nepalensis var. sinensis），为常绿攀缘藤本，茎枝有气根，庭园常栽培。幌伞枫（Heteropanax fragrans），乔木，叶数回羽状复叶，长达1m。分布于云南、广西、广东，印度、缅甸、印度尼西亚也有。根及树皮入药。楤木属（Aralia），落叶灌木，稀为草本，常有刺，1～3回羽状复叶，伞形花序组成顶生的圆锥花序。约40属，我国32种。楤木（A. chinensis），除东北外，全国分布。含皂甙α-和β-塔石林，根药用。

2. 伞形科（Umbelliferae, Apiaceae）

$* \male\female K_5 C_5 A_5 \overline{G}_{(2:2:1)}$

草本，常含挥发油而有香气，茎中空；叶互生，常为复叶，叶柄基部膨大，或成鞘状，无托叶；花两性，常辐射对称，排成各式伞形花序，各级花均有总苞；萼片5，常不明显；花瓣5，在花蕾时向内弯；雄蕊5，与花瓣互生，着生于花盘的周围；花盘位于花柱基部，又称花柱基或上位花盘；子房下位，2室，每室有胚珠1个，花柱2；果由2个有棱或有翅的心皮构成，成熟时心皮下部分离，上部挂在心皮轴上，称为双悬果，每个悬果有5条纵行主棱，有时在主棱间尚有次棱4条，棱间有沟，

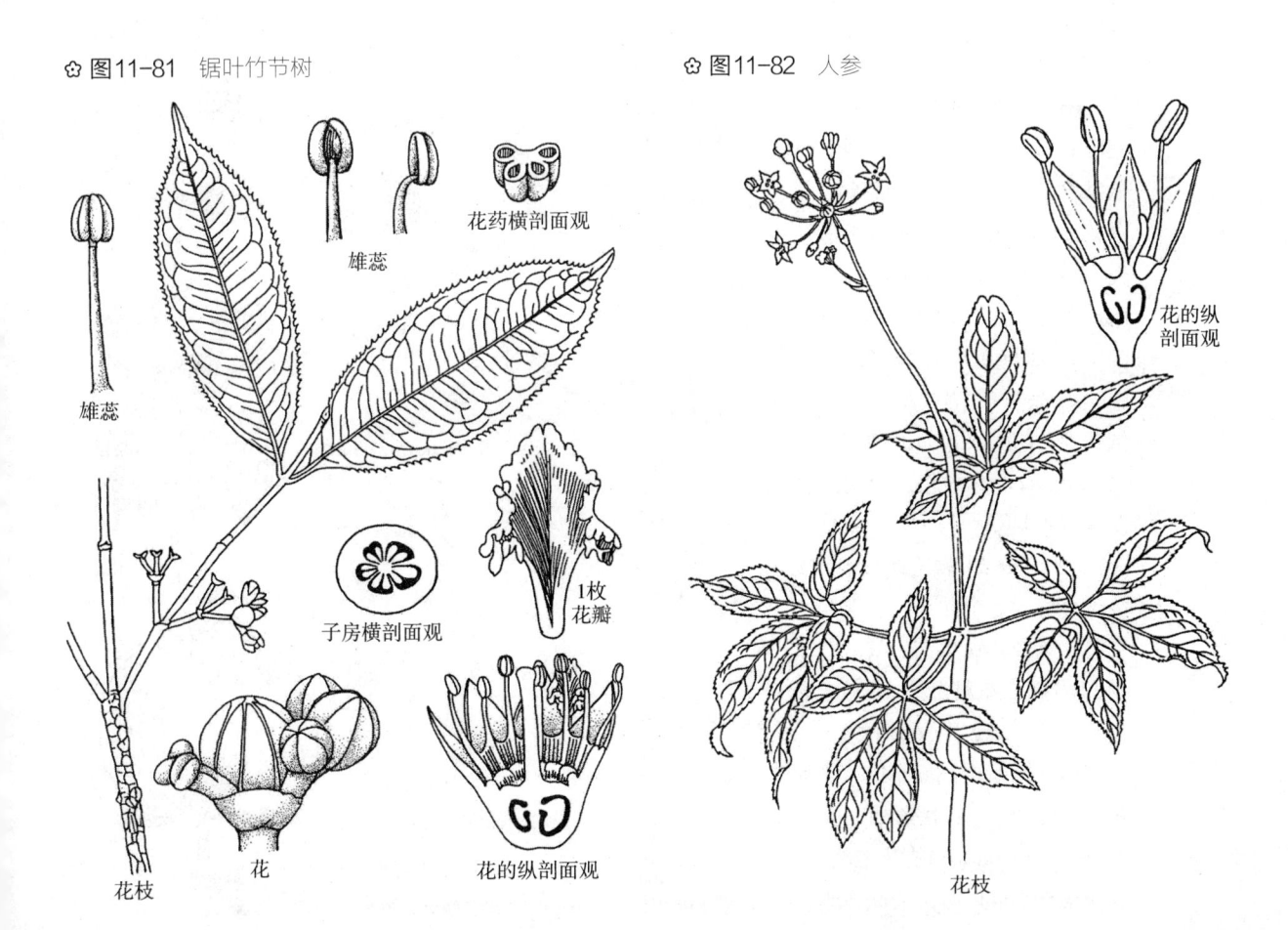

图11-81 锯叶竹节树

图11-82 人参

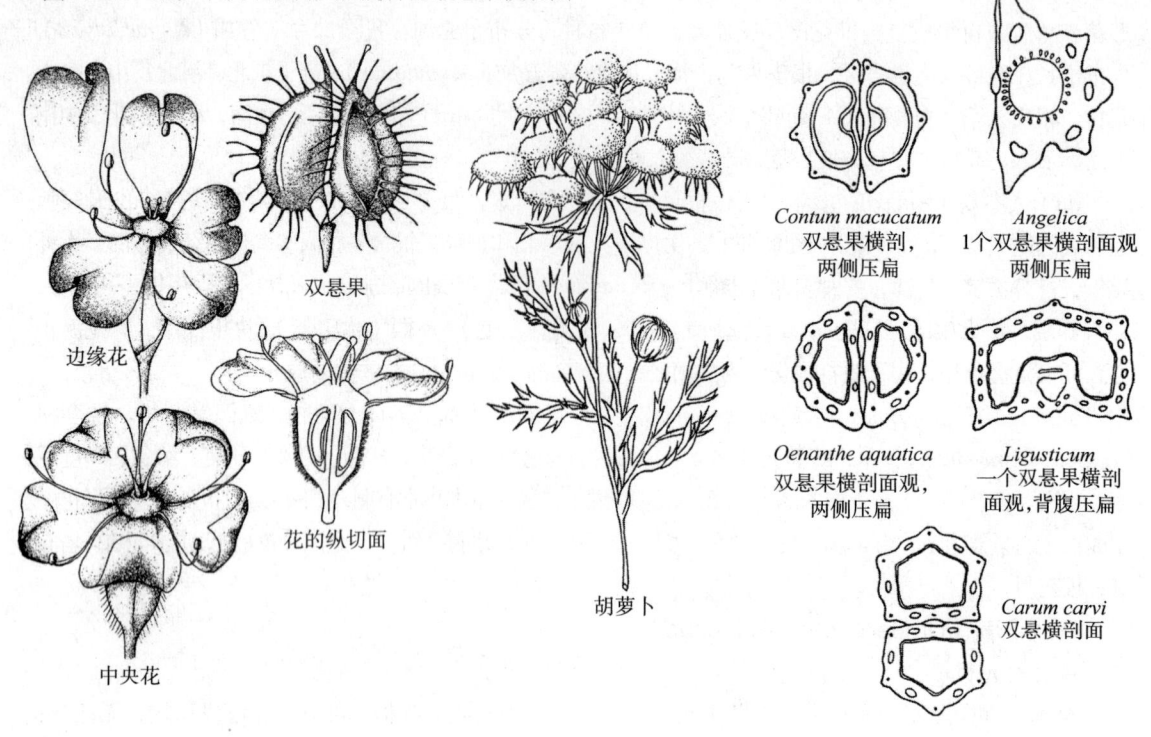

◊ 图11-83 胡萝卜及伞形科其他属种的双悬果横切面

沟里有油管一至多条；种子有胚乳，胚细小。染色体：$X = 6 \sim 12$。伞形科花果模式结构如图11-83所示。

本科约275属2 900种，广布于北温带，也见于热带和亚热带的高山上。我国约有57属500种。本科植物以药用、食用而著名。

（1）当归属（*Angelica*）：叶三出式羽状分裂或羽状多裂，叶柄常膨大成管状或囊状的鞘；复伞花序；萼齿小或无；果背腹压扁。约80种，我国40种，主产西南、东北和西北地区。其中，当归（*A. sinensis*）根是著名的补血中药；兴安白芷（*A. dahurica*）、杭白芷（*A. formosana*）和川白芷（*A. anomala*）的根作"白芷"为发散风寒中药。

（2）柴胡属（*Bupleurum*）：单叶全缘；复伞花序，总苞与小总苞常宿存，缺萼齿，瓣片背具突起中脉，花柱短，果侧面压扁。120种，我国36种17变种，主产西北及西南高原地区，本属药用约20种。其中柴胡（北柴胡）（*B. chinensis*）和狭叶柴胡（*B. scorzonerifolium*）均作柴胡，为疏

◊ 图11-84 天胡荽属等双悬果

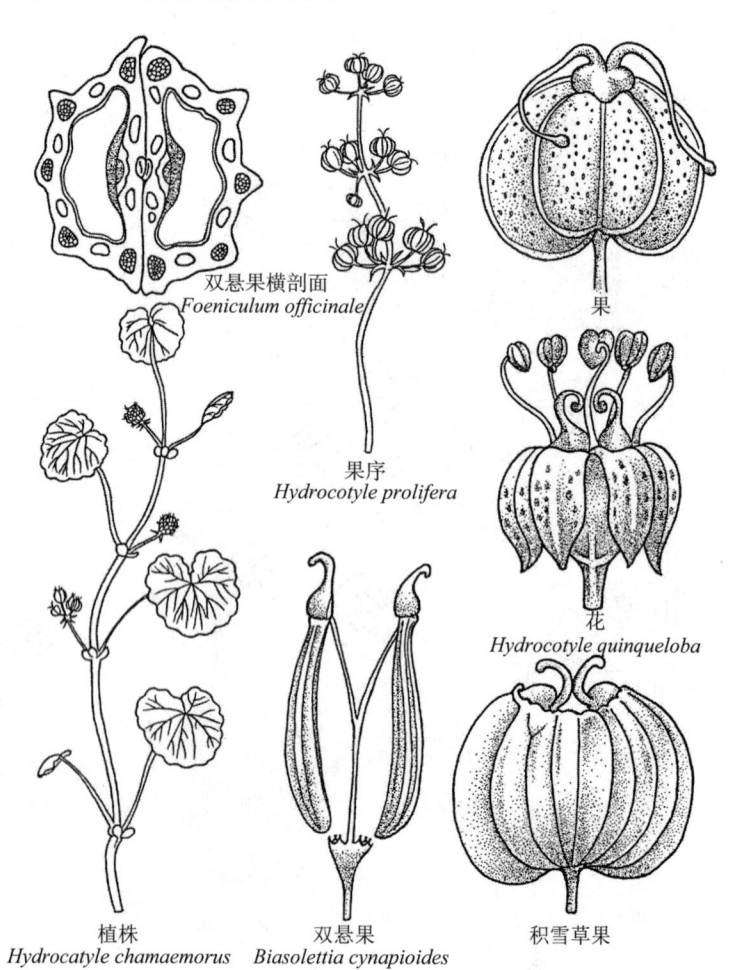

图11-85 积雪草

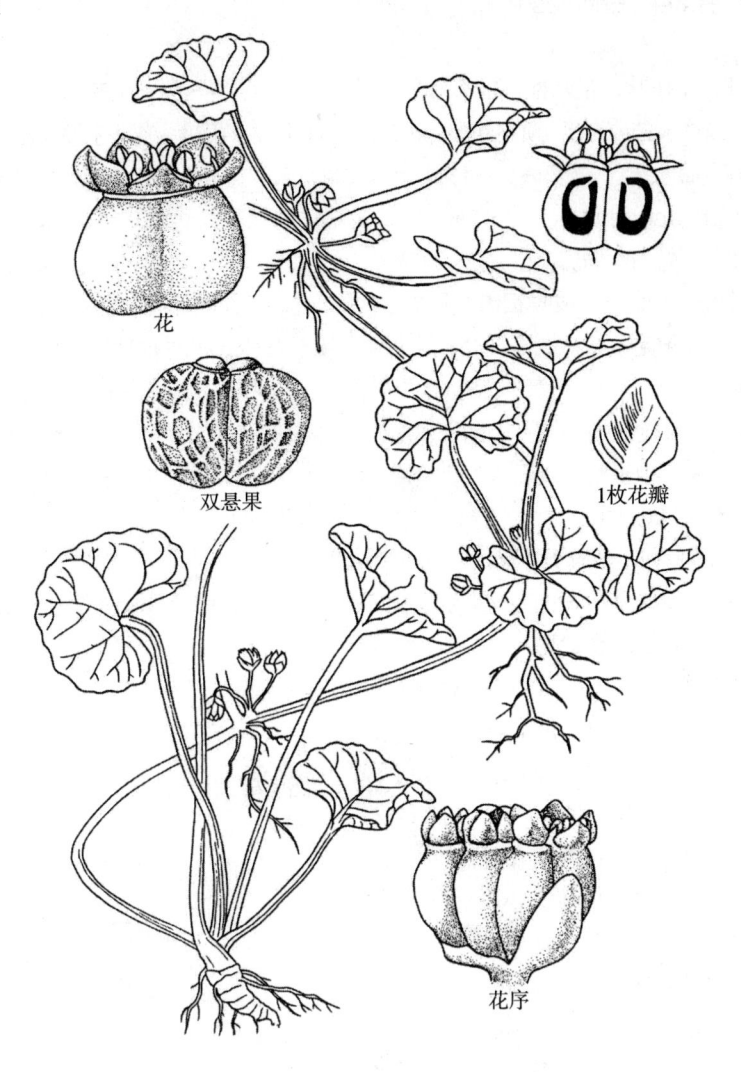

散退热、疏肝解郁中药。

另外，羌活（*Notopterygium incisum*），叶2～3回羽状复叶；复伞花序，总苞片线形，花淡黄或白，萼齿小，果背腹压扁。产藏、青、川、甘、陕等省区，根茎及根药用有散风祛寒作用。天胡荽（*Hydrocotyle sibthorpioides*）（图11-84）、积雪草（*Centella asiatica*）（图11-85）和红马蹄草（*H. nepalensis*）均为单叶，民间有作药用。供食用的有胡萝卜（*Daucus carota* var. *sativa*）（图11-83），原产于欧亚大陆，全球广泛栽培，根部供食用，果实可驱蛔虫。芫荽（*Coriandrum sativum*）、茴香（*Foeniculum vulgare*）均原产于地中海地区。芹菜（*Apium graveolens* var. *dulce*），原产于西亚到欧洲、非洲北部，现广泛栽培作蔬菜。

这个目尚有八角枫科（Alangiaceae）：植物为木本，叶互生，花两性，排成聚伞花序，萼与瓣各为4～10，雄蕊8～20或更多，子房下位，1或2室，核果。仅1属。八角枫（*Alangium chinense*），叶基偏斜心形，广布于长江流域以南各省区。

在系统发育中，本目以花的简化为特征，花萼减退，雄蕊仅1轮，心皮减至2个，每一个子房室仅有1枚胚珠，以及花团聚成头状花序的倾向；这个目的五加科与伞形科关系密切，同具分泌道，它们可能来自蔷薇目，特别是和虎耳草科及鼠李科有亲缘关系。山茱萸科（Cornaceae）由于不具分泌道，亲缘关系较远。

合瓣花亚纲（Sympetalae）

花瓣连合成花冠管，雄蕊着生在花冠管上，珠被常为1层。

二十六、杜鹃花目（Ericales）

木本，单叶，无托叶；花两性，辐射对称或稍左右对称；花5数，雄蕊与花瓣同数而互生，或为2倍，花药常有附属物（芒或距），顶孔开裂；子房上位或下位，中轴胎座，胚珠多数；种子有胚乳。含5科。仅介绍1科。

杜鹃花科（Ericaceae）

$* ⚥ K_{(5\sim4)} C_{(5\sim4)} A_{10\sim8} \underline{G}, \overline{G}_{(5\sim4:5\sim4:\infty\sim1)}$

木本；单叶互生，全缘，或具锯齿，具旱生性的结构，背面有深槽或闭合腔，厚角质化的上表皮，表皮下有贮水组织，被毛或鳞片，无托叶；花两性，辐射对称或稍左右对称，单生或簇生，但常排成多种花序；花萼宿存，4或5裂；花瓣4或5，合生成钟状、漏斗状或壶状，稀离生；雄蕊为花瓣数的2倍，2轮，外轮对瓣，或为同数1轮而互生，花药2室，常有附属物（芒或距），顶孔开裂，有花盘或缺；子房上位或下位，多室，中轴胎座，胚珠多数，稀1个，珠被1层，花柱单生；蒴果，浆果或核果，种子有胚乳。染色体：X=8, 11～13。

本科约50属1300种，分布于全球，以亚热带山地最多。

（1）杜鹃花属（*Rhododendron*）：常为灌木，常绿或落叶，叶全缘，常聚生于枝顶；花排成顶生、伞形花序式的总状花序，萼瓣均5裂，花冠钟状、漏斗状或壶状，稀离生；雄蕊5或10或更多，花药无芒，顶孔开裂，有具齿缺花盘；子房5～20室；蒴果室间开裂。800种，我国约650种，除新疆外广布于各省区，尤以西南部最多，其花色非常丰富，有白、红、黄、紫、蓝等，是世界著名的木本观赏植物，一些杂交种更是久享盛名。英国等西欧博物学家很早就到中国采集杜鹃属的标本及活的植物、种子，作为育种材料，夏天西欧、北美繁花似锦的杜鹃花常使游人驻足流连，来自云南西部高黎贡山的径达1 m杜鹃木材大圆盘一直挂在大英博物馆。常见的有杜鹃花（映山红）（*R. simsii*）（图11-86），分布在长江流域及其以南各省区。羊踯躅（闹羊花）（*R. molle*），花黄。照山白（*R. micranthum*），花叶有剧毒，人畜误食可致死亡。

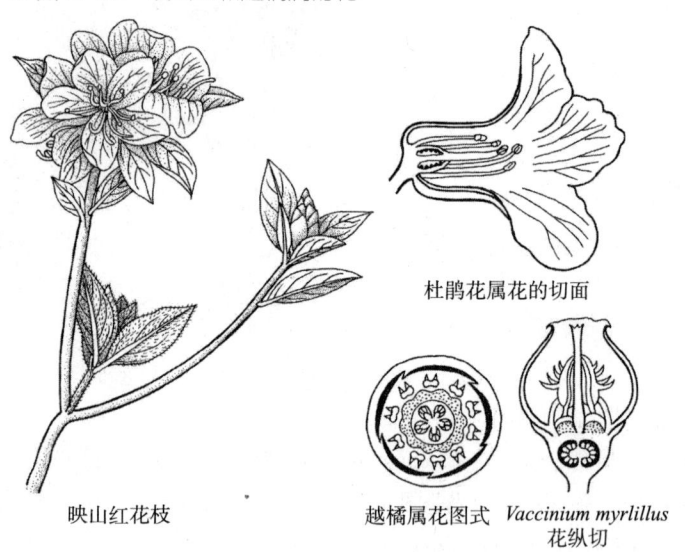

⚛ 图11-86 映山红和越橘属的花

映山红花枝　　杜鹃花属花的切面

越橘属花图式　*Vaccinium myrlillus* 花纵切

（2）吊钟花属（*Enkianthus*）：落叶灌木，叶全缘或有齿；花药有芒，芒直立或上升；蒴果3～5角或有翅，室背开裂。10种，我国6种。常见的有吊钟花（*E. quinqueflorus*），花5～8朵排成下垂的伞形花序，花粉红或红，花冠合生成宽钟状，常先叶开花，广州春节人家常作喜庆插花。

（3）越橘属（*Vaccinium*）：灌木，花冠坛状、卵状坛形、筒状坛形或钟状，雄蕊内藏，不抱花柱，顶端成长筒状或否，有时有附芒，子房下位，浆果（图11-85）。约300种，我国有45种。乌饭树（*V. bracteatum*），产于长江以南各省区。亦有人把本属从杜鹃花科独立出来，另外成立越橘科（Vacciniaceae）。

本目包含的山柳科（Clethraceae），为灌木或小乔木，单叶，花组成顶生总状或圆锥花序，萼5，瓣5，雄蕊10，药顶孔裂，柱头3裂，蒴果。

杜鹃花科的越橘亚科（Vaccinioideae），具有下位、半下位的子房，萼片减退，花冠高度合生，应是较为演化的类群。这个目通过山柳科与藤黄目的水东哥科（Saurauiaceae）及猕猴桃科（Actinidiaceae）有亲缘关系；但是这个目总的来说仍保持着离瓣花亚纲的一些特征，如山柳科、鹿蹄草科及杜鹃花科里的杜香属（*Ledum*）依然保持着分离的花瓣，雄蕊2轮长在花托上，只是在Epacridaceae雄蕊1轮长在花瓣上。因此可以认为本目代表了合瓣花亚纲中比较原始的类群。

二十七、报春花目（Primulales）

木本或草本，叶有腺点；花两性，稀单性，辐射对称，5数，稀4数，合瓣；雄蕊与花冠裂片同数而对生；子房上位或半下位，1室，胚珠多数，珠被2层，特立中央胎座。含3科。

报春花科（Primulaceae）

$* \male \female K_{(5)} C_5 A_5 G_{(5:1:\infty)}$

草本，稀为小灌木，常有腺点；单叶，互生、对生、轮生或基生，无托叶；花两性，常二型，辐射对称，具苞片，排成总状或伞形花序，稀单生；花萼常5裂，宿存，花冠合生成管状、轮状或高脚碟状，通常5裂；雄蕊与花冠裂片同数而对生，着生于花冠管上，或有退化雄蕊；子房上位，稀半下位，1室，具特立中央胎座，胚珠多数；蒴果，通常有多数，具棱角或平滑的种子，胚乳丰富。染色体：X=5～17，多为9～11，个别为22，31。

本科约22属800种，主产于北温带，广布于全世界。我国有11属约500种，全国皆有分布，主产于西南部。

（1）报春花属（*Primula*）：叶全部基生，花冠裂片在花蕾中覆瓦状或镊合状排列，花冠管长于花冠裂片，伞形花序，有苞片（图11-87）。约500种，我国300余种，全国均产，主产于西南。其中报春花（*P. malacoides*）是较早引种的种，叶基心形，花冠浅红色。藏报春（*P. sinensis*），叶羽状或不整齐深裂，被腺状刚毛，花粉红色。

（2）排草属（珍珠菜属）（*Lysimachia*）：花冠裂片在花蕾中旋转状排列，5或6基数，蒴果瓣裂。180种，我国120种，全国均产。排草（*L. sikokiana*），梢端有褐色小腺点，花单生，分布于台湾、广东、广西，日本、菲律宾也有。灵香草（*L. foenum-graecum*），全株无毛，有香气，花单生，分布于广东、广西、云南。全草含类似香豆素芳香油，可提炼香精，供烟草等作香料；干品放箱屉中可防虫蛀衣物。星宿菜（*L. fortunei*），花白色，花冠喉部有腺毛，裂片有黑色斑点，分布于华东到华南。全草药用，主治感冒、肝炎等症。

本科植物如报春花属，多为盆栽观赏植物；点地梅属（*Androsace*）也有一些种类供观赏。原产于地中海及南欧的欧洲仙客来（*Cyclamen europaeum*）和原产于希腊至叙利亚的仙客来（*C. persicum*）亦为我国引种，植物叶厚、肉质、光亮，花瓣强烈反卷，供观赏。

☆ 图11-87 报春花科的花

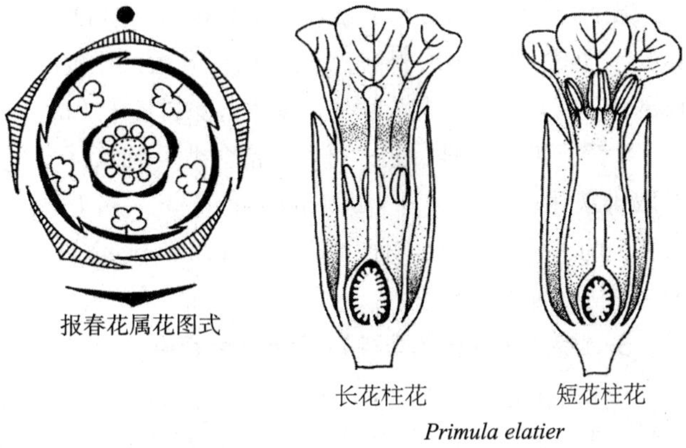

报春花属花图式　长花柱花　短花柱花
Primula elatier

报春花属普遍存在二型花。所谓二型花，是指在同一植株同具长花柱与短雄蕊和短花柱与长雄蕊的花（图11-87）。具长花柱的花雄蕊的高度到达花冠的中部，具短花柱的花雄蕊的高度到达花冠管的口部。两种花花冠的形状与管口的宽度有微小的不同。

二十八、柿树目（Diospyrales，Ebenales）

木本；单叶，互生，无托叶；花两性或单性，辐射对称，通常5或4数，合瓣，雄蕊与花瓣同数或为2倍；子房上位或下位，中轴胎座，胚珠1枚至多数，珠被1或2层；种子有胚乳或稀薄。含2亚目7科。下文介绍3科。

1. 山榄科（Sapotaceae）

$* \male \female K_{(8\sim4)} C_{(8\sim4)} A_{8\sim4, \infty} G_{(8\sim2:8:2)}$

灌木或乔木，常有乳状汁液；单叶互生，少数近对生，全缘，常无托叶；花两性，辐射对称，单生或簇生于叶腋内；萼4～8裂，裂片排成1或2轮；花冠管短，裂片与萼片同数或2倍之，且常有全缘或撕裂状、裂片状的附属体；雄蕊常与花冠裂片同数且与之对生，着生于花冠管上，常有退化雄蕊；心皮1轮，与雄蕊同数或2倍之，每室含胚珠1；浆果。染色体：X=7，9～13。

本科约40属800种，广布于热带地区。我国11属29种，产于西南部至台湾。

（1）紫荆木属（*Madhuca*）：萼片4，能育雄蕊16以上，无退化雄蕊。约85种，我国2种。紫荆木（*M. subquincuncialis*），侧脉细密，达20余对，花单生或簇生，花梗长而直立，被锈色毛，瓣8裂。分布于广西、广东。

（2）金叶树属（*Chrysophyllum*）：萼片5，花冠裂片不具附属物，雄蕊5～10，无退化雄蕊。150种，我国1变种。金叶树（*C. lanceolatum* var. *stellatocarpon*），叶两侧稍不对称，侧脉极多。分布于广东、广西。

（3）铁榄属（*Sinosiideroxylon*）：叶互生，无托叶，萼片5，花冠裂片无附属物，有退化雄蕊，花丝基部无毛，子房5室，种子疤痕基生。4种，分布我国南部到越南北部。铁榄（*S. wightianum*），芽及花梗、花萼被锈色毛。分布于广东、广西。

本科尚有人心果（*Manilkara zapola*），原产于热带美洲，广东等地栽培，果生食，味美可口，树干乳汁为香口胶的主要原料。

2. 柿树科（Diospyraceae, Ebenaceae）

$\ast \delta \varphi K_{5\sim4, 7\sim3} C_{5\sim4, 7\sim3} A_{\infty\sim3} \underline{G}_{(16\sim2:16\sim2:2\sim1)}$

木本，木材多黑褐色；单叶，互生，无托叶；花单性，雌雄异株，单生或排成少数花的伞形花序；花萼4（3～6）裂，果熟时常增大而宿存，花冠钟状或壶状，裂片4或5（3～7），旋转状排列；雄蕊与花冠裂片同数、2倍或更多，通常16，分离或合生成束；子房上位，2～16室，每室有胚珠1或2；浆果，有1枚或少数种子，有硬质胚乳。染色体：X=15。

本科约5属300种，分布于热带和亚热带。我国2属41种。

柿属植物的心材黑褐色，统称"乌木"。最常见的柿（*Diospyros kaki*）是我国原产，全国各地普遍栽培，栽培历史已有数千年，变种和品种很多（图11-88）。果可食和制柿饼，柿蒂含熊果酸、齐墩果叶酸，柿饼含甘露醇，柿叶含黄酮甙，均入药。君迁子（*D. lotus*），产于我国各地，果亦可食，富含维生素C，可提取供药用。印度乌木（*D. ebenum*），产于东南亚，为著名的木材。我国台湾产的台湾柿（*D. discolor*）亦为乌木的一种贵重木材。

✿ 图11-88 柿
花（雄花）　果（具有宿存花萼）
雄花花图式　雌花的纵剖面　雌花花图式

3. 野茉莉科（安息香科）(Styracaceae)

$\ast \varphi K_{5\sim4} C_{(8, 5\sim4)} A_{10\sim8} \underline{G}, \overline{G}_{(5\sim3:5\sim3:\infty\sim1)}$

木本；单叶互生，无托叶，嫩枝及叶常被星状毛；花两性，辐射对称，排成腋生或顶生总状花序，稀单生，萼钟状或管状，4或5裂；花冠4或5裂，或有时为8裂；雄蕊为花冠裂片的2倍，稀同数，花丝基部合生；子房上位到下位，基部3～5室，上部1室，每室胚珠1枚至多枚；浆果或核果，或干燥而开裂为3果爿，有时具翅。

本科12属180种，分布于美洲和东南部。我国9属54种，南北均产。

（1）鸦头梨属（*Melliodendron*）：冬芽具鳞苞，先花后叶，花单生或双生，花冠5裂，子房高度半下位，果具肋而无翅，硬木质。鸦头梨（水冬瓜、白花树）（*M. xylocarpum*），落叶乔木，分布于湖南、江西、福建、广东、广西、贵州、云南。

（2）木瓜红属（*Rehderodendron*）：花多数，组成总状或圆锥花序。8种，分布于我国西南到南部。广东木瓜红（*R. kwangtungensis*），叶无毛，雄蕊10，子房下位，分布于广东、广西、贵州。

（3）赤杨叶属（*Alniphyllum*）：冬芽无鳞苞，先出叶后开花，花丝下半部合生，果梗弯曲不明显，有关节，蒴果，室背开裂，种子具翅。3种，产我国南部和西南部。赤杨叶（*A. fortunei*），落叶乔木，花白色带粉红色，分布于长江以南各省区。木材可制火柴杆。

（4）野茉莉属（*Styrax*）：子房稍半下位，果与萼筒分离，果不规则3瓣开裂，种子种脐大。野茉莉（*S. japonica*），分布于秦岭和黄河以南，东起山东，西至云南东北部，南达广东、台湾，朝鲜、日本、菲律宾也有。白花笼（*S. confusa*），灌木或小乔木，枝叶初时有星状毛，花单生或成总状，分布于长江以南各省区（图11-89）。

图11-89　白花笼

4. 山矾科（Symplocaceae）

$\lightning \delta \varphi K_{(5)} C_{(5), (11\sim3)} A_{\infty \sim 4} \overline{G}_{(5:1:5\sim1:4\sim2)}$

木本，单叶互生，无托叶；花两性，稀单性，辐射对称，花序多种；花萼5裂，裂片镊合状或覆瓦状排列，常宿存；花冠分裂至基部或中部，裂片5（3～11），覆瓦状排列；雄蕊多数至4个，着生于花冠上，分离或合生；子房下位或半下位，1～5室，每室有胚珠2～4个，垂生，花柱纤细；浆果或核果，顶部有宿存的花萼，1～5室，每室有一个种子，有丰富的胚乳。

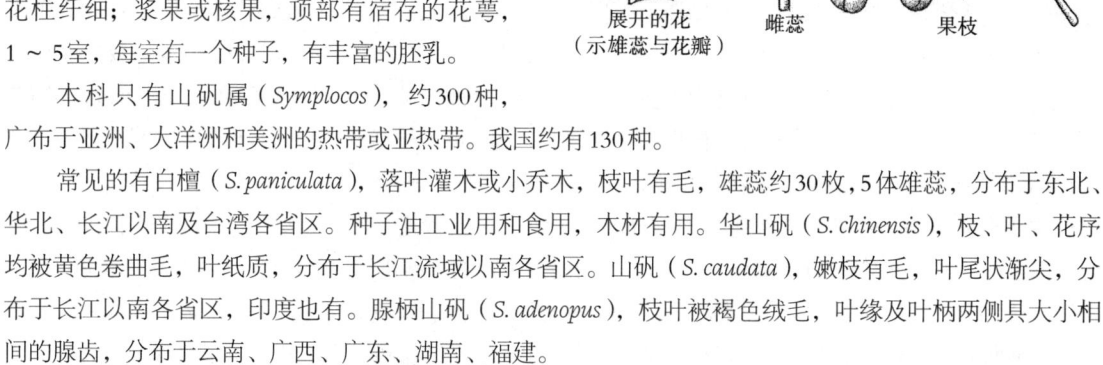

本科只有山矾属（*Symplocos*），约300种，广布于亚洲、大洋洲和美洲的热带或亚热带。我国约有130种。

常见的有白檀（*S. paniculata*），落叶灌木或小乔木，枝叶有毛，雄蕊约30枚，5体雄蕊，分布于东北、华北、长江以南及台湾各省区。种子油工业用和食用，木材有用。华山矾（*S. chinensis*），枝、叶、花序均被黄色卷曲毛，叶纸质，分布于长江流域以南各省区。山矾（*S. caudata*），嫩枝有毛，叶尾状渐尖，分布于长江以南各省区，印度也有。腺柄山矾（*S. adenopus*），枝叶被褐色绒毛，叶缘及叶柄两侧具大小相间的腺齿，分布于云南、广西、广东、湖南、福建。

柿树目很可能起源于离瓣花类的藤黄目，雄蕊从不定数向着定数，子房由分隔不完全到形成完全的中轴胎座，并向着子房下位发展。其中山榄科是本目中较为原始的类群，其珠被一层，子房上位。山矾科是本目较为演化的类群，其子房下位。

二十九、木犀目（Oleales）

本目仅1科。

木犀科（Oleaceae）

$* \varphi K_{(4\sim9)} C_{(4\sim9)} A_{2\sim5} \underline{G}_{(2:2)}$

直立木本或藤本；单叶，三出复叶或羽状复叶，对生，很少互生，无托叶；花两性或单性，排成圆锥、聚伞或丛生花序；萼常4裂，有些3～10裂；花冠合瓣，裂片4～9；雄蕊2，少有3～5，花药2室，纵裂；子房上位，2心皮，2室，中轴胎座，每室胚珠1～3个，珠被1层；花柱单生，柱头2尖裂；核果、浆果、蒴果或翅果，种子有胚乳。染色体：X=11，13，14，23。

本科约20属500种，广布于热带和温带。我国有12属200种，南北各省区均有分布。

（1）梣属（*Fraxinus*）：复叶，花序间无叶或有叶状小苞片，翅果，翅在果实顶端伸长。70种，我国有20余种，全国分布。梣（白蜡树）（*F. chinensis*），我国特产，分布几遍全国，可作行道树、护堤树，枝叶放养白蜡虫。

（2）丁香属（*Syringa*）：花紫色、红色，稀白色，花冠裂片比花冠筒短，蒴果，种子有翅。30种，我

国20余种，产于西南至东北，大部分为观赏植物，有些种类可提取芳香油。紫丁香（*S. oblata*），叶通常宽度大于长度，花紫色，分布于东北到华北和西北、四川，朝鲜也有。庭园栽培，花可提制芳香油。有若干变种：白丁香（*S. oblata* var. *affinis*），花白色，叶小而有微毛；毛紫丁香（*S. oblata* var. *giraldii*），花序轴和花萼紫蓝色。

（3）木犀属（*Osmanthus*）：花芳香，花成簇生或短圆锥花序，花冠裂片在芽中覆瓦状排列，核果。40种，我国25种，分布于长江以南各省区。木犀（桂花）（*Osmanthus fragrans*），原产于我国西南部，现南方各地栽培观赏，花芳香，可作香料，或窨茶、醃渍食用。栽培品种中花橙红色的称"丹桂"，花淡白色的称"银桂"，花黄色的称"金桂"，一年开花多次的称"四季桂"。

☆ 图11-90　女贞

另外，女贞（*Ligustrum lucidum*），枝、叶无毛，叶长6～12 cm，具或长或短的花冠筒，花冠裂片4，在芽中镊合状排列，果为浆果状核果（图11-90）。分布于长江流域及以南省区和甘肃南部。果实为中药"女贞子"，枝叶亦可放养白蜡虫。小蜡树（山指甲）（*L. sinense*），分布于长江以南各省区，常栽培作绿篱。茉莉花（*Jasminum sambac*），单叶，叶柄常有关节，花冠高脚碟状，裂片4～9，浆果常双生或其中1个不发育而为单生，原产于阿拉伯和印度之间，我国各地栽培，花可提取香精和熏茶。云南黄素馨（*J. mesnyi*），常绿藤状灌木，三出复叶，侧生小叶无柄，花黄，原产于西南，现栽培供观赏。油橄榄（*Olea europaea*），原产于地中海区域，我国已引种，核果榨油，品质甚好，供食用及药用。

本科作为药用的种类有：连翘（*Forsythia suspensa*），果实含连翘酚、甾醇化合物、齐墩果叶酸等，清热解毒药。小叶白蜡树（*Fraxinus bungeana*），树皮为中药的"秦皮"，主要成分为秦皮素和七叶树素。此外，以花或花蕾入药的有木犀、茉莉花和素馨（*J. officinale* var. *grandiflorum*）。

木犀科偶然表现出来的离瓣花特征，说明它离开离瓣花类并不远，有人认为木犀目和卫矛目有亲缘关系。

三十、龙胆目（Gentianales）

木本或草本、藤本，叶常对生；花两性，辐射对称，花萼4或5；花冠管状，裂片4或5；雄蕊与花冠裂片同数，心皮常为2，子房上位到下位，中轴胎座，偶有侧膜胎座。含7科。下文介绍4科。

1. 马钱科（Loganiaceae）

$* \male K_{4\sim5} C_{4\sim5} A_{4\sim5} G_{(2:2:2)}$

草本、灌木或乔木，有时攀缘状；叶对生或轮生，单叶，托叶极退化；花常两性，排成聚伞、圆锥、总状、头状或穗状花序；萼、瓣、雄蕊各4或5，少有雄蕊退化为1；子房上位，2室，每室胚珠2，花柱单生，常2裂；蒴果、浆果或核果。染色体：$X=6\sim12$。

本科35属750种，我国9属63种。

（1）马钱属（*Strychnos*）：灌木或乔木，有时为缠绕、攀缘或附生植物，枝有时变为钩刺，叶脉3～5出或不明显的离基3～5出。约200种，分布于热带和亚热带；我国9种，产于西南和南部，海南尤多。伞花马钱（*S. umbellata*），灌木或藤状灌木，叶基三出脉，花冠筒裂片基部内面有棉状簇毛，产于海南。印度马钱（*S. nuxvomica*），高大乔木，云南、海南等地引种。本属种子含马钱碱，有剧毒，炮制后作通络散结，消肿止痛之用。

（2）灰莉属（*Fagraea*）：华灰莉木（*F. ceilanica*），乔木或灌木，常附生，有时攀缘状，叶脉羽状，枝无钩刺；花5数，白色，芳香长4～5 cm；侧膜胎座或中轴胎座，柱头盾状。分布于广西、海南、台湾，栽培供观赏。

其他有断肠草（钩吻，胡蔓藤，大茶药）（*Gelsemium elegans*）缠绕藤本，花黄色，排成聚伞花序，蒴果，种子具翅。分布于华东到西南、中南半岛、印度尼西亚亦有。全株含胡蔓藤碱，有剧毒。驳骨丹（*Buddleja asiatica*），灌木；花白色，花4数，花冠漏斗状或高脚碟状；蒴果2瓣裂，分布于华南到西南、台湾。密蒙花（*B. officinalis*），花淡紫至白，花冠筒内黄色，有毛；分布陕西、甘肃、西南和中南各省区。花蕾为常用中药，有清热养肝、明目退翳作用。

2. 夹竹桃科（Apocynaceae）

$*\male K_{(5)}C_{(5)}A_5 G_{(2:2)}$ 或 $G_{2:1}$

木本，藤本或草本，有乳汁或水液；单叶，对生或轮生，稀互生，全缘，无托叶，在叶柄基部常有腺体或腺鳞；花两性，辐射对称，单生或多朵排成聚伞花序或圆锥花序，花萼合生成筒状或钟状，通常5裂，覆瓦状排列，基部常有腺体；花冠合瓣，裂片5，旋转状覆瓦排列，稀镊合状，喉部常有毛或鳞片；雄蕊5，着生于花冠管上或喉部，花药常箭形或矩圆形，分离或凑合围着柱头，2室，纵裂，花粉粒状；花盘环状，杯状或为腺体；子房上位，2室，或为2个离生或合生心皮所组成，或仅借中轴胎座而于基部联合，或为1室而有2个侧膜胎座；花柱结合，有时因心皮离生而分开；胚珠1或2个；浆果、核果、蒴果或蓇葖果，种子常有长丝毛或具翅，有胚乳。染色体：X=（8，9），10，11（12，13）。

本科约247属2 000余种，分布于全世界热带和亚热带。我国产46属176种，主要分布于长江以南各省区及台湾。

（1）海杧果（*Cerbera marghas*），乔木，叶互生，萼片内面无腺体；花冠白色，喉部红色，高脚碟状，花冠裂片向左覆盖；核果。分布于广西、广东和台湾。

（2）黄花夹竹桃（*Thevetia peruviana*），灌木，叶互生，萼片内面有腺体，花冠黄色，漏斗状。原产于美洲热带，我国南部栽培供观赏。乳汁、种子、花、根和茎皮均有毒，有强心作用。

（3）萝芙木属（*Rauvolfia*）：叶对生或轮生，花盘环状或杯状，核果单生或合生。我国有12种4变种，内有3栽培种。蛇根木（*R. serpentina*），产于云南，印度、斯里兰卡、缅甸、泰国、印度尼西亚也有，根含利血平及血平定等生物碱，是治疗高血压病药物原料。本属多种如萝芙木（*R. verticillata*）、药用萝芙木（*R. verticillata* var. *officinalis*）根亦含利血平等，栽培作药用。

（4）长春花（*Catharanthus roseus*），叶对生；聚伞花序，雄蕊着生在花冠管中部之上，花盘处为2枚舌状腺体。原产非洲东部，栽培供观赏，植株含长春碱、长春新碱等，用于降血压，治淋巴瘤等。

夹竹桃（*Nerium indicum*），灌木，叶常轮生；花萼基部内面有腺体；花冠喉部有5枚撕裂状的附属体，原产伊朗，叶含强心甙、欧夹竹桃甙，治心力衰竭。罗布麻（*Apocynum venetum*），分布于东北、华北、西北、华中及华南各省区，既是纤维植物，叶和根药用有降压效用。络石（*Trachelospermum jasminoides*），木质藤本，果实药用，治风寒感冒、关节炎。羊角拗（*Strophanthus divdricatus*），藤状灌木，全株有毒。

鸡蛋花（*Plumeria rubra* 'Acutifolia'），乔木，花芳香，白色黄心（图11-91）。原产美洲热带地区，我国南部栽培，广东有将其花作清热药用。红鸡蛋花（*Plumeria rubra*），花红中带白，广州亦有栽培。黄蝉（*Allamanda neriifolia*）、倒吊笔（*Wrightia pubescens*）、糖胶树（*Alstonia scholaris*）、盆架树（*A. rustrata*）、狗牙花

✿ 图11-91 鸡蛋花

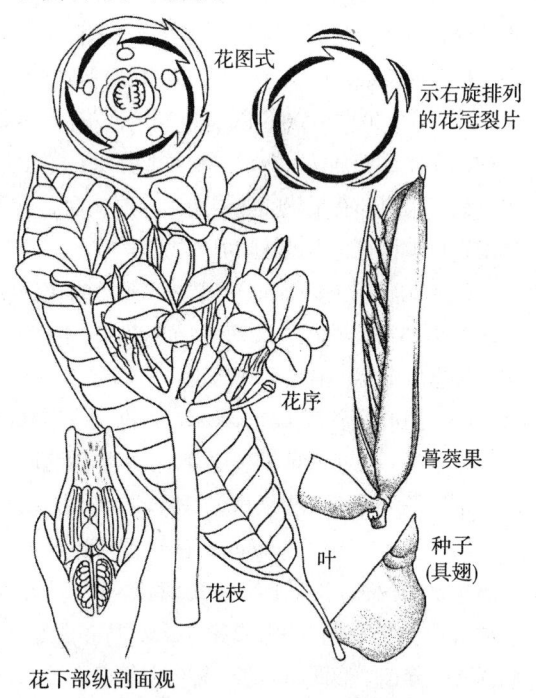

（*E. divaricata*）和重瓣狗牙花（*E. divaricata* cv. Gouyahua）夹竹桃等，南方各省栽培供观赏。

3. 萝藦科（Asclepiadaceae）

$*♀K_{(5)}C_{(5)}A_{(5)}G_{2:1}$

草本、藤本或灌木，有乳汁；单叶，对生或轮生，无托叶，常在叶柄顶端有腺体或腺鳞；花两性，辐射对称，5数，排成聚伞花序，常伞形，有时成房状或总状；花萼筒短，裂片5，呈覆瓦状或镊合状排列，内面基部通常有腺体；花冠合瓣，辐状或坛状，裂片5，旋转状，覆瓦状或镊合状排列，副花冠（corona）由5个分离或基部合生的裂片或鳞片组成，连生于花冠筒上，雄蕊背部或合蕊冠上；雄蕊5，花药合生成一管包围雌蕊，称为合蕊冠（gynotegium），花药与柱头黏合成中心柱，花粉结成花粉块或四合花粉（tetrad），承载在匙形花粉器（载粉器，translater）上；花盘有或无，子房上位，2离生心皮组成，花柱2，合生，柱头基部具5棱，顶端各式，胚珠多数；果为2个蓇葖或因1个不发育而成单生，种子有种毛，胚乳薄（图11-92）。染色体：X=10～12。

本科约180属2200种，主要分布于热带和亚热带。我国有44属245种，主产于西南及东南部。

本科多是热带植物，常有毒，尤以乳汁和根部毒性较大。大多数为药用植物，有些产胶，或作染料或供观赏用。

（1）白叶藤属（*Cryptolepis*）：木质藤本；花蕾端部长圆形，顶部尾状渐尖；副花冠与花丝生于花冠筒内面中部以上，与花丝离生，副花冠裂片卵形，顶端钝，载粉器单个，匙形，下面有载粉器和黏盘，四合花粉。我国有2种。白叶藤（*C. sinensis*），小枝红褐色，花萼5裂，内有10枚腺体，种子顶端有种毛。分布于云南、广西、广东、台湾，越南、印度、马来西亚、印度尼西亚也有。

（2）杠柳属（*Periploca*）：副花冠与花丝同着生于花冠基部，花丝筒状，副花冠裂片异形，四合花粉。约12种，我国4种。杠柳（*P. sepium*），分布全国大部分地区，含多种杠柳贰，根皮为中药"香加皮"。

（3）匙羹藤属（*Gymnema*）：茎缠绕，副花冠具有5个较硬的肉质条带或退化成2纵列毛，着生在花冠的喉部。我国有8种。匙羹藤（*G. sylvestre*），萼片内有5枚腺体，分布于广西、广东、福建、台湾，越南也有。

此外，马利筋（莲生桂子）（*Asclepias curassavica*）（图11-92）、球兰（*Hoya carnosa*）等数种，豹皮花属（*Stapelia*）、肉珊瑚属（*Sarcostemma*）、夜来香（*Telosma cordata*）和气球果（*Gomphocarpus physocarpus*）等，栽培供观赏。

4. 茜草科（Rubiacece）

$*♀K_{(4~5)}C_{(4~5)}A_{(4~5)}\overline{G}_{(2:2)}$

木本、草本或藤本；单叶，对生或轮生，常全缘；托叶2，位于叶柄间或叶柄内，分离或合生成鞘状，明显而常宿存，稀脱落；花两性，辐射对称，4或5数，单生或排成各种花序；花萼筒与子房连生，萼齿有时其中1个增大而成叶状；花冠合瓣，筒状、漏斗状、高脚碟状或辐状，裂片4～6，各式排列；雄蕊与花冠裂片同数而互生，着生于花冠筒上；子房下位，1室至数室，通常2室，胚珠多数至1个；蒴果、核果或浆果，种子有胚乳，或有翅。染色体：X=9～12，14，17。

本科约450属5000种以上，主产于热带和亚热带。我国70多属450种以上，大部产于西南和东南。

（1）水团花属（*Adina*）：灌木或乔木；花多数，形成球状头状花序，花有小苞片，萼檐5裂；蒴果，中轴宿存，顶部有星状的萼檐裂片。约20种，我国8种。水团花（*A. pilulifera*），分布于长江以南各省区，越南、日本也有，为良好固堤植物。

（2）钩藤属（*Uncaria*）：藤本，不育的花序梗成钩状攀登其他树上，头状花序，花无小苞片。约70种，我国13种。钩藤（*U. rhynchophylla*），小枝四棱柱形，分布于华东至西南，日本也有，钩和小枝药用，具息风止痉，清热平肝功效。

（3）玉叶金花属（*Mussaenda*）：直立或攀缘灌木，花不形成球状的头状花序，萼檐裂片相等或不相等，但其中一些花的萼檐裂片有1枚极扩大而成一具柄的叶状片。花冠黄色，雄蕊5，浆果。120种，我国28种。玉叶金花（白纸扇）（*M. pubescens*），植株被毛，分布于长江以南各省区。

（4）山黄皮属（*Randia*）：有刺或无刺灌木或乔木，花单生或数朵聚生，或排成少花的聚伞花序，多腋生。230种，我国18种。山黄皮（*R. cochinchinensis*），植株无刺，分布于华东至西南；山石榴（*R. spinosa*），植株有刺，果径2～4cm，广布于华东至西南，树皮、果、根入药。鸡爪簕（*R. sinensis*），有刺灌木，分布于广西、广东，常作绿篱。

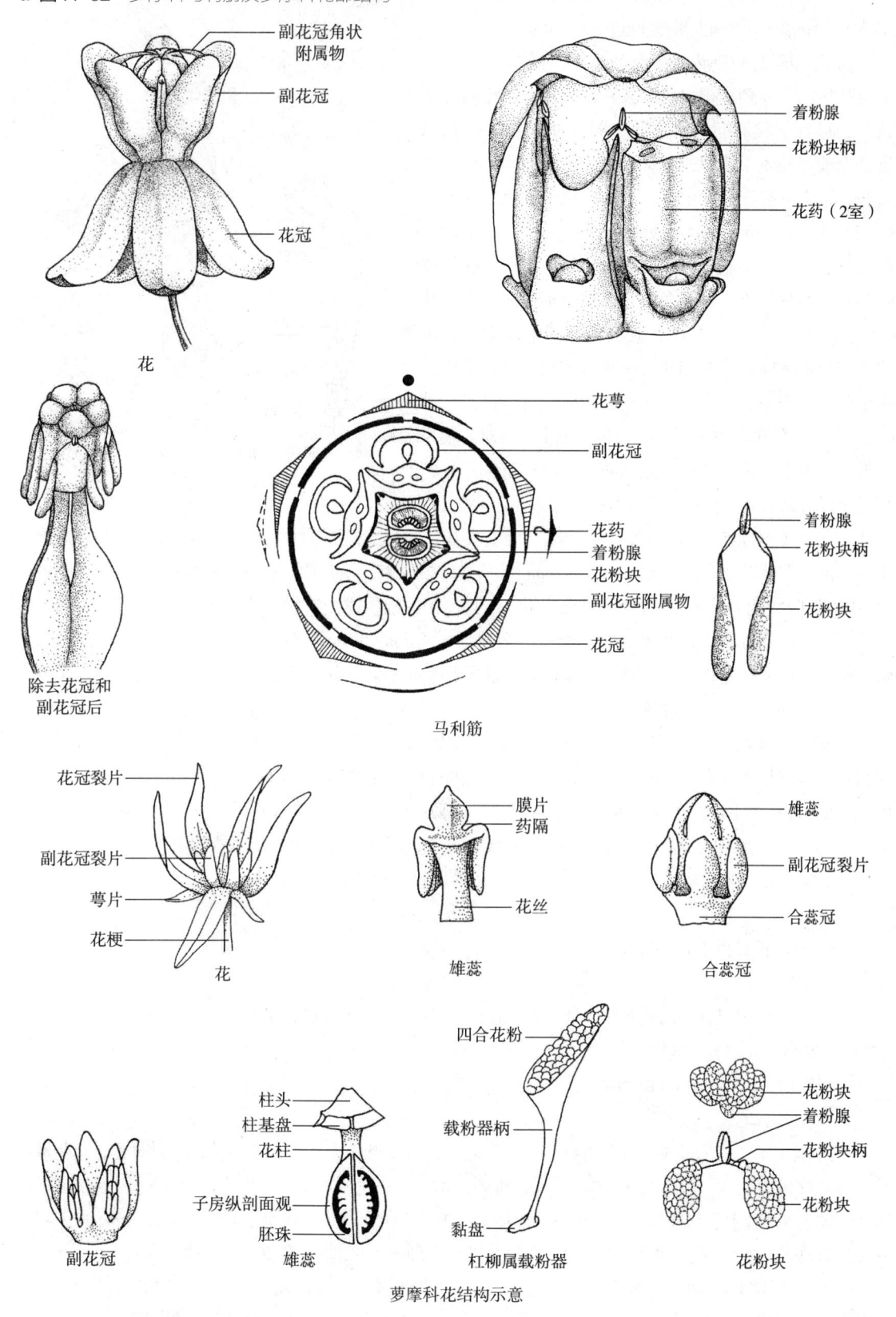

图 11-92 萝藦科马利筋及萝藦科花部结构

（5）巴戟天属（*Morinda*）：木本，直立或攀缘状，花多朵聚合成头状花序，果为聚花果。65种，我国8种。巴戟（*M. officinalis*），根肉质，多少收缩成念珠状，分布于广东、广西，根为著名中药，有补肾阳，强筋骨，祛风湿功效。百眼藤（*M. parvifolia*），聚花果红色，扁球形，分布于华南和东南。

（6）咖啡属（*Coffea*）：灌木或小乔木，花冠高脚碟状，浆果，种皮角质。约40种，主产于热带非洲。种子含咖啡碱（caffeine），经发酵焙炒研细为饮料，咖啡碱可作药用兴奋剂，热带地区广为栽培。我国在海南、广东、云南引种3种：小果咖啡（*C. arabica*）、中果咖啡（*C. canephora*）和大果咖啡（*C. liberica*）。

图11-93 栀子

此外，栀子（*Gardenia jasminoides*），灌木，托叶在基部与叶柄合生成鞘，花白色，极芳香，花大，花冠高脚碟状，子房具侧膜胎座，果肉质（图11-93）。常作庭园栽培。重瓣栽培种白蝉（*G. jasminoides* var. *fortuniana*），果实入药，又含番红花色素甙基，可提取栀子黄色素等。广州蛇根草（*Ophiorrhiza cantoniensis*），湿生草本，柄间托叶，刺毛状；花白色、粉红至淡绿色，常偏生于二歧分枝的聚伞花序的分枝上；种子多数。广布于华南和西南。耳草（*Hedyotis auricularia*），草本，亚灌木或灌木，花排成开展或头状聚伞花序，花冠漏斗状或高脚碟状，裂片全缘。分布于华南至西南，越南至菲律宾、印度也有。白花蛇舌草（*H. diffusa*），纤弱草本无毛，花白色，单生或成对，蒴果扁球形。分布于东南至西南，亚洲热带地区亦有。药用，治盲肠炎尿道结石有效，对癌症也有一定疗效。

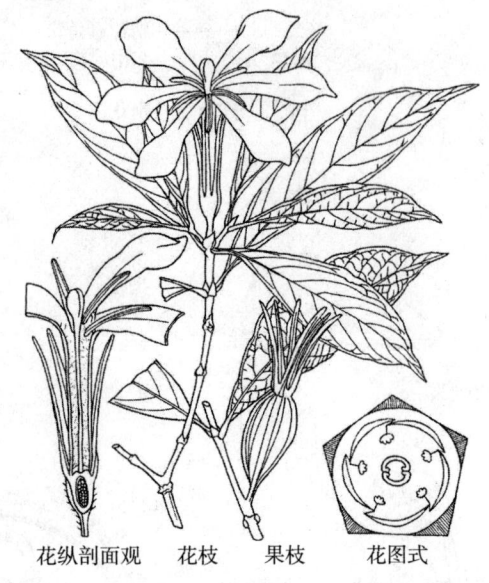

花纵剖面观　花枝　果枝　花图式

鸡矢藤（*Paederia scandens*），缠绕藤本，常有臭味。叶基部楔形、圆形至浅心形，广布于长江流域以南各省区，全草药用。茜草（*Rubia cordifolia*），草本，根成束，茎方形，有倒刺，被粗毛，4～8叶轮生（其中有托叶成为叶状的），叶卵状心形。花5基数，花冠辐状或短钟状。根含茜紫素、茜根酸，药用，又可提取茜红色素。全国大部分地区有产。金鸡纳树（*Cinchona ledgerian*），灌木或小乔木，托叶早落，顶生圆锥花序，花冠长管状，裂片边缘有毛。原产于南美安第斯山，海南、台湾、云南有栽培。树皮含奎宁（quinine），治疟疾有特效。

龙胆目以叶对生，花辐射对称，子房多由2心皮组成，上位到下位为特征。马钱科、夹竹桃科、萝藦科均具有双韧维管束。马钱科植物具有小或退化的托叶，花的结构和茜草科亦有相似的地方；马钱科的 *Mirreola* 具有半下位的子房。因此，1964年的恩格勒系统将茜草科从取消了的茜草目中提出，作为龙胆目发展的最高类群。茜草科虽然子房全部发展到下位，但偶尔表现出心皮较多的原始特征。萝藦科花的结构，是虫媒传粉在双子叶植物中的高级形式。龙胆目有可能来自蔷薇目。

三十一、管花目（Tubiflorae）

花两性，辐射对称到两侧对称，萼片5，花瓣5，合生，雄蕊4或5，心皮常为2，子房上位。本目含6个亚目26科。下文介绍8科。

1. 旋花科（Convolvulaceae）

⚥ $K_5 C_{(5)} A_5 G_{(2-5:2-5:2-1)}$

草本或木本，常为藤本，有时有乳汁；单叶互生，稀复叶，无托叶；花两性，辐射对称，单生或排成聚伞花序，有苞片；萼片5，分离，覆瓦状排列，常宿存；花冠钟状或漏斗状，5浅裂，开花前旋转状排列，雄蕊5，着生于花冠基部，与花冠裂片互生；子房上位，常为环状呈分裂的花盘所包围，1～4室，每室有胚珠1或2个，花柱顶生，柱头2；蒴果或浆果，种子2～4。胚乳少。染色体：X=7，10～15。

本科约50属1000种，广布于全球，主产于热带和亚热带。我国19属约120种，南北均有分布。

（1）打碗花属（*Calystegia*）：萼片近相等，花萼包藏在2片大苞片内，柱头2，长圆形或椭圆形，扁平。25种，我国5种，南北均产。打碗花（*C. hederacea*），藤本，缠绕或匍匐分枝，花冠漏斗状，粉红色，雄蕊基部膨大，有细鳞毛。广布于全国各地，非洲和亚洲其他地区也有。

（2）鱼黄草属（*Merremia*）：花冠通常黄色，瓣中带通常有5条暗色的脉，花粉粒无刺，蒴果4瓣裂或不规则开裂。约80种，我国16种，主产于广东、广西、云南、台湾。鱼黄草（*M. hederacea*），为细弱、缠绕草本，分布于广东。

（3）番薯属（*Ipomoea*）：花冠白色、淡红色、红色、淡紫色、紫色，极少黄色，瓣中带有2条脉，花粉粒有刺，子房2或4室。300种，广布于热带、亚热带和温带；我国20种，南北均产，但大多产于华南和西南。甘薯（番薯）（*I. batatas*），原产于热带美洲，我国各地栽培，是主要薯类作物，除食用外还可酿酒、提取淀粉等工业原料。蕹菜（*I. aquatica*），我国南部栽培，嫩茎、叶作蔬菜。五爪金龙（*I. cairica*），产于美洲，供观赏，今已逸生为恶草，如图11-94所示。

（4）牵牛属（*Pharbitis*）：和番薯属相近，但萼片顶端长而狭渐尖，子房3室，胚珠6。24种，我国3种，南北均产。裂叶牵牛（*P. nil*），全株被粗硬毛，叶卵状心形，常3裂。分布于华东、华南、西南，原产于热带美洲，栽培或逸为野生。种子药用，根据种子颜色，黑者叫黑丑，土黄色者叫白丑；有小毒，泻湿热，利大小便。

菟丝子（*Cuscuta chinensis*），草质寄生藤本，可入药。旋花科有不少种类为观赏植物，如裂叶牵牛、茑萝（*Quamoclit pennata*）、月光花（*Calonyction aculeatum*）和五爪金龙等在我国许多地方均有栽培。

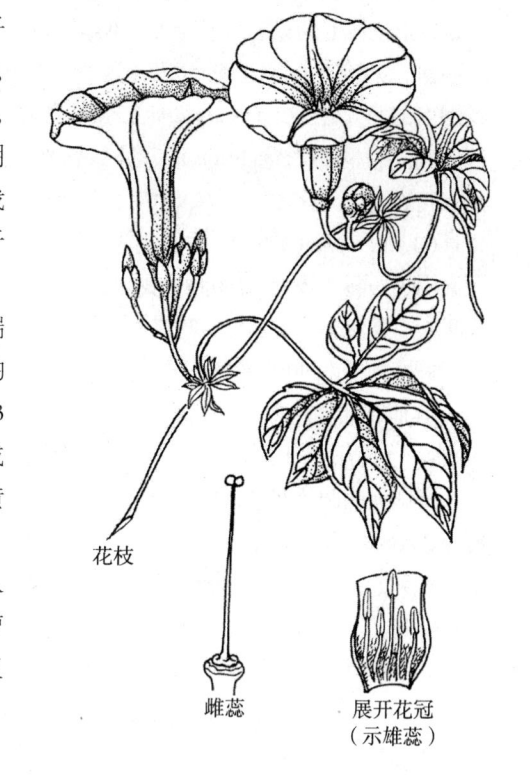

☆ 图11-94 五爪金龙

2. 紫草科（Boraginaceae）

$* ↑ ⚥ K_5 C_{(5)} A_5 \underline{G}_{(2:2:2)}$

木本或草本，常被毛；单叶互生，有时茎下部的对生，无托叶；花两性，辐射对称，稀两侧对称，单歧或二歧聚伞花序，亦有数朵簇生的；萼片5，分离或基部合生，覆瓦状排列，花冠合瓣，辐状、钟状或漏斗状，裂片5，覆瓦状排列，喉部常有附属体；雄蕊与花冠裂片同数而互生，着生于花冠上，有花盘或缺；子房上位，2室，每室有胚珠2，或自中隔裂成4深裂，每室有胚珠1个，花柱顶生或生于子房4裂片的中部，柱头2～4；核果，有1～4个种子，或为4个小坚果，种子常无胚乳。染色体：$X=4, 10, 13$。

本科约100属2 000种，广布于全球。我国约有49属208种，全国各地均有分布。

紫草（*Lithospermum erythrorhizon*），产于我国大部分地区，根红紫色，含多种紫草素，药用。新疆和西藏产的新疆紫草（*Arnebia euchroma*），亦含大致相同的成分，同作紫草用。

厚壳树（*Ehretia thyrsiflora*），乔木，广布于山东和河南以南各省区，木材供建筑及家具，树皮可作染料。基及树（福建茶）（*Carmona microphylla*），灌木，叶边缘上部有少数牙齿，两面疏生短硬毛，上面常有白色点，分布于广东及台湾，栽培作绿篱。大尾摇（*Heliotropium indicum*），热带地区广布，生于丘陵草地及荒地上，全草药用。聚合草（*Symphytum officinale*），原产于北亚、欧洲、英格兰，引进后逸生，有致癌等作用。

勿忘草（*Myosotis silvatica*），草本，花冠蓝色，分布于云南、四川、江苏、华北、东北、西北，亚洲其他温带地区及欧洲也有，现栽培供观赏。

3. 马鞭草科（Verbenaceae）

$↑ ⚥ K_{(4～5)} C_{(4～5)} A_{4,5,2} \underline{G}_{(2:4:2～1)}$

草本或木本，叶对生，很少轮生或互生，单叶或复叶，无托叶；花两性，两侧对称，穗状花序或聚伞花序，或再由聚伞花序排成圆锥状，头状或伞房状；花萼合成钟状、杯状或筒状，4或5裂，宿存；花冠合瓣，常4或5裂，裂片复瓦状排列；雄蕊4，稀5或2，着生于花冠管上，花药2室，常分叉状而纵裂；子房上位，由2心皮组成，4室，稀2～10室，全缘或深裂，每室有1或2个胚珠，花柱顶生，柱头2裂或不裂；核果或蒴果状，种子无胚乳。染色体：$X=5～9, 11, 12$。

本科约有80属3 000余种，主要分布于热带和亚热带。我国有20属174种。

（1）马鞭草属（*Verbena*）：含250种，我国仅有1种，即马鞭草（*V. officinalis*），方茎，叶不规则分裂，花序穗状，花淡蓝紫色，中轴胎座，子房4室。全国广布，全株入药。

（2）赪桐属（*Clerodendrum*）：花排成聚伞花序或圆锥花序，花萼在结果时增大，常有各种美丽的颜色，钟形或杯形，花冠筒不弯曲，雄蕊常为4枚。400种，我国30余种，自西南、华南至河北广布，多数产西南。鬼灯笼（*C. fortunatum*），灌木，茎内髓致密，花萼紫红色，花冠淡红、淡紫蓝或白色，分布于我国南部。大青（*C. crytophyllum*），茎、枝髓白而坚实，分布于华东到西南，朝鲜与马来西亚也有，根、叶入药。赪桐（*C. japonicum*），灌木，嫩枝有绒毛，叶长宽分别可达35和40 cm，大型聚伞圆锥花序顶生，花鲜红色。分布于浙江、中南、西南、日本、印度、马来西亚也有。

（3）牡荆属（*Vitex*）：乔木或灌木，常具掌状复叶；花萼在结果时不显著增大，绿色；花冠2唇形，下唇中央一裂片较大。150种，我国约15种，南北均产。黄荆（*V. negundo*），灌木，分布几遍全国。枝叶及果实有香气，子实、根、叶皆入药，种子晒干泡水有解暑功效。山牡荆（*V. quinata*），乔木，掌状复叶3~5小叶，枝、叶无香气。分布于我国南部至印度、马来西亚、菲律宾、日本也有。

其他有杜虹花（*Callicarpa formosana*），叶上面有糙毛，下面密生黄褐色星状毛和金黄色腺点，叶柄长0.5~1 cm，产于东南各省。叶含紫珠素，有止血消炎作用。柚木（*Tectona grandis*），落叶大乔木，叶大，具阔大的圆锥花序，核果包藏在扩大的花萼内。原产东南亚，我国引入栽培，为贵重材用树种。石梓（*Gmelina chinensis*），小枝常有刺，叶片基部常有大腺点，花冠筒下部纤细，上部膨大成漏斗状。分布于广东和云南东南部，亦为材用树种。豆腐柴（*Premna microphylla*），乔木、灌木或藤本，小枝无刺，叶片或具腺点，花冠筒短，子房4室。分布于华东、中南、西南各省，根、茎、叶入药，主治毒蛇咬伤。此外，马缨丹（*Lantana camara*）、铺地马鞭草（*Verbena hybrida*）、冬红花（*Holmskioldia sanguinea*）和假连翘（*Duranta repens*）（图11-95）等亦栽培供观赏。

4. 唇形科（Labiatae，Lamiaceae）

$\uparrow \diamondsuit K_{(5)} C_{(5)} A_{4,2} \underline{G}_{(2:4:1)}$

草本或灌木，常含芳香性挥发油，茎四棱形；叶对生或轮生，常有腺点和香气；花两性，两侧对称，稀近辐射对称，多排成由轮伞花序再组成的各种花序；花萼合生，唇形，常5齿裂，宿存；花冠合瓣，有各种颜色，二唇形，上唇2裂，稀3或4裂，下唇3裂，稀1或2裂，很少为单唇形，花冠筒常有毛环；雄蕊4，2强，或2，着生于花冠筒上，花药2室，常呈分叉状，或药隔叉开后下延，1药室退化成杠杆的一端，常有花盘；子房上位，由2个深裂的心皮组成，因而有4室，每室含1胚珠，花柱生于子房裂隙的基底，柱头多为2尖裂，胚珠倒生；果由4个小坚果组成，种子有少量胚乳。染色体：X=6~11, 13, 17~30。

图11-95 假连翘

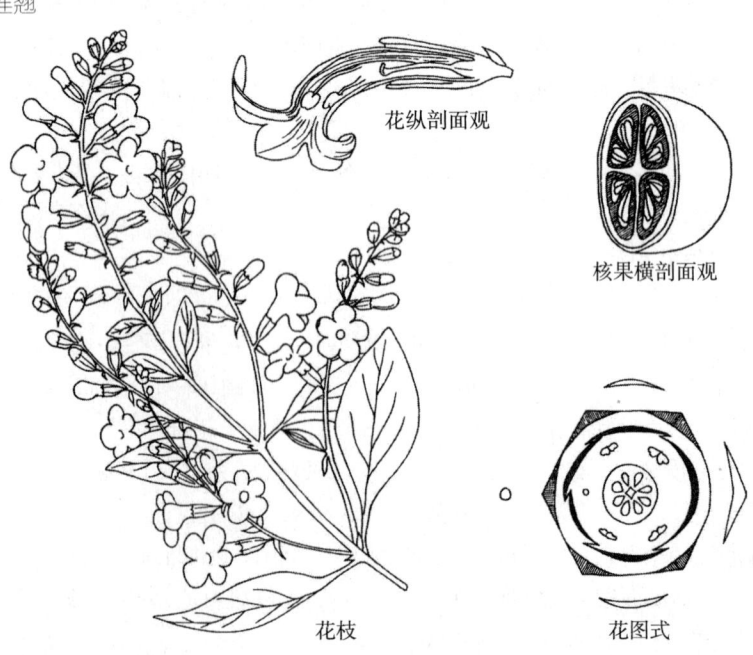

本科约220属3 500种，全球分布，在地中海到小亚细亚的干旱地区最多。我国约98属800种，全国分布。

唇形科植物多集中分布于比较干旱的地区。植物体内富有芳香性的挥发油，一向被认为与干旱气候有密切的关系，这在资源利用或驯化工作上是一个很值得研究的问题。

本科植物几乎都含芳香油，可提取香精，其中不少芳香油成分可供药用；有些种类供观赏。

（1）黄芩属（*Scutellaria*）：草本或亚灌木，花成对对生；萼钟状，花后封闭，上唇的背部有扩大的鳞片1个；花冠管长突出，上唇3裂，兜状。我国已知55种，南北均产。黄芩（*S. baicalensis*），分布于北方各省区，根、茎主要含黄芩甙和汉黄芩甙，药用。半枝莲（*S. barbata*），产于华北、华中、华南及西南，全草入药。

（2）藿香属（*Agastache*）：叶不分裂；花萼筒内部无毛环，萼有15脉；花冠二唇形，上唇外凸；两对雄蕊不互相平行，后对雄蕊下倾，前对雄蕊上升；花盘裂片相等，不大明显；花冠下唇中裂片无爪状狭柄。9种，我国仅1种藿香（*A. rugosa*），各地广泛栽培，可药有和提取香精。挥发油的主要成分是异茴香脑、茴香醛、茴香醚基胡椒酚等。另外，广藿香属（*Pogostemon*）的广藿香（*P. cablin*），花冠通常近二唇形，上唇2裂，下唇全缘，栽培于云南和华南。用途与藿香相同，但油的主要成分为广藿香醇。

（3）益母草属（*Leonurus*）：花萼漏斗状，5脉，齿多少3/2式2唇，前二齿靠合，多少反折，尖三角形；花冠筒内具微柔毛或有毛环，其上直伸或呈囊状膨大；上唇微外凸，在基部大部分狭窄，下唇直伸或平展；药室平行。约20种，我国10种，产于全国各地。益母草（*L. heterophyllus*），分布于全国各地，全草药用，活血调经。小坚果中药名"茺蔚子"，有利尿、治眼疾之效。

（4）鼠尾草属（*Salvia*）：花萼喉部无毛或微有毛，稀有毛环，花冠3/2式二唇；雄蕊2，花药条形，药隔线形，与花丝有关节相连，常成丁字形；小坚果多少卵状三棱形。约700种，我国有75种26变种，产于全国各地，但种数以西南为多。丹参（*S. miltiorrhiza*），多年生草本，根肥厚。分布于辽宁、华北、华东、陕西、湖南，日本也有。根为著名中药。一串红（*S. splendens*），半灌木状草本，花冠红色、紫色或白色（图11-96）。原产于巴西，我国引种供观赏。

唇形科作药用的种类有160多种。其他有夏枯草（*P. vulgaris*），轮伞花序密集成顶生假穗状花序。几乎产于全国各地，广布于欧、亚、美、非洲北部以及大洋洲。药用。留兰香（*Mentha spicata*），茎绿色，芳香草本，叶背有腺点，为腋生花束，花冠4裂，近辐射对称，雄蕊4。我国华中和华北地区有种植，新疆有野生的，为食用和化妆品的原料。薄荷（*M. haplocalyx*），茎、叶被微柔毛，分布于全国各地，为著名的药材，也是高级的食用香料，全株提取薄荷油和薄荷脑。还有香薷（*Elsholtzia splendens*）、荆芥（裂叶荆芥）（*Schizonepeta tenuifolia*）、溪黄草（*Rabdosia serra*）、凉粉草（*Mesona chinensis*）、紫苏（*Perilla frutescens*）等药物。半枝莲（*Scutellaria barbata*）对某些癌症有疗效。

唇形科叶对生，子房深裂，花柱基生，胚珠单1，雄蕊发育出与花冠特化一致的昆虫传粉机制，在系统发育上达到很高的水平。

✿ 图11-96　一串红

5. 茄科（Solanaceae）

*↑⚥ K₆₋₄ C₍₅₎ A₅ G₍₂:₂:∞₎

草本或灌木，直立或攀缘状，稀为小乔木，具双韧维管束；单叶互生，但有时为一大一小的双生叶，无托叶；花两性，辐射对称，稀为两侧

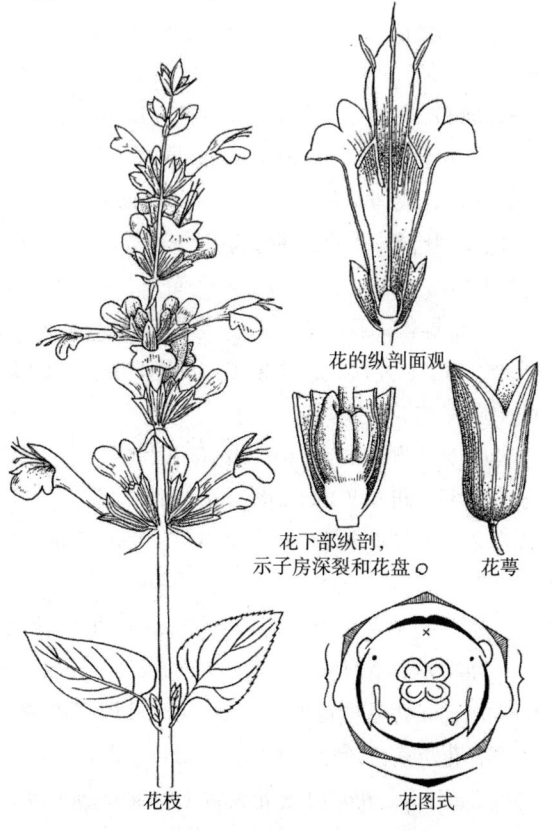

对称，单生或排成聚伞花序，花序有时为腋外生；花萼4～6裂，宿存，常于果期增大；花冠合瓣，形状各式，常为辐射状5裂；雄蕊5，着生于花冠管上，与裂片互生，药2室，有时互相黏合，纵裂或孔裂，有花盘；子房上位，2室，位置偏斜，有时出现假隔膜而形成不完全4室，胚珠多数；浆果或蒴果，种子有胚乳。染色体：X=7～12，17，18，20～24。

本科约80属3 000种，分布于温带和热带。我国有22属100余种。

本科植物有较多的种类具有食用价值。马铃薯（Solanum tuberosum），原产于美洲热带，地下块茎含淀粉12%～25%，供食用。茄（S. melongena），原产于亚洲热带，我国各地广泛栽培的蔬菜之一。番茄（西红柿）（Lycopersicum esculentum），原产于秘鲁，世界各地栽培，供食用。辣椒（Capsicum frutescens），原产于南美洲，久经栽培。烟草（Nicotiana tabacum），原产于南美洲，现广植于全世界温带和热带地区。叶为卷烟和烟丝的原料，全株亦可作农业杀虫剂。烟草中含烟碱，也称尼古丁（nicotine），有剧毒。

本科植物不少种类含有植物碱，常作药用。洋金花（白花曼陀罗）（Datura metel）的花含莨菪碱、东莨菪碱和阿托品等生物碱，有麻醉、镇痛及放大瞳孔之效。原产于印度，现广布于世界温带和热带，我国各地有栽培逸生种。曼陀罗（D. stramonium），广布于全世界，花、叶、种子入药。产于我国西南各省的赛莨菪（Anisodus luridus）和天仙子（Hyoscyamus niger）均含有类似成分，效用大致相同。枸杞（Lycium chinense），广布于全国各省区。果实含甜菜碱等，为中药的枸杞子；根皮为地骨皮，入药；嫩叶可做羹汤，食用。少花龙葵（Solanum photeinocarpum），纤弱草本，双生叶和花序腋外生明显，花白，浆果成熟后黑色，嫩叶可食，称"白花菜"。我国南部省区有产，马来群岛亦有（图11-97）。

6. 玄参科（Scrophulariaceae）

↑⚥K$_{(4\sim5)}$C$_{(4\sim5)}$A$_{4,2,5}$G$_{(2:2:\infty)}$

草本或木本；叶多对生，较少互生或轮生，无托叶；花两性，多为两侧对称，排成各种花序；萼片4或5，分离或合生，宿存；花冠合瓣，多为2唇形，裂片4或5，花蕾时覆瓦状排列，有些属花冠筒极短，裂片呈辐状；雄蕊4，2强，少2或5，着生于花冠筒上，并与花冠裂片互生，有些属有退化雄蕊1或2，花药2室，药室分离或顶端相连，有些退化为1室，花盘环状或一侧退化；子房上位，2室，胚珠多数，着生在中轴胎座上，花柱顶生；蒴果，稀浆果，常有宿存花柱，种子多数，稀少数，有胚乳。染色体：X=6～16，18，20～26，30。

本科200余属约3 000种，全球分布。我国有54属600余种，南北均产，主产于西南。

（1）泡桐属（Paulownia）：落叶乔木，叶对生，花大，排成顶生圆锥花序，上唇2裂，反卷，蒴果室背开裂。7种，我国均产。白花泡桐（P. fortunei），产于黄河流域至华南（图11-98）。毛泡桐（P. tomentosa），分布于华北至华南北部，以黄河中下游地区最普遍。两者均为材质优良的速生树种。

（2）毛麝香属（Adenosma）：草本，有香气，有时基部木质化，叶背有腺点，小苞片2，萼裂达基部。10种，我国4种。毛麝香（A. glutinosum），花冠蓝色或紫红色，分布于云南、广西、广东、江西、福建南部。叶含芳香油，亦可药用。

（3）玄参属（Scrophularia）：草本，叶对生，常有透明腺点，花冠管球形或卵形，蒴果。约120种，主产于北温带，我国约32种。玄参（S. ningpoensis），主产于浙江，分布于陕西和河北以南各省，根含生物碱、甾醇、左旋天门冬素等，具滋阴降火，解毒，润燥功效。东北地区主产的北玄参（S. buergeriana）的干燥块根亦作玄参用。

（4）母草属（Lindernia）：花萼具5棱，不呈唇形，果期不规则分裂，蒴果隔膜宿存。约70种，我国约26种。母草（L. crustacea），蒴果球形，萼膜质，花后常开裂。分布于秦岭、淮河以南及云南以东各省区，热带亚热带广布。旱田草（L. ruellioides），叶缘密生整齐而急尖的细锯齿，分布于台湾、福建到云南。

本科的地黄（Rehmannia glutinosa），根为著名中药，根干后称生地，加酒蒸熟称熟地，具滋阴养血生津功效，主产河南。毛地黄（Digitalis purpurea），草本，叶长大，花萼分裂几达基部，裂片宽。我国栽培，叶含毛地黄素（digitaline），为强心要药。蓝猪耳（Torenia fournieri），花对生，集成顶生总状花序，花淡紫色，分布于广东、云南。原产于欧洲的金鱼草（Antirhinum majus），原产于美洲的香彩雀（Angelonia salicariifolia）和炮仗竹（Russelia equisetiformis）等，均为庭园栽培。

图11-97 少花龙葵

图11-98 毛泡桐

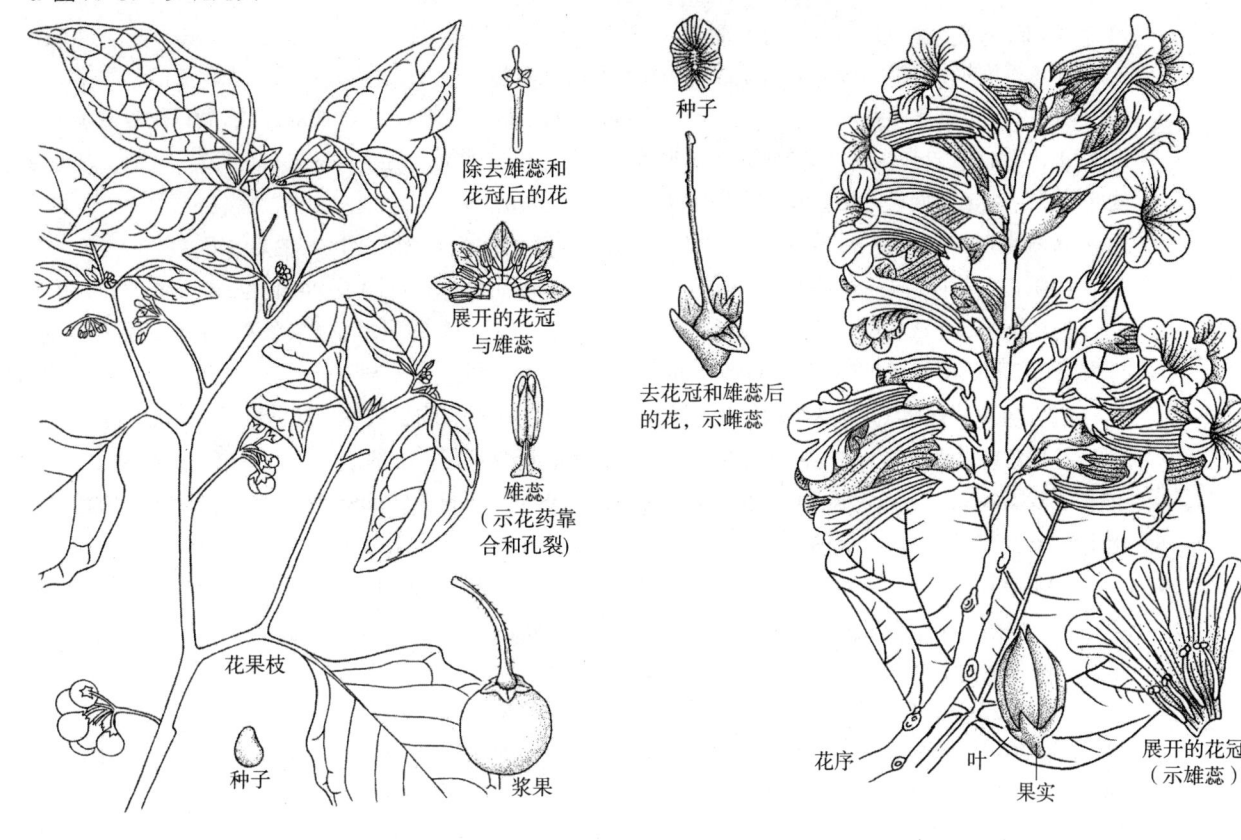

7. 爵床科（Acanthaceae）

↑⚥ K(5)C(5)A4,2 G(2:2:1-∞)

直立，攀缘或匍匐状草本或灌木；单叶对生，全缘或分裂，无托叶；花两性，常左右对称，具各种花序，罕单生；花有苞片和小苞片，有时缺；萼5深裂，花冠2唇形或稍不等的5裂；雄蕊4或2枚，着生于花冠管上，花药2或1室；子房上位，2室，每室有胚珠一至多枚；蒴果，种子生于上弯的种钩（由珠柄发展而来）上。染色体X=7～21。

本科约250属2500种，广布于热带和亚热带地区。我国连引入有61属178种，产于长江以南各省区。

（1）山牵牛属（*Thunbergia*）：藤本，2小苞片似佛焰苞状，花萼退化，仅存一边环或小齿，蒴果的胎座上无种钩。75种，我国6种，产于云南、四川、贵州、广西、广东。大花老鸦嘴（*T. grandiflora*），叶具3～5条掌状脉；花冠蓝色、淡黄或外面近白色；雄蕊2强，长雄蕊花药有毛，2药室均具距，短雄蕊花药无毛，仅1药室有距；蒴果具长喙。分布于广东、广西、云南。果实开裂时种子由蒴底弹出。

（2）老鼠簕属（*Acanthus*）：直立灌木，叶柄两侧各具1刺，叶边缘有深波状带刺的齿；花冠单唇形，上唇退化。50种，我国2种。老鼠簕（*A. ilicifolius*），分布于广东、福建，生于海边沙滩和湿地，为红树林植物。

（3）马蓝（*Strobilanthes cusia*），苞片叶状，花萼5，花冠裂片几乎相等或略成二唇形，内面有2行短柔毛，花丝基部有薄膜相连，蒴果的胎座上具种钩。分布于西南、华南、台湾、福建。过去栽培以提取蓝色染料，根、叶药用，治腮腺炎等。

（4）穿心莲（*Andrographis paniculata*），圆锥花序，苞片与小苞片长1mm，萼长3mm，花冠白色，二唇形，下唇有紫斑。原产于南亚，茎、叶极苦，清热解毒。

本科用于观赏的植物有：珊瑚花（*Cyrtanthera carnea*），原产巴西，在南方有栽培；花脉爵床（*Fittonia verschaffeltii*）茎被毛，叶暗绿色，网脉深红色；虾衣花（*Callispidia guttata*），穗状花序下垂，具鲜艳、棕红色、宿存的大苞片，小苞片稍长于花萼，花冠白色，伸出苞片之外，二唇状，下唇3浅裂，有3行紫斑，原产墨西哥，引进栽培。

8. 苦苣苔科（Gesneriaceae）

$\uparrow \male female K_{(15)} A_{4,2} \underline{G}, \overline{G}_{(2:4\sim2\sim1:\infty)}$

草本，灌木，稀为乔木，有时攀缘状；单叶基生或对生，等大或不等大；花两性，美丽，常左右对称，单生或为各式聚伞花序；萼管状，5裂；花冠合瓣，多少二唇形，上部偏斜，常5裂；雄蕊着生于花冠管上，常4枚，2强，或其中2枚为退化雄蕊；子房上位或下位，侧膜胎座或不完全2～4室，胚珠多数；蒴果，果瓣常旋卷。染色体：X=4～17；基数可能为8或9。

本科约120属2000种。我国有38属，超过240种，产于长江以南各省区。主要供观赏。

（1）芒毛苣苔属（Aeschynanthus）：木本，常为附生植物，叶对生或3或4叶轮生，革质或肉质；花美丽，鲜红色，单生或簇生；花冠二唇形，雄蕊4，花盘环状；蒴果线型，种子具长毛。80种，我国24种，多见于南部和西南部。芒毛苣苔（A. acuminatus），木质藤本，聚伞花序，分布于广东、广西、云南、四川。

（2）马铃苣苔属（Oreocharis）：近无茎草本，叶基生，背有明显网脉；花茎延长，花萼、花冠均5裂，花紫色或蓝色；雄蕊4，花药分生，药隔无硬毛，花盘环形，全缘或浅裂；蒴果室裂，种子无毛。25种，我国20种，分布于长江中下游以南各省区。长瓣马铃苣苔（O. auricula），多年生草本，花冠蓝紫色，分布于广东、广西、福建、江西、湖南、湖北、四川。

（3）唇柱苣苔属（Chirita）：花冠两侧对称，能育雄蕊2，柱头斜，不等2裂。约77种，我国约30种，产于西南、华东、华南、西藏。两广唇柱苣苔（C. sinensis），分布于广东、广西。

（4）报春苣苔（Primulina tabacum），叶基生，能育雄蕊2，分生或连生，分布于广东（图11-99）。

苦苣苔科多生于阴湿石壁岩洞口，有的颇为耐旱，具肉质厚叶的种类可用叶插繁殖。本科植物的价值主要在于观赏，常见的如大岩桐（Sinningia speciosa）、非洲紫罗兰（Saintpaulia ionanlha）等，国产苦苣苔科植物不乏美丽者，待有志者开发。

管花目是一个大类群，花以两性，5基数，具有花盘，子房上位，由2心皮组成为基本特征。各亚目之间的系统关系很密切，是系统发育中保存得最为完整的一群。在这一巨大的合瓣花类群中，可以清楚地看到花由辐射对称发展到两侧对称，继而形成唇形花冠；雄蕊由5枚发展到4枚，二强雄蕊，或至2枚。管花目可能来自蔷薇目，如景天科、虎耳草科一些具有合瓣花，2心皮组成的子房的种类。

三十二、川续断目（Dipsacales）

草本或木本；叶对生，有时轮生；花两性，辐射对称或两侧对称，4或5基数；雄蕊与花瓣裂片同数、2倍或较少；子房下位或半下位，心皮常2或3，稀5，一至数室，每室有胚珠一至多数。含4科。下文介绍1科。

忍冬科（Caprifoliaceae）

$*\uparrow \male female K_{(5\sim4)} C_{(5\sim4)} A_{5\sim4}, \overline{G}_{(5\sim2:5\sim1:\infty\sim1)}$

木本，稀草本；叶对生，单叶，稀羽状复叶，常无托叶；花两性，辐射对称至两侧对称，聚伞花序或由聚伞花序排成各种花序，亦有数朵簇生，稀单生；花萼筒与子房贴生，4或5裂；花冠合瓣，裂片4或5，有时成二唇形，覆瓦状排列；雄蕊4或5，着生于花冠管上，与花冠裂片互生；无花盘；子房下位，2～5室，很少多室或1室，每室有胚珠一至多个；浆果，蒴果或核果，种子有胚乳。染色体：X=8～10（11）。

本科有14属约300多种，主产于北半球温带。我国有12属200余种，分布于南北各省区。

（1）忍冬属（Lonicera）：藤本或灌木，花冠二唇形或几5等裂，浆果。约200种，我国约84种。忍冬（金银花）（L. japonica），花成对腋生，开放后由白变黄。我国南北均产，药用，主要含环己六醇、槲草素-7-葡萄糖甙，具清热解毒、凉散风热功效。山银花（L. confusa）（图11-100）同效。

（2）荚蒾属（Viburnum）：常为灌木，花冠辐状，核果。约200种，我国约110种，南北均产。在我国北方庭园栽培的香荚蒾（V. farreri）供观赏。有的种类经过培育，花全变为白色、大型的不孕花，如木绣球（琼花）（V. macrocephalum）。珊瑚树（V. odoratissimum），为常绿乔木，花白色，芳香。分布于我国南部至印度，日本也有，常栽培作风景树。坚荚蒾（V. sempervirens），侧脉在叶背显著隆起，最基一对脉到达叶片3/4处。分布于南部。

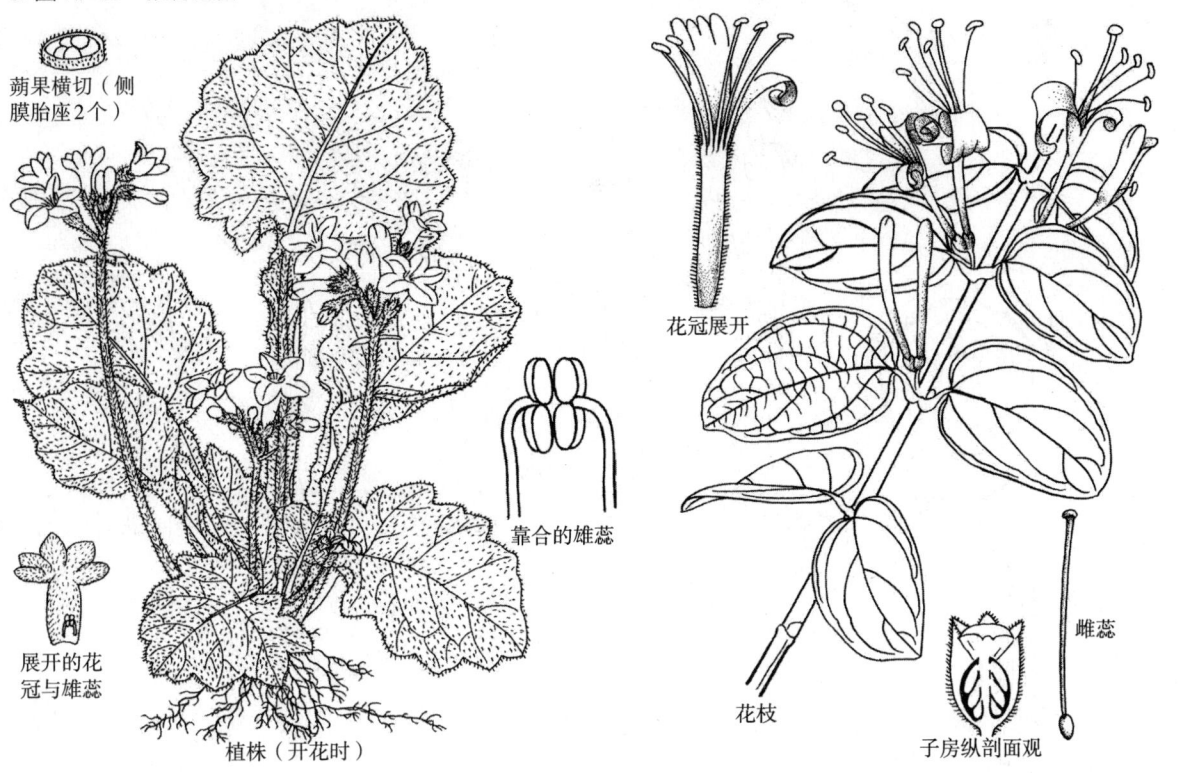

☆ 图11-99 报春苣苔　　　　　　　　　　　☆ 图11-100 山银花

（3）接骨木属（*Sambucus*）：奇数羽状复叶对生，有托叶和小托叶，或缺。接骨木（*S.williamsii*）全国分布。

川续断目和龙胆目关系较密切，特别是与茜草科；不过川续断目多数种类托叶已经消失，从木本发展到草本，形成两侧对称的花，子房室由全部能育到仅1室发育，已经进了一步。川续断科（Dipsacaceae），草本，叶对生，无托叶，头状花序或穗状花序，萼多裂，雄蕊4，着生花冠管上，胚珠垂生，瘦果。

三十三、钟花目（桔梗目）（Campanulales）

花两性，整齐或两侧对称，5基数，聚药雄蕊，子房下位，每室胚珠多数到1个。含8科。这里仅介绍菊科。

菊科（Compositae，Asteraceae）

*↑☿♂♀$K_{(5)}C_{(5)}A_{(5)}\overline{G}_{(2:1:1)}$

草本、灌木或藤本，间有乳汁；叶互生，稀对生或轮生，无托叶；花两性或单性，极少有单性异株，少数或多数花聚集成头状花序，托以1或多层总苞片组成的总苞，花序托凸、扁或圆柱状，平滑或有多数窝孔，裸露或被各式托片，头状花序单生或数个至多数排列成总状、聚伞状、伞房状或圆锥状；在头状花序中的花有同型的，即全部为管状花或舌状花，或为异型的，即外围为舌状花，中央为管状花，或具有多型的；花具或不具托苞片；萼片变态为冠毛状、刺状或鳞片状；花冠合瓣成管状、舌状、二唇形、假舌状或漏斗状，4或5裂；雄蕊4或5，着生于花冠管上，花药从侧面合生成筒状，基部钝或有尾，花药内向纵裂，花丝分离；子房下位，1室，具1个直生或基生的胚珠，花柱顶端2裂为长短不一的柱头臂，顶端有各种附器（图11-101），柱头内表面具乳突，柱头下具毛环；果为下位瘦果（epiachene），或称菊果（cysela），顶端为糙毛、鳞片、刺芒状，或具钩刺等附属物；种子无胚乳。染色体：X=2～29；基数可能为9。

本科约1 100属20 000种，广布于全世界。我国180余属2 000多种。

花冠的形态以菊科为最复杂：① 管状花是辐射对称的两性花；② 二唇花是两侧对称的两性花，上

图 11-101 菊科的花和果

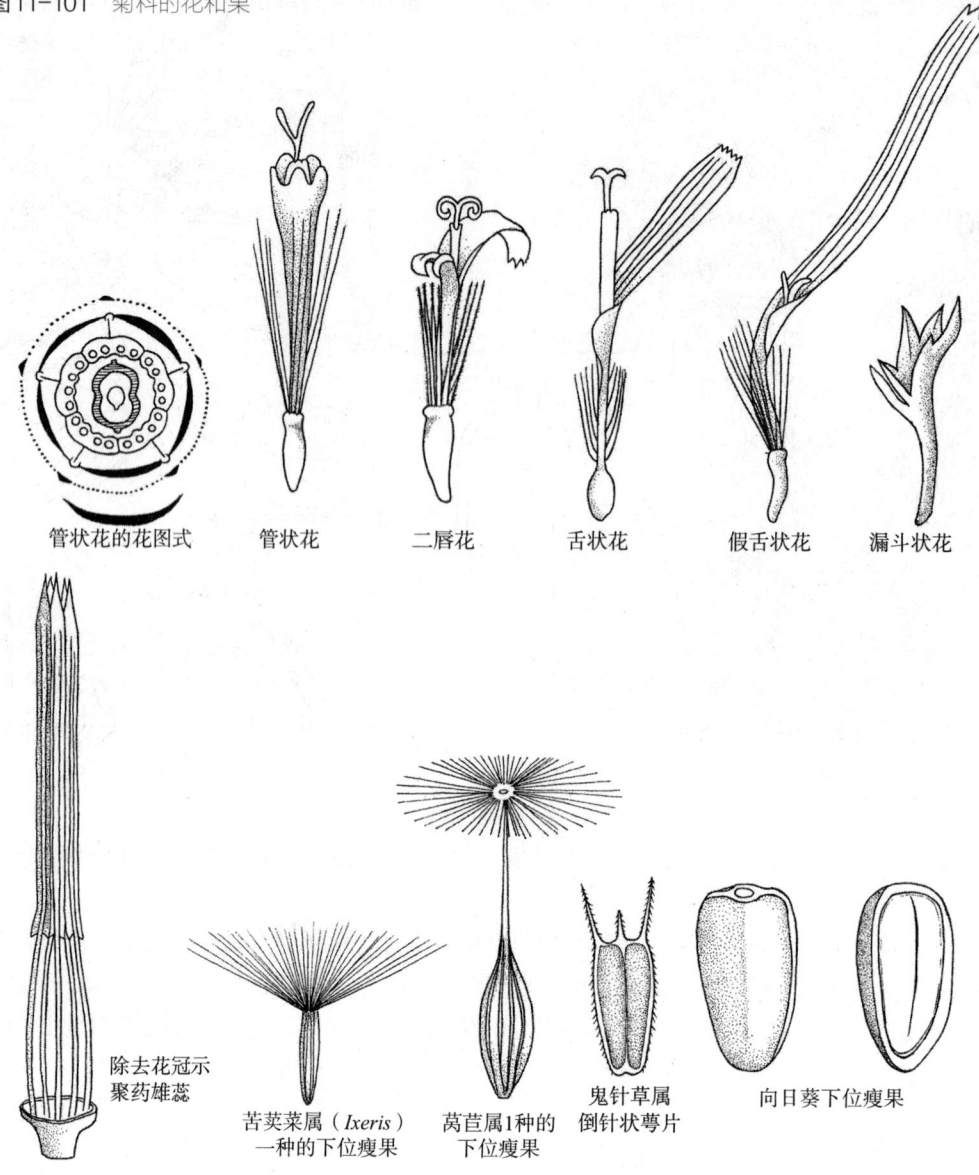

管状花的花图式　管状花　二唇花　舌状花　假舌状花　漏斗状花

除去花冠示聚药雄蕊　苦荬菜属（*Ixeris*）一种的下位瘦果　莴苣属1种的下位瘦果　鬼针草属倒针状萼片　向日葵下位瘦果

唇2裂，下唇3裂；③ 舌状花是两侧对称的两性花，5个裂瓣结成1个舌状瓣片，如蒲公英（*Taraxacum mongolicum*）；④ 假舌状花是两侧对称的雌花，3裂瓣结成1个舌状片，或中性花，如向日葵的边缘花；⑤ 无性的漏斗状花，如矢车菊（*Centaurea cyanus*）的边缘花。原始的头状花序只有1种花，高级的类型则有多型的花。在一个头状花序中，处于边缘的小花称为边缘花，或缘花，处于中央的小花称为盘花（图11-101）。

根据组成头状花序小花的花冠和植物体是否有乳汁，可以把菊科划分成两个亚科。

1. 筒状花亚科（Carduoideae）

组成头状花序的小花有同形的，也有异形的，但盘花花冠非舌状。植物体不具乳汁。筒状花亚科包括了菊科绝大多数的属种。在国产菊科12个族中，筒状花亚科占了11个族。

（1）斑鸠菊属（*Vernonia*）：头状花序分散，各有多数小花，全为两性筒状花；冠毛有多数毛，宿存，外层冠毛有时膜片状；菊果10棱或5棱。我国有30余种，产于华南、西南。夜香牛（*V. cinerea*），头状花序淡紫红色，冠毛白色，广布于华南到西南。

（2）胜红蓟属（*Ageratum*）：叶常对生，头状花序钟状，有同形的筒状花，冠毛鳞片状。我国2种。胜红蓟（*A. conyzoides*），草本，芳香，全株被白色多节长柔毛，花淡紫色或浅蓝色，冠毛鳞片5枚，上端芒状。原产于墨西哥，今长江以南广布。可作清塘后浸泡培育浮游生物作小鱼苗饲料。

（3）泽兰属（*Eupatorium*）：和胜红蓟属接近，但冠毛毛状，多数，分离。我国约14种，除新疆、西藏外广布。华泽兰（*E. chinense*），菊果有腺点，叶具规则的圆锯齿，下面有毛和腺点。分布于华东、华南、西南。泽兰（E. japonicum），菊果有腺点及柔毛，叶具或深或浅，或大或小锯齿，下面有毛和腺点。除新疆、西藏外广布于全国，茎叶药用，利尿药，有活血通神作用。佩兰（E. fortunei），菊果无毛及腺点，叶大部分为3全裂，具粗大锯齿，两面无毛及腺点。分布于山西、陕西、河南、华东至西南，全草药用。飞机草（E. odoratum），原产于南美，现在云南、海南普遍生长，成恶性杂草。

（4）紫菀属（Aster）：头状花序辐射状，有舌状雌花，白色，紫堇色或蓝色，盘花两性，管状，花冠常为黄色；冠毛1或2层，外层短膜片状。我国约100种，广布。紫菀（A. tataricus），基部叶长、宽分别可达50 cm和13 cm，花期枯落，而上部叶则狭小；头状花序成伞房状排列，舌状花蓝紫色，筒状花黄色；菊果有污白色带红色冠毛。分布于东北、华北、西北，根及根茎入药，润肺下气、消痰止咳。

（5）艾纳香属（Blumea）：头状花序排列成疏散的或穗状花序式的圆锥花序，全为管状花，花药基部有尾，全部结合，冠毛细毛状。我国30余种，分布于华南、西南。艾纳香（B. balsamifera），叶柄每边常有2或3个狭条形小裂片，叶上面有黄褐色短硬毛，下面有黄褐色密绢状绵毛。分布于台湾、广东、广西、云南、贵州，亚洲南部也有。叶含龙脑香，提取物与冰片成分相类，称艾片或机制冰片，用于医药及调制香精。柔毛艾纳香（B. mollis），花紫色至粉紫色或基部淡白色，分布区与艾纳香同。

（6）苍耳属（Xanthium）：头状花序单性，具同形花，雌雄同株，雌花无花冠，花药分离或贴合，花序托在两性花之间有毛状托片；雄头状花序总状或穗状排列，总苞片1层，分离；雌头状花序无柄，内层总苞片结合成蒴果状，有喙及钩刺；2室，含2花。我国5种，广布。苍耳（X. sibiricum），广布于全球温带，果入药。

（7）豨莶属（Siegesbeckia）：叶对生，头状花序疏圆锥状排列，有花序梗，总苞片2列，外列的线状匙形，扩展，被腺毛，内列的卵形或矩圆形，半包菊果，花序托有托片，瘦果无冠毛。3种，广布。豨莶（S. orientalis），广布于全球温带，全草药用。

（8）蟛蜞菊属（Wedelia）：叶对生，头状花序具异形花，花黄色。我国10余种产于华南、华东、西南。蟛蜞菊（W. chinensis），分布于我国到印度南部；美洲蟛蜞菊（W. triloba），引种为地被植物。

（9）鬼针草属（Bidens）：叶对生，分裂或为1~2回羽状复叶；头状花序单生或成束；总苞片2列；舌状花1列，白或黄色，中性花缺；盘花黄色，两性；瘦果顶硬刺2~4条，刺有倒毛刺。200余种，分布热带地区，主产美洲，我国有7~8种。鬼针草（B. bipinnata）（图11-102）、三叶鬼针草（B. pilosa）2种在我国广布，为荒地杂草，沿铁路两侧常大量生长。

☆ 图11-102　鬼针草

（10）向日葵属（Helianthus）：一年生或多年生草本，头状花序单生，或排成伞房状，顶生；总苞片数轮，外轮叶状；缘花假舌状，中性不孕；盘花筒状，两性；菊果顶端具2个鳞片状、脱落的芒。约100种，主产于北美洲；我国引种栽培4或5种。向日葵（H. annuus），种子含油量达22%~37%，有时可达55%，为重要的油料作物。菊芋（H. tuberosus），块茎可食，为制酒精及淀粉的原料，叶为优良的饲料。

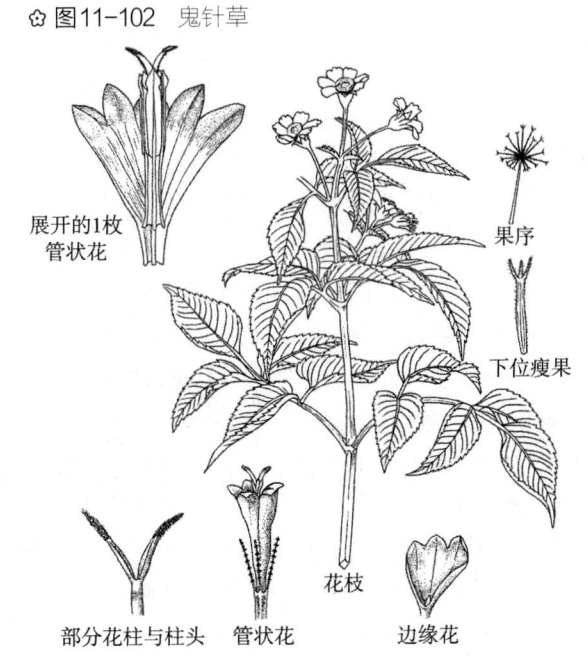

（11）菊属（Dendranthema）：叶互生，全缘，齿牙状或分裂；头状花序大，总苞多列，具异形花，花序托无托片，舌状花1列，颜色各式；瘦果有棱或有翅，顶有或无鳞片状的杯。我国有30余种。菊（菊花）（D. morifolium），品种甚多，花、叶变化很大，是著名的观赏品种，亦可药用。野菊（D. indicum），野生或栽培，除新疆外，广布于全国，花药用。

（12）蒿属（Artemisia）：草本或亚灌木，有苦味或芳香，常被柔毛或蛛丝状毛；叶不分裂，或有缺刻，或1~3回羽状全裂；头状花序小型，集成总状或圆锥状，总苞半球形至卵形，总苞片边缘膜质、数列，花全为筒状；盘花两性，结实或否；缘花雌性，花冠有裂片；花药顶端附片钝或钻状；菊果无冠毛，有微棱。200余种，广布。茵陈蒿（A. capillaris），具清湿热、利胆退黄功效。艾蒿（A. argyi），用途最广，具温经止血，散寒止痛，祛痰止咳，安胎功效；嫩叶可和以鸡蛋、糯米酒煎吃，亦可用以制糕点；揉搓成艾绒，用于艾灸治病；青蒿（A. apiacea）、黄花蒿（A. annua），用于治疟疾称"青蒿"，其主要成分为青蒿素，为联合国指定用于治疟专用药，屠呦呦因"发现青蒿素——一种用于治疗疟疾的药物，挽救了全球特别是发展中国家数百万人的生命"，获得了美国2011年度拉斯克医学奖。李国桥在开发青蒿成为抗疟疾药中也做出了很大贡献。

2. 舌状花亚科（Cichorioideae）

头状花序有同形的舌状花，花柱分枝细长条形，无附器，叶互生；植物体有乳汁。

（1）莴苣属（Lactuca）：一年生或多年生草本，叶全缘或羽裂；头状花序花常黄色，总苞片数列；花序托扁平，秃裸；菊果扁平，卵状矩圆形，至狭长形，有喙及有棱，喙长或短而成圆柱状，冠毛丰富，白色，柔软，基部通常有一短毛环（图11-100）。约100种，我国约40种。莴苣（L. sativa），原产地不明，可能为欧洲，栽培作蔬菜。本属品种甚多，如莴笋（L. sativa var. angustata）、卷心莴苣（L. sativa var. capitata）、生菜（L. sativa var. romana）、玻璃生菜（L. sativa var. crispa）等。

（2）黄鹌菜属（Crepis）：一年生秃净或被毛草本；叶基生，全缘、有齿缺或羽状深裂；头状花序小，花黄色，总苞圆筒状，外面数枚苞片极小，内面1列线形；菊果小，有线纹，两端均渐狭，但无明显的喙，冠毛白色柔软。约200种，我国约40种。黄鹌菜（C. japonica），广布，常见杂草。

（3）蒲公英属（Taraxacum）：多年生草本，叶茎生；头状花序单生于无叶的花茎上，黄色或白色，总苞钟状或矩圆形，苞片草质，花序托扁平，秃裸；菊果柱状，4或5棱，棱上有突点或小刺，喙长而细，冠毛白色，丰富。我国约100种。蒲公英（T. mongolicum），广布于我国北方，全草药用。

菊科的种类繁衍，并在地球上广泛分布，是和它们的多样性结构及强烈的适应性相联系的，如萼片转化为冠毛，便于果实及种子随风飘送，刺状的萼及总苞显然是对动物传播的适应。不少种类具有块根，如大丽花（Dahlia pinnata）、菊芋（Helianthus tuberosus）则具有块茎，或有匍匐茎及横走茎，有的则具不定芽，以保证迅速繁殖。此外，菊科多为草本，生活周期短，更新迅速。

菊科花的结构，表现出高度的经济原则及分工原则。例如，头状花序的总苞，具有代替花萼的保护作用；放射花（不孕的边缘或雌花）具有一般虫媒花的花冠的作用，从而大大地增加了盘花（中央的筒状两性花）的数量。在向日葵中盘花数以千计。

菊科都是异花传粉植物，而且常有精致的传粉结构。蜜腺藏于基部，除了花冠管的保护之外，花丝基部常有齿状突起，并且花药基部下延成耳状互相结合围住花柱的基部，以保护蜜腺。花药聚合成筒状，内向开裂，由于雄蕊先熟，花粉充满于空筒内，这时花柱的柱头闭合，位于聚药筒之内，尚未伸长，以后雌蕊继续成熟，花柱伸长，藉柱头外侧之毛，将聚药筒内的花粉推出筒外，然后柱头裂片张开。

菊科植物的用途很广，作为油料作物除向日葵外，尚有红花（Carthamus tinctorius）、小葵子（Guizotia abyssinica），前者含油20.4%～33.3%，后者含油39%～41%，供食用。蔬菜用尚有茼蒿（Chrysanthemum coronarium var. spatiosum）等。本科供药用的种类很多，已知约有300多种。除菊、苍耳、佩兰、泽兰、紫菀、千里光、青蒿、艾蒿、豨莶、艾纳香、蒲公英外，尚有常用中药红花、白术（Atractylodes macrocephala）、北苍术（A. chinensis）、大蓟（Cirsium japonicum）、牛蒡（Arctium lappa）、款冬（Tussilago farfara）等。除虫菊（Pyrethrum cinerariifolium）含除虫菊酯，可用于驱蚊，以及药用。

钟花目的桔梗科（Campanulaceae），草本或木本，无托叶。常有乳汁。萼5裂，花冠管状、钟状、辐状，多中轴胎座，有花盘。蒴果。钟花目在雄蕊聚药和子房下位等方面具有类似的特征，它们可能来自龙胆目。

第三节 单子叶植物纲（Monocotyledoneae）

草本或稀为木本，须根系，散生中柱，无永久性形成层；叶脉通常为平行脉或弧形脉，稀为网状脉；花通常为3基数，或稀为4或5基数；胚具1顶生子叶。

单子叶植物纲含50科，归入14个目中。全球广布，能耐受干旱环境。

单子叶植物和双子叶植物在起源上谁先谁后的问题曾有过争论，现在多认为单子叶植物是后出的，恩格勒学派也不再坚持己见，修改了原先的观点。

单子叶植物既有沼生的又有陆生的，既有草本的又有木本的，因此曾经有人主张它是多源起源的，但是大多数的意见是赞同单源起源的。

单子叶植物是否属于一个自然的类群，也有过不同意见。由于在双子叶植物中出现过类似散生的维管束，因此有人怀疑单子叶植物不是一个自然类群，但这种见解以目前所掌握的资料并不能给予支持。

一、沼生目（Helobieae）

水生或沼生草本植物，花的各部分轮生或半轮生，心皮离生，种子无内胚乳，花粉传播时为3细胞。含4亚目9科。这里介绍3科。

1. 泽泻科（Alismataceae）

*⚥，♂♀ $P_{3+3} A_{\infty \sim 6 \sim 3} \underline{G}_{\infty \sim 6 \sim 3:1:\infty \sim 1}$

水生或沼生草本，具球茎；叶常基生，基部鞘状，叶形变化很大；花两性或单性，辐射对称，常轮生，排成总状或圆锥花序；花被片6枚，外轮3枚，萼片状，宿存，内轮3枚，花瓣状，脱落；雄蕊通常6枚至多数，或3枚，离生；子房上位，心皮6枚至多数，少为3，分离，生于扁平的花托上或螺旋状着生于球形的花托上，花柱宿存，胚珠倒生，1或数个；瘦果，种子1颗。染色体：X=5～13。

✿ 图11-103　慈菇与泽泻

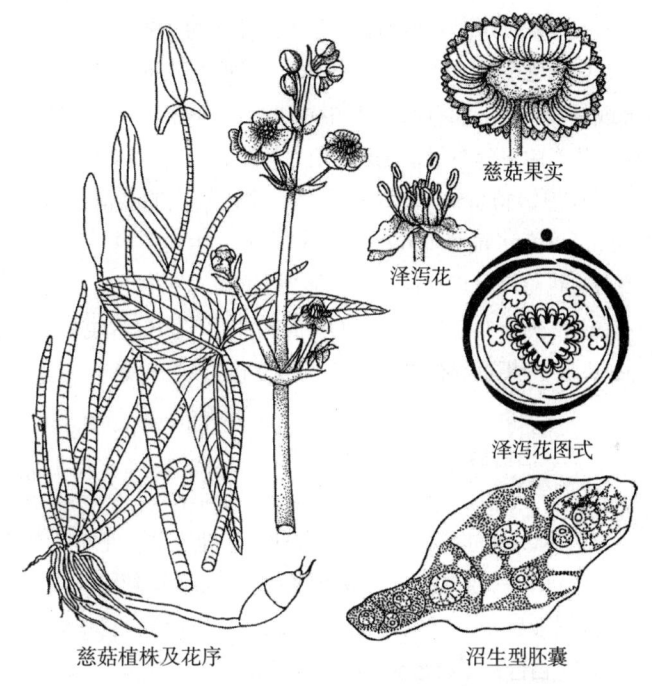

本科约13属70多种，广布于全球。我国有5属约13种，南北均产。

（1）泽泻属（*Alisma*）：叶椭圆形或卵圆形，圆锥花序，花两性，花托扁平，雄蕊6枚，心皮多数，轮生成1环。10种，分布于北温带至大洋洲；我国约3种。泽泻（*A. orientale*），广布于各省区，生于沼泽地或多为栽培，球茎药用（图11-103）。

（2）慈菇属（*Sagittaria*）：沉水叶带状，漂浮叶椭圆形，气生叶箭形，总状花序，花单性，雄蕊多数，心皮多数并多轮着生于球形花托上。约20种，分布于热带和温带；我国6种。慈菇（*S. sagittifolia*），常见于南北各省水稻田或沼泽地，南方各省多栽培，球茎供食用（图11-103）。

（3）毛茛泽泻属（*Ranalisma*）：叶具羽状脉序，花葶直立，有花1～3朵，两性，花托突出成球形，雄蕊9，心皮多数，聚合瘦果。2种，1种分布于西非热带，1种即长喙毛茛泽泻（*R. rostratum*），分布于马来西亚、越南及我国浙江。

毛茛泽泻属特征介于泽泻属与双子叶植物毛茛属之间，尤其是羽状脉序、离生心皮和聚合瘦果等特征极相似于毛茛属，因此常被认为两者具有一定的亲缘关系。

2. 花蔺科（蘬蒲科）（Butomaceae）

*⚥ $P_{3+3} A_{9 \sim \infty} \underline{G}_{\infty \sim 6:1:\infty}$

水生或沼生草本，大部有乳汁；叶基生，叶片条形或椭圆至圆形；花两性，辐射对称，排成伞形花序，具苞片；花被外轮萼状，3枚，宿存；内轮花瓣状，3枚，早落；雄蕊9枚或多数，全部发育或外轮不育，花丝长而基部宽；心皮6或多数，离生或基部合生，子房1室，胚珠多数，散生于网状分枝的侧膜胎座上；蓇葖果，腹缝开裂，花柱宿存；种子多数，细小，直或弯曲。染色体：X=7，8，10，13。

本科约5属10余种，分布于欧、亚、美洲。我国2属2种。

莕蒲（花蔺）（*Butomus umbellatus*），多年生草本，叶条形三棱状。广布于东北、华北、河南、山东和江苏各省区。叶可编制草帽等用具，花紫红可供观赏，根茎可食用（图11-104）。

3. 水鳖科（Hydrocharitaceae）

$*♂♀ K_3 C_3 A_{∞~3} \overline{G}_{6~3:1:∞}$

浮水或沉水草本，生淡水或咸水中；叶有时莲座状，有时2列，互生、对生至轮生，有时分化出叶片和叶柄；花单生、成对或排成花序，常有佛焰状的苞片或为2个对生的苞片包裹；单性，少两性，辐射对称；雄花多排成伞形，雌花单生；花被片1或2轮，每轮3片，如为2轮，外轮萼片状，内轮花瓣状，具各种颜色；雄蕊常多数，向心发育，稀为3或2枚，花药外向，线形或椭圆形；花粉近球形，常无孔沟或具单沟；子房下位，心皮3~6（稀2~20），花柱与心皮同数，不裂或2裂，有3~6个侧膜胎座，胚珠多数；果实肉质，浆果状，但通常不规则或星状开裂；种子少数至多数，具一直立或稍弯的胚。染色体：X=7~12。

本科16属约100种，主要分布于热带和亚热带地区。我国有9属约20种，主要分布于南方。

（1）黑藻（水王孙）（*Hydrilla verticillata*），沉水草本，茎分枝，4~8叶轮生；叶膜质，全缘或具小锯齿，两面均有红褐色小斑点，花单性，雄蕊3，花柱不裂（图11-105）。广布于淡水水体中。全草可作饲料及绿肥，也是观察细胞内原生质流动的实验材料。

（2）苦草（*Vallisneria spiralis*），沉水无茎草本，有匍匐枝，叶丛生，极长，无叶片和叶柄之分，全缘或具细齿，上面有棕褐色条纹和斑点，叶脉5~7条；花小，雌雄异株，苞片无翅，花被片3，雌花梗螺旋状卷曲。分布于东北到西南、华南，生于淡水池沼及溪沟中。可作饲料，或植于鱼缸作点缀。

在恩格勒系统中，沼生目是一个比较大的类群，含4亚目9科，全部为水生或湿生草本，除上述3科外，尚有水蕹科（Aponogetonaceae）、水麦冬科（Juncaginaceae）、茨藻科（Najadaceace）等。其中泽泻科、花蔺科是现存最原始、最古老的单子叶植物，可能由水生双子叶植物演进而来，很可能和睡莲目（Nymphaeales）有联系。它们具有离生心皮和聚合瘦果等特征，又与多心皮类的毛茛科毛茛属等许多属相似，因而相互间很可能具有一定的平行发展关系。

二、百合目（Liliiflorae）

草本，稀为木本或藤本，常具各式地下茎；花单生或组成花序，两性或单性，模式为5轮3数；心皮合生，子房3室或1室，或个别为心皮离生；蒴果或浆果，种子具内胚乳。花粉粒散布时具2细胞。百合目含5亚目17科。以下介绍3科。

1. 百合科（Liliaceae）

$*♀ P_{3+3, 2+2} A_{3+3} \underline{G}_{(3:3~1:∞)}$

草本，具根茎、鳞茎或块茎；单叶互生，少数对生或轮生，或退化为鳞片状；花序通常为总状；花两性，辐射对称；花被6枚或少数为4枚，2轮，分离或合生；雄蕊6，花药2室，基生或丁字着生，直裂或孔裂；子房上位，少有半下位，通常3室为中轴胎座，少有1室而为侧膜胎座，蒴果或浆果，胚乳肉质。染色体：X=5~16，23。

百合科是单子叶植物的一个大科，原包括有240多属4 000多种，现代分类虽已分出7或8个小科，但仍含有约175属2 000余种，广布于世界各地。我国有50余属400余种，以西南部最盛。

（1）天门冬属（*Asparagus*）：叶退化为鳞片状，枝条变为小而狭长的绿色叶状枝，花或花序生于叶状枝腋内。约300种，我国26种，全国产之。天门冬（*A. cochinchinensis*），攀缘植物；根稍肉质，在中部或近末端呈纺锤状膨大；叶状枝常每3枚成簇，扁平，或由于中脉龙骨状而略呈三棱形，镰刀状；叶鳞片状，基部具硬刺，刺在分枝上较短或不明显；花小两性或单性，有时杂性，单生或丛生，或排成总状花序；花被钟状，雄蕊6枚；子房3室；浆果成熟时红色。分布于华东、中南、西南及河北、山西、陕西、甘肃、朝鲜、日本、越南、老挝也有。块根药用，又栽培供观赏。

（2）菝葜属（*Smilax*）：攀缘灌木，有块状根茎，茎常有刺；叶互生，有掌状脉和网状小脉，叶柄两侧常有卷须（常视为变态的托叶）；花单性异株，排成腋生的伞形花序；浆果。约300种，我国约60种，全国均产之，但以长江以南为多。菝葜（*S. china*），茎有疏生的刺，叶有卷须。分布于华东、中南、西南。根状茎富含淀粉和鞣质，淀粉用于酿酒。土茯苓（*S. glabra*），茎与枝条光滑无刺，伞形花序总花梗短于叶柄。分布于华东、中南、西南。根状茎入药，又富含淀粉，可食。

（3）黄精属（*Polygonatum*）：根茎圆柱形，有节及疤痕；茎单一，叶互生、对生或轮生，叶顶端具卷须；花腋生，单生或伞形花序，花被片合生成管状，无副花冠；雄蕊贴生于花被管上（图11-106）。50种，我国30种，广布于全国，西南最盛。黄精（*P. sibiricum*），分布于东北、华北、华东、华南等地，根茎为常用中药"黄精"。多花黄精（*P. cyrtonema*），分布于河南及长江以南各省区，作黄精入药。玉竹（*P. odoratum*），分布于长江以北多数省区，根茎为中药"玉竹"。

（4）土麦冬属（*Liriope*）：多年生簇生草本，有短而厚的根茎和小块根，叶狭如禾草状；花白色或紫蓝色，直立，总状花序；子房上位；果肉质，开裂。8种，我国有6种，产于华北及秦岭以南各省区。土麦冬（*L. spicata*），分布于华北、华东、华中、华南、陕西、四川、贵州，常庭园栽培，块根常作麦冬用。

（5）沿阶草属（*Ophiopogon*）：与土麦冬属接近，但花俯垂，子房半下位。约35种，我国33种，主产于长江以南各省区，华北也有。麦门冬（麦冬）（*O. japonicum*），花葶较叶遥短，花梗长3～4mm，花柱基部粗，向上渐细。除华北、东北、西北外，其余省区均产，块根入药。沿阶草（*O. bodinieri*），花葶短于叶或与叶等长，花梗长5～8mm，花柱细。分布于西藏、陕西、甘肃、西南至华东，常作庭园栽培。

（6）萱草（黄花菜）属（*Hemerocallis*）：根茎短，叶基生，狭长；花大，花被基部合生成漏斗状，黄色或橘黄色；雄蕊6枚，花药背部着生；蒴果。约15种，分布于中欧至东亚；我国约12种。多数可栽培观赏；花芽可做蔬菜，干制品称"黄花菜"或"金针菜"，供食用。常见有黄花菜（*H. citrina*）、萱草（*H. fulva*）等，各地常栽培。

（7）知母属（*Anemarrhena*）：根茎短，叶根生，条形而似禾叶；花小，排列成间断的总状花序；花被片6，宿存；雄蕊3枚，背着药；蒴果。仅知母（*A. asphodeloides*）1种，特产于我国北部，根茎为著名中药。

（8）蜘蛛抱蛋属（*Aspidistra*）：草本植物，花单生，花梗直接从根状茎的鳞片腋内抽出，花被片合生，柱头盾状。约13种，我国8种，分布于长江以南各省区。蜘蛛抱蛋（*A. elatior*），根状茎粗壮，花基

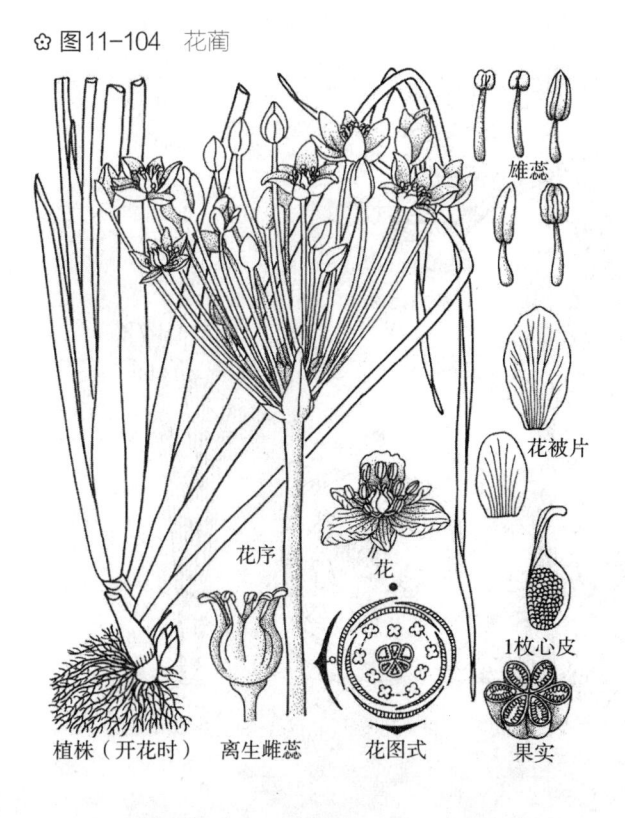

图11-104　花蔺

图11-105　黑藻

第三节　单子叶植物纲（Monocotyledoneae）

部有2枚苞片，花被合生成钟状，紫色，8裂，雄蕊8枚。广布于长江以南各省区，栽培供观赏。

（9）葱属（*Allium*）：多年生草本，具辛辣气味，鳞茎有鳞被，叶鞘封闭；花葶空心，具典型的伞形花序，未开放前为总苞所包，总苞一侧开裂或裂成2至数片；花被分离或仅基部合生，子房上位。约500多种，分布于北温带；我国约有80种，南北均有分布。其中数种广泛栽培为著名的蔬菜，如葱（*A. fistulosum*）、韭菜（*A. tuberosum*），叶作蔬菜；洋葱（*L. cepa*）、蒜（*A. sativum*）、薤头（藠头）（*A. chinense*），鳞茎及叶供作蔬菜。葱白、韭菜子和蒜头又常药用。我国有很多野生的葱属植物。

葱属常因子房上位而归入百合科，或因具佛焰状苞的伞形花序而归入石蒜科。最近有学者将葱属与其他属组成葱科（Alliaceae）。

（10）藜芦属（*Veratrum*）：鳞茎不显著膨大，基部残存叶鞘撕裂成纤维状；圆锥花序，被毛，花被片6枚（图11-106）；花药肾形，1室，横裂；花柱3，宿存；蒴果。30多种，分布于北温带；我国约有24种，分布于西南、华北、东北及台湾各省区，以北部最盛。常见的有藜芦（*V. nigrum*）、毛叶藜芦（*V. puberulum*）等，根药用，有催吐、祛痰作用。

（11）百合属（*Lilium*）、鳞茎为无被鳞茎，鳞瓣肥厚；叶椭圆形至条形，具平行脉；花大，单生或总状花序；花被合生成漏斗状，花药丁字着生。100多种，主要分布于北温带；我国约有60多种。常见有百合（*L. brownii* var. *viridulum*）（图11-106），花有香气，乳白色，背面稍带紫色，无斑点。产于华东、华南、西南、河北、陕西、甘肃。毛百合（*L. dauricum*），叶缘有绵毛，花橙红色，有紫斑点，产于东北、河北。渥丹（*L. concolor*），花红色，无斑点，产于陕、豫、冀、鲁。卷丹（*L. lancifolium*），花被有紫黑色斑点，向后反卷，几乎广布全国。鳞茎均含淀粉，可供食用、酿酒和药用。又常栽培作观赏。

（12）贝母属（*Fritillaria*）：具鳞茎，叶互生或轮生；花具苞片，俯垂，单生，或为伞形或总状花序；花被基部合生成钟状或漏斗状，裂片不反转，基部具腺穴；花药基部着生；蒴果。约100多种，分布于北温带；我国约14种，除南方外均有分布。川贝母（*F. cirrhosa*），产于西南；浙贝母（*F. thunbergii*），产于江、浙；平贝母（*F. ussuriensis*），产于东北。3种鳞茎均供药用。

（13）郁金香属（*Tulipa*）：多年生草本，鳞茎有膜或纤维状外被，叶基生；花葶单生，通常1花，仰立；花被6，分离；雄蕊6，内藏，无蜜腺；花柱短或缺；蒴果室背开裂，种子多颗，扁平或具狭翅。郁金香（*T. gesnerian*），柱头大，呈鸡冠状。广为栽培。

百合科在我国常见的栽培观赏种类很多，如嘉兰（*Gloriosa superba*）、芦荟（*Aloe vera* var. *chinensis*）、

✿ 图11-106　百合科

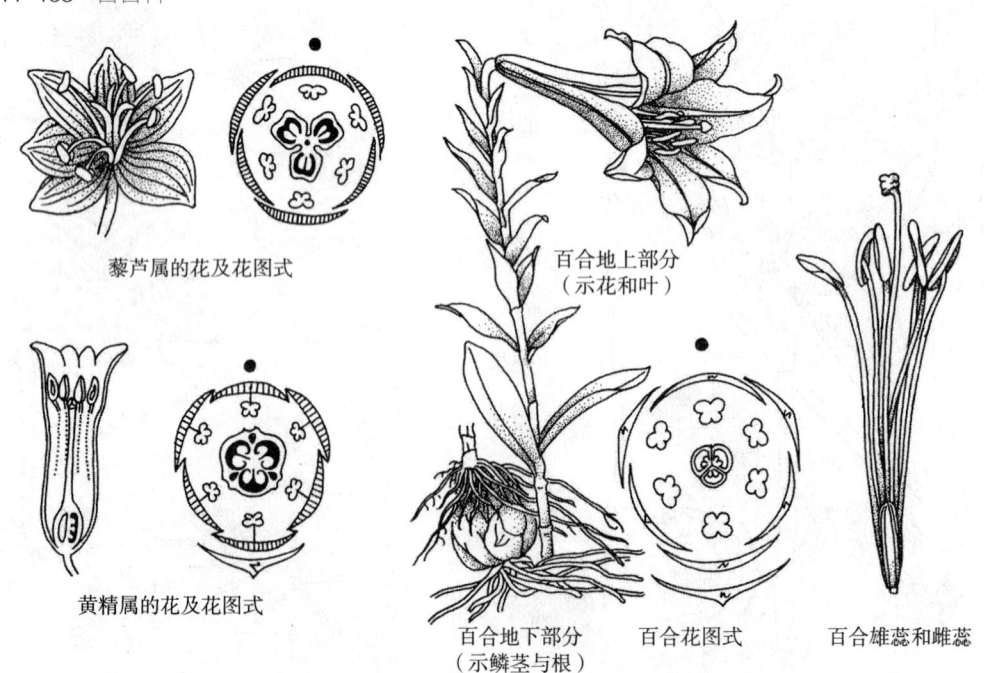

藜芦属的花及花图式　　黄精属的花及花图式　　百合地上部分（示花和叶）　　百合地下部分（示鳞茎与根）　　百合花图式　　百合雄蕊和雌蕊

玉簪（*Hosta plantaginea*）、萱草属多种、吊兰（*Chlorophytum comosum*）、豹子花（*Nomocharis* spp.）、万寿竹（*Disporum cantoniense*）和风信子（*Hyacinthus orientalis*）等。此外还有许多药用植物资源。

2. 石蒜科（Amaryllidaceae）

$*↑♀ P_6 A_{3+3} \overline{G}_{(3:3)}$

草本，具鳞茎；叶基生，细长，全缘；花通常鲜艳，两性，辐射对称或两侧对称，单生或数朵排成顶生伞形花序，具佛焰状总苞；花被瓣状，6枚，分离或基部合生成筒，具副花冠或无；雄蕊6枚，2轮，花丝基部常连合成筒，或花丝间有鳞片；子房上位或下位，3室；蒴果，或肉质不开裂，种子有胚乳。染色体：X=6～12，14，15，23。

本科约90属1 200多种，分布于全世界温带地区。我国约6属90多种，广布于南北各省。

（1）石蒜属（*Lycoris*）：鳞茎为有被鳞茎，叶带状或条状；花葶实心，花被基部合生成漏斗状，无副花冠；花丝分离，花丝间有鳞片；子房下位。约6种，分布于东亚；我国约4种。鳞茎含石蒜碱，可入药外用或作农药，或栽培供观赏。常见的有：石蒜（*L. radiata*），花红色，分布于长江流域至西南；忽地笑（*L. aurea*），花鲜黄色或橘黄色，分布于长江以南诸省及陕西、河南。

（2）水仙属（*Narcissus*）：鳞茎卵圆形，叶带状直立；花葶中空，花被高脚碟状，筒部3棱；副花冠明显，通常杯状；蒴果。约30种，分布于中欧、地中海和东亚。我国浙江、福建滨海地带分布有1变种，水仙（*N. tazetta* var. *chinensis*），花洁白，副花冠黄色，杯状，栽培供观赏，花香幽雅，鳞茎有毒（图11-107）。

其他栽培供观赏植物尚有：君子兰（*Clivia miniata*），花橙红色；朱顶兰（*Amaryllis vittata*），花红色，腹面中间带白色条纹；文珠兰（*Cinum asiaticum* var. *sinicum*），花白色，芳香；晚香玉（*Polianthes tuberosa*），花乳白色，浓香；风雨花（*Zephyranthes grandiflora*），花带淡紫红色；玉帘（*Z. candida*），花白色；水鬼蕉（*Hymenocallis americana*），花白色，花丝基部合生成杯状。

百合科与石蒜科植物花大而显著，色彩鲜艳，或有香气，显系虫媒传粉的类群。

3. 薯蓣科（Dioscoreaceae）

$*♂♀ P_{3+3} A_{3+3} \overline{G}_{(3:3)}$

草质缠绕藤本，光滑或有刺；各式块茎或根茎；叶互生或中部以上为对生，腋内有珠芽（零余子）；单叶，或3～9指状或掌状复叶；基出掌状脉，并具网脉；花单性，同株或异株，辐射对称，穗状、总状或圆锥花序；花被片6枚，2轮，离生；雄花有雄蕊6个，或3个退化；雌花常有3～6个退化雄蕊；子房下位，3室；蒴果有翅，3瓣裂，种子有翅。染色体：X=5，6，9。

薯蓣科约10属650种，广布于全球温带和热带。我国仅有薯蓣属（*Dioscorea*），约80种，主要分布于长江以南各省区。

薯蓣属具有丰富的植物资源，大多数种类的根茎或块茎可供食用、药用及工业用原料。其中可供食用及入药为滋养强壮剂的有：薯蓣（淮山、山药）（*D. opposita*），各地广为栽培（图11-108）；参薯（大薯）（*D. alata*），多栽培或野生。入药的有黄独（黄药子）（*D. bulbifera*）、白薯莨（*D. hispida*）、山萆薢（*D. tokoro*）等。富有薯蓣皂甙配基的有穿龙薯蓣（*D. nipponica*）、盾叶薯蓣（*D. zingiberensis*）、三角薯蓣（*D. deltoidea*）、粉背薯（*D. hypoglauca*）、叉蕊薯蓣（*D. collettii*）以及黄山药（*D. panthaica*）等。而广布于西南、华南、华中和台湾、福建、浙江等省区的薯莨（*D. cirrhosa*），块茎可提制栲胶、酿酒或止血药，或制取"薯莨胶"，用以染制广东名产"香云纱"、"黑胶绸"以及渔网等。

百合目是单子叶植物最大的一个类群，这里包括的17科有些是广义的科，如百合科，一些学者已从中分出延龄草科（Trilliaceae）、无叶莲科（Petrosaviaceae），原置于石蒜科的仙茅属今作为一个独立的科。但是作为百合目，它是单子叶植物较为古老的一个类群，虽然具有内胚乳和2细胞的花粉粒，而不大可能直接起源于泽泻目，但是百合科无叶莲属（*Pterosavia*）却具有离生的心皮，因此很可能来自具有内胚乳和2细胞花粉粒像百合目类的特征，同时又具有离生心皮和多数雄蕊像泽泻目类特征的已经消失了的原始类型。从较原始的百合目繁衍了许多其他类型的单子叶植物，如姜目、兰目、鸭跖草目，其主要的演化路线是一支向着进一步适应虫媒的高度特化的虫媒花类群发展，另一支向着进一步适应风媒的高度简化的风媒花类群发展。

图 11-107 水仙　　　　　　　　图 11-108 薯蓣

三、灯芯草目（Juncales）

草本或稀灌木状；叶具鞘，或叶片常退化；花序各式，花小，两性，辐射对称；花被片6，2轮，革质或干膜质；雄蕊3～6；子房上位；蒴果。含2科。下文介绍1科。

本目可能与鸭跖草目同源于百合科的原始类型。

灯芯草科（Juncaceae）

$* \male P_{3+3} A_{3+3} \underline{G}_{(3:1:3\sim\infty)}$

草本，常具根茎，茎多簇生；叶片扁平至圆柱状，披针形、条形或毛发状，或退化成芒刺状；叶鞘开放或闭锁，常具叶耳；花单生或集成各式花序，顶生或假侧生；花小，两性，辐射对称，或具2枚先出叶；花被片6，2轮；雄蕊6，或有时内轮3枚退化，花药2室；子房上位，1室或具3隔膜，或3室；蒴果，3瓣裂；种子3枚或多数，有时具尾状附属物，胚直，包于胚乳内。染色体：X=3，10，20～36。

本科约9属300种，多分布于温带、寒带或高山湿地。我国约2属80多种。

（1）地杨梅属（*Luzula*）：叶鞘闭合，叶片边缘多少具缘毛，花有先出叶，蒴果仅有3枚种子。约80种，广布于温带；我国约有15种。其中多花地杨梅（*L. multiflora*）普遍分布于南北各省区。

（2）灯芯草属（*Juncus*）：叶鞘开放，叶片无毛，花有先出叶或无，蒴果有多数种子，种子常具尾状附属物。约300种，主要分布于北温带；我国约60多种，全国均有分布，尤以西南最盛，多生于水边或浅水中。灯心草（*J. effusus*），全国均有分布；细灯心草（*J. gracillimus*），分布于长江以北各省区及江苏、四川；江南灯心草（*J. leschenaultii*），分布于陕西及长江以南各省区。3种均可作编织材料及入药。

四、鸭跖草目（Commelinales）

陆生或稀为水生草本，通常具闭鞘；聚伞或圆锥花序，或单生；花两性，辐射或两侧对称；花被片6，外轮3枚萼状，内轮3枚具爪；雄蕊6或3枚，花药纵裂或孔裂；子房上位；蒴果，种子具胚乳。含4

亚目8科。以下介绍1科。

鸭跖草科（Commelinaceae）

*⚥, ♂♀ P_{3+3} A_6 G_{(3:3~2)}

草本，茎具明显的节和节间；叶互生，具鞘；花两性，或极少为单性，辐射对称，通常为蝎尾状聚伞花序，或缩短为头状，或伸长而集成圆锥状，或单生；花被片6，2轮，通常分离，或有的中部连合成筒而两端分离；雄蕊6枚，全育或2或3枚能育，花丝常有念珠状长毛；子房上位，3或2室，胚珠直生；蒴果，种子具丰富的胚乳，种脐的背面或侧面具盘状胚盖。染色体：X=5，6，12，14～19。

本科约45属400种，主要分布于热带，少数分布于亚热带和温带。我国约13属近50种，主要分布于广东及云南。

（1）鸭跖草属（*Commelina*）：匍匐或直立草本，总苞片佛焰苞状，聚伞花序，花瓣完全离生，能育雄蕊3枚。约120种，广布于热带和亚热带；我国约8种，广布，尤以东南部最盛。其中常见的有：鸭跖草（*C. communis*），叶鞘常秃净，佛焰苞摺叠状，边分离，蒴果2室，分布于云南和甘肃以东的南北各省区；饭包草（*C. bengalensis*），佛焰苞漏斗状，边多少合生，分布于秦岭和淮河以南各省。两种均可药用。竹节草（*C. nudiflora*）如图11-109所示。

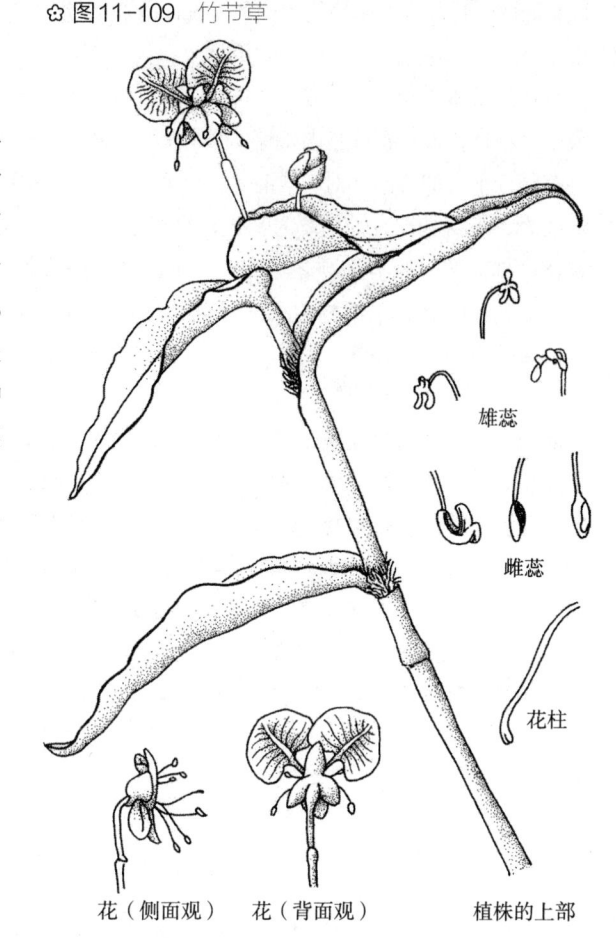

☆ 图11-109　竹节草

（2）水竹叶属（*Murdannia*）：匍匐或直立草本，总苞不呈佛焰苞状，圆锥或聚伞花序，花瓣完全离生；能育雄蕊3枚与萼片对生，退化雄蕊不裂或为3小体。约50种，广布于热带；我国约20种，几遍布全国。水竹叶（*M. triquetra*），常见于山东、河南以南各省区；裸花水竹叶（*M. nudiflor*），分布于山东和河南以南、四川和云南以东各省区。两种均可药用，具消炎、解毒、利尿功效。

鸭跖草科常见的栽培种类还有：水竹草（*Zebrina pendula*），叶上面紫红色而杂以银白色，背紫红，原产于墨西哥；紫万年青（*Rhoeo discolor*），粗壮，多少肉质草本，叶上面暗绿，下面紫色，总苞片大，呈蚌壳状，淡紫，花白色，原产于热带美洲。

鸭跖草目可能起源于百合科的原始类群，与鸭跖草目相近的、可能同源的还有凤梨目（Bromeliales）[（含凤梨科（Bromeliaceae）1科]等。

五、禾本目（Graminales，Poales）

本目含1科。

禾本科（Gramineae，Poaceae）

↑⚥, ♂♀ P_3 A_{3, 3+3} G_{(3~2:1:1)}

草本或木本，稀藤本状；须根，通常具根茎，地上茎特称为秆；秆通常圆柱形，稀扁平或方形，具显著而实心的节，节间中空或稀为实心，直立、倾斜或匍匐；单叶互生，2列，具叶片和叶鞘；叶片狭长，具纵向平行脉，或有时具横向小脉；叶鞘包秆、开放或稀闭合；叶片与叶鞘连接处常见膜质或纤毛状叶舌，外侧常稍厚称叶颈，两侧常见突起或纤毛状称为叶耳；花小，两性或稀单性，极其特化；花被片2或3枚，特化为透明而肉质的小鳞片，称为浆片（鳞被，lodicula）；雄蕊3枚，稀更多或较少，花药丁字着生；子房上位，1室，倒生胚珠1枚；花柱2，或稀1或3，柱头羽毛状；花几无柄，生于特化为外稃（lemma）的苞片和特化为内稃（pelea）的小苞片之间，特称为小花或假花；小花一至多数，2列着生于特称为小穗轴（rachilla）的花轴上，其基部具有特化为颖（glume）的2枚不孕性苞片，共同组成禾本科花的基本单位——小穗（spikelet）；小穗中的小花有时既无雄蕊也无雌蕊，或两者均发育不全而形成中性小穗，或在颖片腋内生芽（是1枚不甚发育的小穗）而称为假小穗；小穗常成对生于穗轴的各节，具有同性小花的称同性对，具有不同性小花的则称异性对；小穗常两侧压扁或背腹压扁，形状不一，具柄或无，小穗基部有时增厚为基盘；小穗轴常延伸，或者在颖片上方的小穗节间或颖片下方常具关节，致使小穗成熟时脱节于颖之上或颖之下，颖宿存或脱落；花序是以小穗为基本单位，再排成圆锥、总状、穗状或头状；小穗和花序基部有时具有佛焰苞状、珠状、刚毛状或羽毛状等形状的总苞；果为颖果，或稀为坚果、胞果、浆果等，种子有大量粉质胚乳及小形的胚（图11-110）。染色体：X=7, 9～13。

禾本科是一个大科，约660属近10 000种。通常在科下划分为竹亚科（Bambusoideae）和禾亚科（Agrostidoideae）2个亚科，或竹亚科、稻亚科（Oryzeae）及黍亚科（Panicoideae）3个亚科，或竹亚科、稻亚科、早熟禾亚科（Pooideae）、画眉草亚科（Eragrostidoideae）及黍亚科5个亚科，或分为7个亚科，即竹亚科、芦竹亚科（Arundinoideae）、Centostecoideae、虎尾草亚科（Chloridoideae）、黍亚科、早熟禾亚科、针茅亚科（Stipoideae）。我国有225属1 200种。

禾本科广布于全球，是陆地植被的主要成分，尤其是各种类型草原的重要组成者。

禾本科具有重要的经济价值。不但是人类粮食的主要来源，也是动物饲料的主要来源。同时亦为造纸、纺织、制糖、制药、酿造、编织、家具、建筑及日用品等方面提供丰富资源，而且在绿化环境、保

✿ 图11-110　禾本科竹亚科

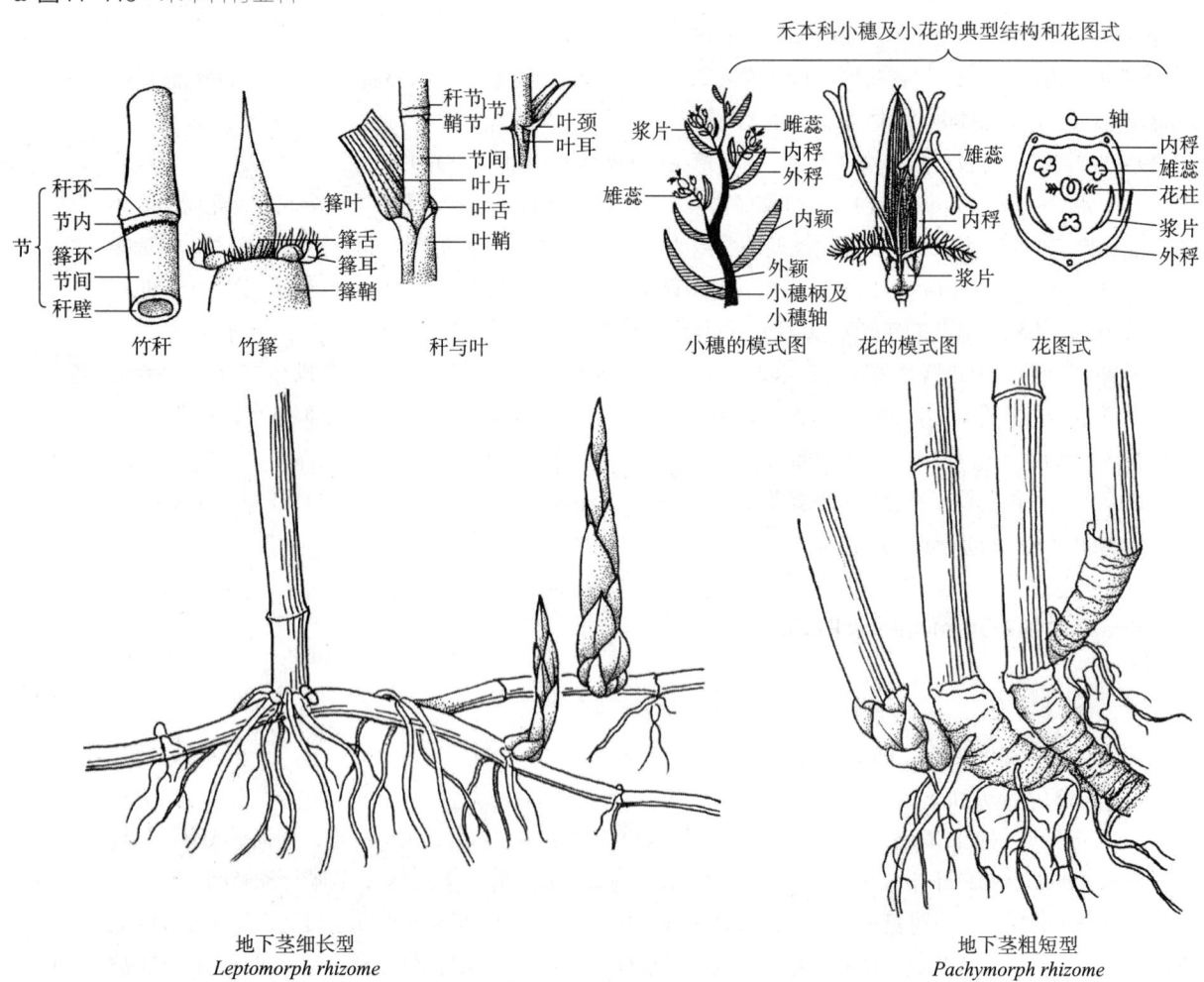

竹的地下茎形态

地下茎细长型　*Leptomorph rhizome*　　　地下茎粗短型　*Pachymorph rhizome*

护堤岸、保持水土等方面也具有重要意义。

1. 竹亚科（Bambusoideae）

秆木质化，灌木、乔木或藤本状；地下茎细长型（单轴型）或粗短型（合轴型）或这两者的中间型；秆节间通常中空，圆柱形或稀为四方形或扁圆形；秆节隆起，具有明显的秆环（秆节）和箨环（箨节）及节内；秆生叶特化为秆箨，并明显分为箨鞘和箨叶两部分；箨鞘抱秆，通常厚革质，外侧常具刺毛，内侧常光滑；鞘口常具继毛，与箨叶连接处常见有箨舌和箨耳；箨叶通常缩小而无明显的主脉，直立或反折；枝生叶具明显的中脉和小横脉，具柄，与叶鞘连接处常具关节而易脱落。染色体：X=12（7，6，5）。

本亚科约66属1 000种，主要分布于热带亚洲。我国约30属400种，主要分布于西南、华南及台湾等省区。多数是重要的资源植物。除秆供建筑、编织、造纸、家具及日用，笋多可食用外，中药竹茹、天竹黄、竹心、竹沥等也都是来源于竹类植物。

（1）簕竹属（Bambusa）：地下茎粗短合轴丛生；秆的节间圆筒形，每节分枝常为多数，某些种类小枝可硬化为刺；箨叶直立，基部与箨鞘顶端宽度相等，箨耳显著。100多种，分布于亚、非至大洋洲的热带和亚热带；我国约有60种，主要分布于华南、西南及台湾各省区。车筒竹（B. sinospinosa），高达20 m，有刺，竹秆无毛，分布于华南、西南，多为栽培。凤尾竹（B. multiplex var. nana），灌木型，密丛生，矮小，无刺，分布于长江以南各省区，印度支那各国亦有，常栽培为绿篱。青皮竹（B. textiles），高9～10 m，分布于两广，为优良的蔑用竹。佛肚竹（B. ventricosa），广东特产，各地栽培观赏。

（2）慈竹属（Dendrocalamus）：地下茎粗短合轴丛生；秆的节间圆筒形，幼时秆顶细长，常弯垂如钓丝；箨鞘顶端截平，1～2倍宽于箨叶基部；箨叶反转，箨耳不发达；小穗轴极短，不易逐节折断；小穗古铜或紫棕色，外稃顶端不呈芒状。30多种，分布于东南亚；我国约10种，数变种，分布于西南至东南，以西南最盛，多数笋可供食用。麻竹（D. latiflorus），秆高20～25 m，直径8～20 cm，箨鞘背面在下半部被棕色毛，分布于华南至西南。

（3）刚竹属（毛竹属）（Phyllostachys）：地下茎细长单轴散生；秆的节间于分枝一侧，常多少扁平或具纵沟2条，每节分枝大都2枚；箨鞘顶端渐狭，箨叶狭长皱缩；小穗丛间常夹以许多顶端具缩小叶片的苞片。约50种，分布于东亚及印度和喜马拉雅地区；我国40多种，广布。毛竹（P. heterocycla），分布于长江流域和以南各省区，以及河南、陕西，用途甚广，笋供食用。刚竹（P. sulphurea var. viridis），分布于长江流域及以南各省区，材用竹，竹材强韧。

（4）梨竹（Melocanna baccifera），颖果梨形，长7～12 cm，直径5～7 cm，原产缅甸，广州和香港也有栽培。

我国常见竹类还有复轴型的茶杆竹属（Arundinaria）、箬竹属（Indocalamus）、苦竹属（Pleioblastus）等。其中茶杆竹（A. amabilis）分布于两广和湖南，秆可作滑雪杖、钓鱼秆、运动器材等，颇负国际盛名。

竹类植物以生长快，从栽到砍仅需2～3年，竹类纤维柔韧性好，作为竹材，可用于建筑脚手架，经防腐处理的毛竹盖房屋，可保证使用30年；作水涧，架桥，作竹筏、床、椅子、砧板，编织箩筐、竹筛、簸箕、竹篓等各种盛器及工艺品等，20%的竹纤维加聚酯等合成纤维可织布，这种布可防菌以及产生负离子。松、梅、竹、菊，被古人称为"四君子"，栽竹有助于改善居住环境。许多竹子的笋可食用，其中毛竹笋晒干称为"玉兰片"；麻竹，又称甜竹，其竹笋称"甜竹笋"，鲜煮熟吃，清爽可口，用清水浸泡成酸笋，今在南方各省多有栽培。

2. 禾亚科（Agrostidoideae）

草本，秆为草质，或木质；秆生叶即是普通叶，具明显的中脉，通常无叶柄，也不易自叶鞘上脱落。

本亚科约575属9 500多种，广布。我国170余属600多种。

（1）稻属（Oryza）：小穗两性，两侧压扁而具脊，含3小花；下方2小花退化而仅存极小的外稃，位于顶生两性小花之下；颖强烈退化，在小穗柄顶端呈半月状痕迹；两性小花外稃常具芒或无，内稃3脉。约25种，分布于热带；我国有2种。水稻（O. sativa），广泛栽培，品种极多（图11-111）。野稻（O. meyeriana），分布于广东、云南。水稻有两个亚种，一为籼稻（O. sativa subsp. indica），米粒细长，不黏，一为粳稻（O. sativa subsp. japonica），米粒短圆，黏糯。研究表明我国珠江流域是野稻的原生地，籼稻是几千年前在该地通过粳稻和野稻杂交产生的，传入东南亚和南亚后，又培育了众多的水稻品种。最早的栽培水稻品种是8 200年前培育出来的。

图11-111　水稻小穗及花图式（图左引自钟恒，刘兰芳，李植华，1996；右二图引自中山大学生物系与南京大学生物系编植物学）

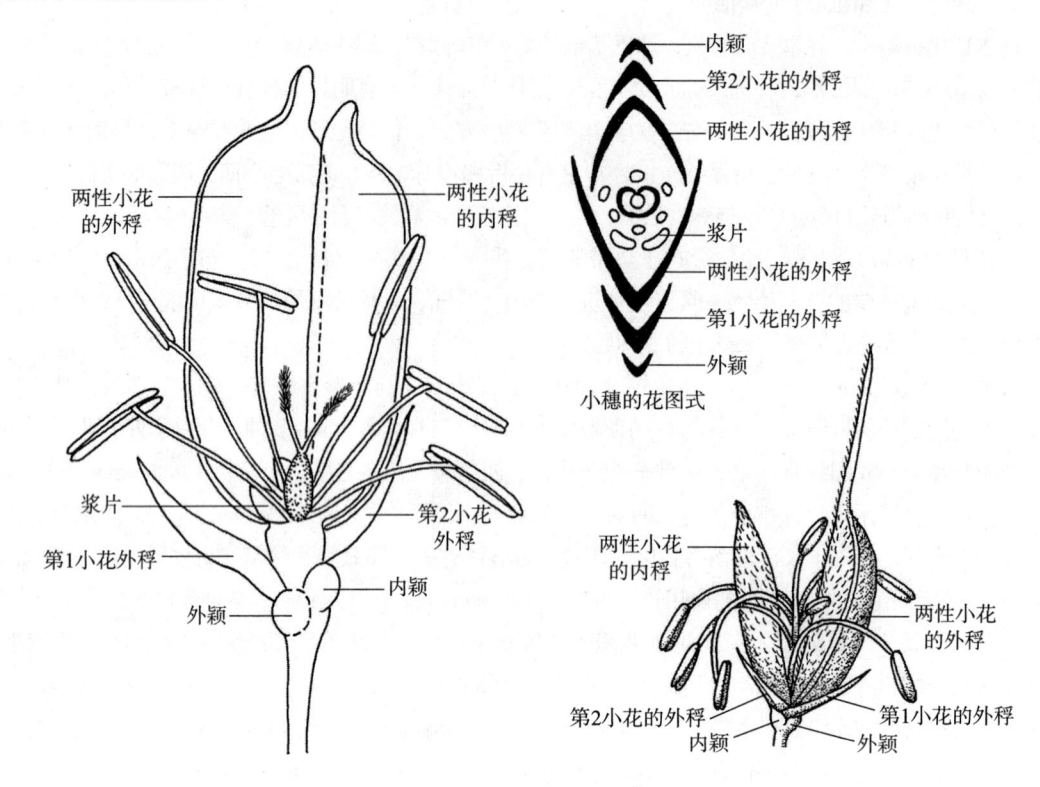

杂交水稻培育成功是水稻栽培史上划时代的重大事件，我国水稻育种专家袁隆平院士为此做出了巨大的贡献。袁隆平在海南发现了野稻雄性不育的植株，由此建立了杂交水稻的"三系"育种体系。"三系"是指雄性不育系（简称不育系）、雄性不育保持系（简称保持系）和雄性恢复系（简称恢复系）。雄性不育植株是指自花传粉不育，异花传粉才能使之结实的植株。利用水稻杂交种子，可以大大减少播种量，并大幅度提高了水稻产量。现在水稻杂交育种又从"三系"发展到"两系"（雄性不育系和雄性恢复系）。

（2）芦苇属（*Phragmites*）：大型禾草，根茎粗壮；圆锥花序，小穗含4～7小花，脱节于颖之上；外稃无毛，基盘延长而有丝状柔毛。10余种，广布；我国3种。芦苇（*P. communis*），分布几遍全国及全球温带地区。

（3）小麦属（*Triticum*）：一年生或越年生草本；穗状花序；小穗两侧压扁，常单生于轴的各节，成熟时不自基部断落，穗轴也不逐节断落；颖卵形，背部显著具脊，3至数脉；小穗含3～9小花，上部小花常不结实。约20种，分布于欧洲、地中海及西亚。其中小麦（*T. aestivum*）广泛栽培，其小穗结构的比较如图11-112所示。

（4）黑麦属（*Secale*）：越年生草本；穗状花序；小穗两侧压扁，常单生于穗轴的各节，含2小花；颖锥状，仅具1脉。约5种，分布于欧亚大陆温带。黑麦（*S. cereale*），广泛栽培为粮食作物，近年来农业上以黑麦与小麦杂交获得小黑麦杂种，高产优质，世界各地广泛推广。

（5）大麦属（*Hordeum*）：多年生或越年生草本；穗状花序；小穗两侧压扁，3枚同生于一节，各含1花；颖基较宽或呈针状。20多种，分布于温带；我国连栽培种约6种，以西部、西北部及北部最盛。大麦（*H. vulgare*），普遍栽培的重要粮食作物，也是制啤酒及麦芽糖的原料。其变种裸麦（青稞）（*H. vulgare* var. *nudum*），西部常栽培。三叉大麦（*H. vulgare* var. *aegiceras*），西藏最普遍栽培。野大麦（*H. brevisubulatum*），分布于东北、华北及新疆，生于较干旱或微带碱性的土壤，为优良牧草。

（6）燕麦属（*Avena*）：一年生草本；圆锥花序，开展；小穗两侧压扁，下垂，含二至数朵小花，下部小花两性；颖等长，具7～11脉，外稃具芒。10余种，分布于旧大陆温寒带；我国3或4种，其中2种常栽培为谷类作物。燕麦（*A. sativa*），华北、东北、西北地区常见栽培。莜麦（*A. nuda*），华北、西北常见栽培。野燕麦（*A. fatua*），广布于南北各省区，为田间杂草，可作牛、马青饲料。

（7）䅟属（*Eleusine*）：一年生草本，丛生；穗状花序，指状排列于枝顶；小穗无柄，两侧压扁，覆

✿ 图11-112 小麦

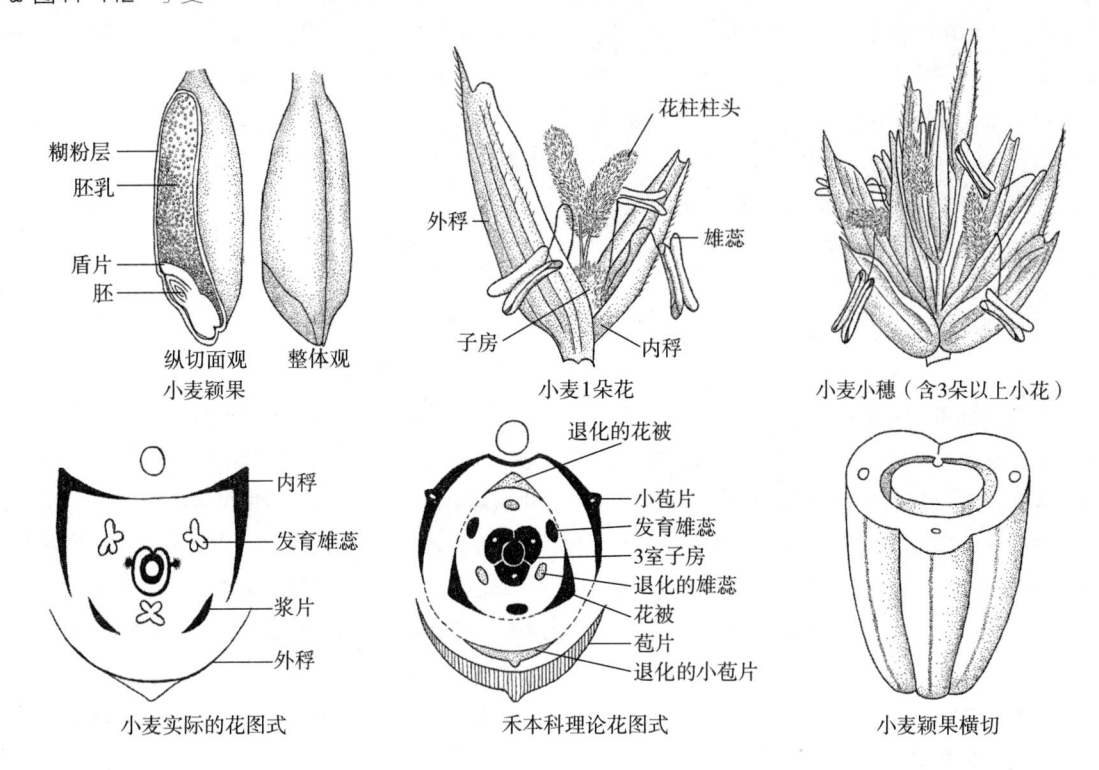

糊粉层、胚乳、盾片、胚 —— 纵切面观 / 整体观　小麦颖果

花柱柱头、外稃、子房、内稃、雄蕊　小麦1朵花

小麦小穗（含3朵以上小花）

内稃、发育雄蕊、浆片、外稃　小麦实际的花图式

退化的花被、小苞片、发育雄蕊、3室子房、退化的雄蕊、花被、苞片、退化的小苞片　禾本科理论花图式

小麦颖果横切

瓦状紧密排列于较宽扁的穗轴1侧，含3～6小花；囊果，种子具皱纹。约9种，分布于热带、亚热带；我国约2种。䅟子（*E. coracana*），长江以南多栽培。

（8）黍属（*Panicum*）：一年生或多年生草本；圆锥花序，通常开展；小穗通常背腹压扁，两性，疏生，脱节于颖之下；内颖等长或稍短于小穗；外稃通常无芒，基部既无附属物也无凹痕。约500种，分布于热带和温带；我国20多种。黍（*P. miliaceum*），西北、华北各地广为栽培。

（9）狗尾草属（*Setaria*）：多年生或一年生草本；圆锥花序，疏散或紧密呈柱状；小穗背腹压扁，两性，含2小花，具宿存刚毛状不育小枝一至多条；小穗脱节于颖之下。约140种，分布于热带和温带；我国有10多种。小米（*S. italica*），我国北方多栽培。

（10）甘蔗属（*Saccharum*）：多年生草本，秆直立，粗壮，实心；圆锥花序银白色；小穗两性，背腹压扁或略呈圆筒形，成对生于穗轴各节；穗轴具关节，各节连同着生其上的无柄小穗一起脱落；小穗基盘、颖及小穗柄上的毛均长于小穗。约5种，分布于热带亚热带；我国约有4种。甘蔗（*S. sinensis*），南方广泛栽培；甜根子草（*S. spontaneum*），分布于华中、华南、西南。

（11）蜀黍属（高粱属）（*Sorghum*）：一年生或多年生草本；圆锥花序；小穗两性，背腹压扁或略呈圆筒状，成对着生于穗轴各节或顶生3枚；无柄小穗结实，通常仅生1花；基盘短而钝圆；外颖下部呈革质，平滑而有光泽；有柄小穗不孕。约60种，分布于热带亚热带；我国约3种及1变种。高粱（蜀黍）（*S. vulgare*），各地栽培。

（12）玉蜀黍属（*Zea*）：一年生，秆粗壮实心；小穗单性，分别生在不同的花序上；雄性为顶生的圆锥花序，雌性为腋生的具多数鞘苞肉穗状花序。仅玉蜀黍（玉米，苞谷）（*Z. mays*）1种，可能原产于墨西哥高原，现全世界广为栽培，为主要粮食、饲用作物，玉米胚油食用。

禾亚科在我国常见的针茅属（*Stipa*）、羊茅属（*Festuca*）、早熟禾属（*Poa*）以及芨芨草（*Achnatherum splendens*）等，都是重要的饲料资源和草原的主要种类。香茅（*Cymbopogon citratus*）和枫茅（*C. nardus*）等，我国南方多栽培以提取芳香油。大米草（*Spartina anglica*），原产于英、法两国，根茎蔓延迅速，可保滩护堤，促淤造陆；秆叶可作饲料、绿肥及造纸。我国江、浙等地沿海引种栽培，效果良好；但可能对乡土植物造成排挤现象。象草（*Pennisetum purpureum*），原产于非洲，我国引种作牧草。黑麦草（*Lolium perenne*）与多花黑麦草（*L. multiflorum*）引自欧洲，均为优良牧草，并有改良土壤作用。

禾本科是风媒植物高度发展的最终阶段，花从单子叶5轮3数的典型结构，发展到禾本科，已演化为3轮结构,只有2~3枚微小的浆片代表了花被,雄蕊最后只有1轮3枚,辐射对称发展为两侧对称,花序也发生特化。在系统发育过程中,禾本科的演化基础可能源于鸭跖草目,通常认为与帚灯草科等有亲缘关系;尤其可能是起源于须叶藤科某些已消失了的类型和现代的原始属Joinvillea;或被认为导源于百合目,通过灯芯草目而与莎草目具有平行发展的关系。

六、棕榈目（Palmales, Arecales）

本目仅棕榈科1科。

棕榈科（Palmae, Arecaceae）

$* \male , \female \, \male\female \, P_{3+3} A_{3+3} \underline{G}_{3,(3:3\sim 1)}$

乔木或灌木,茎通常不分枝,单生或丛生,直立或攀缘,常覆以残存的老叶柄基或留下叶痕;叶通常较大,全缘或羽状、掌状分裂,芽时内向或外向摺叠,通常聚生于茎顶,或在攀缘的种类中散生;叶柄基部常扩大成为具纤维的鞘;花小,具苞片或小苞片,辐射对称,两性或单性,同株或异株,有时杂性,聚生成分枝或不分枝的肉穗花序,并为一至多枚大形的佛焰状总苞包着,生于叶丛中或叶鞘束下;花被片6,分离或合生,镊合状或覆瓦状排列;雄蕊6,2轮,花药2室,纵裂;子房上位,1~3室,少有4~7室,或具3枚离生或仅基部合生的心皮,胚珠1;花柱短,或无,柱头3;浆果、核果或坚果,外果皮常纤维质,或覆以覆瓦状排列的鳞片;种子与内果皮分离或黏合,胚乳均匀或嚼烂状。

本科约217属2 500种,分布于热带亚热带,而以亚洲和美洲为分布中心,是热带地区重要的植物资源,广泛引种栽培。我国包括栽培的约有22属60多种,分布于西南至东南。

（1）蒲葵属（*Livistona*）：乔木；叶掌状分裂,裂片分裂达1/2或不及,裂片先端渐尖并再裂为2小裂片,叶柄下部具逆刺2列；花两性；子房由3个近离生的心皮组成,3室；核果橄榄状。约20种,分布于热带亚洲和澳大利亚；我国约4种,分布于南部至台湾。蒲葵（*L. chinensis*）,分布于南部,各地常栽培,尤以广东新会栽培最多。嫩叶制葵扇,老叶制蓑衣、笠帽、船篷等；中脉（葵骨）供制扫帚、刷子、牙签等,叶柄外皮（葵皮）编织葵花席、枕席等,叶鞘纤维可制绳等；果实及根、叶药用。但新会的葵业已日渐式微。

（2）棕竹属（*Rhapis*）：丛生灌木,茎粗不超过3 cm；叶掌状分裂,裂片在20片以下,先端通常阔,并有数个细尖齿；叶柄无刺,腹面无深凹槽,顶端与叶片连接处有明显的小戟突；花单性,雌雄异株；心皮3枚,离生；浆果球形。约15种,分布于东亚；我国约7种,分布于南方。棕竹（*R. excelsa*）,分布于东南至西南,广泛栽培,杆可作手杖和伞柄等,根药用。

（3）棕榈属（*Trachycarpus*）：乔木,茎粗15 cm以上；叶掌状分裂,裂片多于20,顶端常2浅裂,叶柄无刺；花单性,异株；心皮3枚,离生。约6种,分布于东亚；我国约6种,分布于西南至东南。棕榈（*T. fortunei*）,分布于长江以南各省区,广泛栽培（图11-113）。叶

✿ 图11-113　棕榈科

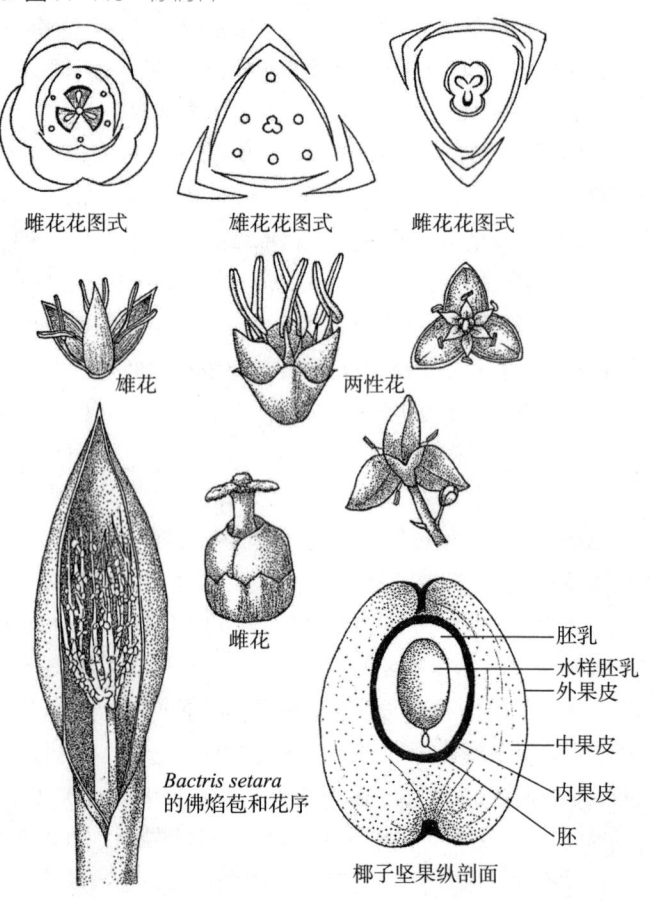

雌花花图式　　雄花花图式　　雌花花图式

雄花　　两性花

雌花

Bactris setara
的佛焰苞和花序

胚乳
水样胚乳
外果皮
中果皮
内果皮
胚

椰子坚果纵剖面

鞘纤维可制绳索、床榻、蓑衣、扫帚等，杆可作屋柱、水槽等，嫩叶可制扇、帽等，叶柄制活性炭入药。

（4）省藤属（*Calamus*）：藤本；叶羽状全裂，裂片条形，顶端或边缘常具刺；叶鞘常具刺和纤鞭，叶轴常具钩刺；花单性，异株，花序总苞管状，并不包着花序；肉穗花序长，花序轴具钩刺；蒴果球形，外覆以下弯而覆瓦状排列的鳞片。约375种，广布于热带；我国约20多种，分布于华南、台湾和云南，尤以海南最盛。茎可编织各种藤器。省藤（*C. platyacanthoides*），分布于广东、广西。白藤（*C. tetradactylus*），分布于广东、广西、福建。

（5）椰子属（*Cocos*）：乔木，叶羽状全裂；花单性，同株；肉穗花序，总苞纺锤形，厚木质；核果大形，顶端微具三棱，中果皮厚而纤维质，内果皮骨质，近基部有3发芽孔；种子1枚，种皮薄，紧贴着胚乳；胚乳坚实、白色，连着种皮而紧贴着内果皮；胚基生。仅椰子（*C. nulifera*）1种（图11-113），分布于热带海岸，尤以东南亚为盛。我国海南、广东、台湾均有分布，云南西双版纳等地有栽培。果实是热带佳果，椰肉（胚乳）可榨油或食用；椰汁（胚乳空腔汁液）是良好的饮料，并由于富含生长素物质而用于组织培养；椰棕（中果皮纤维）可制绳索、扫帚等，木材可作建筑及其他用材。

（6）槟榔属（*Areca*）：乔木；叶羽状全裂，叶鞘光滑，苞状，叶裂片2列排列，背面光滑；花单性，同株；坚果小，卵形或长椭圆形，基部具宿存的花被片，内果皮薄，中果皮厚纤维质，种子卵形，基部平坦；胚乳嚼烂状。约54种，分布于马来西亚至澳大利亚北部；我国海南、广东、云南及台湾栽培1种。槟榔（*A. catechu*），种子含单宁和多种生物碱，药用助消化和驱肠道寄生虫；热带居民常以嫩果裹以蒌叶和少许生石灰咀嚼，有固齿与健胃作用；果皮作大腹皮入药；木材供建筑等用。

棕榈科植物引种作城市绿化树种的种类不少，如散尾葵（*Chrysalidocarpus lutescens*）原产于马达加斯加，王棕（*Roystonea regia*）原产于古巴，假槟榔（*Archontophoenix alexandrae*）原产于澳大利亚，金山葵（*Syagrus romanzoffiana*）原产于巴西至阿根廷，鱼尾葵（*Caryota ochlandra*）和短穗鱼尾葵（*C.mitis*）原产于热带亚洲和马来西亚。作为油料作物栽培的有油棕（*Elaeis guineensis*），原产于非洲热带。

棕榈目可能直接来自于百合目的祖先。棕榈科几个原始的属是具有离生心皮的，因而很可能来自于百合科中具有离生心皮类的祖先。

七、佛焰花目（Spathiflorae）

草本或攀缘木本；花甚小，密生成肉穗花序，通常承以或包藏于大形佛焰苞；子房上位；浆果，种子有丰富的胚乳。含2科。

1. 天南星科（Araceae）

$* ↑ ♀, ♂♀ P_{4~6} A_{6~1} \underline{G}_{(2, 3~(15))}$

草本或木质藤本，常具块根或根茎；植物体多含水状或乳状汁液，并常具草酸钙针状结晶体，汁液对人的皮肤、舌和咽喉具刺痒或灼热感；单叶或复叶，全缘或各式分裂，基部常具膜质的鞘；花两性或单性，同株或异株，花被小或缺；肉穗花序，具佛焰苞，顶端常延伸特化为附属体；单性同株时，通常雄花位于花序上部，中部为不育部分或为中性花，下部为雌花；雄蕊1～6，分离或聚药；子房上位，1至多室；浆果。染色体；X=7～17，22。

本科约115属2 000多种，主要分布于热带和亚热带。我国有23属100多种。

（1）菖蒲属（*Acorus*）：根茎粗壮，叶2列，剑形，基部叶鞘套叠并具膜质边缘；植物体常有香气；肉穗花序圆柱形，佛焰苞与叶片同形、同色，不包着花序；花两性。2或3种，广布于北温带，我国南北均有分布。菖蒲（*A. calamus*）、石菖蒲（*A. gramineus*）生湿地和溪流水石间，根茎均药用，为芳香健胃剂。

菖蒲属在天南星科分类中的地位比较孤立，而且分类也较困难。据细胞学和其他学科的研究，认为菖蒲的各种性状，如叶片长宽的比例、肉穗花序着生的角度、根茎的含油量、植株的含水量和草酸钙的含量等，都与其多倍体的程度有关。

（2）犁头尖属（独角莲属）（*Typhonium*）：草本，具块茎，叶基出；肉穗花序具细柱状、圆柱状或尾状附属物；佛焰苞下部分离或稍合生，并与肉穗花序分离。约30种，主要分布于东南亚；我国约有13

种，主要分布于南方。独角莲（白附子、禹白附）（T. giganteum），分布于河北、山西、河南、陕西、甘肃、四川、湖北各地，各地也有栽培，块茎为中药的禹白附（白附子）。犁头尖（T. blumei），佛焰苞紫色，肉穗花序附属体紫色，基部为雌花，上部为雄花，雌花之上为中性花；分布台湾、福建、广东，日本、东南亚也有；药用，治蛇咬伤。误吃可致舌头肿胀，喉咙灼烧。

（3）半夏属（Pinellia）：草本，具块茎，叶基出；肉穗花序具延长、线形的附属体；雌雄同株，雌花部分与佛焰苞贴生。约7种，分布于我国和日本；我国约5种，除西北和东北外，各地均有分布。半夏（P. ternata），分布于辽宁至广东，西至甘肃，西南至云南，块茎入药。滴水珠（水半夏）（P. cordata），分布于江、浙、赣、闽、粤，也可作半夏入药。

（4）天南星属（Arisaema）：多年生草本，具块茎或根茎，具由花葶、芽苞叶和叶鞘组成的假茎；掌状复叶具3～5枚小叶，或多数小叶呈鸟足状排列；肉穗花序附属体尾状或棍棒状，雌雄异株或极个别同株。约160种，分布于东非及亚洲热带、北美、墨西哥；我国有82种，分布于南北各省，尤以西南最盛。块茎多作天南星入药。天南星（A. consaanguineum），广布于黄河以南，北起河北，西南至西藏，东至台湾，南至广东。异叶天南星（A. heterophyllum），分布于华北、华中、华东、西南及华南。东北南星（A. amurense），分布于东北、河北、河南、山西、山东。以上3种均作天南星入药，有燥湿化痰，祛风解痉；外用有消肿止痛作用。

尚有千年健（Homalomena occulta）入药，有祛风湿，强筋骨作用；海芋（Alocasia macrorrhiza），民间亦作健胃药，外用作消肿止痛药（图11-114）。某些属种的块茎富有淀粉，可供食用，如芋（芋头，芋艿）（Colocasia esculenta），原产于南亚，现广泛栽培，栽培品种甚多，食用球茎。魔芋（Amorphophallus

✿ 图11-114 海芋

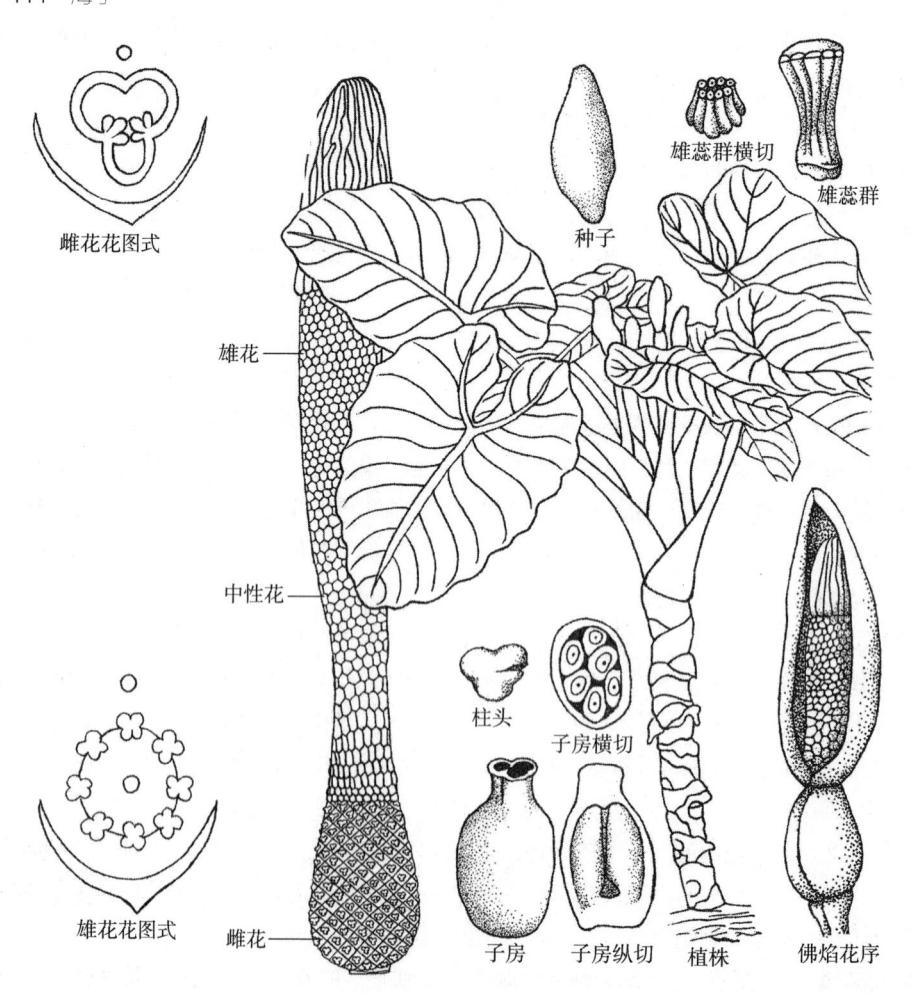

370　第十一章　被子植物亚门（Angiospermae）

rivieri）淀粉亦供食用。不少种类常栽培供观赏，如花烛属（Anthurium）多种，其佛焰苞具美丽颜色，花烛（A. andraeanum），佛焰苞红色；花叶芋（Caladium bicolor），原产于热带美洲；花叶万年青（Dieffenbachia picta），原产于南美；马蹄莲（Zantedeschia aethiopica）、粤万年青（亮丝草）（Aglaonema modestum），原产于我国南部；绿萝（Scindapsus aurens），产热带亚洲；龟背竹（Monstera deliciosa），原产墨西哥，叶不规则羽状深裂，叶脉间有长椭圆形孔洞；麒麟尾（Epipremnum pinnatum），产于广东南部，叶脉间无孔洞。大漂（水浮莲）（Pistia stratiotes），分布热带地区，多生于池塘河汊，过度繁殖时常引起航道阻塞。

2. 浮萍科（Lemnaceae）

$* \uparrow \delta♀ P_0 A_{2\sim 1} \underline{G}_{(1:1:1)}$

小型草木，植物体退化为鳞片状叶状体，单一或数个叶状体聚生，浮水或沉水，具细根或无；花单性，同株，辐射对称，秃裸或初时包藏于膜质佛焰苞内；无花被，雄花有雄蕊1或2枚，花丝纤弱或于中部变厚或无，花药1或2室；雌花有1个心皮，子房上位，1室，花柱和柱头单1；胞果瓶状，种子1或数颗，外种皮厚而肉质。染色体：X=10，11。

✿ 图11-115　浮萍

本科约6属30种，广布。我国约3属7种，南北均有分布。

（1）浮萍属（Lemna）：植物体具根1条，叶状体下面绿色或具褐色条纹。约15种，广布；我国约3种。浮萍（L. minor），广布，生于池沼、湖泊或静水中。药用有发汗、利水、消肿之效，也可作饲料和稻田绿肥（图11-115）。

（2）紫萍属（Spirodela）：植物体具根多条，叶状体下面紫色。约6种，广布；我国约2种。紫萍（S. polyrrhiza），广布，为常见的浮水植物。全草供药用，也是良好的猪、鸭饲料和稻田肥料。

（3）无根萍（Wolffia arrhiza），植物细小如砂，为种子植物中最小的植物之一，漂浮水面，无根，通常分裂繁殖；叶长1.2～1.5 mm，宽不及1 mm，生长最盛时每平方米的面积可有植物体100万个；花雌雄同株。分布于东南各省，广布全世界热带和亚热带地区。生静水池沼中，为饲养鱼苗的好饲料。

佛焰苞目与棕榈目同具佛焰状总苞，花从两性发展到单性，它们可能共同起源于百合目的祖先。

八、露兜树目（Pandanales）

花单性，无被或单被，排成头状或穗状花序；雄花有雄蕊多数到1个，有时有退化子房；雌花有不定数到1枚的心皮；种子有胚乳。含3科。下文介绍2科。

1. 露兜树科（Pandanaceae）

$\delta♀, P_0 A_\infty \underline{G}_{(1:1)}$

灌木或乔木，有时攀缘状；叶3或4列或螺旋状排列；花单性异株，排成各种花序，具叶状的佛焰苞；花被缺，雄蕊多数；雌花有或无退化雄蕊；子房上位，1室，胚珠1至多枚；聚花果。染色体：X=30。

露兜树属（Pandanus）：植株通常直立或匍匐状，雌花无退化雄蕊，子房具1颗近基生的胚珠。约200种，我国约3种，分布南部及台湾。露兜树（P. tectorius），小乔木，叶带状，边缘和下面中脉有锐刺，花芳香，聚花果头状，径约20 cm，成熟时棕红色。分布于广东、福建等省南部近海沙滩。叶可编制工艺品，鲜花含芳香油，根、叶、花、果药用。

第三节　单子叶植物纲（Monocotyledoneae）

2. 香蒲科（Typhaceae）

*♂♀ $P_0 A_3 \underline{G}_{(1:1:1)}$

本科仅含1属。

香蒲属（*Typha*）：水生草本，有地下茎，叶2列，线形，直立，植物体芳香；花单性，无花被，排成稠密、圆柱状的长穗状花序，小苞片毛状；雄花居上部，雄蕊3（1～7），药隔伸长；雌花在下部，子房1室，具柄，胚珠1；小坚果，有宿存毛状小苞片；种子有胚乳。染色体：X=15。约18种，我国10种，大部分产于北部和东北部。其中东方香蒲（*T. orientalis*）和水烛（*T. angustifolia*）均广布，生于水旁及沼泽中。花粉药用，称"蒲黄"；雌花连同它的毛状小苞片称"蒲绒"，作填充料用。

九、莎草目（Cyperales）

莎草目仅有莎草科。

莎草科（Cyperaceae）

*♀，♂♀ $P_0 A_{3-1} \underline{G}_{(2-3:1)}$

草本，多年生或较少为一年生；根簇生，纤维状；根状茎丛生或匍匐状，或少数兼具块茎、球茎；茎特称为秆，单生或丛生，实心或少数中空，三棱柱形或圆柱形，或少数为4或5棱形，或扁平；叶通常3列，基生或秆生；叶片条形，基部具闭合的叶鞘，或叶片退化而仅具叶鞘；花甚小，单生于特称为颖片的鳞片腋间，两性或单性，辐射对称，同株或少数异株；二至多朵花或极少数为1朵花组成密穗状花序，特称为小穗，小穗单一或若干枚再排成各式花序，花序通常具一至多枚总苞片；总苞片叶状、刚毛状或鳞片状，基部具鞘或无；小穗单性或两性，具颖片多枚；颖片2列或螺旋状排列于小穗轴上，或少数雌小穗仅具1枚颖片；花被缺或变态为下位鳞片或下位刚毛，或有的雌花包被在由先出叶（相当于双子叶植物花梗基部的小苞片）形成的果囊内；雄蕊3，2或1，花丝丝状，花药底着；子房上位，1室；花柱1，柱头2或3；小坚果，三棱、双凸、平凸或球状；种子具丰富胚乳（图11-116）。染色体：X=5～60。

莎草科是单子叶植物中具有一定经济意义的一个大科。约80属4 000多种，广布。我国约有31属670种。

（1）**藨草属**（*Scirpus*）：秆圆柱形，叶片常退化而仅具叶鞘；小穗通常具两性花，排成简单或复出的长侧枝聚伞花序，或排成头状花序（图11-116）；颖片螺旋状排列，通常具下位刚毛；下位刚毛刚毛状，6条或稍多或稍少，或极少数缺；花柱基部不膨大。约300多种，广布；我国约有40种，生于水边和浅水中，多为造纸和编织原料。藨草（*S. triqueter*），除广东外各地均有分布，为著名编织草席和草帽原料，也可造纸。荆三棱（*S. yagara*），分布于东北、华北、西南、长江流域各省及台湾，块茎药用。水葱（*S. tabernaemontani*），分布于东北、华北、西南以及江、陕、甘、疆等省，秆可编席。萤蔺（*S. juncoides*），除内蒙古、甘肃和西藏外，各省区均有分布，全株可供造纸及编织，或入药。

（2）**飘拂草属**（*Fimbristylis*）：秆圆柱形，具有叶片；小穗多数顶生为单生或复生聚伞花序，极少单一，具两性花（图11-116）；颖片螺旋状排列，无下位刚毛；花柱2或3裂，基部膨大，花柱基脱落。约200种，我国47种。水虱草（*F. miliacea*），分布于河北、陕西、华东、中南和西南，可造纸或作牧草。两歧飘拂草（*F. dichotoma*），分布于东北、山西、河北、华东、华南、西南各省区，生于草地或稻田中。

（3）**刺子莞属**（*Rhynchospora*）：秆三棱柱形或少数为圆柱形，叶基生；头状花序（图11-116），叶状苞片多枚，具鞘；小穗通常仅在中部或上部具1至少数两性花或单性花，顶部或下部1至数枚颖片中空无花；具下位刚毛或鳞片；柱头2；小坚果双凸状。约200种，广布，尤以热带为盛；我国约7种，广布于西南至东南。刺子莞（*R. rubra*），分布于长江以南各省及台湾，生于草地，全草药用。

（4）**莎草属**（*Cyperus*）：秆通常为三棱柱形，叶基生；复出聚伞花序，或为总状或头状花序（图11-116），具叶状苞片数枚，小穗稍压扁，不脱落；颖片2列，从基部向顶端逐渐脱落，无下位刚毛；柱头3；小坚果具3棱。约380种，分布于热带及温带；我国有30多种。香附子（*C. rotundus*），分布于陕、甘、晋、冀、豫以及华东、华南和西南，块茎、叶有香气。块茎药用，名香附子。短叶茳芏（咸水

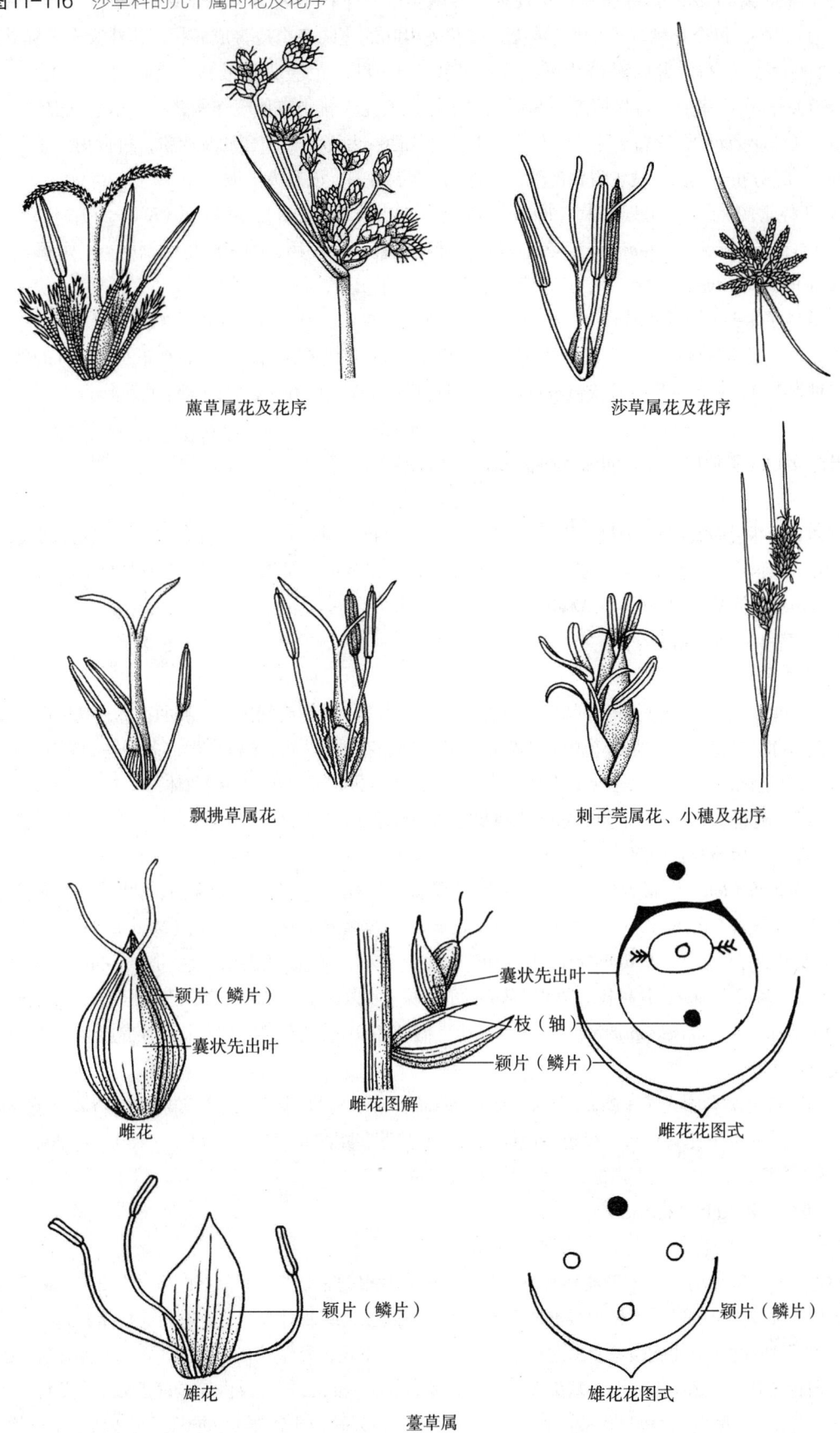

图 11-116 莎草科的几个属的花及花序

蔗草属花及花序　　　　莎草属花及花序

飘拂草属花　　　刺子莞属花、小穗及花序

颖片（鳞片）
囊状先出叶
雌花

囊状先出叶
枝（轴）
颖片（鳞片）
雌花图解

雌花花图式

颖片（鳞片）
雄花

颖片（鳞片）
雄花花图式

薹草属

草）（*C. malaccensis* var. *brevifolius*），分布于华南、四川和福建，秆可编席。碎米莎草（*C. iria*），几遍布全国，常见田间杂草。风车草（*C. alternifolius* ssp. *flabelliformis*），原产于非洲，各地栽培观赏。油莎豆（*C. esculentus*），各地栽培，块茎含油高达27%，供食用。

(5) 薹草属（*Carex*）：秆通常三棱柱形，叶基生或秆生；小穗单一或集成圆锥或复穗状；花单性（图 11-116），每个小穗仅具 1 雌花或无，雌花先出叶的边缘完全愈合成囊状；花柱突出于囊外。1 500～2 000 种，广布，尤以温带为盛；我国至少有 400 种，尤以北部最盛。乌拉草（靰鞡草）（*C. meyeriana*），分布于东北，可作填充、编织或造纸用，填充于靴中有保暖作用，为"东北三宝"之一。十字薹草（*C. cruciata*），分布于西南、华南、浙江、江西、台湾，种子含油及淀粉，可食用。亚大薹草（*C. brownii*），分布于长江流域各省和台湾、河南、陕西、甘肃，以及大洋洲。

莎草科常见的还有水蜈蚣属（*Kyllinga*）、砖子苗属（*Mariscus*）、嵩草属（*Kobresia*）、珍珠茅属（*Scleria*）。荸荠（*Eleocharis tuberosa*），各地栽培，球茎供食用和药用，荸荠淀粉供制糕点。短穗石龙刍（*Lepironia mucronata* var. *compressa*），广东常栽培于池塘或水田中，秆供编织等用。

莎草科在体态上与禾本科有许多相似之处，但在花、果实、种子等特征可以加以区别，如莎草科的花更接近于典型的三基数花，较禾本科有更为明确的花被；胚埋在胚乳的基部，而不是在胚乳的外侧以及一些种类中总苞和苞片形成囊状包裹着种子，因此两者在系统中并无直接的亲缘关系。

十、姜目（蘘荷目）（Zingiberales, Scitamineae）

草本，具根茎及纤维状或块状根；茎极短，或为覆瓦状排列的鞘状叶柄组成；叶螺旋状排列或 2 列；花被 2 轮，常不显著；雄蕊常特化为瓣状；子房下位；蒴果或肉质浆果。种子具有粉质胚乳，或具有假种皮。含芭蕉科等 5 科，以下介绍 3 科。

1. 芭蕉科（Musaceae）

$\uparrow \delta \female, \female P_6 A_{3+3} \overline{G}_{(3:3)}$

草本，单生或丛生，常具由叶鞘重叠而成的树干状假茎；叶螺旋状排列，具羽状脉；花单性，或两性，两侧对称，数朵生于佛焰状苞内，再聚成穗状花序；花被片 6 枚，5 枚合生，多少呈 2 唇状；雄蕊 5 个发育，1 个退化；子房下位，3 室；花柱 3～5 裂；肉质浆果，无假种皮。染色体：X=7，10～12。

本科分 3 亚科约 140 种，主要分布于亚洲及非洲热带地区；我国有 7 属 19 种，其中 3 属引种观赏，主要分布于华南、台湾及云南等地。

(1) 芭蕉属（*Musa*）：最为常见，并广泛栽培为果品，果实除生食外，尚可酿酒、制果汁及果脯等；叶鞘纤维可利用作麻类代用品等。栽培种有香蕉（*M. nana*）、芭蕉（*M. basjoo*）、大蕉（*M. sapientum*）等。大蕉与香蕉或被认为是伦加蕉（*M. balbisiana*）及阿加蕉（*M. acuminata*）的栽培品系，大多是杂交的三倍体，而不是分类学上的种或变种。这几种栽培种可以从果肉的风味上加以区别。香蕉试管苗已大规模应用于生产。

(2) 地涌金莲（*Musella lasiocarpa*），植株丛生，假茎高 60 cm 或更高，球穗状花序直接生于假茎，苞片干膜质，黄色。

其他观赏种类有旅人蕉（*Ravenala madagascariensis*），叶 2 行排列于茎顶；鹤望兰（*Strelitzia reginae*），无茎草本，总花梗下托一舟状、绿色、边缘紫红的佛焰苞；蝎尾蕉（*Heliconia metallica*），植株高，花序顶生，花序轴稍呈"之"字形弯曲，苞绿色，花被红色。

2. 姜科（Zingiberaceae）

$\uparrow \female K_{(3)} C_{(3)} A_1 \overline{G}_{(3:3\sim1:\infty)}$

草本，通常具有芳香，匍匐或具有块状根茎，或有时根的末端膨大呈块状；叶通常 2 列，或螺旋状排列，具开放或闭合的叶鞘，鞘顶具有明显的叶舌；花两性，两侧对称，单生或组成穗状、总状或圆锥花序，生于具叶的茎上或由根茎发出的花葶上；花被 6 枚，2 轮，外轮萼状，合生成管，一侧开裂或顶端齿裂，内轮瓣状，后方 1 枚较大，基部合生成管；雄蕊 3 或 6 枚，2 轮，仅内轮雄蕊近轴 1 枚发育，花丝具槽，花药 2 室，侧生的 2 枚退化成腺体，位于花柱前面；外轮位于远轴 1 枚雄蕊退化成成唇瓣，侧生 2 枚雄蕊退化成花瓣状或腺体（称为雄蕊蜜腺，lepal，下同），附着于唇瓣基部两侧；子房下位，1～3 室；花柱 1 枚，丝状，通常经发育雄蕊的花丝槽中由花药室间穿出，柱头头状（图 11-117）；蒴果 3 瓣裂，或为肉质浆果，种子具假种皮。染色体：X=12。

姜科花常有香气，茎叶亦有挥发油，显系虫媒传粉的植物类群，但王英强发现（2005）黄花大苞姜

☆ 图11-117 姜花

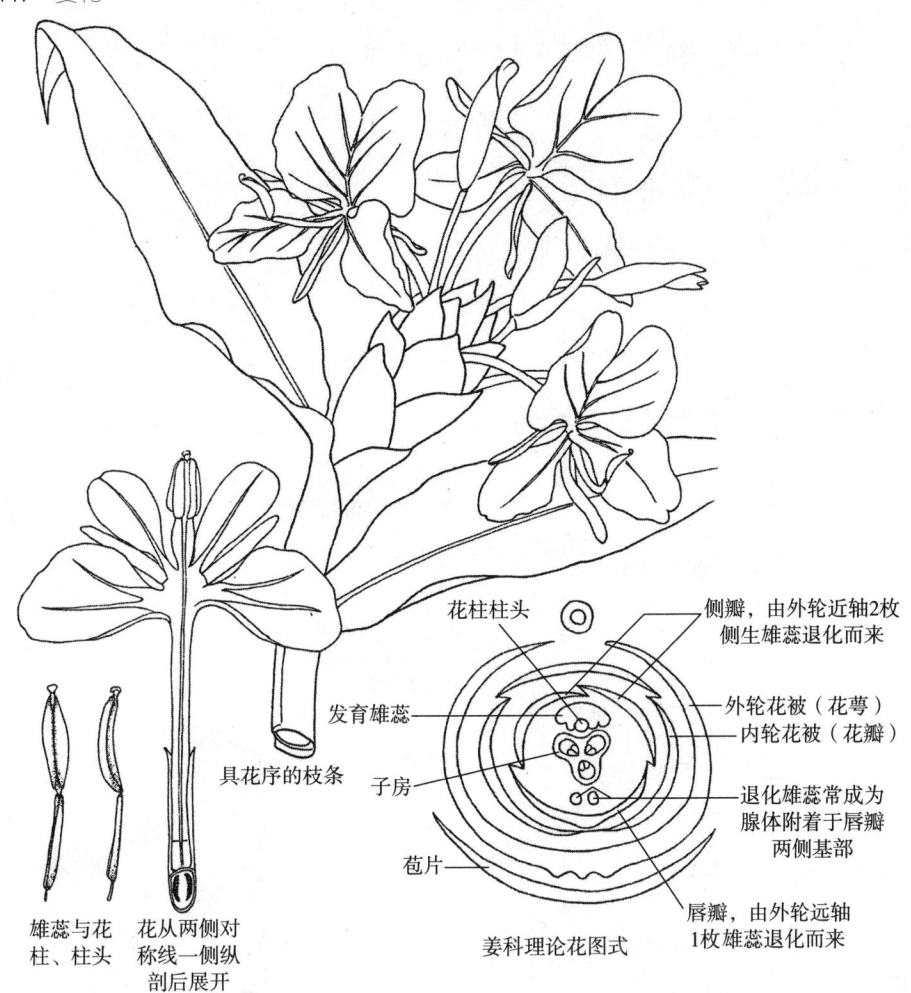

(*Caulokaempferia coenobialis*) 亦存在自花传粉（图11-118）。

本科约50属1 000种；我国约19属143种，主要分布于西南部至东部，是丰富的药香料、调味、观赏等植物资源。

（1）姜花属（*Hedychium*）：叶二行排列，叶鞘上部张开；花序顶生，侧生退化雄蕊成花瓣状，与唇瓣分离，唇瓣基部不与花丝连合；花丝长，花药常丁字着生，药隔狭，顶端无附属物，花药基部无距，中轴胎座。约50种，分布于亚洲热带地区；我国有15种，主产于西南部。姜花（*H. coronarium*），花白色，分布于我国南部至西南部。花芳香，栽培作切花（图11-117）。

（2）山柰属（*Kaempferia*）：植株无地上茎；花序由根状茎发出，头状或穗状，不包藏于钟状的总苞内，苞片螺旋状排列；花丝常短，花药基生，药隔较宽，药隔顶端附属体全缘或2裂。70种；我国4种，自西南至南部广布。山柰（沙姜）（*K. galanga*），根茎作调味品。

（3）姜黄属（*Curcuma*）：根茎圆柱形，断面黄色或蓝绿色，根末膨大成纺锤状块根；花葶自根茎发出，有长柄，花序球果状，苞片中部以下边缘互相贴生呈囊状，花多朵生于囊状苞内，花有小苞片；侧生退化雄蕊大，瓣状；花药基部有距。有50余种，分布于亚洲东南部；我国有5种。常栽培或野生于林荫下的有：姜黄（*C. domestica*），块根入药称"郁金"，根茎入药称"姜黄"，也可提取黄色食用染料或调味品，所含姜黄素可制成分析化学用试纸。郁金（*C. aromatica*）及莪术（*C. zedoaria*）的根茎和块根亦药用为姜黄和郁金。

（4）山姜属（*Alpinia*）：根茎肥厚；总状花序顶生于具叶的茎上，侧生退化雄蕊极小或缺，药隔附属体小而不包卷花柱；子房1室。250多种，主要分布于亚洲热带和亚热带；我国46种，分布于台湾至西南各省区。大多数可供药用。高良姜（*A. officinarum*），特产于我国东南至西南部，根、茎供药用。大高

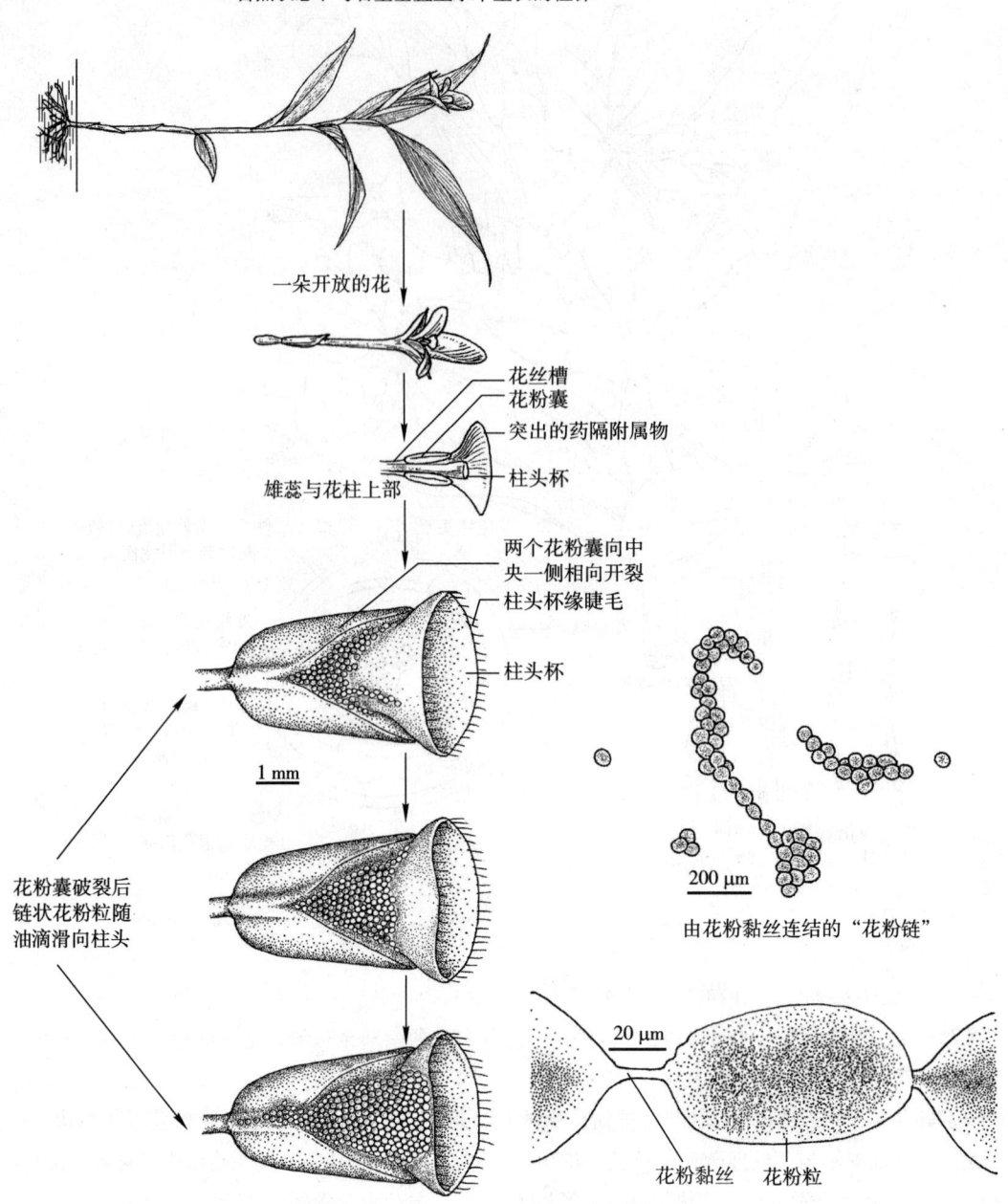

图11-118 黄花大苞姜的滑动受精（李佩瑜自王英强照片绘）

良姜（A. galanga），分布于台、桂、滇、闽各省区，亚洲热带也有，根茎亦药用（图11-119）。益智（A. oxyphylla），分布于海南，种子称"益智仁"，药用。艳山姜（大草蔻）（A. zerumbet），分布于东南至西南，种子药用（图11-119）。

（5）豆蔻属（Amomum）：根茎匍匐；花葶短，发自根茎，穗状花序密致而多呈球形；唇瓣大，不具明显3裂片，侧生退化雄蕊极小或缺；药隔附属体小而不包卷花柱。约150种，分布于热带；我国5或6种，分布于台湾、两广及云南南部。砂仁（阳春砂仁）（A. villosum），华南、云南、福建等地广为栽培于林下阴湿地，种子为芳香健胃要药。草果（A. tsaoko），分布于云南、贵州及两广，栽培及野生于林下，果实药用，又作调味香料。

（6）姜属（Zingiber）：根茎肥厚，具芳香辛辣味；花葶长，单独自根茎发出；侧生退化雄蕊小，唇瓣大而具3裂片，药隔附属体大而包卷着花柱。80~90种，分布于东亚、马来西亚和澳大利亚北部；我国约12种，分布于台湾至西南。姜（Z. officinale），华中、东南至西南各省区广为栽培，根茎为烹调配料，又供药用及提取精油。

376　第十一章 被子植物亚门（Angiospermae）

❀ 图 11-119 大高良姜与艳山姜

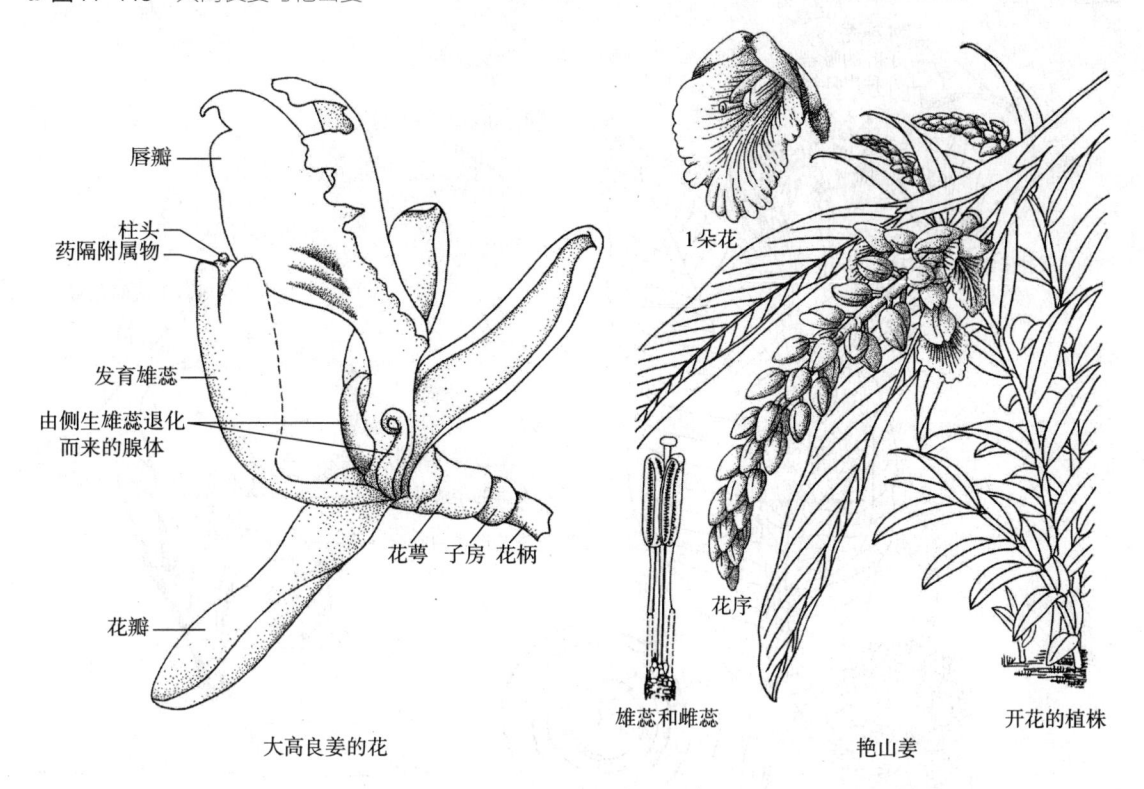

唇瓣
柱头
药隔附属物
发育雄蕊
由侧生雄蕊退化而来的腺体
花萼　子房　花柄
花瓣

大高良姜的花

1朵花
花序
雄蕊和雌蕊
艳山姜
开花的植株

（7）闭鞘姜属（*Costus*）：叶螺旋排列，叶鞘闭合成管状，植物体的地上部分无香味。侧生退化雄蕊缺，或小而呈齿状，子房顶部无蜜腺。约150种，主产于热带美洲与非洲；我国约3种，分布于台湾、华南及云南。常见的有闭鞘姜（*C. speciosus*），根茎药用，花美丽，可作观赏。

有的学者将闭鞘姜属单列为闭鞘姜科（Costaceae）。

3. 美人蕉科（Cannaceae）

本科含1属约30种以上，我国栽培的有7或8种。美人蕉（*Canna indica*），多年生草本，有粗壮根状茎；叶大，互生，有羽状平行脉，植物体无香气；花两性，大而美丽，不对称，花常红色；苞片1，萼片3；花瓣3，萼片状，狭；退化雄蕊通常5枚，花瓣状，鲜红色，其中2或3枚较大，1枚反卷，成唇瓣；发育雄蕊仅一边有一发育的药室；子房下位，中轴胎座，花柱与雄蕊管合生；蒴果球形，绿色，具小软刺（图11-120）。原产于南美，我国常栽培作花坛植物，花色极多。姜芋（*C. edulis*），原产于西印度群岛和南美，块茎含丰富淀粉，食用。

姜目包括5科，其他科有竹芋科（Marantaceae）、兰花蕉科（Lowiaceae）。姜目与石蒜科和百合科的原始类群具有许多共性，很可能直接起源于百合科的原始类群。不过在姜目花已发展到两侧对称，全部种类子房下位，而且由于花部数目减退和变态，更由两侧对称的花发展出不对称的花。

十一、兰目（微子目）（Orchidales, Microspermae）

陆生、附生或腐生；花通常为两侧对称，并常因子房呈180°扭转、弯曲或花苞片下垂而使唇瓣位于下方；雄蕊与雌蕊合生成合蕊柱，花粉粒通常结合成花粉块，或极少数不黏合成块；子房下位，胚珠倒生；蒴果，种子微小，无胚乳。含2科。

1. 拟兰科（假兰科）（Apostasiaceae）

↑ ⚥ $P_{3+3} A_3 \overline{G}_{(3:\infty)}$

陆生草本，根茎短，茎直立；叶多枚，互生，具摺扇状纵脉；穗状或总状花序，花两性，近两侧对称；花被片6，2轮；雄蕊内轮3个能育或近轴1个败育，或外轮远轴1枚雄蕊发育，基部与花柱合生，上部分离；花粉粒粉状，不黏合成花粉块；子房下位，1室；蒴果。

☆ 图11-120 美人蕉

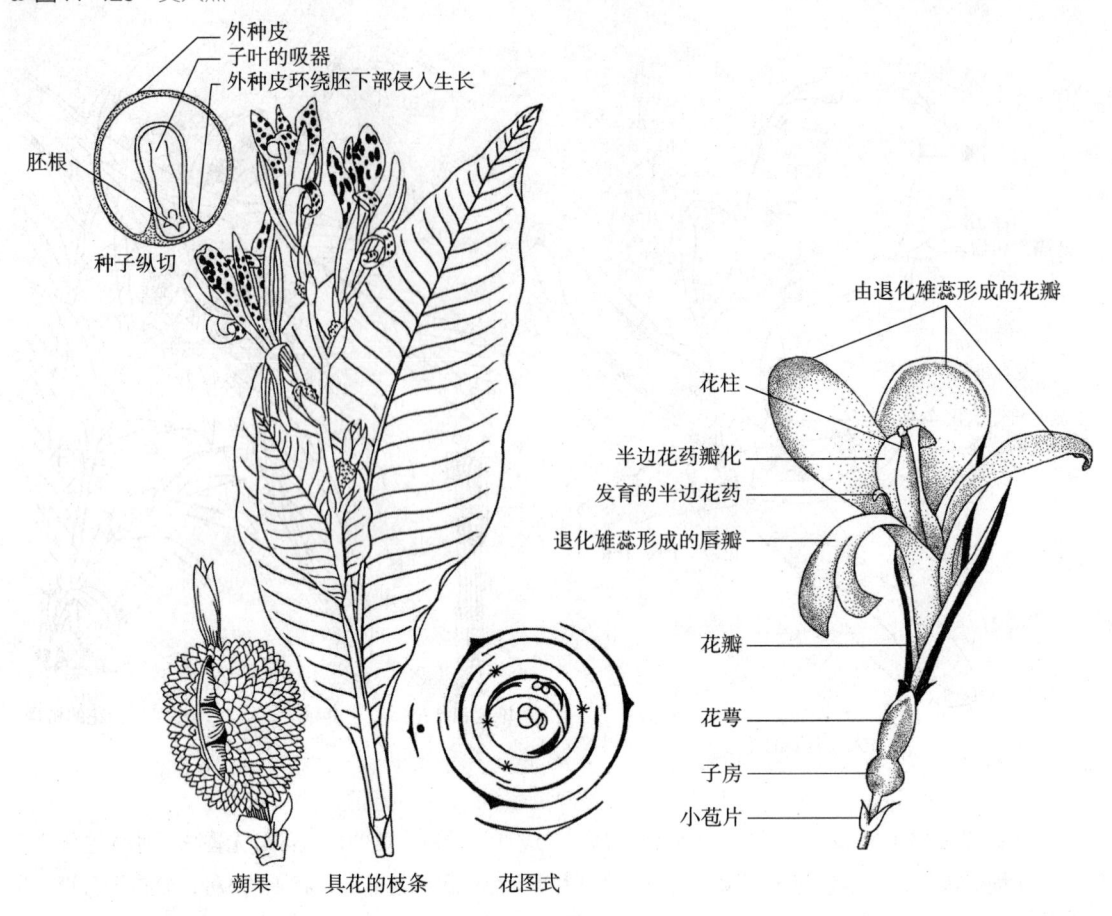

本科3属20多种，分布于东南亚及澳大利亚热带；我国华南及云南分布有三蕊兰（*Neuwiedia varatrifolia*）及拟兰（*Apostasia odorata*）2属2种。其中三蕊兰属具有3个能育的雄蕊，是兰目最原始的一个属。

拟兰科在恩格勒系统中是包括在兰科里的，鉴于拟兰科雄蕊与花柱仅在基部合生，上部依然分离，与雄蕊和花柱包括花药、柱头合生成合蕊柱的情形是不同的，至少它和兰科不是处于演化的同一阶梯上，独立为科是合适的。

2. 兰科（Orchidaceae）

↑⚥ $P_{3+3} A_{2,1} \overline{G}_{(3:1:\infty)}$

陆生、附生或腐生草本，亚灌木或极少数为攀缘藤本；陆生及腐生的具须根、根茎或块茎，附生的具有肥厚根被的气生根；茎直立，悬垂或攀缘，通常在基部或全部膨大为1节或多节的假鳞茎；叶通常互生，二列或螺旋状排列，极少为对生或轮生，基部有时具关节，通常具有抱茎的叶鞘。花葶顶生或腋生，单花或各式花序；花通常两性，极少为单性，两侧对称，常因子房呈180°扭转、弯曲而使唇瓣位于下方；花被片6枚，2轮，外轮3枚为萼片，花瓣状，离生或部分合生；中央1片中萼片有时凹陷而与花瓣靠合成盔，两枚侧萼片略歪斜，而有时合为1合萼片或贴生于蕊柱脚上形成萼囊；内轮3枚花被片，两侧的两片为花瓣，中央1片特化为唇瓣；唇瓣具有复杂的结构，常3裂或有时中部缢缩而分为上唇（部）与下唇（部）两部分，并常有脊、褶片、胼胝体或其他附属物，基部有时还具有蜜腺的囊或距。雄蕊与雌蕊合生成合蕊柱（蕊柱，gymnostemium）。合蕊柱半圆形，面向唇瓣，顶端通常有药床，基部有时延伸为蕊柱脚。雄蕊通常仅外轮中央1枚能育，生于蕊柱顶端背面，或内轮2枚侧生的能育，生于蕊柱的两侧；退化雄蕊有时存在为很小的突起，极少较大而具彩色。柱头侧生或极少为顶生，凹陷或凸起，表面具黏液质，常2或3裂；2个发育柱头上方通常具有由退化柱头形成的喙状小突起的蕊喙，或具有3个柱头均能育而无蕊喙。花药通常2室，内向，直立或前倾，具有由四合花粉或单粒花粉黏合而成的花粉块；花粉块2~8个，粉质或蜡质，具花粉块柄、蕊喙柄和黏盘或缺。子房下位，1室，侧膜胎座，倒生胚珠。

❀ 图11-121　兰目

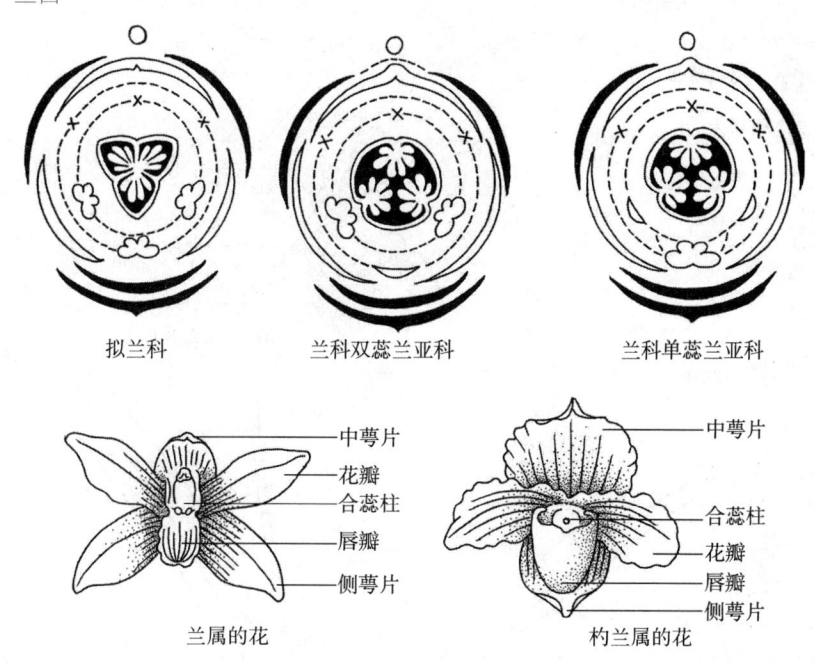

拟兰科　　　　　　兰科双蕊兰亚科　　　　　兰科单蕊兰亚科

兰属的花　　　　　　　杓兰属的花

蒴果，三棱状圆柱形或纺锤形，成熟时开裂为顶部仍相连的3～6果片；种子极多，微小，通常具膜质或翅状扩张的种皮，无胚乳，胚小而未分化（图11-121）。染色体：X=7～16，18，20，21，24。

兰科约有753属20 000种，广布于全球，但主要产热带地区。科下划分为双雄蕊亚科（Diandroideae）和单雄蕊亚科（Monandroideae）两个类群，大部分种类属于单雄蕊亚科。兰科是单子叶植物最大的科，在有花植物中仅次于菊科而居于第二位。我国约166属1 069种，南北均产之，而以云南、台湾、广西、海南为最盛。

（1）杓兰属（*Cypripedium*）：陆生草本；叶茎生，幼时席卷；花被在果时不脱落，内轮2个侧生雄蕊发育，外轮1个退化雄蕊较大，位于2个发育雄蕊之上，并多少覆盖着合蕊柱；柱头3裂，相似，均能育；花粉粒不形成花粉块（图11-121）。50种，分布于北温带和亚热带；我国约22种。分布最广的有扇脉杓兰（*C. japonicum*），分布于浙、皖、赣、湘、鄂、陕、川、黔，生于灌丛或竹林下。

（2）兜兰属（*Paphiopedilum*）：陆生或半附生，叶根生，幼时二重叠；花被果期脱落，内轮2个侧生雄蕊发育，外轮1个退化雄蕊较大，位于2个发育雄蕊之上，并多少覆盖着合蕊柱。约50种，分布于热带亚洲和美洲；我国约8种，分布于西南和南部。带叶兜兰（*P. hirsutissimum*），分布于云南东南部、广西和贵州，附生或半附生（图11-122）。卷萼兜兰（*P. appletonianum*），分布于广东、海南，生于林荫下湿处。

杓兰属和兜兰属是兰科最原始的两个属，具1轮（内轮）2个发育雄蕊，是具2轮3个发育雄蕊的拟兰科，向具1轮（外轮中央）1个发育雄蕊的其他兰科植物演化的过渡类型。

（3）红门兰属（*Orchis*）：陆生，具块茎；唇瓣有距；花粉块2，粒状，基部有柄和黏盘，黏盘藏在黏囊中。约90种，分布于北温带；我国约20多种，分布于东北、西北及西南各省区。块茎含淀粉，可食用。广布红门兰（*O. chusua*）、宽叶红门兰（*O. latifolia*）等的块茎可代替手参（*Gymnadenia conopsea*）入药。

（4）石斛属（*Dendrobium*）：附生，根状茎短；茎节明显，少数节间膨大呈假鳞茎状；总状花序，蕊柱的药座两侧有高喙；花药柄丝状，花粉块4，无柄。约1 400种，分布于热带亚洲至澳大利亚；我国约有60种，分布于西南至台湾。多数种类的花大而艳丽，可供观赏，或茎入药，养阴除热、生津止渴。常见有石斛（*D. nobile*），分布于华南、西南、台湾。细茎石斛（环草、黄草）（*D. moniliforme*），分布于长江流域和以南各省区。

（5）兰属（*Cymbidium*）：附生、陆生或腐生，根簇生、纤细，茎极短，或变态为假鳞茎，叶带状、革质；花葶直立或下垂，总状花序，花大而美丽，花被开张，蕊柱长（图11-123）；花粉块2，具柄和

图 11-122　带叶兜兰（刘运笑绘）

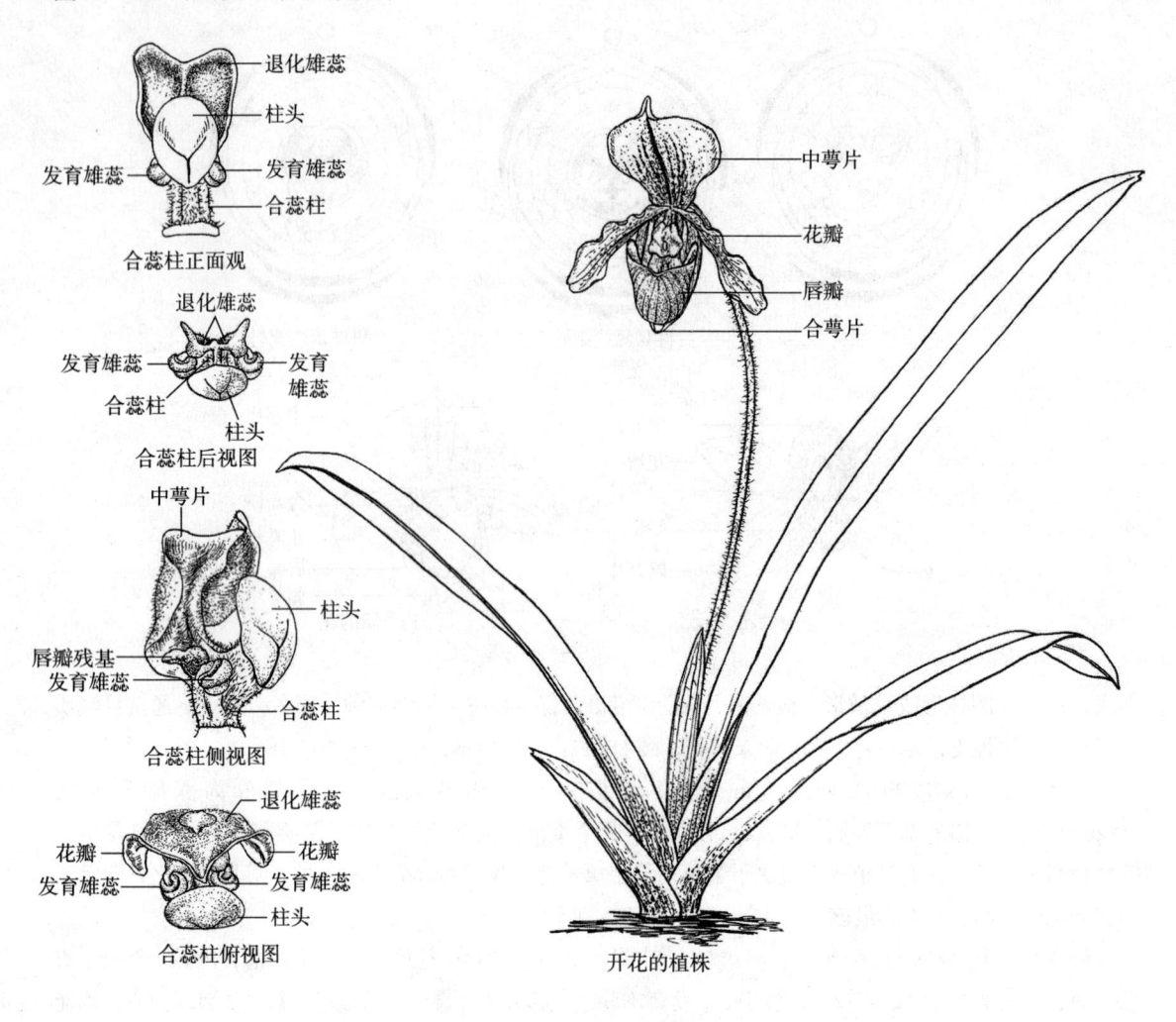

黏盘。40种，分布于热带亚洲和澳大利亚；我国25种，广布于长江以南。其中国内外广为栽培观赏的有墨兰（C. sinense），以花和叶色泽的多变而著称，培育出许多叶艺、花艺品种（图11-123）。寒兰（C. kanran），以花色的不同而有大叶、青、红、紫寒兰等品种。春兰（C. goeringii）和建兰（C. ensifolium）栽培的品种和类型也很多。

（6）鹤顶兰属（Phaius）：陆生兰，有茎或茎变态为短的假鳞茎状；叶具摺扇状脉，无关节；花葶从假鳞茎下部抽出，花大而美丽，花瓣与萼片与萼片近相似或后者较宽；唇瓣围绕蕊柱，基部具囊或矩，蕊柱细长；花粉块8，每室4个互相压叠，位于上面的稍长，蜡质，具花粉块柄。50种，分布于热带非洲、亚洲至大洋洲；我国9种，产于东南部至西南部。鹤顶兰（P. tankervilliae），分布于我国南部，大洋洲也有，栽培供观赏（图11-124）。

（7）万带兰属（Vanda）：附生兰，茎较长；叶扁平或少数近圆柱状，2列，有关节；花总状，疏离，较大；萼片和花瓣近同形，基部收窄（花瓣明显有爪），边缘多少反折而卷曲，唇瓣下面无龙骨状突起，有短矩；蕊柱中等长，两侧压扁。约60种，分布于亚洲热带地区；我国有约10种，分布于我国南部。琴唇万带兰（V. concolor），分布于西南至广西。纯色万带兰（V. subconcolor），花略有香味，产于海南。本属尚有若干种栽培供观赏，如棒叶万带兰（V. teres）、大花万带兰（V. coerulea）等。

常见的栽培兰花甚多，如卡特兰（Cattleya spp.）、蝴蝶兰（Phalaenopsis spp.）、文心兰（舞女兰）（Oncidium spp.）等。

兰科植物产多种药材，除石斛外，尚有天麻（Gastrodia elata），以西南最盛产，为腐生兰，块茎入药称"天麻"；白芨（Bletilla striata），广布于长江流域及以南各省区；黄花白芨（B. ochracea），分布于西

✿ **图11-123** 墨兰和兰属花的结构（上图引自中山大学与南京大学生物系编植物学，下图墨兰植株及合蕊柱由刘运笑绘）

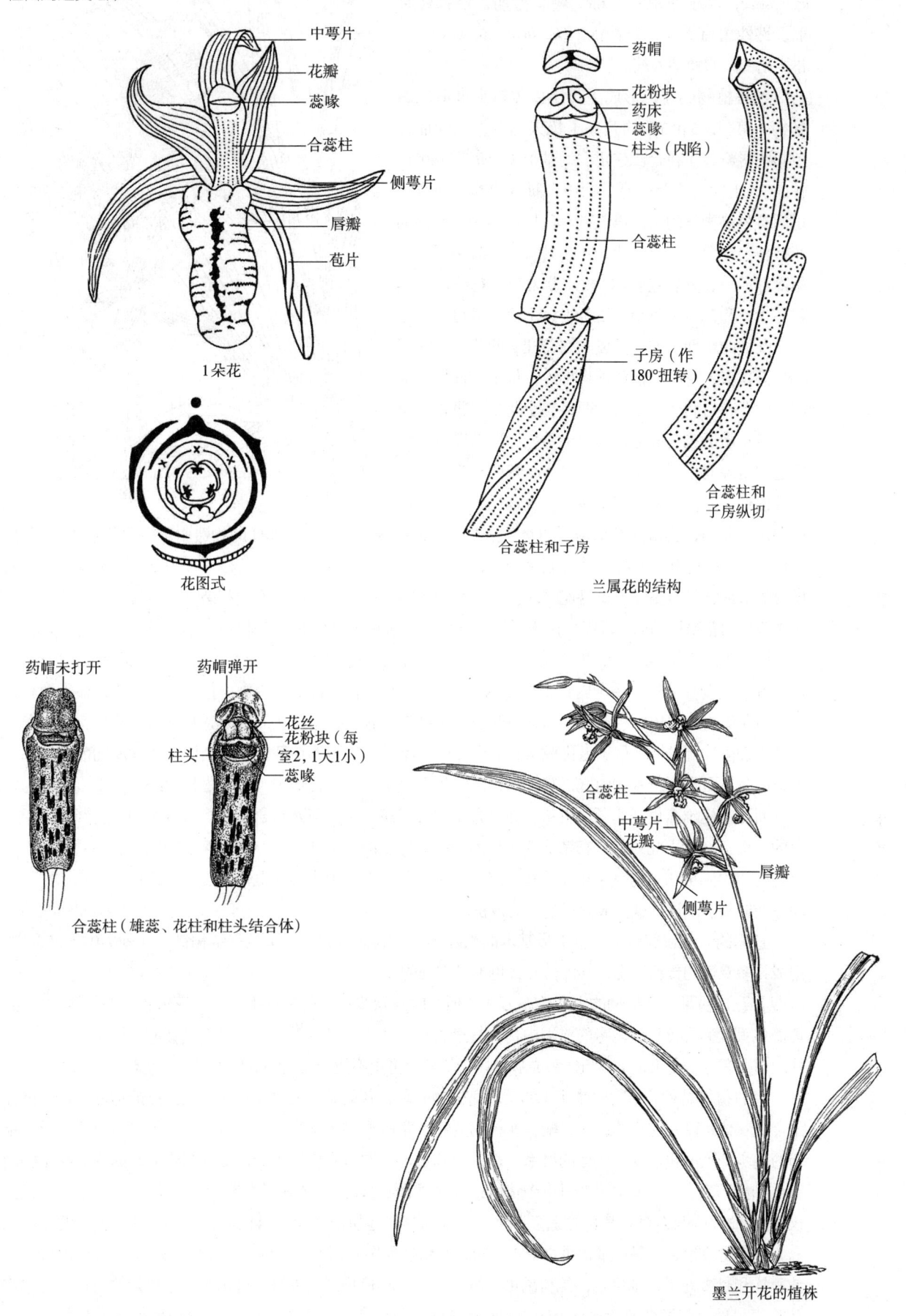

第三节 单子叶植物纲（Monocotyledoneae）

南、甘陕、桂及两湖，球茎入药；手参（*Gymnabenia conopsea*），产于西南及北部，块茎入药，治神经衰弱、慢性出血等症；石仙桃（*Pholidota chinensis*），分布于南部，假鳞茎入药。

兰科植物的花，形成了对昆虫传粉高度适应的结构。第一，5轮3数的花作了极大的变形。大而具色彩的唇瓣着生在合蕊柱正面的基部（子房作180°扭转后），上面有隆起的脊、褶片、胼胝体等，在脊的里面有分泌蜜汁的距。第二，合蕊柱把雄蕊、雌蕊的花柱柱头结合成一个柱状体。在具有大多数种类的单雄蕊亚科里，外轮远轴的1枚雄蕊发育，花粉块具柄和黏盘，和蕊喙及发育的2个柱头在子房扭转后均处于合蕊柱的正面上方，排成一列，柱头凹陷，与蕊喙均充满黏液，花粉块柄和蕊喙相连，位于合蕊柱最突出的位置，有利于昆虫接触而将整个花粉块带走。第三，兰花由于花色鲜艳，或由于香气和唇瓣以及唇瓣附近的蜜腺而吸引昆虫前来传粉。兰花的唇瓣始终位于合蕊柱前方，并靠近甚至包围着合蕊柱，当昆虫由唇瓣进入花内，唇瓣向基部增厚的脊、褶、胼胝体这些有柔韧而具弹性的构造由于昆虫的重力而下降，并由于唇瓣基部和合蕊柱的基部紧紧相连，而引起原本就向前弯曲的合蕊柱更加向下弯，于是蕊喙触到昆虫的头部，具有黏性的黏盘连同蕊喙柄、花粉块柄、花粉块在昆虫离开花朵时就被带走。第四，黏在昆虫头部的花粉块柄离开蕊喙后由于干燥的作用，引起黏盘的收缩，使花粉块由垂直而向前弯曲90°，并位于昆虫头部的前端，当昆虫飞到另一朵花时，花粉块首先接触到具有黏性的柱头面，便完成了授粉。

在双雄蕊亚科里，由于内轮2枚侧生雄蕊发育，其位置在合蕊柱两侧，花粉不形成块，亦无柄和黏盘，但花粉囊分泌出一种黏胶物质，将花粉粒黏结在一起。成拖鞋状的唇瓣紧紧抱着合蕊柱，三个发育的柱头合生，无黏性，位于退化成瓣状的内轮中央雄蕊和唇瓣的掩蔽之下。当昆虫从唇瓣的前端口部进入花内时，由于唇瓣两侧内壁极其光滑，昆虫采蜜后不能从原路退出，必须靠自身的体重将唇瓣略为压下，而且退化雄蕊也挡住了昆虫从正面上方出去的道路，于是只好从合蕊柱上端两侧的小孔经过，而发育的雄蕊正好位于此处，具有黏液的花粉团便黏在昆虫的头部和身上。这一类群的柱头也不具黏性，带有花粉团的昆虫访问另一朵花而寻找出路时，势必经过位于中央而在退化雄蕊之下的柱头，将黏性花粉涂擦在柱头上。这样就完成异花之间的传粉。

这里的介绍仅就两大类兰中最基本的虫媒传粉方式而言的，由于兰花结构在不同种类中千差万别，造成许多专性的传粉昆虫，其传粉方式也不是雷同的。

异花传粉是兰科植物的主要传粉方式，但有时在缺少昆虫的情况下也行自花传粉。在兰属的墨兰，弯曲成弧状的合蕊柱，蕊喙的前端内弯，其连着花粉块的黏盘接触到内陷的充满黏液的柱头面，然后蕊柱的顶端变宽、变粗，下弯与柱头成啮合状，从外面再也不能看见内陷的柱头了。这是自花传粉的例子。

兰科植物是种子植物中最演化的类群之一，表现在花的结构与虫媒传粉之间高度的适应性，雌雄蕊结合成一体，以及它们的特化，配合花被的变态、蜜腺形态及位置，使兰科植物的传粉生殖达到异常精巧的地步，因而也造就了繁衍的种系。从这里我们再一次看到虫媒传粉是更为演化的，因为从花结构的特化和精巧来说，是风媒花所不能比拟的。兰科植物的合蕊柱体现了高度经济的原则，原有2轮雄蕊，仅余1或2枚雄蕊发育，其余的完全退化，或成为具其他机能作用的退化器官，退化柱头形成的黏液的喙，与花粉块结合，保证来访昆虫带走花粉，花粉块柄的俯仰动作，确保了传粉的完成。子房扭转180°，使蕊柱和唇瓣处于远轴位置，便利昆虫传粉。但是兰科植物产生大量的种子是一个原始的特征。达尔文计算过一种头蕊兰 *Cephalanthera damasonium* 其每个蒴果产生6 020粒种子。如果一棵植株产生数个成熟的蒴果，产生种子的数量是惊人的。但是兰科的种子在果实开裂时，并未分化完全，需待种子落在基质

✿ 图11-124　鹤顶兰

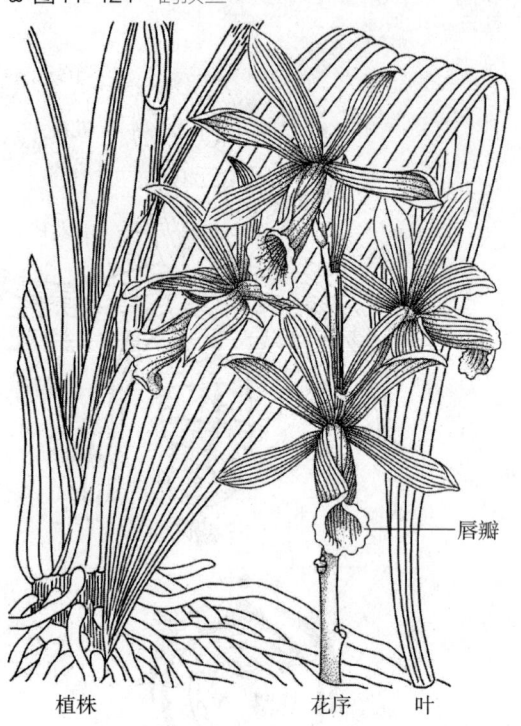

植株　花序　叶　唇瓣

上，与真菌共生，分解脂肪后才能继续发育，因此，大量产生出来的种子并不能使兰科植物无限制地繁殖下去。

兰目中拟兰科的三蕊兰属是较为原始的，3枚发育的雄蕊与花柱在上部是分离的，花近辐射对称。这种情形与百合目的仙茅科最为接近，尤其是仙茅属与小金梅草属。随着唇瓣的特化，花由辐射对称发展到两侧对称，子房上位3室演变为下位1室，百合目中5轮3数花的典型结构在兰科里发生巨大的改变，2轮花被仍可辨认，2轮6枚的雄蕊仅余1轮1或2枚，雄蕊与花柱结合成合蕊柱，以及由此而来的适应虫媒传粉特化和专化的结构，兰科成为单子叶植物发展的最高类群。

第四节　被子植物的起源与系统发育

一、被子植物的起源

被子植物是现今地球植物界最大的类群，被子植物的起源与演化是影响到整个地球生命的重大事件，它的出现是植物界长期演化发展的结果。远在19世纪中叶，达尔文对于白垩纪地层中突然出现许多被子植物化石，且找不到它们的祖先类群和早期演化的线索而迷惑不解。因此，达尔文把被子植物的起源称之为"讨厌之谜"（abominable mystery）。一百多年来，关于被子植物的起源问题，一直是古植物学界和植物学界争论最多的问题。争论的焦点问题主要是：被子植物究竟是怎样起源和演化的？被子植物起源于什么时代？其祖先类群是哪一类植物？起源中心又是在哪里？为此，众多学者进行了一个多世纪的研究和探索，但此问题一直未能得到彻底解决。

（一）被子植物起源的时间

关于被子植物起源的时间，一直以来存有很大的争议，20世纪50年代流行的观点认为起源于古生代晚期（D. I. Axelrod，1952）；60—70年代倾向于起源于中生代（A. Takhtajan，1969；D. I. Axelrod，1970）和早白垩世（N. F. Hughes，1961；J. A. Doyle，1969；C. B. Beck，1975）；一直到90年代，流行的观点认为被子植物的起源不早于距今1.3亿年前的早白垩世；90年代晚期，孙革等（1998）在辽宁西部义县组下部发现了确切的早期被子植物化石辽宁古果（*Archaefructus liaoningensis*）（图11-125），通过对其伴生的动物群和植物群的时代分析、地层对比以及同位素测年数据，认为其时代为晚侏罗世晚期。21世纪初，孙革等（2002）又在本区同一时代的地层中发现了中华古果（*Archaefructus sinensis*）（图11-126），并建立了古果科。辽宁古果和中华古果化石的发现，突破了以往被子植物化石的最早记录，但其地质年代也存在争议，多数人认为应为早白垩世早期。孙革等（2003）根据古果属的形态特征进一步认为，古果属并非全球最原始的被子植物，在古果属之前，可能还会有更早些的被子植物存在，其时代或许为晚侏罗世早期，或较之更早些。

（二）被子植物起源的地点

19世纪后期，由于在格陵兰发现了被子植物化石，希尔（Heer，1868）提出了被子植物"北极起源说"，认为被子植物从北半球高纬度或北极圈起源，然后向南迁移。按照北极起源说，被子植物起源后向三个方向扩大其分布区：一是由欧洲到非洲；二是从欧亚大陆经日本到达喜马拉雅山，再折向中国的西部和南部，伸展到马来西亚、澳大利亚；三是从加拿大经美国进入拉丁美洲，最后扩散到全球。这一假说由于北极地区发现的被子植物化石多为晚白垩世至第三纪的，时代较新而逐渐被摒弃。

20世纪50年代以来，多数植物学家和古植物学家逐渐倾向于被子植物起源于低纬度的热带地区，即被子植物"热带起源说"，这一观点是由苏联植物学家塔赫他间（A. L. Takhtajan，1969）提出的。由于在处于西南太平洋的斐济发现了单心木兰属（*Degeneria*），其心皮在受精前处于开放状态的原始特征，以及从印度阿萨姆到斐济的广大地区含有丰富的种类，认为这里是被子植物的发源地。史密斯（A. C. Smith）则认为被子植物的起源中心位于日本到新西兰之间，也是着眼于这一地区存在单心木兰属。美国

图 11-125 辽宁古果（自 Sun 等，1998）A. 化石整体形态，果轴和残存的 2 枚苞叶；B. 部分果枝放大，果似豆荚，有若干种子；C.1 枚种子顶端扫描电镜图

图 11-126 中华古果复原图（自 Sun 等，2002）

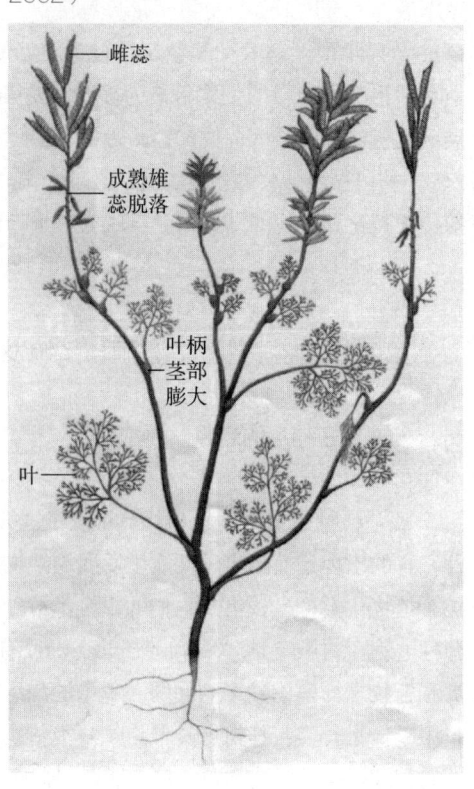

古植物学家阿克塞洛德（Axelrod，1952）认为被子植物于二叠纪至三叠纪时起源于冈瓦纳古陆的热带高地，早白垩世时扩散到地势较低的地区。我国著名学者吴征镒先生也认为"整个被子植物区系早在第三纪以前，即在古代'统一的'大陆上的热带地区发生"，并认为"中国植物区系起源于古北大陆的南缘"、即"我国南部、西南部和中南半岛，在北纬20°～40°间的广大地区，最富于特有的古老科、属。这些第三纪古热带起源的植物区系即是近代东亚温带、亚热带植物区系的开端，这一地区就是它们的发源地，也是北美、欧洲等北温带植物区系的开端和发源地"（吴征镒，1965）。另外，南美亚马逊河流域热带地区具丰富的被子植物，也有学者提出这里可能是被子植物的发源地。

除了上述传统的"北极起源说"和"热带起源说"，20世纪90年代末期至本世纪初，我国学者孙革根据在辽宁西部晚侏罗世地层中发现的辽宁古果和中华古果化石，提出"被子植物起源东亚中心"假说，认为包括中国东北、蒙古和俄罗斯外贝加尔等在内的东亚地区是全球被子植物的起源中心，或是起源中心之一。根据辽宁古果化石表皮细胞强烈角质化、与辽宁古果伴生的化石中有大量松柏类植物，以及反映干旱气候条件的裸子植物花粉克拉梭粉（$Classopollis$）的大量出现，反映了晚侏罗世至早白垩世早期欧亚大陆东部气候逐渐转向炎热干旱；另外，本区晚侏罗世至早白垩世早期地层中产出大量的火山岩表明当时火山活动频繁，植被生活在比较动荡的环境中。正是这种频繁变化的不稳定环境以及相对恶劣的气候条件可能促进了植物的演化和新物种的产生，最早的被子植物便由此而在东亚地区而发生。

关于被子植物起源地点问题，我国学者张宏达提出了"华夏植物区系起源说"。他认为被子植物起源于种子蕨，中国的华夏古陆（或华夏植物区系）最有可能是被子植物的起源地或起源地之一。华夏植物区系原用以指古生代以大羽羊齿（$Gigantopteris$）为表征的植物区系，他扩大了原词的涵义，认为华夏植物区系（Cathaysian flora）的概念应延伸到三叠纪以来，在华南地台及其毗邻地区发展起来的有花植物区系，华夏植物区系包含了古生代的种子蕨类、中生代由种子蕨演化而来的原始被子植物以及白垩纪以来的被子植物。古植物资料表明，华夏植物区系在古生代含有许多蕨类和种子蕨类植物，中生代时裸子植物特别丰富，几乎全部的裸子植物，如开通目（Caytoniales）、苏铁目（Cycadales）、本内苏铁目（Bennettiales）、银杏目（Ginkgoales）等都见于华夏植物区系。现代的裸子植物尤其如此，无论是南北两半球的科属，包括银杏科、苏铁科、罗汉松科、松科、杉科、紫杉科、粗榧科、罗汉松科、柏

科、买麻藤科与麻黄科，在华夏植物区系很丰富，唯有南洋杉科只在第三纪以前存在过。上述各科有许多是特有科属，同时又是孑遗科属，它们是银杏、粗榧、金钱松、紫杉、白豆杉、穗花杉、榧属、油杉、银杉、水杉、杉属、柳杉、台湾杉、水松及福建柏等。另外华夏植物区系的被子植物区系含有许多古老的类群，包括木兰目（Magnoliales）、毛茛目（Ranunculales）、睡莲目（Nymphaeales）、金缕梅目（Hamamelidales）（狭义）等；还有大量在系统发育过程各个阶段具有关键性作用的科和目，以及它们的原始代表，如藤黄目（Guttiferales）、蔷薇目（Rosales）、堇菜目（Violales）、芸香目（Rutales）、卫矛目（Celastrales）、沼生目（Helobiales）、百合目（Liliales）等，它们组成了系统发育完整的体系，这种被子植物演化的系统性和延续性是任何其他大陆都不能比拟的。

（三）被子植物的祖先类群

1. 早期被子植物化石

到目前为止，确切的最早期被子植物化石仅发现于侏罗纪晚期地层中，即：辽宁古果（*Archaefructus liaoningensis* Sun, Dlicher, Zheng et Zhou）。美国加利福尼亚州发现的加州洞核（*Onoana californica* Chandler et Axelrod）是一种被子植物的果实化石，时代为早白垩世欧特里夫期，距今约1.3亿年。我国黑龙江省东部鸡西盆地的下白垩统城子河组顶部发现了丰富的早期被子植物化石群，时代大致相当于欧特里夫期。这些双子叶植物包括雅致亚洲叶（*Asiatifolium elegans* Sun et al.）、倒卵城子河叶（*Chenzihella obovata* Guo et Sun）、羽裂鸡西叶（*Jixia pinnatipartita* Guo et Sun）、城子河鸡西叶（*Jixia chengzihensis* Sun et Dilcher）、美脉沈括叶（*Shenkuoia caloneura* Sun et Guo）和黑龙江星学花序（*Xingxueina heilongjiangensis* Sun et Dilcher）。这些被子植物化石叶均较小，最长仅4.8 cm，全缘，叶柄粗扁，与中脉基部分界不明显，羽状脉细而不规则，脉序分级少，三级脉形成不规则的网。俄罗斯滨海省苏昌盆地发现的尼康洞核（*Onoana nicanica* Krassilov）、亮叶楤木（*Aralia lucifera* Kryshtofovich），时间为巴雷姆至阿普特期，距今1.1亿～1.2亿年。我国黑龙江省勃利地区相当于同一地质时期的东山组也发现了南蛇藤叶（*Celstrophyllum*）。早白垩世阿普特晚期至阿尔比期，即距今1亿～1.1亿年前，北半球已发现很多被子植物，叶形迅速分化，出现了卵形、心形叶和具掌状脉的盾形叶，脉序分级明显，并开始出现羽状复叶。这一时期，我国北京西山坨里群上部夏庄组出产的葡萄科拟白粉藤（*Cissites* sp.），吉林延吉盆地大拉子组中有*Rogersia*、拟无患子属（*Sapindopsis*）、延吉叶（*Yanjiphyllum*），黑龙江省伊林及密山区产*Dicotyphyllum*、檫木属（*Sassafras*），拟无患子属、延吉叶等被子植物的果实和叶化石。欧洲葡萄牙西部及美国华盛顿附近波托马克地区下白垩统都含有丰富的被子植物化石，既有叶的印痕化石，也有花和果实的化石，不但具有单沟，也有三萌发孔花粉等。其中发现的可能是木兰类的植物，其生殖结构的共同特征是体积小（一般小于2 mm）。

上述的被子植物化石都和大量的真蕨、苏铁、银杏、松柏类共生，被子植物在植物群中占的比例很小。并且特别值得注意的是，这一时期出现的被子植物均是较演化的类群。木兰类的种类很多，而且现代大部分被子植物科都已存在。对此，学者们有不同的看法。有的认为，正是在白垩纪，被子植物发生了早期的演化和重要分化，花粉粒由单沟到三萌发孔，以及一些古老的棒纹粉，体现了这一时期的分化和特化。北美波多马克群阿普特期的叶化石以木兰型的特征占优势，由此表明木兰目在白垩纪的演化早于被子植物其他类群，原始被子植物发生于白垩纪。但更多人则认为早白垩世的被子植物特征都是高度演化和完善的，不可能是被子植物草创时期，因此被子植物起源应在白垩纪之前的地质时期。

2. 可能属于被子植物祖先型的化石

主张被子植物单元单系起源的学者一致认为，木兰目是被子植物最原始的类群。一种意见认为它直接起源于具有两性孢子叶球的本内苏铁（"球花说"），另一种较多人赞成的意见认为木兰目来自种子蕨（"种子蕨说"），但究竟是哪类种子蕨，也是各持己见，并无一致意见。

白垩纪前先后发现曾被认为是被子植物祖先类型的化石有东格陵兰上三叠统的*Fercula*，因其具有重网脉的叶而被认为是古老的被子植物，但后来发现其表皮的气孔器属于种子蕨连唇式的而被否定。美国科罗拉多州上三叠统的*Sanmiguelia*化石，包括根、茎、叶以及生殖枝上的雄花（具原位花粉）、雌花、果实和种子，其营养器官及解剖学证据表明，*Sanmiguelia*兼具单子叶和双子叶植物的特征，叶大型、椭圆形、摺叠状，花不为三数，根、茎解剖类似双子叶植物，根具导管，而茎仅具管胞（Cornet, 1980）。我国燕辽地区海房沟中侏罗世地层里发现的半被子植物中华缘蕨（*Sinodicotytiles*），具单叶、羽状脉，全缘叶，生殖器官棒形，介于苏铁与被子植物之间，其确切的分类地位仍在研究之中。还有定名为枫杨属（胡桃科）的化石果序（*Pterocarya sinoptera* Pankuang）以及鼠李科马甲子属（*Paliurus*）和枣属（*Zizyphus*）的种类（潘广，1990，1996），由于缺乏解剖特征，其确切的分类位置一直存有疑问。我国二叠纪发现的大羽羊齿类某些类型如*Gigantopteris*、*Gigantonoclea*具有与被子植物相似的一些特征，如叶有单叶、复叶，复叶又有羽状复叶、三出复叶，羽状脉序发育，3或4级。*Gigantopteris densireticulatus*末级重网脉内的盲脉呈两次二歧分叉，与演化的双子叶植物脉序一致（杨关秀，1987），叶表皮具波状垂周壁和平列型气孔器，不同发育阶段的气孔混合镶嵌分布和气孔的直行分布，也和双子叶植物结构相似。此外，叶具陷于叶内的分泌腔与芸香科相似（李洪起等，1990）。*Gigantonomia fukinensis*具倒生胚珠，具半被子植物性状，但另一方面*Gigantotheca parodoxa*雄性生殖器官却似真蕨合囊蕨。有人认为大羽羊齿类同时具被子植物的演化特征，又具种子蕨植物的原始特征，体现了非同步的演化性状，认为大羽羊齿类十分有可能是被子植物的祖先类型。最近用分支系统学（cladistics）研究了已绝灭的和现存的种子植物，得出结论认为本内苏铁与买麻藤目是现存被子植物最接近的类群，这些类群被认为是"生花植物"（anthophytes）（P. R. Crane，1985；J. A. Doyle & M. J. Donoghue，1986）。被子植物和买麻藤目有较近的亲缘关系由我国学者张宏达提出（1986），并得到大分子资料的支持（M. J. Donoghue et al.，1994；Albert et al.，1994）。

解决被子植物起源之谜的研究仍然在继续，对被子植物雄蕊和心皮与其他种子植物，如现存裸子植物以及其他已经绝灭的种子植物间的同类器官的同源性，对中生代早白垩世前的可能成为原始被子植物或其祖先类型的化石，包括其形态结构、原位花粉需要继续研究是势在必行的。同时也应研究现存裸子植物与被子植物在雌雄蕊发育中基因调控的原理，有可能了解这两群植物分异的最终原因以及分异的时代。虽然对被子植物的祖先迄今并未有明确的结论，但结合化石资料和分子性状的研究，以及对现存植物系统发育分析，似乎不支持原始被子植物是和木兰目相似的高大的木本植物，而是个体较小的草本植物；花可能是小而单性的，花被不分化为花萼和花瓣；雄蕊无发达的花丝，花药瓣状开裂，花粉外壁内层不发达；雌蕊心皮1个或几个，胚珠1或2枚，无明显的柱头等。这与流行的观点认为原始被子植物是木本、两性花的观点是不同的。

3. 被子植物起源假说

被子植物的营养器官和生殖器官是植物界发育得最完善的，撇开营养器官，如输导组织及根、茎、叶的系统发育不谈，关于生殖器官——花在被子植物的起源有过许多假说，其中较具代表性的是"真花说"和"假花说"。

（1）真花说（euanthium theory）：认为被子植物的花是一个简单的孢子叶穗，花里的雄蕊和雌蕊相当于蕨类植物的异型孢子。从异型孢子的蕨类发展为裸子植物是比较直接的，因为裸子植物也具有同样的大小孢子叶。至于被子植物，既有花被又有两性花等特征，这些特征只能追溯到本内苏铁。真花说的示意图（图11-127A，B）就是从本内苏铁植物达科塔（*Cycadeoidea dacatensis*）抽象出来的。本内苏铁植物具两性花，花的各部分多为螺旋排列，下面有不育的叶片，它的雄蕊不分化为花药和花丝，心皮具有边缘生的胚珠。所有这些特征均可在被子植物的木兰目里找到。因此被子植物被认为是起源于拟苏铁植物（包括本内苏铁），而木兰目又被多心皮学派认为是现存被子植物中最原始的代表。这个理论的实质是被子植物的两性花是由种子蕨简单的两性孢子叶球发展而来，两性花是原始的。这也是多心皮（毛茛）学派建立被子植物系统发育的理论基础。

（2）假花说（pseudanthium theory）：认为被子植物的花和裸子植物的完全一致，每一个雄蕊和心皮，分别相当于一个极端退化的雄花和雌花（图11-127C，D）。换言之，被子植物的一朵花是由裸子植物的一个花序发展而来，单性花是原始的。认为麻黄类中具有雌雄异花序的弯柄麻黄（*Ephedra campylopoda*）小孢子叶球的苞片变为花被，雌花的苞片变为子房壁，每个雄花的小苞片消失之后，结果只剩下一个雄蕊；雌花退化后只余下胚珠着生于子房基部，心皮来源于苞片，而不是来源于大孢子叶。由于裸子植物，尤其是麻黄和买麻藤都是具有单性花的，因而被子植物中具有单性花的柔荑花序类就被认为是最原始的代表。假花说是奥地利的维特斯坦恩（R. Wettstein）提出来的，用以支持恩格勒的系统理论。

这两种理论均缺乏充足的根据，直到最近，被子植物的花是来源于一个两性的孢子叶球还是来源于单性的孢子叶球，这一长期争论的问题并未解决。最近有人通过分子系统学研究提出被子植物祖先的花

❀ 图 11-127 真花说与假花说示意图

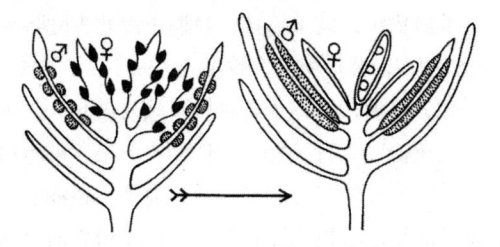

A. 种子蕨两性孢子叶球　　B. 被子植物 1 朵两性花　　C. 类似麻黄属雌雄同序的单性花　　D. 被子植物 1 朵两性花

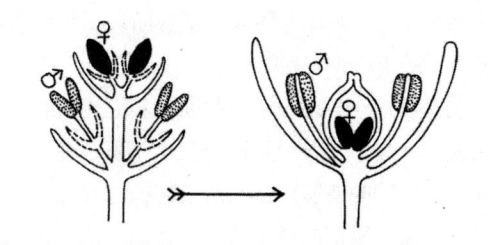

可能是单性的。

此外还有一个顶枝理论（telome theory）。这个理论是根据原始的陆生植物裸蕨类，如莱尼蕨（*Rhynia*）的顶生孢子囊是在裸蕨类的主轴及叶片分化之前就已存在的事实，设想这种原始的构造在被子植物的生殖器官被延续下来，即是说被子植物的花来自裸蕨类的顶枝。如果这是可能的话，那么被子植物的胚珠是由顶枝的孢子囊直接演化而来。至于雄蕊所具有的两个花药及两对花粉囊，则可由分叉的顶枝组合而成。这种形态还可以在柔荑花序类的桦木属（*Betula*）及木麻黄属（*Casuarina*）里找到。因此这个设想在一定意义上支持了恩格勒学派的系统理论。

4. 单子叶植物的起源

现存被子植物中，单子叶植物种数仅占 22%，其中兰科、禾本科、莎草科、棕榈科这四个科便拥有半数以上的单子叶植物。化石的单子叶植物在白垩纪中期以前与双子叶植物相比是极其贫乏的，白垩纪后期单子叶植物迅速分化，出现了很多姜目的果化石和棕榈科的茎、叶化石。到了第三纪，现代单子叶植物所有科已经分化出来。关于它的起源，曾经有过许多不同的观点。恩格勒学派认为单子叶植物比双子叶植物原始。伯格（Burger，1981）认为被子植物祖先是一种小型单子叶植物，从缺乏草本植物化石看，裸子植物不可能发展出被子植物。苏联学者格罗斯盖姆主张单子叶有双重的起源，即佛焰苞类来自多心皮类的番荔枝目，百合植物即其余单子叶植物起源于多心皮类的毛茛目。维特斯坦恩则认为单子叶植物是多元起源的。近代大多数人都主张单子叶植物是单元起源的，是植物系统发育中一个自然的群，拥有共同的特点，如散生的维管束、平行的叶脉、3 基数的花等。

那么单子叶植物是从哪里发展出来的呢？比较一致的看法认为沼生目是单子叶植物的原始代表，如具有离生心皮等，它是从多心皮类发展而来的。哈利叶（Hallier，1912）和哈钦松（1956）认为沼生目和毛茛目关系密切，因为两者都是草本型的。但解剖学方面有许多证据并不支持这种见解，因为沼生目具有单沟的花粉，还具有管胞，毛茛目则多为 3 沟的花粉，没有单沟花粉，且不具管胞，似乎不可能是沼生目的祖先。塔赫他间、Eames、克朗奎斯特则主张睡莲目和单子叶植物有共同的祖先，同为草本型，具单沟花粉和管胞。睡莲目的莼菜科具有 3 数的花，胚珠分散于心皮的内壁上，这在沼生类的花蔺科同样可以找到。分子系统学研究（Chase，1993）认为金鱼藻属是所有被子植物的姐妹群，和塔赫他间观点吻合。日本学者田村道夫（1974）在他的被子植物系统中，提出了单子叶植物由毛茛目到百合目的起源途径，这和克朗奎斯特认为的沼生目是百合纲演化线上近基部的一个侧枝、不可能由它发展出其余单子叶植物类群的观点相类似。我国学者杨崇仁和周俊（1978）通过对单子叶植物、毛茛目以及狭义睡莲目植物生物碱、甾体化合物、三萜化合物、氰苷和脂肪酸的研究比较，支持毛茛目—百合目起源的假说。

二、被子植物的系统发育

现代被子植物发生之前，可能有过原始被子植物，或前被子植物（proangiosperms）；如果考虑被子植物和裸子植物具有共同起源的话，那么在种子植物之前亦有过原始的种子植物。现存的木兰目（不局限于木兰科）是被子植物中较为原始的类群，但不是由木兰目发展出所有的被子植物，从二叠纪可能已经出现的前被子植物到侏罗纪衍生出和现代木兰目相似的多心皮类，其间还可能存在过渡阶段的中间型，即原始的多心皮类。因为现存的木兰目只在个别的种类中存在诸如受精前保持心皮开放、木质部具有管胞、花药瓣裂、风媒传粉等原始特征，具有全部或大部分原始特征的前被子植物或原始多心皮类尚未发现。前被子植物经萌芽阶段、适应阶段、扩展阶段，到了白垩纪，被子植物已经遍布南北古陆各大陆块，进入了被子植物发展的全盛阶段。张宏达认为，被子植物的起源与演化大致可分为以下4个阶段：

（1）萌芽阶段——前被子植物阶段：它出现在三叠纪或晚二叠世，起源于某种种子蕨或被归入种子蕨的某些大羽羊齿。三叠纪发现的三沟花粉，晚二叠世的双孔花粉，或者三叠纪发现的化石果，都有可能属于前被子植物的遗骸。这些前被子植物和裸子植物具有平行发展的趋势。换言之，前被子植物非常接近种子蕨。某些所谓的种子蕨，如开通类的 Sagenopteris 有可能是被子植物，它的心皮在受粉之前是开放的，到了结果实之后才关闭起来。

（2）适应阶段：从晚三叠世到早侏罗世，前被子植物无论是繁殖器官或营养器官都是不完善的，必须在适应过程中逐步获得改造。这种改造包括传粉的方式从风媒到虫媒，花的构造完善化，大小孢子叶完全转化为雄蕊和雌蕊，胚囊的进一步简化，包括双受精出现、三倍体胚乳产生、木质部管胞演进到导管，可能还伴随有叶从等面的小型叶转化为不等面的大型叶等，通过这一系列的改造，前被子植物转化为真正的被子植物——原始多心皮类（protopolycarpicae）。

（3）扩展阶段：从中侏罗世到早白垩世属于扩展阶段。被子植物到了早侏罗世的晚期已获得了完善的结构，因此就有可能以裸子植物不能比拟的高速度扩展开来而在各大陆占优势。不仅华夏地区及亚洲各地遍布有被子植物，西欧和北美也有被子植物。联合古陆从三叠纪末期开始分裂，到晚侏罗世或白垩纪完全解体为南北古陆。在这以前，前被子植物或原始的多心皮类已经从它的发源地扩散开来，随着联合古陆的解体把被子植物带到南方古陆——冈瓦纳古陆的各个陆块，使全球的被子植物有一个共同的起源。

（4）全盛阶段：从白垩纪开始，被子植物已经遍布于南北古陆各大陆块。在发源地，许多较原始的种系如木兰目、毛茛目、金缕梅目（狭义）等已形成了完整的自然系统，并扩展到各大陆块，形成被子植物系统发育的完整体系。

被子植物在地球上出现之后如何发展，有下面几种理论和设想：

（1）单元论（monophyletic theory）：认为现代的被子植物来自一个前被子植物，而多心皮类，特别是其中的木兰目比较接近这个前被子植物，有可能就是它们的直接后裔。哈钦松（J. Hutchinson）、塔赫他间（A. L. Takhtajan）和克朗奎斯特（A. Cronquist）等人是单元论的主要代表。哈钦松是多心皮学派的首创者，他把多心皮类分为木本的木兰目及草本的毛茛目两大群，认为二者同出自原始被子植物，并分途演化为现代的木本群和草本群的被子植物。张宏达（1994）认为，被子植物具有较完整的统一发展体系，单元起源较有说服力。但他不同意被子植物是单元单系的，主张被子植物的系统发育是单元多系的，如裸子植物、双子叶植物和单子叶植物在发展的前期就已各自分化、分头发展，并认为单元单系的假设，最终将会陷入多元起源。

（2）二元论（diphyletic theory）：认为柔荑花序类的化石在侏罗纪地层已有发现，在地史上并不比多心皮类出现晚，二者不存在直接联系，可能是平行发展的，各有自己的来源。无花瓣的柔荑花序类来源于具有轴生胚珠的孢子穗类（Stachyospermae）的远祖，多心皮类来自具有叶生胚珠的孢子叶类（Phyllosporae）。恩格勒（A. Engler）是二元论的著名代表。

（3）多元论（polyphyletic, pleiophyletic theory）：认为被子植物来自许多不相亲近的类群，彼此是平行发展的。哈利叶（Hallier）及我国学者胡先骕（1950）是这个理论的代表。

目前比较多的人支持单元起源的理论。由于被子植物具有高度一致的特征，木材结构中导管、筛管及伴胞、纤维组织的存在；花各部在轴上相对固定的位置；雄蕊分化为花丝、花药和药隔，花药由4个花粉囊组成，花粉囊具有特有药室内壁和花粉；雌蕊分化为子房、花柱与柱头；特殊而简化的7细胞8核胚囊，双受精现象，三倍体胚乳，这些事实表明被子植物有共同的祖先。但是流行的多心皮系统学派把木兰目当作最原始的被子植物，并用系统树来说明全部被子植物都是从木兰目演化而来，这种单元单系的思想是和有花植物的系统发育实际不相符合的。现代的木兰目、柔荑花序类、金缕梅目、睡莲目、泽泻目等，彼此之间并不连续，缺乏直接的亲缘关系，看来是来自于不同的原始祖先。

自19世纪后半期以来，许多植物分类学工作者根据各自的系统发育理论提出了许多不同的被子植物系统。近代比较流行的是两大学派，即恩格勒（柔荑花序）学派和多心皮（毛茛）学派，张宏达在恩格勒被子植物系统的基础上，同时根据化石记录，提出了种子植物发育的新系统。

（一）恩格勒的被子植物系统概要

恩格勒的系统是分类学史上第一个比较完整的自然系统，他的著作在1897年出版时把植物界分为13门，被子植物是第13门中的一个亚门，即种子植物门的被子植物亚门。后来几经修订，到1964年第12版时被子植物由原来的55目303科增加到62目344科，并把被子植物独立成门，列为第17门，同时把原先放在系统分类前面的单子叶植物移到双子叶植物后面。双子叶植物仍保持原先的体系。

恩格勒以花部的构造，尤其是花被的特征所显示的递增的复杂性安排被子植物的系统。把无被或单被、风媒传粉的类群安排在最前面，认为它们在被子植物中处于原始的地位，花被的分化形成花萼和花瓣，以及花瓣的连合代表被子植物发育的较高阶段。整个双子叶植物划分为单被花群、离瓣花群和合瓣花群，每一群又依据从明显的下位花一直到完全的上位花来表明演化的方向。他还认为现存的多心皮类和柔荑花序类并无直接的联系，前者来自叶生胚珠的孢子叶类，后者出自孢子穗类，恩格勒称此为被子植物的二元起源。1964年版恩格勒系统对目的范围和位置作了重新划分和变更，但仍以柔荑花序类作为被子植物最原始的类群。这种以柔荑花序类作为被子植物最原始的类群，认为由单被花发展到双被花，由离瓣花发展到合瓣花作为被子植物系统发育理论基础的学派称为柔荑花序学派，又由于其创始人是恩格勒，也称为恩格勒学派。这个学派认为单子叶植物是由前被子植物经过退行演化分支出来，与双子叶植物平行发展，承认它与木兰目和毛茛目有联系。《中国植物志》采用1936年版的恩格勒系统。

恩格勒1964年版的系统概要如下。

被子植物门（Angiospermae）

Ⅰ．双子叶植物纲（Dicotyledoneae）

（Ⅰ）原始花被亚纲（Archichlamydeae）

1. 木麻黄目（Casuarinales）：木麻黄科（Casuarinaceae）
2. 胡桃目（Juglandales）：杨梅科（Myricaceae），胡桃科（Juglandaceae）
3. Balanopales：Balanopaceae
4. Leitneriales：Leitneriaceae，Didymelaceae
5. 杨柳目（Salicales）：杨柳科（Salicaceae）
6. 山毛榉目（Fagales）：桦木科（Betulaceae），山毛榉科（Fagaceae）
7. 荨麻目（Urticales）：马尾树科（Rhoipleteaceae），榆科（Ulmaceae），杜仲科（Eucommiaceae），桑科（Moraceae），荨麻科（Urticaceae）
8. 山龙眼目（Proteales）：山龙眼科（Proteaceae）
9. 檀香目（Santalales）：
   ① 檀香亚目（Santalineae）：铁青树科（Olacaceae），十齿花科（Dipentodontaceae），山柚子科（Opiliaceae），Grubbiaceae，檀香科（Santalaceae），Misodendraceae
   ② 桑寄生亚目（Loranthineae）：桑寄生科（Loranthaceae）
10. 蛇菰目（Balanophorales）：蛇菰科（Balanophoraceae）
11. 田字药目（Medusandrales）：田字药科（Medusandraceae）
12. 蓼目（Polygonales）：蓼科（Polygonaceae）
13. 中央子目（Centrospermae）：
    ① 商陆亚目（Phytolaccineae）：商陆科（Phytolaccaceae），Gyrostemonaleae，紫茉莉科（Nyctaginaceae），Achatocarpaceae，粟米草科（Molluginaceae），番杏科（Aizoaceae）
    ② 马齿苋亚目（Portulacineae）：马齿苋科（Portulacaceae），落葵科（Basellaceae）
    ③ 石竹亚目（Caryophllineae）：石竹科（Caryophyllaceae）
    ④ 藜亚目（Chenopodiineae）：Dysphaniaceae，藜科（Chenopodiaceae），苋科（Amaranthaceae）

附录： Didiereaceae

14. 仙人掌目（Cactales）：仙人掌科（Cactaceae）

15. 木兰目（Magnoliales）：

① 木兰科（Magnoliaceae），单心木兰科（Degeneriaceae），莽草科（Winteraceae），番荔枝科（Annonaceae），Eupomatiaceae，肉豆蔻科（Myristiaceae），Canellaceae

② 五味子科（Schisandraceae），八角茴香科（Illiciaceae）

③ Austrobaileyaceae，Trimeniaceae，Amborellaceae，Monimiaceae，腊梅科（Calycanthaceae），Gomortegaceae，樟科（Lauraceae），莲叶桐科（Hernandiaceae）

④ 水青树科（Tetracentraceae），昆栏树科（Trochodendraceae）

⑤ 领春木科（Eupteleaceae）

⑥ 连香树科（Cercidiphyllaceae）

16. 毛茛目（Ranunculales）：

① 毛茛亚目（Ranunculineae）：毛茛科（Ranunculaceae），小檗科（Berberidaceae），大血藤科（Sargentodoxaceae），木通科（Lardizabalaceae），防己科（Menispermaceae）

② 睡莲亚目（Nymphaeineae）：睡莲科（Nymphaeaceae），金鱼藻科（Ceratophyllaceae）

17. 胡椒目（Piperales）：三白草科（Saururaceae），胡椒科（Piperaceae），金粟兰科（Chloranthaceae），Larctoridaceae

18. 马兜铃目（Aristolochiales）：马兜铃科（Aristolochiaceae），大花草科（Rafflesiaceae），Hydnoraceae

19. 藤黄目（Guttiferales）：

① 第伦桃亚目（Dilleniineae）：第伦桃（五桠果）科（Dilleniaceae），芍药科（Paeoniaceae），Crossosomataceae，Eucryphiaceae，Medusagynaceae，猕猴桃科（Actinidiaceae）

② 金莲木亚目（Ochnineae）：金莲木科（Ochnaceae），Dionophyllaceae，Strasburgeriaceae，龙脑香科（Dipterocarpaceae）

③ 山茶亚目（Theineae）：山茶科（Theaceae），Caryocaraceae，Marcgraviaceae，Quiinaceae，藤黄科（Guttiferae）

④ 钩枝藤亚目（Ancistrocladineae）：钩枝藤科（Ancistrocladaceae）

20. 瓶子草目（Sarraceniales）：瓶子草科（Sarraceniaceae），猪笼草科（Nepenthaceae），茅膏菜科（Droseraceae）

21. 罂粟目（Papaverales）：

① 罂粟亚目（Papaverineae）：罂粟科（Papaveraceae）

② 白花菜亚目（Capparineae）：白花菜科（Capparidaceae），十字花科（Cruciferae），Tovariaceae

③ 木犀草亚目（Resedineae）：木犀草科（Resedaceae）

④ 辣木亚目（Moringineae）：辣木科（Moringaceae）

22. Batales：Bataceae

23. 蔷薇目（Rosales）：

① 金缕梅亚目（Hamamelidineae）：悬铃木科（Platanaceae），金缕梅科（Hamamelidaceae），Myrothamnaceae

② 虎耳草亚目（Saxifragineae）：景天科（Crassulaceae），澳洲瓶子草科（Cephalotaceae），虎耳草科（Saxifragaceae），Brunelliaceae，Cunoniaceae，Davidsoniaceae，海桐花科（Pittosporaceae），Byblidaceae，Roridulaceae，Bruniaceae

③ 蔷薇亚目（Rosineae）：蔷薇科（Rosaceae），Neuradaceae，Chrysobalanaceae

④ 豆亚目（Leguminosineae）：牛栓藤科（Connaraceae），豆科（Leguminosae），Krameriaceae

24. 水穗草目（Hydrostachyales）：水穗草科（Hydrostachyaceae）

25. 河苔草目（Podostemales）：河苔草科（Podostemaceae）

26. 牻牛儿苗目（Geraniales）

① Limnanthineae：Limnanthaceae

② 牻牛儿苗亚目（Geraniineae）：酢浆草科（Oxalidaceae），牻牛儿苗科（Geraniaceae），旱金莲科（Tropaeolaceae），蒺藜科（Zygophyllaceae），亚麻科（Linaceae），古柯科（Erythroxylaceae）

③ 大戟亚目（Euphorbiineae）：大戟科（Euphorbiaceae），交让木科（Daphniphyllaceae）

27. 芸香目（Rutales）：

① 芸香亚目（Rutineae）：芸香科（Rutaceae），Cneoraceae，苦木科（Simaroubaceae），Picrodendraceae，橄榄科（Burseraceae），楝科（Meliaceae），Akaniaceae

② 金虎尾亚目（Malpighiineae）：金虎尾科（Malpighiaceae），Trigoniaceae，Vochysiaceae

③ 远志亚目（Polygalineae）：Tremandraceae，远志科（Polygalaceae）

28. 无患子目（Sapindales）：

① 马桑亚目（Coriariineae）：马桑科（Coriariaceae）

② 漆树亚目（Anacardiineae）：漆树科（Anacardiaceae）

③ 无患子亚目（Sapindineae）：槭树科（Aceraceae），钟萼木科（伯乐树科）（Bretschneideraceae），无患子科（Sapindaceae），七叶树科（Hippocastanaceae），清风藤科（Sabiaceae），Melianthaceae，Aextoxicaceae

④ 凤仙花亚目（Balsamineae）：凤仙花科（Balsaminaceae）

29. Julianiales：Julianiaceae

30. 卫矛目（Celastrales）：

① 卫矛亚目（Celastineae）：Cryillaceae，五列木科（Pentaphylacaceae），冬青科（Aquifoliaceae），Corynocarpaceae，Pandaceae，卫矛科（Celastraceae），省沽油科（Staphyleaceae），Stackhousiaceae，翅子藤科（Hippocrateaceae），刺茉莉科（Salvadoraceae）

② 黄杨亚目（Buxineae）：黄杨科（Buxaceae）

③ 茶茱萸亚目（Icacinineae）：茶茱萸科（Icacinaceae），心翼果科（Cardiopteridaceae）

31. 鼠李目（Rhamnales）：鼠李科（Rhamnaceae），葡萄科（Vitaceae），火筒树科（Leeaceae）

32. 锦葵目（Malvales）：

① 杜英亚目（Elaeocarpineae）：杜英科（Elaeocarpaceae）

② Sarcolaenineae：Sarcolaenaceae

③ 锦葵亚目（Malvineae）：锦葵科（Malvaceae），椴树科（Tiliaceae），木棉科（Bombacaceae），梧桐科（Sterculiaceae）

④ Scytopetalineae：Scytopetalaceae

33. 瑞香目（Thymelaeales）：Geissolomataceae，Penaeaceae，毒鼠子科（Dichapetalaceae），瑞香科（Thymelaeaceae），胡颓子科（Elaeagnaceae）

34. 堇菜目（Violales）：

① 大风子亚目（Flacourtiineae）：大风子科（Flacourtiaceae），Perdiscaceae，堇菜科（Violaceae），旌节花科（Stachyuraceae），Scyphostegiaceae，Turneraceae，Malesherbiaceae，西番莲科（Passifloraceae），Achariaceae

② 半日花亚目（Cistineae）：半日花科（Cistaceae），红木科（Bixaceae），Sphaerosepalaceae，Cochlospermaceae

③ 柽柳亚目（Tamaricineae）：柽柳科（Tamaricaceae），瓣鳞花科（Frankeniaceae），沟繁缕科（Elatinaceae）

④ 番木瓜亚目（Caricineae）：番木瓜科（Caricaceae）

⑤ Loasineae：Losaceae

⑥ 秋海棠亚目（Begoniineae）：四数木科（Datiscaceae），秋海棠科（Begoniaceae）

35. 葫芦目（Cucurbitales）：葫芦科（Cucurbitaceae）

36. 桃金娘目（Myrtales）：

① 桃金娘亚目（Myrtineae）：千屈菜科（Lythraceae），菱科（Trapaceae），隐翼科（Cryteroniaceae），桃金娘科（Myrtaceae），Dialypetalanthaceae，海桑科（Sonneratiaceae），石榴科（Punicaceae），玉蕊科（Lecythidaceae），野牡丹科（Melastomataceae），红树科（Rhizophoraceae），使君子科（Combretaceae），柳叶菜科（Onagraceae），Oliniaceae，小二仙草科（Haloragaceae），假繁缕科（Theligonaceae）

② 杉叶藻亚目（Hippuridineae）：杉叶藻科（Hippuridaceae）

③ 锁阳亚目（Cynomoriineae）：锁阳科（Cynomoriaceae）

37. 伞形目（Umbellales）：八角枫科（Alangiaceae），蓝果树科（Nyssaceae），珙桐科（Davidiaceae），山茱萸科（Cornaceae），Garryaceae，五加科（Araliaceae），伞形科（Umbelliferae）

(Ⅱ) 合瓣花亚纲（Sympetalae）

1. 岩梅目（Diapensiales）：岩梅科（Diapensiaceae）
2. 杜鹃花目（Ericales）：山柳科（Clethraceae），鹿蹄草科（Pyrolaceae），杜鹃花科（Ericaceae），岩高兰科（Empetraceae），Epacridaceae
3. 报春花目（Primulales）：Theophrastaceae，紫金牛科（Myrsinaceae），报春花科（Primulaceae）
4. 蓝雪（白花丹）目（Plumbaginales）：蓝雪（白花丹）科（Plumbaginaceae）
5. 柿树目（Ebenales）：

① 山榄亚目（Sapotineae）：山榄科（Sapotaceae），肉实树科（Sarcospermataceae）

② 柿树亚目（Ebenineae）：柿树科（Ebenaceae），安息香科（Styracaceae），Lissocarpaceae，山矾科（Symplocaceae），Hoplestigmataceae

6. 木犀目（Oleales）：木犀科（Oleaceae）
7. 龙胆目（Gentianales）：马钱科（Loganiaceae），Desfontainiaceae，龙胆科（Gentianaceae），睡菜科（Menyanthaceae），夹竹桃科（Apocynaceae），萝摩科 Asclepiadaceae，茜草科 Rubiaceae
8. 管花目（Tubiflorae）：

① 旋花亚目（Convolvulineae）：花葱科（Polemoniaceae），Fouquieriaceae，旋花科（Convolvulaceae）

② 紫草亚目（Boraginineae）：田基麻科（Hydrophyllaceae），紫草科（Boraginaceae），Lennoaceae

③ 马鞭草亚目（Verbenineae）：马鞭草科（Verbenaceae），水马齿科（Callitrichaceae），唇形科（Labiatae）

④ 茄亚目（Solanineae）：Nolanaceae，茄科（Solanaceae），Duckeodendraceae，Buddlejaceae，玄参科（Scrophulariaceae），Globulariaceae，紫葳科（Bignoniaceae），Henriqueziaceae，爵床科（Acanthaceae），胡麻科（Pedaliaceae），角胡麻科（Martyniaceae），苦苣苔科（Gesneriaceae），Columelliaceae，列当科（Orobanchaceae），狸藻科（Lentibulariaceae）

⑤ 苦槛蓝亚目（Myoporineae）：苦槛蓝科（Myoporaceae）

⑥ 透骨草亚目（Phrymineae）：透骨草科（Phrymaceae）

9. 车前目（Plantaginales）：车前草科（Plantaginaceae）
10. 川续断目（Dipsacales）：忍冬科（Caprifoliaceae），五福花科（Adoxaceae），败酱科（Valerianaceae），川续断科（Dipsacaceae）
11. 桔梗目（Campanulales）：桔梗科（Campanulaceae），Sphenocleaceae，Pentaphragmataceae，草海桐科（Goodeniaceae），Brunoniaceae，花柱草科（Stylidiaceae），Calyceraceae，菊科（Compositae）

Ⅱ. 单子叶植物纲（Monocotyledoneae）

1. 沼生目（Helobieae）：

① 泽泻亚目（Alismatineae）：泽泻科（Alismataceae），花蔺科（Butomaceae）

② 水鳖亚目（Hydrocharitineae）：水鳖（Hydrocharitaceae）

③ Scheuchzeriineae：Scheuchzeriaceae

④ 眼子菜亚目（Potamogetonineae）：水蕹科（Aponogetonaceae），水麦冬科（Juncaginaceae），眼子菜科（Potamogetonaceae），Zannichelliaceae，茨藻科（Najadaceae）

2. 霉草目（Triuridales）：霉草科（Triuridaceae）

3. 百合目（Liliiflorae）

① 百合亚目（Liliineae）：百合科（Liliaceae），Xanthorrhoeaceae，百部科（Stemonaceae），龙舌兰科（Agavaceae），Haemodoraceae，Cyanastraceae，石蒜科（Amaryllidaceae），仙茅科（Hypoxidaceae），Velloziaceae，蒟蒻薯科（Taccaceae），薯蓣科（Dioscoreaceae）

② 雨久花亚目（Pontederiineae）：雨久花科（Pontederiaceae）

③ 鸢尾亚目（Iridineae）：鸢尾科（Iridaceae），Geosiridaceae

④ 水玉簪亚目（Burmanniineae）：水玉簪科（Burmanniaceae），Corsiaceae

⑤ 田葱亚目（Philydrineae）：田葱科（Philydraceae）

4. 灯芯草目（Juncales）：灯芯草科（Juncaceae），Thurniaceae

5. 凤梨目（Bromeliales）：凤梨科（Bromeliaceae）

6. 鸭跖草目（Commelinales）

① 鸭跖草亚目（Commelinineae）：鸭跖草科（Commelinaceae），Mayacaceae，黄谷精草科（Xyridaceae），Rapateaceae

② 谷精草亚目（Eriocaulinineae）：谷精草科（Ericaulaceae）

③ 帚灯草亚目（Restionineae）：帚灯草科（Restionaceae），刺鳞草科（Centrolepidaceae）

④ 须叶藤亚目（Flagellariineae）：须叶藤科（Flagellariaceae）

7. 禾本目（Graminales）：禾本科（Gramineae）

8. 棕榈目（Principes）：棕榈科（Palmae）

9. Synanthae：Cyclanthaceae

10. 佛焰花目（Spathiflorae）：天南星科（Araceae），浮萍科（Lemnaceae）

11. 露兜树目（Pandanales）：露兜树科（Pandanaceae），黑三棱科（Sparganiaceae），香蒲科（Typhaceae）

12. 莎草目（Cyperales）：莎草科（Cyperaceae）

13. 姜目（蘘荷目）（Zingiberales，Scitaminea）：芭蕉科（Musaceae），姜科（Zingiberaceae），美人蕉科（Cannaceae），竹芋科（Marantaceae），兰花蕉科（Lowiaceae）

14. 兰目（微子目）（Orchidales，Microspermae）：兰科（Orchidaceae）

（二）多心皮学派的被子植物系统

1. 哈钦松系统

英国学者哈钦松（J. Hutchinson）于1926年发表《有花植物科志》，提出被子植物系统发育的系统树，含91目411科，并做了详细的阐述。哈钦松系统是在边沁（Bentham）和虎克（Hooker）的《植物属志》（*Genera Plantarum*）的分类系统基础上发展而来的，其中将木本的多心皮类（木兰目）和草本的多心皮类（毛茛目）分开来，二者分途发展出后来的木本群和草本群。这是形式上的附会，系统发育上不存在离开生存条件的多样性的影响而孤立发展的类群。哈钦松认为单子叶植物起源于双子叶植物的毛茛科，并把单子叶植物依花被特征划分为萼花类、冠花类和颖花类。哈钦松系统最后一次修订是在1973年。后来把凡是认为木兰目等多心皮类是被子植物最原始的类群，或进一步认为由多心皮类发展出被子植物其他类群的学派，称为多心皮学派。哈钦松系统为多心皮学派奠定了基础（图11-128）。

2. 塔赫他间系统

塔赫他间（A. L. Takhtajan）是前苏联学者，其系统是1954年公布的，并在1959年以后做了几次修

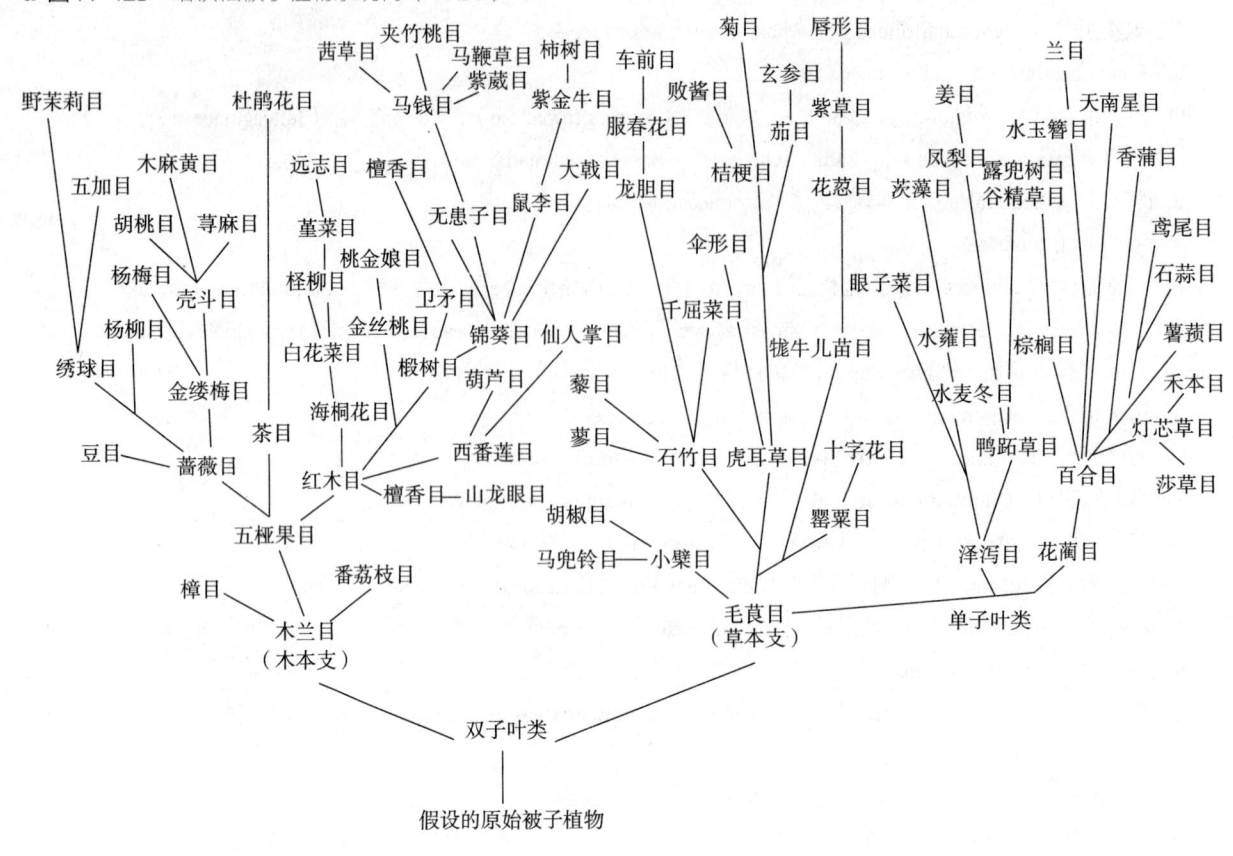

图11-128 哈钦松被子植物系统树（1926）

订，最后一次修订是在1987年。他认为被子植物起源于种子蕨，并通过幼态成熟演化而成的，而不是起源于现存的裸子植物或已绝灭的本内苏铁或科达树。由于被子植物具有极为简化的雌、雄配子体和独特的双受精现象，因此提出被子植物单元起源的观点；草本由木本演化出来，单子叶植物起源于水生双子叶类具有单槽花粉的睡莲目莼菜科（Cabombaceae）。木兰目是最原始的代表，由木兰目发展出全部被子植物。至于被子植物的发源地，他提出从印度东北部的阿萨姆到西南太平洋的斐济。塔赫他间系统如图11-129所示，1987年修订后的系统含12亚纲166目533科。

3. 克朗奎斯特系统

克朗奎斯特（A. Cronquist）是美国学者，他的被子植物分类系统是1958年发表的，1981年修订的系统将被子植物划分为11亚纲83目383科。这一新系统与塔赫他间（1980）系统的主要观点趋于一致，但不用"超目"的分类单元。例如，被子植物起源于种子蕨而非其他裸子植物；木兰目是现存被子植物最原始的类群，也是其他被子植物的出发点；单子叶植物起源于原始双子叶植物中可能与睡莲相似的草本植物。克朗奎斯特系统如图11-130所示。

4. 达格瑞系统

达格瑞（G. Dahlgren）是瑞典人，1980年他提出的被子植物系统是基于种系发生分类（phylogenetic classification）基础上的（图11-131）。他采用二维的平面图代表被子植物发育的系统树树冠的横切面，横切面上每一个用实线围成的圈（达氏称为泡，bubble）代表超目，圈里分隔的虚线代表目，圈的大小代表了相对于超目和目包含的种数，圈之间的距离考虑了目之间亲缘关系的远近。达氏同样主张被子植物单元起源，起源于种子蕨。单子叶植物起源于原始的双子叶植物，很早已经分开，现存的Lactoridaceae、番荔枝科、金粟兰科及马兜铃科和单子叶植物的祖先类似；不同意单子叶植物起源于睡莲类的观点，因为他认为睡莲目种子具有丰富的胚乳，筛分子质体无蛋白质，植物体含鞣花单宁（ellagitannin），而泽泻目种子无胚乳，全部单子叶植物筛分子质体均有蛋白质的三角形拟晶体，缺乏鞣花单宁。达氏系统把被子植物作为一个纲，双子叶植物与单子叶植物列为亚纲，下设超目等分类单位，整个系统含33超目108目369科。

☆ 图 11-129　塔赫他间被子植物系统树（1980）

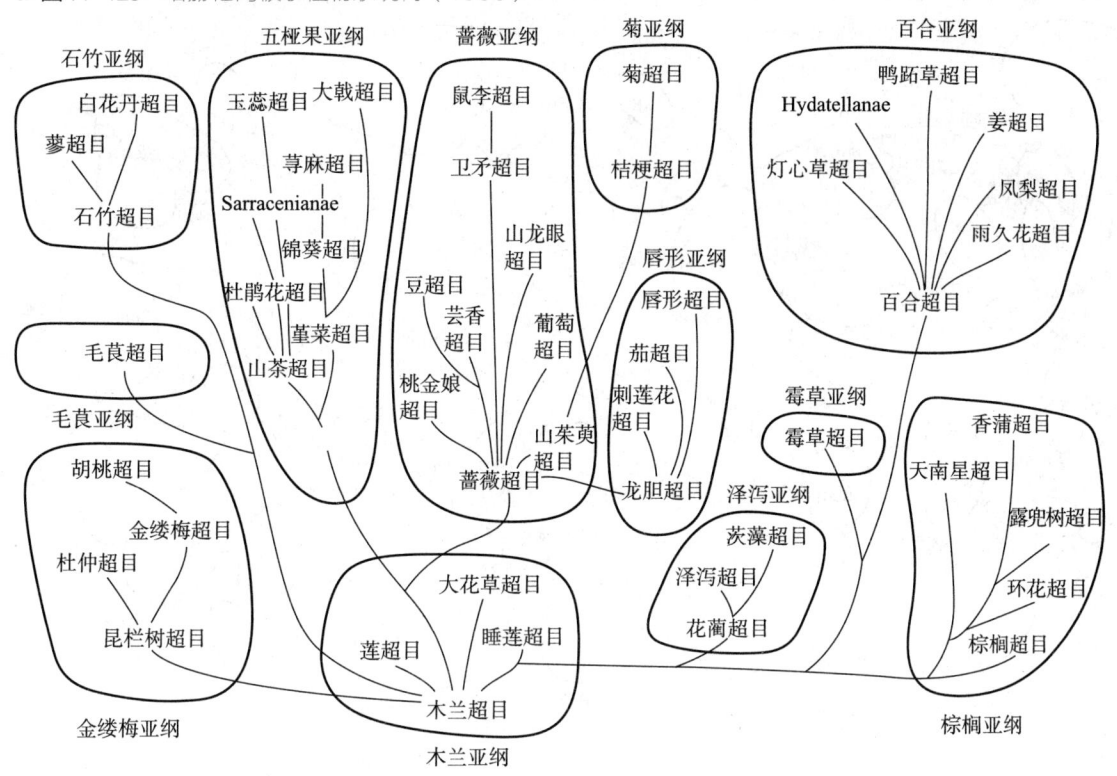

☆ 图 11-130　克朗奎斯特被子植物系统树（1987）

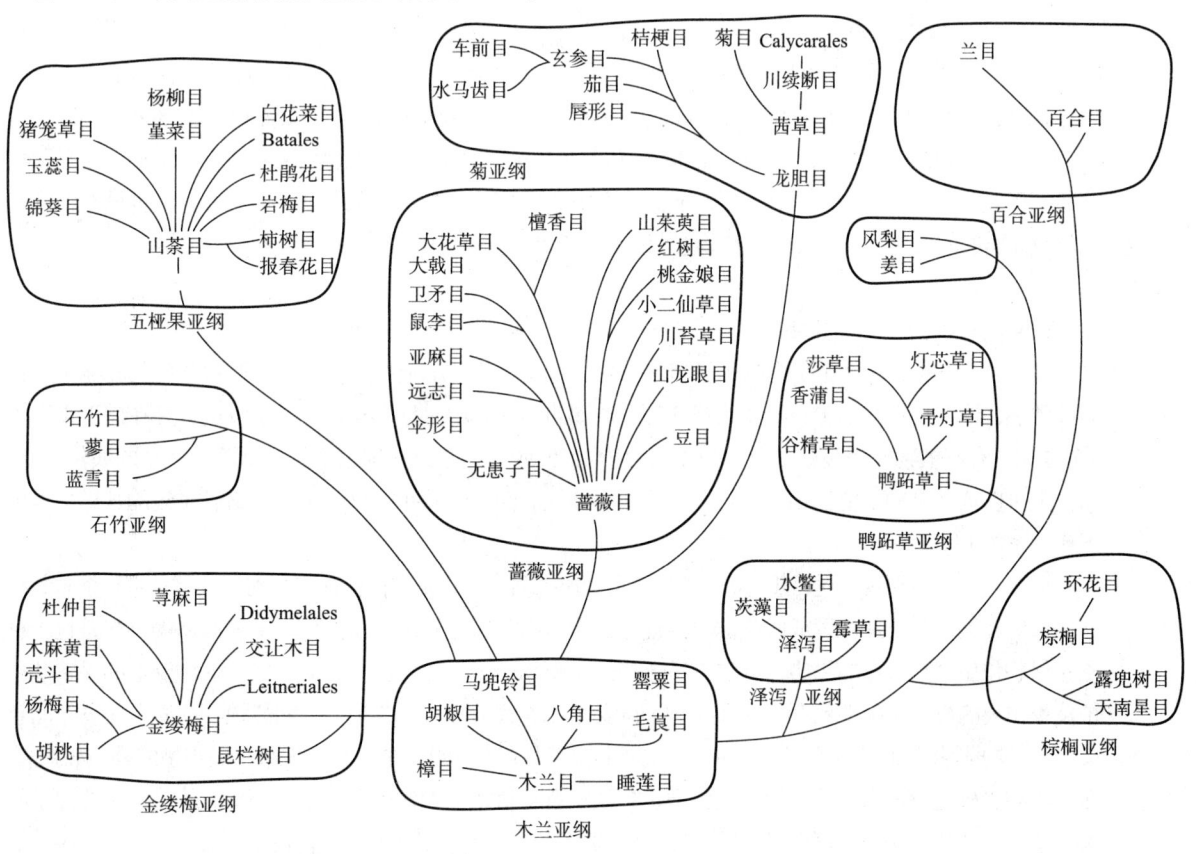

第四节　被子植物的起源与系统发育

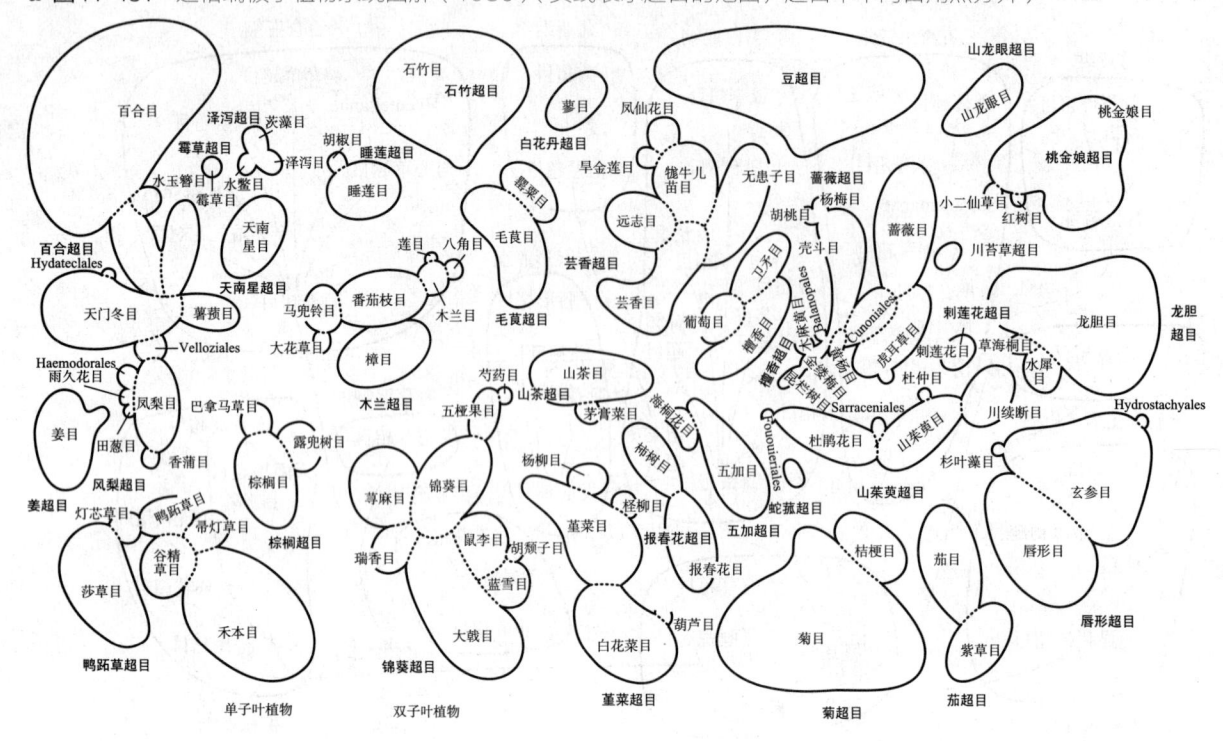

图11-131 达格瑞被子植物系统图解（1980）（实线表示超目的范围，超目中不同目用点分开）

（三）吴征镒有花植物八纲系统

吴征镒（1998，2002）认为，传统的将被子植物分为单子叶和双子叶两大植物类群不能反映被子植物内部的主要演化趋势，并提出一个"多系—多期—多域"的新分类系统，即被子植物八纲分类系统，将被子植物分为8纲，40亚纲，202目，572科。认为被子植物在早白垩世时发生了一次大辐射，形成八条明显的主传代线，并将这八条主传代线分别命名为八个纲，代表被子植物内部的主要演化方向。八纲按顺序为木兰纲（Magnoliopsida）、樟纲（Lauropsida）、胡椒纲（Piperopsida）、石竹纲（Caryophyllopsida）、百合纲（Liliopsida）、毛茛纲（Ranunculopsida）、金缕梅纲（Hamamelidopsida）和蔷薇纲（Rosopsida）。但吴征镒的八纲分类系统并没有说明各主传代线之间的相互关系，也没有说明它们与祖先类群的演化关系以及被子植物起源的时代和地点等核心问题。

（四）张宏达种子植物系统

张宏达（1986，2000）提出的种子植物系统，打破了传统上把种子植物划分为裸子植物和被子植物的分类法，该系统把全部种子植物，包括种子蕨都包括在其中，首先建立种子植物门，并在门下设立了6个亚门，有花植物作为最后一个亚门（图11-132）。张宏达系统在理论上是一个单元多系的演化系统，总体上可以认为是种子植物相对比较完整的一个体系。而对于有花植物，也在恩格勒系统的基础上提出了新的系统（图11-133）。

张宏达系统主要观点是：① 裸子植物中只有松柏纲才是真正的裸子，其余的苏铁纲、银杏纲、紫杉纲及买麻藤纲，由于珠被里或假花被里出现形成层，在受精之后进一步分化，形成肉质的果皮，包着种子起保护作用，是雏形的果实，有别于后继的被子植物由于子房发育所成的果实。这种雏形的果实从种子蕨类出现的最初阶段即已存在，并在种子蕨类中占有优势和主流的地位，明显地存在着系统发育的意义。② 种子植物的胚珠分别来自无孢子叶的顶枝及孕性的孢子叶，并形成了五种不同类型的种子和果实，即银杏型、科达狄—本内苏铁型、紫杉型、苏铁—有花植物型和松柏型。只有松柏类才是真正的裸子植物。③ 有花植物起源不迟于三叠纪，因为地球联合古陆自三叠纪开始解体，再不可能产生全世界统一的有花植物区系。④ 有花植物起源自种子蕨，从有花植物的子房及胚珠的结构特征看，具有异形孢子和孢子叶的种子蕨才是它可能的祖先。现代有花植物，包括木兰目，都不是最古老的有花植物，因为木兰目种系繁衍、花的结构完整，虽然雄蕊及离生心皮是原始的性状，但次生木质部却具有明显的次生特征。不同

☆ 图 11-132 张宏达种子植物系统图（2000）

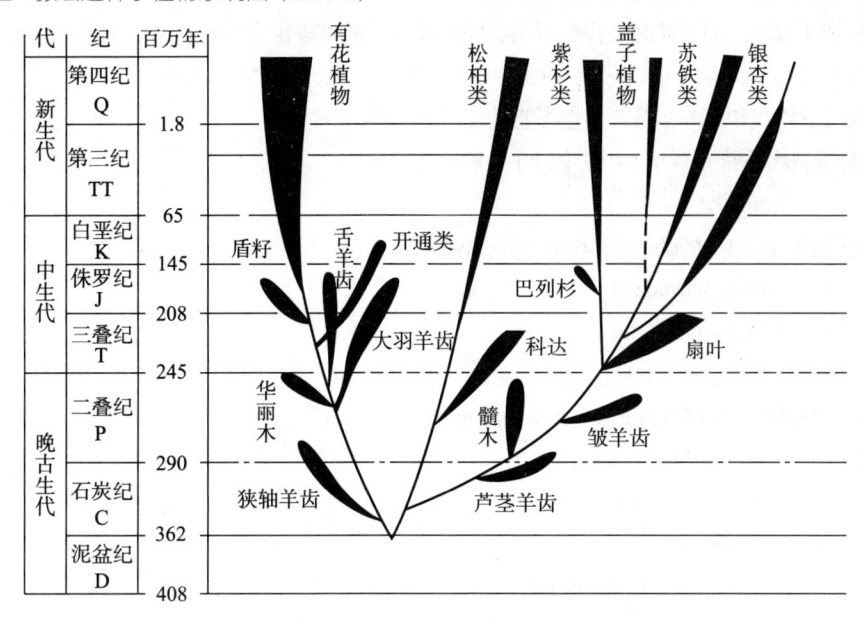

☆ 图 11-133 张宏达有花植物系统图（2004）

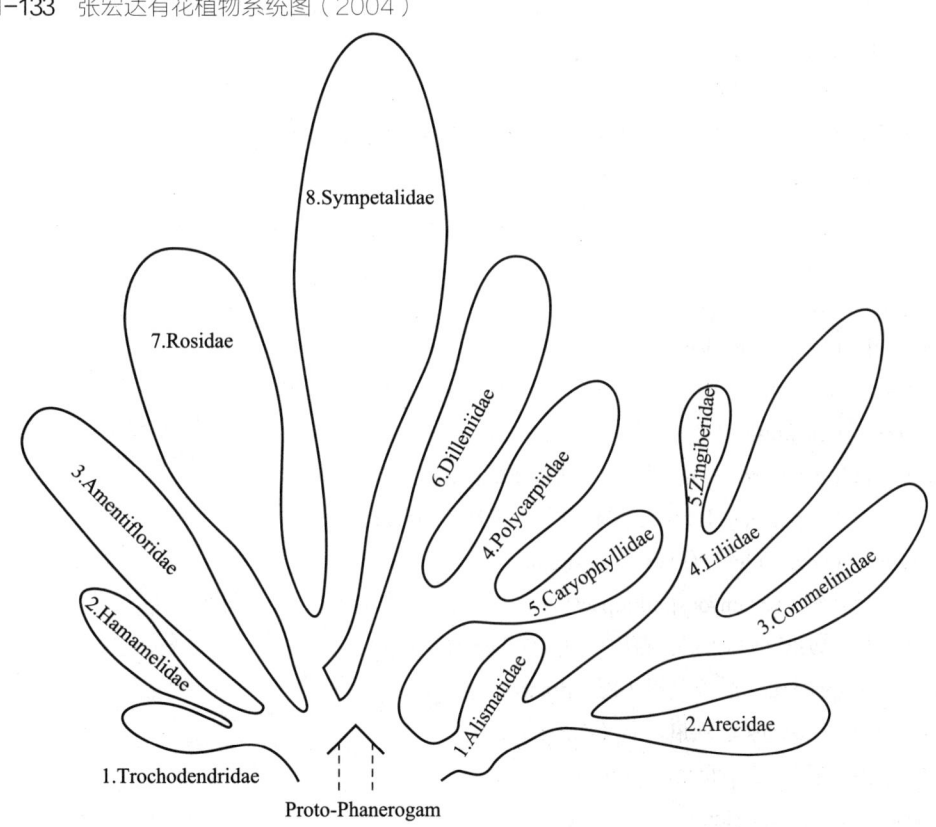

意把木兰目当作最原始的有花植物，以及全部被子植物均出自木兰目的单元单系观点，主张有花植物的起源是单元多系的。⑤ 孔型和3沟的花粉是古老的，单沟花粉从3沟花粉演化而来；孔型花粉不可能来自沟型花粉。⑥ 原始的有花植物只能从风媒的种子植物脱胎而来。不赞成虫媒植物先于风媒植物、风媒植物源于虫媒植物的观点，认为风媒植物即使不先于虫媒植物，二者至少也是齐头并进的。⑦ 单花和两性花是次生的，花序和单性花是原生的，花被的出现是为了加强对雌、雄蕊的保护，因而无被花、单被花是原始的。⑧ 柔荑花序类并不限于无被、单被和单性花，榆科、荨麻科、马尾树科甚至山毛榉科都存在两性花或两性花的痕迹。两轮花被同样也出现在榆科、山毛榉科、桦木科、马尾树科。柔荑花序类基本上是孔型花粉，只有栎属（*Quercus*）是沟型花粉，因而不可能从多心皮类衍生。它的孔型花粉，合点受精，风媒花，花被退化或不显眼，但开花时发出的臭气，同样吸引了蝇类等昆虫传粉；木质部不具原始的管胞，可能是由非离生心皮祖先派生出来。⑨ 不同意用百合植物来代表全部单子叶植物，无论单子叶植物各亚纲是否具有多条发展路线和来源，百合类也不能代表泽泻目和棕榈目。

张宏达种子植物系统大纲（2004）如下：

I. 前种子植物亚门（Prepteridospermatophytina）

（I）无脉树目（Aneurophytales）

（II）古羊齿目（Archaepteridales）

（III）原髓蕨目（Protopityales）

II. 蕨叶种子植物亚门（Pteridospermatophytina）

（I）狭轴羊齿纲（Stenomylonopsida）

（II）华丽木纲（Callistophytopsida）

（III）盾籽纲（Peltaspermopsida）

III. 肉籽植物亚门（Sarcocarpidiophytina）

（I）肉籽纲（Sarcocarpidiopsida）：芦松目（Calamopityales），皱羊齿目（Lyginopteridales），髓木目（Medulosales）

（II）银杏纲（Ginkgoopsida）：银杏目（Ginkgoales），拜拉目（Baierales），茨康目（Czekannowskiales），扇叶目（Rhipidopsiales）

（III）苏铁纲（Cycadopsida）

1. 苏铁目（Cycadales）：苏铁科（Cycadaceae），南非苏铁科（Stangeriaceae），鲍文苏铁科（Boweniaceae），双子苏铁科（Dioonaceae），泽米苏铁科（Zamiaceae）

2. 拟苏铁目（Cycadeoidales）：拟苏铁科（Cycadeoidaceae），威廉姆逊科（Willamsoniaceae）

3. 蕉羽叶目（Nilsoniales）

4. 五道木目（Pentaxylales）

5. 斜羽叶目（Plagiozamitales）

（IV）紫杉纲（Taxopsida）

1. 巴列杉目（Palissyales）

2. 罗汉松目（Podocarpales）：罗汉松科（Podocarpaceae）

3. 三尖杉目（Cephalotaxales）：三尖杉科（Cephalotaxaceae）

4. 红豆杉目（Taxales）：红豆杉科（Taxaceae）

（V）盖子植物纲（Chlamydospermopsida）

1. 百岁兰目（Welwitschiales）：百岁兰科（Welwitschiaceae）

2. 麻黄目（Ephedrales）：麻黄科（Ephedraceae）

3. 买麻藤目（Gnetales）：买麻藤科（Gnetaceae）

IV. 松柏植物亚门（Coniferophytina）

（I）科达纲（Cordaitopsida）

1. 科达目（Cordaitales）：科达穗科（Cordaitanthaceae），肾叶科（Vojnovskyaceae），鲁夫洛科（Ruffloriaceae），匙叶科（Noeggerathiopsiaceae）

2. 叉叶目（Dicranophyllales）

（II）松柏纲（Coniferopsida）

1. 伏脂杉目（Voltziales）：歧杉科（Lebachiaceae），伏脂杉科（Voltziaceae），掌鳞杉科（Cheirolepidaceae）

2. 松柏目（Coniferales）：南洋杉科（Araucariaceae），松科（Pinaceae），杉科（Taxodiaceae），柏科（Cupressaceae）

3. 苏铁杉目（Podozamitales）：苏铁杉科（Podozamitaceae），准苏铁果科（Cycadocarpidiaceae）

Ⅴ. 前有花植物亚门（Proanthophytina）

（Ⅰ）舌羊齿纲（Glossopteridopsida）：舌羊齿目（Glossopteridales）

（Ⅱ）大羽羊齿纲（Gigantopteridopsida）：华夏羊齿目（Cathaysiopteridales），单网羊齿目（Gigantonocleales），大羽羊齿目（Gigantopteridales）

（Ⅲ）开通纲（Caytoniopsida）：兜籽目（Umkomasiales），开通目（Caytoniales）

Ⅵ. 有花植物亚门（Anthophytina）

原始有花植物（Proanthophytina）

后生有花植物（Metanthophytina）

（Ⅰ）双子叶植物纲（Dicotyledonopsida）

1. 昆栏树亚纲（Trochodendridae）

（1）昆栏树目（Trochodendrales：昆栏树科（Trochodendraceae），水青树科（Tetracentraceae）

（2）领春木目（Eupteleales）：领春木科（Eupteleaceae）

2. 金缕梅亚纲（Hamamelididae

（1）金缕梅目（Hamamelidales）：金缕梅科（Hamamelidaceae），悬铃木科（Platanaceae），Myrothamnaceae

（2）连香树目（Cercidiphyllales）：连香树科（Cercidiphyllaceae）

（3）交让木目（Daphniphyllales）：交让木科（Daphniphyllaceae）

3. 柔荑花序亚纲（Amentifloridae）

（1）蕈树目（Altingiales）：蕈树科（Altingiaceae）

（2）杜仲目（Eucommiales）：杜仲科（Eucommiaceae）

（3）荨麻目（Urticales）：榆科（Ulmaceae），桑科（Moraceae），大麻科（Cannabaceae），荨麻科（Urticaceae）

（4）杨梅目（Myricales）：杨梅科（Myricaceae）

（5）Leitneriales：Leitneriaceae，Didymelaceae

（6）胡桃目（Juglandales）：马尾树科（Rhoipteleaceae），胡桃科（Juglandaceae）

（7）壳斗目（Fagales：Balanopaceae），壳斗科（Fagaceae），桦木科（Betulaceae）

（8）木麻黄目（Casuarinales）：木麻黄科（Casuarinaceae）

4. 多心皮亚纲（Polycarpiidae）

（1）木兰目（Magnoliales）：林仙科（Winteraceae），单心木兰科（Degeneriaceae），Himantandraceae，木兰科（Magnoliaceae），番荔枝科（Annonaceae），Austrobailyaceae，Lactoridaceae，肉豆蔻科（Myristicaceae），Canellaceae，

（2）八角目（Illiciales）：八角科（Illiciaceae），五味子科（Schisandraceae）

（3）毛茛目（Ranunculales）：毛茛科（Ranunculaceae），星叶草科（Circaeasteraceae），芍药科（Paeoniaceae），小檗科（Berberidaceae），大血藤科（Sargentodoxaceae），木通科（Lardizabalaceae），防己科（Menispermaceae）

（4）睡莲目（Nymphaeales）：莼菜科（Cabombaceae），莲科 Nelumbonaceae，睡莲科（Nymphaeaceae），Barclayaceae，金鱼藻科（Ceratophyllaceae）

（5）樟目（Laurales）：Amborellaceae，Trimeniaceae，檬立米科（Monimiaceae），Gomortegaceae，蜡梅科（Calycanthaceae），樟科（Lauraceae），莲叶桐科（Hernandiaceae）

（6）胡椒目（Piperales）：三白草科（Saururaceae），金粟兰科 Chloranthaceae），胡椒科（Piperaceae）

（7）马兜铃目（Aristolochiales）：马兜铃科（Aristolochiaceae）

（8）罂粟目（Papaverales）：罂粟科（Papaveraceae），荷包牡丹科（Fumariaceae）

5. 石竹亚纲（Caryophyllidae）

（1）石竹目（Caryophyllales）：商陆科（Phytolaccaceae），Achatocarpaceae，紫茉莉科（Nyctaginaceae），番杏科（Aizoaceae），Didiereaceae，仙人掌科（Cactaceae），马齿苋科（Portulacaceae），落葵科（Basellaceae），粟米草科（Molluginaceae），石竹科（Caryophyllaceae，苋科（Amaranthaceae），藜科（Chenopodiaceae）

（2）蓼目（Polygonales）：蓼科（Polygonaceae）

6. 五桠果亚纲（Dilleniidae）

（1）五桠果目 Dilleniales）：五桠果科（Dilleniaceae）

（2）山茶目（Theales）：金莲木科（Ochnaceae），山茶科（Theaceae），毒药树科（Sladeniaceae），猕猴桃科（Actinidiaceae），五列木科（Pentaphylacaceae），Tetrameristaceae，Marcgraviaceae，Asteropeiaceae，Pelliceriaceae，Caryocaraceae，Scytopetalaceae，Quiinaceae，沟繁缕科（Elatinaceae），Medusagynaceae，藤黄科（Clusiaceae）

（3）锦葵目（Malvales）：杜英科（Elaeocarpaceae，）椴树科（Tiliaceae），梧桐科（Sterculiaceae），木棉科（Bombacaceae），锦葵科（Malvaceae），龙脑香科（Dipterocarpaceae）

（4）玉蕊目（Lecythidales）：玉蕊科（Lecythidaceae）

（5）猪笼草目（Nepenthales）：Sarraceniaceae，猪笼草科（Nepenthaceae），茅膏菜科（Droseraceae）

（6）大戟目（Euphorbiales）：毒鼠子科（Dichapetalaceae），大戟科（Euphorbiaceae）

（7）瑞香目（Thymelaeales）：瑞香科（Thymelaeaceae）

（8）堇菜目（Violales）：大风子科（Flacourtiaceae），Bixaceae，半日花科（Cistaceae），Peridiscaceae，堇菜科（Violaceae），旌节花科（Stachyuraceae），Scyphostegiaceae，柽柳科（Tamaricaceae），瓣鳞花科（Frankeniaceae），钩枝藤科（Ancistrocladaceae），Dipentodontaceae，西番莲科（Passifloraceae），Turneraceae，Caricaceae，葫芦科（Cucurbitaceae），秋海棠科（Begoniaceae），四数木科（Datiscaceae）

（9）白花菜目（Capparales）：白花菜科（Capparaceae），Moringaceae，十字花科（Brassicaceae），Resedaceae，Tovariaceae

（10）杨柳目（Salicales）：杨柳科（Salicaceae）

7. 蔷薇亚纲（Rosidae）

（1）虎耳草目（Saxifragales）：Brunelliaceae，Cunoniaceae，Davidsoniaceae，Columelliaceae，Roridulaceae，海桐花科（Pittosporaceae），Bublidaceae，Bruniaceae，Alseuosmiaceae，景天科（Crassulaceae），虎耳草科（Saxifragaceae），Cephalotaceae，醋栗科（Grossulariaceae），绣球花科（Hydrangeaceae），Greyiaceae

（2）蔷薇目（Rosales）：蔷薇科（Rosaceae）

（3）豆目（Fabales）：含羞草科（Mimosaceae），云实科（Caesalpiniaceae），蝶形花科（Fabaceae）

（4）牛栓藤目（Connarales）：牛栓藤科（Connaraceae）

（5）川蔓草目（Podostemales）：川蔓草科（Podostemaceae）

（6）小二仙草目（Haloragales）：小二仙草科（Haloragaceae）

（7）桃金娘目（Myrtales）：千屈菜科（Lythraceae），海桑科（Sonneratiaceae），石榴科（Punicaceae），红树科（Rhizophoraceae），使君子科（Combretaceae），隐翼科（Crypteroniaceae），桃金娘科（Myrtaceae），野牡丹科（Melastomataceae），柳叶菜科（Onagraceae），菱科（Trapaceae）

（8）芸香目（Rutales）：芸香科（Rutaceae），苦木科（Simaroubaceae），蒺藜科（Zygophyllaceae），楝科（Meliaceae），橄榄科（Burseraceae），漆树科（Anacardiaceae），马桑科（Coriariaceae），Julianiaceae

（9）无患子目（Sapindales）：省沽油科（Staphyleaceae），无患子科（Sapindaceae），槭树科（Aceraceae），七叶树科（Hippocastanaceae），Stylobasiaceae，Emblingiaceae，伯乐树科（Bretschneideraceae），Akaniaceae，Melianthaceae，清风藤科（Sabiaceae）

（10）牻牛儿苗目（Geraniales）：亚麻科（Linaceae），古柯科（Erythroxylaceae），粘木科（Ixonanthaceae），酢浆草科（Oxalidaceae），牻牛儿苗科（Geraniaceae），凤仙花科（Balsaminaceae），旱金莲科（Tropaeolaceae），Limnanthaceae

（11）远志目（Polygalales）：金虎尾科（Malpighiaceae），Trigoniaceae，Vochysiaceae，Polygalaceae，Krameriaceae，Tremandraceae

（12）卫矛目（Celastrales）：茶茱萸科（Icacinaceae），心翼果科（Cardiopteridaceae），冬青科（Aquifoliaceae），黄杨科（Buxaceae），Medusandraceae，卫矛科（Celastraceae），翅子藤科（Hippocrateaceae），Corynocarpaceae，Lophopyxidaceae，刺茉莉科（Salvadoraceae）

（13）鼠李目（Rhamnales）：鼠李科（Rhamnaceae），火筒树科（Leeaceae），葡萄科（Vitaceae）

（14）胡颓子目（Elaeagnales）：胡颓子科（Elaeagnaceae）

（15）檀香目（Santalales）：十萼花科（Dipentodontaceae），铁青树科（Olacaceae），山柚子科（Opiliaceae），檀香科（Santalaceae），Misodendraceae，桑寄生科（Loranthaceae），蛇菰科（Balanophoraceae）

（16）大花草目（Rafflesiaceae）：大花草科（Rafflesiaceae），Hydnoraceae

（17）山龙眼目（Proteales）：山龙眼科（Proteaceae）

（18）山茱萸目（Cornales）：珙桐科（Davidiaceae），蓝果树科（Nyssaceae），山茱萸科（Cornaceae，Garryaceae），八角枫科（Alangiaceae）

（19）五加目（Araliales）：五加科（Araliaceae），伞形花科（Apiaceae）

8. 合瓣花亚纲（Sympetalidae）

（1）杜鹃花目（Ericales）：Cyrillaceae，Grubbiaceae，桤叶树科（Clethraceae），Epacridaceae，杜鹃花科（Ericaceae），岩高兰科（Empetraceae），鹿蹄草科（Pyrolaceae），水晶兰科（Monotropaceae）

（2）岩梅目（Diapensiales）：岩梅科（Diapensiaceae）

（3）柿目（Ebenales）：山榄科（Sapotaceae），柿科（Ebenaceae），山矾科（Symplocaceae，Lissocarpaceae），安息香科（Styracaceae）

（4）报春花目（Primulales）：紫金牛科（Myrsinaceae，Theophrastaceae），报春花科（Primulaceae）

（5）白花丹目（Plumbaginales）：白花丹科（Plumbaginaceae）

（6）木犀目（Oleales）：木犀科（Oleaceae）

（7）龙胆目（Gentianales）：马钱科（Loganiaceae），龙胆科（Gentianaceae），杏菜科（Menyanthaceae），夹竹桃科（Apocynaceae），萝藦科（Asclepiadaceae）

（8）茜草目（Rubiales）：茜草科（Rubiaceae），Theligonaceae

（9）川续断目（Dipsacales）：忍冬科（Caprifoliaceae），五福花科（Adoxaceae），败酱科（Valerianaceae），川续断科（Dipsacaceae）

（10）Loasales：Loasaceae

（11）茄目（Solanales）：Nolanaceae，茄科（Solanaceae），旋花科（Convolvulaceae），花荵科（Polemoniaceae），田基麻科（Hydrophyllaceae）

（12）唇形目（Lamiales）：紫草科（Boraginaceae），马鞭草科（Verbenaceae），唇形科（Lamiaceae）

（13）水马齿目（Callitrichales）：杉叶藻科（Hippuridaceae），水马齿科（Callitrichaceae），（Hydrostachyaceae）

（14）车前草目（Plantaginales）：车前草科（Plantaginaceae）

（15）玄参目（Scrophulariales）：醉鱼草科（Buddlejaceae），玄参科（Scrophulariaceae），Globulariaceae，苦槛蓝科（Myoporaceae），列当科（Orobanchaceae），苦苣苔科（Gesneriaceae），爵床科（Acanthaceae），胡麻科（Pedaliaceae），紫葳科（Bignoniaceae），狸藻科（Lentibulariaceae）

（16）桔梗目（Campanulales）：五膜草科（Pentaphragmataceae），尖瓣花科（Sphenocleaceae），桔梗科（Campanulaceae），花柱草科（Stylidiaceae），草海桐科（Goodeniaceae），Brunoniaceae

（17）菊目（Asterales）：菊科（Asteraceae）

（Ⅱ）单子叶植物纲（Monocotyledonopsida）

1. 泽泻亚纲（Alismatidae）

（1）泽泻目（Alismatales）：泽泻科（Alismataceae），沼草科（Limnocharitaceae），花蔺科（Butomaceae）

（2）水鳖目（Hydrocharitales）：水鳖科（Hydrocharitaceae）

（3）茨藻目（Najadales）：水蕹科（Aponogetonaceae），芝菜科（Scheuchzeriaceae），水麦冬科（Juncaginaceae），眼子菜科（Potamogetonaceae），川蔓藻科（Ruppiaceae），茨藻科（Najadaceae），角果藻科（Zannichelliaceae），波斯荡草科（Posidoniaceae），丝粉藻科（Cymodoceaceae），大叶藻科（Zosteraceae）

（4）霉草目（Triuridales）：樱井草科（Petrosaviaceae），霉草科（Triuridaceae）

2. 棕榈亚纲（Arecidae）

（1）棕榈目（Arecales）：棕榈科（Arecaceae）

（2）巴拿马草目（Cyclanthales）：巴拿马草科（Cyclanthaceae）

（3）露兜树目（Pandanales）：露兜树科（Pandanaceae）

（4）天南星目（Arales）：天南星科（Araceae），浮萍科（Lemnaceae）

3. 鸭跖草亚纲（Commelinidae）

（1）鸭跖草目（Commelinales）：偏穗草科（Rapateaceae），黄眼草科（Xyridaceae），三蕊细叶草科（Mayacaceae），鸭跖草科（Commeliaceae）

（2）谷精草目（Eriocaulales）：谷精草科（Eriocaulaceae）

（3）帚灯草目（Restionales）：鞭藤科（Flagellariaceae），Joinvilleaceae，帚灯草科（Restionaceae），刺鳞草科（Centrolepidaceae）

（4）灯心草目（Juncales）：灯心草科（Juncaceae），Thurniaceae

（5）莎草目（Cyperales）：莎草科（Cyperaceae），禾本科（Poaceae）

（6）Hydatellales：Hydatellaceae

（7）香蒲目（Typhales）：黑三棱科（Sparganiaceae），香蒲科（Typhaceae）

4. 姜亚纲（Zingiberidae）

（1）凤梨目（Bromeliales）：凤梨科（Bromeliaceae）

（2）姜目（Zingiberales）：旅人蕉科（Strelitziaceae），蝎尾蕉科（Heliconiaceae），芭蕉科（Musaceae），兰花蕉科（Lowiaceae），姜科（Zingiberaceae），闭鞘姜科（Costaceae），美人蕉科（Cannaceae），竹芋科（Marantaceae）

5. 百合亚纲（Liliidae）

（1）百合目（Liliales）：田葱科（Philydraceae），雨久花科（Pontederiaceae），Haemodoraceae，百合科（Liliaceae），Cyanastraceae，鸢尾科（Iridaceae），Geosiridaceae，Velloziaceae，芦荟科（Alöeaceae），龙舌兰科（Agavaceae），Xanthorrhoeaceae，蒟蒻薯科（Taccaceae），百部科（Stemonaceae），菝葜科（Smilacaceae），薯蓣科（Dioscoreaceae），水玉簪科（Burmanniaceae），Corsiaceae

（2）兰目（Orchidales）：拟兰科（Apostasiaceae），兰科（Orchidaceae）

小 结

被子植物可以划分为双子叶植物和单子叶植物两纲，两纲植物种数比约为4:1。

在双子叶植物中，依据花瓣是否连合成花冠管，雄蕊着生在花托抑或花冠管上，珠被的层数划分为离瓣花类（原始花被类）和合瓣花类。通常，在离瓣花类花从无被、单被、同被到双被，雄蕊数目从不定数到定数，但均着生在花托上，珠被2层，而在合瓣花类中，花被均为双被，雄蕊定数，珠被1层。无被花，单被花以风媒传粉为主，而同被花和双被花以虫媒传粉为主。菊科植物以集合的头状花序、虫媒传粉、产生大量的果实、完善的传播结构成为种类最多的被子植物科之一。

在单子叶植物中，花被从非常简化的禾本科、莎草科植物，到具有复杂结构的兰科植物的花，体现了从风媒到虫媒的变化。禾本科和莎草科是最大的风媒传粉类群，而兰科植物则是最大的虫媒传粉类群。

被子植物系统是以各自建立的系统发育理论，以亲缘关系为纽带，排列被子植物科的，是没有被完全证实的自然系统，无论是恩格勒系统或多心皮系统均如此。吴征镒等提出的八纲系统在本质上与多心皮学派是一致的。张宏达种子植物系统把现存的裸子植物、被子植物和已灭绝的种子蕨、前种子植物联结起来，提供了种子植物系统研究的新思路。

被子植物起源的核心问题是被子植物起源的时代，起源的中心和它的祖先类群，这些问题一直是植物学界和古植物学界争论最多的问题。辽宁古果被证实是早白垩世植物。关于起源地点则有"北极起源说"、"热带起源说"、"被子植物起源东亚中心假说"和"华夏植物区系起源说"等不同观点。关于被子植物的祖先类群，主要学说有"假花学说"、"真花学说"和"种子蕨类起源说"等。

思考题

1. 被子植物有哪些基本特征，制定被子植物分类原则的依据是什么？
2. 如何看待虫媒与风媒植物，单性花与两性花，柔荑花序类与多心皮类？
3. 单子叶植物与双子叶植物是自然类群吗？原始花被亚纲与合瓣花亚纲是如何划分的？
4. 胡桃科植物花的结构有何特点？如何区分胡属与核桃属植物，各有何经济植物？
5. 杨柳科杨属与柳属花的结构上有何差别？
6. 壳斗科植物花的结构特点有哪些？壳斗在科内属的划分上有何意义？如何解释壳斗的来源？
7. 桑科植物花的结构有哪些类型？隐头花序结构在演化上有何优越性？它是如何实现异花传粉的？
8. 如何看待颤杨和无花果属的"独木成林"现象？
9. 蓼科植物具有基生胎座，中央子目的藜科、苋科亦具有基生胎座，为什么蓼科单独列为蓼目？
10. 蓼科植物的雄蕊的基本数目为6枚，但有时表现为不定数，为什么？
11. 商陆科植物具有哪些原始特征？从花的结构看，商陆科植物如何与石竹科等相联系？
12. 如何识别石竹科？石竹科有哪些经济植物？
13. 如何区分藜科、苋科和蓼科？
14. 高寒干旱地区藜科、石竹科植物叶常成肉质，并具厚的蜡被，一些蓼科植物则成为垫状植物，为什么？
15. 木兰科植物具有哪些原始特征？单性木兰属，常是雌株多于雄株，为什么？
16. 试述单心木兰科、番荔枝科、八角茴香科植物的主要特征。
17. 为什么把樟科归在多心皮目？樟科植物心皮数目为1吗？为什么它的柱头表现为3？试举出樟科植物药用与木材等用途种类。
18. 水青树科与昆栏树科植物木质部里只有管胞，这在系统演化上有什么意义？
19. 在木兰目里，雄蕊和雌蕊在形态上是如何演化的？
20. 毛茛目与木兰目相比有哪些演化的特征（体态，花的结构）？
21. 如何看待为什么同是多心皮类植物，毛茛科具有更多的种类、在科内的演化如花两侧对称，不具挥发油而具有蜜叶等结构等多样性演化方向？
22. 莲的心皮是离生的吗？它的花托具有什么样的性质？莲的全株均有利用价值，你能说说吗？
23. 莼菜属具有哪些原始的特征？
24. 某些学者由分子系统学研究出发，认为金鱼藻科是被子植物的基出类群，对此你有何评论？
25. 简述胡椒科植物花结构的特点？胡椒、姜黄、桂皮能组成何种调味料？

26. 金粟兰科植物木质部仅有管胞，有学者认为它可能是由导管退化而来的，你认为对吗？
27. 将芍药属从毛茛科中分出另立芍药科的理由是什么？牡丹、芍药具有什么用途？
28. 如何识别猕猴桃科植物？你如何看待中华猕猴桃在新西兰引种栽培成功的？能否在中国丰富的猕猴桃属植物中挖掘更好的栽培品种？
29. 以山茶属为例，试述山茶科植物花结构的特点及花的演化趋势。浅谈种茶，制茶，饮茶兴起的历史和意义。你如何看待含可可碱不含咖啡碱的茶的生物学意义？
30. 罂粟目有何主要的特征？罂粟除了毒品外，在医疗上有其他用途吗？
31. 如何解释十字花科植物"十字形花冠"与"四强雄蕊"来源。何谓"子叶缘倚"，"子叶背倚"，"子叶对摺"？
32. 试述十字花科植物与人类生活的关系。芥末来自哪一种植物？辣根呢？
33. 悬铃木科被认为是蔷薇目中的原始类群，它有哪些原始特征？
34. 从具有显著的萼瓣分离的红苞木，到萼瓣退化的枫香，请说明金缕梅科植物花结构的特点，及主要类群？
35. 试述蔷薇科植物的基本特征，根据哪些特征把蔷薇科划分为4个亚科？梅亚科能起源于绣线菊亚科吗？蔷薇科有哪些经济植物、果树、药材、花卉等？如何看待月季、石竹利用中国的原生种后成为世界性切花花卉的？
36. 豆科植物有哪些共同特征？豆科三个亚科的花结构的特征是什么？
37. 什么是花冠的"上升覆瓦状"和"下降覆瓦状"排列，假蝶形花冠和蝶形花冠？
38. 豆科与蔷薇科绣线菊亚科有亲缘关系吗？
39. 如何识别大戟科植物？何谓"大戟花序（杯花）"？试述大戟科内的演化。大戟科有哪些重要的经济作物？栽植橡胶树以获取橡胶为目的，可以考虑以其他产乳汁的无花果属等作为橡胶的来源吗？
40. 如何识别芸香科植物？何谓"倒二轮雄蕊"？请说出芸香科植物具有离生心皮的种类。芸香科有哪些果树、药材、香料植物？"橘生淮南为橘，生淮北为枳"对吗？
41. 卫矛科与冬青科植物花的结构相似，但卫矛科植物具有发达的花盘，种子有假种皮，而冬青科植物缺花盘，也无假种皮，是这样吗？
42. 如何从花的结构上区分无患子科的龙眼与荔枝？如何判断龙眼与荔枝的食用部分是假种皮？
43. 举出常见的漆树科植物种类，试述它们有何共同的特点？
44. 槭树科植物两个叉开的翅果表明它是离生心皮吗？
45. 比较鼠李科和葡萄科植物的异同点。
46. 锦葵科具有单体雄蕊，1室的花药，分果的特征，在锦葵目的其他科也存在吗？
47. 锦葵目所包含的科是自然类群吗？分子系统学研究结果认为可以用一个广义科来包括锦葵科、杜英科、椴树科、梧桐科植物，你认同吗？
48. 葫芦科植物花冠合生，雄蕊生于花冠管上，子房下位，为什么不把它归于合瓣花亚纲？它有哪些经济植物？
49. 桃金娘科植物具有哪些识别特征？它有哪些重要的经济植物？桃金娘可以开发成果树吗？
50. 如何区别野牡丹科和桃金娘科植物？
51. 红树科植物有陆生和海岸带生长的两类植物，为什么？红树林植物起源上是从陆地走向海洋还是海洋走向陆地？何谓胎生植物？
52. 试述伞形科植物的基本特征和伞形科植物主要经济用途，它与五加科植物有何区别，它是离瓣花类发展的最高级类群吗？
53. 杜鹃花科植物具有什么样的旱生结构？它的雄蕊仍然着生在花托上，有些属种保持着分离的花瓣，为什么不把它保留在原始花被亚纲中呢？怎样识别杜鹃花属和乌饭树属植物？
54. 报春花植物的雌雄蕊异长与蓼科的雌雄蕊异长是相同的吗？
55. 紫金牛科植物有哪些识别特征？
56. 同样具有白色乳汁，你如何区分山榄科与夹竹桃科？如何识别安息香科与山矾科植物？
57. 柿果可以作成哪些食品？
58. 安息香科植物具有何种可以识别的特征？
59. 以桂花与小蜡树为例，说明木犀科的特征。木犀科最著名的油料作物是哪一种？
60. 马钱科有哪些有毒植物？
61. 合蕊冠与合蕊柱是相同的概念吗？萝摩科植物的花粉块与载粉器的构造有什么特点？马利筋副花冠中角状的附属物在传粉上具有什么意义吗？
62. 试比较夹竹桃和萝摩科植物的区别？它们常常具有的蓇葖果可以说这两个科属于离生心皮类群吗？为什么？

63. 茜草科植物的主要特征是什么？它放在龙胆目中合适吗？栀子突入子房腔中的胎座是怎样形成的，这些突入的胎座均着生有胚珠吗？
64. 如何识别旋花科与茄科植物？
65. 如何识别马鞭草科植物？它和紫草科植物如何区分。
66. 丹参属花在构造上如何适应虫媒传粉？
67. 爵床科的种钩是怎么回事？
68. 如何区分玄参科与唇形科植物？
69. 茄科植物常具有双生叶和花序常腋外生现象，你能解释它吗？
70. 唇形科植物的二唇形花冠有哪些形式？
71. 如何识别苦苣苔科植物？有的苦苣苔科植物能育的2枚雄蕊花药连生，在传粉上具有什么意义吗？
72. 忍冬科和茜草科植物有亲缘关系吗？它们各有哪些经济植物？咖啡对人体有好处吗？
73. 菊科植物有哪些主要特征？在虫媒传粉方面有哪些特殊的适应构造？能从花果的构造以及其他特征说明菊科为什么会有那样多的种类吗？列举菊科的重要经济植物。
74. 单子叶植物有哪些识别特征？大多数单子叶植物种子都有胚乳吗？
75. 书中基本上生活在水中的单子叶植物包括哪几个科？并简述其特征。
76. 泽泻科植物能与双子叶植物的毛茛类植物相联系吗？
77. 百合科植物的基本特征是什么？有哪些重要的经济植物？百合科植物与石蒜科植物均为独立的科合适吗？
78. 鸭跖草科花的结构有何特点？
79. 概述禾本科的特征。竹亚科地下茎形态有哪两种基本类型？禾本科植物有哪些经济用途？为什么说禾本科植物是风媒传粉的高级类型？
80. 竹子的无性繁殖是主要的繁殖方式，如何看待这种繁殖方式？它们什么时候进行有性生殖？其意义是什么？
81. 棕榈科与天南星科相较，其体态以及花的结构有何异同点？
82. 如何看待天南星肉穗花序的芳香与臭气？
83. 莎草科与禾本科在花的结构上有哪些不同？
84. 如何根据苞片和花被的形态在莎草科内分群？
85. 姜科植物花结构有什么特点？以传统观点解释姜科花的结构是不是最恰当的？
86. 试述兰科植物花的构造？根据哪些花的特征将兰科划分为两个亚科？为什么说兰科植物是虫媒传粉的高级类型？如何理解被子植物与昆虫在传粉结构上的协同进化？
87. 兰科植物有无自花传粉？
88. 关于被子植物花的起源有哪些假说？何谓"真花说"和"假花说"？
89. 关于被子植物的起源，有多元起源说、二元起源说和单元起源说，他们各自的理论依据是什么？
90. 试比较柔荑花序（恩格勒）学派与多心皮学派（哈钦松、塔赫他间、克朗奎斯特和达格瑞）的观点和他们对有花植物起源和各类群的排列。
91. 试论"华夏植物区系"的主要观点。
92. 辽西发现早白垩世早期的被子植化石说明了什么问题？
93. 试述单子叶植物的起源上的一些观点。

数字课程学习

● 彩色图库　　● 名词术语　　● 拓展阅读　　● 教学PPT

第十二章 植物系统学概要及其发展动态

第一节 植物的系统发育

地球自形成以来,迄今已有46亿年的历史。其间,无机界和有机界都发生了深刻的变化,大陆漂移、洋底扩张、板块运动以及多种天文因子的作用和影响,控制和制约着地球古地理、古环境及古气候的不断变迁,而地球环境的这种多样性变化也直接导致生物演化的多样性。地球上的原始生命从距今38亿年前开始出现以来,经历了漫长地质年代的演化,物种从无到有、由少到多、由低等到高等、由简单到复杂、由水生到陆生。

一、地球的演化及植物的系统发育历程

(一)前寒武纪地质特征及生命的起源

前寒武纪包括太古代和元古代。在远太古代地球形成之初,地球还是一个固体的、均质的天体,其成分基本相当于球粒陨石。随着内部物质的不断对流作用,地球由内到外逐渐分异成地核、地幔和地壳;同时,大气圈和海洋也开始形成。从此,地球的内部及外部圈层基本形成。到了太古代,地球上开始出现最早的小陆核,陆壳继续增长,火山-岩浆活动强烈而频繁,岩层普遍遭受变形和变质,此时大气圈和水圈都缺少自由氧。

生命的起源应当追溯到太古代与生命有关的元素和化学分子的起源,最简单的生命出现之前的演化过程为前生物的演化,即前生物的化学演化,它发生于地球的大气圈中,这个过程涉及简单的生物单分子的形成以及由生物单分子聚合为生物大分子等。一直到地球上第一个单细胞原始生命的出现,标志着生命的演化由化学演化进入生物学演化阶段。

目前已知的地球上最古老的沉积岩形成于距今38亿年前的太古代,这表明当时地球上已形成了稳定的陆块和液态的水圈,生命生存的条件已初步具备。但由于当时的大气圈和水圈都缺少自由氧,也没有臭氧层的保护,地表接受来自太阳的强烈紫外线的辐射。另外,地表的火山活动和岩浆活动也十分强烈而频繁,因此,当时地表的温度远比今天要高得多,原始海洋应该是热的甚至是沸腾的。研究表明,最早的生命可能产生于热水环境,现生的极端嗜热的古细菌和甲烷菌可能是最接近于地球最古老的生命形式,其代谢方式可能是化学无机自养,以CO_2为唯一的碳源行硫呼吸。目前已知的最原始生命的古生物证据是发现于澳大利亚西部瓦拉伍那(Warrawoona)群中的丝状体微生物化石 *Primaevifilum septatum* 和 *Archaeotrichion contortum* 等,距今35亿年,可能是蓝藻或是细菌。

大约距今20亿年前的元古代早期,由于大气圈中CO_2浓度下降,自由氧浓度显著上升,水圈中的化学成分随氧含量的增高发生相应的变化,导致生物界出现了一次飞跃,即从原核生物演化到了真核生物。发现于加拿大安大略省西南部的冈弗林特含铁建造(Gunflint iron formation)的燧石层中的球形微生物,是目前已知的最早的真核生物化石,距今大约19亿年。最早的原始真核生物是单细胞的,个体微小,进行有丝分裂,能行光合作用。然后,这些原始单细胞真核生物逐渐向多细胞后生植物和后生动物演化。最早出现的原始后生植物大概是具有片状结构的原植体植物,目前已发现的被认为是后生植物的化石一般都产于距今6亿~8亿年前的晚元古代地层中,主要有文德带藻(*Vendotaenia gnilovskaya*)、龙凤山藻(*Longfengshania*)以及原叶藻(*Thallophyca*)等。此后,微古植物绿藻类、褐藻类和红藻类先后出现并得到大量发展。因此,前寒武纪植物界又称菌藻植物发展阶段。

(二) 古生代地史特征及陆生植物的形成与演化

古生代是显生宙第一个代，可分为早、晚古生代。早古生代包括寒武纪、奥陶纪和志留纪；晚古生代包括泥盆纪、石炭纪和二叠纪。

经历了前寒武纪漫长的演化，到了早古生代初，全球大地构造和古地理的格局是北半球出现了范围较小的稳定地块，它们是古北美板块、古欧洲板块、古西伯利亚板块、中国的塔里木-中朝板块和华南板块；南半球则由非洲板块、南美板块、印度板块、澳大利亚板块和南极洲板块拼合形成了冈瓦纳联合板块。晚古生代末期，上述板块最终拼合成了统一的联合古陆。

海水在寒武纪初仅局限于大陆最外边缘，以后逐渐向大陆中心侵进，尤其在古西伯利亚大陆和古中国大陆，海侵范围较大，而南半球冈瓦纳大陆海侵仅限于边缘。奥陶纪是地史上海侵广泛的时期之一，当时除古欧洲大陆和冈瓦纳大陆以外，其他广大地区都被海水所淹没。奥陶纪晚期，地壳上升，各地有不同程度的海退。志留纪时，由于各板块间的移动、靠拢，地壳运动的加剧，海侵范围逐渐缩小，志留纪末期，不少地区上升为陆地，有的接受陆相沉积，有的遭受剥蚀，这为植物的最终登陆提供了外部条件。

由于震旦纪的冰川广布，早古生代初期全球的气温可能还是比较低的，随着寒武纪的广泛海侵，气候逐渐温和起来。当时的北美、欧洲、西伯利亚和中国的一部分是非常靠近赤道两侧低纬度地区的热带、亚热带环境，形成了许多热带干燥条件下的沉积物。

植物界在经历了前寒武纪的漫长演化后，多样化的藻类在原始海洋中已相当繁盛。早古生代的寒武纪和奥陶纪仍以海生藻类为主，但从志留纪开始，由于受加里东构造运动的影响，陆地面积不断扩大，为菌藻植物的登陆提供了外界条件。研究表明，最早从海洋移居到陆地的生物很可能是蓝绿藻，然后是地衣，最早的有胚植物苔藓类出现在中奥陶世，到了早志留世陆生维管植物出现，随后陆生维管植物发生强烈辐射演化。植物登陆的成功，完成了植物界从水生到陆生的一次重大飞跃，彻底改变了大陆长期处于荒漠的状态，到了泥盆纪，植物界的演化进入到了陆生裸蕨植物发育阶段。早期的陆生植物即裸蕨植物结构原始而简单，茎轴以二歧式分枝为主，无叶，无真正的根，孢子囊位于枝轴的顶端或其延伸部分，原生中柱为简单而不分裂的圆柱形。根据化石记录，美国古植物学者将第一批陆生植物（志留纪末期至早泥盆世初期）分为三个带：第一个带（包括志留纪最后的两个阶）其特征是顶囊蕨属（*Cooksonia*）的出现，它是现在已知高等植物中最原始的。第二个带（包括早泥盆世第一个阶吉丁阶和第二个阶西根阶的一半）具有代表性的植物是工蕨（*Zosterophyllum*），石松类可能起源于这类植物；第三个带（早泥盆世剩下的部分）特征植物是裸蕨（*Psilophyton*），楔叶类、蕨类和种子植物可能起源于这一类群。

植物界完成了从水生到陆生的飞跃后，由于陆地环境的多样性，大气中含氧量高和臭氧层的存在，裸蕨植物迅速向更高级和复杂的方向演化，石炭纪和二叠纪繁盛的石松植物、楔叶植物、真蕨植物、种子蕨植物以及前裸子植物等都直接或间接起源于裸蕨植物。经过这一阶段的演化，植物体由低矮的草本演化为高大的乔木，同型孢子演化为异型孢子，最后产生了胚珠和种子。发现于美国纽约州上泥盆统的阿诺德古籽（*Archeosperma arnoldii*）是研究最早的胚珠化石。晚古生代由于全球岩石圈各板块继续运动，陆地面积急剧增长，沉积环境和气候的分异越来越显著，与此相联系的是陆生植物的大量繁盛，植物地理分区现象渐趋明显，当时全球可分为四大植物地理区：即安加拉植物区、华夏植物区、冈瓦纳植物区和欧美植物区。其中欧美和华夏植物区占据赤道位置，代表热带和亚热带气候。欧美植物群主要分布于北美和欧洲，以旱生植物群落为主；华夏植物区亦称大羽羊齿植物区，主要分布于中国、朝鲜、日本和越南等亚洲地区，以湿生植物群落为主，代表分子是大羽羊齿（*Gigantopteris*）；分布于亚洲北部的为温带的安加拉植物区，特征分子有安加拉羊齿（*Angaropteridium*）和安加拉叶（*Angaridium*）等；而南半球当时是连在一起的大陆，形成了冈瓦纳植物区，气温较低，代表分子有舌羊齿（*Glossopteris*）和恒河羊齿（*Gangamopteris*）等。

(三) 中生代地史及植物群演化特征

中生代是显生宙的第二个代，包括三叠纪、侏罗纪和白垩纪。

经过晚古生代的地史演变，中生代又进入了一个新的发展阶段，古生代末期形成的联合古陆，中生代时逐渐分裂解体，其过程经历了若干阶段，第一阶段大致在二叠纪末至早、中三叠世，冈瓦纳大陆与劳亚大陆之间开始分裂；第二阶段是晚三叠世，北美与冈瓦纳大陆完全分离，南美、北美大陆之间已分开数百公里，冈瓦纳大陆内部也已出现一些较大的裂缝，如非洲与南极洲之间，印度与南极洲之间，印度和非洲之间都发生分离，此时澳大利亚与南极洲仍贴在一起；第三阶段是侏罗纪至白垩纪初期，北美大陆继续向西漂移，南美大陆与非洲大陆的分裂也已开始，随着印度洋的加宽，印度大陆向南亚方向移动，澳大利亚和南极洲作为一个整体向东南方向漂去；第四阶段从晚白垩世一直持续到第三纪初，欧洲与北美除了极北端以外不再相连，南美与非洲已经分开，澳大利亚与南极洲也开始裂开。随着联合古陆最终解体为欧亚、非洲、北美、南美、澳大利亚和南极洲六大陆块，同时也形成了大西洋、印度洋和北极海，古太平洋（泛太平洋）则逐渐缩小。因此，中生代历史也是泛大陆不断走向分裂解体，泛大洋面积逐渐缩小的历史（图12-1）。

中生代的古气候与古生代有很大的不同，从各大陆三叠纪沉积物的岩相特征判断，当时干燥气候相当普遍，从古北纬40°以南，横越古赤道线到当时的南极都有红层和蒸发岩类的分布，晚三叠世温湿气候带有所扩大，主要在北半球古北纬40°以北地区，如我国北方、西伯利亚、中亚和东欧都属于这一气候带，就全球而言，三叠纪是以干燥炎热气候占优势。侏罗纪时气候仍相当炎热，但已不像三叠纪那样干燥，白垩纪早期的气候与侏罗纪相似，比较炎热和湿润，晚白垩世干燥气候带在北半球又有所扩大。

中生代生物界的主要特点是爬行动物空前繁盛。植物界以裸子植物占据重要地位，晚古生代繁盛的种子蕨类、楔叶类和科达类等大多衰落和绝迹，而裸子植物的银杏类、苏铁类、本内苏铁类和松柏类的发展达到了顶峰。因此，地史上又称中生代为"裸子植物时代"。已有化石资料表明，早白垩世被子植物已大量出现，而裸子植物开始退居次要地位，晚白垩世被子植物进一步迅速发展，取代了裸子植物而居统治地位。

（四）新生代地史及植物群演化特征

新生代是地质历史的最新阶段，包括第三纪和第四纪。这一时期板块运动表现明显，中生代中期开始的大陆漂移活动仍以很快的速度继续进行。在南半球，不仅南大西洋与印度洋继续扩展，南美洲与非洲间的分离以及非洲-印度与南极洲-澳大利亚之间继续分离，而且非洲与印度之间，澳大利亚与南极洲之间也在第三纪早期明显地分离。在北半球，分裂与漂移活动同样贯穿新生代的始终，第三纪初，欧洲与北美洲可通过格陵兰相互连结，然而这仅有的连结很快就被北大西洋扩张活动所中断，此后，北大西洋一直以相当快的速度扩大，逐渐达到今天的宽度。随着板块运动的发展，岩石圈构造、地表自然地理面貌逐渐与现代接近。

新生代大陆性气候范围扩大，第三纪后期气候分带现象日趋明显。就全球范围而言，老第三纪气候比较温暖。当时北半球的热带、亚热带气候带范围很宽，包括北美的中南部、中欧、南亚和东亚，喜热的棕榈树一直分布到阿拉斯加，但在北非、中亚和澳大利亚西部却分布着宽阔的干燥气候带，这一气候带经新疆直达我国的东南沿海，普遍形成含石膏、岩盐的红色沉积。我国东北地区当时为温带与亚热带的过渡地带，气候温暖潮湿，森林茂密。新第三纪，由于许多山系崛起，地势高差显著，气候分异明显，气温也显著下降，亚热带的北界已大致由北纬42°南移到北纬35°左右。第三纪末期，由于山系继续上

✿ 图12-1 大陆漂移

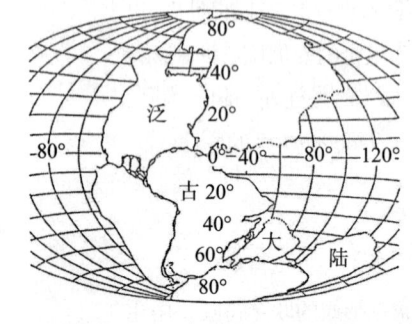

早三叠世初（距今250 Ma前）地球各大陆块还连结在一起，即联合古陆（Pangea）　　早白垩世（距今135 Ma前）地球各大陆块相对位置　　白垩纪末（距今65 Ma前）地球各大陆块相对位置

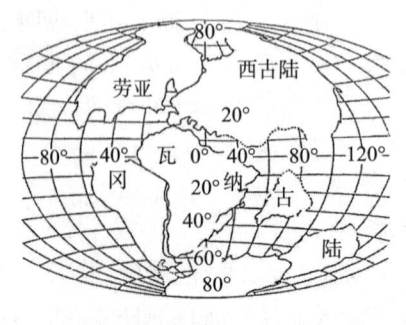

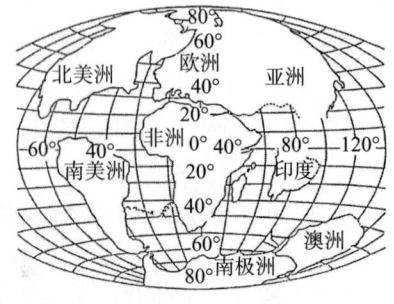

升，地势高低差异更加明显，在一些山地开始有冰川活动。到了第四纪，冰川作用范围进一步扩大，进入地史时期的一次大冰期，其后又经历了多次冰期和间冰期，一直到全新世全球气候才逐渐转暖。

新生代的植物界以被子植物的极度繁盛为特征，又称为"被子植物时代"，此时，裸子植物已全面衰退，只有松柏类在高山地区与低温地带仍占较重要的地位，蕨类植物也大为减少且分布多限于温暖地区。新生代植物群的面貌已非常接近于现代，这一时期由于气候条件剧烈变化、造山运动影响及冰期、间冰期的多次出现，使得植物发生大规模的迁移。

综上所述，植物自35亿年前的原始海洋中开始出现，经历了极其漫长的菌藻类演化阶段，一直到早志留世才逐渐向陆地上发展，形成了第一批陆生植物，其后，又经历了裸蕨植物阶段、蕨类植物阶段、裸子植物阶段和被子植物阶段等漫长的演化历程（表12-1、图12-2），在此演化过程中，植物多样性不断得以发展。

☆ 表12-1 地质年代与植物演化

地质年代			同位素年龄/Ma	植物演化	
宙	代	纪			
显生宙	新生代	第四纪	2		被子植物阶段
		第三纪	65		
	中生代	白垩纪	146	被子植物开始繁盛	裸子植物阶段
		侏罗纪	208	原始被子植物出现	
		三叠纪	245	裸子植物开始繁盛	
	古生代	二叠纪	290	种子蕨开始繁盛	蕨类植物阶段
		石炭纪	363	真蕨植物开始繁盛	
		泥盆纪	409	陆生维管植物形成	裸蕨植物阶段
		志留纪	439	有胚植物苔藓类出现	菌藻植物阶段
		奥陶纪	510		
		寒武纪	570		
隐生宙	元古代			2 500	真核生物出现（绿藻）	
	太古代			3 800 / 4 600	原核生物出现（菌类及蓝藻）	

二、植物系统发育关系的建立

地球历史中的生命是以化石的形式保存下来的，我们所掌握的全部古生物的知识，包括以上植物系统发育的过程都是基于对化石的不懈研究得到的，据此，我们才能重建动植物及其他生物的系统发育模型。但由于化石保存的不完备性，根据化石建立的系统发育往往又有很大的局限性。如关于被子植物系统发育，虽然提出了很多假设，但大部分都还未得到可靠的化石证明。此外，化石形成常常具有偶然性，而且所保存的化石往往不是原来植物的全貌，或是茎、叶分离，或是仅有果实、种子化石。而且，植物体的大部分不是坚硬的，很少有结构完整的植物化石，有时仅仅是叶片或茎干碎片的印痕。要形成一个好的化石，植物组织必须处于静水中，然后迅速掩埋在淤泥或火山灰下，处于不利于腐烂的还原条件下，但实际情况是，它们很少被埋在脱落的地方，常要由水或风带到远处。生长在水中的植物或由水流带到湖中、海湾或其他沉积场所的植物残体，最有利于保存为植物化石。生长在贫瘠地区或山区的植物体，或由于这些地方太干旱，或由于正在遭受侵蚀而沉积持续时间非常短，或是不能到达有利于沉积成为化石的场所，这就意味着植物的地质记录是极其不完全的。我们对于现有古植物的记录，常常只是代表湿生低地的植物；而有证据表明，在干旱、半干旱山区处于极端环境下的植物，其演化速率加快，但关于这些地区的化石记录又是最不完全的。这就说明，我们将永远不可能找出在地球上生存过的全部的植物化石；但是由偶然性造成的关键植物群的化石保存还是有可能为我们所发现，正如辽西侏罗纪中

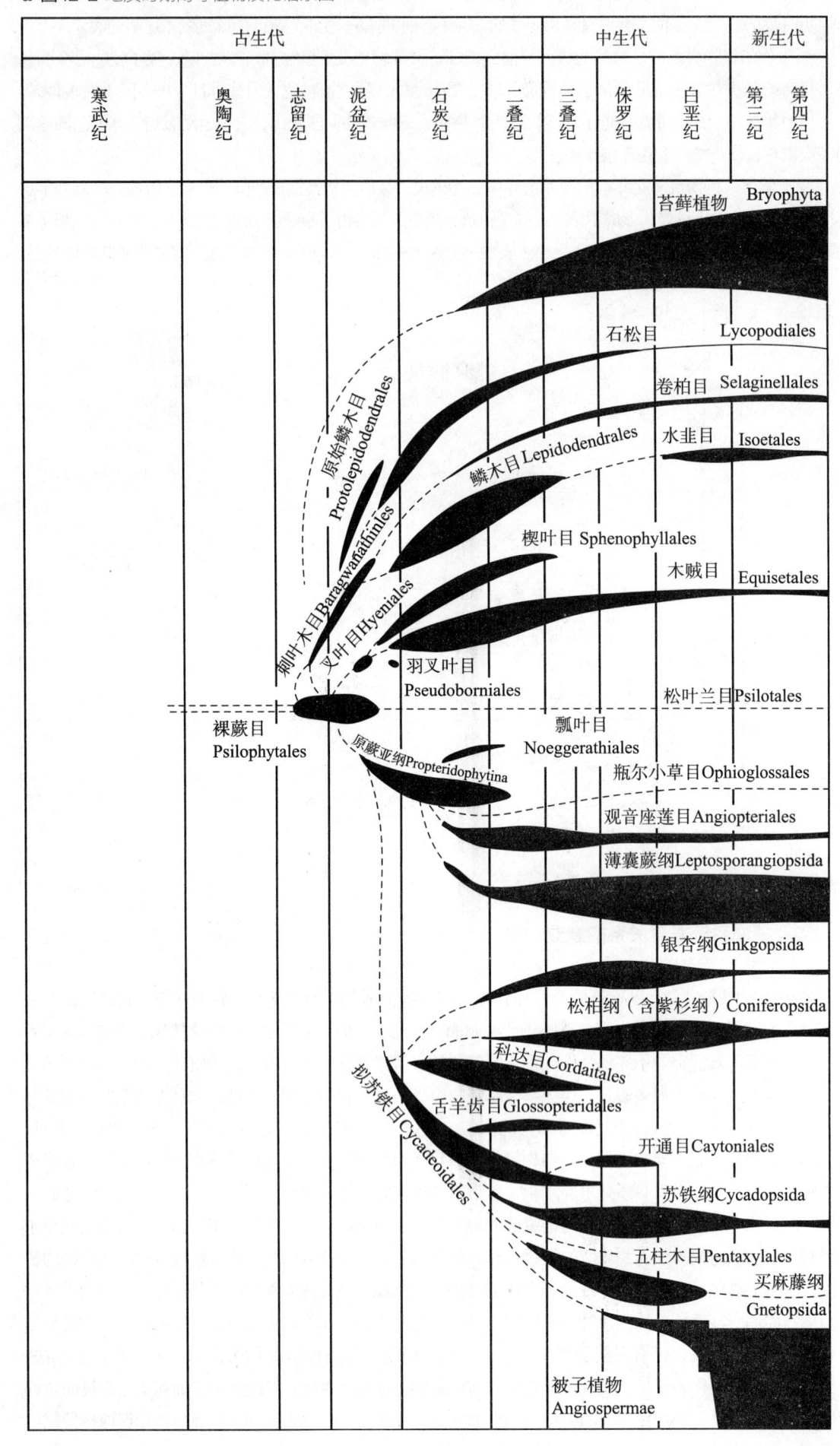

☆ 图12-2 地质时期高等植物演化谱系图

晚期至早白垩世早期地层中发现的孔子鸟、中华龙鸟以及被子植物化石等，由于频繁的火山爆发而瞬间掩埋了这些动物和植物，使我们有机会了解在1.2亿~1.5亿年前的动植物生存情况及气候环境。此外，植物化石的保存也包括孢子和花粉的保存。孢粉素能抵御酸、碱侵蚀以及高温、高压的环境，因此，在研究植物大化石的同时，研究微体化石孢粉便显得愈加重要。

长期以来，植物分类学者对植物的演化系统各有不同看法，出现了许多学派，每个学派随着时间的推移，对系统分类也逐步改进。这里列举的恩格勒系统是经过多次修订的。1924年的版本把植物界分为13门，1936年又分为14门。在这两个系统里，是把细菌和蓝藻合并为裂殖植物（Schizophyta），把苔藓及蕨类植物合并为颈卵器植物（Archegoniatae）或无管有胚植物（Embryophyta asiphonogama），把裸子植物与被子植物合并为管胚植物（Embryophyta siphonogama），其余为9门藻类，2门菌类。到1964年第12版，把植物界分为以下17门：

细菌门（Bacteriophyta）
蓝藻门（Cyanophyta）
灰藻门（Glaucophyta）
黏菌门（Myxophyta）
裸藻门（Euglenophyta）
甲藻门（Pyrrophyta）
金藻门（Chrysophyta）
绿藻门（Chlorophyta）
轮藻门（Charophyta）
褐藻门（Phaeophyta）
红藻门（Rhodophyta）
菌物门（Fungi）
地衣植物门（Lichenes）
苔藓植物门（Bryophyta）
蕨类植物门（Pteridophyta）
裸子植物门（Gymnospermae）
被子植物门（Angiospermae）

第二节 植物系统学的动态简介

一、植物分子系统学

植物系统学是一门古老的科学，其基本任务随着时代的推进而发展，研究的内容与方法也因新技术的发展而发生变化。20世纪60年代以来，随着分子生物学的兴起和飞速发展，也促进了植物系统学的前进，并扩充了新的任务和内容，从而形成了一门综合性很强的交叉学科——植物分子系统学（plant molecular systematics）。

（一）植物分子系统学及其发展简史

植物分子系统学是从分子水平来研究植物的系统发育与演化关系的植物系统学的分支学科。与植物系统学的其他分支学科不同的是，植物分子系统学利用的主要分类指标是生物大分子（蛋白质和核酸），尤其是核酸分子。

在20世纪60年代以前，植物系统学还仅仅是基于分析形态学和生理学的差异来进行分类的。随着遗传的分子基础的阐明，生物大分子在植物演化研究中扮演越来越重要的角色。核酸（包括DNA和RNA）、蛋白质以及染色体能够为推断生物演化历史，估计各类群之间的亲缘关系提供一套广泛而有用的遗传指标。反过来，这些分子研究所产生的大量比较资料，又为分子本身的演化提供了重要的解释。

最早用于解决系统学问题的分子主要是蛋白质。20世纪六七十年代，蛋白质序列分析和电泳技术的引入，使生物学家有可能对不同生物的蛋白质序列和结构进行比较，分析它们之间的差别和关系。1962年，Zuckerkandl & Pauling在研究血红蛋白分子演化时，首次发现其中的氨基酸在单位时间内几乎以相同的速率进行置换。此后，提出了分子钟（molecular clock）的概念（Zuckerkandl & Pauling, 1965）。这一概念的提出，为利用生物大分子、尤其是氨基酸或核苷酸排列顺序的信息，来定量地研究各种生物的系统发育和亲缘关系及其演化奠定了基础。分子钟的进一步研究还导致了分子演化的中性学说（neutral theory）的诞生（Kimura, 1968）。与此同时，Lewlontin & Hubby（1966）对人类及果蝇自然种群同工酶的电泳研究，使得同工酶尤其是等位酶（特指同一基因座编码的同工酶）成为一种当时常用的遗传多样性指标而广泛应用于系统学与演化研究中，从而掀起了持续20多年的等位酶电泳的分子系统学研究热潮。60年代初期，基于核酸研究的一些方法（如G＋C含量，DNA—DNA杂交等）也开始应用于分子系统学中；70年代初，伴随DNA重组、基因克隆、限制性内切酶的应用等分子生物学领域的革命性进步，利用核酸分子进行分子系统学研究成为可能。最初的相关研究是在70年代中期由Horil（1975）利用5S rRNA序列成功分析了不同生物的系统与演化问题开始的。80年代以来分子生物学技术，尤其是聚合酶链反应（polymerase chain reaction, PCR）技术、核酸的序列测定以及在PCR技术基础上发展出来的一系列DNA指纹图谱（DNA fingerprinting）技术，如：小卫星DNA分析（microsatallite），RAPD分析（random amplified polymorphic DNA），AFLP技术（amplified fragment length polymorphisam），SSR技术（simple sequence repeat），ISSR（inter simple sequence repeat）技术等的迅速发展和完善，使得利用核酸分子在系统学的研究中得到了广泛的应用。

在过去的十几年里，植物学家利用DNA分子数据产生出了几千棵系统发育树，其中最重要的分子数据来源是叶绿体基因rbcL的基因序列，该基因编码1, 5-二磷酸核酮糖羧化酶/氧化酶（缩写为Rubisco）大亚基。另外来自核基因组（nDNA）和线粒体基因组（mtDNA）的序列数据也被越来越多的整合到基于叶绿体基因组（cpDNA）序列数据的分子系统发育分析中。这种基于多个基因DNA序列的联合分析基础上进行系统发育重建的一个重要例子是被子植物"APG系统"的提出。"APG系统"是由29位植物学家组成的"被子植物系统发育小组"（The Angiosperm Phylogeny Group）于1998年提出的，并于2003年进行了进一步的修订（称为APG II）。最近的APG系统（称为APG III）于2009年10月正式在《林奈学会植物学报》（Botanical Journal of the Linnean Society）发表。

被子植物系统发育小组（APG）是一个国际植物分类学组织，他们将分子系统学原理应用到整个有花植物的分类中，以构建能被大多数学者所共识的分类系统。然而，除分类学上的重要作用之外，分子系统发育研究的成果也在很多方面帮助我们扩大对植物学乃至整个生命科学领域的认识：例如在生命之树（tree of life）的重建过程中确定研究策略，帮助揭示古代植物基因组的大小以及寻找被子植物的根，鉴定分子活化石，以及将中性替代的速率和物种多样性联系起来（Savolainen & Chase, 2003）。其中最为广泛应用的是植物DNA条形码技术，该技术是利用标准的、具有足够变异的、易扩增且相对较短的DNA片段在物种内的特异性和种间的多样性而创建的一种新的生物身份识别系统，从而实现对物种的快速自动鉴定。尽管这一技术在理论上和具体应用上仍存在很多争论，但DNA条形码概念自2003年由加拿大分类学家Paul Hebert首次提出后就在世界范围内受到了广泛关注并在目前得到了实际应用（任保青和陈之端，2010）。随着对非模式生物的DNA测序计划兴趣的增加，未来十年分子系统发育研究的成果将会整合更多分子序列的信息，从而可能在基因组水平上进行系统分类（Kuzoff & Gasser, 2000；Savolainen & Chase, 2003）。

（二）植物分子系统学的特点与研究方法

由于分子生物学方法的先进性与生物大分子的固有特性，使得利用生物大分子（尤其是核酸分子）进行植物系统学研究具有突出的特点与优越性：① 准确可靠性。核酸分子信息是可遗传的，而核酸的化学性状十分稳定，它在生物形态变化和世代交替过程中仍然能保持相对的遗传稳定性，故可靠性强。② 巨大的信息量。由于基因组携带着巨大的遗传信息，因而理论上它所提供的可用于分子系统学研究的信息几乎是无限的。③ 广泛的可比性。核酸分子存在于所有生物细胞中，同源的核酸分子可以用于几乎所有真核生物甚至部分原核生物之间不同类群比较的分子系统发育的探索。④ 分子数据能区分从共同祖先遗传下来的同源性（homology）和由于趋同演化从不同祖先演变而来的相似性（analogy）。⑤ 客观性和定量性。以核酸分子或蛋白质分子数据所构建的生物系统演化树不受主观因素的影响，而分子钟的概念，还可以定量计算和帮助推测生物发生和分歧的年代。⑥ 制备简易，操作方便。分子生物学实验技术的日臻成熟，目前仅需要非常微量的材料便可获得足够用于分析的DNA，甚至标本馆的材料，也可以用于各项研究，这为珍稀濒危植物物种和不同地区植物分子系统学的分析研究创造了条件（邹喻苹等，2001）。

植物分子系统学的全部研究过程可分成七个主要的阶段，这些阶段及相应的主要任务是：① 确定研究类群和具体研究目标；② 预试：筛选分子标记及选择相应的分析方法；③ 取样策略：确定取样的方法、范围和最小样本数；④ 样品的收集、处理和保存；⑤ 样品的分析；⑥ 实验结果记录，数据的收集和变换；⑦ 数据分析及系统学解释（黄原，1998；Hillis et al., 1996）。

需要强调的是，在确定研究类群和目标以后如何选择合适的分子标记技术来收集分子数据是研究者首先要考虑的问题，因为不同的分子标记，它们适用于研究的分类群的等级水平有所不同。即使是同一分子标记，在不同的分类群中表现也可能不一样。如果盲目开展工作则会事倍功半，在时间和经济上造成巨大的浪费。

Weising & Nybom（1995）指出，理想的分子标记应该符合以下标准：① 多态性高；② 共显性遗传，在二倍体的生物中能区分纯合与杂合状态；③ 在基因组中频繁出现，甚至贯穿分布于整个基因组；④ 选择中性；⑤ 容易获得（探针或引物已是商品或自己构建和合成比较容易）；⑥ 容易操作，自动化程度高；⑦ 重复性好；⑧ 所得数据可在实验室之间交流和比较。

但是，现在还没有一种分子标记能完全满足上述各项标准。在研究工作中如何选择合适的分子标记技术，首先是要根据所要解决的问题以及所研究类群的遗传背景，其次还要考虑有效性、时间性、实验费用以及研究者所在实验室的工作条件和技术水平等因素。因此，在进行分子系统学研究时一定要做预备实验，定出合适的分子标记，这一步极为重要。有关这方面的工作具体参见邹喻苹等（2001）《系统与演化植物学中的分子标记》一书。

（三）植物分子系统学常用的DNA分子标记方法与研究现状

近20多年来，由于分子系统学实验方法的不断改进，用于分子系统学研究的基因种类的不断增加以及对这些基因结构、功能与其演化认识的不断加深，分析软件的不断完善及计算机运算功能的增强，植物分子系统学得到了全面、迅速的发展（汪小全和洪德元，1998）。近年来植物分子系统学研究主要是集中在利用核酸分子作为分类指标的研究。下面结合DNA研究中常用的分子标记方法来介绍植物分子系统学的研究现状及其发展动态。

1. 限制性片段长度多态性（restriction fragment length polymorphism，RFLP）

RFLP是第一个DNA水平上的分子遗传标记。其原理是用一组限制性内切酶消化样品DNA，经过电泳、印迹、探针杂交，最后放射自显影后即可获得反映个体特异性的RFLP图谱。其研究步骤是：① 基因组DNA的提取和纯化；② 限制性内切酶消化；③ 电泳；④ 转移、杂交；⑤ 结果检测；⑥ 数据处理和分析。RFLP具有共显性的特点，可区分同一位点的等位基因，实验结果较为稳定可靠。RFLP用于植物系统与演化研究中包括种群水平的研究，属内种间趋异的研究及更高分类层次上（如：科内属间）的研究。RFLP的局限性主要是实验过程长、检测的多态位点较少、所需探针的种属特异性强、成本较高。

随着PCR技术的广泛应用，发展出一种新的RFLP技术，即PCR-RFLP，并逐渐受到了广大系统与演化研究者的青睐。这一方法不需要通过杂交，而是对经PCR扩增的DNA片段进行限制性酶切点分析，大大简化了实验流程。PCR-RFLP可用于属内种间、科内属间甚至更高层次（科间）分类群的系统发育研究中。

2. 随机扩增多态性DNA（random amplified polymorphism DNA，RAPD）

RAPD是以一个10碱基的任意序列的寡核苷酸片段为引物在未知序列的基因组DNA上随机的PCR扩增。如果双链的模板DNA分子在一定长度内具有反向平等又与引物互补的片段，经过n个循环后就可合成2^n条新链。该反应产物可经电泳分离和EB染色后在紫外光下检测。由于是短的随机引物，庞大的基因组DNA提供了丰富的结合位点。RAPD研究步骤是：① 基因组DNA的提取；② RAPD的PCR反应条件优化；③ 引物筛选；④ 样品DNA的PCR扩增；⑤ 电泳检测；⑥ 结果记录；⑦ 数据处理和分析。RAPD无需预先知道DNA的序列，因而被认为是一种简单方便的方法，具有快速、灵敏、易检测、所需DNA样品量少等特点，近年来已广泛用于种下种群水平的遗传多样性研究，而在种间乃至近缘属间的植物分子系统学研究中也显示出一定的潜力。与其他分子标记相比，RAPD技术也有其自身的局限性，主要表现在：① 显性遗传，无法区分等位基因的纯合性与杂合性；② 扩增极为灵敏，易受外源及污染DNA的干扰；③ 重复性较差。目前该方法在引物序列和长度，引物应用数目及扩增反应条件等实验技术方面未标准化，因而不同方法获得的结果之间难以比较。

此外，有学者认为对于种间或属间的RAPD变异水平很高的类群，采样策略面临严重挑战，用一个个体代表一个种或用一个种代表一个属都可能造成结果的极大偏差。Thormann等（1994）在十字花科植物的研究中采用了RFLP和RAPD两种标记方法，发现RFLP和RAPD标记在种内水平的结果完全吻合，但在种上等级的结果相差甚远。

因此，RAPD技术在探讨种间关系时适用于物种数目不多的小属、包括几个近缘种的复合体、属下物种数目不多的组以及与栽培品种密切相关的野生种。用RAPD技术去分析大属下的种间关系或属间关系并不可取（邹喻苹等，2001）。

3. 扩增片段长度多态性（amplified fragment length polymorphism，AFLP）

AFLP的原理是用一组限制性内切酶（常用一个少切点酶和一个多切点酶）消化基因组DNA，然后在限制性片段两端连接上人工接头作为PCR扩增的模板。设计的引物与接头和酶切位点互补，并在3′端加上2～3个碱基，从而使只有那些与引物3′端互补的酶切片段才能被扩增。扩增产物在变性聚丙烯酰胺凝胶上分离后，通过一定的检测手段（银染、放射性同位素或荧光标记）可显示出多态性丰富的DNA指纹式样。AFLP研究步骤是：① 基因组DNA的提取；② 限制性内切酶消化DNA；③ 接头的连接；④ PCR预扩增和选择性扩增；⑤ 扩增片段的电泳；⑥ 结果记录；⑦ 数据处理和分析。AFLP结合了RFLP与RAPD的优点，检测的位点数可比RAPD多10倍，可以快速分析数千个独立的基因位点。AFLP属于显性标记。尽管此方法操作较为复杂，费用相对昂贵，但由于AFLP技术可产生丰富而稳定的遗传标记，它可以用于遗传分析的各个方面，包括遗传作图、种质资源的鉴定、种群遗传结构分析、系统发育重建等。AFLP在系统与演化关系的研究主要是应用于较低分类层次分类群如近缘种或种以下水平的研究。

4. 微卫星（simple sequence repeat，SSR）

微卫星DNA是短的、串联的简单重复序列，它的组成基元是1～6个核苷酸，例如$(CA)_n$、$(GAG)_n$、$(GACA)_n$等。由于这些串联重复序列广泛存在于真核细胞的基因组中，其重复次数是可变的，因此具高度多态性。微卫星标记属于共显性标记，在一个种群内存在许多不同大小的等位基因，杂合水平高。其原理是根据微卫星DNA两翼区域的序列来设计位点专一的引物，在PCR上扩增出单个微卫星位点，然后进行简单序列长度多态性分析或在此基础上进行微卫星位点的序列分析。SSR研究步骤是：① 基因组DNA的提取；② 利用已知SSR引物进行PCR扩增；③ 电泳检测；④ 结果记录；⑤ 数据处理和分析。SSR的主要局限性是必须事先知道微卫星两翼序列信息才能设计引物，对不同物种需先构建基因文库。近年来有关植物SSR引物的报道越来越多，英文期刊 *Molecular Ecology Resources*、*American Journal of Botany* 和 *Conservation Genetics* 都有这方面的报道。SSR标记主要是应用于植物种群水平的多个领域如种群遗传学、系统地理学、鉴定品种和资源、作物遗传育种等的研究以及较低分类阶元如属内近缘种或种以下水平分类群的植物系统发育重建研究。

5. 微卫星间隔（inter simple sequence repeat，ISSR）

ISSR以加锚的微卫星（SSR）寡核苷酸对位于反向排列的SSR之间的DNA区域进行PCR扩增，而不是扩增SSR本身，故称为Inter SSR。其研究步骤是：① 基因组DNA的提取；② ISSR的PCR反应条件优化；③ 引物筛选；④ 样品DNA的PCR扩增；⑤ 电泳检测；⑥ 结果记录；⑦ 数据处理和分析。ISSR结合了SSR和RAPD的优点：由于真核生物基因组有许多各式各样的SSR位点，故ISSR在引物设计上比SSR技术简单得多，无需知道DNA序列即可用引物进行扩增，而且可揭示比RAPD、SSR更多的多态性；并且操作简单，所需DNA模板量少，实验成本低。由串联重复和几个非重复的锚定碱基组成的引物，可减少由于靶定的位点太多而产生弥散的式样，也保证了引物与基因组DNA中SSR的5′或3′末端结合，使位于反向排列、间隔不太大的重复序列间的基因组片段得以扩增；ISSR引物序列长度比RAPD长，退火温度高，故稳定性较高。与RAPD相似，ISSR也是一种显性标记。

6. DNA序列分析

DNA序列分析方法是通过测定核酸一级结构水平上核苷酸序列的组成来比较同源分子之间相互关系的方法。其研究步骤是：① 筛选、确定适合于所研究问题的目标片段；② 基因组DNA的提取；③ PCR扩增目标片段；④ PCR产物纯化；⑤ 目标片段的（克隆）测序；⑥ DNA序列数据处理和分析。DNA序列分析具有快速，方便，信息量大，可比性强等优点，因而被越来越广泛地应用于植物分子系统学的研究中。近年来，随着DNA自动测序技术的不断改进，大大提高了获得DNA序列数据的工作效率，极大地促进DNA序列分析方法在系统学中的应用。目前，DNA序列数据已成为植物分子系统学研究中最主要的数据来源。

植物有三大基因组即叶绿体基因组（cpDNA）、线粒体基因组（mtDNA）和核基因组（nDNA），它们都有各自的遗传特性，并含有许多在系统与演化研究上具有潜在利用价值的序列。由于线粒体基因组自身的局限性，目前，利用核酸序列进行植物分子系统学研究的重点主要集中在叶绿体基因组和核基因组。

（1）叶绿体基因组分子系统学研究

植物叶绿体基因组为闭环双链DNA，占植物总DNA的10%～20%，长度一般为120～220kb（多在120～160 kb之间），其长度变异主要由2个反向重复序列（IR）引起。这2个反向重复序列长22～25 kb，将整个cpDNA分为一个大单拷贝区（LSC）和一个小单拷贝区（SSC）。cpDNA的下列特性，使cpDNA序列比较分析在被子植物的分子系统与演化研究中应用广泛：① 基因组较小，但包含大量的DNA成分；② 在分子水平上存在差异，为比较系统学研究提供了基本的信息支持；③ cpDNA无论在序列还是在结构上都相对保守，因而保证了类群间的可比性；④ 编码区和非编码区序列演化速率相差较大，适于不同分类层次的系统发育研究。但同时由于cpDNA是单亲遗传（uniparentally inherited），因此并不能解释所有的系统发育问题，如研究类群间的杂交或渐渗现象（introgression）。

基因组全序列测定所提供的各基因的详尽序列，为PCR引物的设计及目的基因的扩增提供了前提条件。测定全序列的类群越多，越容易参照近缘类群的基因设计更为专一的PCR引物，极大地提高了实验效率及结果的可靠性（汪小全和洪德元，1998）。与核基因组相比，植物叶绿体基因组相对较小。目前，已有一些植物叶绿体基因组全序列的报道。表12-2列出了6种高等植物的叶绿体基因组全序列的差异比较结果。

叶绿体全序列的测定，为叶绿体的结构和基因组成提供了丰富的可比数据。而且，由于叶绿体基因组相对比较保守，叶绿体基因在已有的被子植物分子系统与演化研究中，成为最广泛的分子数据来源（表12-2）。下面以其中3个使用频率较高的叶绿体DNA序列标记为代表加以说明。

✿ 表12-2 6种高等植物叶绿体基因组的比较[*]

	地钱（*Marchantia polymorpha*）	烟草（*Nicotiana tabacum*）	水稻（*Oryza sativa*）	玉米（*Zea mays*）	*Epifagus virginiana*（列当科）	黑松（*Pinus thunbergii*）
基因组长/bp	121 024	155 844	134 525	140 377	70 028	119 707
大单拷贝区/bp	81 095	86 684	80 592	82 346	19 799	65 696
小单拷贝区/bp	19 813	18 482	12 335	12 535	4 759	53 021
倒位重复区长（2×）/bp	10 058	25 339	20 799	22 748	22 735	495
tRNA基因的数目	32	30	30（另有3个假基因）		17（另有5个假基因）	32
rRNA基因的数目	4	4	4		4	4
蛋白基因						
已知的	44	44			21	
推测的	11	11				
总数	55	55	56		21	61
未知的阅读框数目	约30	约35	约35			96

[*] 引自 Hagemann & Hagemann，1994；Wakasugi et al.，1994. 参见汪小全和洪德元，1998.

① *rbc*L基因：*rbc*L基因位于植物cpDNA的大单拷贝区，长约1 400 bp，编码1，5-二磷酸核酮糖羧化酶/氧化酶（缩写为Rubisco）大亚基，该酶催化光合作用中CO_2的固定。1980年，McIntosh等首次测定了玉米*rbc*L基因的序列，这也是第1个测序的叶绿体蛋白质的基因。随着人们对*rbc*L基因的结构和功能、演化速率的进一步研究了解，*rbc*L基因在解决不同分类等级的系统学问题中表现出很大的潜力，成为植物分子系统学研究中应用最普遍的基因之一。迄今为止，*rbc*L基因序列已用于多个分类层次，包括科内、目内、亚纲内甚至整个种子植物各主要类群之间的系统发育关系的研究。

☆ 表12-3　适用于系统学研究的叶绿体基因·

基因	长度①	% aaSim.②	替代率 K_o③	K_A④	K_S⑤
16S rRNA	1 489	97⑥	3	na	na
23S rRNA	2 810	94⑥	4	na	na
*psb*A	1 062	99	11	1	45
*psb*D	1 062	98	12	1	49
*psa*B	2 205	97	12	1	51
*psb*B	1 527	97	14	2	54
*psb*C	1 422	97	12	1	48
*psa*A	2 253	96	13	2	52
*rbc*L	1 434	93	17	4	63
*atp*B	1 497	92	18	4	62
*ndh*A	1 182	89	19	6	71
*atp*A	1 524	88	18	7	54
*ndh*D	1 530	82	21	9	65
*rpo*B	3 213	81	18	9	51
*rpo*C1⑦	2 046	78	24	12	69
*ndh*A⑦	1 095	76	25	10	75
*rpo*A	1 014	69	27	18	62
*ndh*F	2 133	67	31	19	76
*rpo*C2	4 167	64	26	17	61
*mat*K (*orf*K)	1 530	59	37	26	82

① 在烟草中的碱基对数目（含终止密码子）；② 烟草与水稻相比；③ 总核苷酸替代率（烟草与水稻相比）；④ 非同义核苷酸替代率；⑤ 同义核苷酸替代率；⑥ 核苷酸相似性（百分率）；⑦ 含一大的内含子。
· 引自Olmstead & Palmer, 1994. 参见汪小全和洪德元, 1998. 本表不包括下列三类基因：1. 长度不足1000碱基；2. 已知缺失于很多自养被子植物中；3. 不稳定地出现于倒位重复区。

Chase等42位学者（1993）应用*rbc*L数据对499种（约265科）种子植物构建了种子植物系统发育分支图，这一研究结果被认为是系统学研究的新的里程碑。其结果揭示：*rbc*L基因序列适合此类分类水平的研究；水生植物金鱼藻属是其他被子植物的姊妹群；被子植物的最基部分支是木兰亚纲（Cronquist系统，以下同）中的一些目，木兰亚纲是多元发生的；被子植物不是分为单子叶植物和双子叶植物，而是按照花粉类型分为具单沟花粉植物和具三沟花粉植物两大类；金缕梅亚纲和第伦桃亚纲均是多系的；广义的蔷薇亚纲是菊亚纲和第伦桃亚纲的并系；石竹亚纲是单系的，来自于蔷薇亚纲。另外值得注意的是买麻藤纲的3个属结合在一起构成被子植物的姊妹群。

② *mat*K基因：除*rbc*L基因外，cpDNA编码基因（如*mat*K, *ndh*F, *atp*B, *rps*4等）越来越广泛地被应用于系统发育研究中。其中，*mat*K基因是位于叶绿体赖氨酸tRNA基因（*trn*K）的内含子中，编码一种

成熟酶（maturase），可能参与RNA转录体中II型内含子的剪切，长约1500bp。matK基因演化速率大约是rbcL的2～3倍，是叶绿体基因组蛋白编码基因中演化速率最快的基因之一，在系统学的研究中具有重要的研究价值，一般适用于近缘科间、属间甚至种间分类层次类群的研究。

③ *rpl*16 内含子：近年来，cpDNA非编码区序列分析在植物不同分类层次类群的系统研究中越来越受到重视。cpDNA非编码区包括内含子（如*rpl*16，*rps*16，*rpo*C1）和基因间隔区（如*trnL-F*和*trnT-L*）。与许多编码基因相比，由于这些非编码区在功能上的限制较少，因而表现出更快的演化速率；与相当长度的编码区片段相比，这些非编码区能提供更多的具系统学意义的信息位点，故可用于相对较低分类水平的系统学研究中。虽然在植物系统学研究中目前该片段积累的分子数据还不是非常多，但是其应用潜力却不容忽视。

*rpl*16 内含子是叶绿体中编码核糖体蛋白的*rpl*16 基因的内含子，位于大多数植物叶绿体基因组的大单拷贝区，由两个外显子和中间一段相对较长的II型内含子组成。已有数据显示，*rpl*16内含子序列存在长度差异性：长度变化从最短的地钱（*Marchantia polymorpha*）的536bp到最长的根紫萍（*Spirodela oligorhiza*）的1 400 bp。但在大多数被子植物中，其长度一般为1kb左右。Downie 等（1996）通过对烟草和水稻中的17种叶绿体内含子的相似性比较，认为*rpl*16是cpDNA中演化速率最快的内含子；Small等（1998）在对近期分化类群锦葵科棉属（*Gossypium*）的cpDNA（包括3个内含子：*rpl*16、*rpo*C1和*ndh*A，及4个基因间区：*accD-psaI*、*trnL-trnF*、*trnT-trnL*和*atpB-rbcL*）和核编码的*adh*基因家族及ITS序列的比较研究中，也支持*rpl*16内含子在cpDNA中相对快的演化速率。作为cpDNA中演化最快的内含子之一，*rpl*16内含子在远缘类群间的长度变异非常明显，使得进行正确的序列排序存在困难，因此*rpl*16内含子一般用于较低分类水平或近缘类群间（如种间、近缘属间）及较晚分化的类群间的系统发育研究。

此外，用于植物分子系统学的叶绿体DNA序列还有编码基因*ndhF*、*atpB*、*rsp*2等；非编码基因还有*rps*16内含子、*rpo*C1内含子，基因间隔区*atpB-rbcL*、*trnC-rpoB*、*psbA-trnH*、*accD-rbcL*、*trnL-trnF*、*trnT-trnL*等。

(2) 线粒体基因组分子系统学研究

与叶绿体基因相似，线粒体基因组也是单亲遗传的。由于植物线粒体DNA的相对分子质量不稳定，经常发生高频率的重复序列的重组，使得其结构非常复杂，用其作为信息分子比较研究不同类群植物时，同源性受到影响，因而其在植物系统学中的应用价值远远不如叶绿体基因组。但线粒体的重排频繁，使得区分其限制性位点类型相对容易；其基因和内含子的丢失可能可以作为系统发育的标记被利用；植物线粒体DNA序列高度保守，单个基因的碱基替换速率比动物线粒体低40～100倍，比cpDNA低3～4倍，这种较低的核苷酸替换率使利用线粒体基因组开展高分类等级系统发育的重建成为可能；此外，植物线粒体中许多基因存在演化较快的内含子，加上被子植物线粒体也是单亲遗传，因此某些线粒体DNA片段信息同样提供了重要的演化信息。目前已有一些线粒体基因（如*cob*，*cox*I，*cox*III，*atp*9，*nad*1，*nad*5，*matR*）在某些植物类群（如：*Actinidia*，基出的被子植物类群 basal angiosperms，embryophytes，flowering plants，land plants，*Phytophthora*，Pinaceae，*Plantago*，*Rafflesia*，Saururaceae等）的系统学研究中得到应用。其中*matR*为线粒体功能基因，编码一种与成熟酶相关的蛋白质。通常被用于科或科以上分类群的系统发育比较，也适用于某些科的属间或子遗科、甚至更高分类阶元的系统发育重建。线粒体*nad*1基因的第2内含子序列在较高分类等级的系统发育重建中具有较大价值。

(3) 核基因组分子系统学研究

核基因组是植物最大的基因组，有着相对较宽的演化过程和演化速率。与叶绿体和线粒体基因组的单亲遗传不同，核基因组由于染色体重组和独立分配可以提供许许多多的独立的历史事件的评价依据，但这一特点又使得用于系统发育分析的许多核基因存在一个严重的问题，即要区分直系同源（与生物体系统发育有关的基因）和异系同源（基因组内与基因重复有关的基因）。尽管许多蛋白编码基因可以从Genbank或EMBL数据库中获得，但由于核基因的演化速率比叶绿体基因快，通常较难设计一个通用的引物来扩增核基因片段。大量重复序列的存在，使得PCR扩增的片段的特异性降低。此外，核基因组大量的基因家族，会令系统发育与演化的研究得出不正确的分类群关系。由于核基因组结构的复杂性，尽管近年来核基因组的单（低）拷贝基因，如waxy基因、RNA合成酶Ⅱ、乙醇脱氢酶（ADH）等的应用已有报道，目前系统学研究中核基因组序列的应用仍广泛集中在编码核糖体RNA（rDNA）的重复区内。

高等植物核糖体DNA（rDNA）用于植物系统分类和演化研究有其突出的优点：① 结构功能十分保守，但又具有一定的变异；② 在细胞中含量大，易获得；③ 与叶绿体基因相比，避免了一些由于单亲遗传带来的对分支关系的错误解释。因此，rDNA是进行分子系统分类和演化研究较为理想的指标。

① 18S基因：真核生物基因中，18S基因编码核糖体小亚基的18S RNA，其序列长约1850bp。Nickrent & Soltis（1994）在对被子植物59个类群18S与rbcL序列的比较研究中发现，rbcL的变异率总的来说约是18S的3倍，但由于18S序列比rbcL长约400bp，rbcL所提供的系统发育信息位点数大约只是18S的1.4倍。大量研究表明，18S序列对于被子植物高级分类水平（科及科以上）的系统发育研究可提供较多的信息，其序列变异程度尤其适于探讨被子植物乃至种子植物内部的系统发育分支间的关系。同时，由于在不同类群间序列的变异程度有所差异，18S有时也可用于亚科或属间关系的重建。

1998年以前18S已经成功运用到藻类、藓类、蕨类、裸子植物、金缕梅类和毛茛类、单子叶植物等的系统学研究（汪小全和洪德元，1998）。较有代表性的工作是Soltis等（1997）的工作：他们选用了代表被子植物所有亚纲的223种植物来探讨被子植物的系统发育关系，结果发现以18S rDNA序列构建的基因树与rbcL基因树高度一致。系统树一级分支为木兰类植物（包括Amborellaleae、Austrobaileyaceae、八角茴香科、五味子科）；紧接这些科后分出的是睡莲科；除菖蒲属（Acorus）外，全部单子叶植物为一个单系，金鱼藻是单子叶植物的姐妹群。

胎萌、泌盐是红树植物特有的适应性形态特征，这些特征是否为单一起源一直存有争议。Shi等（2005）利用来源于不同基因组的DNA序列标记（18S rRNA，rbcL，matR）对多种红树植物（17科26个代表属）的这些适应性形态特征进行了比较研究和数学模拟。结果证明了红树植物中的胎萌和泌盐性状均为独立起源。

② 核糖体DNA转录间隔区（internal transcribed spacers of nuclear ribosome，ITS区）：真核生物ITS区位于核糖体小亚基18S和大亚基26S rRNA基因之间，包括三个部分：5.8S亚基（在演化上高度保守的一段序列），ITS-1和ITS-2两个间隔区。

ITS区在裸子植物中的变异十分复杂，仅ITS-1区的长度变异可相差几kb，甚至在欧洲支杉（*Picea abies*）的同一个体中，Karvonen（1995）发现不同ITS-1拷贝的长度可相差约500bp，因此ITS序列分析不适用于裸子植物的分子系统学研究，但其长度特异性可作为裸子植物的一个ITS区的分子特征。

在被子植物中，尽管不同被子植物的rDNA ITS区序列差异较大，但ITS区的长度差别不大，总长度为600～700 bp，ITS-1的长度为187～298 bp，ITS2为187～252 bp（Baldwin et al., 1995）。ITS序列成为被子植物系统与演化研究中的重要分子标记，其主要原因基于以下两个方面。第一，作为18S-26S rDNA的一个组成部分，ITS在核基因组中是高度重复的，而且通过不等交换和基因转换，这些重复单位间已发生了位点内或位点间的同步演化（concerted evolution），即不同ITS拷贝间的序列趋于相近或完全一致，这就为对PCR扩增产物直接测序奠定了理论基础；第二，DNA测序工作的难易程度及成本与DNA片段长度有密切关系，相对裸子植物而言，被子植物的ITS区长度则比较稳定，包括5.8S rDNA在内，总长度只有600～700 bp，为测序带来了很大方便。同时，ITS-1、ITS-2分别位于18S-5.8S rDNA、5.8S-26S rDNA之间，而18S、5.8S、26S rDNA的序列又非常保守，这样就可以用与它们序列互补的通用引物对ITS区进行PCR扩增、测序（Ainouche & Bayer, 1997）。

ITS在研究属内种间和较近的族间、属间关系时都表现出较高的趋异率和信息位点百分率，为类群内部的系统重建提供了较好的支持。因此，该片段特别适合于族、属、组级等较低等级分类群的系统发育和分类研究。但由于不同类群的ITS变异速率会有所不同，ITS区序列对于某些类群亚科甚至科内的系统发育与分类问题研究也可能适用。

随着探索其他核基因组序列在植物系统发育重建研究中应用的深入，一些核DNA片段如waxy内含子、多聚半乳糖醛酸酶、谷氨酰胺合成酶的内含子及外显子、rpb2、乙醇脱氢酶、光敏色素、组蛋白H3内含子和小热激蛋白编码基因等，它们为特定的系统发育问题的研究提供了更多的可供选择的DNA序列

（但大多数是多基因家族）。

尽管同一DNA序列在不同分类群间的演化速率有所差异，但序列本身在植物系统学的研究中总有一相对稳定的适用范围。随着分子序列数据的积累和新的序列性状的开发，人们总能找到适用的分子标记来研究相应类群的系统关系。而拟南芥、水稻等植物基因组全序列测定的完成，也将给植物分子系统学带来一场新的革命。植物学家已经对包含几千个分类单元的被子植物类群进行了大规模的系统发育分析，采用的基因分别来自叶绿体、线粒体以及核基因组。研究发现，三个基因组在科及其以上的分类水平上似乎反映了相似的演化历史（Kuzoff & Gasser, 2000）。但是个别基因上所发生的选择作用可能会改变基因演化的样式和步伐，因此，如果结合来自于不同基因组的多个基因共同研究，则可能使被选择作用所改变的个别基因上的演化信息被其他非选择基因所携带的信息所平衡。此外，由于植物的三大基因组所携带的信息以及它们所反映的历史事件也不完全相同，这些分子片段也仅仅是分类群诸多性状的一个来源，它虽能为分类群的系统重建提供不可忽视的发育信息，但也并不能完全地反映其真实的演化历史。因此，进行植物分子系统学研究时，应根据要解决的实际问题，采取多个不同来源的DNA序列相互结合共同分析，以期获得更多的发育信息，力求从不同的角度来最真实地反映研究对象的系统与演化模式。

基于多个DNA序列的联合分析结果进行系统发育重建的一个重要例子，是被子植物的"APG系统"的提出。"APG系统"是由29位植物学家组成的"被子植物系统发育小组"（于1998年提出的。这种分类系统和传统的依照形态分类的系统有所不同，APG系统主要利用了植物多个基因的序列信息，包括两个叶绿体和一个核糖体的基因（主要是 rbcL, atpB 和18S rDNA 序列），以分支系统学的原理和方法进行系统分类。虽然该系统主要依据DNA序列数据，但也参照其他方面的理论，如花粉形态学的理论等（APG，1998）。APG系统有以下的一些特点：① 该系统主要着眼于"目"一级，其次才是"科"。② 共包括462科，40个被认为单系的"目"和少数一些非正式命名的单系高级类群，这些作为"目"的分支，至少得到一个或几个方面的支持；尽量避免采用单"科"的"目"。③ 划分"目"的界限首先应考虑的是"单系原则"，还要顾及到形态上（通常包括解剖、生化和发育性状等）容易识别的共衍特征；根据这一原则，可能会导致承认一些小"科"和小"目"。④ 对科的界限，一般不作全面修订，仅根据该科近年来作过研究的作者意见，尽量多确认一些单系的科。⑤ 该系统图中的基出分支之间的关系和被子植物的根在哪里，仍然不清楚；个别"目"、"科"的系统位置未定。⑥ 该系统是Bremer等（1997）系统的修正，并基于近年来诸多分子系统学分析的结果。APG系统的修订版APG Ⅱ 发表于2003年，在第一版的基础上，增加了多个目、多个科，并对一些主要的科进行了重新界定（APG，2003）。无论是APG Ⅰ 还是APG Ⅱ 在目以上的分类没有采取传统的名称门和纲，而是应用"分支"，例如真双子叶植物分支、单子叶植物分支、蔷薇分支等。对于传统分类不确定的分类名称，用数字标记。上述两个系统也提供括号分类法，即分类群体可以选择，例如有的科可以单列也可以合并到某一其他科、目中，括号分类能有效地将传统的形态分类结果转换到新的分子系统里来。

被子植物APG Ⅲ 分类法是被子植物系统发育小组（APG）继1998年APG Ⅰ 及2003年APG Ⅱ 之后，花了6年半的时间修订的被子植物分类法，于2009年10月发表。在APG Ⅲ 分类法中，无油樟目、睡莲目及木兰藤目，形成了被子植物的基底旁系群，而木兰类植物、单子叶植物及真双子叶植物则形成了被子植物的核心类群，其中金粟兰目及金鱼藻目各别是木兰类及真双子叶植物的旁系群。在单子叶植物之下，鸭跖草类植物成为了其核心类群，而在真双子叶植物之下，蔷薇类及菊类则是核心真双子叶植物最主要的两大分支。其中，蔷薇类的核心类群主要由豆类植物（即APG Ⅱ 里的真蔷薇Ⅰ）及锦葵类植物（真蔷薇Ⅱ）组成；菊类的核心则由唇形类（真菊Ⅰ）及桔梗类（真菊Ⅱ）植物组成。

APG Ⅲ 承认了早前版本的所有45目，并新接受了14个目，共计59目。新增的目有：无油樟目、睡莲目、金粟兰目、无叶莲目、昆栏树目、黄杨目、智利藤目、葡萄目、蒺藜目、美洲苦木目、十齿花目、南鼠刺目、鳞叶树目及盔瓣花目。

APG Ⅲ 所承认的科共有415个，有许多小型科被合并，早前被建议合并的55科之中有44个被合并，即八角茴香科、葱科、百子莲科、龙舌兰科、星棒月科、西丽草科、风信子科、异蕊草科、假叶树科、紫灯花科、独尾草科、萱草科、独叶草科、荷包牡丹科、蕨叶草科、双颊果科、水青树科、齿蕊科、高柱花科、花茎草科、谷木科、微形草科、马尾树科、水母柱科、羽叶树科、王冠草科、时钟花科、钟萼木科、地果莲木科、弯子木科、骆驼蓬科、旱霸王科、珙桐科、厚皮香科、假红树科、桃叶珊瑚科、陀螺果科、半边莲科、离水花科、黄锦带科、川续断科、北极花科、刺续断科及败酱科等。

其他被APG Ⅲ合并的科有：黄花绒叶草科、菝葜木科、黑三棱科、杜香果科、异裂果科、裸木科、方枝树科、喙萼花科、梅花草科、杜茎山科、紫金牛科、假轮叶科、寄奴花科、多香木科、智利木科、假茱萸科、参棕科及番茱萸科等。

此外，APG Ⅲ也承认了19个新的科：刺藤科、青皮木科、粟麦草科、南商陆科、小鸡草科、土人参科、回欢草科、裂药树科、胡桐科、南线梅科、非杨柳科、十齿花科、醉蝶花科、簇花草科、帽蕊草科、管花木科、母草科及Thomandersiaceae等。还有首次提到眠树科，但已并入盔瓣花科。

和APG Ⅱ相比，APG Ⅲ被子植物之中许多类群的关系已经获得进一步厘清，地位未定的科从早前的39科大幅减少到10科，即离花科、锁阳科、多须草科、清风藤科、五桠果科、紫草科、二歧草科、茶茱萸科、管花木科及五蕊茶科。这10科中有8科的位置也已经大致确定，只有离花科及锁阳科未有归属。此外，还有3个属的地位未定，即 *Gumillea*、*Nicobariodendron* 及 *Petenaea*；其中 *Nicobariodendron* 及 *Petenaea* 是首次在此列出。

许多植物学家，包括APG的成员，还在不断地出版他们自己对于被子植物分类的新观点，所以每种分类都不可能是最终结果，只是代表某一时间段内的研究结果，但总体来说，APG系统是当今植物系统发育研究领域较权威的分类系统，是传统分类与现代生物技术相结合的产物。

在多个DNA序列的联合分析基础上进行系统发育重建的另一个重要例子是寻找被子植物的根，也就是所谓的被子植物的起源问题，该问题被达尔文称为"讨厌之谜"，已经被研究、争论了一个多世纪。与之有关的假说、理论层出不穷。近30年以来，相关的研究取得了快速的发展。许多涉及被子植物起源的讨论和假说受到学术界较广泛的注意和认可。这主要应归功于古植物学的研究进展和基于形态学资料、分子生物学数据及两者结合的分支系统学的贡献。

被子植物的祖先类群是有关被子植物起源的核心问题，也是争议最多的问题。最新成果是根据分子系统学的研究成果。Qiu等整合了线粒体、叶绿体和核三套基因组的5个基因序列对被子植物可能的基部群（被子植物55科95属97个种及裸子植物8科8属8种）的一些代表类群进行了分析（Qiu et al., 1999）。结果显示一个被简称为"ANITA"的类群组合被认为位于被子植物系统树的基部，并代表了现生的被子植物的最原始类群。其中，Amborellaceae（"A"）被认为是其他所有现生被子植物的姐妹群。"N"为睡莲目（Nymphaeales），"ITA"的类群组合包括：Illiciaceae，Trimeniaceae，Austrobaileyaceae等科。目前的研究成果采用的多基因、多类群的方法，所分析的类群数量多，所采用的特征多，分子生物学数据量大，因此所获得的系统树被认为是极其可靠的。后来的研究成果虽然有的对新系统树的准确性有些争议，但是并没有动摇新系统树的基本框架。

同样的，基于多个DNA序列的比较分析结果进行分子分类，即植物DNA条形码技术是分子系统学研究成果基础上的重要应用之一。该技术是利用标准的、有足够变异的、易扩增且相对较短的DNA片段（DNA barcode）自身在物种种内的特异性和种间的多样性而创建的一种新的生物身份识别系统，它可以对物种进行快速的自动鉴定（Hebert et al., 2003）。自DNA barcoding的概念提出以来，围绕着条形码的开发和应用，首先提出了DNA条形码的选择标准：① 尽量短的片段，两端连接相对保守的区域，利用通用引物容易扩增；② 要有足够的变异可将物种区分开来。就目前的研究而言，在整个生命世界，即使在整个植物界，找到一个基因或不太长的一个DNA片段来区别每一个物种几乎是不可能的，但是通过一个条形码组合在基因组范围内实现阶层条形码，逐级缩小范围，最后达到物种自动鉴定的目的是非常现实和可行的。许多研究表明：在陆地植物中比较可行的条形码组合是 *rbc*L（科级）+ *mat*K（属级）+ ITS和 *trn*H-*psb*A（种级）（任保青和陈之端，2010）。

（四）植物分子系统学的数据记录与分析介绍

1. 数据的获得

DNA指纹分析的结果以电泳图谱中条带的有和无来体现。条带的有无代表了酶切片段（RFLP，

PCR-RFLP）或扩增片段（RAPD, AFLP, ISSR等）的有无，反映了研究对象基因组中酶切位点或引物结合位点的有无以及拷贝数的差异，对所研究对象的DNA指纹做比较，实际上是比较了所研究对象的基因组的异同，由此推断各类群间的关系。一般DNA指纹分析的结果为二元性状（binary character），即某一条带的有和无两种状态。把二元性状编码，用1来表示条带（片段）的存在，用0来表示条带（片段）不存在，这样得到的数据叫做二元数据，二元数据的好处是可以直接进行运算而不必再做数据的标准化（standardization）处理。把这些数据收集起来组成一个原始数据矩阵，根据研究目的选用不同的软件进行数据分析（邹喻苹等，2001）。

DNA序列分子标记方法，如果是利用DNA序列自动测定仪进行，则可自动获得目的DNA序列；如用手工进行DNA序列测定，还要通过人工读出碱基序列才能得到目的片段的序列。在此基础上利用软件对序列进行排序和各种数据分析。

2. 树状图的构建方法

分子系统学的研究结果通常以树状图（dendrogram）的方式来表示。树状图可分为表征图（phenogram）和分支图（cladogram）两种，它们所产生及代表的含义都有所不同。

表征图建立在类群间所有特征的全面相似性的基础上，要求对所能得到特征数据（包括分子特征数据）进行分类运算，得到的结果反映了所研究类群间的相似性程度，在一定程度上也代表了类群间的亲缘关系。

系统发育树（phylogenetic tree）和分支图的含义是一致的，用来标明类群间的系统发育关系、演化的时间和过程。在系统发育的研究中，一群生物间的演化关系由系统发育树来标明，系统发育树由分支（branch）和节（node）组成，节代表了分类单元，而分支从祖先和家系方面定义了分类单元间的亲缘关系。树的分支形式叫做拓扑结构，分支长度通常代表了已经发生在那个分支的变化数目，由节所代表的分类单元可以是种、种群、个体甚至基因。一个树的节我们可以区分为内部节（internal）和外部节（external or terminal），外部节代表了要比较的现存分类单元，被称为OTUs（Enbd），内部节代表了祖先单元（邹喻苹等，2001）。

建树的方法有距离法、简约法、似然法、贝叶斯法等。其中距离法又可以再分UPGMA法、最小二乘（LS）法、邻接（NJ）法和最小演化（ME）法等。具体各种构树方法的原理可参考吕宝忠等译（2002）《分子演化与系统发育》一书。

尽管建树的方法有很多，但是涉及多分类单元的建树仍然是一个非常复杂的数学问题。因为随着分类单元数量的线性增加，寻找最优树的过程中需要筛选比较的树的数量呈指数增加。因此在利用大规模的序列数据来构建整个被子植物的系统树时这一问题尤为突出（Savolainen & Chase 2003）。此外，在建树过程中还可遇到各种其他难题：如不正确的远缘类群的加入引起的长枝吸引或替代饱和，以放射性辐射为代表的各种快速物种形成模式所引起的基因树（gene tree）与物种树（species tree）的不一致。不同基因组之间遗传方式不同以及不同基因之间演化速率不同也可导致不一致的基因树。因此在分子数据愈来愈容易获得的今天，如何对数据进行正确合理的分析成为了分子系统学研究中的重点和难点。

3. 常用分析软件

分子系统学得以迅速发展，其原因与各种分析软件的不断完善密切相关。目前应用于分子系统学分析的软件极多，表12-4列出的只是部分比较常用的分析软件。在进行分子数据处理时，应当根据不同的研究目的和数据类型来选择合适的软件。

值得一提的是，尽管各种分子数据为植物系统发育研究提供了极有力的证据，但我们不能期待这些分子数据能够解决所有的系统学问题，不应排斥其他性状资料或证据来源。应用传统、经典方法获得的证据均未结束，经典分类系统的许多信息尚未加入系统发育分析中，形态学新手段的应用，如关于花的发育和功能的研究、利用花发育基因调控方面的新发现对于阐明结构的同源性及系统发育分析中也是至关重要的。

表12-4 常见分子系统学分析软件

软件名称	作者	功能	下载地址
AMOVA	L. Excoffier et al.	分子方差分析，可分析种群的遗传结构等	http：//acasun1.unige.ch/LGB/software/win/amova/
BEAST	AJ Drummond & A Rambaut	利用贝叶斯Bayesian MCMC 模拟对分子序列进行构树以及演化时间估计	http：//beast.bio.ed.ac.uk/Main_Page
BEST	Liang Liu	采用贝叶斯原理进行多基因位点联合构树，考虑到深溯祖现象，与MrBayes 软件联合使用	http：//www.stat.osu.edu/~dkp/BEST/introduction/
Clustal W	Julie Thompson et al.	用以对核酸与蛋白序列进行多序列比对排位	http：//bips.u-strasbg.fr/fr/Documentation/ClustalW
DnaSP	Julio Rozas & Ricardo Rozas	分析种群间或种内DNA序列数据的核苷酸多态性	http：//www.ub.edu/dnasp/
DNAstar	Frederick Blattner et al.	功能强大，可对大多数分子生物学领域的数据进行排序，序列编辑，发现和注释DNA序列中的基因，引物选择，绘制酶切图谱，蛋白质的各种分析等	http：//www.dnastar.com/web/index.php
Mac-Clade	Wayne P. Maddison & David R. Maddison	对特征演化的研究，包括许多构建系统树的工具	http：//macclade.org/macclade.html
MEGA	Sudhir Kumar et al.	运用多种方法，尤其是距离法进行系统发育分析，具多种功能	http：//www.megasoftware.net/
MrBayes	John Huelsenbeck et al.	利用贝叶斯Bayesian MCMC 模拟对分子序列进行构树及演化模型选择	http：//mrbayes.sourceforge.net/
NTSYS	F.J. Rohlf	可对各种来源的分子数据进行分析，包括数据的标准化、多种相似系数与距离系数的计算、聚类分析、主成分分析等	http：//www.exetersoftware.com/cat/ntsyspc/ntsyspc.html
PAUP	David L. Swofford	运用最大简约法和其他方法进行系统发育分析，具多种功能	http：//paup.csit.fsu.edu/
PAUPRat	Derek S. Sikes and Paul O. Lewis	采用Ratchet搜索方法进行简约性和似然性分析和构树，与PAUP软件联合使用	http：//users.iab.uaf.edu/~derek_sikes/software2.htm
PHYLIP	Joseph Felsenstein	简约性分析，计算距离矩阵和似然法分析等，构建系统树。数据包括分子序列、基因频率和限制性，可以是连续特征或间断特征（如0，1）	http：//evolution.genetics.washington.edu/phylip.html
PopGene	F. C. Yeh et al	用于种群的遗传分析等	http：//www.ualberta.ca/~fyeh/
RaxML	A. Stamatakis et al.	运用最大似然法进行系统发育分析	http：//sco.h-its.org/exelixis/software.html
Tree-puzzle	Heiko A. Schmidt et al.	核酸序列、蛋白序列及二元数据的似然性分析及演化树构建	http：//www.tree-puzzle.de
TreeView	Roderic D. M. Page	用于生成与打印演化树，可读取多种演化树格式文件	http：//taxonomy.zoology.gla.ac.uk/rod/treeview.html

二、分支系统学

分支系统学（cladistics）是60年代（Hennig M.D., 1966）发展起来用于重建系统发育的方法学，并越来越被人们所接受。随着分支系统学理论的不断充实、完善，相应计算机程序编制以及新的证据，特别是大分子生物学性状资料的积累，准确地重建系统发育，开始真正变得现实可行。自从达尔文提出演化论以来，生物系统学家就坚持不懈地建立生物的系统发育，分支系统学方法提出来之后，由于它取样的客观性，计算过程尽量减少人为干扰，其结果的可信度也随之提高，因而受到人们的重视。Chase等（1993）"种子植物的系统发育：叶绿体 rbcL 的核苷酸序列分析"的研究，就是用分支系统学方法，以 rbcL 基因顺序重建了种子植物的系统发育，得出了一些重要的结论（见前文）。

分支系统学的理论和方法如下：

（1）确定研究对象（分类群），选择性状（character）：选定一个分类群（科、属、亚属、组、系或科以上分类阶元），首先要选取性状。用于分支系统学研究的有形态解剖和化学两方面的性状，前者可称为形态学性状，后者可称为分子性状。分子性状目前主要是用DNA限制（性）内切酶切点变异和DNA核苷酸序列变异。两者孰优孰劣尚在争论，但形态学性状为人们所普遍采用，代表分类群的整个基因型；缺点是形态学性状可能受环境影响而引起趋同现象，会带来同源性（homology）性状判断的错误。分子性状能较准确地反映分类群基因型的特点，因此是重建系统发育的较理想的性状。

（2）确定性状状态：每一选定的性状代表一个演化的阶段或等级，每一性状又可以有两个（binary）或多个（multistate）性状状态。多态性状可以是有序的（ordered）或无序的（unordered）。如生长习性有草本、灌木、乔木，灌木被视为乔木与草本间的过渡状态，那么这一性状可看作是有序。再如花色，红、黄、白三种花色均出现在所研究的分类群中，三者无任何一种花色可视为中间过渡状态，那么这一花色性状被视为无序。在分子性状中，一个DNA限制性内切酶切点被作为一个性状，它在分类群中出现与否作为有序或无序状态；DNA顺序中，每个核苷酸位点被作为一个性状，4个不同的核苷酸（A, C, G, T）被作为其状态，此性状为无序。有序性状状态间的关系可以根据具体情况处理为性状状态树（character state tree），如图12-3所示。

✿ 图12-3　性状状态树

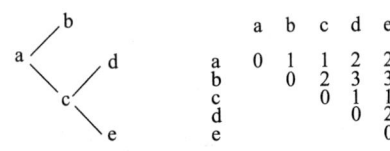

某性状的状态树，表示其状态　　　状态的距矩阵
a, b, c, d和e之间的关系

叶长短、花大小、种子直径等数量性状状态必须转化为等级性的状态才能用于分支分析。

（3）性状的极性（polarity）：性状状态有原始和演化之分，亦即表示演化是有方向性的，分支系统学规定性状的极性是性状的原始状态。性状原始状态可以用化石证据，也可以根据多数即原始原则、个体发育中最早出现的状态即原始原则、与外类群（outgroup）状态相似即原始原则等多种方法来确定。目前最常用的是采取外类群比较来确定极性。这一方法是假定内类群（选择的研究类群，ingroup）与其姐妹类群（sister group）共同具有的性状状态即为最原始的性状状态。这一假定的逻辑基础是演化的简约性原则。根据这一原则，把两个姐妹类群共同具有的性状状态作为继承于它们共同祖先而不是视为平行演化而来的，在演化步数上更为简约，因而是更为可能的演化假设。在应用外类群比较确定性状极性时，可能会出现的问题有：内类群的姐妹类群不确定；或内类群与其姐妹类群的系统发育关系太远，而造成它们共同具有的性状状态太少。在此时，也许应该利用别的标准来帮助确定性状的极性。或者如果能够确定内类群中最早与其他成员分开的一个分类群，那么可以用这个分类群作为内类群中其他成员的外类群。例如，在对一个科进行分支系统学研究时，如果它的姐妹类群不清楚或不能选定一个合适的外类群，但却能肯定，科中的一个属A在该科演化的早期便与其他属分开了（图12-4、图12-5），那属A便可用作研究其他属系统关系的外类群。

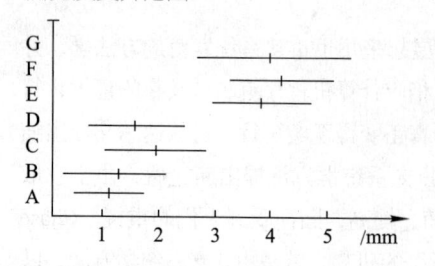

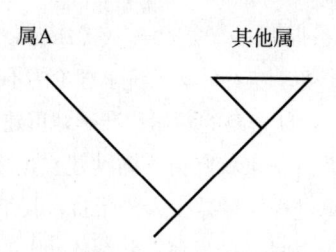

⚘ **图12-4** 分类群A，B，C，D，E，F，G的花瓣宽度变异范围

⚘ **图12-5** 属A为所研究科中其他属的姐妹类群

在确定性状极性时，还可应用多个外类群，这有利于更加准确可靠地确定性状的极性。确定整个外类群的性状状态的算法如图12-6所示。此算法从离内类群最远的外类群开始逐渐朝着第一外类群推算外类群状态。显然，越靠近内类群的外类群在确定外类群状态上起着越重要的作用。

⚘ **图12-6** 确定整个外类群性状状态的算法 [上图中A，B，C，D，E分别为内类群的第一、二、三、四、五外类群；O. N. 表示外类群结点。下图中a，b为某性状的状态；O. N.处的解为外类群状态。如果解为一个状态，称为确定的（decisive）；如果有两个以上的解，称为非确定的（equivocal）]

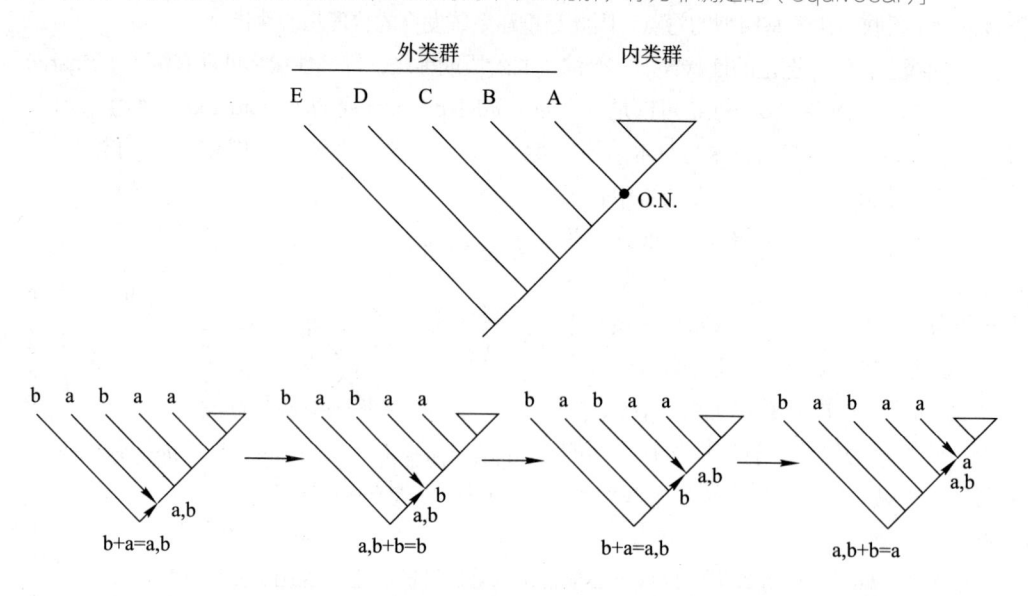

而目前应用最广泛、最简便有效确定性状极性，或确切地说确定分支图根的方法是全面简约性（global parsimony）。即将一个或多个外类群与内类群一起包括在用于简约性分析的数据矩阵中，并用指令把外类群定义出来。这样性状状态的极性在计算过程中根据外类群的状态自动确定，而且在整个计算过程中寻求包括外类群在内的全面简约性。

（4）分支分析：选定性状、性状状态和外类群之后，便可建立用于分支分析的数据矩阵。将数据矩阵输入计算机，用分支系统学程序进行计算，就可以得出分支图（cladogram），即系统发育树。从分类珊与性状的数据矩阵到分支图这一步是分支系统学中非常关键的一步。如果在构建分支图时，所有性状间不存在矛盾，即所有性状均支持同一分支图，这就是最理想的。但由于演化本身是一个极其复杂的过程，性状的平行、趋同和镶嵌演化的结果，使不同性状分别支持不同的系统发育关系成为十分普遍的现象。图12-7这一简单例子中，性状2和3支持同样结构的分支图，是和谐的（compatible），而性状1支持另一种结构的分支图，与2和3则是矛盾的。这样便面临选择何者为系统发育假设的问题。分支学中有两个解决性状矛盾问题的原则。一个原则是性状和谐性（character compatibility），它基于的假设是：真实的系统发育树应被选取的性状中最大的那一组互相和谐的性状所支持。因此，建立分支图的过程为：从所有性状中选择出最大的一组互相和谐的性状，称为基本性状（primary characters），然后用这组性状建立分支图。在上例中，应选取性状2和3来建立分支图，其结果与两个性状中任何一个支持的分支图一致。但性状和谐性舍弃了其他不和谐性状会导致失去大量信息，忽略了平行与趋同演化，以致造成分支图缺陷，因而现在已很少被采用了。目前建立分支图应用最广泛的原则为简约性原则，即假定演化的过程是最为简约的。所以有多个选择时，演化步骤最少的分支图为最可靠的系统发育假设。在上例中，根据这三个性状，有两种分支图可供选择，如图12-8所示。

图12-7　3个二态性状1，2，3分别支持的分类群A，B，C的系统发育关系（OG为外类群）

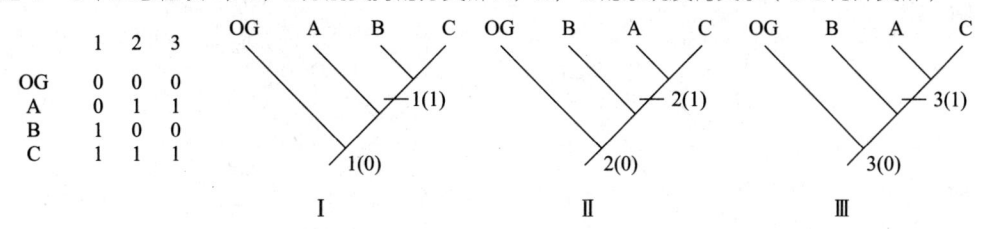

	1	2	3
OG	0	0	0
A	0	1	1
B	1	0	0
C	1	1	1

图12-8　图12-7中3个性状同时支持的不同形式的分支图（-：非同塑性共有衍征；=：平行；×：逆转）

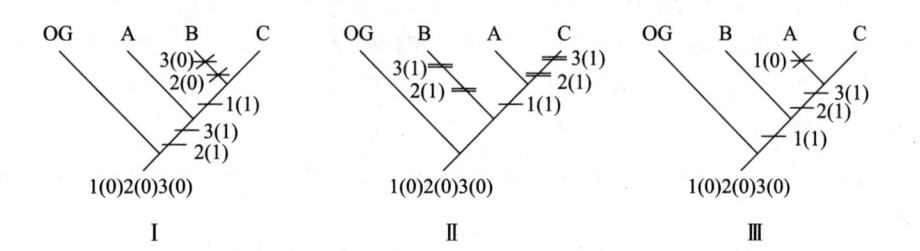

分支图Ⅰ和Ⅱ具有同样的结构，长度都是5步，其中有2个多余的步数，在Ⅰ中为性状2和3的逆转，在Ⅱ中为性状2和3的平行。而分支图Ⅲ的长度为4步，仅有1个多余的步数，即性状1的逆转。所以根据简约性原则，分支图Ⅲ更为简约，因而被选为这个数据矩阵的结果分支图。

寻求一个数据矩阵最简约的分支图并不是容易的工作，特别是随着终端分类群（terminal taxa），即代表一个运算单位（OTU）的分类群数目的增加，将变得越来越困难。对于较大数据矩阵，必须利用计算机寻求最简约分支图。目前用计算机软件PAUP的Henristic搜寻，可以在较短的时间内搜索到可能最简约的分支图。

（5）分支分析的结果：简约性分析的结果在大多数情况下是多个同等最简约而结构不同的分支图。经求同或依一定的标准来选择最合适的系统发育的假设。求同是求多个同等简约的分支图的一致性（consensus），其中又分严格一致性（strict consensus）和多数原则一致性（majority rule consensus）。前者要求一致性分支图中的分支结构是所有多个分支图中共有的，多个分支图中任何不同的分支结构均被处理为多歧结构，作为未解决的系统发育关系；而多数原则一致性则要求在确定一个百分比之后，出现在多于这个百分比的多个分支图中的分支结构将被保留在一致性分支图中。一般使用的百分比为50（图12-9）。

依一定的标准从这些分支图中选择更为可靠的作为系统假设的，常用的为"连续性加权"（successive weighting）标准，此外尚有F值、D测量、假设独立性加权（hypothesis independent weighting）、最优性状和谐性指数（optimal character compatibility index, OCCI）、最优简约可能性指数（optimum parsimonious likelihood index, OPLI）和平均单位性状一致性（average unit character consistency, AUCC）。

寻求一致性的方法是较为保守的方法。

（6）分支图可靠性的评价：对所得的系统发育的整个分支图或其中的各个分支的可靠性程度的评价，只能通过数据矩阵及分支图本身结构特点，根据一定的演化和统计学原则，判断何种数据及分支图的结构更可能较大程度地反映真实的系统发育。目前最为广泛应用的关于整个分支图可靠性标准是一致性指数（consistency index, CI）和保持性指数（retension index, RI），而评价每一分支可靠性的指标称为"靴带"（bootstrap）分析。目前应用较为广泛的是保持性指数，其定义为：

$$RI = G - L/G - R。$$

图12-9 分支分析结果（1），（2），（3）为分类群A，B，C，D，E，F的同等简约而结构不同的分支图；（4）为这三个分支图的严格一致性分支图；（5）为三个分支图的50%多数原则一致性分支图

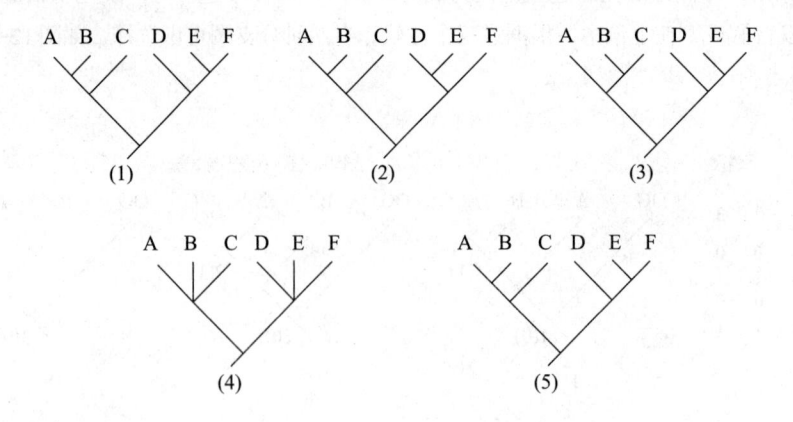

式中，R代表所有性状范围的总和，例如一个二态性状的范围为1，三态性为2，n态性状的范围为n-1；L代表分支图的长度或实际演化步数；G表示在任何分支图上性状所要求的最大量的演化步数，即尽可能大的L值。

"靴带"分析用于估计分支图中每一分支的可靠性程度。"靴带"是一种统计学方法，涉及从同一数据中重新取样，代替原有数据，从而重建一系列与原数据同样大小的"靴带"式取样数据。这一方法被借用于分支分析数据，从而产生了这一对分支图每一分支可靠性的统计学测量。每一可靠性测量的结果为一百分数，百分数越大，这一分支越可靠。

（7）分支系统学的计算机程序：目前使用的分支系统学计算机程序主要有Hennig 86，PAUP 3.1和PHYLIP 3.4。

（8）分支系统学的前景：分支系统学的最终目的是要建立一个真正的植物系统发育系统。分支系统学家认为所有的分类单位都应是分支图上的单系群（monophyly or holophyle），即一个共同祖先的后代，这就意味着一些并系类群（paraphyly））将被消除。根据分支图，已独立出菊科的第三个亚科——Barnadesioideae。

分支系统学能够用于性状演化的研究。当一个性状的状态被标在分支图上后，这个性状在所研究的分类群中演化的趋势和过程就被展示出来了。特别是当利用基于分子性状建立的分支图研究形态性状的演化时，可以避免可能发生的对形态性状演化过程的循环论证。计算机程序Mac Clade 3.0能与PAUP 3.1兼容，用于研究性状分化。

分支系统学的发展直接促进了分支生物地理学（cladistic biogeography）的产生和发展，用以重建分类群分布区之间的地理学历史。分支生物地理学研究包括三个主要步骤：选择所研究地区的多个分类群，并要追溯每个分类群的系统发育关系；根据每个分类群的分支图建立地区分支图（area cladogram），方法是以分支图中分类群的分布地区代替相应的分类群；基于所有分类群的地区分支图建立一个总地区分支图（general area cladogram），这个总地区分支图就代表了这些地区的历史关系。

目前有关分支系统学研究的资料日益增多，人们在系统发育方面的兴趣日益增长，系统发育资料和系统分支图数据库将会以某种标准方式贮存起来，就像目前核苷酸序列向基因库传送一样。这样的数据库有助于系统学家快速了解系统发育信息的需求情况，有利于探求普遍规律，在保护生物学研究以及鉴定生物地理特有成分的研究方面均有重大意义。

不过，在重建植物的系统发育路线、如何对待分支图进行分类等方面，分支系统学派和演化学派（phyletics）间的观点是不一致的。严格的分支系统学家认为，所有分类单位都应是分支图上的单系类群，即一个共同祖先的所有后代（Donoghue et al.，1988）。而演化学派认为，分支图仅仅表示演化的分叉形式，而不能表示系统发育的全部过程，特别是分类群演化的时间和距离，因此，从分类学的实用性出发，应该接受并系类群（一个共同祖先的部分后代）作为分类的单位。

小 结

地球的形成已有46亿年的历史，而生命的起源则可追溯到距今38亿年前。早期生命形式主要是细菌和蓝藻。随着大气圈中自由氧浓度的增加，大约在18亿年前原核生物演化到真核生物，距今7亿年前出现多细胞后生动植物。经历了前寒武纪的漫长演化，到了寒武纪和奥陶纪时，原始海洋中的藻类呈多样化发展，志留纪末期，植物界完成了由水生到陆生的演化，第一批陆生植物形成。然后，植物界又经历了泥盆纪裸蕨植物发展阶段、石炭纪和二叠纪蕨类植物发展阶段、中生代裸子植物发展阶段和新生代被子植物发展阶段。

植物分子系统学是从分子水平来研究植物的系统发育与演化关系的植物系统学的分支学科，它所利用的主要分类指标是生物大分子（蛋白质和核酸），尤其是核酸分子。植物分子系统学以其所利用的分子数据具有准确可靠、信息量大、广泛可比、客观、定量性等特点而得以迅速发展。APG系统是利用了两个叶绿体基因和一个核糖体基因测序，以分支系统学的原理和方法得出来的被子植物分类系统。APG Ⅲ 系统包含了59目415科。

分子系统学研究过程包括：确定研究类群和研究目标；筛选分子标记及选择相应的分析方法；确定取样策略；样品收集和处理；样品分析；实验结果记录，数据的收集和变换；数据分析及系统学解释。其中，选择合适的分子标记技术是较为关键的一步。

分支系统学是Hennig M.D.发展起来用于重建系统发育的方法学，随着它的不断充实、完善，相应计算机程序编制以及新的证据，特别是大分子生物学性状资料的积累，重建植物的系统发育，开始有了可能。

思考题

1. 什么是地质年代表？其中包含哪些主要的地质年代？
2. 什么是联合古陆？什么是大陆漂移？
3. 地质时期植物界演化有哪几个主要阶段？每个演化阶段植物的组成特征以及古地理、古气候和古环境特征如何？
4. 植物分子系统学的原理是什么？有何特点？其研究过程主要有哪几步？
5. 列表比较几种常用的分子系统学标记方法的原理、优点、局限性及适用范围。
6. 什么是APG系统？
7. 试列举一植物系统学问题，从分子系统学角度设计一研究方案，来解决这一问题。
8. 什么是分支系统学？它有哪些理论和方法？

数字课程学习

● 彩色图库　　● 名词术语　　● 拓展阅读　　● 教学PPT

主要参考文献

1. Cronquist A. An Integrated System of Classification of Flowering Plants[M]. Newyork: Columbia University Press, 1981
2. Angiosperm Phylogeny Group. An update of the Angiosperm Phylogeny Group classification for the orders and families of flowering plants: APG III[J]. Botanical Journal of the Linnean Society, 2009, 161: 105-121
3. B.福迪.藻类学[M].罗迪安译.上海:上海科学技术出版社,1980
4. Jeffrey C. Flowering Plants—Origin and Dispersal[M]. Translated from A. Takhtajan. Engl. (1st ed.). Edinburgh: Oliver & Boyd, 1969
5. C.J.阿历索保罗, C.W.明斯, M.布莱克韦尔.菌物学概论[M].姚一建,李玉译.北京:中国农业出版社,2002
6. Chase M W, Soltis D E, Olmstead R G, et al. Phylogenetics of seed plants: An analysis of nucleotide sequences from the plastid gene rbcL[J]. Annals of the Missouri Botanical Garden, 1993, 80: 528-580
7. Fahn A. Plant Anatomy. 3rd ed.[M]. Oxford: Pergamon Press, 1982
8. Foulis L, Meynert M, Rogers D, et al. Botanica[M]. New York: Barnes & Noble, Inc. 2004
9. Lawrence H M G. Taxonomy of Vascular Plants[M]. New York: Thw Macmillan Company, 1965
10. Hebert P D N, Cywinska A, Ball S L, deWaard J R. Biological identifications through DNA barcodes[J]. Proceedings of the Royal Society B: Biological Sciences, 2003, 270: 313-321
11. Hillis D M, Moritz C, Mable B K. Molecular Systematics. 2nd ed[M]. Sunderland, MA: Sinauer Associates, Inc. 1996
12. Hutchinson J. The Families of Flowering Plants Arranged According to a New System Based on Their Probable Phylogeny. 3rd ed.[M]. Oxford: Clarendon Press, 1969
13. Johri B M. Embryology of Angiosperms[M]. Heidelberg: Springer Verleng Berlin, 1984
14. Kimura. Evolutionary rate at the molecular level[J]. Nature, 1968, 217: 624-626
15. Stern K R, Jansky S, Bidlack J E. Introductory Plant Biology. 11th ed.[M]. New York: The McGraw-Hill Companies, 2008
16. Kuzoff R K, Gasser C S. Recent progress in reconstructing angiosperm phylogeny[J]. Trends in Plant Science, 2000, 5: 330-336
17. Mauseth J D. Botany[M]. Sudbury, Massachusetts: Jones and Bartlett Publishers, Inc. 2003
18. Mauseth J D. Botany: An introduction to plant Biology. 14rd ed.[M]. Sudbury, Massachusetts: Jones and Bartlett Publishers, 2008
19. Melchior. A Engler's der Syllabus der Pflanzenfamilien (12Aulf)[M]. Band II. Berlin-Nikolassee: Gebrüder Borntraeger, 1964
20. Simpson M G. Plant Systematics 2nd ed.[M]. 北京:科学出版社, 2012
21. Nickrent D L, Soltis D E. A comparison of angiosperm phylogenies from nuclear 18S rDNA and rbcL sequences[J]. Ann Missouri Bot Gard., 1995, 82: 208-234
22. Raven P H, Evert R F, Eichhorn S E. Biology of Plants. 7th ed.[M]. New York: W. H. Freeman and Company Publishers, 2005
23. Qiu Y L, Lee J, Bernasconi-Quadroni F, et al. The earliest angiosperms: evidence from mitochondrial, plastid and nuclear genomes[J]. Nature, 1999, 402: 404-407
24. Lee R E. Phycology[M]. Cambridge: Cambridge University Press, 1980
25. Raubeson L A, Jansen R K. Chloroplast DNA evidence on the ancient evolutionary split in vascular land plants[J]. Science, 1992, 255: 1697-1699
26. Savolainen V, Chase M W. A decade of progress in plant molecular phylogenetics[J]. Trends in Genetics, 2003, 29: 717-724
27. Shi S H, Huang Y L, Zeng K, et al. Molecular phylogenetic analysis of mangroves: independent evolutionary origins of vivipary and salt secretion[J]. Molecular Phylogenetics and Evolution, 2005, 34: 159-166
28. Soltis D E, Soltis P S, Nickrent D L, et al. Angiosperm phylogeny inferred from 18S ribosomal DNA sequences[J]. Annals of the Missouri Botanical Garden, 1997, 84: 1-49
29. 曹慧娟.植物学[M].北京:中国林业出版社,1992
30. 查普曼,皮特.禾本科植物导论[M].王彦荣译.北京:科学出版社,1996
31. 陈炜湛.甲骨文植物词语缀述(上)[J].广东园林,2013,35(1):20-25
32. 陈炜湛.甲骨文植物词语缀述(下)[J].广东园林,2013,35(2):13-21
33. 福斯特,小吉福德.维管植物比较形态学.2版[M].李正理,张新英,李荣敖,等译.北京:科学出版社,1983
34. 高谦,赖明洲.中国苔藓植物图鉴[M].台北:南天出版局,2003
35. 高信曾.植物学(形态解剖部分).2版[M].北京:高等教育出版社,1987
36. 贺新生.《菌物字典》第10版菌物分类新系统简介[J].中国食用菌,2009,28(6):59-61
37. 贺学礼.植物学[M].北京:高等教育出版社,2004
38. 胡鸿钧,等.中国淡水藻类——系统,分类及生态[M].北京:科学出版社,2006
39. 胡人亮.苔藓植物学[M].北京:高等教育出版社,1987
40. 胡适宜.被子植物胚胎学[M].北京:人民教育出版社,1982
41. 黄原.分子系统学:原理、方法及应用[M].北京:中国农业出版社,1998
42. 蒋洪恩,李承森.早期陆地植物的维管结构//李承森.植物科学进展(第六卷)[M].北京:高等教育出版社,2004
43. 卡特 E G.植物解剖学(上下册).2版[M].李正理,等译.北京:科学出版社,1986
44. 李承森.早期陆地植物和早期陆地生态系统的研究进展//李承森.植物科学进展(第二卷)[M].北京:高等教育出版社,1999:2-12
45. 李正理,张新英.植物解剖学[M].北京:高等教育出版社,1983
46. 林晓明,要振歧,侯军,等.中国菌物学[M].北京:中国农业出版社,2007
47. 刘穆.种子植物形态解剖学导论[M].北京:科学出版社,2004
48. 陆时万,徐祥生,沈敏健.植物学(上册).2版[M].北京:高等教育出版社,1991
49. 陆树刚.蕨类植物学[M].北京:高等教育出版社,2007

50 伦德勒（A B Rendle）.有花植物分类学（第二册）[M].钟补求译.北京：科学出版社，1965

51 伦德勒（A B Rendle）.有花植物分类学（第一册）[M].钟补求译.北京：科学出版社，1958

52 吕宝忠，钟扬，高莉萍，等译.分子演化与系统发育[M].北京：高等教育出版社，2002

53 马炜梁，陈昌斌，李宏庆，高等植物及其多样性[M].北京：高等教育出版社 - 施普林格出版社，1998

54 马炜梁.植物学[M].北京：高等教育出版社，2009

55 裘维蕃.菌物学大全[M].北京：科学出版社，1998

56 任保青，陈之端.植物DNA条形码技术[J].植物学报.2010，45（1）：1-12

57 沈韫芬，章宗涉，龚循矩，等.微型生物监测新技术[M].北京：中国建筑工业出版社，1990

58 施之新.中国淡水藻志：第六卷（裸藻门）[M].北京：科学出版社，1999

59 塔赫他间（A L Takhtajan）.有花植物（木兰植物）分类大纲[M].黄云晖译.广州：中山大学出版社，1986

60 汪小全，洪德元.分子系统学研究进展 // 李承森.植物科学进展（第一卷）[M].北京：高等教育出版社，1998:16-30

61 汪小全.松科分子系统学与分子演化 // 李承森.植物科学进展（第三卷）[M].北京：高等教育出版社，2000:20-35

62 王士俊.科达植物研究的近期进展 // 李承森.植物科学进展（第一卷）[M].北京：科学出版社，1998：58-67

63 王文采.当代四被子植物分类系统简介（二）[J].植物学通报，1990，7（3）：1-10

64 王文采.当代四被子植物分类系统简介（一）[J].植物学通报，1990，7（2）：1-7

65 王玉荣.李爱民，吴鸿.松杉类球花分化及早期发育 // 李承森.植物科学进展（第六卷）[M].北京：高等教育出版社，2004:147-154

66 沃特，等.植物系统学.3版[M].李德铢，等译.北京：高等教育出版社，2012

67 吴国芳，等.植物学（下册）.2版[M].北京：高等教育出版社，1992

68 吴鹏程.苔藓植物生物学[M].北京：科学出版社，1998

69 吴兆洪，秦仁昌.中国蕨类植物科属志[M].北京：科学出版社，1991

70 吴征镒，路安民，汤彦承，等.被子植物的一个"多系-多期-多域"新分类系统总览（英文）[J].植物分类学报，2002，40（4）：289-322

71 邢来君，李明春.普通真菌学.2版[M].北京：高等教育出版社，2010

72 邢树平，陈祖铿，胡玉熹，林金星.松杉类植物的传粉机制 // 李承森.植物科学进展（第三卷）[M].北京：高等教育出版社，2000：49-56

73 杨永，傅德志，温利体.麻黄属的双受精 // 李承森.植物科学进展（第三卷）[M].北京：高等教育出版社，2000：67-74

74 杨关秀，陈芬，黄其胜.古植物学[M].北京：地质出版社，1994

75 叶创兴，朱念德，廖文波，等.植物学[M].北京：高等教育出版社，2007

76 伊稍，等.种子植物解剖学.2版.[M].李正理译.上海：上海科学技术出版社，1982

77 张宏达，黄云晖，缪汝槐，等.种子植物系统学[M].北京：科学出版社，2004

78 张泉，胡玉熹，林金星.松杉类植物雌球花发育的研究进展 // 李承森.植物科学进展（第三卷）[M].北京：高等教育出版社，2000：57-66

79 郑国锠.细胞生物学.2版[M].北京：高等教育出版社，1992

80 郑万钧，傅立国.中国植物志（第七卷）[M].北京：科学出版社，1978

81 中国科学院植物研究所.中国高等植物图鉴（1—5册，补编1—2册）[M].北京：科学出版社，1972—1989

82 中山大学生物系，南京大学生物系.植物学[M].北京：高等教育出版社，1978

83 钟恒，刘兰芳，李植华.植物学教学中线图的创新[J].植物学杂志，1996：2：33-34

84 周云龙，植物生物学[M].北京：高等教育出版社，2004

85 朱念德.植物学（植物形态解剖部分）[M].广州：中山大学出版社，2000

86 邹喻苹，葛颂，王晓东.系统与演化植物学中的分子标记[M].北京：科学出版社，2001

索 引

A
AFLP：414
ANITA：420
阿丁枫：310
矮雄种：162
艾纳香属：355
桉属：332

B
八角：291
八角枫科：337
八角茴香科：291
巴豆：317
巴戟：345
芭蕉科：374
芭蕉属：374
菝葜属：359
白蝉：346
白豆杉：255
白粉菌属：183
白粉藤：325
白桂木：280
白花菜科：307
白花蛇舌草：346
白桦：277
白兰：288
白皮松：249
白千层：332
白色体：015
白锈菌属：172
白颜树：279
白叶藤：344
百合科：358
百合属：360
百岁兰：257
百岁兰科：257
柏科植物：251
柏拉木：333
柏木属：251
斑鸠菊属：354
板根：053
板块运动：408
板栗：277
半被果型：187
半边旗：228，235
半下位子房：097
半夏属：370
半知菌类：193
伴胞：037
孢粉素：106

孢粉学：106
孢囊柄：221
孢蒴：203
孢原细胞：102
孢子荚：216
孢子减数分裂型的生活史：133
孢子囊的"层出形成"：172
孢子囊果：216
孢子囊群：216
孢子生殖：092
孢子体世代：128
孢子同型：216
孢子叶球：216
孢子叶穗：216
孢子异型：216
苞鳞：245
苞片：086
胞果：126
胞间层：018
胞间连丝：019
胞芽：205
胞质环流：014
保护组织：031
报春花科：339
报春花属：339
报春苣苔：352
北美鹅掌楸：288
北美红杉：250
北五味子：291
北细辛：302
贝母型胚囊：108
贝母属：360
背缝线：096
背着药：095
被丝托：291
被子植物"北极起源说"：383
被子植物"热带起源说"：383
被子植物的分类原则：270
被子植物的特征：269
"被子植物起源东亚中心"假说：384
被子植物系统发育小组（APG）：412
荸荠：374
闭果：124
闭花受精：110
闭囊壳：180
蓖麻：317
边材：066
边缘胎座：097

扁裸藻属：154
变态：052
变态茎：070
变态器官：052
蘪草属：372
表膜条纹：153
表皮：032
槟榔：369
柄裸藻属：154
菠萝蜜：280
播娘蒿：308
博落回：307
薄壁组织：030
薄荷：349
薄囊蕨纲：226
薄囊性发育：216
补充细胞：033
捕虫叶：087
不定根：042
不定胚：115
不定芽：057
不对称：093
不活动中心：044
不完全花：093
不完全叶：073
不整齐花：093

C
C_3植物：082
C_4植物：082
菜蕨：235
蚕豆：316
穇子：367
苍耳：355
糙叶树：279
草菇：190
草胡椒：301
草麻黄：257
草莓：312
草珊瑚：301
侧柏属：251
侧根：042
侧金盏花：297
侧面接合：163
侧膜胎座：097
梣：341
叉状脉：074
茶：304
茶秆竹：365
檫木：293

柴胡属：336
豺皮樟：293
缠绕茎：058
颤藻属：135
菖蒲属：369
长春花：343
长叶冻绿：324
长枝：242
常春藤：335
常绿树：085
赪桐属：348
成膜体：024
成熟胚囊：108
成熟组织：029
匙羹藤：344
赤车：281
赤杨叶：340
翅果：125
虫草属：183
虫菌体：178
虫媒花：111
虫媒植物：111
虫霉属：178
重（双）被花：093
重阳木：317
出芽现象：241，332
初级内共生：165
初生壁：018
初生壁细胞：102
初生分生组织：029
初生结构：045
初生射线：066
初生生长：045
初生纹孔场：019
初生组织：045
川续断科：353
穿心莲：351
传递细胞：031
传粉：110
串珠藻属：139
窗状叶：087
垂柳：275
垂叶榕：280
春材：066
唇形科：348
唇柱苣苔属：352
莼菜：299
茨藻科：358
慈菇：357
慈竹属：365

雌花：097
雌器苞：206
雌蕊：096
雌蕊群：096
雌生殖托：205
雌雄同株：097
雌雄异株：097
次级内共生：165
次生孢子：172
次生壁：018
次生分生组织：030
次生结构：048
次生生长：048
刺石松属：232
刺蒴麻：328
刺丝胞：151
刺子莞：372
葱型胚囊：108
葱属：360
楤木：335
粗面内质网：016
粗枝木麻黄：272
簇晶：021
脆杆藻属：146

D

DNA条形码技术：420
DNA序列分析：415
达格瑞系统：394
打碗花：346
大白山茶：304
大孢子叶球：245
大豆：315
大花草：302
大花草科：302
大花飞燕草：297
大戟科：316
大戟属：316
大丽花：356
大陆漂移：408
大麻：280
大麻科：279
大麦属：366
大头茶：306
大尾摇：347
大型叶：216
大雄种：162
大岩桐：352
大叶马兜铃：302
大羽羊齿：263
大紫菜：137
单被花：093
单雌蕊：096
单果：122
单晶：021
单歧聚伞花序：100
单身复叶：077
单生花：099

单室孢子囊：148
单室游动孢子囊：148
单体雄蕊：095，326
单位膜：013
单纹孔：019
单小叶：077
单心木兰：288
单心木兰科：288
单型科：281
单性花：097
单性结实：122
单性生殖：092
单叶：076
单轴分枝：057
单主寄生：186
单子房：096
单子叶植物纲：356
担孢子：175，184，186
担子：184
担子果：184
担子菌门：183
当归属：336
导管：034
导管分子：034
倒地铃：322
倒生胚珠：107
稻梨孢（稻瘟病病菌）：193
稻属：365
灯芯草科：362
灯芯草属：362
等面叶：079
底着药：095
地黄：350
地锦槭：321
地卷衣属：199
地钱：204
地星属：192
地衣共生菌：197
地涌金莲：374
点地梅属：339
淀粉粒：020
淀粉鞘：062
吊灯花：326
吊兰：361
吊钟花：338
丁香属：341
丁字着药：095
顶端分生组织：029
顶枝理论：387
定根：042
定芽：057
冬孢子：186
冬瓜：330
冬青科：323
冬青属：323
兜兰属：379
豆瓣菜：309
豆腐柴：348

豆科：313
豆蔻属：376
豆薯：315
毒伞属：189
独叶草：298
杜虹花：348
杜鹃花科：338
杜鹃花属：338
杜香属：338
杜英科：327
杜英属：327
杜仲：281
杜仲科：279，281
短花序楠：292
短枝：242
断肠草：343
椴树科：327
椴树属：328
对叶榕：280
盾片：120
多管藻属：139
多花地杨梅：362
多花黑麦草：367
多环管状中柱：215
多环网状中柱：215
多甲藻黄素：151
多甲藻属：152
多胚现象：115
多歧聚伞花序：100
多室孢子囊：148
多体雄蕊：095
多体中柱：215

E

Epacridaceae：338
鹅耳枥：278
鹅掌柴：334
鹅掌楸：288
恩格勒系统：389
耳草：346
二叉分枝：057
二歧聚伞花序：100
二强雄蕊：094
二体雄蕊：095
二型花：339

F

发网菌属：170
发育植物学：7
番荔枝：290
番荔枝科：290
番茄：350
番薯属：347
繁缕：285
繁殖根：053
繁殖器官：042
纺锤状原始细胞：063
分泌道：038

分泌腔：038
分泌细胞：038
分泌组织：037
分生组织：029
分体产果式：175
分体中柱：215
粉孢子：184
粉管受精：258
风媒传粉：111
风媒植物：111
枫香：309
枫杨：273
封印木属：232
凤梨科：363
佛手瓜：330
浮萍：371
浮萍科：371
辐射对称：093
辐射维管束：040
复表皮：079
复大孢子：145
复果：122
复合花粉：105
复伞房花序：100
复伞形花序：100
复式游动孢子：143
复穗状花序：100
复叶：076
复子房：096
副萼：093，326
副卫细胞：080
腹缝线：096
覆瓦状排列：094

G

Gordonia：306
盖被：255
干果：124
甘草属：315
甘露醇：147
甘蔗属：367
柑橘属：319
刚竹属：365
岗松：332
杠板归：283
杠柳：344
高尔基体：017
高粱：367
格木：314
葛属：315
隔丝：148
个体发育：006
根被：032
根冠：043
根管藻属：147
根尖：043
根瘤：051
根霉属：177

根托：219
根系：042
根与茎的联系：088
根肿菌门：171
根状茎：071
根状菌索：174
工蕨属：231
共生光合藻：197
钩藤：344
钩状体：179
狗脊蕨：235
狗尾草属：367
枸杞：350
孤雌生殖：114
菁荚果：125
古果科：383
古羊齿属：233
骨碎补：235
鼓藻属：164
瓜馥木：290
栝楼：331
拐枣：324
观光木：288
冠盖藤：311
管胞：034
管状中柱：214
贯众：235
光萼苔属：206
光蕨属：231
光叶花椒：319
广东木瓜红：340
广东丝瓜：330
广藿香：349
广州蛇根草：346
硅甲黄素：144
硅甲素：142
硅甲藻素：151
硅藻黄素：144,151
硅藻门：144
硅藻细胞：144
硅质细胞：069
鬼针草属：355
桂林栲：277
桂竹香：309
果孢子：137
果胞：137
果实和种子的传播：126
过氧化物酶体：017

H

哈钦松系统：393
海带：148
海带的孢子体：148
海带属：148
海蒿子：150
海红豆：314
海金沙：235

海金沙科：228
海萝胶：140
海萝属：139
海杧果：343
海绵组织：080
海人草：140
海索面属：139
海蕴：150
海棕榈：148
含笑：288
蔊菜：308
旱生植物：084
蒿属：355
禾本科：363
禾柄锈菌：186
合瓣花亚纲：337
合点受精：113
合欢：314
合蕊冠：344
合蕊柱：378
合生雌蕊：096
合轴分枝：057
合子：092
合子减数分裂型的生活史：132
何首乌：283
核果：123
核基因组分子系统学：417
核盘菌属：183
核糖体：017
核形体：165
核液：015
荷包牡丹：307
荷花玉兰：287
褐藻门：147
褐枝藻属：141
鹤顶兰：380
黑顶藻属：148,150
黑老虎：291
黑麦：366
黑藓属：209
黑藻：358
横生胚珠：107
横缢：024
红苞木：309
红豆杉：254
红豆杉科：254
红豆属：315
红鸡蛋花：343
红辣蓼：283
红马蹄草：337
红毛丹：322
红门兰属：379
红千层：332
红树：333
红树科：333
红松：249
红叶藻属：140
红藻：136

红藻淀粉：137
红藻门：136
红藻糖：137
红藻细胞：137
猴欢喜：327
猴头菌：191
后含物：020
后生木质部：047
后生韧皮部：047
厚壁孢子：134
厚壁组织：034
厚角组织：033
厚壳树：347
厚囊蕨纲：225
厚囊性发育：216
厚皮香：306
厚朴：287
呼吸根：053
胡椒：301
胡椒科：301
胡萝卜：337
胡氏栎：277
胡桃：273
胡桃科：273
壶菌门：175
葫芦：330
葫芦科：330
葫芦科刺盘孢：194
葫芦藓：210
槲蕨：235
糊粉层：021
糊粉粒：021
虎耳草：311
虎耳草科：310
虎杖：283
虎榛子：278
浒苔属：161
花被：093
花柄：093
花程式：098
花萼：093
花粉败育：106
花粉块：378
花粉块柄：378
花粉粒的发育：103
花粉粒的萌发与生长：112
花粉植物：106
花冠：093
花椒：319
花蔺科：357
花脉爵床：351
花盘：318
花图式：098
花托：093
花序：099
花芽：056
花芽分化：101
花药的发育：101

花柱基：335
华润楠：292
华夏植物区系起源说：384
华山松：249
滑动授粉：110
滑面内质网：016
化感作用：042
化石种子植物：263
化香树：273
桦木科：277
槐叶苹：229
槐属：315
环境植物学：007
环髓带：063
黄鹌菜：356
黄柏：320
黄蝉：343
黄瓜：330
黄果厚壳桂：293
黄花大苞姜：374
黄花夹竹桃：343
黄花稔：326
黄金银耳：188
黄精属：359
黄葵：326
黄连：297
黄麻：328
黄皮：320
黄皮树：320
黄杞：273
黄芩属：349
黄群藻属：141
黄瑞木：306
黄山松：249
黄杉属：248
黄丝藻属：142
黄檀属：315
黄藻门：142
黄藻细胞：142
幌伞枫：335
灰莉属：342
混合芽：056
混生花序：277
活动芽：057
活化石：239
火丝菌：179
火炭母：283
火筒树：325
火筒树科：325
火藓属：208
藿香：349

I

ISSR：414

J

鸡蛋花：343
鸡骨香：317

鸡冠花：285	接骨木：353	聚花果：123	榔榆：279
鸡毛菜属：140	接合孢子：175	聚药雄蕊：095	老鹳草：316
鸡矢藤：346	接合菌门：176	卷柏属：219	老鼠耳：324
奇数羽状复叶：076	孑遗植物：249	决明：314	老鼠簕：351
积雪草：337	节：055	蕨：235	箣欓：319
基本分生组织：029	节壶菌属：176	蕨类植物：215	箣竹属：365
基本组织：030	节间：055	蕨类植物的孢子囊：260	雷公藤：323
基本组织系统：039	节节草：223	蕨属：227	冷杉属：248
基及树：347	结构植物学：007	爵床科：351	冷水花：281
基生胎座：097	桔梗科：356	君子兰：361	梨果：123
基足：203	槲寄生：282	菌根：051	梨竹：365
极节：144	金花茶：304	菌核：174	离生雌蕊：096
寄生根：054	金鸡纳树：346	菌丝：174	犁头尖：369
檵木：310	金锦香：333	菌丝组织体：174	藜科：285
加勒比松：249	金莲花：297	菌物：170	藜芦属：360
夹竹桃：343	金缕梅：310	菌组织：174	鳢肠：277
夹竹桃科：343	金缕梅科：309		里白：235
荚果：125	金毛狗：235	**K**	里白科：228
荚蒾属：352	金钱槭：321	咖啡属：345	荔枝：322
甲藻核：151	金钱松属：248	开心果：320	连翘：342
甲藻黄素：151	金粟兰科：301	凯氏带：045	连山红山茶：304
甲藻门：151	金叶树：340	康乃馨：285	连香树：295
甲藻细胞：151	金鱼草：350	科达树：265	连香树科：295
甲藻液泡：151	金鱼藻：300	壳斑藻：137	连续纺锤丝：023
假被果型：187	金鱼藻科：300	壳缝：144	莲：298
假二叉分枝：057	金藻昆布糖：140,142,144	壳木：333	莲座蕨：235
假果：122	金藻门：140	壳状地衣：197	莲座蕨目：235
假花说：386	金藻细胞：140	可可茶：305	莲座蕨属：225
假年轮：066	金针菇：191	可可树：329	镰蕨属：232
假苹婆：329	堇菜科：329	克朗奎斯特系统：394	两侧对称：093
假蓇葖：205	堇菜属：329	空球藻属：158	两面叶：079
假鹰爪：290	锦葵科：325	空星藻属：159	两性花：097
假种皮：119	茎刺：071	控制寄生：197	辽宁古果：383
坚果：126	茎尖：058	苦草：358	蓼科：282
间核：151	茎卷须：072	苦瓜：330	蓼型胚囊：108
间核生物：151	晶异细胞：080	块茎：071	裂果：124
减数分裂：022	粳稻：365	矿质化：019	裂生多胚现象：247
见血封喉：280	精子板：158	昆布多糖：147	裂叶荨麻：281
江蓠属：139	精子器：202	昆栏树：294	鳞盾：247
江南桤木：278	井栏边草：228	昆栏树科：294	鳞茎：071
姜：376	颈卵器：202	昆明山海棠：323	鳞毛蕨科：228
姜花：375	颈卵器室：240		鳞木属：232
姜黄属：375	静孢子：132	**L**	鳞脐：247
姜科：374	九里香：320	喇叭丝：147	鳞芽：057
姜芋：377	居间分生组织：029	蜡瓣花：310	鳞叶：086
浆果：123	菊果：353	蜡梅：294	灵芝属：191
浆片：363	菊科：353	蜡梅科：294	菱形藻属：147
降真香：320	菊芋：356	莱尼蕨属：231	零余子：072
胶质冠：148	菊属：355	兰花蕉科：377	领春木：295
礁膜属：161	巨杉：250	兰科：378	领春木科：295
角果：125	巨藻：148	兰属：379	柳杉：250
角茴香：309	具节中柱：215	蓝绿藻：134	龙脑香科：304
角甲藻属：152	具缘纹孔：019	蓝细菌：136	龙眼：322
角苔纲：207	锯叶竹节树：334	蓝藻：133	楼梯草：281
角苔属：207	聚合草：347	蓝藻淀粉：133	耧斗菜：298
角质化：019	聚合蓇葖果：122	蓝藻颗粒体：133	露兜树：371
绞股蓝：330	聚合果：122	蓝藻门：133	露兜树科：371
酵母属：180	聚合瘦果：123	蓝猪耳：350	芦荟：360

芦木目：233
芦苇：366
陆均松：253
鹿角菜属：150
鹿角蕨：235
绿色组织：030
绿酸藻：150
绿藻的繁殖方式：155
绿藻门：155
葎草：280
栾树：322
卵孢子：172
卵菌门：172
卵式生殖：132
轮藻属：164
罗布麻：343
罗汉果：331
罗汉松：253
罗汉松科：252
萝卜：308
萝芙木属：343
萝摩科：344
裸果型：187
裸蕨属：232
裸芽：057
裸藻淀粉：154
裸藻门：153
裸藻细胞：153
裸藻属：154
裸子植物的起源和演化：259
裸子植物的特征：238
裸子植物分类：239
裸子植物可能的祖先：261
裸子植物亚门：237
络石：343
落花生：315
落皮层：068
落新妇：311
落叶树：085
落叶松属：248
落羽杉：251

M

Macromitrium：208
Mirreola：346
麻疯树：317
麻黄科：256
麻黄式穿孔板：259
马鞭草：347
马鞭草科：347
马勃属：192
马兜铃：302
马蓝：351
马利筋：344
马铃苣苔属：352
马铃薯：350
马钱科：342
马钱属：342

马蹄荷：309
马尾树科：279
马尾松：249
马尾藻属：148
买麻藤：257
买麻藤纲：255
买麻藤纲的起源：267
买麻藤科：257
麦冬：359
麦角菌属：182
脉序：074
满江红：230
曼陀罗：350
芒毛苣苔：352
杧果：320
牻牛儿苗科：316
莽草：291
莽草科：294
毛白杨：274
毛地黄：350
毛茛：297
毛茛科：296
毛茛泽泻属：357
毛霉属：177
毛木耳：188
毛麝香：350
毛桃木莲：287
薂蒻：358
玫瑰茄：326
梅花草属：310
梅衣属：199
美登木：323
美人蕉科：377
美洲黄莲：299
萌发沟：105
萌发孔：105
猕猴桃：303
猕猴桃科：303,338
密蒙花：343
密木：242
绵马贯众：235
棉属：326
皿状体：158
闽粤石楠：312
蘑菇：189
魔芋：370
茉莉花：342
墨角藻黄素：140,144,147
母草属：350
牡丹：303
牡荆属：348
木鳖：331
木耳：188
木芙蓉：326
木瓜：312
木荷：306
木槿：326
木兰科：287

木榄：333
木莲：287
木麻黄：272
木麻黄科：272
木棉：329
木棉科：329
木射线：049
木薯：317
木犀：342
木犀科：341
木油桐：317
木贼：223
木贼麻黄：257
木贼属：222
木质化：019
苜蓿属：315

N

内部的分泌结构：038
内稃：364
内共生理论：165
内皮层：045
内生孢子：134
内树皮：068
内向药：095
内质网：016
耐阴植物：084
南瓜：330
南蛇藤：323
南酸枣：320
南五味子：291
南洋杉：252
南洋杉科：252
南洋楹：314
楠木：293
囊裸藻属：154
囊叶藻：150
尼古丁：350
泥炭藓属：209
拟薄壁组织：174
拟晶体：021
拟兰科：377
拟南芥：309
拟苏铁：263
拟叶：202
年轮：066
黏多糖：133
黏菌：170
黏菌门：170
黏液体：153
念珠藻属：136
鸟巢蕨：235
鸟媒传粉：112
茑萝：347
镊合状排列：094
牛栓藤：316
牛栓藤科：316
女贞：342

O

欧洲仙客来：339
偶数羽状复叶：076

P

P-蛋白：037
爬山虎：324
排草属：339
攀缘根：053
攀缘茎：058
盘菌属：183
盘星藻属：159
盘藻属：158
炮仗竹：350
泡花楠：292
泡桐属：350
泡状细胞：081
胚的发育：115
胚根鞘：120
胚囊的形成：108
胚乳的发育：117
胚芽鞘：120
胚珠的发育：107
胚珠的起源：260
胚珠植物：261
配子：092
配子减数分裂型的生活史：133
配子体世代：128
蟛蜞菊属：355
皮刺：086
皮孔：033
皮组织系统：039
枇杷：312
飘拂草属：372
平衡石：043
平行脉：074
苹：229
苹果：312
苹婆：328
瓶尔小草属：225
瓶状叶：087
萍蓬草：299
坡柳：322
破布叶：328
匍匐茎：058
菩提树：280
葡萄：324
葡萄科：324
蒲公英：356
蒲葵：368
蒲桃属：332
朴树：279
普洱茶：304

Q

槭树科：321
漆树科：320
漆树属：320

麒麟菜属：140
气孔：032
气孔带：254
气球藻属：142
气生根：053
器官：042
千年健：370
千日红：286
牵牛属：347
前裸子植物：261
前胚：246
前质体：016
前种子植物：261
荨麻科：280
芡：299
茜草：346
茜草科：344
羌活：337
蔷薇科：311
蔷薇属：312
荞麦：282
壳斗科：276
壳斗起源：277
鞘藻属：162
茄：350
茄褐纹拟茎点霉：194
茄科：349
芹菜：337
青蒿素：356
青霉属：181
青檀：279
青葙：285
苘麻：326
秋材：066
秋葵：326
秋茄：333
球果植物：244
球茎：071
曲霉属：181
曲生胚珠：108
雀梅藤：324
裙带菜：150

R

RAPD：413
RFLP：413
染色体：015
染色体纺锤丝：023
染色质：015
人参属：335
人面子：320
人心果：340
忍冬科：352
忍冬属：352
韧皮射线：049
日本榧：255
日本领春木：295
绒毡层：102

溶酶体：017
榕树：280
柔荑花序：099
肉桂：293
肉果：123
肉珊瑚属：344
肉穗花序：099
肉质茎：072
乳汁管：038
软树皮：068

S

SSR：414
赛葵：326
赛莴苣：350
三出复叶：076
三出羽状复叶：077
三出掌状复叶：077
三尖杉科：253
三角枫：321
三棱栎：277
三生菌丝：184
三枝蕨属：232
伞房花序：099
伞形花序：099
伞形科：335
散生问荆：223
散生中柱：215
桑：280
桑寄生：282
桑寄生科：281
桑科：279
色球藻属：135
沙梨：312
沙蓬：285
筛胞：034，037
筛管：034
山苍子：293
山茶：304
山茶科：304
山矾科：341
山矾属：341
山核桃：273
山黄皮：344
山姜属：375
山榄科：339
山柳科：338
山柰：375
山牵牛属：351
山楂：312
山茱萸科：337
杉科植物：249
杉木：250
珊瑚花：351
珊瑚藻属：139
扇衣属：199
商陆科：284
上皮层：198

上皮细胞：120
上位花：097
上位花盘：335
上位子房：097
芍药：303
芍药科：303
杓兰属：379
少花龙葵：350
舌羊齿：263
蛇莓：312
射线管胞：069
射线原始细胞：063
肾蕨：228,235
生活史：128
生活周期：128
生物产氢：006
生物膜：013
生物乙醇：006
生物再生能源：006
生物质能源：006
生殖托：150
生殖窝：150
胜红蓟：354
省藤属：369
湿地松：249
十大功劳属：186
十蕊商陆：284
十字花科：307
石笔木：305
石纯藻：161
石斛属：379
石花菜属：139
石龙芮：297
石蕊属：199
石松亚门：218
石松属：219
石蒜科：361
石蒜属：361
石细胞：034
石竹：284
石竹科：284
实球藻属：158
食用藻类：167
矢车菊：354
世代交替：128
柿树科：340
柿属：340
收缩根：053
受精卵：092
瘦果：125
疏木：239
疏丝组织：174
疏隙中柱：214
黍：367
鼠李科：323
鼠尾草属：349
蜀葵：326
薯蓣胶：361

薯蓣科：361
薯蓣属：361
束间形成层：063
束中形成层：063
树皮：068
树乳：072
栓皮栎：277
栓质化：019
栓质细胞：069
双花木属：309
双面对称：093，307
双韧管状中柱：214
双韧维管束：040
双受精：113
双星藻属：163
双悬果：126，335
双游现象：172
双子叶植物纲：272
霜霉属：173
水东哥科：338
水华：135
水韭亚门：221
水韭属：221
水龙骨属：228
水麦冬科：358
水媒传粉：112
水霉属：172
水绵属：162
水青冈：277
水青树：293
水青树科：293
水杉：249
水生植物：084
水湿运动：208
水松：249
水团花：344
水网藻属：159
水翁：332
水蕹科：358
水仙：361
水仙属：361
水云属：148
水竹草：363
水竹叶属：363
睡莲：299
睡莲科：298
蒴苞：205
蒴壁：203
蒴柄：203
蒴果：125
丝瓜：330
丝藻属：160
四分孢子起源：257
四片藻属：156
四强雄蕊：094
松柏纲植物：244
松节藻属：139
松科：248

松口蘑：189
松萝属：199
松叶蕨：217
松叶蕨亚门：217
松属：244
苏合香：310
苏木：314
苏铁纲的起源：266
苏铁纲植物：239
苏铁属：239
素馨：342
宿萼：093
粟米草科：286
酸模：283
酸枣：324
算盘子属：317
髓：046
髓层：198
髓木：263
碎米蕨：235
穗花杉：255
穗状花序：099
莎草科：372
莎草属：372
桫椤：235
梭梭：285
锁状联合：184

T
塔赫他间系统：393
胎生：333
胎座框：307
台湾杉：250
台湾相思：314
苔纲：203
苔藓植物：202
薹草属：374
太子参：285
肽聚糖：133
弹丝：205
桃金娘：332
桃金娘科：331
套被：252
特立中央胎座：097
藤石松属：219
十二菩梯形接合：163
天胡荽：337
天麻：380
天门冬：358
天南星科：369
天南星属：370
天仙子：350
天竺葵：316
甜(恭)菜：285
铁榄：340
铁木：278
铁杉属：248
铁线蕨：228,235

铁线蕨科：228
铁线莲：296
葶苈子：308
通道细胞：046
通气组织：031
同层地衣：198
同功器官：088
同化根：053
同化组织：030
同配生殖：132
同源器官：088
铜钱树：324
桶孔：174
头状花序：099
菟丝子：347
团藻属：157
托苞片：353
托叶刺：086
托叶鞘：283

W
外部的分泌结构：037
外稃：363
外胚乳：119
外皮层：045
外韧管状中柱：214
外韧维管束：040
外生孢子：134
外始式：047
外树皮：068
外向药：095
弯生胚珠：108
豌豆属：315
完全花：092
完全叶：073
晚材：066
万带兰属：380
王不留行：285
王莲：299
网地藻属：148,150
网状脉：074
网状中柱：215
威灵仙：296
莨芝：280
微囊藻属：135
微体：017
围涎树：313
维管射线：049,065
维管束：039
维管束鞘：069
维管植物的系统分类：215
维管植物概述：214
维管柱：062
维管组织系统：039
伪空泡：134
卫矛科：323
卫矛属：323
文冠果：322

文字衣属：199
纹孔：019
纹孔对：019
问荆属：222
莴苣属：356
乌桕：317
乌敛莓：325
乌毛蕨科：228
乌头：298
无孢子生殖：114
无柄叶：073
无隔菌丝：174
无隔藻属：143
无根萍：371
无根藤：293
无患子：322
无患子科：322
无节乳汁管：038
无胚乳种子：119
无配子生殖：092,114
无融合生殖：114
无丝分裂：022
无限花序：099
无限生长：042
无限维管束：040
无性生殖：092
无性世代：128
无叶莲科：361
无叶莲属：361
吴征镒有花植物八纲系统：396
吴茱萸属：319
梧桐：329
梧桐科：328
蜈蚣草：228
五加科：334
五加属：335
五味子科：291
五月茶：317
勿忘草：347
雾水葛：281

X
西瓜：330
吸器：174
吸收组织：030
豨莶：355
系统发育：006
系统与演化植物学：007
细胞板：024
细胞壁：012,018
细胞分化：026
细胞骨架：018
细胞核：014
细胞膜：013
细胞实质性生长：026
细胞型胚乳的发育：118
细胞学说：012
细胞质：014

细胞周期：022
细辛：302
细枝木麻黄：272
虾衣花：351
狭叶山黄麻：279
下皮层：082,198
下位花：097
下位瘦果：353
下位子房：097
夏孢子：186
夏枯草：349
仙菜属：139
仙客来：339
纤维：034
纤维层：102
籼稻：365
蚬木：328
藓纲：208
藓类植物：208
苋：286
苋科：285
线粒体：016
线粒体基因组分子系统学：417
香榧：255
香菇：190
香瓜：331
香蒲科：372
香蒲属：372
向日葵：355
橡胶树：317
小孢子的产生：103
小孢子叶球：245
小檗属：186
小环藻属：146
小蜡树：342
小麦：366
小麦赤霉：182
小麦黑粉菌：186
小球藻属：158
小石松属：219
小穗：364
小型叶：216
小叶：076
小叶白蜡树：342
小叶柄：076
小叶罗汉松：253
小叶买麻藤：257
小叶朴：279
小原始蕨：233
小紫菜：137
肖榄：306
楔叶蕨亚门：221
楔叶目：233
心材：066
心皮：096
新月藻属：164
星叶草：298
性孢子：186

性孢子器：186
雄花：097
雄配子体的发育：103
雄器苞：206
雄蕊群：094
雄生殖托：205
雄性不育：106
休眠孢子：132
休眠芽：057
休止细胞：172
绣球：311
绣线菊属：311
锈孢子：186
须根系：043
须叶藤科：368
需氧吞噬原生生物：165
萱草：359
萱藻：148,150
玄参科：350
玄参属：350
悬垂胎座：097
悬钩子属：312
悬铃花：326
悬铃木科：309
旋花科：346
旋转状排列：094
雪松：249

Y

鸦头梨：340
鸭跖草科：363
鸭跖草属：363
崖姜：228,235
烟草：350
延胡索：307
延龄草科：361
芫荽：337
沿阶草属：359
盐肤木属：320
盐角草：285
盐节草：285
燕麦属：366
羊肚菌：183
羊角拗：343
羊蹄甲：314
阳地植物：084
杨柳科：274
杨梅：274
杨梅科：274
洋金花：350
洋麻：326
腰果：320
药室内壁：102
药用大黄：283
椰子：369
野海棠：333
野茉莉科：340
野茉莉属：341

野牡丹科：332
野牡丹属：332
叶刺：086
叶的脱落：085
叶耳：074
叶痕：088
叶迹：060,088
叶卷须：086
叶绿体：015
叶绿体基因组分子系统学：415
叶鞘：073
叶舌：074
叶苔目：206
叶隙：060,088
叶下珠：317
叶镶嵌：078
叶序：077
叶芽：056
叶轴：076
叶状柄：073,086
叶状地衣：197
叶状茎：072
夜来香：344
液材：066
液泡：017
衣藻属：156
乙醛酸循环体：017
异鞭毛类：165
异层地衣：198
异核体：175
异核现象：175
异花传粉：110
异面叶：079
异配生殖：132
异色山黄麻：279
异细胞：032
异形胞：134
异叶南洋杉：252
异株克生现象：042
益母草：349
阴地蕨：235
阴地植物：084
阴香：293
银耳：187
银莲花：297
银杉属：248
银杏：242
银杏纲的起源：266
银杏纲植物：241
银叶树：329
隐头花序：099
隐头花序：280
印度榕：280
罂粟：306
罂粟科：306
樱桃属：312
鹰爪：290
营养繁殖：092

营养器官：042
颖：364
颖果：125
瘿花：280
硬树皮：068
永久组织：029
油茶：304
油丹：293
油橄榄：342
油杉属：248
油松：249
油桐：317
柚木：348
游动孢子：132
游动孢子囊：172
有隔菌丝：174
有节乳汁管：038
有节植物：221
有胚乳种子：119
有色体：015
有丝分裂：022
有限花序：099
有限生长：042
有限维管束：040
有性生殖：092
有性世代：128
幼态成熟：007
诱导单性结实：122
余甘子：317
鱼黄草：346
鱼木：307
虞美人：306
羽纹硅藻属：146
羽状复叶：076
玉兰：287
玉米黑粉菌：185
玉蜀黍：367
玉叶金花：344
玉簪：361
芋：370
郁金香：360
元宝槭：321
原表皮：029
原分生组织：029
原核细胞：022
原胚：115
原生多胚现象：247
原生木质部：047
原生韧皮部：047
原生质：012
原生质体：012
原生中柱：214
原始薄囊蕨纲：225
原始花被亚纲：272
原丝体：202
原形成层：029
原植体植物：132
圆柏属：251

圆筛藻属：146
圆锥花序：099
越顶：232
越橘属：338
云南黄素馨：342
云南松：249
云杉属：248
芸薹根肿菌：171
芸薹属：307
芸香：319
芸香科：318

Z

杂交水稻：366
载粉器：344
早材：066
枣：324
藻胞层：198
藻胆素：134
藻胆体：133
藻红素：134,137
藻蓝素：134
藻类植物分类：133
藻殖孢：134
藻殖段：134
皂荚：314
造孢细胞：102
造孢组织：203
泽兰属：354
泽米苏铁：241
泽泻：357
泽泻科：357
栅栏组织：080
栅藻属：159
张宏达种子植物系统：396
张氏红山茶：304
樟：293
樟科：291
掌状复叶：076
帐篷柱：243
沼花科：318
沼气：006
沼生目型胚乳的发育：118
针晶：021
针茅属：367
针叶林：244
针叶植物：244
真果：122
真核细胞：022
真花说：386
真蕨亚门：223
真菌：174
真菌的无性生殖：175
真中柱：215
榛：278
蒸腾作用：073
整齐花：093
整体产果式：175

支链淀粉：020	中轴胎座：097	竹荪属：192	紫菜属：137
支柱根：053	中柱：214	竹芋科：377	紫草：347
枝刺：086	中柱鞘：046	主根：042	紫草科：347
枝迹：060,088	肿足蕨：235	苎麻：281	紫茎：306
枝隙：060,088	种钩：351	贮藏根：052	紫荆：314
枝状地衣：197	种皮的形成：119	贮藏组织：030	紫荆木：340
知母：359	种子的形成和结构：115	贮粉室：240	紫罗兰：309
栀子：346	种子蕨：263	贮水根：052	紫萍：371
蜘蛛抱蛋：359	种子植物的分类：238	贮水叶：087	紫萁：235
直根：042	种子植物的特征：237	贮水组织：031	紫萁属：226
直根系：043	舟形藻属：146	转板藻属：163	紫球藻属：137
直立茎：058	周木维管束：040	转输组织：083	紫杉纲：252
直链淀粉：020	周皮：032	转主寄生：186	紫杉纲与松柏纲的起源：266
直链藻属：146	周位花：097	锥囊藻属：141	紫菀：355
直生胚珠：107	周质体：153	准性生殖：175	紫万年青：363
植物的繁殖：092	寻灯草科：368	子房：096	紫玉盘：290
植物分子系统学：411	皱羊齿：263	子囊：179	自发单性结实：122
植物组织：029	朱槿：326	子囊孢子：175,179	自花传粉：110
枳：320	珠孔道：240	子囊果：179	棕榈：368
质膜：013	珠孔管：255	子囊菌：179	棕榈科：368
中部受精：113	珠孔受精：113	子囊菌门：178	棕竹：368
中层：102	珠鳞：245	子囊壳：180	总苞：086
中核生物：151	珠托：252	子囊盘：180	总叶柄：076
中华古果：383	珠心喙：243	子叶出土幼苗：121	总状花序：099
中华槭：321	珠芽：072	子叶横叠：307	纵缢：024
中生植物：084	诸葛菜：309	子叶留土幼苗：121	醉蝶花：307
中性孢子：148	猪毛菜：285	子叶直叠：307	
中央节：144	猪屎豆：315	子叶纵摺：307	2-细胞型花粉：104
中央体：133	竹节树：334	子座：174	3-细胞型花粉：104

郑重声明

高等教育出版社依法对本书享有专有出版权。任何未经许可的复制、销售行为均违反《中华人民共和国著作权法》，其行为人将承担相应的民事责任和行政责任；构成犯罪的，将被依法追究刑事责任。为了维护市场秩序，保护读者的合法权益，避免读者误用盗版书造成不良后果，我社将配合行政执法部门和司法机关对违法犯罪的单位和个人进行严厉打击。社会各界人士如发现上述侵权行为，希望及时举报，本社将奖励举报有功人员。

反盗版举报电话　（010）58581999　58582371　58582488
反盗版举报传真　（010）82086060
反盗版举报邮箱　dd@hep.com.cn
通信地址　北京市西城区德外大街4号
　　　　　高等教育出版社法律事务与版权管理部
邮政编码　100120

防伪查询说明

用户购书后刮开封底防伪涂层，利用手机微信等软件扫描二维码，会跳转至防伪查询网页，获得所购图书详细信息。也可将防伪二维码下的20位密码按从左到右、从上到下的顺序发送短信至106695881280，免费查询所购图书真伪。

反盗版短信举报

编辑短信"JB，图书名称，出版社，购买地点"发送至10669588128

防伪客服电话

（010）58582300